KB084297

시작하라.

그 자체가 천재성이고,
힘이며, 마력이다.

– 요한 볼프강 폰 괴테(Johann Wolfgang von Goethe)

에듀윌
산업안전기사

[필기] 기출문제편

차례

* 법령 개정으로 인해 정답이 없는 문항이 있습니다.
  해당 문항은 QR 정답 입력 시 정답을 ①로 체크하시면 됩니다.

산업재해 예방 및 안전보건교육

001

재해예방의 4원칙이 아닌 것은?

① 손실우연의 원칙　　② 사실확인의 원칙
③ 원인계기의 원칙　　④ 대책선정의 원칙

해설 **재해예방의 4원칙**
- 손실우연의 원칙: 재해손실은 사고발생 시 사고대상의 조건에 따라 달라지므로 한 사고의 결과로서 생긴 재해손실은 우연성에 의해 결정된다.
- 원인계기(원인연계)의 원칙: 재해발생은 반드시 원인이 있다.
- 예방가능의 원칙: 재해는 원칙적으로 원인만 제거하면 예방이 가능하다.
- 대책선정의 원칙: 재해예방을 위한 가능한 안전대책은 반드시 존재한다.

관련개념 CHAPTER 01 산업재해예방 계획 수립

002

「산업안전보건법령」상 안전보건표지의 색채와 용도의 연결이 틀린 것은?

① 검은색 – 금지　　② 파란색 – 지시
③ 녹색 – 안내　　④ 노란색 – 경고

해설 **안전보건표지의 색도기준 및 용도**

색채	색도기준	용도	사용 예
빨간색	7.5R 4/14	금지	정지신호, 소화설비 및 그 장소, 유해행위의 금지
		경고	화학물질 취급장소에서의 유해·위험경고
노란색	5Y 8.5/12	경고	화학물질 취급장소에서의 유해·위험경고 이외의 위험경고, 주의표지 또는 기계방호물
파란색	2.5PB 4/10	지시	특정 행위의 지시 및 사실의 고지
녹색	2.5G 4/10	안내	비상구 및 피난소, 사람 또는 차량의 통행표지

관련개념 CHAPTER 02 안전보호구 관리

003

라인(Line)형 안전관리조직의 특징으로 옳은 것은?

① 안전에 관한 기술의 축적이 용이하다.
② 안전에 관한 지시나 조치가 신속하다.
③ 조직원 전원을 자율적으로 안전활동에 참여시킬 수 있다.
④ 권한 다툼이나 조정 때문에 통제수속이 복잡해지며, 시간과 노력이 소모된다.

해설 라인형(직계형) 조직은 안전에 관한 지시 및 명령계통이 철저하고(생산라인을 통해 이루어짐), 안전대책의 실시가 신속하다.

관련개념 CHAPTER 01 산업재해예방 계획 수립

004

레윈(Lewin)의 법칙에서 환경조건(E)에 포함되는 것은?

$$B = f(P \cdot E)$$

① 지능　　② 소질
③ 적성　　④ 인간관계

해설 **레윈(Lewin.K)의 법칙**
$B = f(P \cdot E)$
여기서, B: Behavior(인간의 행동)
　　　　f: function(함수관계)
　　　　P: Person(개체: 연령, 경험, 심신상태, 성격, 지능 등)
　　　　E: Environment(환경: 인간관계, 작업조건 등)

관련개념 CHAPTER 04 인간의 행동과학

005

인간관계의 메커니즘 중 다른 사람의 행동양식이나 태도를 투입시키거나 다른 사람 가운데서 자기와 비슷한 것을 발견하는 것은?

① 동일화   ② 일체화
③ 투사   ④ 공감

해설 **동일화(Identification)**

다른 사람의 행동양식이나 태도를 투입시키거나 다른 사람 가운데서 자기와 비슷한 점을 발견하는 것이다.

관련개념 CHAPTER 04 인간의 행동과학

006

Y-K(Yutaka-Kohate)성격검사에 관한 사항으로 옳은 것은?

① C, C'형은 적응이 빠르다.
② M, M'형은 내구성, 집념이 부족하다.
③ S, S'형은 담력, 자신감이 강하다.
④ P, P'형은 운동, 결단이 빠르다.

해설 **C, C'형 - 담즙질**
• 운동, 결단, 눈치가 빠르다.   • 적응이 빠르다.
• 세심하지 않다.   • 내구, 집념이 부족하다.
• 자신감이 강하다.

관련개념 CHAPTER 03 산업안전심리

007

헤드십(Headship)에 관한 설명으로 틀린 것은?

① 구성원과 사회적 간격이 좁다.
② 지휘의 형태는 권위주의적이다.
③ 권한은 조직으로부터 부여받는다.
④ 권한귀속은 공식화된 규정에 의한다.

해설 헤드십은 구성원과의 사회적 간격이 넓은 특성이 있다.

관련개념 CHAPTER 04 인간의 행동과학

008

AE형 또는 ABE형 안전모에 있어 내전압성이란 얼마 이하의 전압에 견디는 것을 말하는가?

① 750   ② 1,000
③ 3,000   ④ 7,000

해설 **AE형 안전모**
• 물체의 낙하 또는 비래에 의한 위험을 방지 또는 경감하고, 머리부위 감전에 의한 위험을 방지하기 위한 것이다.
• 내전압성이란 7,000[V] 이하의 전압에 견디는 것을 말한다.

관련개념 CHAPTER 02 안전보호구 관리

009

재해발생의 직접원인 중 불안전한 상태가 아닌 것은?

① 불안전한 인양   ② 부적절한 보호구
③ 결함 있는 기계 · 설비   ④ 불안전한 방호장치

해설 불안전한 인양은 불안전한 행동에 포함된다.
산업재해 발생모델
• 불안전한 행동: 작업자의 부주의, 실수, 착오, 안전조치 미이행 등
• 불안전한 상태: 기계 · 설비 결함, 방호장치 결함, 작업환경 결함 등

관련개념 CHAPTER 01 산업재해예방 계획 수립

010

다음 중 학습목적을 세분하여 구체적으로 결정한 것을 무엇이라 하는가?

① 주제   ② 학습 목표
③ 학습정도   ④ 학습성과

해설 학습성과는 학습목적을 세분화하여 구체적으로 결정하는 것이다.
학습목적의 3요소
• 주제: 목표 달성을 위한 중점 사항
• 학습정도: 주제를 학습시킬 범위와 내용의 정도
• 학습 목표: 학습목적의 핵심, 학습을 통해 달성하려는 지표

관련개념 CHAPTER 05 안전보건교육의 내용 및 방법

011

아담스(Edward Adams)의 사고연쇄반응이론 5단계에서 불안전 행동 및 불안전 상태는 어느 단계에 해당되는가?

① 제1단계 : 관리구조　② 제2단계 : 작전적 에러
③ 제3단계 : 전술적 에러　④ 제4단계 : 사고

해설 애드워드 아담스(E. Adams)의 사고연쇄반응 이론
㉠ 1단계: 관리구조 결함
㉡ 2단계: 작전적 에러 → 관리자의 의사결정이 그릇되거나 행동을 안 함
㉢ 3단계: 전술적 에러 → 불안전 행동, 불안전 동작
㉣ 4단계: 사고 → 상해의 발생, 아차사고(Near Accident), 비상해사고
㉤ 5단계: 상해, 손해 → 대인, 대물

관련개념 CHAPTER 01 산업재해예방 계획 수립

012

파블로프(Pavlov)의 조건반사설에 의한 학습이론의 원리가 아닌 것은?

① 일관성의 원리　② 계속성의 원리
③ 준비성의 원리　④ 강도의 원리

해설 '준비성'에 관한 것은 손다이크(Thorndike)의 시행착오설 중 '준비성의 법칙'에 해당한다.
파블로프(Pavlov)의 조건반사설
• 계속성의 원리(The Continuity Principle)
• 일관성의 원리(The Consistency Principle)
• 강도의 원리(The Intensity Principle)
• 시간의 원리(The Time Principle)

관련개념 CHAPTER 05 안전보건교육의 내용 및 방법

013

「산업재해통계업무처리규정」상 사망만인율 계산 시 적용하는 사망자 수에 대한 설명으로 옳지 않은 것은?

① 사고발생일로부터 1년을 경과하여 사망한 경우는 제외한다.
② 통상의 출퇴근에 의한 사망자는 제외한다.
③ 체육행사에 의한 사망자는 제외한다.
④ 근로복지공단의 유족급여가 지급된 사망자(지방고용노동관서의 산재미보고 적발 사망자 미포함)를 말한다.

해설 "사망자 수"는 근로복지공단의 유족급여가 지급된 사망자(지방고용노동관서의 산재미보고 적발 사망자 포함)수를 말한다. 다만, 사업장 밖의 교통사고(운수업, 음식숙박업은 사업장 밖의 교통사고도 포함)·체육행사·폭력행위·통상의 출퇴근에 의한 사망, 사고발생일로부터 1년을 경과하여 사망한 경우는 제외한다.

관련개념 SUBJECT 03 기계 · 기구 및 설비 안전관리
　　　　　CHAPTER 02 기계분야 산업재해 조사 및 관리

014

다음 중 안전점검의 목적으로 볼 수 없는 것은?

① 사고원인을 찾아 재해를 미연에 방지하기 위함이다.
② 작업자의 잘못된 부분을 점검하여 책임을 부여하기 위함이다.
③ 재해의 재발을 방지하여 사전대책을 세우기 위함이다.
④ 현장의 불안전 요인을 찾아 계획에 적절히 반영시키기 위함이다.

해설 **안전점검의 목적**
• 기기 및 설비의 결함이나 불안전한 상태의 제거로 사전에 안전성을 확보하기 위함이다.
• 기기 및 설비의 안전상태 유지 및 본래의 성능을 유지하기 위함이다.
• 재해방지를 위한 대책을 계획적으로 실시하기 위함이다.

관련개념 SUBJECT 03 기계 · 기구 및 설비 안전관리
　　　　　CHAPTER 02 기계분야 산업재해 조사 및 관리

015

안건보건기술지침(KOSHA GUIDE)에 대한 설명으로 옳지 않은 것은?

① 가이드표시, 분야별 또는 업종별 분류기호, 공표순서, 제·개정 연도의 순으로 번호를 부여한다.

② 법적 기준이 아닌 사업장의 이해를 돕기 위해 작성된 권고 지침으로써, 법적 구속력은 없다.

③ 안전보건 향상을 위해 참고할 수 있는 기술적 내용을 기술한 강제적 안전보건가이드이다.

④ 한국산업안전보건공단에 의해 제·개정되고 있다.

해설 안전보건기술지침(KOSHA GUIDE)

「산업안전보건법령」에서 정한 최소한의 수준이 아니라, 사업장의 자기규율 예방체계 확립을 지원하고, 좀 더 높은 수준의 안전보건 향상을 위해 참고할 수 있는 기술적 내용을 기술한 **자율적 안전보건가이드**이다.

관련개념 CHAPTER 01 산업재해예방 계획 수립

016

교육훈련 기법 중 Off JT의 장점에 해당되는 것은?

① 개개인에게 적절한 지도훈련이 가능하다.

② 효과가 곧 업무에 나타나며 훈련의 좋고 나쁨에 따라 개선이 쉽다.

③ 직장의 실정에 맞게 실제적 훈련이 가능하다.

④ 동시에 다수의 근로자에게 조직적 훈련이 가능하다.

해설 동시에 다수의 근로자에게 조직적 훈련이 가능한 것은 Off JT 의 장점이다.

OJT(직장 내 교육훈련)

직속상사가 직장 내에서 작업표준을 가지고 업무상의 개별교육이나 지도훈련을 하는 것으로 개별교육에 적합하다.

• 개개인에게 적절한 지도훈련이 가능하다.
• 직장의 실정에 맞게 실제적 훈련이 가능하다.
• 효과가 곧 업무에 나타나며 훈련의 좋고 나쁨에 따라 개선이 쉽다.
• 직장의 직속상사에 의한 교육이 가능하고, 훈련 효과에 의해 서로의 신뢰 및 이해도가 높아진다.

관련개념 CHAPTER 05 안전보건교육의 내용 및 방법

017

「산업안전보건법령」상 안전보건교육 교육대상별 교육내용 중 관리감독자 정기교육의 내용으로 틀린 것은?

① 정리정돈 및 청소에 관한 사항

② 유해·위험 작업환경 관리에 관한 사항

③ 표준안전 작업방법 결정 및 지도·감독 요령에 관한 사항

④ 작업공정의 유해·위험과 재해 예방대책에 관한 사항

해설 ①은 근로자의 채용 시 및 작업내용 변경 시 교육내용이다.

관리감독자 정기 교육내용

• 산업안전 및 사고 예방에 관한 사항
• 산업보건 및 직업병 예방에 관한 사항
• 위험성 평가에 관한 사항
• 유해·위험 작업환경 관리에 관한 사항
• 「산업안전보건법령」 및 산업재해보상보험 제도에 관한 사항
• 직무스트레스 예방 및 관리에 관한 사항
• 직장 내 괴롭힘, 고객의 폭언 등으로 인한 건강장해 예방 및 관리에 관한 사항
• 작업공정의 유해·위험과 재해 예방대책에 관한 사항
• 사업장 내 안전·보건관리체제 및 안전·보건조치 현황에 관한 사항
• 표준안전 작업방법 결정 및 지도·감독 요령에 관한 사항
• 안전보건교육 능력 배양에 관한 사항
• 비상시 또는 재해 발생 시 긴급조치에 관한 사항

관련개념 CHAPTER 05 안전보건교육의 내용 및 방법

018

교육심리학의 기본이론 중 학습지도의 원리가 아닌 것은?

① 직관의 원리
② 개별화의 원리
③ 계속성의 원리
④ 사회화의 원리

해설 계속성의 원리는 학습지도의 원리가 아닌 파블로프의 조건반사 설에 해당한다.

학습지도 이론

개별화의 원리, 통합의 원리, 사회화의 원리, 자발성의 원리, 직관의 원리

관련개념 CHAPTER 05 안전보건교육의 내용 및 방법

019

도급인의 산업재해 예방조치 사항으로 옳지 않은 것은?

① 작업 장소에서 화재·폭발, 토사·구축물 등의 붕괴 또는 지진 등이 발생한 경우에 대비한 경보체계 운영과 대피방법 등 훈련
② 작업장 순회점검
③ 도급인과 수급인을 구성원으로 하는 안전 및 보건에 관한 협의체의 구성 및 운영
④ 다른 장소에서 이루어지는 도급인과 관계수급인 등의 작업에 있어서 관계수급인 등의 작업시기·내용, 안전조치 및 보건조치 등의 확인

> **해설** **도급에 따른 산업재해 예방조치**
> 도급인은 관계수급인 근로자가 도급인의 사업장에서 작업을 하는 경우 다음의 사항을 이행하여야 한다.
> - 도급인과 수급인을 구성원으로 하는 안전 및 보건에 관한 협의체의 구성 및 운영
> - 작업장 순회점검
> - 관계수급인이 근로자에게 하는 안전보건교육을 위한 장소 및 자료의 제공 등 지원
> - 관계수급인이 근로자에게 하는 안전보건교육의 실시 확인
> - 다음의 어느 하나의 경우에 대비한 경보체계 운영과 대피방법 등 훈련
>   − 작업 장소에서 발파작업을 하는 경우
>   − 작업 장소에서 화재·폭발, 토사·구축물 등의 붕괴 또는 지진 등이 발생한 경우
> - 위생시설 등 고용노동부령으로 정하는 시설의 설치 등을 위하여 필요한 장소의 제공 또는 도급인이 설치한 위생시설 이용의 협조
> - **같은 장소에서 이루어지는 도급인과 관계수급인 등의 작업에 있어서 관계수급인 등의 작업시기·내용, 안전조치 및 보건조치 등의 확인**

> **관련개념** CHAPTER 01 산업재해예방 계획 수립

020

부주의의 현상으로 볼 수 없는 것은?

① 의식의 단절　　② 의식수준 지속
③ 의식의 과잉　　④ 의식의 우회

> **해설** **부주의의 원인(현상)**
> - **의식의 우회**: 의식의 흐름이 옆으로 빗나가 발생하는 것(걱정, 고민, 욕구불만 등에 의하여 정신을 빼앗기는 것)이다.
> - **의식수준의 저하**: 혼미한 정신상태에서 심신이 피로할 경우나 단조로운 반복작업 등의 경우에 일어나기 쉽다.
> - 의식의 단절: 지속적인 의식의 흐름에 단절이 생기고 공백의 상태가 나타나는 것으로 주로 질병의 경우에 나타난다.
> - **의식의 과잉**: 돌발사태에 직면하면 주의가 일점(주시점)에 집중되어 판단정지 및 긴장 상태에 빠지게 되어 유효한 대응을 못하게 된다.
> - 의식의 혼란: 외적 조건에 의해 의식이 혼란하거나 분산되어 위험요인에 대응할 수 없을 때 발생한다.

> **관련개념** CHAPTER 04 인간의 행동과학

인간공학 및 위험성평가 · 관리

021

다음 중 개선의 ECRS의 원칙에 해당하지 않는 것은?

① 제거(Eliminate)
② 결합(Combine)
③ 재조정(Rearrange)
④ 안전(Safety)

해설 **작업방법의 개선원칙 ECRS**
· 제거(Eliminate)
· 결합(Combine)
· 재배치 · 재조정(Rearrange)
· 단순화(Simplify)

관련개념 CHAPTER 02 위험성 파악 · 결정

022

다음 내용의 (   ) 안에 들어갈 내용을 순서대로 정리한 것은?

> 근섬유의 수축단위는 (A)(이)라 하는데 이것은 두 가지 기본형의 단백질 필라멘트로 구성되어 있으며, (B)이 (가) (C) 사이로 미끄러져 들어가는 현상으로 근육의 수축을 설명하기도 한다.

① A: 근막, B: 마이오신, C: 액틴
② A: 근막, B: 액틴, C: 마이오신
③ A: 근원섬유, B: 근막, C: 근섬유
④ A: 근원섬유, B: 액틴, C: 마이오신

해설 근섬유의 수축단위는 근원섬유(근육원섬유)라고 하며, 근육 수축 시 액틴 필라멘트가 마이오신 사이로 미끄러져 들어간다.

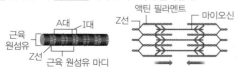

관련개념 CHAPTER 06 작업환경 관리

023

상황해석은 제대로 하였으나 의도와는 다르게 행동하여 나타나는 오류를 무엇이라고 하는가?

① 착오(Mistake)
② 실수(Slip)
③ 건망증(Lapse)
④ 위반(Violation)

해설 **인간의 오류모형**
· 착오(Mistake): 상황해석을 잘못하거나 목표를 잘못 이해하고 착각하여 행하는 경우
· 실수(Slip): 상황이나 목표의 해석을 제대로 했으나 의도와는 다른 행동을 하는 경우
· 건망증(Lapse): 여러 과정이 연계적으로 일어나는 행동 중에서 일부를 잊어버리고 하지 않거나 또는 기억의 실패에 의하여 발생하는 오류
· 위반(Violation): 정해진 규칙을 알고 있음에도 고의로 따르지 않거나 무시하는 행위

관련개념 CHAPTER 01 안전과 인간공학

024

불필요한 작업을 수행함으로써 발생하는 오류로 옳은 것은?

① Command Error
② Extraneous Error
③ Secondary Error
④ Commission Error

해설 **휴먼에러의 행위에 의한 분류(Swain)**
· 생략(부작위적)에러(Omission Error): 작업 내지 필요한 절차를 수행하지 않는 데서 기인한 에러
· 실행(작위적)에러(Commission Error): 작업 내지 절차를 수행했으나 잘못된 실수(선택착오, 순서착오, 시간착오)에서 기인한 에러
· 과잉행동에러(Extraneous Error): 불필요한 작업 내지 절차를 수행함으로써 기인한 에러
· 순서에러(Sequential Error): 작업수행의 순서를 잘못한 실수
· 시간(지연)에러(Timing Error): 소정의 기간에 수행하지 못한 실수(너무 빨리 혹은 늦게)

관련개념 CHAPTER 01 안전과 인간공학

025

모든 시스템안전 분석에서 제일 첫 번째 단계의 분석으로, 실행되고 있는 시스템을 포함한 모든 것의 상태를 인식하고 시스템의 개발단계에서 시스템 고유의 위험상태를 식별하여 예상되고 있는 재해의 위험수준을 결정하는 것을 목적으로 하는 위험분석 기법은?

① 결함위험분석(FHA; Fault Hazard Analysis)
② 시스템위험분석(SHA; System Hazard Analysis)
③ 예비위험분석(PHA; Preliminary Hazard Analysis)
④ 운용위험분석(OHA; Operating Hazard Analysis)

해설 예비위험분석(PHA; Preliminary Hazards Analysis)
시스템 내의 위험요소가 얼마나 위험상태에 있는가를 평가하는 시스템안전 프로그램의 최초단계(시스템 구상단계)의 정성적인 분석 방식이다.

관련개념 CHAPTER 02 위험성 파악 · 결정

026

NIOSH Lifting Guideline에서 권장무게한계(RWL) 산출에 사용되는 계수가 아닌 것은?

① 휴식계수
② 수평계수
③ 수직계수
④ 비대칭계수

해설 NLE(NIOSH Lifting Equation)
권장무게한계(RWL) $= 23 \times HM \times VM \times DM \times AM \times FM \times CM$
여기서, HM: 수평계수, VM: 수직계수, DM: 거리계수,
AM: 비대칭계수, FM: 빈도계수, CM: 커플링계수

관련개념 CHAPTER 06 작업환경 관리

027

직무에 대하여 청각적 자극 제시에 대한 음성 응답을 하도록 할 때 가장 관련 있는 양립성은?

① 공간적 양립성
② 양식 양립성
③ 운동 양립성
④ 개념적 양립성

해설 양식 양립성
언어 또는 문화적 관습이나 특정 신호에 따라 적합하게 반응하는 것을 말하는데, 예를 들어 한국어로 질문하면 한국어로 대답하거나, 기계가 특정 음성에 대해 정해진 반응을 하는 것을 말한다.

관련개념 CHAPTER 06 작업환경 관리

028

신호검출이론(SDT)의 판정결과 중 신호가 없었는데도 있었다고 말하는 경우는?

① 긍정(Hit)
② 누락(Miss)
③ 허위(False Alarm)
④ 부정(Correct Rejection)

해설 신호가 없었는데도 있었다고 말하는 경우는 허위(False Alarm)에 해당한다.
신호검출이론(SDT; Signal Detection Theory)
• 신호와 소음을 쉽게 식별할 수 없는 상황에 적용된다.
• 판정결과는 긍정(Hit), 허위(False Alarm), 누락(Miss), 부정(Correct Rejection)의 네 가지로 구분할 수 있다.

관련개념 CHAPTER 06 작업환경 관리

029

인간 – 기계 시스템 설계과정 중 직무분석을 하는 단계는?

① 제1단계: 시스템의 목표와 성능명세 결정
② 제2단계: 시스템의 정의
③ 제3단계: 기본설계
④ 제4단계: 인터페이스 설계

해설 인간 – 기계 시스템 설계과정 중 3단계 – 기본설계
• 시스템의 형태를 갖추기 시작하는 단계이다.
• 직무분석, 작업설계, 기능할당 등이 실시되어야 한다.

관련개념 CHAPTER 01 안전과 인간공학

030

기술 개발과정에서 효율성과 위험성을 종합적으로 분석·판단할 수 있는 평가방법으로 가장 적절한 것은?

① Risk Assessment
② Risk Management
③ Safety Assessment
④ Technology Assessment

해설 테크놀로지 어세스먼트(Technology Assessment)
안전성 평가 중 기술 개발과정에서의 효율성과 위험성을 종합적으로 분석, 판단하는 프로세스이다.

관련개념 CHAPTER 02 위험성 파악·결정

031

자동차를 타이어가 4개인 하나의 시스템으로 볼 때, 타이어 1개가 파열될 확률이 0.01이라면, 이 자동차의 신뢰도는 약 얼마인가?

① 0.91
② 0.93
③ 0.96
④ 0.99

해설 자동차의 타이어는 4개 중 1개만 파열되어도 운행할 수 없기에 각 타이어를 직렬연결로 본다. 따라서 자동차의 타이어 4개가 모두 터지지 않을 신뢰도는 다음과 같다.
신뢰도$=(1-0.01)\times(1-0.01)\times(1-0.01)\times(1-0.01)=0.96$

관련개념 CHAPTER 01 안전과 인간공학

032

자동차를 생산하는 공장의 어떤 근로자가 95[dB(A)]의 소음수준에서 하루 8시간 작업하며 매 시간 조용한 휴게실에서 20분씩 휴식을 취한다고 가정하였을 때, 8시간 시간가중평균(TWA)은?(단, 소음은 누적소음노출량측정기로 측정하였으며, OSHA에서 정한 95[dB(A)]의 허용시간은 4시간이라 가정한다.)

① 약 91[dB(A)]
② 약 92[dB(A)]
③ 약 93[dB(A)]
④ 약 94[dB(A)]

해설 시간가중평균 $TWA=90+16.61\log\dfrac{D}{12.5\times T}$

여기서, D: 누적소음폭로량[%] $\left(\dfrac{\text{작업시간}}{\text{허용노출시간}}\times100\right)$

　　　　T: 측정시간[시간]

작업시간은 휴식시간을 제외한 시간이므로
$60\times8-20\times8=320분=5.33시간$이다.

$D=\dfrac{5.33}{4}\times100=133.25$이므로

$TWA=90+16.61\log\dfrac{133.25}{12.5\times8}=92[dB(A)]$

관련개념 CHAPTER 06 작업환경 관리

033

일정한 고장률을 가진 어떤 기계의 고장률이 0.004/시간일 때 10시간 이내에 고장을 일으킬 확률은?

① $1+e^{0.04}$
② $1-e^{-0.004}$
③ $1-e^{0.04}$
④ $1-e^{-0.04}$

해설 기계의 신뢰도 $R(t)=e^{-\lambda t}=e^{-0.004\times10}=e^{-0.04}$

여기서, λ: 고장률

　　　　t: 가동시간

따라서 고장발생확률 $F(t)=1-R(t)=1-e^{-0.04}$이다.

관련개념 CHAPTER 02 위험성 파악·결정

034

동작경제 원칙에 해당되지 않는 것은?

① 신체사용에 관한 원칙
② 작업장 배치에 관한 원칙
③ 사용자 요구 조건에 관한 원칙
④ 공구 및 설비 설계(디자인)에 관한 원칙

해설 동작경제의 3원칙
• 신체사용에 관한 원칙
• 작업장 배치에 관한 원칙
• 공구 및 설비 설계(디자인)에 관한 원칙

관련개념 CHAPTER 06 작업환경 관리

035

암호체계의 사용상에 있어서, 일반적인 지침에 포함되지 않는 것은?

① 암호의 검출성
② 부호의 양립성
③ 암호의 표준화
④ 암호의 단일 차원화

해설 암호체계 사용 시 2가지 이상의 암호를 조합해서 사용하면 정보 전달이 촉진된다.
암호(코드)체계 사용상의 일반적 지침
암호의 검출성, 암호의 변별성, 암호의 표준화, 부호의 양립성, 부호의 의미, 다차원 암호의 사용

관련개념 CHAPTER 06 작업환경 관리

036

[sone]은 다른 음과 비교하여 상대적인 주관적 크기 비교 단위로, 40[dB]의 (   ) 순음 크기를 1[sone]으로 정의한다. (   ) 안에 알맞은 내용은?

① 500[Hz]
② 1,000[Hz]
③ 2,000[Hz]
④ 4,000[Hz]

해설 Sone 음량수준
다른 음의 상대적인 주관적 크기 비교이다. 40[dB]의 1,000[Hz] 순음 크기(=40[phon])를 1[sone]으로 정의하고, 기준음보다 10배 크게 들리는 음이 있다면 이 음의 음량은 10[sone]이다.

관련개념 CHAPTER 06 작업환경 관리

037

「산업안전보건법령」상 위험성평가의 실시내용 및 결과의 기록 · 보존에 관한 설명으로 옳지 않은 것은?

① 위험성평가 대상의 유해 · 위험요인이 포함되어야 한다.
② 위험성 결정 및 결정에 따른 조치의 내용이 포함되어야 한다.
③ 위험성평가의 실시내용을 확인하기 위하여 필요한 사항으로서 고용노동부장관이 정하여 고시하는 사항이 포함되어야 한다.
④ 사업주는 위험성평가 실시내용 및 결과의 기록 · 보존에 따른 자료를 5년간 보존하여야 한다.

해설 위험성평가의 결과와 조치사항을 기록한 자료는 3년간 보존하여야 한다.

관련개념 CHAPTER 02 위험성 파악 · 결정

038

「근골격계부담작업의 범위 및 유해요인조사 방법에 관한 고시」상 근골격계부담작업에 해당하지 않는 것은?(단, 상시 작업을 기준으로 한다.)

① 하루에 10회 이상 25[kg] 이상의 물체를 드는 작업
② 하루에 총 2시간 이상 쪼그리고 앉거나 무릎을 굽힌 자세에서 이루어지는 작업
③ 하루에 총 2시간 이상 시간당 5회 이상 손 또는 무릎을 사용하여 반복적으로 충격을 가하는 작업
④ 하루에 4시간 이상 집중적으로 자료입력 등을 위해 키보드 또는 마우스를 조작하는 작업

해설 하루에 총 2시간 이상 시간당 10회 이상 손 또는 무릎을 사용하여 반복적으로 충격을 가하는 작업이 근골격계부담작업에 해당한다.

관련개념 CHAPTER 04 근골격계질환 예방관리

039

건구온도 30[℃], 습구온도 35[℃]일 때의 옥스퍼드(Oxford) 지수는 얼마인가?

① 20.75[℃] ② 24.58[℃]
③ 32.78[℃] ④ 34.25[℃]

해설 옥스퍼드(Oxford) 지수(습건지수)

$W_D = 0.85\mathrm{W}$(습구온도) $+ 0.15\mathrm{D}$(건구온도)

$= 0.85 \times 35 + 0.15 \times 30 = 34.25$[℃]

관련개념 CHAPTER 06 작업환경 관리

040

일반적으로 은행의 접수대 높이나 공원의 벤치를 설계할 때 가장 적합한 인체측정자료의 응용원칙은?

① 조절식 설계 ② 평균치를 이용한 설계
③ 최대치를 이용한 설계 ④ 최소치를 이용한 설계

해설 평균치 설계

최대치수나 최소치수를 기준 또는 조절식으로 설계하기 부적절한 경우, 평균치를 기준으로 설계한다.

예 손님의 평균 신장을 기준으로 만든 은행의 계산대 등

관련개념 CHAPTER 06 작업환경 관리

기계·기구 및 설비 안전관리

041

다음 중 비파괴시험의 종류에 해당하지 않는 것은?

① 와류탐상시험 ② 초음파탐상시험
③ 인장시험 ④ 방사선투과시험

해설 인장시험은 파괴시험의 일종이다.

비파괴검사의 종류

방사선투과검사(RT), 초음파탐상검사(UT), 자분탐상검사(MT), 침투탐상검사(PT), 음향탐상검사(AET), 와류탐상검사(ECT) 등

관련개념 CHAPTER 07 설비진단 및 검사

042

「산업안전보건법령」에 따른 아세틸렌 용접장치 발생기실의 구조에 관한 설명으로 옳지 않은 것은?

① 벽은 불연성 재료로 할 것
② 지붕과 천장에는 얇은 철판과 같은 가벼운 불연성 재료를 사용할 것
③ 벽과 발생기 사이에는 작업에 필요한 공간을 확보할 것
④ 배기통을 옥상으로 돌출시키고 그 개구부를 출입구로부터 1.5[m] 거리 이내에 설치할 것

해설 발생기실의 구조

- 벽은 불연성 재료로 하고 철근 콘크리트 또는 그 밖에 이와 같은 수준이거나 그 이상의 강도를 가진 구조로 할 것
- 지붕과 천장에는 얇은 철판이나 가벼운 불연성 재료를 사용할 것
- 바닥면적의 $\frac{1}{16}$ 이상의 단면적을 가진 배기통을 옥상으로 돌출시키고 그 개구부를 창이나 출입구로부터 1.5[m] 이상 떨어지도록 할 것
- 출입구의 문은 불연성 재료로 하고 두께 1.5[mm] 이상의 철판이나 그 밖에 그 이상의 강도를 가진 구조로 할 것
- 벽과 발생기 사이에는 발생기의 조정 또는 카바이드 공급 등의 작업을 방해하지 않도록 간격을 확보할 것

관련개념 CHAPTER 05 기타 산업용 기계·기구

043

「산업안전보건법령」상 보일러 방호장치로 거리가 가장 먼 것은?

① 고저수위 조절장치　　② 아웃트리거
③ 압력방출장치　　　　④ 압력제한스위치

해설 보일러의 폭발사고를 예방하기 위하여 압력방출장치, 압력제한 스위치, 고저수위 조절장치, 화염검출기 등의 기능이 정상적으로 작동될 수 있도록 유지·관리하여야 한다.

관련개념 CHAPTER 05 기타 산업용 기계·기구

044

프레스 및 전단기에 사용되는 손쳐내기식 방호장치의 성능 기준에 대한 설명 중 옳지 않은 것은?

① 진동각도·진폭시험: 행정길이가 최소일 때 진동각도 는 $60°\sim90°$이다.
② 진동각도·진폭시험: 행정길이가 최대일 때 진동각도 는 $0°\sim30°$이다.
③ 완충시험: 손쳐내기봉에 의한 과도한 충격이 없어야 한다.
④ 무부하 동작시험: 1회의 오동작도 없어야 한다.

해설 손쳐내기식 방호장치의 성능기준(프레스 및 전단기)

진동각도·진폭시험	• 행정길이가 최소일 때: 60°~90° 진동각도 • 행정길이가 최대일 때: 45°~90° 진동각도
완충시험	손쳐내기봉에 의한 과도한 충격이 없어야 한다.
무부하 동작시험	1회의 오동작도 없어야 한다.

관련개념 CHAPTER 04 프레스 및 전단기의 안전

045

어떤 양중기에서 3,000[kg]의 질량을 가진 물체를 한쪽이 45°인 각도로 그림과 같이 2개의 와이어로프로 직접 들어 올릴 때, 안전율이 고려된 가장 적절한 와이어로프 지름을 표에서 구하면?(단, 안전율은 「산업안전보건법령」을 따르 고, 두 와이어로프의 지름은 동일하며, 기준을 만족하는 가 장 작은 지름을 선정한다.)

와이어로프 지름 및 절단강도

와이어로프 지름[mm]	절단강도[kN]
10	56
12	88
14	110
16	144

① 10[mm]　　　　② 12[mm]
③ 14[mm]　　　　④ 16[mm]

해설 와이어로프 하나에 걸리는 하중

$$T=\dfrac{\dfrac{w}{2}}{\cos\dfrac{\theta}{2}}=\dfrac{1,500}{\cos 45°}=2,121[kg]=20,790[N]=20.79[kN]$$

여기서, w: 물체의 무게
　　　　θ: 와이어로프 상부의 각도

화물의 하중을 직접 지지하는 와이어로프의 경우 안전율은 5 이상이므로 $20.79\times5=103.95[kN]$ 이상의 절단강도를 가진 와이어로프 중 가장 작 은 지름인 14[mm]가 가장 적절하다.

관련개념 CHAPTER 06 운반기계 및 양중기

046

프레스기의 비상정지스위치 작동 후 슬라이드가 하사점까지 도달시간이 0.15초 걸렸다면 양수기동식 방호장치의 안전거리는 최소 몇 [cm] 이상이어야 하는가?

① 24 　　　　　　② 240
③ 15 　　　　　　④ 150

해설 양수기동식 방호장치 안전거리

$D_m = 1,600 \times T_m = 1,600 \times 0.15 = 240[mm] = 24[cm]$

여기서, T_m: 누름버튼을 누른 때부터 슬라이드가 하사점에 도달할 때까지의 소요 최대시간[초]

관련개념 CHAPTER 04 프레스 및 전단기의 안전

047

「산업안전보건법령」상 유해·위험 방지를 위한 방호조치가 필요한 기계·기구가 아닌 것은?

① 예초기 　　　　　② 지게차
③ 금속절단기 　　　④ 금속탐지기

해설 유해·위험 방지를 위하여 방호조치가 필요한 기계·기구
예초기, 원심기, 공기압축기, 금속절단기, 지게차, 포장기계(진공포장기, 래핑기로 한정)

관련개념 CHAPTER 01 기계공정의 안전, 기계안전시설 관리

048

「산업안전보건법령」상 금속의 용접, 용단에 사용하는 가스 용기를 취급할 때 유의사항으로 틀린 것은?

① 밸브의 개폐는 서서히 할 것
② 운반하는 경우에는 캡을 벗길 것
③ 용기의 온도는 40[℃] 이하로 유지할 것
④ 통풍이나 환기가 불충분한 장소에는 설치하지 말 것

해설 금속의 용접·용단 또는 가열에 사용되는 가스 등의 용기를 운반하는 경우에는 캡을 씌워야 한다.

관련개념 CHAPTER 05 기타 산업용 기계·기구

049

「산업안전보건법령」상 지게차의 최대하중의 2배 값이 6톤일 경우 헤드가드의 강도는 몇 톤의 등분포정하중에 견딜 수 있어야 하는가?

① 4 　　　　　　② 6
③ 8 　　　　　　④ 10

해설 헤드가드의 구비조건
• 강도는 지게차의 최대하중의 2배 값(4톤을 넘는 값에 대해서는 4톤)의 등분포정하중에 견딜 수 있을 것
• 상부틀의 각 개구의 폭 또는 길이가 16[cm] 미만일 것
• 운전자가 앉아서 조작하거나 서서 조작하는 지게차의 헤드가드는 한국산업표준에서 정하는 높이 기준 이상일 것(입승식: 1.88[m] 이상, 좌승식: 0.903[m] 이상)

관련개념 CHAPTER 06 운반기계 및 양중기

050

회전하는 동작부분과 고정부분이 함께 만드는 위험점으로 주로 연삭숫돌과 작업대, 교반기의 교반날개와 몸체 사이에서 형성되는 위험점은?

① 회전말림점 　　② 절단점
③ 물림점 　　　　④ 끼임점

해설 끼임점(Shear Point)
기계의 고정부분과 회전 또는 직선운동 부분 사이에 형성되는 위험점이다.
⑩ 회전 풀리와 베드 사이, 연삭숫돌과 작업대, 교반기의 날개와 하우스

관련개념 CHAPTER 01 기계공정의 안전, 기계안전시설 관리

051

프레스 양수조작식 방호장치 누름버튼의 상호 간 내측거리는 몇 [mm] 이상인가?

① 50 　　　　　　② 100
③ 200 　　　　　　④ 300

해설 양수조작식 방호장치 누름버튼의 상호 간 내측거리는 300[mm] 이상이어야 한다.

관련개념 CHAPTER 04 프레스 및 전단기의 안전

052

기계설비의 안전조건인 구조의 안전화와 거리가 가장 먼 것은?

① 전압 강하에 따른 오동작 방지
② 재료의 결함 방지
③ 설계상의 결함 방지
④ 가공 결함 방지

해설 전압 강하에 따른 오동작 방지는 기능상의 안전화에 해당한다.
구조적 안전화(강도적 안전화)
• 재료에 있어서의 결함 방지
• 설계에 있어서의 결함 방지(안전율 등)
• 가공에 있어서의 결함 방지

관련개념 CHAPTER 01 기계공정의 안전, 기계안전시설 관리

053

선반에서 일감의 길이가 지름에 비하여 상당히 길 때 사용하는 부속품으로 절삭 시 절삭저항에 의한 일감의 진동을 방지하는 장치는?

① 칩 브레이커
② 척 커버
③ 방진구
④ 실드

해설 **방진구(Center Rest)**
선반작업 시 가늘고 긴 일감은 절삭력과 자중으로 휘거나 처짐이 일어나는 데 이를 방지하기 위한 장치로 일감의 길이가 직경의 12배 이상일 때 사용한다.

관련개념 CHAPTER 03 공작기계의 안전

054

지게차를 이용한 작업을 안전하게 수행하기 위한 장치와 거리가 먼 것은?

① 헤드가드
② 전조등 및 후미등
③ 훅 및 샤클
④ 백레스트

해설 **지게차의 안전장치**
헤드가드, 백레스트(Backrest), 전조등, 후미등, 안전벨트

관련개념 CHAPTER 06 운반기계 및 양중기

055

이상온도, 이상기압, 과부하 등 기계의 부하가 안전한계치를 초과하는 경우에 이를 감지하고 자동으로 안전상태가 되도록 조정하거나 기계의 작동을 중지시키는 방호장치는?

① 감지형 방호장치
② 접근거부형 방호장치
③ 위치제한형 방호장치
④ 접근반응형 방호장치

해설 **감지형 방호장치**
이상온도, 이상기압, 과부하 등 기계의 부하가 안전한계치를 초과하는 경우에 이를 감지하고 자동으로 안전상태가 되도록 조정하거나 기계의 작동을 중지시키는 방호장치이다.

관련개념 CHAPTER 01 기계공정의 안전, 기계안전시설 관리

056

「산업안전보건법령」에 따라 산업용 로봇의 작동범위에서 교시 등의 작업을 하는 경우에 로봇에 의한 위험을 방지하기 위한 조치사항으로 틀린 것은?

① 2명 이상의 근로자에게 작업을 시킬 경우의 신호방법을 정한다.
② 작업 중의 매니퓰레이터 속도에 관한 지침을 정하고 그 지침에 따라 작업한다.
③ 작업을 하는 동안 다른 작업자가 작동시킬 수 없도록 기동스위치에 작업 중 표시를 한다.
④ 작업에 종사하고 있는 근로자가 이상을 발견하면 즉시 안전담당자에게 보고하고 계속해서 로봇을 운전한다.

해설 산업용 로봇의 작업 시 작업에 종사하고 있는 근로자 또는 그 근로자를 감시하는 사람은 이상을 발견하면 즉시 로봇의 운전을 정지시키기 위한 조치를 하여야 한다.

관련개념 CHAPTER 05 기타 산업용 기계·기구

2024년 1회

057

연삭작업에서 숫돌의 파괴원인으로 가장 적절하지 않은 것은?

① 숫돌의 회전속도가 너무 빠를 때
② 연삭작업 시 숫돌의 정면을 사용할 때
③ 숫돌에 큰 충격을 줬을 때
④ 숫돌의 회전중심이 제대로 잡히지 않았을 때

해설 연삭작업 시 숫돌의 측면을 사용할 때 연삭숫돌이 파괴된다.

연삭숫돌의 파괴 및 재해원인

• 숫돌에 균열이 있는 경우
• 숫돌이 고속으로 회전하는 경우
• 회전력이 결합력보다 큰 경우
• 무거운 물체가 충돌한 경우(외부의 큰 충격을 받은 경우)
• 숫돌의 측면을 일감으로써 심하게 가압했을 경우
• 베어링이 마모되어 진동을 일으키는 경우
• 플랜지 지름이 현저하게 작은 경우
• 회전중심이 잡히지 않은 경우

관련개념 CHAPTER 03 공작기계의 안전

058

「산업안전보건법령」상 안전인증대상 기계·기구 및 설비가 아닌 것은?

① 연삭기
② 롤러기
③ 압력용기
④ 고소(高所)작업대

해설 연삭기는 안전인증대상이 아닌 자율안전확인대상 기계·기구이다.

안전인증대상 기계·기구 및 설비

프레스, 전단기 및 절곡기, 크레인, 리프트, 압력용기, 롤러기, 사출성형기, 고소작업대, 곤돌라

관련개념 CHAPTER 02 기계분야 산업재해 조사 및 관리

059

「산업안전보건법령」상 로봇을 운전하는 경우 근로자가 로봇에 부딪힐 위험이 있을 때 높이는 최소 얼마 이상의 울타리를 설치하여야 하는가?(단, 로봇의 가동범위 등을 고려하여 높이로 인한 위험성이 없는 경우는 제외한다.)

① 0.9[m]
② 1.2[m]
③ 1.5[m]
④ 1.8[m]

해설 로봇의 운전으로 인하여 근로자에게 발생할 수 있는 부상 등의 위험을 방지하기 위하여 높이 1.8[m] 이상의 울타리를 설치하여야 한다.

관련개념 CHAPTER 05 기타 산업용 기계·기구

060

다음 중 프레스기에 사용되는 방호장치에 있어 원칙적으로 급정지기구가 부착되어야만 사용할 수 있는 방식은?

① 양수조작식
② 손쳐내기식
③ 가드식
④ 수인식

해설 **양수조작식(Two-hand Control) 방호장치**

기계의 조작을 양손으로 동시에 하지 않으면 기계가 가동하지 않으며 한 손이라도 떼어내면 기계가 급정지 또는 급상승하게 하는 장치를 말한다. 급정지기구가 있는 마찰프레스에 적합하다.

관련개념 CHAPTER 04 프레스 및 전단기의 안전

전기설비 안전관리

061

누전화재가 발생하기 전에 나타나는 현상으로 거리가 먼 것은?

① 인체 감전현상
② 전등 밝기의 변화현상
③ 빈번한 퓨즈 용단현상
④ 전기 사용 기계장치의 오동작 감소

해설 누전 발생 시 전기 사용 기계장치의 오동작이 증가한다.

관련개념 CHAPTER 05 전기설비 위험요인관리

062

단로기를 사용하는 주된 목적은?

① 과부하 차단
② 변성기의 개폐
③ 이상전압의 차단
④ 무부하 선로의 개폐

해설 단로기(DS; Disconnection Switch)
단로기는 개폐기의 일종으로 수용가 구내 인입구에 설치하여 **무부하 상태의 전로**를 개폐하는 역할을 하거나 차단기, 변압기, 피뢰기 등 고전압 기기의 1차 측에 설치하여 기기를 점검, 수리할 때 전원으로부터 이들 기기를 분리한다.

관련개념 CHAPTER 01 전기안전관리

063

인체저항이 5,000[Ω]이고, 전류가 3[mA] 흘렀다. 인체의 정전용량이 0.1[μF]라면 인체에 대전된 정전하는 몇 [μC]인가?

① 0.5
② 1.0
③ 1.5
④ 2.0

해설 $Q=CV$, $V=IR$에서 $Q=CIR$
여기서, Q: 전하량[C]
  C: 정전용량[F]
  V: 전압[V]
  I: 전류[A]
  R: 저항[Ω]
$Q=(0.1\times10^{-6})\times(3\times10^{-3})\times5,000=1.5\times10^{-6}$[C]$=1.5[\mu$C]
※ 1[μF]$=10^{-6}$[F], 1[mA]$=10^{-3}$[A]이다.

관련개념 CHAPTER 03 정전기 장·재해관리

064

다음 (   ) 안에 들어갈 내용으로 옳은 것은?

> 가. 감전 시 인체에 흐르는 전류는 인가전압에 (㉠)하고, 인체저항에 (㉡)한다.
> 나. 인체 전류의 열작용은 (㉢)의 제곱의 값에 비례한다.

① ㉠ 비례, ㉡ 반비례, ㉢ 전압
② ㉠ 반비례, ㉡ 비례, ㉢ 전압
③ ㉠ 비례, ㉡ 반비례, ㉢ 전류
④ ㉠ 반비례, ㉡ 비례, ㉢ 전류

해설
- 전류(I)$=\dfrac{전압(V)}{저항(R)}$(통전전류는 **인가전압에 비례**하고 **인체저항에 반비례**)
- 전선에 전류가 흐르면 **전류의 제곱과 전선의 저항값의 곱(I^2R)**에 비례하는 열(H)이 발생한다.($H=I^2RT$, T는 시간)

관련개념 CHAPTER 02 감전재해 및 방지대책

065

피뢰기가 구비하여야 할 조건으로 틀린 것은?

① 제한전압이 낮아야 한다.
② 상용주파방전개시전압이 높아야 한다.
③ 충격방전개시전압이 높아야 한다.
④ 속류차단 능력이 충분하여야 한다.

해설 피뢰기의 성능
- 제한전압 또는 충격방전개시전압이 충분히 낮고 보호능력이 있을 것
- 속류차단이 완전히 행해져 동작책무특성이 충분할 것
- 뇌전류 방전능력이 클 것
- 대전류의 방전, 속류차단의 반복동작에 대하여 장기간 사용에 견딜 수 있을 것
- 상용주파방전개시전압은 회로전압보다 충분히 높아서 상용주파방전을 하지 않을 것

관련개념 CHAPTER 05 전기설비 위험요인관리

066

어느 변전소에서 고장전류가 유입되었을 때 도전성 구조물과 그 부근 지표상의 점과의 사이(약 1[m])의 허용접촉전압은 약 몇 [V]인가?(단, 심실세동전류: $I_k=\dfrac{0.165}{\sqrt{t}}$[A], 인체의 저항: 1,000[Ω], 지표면의 저항률: 150[Ω·m], 통전시간을 1초로 한다.)

① 164
② 186
③ 202
④ 228

해설 허용접촉전압
$$E=\left(R_b+\frac{3\rho_s}{2}\right)\times I_k=\left(1,000+\frac{3\times150}{2}\right)\times0.165=202[\text{V}]$$
여기서, R_b: 인체저항[Ω]
ρ_s: 지표상층 저항률[Ω·m]
I_k: 통전전류[A]

관련개념 CHAPTER 02 감전재해 및 방지대책

067

전압이 동일한 경우 교류가 직류보다 위험한 이유를 가장 잘 설명한 것은?

① 교류의 경우 전압의 극성 변화가 있기 때문이다.
② 교류는 감전 시 화상을 입히기 때문이다.
③ 교류는 감전 시 수축을 일으킨다.
④ 직류는 교류보다 사용빈도가 낮기 때문이다.

해설 전압이 동일한 경우 교류가 직류보다 위험한 이유는 교류는 극성 변화가 있기 때문이다.

관련개념 CHAPTER 02 감전재해 및 방지대책

068

절연열화(탄화)가 진행되어 누설전류가 증가하면서 발생되는 결과와 거리가 먼 것은?

① 감전사고
② 누전화재
③ 정전기 증가
④ 아크 지락에 의한 기기의 손상

해설 절연열화(탄화)란 전기가 새지 않도록 하우징(Housing)과 전기회로를 차단하는 절연물이 열화되어 전기가 새는 상태를 말한다. 절연열화가 진행되면 설비의 돌발 정지나 감전·화재사고의 발생 위험이 높아진다.

관련개념 CHAPTER 05 전기설비 위험요인관리

069

다음 중 감전예방을 위한 절연용 보호구의 종류에 속하지 않는 것은?

① 절연장갑
② 절연장화
③ 절연모
④ 절연시트

해설 **절연용 안전보호구의 종류**
- 전기안전모(**절연모**)
- 절연고무장갑(**절연장갑**)
- 절연고무장화(**절연장화**)
- 절연복(절연상의 및 하의, 어깨받이 등) 및 절연화
- 도전성 작업복 및 작업화

관련개념 CHAPTER 02 감전재해 및 방지대책

070

유입차단기의 약어로 옳은 것은?

① OCB
② ELB
③ VCB
④ MCCB

해설 **유입차단기(OCB; Oil Circuit Breaker)**
전기회로를 개폐하는 차단기의 일종으로, 차단 부분이 절연유 속에 들어가 있어 오일차단기라고도 부른다.

오답해설
② ELB(Earth Leakage Breaker): 누전차단기
③ VCB(Vacuum Circuit Breaker): 진공차단기
④ MCCB(Molded Case Circuit Breaker): 배선용 차단기

관련개념 CHAPTER 01 전기안전관리

071

폭발한계에 도달한 메탄가스가 공기에 혼합되었을 경우 착화한계전압[V]은 약 얼마인가?(단, 메탄의 착화최소에너지는 0.2[mJ], 극간용량은 10[pF]으로 한다.)

① 6,325
② 5,225
③ 4,135
④ 3,035

해설 $W=\dfrac{1}{2}CV^2$에서

$$V=\sqrt{\dfrac{2W}{C}}=\sqrt{\dfrac{2\times(0.2\times10^{-3})}{10\times10^{-12}}}=6,325[V]$$

여기서, W: 착화에너지[J]
C: 도체의 정전용량[F]
V: 대전전위[V]

※ $1[mJ]=10^{-3}[J]$, $1[pF]=10^{-12}[F]$이다.

관련개념 CHAPTER 03 정전기 장·재해관리

072

정전기 발생에 영향을 주는 요인에 대한 설명으로 틀린 것은?

① 물체의 분리속도가 빠를수록 발생량은 적어진다.
② 접촉면적이 크고 접촉압력이 높을수록 발생량이 많아진다.
③ 물체 표면이 수분이나 기름으로 오염되면 산화 및 부식에 의해 발생량이 많아진다.
④ 정전기의 발생은 처음 접촉, 분리할 때가 최대로 되고 접촉, 분리가 반복됨에 따라 발생량은 감소한다.

해설 일반적으로 분리속도가 빠를수록 정전기의 발생량은 커진다.

관련개념 CHAPTER 03 정전기 장·재해관리

073

다음 중 누전차단기를 설치하지 않아도 되는 장소는?

① 기계·기구를 습한 곳에 시설하는 경우
② 임시배선의 전로가 설치되는 장소에서 사용하는 이동형 또는 휴대형 전기기계·기구
③ 대지전압이 150[V] 이하인 휴대형 전동기계·기구를 시설하는 경우
④ 철판·철골 위 등 도전성이 높은 장소에서 사용하는 이동형 또는 휴대형 전기기계·기구

해설 대지전압이 150[V]를 초과하는 이동형 또는 휴대형 전기기계·기구에 누전차단기를 설치하여야 한다.

관련개념 CHAPTER 02 감전재해 및 방지대책

074

정전기의 재해방지 대책이 아닌 것은?

① 부도체에는 도전성을 향상 또는 제전기를 설치·운영한다.
② 접촉 및 분리를 일으키는 기계적 작용으로 인한 정전기 발생을 적게 하기 위해서는 가능한 접촉면적을 크게 하여야 한다.
③ 저항률이 $10^{10}[\Omega \cdot cm]$ 미만의 도전성 위험물의 배관유속은 7[m/s] 이하로 한다.
④ 생산공정에 별다른 문제가 없다면 습도를 70[%] 정도 유지하는 것도 무방하다.

해설 접촉면적이 작을수록 정전기 발생량이 감소한다.

관련개념 CHAPTER 03 정전기 장·재해관리

075

1종 위험장소로 분류되지 않는 것은?

① 탱크류의 벤트(Vent) 개구부 부근
② 인화성 액체 탱크 내의 액면 상부의 공간부
③ 점검수리 작업에서 가연성 가스 또는 증기를 방출하는 경우의 밸브 부근
④ 탱크로리, 드럼관 등이 인화성 액체를 충전하고 있는 경우의 개구부 부근

해설 인화성 액체의 용기 내부의 액면 상부의 공간부는 0종 장소에 해당한다.

0종 장소
• 설비의 내부
• 인화성 또는 가연성 액체가 존재하는 피트 등의 내부
• 인화성 물질의 증기 또는 가연성 가스가 지속적 또는 장기간 체류하는 곳

관련개념 CHAPTER 04 전기방폭관리

076

정상 작동상태에서 폭발 가능성이 없으나 이상상태에서 짧은 시간 동안 폭발성 가스 또는 증기가 존재하는 지역에서만 사용 가능한 방폭용기를 나타내는 기호는?

① ib   ② p
③ e   ④ n

해설 2종 장소에 대한 설명으로 2종 장소에서만 사용 가능한 방폭구조는 비점화방폭구조(n)이다.
본질안전방폭구조(ib), 압력방폭구조(p), 안전증방폭구조(e)는 1종 및 2종 장소에 사용 가능하다.

관련개념 CHAPTER 04 전기방폭관리

077

심실세동에 대한 설명으로 옳은 것은?

① 심근의 미세한 진동으로 혈액을 송출하는 펌프의 기능이 장애를 받는 현상이다.
② 심실이 1분에 200회 가량 수축함으로 떨리기만 할 뿐 전신으로 혈액을 뿜어내지 못하는 상태로 시간이 지나면서 정상적인 리듬을 찾게 된다.
③ 심실세동상태가 된 후 전류를 제거하면 자연적으로 건강을 회복한다.
④ 상용주파수 60[Hz]에서 7~8[mA]의 통전전류의 세기인 상태이다.

해설 **심실세동전류(치사전류)**

심근의 미세한 진동으로 혈액을 송출하는 펌프의 기능이 장애를 받는 때의 전류이다.

$$I = \frac{165}{\sqrt{T}}$$

여기서, I : 심실세동전류[mA]
　　　　T : 통전시간[s]

오답해설

②, ③ 심실세동상태가 되면 전류를 제거하여도 자연적으로 건강을 회복하지 못하며, 그대로 방치하여 두면 수 분 내에 사망한다.
④ 상용주파수 60[Hz]에서 7~8[mA]의 통전전류의 세기인 상태는 고통한계전류에 대한 설명이다.

관련개념 CHAPTER 02 감전재해 및 방지대책

078

「산업안전보건기준에 관한 규칙」 제319조에 따라 감전될 우려가 있는 장소에서 작업을 하기 위해서는 전로를 차단하여야 한다. 전로 차단을 위한 시행 절차 중 틀린 것은?

① 전기기기 등에 공급되는 모든 전원을 관련 도면, 배선도 등으로 확인
② 각 단로기를 개방한 후 전원 차단
③ 단로기 개방 후 차단장치나 단로기 등에 잠금장치 및 꼬리표를 부착
④ 잔류전하 방전 후 검전기를 이용하여 작업 대상 기기가 충전되어 있는지 확인

해설 전원을 차단한 후 각 단로기 등을 개방하고 확인하여야 한다.

관련개념 CHAPTER 02 감전재해 및 방지대책

079

제전기의 종류가 아닌 것은?

① 전압인가식 제전기　　② 정전식 제전기
③ 방사선식 제전기　　　④ 자기방전식 제전기

해설 제전기의 종류는 제전에 필요한 이온의 생성방법에 따라 전압인가식 제전기, 자기방전식 제전기, 방사선식 제전기가 있다.

관련개념 CHAPTER 03 정전기 장·재해관리

080

피뢰침의 제한전압이 800[kV], 충격절연강도가 1,000[kV]라 할 때, 보호여유도는 몇 [%]인가?

① 25　　　　　　　　② 33
③ 47　　　　　　　　④ 63

해설 보호여유도[%] $= \dfrac{충격절연강도 - 제한전압}{제한전압} \times 100$

$= \dfrac{1,000 - 800}{800} \times 100 = 25[\%]$

관련개념 CHAPTER 05 전기설비 위험요인관리

화학설비 안전관리

081

건축물 공사에 사용되고 있으나, 불에 타는 성질이 있어서 화재 시 유독한 시안화수소 가스가 발생되는 물질은?

① 염화비닐
② 염화에틸렌
③ 메타크릴산메틸
④ 우레탄

> **해설** 우레탄은 우레탄 폼스펀지, 페인트 등으로 건축물 공사에 사용된다. 그러나 우레탄은 가연성 고체이기 때문에 화재에 노출된 경우 점화·분해하여 일산화탄소를 비롯한 질소 산화물, 시안화수소 등의 유독물질을 발생시키므로 주의가 필요하다.

관련개념 CHAPTER 02 화학물질 안전관리 실행

082

8[%] NaOH 수용액과 5[%] NaOH 수용액을 반응기에 혼합하여 6[%] 100[kg]의 NaOH 수용액을 만들려면 각각 약 몇 [kg]의 NaOH 수용액이 필요한가?

① 5[%] NaOH 수용액: 33.3[kg],
   8[%] NaOH 수용액: 66.7[kg]
② 5[%] NaOH 수용액: 56.8[kg],
   8[%] NaOH 수용액: 43.2[kg]
③ 5[%] NaOH 수용액: 66.7[kg],
   8[%] NaOH 수용액: 33.3[kg]
④ 5[%] NaOH 수용액: 43.2[kg],
   8[%] NaOH 수용액: 56.8[kg]

> **해설** 8[%] NaOH 수용액 양을 x, 5[%] NaOH 수용액 양을 y라 하면
> $$\begin{cases} x+y=100 \\ 0.08x+0.05y=0.06\times100 \end{cases}$$
> $x=33.3[\text{kg}]$, $y=66.7[\text{kg}]$

관련개념 CHAPTER 02 화학물질 안전관리 실행

083

다음 중 「산업안전보건법령」상 위험물질의 종류와 해당 물질이 올바르게 연결된 것은?

① 부식성 산류 – 아세트산(농도 90[%])
② 부식성 염기류 – 아세톤(농도 90[%])
③ 인화성 가스 – 이황화탄소
④ 인화성 가스 – 수산화칼륨

> **해설** 농도 60[%] 이상인 아세트산은 부식성 산류에 해당한다.
>
> 오답해설
> ② 아세톤 – 인화성 액체
> ③ 이황화탄소 – 인화성 액체
> ④ 농도 40[%] 이상인 수산화칼륨 – 부식성 염기류

관련개념 CHAPTER 02 화학물질 안전관리 실행

084

폭발을 기상폭발과 응상폭발로 분류할 때 기상폭발에 해당되지 않는 것은?

① 분진폭발
② 혼합가스폭발
③ 분무폭발
④ 수증기폭발

> **해설** 폭발원인 물질의 상태(기상, 응상)에 따른 분류

관련개념 CHAPTER 01 화재·폭발 검토

085

다음 중 전기화재의 종류에 해당하는 것은?

① A급　　　　　　　② B급
③ C급　　　　　　　④ D급

해설 화재의 종류

A급 화재	B급 화재	C급 화재	D급 화재
일반화재	유류화재	전기화재	금속화재

관련개념 CHAPTER 01 화재·폭발 검토

086

송풍기의 회전차 속도가 1,300[rpm]일 때 송풍량이 분당 300[m³]였다. 송풍량을 분당 400[m³]로 증가시키고자 한다면 송풍기의 회전차 속도는 약 몇 [rpm]으로 하여야 하는가?

① 1,533　　　　　　② 1,733
③ 1,967　　　　　　④ 2,167

해설 송풍량은 회전수와 비례한다.

$\dfrac{Q_2}{Q_1}=\dfrac{N_2}{N_1}$에서 $N_2=\dfrac{Q_2}{Q_1}\times N_1=\dfrac{400}{300}\times 1,300=1,733[rpm]$

여기서, Q: 송풍량
　　　　N: 회전수

관련개념 CHAPTER 04 화공 안전운전·점검

087

할론소화약제 중 Halon 2402의 화학식으로 옳은 것은?

① $C_2F_4Br_2$　　　　② $C_2H_4Br_2$
③ $C_2Br_4H_2$　　　　④ $C_2Br_4F_2$

해설 2402는 구성 원소 중 C 2개, F 4개, Cl 0개, Br 2개, I 0개이다. 따라서 Halon 2402의 화학식은 $C_2F_4Br_2$이다.

관련개념 CHAPTER 01 화재·폭발 검토

088

다음 중 가연성 가스이며 독성 가스에 해당하는 것은?

① 수소　　　　　　　② 프로판
③ 산소　　　　　　　④ 일산화탄소

해설 일산화탄소는 허용농도가 30[ppm]인 독성 가스이자, 공기 중 연소범위가 12.5~74[vol%]인 가연성 가스이다.

오답해설

①, ② 수소와 프로판은 가연성 가스이지만 독성 가스는 아니다.
③ 산소는 자신은 타지 않고 상대방이 잘 타도록 도와주는 조연성 가스이다.

관련개념 CHAPTER 02 화학물질 안전관리 실행

089

「산업안전보건법령」에 따라 인화성 가스가 발생할 우려가 있는 지하작업장에서 작업하는 경우 조치사항으로 적절하지 않은 것은?

① 매일 작업을 시작하기 전 해당 가스의 농도를 측정한다.
② 가스의 누출이 의심되는 경우 해당 가스의 농도를 측정한다.
③ 장시간 작업을 계속하는 경우 6시간마다 해당 가스의 농도를 측정한다.
④ 가스의 농도가 인화하한계 값의 25[%] 이상으로 밝혀진 경우에는 즉시 근로자를 안전한 장소에 대피시킨다.

해설 지하작업장 작업 시 화재 방지를 위한 조치사항

가스의 농도를 측정하는 사람을 지명하고 다음의 경우에 그로 하여금 해당 가스의 농도를 측정하도록 하여야 한다.

- 매일 작업을 시작하기 전
- 가스의 누출이 의심되는 경우
- 가스가 발생하거나 정체할 위험이 있는 장소가 있는 경우
- 장시간 작업을 계속하는 경우(이 경우 4시간마다 가스 농도를 측정)

관련개념 CHAPTER 01 화재·폭발 검토

090

다음 중 공기와 혼합 시 최소착화에너지 값이 가장 작은 것은?

① CH_4
② C_3H_8
③ C_6H_6
④ H_2

해설 보기 중 H_2의 최소착화에너지(최소발화에너지)가 0.019[mJ]로 가장 작다.
① 메탄(CH_4): 0.28[mJ]
② 프로판(C_3H_8): 0.26[mJ]
③ 벤젠(C_6H_6): 0.2[mJ]

관련개념 CHAPTER 01 화재 · 폭발 검토

091

증기배관 내에 생성하는 응축수를 제거할 때 증기가 배출되지 않도록 하면서 응축수를 자동적으로 배출하기 위한 장치를 무엇이라 하는가?

① Vent Stack
② Steam Trap
③ Blow Down
④ Relief Valve

해설 **스팀트랩(Steam Trap)**
증기배관 내에 생성하는 응축수는 송기상 지장이 되어 제거할 필요가 있는데, 이때 증기가 도망가지 않도록 이 응축수를 자동적으로 배출하기 위한 장치이다.
벤트스택(Vent Stack)
탱크 내의 압력을 정상상태로 유지하기 위한 장치이다.
블로우다운(Blow Down)
보일러 내부에 이물질이 누적되는 것을 방지하기 위해 수면의 스팀, 수저의 찌꺼기를 방출하는 장치이다.
릴리프밸브(Relief Valve)
압력을 분출하는 밸브 또는 안전밸브로 압력용기나 보일러 등에서 압력이 일정 압력 이상이 되었을 때 가스를 탱크 외부로 분출하는 밸브이다.

관련개념 CHAPTER 04 화공 안전운전 · 점검

092

사업주는 「산업안전보건법령」에서 정한 설비에 대해서는 과압에 따른 폭발을 방지하기 위하여 안전밸브 등을 설치하여야 한다. 다음 중 이에 해당하는 설비가 아닌 것은?

① 원심펌프
② 정변위 압축기
③ 정변위 펌프(토출측에 차단밸브가 설치된 것만 해당함)
④ 배관(2개 이상의 밸브에 의하여 차단되어 대기온도에서 액체의 열팽창에 의하여 파열될 우려가 있는 것으로 한정함)

해설 「산업안전보건법령」상 원심펌프는 안전밸브의 설치대상이 아니다.

관련개념 CHAPTER 04 화공 안전운전 · 점검

093

다음 중 폭발방호대책과 가장 거리가 먼 것은?

① 불활성화
② 억제
③ 방산
④ 봉쇄

해설 폭발방호대책은 폭발 시 피해를 최소화하기 위한 대책이다. 불활성화는 폭발을 예방하기 위한 대책이므로 폭발방지대책에 해당한다.

관련개념 CHAPTER 01 화재 · 폭발 검토

094

금속의 증기가 공기 중에서 응고되어 화학변화를 일으켜 고체의 미립자로 되어 공기 중에 부유하는 것을 의미하는 용어는?

① 흄(fume)
② 분진(dust)
③ 미스트(mist)
④ 스모크(smoke)

해설 **흄(Fume)**
고체 상태의 물질이 액체화된 다음 증기화되고, 증기화된 물질의 응축 및 산화로 인하여 생기는 고체상의 미립자(금속 또는 중금속 등)를 말한다.

관련개념 CHAPTER 02 화학물질 안전관리 실행

095

분진폭발의 특징으로 옳은 것은?

① 연소속도가 가스폭발보다 크다.

② 완전연소로 가스중독의 위험이 작다.

③ 화염의 파급속도보다 압력의 파급속도가 빠르다.

④ 가스폭발보다 연소시간은 짧고 발생에너지는 작다.

해설 분진폭발의 특징

• 가스폭발보다 발생에너지가 크다.

• 폭발압력과 연소속도는 가스폭발보다 작다.

• 불완전연소로 인한 가스중독의 위험성이 크다.

• 화염의 파급속도보다 압력의 파급속도가 빠르다.

• 가스폭발에 비해 불완전연소가 많이 발생한다.

• 주위 분진에 의해 2차, 3차 폭발로 파급될 수 있다.

관련개념 CHAPTER 01 화재 · 폭발 검토

096

열교환탱크 외부를 두께 0.2[m]의 단열재(열전도율 k=0.037[kcal/m · h · ℃])로 보온하였더니 단열재 내면은 40[℃], 외면은 20[℃]이었다. 면적 1[m²]당 1시간에 손실되는 열량[kcal]은?

① 0.0037   ② 0.037

③ 1.37   ④ 3.7

해설 열교환기 손실 열량

$Q = 열전도율 \times \dfrac{내면과\ 외면의\ 온도차}{두께}$

$= 0.037 \times \dfrac{40-20}{0.2} = 3.7[kcal/m^2 \cdot h]$

관련개념 CHAPTER 02 화학물질 안전관리 실행

097

펌프의 사용 시 공동현상(Cavitation)을 방지하고자 할 때의 조치사항으로 틀린 것은?

① 펌프의 회전수를 높인다.

② 흡입비 속도를 작게 한다.

③ 펌프의 흡입관의 두(Head) 손실을 줄인다.

④ 펌프의 설치높이를 낮추어 흡입양정을 짧게 한다.

해설 공동현상은 유속이 빠를 경우 발생할 수 있으므로 공동현상을 예방하려면 펌프의 회전수를 낮춰야 한다.

관련개념 CHAPTER 04 화공 안전운전 · 점검

098

「산업안전보건기준에 관한 규칙」에서 규정하고 있는 급성 독성 물질의 정의에 해당되지 않는 것은?

① 가스 LC50(쥐, 4시간 흡입)이 2,500[ppm] 이하인 화학물질

② LD50(경구, 쥐)이 [kg]당 300[mg]−(체중) 이하인 화학물질

③ LD50(경피, 쥐)이 [kg]당 1,000[mg]−(체중) 이하인 화학물질

④ LD50(경피, 토끼)이 [kg]당 2,000[mg]−(체중) 이하인 화학물질

해설 LD50(경피, 토끼 또는 쥐)이 [kg]당 1,000[mg]−(체중) 이하인 화학물질이 「산업안전보건법령」상 급성 독성 물질에 해당한다.

관련개념 CHAPTER 02 화학물질 안전관리 실행

099

다음 중 크롬에 관한 설명으로 옳은 것은?

① 미나마타병의 원인으로 알려져 있다.
② 이타이이타이병의 원인으로 알려져 있다.
③ 3가와 6가의 화합물이 사용되고 있다.
④ 6가보다 3가 화합물이 특히 인체에 유해하다.

해설

① 미타마타병은 수은에 의해 발생한다.
② 이타이이타이병은 카드뮴에 의해 발생한다.
④ 크롬 중독현상은 크롬 정련 공정에서 발생하는 6가 크롬에 의해 발생한다.

관련개념 CHAPTER 02 화학물질 안전관리 실행

100

다음 중 자연발화에 대한 설명으로 틀린 것은?

① 분해열에 의해 자연발화가 발생할 수 있다.
② 입자의 표면적이 넓을수록 자연발화가 발생하기 쉽다.
③ 자연발화가 발생하지 않기 위해 습도를 가능한 한 높게 유지시킨다.
④ 열의 축적은 자연발화를 일으킬 수 있는 인자이다.

해설 자연발화를 방지하기 위해서는 습도를 높지 않게 하여야 한다.

자연발화 방지대책
• 통풍이 잘 되게 할 것
• 주위온도를 낮출 것
• 습도가 높지 않도록 할 것
• 열전도가 잘 되는 용기에 보관할 것
• 불활성 액체 내에 저장할 것

관련개념 CHAPTER 01 화재·폭발 검토

건설공사 안전관리

101

「산업안전보건법령」상 지반의 종류에 따른 굴착면의 기울기 기준으로 옳지 않은 것은?

① 경암 – 1 : 1.0
② 연암 및 풍화암 – 1 : 1.0
③ 모래 – 1 : 1.8
④ 그 밖의 흙 – 1 : 1.2

해설 굴착면의 기울기 기준

지반의 종류	굴착면의 기울기
모래	1 : 1.8
연암 및 풍화암	1 : 1.0
경암	1 : 0.5
그 밖의 흙	1 : 1.2

관련개념 CHAPTER 02 건설공사 위험성

102

미리 작업장소의 지형 및 지반상태 등에 적합한 제한속도를 정하지 않아도 되는 차량계 건설기계의 속도 기준은?

① 최대 제한속도가 10[km/h] 이하
② 최대 제한속도가 20[km/h] 이하
③ 최대 제한속도가 30[km/h] 이하
④ 최대 제한속도가 40[km/h] 이하

해설 차량계 하역운반기계, 차량계 건설기계(최대제한속도가 10[km/h] 이하인 것 제외)를 사용하여 작업을 하는 경우 미리 작업장소의 지형 및 지반상태 등에 적합한 제한속도를 정하고, 운전자로 하여금 이를 준수하도록 하여야 한다.

관련개념 CHAPTER 04 건설현장 안전시설 관리

103

건설업 산업안전보건관리비의 사용항목에 해당되지 않는 것은?

① 근로자 건강장해예방비
② 안전시설비
③ 건설재해예방기술지도비
④ 외부비계, 작업발판 등의 가설구조물 설치 소요비

해설 건설업 산업안전보건관리비의 사용항목
• 안전관리자 · 보건관리자의 임금 등
• 안전시설비 등
• 보호구 등
• 안전보건진단비 등
• 안전보건교육비 등
• 근로자 건강장해예방비 등
• 건설재해예방전문지도기관의 지도에 대한 대가로 자기공사자가 지급하는 비용 등

관련개념 CHAPTER 03 건설업 산업안전보건관리비 관리

104

권상용 와이어로프의 절단하중이 200[ton]일 때 와이어로프에 걸리는 최대하중은?(단, 안전계수는 5이다.)

① 1,000[ton]
② 400[ton]
③ 100[ton]
④ 40[ton]

해설 안전계수 $= \dfrac{\text{절단하중}}{\text{최대사용하중}}$에서

최대사용하중 $= \dfrac{\text{절단하중}}{\text{안전계수}} = \dfrac{200}{5} = 40[\text{ton}]$

관련개념 CHAPTER 06 공사 및 작업 종류별 안전

105

동바리로 사용하는 파이프서포트는 최대 몇 개 이상 이어서 사용하지 않아야 하는가?

① 2개
② 3개
③ 4개
④ 5개

해설 동바리로 사용하는 파이프서포트를 3개 이상 이어서 사용하지 않아야 한다.

관련개념 CHAPTER 05 비계 · 거푸집 가시설 위험방지

106

곤돌라형 달비계에 사용이 불가한 와이어로프의 기준으로 옳지 않은 것은?

① 이음매가 있는 것
② 와이어로프의 한 꼬임에서 끊어진 소선의 수가 10[%] 이상인 것
③ 지름의 감소가 공칭지름의 5[%]를 초과하는 것
④ 심하게 변형되거나 부식된 것

해설 달비계 와이어로프의 사용금지 조건
• 이음매가 있는 것
• 와이어로프의 한 꼬임(Strand)에서 끊어진 소선의 수가 10[%] 이상인 것
• 지름의 감소가 공칭지름의 7[%]를 초과하는 것
• 꼬인 것
• 심하게 변형되거나 부식된 것
• 열과 전기충격에 의해 손상된 것

관련개념 CHAPTER 05 비계 · 거푸집 가시설 위험방지

107

건설현장에 설치하는 사다리식 통로의 설치기준으로 옳지 않은 것은?

① 발판과 벽과의 사이는 15[cm] 이상의 간격을 유지할 것
② 발판의 간격은 일정하게 할 것
③ 사다리의 상단은 걸쳐놓은 지점으로부터 60[cm] 이상 올라가도록 할 것
④ 사다리식 통로의 길이가 10[m] 이상인 경우에는 3[m] 이내마다 계단참을 설치할 것

해설 사다리식 통로의 길이가 10[m] 이상인 경우에는 5[m] 이내마다 계단참을 설치하여야 한다.

관련개념 CHAPTER 05 비계 · 거푸집 가시설 위험방지

108

「산업안전보건법령」에 따라 타워크레인을 와이어로프로 지지하는 경우, 와이어로프의 설치각도는 수평면에서 몇 도 이내로 해야 하는가?

① 30°
② 45°
③ 60°
④ 75°

해설 타워크레인을 와이어로프로 지지하는 경우 와이어로프 설치각도는 수평면에서 60° 이내로 하되, 지지점은 4개소 이상으로 하고, 같은 각도로 설치하여야 한다.

관련개념 CHAPTER 06 공사 및 작업 종류별 안전

109

연약지반의 이상현상 중 하나인 히빙(heaving)현상에 대한 안전대책이 아닌 것은?

① 흙막이벽의 관입 깊이를 깊게 한다.
② 굴착면에 토사 등으로 하중을 가한다.
③ 흙막이 배면의 표토를 제거하여 토압을 경감시킨다.
④ 주변 수위를 높인다.

해설 **히빙의 예방대책**
• 흙막이벽의 근입 깊이 증가
• 흙막이벽 배면지반의 상재하중 제거
• 저면의 굴착부분을 남겨두어 굴착예정인 부분의 일부를 미리 굴착하여 기초콘크리트 타설
• 굴착주변을 웰 포인트(Well Point) 공법과 병행
• 굴착저면에 토사 등 인공중력 증가

관련개념 CHAPTER 02 건설공사 위험성

110

화물을 적재하는 경우의 준수사항으로 옳지 않은 것은?

① 침하 우려가 없는 튼튼한 기반 위에 적재할 것
② 건물의 칸막이나 벽 등이 화물의 압력에 견딜 만큼의 강도를 지니지 아니한 경우에는 칸막이나 벽에 기대어 적재하지 않도록 할 것
③ 불안정할 정도로 높이 쌓아 올리지 말 것
④ 하중을 한쪽으로 치우치더라도 화물을 최대한 효율적으로 적재할 것

해설 **화물의 적재 시 준수사항**
• 침하 우려가 없는 튼튼한 기반 위에 적재할 것
• 건물의 칸막이나 벽 등이 화물의 압력에 견딜 만큼의 강도를 지니지 아니한 경우에는 칸막이나 벽에 기대어 적재하지 않도록 할 것
• 불안정할 정도로 높이 쌓아 올리지 말 것
• 하중이 한쪽으로 치우치지 않도록 쌓을 것

관련개념 CHAPTER 06 공사 및 작업 종류별 안전

111

다음 중 「산업안전보건법령」상 양중기에 해당되지 않는 것은?

① 어스드릴
② 크레인
③ 리프트
④ 곤돌라

해설 어스드릴은 차량계 건설기계에 해당한다.
양중기의 종류
• 크레인(호이스트(Hoist) 포함)
• 이동식 크레인
• 리프트(이삿짐운반용 리프트의 경우에는 적재하중이 0.1톤 이상인 것으로 한정)
• 곤돌라
• 승강기

관련개념 CHAPTER 06 공사 및 작업 종류별 안전

112

다음은 「굴착공사 표준안전 작업지침」에 따른 트렌치 굴착 시 준수사항이다. ( ) 안에 들어갈 내용으로 옳은 것은?

> 굴착폭은 작업 및 대피가 용이하도록 충분한 넓이를 확보하여야 하며, 굴착깊이가 2[m] 이상일 경우에는 ( ) 이상의 폭으로 한다.

① 1[m]　　　　　　② 1.5[m]
③ 2[m]　　　　　　④ 2.5[m]

해설 트렌치 굴착 시 굴착폭은 작업 및 대피가 용이하도록 충분한 넓이를 확보하여야 하며, 굴착깊이가 2[m] 이상일 경우에는 1[m] 이상의 폭으로 한다.

관련개념 CHAPTER 04 건설현장 안전시설 관리

113

철근콘크리트 구조물의 해체를 위한 장비가 아닌 것은?

① 램머　　　　　　② 압쇄기
③ 철제 해머　　　　④ 핸드 브레이커

해설 램머(Rammer)는 다짐장비에 해당한다.
해체용 기구의 종류
압쇄기, 대형 브레이커, 철제 해머, 핸드 브레이커, 팽창제, 절단기

관련개념 CHAPTER 06 공사 및 작업 종류별 안전

114

굴착공사에 있어서 비탈면 붕괴를 방지하기 위하여 실시하는 대책으로 옳지 않은 것은?

① 지표수의 침투를 막기 위해 표면배수공을 한다.
② 지하수위를 내리기 위해 수평배수공을 설치한다.
③ 비탈면 하단을 성토한다.
④ 비탈면 상부에 토사를 적재한다.

해설 비탈면 상부에 토사 적재 시 비탈면 붕괴의 위험이 있다.

관련개념 CHAPTER 04 건설현장 안전시설 관리

115

철골작업에서의 승강로 설치기준 중 ( ) 안에 들어갈 내용으로 알맞은 것은?

> 사업주는 근로자가 수직방향으로 이동하는 철골부재에는 답단 간격이 ( ) 이내인 고정된 승강로를 설치하여야 한다.

① 20[cm]　　　　　② 30[cm]
③ 40[cm]　　　　　④ 50[cm]

해설 근로자가 수직방향으로 이동하는 철골부재에는 답단 간격이 30[cm] 이내인 고정된 승강로를 설치하여야 한다.

관련개념 CHAPTER 06 공사 및 작업 종류별 안전

116

콘크리트 타설작업과 관련하여 준수하여야 할 사항으로 가장 거리가 먼 것은?

① 당일의 작업을 시작하기 전에 해당 작업에 관한 거푸집 및 동바리 등의 변형, 변위 및 지반의 침하 유무 등을 점검하고 이상이 있으면 보수할 것
② 콘크리트를 타설하는 경우에는 편심이 발생하지 않도록 골고루 분산하여 타설할 것
③ 진동기의 사용은 많이 할수록 균일한 콘크리트를 얻을 수 있으므로 가급적 많이 사용할 것
④ 설계도서 상의 콘크리트 양생기간을 준수하여 거푸집 및 동바리를 해체할 것

해설 진동기는 적절히 사용되어야 하며, 지나친 진동은 거푸집 붕괴의 원인이 될 수 있으므로 주의하여야 한다.

관련개념 CHAPTER 06 공사 및 작업 종류별 안전

117

달비계의 구조에서 달비계 작업발판의 폭은 최소 얼마 이상이어야 하는가?

① 30[cm]
② 40[cm]
③ 50[cm]
④ 60[cm]

해설 달비계의 작업발판은 폭을 40[cm] 이상으로 하고 틈새가 없도록 하여야 한다.

관련개념 CHAPTER 05 비계 · 거푸집 가시설 위험방지

118

항만하역작업에서의 선박승강설비 설치기준으로 옳지 않은 것은?

① 400톤급 이상의 선박에서 하역작업을 하는 경우에 근로자들이 안전하게 오르내릴 수 있는 현문(舷門) 사다리를 설치하여야 하며, 이 사다리 밑에 안전망을 설치하여야 한다.
② 현문 사다리는 견고한 재료로 제작된 것으로 너비는 55[cm] 이상이어야 한다.
③ 현문 사다리의 양측에는 82[cm] 이상의 높이로 울타리를 설치하여야 한다.
④ 현문 사다리는 근로자의 통행에만 사용하여야 하며, 화물용 발판 또는 화물용 보판으로 사용하도록 해서는 아니 된다.

해설 항만하역작업 시 300톤급 이상의 선박에서 하역작업을 하는 경우에 근로자들이 안전하게 오르내릴 수 있는 현문 사다리를 설치하여야 하며, 이 사다리 밑에 안전망을 설치하여야 한다.

관련개념 CHAPTER 06 공사 및 작업 종류별 안전

119

와이어로프의 클립 고정 방법으로 옳은 것은?

①
②
③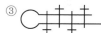
④

해설 와이어로프 체결 시 클립의 새들(Saddle)은 와이어로프의 힘이 걸리는 쪽에 있어야 한다.

(적합) (부적합) (부적합)

관련개념 CHAPTER 06 공사 및 작업 종류별 안전

120

건설공사 시공단계에 있어서 안전관리의 문제점에 해당되는 것은?

① 발주자의 조사, 설계 발주능력 미흡
② 용역자의 조사, 설계능력 부실
③ 발주자의 감독 소홀
④ 사용자의 시설 운영관리 능력 부족

해설 발주자의 감독 소홀은 시공단계에서의 안전관리 부실을 초래할 수 있다.

관련개념 CHAPTER 01 건설공사 안전개요

산업재해 예방 및 안전보건교육

001

다음 중 관리감독자를 대상으로 교육하는 TWI의 교육내용이 아닌 것은?

① 문제해결능력　　　② 작업지도훈련
③ 인간관계훈련　　　④ 작업방법훈련

해설 TWI(Training Within Industry)
- 작업지도훈련(JIT; Job Instruction Training)
- 작업방법훈련(JMT; Job Method Training)
- 인간관계훈련(JRT; Job Relation Training)
- 작업안전훈련(JST; Job Safety Training)

관련개념 CHAPTER 05 안전보건교육의 내용 및 방법

002

「산업안전보건법령」상 안전보건표지의 종류 중 다음 표지의 명칭은?(단, 마름모 테두리는 빨간색이며, 안의 내용은 검은색이다.)

① 폭발성물질 경고　　② 산화성물질 경고
③ 부식성물질 경고　　④ 급성독성물질 경고

해설

폭발성물질 경고	산화성물질 경고	부식성물질 경고	급성독성물질 경고

관련개념 CHAPTER 02 안전보호구 관리

003

학습지도의 형태 중 몇 사람의 전문가가 주제에 대한 견해를 발표하고 참가자로 하여금 의견을 내거나 질문을 하게 하는 토의방식은?

① 포럼(Forum)
② 심포지엄(Symposium)
③ 버즈세션(Buzz session)
④ 자유토의법(Free discussion method)

해설 심포지엄(Symposium)
몇 사람의 전문가가 과제에 관한 견해를 발표하게 한 뒤 참가자로 하여금 의견이나 질문을 하게 하여 토의하는 방법이다.

관련개념 CHAPTER 05 안전보건교육의 내용 및 방법

004

안전보건관리조직의 유형 중 스태프형(Staff) 조직의 특징이 아닌 것은?

① 생산부문은 안전에 대한 책임과 권한이 없다.
② 권한다툼이나 조정 때문에 통제수속이 복잡해지며 시간과 노력이 소모된다.
③ 생산부분에 협력하여 안전명령을 전달, 실시하므로 안전지시가 용이하지 않으며 안전과 생산을 별개로 취급하기 쉽다.
④ 명령계통과 조언의 권고적 참여가 혼동되기 쉽다.

해설 명령계통과 조언의 권고적 참여가 혼동되기 쉬운 것은 라인·스태프(LINE—STAFF)형 조직(직계참모조직)의 특징이다.

관련개념 CHAPTER 01 산업재해예방 계획 수립

005

허즈버그(Herzberg)의 위생 – 동기 이론에서 동기요인에 해당하는 것은?

① 감독
② 안전
③ 책임감
④ 작업조건

해설 동기요인(Motivation)

책임감, 성취, 인정, 개인발전 등 일 자체에서 오는 심리적 욕구로 충족될 경우 조직의 성과가 향상되며 충족되지 않아도 성과가 떨어지지 않는다.

관련개념 CHAPTER 04 인간의 행동과학

006

생체리듬의 변화에 대한 설명으로 틀린 것은?

① 야간에는 체중이 감소한다.
② 야간에는 말초운동 기능이 저하된다.
③ 체온, 혈압, 맥박수는 주간에 상승하고 야간에 감소한다.
④ 혈액의 수분과 염분량은 주간에 증가하고 야간에 감소한다.

해설 생체리듬(바이오리듬)의 변화

• 야간에는 체중이 감소한다.
• 야간에는 말초운동 기능이 저하되고, 피로의 자각증상이 증대한다.
• 혈액의 수분과 염분량은 주간에 감소하고 야간에 증가한다.
• 체온, 혈압, 맥박은 주간에 상승하고 야간에 감소한다.

관련개념 CHAPTER 04 인간의 행동과학

007

피로의 측정방법 중 생리적 방법의 검사항목에 포함되지 않는 것은?

① 근력, 근활동
② 대뇌피질 활동
③ 전신자각 증상
④ 호흡 순환기능

해설 피로의 측정방법 중 생리학적 측정에는 근력 및 근활동(EMG), 대뇌활동(EEG), 호흡(산소소비량), 순환기(ECG), 부정맥 지수 등이 있다.

관련개념 CHAPTER 04 인간의 행동과학

008

「보호구 안전인증 고시」상 안전인증 방독마스크의 정화통 외부 측면의 표시색이 회색이 아닌 것은?

① 할로겐용 정화통
② 황화수소용 정화통
③ 시안화수소용 정화통
④ 암모니아용 정화통

해설 정화통 외부 측면의 표시색

종류	표시색
유기화합물용 정화통	갈색
할로겐용 정화통	회색
황화수소용 정화통	
시안화수소용 정화통	
아황산용 정화통	노란색
암모니아용 정화통	녹색

관련개념 CHAPTER 02 안전보호구 관리

009

부주의의 현상 중 하나로 혼미한 정신상태에서 심신이 피로하거나 단조로운 반복작업 등이 원인이 되는 경우는?

① 의식의 단절
② 의식수준 저하
③ 의식의 과잉
④ 의식의 우회

해설 부주의의 원인(현상)

• 의식의 우회: 의식의 흐름이 옆으로 빗나가 발생하는 것(걱정, 고민, 욕구불만 등에 의하여 정신을 빼앗기는 것)이다.
• 의식수준의 저하: 혼미한 정신상태에서 심신이 피로할 경우나 단조로운 반복작업 등의 경우에 일어나기 쉽다.
• 의식의 단절: 지속적인 의식의 흐름에 단절이 생기고 공백의 상태가 나타나는 것으로 주로 질병의 경우에 나타난다.
• 의식의 과잉: 돌발사태에 직면하면 주의가 일점(주시점)에 집중되어 판단정지 및 긴장 상태에 빠지게 되어 유효한 대응을 못하게 된다.
• 의식의 혼란: 외적 조건에 의해 의식이 혼란하거나 분산되어 위험요인에 대응할 수 없을 때 발생한다.

관련개념 CHAPTER 04 인간의 행동과학

010

내전압용 절연장갑의 등급에 따른 최대사용전압이 틀린 것은?(단, 교류 전압은 실횻값이다.)

① 등급 00: 교류 500[V] ② 등급 1: 교류 7,500[V]
③ 등급 2: 직류 17,000[V] ④ 등급 3: 직류 39,750[V]

해설 절연장갑의 등급 및 색상

등급	최대사용전압		색상
	교류[V], 실횻값	직류[V]	
00	500	750	갈색
0	1,000	1,500	빨간색
1	7,500	11,250	흰색
2	17,000	25,500	노란색
3	26,500	39,750	녹색
4	36,000	54,000	등색

관련개념 CHAPTER 02 안전보호구 관리

011

교육훈련의 4단계를 올바르게 나열한 것은?

① 도입 → 적용 → 제시 → 확인
② 도입 → 확인 → 제시 → 적용
③ 적용 → 제시 → 도입 → 확인
④ 도입 → 제시 → 적용 → 확인

해설 교육법의 4단계
㉠ 1단계: 도입 - 학습할 준비를 시킨다.(배우고자 하는 마음가짐을 일으키는 단계)
㉡ 2단계: 제시 - 작업을 설명한다.(내용을 확실하게 이해시키고 납득시키는 단계)
㉢ 3단계: 적용 - 작업을 지휘한다.(이해시킨 내용을 활용시키거나 응용시키는 단계)
㉣ 4단계: 확인 - 가르친 뒤 살펴본다.(교육내용을 정확하게 이해하였는가를 평가하는 단계)

관련개념 CHAPTER 05 안전보건교육의 내용 및 방법

012

다음 중 버드(Bird)의 재해발생에 관한 이론에서 1단계에 해당하는 재해발생의 시작이 되는 것은?

① 기본 원인
② 관리의 부족
③ 불안전한 행동과 상태
④ 사회적 환경과 유전적 요소

해설 버드(Frank Bird)의 신도미노 이론
㉠ 1단계: 통제의 부족(관리 소홀) → 재해발생의 근원적 요인
㉡ 2단계: 기본 원인(기원) → 개인적 또는 과업과 관련된 요인
㉢ 3단계: 직접 원인(징후) → 불안전한 행동 및 불안전한 상태
㉣ 4단계: 사고(접촉)
㉤ 5단계: 상해(손해)

관련개념 CHAPTER 01 산업재해예방 계획 수립

013

다음 중 학습지도의 원리를 올바르게 고른 것은?

㉠ 직관의 원리	㉡ 개별화의 원리
㉢ 사회화의 원리	㉣ 자발성의 원리

① ㉠, ㉢ ② ㉠, ㉡, ㉢
③ ㉠, ㉡, ㉢, ㉣ ④ ㉢, ㉣

해설 학습지도 이론

개별화의 원리	학습자가 가지고 있는 각각의 요구 및 능력에 맞게 지도해야 한다는 원리
통합의 원리	학습을 종합적으로 지도하는 것으로 학습자의 능력을 조화있게 발달시키는 원리
사회화의 원리	공동학습을 통해 협력과 사회화를 도와준다는 원리
자발성의 원리	학습자 스스로 학습에 참여해야 한다는 원리
직관의 원리	구체적인 사물을 제시하거나 경험 등을 통해 학습효과를 거둘 수 있다는 원리

관련개념 CHAPTER 05 안전보건교육의 내용 및 방법

014

길포드의 Y–G 성격검사에서 정서불안적, 활동적, 외향적 성향에 해당하는 형의 종류는?

① A형
② B형
③ C형
④ D형

해설 길포드의 Y–G 성격검사 프로필 유형
· A형(평균형) : 조화적, 적응적
· B형(우편형) : 정서불안적, 활동적, 외향적
· C형(좌편형) : 안전소극형
· D형(우하형) : 안정, 적응, 적극형
· E형(좌하형) : 불안정, 부적응, 수동형

관련개념 CHAPTER 03 산업안전심리

015

인간의 의식 수준을 5단계로 구분할 때 의식이 명료한 상태의 단계는?

① Phase Ⅰ
② Phase Ⅱ
③ Phase Ⅲ
④ Phase Ⅳ

해설 인간의 의식 Level의 단계별 신뢰성

단계	의식의 상태	신뢰성
Phase 0	무의식, 실신	0
Phase Ⅰ	의식의 둔화	0.9 이하
Phase Ⅱ	이완 상태	0.99~0.99999
Phase Ⅲ	명료한 상태	0.99999 이상
Phase Ⅳ	과긴장 상태	0.9 이하

관련개념 CHAPTER 04 인간의 행동과학

016

「산업안전보건법」상 근로시간 연장의 제한에 관한 기준에서 아래의 ( ) 안에 알맞은 것은?

> 사업주는 유해하거나 위험한 작업으로서 대통령령으로 정하는 작업에 종사하는 근로자에게는 1일 (㉠)시간, 1주 (㉡)시간을 초과하여 근로하게 하여서는 아니 된다.

① ㉠ 6 ㉡ 34
② ㉠ 7 ㉡ 36
③ ㉠ 8 ㉡ 40
④ ㉠ 8 ㉡ 44

해설 사업주는 유해하거나 위험한 작업으로서 높은 기압에서 하는 작업 등 대통령령으로 정하는 작업에 종사하는 근로자에게는 1일 6시간, 1주 34시간을 초과하여 근로하게 하여서는 아니 된다.

관련개념 CHAPTER 01 산업재해예방 계획 수립

017

사고예방대책의 기본원리 5단계 중 틀린 것은?

① 1단계 : 안전관리계획
② 2단계 : 현상파악
③ 3단계 : 분석·평가
④ 4단계 : 대책의 선정

해설 하인리히 사고예방대책의 기본원리 5단계
㉠ 1단계 : 조직(안전관리조직)
㉡ 2단계 : 사실의 발견(현상파악)
㉢ 3단계 : 분석·평가(원인규명)
㉣ 4단계 : 시정책의 선정
㉤ 5단계 : 시정책의 적용

관련개념 CHAPTER 01 산업재해예방 계획 수립

018

다음 중 맥그리거(McGregor)의 인간해설에 있어 X 이론적 관리 처방으로 가장 적합한 것은?

① 직무의 확장
② 분관화와 권환의 위임
③ 민주적 리더십의 확립
④ 경제적 보상체계의 강화

해설 X 이론에 대한 관리 처방
· 경제적 보상체제의 강화
· 권위주의적 리더십의 확립
· 면밀한 감독과 엄격한 통제
· 상부책임제도의 강화
· 통제에 의한 관리

관련개념 CHAPTER 04 인간의 행동과학

019

다음 중 「산업안전보건법령」상 중대재해에 해당되지 않는 것은?

① 3개월 이상의 요양을 요하는 부상자가 동시에 2명 이상 발생한 재해
② 직업성 질병자가 동시에 5명 이상 발생한 재해
③ 부상자가 동시에 10명 이상 발생한 재해
④ 사망자가 1명 이상 발생한 재해

해설 **중대재해의 범위**
- 사망자가 1명 이상 발생한 재해
- 3개월 이상의 요양이 필요한 부상자가 동시에 2명 이상 발생한 재해
- 부상자 또는 직업성 질병자가 동시에 10명 이상 발생한 재해

관련개념 CHAPTER 01 산업재해예방 계획 수립

020

데이비스(Davis)의 동기부여 이론 중 동기유발의 식으로 옳은 것은?

① 지식×기능 ② 지식×태도
③ 상황×기능 ④ 상황×태도

해설 **데이비스(K. Davis)의 동기부여 이론**
- 지식(Knowledge)×기능(Skill)=능력(Ability)
- 상황(Situation)×태도(Attitude)=동기유발(Motivation)
- 능력(Ability)×동기유발(Motivation)
  =인간의 성과(Human Performance)
- 인간의 성과×물질적 성과=경영의 성과

관련개념 CHAPTER 04 인간의 행동과학

인간공학 및 위험성평가 · 관리

021

인간공학에 대한 설명으로 틀린 것은?

① 인간 – 기계 시스템의 안전성, 편리성, 효율성을 높인다.
② 인간을 작업과 기계에 맞추는 설계 철학이 바탕이 된다.
③ 인간이 사용하는 물건, 설비, 환경의 설계에 적용된다.
④ 인간의 생리적, 심리적인 면에서의 특성이나 한계점을 고려한다.

해설 **인간공학의 정의**
- 인간의 신체적, 정신적 능력 한계를 고려하여 작업환경 또는 기계를 인간에게 적절한 형태로 맞추는 것이다.
- 인간의 특성과 능력을 공학적으로 분석, 평가하여 이를 복잡한 체계의 설계에 응용함으로써 효율을 최대로 활용할 수 있도록 하는 학문분야이다.

관련개념 CHAPTER 01 안전과 인간공학

022

프레스에 설치된 안전장치의 수명은 지수분포를 따르며 평균수명은 100시간이다. 새로 구입한 안전장치가 70시간 동안 고장 없이 작동할 확률(A)과 이미 100시간을 사용한 안전장치가 앞으로 30시간 이상 견딜 확률(B)은 얼마인가?

① A: 0.607, B: 0.368
② A: 0.4966, B: 0.7408
③ A: 0.368, B: 0.607
④ A: 0.225, B: 0.725

해설 **기계의 신뢰도**
A: $R=e^{-\lambda t}=e^{-\frac{t}{t_0}}=e^{-\frac{70}{100}}=0.4966$
B: $R=e^{-\lambda t}=e^{-\frac{t}{t_0}}=e^{-\frac{30}{100}}=0.7408$
여기서, λ: 고장률
   t: 가동시간
   t_0: 평균수명

관련개념 CHAPTER 02 위험성 파악 · 결정

023

결함수분석법(FTA)에서의 미니멀 컷셋과 미니멀 패스셋에 관한 설명으로 맞는 것은?

① 미니멀 컷셋은 시스템의 신뢰성을 표시하는 것이다.
② 미니멀 패스셋은 시스템의 위험성을 표시하는 것이다.
③ 미니멀 패스셋은 시스템의 고장을 발생시키는 최소의 패스셋이다.
④ 미니멀 컷셋은 정상사상(Top Event)을 일으키기 위한 최소한의 컷셋이다.

해설

① 미니멀 컷셋은 시스템의 위험성을 표시하는 것이다.
② 미니멀 패스셋은 시스템의 신뢰성을 표시하는 것이다.
③ 미니멀 패스셋은 정상사상이 일어나지 않는 최소한의 패스셋이다.

관련개념 CHAPTER 02 위험성 파악 · 결정

024

FT도에 사용하는 기호에서 3개의 입력현상 중 임의의 시간에 2개가 발생하면 출력이 생기는 기호의 명칭은?

① 억제 게이트
② 조합 AND 게이트
③ 배타적 OR 게이트
④ 우선적 AND 게이트

해설

기호	명칭	설명
2개의 조합 A_i A_j A_k	조합 AND 게이트	3개 이상의 입력현상 중 2개가 일어나면 출력사상이 발생

관련개념 CHAPTER 02 위험성 파악 · 결정

025

자극-반응 조합의 관계에서 인간의 기대와 모순되지 않는 성질을 무엇이라 하는가?

① 양립성
② 적응성
③ 변별성
④ 신뢰성

해설 양립성(Compatibility)

안전을 근원적으로 확보하기 위한 전략으로서 외부의 자극과 인간의 기대가 서로 모순되지 않아야 하는 것이고 제어장치와 표시장치 사이의 연관성이 인간의 예상과 어느 정도 일치하는가 여부이다.

관련개념 CHAPTER 06 작업환경 관리

026

THERP(Technique for Human Error Rate Prediction)의 특징에 대한 설명으로 옳은 것을 모두 고른 것은?

> ㉠ 인간-기계체계(SYSTEM)에서 여러 가지의 인간의 에러와 이에 의해 발생할 수 있는 위험성의 예측과 개선을 위한 기법
> ㉡ 인간의 과오를 정성적으로 평가하기 위하여 개발된 기법
> ㉢ 가지처럼 갈라지는 형태의 논리구조와 나무형태의 그래프를 이용

① ㉠, ㉡
② ㉠, ㉢
③ ㉡, ㉢
④ ㉠, ㉡, ㉢

해설 인간과오율 추정법(THERP; Technique for Human Error Rate Prediction)

인간의 과오(Human Error)에 기인된 사고원인을 분석하기 위하여 100만 운전시간당 과오도 수를 기본 과오율로 하여 인간의 과오율을 정량적으로 평가하는 기법이다.

• 인간의 동작이 시스템에 미치는 영향을 나타내는 그래프적 방법으로 인간 실수율(HEP)을 예측하는 기법이다.
• 사건수 분석의 변형으로 나무형태의 그래프를 통한 각 경로의 확률을 계산한다.

관련개념 CHAPTER 02 위험성 파악 · 결정

027

다음 중 열전달 과정으로 옳지 않은 것은?

① 대류　　　　　　　② 반사
③ 전도　　　　　　　④ 복사

해설 열전달의 3가지 방법은 전도, 대류, 복사이다.

관련개념 CHAPTER 06 작업환경 관리

028

태양광선이 내리쬐는 옥외 장소의 자연습구온도 25[℃], 흑구온도 20[℃], 건구온도 28[℃]일 때, 습구흑구온도지수[℃]는?

① 21.8[℃]　　　　　② 24.3[℃]
③ 26.1[℃]　　　　　④ 26.6[℃]

해설 습구흑구온도지수(WBGT)[태양광선이 내리쬐는 옥외 장소]
WBGT[℃]=0.7×자연습구온도(NWB)+0.2×흑구온도(GT)
　　　　　　+0.1×건구온도(DT)
　　　　=0.7×25+0.2×20+0.1×28=24.3[℃]

관련개념 CHAPTER 06 작업환경 관리

029

소음으로부터 30[m] 떨어진 곳의 음압수준이 140[dB]이면 3,000[m] 떨어진 곳의 음의 강도는 얼마인가?

① 100[dB]　　　　　② 110[dB]
③ 120[dB]　　　　　④ 140[dB]

해설 두 거리 d_1, d_2에 따른 음의 변화
$$dB_2=dB_1-20\log\frac{d_2}{d_1}=140-20\log\frac{3,000}{30}=100[dB]$$

관련개념 CHAPTER 06 작업환경 관리

030

다음 중 신호검출이론(SDT)에서 두 정규분포 곡선이 교차하는 부분에 판별기준이 놓였을 경우 Beta 값으로 옳은 것은?

① Beta=0　　　　　② Beta<1
③ Beta=1　　　　　④ Beta>1

해설 신호검출이론(SDT; Signal Detection Theory)
배경소음(Noise)이 신호검출에 미치는 영향에 관한 이론으로 기준점에서 두 곡선의 높이의 비(신호/소음)를 β라고 하며, 두 정규분포 곡선이 교차하는 부분에 판별기준이 놓였을 경우 $\beta=1$이다.

관련개념 CHAPTER 06 작업환경 관리

031

다음 중 생산설비의 보전작업의 종류와 그 설명이 옳지 않은 것은?

① 예방보전: 고장이 생기기 전에 주기적으로 실시하는 보전활동으로, 적정주기를 정하고 그 주기에 따라 수리·교환한다.
② 예비보전: 설계에서 폐기에 이르기까지 기계설비의 전 과정에서 소요되는 설비의 열화손실과 보전비용을 최소화하여 생산성을 향상시키는 보전방법을 말한다.
③ 일상보전: 설비의 열화를 방지하고 그 진행을 지연시켜 수명을 연장하기 위한 보전을 말한다.
④ 사후보전: 생산설비, 장치 또는 기기의 기능저하나 기능정지가 발생된 후에 보수나 교환을 하는 보전활동을 말한다.

해설 ②는 생산보전(PM; Productive Maintenance)에 관한 설명이다.

관련개념 CHAPTER 03 위험성 감소대책 수립·실행

032

인체측정에 대한 설명으로 옳은 것은?

① 인체측정은 동적측정과 정적측정이 있다.
② 인체측정학은 인체의 생화학적 특징을 다룬다.
③ 자세에 따른 인체지수의 변화는 없다고 가정한다.
④ 측정항목에 무게, 둘레, 두께, 길이는 포함되지 않는다.

해설 인체측정(계측)
• 구조적 인체치수(정적측정): 표준 자세에서 움직이지 않는 피측정자를 인체 측정기로 측정하는 것으로 설계의 표준이 되는 기초적인 치수를 결정한다.
• 기능적 인체치수(동적측정): 움직이는 몸의 자세로부터 측정하는 것으로 사람은 일상생활 중에 항상 몸을 움직이기 때문에 어떤 설계 문제에는 기능적 치수가 더 널리 사용된다.

관련개념 CHAPTER 06 작업환경 관리

033

비상구 출입문 설계 시, 가장 적합한 인체측정자료의 응용원칙은?

① 조절식 설계
② 평균치를 이용한 설계
③ 최대치수를 이용한 설계
④ 최소치수를 이용한 설계

해설 극단치 설계
특정한 설비를 설계할 때, 거의 모든 사람을 수용할 수 있도록 설계한다.
• 최소치 설계: 하위 백분위 수 기준 1, 5, 10[%tile]
  예 선반의 높이, 조종장치까지의 거리 등
• 최대치 설계: 상위 백분위 수 기준 90, 95, 99[%tile]
  예 문, 통로, 탈출구 등

관련개념 CHAPTER 06 작업환경 관리

034

손이나 특정 신체부위에 발생하는 누적손상장애(CTDs)의 발생인자와 가장 거리가 먼 것은?

① 무리한 힘
② 다습한 환경
③ 장시간의 진동
④ 반복도가 높은 작업

해설 누적손상장애(CTDs) 발생원인
과도한 힘의 요구, 부적절한 작업자세, 장시간의 진동, 반복적인 동작 등

관련개념 CHAPTER 04 근골계질환 예방관리

035

시스템 수명주기에 있어서 예비위험분석(PHA)이 이루어지는 단계에 해당하는 것은?

① 구상단계
② 점검단계
③ 운전단계
④ 생산단계

해설 예비위험분석(PHA; Preliminary Hazards Analysis)
시스템 내의 위험요소가 얼마나 위험상태에 있는가를 평가하는 시스템안전 프로그램의 최초단계(시스템 구상단계)의 정성적인 분석 방식이다.

관련개념 CHAPTER 02 위험성 파악·결정

036

다음 중 FTA에 의한 재해사례 연구순서에서 가장 먼저 실시하여야 하는 사항은?

① FT도의 작성
② 개선계획의 작성
③ 톱(TOP)사상의 선정
④ 사상의 재해원인 규명

해설 FTA에 의한 재해사례 연구순서(D. R Cheriton)
정상(Top)사상의 선정 → 각 사상의 재해원인 규명 → FT도의 작성 및 분석 → 개선계획의 작성

관련개념 CHAPTER 02 위험성 파악·결정

037

의자설계의 인간공학적 원리로 틀린 것은?

① 쉽게 조절할 수 있도록 한다.
② 추간판의 압력을 줄일 수 있도록 한다.
③ 등근육의 정적 부하를 줄일 수 있도록 한다.
④ 고정된 자세로 장시간 유지할 수 있도록 한다.

해설 의자설계 시 고정된 자세가 장시간 유지되지 않도록 설계한다.

관련개념 CHAPTER 06 작업환경 관리

038

「산업안전보건법령」에 따라 제조업 등 유해위험방지계획서를 작성하고자 할 때 관련 규정에 따라 1명 이상 포함시켜야 하는 사람의 자격으로 적합하지 않은 것은?

① 한국산업안전보건공단이 실시하는 관련교육을 8시간 이수한 사람
② 기계, 재료, 화학, 전기, 전자, 안전관리 또는 환경분야 기술사 자격을 취득한 사람
③ 관련분야 기사 자격을 취득한 사람으로서 해당 분야에서 3년 이상 근무한 경력이 있는 사람
④ 기계안전, 전기안전, 화공안전분야의 산업안전지도사 또는 산업보건지도사 자격을 취득한 사람

해설 제조업 등 유해위험방지계획서 작성자
계획서를 작성할 때 다음의 자격을 갖춘 사람 또는 공단이 실시하는 관련교육을 20시간 이상 이수한 사람 중 1명 이상을 포함시켜야 한다.
• 기계, 재료, 화학, 전기·전자, 안전관리 또는 환경분야 기술사 자격을 취득한 사람
• 기계안전·전기안전·화공안전분야의 산업안전지도사 또는 산업보건지도사 자격을 취득한 사람
• 관련분야 기사·산업기사 자격을 취득한 사람으로서 해당 분야에서 3년(산업기사는 5년) 이상 근무한 경력이 있는 사람

관련개념 CHAPTER 02 위험성 파악·결정

039

예비위험분석(PHA)에서 식별된 사고의 범주가 아닌 것은?

① 중대(Critical)　　② 한계적(Marginal)
③ 파국적(Catastrophic)　　④ 수용가능(Acceptable)

해설 PHA에 의한 위험등급
㉠ Class-1: 파국(Catastrophic)
㉡ Class-2: 중대(위기)(Critical)
㉢ Class-3: 한계적(Marginal)
㉣ Class-4: 무시가능(Negligible)

관련개념 CHAPTER 02 위험성 파악·결정

040

정량적 표시장치에 관한 설명으로 맞는 것은?

① 정확한 값을 읽어야 하는 경우 일반적으로 디지털보다 아날로그 표시장치가 유리하다.
② 동목(Moving Scale)형 아날로그 표시장치는 표시장치의 면적을 최소화할 수 있는 장점이 있다.
③ 연속적으로 변화하는 양을 나타내는 데에는 일반적으로 아날로그보다 디지털 표시장치가 유리하다.
④ 동침(Moving Pointer)형 아날로그 표시장치는 바늘의 진행 방향과 증감 속도에 대한 인식적인 암시 신호를 얻는 것이 불가능한 단점이 있다.

해설 동목(Moving Scale)형 표시장치는 표시장치의 공간을 적게 차지하는 이점이 있다.
오답해설
① 정확한 수치를 읽어야 하는 경우 디지털 표시장치가 더 유리하다.
③ 연속적으로 변화하는 양을 나타내는 데에는 아날로그 표시장치가 더 유리하다.
④ 동침형 아날로그 표시장치의 경우 지침의 위치가 일종의 인식상의 단서로 작용하는 이점이 있다.

관련개념 CHAPTER 06 작업환경 관리

기계 · 기구 및 설비 안전관리

041

연평균 500명의 근로자가 근무하는 사업장에서 지난 한 해 동안 20명의 재해자가 발생하였다. 만약 이 사업장에서 한 근로자가 평생 동안 작업을 한다면 약 몇 건의 재해를 당할 수 있겠는가?(단, 1인당 평생근로시간은 120,000시간으로 한다.)

① 4건
② 7건
③ 1건
④ 2건

해설

$$도수율 = \frac{재해건수}{연근로시간수} \times 1,000,000$$

$$= \frac{20}{500 \times 2,400} \times 1,000,000 = 16.67$$

$$환산도수율 = 도수율 \times \frac{평생근로시간\ 수}{1,000,000}$$

$$= 16.67 \times \frac{120,000}{1,000,000} = 2.00$$

따라서 한 작업자가 평생 동안 약 2건의 재해를 당할 수 있다.

※ 문제에서 연근로시간 수가 주어지지 않았으므로 1일 근로시간(8시간)×1년(300일)=2,400시간으로 산정한다.

관련개념 CHAPTER 02 기계분야 산업재해 조사 및 관리

042

「산업안전보건법령」상 롤러기의 방호장치 중 롤러의 앞면 표면속도가 30[m/min] 이상일 때 무부하 동작에서 급정지 거리는?

① 앞면 롤러 원주의 1/2.5 이내
② 앞면 롤러 원주의 1/3 이내
③ 앞면 롤러 원주의 1/3.5 이내
④ 앞면 롤러 원주의 1/5.5 이내

해설 롤러기의 급정지장치의 성능

앞면 롤러의 표면속도[m/min]	급정지거리
30 미만	앞면 롤러 원주의 $\frac{1}{3}$ 이내
30 이상	앞면 롤러 원주의 $\frac{1}{2.5}$ 이내

관련개념 CHAPTER 05 기타 산업용 기계 · 기구

043

인간이 기계 등의 취급을 잘못해도 그것이 바로 사고나 재해와 연결되는 일이 없는 기능을 의미하는 것은?

① Fail Safe
② Fail Active
③ Fail Operational
④ Fool Proof

해설 풀 프루프(Fool Proof)

근로자가 기계를 잘못 취급하여 불안전한 행동이나 실수를 하여도 기계설비의 안전기능이 작용하여 재해를 방지할 수 있는 기능이다.

관련개념 CHAPTER 01 기계공정의 안전, 기계안전시설 관리

044

다음 중 회전축, 커플링 등 회전하는 물체에 작업복 등이 말려드는 위험을 초래하는 위험점은?

① 협착점
② 접선물림점
③ 절단점
④ 회전말림점

해설 회전말림점(Trapping Point)

회전하는 물체의 길이, 굵기, 속도 등이 불규칙한 부위와 돌기 회전부위에 작업복 등이 말려드는 위험이 존재하는 점이다. 예 회전축, 드릴

관련개념 CHAPTER 01 기계공정의 안전, 기계안전시설 관리

045

「산업안전보건법령」상 프레스 및 전단기에서 안전블록을 사용해야 하는 작업으로 가장 거리가 먼 것은?

① 금형 가공작업
② 금형 해체작업
③ 금형 부착작업
④ 금형 조정작업

해설 프레스 등의 금형을 부착·해체 또는 조정하는 작업을 할 때에 해당 작업에 종사하는 근로자의 신체가 위험한계 내에 있는 경우 슬라이드가 갑자기 작동함으로써 근로자에게 발생할 우려가 있는 위험을 방지하기 위하여 안전블록을 사용하는 등 필요한 조치를 하여야 한다.

관련개념 CHAPTER 04 프레스 및 전단기의 안전

046

다음 중 용접 결함의 종류에 해당하지 않는 것은?

① 비드(Bead)
② 기공(Blow Hole)
③ 언더컷(Under Cut)
④ 용입불량(Incomplete Penetration)

해설 비드(Bead)는 용접작업에서 모재와 용접봉이 녹아서 생긴 가늘고 긴 파형의 띠이다.

용접 결함의 종류

언더컷, 오버랩, 기공, 스패터, 슬래그 섞임, 용입불량 등

관련개념 CHAPTER 05 기타 산업용 기계·기구

047

「산업안전보건법령」상 지게차의 최대하중의 2배 값이 6톤일 경우 헤드가드의 강도는 몇 톤의 등분포정하중에 견딜 수 있어야 하는가?

① 4
② 6
③ 8
④ 10

해설 **헤드가드의 구비조건**

- 강도는 지게차의 최대하중의 2배 값(4톤을 넘는 값에 대해서는 4톤)의 등분포정하중에 견딜 수 있을 것
- 상부틀의 각 개구의 폭 또는 길이가 16[cm] 미만일 것
- 운전자가 앉아서 조작하거나 서서 조작하는 지게차의 헤드가드는 한국산업표준에서 정하는 높이 기준 이상일 것(입승식: 1.88[m] 이상, 좌승식: 0.903[m] 이상)

관련개념 CHAPTER 06 운반기계 및 양중기

048

프레스기의 SPM(Stroke Per Minute)이 200이고, 클러치의 맞물림 개소 수가 6인 경우 양수기동식 방호장치의 안전거리는?

① 120[mm]
② 200[mm]
③ 320[mm]
④ 400[mm]

해설 **양수기동식 방호장치의 안전거리**

$$T_m = \left(\frac{1}{2} + \frac{1}{\text{클러치 개소 수}}\right) \times \frac{60}{\text{분당 행정수[SPM]}}$$

$$= \left(\frac{1}{2} + \frac{1}{6}\right) \times \frac{60}{200} = 0.2\text{초}$$

여기서, T_m: 누름버튼을 누른 때부터 슬라이드가 하사점에 도달할 때까지의 소요 최대시간[초]

$$D_m = 1,600 \times T_m = 1,600 \times 0.2 = 320[mm]$$

관련개념 CHAPTER 04 프레스 및 전단기의 안전

049

회전하는 부분의 접선방향으로 물려 들어갈 위험이 존재하는 점으로 주로 체인, 풀리, 벨트, 기어와 랙 등에서 형성되는 위험점은?

① 끼임점
② 물림점
③ 절단점
④ 접선물림점

해설 **접선물림점(Tangential Nip Point)**

회전하는 부분의 접선방향으로 물려 들어갈 위험이 존재하는 위험점이다.

예 풀리와 벨트, 체인과 스프라켓

관련개념 CHAPTER 01 기계공정의 안전, 기계안전시설 관리

050

초음파탐상법의 종류에 해당하지 않는 것은?

① 반사식
② 투과식
③ 공진식
④ 침투식

해설 초음파탐상법의 종류로는 투과법, 펄스반사법, 공진법 등이 있다.

관련개념 CHAPTER 07 설비진단 및 검사

051

다음 중 아세틸렌 용접장치에서 역화의 원인으로 가장 거리가 먼 것은?

① 아세틸렌의 공급 과다
② 토치 성능의 부실
③ 압력조정기의 고장
④ 토치 팁에 이물질이 묻은 경우

해설 아세틸렌의 공급 과다는 역화의 원인이 아니다. 산소의 공급이 과다할 경우 역화가 발생할 수 있다.

역화의 원인
• 토치 팁에 이물질이 묻은 경우
• 팁과 모재의 접촉
• 토치의 성능 불량
• 토치 팁의 과열
• 압력조정기의 고장

관련개념 CHAPTER 05 기타 산업용 기계 · 기구

052

연삭숫돌의 파괴원인으로 거리가 가장 먼 것은?

① 숫돌이 외부의 큰 충격을 받았을 때
② 숫돌의 회전속도가 너무 빠를 때
③ 숫돌 자체에 이미 균열이 있을 때
④ 플랜지 직경이 숫돌 직경의 $\frac{1}{3}$ 이상일 때

해설 플랜지 지름이 현저하게 작을 때(플랜지 지름은 숫돌 직경의 $\frac{1}{3}$ 이상인 것이 적당함) 연삭숫돌이 파괴된다.

연삭숫돌의 파괴 및 재해원인
• 숫돌에 균열이 있는 경우
• 숫돌이 고속으로 회전하는 경우
• 회전력이 결합력보다 큰 경우
• 무거운 물체가 충돌한 경우(외부의 큰 충격을 받은 경우)
• 숫돌의 측면을 일감으로써 심하게 가압했을 경우
• 베어링이 마모되어 진동을 일으키는 경우
• 플랜지 지름이 현저하게 작은 경우
• 회전중심이 잡히지 않은 경우

관련개념 CHAPTER 03 공작기계의 안전

053

어떤 양중기에서 3,000[kg]의 질량을 가진 물체를 한쪽이 45°인 각도로 그림과 같이 2개의 와이어로프로 직접 들어 올릴 때, 안전율이 고려된 가장 적절한 와이어로프 지름을 표에서 구하면?(단, 안전율은 「산업안전보건법령」을 따르고, 두 와이어로프의 지름은 동일하며, 기준을 만족하는 가장 작은 지름을 선정한다.)

와이어로프 지름 및 절단강도

와이어로프 지름[mm]	절단강도[kN]
10	56
12	88
14	110
16	144

① 10[mm]　　　　② 12[mm]
③ 14[mm]　　　　④ 16[mm]

해설 와이어로프 하나에 걸리는 하중

$$T=\frac{\frac{w}{2}}{\cos\frac{\theta}{2}}=\frac{1,500}{\cos 45°}=2,121[kg]=20,790[N]=20.79[kN]$$

여기서, w: 물체의 무게
　　　　θ: 와이어로프 상부의 각도

화물의 하중을 직접 지지하는 와이어로프의 경우 안전율은 5 이상이므로 $20.79 \times 5 = 103.95[kN]$ 이상의 절단강도를 가진 와이어로프 중 가장 작은 지름인 14[mm]가 가장 적절하다.

관련개념 CHAPTER 06 운반기계 및 양중기

054

다음 중 산업재해의 원인으로 간접적 원인에 해당되지 않는 것은?

① 기술적 원인 ② 물적 원인
③ 관리적 원인 ④ 교육적 원인

해설 물적 원인은 직접 원인에 해당한다.
산업재해의 간접 원인
- 기술적 원인   - 교육적 원인   - 신체적 원인
- 정신적 원인   - 관리적 원인

관련개념 CHAPTER 02 기계분야 산업재해 조사 및 관리

055

회전수가 300[rpm], 연삭숫돌의 지름이 200[mm]일 때 숫돌의 원주속도는 몇 [m/min]인가?

① 60.0 ② 94.2
③ 150.0 ④ 188.5

해설 숫돌의 원주속도
$$V = \frac{\pi DN}{1,000} = \frac{\pi \times 200 \times 300}{1,000} = 188.5[\text{m/min}]$$
여기서, D: 지름[mm]
　　　　N: 회전수[rpm]

관련개념 CHAPTER 03 공작기계의 안전

056

다음 중 지게차의 안정도에 관한 설명으로 틀린 것은?

① 지게차의 등판능력을 표시한다.
② 좌우 안정도와 전후 안정도가 있다.
③ 주행과 하역작업의 안정도가 다르다.
④ 작업 또는 주행 시 안정도 이하로 유지해야 한다.

해설 지게차 안정도는 수평지면의 길이에 대한 경사 높이로 나타낸다.

관련개념 CHAPTER 06 운반기계 및 양중기

057

양중기(승강기를 제외함)를 사용하여 작업하는 운전자 또는 작업자가 보기 쉬운 곳에 해당 양중기에 대해 표시하여야 할 내용이 아닌 것은?

① 정격하중 ② 운전속도
③ 경고표시 ④ 최대 인양높이

해설 양중기(승강기 제외) 및 달기구를 사용하여 작업하는 운전자 또는 작업자가 보기 쉬운 곳에 해당 기계의 정격하중(달기구는 정격하중만 표시), 운전속도, 경고표시 등을 부착하여야 한다.

관련개념 SUBJECT 06 건설공사 안전관리
　　　　　　CHAPTER 06 공사 및 작업 종류별 안전

058

NIOSH 지침에서 최대허용한계(MPL)는 활동한계(AL)의 몇 배인가?

① 1배 ② 3배
③ 5배 ④ 9배

해설 NIOSH Lifting Guideline에서 중량물 취급 시 감시기준(활동한계, AL)과 최대허용기준(MPL)의 관계식은 다음과 같다.
MPL=3AL

관련개념 SUBJECT 02 인간공학 및 위험성 평가 · 관리
　　　　　　CHAPTER 06 작업환경 관리

059

다음 중 롤러기의 급정지장치 설치방법으로 틀린 것은?

① 손조작식 급정지장치의 조작부는 밑면에서 1.8[m] 이 내로 설치한다.

② 복부조작식 급정지장치 조작부는 밑면에서 0.8[m] 이 상 1.1[m] 이내로 설치한다.

③ 무릎조작식 급정지장치 조작부는 밑면에서 0.8[m] 이 내에 설치한다.

④ 급정지장치의 위치는 급정지장치의 조작부 중심점을 기준으로 한다.

해설 급정지장치 조작부의 위치

종류	설치위치
손조작식	밑면에서 1.8[m] 이내
복부조작식	밑면에서 0.8[m] 이상 1.1[m] 이내
무릎조작식	밑면에서 0.6[m] 이내

※ 위치는 급정지장치 조작부의 중심점을 기준으로 한다.

관련개념 CHAPTER 05 기타 산업용 기계 · 기구

060

방호장치의 설치목적과 가장 관계가 먼 것은?

① 가공물 등의 낙하에 의한 위험 방지

② 위험부위와 신체의 접촉 방지

③ 방음이나 집진

④ 주유나 검사의 편리성

해설 방호장치는 기계 · 기구에 의한 위험작업, 기타 작업에 의한 위험 으로부터 근로자를 보호하기 위한 것으로 주유나 검사의 편리성은 설치목 적이 아니다.

관련개념 CHAPTER 01 기계공정의 안전, 기계안전시설 관리

전기설비 안전관리

061

내압방폭구조의 필요충분조건에 대한 사항으로 틀린 것은?

① 폭발화염이 외부로 유출되지 않을 것

② 습기침투에 대한 보호를 충분히 할 것

③ 내부에서 폭발할 경우 그 압력에 견딜 것

④ 외함의 표면온도가 외부의 폭발성 가스를 점화하지 않 을 것

해설 내압방폭구조의 성능
- 내부에서 폭발할 경우 그 압력에 견딜 것
- 폭발화염이 외부로 유출되지 않을 것
- 외함 표면온도가 주위의 가연성 가스를 점화하지 않을 것

관련개념 CHAPTER 04 전기방폭관리

062

인체의 저항을 1,000[Ω]으로 볼 때 심실세동을 일으키는 전류에서의 전기에너지는 약 몇 [J]인가?(단, 심실세동전류 는 $\frac{165}{\sqrt{T}}$[mA]이며, 통전시간 T는 1초, 전원은 정현파 교류 이다.)

① 13.6 ② 27.2
③ 136.6 ④ 272.2

해설 $W = I^2 RT = \left(\frac{165}{\sqrt{T}} \times 10^{-3}\right)^2 \times 1,000T$

$\qquad = (165^2 \times 10^{-6}) \times 1,000 = 27.2[J]$

여기서, W: 위험한계에너지[J]

I: 심실세동전류[A]

R: 인체저항[Ω]

T: 통전시간[s]

관련개념 CHAPTER 02 감전재해 및 방지대책

063

누전차단기의 구성요소가 아닌 것은?

① 누전검출부 ② 영상변류기
③ 차단장치 ④ 전력퓨즈

해설 **누전차단기 구성요소**
영상변류기, 누전검출부, 트립코일, 차단장치 및 시험버튼
관련개념 CHAPTER 02 감전재해 및 방지대책

064

감전쇼크에 의해 호흡이 정지되었을 경우 일반적으로 약 몇 분 이내에 응급처치를 개시하면 95[%] 정도를 소생시킬 수 있는가?

① 1분 이내 ② 3분 이내
③ 5분 이내 ④ 7분 이내

해설 단시간 내에 인공호흡 등 응급처치를 실시할 경우 감전사망자의 95[%] 이상 소생시킬 수 있다.(1분 이내 95[%], 3분 이내 75[%], 4분 이내 50[%], 5분 이내이면 25[%]로 크게 감소)
관련개념 CHAPTER 02 감전재해 및 방지대책

065

고속형 누전차단기의 동작시간으로 옳은 것은?

① 정격감도전류에서 0.1초 이내
② 정격감도전류에서 0.3초 이내
③ 정격감도전류에서 0.01초 이내
④ 정격감도전류에서 0.03초 이내

해설 고속형 누전차단기의 동작시간은 정격감도전류에서 0.1초 이내이어야 한다.
감전보호용 누전차단기
정격감도전류 30[mA] 이하, 동작시간 0.03초 이내
관련개념 CHAPTER 02 감전재해 및 방지대책

066

대전서열을 올바르게 나열한 것은?(단, 왼쪽일수록 (+), 오른쪽일수록 (−)를 나타낸다.)

① 폴리에틸렌 − 셀룰로이드 − 염화비닐 − 테프론
② 셀룰로이드 − 폴리에틸렌 − 염화비닐 − 테프론
③ 염화비닐 − 폴리에틸렌 − 셀룰로이드 − 테프론
④ 테프론 − 셀룰로이드 − 염화비닐 − 폴리에틸렌

해설 대전서열은 물체가 서로 접촉되거나 마찰될 때 양(+)으로 대전되기 쉬운 물질을 앞에 두고, 음(−)으로 대전되기 쉬운 물질을 뒤로 하여 그 순서대로 나열한 것이다.
대전서열

플러스로 대전되기 쉽다.   마이너스로 대전되기 쉽다.

유리 · 머리카락 · 나일론 · 양모 · 레이온 · 견포온 · 비닐론인견혼방 · 아세테이트인견 · 오론면혼방 · 펄프로지 · 고무 · 테릴렌 · 비닐론 · 사린 · 다클론 · 테릴렌 · 카페이트 · 폴리에틸렌 · 카네칼론 · 셀룰로이드 · 사진필름 · 셀로판 · 염화비닐 · 테프론

관련개념 CHAPTER 03 정전기 장·재해관리

067

전기화재의 원인이 아닌 것은?

① 단락 및 과부하 ② 절연불량
③ 기구의 구조불량 ④ 누전

해설 **전기화재의 원인**
• 단락(합선)
• 누전(지락)
• 과전류
• 스파크(Spark, 전기불꽃)
• 접촉부 과열
• 절연열화(탄화)에 의한 발열
• 낙뢰
• 정전기 스파크
관련개념 CHAPTER 05 전기설비 위험요인관리

068

온도 t[℃]에서 동선의 저항을 R_t, 온도의 계수를 a_t라 할 때 T[℃]에 있어서의 저항 R_T은 어떻게 구하는가?

① $R_t\{1+a_t(T-t)\}$ ② $R_t\{a_t+234.5(t-T)\}$
③ $a_t\{1+R_t(T-t)\}$ ④ $R_t\{1+a_t(T+t)\}$

해설 저항 온도 계수

모든 물질은 온도 변화에 따라 내부의 저항치가 변화하는데 저항기 역시 온도의 변화에 따라 저항치가 변화하며, 그 변화율을 저항 온도 계수라고 한다. 이때 온도와 저항의 관계식은 다음과 같다.

$R_T = R_t\{1+a_t(T-t)\}$

관련개념 CHAPTER 01 전기안전관리

069

전격의 위험을 결정하는 주된 인자로 가장 거리가 먼 것은?

① 통전전류   ② 통전시간
③ 통전경로   ④ 접촉전압

해설 접촉전압은 2차적 감전요소(간접적인 요인)이다.

감전재해의 요인

• 1차적 감전요소: 통전전류의 크기, 통전경로, 통전시간, 전원의 종류
• 2차적 감전요소: 인체의 조건(인체의 저항), 전압의 크기, 계절 등 주위 환경

관련개념 CHAPTER 02 감전재해 및 방지대책

070

「한국전기설비규정」에 따라 피뢰설비에서 외부피뢰시스템의 수뢰부시스템으로 적합하지 않은 것은?

① 돌침   ② 수평도체
③ 그물망도체 ④ 환상도체

해설 수뢰부시스템은 돌침, 수평도체, 그물망도체의 요소 중에 한 가지 또는 이를 조합한 형식으로 시설하여야 한다.

관련개념 CHAPTER 05 전기설비 위험요인관리

071

접지목적에 따른 종류에서 사용목적이 다른 것은?

① 피뢰용 접지: 낙뢰로부터 전기기기의 손상 방지
② 등전위 접지: 정전기의 축적에 의한 폭발 방지
③ 계통접지: 고·저압 전로 혼촉 시 감전 및 화재 방지
④ 기기접지: 누전이 되고 있는 기기 접촉 시 감전 방지

해설 접지의 목적에 따른 종류

접지의 종류	접지목적
계통접지	고압전로와 저압전로 혼촉 시 감전이나 화재 방지
기기접지	누전되고 있는 기기에 접촉되었을 때의 감전 방지
피뢰기접지 (낙뢰방지용 접지)	낙뢰로부터 전기기기의 손상 방지
정전기방지용 접지	정전기의 축적에 의한 폭발재해 방지
등전위 접지	병원에 있어서의 의료기기 사용 시의 안전 확보

관련개념 CHAPTRE 05 전기설비 위험요인관리

072

피뢰기의 설치장소가 아닌 것은?

① 저압을 공급받는 수용장소의 인입구
② 지중전선로와 가공전선로가 접속되는 곳
③ 특고압 가공전선로에 접속하는 배전용 변압기의 고압 측
④ 발전소 또는 변전소의 가공전선 인입구 및 인출구

해설 피뢰기의 설치장소

• 발전소·변전소 또는 이에 준하는 장소의 가공전선 인입구 및 인출구
• 특고압 가공전선로에 접속하는 배전용 변압기의 고압 측 및 특고압 측
• 고압 및 특고압의 가공전선로로부터 공급받는 수용장소의 인입구
• 가공전선로와 지중전선로가 접속되는 곳

관련개념 CHAPTER 05 전기설비 위험요인관리

073

「산업안전보건기준에 관한 규칙」 제319조에 의한 정전전로에서의 정전작업을 마친 후 전원을 공급하는 경우에 사업주가 작업에 종사하는 근로자 및 전기기기와 접촉할 우려가 있는 근로자에게 감전의 위험이 없도록 준수해야 할 사항이 아닌 것은?

① 단락 접지기구 및 작업기구를 제거하고 전기기기 등이 안전하게 통전될 수 있는지 확인한다.
② 모든 작업자가 작업이 완료된 전기기기에서 떨어져 있는지 확인한다.
③ 잠금장치와 꼬리표를 근로자가 직접 설치한다.
④ 모든 이상 유무를 확인한 후 전기기기 등의 전원을 투입한다.

해설 정전작업을 마친 후 전원을 공급하는 경우에는 작업에 종사하는 근로자 또는 그 인근에서 작업하거나 정전된 전기기기 등(고정 설치된 것으로 한정)과 접촉할 우려가 있는 근로자에게 감전의 위험이 없도록 다음의 사항을 준수하여야 한다.
• 작업기구, 단락 접지기구 등을 제거하고 전기기기 등이 안전하게 통전될 수 있는지를 확인할 것
• 모든 작업자가 작업이 완료된 전기기기 등에서 떨어져 있는지를 확인할 것
• 잠금장치와 꼬리표는 설치한 근로자가 직접 철거할 것
• 모든 이상 유무를 확인한 후 전기기기 등의 전원을 투입할 것

관련개념 CHAPTER 02 감전재해 및 방지대책

074

제전기의 종류가 아닌 것은?

① 전압인가식 제전기   ② 정전식 제전기
③ 방사선식 제전기   ④ 자기방전식 제전기

해설 제전기의 종류는 제전에 필요한 이온의 생성방법에 따라 전압인가식 제전기, 자기방전식 제전기, 방사선식 제전기가 있다.

관련개념 CHAPTER 03 정전기 장·재해관리

075

자동전격방지장치에 대한 설명으로 틀린 것은?

① 무부하 시 전력손실을 줄인다.
② 무부하 전압을 안전전압 이하로 저하시킨다.
③ 용접을 할 때에만 용접기의 주회로를 개로(OFF)시킨다.
④ 교류아크용접기의 안전장치로서 용접기의 1차 또는 2차 측에 부착한다.

해설 **자동전격방지장치**
용접봉의 조작에 따라 용접을 할 때에만 용접기의 주회로를 폐로(ON)시키고, 용접을 행하지 않을 때에는 용접기 주회로를 개로(OFF)시켜 용접기 출력 측의 무부하 전압을 25[V] 이하로 저하시켜 작업자가 용접봉과 모재 사이에 접촉함으로써 발생하는 감전의 위험을 방지하는 장치이다.

관련개념 CHAPTER 02 감전재해 및 방지대책

076

불활성화할 수 없는 탱크, 탱크로리 등에 위험물을 주입하는 배관은 정전기 재해방지를 위하여 배관 내 액체의 유속제한을 한다. 배관 내 유속제한에 대한 설명으로 틀린 것은?

① 물이나 기체를 혼합하는 비수용성 위험물의 배관 내 유속은 1[m/s] 이하로 할 것
② 저항률이 10^{10}[Ω·cm] 미만의 도전성 위험물의 배관 내 유속은 7[m/s] 이하로 할 것
③ 저항률이 10^{10}[Ω·cm] 이상인 위험물의 배관 내 유속은 관내경이 0.05[m]이면 3.5[m/s] 이하로 할 것
④ 이황화탄소 등과 같이 유동대전이 심하고 폭발 위험성이 높은 것은 배관 내 유속을 3[m/s] 이하로 할 것

해설 **배관 내 액체의 유속제한**
• 저항률 10^{10}[Ω·cm] 미만인 도전성 위험물: 7[m/s] 이하
• 에테르, 이황화탄소 등과 같이 유동대전이 심하고 폭발 위험성이 높은 것: 1[m/s] 이하
• 물이나 기체를 혼합한 비수용성 위험물: 1[m/s] 이하

관련개념 CHAPTER 03 정전기 장·재해관리

077

인체의 저항을 500[Ω]이라 할 때 단상 440[V]의 회로에서 누전으로 인한 감전재해를 방지할 목적으로 설치하는 누전차단기의 규격은?

① 30[mA], 0.1초
② 30[mA], 0.03초
③ 50[mA], 0.1초
④ 50[mA], 0.3초

해설 **감전보호용 누전차단기**
• 정격감도전류 30[mA] 이하, 동작시간 0.03초 이내
• 정격전부하전류가 50[A] 이상인 경우, 정격감도전류 200[mA] 이하, 동작시간 0.1초 이내

관련개념 CHAPTER 02 감전재해 및 방지대책

078

다음 중 감전예방을 위한 보호구의 종류에 속하지 않는 것은?

① 안전모
② 안전장갑
③ 절연시트
④ 안전화

해설 **절연용 안전보호구의 종류**
• 전기안전모(절연모)
• 절연고무장갑(절연장갑)
• 절연고무장화(절연장화)
• 절연복(절연상의 및 하의, 어깨받이 등) 및 절연화
• 도전성 작업복 및 작업화

관련개념 CHAPTER 02 감전재해 및 방지대책

079

방폭전기기기의 성능을 나타내는 기호표시 EX P II A T5를 나타내었을 때 관계가 없는 표시 내용은?

① 온도등급
② 폭발성능
③ 방폭구조
④ 폭발등급

해설 방폭전기기기의 성능을 나타내는 기호표시는 방폭구조, 가스(폭발)등급, 온도등급 순으로 나타낸다.

관련개념 CHAPTER 04 전기방폭관리

080

정전작업 시 전원개폐기를 개방하고 검전기로 전선로를 검전하였더니 네온램프에 불이 점등되었다. 그 원인으로 옳은 것은?

① 유도전압이 발생되었다.
② 검전기가 고장이다.
③ 단락접지를 하였다.
④ 작업지휘자가 없었다.

해설 네온관식 검전기는 검전대상물과 대지 간의 전위차로 인해 네온관이 방전(네온램프 점등)하면서 발생한 유도전류를 통해 전류가 흐르고 있다는 것을 알 수 있다.

관련개념 CHAPTER 02 감전재해 및 방지대책

화학설비 안전관리

081

압축기와 송풍의 관로에 심한 공기의 맥동과 진동을 발생하면서 불안정한 운전이 되는 서징(Surging) 현상의 방지법으로 옳지 않은 것은?

① 풍량을 감소시킨다.
② 배관의 경사를 완만하게 한다.
③ 교축밸브를 기계에서 멀리 설치한다.
④ 토출가스를 흡입 측에 바이패스시키거나 방출밸브에 의해 대기로 방출시킨다.

> **해설** 서징(Surging)을 예방하기 위해서는 교축밸브를 기계에서 가까이 설치하여야 한다.

관련개념 CHAPTER 04 화공 안전운전 · 점검

082

분진폭발의 특징에 관한 설명으로 옳은 것은?

① 가스폭발보다 발생에너지가 작다.
② 폭발압력과 연소속도는 가스폭발보다 크다.
③ 입자의 크기, 부유성 등이 분진폭발에 영향을 준다.
④ 불완전연소로 인한 가스중독의 위험성은 작다.

> **해설** 분진폭발에 분진의 입경, 부유성, 표면적, 수분 농도 등이 영향을 준다.
> **분진폭발의 특징**
> • 가스폭발보다 발생에너지가 크다.
> • 폭발압력과 연소속도는 가스폭발보다 작다.
> • 불완전연소로 인한 가스중독의 위험성이 크다.
> • 화염의 파급속도보다 압력의 파급속도가 빠르다.
> • 가스폭발에 비하여 불완전연소가 많이 발생한다.
> • 주위 분진에 의해 2차, 3차 폭발로 파급될 수 있다.

관련개념 CHAPTER 01 화재 · 폭발 검토

083

반응기를 조작방식에 따라 분류할 때 해당되지 않는 것은?

① 회분식 반응기 ② 반회분식 반응기
③ 연속식 반응기 ④ 관형 반응기

> **해설** 관형 반응기는 구조에 따라 분류한 것이다.
> **반응기의 분류**
> • 조작방법에 따른 분류: 회분식 반응기, 반회분식 반응기, 연속식 반응기
> • 구조에 따른 분류: 교반조형 반응기, 관형 반응기, 탑형 반응기, 유동층형 반응기

관련개념 CHAPTER 02 화학물질 안전관리 실행

084

「산업안전보건법령」에 따라 유해하거나 위험한 설비의 설치 · 이전 또는 주요 구조부분의 변경공사 시 공정안전보고서의 제출시기는 착공일 며칠 전까지 관련기관에 제출하여야 하는가?

① 15일 ② 30일
③ 60일 ④ 90일

> **해설** 유해하거나 위험한 설비의 설치 · 이전 또는 주요 구조부분의 변경공사의 **착공일 30일 전까지** 공정안전보고서를 2부 작성하여 한국산업안전보건공단에 제출하여야 한다.

관련개념 CHAPTER 04 화공 안전운전 · 점검

085

특수화학설비를 설치할 때 내부의 이상 상태를 조기에 파악하기 위하여 필요한 계측장치로 가장 거리가 먼 것은?

① 압력계 ② 유량계
③ 온도계 ④ 비중계

> **해설** 특수화학설비를 설치하는 경우에는 내부의 이상 상태를 조기에 파악하기 위하여 필요한 **온도계 · 유량계 · 압력계** 등의 계측장치를 설치하여야 한다.

관련개념 CHAPTER 02 화학물질 안전관리 실행

086

비중이 1.5이고, 직경이 74[μm]인 분체가 종말속도 0.2[m/s]로 직경 6[m]인 사일로(silo)에서 질량유량 400[kg/h]로 흐를 때 평균농도는 약 얼마인가?

① 10.6[mg/L]　　② 14.6[mg/L]
③ 19.6[mg/L]　　④ 25.6[mg/L]

해설
- 질량유량 $=400[kg/h]=\dfrac{400\times10^6}{60\times60}[mg/s]=111,000[mg/s]$
- 체적유량 = 사일로의 단면적[m²] × 분체의 종말속도[m/s]

$$=\frac{\pi\times6^2}{4}\times0.2=5.65[m^3/s]=5,650[L/s]$$

- 분체의 평균농도 $=\dfrac{질량유량}{체적유량}=\dfrac{111,000}{5,650}=19.6[mg/L]$

※ 1[kg]=10^6[mg], 1[m³]=10^3[L]이다.

관련개념 CHAPTER 02 화학물질 안전관리 실행

087

폭발하한계에 관한 설명으로 옳지 않은 것은?

① 폭발하한계에서 화염의 온도는 최저치로 된다.
② 폭발하한계에 있어서 산소는 연소하는 데 과잉으로 존재한다.
③ 화염이 하향전파인 경우 일반적으로 온도가 상승함에 따라 폭발하한계는 높아진다.
④ 폭발하한계는 혼합가스의 단위체적당의 발열량이 일정한 한계치에 도달하는 데 필요한 가연성 가스의 농도이다.

해설 기준이 되는 25[℃]에서 100[℃]씩 증가할 때마다 폭발하한계의 값이 8[%] 감소하며, 폭발상한은 8[%] 증가한다.

관련개념 CHAPTER 01 화재 · 폭발 검토

088

화염방지기의 설치에 관한 사항으로 (　　)에 알맞은 것은?

> 사업주는 인화성 액체 및 인화성 가스를 저장 · 취급하는 화학 설비에서 증기나 가스를 대기로 방출하는 경우에는 외부로부터의 화염을 방지하기 위하여 화염방지기를 그 설비 (　　　) 에 설치하여야 한다.

① 상단　　　　② 하단
③ 중앙　　　　④ 무게중심

해설 화염방지기는 외부로부터의 화염을 방지하기 위하여 그 설비 상단에 설치하여야 한다.

관련개념 CHAPTER 04 화공 안전운전 · 점검

089

에틸알코올 1몰이 완전연소 시 생성되는 CO_2와 H_2O의 몰 수로 옳은 것은?

① CO_2: 1, H_2O: 4　　② CO_2: 2, H_2O: 3
③ CO_2: 3, H_2O: 2　　④ CO_2: 4, H_2O: 1

해설 에틸알코올의 완전연소식
$C_2H_5OH+3O_2 \rightarrow 2CO_2+3H_2O$
$\quad 1 \quad : \quad 3 \quad \quad 2 \quad : \quad 3$
에틸알코올이 1몰 반응할 때 생성되는 CO_2는 2몰, H_2O는 3몰이다.

관련개념 CHAPTER 01 화재 · 폭발 검토

090

다음 중 물과 반응하여 아세틸렌을 발생시키는 물질은?

① Zn　　　　② Mg
③ Al　　　　④ CaC_2

해설 탄화칼슘(CaC_2, 카바이드)은 물과 반응하여 아세틸렌(C_2H_2)을 발생시킨다.
$CaC_2+2H_2O \rightarrow Ca(OH)_2+C_2H_2\uparrow$

관련개념 CHAPTER 02 화학물질 안전관리 실행

091

다음 중 폭발범위에 관한 설명으로 틀린 것은?

① 상한값과 하한값이 존재한다.
② 온도에 비례하지만 압력과는 무관하다.
③ 가연성 가스의 종류에 따라 각각 다른 값을 갖는다.
④ 공기와 혼합된 가연성 가스의 체적 농도로 나타낸다.

■ 해설 ■ 압력은 폭발하한계에는 영향이 경미하나 폭발상한계에는 크게 영향을 준다. 보통 가스압력이 높아질수록 폭발범위는 넓어진다.

■ 관련개념 ■ CHAPTER 01 화재 · 폭발 검토

092

액화 프로판 310[kg]을 내용적 50[L] 용기에 충전할 때 필요한 소요용기의 수는 약 몇 개인가?(단, 액화 프로판의 가스 정수는 2.35이다.)

① 15
② 17
③ 19
④ 21

■ 해설 ■ 액화가스의 부피＝액화가스 무게[kg]×가스 정수
$$=310 \times 2.35 = 728.5[L]$$

필요한 소요용기의 수＝$\dfrac{\text{액화가스의 부피}}{\text{소요용기의 내용적}} = \dfrac{728.5}{50} = 14.57$

따라서 필요한 소요용기는 15개이다.

■ 관련개념 ■ CHAPTER 02 화학물질 안전관리 실행

093

다음 중 퍼지(purge)의 종류에 해당하지 않는 것은?

① 압력퍼지
② 진공퍼지
③ 스위프퍼지
④ 가열퍼지

■ 해설 ■ **불활성화(퍼지)의 종류**
진공퍼지, 압력퍼지, 스위프퍼지, 사이폰퍼지 등

■ 관련개념 ■ CHAPTER 01 화재 · 폭발 검토

094

탱크 내부에서 작업 시 작업용구에 관한 설명으로 옳지 않은 것은?

① 유리라이닝을 한 탱크 내부에서는 줄사다리를 사용한다.
② 가연성 가스가 있는 경우 불꽃을 내기 어려운 금속을 사용한다.
③ 탱크 내부에 인화성 물질의 증기로 인한 폭발 위험이 우려되는 경우 방폭구조의 전기기계 · 기구를 사용한다.
④ 용접 절단 시에는 바람의 영향을 억제하기 위하여 환기 장치의 설치를 제한한다.

■ 해설 ■ 환기장치는 바람의 영향을 억제하기 위하여 설치하는 것이 아니라 용접 절단 작업 중에 발생할 수 있는 용접 흄, 유해가스 등의 물질 제거를 위해 설치하여야 한다.

■ 관련개념 ■ CHAPTER 02 화학물질 안전관리 실행

095

「산업안전보건기준에 관한 규칙」에서 규정하고 있는 급성 독성 물질의 정의에 해당되지 않는 것은?

① 가스 LC50(쥐, 4시간 흡입)이 2,500[ppm] 이하인 화학물질
② LD50(경구, 쥐)이 킬로그램당 300밀리그램−(체중) 이하인 화학물질
③ LD50(경피, 쥐)이 킬로그램당 1,000밀리그램−(체중) 이하인 화학물질
④ LD50(경피, 토끼)이 킬로그램당 2,000밀리그램−(체중) 이하인 화학물질

■ 해설 ■ LD50(경피, 토끼 또는 쥐)이 [kg]당 1,000[mg]−(체중) 이하인 화학물질이 「산업안전보건법령」상 급성 독성 물질에 해당한다.

■ 관련개념 ■ CHAPTER 02 화학물질 안전관리 실행

096

물질안전보건자료를 작성할 때에 혼합물인 제품들이 해당 제품들을 대표하여 하나의 물질안전보건자료를 작성할 수 있는 충족요건 중 각 구성성분의 함유량 변화는 얼마 이하이어야 하는가?

① 5[%p]　　　　　② 10[%p]
③ 15[%p]　　　　　④ 30[%p]

해설 혼합물인 제품들이 다음의 각 요건을 충족하는 경우에는 해당 제품들을 대표하여 하나의 물질안전보건자료를 작성할 수 있다.
• 혼합물인 제품들의 구성성분이 같을 것
• 각 구성성분의 함유량 변화가 10[%p] 이하일 것
• 유사한 유해성을 가질 것

관련개념 CHAPTER 02 화학물질 안전관리 실행

097

다음 중 밀폐공간 내 작업 시의 조치사항으로 가장 거리가 먼 것은?

① 산소결핍이 우려되거나 유해가스 등의 농도가 높아서 폭발할 우려가 있는 경우는 진행 중인 작업에 방해되지 않도록 주의하면서 환기를 강화하여야 한다.
② 해당 작업장을 적정한 공기상태로 유지되도록 환기하여야 한다.
③ 해당 장소에 근로자를 입장시킬 때와 퇴장시킬 때에 각각 인원을 점검하여야 한다.
④ 해당 작업장과 외부의 감시인 사이에 상시 연락을 취할 수 있는 설비를 설치하여야 한다.

해설 밀폐공간에서 작업을 하는 경우에 산소결핍이나 유해가스로 인한 질식·화재·폭발 등의 우려가 있으면 즉시 작업을 중단시키고 해당 근로자를 대피하도록 하여야 한다.

관련개념 CHAPTER 01 화재·폭발 검토

098

제2종 분말소화약제의 주성분에 해당하는 것은?

① 탄산수소나트륨　　　② 탄산수소칼륨
③ 인산암모늄　　　　　④ 수산화암모늄

해설 분말소화약제의 분류
• 제1종 소화약제: 탄산수소나트륨($NaHCO_3$)
• 제2종 소화약제: 탄산수소칼륨($KHCO_3$)
• 제3종 소화약제: 제1인산암모늄($NH_4H_2PO_4$)
• 제4종 소화약제: 탄산수소칼륨+요소($KHCO_3+(NH_2)_2CO$)

관련개념 CHAPTER 01 화재·폭발 검토

099

Li과 Na에 관한 설명으로 틀린 것은?

① 두 금속 모두 실온에서 자연발화의 위험성이 있으므로 알코올 속에 저장해야 한다.
② 두 금속은 물과 반응하여 수소기체를 발생한다.
③ Li은 비중 값이 물보다 작다.
④ Na는 은백색의 무른 금속이다.

해설 Li, Na 등의 알칼리금속은 물에 닿으면 격렬하게 반응하여 수소를 발생시키므로 보호액(석유) 속에 저장하여야 한다.

관련개념 CHAPTER 02 화학물질 안전관리 실행

100

할론소화약제 중 Halon 2402의 화학식으로 옳은 것은?

① $C_2F_4Br_2$　　　　② $C_2H_4Br_2$
③ $C_2Br_4H_2$　　　　④ $C_2Br_4F_2$

해설 2402는 구성 원소 중 C 2개, F 4개, Cl 0개, Br 2개, I 0개이다. 따라서 Halon 2402의 화학식은 $C_2F_4Br_2$이다.

관련개념 CHAPTER 01 화재·폭발 검토

건설공사 안전관리

101

비계와 벽이음의 조립간격으로 알맞게 짝지은 것은?

① 강관틀비계 – 수직방향으로 4[m] 이내
② 강관틀비계 – 수평방향으로 8[m] 이내
③ 틀비계(높이 5[m] 미만 제외) – 수직방향으로 5[m] 이내
④ 틀비계(높이 5[m] 미만 제외) – 수평방향으로 5[m] 이내

해설 **강관틀비계**에는 수직방향으로 6[m], **수평방향으로 8[m] 이내**마다 벽이음을 하여야 한다.

오답해설
틀비계(높이 5[m] 미만 제외)에는 수직방향으로 6[m], 수평방향으로 8[m] 이내마다 벽이음을 하여야 한다.

관련개념 CHAPTER 05 비계·거푸집 가시설 위험방지

102

유해위험방지계획서를 제출하려고 할 때 그 첨부서류와 가장 거리가 먼 것은?

① 공사개요서
② 산업안전보건관리비 작성요령
③ 전체 공정표
④ 재해 발생 위험 시 연락 및 대피방법

해설 **건설공사 유해위험방지계획서 제출 시 첨부서류**
• 공사개요서
• 공사현장의 주변 현황 및 주변과의 관계를 나타내는 도면(매설물 현황 포함)
• 전체 공정표
• 산업안전보건관리비 사용계획서
• 안전관리 조직표
• 재해발생 위험 시 연락 및 대피방법

관련개념 CHAPTER 02 건설공사 위험성

103

다음은 안전대와 관련된 설명이다. 아래 내용에 해당되는 용어로 옳은 것은?

> 로프 또는 레일 등과 같은 유연하거나 단단한 고정줄로서 추락발생 시 추락을 저지시키는 추락방지대를 지탱해 주는 줄 모양의 부품

① 안전블록   ② 수직구명줄
③ 죔줄   ④ 보조죔줄

해설 수직구명줄이란 로프 또는 레일 등과 같은 유연하거나 단단한 고정줄로서 추락발생 시 추락을 저지시키는 추락방지대를 지탱해 주는 줄모양의 부품을 말한다.

오답해설
① 안전블록: 안전그네와 연결하여 추락발생 시 추락을 억제할 수 있는 자동 잠김장치가 갖추어져 있고, 죔줄이 자동적으로 수축되는 장치를 말한다.
③ 죔줄: 벨트 또는 안전그네를 구명줄 또는 구조물 등 그 밖의 걸이설비와 연결하기 위한 줄모양의 부품을 말한다.
④ 보조죔줄: 안전대를 U자걸이로 사용할 때 U자걸이를 위해 훅 또는 카라비너를 지탱벨트의 D링에 걸거나 떼어낼 때 잘못하여 추락하는 것을 방지하기 위한 링과 걸이설비 연결에 사용하는 훅 또는 카라비너를 갖춘 줄모양의 부품을 말한다.

관련개념 CHAPTER 04 건설현장 안전시설 관리

104

지면보다 낮은 땅을 파는 데 적합하고 수중굴착도 가능한 굴착기계는?

① 백호우   ② 파워셔블
③ 가이데릭   ④ 파일드라이버

해설 **백호우(Back Hoe)**
• 기계가 설치된 지면보다 낮은 곳을 굴착하는 데 적합하다.
• 단단한 토질의 굴착 및 수중굴착도 가능하다.
• 굴착된 구멍이나 도랑의 굴착면의 마무리가 비교적 깨끗하고 정확하여 배관작업 등에 편리하다.

관련개념 CHAPTER 04 건설현장 안전시설 관리

105

달비계 설치 시 와이어로프를 사용할 때 사용가능한 와이어로프의 조건은?

① 지름의 감소가 공칭지름의 8[%]인 것
② 이음매가 없는 것
③ 심하게 변형되거나 부식된 것
④ 와이어로프의 한 꼬임에서 끊어진 소선의 수가 10[%]인 것

해설 달비계 설치 시 이음매가 없는 와이어로프는 사용가능하다.

달비계 와이어로프의 사용금지 조건
- 이음매가 있는 것
- 와이어로프의 한 꼬임(Strand)에서 끊어진 소선의 수가 10[%] 이상인 것
- 지름의 감소가 공칭지름의 7[%]를 초과하는 것
- 꼬인 것
- 심하게 변형되거나 부식된 것
- 열과 전기충격에 의해 손상된 것

관련개념 CHAPTER 05 비계·거푸집 가시설 위험방지

106

「산업안전보건법령」상 양중기에 해당하지 않는 것은?

① 어스드릴
② 크레인
③ 리프트
④ 곤돌라

해설 어스드릴은 차량계 건설기계에 해당한다.

양중기의 종류
- 크레인(호이스트(Hoist) 포함)
- 이동식 크레인
- 리프트(이삿짐운반용 리프트의 경우에는 적재하중이 0.1톤 이상인 것으로 한정)
- 곤돌라
- 승강기

관련개념 CHAPTER 06 공사 및 작업 종류별 안전

107

함수량이 매우 높은 액체상태의 흙이 건조되어 가면서 거치는 4가지 상태(액성상태, 소성상태, 반고체상태, 고체상태)의 변화하는 한계지점의 함수비를 뜻하는 용어로 알맞은 것은?

① 애터버그 한계
② 압밀
③ 예민비
④ 동상현상

해설 애터버그 한계(Atterberg Limits)
흙은 함수비에 따라서 고체, 반고체, 소성, 액체 등의 네 가지 상태로 존재하며, 각 상태마다 흙의 연경도와 거동이 달라진다. 각각 상태 사이에 경계는 흙의 거동변화에 수축한계, 소성한계, 액성한계로 구분한다.

관련개념 CHAPTER 02 건설공사 위험성

108

작업장으로 통하는 장소 또는 작업장 내에 근로자가 사용할 통로설치에 대한 준수사항 중 다음 (   ) 안에 알맞은 내용은?

- 통로의 주요 부분에는 통로표시를 하고, 근로자가 안전하게 통행할 수 있도록 하여야 한다.
- 통로면으로부터 높이 (   )[m] 이내에는 장애물이 없도록 하여야 한다.

① 1
② 1.5
③ 2
④ 3

해설 통로의 설치기준
- 작업장으로 통하는 장소 또는 작업장 내에 근로자가 사용할 안전한 통로를 설치하고 항상 사용할 수 있는 상태로 유지하여야 한다.
- 통로의 주요 부분에 통로표시를 하고, 근로자가 안전하게 통행할 수 있도록 하여야 한다.
- 통로면으로부터 높이 2[m] 이내에는 장애물이 없도록 하여야 한다.

관련개념 CHAPTER 05 비계·거푸집 가시설 위험방지

109

공정률이 65[%]인 건설현장의 경우 공사 진척에 따른 산업안전보건관리비의 최소 사용기준으로 옳은 것은?(단, 공정률은 기성공정률을 기준으로 한다.)

① 40[%] 이상　　　　　② 50[%] 이상
③ 60[%] 이상　　　　　④ 70[%] 이상

해설 공사진척에 따른 산업안전보건관리비 사용기준

공정률[%]	50 이상 70 미만	70 이상 90 미만	90 이상
사용기준[%]	50 이상	70 이상	90 이상

관련개념 CHAPTER 03 건설업 산업안전보건관리비 관리

110

버팀보, 앵커 등의 축하중 변화상태를 측정하여 이들 부재의 지지효과 및 그 변화 추이를 파악하는 데 사용되는 계측기기는?

① Water Level Meter　　② Load Cell
③ Piezo Meter　　　　　④ Strain Gauge

해설 하중계(Load Cell)는 스트러트, 어스앵커에 설치하여 축하중 측정으로 부재의 안전성 여부를 판단하는 계측기기이다.

오답해설
① 지하수위계(Water Level Meter): 굴착에 따른 지하수위 변동을 측정한다.
③ 간극수압계(Piezo Meter): 굴착, 성토에 의한 간극수압의 변화를 측정한다.
④ 변형률계(Strain Gauge): 스트러트, 띠장 등에 부착하여 굴착작업 시 구조물의 변형을 측정한다.

관련개념 CHAPTER 05 비계 · 거푸집 가시설 위험방지

111

다음은 통나무비계를 조립하는 경우의 준수사항에 대한 내용이다. ( ) 안에 알맞은 내용을 고르면?

> 통나무비계는 지상높이 (㉠) 이하 또는 (㉡)[m] 이하인 건축물 · 공작물 등의 건조 · 해체 및 조립 등의 작업에만 사용할 수 있다.

① ㉠: 4층, ㉡: 12　　　② ㉠: 4층, ㉡: 15
③ ㉠: 6층, ㉡: 12　　　④ ㉠: 7층, ㉡: 12

해설 통나무비계는 지상높이 4층 이하 또는 12[m] 이하인 건축물 · 공작물 등의 건조 · 해체 및 조립 등의 작업에만 사용할 수 있다.
※「산업안전보건기준에 관한 규칙」이 개정됨에 따라 '통나무비계의 구조'에 대한 내용은 삭제되었습니다.

관련개념 CHAPTER 05 비계 · 거푸집 가시설 위험방지

112

건설현장에서 근로자의 추락재해를 예방하기 위한 안전난간을 설치하는 경우 그 구성요소와 거리가 먼 것은?

① 상부난간대　　　　　② 중간난간대
③ 사다리　　　　　　　④ 발끝막이판

해설 안전난간은 상부난간대, 중간난간대, 발끝막이판 및 난간기둥으로 구성하여야 한다.

관련개념 CHAPTER 04 건설현장 안전시설 관리

113

사다리식 통로의 길이가 10[m] 이상일 때 얼마 이내마다 계단참을 설치하여야 하는가?

① 3[m] 이내마다
② 4[m] 이내마다
③ 5[m] 이내마다
④ 6[m] 이내마다

해설 사다리식 통로의 길이가 10[m] 이상인 경우에는 5[m] 이내마다 계단참을 설치하여야 한다.

관련개념 CHAPTER 05 비계 · 거푸집 가시설 위험방지

114

다음 (　) 안에 알맞은 내용은?

> 동바리로 사용하는 파이프서포트의 높이가 (　　　)[m]를 초과하는 경우에는 높이 2[m] 이내마다 수평연결재를 2개 방향으로 만들고 수평연결재의 변위를 방지할 것

① 3
② 3.5
③ 4
④ 4.5

해설 동바리로 사용하는 파이프서포트의 **높이가 3.5[m]를** 초과하는 경우에는 높이 2[m] 이내마다 수평연결재를 2개 방향으로 만들고 수평연결재의 변위를 방지하여야 한다.

관련개념 CHAPTER 05 비계 · 거푸집 가시설 위험방지

115

굴착면의 기울기 기준으로 옳지 않은 것은?

① 모래 − 1 : 1.2
② 연암 − 1 : 1.0
③ 풍화암 − 1 : 1.0
④ 경암 − 1 : 0.5

해설 **굴착면의 기울기 기준**

지반의 종류	굴착면의 기울기
모래	1 : 1.8
연암 및 풍화암	1 : 1.0
경암	1 : 0.5
그 밖의 흙	1 : 1.2

관련개념 CHAPTER 02 건설공사 위험성

116

항타기 및 항발기에 관한 설명으로 옳지 않은 것은?

① 무너짐 방지를 위해 시설 또는 가설물 등에 설치하는 때에는 그 내력을 확인하고 내력이 부족하면 그 내력을 보강해야 한다.
② 와이어로프의 한 꼬임에서 끊어진 소선(필러선을 제외함)의 수가 10[%] 이상인 것은 권상용 와이어로프로 사용을 금한다.
③ 지름 감소가 공칭지름의 7[%]를 초과하는 것은 권상용 와이어로프로 사용을 금한다.
④ 권상용 와이어로프의 안전계수가 4 이상이 아니면 이를 사용하여서는 아니 된다.

해설 항타기 또는 항발기에 사용하는 권상용 와이어로프의 안전계수가 5 이상이 아니면 이를 사용하여서는 아니 된다.

관련개념 CHAPTER 04 건설현장 안전시설 관리

117

안전대의 종류는 사용구분에 따라 벨트식과 안전그네식으로 구분되는데, 이 중 안전그네식에만 적용하는 것으로 나열한 것은?

① 추락방지대, 안전블록
② 1개걸이용, U자걸이용
③ 1개걸이용, 추락방지대
④ U자걸이용, 안전블록

해설 안전대의 종류 및 사용구분

종류	사용구분
벨트식, 안전그네식	1개걸이용
	U자걸이용
안전그네식	추락방지대
	안전블록

관련개념 CHAPTER 04 건설현장 안전시설 관리

118

이동식비계 조립 및 사용 시 준수사항으로 옳지 않은 것은?

① 비계의 최상부에서 작업을 하는 경우에는 안전난간을 설치할 것
② 승강용사다리는 견고하게 설치할 것
③ 작업발판은 항상 수평을 유지하고 작업발판 위에서 작업을 위한 거리가 부족할 경우 사다리를 사용할 것
④ 작업발판의 최대적재하중은 250[kg]을 초과하지 않도록 할 것

해설 이동식비계 작업발판은 항상 수평을 유지하고 작업발판 위에서 안전난간을 딛고 작업을 하거나 받침대 또는 사다리를 사용하여 작업하지 않도록 하여야 한다.

관련개념 CHAPTER 05 비계·거푸집 가시설 위험방지

119

화물자동차에 짐을 싣는 작업 또는 내리는 작업을 하는 경우에는 근로자의 추가 위험을 방지하기 위하여 해당 작업에 종사하는 근로자가 바닥과 적재함의 짐 윗면 간을 안전하게 오르내리기 위한 설비를 설치하는 조건은 바닥으로부터 짐 윗면과의 높이가 몇 [m] 이상인가?

① 2[m]   ② 4[m]
③ 6[m]   ④ 8[m]

해설 사업주는 바닥으로부터 짐 윗면까지의 높이가 2[m] 이상인 화물자동차에 짐을 싣는 작업 또는 내리는 작업을 하는 경우에는 근로자의 추가 위험을 방지하기 위하여 해당 작업에 종사하는 근로자가 바닥과 적재함의 짐 윗면 간을 안전하게 오르내리기 위한 설비를 설치하여야 한다.

관련개념 CHAPTER 06 공사 및 작업 종류별 안전

120

철골작업 시 기상조건에 따라 안전상 작업을 중지하여야 하는 경우에 해당되는 기준으로 옳은 것은?

① 강우량이 시간당 5[mm] 이상인 경우
② 강우량이 시간당 10[mm] 이상인 경우
③ 풍속이 초당 10[m] 이상인 경우
④ 강설량이 시간당 20[mm] 이상인 경우

해설 철골작업 시 작업의 제한기준

구분	내용
강풍	풍속이 10[m/s] 이상인 경우
강우	강우량이 1[mm/h] 이상인 경우
강설	강설량이 1[cm/h] 이상인 경우

관련개념 CHAPTER 06 공사 및 작업 종류별 안전

산업재해 예방 및 안전보건교육

001

참가자가 다수인 경우에 전원을 토의에 참가시키기 위한 방법으로 소집단을 구성하여 회의를 진행시키며 6-6회의라고도 하는 것은?

① 포럼(Forum)
② 심포지엄(Symposium)
③ 버즈세션(Buzz session)
④ 패널 디스커션(Panel discussion)

해설 **버즈세션(Buzz Session)**
6-6회의라고도 하며, 먼저 사회자와 기록계를 선출한 후 나머지 사람은 6명씩의 소집단으로 구분하고, 소집단별로 각각 사회자를 선발하여 6분씩 자유토의를 행하여 의견을 종합하는 방법이다.

관련개념 CHAPTER 05 안전보건교육의 내용 및 방법

002

안전교육방법 중 학습자가 이미 설명을 듣거나 시범을 보고 알게 된 지식이나 기능을 강사의 감독 아래 직접적으로 연습하여 적용할 수 있도록 하는 교육방법은?

① 모의법
② 토의법
③ 실연법
④ 반복법

해설 **실연법**
학습자가 이미 설명을 듣거나 시범을 보고 알게 된 지식이나 기능을 강사의 감독 아래 직접적으로 연습시켜 적용해 보게 하는 교육방법이다. 다른 방법보다 교사 대 학습자의 비가 높다.

관련개념 CHAPTER 05 안전보건교육의 내용 및 방법

003

매슬로우(Maslow)의 욕구단계이론 중 자기의 잠재력을 최대한 살리고 자기가 하고 싶었던 일을 실현하려는 인간의 욕구에 해당하는 것은?

① 생리적 욕구
② 사회적 욕구
③ 자아실현의 욕구
④ 안전의 욕구

해설 자아실현의 욕구(제5단계)는 잠재적인 능력을 실현하고자 하는 욕구(성취욕구)이다.

관련개념 CHAPTER 04 인간의 행동과학

004

하인리히의 재해코스트 평가방식 중 직접비에 해당하지 않는 것은?

① 산재보상비
② 치료비
③ 간호비
④ 생산손실

해설 생산손실에 의한 재해비용은 간접비에 해당한다.
간접비
• 인적손실: 본인 및 제3자에 관한 것을 포함한 시간손실
• 물적손실: 기계, 공구, 재료, 시설의 복구에 소비된 시간손실 및 재산손실
• 생산손실: 생산감소, 생산중단, 판매감소 등에 의한 손실
• 특수손실
• 기타손실

관련개념 SUBJECT 03 기계·기구 및 설비 안전관리
CHAPTER 02 기계분야 산업재해 조사 및 관리

005

Off JT(Off the Job Training)의 특징으로 옳은 것은?

① 훈련에만 전념할 수 있다.
② 상호신뢰 및 이해도가 높아진다.
③ 개개인에게 적절한 지도훈련이 가능하다.
④ 직장의 실정에 맞게 실제적 훈련이 가능하다.

해설 **Off JT(직장 외 교육훈련)**
계층별 직능별로 공통된 교육대상을 현장 이외의 한 장소에 모아 집합교육을 실시하는 교육형태로 집단교육에 적합하다.
- 다수의 근로자에게 조직적 훈련을 행하는 것이 가능하다.
- **훈련에만 전념할 수 있다.**
- 외부의 전문가를 강사로 초청하는 것이 가능하다.
- 특별교재·교구 및 설비를 사용하는 것이 가능하다.

관련개념 CHAPTER 05 안전보건교육의 내용 및 방법

006

재해손실비를 다음과 같이 산정한 것은 어느 방식인가?

> 총 재해코스트 = 보험코스트 + 비보험코스트

① 하인리히 방식
② 버드의 방식
③ 시몬즈 방식
④ 콤패스 방식

해설 **재해손실비 산정 방식**
- 하인리히 방식: 총 재해코스트=직접비+간접비
- **시몬즈 방식: 총 재해코스트=보험코스트+비보험코스트**
- 버드의 방식: 총 재해코스트=보험비+비보험비+비보험 기타비용
- 콤패스 방식: 총 재해코스트=공동비용비+개별비용비

관련개념 SUBJECT 03 기계·기구 및 설비 안전관리
　　　　　　 CHAPTER 02 기계분야 산업재해 조사 및 관리

007

「산업안전보건법령」상 사업 내 안전보건교육의 교육시간에 관한 설명으로 옳은 것은?

① 일용근로자의 작업내용 변경 시의 교육은 2시간 이상이다.
② 사무직에 종사하는 근로자의 정기교육은 매반기 6시간 이상이다.
③ 일용근로자 및 근로계약기간이 1개월 이하인 기간제근로자를 제외한 근로자의 채용 시 교육은 4시간 이상이다.
④ 관리감독자의 지위에 있는 사람의 정기교육은 연간 8시간 이상이다.

해설 **근로자 안전보건교육 교육과정별 교육시간**

교육과정	교육대상		교육시간
정기교육	사무직 종사 근로자		매반기 6시간 이상
	그 밖의 근로자	판매업무에 직접 종사하는 근로자	매반기 6시간 이상
		판매업무에 직접 종사하는 근로자 외의 근로자	매반기 12시간 이상
	관리감독자의 지위에 있는 사람		연간 16시간 이상
채용 시 교육	일용근로자 및 근로계약기간이 1주일 이하인 기간제근로자		1시간 이상
	근로계약기간이 1주일 초과 1개월 이하인 기간제근로자		4시간 이상
	그 밖의 근로자		8시간 이상
작업내용 변경 시 교육	일용근로자 및 근로계약기간이 1주일 이하인 기간제근로자		1시간 이상
	그 밖의 근로자		2시간 이상

오답해설
④ 관리감독자의 정기교육시간은 연간 16시간 이상이다.

관련개념 CHAPTER 05 안전보건교육의 내용 및 방법

008

「산업안전보건법령」상 근로자에 대한 일반건강진단의 실시 시기 기준으로 옳은 것은?

① 사무직에 종사하는 근로자: 1년에 1회 이상
② 사무직에 종사하는 근로자: 2년에 1회 이상
③ 사무직 외의 업무에 종사하는 근로자: 6월에 1회 이상
④ 사무직 외의 업무에 종사하는 근로자: 2년에 1회 이상

해설 일반건강진단의 주기
• 사무직에 종사하는 근로자: 2년에 1회 이상
• 그 밖의 근로자: 1년에 1회 이상

관련개념 CHAPTER 01 산업재해예방 계획 수립

009

하인리히 재해구성비율 중 무상해사고가 600건이라면 사망 또는 중상 발생건수는?

① 1
② 2
③ 29
④ 58

해설 하인리히의 재해구성비율
중상 또는 사망 : 경상 : 무상해사고＝1 : 29 : 300
중상 또는 사망 : 무상해사고＝1 : 300이므로

중상 또는 사망＝$600 \times \frac{1}{300} = 2$건

관련개념 CHAPTER 01 산업재해예방 계획 수립

010

방진마스크의 사용 조건 중 산소농도의 최소기준으로 옳은 것은?

① 16[%]
② 18[%]
③ 21[%]
④ 23.5[%]

해설 방진마스크는 산소농도 18[%] 이상인 장소에서 사용하여야 한다.

관련개념 CHAPTER 02 안전보호구 관리

011

다음 중 허즈버그(Herzberg)의 일을 통한 동기부여 원칙으로 잘못된 것은?

① 새롭고 어려운 업무의 부여
② 교육을 통한 간접적 정보제공
③ 자기과업을 위한 작업자의 책임감 증대
④ 작업자에게 불필요한 통제를 배제

해설 교육을 통한 간접적 정보제공은 성취감, 인정, 책임, 직무를 통한 자기개발과 발전 등과 같은 일을 통한 동기부여 원칙과는 관련이 없다.
동기요인(Motivation)
책임감, 성취, 인정, 개인발전 등 일 자체에서 오는 심리적 욕구로 충족될 경우 조직의 성과가 향상되며 충족되지 않아도 성과가 떨어지지 않는다.

관련개념 CHAPTER 04 인간의 행동과학

012

산소결핍이 예상되는 맨홀 내에서 작업을 실시할 때의 사고방지 대책으로 적절하지 않은 것은?

① 작업시작 전 및 작업 중 충분한 환기 실시
② 작업 장소의 입장 및 퇴장 시 인원점검
③ 방진마스크의 보급과 착용 철저
④ 작업장과 외부와의 상시 연락을 위한 설비 설치

해설 산소결핍이 예상되는 장소에서 작업을 실시할 때에는 방진마스크가 아닌 송기마스크를 보급·착용하여야 한다.

관련개념 CHAPTER 02 안전보호구 관리

013

「산업안전보건법」상 산업안전보건위원회의 사용자위원 구성원이 아닌 것은?(단, 각 사업장은 해당하는 사람을 선임하여야 하는 대상 사업장으로 한다.)

① 안전관리자
② 보건관리자
③ 산업보건의
④ 명예산업안전감독관

해설 명예산업안전감독관은 근로자위원에 해당한다.
산업안전보건위원회 사용자위원
- 해당 사업의 대표자
- 안전관리자
- 보건관리자
- 산업보건의
- 해당 사업의 대표자가 지명하는 9명 이내의 해당 사업장 부서의 장

관련개념 CHAPTER 01 산업재해예방 계획 수립

014

하인리히의 재해발생과 관련한 도미노 이론으로 설명되는 안전관리의 핵심단계에 해당되는 요소는?

① 외부 환경
② 개인적 성향
③ 재해 및 상해
④ 불안전한 상태 및 행동

해설 하인리히의 도미노 이론에서 3단계(직접 원인)인 불안전한 행동과 불안전한 상태를 제거하면 사고와 재해로 이어지지 않는다.

관련개념 CHAPTER 01 산업재해예방 계획 수립

015

다음 중 안전인증대상 안전모의 성능기준 항목이 아닌 것은?

① 내열성
② 턱끈풀림
③ 내관통성
④ 충격흡수성

해설 안전인증대상 안전모의 시험성능기준

항목	시험성능기준
내관통성	AE, ABE종 안전모는 관통거리가 9.5[mm] 이하이고, AB종 안전모는 관통거리가 11.1[mm] 이하이어야 한다.
충격흡수성	최고전달충격력이 4,450[N]을 초과해서는 안 되며, 모체와 착장체의 기능이 상실되지 않아야 한다.
내전압성	AE, ABE종 안전모는 교류 20[kV]에서 1분간 절연파괴 없이 견뎌야 하고, 이때 누설되는 충전전류는 10[mA] 이하이어야 한다.
내수성	AE, ABE종 안전모는 질량 증가율이 1[%] 미만이어야 한다.
난연성	모체가 불꽃을 내며 5초 이상 연소되지 않아야 한다.
턱끈풀림	150[N] 이상 250[N] 이하에서 턱끈이 풀려야 한다.

관련개념 CHAPTER 02 안전보호구 관리

016

다음 중 피로검사 방법에 있어 심리적인 방법의 검사 항목에 해당하는 것은?

① 호흡순환기능
② 연속반응시간
③ 대뇌피질 활동
④ 혈색소 농도

해설 호흡순환기능과 대뇌피질 활동은 생리학적 방법, 혈색소 농도는 생화학적 방법에 해당한다.
피로의 심리학적 측정방법
피부저항, 동작분석, 연속반응시간, 집중력 등

관련개념 CHAPTER 04 인간의 행동과학

017

위험예지훈련 중 작업현장에서 그때 그 장소의 상황에 즉응하여 실시하는 것은?

① 자문자답 위험예지훈련
② TBM 위험예지훈련
③ 시나리오 역할연기훈련
④ 1인 위험예지훈련

해설 TBM(Tool Box Meeting) 위험예지훈련

작업 개시 전 또는 종료 후, 10명 이하의 작업원이 리더를 중심으로 둘러앉아(또는 서서) 10분 내외에 걸쳐 작업 중 발생할 수 있는 위험을 예측하고 사전에 점검하여 대책을 수립하는 등 단시간 내에 의논하는 문제해결 기법이다. 작업 현장에서 상황에 맞추어 실시할 수 있는 장점이 있다.

관련개념 CHAPTER 01 산업재해예방 계획 수립

018

「산업안전보건법령」상 사업장에서 중대재해가 발생한 사실을 알게 된 경우 관할 지방고용노동관서의 장에게 보고하여야 하는 시기는?

① 지체 없이
② 12시간 이내
③ 24시간 이내
④ 48시간 이내

해설 중대재해 발생 보고

사업주는 중대재해가 발생한 사실을 알게 된 경우에는 지체 없이 다음의 사항을 관할 지방고용노동관서의 장에게 전화·팩스 또는 그 밖에 적절한 방법으로 보고하여야 한다.
• 발생 개요 및 피해 상황
• 조치 및 전망
• 그 밖의 중요한 사항

관련개념 SUBJECT 03 기계·기구 및 설비 안전관리
CHAPTER 02 기계분야 산업재해 조사 및 관리

019

강도율에 관한 설명 중 틀린 것은?

① 사망 및 영구 전노동 불능(신체장해등급 1~3급)의 근로손실일수는 7,500일로 환산한다.
② 신체장해등급 중 14급은 근로손실일수를 50일로 환산한다.
③ 영구 일부노동 불능은 신체장해등급에 따른 근로손실일수에 300/365를 곱하여 환산한다.
④ 일시 전노동 불능은 휴업일수에 300/365를 곱하여 근로손실일수를 환산한다.

해설 영구 일부노동 불능은 신체장해등급 4~14급에 해당한다. 근로손실로 근로손실일수 계산을 하는 경우에 장해등급별 근로손실일수를 적용하고, 사망 및 장해판정 이전의 입원, 치료 등 요양 및 작업 제한으로 인한 손실일은 중복 산입하지 않는다.

관련개념 SUBJECT 03 기계·기구 및 설비 안전관리
CHAPTER 02 기계분야 산업재해 조사 및 관리

020

적성배치에 있어서 고려되어야 할 기본사항에 해당하지 않는 것은?

① 적성검사를 실시하여 개인의 능력을 파악한다.
② 직무평가를 통하여 자격수준을 정한다.
③ 주관적인 감정 요소에 따른다.
④ 인사관리의 기준원칙을 고수한다.

해설 적성배치 시 고려되어야 할 기본사항

• 적성검사를 실시하여 개인의 능력을 파악한다.
• 직무평가를 통하여 자격수준을 정한다.
• 객관적인 감정 요소에 따른다.
• 인사관리의 기준원칙을 고수한다.

관련개념 CHAPTER 03 산업안전심리

인간공학 및 위험성 평가

021

작업개선을 위하여 도입되는 원리인 ECRS에 포함되지 않는 것은?

① Combine   ② Standard

③ Eliminate   ④ Rearrange

해설 **작업방법의 개선원칙 ECRS**
- 제거(Eliminate)
- 결합(Combine)
- 재배치·재조정(Rearrange)
- 단순화(Simplify)

관련개념 CHAPTER 02 위험성 파악·결정

022

시스템안전 프로그램에서의 최초 단계 해석으로 시스템의 위험요소가 어떤 위험 상태에 있는가를 정성적으로 평가하는 방법은?

① PHA   ② FHA

③ FMEA   ④ FTA

해설 **예비위험분석(PHA; Preliminary Hazards Analysis)**
시스템 내의 위험요소가 얼마나 위험상태에 있는가를 평가하는 시스템안전 프로그램의 최초단계(시스템 구상단계)의 정성적인 분석 방식이다.

관련개념 CHAPTER 02 위험성 파악·결정

023

각 구성요소의 신뢰도가 다음과 같을 때 전체 시스템의 신뢰도는 얼마인가?

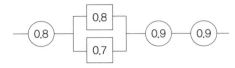

① 0.0011   ② 0.1109

③ 0.3629   ④ 0.6091

해설 신뢰도$(R)=0.8\times\{1-(1-0.8)\times(1-0.7)\}\times0.9\times0.9=0.6091$

관련개념 CHAPTER 01 안전과 인간공학

024

빨강, 노랑, 파랑의 3가지 색으로 구성된 교통 신호등이 있다. 신호등은 항상 3가지 색 중 하나가 켜지도록 되어 있다. 1시간 동안 조사한 결과, 파란등은 총 30분 동안, 빨간등과 노란등은 각각 총 15분 동안 켜진 것으로 나타났다. 이 신호등의 총 정보량은 몇 [bit]인가?

① 0.5   ② 0.75

③ 1.0   ④ 1.5

해설 신호등의 각 확률은 $P_{파란등}=0.5$, $P_{빨간등}=0.25$, $P_{노란등}=0.25$이다.

정보량$(H)=\log_2\dfrac{1}{P}$

$H_{파란등}=\log_2\dfrac{1}{0.5}=1[\text{bit}]$,

$H_{빨간등}=\log_2\dfrac{1}{0.25}=2[\text{bit}]$,

$H_{노란등}=\log_2\dfrac{1}{0.25}=2[\text{bit}]$이다.

총 정보량 H = 각 대안으로부터 얻는 정보량×각각의 실현 확률
$$=H_{파란등}\times P_{파란등}+H_{빨간등}\times P_{빨간등}+H_{노란등}\times P_{노란등}$$
$$=1\times0.5+2\times0.25+2\times0.25=1.5[\text{bit}]$$

관련개념 CHAPTER 01 안전과 인간공학

     | 정답 | 021 ②   022 ①   023 ④   024 ④

025

음량수준이 50[phon]일 때 [sone]값은 얼마인가?

① 2   ② 5

③ 10   ④ 100

해설 $[sone]$치$=2^{\frac{[phon]-40}{10}}=2^{\frac{50-40}{10}}=2$

관련개념 CHAPTER 06 작업환경 관리

026

인체에서 뼈의 주요기능이 아닌 것은?

① 인체의 지주   ② 장기의 보호

③ 골수의 조혈   ④ 근육의 대사

해설 뼈의 주요기능

인체의 지주, 장기의 보호, 골수의 조혈기능 등

관련개념 CHAPTER 06 작업환경 관리

027

인간의 위치 동작에 있어 눈으로 보지 않고 손을 수평면상에서 움직이는 경우 짧은 거리는 지나치고, 긴 거리는 못 미치는 경향이 있는데 이를 무엇이라고 하는가?

① 사정효과(Range Effect)

② 반응효과(Reaction Effect)

③ 간격효과(Distance Effect)

④ 손동작효과(Hand Action Effect)

해설 사정효과(Range Effect)

- 인간의 위치 동작에 있어 눈으로 보지 않고 손을 수평면상에서 움직이는 경우 짧은 거리는 지나치고 긴 거리는 못 미치는 경향을 말한다.
- 조작자는 작은 오차에는 과잉반응, 큰 오차에는 과소반응을 한다.

관련개념 CHAPTER 06 작업환경 관리

028

정신적 작업 부하에 관한 생리적 척도에 해당하지 않는 것은?

① 근전도   ② 뇌파도

③ 부정맥 지수   ④ 점멸융합주파수

해설 근전도(EMG)는 육체적 작업 부하에 관한 생리적 척도로 근수축 정도 또는 근피로도 측정 시 사용된다.

관련개념 SUBJECT 01 산업재해 예방 및 안전보건교육
           CHAPTER 04 인간의 행동과학

029

「산업안전보건법령」상 해당 사업주가 유해위험방지계획서를 작성하여 제출해야 하는 대상은?

① 시 · 도지사   ② 관할 구청장

③ 고용노동부장관   ④ 행정안전부장관

해설 사업주는 유해위험방지계획서를 작성하여 고용노동부령으로 정하는 바에 따라 고용노동부장관에게 제출하고 심사를 받아야 한다.

관련개념 CHAPTER 02 위험성 파악 · 결정

030

부품배치의 원칙 중 기능적으로 관련된 부품들을 모아서 배치한다는 원칙은?

① 중요성의 원칙   ② 사용빈도의 원칙

③ 사용순서의 원칙   ④ 기능별 배치의 원칙

해설 **부품배치의 원칙**

중요성의 원칙	부품의 작동성능이 목표달성에 중요한 정도에 따라 우선순위를 결정
사용빈도의 원칙	부품이 사용되는 빈도에 따라 우선순위를 결정
기능별 배치의 원칙	기능적으로 관련된 부품을 모아서 배치
사용순서의 원칙	사용순서에 맞게 순차적으로 부품들을 배치

관련개념 CHAPTER 06 작업환경 관리

031

인적오류(Human Error)에 관한 설명으로 틀린 것은?

① Omission Error: 필요한 작업 또는 절차를 수행하지 않는 데 기인한 에러

② Commission Error: 필요한 작업 또는 절차의 수행지연으로 인한 에러

③ Extraneous Error: 불필요한 작업 또는 절차를 수행함으로써 기인한 에러

④ Sequential Error: 필요한 작업 또는 절차의 순서 착오로 인한 에러

해설 휴먼에러의 행위에 의한 분류(Swain) 중 소정의 기간에 수행하지 못한 에러는 시간(지연)에러(Timing Error)에 해당하며, 실행에러(Commission Error)는 작업 내지 절차를 수행했으나 잘못한 실수에서 기인한 에러이다.

관련개념 CHAPTER 01 안전과 인간공학

032

손이나 특정 신체부위에 발생하는 누적손상장애(CTDs)의 발생인자와 가장 거리가 먼 것은?

① 무리한 힘   ② 다습한 환경

③ 장시간의 진동   ④ 반복도가 높은 작업

해설 **누적손상장애(CTDs) 발생원인**

과도한 힘의 요구, 부적절한 작업자세, 장시간의 진동, 반복적인 동작 등

관련개념 CHAPTER 04 근골격계질환 예방관리

033

설비보전 방법 중 설비의 열화를 방지하고 그 진행을 지연시켜 수명을 연장하기 위한 점검, 청소, 주유 및 교체 등의 활동은?

① 사후보전   ② 개량보전

③ 일상보전   ④ 보전예방

해설 **일상보전(Routine Maintenance)**

설비의 열화를 방지하고 그 진행을 지연시켜 수명을 연장하기 위한 보전으로 점검, 청소, 주유 및 교체 등의 활동을 말한다.

관련개념 CHAPTER 03 위험성 감소대책 수립 · 실행

034

THERP(Technique for Human Error Rate Prediction)의 특징에 대한 설명으로 옳은 것을 모두 고른 것은?

> ㉠ 인간−기계체계(SYSTEM)에서 여러 가지의 인간의 에러와 이에 의해 발생할 수 있는 위험성의 예측과 개선을 위한 기법
> ㉡ 인간의 과오를 정성적으로 평가하기 위하여 개발된 기법
> ㉢ 가지처럼 갈라지는 형태의 논리구조와 나무형태의 그래프를 이용

① ㉠, ㉡ ② ㉠, ㉢
③ ㉡, ㉢ ④ ㉠, ㉡, ㉢

해설 인간과오율 추정법(THERP; Technique for Human Error Rate Prediction)

인간의 과오(Human Error)에 기인된 사고원인을 분석하기 위하여 100만 운전시간당 과오도 수를 기본 과오율로 하여 인간의 과오율을 정량적으로 평가하는 기법이다.

- 인간의 동작이 시스템에 미치는 영향을 나타내는 그래프적 방법으로 인간 실수율(HEP)을 예측하는 기법이다.
- 사건수 분석의 변형으로 나무형태의 그래프를 통한 각 경로의 확률을 계산한다.

관련개념 CHAPTER 02 위험성 파악 · 결정

035

FMEA에서 고장평점을 결정하는 5가지 평가요소에 해당하지 않는 것은?

① 생산능력의 범위
② 고장발생의 빈도
③ 고장방지의 가능성
④ 영향을 미치는 시스템의 범위

해설 고장형태와 영향분석법(FMEA) 중 고장 평점법

$C = (C_1 \times C_2 \times C_3 \times C_4 \times C_5)^{\frac{1}{5}}$

여기서, C_1: 기능적 고장 영향의 중요도
C_2: 영향을 미치는 시스템의 범위
C_3: 고장발생의 빈도
C_4: 고장방지의 가능성
C_5: 신규 설계의 정도

관련개념 CHAPTER 02 위험성 파악 · 결정

036

다음 현상을 설명한 이론은?

> 인간이 감지할 수 있는 외부의 물리적 자극 변화의 최소범위는 표준 자극의 크기에 비례한다.

① 피츠(Fitts) 법칙
② 웨버(Weber) 법칙
③ 신호검출이론(SDT)
④ 힉−하이만(Hick−Hyman) 법칙

해설 웨버(Weber)의 법칙

특정 감각의 변화감지역(ΔI)은 사용되는 표준자극의 크기(I)에 비례한다.

웨버비$= \dfrac{\Delta I}{I}$

관련개념 CHAPTER 06 작업환경 관리

037

동작경제의 원칙에 해당하지 않는 것은?

① 공구의 기능을 각각 분리하여 사용하도록 한다.
② 두 팔의 동작은 동시에 서로 반대방향으로 대칭적으로 움직이도록 한다.
③ 공구나 재료는 작업동작이 원활하게 수행되도록 그 위치를 정해준다.
④ 가능하다면 쉽고도 자연스러운 리듬이 작업동작에 생기도록 작업을 배치한다.

해설 공구 및 설비 설계(디자인)에 관한 동작경제의 원칙

- 치구나 족답장치(Foot−operated Device)를 효과적으로 사용할 수 있는 작업에서는 이러한 장치를 사용하도록 하여 양손이 다른 일을 할 수 있도록 한다.
- 가능하면 공구 기능을 결합하여 사용하도록 한다.
- 공구와 자세는 가능한 한 사용하기 쉽도록 미리 위치를 잡아준다.

관련개념 CHAPTER 06 작업환경 관리

038

다음 중 인체측정과 작업공간의 설계에 관한 설명으로 옳은 것은?

① 구조적 인체치수는 움직이는 몸의 자세로부터 측정한 것이다.
② 선반의 높이를 정할 때에는 인체 측정치의 최대집단치를 적용한다.
③ 수평작업대에서의 정상 작업영역은 상완을 자연스럽게 늘어뜨린 상태에서 전완을 뻗어 파악할 수 있는 영역을 말한다.
④ 수평작업대에서의 최대 작업영역은 다리를 고정시킨 후 최대한으로 파악할 수 있는 영역을 말한다.

해설
① 구조적 인체치수는 표준 자세에서 움직이지 않는 피측정자를 인체측정기로 측정한 것이다.
② 선반의 높이를 정할 때에는 최소치 설계를 적용한다.
④ 수평작업대의 최대 작업영역은 아래팔(전완)과 위팔(상완)을 곧게 펴서 파악할 수 있는 구역(55~65[cm])이다.

관련개념 CHAPTER 06 작업환경 관리

039

설비보전을 평가하기 위한 식으로 틀린 것은?

① 성능가동률=속도가동률×정미가동률
② 시간가동률=(부하시간−정지시간)/부하시간
③ 설비종합효율=시간가동률×성능가동률×양품률
④ 정미가동률=(생산량×기준주기시간)/가동시간

해설 **정미가동률**
일정 스피드로 안정적으로 가동되고 있는가의 여부, 즉 지속을 산출하는 것이다.

$$정미가동률 = \frac{생산량 \times 실제사이클타임}{부하시간 - 정지시간}$$
$$= \frac{생산량 \times 실제사이클타임}{가동시간}$$

관련개념 CHAPTER 06 작업환경 관리

040

인간 – 기계 시스템에서 시스템의 설계를 다음과 같이 구분할 때 제3단계인 기본설계에 해당되지 않는 것은?

1단계: 시스템의 목표와 성능명세 결정
2단계: 시스템의 정의
3단계: 기본설계
4단계: 인터페이스 설계
5단계: 보조물 설계
6단계: 시험 및 평가

① 화면설계　　　② 작업설계
③ 직무분석　　　④ 기능할당

해설 **인간 – 기계 시스템 설계과정 6단계**
㉠ 목표 및 성능명세 결정: 시스템 설계 전 그 목적이나 존재 이유가 있어야 함(인간요소적인 면, 신체의 역학적 특성 및 인체측정학적 요소 고려)
㉡ 시스템(체계) 정의: 목적을 달성하기 위한 특정한 기본기능들이 수행되어야 함
㉢ 기본설계: 시스템의 형태를 갖추기 시작하는 단계(직무분석, 작업설계, 기능할당)
㉣ 인터페이스(계면) 설계: 사용자 편의와 시스템 성능에 관여
㉤ 촉진물 설계: 인간의 성능을 증진시킬 보조물 설계
㉥ 시험 및 평가: 시스템 개발과 관련된 평가와 인간적인 요소 평가 실시

관련개념 CHAPTER 01 안전과 인간공학

기계 · 기구 및 설비 안전관리

041

프레스 작업 중 부주의로 프레스의 페달을 밟는 것에 대비하여 페달에 설치하는 것을 무엇이라 하는가?

① 클램프
② 로크너트
③ 커버
④ 스프링 와셔

해설 근로자 부주의, 낙하물 등에 의해 페달의 불시 작동을 방지하고 안전을 유지하기 위하여 페달에 U자형 커버를 설치한다.

관련개념 CHAPTER 04 프레스 및 전단기의 안전

042

「산업안전보건법령」상 승강기의 종류에 해당하지 않는 것은?

① 리프트
② 에스컬레이터
③ 화물용 엘리베이터
④ 승객용 엘리베이터

해설 **승강기의 종류**
승객용 엘리베이터, 승객화물용 엘리베이터, 화물용 엘리베이터, 소형화물용 엘리베이터, 에스컬레이터

관련개념 CHAPTER 06 운반기계 및 양중기

043

다음 중 보일러의 폭발사고 예방을 위한 장치로 가장 거리가 먼 것은?

① 압력제한스위치
② 압력방출장치
③ 고저수위 고정장치
④ 화염검출기

해설 보일러의 폭발사고를 예방하기 위하여 압력방출장치, 압력제한스위치, 고저수위 조절장치, 화염검출기 등의 기능이 정상적으로 작동될 수 있도록 유지 · 관리하여야 한다.

관련개념 CHAPTER 05 기타 산업용 기계 · 기구

044

철강업 등에서 10일 간격으로 10시간 정도의 정기 수리일을 마련하여 대대적인 수리, 수선을 하게 되는데 이와 같이 일정기간마다 설비보전활동을 하는 것을 무엇이라 하는가?

① 사후보전(Break down Maintenance, BM)
② 시간기준보전(Time Based Maintenance, TBM)
③ 개량보전(Concentration Maintenance, CM)
④ 상태기준보전(Condition Based Maintenance, CBM)

해설 시간기준보전(TBM)은 일정기간마다 수리, 수선 등 보수를 하는 것을 뜻한다.

관련개념 CHAPTER 03 위험성 감소대책 수립 · 실행

045

어떤 장치에 이상을 알려주는 경보기가 있어 그것이 울리면 일정시간 이내에 장치의 운전을 정지하고, 상태를 점검하여 필요한 조치를 하여야 한다. 장치에 고장이 발생한 상황을 조사하는 한 작업자가 두 개의 장치에 대해서 같은 일을 담당하고 있고, 그 두 대는 장소적으로 떨어져 있기 때문에 한쪽에 가까이 있을 때 다른 쪽의 경보가 울리면 시간 내 조절을 할 수 없다. 이때의 Error를 무엇이라 하는가?

① Primary Error   ② Secondary Error
③ Command Error   ④ Omission Error

▎해설 ▎ 2차 실수(Secondary Error, 2차과오)
작업형태나 작업조건 중에서 다른 문제가 생겨 그 때문에 필요한 사항을 실행할 수 없는 오류나 어떤 결함으로부터 파생하여 발생하는 에러를 말한다.

▎관련개념 ▎ SUBJECT 02 인간공학 및 위험성 평가·관리
　　　　　　 CHAPTER 01 인간과 인간공학

046

다음 중 「산업안전보건법령」상 안전인증대상 방호장치에 해당하지 않는 것은?

① 연삭기 덮개
② 압력용기 압력방출용 파열판
③ 압력용기 압력방출용 안전밸브
④ 방폭구조(防爆構造) 전기기계·기구 및 부품

▎해설 ▎ 연삭기 덮개는 안전인증대상이 아닌 자율안전확인대상 방호장치이다.

▎관련개념 ▎ CHAPTER 02 기계분야 산업재해 조사 및 관리

047

다음 설명 중 (　) 안에 알맞은 내용은?

「산업안전보건법령」상 롤러기의 급정지장치는 롤러를 무부하로 회전시킨 상태에서 앞면 롤러의 표면속도가 30[m/min] 미만일 때에는 급정지거리가 앞면 롤러 원주의 (　　　) 이내에서 롤러를 정지시킬 수 있는 성능을 보유하여야 한다.

① 1/4   ② 1/3
③ 1/2.5   ④ 1/2

▎해설 ▎ 롤러기 급정지장치의 성능

앞면 롤러의 표면속도[m/min]	급정지거리
30 미만	앞면 롤러 원주의 $\frac{1}{3}$ 이내
30 이상	앞면 롤러 원주의 $\frac{1}{2.5}$ 이내

▎관련개념 ▎ CHAPTER 05 기타 산업용 기계·기구

048

보일러의 안전한 가동을 위하여 압력방출장치를 2개 설치한 경우에 작동방법으로 옳은 것은?

① 최고사용압력 이하에서 2개가 동시 작동
② 최고사용압력 이하에서 1개가 작동되고 다른 것은 최고사용압력의 1.05배 이하에서 작동
③ 최고사용압력 이하에서 1개가 작동되고 다른 것은 최고사용압력의 1.1배 이하에서 작동
④ 최고사용압력의 1.1배 이하에서 2개가 동시 작동

▎해설 ▎ 보일러의 안전한 가동을 위하여 보일러 규격에 맞는 압력방출장치를 1개 또는 2개 이상 설치하고 최고사용압력 이하에서 작동되도록 하여야 한다. 다만, 압력방출장치가 2개 이상 설치된 경우에는 최고사용압력 이하에서 1개가 작동되고, 다른 압력방출장치는 최고사용압력 1.05배 이하에서 작동되도록 부착하여야 한다.

▎관련개념 ▎ CHAPTER 05 기타 산업용 기계·기구

049

크레인 로프에 질량 2,000[kg]의 물건을 10[m/s²]의 가속도로 감아올릴 때, 로프에 걸리는 총 하중[kN]은?(단, 중력가속도는 9.8[m/s²])

① 9.6
② 19.6
③ 29.6
④ 39.6

해설 동하중 $=\dfrac{정하중}{중력가속도}\times 가속도 = \dfrac{2,000}{9.8}\times 10 = 2,040$[kg]

총 하중 = 정하중 + 동하중 = 2,000 + 2,040 = 4,040[kg]

하중[N] = 하중[kg] × 중력가속도
$= 4,040 \times 9.8 = 39,600$[N] = 39.6[kN]

관련개념 CHAPTER 06 운반기계 및 양중기

050

「산업안전보건법령」에 따라 타워크레인을 와이어로프로 지지하는 경우, 와이어로프의 설치각도는 수평면에서 몇 도 이내로 해야 하는가?

① 30°
② 45°
③ 60°
④ 75°

해설 타워크레인을 와이어로프로 지지하는 경우 와이어로프 설치각도는 수평면에서 60° 이내로 하되, 지지점은 4개소 이상으로 하고, 같은 각도로 설치하여야 한다.

관련개념 SUBJECT 06 건설공사 안전관리
　　　　　 CHAPTER 06 공사 및 작업 종류별 안전

051

「산업안전보건법령」상 산업용 로봇의 작업시작 전 점검사항으로 가장 거리가 먼 것은?

① 외부 전선의 피복 또는 외장의 손상 유무
② 압력방출장치의 이상 유무
③ 매니퓰레이터 작동 이상 유무
④ 제동장치 및 비상정지장치의 기능

해설 압력방출장치의 기능은 공기압축기를 가동할 때 작업시작 전 점검사항이다.

산업용 로봇의 작업시작 전 점검사항
• 외부 전선의 피복 또는 외장의 손상 유무
• 매니퓰레이터(Manipulator) 작동의 이상 유무
• 제동장치 및 비상정지장치의 기능

관련개념 CHAPTER 02 기계분야 산업재해 조사 및 관리

052

다음 중 기계설비에서 반대로 회전하는 두 개의 회전체가 맞닿는 사이에 발생하는 위험점으로 가장 적절한 것은?

① 물림점
② 협착점
③ 끼임점
④ 절단점

해설 **물림점(Nip Point)**
회전하는 두 개의 회전체가 맞닿아서 위험성이 있는 곳을 말하며, 위험점이 발생되는 조건은 회전체가 서로 반대방향으로 맞물려 회전되어야 한다.
⑩ 기어, 롤러

관련개념 CHAPTER 01 기계안전의 개념

053

선반에서 일감의 길이가 지름에 비하여 상당히 길 때 사용하는 부속품으로 절삭 시 절삭저항에 의한 일감의 진동을 방지하는 장치는?

① 칩 브레이커　　　　② 척 커버
③ 방진구　　　　　　④ 실드

해설 방진구(Center Rest)
선반작업 시 가늘고 긴 일감은 절삭력과 자중으로 휘거나 처짐이 일어나는데 이를 방지하기 위한 장치로 일감의 길이가 직경의 12배 이상일 때 사용한다.

관련개념 CHAPTER 03 공작기계의 안전

054

「산업안전보건법령」상 프레스 작업시작 전 점검해야 할 사항에 해당하는 것은?

① 언로드밸브의 기능
② 하역장치 및 유압장치 기능
③ 권과방지장치 및 그 밖의 경보장치의 기능
④ 1행정 1정지기구 · 급정지장치 및 비상정지장치의 기능

해설 프레스 작업시작 전 점검사항
• 클러치 및 브레이크의 기능
• 크랭크축 · 플라이휠 · 슬라이드 · 연결봉 및 연결 나사의 풀림 유무
• 1행정 1정지기구 · 급정지장치 및 비상정지장치의 기능
• 슬라이드 또는 칼날에 의한 위험방지 기구의 기능
• 프레스의 금형 및 고정볼트 상태
• 방호장치의 기능
• 전단기의 칼날 및 테이블의 상태
오답해설
① 공기압축기를 가동할 때 작업시작 전 점검사항이다.
② 지게차, 구내운반차 및 화물자동차 작업시작 전 점검사항이다.
③ 이동식 크레인 작업시작 전 점검사항이다.

관련개념 CHAPTER 02 기계분야 산업재해 조사 및 관리

055

급정지기구가 부착되어 있지 않아도 유효한 프레스의 방호장치로 옳지 않은 것은?

① 양수기동식　　　　② 가드식
③ 손쳐내기식　　　　④ 양수조작식

해설 양수조작식(Two-hand Control) 방호장치
기계의 조작을 양손으로 동시에 하지 않으면 기계가 가동하지 않으며 한 손이라도 떼어내면 기계가 급정지 또는 급상승하게 하는 장치를 말한다. 급정지기구가 있는 마찰프레스에 적합하다.

관련개념 CHAPTER 04 프레스 및 전단기의 안전

056

「산업안전보건법령」에 따라 선반 등으로부터 돌출하여 회전하고 있는 가공물을 작업할 때 설치하여야 할 방호조치로 가장 적합한 것은?

① 안전난간　　　　　② 울 또는 덮개
③ 방진장치　　　　　④ 건널다리

해설 사업주는 선반 등으로부터 돌출하여 회전하고 있는 가공물이 근로자에게 위험을 미칠 우려가 있는 경우에 덮개 또는 울 등을 설치하여야 한다.

관련개념 CHAPTER 03 공작기계의 안전

057

기계설비에 대한 본질적인 안전화 방안의 하나인 풀 프루프(Fool Proof)에 관한 설명으로 거리가 먼 것은?

① 계기나 표시를 보기 쉽게 하거나 이른바 인체공학적 설계도 넓은 의미의 풀 프루프에 해당된다.
② 설비 및 기계장치의 일부가 고장이 난 경우 기능의 저하는 가져오나 전체 기능은 정지하지 않는다.
③ 인간이 에러를 일으키기 어려운 구조나 기능을 가진다.
④ 조작순서가 잘못되어도 올바르게 작동한다.

해설 설비 및 기계장치의 일부가 고장이 난 경우 안전을 유지하기 위해 기능을 추구하는 것은 페일 세이프(Fail Safe)와 관련이 있다.

관련개념 CHAPTER 01 기계공정의 안전, 기계안전시설 관리

058

「산업안전보건법령」에 따른 가스집합 용접장치의 안전에 관한 설명으로 옳지 않은 것은?

① 가스집합장치에 대해서는 화기를 사용하는 설비로부터 5[m] 이상 떨어진 장소에 설치해야 한다.
② 가스집합 용접장치의 배관에서 플랜지, 밸브 등의 접합부에는 개스킷을 사용하고 접합면을 상호 밀착시킨다.
③ 주관 및 분기관에 안전기를 설치해야 하며 이 경우 하나의 취관에 2개 이상의 안전기를 설치해야 한다.
④ 용해아세틸렌을 사용하는 가스집합 용접장치의 배관 및 부속기구는 구리나 구리 함유량이 60퍼센트 이상인 합금을 사용해서는 아니 된다.

해설 용해아세틸렌의 가스집합 용접장치의 배관 및 부속기구는 구리나 구리 함유량이 70[%] 이상인 합금을 사용해서는 아니 된다. → 사용 시 폭발성 물질(아세틸라이드)이 생성된다.

관련개념 CHAPTER 05 기타 산업용 기계·기구

059

지게차의 중량이 8[kN], 화물중량이 2[kN], 앞바퀴에서 화물의 무게중심까지의 최단거리가 0.5[m]이면 지게차가 안정되기 위한 앞바퀴에서 지게차의 무게중심까지의 거리 최소 몇 [m] 이상이어야 하는가?

① 0.450[m]
② 0.325[m]
③ 0.225[m]
④ 0.125[m]

해설 지게차의 안정조건: $M_1 \leq M_2$
화물의 모멘트 $M_1 = W \times L_1$, 지게차의 모멘트 $M_2 = G \times L_2$이므로
$2 \times 0.5 \leq 8 \times L_2$, $L_2 \geq 0.125$
여기서, W: 화물의 중량[kN], G: 지게차 중량[kN]
    L_1: 앞바퀴에서 화물 중심까지의 최단거리[m]
    L_2: 앞바퀴에서 지게차 중심까지의 최단거리[m]

관련개념 CHAPTER 06 운반기계 및 양중기

060

「산업안전보건법령」상 탁상용 연삭기의 덮개는 작업 받침대와 연삭숫돌과의 간격을 몇 [mm] 이하로 조정할 수 있어야 하는가?

① 3
② 4
③ 5
④ 10

해설 탁상용 연삭기의 덮개는 작업 받침대와 연삭숫돌과의 간격을 3[mm] 이하로 조정할 수 있어야 한다.

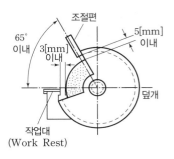

관련개념 CHAPTER 03 공작기계의 안전

전기설비 안전관리

061

폭발위험장소의 분류 중 인화성 액체의 증기 또는 가연성 가스에 의한 폭발위험이 지속적으로 또는 장기간 존재하는 장소는 몇 종 장소로 분류되는가?

① 0종 장소
② 1종 장소
③ 2종 장소
④ 3종 장소

해설 가스폭발 위험장소

분류	적요
0종 장소	인화성 액체의 증기 또는 가연성 가스에 의한 폭발위험이 지속적으로 또는 장기간 존재하는 장소
1종 장소	정상 작동상태에서 인화성 액체의 증기 또는 가연성 가스에 의한 폭발위험 분위기가 존재하기 쉬운 장소
2종 장소	정상 작동상태에서 인화성 액체의 증기 또는 가연성 가스에 의한 폭발위험 분위기가 존재할 우려가 없으나, 존재할 경우 그 빈도가 아주 적고 단기간만 존재할 수 있는 장소

관련개념 CHAPTER 04 전기방폭관리

062

감전사고 시 전선이나 개폐기 터미널 등의 금속분자가 고열로 용융됨으로서 피부 속으로 녹아 들어가는 것은?

① 피부의 광성변화
② 전문
③ 표피박탈
④ 전류반점

해설 피부의 광성변화
감전사고 시 전선로의 선간단락 또는 지락사고로 전선이나 단자 등의 금속분자가 가열·용융되어 피부 속으로 녹아 들어가는 현상이다.

관련개념 CHAPTER 02 감전재해 및 방지대책

063

전격의 위험을 결정하는 주된 인자로 가장 거리가 먼 것은?

① 통전전류
② 통전시간
③ 통전경로
④ 접촉전압

해설 접촉전압은 2차적 감전요소(간접적인 요인)이다.
감전재해의 요인
• 1차적 감전요소: 통전전류의 크기, 통전경로, 통전시간, 전원의 종류
• 2차적 감전요소: 인체의 조건(인체의 저항), 전압의 크기, 계절 등 주위환경

관련개념 CHAPTER 02 감전재해 및 방지대책

064

다음 중 활선근접작업 시의 안전조치로 적절하지 않은 것은?

① 근로자가 절연용 방호구의 설치·해체작업을 하는 경우에는 절연용 보호구를 착용하거나 활선작업용 기구 및 장치를 사용하도록 하여야 한다.
② 저압인 경우에는 해당 전기작업자가 절연용 보호구를 착용하되, 충전전로에 접촉할 우려가 없는 경우에는 절연용 방호구를 설치하지 아니할 수 있다.
③ 유자격자가 아닌 근로자가 근로자의 몸 또는 긴 도전성 물체가 방호되지 않은 충전전로에서 대지전압이 50[kV] 이하인 경우에는 400[cm] 이내로 접근할 수 없도록 하여야 한다.
④ 고압 및 특별고압의 전로에서 전기작업을 하는 근로자에게 활선작업용 기구 및 장치를 사용하여야 한다.

해설 충전전로에서의 전기작업
유자격자가 아닌 근로자가 충전전로 인근의 높은 곳에서 작업할 때에 근로자의 몸 또는 긴 도전성 물체가 방호되지 않은 충전전로에서 대지전압이 50[kV] 이하인 경우에는 300[cm] 이내로, 대지전압이 50[kV]를 넘는 경우에는 10[kV]당 10[cm]씩 더한 거리 이내로 각각 접근할 수 없도록 하여야 한다.

관련개념 CHAPTER 02 감전재해 및 방지대책

065

다음 그림은 심장맥동주기를 나타낸 것이다. T파는 어떤 경우인가?

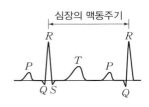

① 심방의 수축에 따른 파형
② 심실의 수축에 따른 파형
③ 심실의 휴식 시 발생하는 파형
④ 심방의 휴식 시 발생하는 파형

해설 T파
심실의 수축 종료 후 심실의 휴식 시 발생하는 파형으로 전격이 인가되면 심실세동을 일으키는 확률이 가장 크고 위험한 부분이다.

관련개념 CHAPTER 02 감전재해 및 방지대책

066

교류아크용접기의 자동전격장치는 전격의 위험을 방지하기 위하여 아크 발생이 중단된 후 약 1초 이내에 출력 측 무부하 전압을 자동적으로 몇 [V] 이하로 저하시켜야 하는가?

① 85   ② 70
③ 50   ④ 25

해설 자동전격방지장치
용접봉의 조작에 따라 용접을 할 때에만 용접기의 주회로를 폐로(ON)시키고, 용접을 행하지 않을 때에는 용접기 주회로를 개로(OFF)시켜 용접기 출력 측의 무부하 전압을 25[V] 이하로 저하시켜 작업자가 용접봉과 모재 사이에 접촉함으로써 발생하는 감전의 위험을 방지하는 장치이다.

관련개념 CHAPTER 02 감전재해 및 방지대책

067

활선작업 및 활선근접 작업 시 반드시 작업지휘자를 정하여야 한다. 작업지휘자의 임무 중 가장 중요한 것은?

① 설계의 계획에 의한 시공의 관리, 감독
② 활선에 접근 시 즉시 경고
③ 필요한 전기 기자재의 보급
④ 작업의 신속한 처리

해설 작업지휘자는 기계설비, 취급하는 재료, 용구, 작업방법 등에 대한 불안전한 상태 및 행동의 유무를 직접 점검·감시 및 통제하는 임무를 가진다.

관련개념 Chapter02 감전재해 및 방지대책

068

피뢰침의 제한전압이 800[kV], 충격절연강도가 1,000[kV]라 할 때, 보호여유도는 몇 [%]인가?

① 25   ② 33
③ 47   ④ 63

해설
$$보호여유도[\%] = \frac{충격절연강도 - 제한전압}{제한전압} \times 100$$
$$= \frac{1,000 - 800}{800} \times 100 = 25[\%]$$

관련개념 CHAPTER 05 전기설비 위험요인관리

069

누전된 전동기에 인체가 접촉하여 500[mA]의 누전전류가 흘렀고 정격감도전류 500[mA]인 누전차단기가 동작하였다. 이때 인체전류를 약 10[mA]로 제한하기 위해서 전동기 외함에 설치할 접지저항의 크기는 약 몇 [Ω]인가?(단, 인체의 저항은 500[Ω]이며, 다른 저항은 무시한다.)

① 5
② 10
③ 50
④ 100

해설 누전전류(지락전류)를 I[A], 인체가 외함에 접촉할 때 인체를 통해서 흐르게 될 전류(감전전류)를 I_2[A], 접지저항을 R_3[Ω], 인체저항을 R_b[Ω]라 하면

$$I_2 = I \times \frac{R_3}{R_3 + R_b}$$

$$R_3 = \frac{I_2}{I - I_2} \times R_b = \frac{0.01}{0.5 - 0.01} \times 500 = 10[\Omega]$$

관련개념 CHAPTER 02 감전재해 및 방지대책

070

우리나라의 안전전압으로 볼 수 있는 것은 약 몇 [V] 이하인가?

① 30[V]
② 50[V]
③ 60[V]
④ 70[V]

해설 **안전전압**

회로의 정격전압이 일정 수준 이하의 낮은 전압으로 절연파괴 등의 사고 시에도 인체에 위험을 주지 않는 전압을 말하며, 「산업안전보건법령」에서 30[V]로 규정하고 있다.

관련개념 CHAPTER 02 감전재해 및 방지대책

071

인체의 최소감지전류에 대한 설명으로 알맞은 것은?

① 인체가 고통을 느끼는 전류이다.
② 성인 남자의 경우 상용주파수 60[Hz] 교류에서 약 1[mA]이다.
③ 직류를 기준으로 한 값이며, 성인 남자의 경우 약 1[mA]에서 느낄 수 있는 전류이다.
④ 직류를 기준으로 여자의 경우 성인 남자의 70[%]인 0.7[mA]에서 느낄 수 있는 전류의 크기를 말한다.

해설 **최소감지전류**

• 고통을 느끼지 않으면서 짜릿하게 전기가 흐르는 것을 감지할 수 있는 최소전류이다.
• 상용주파수 60[Hz]에서 성인남자의 경우 1[mA]이다.

관련개념 CHAPTER 02 감전재해 및 방지대책

072

정격사용률 30[%], 정격 2차 전류 300[A]인 교류아크 용접기를 200[A]로 사용하는 경우의 허용사용률은?

① 67.5[%]
② 91.6[%]
③ 110.3[%]
④ 130.5[%]

해설 허용사용률 $= \left(\dfrac{\text{정격 2차 전류}}{\text{실제 용접 전류}} \right)^2 \times$ 정격사용률

$$= \left(\frac{300}{200} \right)^2 \times 30 = 67.5[\%]$$

관련개념 CHAPTER 02 감전재해 및 방지대책

073

인입개폐기를 개방하지 않고 전등용 변압기 1차 측 COS만 개방 후 전등용 변압기 접속용 볼트 작업 중 동력용 COS에 접촉, 사망한 사고에 대한 원인으로 가장 거리가 먼 것은?

① 안전장구 미사용
② 동력용 변압기 COS 미개방
③ 전등용 변압기 2차 측 COS 미개방
④ 인입구 개폐기 미개방한 상태에서 작업

해설 전등용 변압기 1차 측 COS가 개방된 상태이므로 2차 측 개방은 감전사고와는 무관하다.

관련개념 CHAPTER 01 전기안전관리

074

화염일주한계에 대한 설명으로 옳은 것은?

① 폭발성 가스와 공기의 혼합기에 온도를 높인 경우 화염이 발생할 때까지의 시간 한계치
② 폭발성 분위기에 있는 용기의 접합면 틈새를 통해 화염이 내부에서 외부로 전파되는 것을 저지할 수 있는 틈새의 최대간격치
③ 폭발성 분위기 속에서 전기불꽃에 의하여 폭발을 일으킬 수 있는 화염을 발생시키기에 충분한 교류파형의 1주기치
④ 방폭설비에서 이상이 발생하여 불꽃이 생성된 경우에 그것이 점화원으로 작용하지 않도록 화염의 에너지를 억제하여 폭발하한계로 되도록 화염 크기를 조정하는 한계치

해설 화염일주한계(최대안전틈새, MESG)
폭발성 분위기 내에 방치된 표준용기의 접합면 틈새를 통하여 폭발화염이 내부에서 외부로 전파되는 것을 저지(최소점화에너지 이하)할 수 있는 틈새의 최대간격치이며 폭발성 가스의 종류에 따라 다르다.

관련개념 CHAPTER 04 전기방폭관리

075

전류가 흐르는 상태에서 단로기를 끊었을 때 여러 가지 파괴작용을 일으킨다. 다음 그림에서 유입차단기의 차단순위와 투입순위가 안전수칙에 가장 적합한 것은?

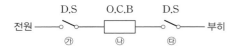

① 차단: ㉮ → ㉯ → ㉰, 투입: ㉮ → ㉯ → ㉰
② 차단: ㉯ → ㉰ → ㉮, 투입: ㉯ → ㉰ → ㉮
③ 차단: ㉰ → ㉯ → ㉮, 투입: ㉰ → ㉮ → ㉯
④ 차단: ㉯ → ㉰ → ㉮, 투입: ㉰ → ㉮ → ㉯

해설 유입차단기의 작동(투입 및 차단)순서
• 차단순서: ㉯ → ㉰ → ㉮
• 투입순서: ㉰ → ㉮ → ㉯

관련개념 CHAPTER 01 전기안전관리

076

내압방폭구조의 기본적 성능에 관한 사항으로 틀린 것은?

① 내부에서 폭발할 경우 그 압력에 견딜 것
② 폭발화염이 외부로 유출되지 않을 것
③ 습기침투에 대한 보호가 될 것
④ 외함 표면온도가 주위의 가연성 가스에 점화하지 않을 것

해설 내압방폭구조의 성능
• 내부에서 폭발할 경우 그 압력에 견딜 것
• 폭발화염이 외부로 유출되지 않을 것
• 외함 표면온도가 주위의 가연성 가스를 점화하지 않을 것

관련개념 CHAPTER 04 전기방폭관리

077

폭발의 위험성을 고려하기 위해 정전에너지 값을 구하고자 한다. 다음 중 정전에너지를 구하는 식은?(단, E는 정전에너지, C는 정전용량, V는 전압을 의미한다.)

① $E=\frac{1}{2}CV^2$

② $E=\frac{1}{2}VC^2$

③ $E=VC^2$

④ $E=\frac{1}{4}VC$

해설 정전에너지

$E=\frac{1}{2}CV^2$

여기서, C: 도체의 정전용량

V: 대전전위

관련개념 CHAPTER 03 정전기 장·재해관리

078

인체저항에 대한 설명으로 옳지 않은 것은?

① 인체저항은 접촉면적에 따라 변한다.

② 피부저항은 물에 젖어 있는 경우 건조 시의 약 1/12로 저하된다.

③ 인체저항은 한 개의 단일 저항체로 보아 최악의 상태를 적용한다.

④ 인체에 전압이 인가되면 체내로 전류가 흐르게 되어 전격의 정도를 결정한다.

해설 인체 각부의 저항은 피부가 젖은 정도에 따라 크게 변화한다. 피부에 땀이 있을 때에는 건조 시의 약 $\frac{1}{12}\sim\frac{1}{20}$, 물에 젖어 있을 때는 약 $\frac{1}{25}$로 감소한다.

관련개념 CHAPTER 02 감전재해 및 방지대책

079

교류아크용접기의 접점방식(Magnet식)의 전격방지장치에서 지동시간과 용접기 2차 측 무부하 전압[V]을 바르게 표현한 것은?

① 0.06초 이내, 25[V] 이하

② 1초 이내, 25[V] 이하

③ 2±0.3초 이내, 50[V] 이하

④ 1.5±0.06초 이내, 50[V] 이하

해설 지동시간

용접봉을 모재로부터 분리시킨 후 주접점에 개로되어 용접기 2차 측의 무부하 전압(25[V] 이하)으로 될 때까지의 시간(접점(Magnet) 방식: 1±0.3초, 무접점(SCR, TRIC) 방식: 1초 이내)을 말한다.

관련개념 CHAPTER 02 감전재해 및 방지대책

080

두 물질 사이의 접촉과 분리 과정이 계속될 때 이에 따른 기계적 에너지에 의해 자유전자가 방출, 흡입되어 정전기가 발생하는 현상은?

① 박리대전

② 유동대전

③ 파괴대전

④ 마찰대전

해설 마찰대전

두 물체의 마찰이나 마찰에 의한 접촉위치의 이동으로 전하의 분리 및 재배열이 일어나서 정전기가 발생하는 현상이다.

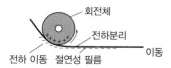

관련개념 CHAPTER 03 정전기 장·재해관리

화학설비 안전관리

081

메탄 1[vol%], 헥산 2[vol%], 에틸렌 2[vol%], 공기 95 [vol%]로 된 혼합가스의 폭발하한계값[vol%]은 약 얼마인가?(단, 메탄, 헥산, 에틸렌의 폭발하한계 값은 각각 5.0, 1.1, 2.7[vol%]이다.)

① 1.8 ② 3.5
③ 12.8 ④ 21.7

해설 혼합가스의 폭발하한계

$$L = \frac{V_1 + V_2 + \cdots + V_n}{\dfrac{V_1}{L_1} + \dfrac{V_2}{L_2} + \cdots + \dfrac{V_n}{L_n}} = \frac{1+2+2}{\dfrac{1}{5} + \dfrac{2}{1.1} + \dfrac{2}{2.7}} = 1.8[vol\%]$$

여기서, L: 혼합가스의 폭발하한계[vol%]
　　　　L_n: 각 성분가스의 폭발하한계[vol%]
　　　　V_n: 각 성분가스의 부피 비율[vol%]

관련개념 CHAPTER 01 화재 · 폭발 검토

082

뜨거운 금속에 물이 닿으면 튀는 현상과 같이 핵비등(Nucleate Boiling) 상태에서 막비등(Film Boiling)으로 이행하는 온도를 무엇이라 하는가?

① Burn-out Point
② Leidenfrost Point
③ Entrainment Point
④ Sub-cooling Boiling Point

해설 Leidenfrost Point

핵비등(Nucleate Boiling)에서 막비등(Film Boiling) 상태로 급격하게 이행하는 하한점을 말한다.

관련개념 CHAPTER 02 화학물질 안전관리 실행

083

가연성 가스의 폭발범위에 관한 설명으로 틀린 것은?

① 압력 증가에 따라 폭발상한계와 하한계가 모두 현저히 증가한다.
② 불활성 가스를 주입하면 폭발범위는 좁아진다.
③ 온도의 상승과 함께 폭발범위는 넓어진다.
④ 산소 중에서의 폭발범위는 공기 중에서 보다 넓어진다.

해설 압력은 폭발하한계에는 영향이 경미하나 폭발상한계에는 크게 영향을 준다. 보통 가스압력이 높아질수록 폭발범위는 넓어진다.

관련개념 CHAPTER 01 화재 · 폭발 검토

084

다음 중 인화점에 관한 설명으로 옳은 것은?

① 액체의 표면에서 발생한 증기농도가 공기 중에서 연소하한 농도가 될 수 있는 가장 높은 액체온도
② 액체의 표면에서 발생한 증기농도가 공기 중에서 연소상한 농도가 될 수 있는 가장 낮은 액체온도
③ 액체의 표면에서 발생한 증기농도가 공기 중에서 연소하한 농도가 될 수 있는 가장 낮은 액체온도
④ 액체의 표면에서 발생한 증기농도가 공기 중에서 연소상한 농도가 될 수 있는 가장 높은 액체온도

해설 인화점

가연성 증기가 발생하는 액체 또는 고체가 공기 중에서 점화원에 의해 표면 부근에서 연소하기에 충분한 농도(폭발하한계)를 만드는 최저의 온도를 말한다.

관련개념 CHAPTER 01 화재 · 폭발 검토

085

인화성 가스가 발생할 우려가 있는 지하작업장에서 작업을 할 경우 폭발이나 화재를 방지하기 위한 조치사항 중 가스의 농도를 측정하는 기준으로 적절하지 않은 것은?

① 매일 작업을 시작하기 전에 측정한다.
② 가스의 누출이 의심되는 경우 측정한다.
③ 장시간 작업할 때에는 매 8시간마다 측정한다.
④ 가스가 발생하거나 정체할 위험이 있는 장소에 대하여 측정한다.

해설 **지하작업장 작업 시 화재 방지를 위한 조치사항**
가스의 농도를 측정하는 사람을 지명하고 다음의 경우에 그로 하여금 해당 가스의 농도를 측정하여야 한다.
• 매일 작업을 시작하기 전
• 가스의 누출이 의심되는 경우
• 가스가 발생하거나 정체할 위험이 있는 장소가 있는 경우
• 장시간 작업을 계속하는 경우(이 경우 4시간마다 가스 농도를 측정)

관련개념 CHAPTER 01 화재·폭발 검토

086

프로판가스 1[m³]를 완전연소시키는 데 필요한 이론 공기량은 몇 [m³]인가?(단, 공기 중의 산소농도는 20[vol%]이다.)

① 20
② 25
③ 30
④ 35

해설 **프로판의 완전연소반응식**
$C_3H_8 + 5O_2 \rightarrow 3CO_2 + 4H_2O$
프로판 1[m³]를 완전연소시키는 데 필요한 이론 산소량은 $1 \times 5 = 5$[m³]이다.
공기 중의 산소농도는 20[vol%]이므로
이론 공기량=이론 산소량$\times \frac{100}{20} = 5 \times \frac{100}{20} = 25$[m³]

관련개념 CHAPTER 01 화재·폭발 검토

087

「산업안전보건법령」에 따라 유해하거나 위험한 설비의 설치·이전 또는 주요 구조부분의 변경공사 시 공정안전보고서의 제출시기는 착공일 며칠 전까지 관련기관에 제출하여야 하는가?

① 15일
② 30일
③ 60일
④ 90일

해설 유해하거나 위험한 설비의 설치·이전 또는 주요 구조부분의 변경공사의 **착공일 30일 전까지** 공정안전보고서를 2부 작성하여 한국산업안전보건공단에 제출하여야 한다.

관련개념 CHAPTER 04 화공 안전운전·점검

088

「안전보건규칙」상 안전밸브 등의 전단·후단에는 차단밸브를 설치하여서는 아니 되지만 다음 중 자물쇠형 또는 이에 준하는 형식의 차단밸브를 설치할 수 있는 경우로 틀린 것은?

① 인접한 화학설비 및 그 부속설비에 안전밸브 등이 각각 설치되어 있고, 해당 화학설비 및 그 부속설비의 연결 배관에 차단밸브가 없는 경우
② 안전밸브 등의 배출용량이 4분의 1 이상에 해당하는 용량의 자동압력조절밸브와 안전밸브 등이 직렬로 연결된 경우
③ 화학설비 및 그 부속설비에 안전밸브 등이 복수방식으로 설치되어 있는 경우
④ 열팽창에 의하여 상승된 압력을 낮추기 위한 목적으로 안전밸브가 설치된 경우

해설 안전밸브 등의 배출용량의 $\frac{1}{2}$ 이상에 해당하는 용량의 **자동압력조절밸브**(구동용 동력원의 공급을 차단하는 경우 열리는 구조인 것으로 한정)와 **안전밸브 등이 병렬로 연결된 경우**에는 안전밸브 전단·후단에 자물쇠형 또는 이에 준하는 형식의 차단밸브 설치가 가능하다.

관련개념 CHAPTER 04 화공 안전운전·점검

089

하인리히(Heinrich)의 재해구성비율에 따른 58건의 경상이 발생한 경우 무상해사고는 몇 건이 발생하겠는가?

① 58건   ② 116건
③ 600건   ④ 900건

해설 하인리히의 재해구성비율

중상 또는 사망 : 경상 : 무상해사고＝1 : 29 : 300
경상 : 무상해사고＝29 : 300이므로

무상해사고＝$58 \times \dfrac{300}{29} = 600$건

관련개념 CHAPTER 01 산업재해예방 계획 수립

090

다음 중 압축기 운전 시 토출압력이 갑자기 증가하는 이유로 가장 적절한 것은?

① 윤활유의 과다
② 피스톤 링의 가스 누설
③ 토출관 내에 저항 발생
④ 저장조 내 가스압의 감소

해설 토출관 내에 저항이 발생하면 토출압력이 증가하게 된다.

관련개념 CHAPTER 04 화공 안전운전 · 점검

091

「산업안전보건기준에 관한 규칙」상 국소배기장치의 후드 설치기준이 아닌 것은?

① 유해물질이 발생하는 곳마다 설치할 것
② 후드의 개구부 면적은 가능한 한 크게 할 것
③ 외부식 또는 리시버식 후드는 해당 분진 등의 발산원에 가장 가까운 위치에 설치할 것
④ 후드 형식은 가능하면 포위식 또는 부스식 후드를 설치할 것

해설 후드(Hood)

인체에 해로운 분진 등을 배출하기 위하여 설치하는 국소배기장치의 후드는 다음의 기준에 맞도록 하여야 한다.

- 유해물질이 발생하는 곳마다 설치할 것
- 유해인자의 발생형태와 비중, 작업방법 등을 고려하여 해당 분진 등의 발산원을 제어할 수 있는 구조로 설치할 것
- 후드 형식은 가능하면 포위식 또는 부스식 후드를 설치할 것
- 외부식 또는 리시버식 후드는 해당 분진 등의 발산원에 가장 가까운 위치에 설치할 것

관련개념 CHAPTER 04 화공 안전운전 · 점검

092

소화설비와 주된 소화적용방법의 연결이 옳은 것은?

① 포소화설비 – 질식효과
② 스프링클러설비 – 억제효과
③ 이산화탄소소화설비 – 제거소화
④ 할로겐화합물소화설비 – 냉각소화

해설 질식소화를 이용한 소화기 종류

포소화기, 분말소화기, 이산화탄소소화기, 마른모래, 팽창질석, 팽창진주암

오답해설
② 스프링클러소화설비: 냉각소화
③ 이산화탄소소화설비: 질식소화
④ 할로겐화합물소화설비: 억제소화

관련개념 CHAPTER 01 화재 · 폭발 검토

093

물이 관 속을 흐를 때 유동하는 물 속의 어느 부분의 정압이 그때의 물의 증기압보다 낮을 경우 물이 증발하여 부분적으로 증기가 발생되어 배관의 부식을 초래하는 경우가 있다. 이러한 현상을 무엇이라 하는가?

① 서징(Surging)
② 공동현상(Cavitation)
③ 비말동반(Entrainment)
④ 수격작용(Water Hammering)

해설 **공동현상(Cavitation)**
유체가 관속에 물이 흐를 때 유동하는 유체 속 어느 부분의 정압이 그때의 유체의 증기압보다 낮을 경우 유체가 증발하여 부분적으로 증기가 발생되는 현상이다. 배관의 부식을 초래하기도 한다.

관련개념 CHAPTER 04 화공 안전운전 · 점검

094

「산업안전보건법령」상 유해인자의 분류기준에서 화학물질의 분류 중 인화성액체의 정의로 옳은 것은?

① 표준압력에서 인화점이 30[℃] 이하인 액체
② 표준압력에서 인화점이 40[℃] 이하인 액체
③ 표준압력에서 인화점이 50[℃] 이하인 액체
④ 표준압력에서 인화점이 60[℃] 이하인 액체

해설 인화성 액체란 표준압력(103.3[kPa])에서 인화점이 60[℃] 이하이거나 고온 · 고압의 공정운전조건으로 인하여 화재 · 폭발위험이 있는 상태에서 취급되는 가연성 액체 물질을 말한다.

관련개념 CHAPTER 02 화학물질 안전관리 실행

095

다음 중 「산업안전보건법령」상 물질안전보건자료의 작성 · 제출 제외 대상이 아닌 것은?

① 「원자력안전법」에 의한 방사성 물질
② 「농약관리법」에 의한 농약 및 원제
③ 「비료관리법」에 의한 비료
④ 「관세법」에 의해 수입되는 공업용 유기용제

해설 「관세법」에 의해 수입되는 공업용 유기용제는 물질안전보건자료(MSDS) 작성 · 제출 제외 대상 화학물질이 아니다.
보기 외의 물질안전보건자료 작성 · 제출 제외 대상 화학물질
• 「사료관리법」에 따른 사료
• 「약사법」에 따른 의약품 · 의약외품
• 「화장품법」에 따른 화장품과 화장품에 사용하는 원료
• 「식품위생법」에 따른 식품 및 식품첨가물 등

관련개념 CHAPTER 02 화학물질 안전관리 실행

096

폭발방호대책 중 이상 또는 과잉압력에 대한 안전장치로 볼 수 없는 것은?

① 안전밸브(Safety Valve)
② 릴리프밸브(Relief Valve)
③ 파열판(Bursting Disk)
④ 플레임 어레스터(Flame Arrester)

해설 **화염방지기(Flame Arrester)**
인화성 물질 등을 저장하는 탱크에서 외부에 그 증기를 방출하거나 탱크 내에 외기를 흡입하는 부분에 설치하는 안전장치로 과잉압력에 대한 안전장치라고 볼 수 없다.

관련개념 CHAPTER 04 화공 안전운전 · 점검

097

폭발압력과 인화성 가스의 농도와의 관계에 대해 설명한 것으로 옳은 것은?

① 인화성 가스의 농도가 너무 희박하거나 진하여도 폭발압력은 높아진다.

② 폭발압력은 양론농도보다 약간 높은 농도에서 최대폭발압력이 된다.

③ 최대폭발압력의 크기는 공기와의 혼합기체에서보다 산소의 농도가 큰 혼합기체에서 더 낮아진다.

④ 인화성 가스의 농도와 폭발압력은 반비례 관계이다.

해설 폭발압력과 인화성 가스의 농도와의 관계

• 인화성 가스의 농도가 클수록 폭발압력은 비례하여 높아진다.

• 인화성 가스의 농도가 너무 희박하거나 진하여도 폭발압력은 낮아진다.

• **폭발압력은 양론농도보다 약간 높은 농도에서 최대폭발압력이 된다.**

• 최대폭발압력의 크기는 공기보다 산소의 농도가 큰 혼합기체에서 더 높아진다.

관련개념 CHAPTER 01 화재 · 폭발 검토

098

다음 위험물 중 산화성 액체 및 산화성 고체가 아닌 것은?

① 질산 및 그 염류　② 염소산 및 그 염류

③ 과염소산 및 그 염류　④ 유기 금속화합물

해설 유기 금속화합물은 물반응성 물질로 수분과 반응 시 가연성 가스를 발생시킨다.

관련개념 CHAPTER 02 화학물질 안전관리 실행

099

후압이 존재하고 증기압 변화량을 제어할 목적의 경우 어떠한 안전방출장치를 사용해야 하는가?

① 스프링식 안전방출장치

② 파열판식 안전방출장치

③ 릴리프식 안전방출장치

④ 벨로스(Bellows)식 안전방출장치

해설 벨로스(Bellows)식 안전방출장치

주름이 있는 금속부품(Bellows)이 스프링 압력에 의해 고정되어 있고, 설정압력을 넘는 경우 작동되어 압력을 정상화시키는 안전장치이다.

• 후압이 존재하고 증기압 변화량을 제어할 목적으로 사용한다.

• 부식성, 독성 가스에 사용한다.

관련개념 CHAPTER 04 화공 안전운전 · 점검

100

건조설비의 구조는 구조부분, 가열장치, 부속설비로 구성된다. 이 중 구조부분에 속하는 것은 어느 것인가?

① 보온판　② 열원장치

③ 소화장치　④ 전기설비

해설 건조설비의 구조

• **구조부분**: 몸체(철골부, **보온판**, Shell 등), 내부구조, 내부에 있는 구동장치 등

• 가열장치: 열원장치, 순환용 송풍기 등

• 부속설비: 환기장치, 온도조절장치, 안전장치, 소화장치, 전기설비 등

관련개념 CHAPTER 02 화학물질 안전관리 실행

건설공사 안전관리

101

토사붕괴 원인으로 옳지 않은 것은?

① 경사 및 기울기 증가
② 성토 높이의 증가
③ 건설기계 등 하중작용
④ 토사중량의 감소

해설 토사의 중량이 감소할 경우 토사붕괴 위험이 낮아진다.
토석 붕괴의 외적 원인
• 사면, 법면의 경사 및 기울기의 증가
• 절토 및 성토 높이의 증가
• 공사에 의한 진동 및 반복 하중의 증가
• 지표수 및 지하수의 침투에 의한 토사 중량의 증가
• 지진, 차량, 구조물의 하중작용
• 토사 및 암석의 혼합층 두께

관련개념 CHAPTER 04 건설현장 안전시설 관리

102

이동식비계를 조립하여 작업을 하는 경우에 준수하여야 할 기준으로 옳지 않은 것은?

① 승강용 사다리는 견고하게 설치할 것
② 비계의 최상부에서 작업을 하는 경우에는 안전난간을 설치할 것
③ 작업발판의 최대적재하중은 400[kg]을 초과하지 않도록 할 것
④ 작업발판은 항상 수평을 유지하고 작업발판 위에서 안전난간을 딛고 작업을 하거나 받침대 또는 사다리를 사용하여 작업하지 않도록 할 것

해설 이동식비계 작업발판의 최대적재하중은 250[kg]을 초과하지 않도록 하여야 한다.

관련개념 CHAPTER 05 비계·거푸집 가시설 위험방지

103

굴착공사에 있어서 비탈면 붕괴를 방지하기 위하여 실시하는 대책으로 옳지 않은 것은?

① 지표수의 침투를 막기 위해 표면배수공을 한다.
② 지하수위를 내리기 위해 수평배수공을 설치한다.
③ 비탈면 하단을 성토한다.
④ 비탈면 상부에 토사를 적재한다.

해설 비탈면 상부에 토사 적재 시 비탈면 붕괴의 위험이 있다.

관련개념 CHAPTER 04 건설현장 안전시설 관리

104

미리 작업장소의 지형 및 지반상태 등에 적합한 제한속도를 정하지 않아도 되는 차량계 건설기계의 속도 기준은?

① 최대 제한속도가 10[km/h] 이하
② 최대 제한속도가 20[km/h] 이하
③ 최대 제한속도가 30[km/h] 이하
④ 최대 제한속도가 40[km/h] 이하

해설 차량계 하역운반기계, 차량계 건설기계(최대제한속도가 10[km/h] 이하인 것 제외)를 사용하여 작업을 하는 경우 미리 작업장소의 지형 및 지반상태 등에 적합한 제한속도를 정하고, 운전자로 하여금 이를 준수하도록 하여야 한다.

관련개념 CHAPTER 04 건설현장 안전시설 관리

105

흙막이 지보공을 설치하였을 경우 정기적으로 점검하고 이상을 발견하면 즉시 보수하여야 하는 사항과 가장 거리가 먼 것은?

① 부재의 접속부, 부착부 및 교차부의 상태

② 버팀대의 긴압의 정도

③ 부재의 손상, 변형, 부식, 변위 및 탈락의 유무와 상태

④ 지표수의 흐름 상태

해설 **흙막이 지보공 설치 시 정기적 점검 및 보수사항**
• 부재의 손상 · 변형 · 부식 · 변위 및 탈락의 유무와 상태
• 버팀대의 긴압의 정도
• 부재의 접속부 · 부착부 · 교차부의 상태
• 침하의 정도

관련개념 CHAPTER 05 비계 · 거푸집 가시설 위험방지

106

말비계를 조립하여 사용하는 경우 지주부재와 수평면의 기울기는 얼마 이하로 하여야 하는가?

① 65° ② 70°
③ 75° ④ 80°

해설 말비계 조립 시 지주부재와 수평면의 기울기를 75° 이하로 하고, 지주부재와 지주부재 사이를 고정시키는 보조부재를 설치하여야 한다.

관련개념 CHAPTER 05 비계 · 거푸집 가시설 위험방지

107

중량물을 운반할 때의 바른 자세로 옳은 것은?

① 허리를 구부리고 양손으로 들어올린다.

② 중량은 보통 체중의 60[%]가 적당하다.

③ 물건은 최대한 몸에서 멀리 떼어서 들어올린다.

④ 길이가 긴 물건은 앞쪽을 높게 하여 운반한다.

해설 인력운반 시 긴 물건은 앞부분을 약간 높여 모서리 등에 충돌하지 않게 한다.

오답해설
① 물건을 들어올릴 때에는 팔과 무릎을 이용하며 척추는 곧게 한다.
② 중량은 남성 근로자의 경우 체중의 40[%] 이하, 여성 근로자의 경우 체중의 24[%] 이하가 적당하다.
③ 물건은 최대한 몸에 가깝게 하여 들어올린다.

관련개념 CHAPTER 06 공사 및 작업 종류별 안전

108

건설업 산업안전보건관리비의 사용내역에 대하여 도급인은 공사 시작 후 몇 개월마다 1회 이상 발주자 또는 감리자의 확인을 받아야 하는가?

① 3개월 ② 4개월
③ 5개월 ④ 6개월

해설 도급인은 산업안전보건관리비 사용내역에 대하여 공사 시작 후 6개월마다 1회 이상 발주자 또는 감리자의 확인을 받아야 한다. 다만, 6개월 이내에 공사가 종료되는 경우에는 종료 시 확인을 받아야 한다.

관련개념 CHAPTER 03 건설업 산업안전보건관리비 관리

109

타워크레인을 와이어로프로 지지하는 경우에 준수해야 할 사항으로 옳지 않은 것은?

① 와이어로프를 고정하기 위한 전용 지지프레임을 사용할 것
② 와이어로프 설치각도는 수평면에서 60° 이상으로 하되, 지지점은 4개소 미만으로 할 것
③ 와이어로프와 그 고정부위는 충분한 강도와 장력을 갖도록 설치할 것
④ 와이어로프가 가공전선에 근접하지 않도록 할 것

해설 **타워크레인을 와이어로프로 지지하는 경우 준수사항**
· 와이어로프를 고정하기 위한 전용 지지프레임을 사용할 것
· 와이어로프 설치각도는 수평면에서 60° 이내로 하되, 지지점은 4개소 이상으로 하고, 같은 각도로 설치할 것
· 와이어로프와 그 고정부위는 충분한 강도와 장력을 갖도록 설치하고, 와이어로프를 클립 · 샤클 등의 고정기구를 사용하여 견고하게 고정시켜 풀리지 않도록 하며, 사용 중에는 충분한 강도와 장력을 유지하도록 할 것
· 와이어로프가 가공전선에 근접하지 않도록 할 것

관련개념 CHAPTER 06 공사 및 작업 종류별 안전

110

단관비계가 넘어지는 것을 방지하기 위하여 사용하는 벽이음의 간격기준으로 옳은 것은?

① 수직 방향 5[m] 이하, 수평 방향 5[m] 이하
② 수직 방향 6[m] 이하, 수평 방향 6[m] 이하
③ 수직 방향 7[m] 이하, 수평 방향 7[m] 이하
④ 수직 방향 8[m] 이하, 수평 방향 8[m] 이하

해설 단관비계의 벽이음은 수직방향 5[m], 수평방향 5[m] 이내로 조립하여야 한다.

관련개념 CHAPTER 05 비계 · 거푸집 가시설 위험방지

111

다음은 가설통로를 설치하는 경우의 준수사항이다. (   )에 알맞은 수치를 고르면?

> 건설공사에 사용하는 높이 8[m] 이상인 비계다리에는 (   )[m] 이내마다 계단참을 설치할 것

① 7   ② 6
③ 5   ④ 4

해설 가설통로 설치 시 건설공사에 사용하는 높이 8[m] 이상인 비계다리에는 7[m] 이내마다 계단참을 설치하여야 한다.

관련개념 CHAPTER 05 비계 · 거푸집 가시설 위험방지

112

연약지반의 이상현상 중 하나인 히빙(heaving)현상에 대한 안전대책이 아닌 것은?

① 흙막이벽의 관입 깊이를 깊게 한다.
② 굴착면에 토사 등으로 하중을 가한다.
③ 흙막이 배면의 표토를 제거하여 토압을 경감시킨다.
④ 주변 수위를 높인다.

해설 **히빙의 예방대책**
· 흙막이벽의 근입 깊이 증가
· 흙막이벽 배면지반의 상재하중 제거
· 저면의 굴착부분을 남겨두어 굴착예정인 부분의 일부를 미리 굴착하여 기초콘크리트 타설
· 굴착주변을 웰 포인트(Well Point) 공법과 병행
· 굴착저면에 토사 등 인공중력 증가

관련개념 CHAPTER 02 건설공사 위험성

113

추락재해 방지를 위한 방망이 그물코 규격 기준으로 옳은 것은?

① 사각 또는 마름모로서 크기가 5[cm] 이하
② 사각 또는 마름모로서 크기가 10[cm] 이하
③ 사각 또는 마름모로서 크기가 15[cm] 이하
④ 사각 또는 마름모로서 크기가 20[cm] 이하

해설 추락방호망의 그물코는 사각 또는 마름모로서 크기는 10[cm] 이하이어야 한다.

관련개념 CHAPTER 04 건설현장 안전시설 관리

114

부두 등의 하역작업장에서 부두 또는 안벽의 선을 따라 통로를 설치하는 경우, 최소 폭 기준은?

① 90[cm] 이상
② 75[cm] 이상
③ 60[cm] 이상
④ 45[cm] 이상

해설 부두·안벽 등 하역작업을 하는 장소에 부두 또는 안벽의 선을 따라 통로를 설치하는 경우에는 폭을 90[cm] 이상으로 하여야 한다.

관련개념 CHAPTER 06 공사 및 작업 종류별 안전

115

콘크리트 타설작업을 하는 경우에 준수해야 할 사항으로 옳지 않은 것은?

① 당일의 작업을 시작하기 전에 해당 작업에 관한 거푸집 및 동바리의 변형·변위 및 지반의 침하 유무 등을 점검하고 이상이 있으면 보수한다.
② 작업 중에는 감시자를 배치하는 등의 방법으로 거푸집 및 동바리의 변형·변위 및 침하 유무 등을 확인하여야 하며, 이상이 있으면 작업을 빠른 시간 내 우선 완료하고 근로자를 대피시킨다.
③ 콘크리트 타설작업 시 거푸집 붕괴의 위험이 발생할 우려가 있으면 충분한 보강조치를 한다.
④ 콘크리트를 타설하는 경우에는 편심이 발생하지 않도록 골고루 분산하여 타설한다.

해설 콘크리트 타설작업 중에는 감시자를 배치하는 등의 방법으로 거푸집 및 동바리의 변형·변위 및 침하 유무 등을 확인하여야 하며, 이상이 있으면 작업을 중지하고 근로자를 대피시켜야 한다.

관련개념 CHAPTER 06 공사 및 작업 종류별 안전

116

항타기 또는 항발기의 권상장치 드럼축과 권상장치로부터 첫 번째 도르래의 축 간의 거리는 권상장치 드럼폭의 몇 배 이상으로 하여야 하는가?

① 5배
② 8배
③ 10배
④ 15배

해설 항타기 또는 항발기의 권상장치의 드럼축과 권상장치로부터 첫 번째 도르래의 축 간의 거리를 권상장치 드럼폭의 15배 이상으로 하여야 한다.

관련개념 CHAPTER 04 건설현장 안전시설 관리

117

근로자의 추락 등의 위험을 방지하기 위한 안전난간의 설치 기준으로 옳지 않은 것은?

① 상부 난간대와 중간 난간대는 난간 길이 전체에 걸쳐 바닥면 등과 평행을 유지할 것
② 발끝막이판은 바닥면 등으로부터 20[cm] 이상의 높이를 유지할 것
③ 난간대는 지름 2.7[cm] 이상의 금속제 파이프나 그 이상의 강도가 있는 재료일 것
④ 안전난간은 구조적으로 가장 취약한 지점에서 가장 취약한 방향으로 작용하는 100[kg] 이상의 하중에 견딜 수 있는 튼튼한 구조일 것

해설 안전난간의 발끝막이판은 바닥면 등으로부터 10[cm] 이상의 높이를 유지하여야 한다.

관련개념 CHAPTER 04 건설현장 안전시설 관리

118

항만하역작업에서의 선박승강설비 설치기준으로 옳지 않은 것은?

① 200톤급 이상의 선박에서 하역작업을 하는 경우에 근로자들이 안전하게 오르내릴 수 있는 현문(舷門) 사다리를 설치하여야 하며, 이 사다리 밑에 안전망을 설치하여야 한다.
② 현문 사다리는 견고한 재료로 제작된 것으로 너비는 55[cm] 이상이어야 한다.
③ 현문 사다리의 양측에는 82[cm] 이상의 높이로 울타리를 설치하여야 한다.
④ 현문 사다리는 근로자의 통행에만 사용하여야 하며, 화물용 발판 또는 화물용 보판으로 사용하도록 해서는 아니 된다.

해설 항만하역작업 시 300톤급 이상의 선박에서 하역작업을 하는 경우에 근로자들이 안전하게 오르내릴 수 있는 현문 사다리를 설치하여야 하며, 이 사다리 밑에 안전망을 설치하여야 한다.

관련개념 CHAPTER 06 공사 및 작업 종류별 안전

119

유해위험방지계획서 첨부서류에 해당되지 않는 것은?

① 안전관리를 위한 교육자료
② 안전관리 조직표
③ 전체 공정표
④ 재해발생 위험 시 연락 및 대피방법

해설 건설공사 유해위험방지계획서 제출 시 첨부서류
• 공사개요서
• 공사현장의 주변 현황 및 주변과의 관계를 나타내는 도면(매설물 현황 포함)
• 전체공정표
• 산업안전보건관리비 사용계획서
• 안전관리 조직표
• 재해 발생 위험 시 연락 및 대피방법

관련개념 CHAPTER 02 건설공사 위험성

120

공사용 가설도로에 대한 설명으로 옳지 않은 것은?

① 도로는 장비 및 차량이 안전하게 운행할 수 있도록 견고하게 설치한다.
② 부득이한 경우를 제외하는 경우 최고 허용 경사도는 20[%]이다.
③ 도로와 작업장이 접해 있을 경우에는 울타리 등을 설치한다.
④ 도로는 배수를 위해 경사지게 설치하거나 배수시설을 해야 한다.

해설 가설도로 설치기준
• 도로는 장비와 차량이 안전하게 운행할 수 있도록 견고하게 설치할 것
• 도로와 작업장이 접하여 있을 경우에는 울타리 등을 설치할 것
• 도로는 배수를 위하여 경사지게 설치하거나 배수시설을 설치할 것
• 차량의 속도제한 표지를 부착할 것

관련개념 CHAPTER 05 비계 · 거푸집 가시설 위험방지

에듀윌이
너를
지지할게
ENERGY

견디는 것이 아니라
견디면서 나아가는 것이 중요하다.

– 서상영, 〈소를 기르다〉

산업재해 예방 및 안전보건교육

001

산업재해보험적용 근로자 1,000명인 플라스틱 제조 사업장에서 작업 중 재해 5건이 발생하였고, 1명이 사망하였을 때 이 사업장의 사망만인율은?

① 2　　　　　　　　② 5
③ 10　　　　　　　　④ 20

[해설] **사망만인율**

임금근로자 수 10,000명당 발생하는 사망자 수의 비율이다.

$$사망만인율 = \frac{사망자\ 수}{산재보험적용\ 근로자\ 수} \times 10,000 = \frac{1}{1,000} \times 10,000 = 10$$

[관련개념] SUBJECT 03 기계 · 기구 및 설비 안전관리
CHAPTER 02 기계분야 산업재해 조사 및 관리

002

학습지도의 형태 중 몇 사람의 전문가가 주제에 대한 견해를 발표하고 참가자로 하여금 의견을 내거나 질문을 하게 하는 토의방식은?

① 포럼(Forum)
② 심포지엄(Symposium)
③ 버즈세션(Buzz session)
④ 자유토의법(Free discussion method)

[해설] **심포지엄(Symposium)**

몇 사람의 전문가가 과제에 관한 견해를 발표하게 한 뒤 참가자로 하여금 의견이나 질문을 하게 하여 토의하는 방법이다.

[관련개념] CHAPTER 05 안전보건교육의 내용 및 방법

003

버드(Bird)에 의한 재해 발생비율 1 : 10 : 30 : 600 중 30에 해당되는 내용은?

① 중상　　　　　　　② 경상
③ 무상해사고　　　　④ 무사고

[해설] **버드(Bird)의 재해구성비율**

중상(중증요양상태) 또는 사망 : 경상(물적, 인적 상해) : 무상해사고(물적 손실 발생) : 무상해, 무사고 고장(위험 순간) = 1 : 10 : 30 : 600

[관련개념] CHAPTER 01 산업재해예방 계획 수립

004

기업 내 정형교육 중 TWI(Training Within Industry)의 교육 내용이 아닌 것은?

① Job Method Training
② Job Relation Training
③ Job Instruction Training
④ Job Standardization Training

[해설] **TWI(Training Within Industry)**

· 작업지도훈련(JIT; Job Instruction Training)
· 작업방법훈련(JMT; Job Method Training)
· 인간관계훈련(JRT; Job Relation Training)
· 작업안전훈련(JST; Job Safety Training)

[관련개념] CHAPTER 05 안전보건교육의 내용 및 방법

005

레윈(Lewin)의 법칙에서 환경조건(E)에 포함되는 것은?

$$B=f(P \cdot E)$$

① 지능   ② 소질
③ 적성   ④ 인간관계

해설 레윈(Lewin.K)의 법칙
$B=f(P \cdot E)$
여기서, B: Behavior(인간의 행동)
    f: function(함수관계)
    P: Person(개체: 연령, 경험, 심신상태, 성격, 지능 등)
    E: Environment(환경: 인간관계, 작업조건 등)

관련개념 CHAPTER 04 인간의 행동과학

006

재해의 기본원인 4M에 해당하지 않는 것은?

① Man   ② Machine
③ Media   ④ Measurement

해설 4M 분석기법에 Measurement는 존재하지 않는다.
4M 분석기법
인간(Man), 기계(Machine), 작업매체(Media), 관리(Management)

관련개념 CHAPTER 01 산업재해예방 계획 수립

007

「산업안전보건법령」상 안전보건표지의 종류 중 바탕은 파란색, 관련 그림은 흰색을 사용하는 표지는?

① 사용금지   ② 세안장치
③ 몸균형상실 경고   ④ 안전복 착용

해설 파란색 바탕에 관련 그림이 흰색인 안전보건표지는 '지시표지'이다. 보기 중 '지시표지'는 '안전복 착용'이다.

관련개념 CHAPTER 02 안전보호구 관리

008

재해조사 시 유의사항으로 적절하지 않은 것은?

① 조사는 신속하게 행한다.
② 긴급조치를 하여 2차 재해방지를 도모한다.
③ 조사는 2인 이상이 한다.
④ 책임추궁을 우선으로 한다.

해설 재해조사 시 책임추궁보다는 재발방지를 우선하는 기본 태도를 갖는다.

관련개념 SUBJECT 03 기계·기구 및 설비 안전관리
    CHAPTER 02 기계분야 산업재해 조사 및 관리

009

「산업안전보건법령」상 안전인증대상 기계·기구 및 설비가 아닌 것은?

① 연삭기   ② 롤러기
③ 압력용기   ④ 고소(高所)작업대

해설 연삭기는 안전인증대상이 아닌 자율안전확인대상 기계·기구이다.
안전인증대상 기계·기구 및 설비
프레스, 전단기 및 절곡기, 크레인, 리프트, 압력용기, 롤러기, 사출성형기, 고소작업대, 곤돌라

관련개념 SUBJECT 03 기계·기구 및 설비 안전관리
    CHAPTER 02 기계분야 산업재해 조사 및 관리

010

부주의의 발생 원인에 포함되지 않는 것은?

① 의식의 단절   ② 의식의 우회
③ 의식수준의 저하   ④ 의식의 지배

해설 **부주의의 원인(현상)**

- **의식의 우회**: 의식의 흐름이 옆으로 빗나가 발생하는 것(걱정, 고민, 욕구불만 등에 의하여 정신을 빼앗기는 것)이다.
- **의식수준의 저하**: 혼미한 정신상태에서 심신이 피로할 경우나 단조로운 반복작업 등의 경우에 일어나기 쉽다.
- **의식의 단절**: 지속적인 의식의 흐름에 단절이 생기고 공백의 상태가 나타나는 것으로 주로 질병의 경우에 나타난다.
- 의식의 과잉: 돌발사태에 직면하면 주의가 일점(주시점)에 집중되어 판단정지 및 긴장 상태에 빠지게 되어 유효한 대응을 못하게 된다.
- 의식의 혼란: 외적 조건에 의해 의식이 혼란하거나 분산되어 위험요인에 대응할 수 없을 때 발생한다.

관련개념 CHAPTER 04 인간의 행동과학

011

다음 중 "Near Accident"에 관한 내용으로 가장 적절한 것은?

① 사고가 일어난 인접지역
② 사망사고가 발생한 중대재해
③ 사고가 일어난 지점에 계속 사고가 발생하는 지역
④ 사고가 일어나더라도 손실을 전혀 수반하지 않는 재해

해설 **아차사고**
무인명상해(인적 손실 없음), 무재산손실(물적 손실 없음) 사고이다.

관련개념 CHAPTER 01 산업재해예방 계획 수립

012

재해분석도구 중 재해발생의 유형을 어골상(魚骨像)으로 분류하여 분석하는 것은?

① 파레토도   ② 특성요인도
③ 관리도   ④ 클로즈분석도

해설 **재해의 통계적 원인분석 방법**

파레토도	분류항목을 큰 순서대로 도표화한 분석법
특성요인도	특성과 요인관계를 도표로 하여 어골상으로 세분화한 분석법
클로즈분석도	요인별 결과 내역을 교차한 클로즈 그림을 작성, 분석하는 방법
관리도	재해발생수를 그래프화하여 관리선을 설정, 관리하는 방법

관련개념 SUBJECT 03 기계·기구 및 설비 안전관리
       CHAPTER 02 기계분야 산업재해 조사 및 관리

013

무재해 운동을 추진하기 위한 조직의 세 기둥으로 볼 수 없는 것은?

① 최고경영자의 경영자세
② 소집단 자주활동의 활성화
③ 전 종업원의 안전요원화
④ 라인관리자에 의한 안전보건의 추진

해설 **무재해 운동 추진의 3기둥(3요소)**
- 소집단의 자주활동의 활성화
- 라인관리자에 의한 안전보건의 추진
- 최고경영자의 경영자세

관련개념 CHAPTER 01 산업재해예방 계획 수립

014

안전보건관리의 조직형태 중 경영자의 지휘와 명령이 위에서 아래로 하나의 계통이 되어 신속히 전달되며 100명 미만의 소규모 기업에 적합한 유형은?

① Staff 조직   ② Line 조직
③ Line-staff 조직   ④ Round 조직

해설 **라인(LINE)형 조직(직계형 조직)**
소규모 기업에 적합한 조직으로서 안전관리에 관한 계획에서부터 실시에 이르기까지 모든 안전업무가 생산라인을 통하여 수직적으로 이루어지도록 편성된 조직이다.

관련개념 CHAPTER 01 산업재해예방 계획 수립

015

파블로프(Pavlov)의 조건반사설에 의한 학습이론의 원리가 아닌 것은?

① 일관성의 원리
② 계속성의 원리
③ 준비성의 원리
④ 강도의 원리

해설 '준비성'에 관한 것은 손다이크(Thorndike)의 시행착오설 중 '준비성의 법칙'에 해당한다.

파블로프(Pavlov)의 조건반사설

- 계속성의 원리(The Continuity Principle)
- 일관성의 원리(The Consistency Principle)
- 강도의 원리(The Intensity Principle)
- 시간의 원리(The Time Principle)

관련개념 CHAPTER 05 안전보건교육의 내용 및 내용 및 방법

016

다음 중 안전점검의 목적으로 볼 수 없는 것은?

① 사고원인을 찾아 재해를 미연에 방지하기 위함이다.
② 작업자의 잘못된 부분을 점검하여 책임을 부여하기 위함이다.
③ 재해의 재발을 방지하여 사전대책을 세우기 위함이다.
④ 현장의 불안전 요인을 찾아 계획에 적절히 반영시키기 위함이다.

해설 **안전점검의 목적**

- 기기 및 설비의 결함이나 불안전한 상태의 제거로 사전에 안전성을 확보하기 위함이다.
- 기기 및 설비의 안전상태 유지 및 본래의 성능을 유지하기 위함이다.
- 재해방지를 위한 대책을 계획적으로 실시하기 위함이다.

관련개념 SUBJECT 03 기계·기구 및 설비 안전관리
　　　　　CHAPTER 02 기계분야 산업재해 조사 및 관리

017

다음 중 안전보건교육의 단계별 교육과정 순서로 옳은 것은?

① 안전 태도교육 → 안전 지식교육 → 안전 기능교육
② 안전 지식교육 → 안전 기능교육 → 안전 태도교육
③ 안전 기능교육 → 안전 지식교육 → 안전 태도교육
④ 안전 자세교육 → 안전 지식교육 → 안전 기능교육

해설 **안전교육의 3단계**

㉠ 1단계: 지식교육
㉡ 2단계: 기능교육
㉢ 3단계: 태도교육

관련개념 CHAPTER 05 안전보건교육의 내용 및 방법

018

맥그리거(Mcgregor)의 X, Y 이론에서 X 이론에 대한 관리 처방으로 볼 수 없는 것은?

① 직무의 확장
② 권위주의적 리더십의 확립
③ 경제적 보상체제의 강화
④ 면밀한 감독과 엄격한 통제

해설 '직무의 확장'은 Y 이론에 대한 관리 처방 중 하나이다.

Y 이론에 대한 관리 처방

- 민주적 리더십의 확립
- 분권화와 권한의 위임
- 직무의 확장
- 자율적인 통제
- 목표에 의한 관리

관련개념 CHAPTER 04 인간의 행동과학

019

「산업안전보건법령」상 사업 내 안전보건교육시간에 관한 설명으로 옳지 않은 것은?

① 사무직 종사 근로자 정기교육: 매반기 6시간 이상
② 일용근로자 및 근로계약기간이 1개월 이하인 기간제근로자를 제외한 근로자 채용 시 교육: 8시간 이상
③ 일용근로자 작업내용 변경 시 교육: 2시간 이상
④ 건설 일용근로자 건설업 기초안전·보건교육: 4시간 이상

해설 **근로자 안전보건교육 교육과정별 교육시간**

교육과정	교육대상		교육시간
정기교육	사무직 종사 근로자		매반기 6시간 이상
	그 밖의 근로자	판매업무에 직접 종사하는 근로자	매반기 6시간 이상
		판매업무에 직접 종사하는 근로자 외의 근로자	매반기 12시간 이상
채용 시 교육	일용근로자 및 근로계약기간이 1주일 이하인 기간제근로자		1시간 이상
	근로계약기간이 1주일 초과 1개월 이하인 기간제근로자		4시간 이상
	그 밖의 근로자		8시간 이상
작업내용 변경 시 교육	일용근로자 및 근로계약기간이 1주일 이하인 기간제근로자		1시간 이상
	그 밖의 근로자		2시간 이상
건설업 기초 안전·보건교육	건설 일용근로자		4시간 이상

※ 이 문제는 개정된 법령에 따라 수정한 문제입니다.

관련개념 CHAPTER 05 안전보건교육의 내용 및 방법

020

안전교육방법 중 강의식 교육을 1시간 하려고 한다. 다음 중 가장 시간이 많이 소비되는 단계는?

① 도입
② 제시
③ 적용
④ 확인

해설 **교육법의 4단계 및 시간배분(60분 기준)**

교육법의 4단계	강의식	토의식
제1단계 – 도입(준비)	5분	5분
제2단계 – 제시(설명)	40분	10분
제3단계 – 적용(응용)	10분	40분
제4단계 – 확인(총괄)	5분	5분

관련개념 CHAPTER 05 안전보건교육의 내용 및 방법

인간공학 및 위험성평가·관리

021

인간공학적 연구에 사용되는 기준척도의 요건 중 다음 설명에 해당하는 것은?

> 기준척도는 측정하고자 하는 변수 외의 다른 변수들의 영향을 받아서는 안 된다.

① 신뢰성
② 적절성
③ 검출성
④ 무오염성

해설 **체계기준의 구비조건(연구조사의 기준척도)**

• 실제적 요건: 객관적, 정량적이고, 수집 또는 연구가 쉬우며, 특수한 자료 수집기법이나 기기가 필요 없어, 돈이나 실험자의 수고가 적게 들어야 한다.
• 신뢰성(반복성): 시간이나 대표적 표본의 선정에 관계없이, 변수 측정의 일관성이나 안정성이 있어야 한다.
• 타당성(적절성): 어느 것이나 공통적으로 변수가 실제로 의도하는 바를 어느 정도 측정하는가를 결정(시스템의 목표를 잘 반영하는가를 나타내는 척도)하여야 한다.
• 순수성(무오염성): 측정하는 구조 외적인 변수의 영향은 받지 않아야 한다.
• 민감도: 피검자 사이에서 볼 수 있는 예상 차이점에 비례하는 단위로 측정하여야 한다.

관련개념 CHAPTER 01 안전과 인간공학

022

시스템의 수명 및 신뢰성에 관한 설명으로 틀린 것은?

① 병렬설계 및 디레이팅 기술로 시스템의 신뢰성을 증가시킬 수 있다.

② 직렬시스템에서는 부품들 중 최소 수명을 갖는 부품에 의해 시스템 수명이 정해진다.

③ 수리가 가능한 시스템의 평균수명(MTBF)은 평균고장률(λ)과 정비례 관계가 성립한다.

④ 수리가 불가능한 구성요소로 병렬구조를 갖는 설비는 중복도가 늘어날수록 시스템 수명이 길어진다.

해설 평균고장간격(MTBF)은 평균고장률(λ)과 반비례한다.

$$MTBF = \frac{1}{\lambda}$$

관련개념 CHAPTER 03 위험성 감소대책 수립·실행

023

태양광선이 내리쬐는 옥외 장소의 자연습구온도 25[℃], 흑구온도 20[℃], 건구온도 28[℃]일 때, 습구흑구온도지수[℃]는?

① 21.8[℃] ② 24.3[℃]
③ 26.1[℃] ④ 26.6[℃]

해설 습구흑구온도지수(WBGT)[태양광선이 내리쬐는 옥외 장소]

WBGT[℃]=0.7×자연습구온도(NWB)+0.2×흑구온도(GT)
          +0.1×건구온도(DT)
       =0.7×25+0.2×20+0.1×28=24.3[℃]

관련개념 CHAPTER 06 작업환경 관리

024

작업개선을 위하여 도입되는 원리인 ECRS에 포함되지 않는 것은?

① Combine ② Standard
③ Eliminate ④ Rearrange

해설 작업방법의 개선원칙 ECRS
- 제거(Eliminate)
- 결합(Combine)
- 재배치·재조정(Rearrange)
- 단순화(Simplify)

관련개념 CHAPTER 02 위험성 파악·결정

025

다음의 각 단계를 결함수분석법(FTA)에 의한 재해사례의 연구 순서대로 나열한 것은?

> ㉠ 정상사상의 선정
> ㉡ FT도 작성 및 분석
> ㉢ 개선계획의 작성
> ㉣ 각 사상의 재해원인 규명

① ㉠ → ㉡ → ㉢ → ㉣   ② ㉠ → ㉣ → ㉢ → ㉡
③ ㉠ → ㉢ → ㉡ → ㉣   ④ ㉠ → ㉣ → ㉡ → ㉢

해설 FTA에 의한 재해사례 연구순서(D. R. Cheriton)

정상(Top)사상의 선정 → 각 사상의 재해원인 규명 → FT도의 작성 및 분석 → 개선계획의 작성

관련개념 CHAPTER 02 위험성 파악·결정

026

프레스에 설치된 안전장치의 수명은 지수분포를 따르며 평균수명은 100시간이다. 새로 구입한 안전장치가 50시간 동안 고장 없이 작동할 확률(A)과 이미 100시간을 사용한 안전장치가 앞으로 50시간 이상 견딜 확률(B)은 각각 얼마인가?

① A: 0.368, B: 0.368
② A: 0.607, B: 0.368
③ A: 0.368, B: 0.607
④ A: 0.607, B: 0.607

해설 기계의 신뢰도

A: $R = e^{-\lambda t} = e^{-\frac{t}{t_0}} = e^{-\frac{50}{100}} = 0.607$

B: $R = e^{-\lambda t} = e^{-\frac{t}{t_0}} = e^{-\frac{50}{100}} = 0.607$

여기서, λ: 고장률
t: 가동시간
t_0: 평균수명

관련개념 CHAPTER 02 위험성 파악 · 결정

027

시스템안전 프로그램에서의 최초 단계 해석으로 시스템의 위험요소가 어떤 위험 상태에 있는가를 정성적으로 평가하는 방법은?

① PHA
② FHA
③ FMEA
④ FTA

해설 예비위험분석(PHA; Preliminary Hazards Analysis)
시스템 내의 위험요소가 얼마나 위험상태에 있는가를 평가하는 시스템안전 프로그램의 최초단계(시스템 구상단계)의 정성적인 분석 방식이다.

관련개념 CHAPTER 02 위험성 파악 · 결정

028

각 구성요소의 신뢰도가 다음과 같을 때 전체 시스템의 신뢰도는 얼마인가?

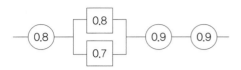

① 0.0011
② 0.1109
③ 0.3629
④ 0.6091

해설 신뢰도(R)$= 0.8 \times \{1 - (1-0.8) \times (1-0.7)\} \times 0.9 \times 0.9 = 0.6091$

관련개념 CHAPTER 01 안전과 인간공학

029

Chapanis가 정의한 위험의 확률수준과 그에 따른 위험발생률로 옳은 것은?

① 전혀 발생하지 않는(impossible) 발생빈도: 10^{-8}/day
② 극히 발생할 것 같지 않은(extremely unlikely) 발생빈도: 10^{-7}/day
③ 거의 발생하지 않는(remote) 발생빈도: 10^{-6}/day
④ 가끔 발생하는(occasional) 발생빈도: 10^{-5}/day

해설 차파니스의 위험평점척도법

빈도	평점	확률 및 내용
자주	6	$>10^{-2}$/day, 때때로 일어남
보통	5	$>10^{-3}$/day, 한 항목의 수명 중 수회 일어남
가끔	4	$>10^{-4}$/day, 한 항목의 수명 중 드물게 일어남
거의 발생하지 않는	3	$>10^{-5}$/day, 그리 일어날 것 같지 않음
극히 발생할 것 같지 않은	2	$>10^{-6}$/day, 발생확률이 0에 가까움
전혀 발생하지 않는	1	$>10^{-8}$/day, 물리적으로 발생 불가능

관련개념 CHAPTER 02 위험성 파악 · 결정

030

다음 중 중(重)작업의 경우 작업대의 높이로 가장 적절한 것은?

① 허리 높이보다 0~10[cm] 정도 낮게
② 팔꿈치 높이보다 10~20[cm] 정도 높게
③ 팔꿈치 높이보다 10~20[cm] 정도 낮게
④ 어깨 높이보다 30~40[cm] 정도 높게

해설 **입식 작업대 높이**
- 정밀작업: 팔꿈치 높이보다 5~10[cm] 높게 설계
- 일반작업: 팔꿈치 높이보다 5~10[cm] 낮게 설계
- 힘든작업(중(重)작업): 팔꿈치 높이보다 10~20[cm] 낮게 설계

관련개념 CHAPTER 06 작업환경 관리

031

결함수분석법(FTA)에서의 미니멀 컷셋과 미니멀 패스셋에 관한 설명으로 맞는 것은?

① 미니멀 컷셋은 시스템의 신뢰성을 표시하는 것이다.
② 미니멀 패스셋은 시스템의 위험성을 표시하는 것이다.
③ 미니멀 패스셋은 시스템의 고장을 발생시키는 최소의 패스셋이다.
④ 미니멀 컷셋은 정상사상(Top Event)을 일으키기 위한 최소한의 컷셋이다.

해설
① 미니멀 컷셋은 시스템의 위험성을 표시하는 것이다.
② 미니멀 패스셋은 시스템의 신뢰성을 표시하는 것이다.
③ 미니멀 패스셋은 정상사상이 일어나지 않는 최소한의 패스셋이다.

관련개념 CHAPTER 02 위험성 파악·결정

032

비상구 출입문 설계 시, 가장 적합한 인체측정자료의 응용 원칙은?

① 조절식 설계
② 평균치를 이용한 설계
③ 최대치수를 이용한 설계
④ 최소치수를 이용한 설계

해설 **극단치 설계**
특정한 설비를 설계할 때, 거의 모든 사람을 수용할 수 있도록 설계한다.
- 최소치 설계: 하위 백분위 수 기준 1, 5, 10[%tile]
  예 선반의 높이, 조종장치까지의 거리 등
- **최대치 설계**: 상위 백분위 수 기준 90, 95, 99[%tile]
  예 **문, 통로, 탈출구 등**

관련개념 CHAPTER 06 작업환경 관리

033

인간공학 연구방법 중 실제의 제품이나 시스템이 추구하는 특성 및 수준이 달성되는지를 비교하고 분석하는 연구는?

① 조사연구   ② 실험연구
③ 분석연구   ④ 평가연구

해설 **평가연구**
시스템 성능에 대한 인간–기계시스템이나 제품 등이 의도한 성능, 목표 수준에 도달하였는지 분석하는 연구방법이다.

관련개념 CHAPTER 01 안전과 인간공학

034

빨강, 노랑, 파랑의 3가지 색으로 구성된 교통 신호등이 있다. 신호등은 항상 3가지 색 중 하나가 켜지도록 되어 있다. 1시간 동안 조사한 결과, 파란등은 총 30분 동안, 빨간등과 노란등은 각각 총 15분 동안 켜진 것으로 나타났다. 이 신호등의 총 정보량은 몇 [bit]인가?

① 0.5   ② 0.75
③ 1.0   ④ 1.5

해설 신호등의 각 확률은 $P_{파란등}=0.5$, $P_{빨간등}=0.25$, $P_{노란등}=0.25$이다.

정보량$(H)=\log_2\dfrac{1}{P}$

$H_{파란등}=\log_2\dfrac{1}{0.5}=1[bit]$,

$H_{빨간등}=\log_2\dfrac{1}{0.25}=2[bit]$,

$H_{노란등}=\log_2\dfrac{1}{0.25}=2[bit]$이다.

총 정보량 H = 각 대안으로부터 얻는 정보량 × 각각의 실현 확률

$=H_{파란등}\times P_{파란등}+H_{빨간등}\times P_{빨간등}+H_{노란등}\times P_{노란등}$
$=1\times0.5+2\times0.25+2\times0.25=1.5[bit]$

관련개념 CHAPTER 01 안전과 인간공학

035

다음 중 불(Bool) 대수의 정리를 나타낸 관계식으로 틀린 것은?

① $A+1=A$ ② $A+\overline{A}=1$
③ $A+AB=A$ ④ $A+A=A$

해설 불 대수의 법칙에 따라 $A+1=1$이다.

관련개념 CHAPTER 02 위험성 파악 · 결정

036

정량적 표시장치에 관한 설명으로 맞는 것은?

① 정확한 값을 읽어야 하는 경우 일반적으로 디지털보다 아날로그 표시장치가 유리하다.
② 동목(Moving Scale)형 아날로그 표시장치는 표시장치의 면적을 최소화할 수 있는 장점이 있다.
③ 연속적으로 변화하는 양을 나타내는 데에는 일반적으로 아날로그보다 디지털 표시장치가 유리하다.
④ 동침(Moving Pointer)형 아날로그 표시장치는 바늘의 진행 방향과 증감 속도에 대한 인식적인 암시 신호를 얻는 것이 불가능한 단점이 있다.

해설 동목(Moving Scale)형 표시장치는 표시장치의 공간을 적게 차지하는 이점이 있다.

오답해설
① 정확한 수치를 읽어야 하는 경우 디지털 표시장치가 더 유리하다.
③ 연속적으로 변화하는 양을 나타내는 데에는 아날로그 표시장치가 더 유리하다.
④ 동침형 아날로그 표시장치의 경우 지침의 위치가 일종의 인식상의 단서로 작용하는 이점이 있다.

관련개념 CHAPTER 06 작업환경 관리

037

「산업안전보건법령」에 따라 상시 작업에 종사하는 장소에서 보통작업을 하고자 할 때 작업면의 최소 조도[lux]로 맞는 것은?

① 75   ② 150
③ 300   ④ 750

해설 **작업별 조도기준**
• 초정밀작업: 750[lux] 이상
• 정밀작업: 300[lux] 이상
• 보통작업: 150[lux] 이상
• 그 밖의 작업: 75[lux] 이상

관련개념 CHAPTER 06 작업환경 관리

038

광원으로부터 직사휘광을 처리하기 위한 방법으로 틀린 것은?

① 광원의 휘도를 줄인다.
② 가리개나 차양을 사용한다.
③ 광원을 시선에서 멀리 한다.
④ 광원의 주위를 어둡게 한다.

해설 광원으로부터의 휘광(Glare) 처리 시 휘광원 주위를 밝게 하여 광도비를 줄여야 한다.

관련개념 CHAPTER 06 작업환경 관리

039

인간이 기계보다 우수한 기능으로 옳지 않은 것은?(단, 인공지능은 제외한다.)

① 암호화된 정보를 신속하게 대량으로 보관할 수 있다.
② 관찰을 통해서 일반화하여 귀납적으로 추리한다.
③ 항공사진의 피사체나 말소리처럼 상황에 따라 변화하는 복잡한 자극의 형태를 식별할 수 있다.
④ 수신 상태가 나쁜 음극선관에 나타나는 영상과 같이 배경 잡음이 심한 경우에도 신호를 인지할 수 있다.

해설 암호화된 정보를 신속하게 대량으로 보관할 수 있는 것은 기계가 인간을 능가하는 기능이다.

관련개념 CHAPTER 01 안전과 인간공학

040

음량수준이 50[phon]일 때 [sone]값은 얼마인가?

① 2   ② 5
③ 10   ④ 100

해설 $[\text{sone}]$치$=2^{\frac{[\text{phon}]-40}{10}}=2^{\frac{50-40}{10}}=2$

관련개념 CHAPTER 06 작업환경 관리

기계·기구 및 설비 안전관리

041

지름이 D[mm]인 연삭기 숫돌의 회전수가 N[rpm]일 때 숫돌의 원주속도를 옳게 표시한 것은?

① $\frac{DN}{60}$[m/min]   ② $\frac{\pi DN}{60}$[m/min]

③ $\frac{DN}{1,000}$[m/min]   ④ $\frac{\pi DN}{1,000}$[m/min]

해설 숫돌의 원주속도
$V=\frac{\pi DN}{60\times 1,000}[\text{m/s}]=\frac{\pi DN}{1,000}[\text{m/min}]$
여기서, D: 지름[mm]
　　　　N: 회전수[rpm]

관련개념 CHAPTER 03 공작기계의 안전

042

기계설비의 위험점 중 연삭숫돌과 작업받침대, 교반기의 날개와 하우스 등 고정부분과 회전하는 동작 부분 사이에서 형성되는 위험점은?

① 끼임점   ② 물림점
③ 접선물림점   ④ 절단점

해설 끼임점(Shear Point)
기계의 고정부분과 회전 또는 직선운동 부분 사이에 형성되는 위험점이다.
例 회전 풀리와 베드 사이, 연삭숫돌과 작업대, 교반기의 날개와 하우스

관련개념 CHAPTER 01 기계공정의 안전, 기계안전시설 관리

043

조작자의 신체부위가 위험한계 밖에 위치하도록 기계의 조작장치를 위험구역에서 일정거리 이상 떨어지게 하는 방호장치는?

① 덮개형 방호장치
② 차단형 방호장치
③ 위치제한형 방호장치
④ 접근반응형 방호장치

해설 **위치제한형 방호장치**
작업자의 신체부위가 위험한계 밖에 있도록 기계의 조작장치를 위험구역에서 일정거리 이상 떨어지게 한 방호장치(양수조작식 안전장치)이다.

관련개념 CHAPTER 01 기계공정의 안전, 기계안전시설 관리

044

연삭작업에서 숫돌의 파괴원인으로 가장 적절하지 않은 것은?

① 숫돌의 회전속도가 너무 빠를 때
② 연삭작업 시 숫돌의 정면을 사용할 때
③ 숫돌에 큰 충격을 줬을 때
④ 숫돌의 회전중심이 제대로 잡히지 않았을 때

해설 연삭작업 시 숫돌의 측면을 사용할 때 연삭숫돌이 파괴된다.
연삭숫돌의 파괴 및 재해원인
• 숫돌에 균열이 있는 경우
• 숫돌이 고속으로 회전하는 경우
• 회전력이 결합력보다 큰 경우
• 무거운 물체가 충돌한 경우(외부의 큰 충격을 받은 경우)
• 숫돌의 측면을 일감으로써 심하게 가압했을 경우
• 베어링이 마모되어 진동을 일으키는 경우
• 플랜지 지름이 현저하게 작은 경우
• 회전중심이 잡히지 않은 경우

관련개념 CHAPTER 03 공작기계의 안전

045

기계설비에서 기계 고장률의 기본모형으로 옳지 않은 것은?

① 조립고장
② 초기고장
③ 우발고장
④ 마모고장

해설 **고장률의 유형**
• 초기고장(감소형): 제조가 불량하거나 생산과정에서 품질관리가 안 되어서 생기는 고장
• 우발고장(일정형): 실제 사용하는 상태에서 발생하는 고장으로 예측할 수 없는 랜덤의 간격으로 생기는 고장
• 마모고장(증가형): 설비 또는 장치가 수명을 다하여 생기는 고장

관련개념 SUBJECT 02 인간공학 및 위험성평가 · 관리
　　　　　CHAPTER 02 위험성 파악 · 결정

046

「산업안전보건법령」상 승강기의 종류에 해당하지 않는 것은?

① 리프트
② 에스컬레이터
③ 화물용 엘리베이터
④ 승객용 엘리베이터

해설 **승강기의 종류**
승객용 엘리베이터, 승객화물용 엘리베이터, 화물용 엘리베이터, 소형화물용 엘리베이터, 에스컬레이터

관련개념 CHAPTER 06 운반기계 및 양중기

047

「산업안전보건법령」상 로봇을 운전하는 경우 근로자가 로봇에 부딪힐 위험이 있을 때 높이는 최소 얼마 이상의 울타리를 설치하여야 하는가?(단, 로봇의 가동범위 등을 고려하여 높이로 인한 위험성이 없는 경우는 제외한다.)

① 0.9[m] ② 1.2[m]
③ 1.5[m] ④ 1.8[m]

해설 로봇의 운전으로 인하여 근로자에게 발생할 수 있는 부상 등의 위험을 방지하기 위하여 높이 1.8[m] 이상의 울타리를 설치하여야 한다.

관련개념 CHAPTER 05 기타 산업용 기계·기구

048

다음 중 보일러의 폭발사고 예방을 위한 장치로 가장 거리가 먼 것은?

① 압력제한스위치
② 압력방출장치
③ 고저수위 고정장치
④ 화염검출기

해설 보일러의 폭발사고를 예방하기 위하여 압력방출장치, 압력제한스위치, 고저수위 조절장치, 화염검출기 등의 기능이 정상적으로 작동될 수 있도록 유지·관리하여야 한다.

관련개념 CHAPTER 05 기타 산업용 기계·기구

049

광전자식 방호장치를 설치한 프레스에서 광선을 차단한 후 0.5초 후에 슬라이드가 정지하였다. 이때 방호장치의 안전거리는 최소 몇 [mm] 이상이어야 하는가?

① 500 ② 600
③ 700 ④ 800

해설 광전자식 방호장치의 안전거리
$D = 1,600 \times (T_L + T_S) = 1,600 \times 0.5 = 800[mm]$
여기서, T_L: 신체가 광선을 차단한 순간부터 급정지기구가 작동 개시하기까지의 시간[초]
T_S: 급정지기구가 작동을 개시할 때부터 슬라이드가 정지할 때까지의 시간[초]
※ $T_L + T_S$: 최대정지시간[초]

관련개념 CHAPTER 04 프레스 및 전단기의 안전

050

크레인의 로프에 질량 100[kg]인 물체를 5[m/s²]의 가속도로 감아올릴 때, 로프에 걸리는 하중은 약 몇 [N]인가?

① 500[N] ② 1,480[N]
③ 2,540[N] ④ 4,900[N]

해설 동하중 $= \dfrac{정하중}{중력가속도} \times 가속도 = \dfrac{100}{9.8} \times 5 = 51[kg]$

총 하중 = 정하중 + 동하중 = 100 + 51 = 151[kg]
하중[N] = 하중[kg] × 중력가속도 = 151 × 9.8 = 1,480[N]
※ 중력가속도가 문제에서 주어지지 않은 경우 9.8[m/s²]으로 계산한다.

관련개념 CHAPTER 06 운반기계 및 양중기

051

지게차 헤드가드의 안전기준에 관한 설명으로 옳은 것은?

① 강도는 지게차의 최대하중의 4배 값(4톤을 넘는 값에 대해서는 4톤으로 함)의 등분포정하중에 견딜 수 있을 것
② 상부틀의 각 개구의 폭 또는 길이가 16[cm] 미만일 것
③ 강도는 지게차의 최대하중의 2배 값(4톤을 넘는 값에 대해서는 8톤으로 함)의 등분포정하중에 견딜 수 있을 것
④ 상부틀의 각 개구의 폭 또는 길이가 20[cm] 미만일 것

해설 헤드가드의 구비조건
• 강도는 지게차의 최대하중의 2배 값(4톤을 넘는 값에 대해서는 4톤)의 등분포정하중에 견딜 수 있을 것
• 상부틀의 각 개구의 폭 또는 길이가 16[cm] 미만일 것
• 운전자가 앉아서 조작하거나 서서 조작하는 지게차의 헤드가드는 한국산업표준에서 정하는 높이 기준 이상일 것(입승식: 1.88[m] 이상, 좌승식: 0.903[m] 이상)

관련개념 CHAPTER 06 운반기계 및 양중기

052

기계설비가 이상이 있을 때 기계를 급정지시키거나 방호장치가 작동되도록 하는 것과 전기회로를 개선하여 오동작을 방지하거나 별도의 안전한 회로에 의해 정상기능을 찾을 수 있도록 하는 것은?

① 외형의 안전화
② 기능상의 안전화
③ 작업의 안전화
④ 작업점의 안전화

해설 기능상의 안전화
최근 기계는 반자동 또는 자동 제어장치를 갖추고 있어 에너지 변동에 따라 오동작이 발생하여 주요 문제로 대두되므로 이에 따른 기능의 안전화가 요구되고 있다.
⑩ 전압 강하 및 정전에 따른 오작동, 사용압력 변동 시의 오작동, 단락 또는 스위치 고장 시의 오작동

관련개념 CHAPTER 01 기계공정의 안전, 기계안전시설 관리

053

「산업안전보건법령」상 유해 · 위험 방지를 위한 방호장치를 하지 아니하고는 양도, 대여, 설치 또는 사용에 제공하거나, 양도 · 대여를 목적으로 진열해서 아니 되는 기계 · 기구가 아닌 것은?

① 예초기
② 진공포장기
③ 원심기
④ 롤러기

해설 유해 · 위험 방지를 위하여 방호조치가 필요한 기계 · 기구
예초기, 원심기, 공기압축기, 금속절단기, 지게차, 포장기계(진공포장기, 래핑기로 한정)

관련개념 CHAPTER 01 기계공정의 안전, 기계안전시설 관리

054

화물의 하중을 직접 지지하는 달기와이어로프의 안전계수 기준은?

① 2 이상
② 3 이상
③ 5 이상
④ 10 이상

해설 와이어로프 등 달기구의 안전계수

구분	안전계수
근로자가 탑승하는 운반구를 지지하는 달기와이어로프 또는 달기체인	10 이상
화물의 하중을 직접 지지하는 달기와이어로프 또는 달기체인	5 이상
훅, 샤클, 클램프, 리프팅 빔	3 이상
그 밖의 경우	4 이상

관련개념 CHAPTER 06 운반기계 및 양중기

055

다음 중 비파괴시험의 종류에 해당하지 않는 것은?

① 와류탐상시험   ② 초음파탐상시험

③ 인장시험   ④ 방사선투과시험

해설 인장시험은 파괴시험의 일종이다.

비파괴검사의 종류

방사선투과검사(RT), 초음파탐상검사(UT), 자분탐상검사(MT), 침투탐상검사(PT), 음향탐상검사(AET), 와류탐상검사(ECT) 등

관련개념 CHAPTER 07 설비진단 및 검사

056

보일러의 안전한 가동을 위하여 압력방출장치를 2개 설치한 경우에 작동방법으로 옳은 것은?

① 최고사용압력 이하에서 2개가 동시 작동

② 최고사용압력 이하에서 1개가 작동되고 다른 것은 최고사용압력의 1.05배 이하에서 작동

③ 최고사용압력 이하에서 1개가 작동되고 다른 것은 최고사용압력의 1.1배 이하에서 작동

④ 최고사용압력의 1.1배 이하에서 2개가 동시 작동

해설 보일러의 안전한 가동을 위하여 보일러 규격에 맞는 압력방출장치를 1개 또는 2개 이상 설치하고 최고사용압력 이하에서 작동되도록 하여야 한다. 다만, 압력방출장치가 2개 이상 설치된 경우에는 최고사용압력 이하에서 1개가 작동되고, 다른 압력방출장치는 최고사용압력 1.05배 이하에서 작동되도록 부착하여야 한다.

관련개념 CHAPTER 05 기타 산업용 기계·기구

057

연삭기의 연삭숫돌을 교체했을 경우 시운전은 최소 몇 분이상 실시해야 하는가?

① 1분   ② 3분

③ 5분   ④ 7분

해설 연삭숫돌을 사용하는 작업의 경우 작업을 시작하기 전에는 1분이상, 연삭숫돌을 교체한 후에는 3분 이상 시험운전을 하고 해당 기계에 이상이 있는지를 확인하여야 한다.

관련개념 CHAPTER 03 공작기계의 안전

058

다음 중 아세틸렌 용접장치에서 역화의 원인으로 가장 거리가 먼 것은?

① 아세틸렌의 공급 과다

② 토치 성능의 부실

③ 압력조정기의 고장

④ 토치 팁에 이물질이 묻은 경우

해설 아세틸렌의 공급 과다는 역화의 원인이 아니다. 산소의 공급이 과다할 경우 역화가 발생할 수 있다.

역화의 원인

• 토치 팁에 이물질이 묻은 경우

• 팁과 모재의 접촉

• 토치의 성능 불량

• 토치 팁의 과열

• 압력조정기의 고장

관련개념 CHAPTER 05 기타 산업용 기계·기구

059

다음 중 프레스에 사용되는 광전자식 방호장치의 일반구조에 관한 설명으로 틀린 것은?

① 방호장치의 감지기능은 규정한 검출영역 전체에 걸쳐 유효하여야 한다.
② 슬라이드 하강 중 정전 또는 방호장치의 이상 시에는 1회 동작 후 정지할 수 있는 구조이어야 한다.
③ 정상동작표시램프는 녹색, 위험표시램프는 붉은색으로 하며, 쉽게 근로자가 볼 수 있는 곳에 설치해야 한다.
④ 방호장치의 정상작동 중에 감지가 이루어지거나 전원 공급이 중단되는 경우 적어도 두 개 이상의 독립된 출력신호 개폐장치가 꺼진 상태로 되어야 한다.

해설 광전자식 방호장치는 슬라이드 하강 중 정전 또는 방호장치의 이상 시에 바로 정지할 수 있는 구조이어야 한다.

관련개념 CHAPTER 04 프레스 및 전단기의 안전

060

다음 중 산업용 로봇에 의한 작업 시 안전조치사항으로 적절하지 않은 것은?

① 로봇의 운전으로 인해 근로자가 로봇에 부딪칠 위험이 있을 때에는 1.8[m] 이상의 울타리를 설치하여야 한다.
② 작업을 하고 있는 동안 로봇의 기동스위치 등은 작업에 종사하고 있는 근로자가 아닌 사람이 그 스위치 등을 조작할 수 없도록 필요한 조치를 한다.
③ 로봇의 조작방법 및 순서, 작업 중의 매니퓰레이터의 속도 등에 관한 지침에 따라 작업을 하여야 한다.
④ 작업에 종사하는 근로자가 이상을 발견하면 관리감독자에게 우선 보고하고, 지시에 따라 로봇의 운전을 정지시킨다.

해설 산업용 로봇의 작업 시 작업에 종사하고 있는 근로자 또는 그 근로자를 감시하는 사람은 이상을 발견하면 즉시 로봇의 운전을 정지시키기 위한 조치를 하여야 한다.

관련개념 CHAPTER 05 기타 산업용 기계 · 기구

전기설비 안전관리

061

정전기의 재해방지 대책이 아닌 것은?

① 부도체에는 도전성을 향상 또는 제전기를 설치 · 운영한다.
② 접촉 및 분리를 일으키는 기계적 작용으로 인한 정전기 발생을 적게 하기 위해서는 가능한 접촉면적을 크게 하여야 한다.
③ 저항률이 $10^{10}[\Omega \cdot cm]$ 미만의 도전성 위험물의 배관유속은 7[m/s] 이하로 한다.
④ 생산공정에 별다른 문제가 없다면 습도를 70[%] 정도 유지하는 것도 무방하다.

해설 접촉면적이 작을수록 정전기 발생량이 감소한다.

관련개념 CHAPTER 03 정전기 장 · 재해관리

062

인체저항을 500[Ω]이라 한다면 심실세동을 일으키는 위험한계에너지는 약 몇 [J]인가?(단, 심실세동전류값은 Dalziel의 식 $I = \frac{165}{\sqrt{T}}$[mA]를 이용하고, 통전시간은 2초로 한다.)

① 13.6
② 16.2
③ 27.2
④ 32.4

해설 $W = I^2RT = \left(\frac{165}{\sqrt{T}} \times 10^{-3}\right)^2 \times 500T$

$= (165^2 \times 10^{-6}) \times 500 = 13.6[J]$

여기서, W : 위험한계에너지[J]

I : 심실세동전류[A]

R : 인체저항[Ω]

T : 통전시간[s]

관련개념 CHAPTER 02 감전재해 및 방지대책

063

다음 중 방폭구조의 종류와 그 기호가 잘못 짝지어진 것은?

① 안전증방폭구조: e
② 본질안전방폭구조: ia
③ 몰드방폭구조: m
④ 충전방폭구조: n

해설 충전방폭구조의 기호는 q이다.

관련개념 CHAPTER 04 전기방폭관리

064

정전기 발생에 영향을 주는 요인에 대한 설명으로 틀린 것은?

① 물체의 분리속도가 빠를수록 발생량은 적어진다.
② 접촉면적이 크고 접촉압력이 높을수록 발생량이 많아진다.
③ 물체 표면이 수분이나 기름으로 오염되면 산화 및 부식에 의해 발생량이 많아진다.
④ 정전기의 발생은 처음 접촉, 분리할 때가 최대로 되고 접촉, 분리가 반복됨에 따라 발생량은 감소한다.

해설 일반적으로 분리속도가 빠를수록 정전기의 발생량은 커진다.

관련개념 CHAPTER 03 정전기 장·재해관리

065

감전사고를 방지하기 위한 허용보폭전압에 대한 수식으로 맞는 것은?

E: 허용보폭전압	R_b: 인체의 저항
ρ_s: 지표상층 저항률	I_k: 심실세동전류

① $E = (R_b + 3\rho_s)I_k$
② $E = (R_b + 4\rho_s)I_k$
③ $E = (R_b + 5\rho_s)I_k$
④ $E = (R_b + 6\rho_s)I_k$

해설 **허용접촉전압과 허용보폭전압**

허용접촉전압	허용보폭전압
$E = \left(R_b + \dfrac{3\rho_s}{2}\right) \times I_k$	$E = (R_b + 6\rho_s) \times I_k$

여기서, I_k: 통전전류$\left(\dfrac{0.165}{\sqrt{T}}\right)$[A], R_b: 인체저항[Ω], ρ_s: 지표상층 저항률[Ω·m]

관련개념 CHAPTER 02 감전재해 및 방지대책

066

코로나 방전이 발생할 경우 공기 중에 생성되는 것은?

① O_2
② O_3
③ N_2
④ N_3

해설 코로나 방전 발생 시 공기 중에 생성되는 물질은 오존(O_3)이다.

코로나 방전으로 인한 문제점

일상생활에서 코로나는 송전선 근처에서 볼 수 있으며 청각적·전자적 잡음을 발생시킨다. 또한 전력 손실을 야기하고, 대기 입자와 반응하여 오존과 질소산화물을 생성시킨다.

관련개념 CHAPTER 03 정전기 장·재해관리

067

고압 및 특고압 전로에 시설하는 피뢰기의 설치장소로 잘못된 곳은?

① 가공전선로와 지중전선로가 접속되는 곳
② 발전소, 변전소의 가공전선 인입구 및 인출구
③ 고압 가공전선로에 접속하는 배전용 변압기의 저압 측
④ 고압 가공전선로로부터 공급을 받는 수용장소의 인입구

해설 **피뢰기의 설치장소**
• 발전소 · 변전소 또는 이에 준하는 장소의 가공전선 인입구 및 인출구
• 특고압 가공전선로에 접속하는 배전용 변압기의 고압 측 및 특고압 측
• 고압 및 특고압의 가공전선로로부터 공급을 받는 수용장소의 인입구
• 가공전선로와 지중전선로가 접속되는 곳

관련개념 CHAPTER 05 전기설비 위험요인관리

068

저압전로의 보호도체 및 중성선의 접속 방식에 따른 접지계통의 분류가 아닌 것은?

① IT 계통
② TN 계통
③ TT 계통
④ TC 계통

해설 **계통접지 구성**
저압전로의 보호도체 및 중성선의 접속 방식에 따라 접지계통은 다음과 같이 분류한다.
• TN 계통
• TT 계통
• IT 계통

관련개념 CHAPTER 05 전기설비 위험요인관리

069

감전재해의 직접적인 요인으로 가장 거리가 먼 것은?

① 통전전압의 크기
② 통전전류의 크기
③ 통전시간
④ 통전경로

해설 전압의 크기는 2차적 감전요소(간접적인 요소)이다.
감전재해의 요인
• 1차적 감전요소: 통전전류의 크기, 통전경로, 통전시간, 전원의 종류
• 2차적 감전요소: 인체의 조건(인체의 저항), 전압의 크기, 계절 등 주위환경

관련개념 CHAPTER 02 감전재해 및 방지대책

070

전기기계 · 기구에 설치되어 있는 감전방지용 누전차단기의 정격감도전류 및 동작시간으로 옳은 것은?(단, 정격전부하전류가 50[A] 미만이다.)

① 15[mA] 이하, 0.1초 이내
② 30[mA] 이하, 0.03초 이내
③ 50[mA] 이하, 0.5초 이내
④ 100[mA] 이하, 0.05초 이내

해설 **감전보호용 누전차단기**
• 정격감도전류 30[mA] 이하, 동작시간 0.03초 이내
• 정격전부하전류가 50[A] 이상인 경우, 정격감도전류 200[mA] 이하, 동작시간 0.1초 이내

관련개념 CHAPTER 02 감전재해 및 방지대책

071

정전용량 C=20[μF], 방전 시 전압 V=2[kV]일 때 정전에너지[J]는 얼마인가?

① 40
② 80
③ 400
④ 800

해설 **정전에너지**
$$W = \frac{1}{2}CV^2 = \frac{1}{2} \times (20 \times 10^{-6}) \times 2,000^2 = 40[J]$$
여기서, C: 도체의 정전용량[F]
　　　　 V: 대전전위[V]
※ $1[\mu F] = 10^{-6}[F]$, $1[kV] = 10^3[V]$이다

관련개념 CHAPTER 03 정전기 장 · 재해관리

072

상용주파수 60[Hz] 교류에서 성인 남자의 경우 고통한계전류로 가장 알맞은 것은?

① 15~20[mA]
② 10~15[mA]
③ 7~8[mA]
④ 1[mA]

해설 통전전류와 인체반응

통전전류 구분	전격의 영향	통전전류(교류) 값
고통한계전류	통전전류가 최소감지전류보다 커지면 어느 순간부터 고통을 느끼게 되지만 이것을 참을 수 있는 전류	상용주파수 60[Hz]에서 7~8[mA]

관련개념 CHAPTER 02 감전재해 및 방지대책

073

폭발위험장소의 분류 중 인화성 액체의 증기 또는 가연성 가스에 의한 폭발위험이 지속적으로 또는 장기간 존재하는 장소는 몇 종 장소로 분류되는가?

① 0종 장소
② 1종 장소
③ 2종 장소
④ 3종 장소

해설 가스폭발 위험장소

분류	적요
0종 장소	인화성 액체의 증기 또는 가연성 가스에 의한 폭발위험이 지속적으로 또는 장기간 존재하는 장소
1종 장소	정상 작동상태에서 인화성 액체의 증기 또는 가연성 가스에 의한 폭발위험 분위기가 존재하기 쉬운 장소
2종 장소	정상 작동상태에서 인화성 액체의 증기 또는 가연성 가스에 의한 폭발위험 분위기가 존재할 우려가 없으나, 존재할 경우 그 빈도가 아주 적고 단기간만 존재할 수 있는 장소

관련개념 CHAPTER 04 전기방폭관리

074

일반 허용접촉전압과 그 종별을 짝지은 것으로 틀린 것은?

① 제1종: 0.5[V] 이하
② 제2종: 25[V] 이하
③ 제3종: 50[V] 이하
④ 제4종: 제한 없음

해설 허용접촉전압

종별	허용접촉전압
제1종	2.5[V] 이하
제2종	25[V] 이하
제3종	50[V] 이하
제4종	제한 없음

관련개념 CHAPTER 02 감전재해 및 방지대책

075

방폭전기설비의 용기 내부에 보호가스를 압입하여 내부압력을 외부 대기 이상의 압력으로 유지함으로써 용기 내부에 폭발성 가스 분위기가 형성되는 것을 방지하는 방폭구조는?

① 내압방폭구조
② 압력방폭구조
③ 안전증방폭구조
④ 유입방폭구조

해설 압력방폭구조

용기 내부에 보호가스(신선한 공기 또는 불연성 기체)를 압입하여 내부 압력을 유지함으로써 폭발성 가스 또는 증기가 내부로 유입되지 않도록 한 구조이다.

관련개념 CHAPTER 04 전기방폭관리

076

피뢰기의 여유도가 33[%]이고, 충격절연강도가 1,000[kV]라고 할 때 피뢰기의 제한전압은 약 몇 [kV]인가?

① 852
② 752
③ 652
④ 552

해설 보호여유도$[\%] = \dfrac{\text{충격절연강도} - \text{제한전압}}{\text{제한전압}} \times 100$에서

제한전압 $= \dfrac{\text{충격절연강도} \times 100}{\text{보호여유도} + 100} = \dfrac{1,000 \times 100}{33 + 100} = 752[kV]$

관련개념 CHAPTER 05 전기설비 위험요인관리

077

침대형판 전극 간에 직류 고전압을 인가한 경우 간격 내에서 정corona가 진전해 가는 순서로 알맞은 것은?

① 글로우코로나(glow corona) → 브러시코로나(brush corona) → 스트리머코로나(streamer corona)
② 스트리머코로나(streamer corona) → 글로우코로나(glow corona) → 브러시코로나(brush corona)
③ 글로우코로나(glow corona) → 스트리머코로나(streamer corona) → 브러시코로나(brush corona)
④ 브러시코로나(brush corona) → 스트리머코로나(streamer corona) → 글로우코로나(glow corona)

해설 코로나 방전의 진행과정
글로우코로나(Glow Corona) → 브러시코로나(Brush Corona) → 스트리머코로나(Streamer Corona)

관련개념 CHAPTER 03 정전기 장·재해관리

078

다음 중 고압 활선작업 시 감전의 위험이 발생할 우려가 있을 때의 조치사항으로 옳지 않은 것은?

① 접근한계거리 유지
② 절연용 보호구 착용
③ 활선작업용 기구 사용
④ 절연용 방호용구 설치

해설 노출 충전부에 접근한계거리 이내로 접근할 수 없도록 한다.

관련개념 CHAPTER 02 감전재해 및 방지대책

079

접지저항 저감방법으로 틀린 것은?

① 접지극의 병렬 접지를 실시한다.
② 접지극의 매설 깊이를 증가시킨다.
③ 접지극의 크기를 최대한 작게 한다.
④ 접지극 주변의 토양을 개량하여 대지 저항률을 떨어뜨린다.

해설 접지저항의 물리적 저감법
• 접지극의 병렬 접속
• 접지극의 치수 확대
• 접지봉 심타법 적용
• 매설지선 및 평판접지극 사용
• 메시(Mesh)공법 적용
• 다중접지 시트 사용
• 보링 공법 적용

관련개념 CHAPTER 05 전기설비 위험요인관리

080

화염일주한계에 대한 설명으로 옳은 것은?

① 폭발성 가스와 공기의 혼합기에 온도를 높인 경우 화염이 발생할 때까지의 시간 한계치
② 폭발성 분위기에 있는 용기의 접합면 틈새를 통해 화염이 내부에서 외부로 전파되는 것을 저지할 수 있는 틈새의 최대간격치
③ 폭발성 분위기 속에서 전기불꽃에 의하여 폭발을 일으킬 수 있는 화염을 발생시키기에 충분한 교류파형의 1주기치
④ 방폭설비에서 이상이 발생하여 불꽃이 생성된 경우에 그것이 점화원으로 작용하지 않도록 화염의 에너지를 억제하여 폭발하한계로 되도록 화염 크기를 조정하는 한계치

해설 화염일주한계(최대안전틈새, MESG)
폭발성 분위기 내에 방치된 표준용기의 접합면 틈새를 통하여 폭발화염이 내부에서 외부로 전파되는 것을 저지(최소점화에너지 이하)할 수 있는 틈새의 최대간격치이며 폭발성 가스의 종류에 따라 다르다.

관련개념 CHAPTER 04 전기방폭관리

화학설비 안전관리

081

「산업안전보건법령」상 위험물질의 종류를 구분할 때 다음 물질들이 해당하는 것은?

리튬, 칼륨, 나트륨, 황, 황린, 황화인, 적린

① 폭발성 물질 및 유기과산화물
② 산화성 액체 및 산화성 고체
③ 물반응성 물질 및 인화성 고체
④ 급성 독성 물질

해설 보기의 물질은 물반응성 물질 및 인화성 고체에 해당한다.

관련개념 CHAPTER 02 화학물질 안전관리 실행

082

질화면(Nitrocellulose)은 저장·취급 중에는 에틸알코올 등으로 습면상태를 유지해야 한다. 그 이유를 옳게 설명한 것은?

① 질화면은 건조 상태에서는 자연적으로 분해하면서 발화할 위험이 있기 때문이다.
② 질화면은 알코올과 반응하여 안정한 물질을 만들기 때문이다.
③ 질화면은 건조 상태에서 공기 중의 산소와 환원반응을 하기 때문이다.
④ 질화면은 건조 상태에서 유독한 중합물을 형성하기 때문이다.

해설 니트로셀룰로오스(질화면)
• 건조한 상태에서는 자연 분해되어 발화될 수 있다.
• 에틸알코올 또는 이소프로필 알코올로서 습면의 상태로 보관한다.

관련개념 CHAPTER 02 화학물질 안전관리 실행

083

메탄, 에탄, 프로판의 폭발하한계가 각각 5[vol%], 3[vol%], 2.1[vol%]일 때 다음 중 폭발하한계가 가장 낮은 것은?(단, Le Chatelier의 법칙을 이용한다.)

① 메탄 20[vol%], 에탄 30[vol%], 프로판 50[vol%]의 혼합가스
② 메탄 30[vol%], 에탄 30[vol%], 프로판 40[vol%]의 혼합가스
③ 메탄 40[vol%], 에탄 30[vol%], 프로판 30[vol%]의 혼합가스
④ 메탄 50[vol%], 에탄 30[vol%], 프로판 20[vol%]의 혼합가스

해설 **혼합가스의 폭발하한계**

$$L = \frac{V_1 + V_2 + \cdots + V_n}{\dfrac{V_1}{L_1} + \dfrac{V_2}{L_2} + \cdots + \dfrac{V_n}{L_n}}$$

여기서, L: 혼합가스의 폭발하한계[vol%]
L_n: 각 성분가스의 폭발하한계[vol%]
V_n: 각 성분가스의 부피 비율[vol%]

보기에서 제시된 혼합가스의 폭발하한계는 다음과 같다.

① $L_① = \dfrac{20 + 30 + 50}{\dfrac{20}{5} + \dfrac{30}{3} + \dfrac{50}{2.1}} = 2.64[\text{vol}\%]$

② $L_② = \dfrac{30 + 30 + 40}{\dfrac{30}{5} + \dfrac{30}{3} + \dfrac{40}{2.1}} = 2.85[\text{vol}\%]$

③ $L_③ = \dfrac{40 + 30 + 30}{\dfrac{40}{5} + \dfrac{30}{3} + \dfrac{30}{2.1}} = 3.10[\text{vol}\%]$

④ $L_④ = \dfrac{50 + 30 + 20}{\dfrac{50}{5} + \dfrac{30}{3} + \dfrac{20}{2.1}} = 3.39[\text{vol}\%]$

따라서 폭발하한계가 가장 낮은 것은 ①이다.

관련개념 CHAPTER 01 화재·폭발 검토

084

「산업안전보건기준에 관한 규칙」에서 규정하고 있는 급성 독성 물질의 정의에 해당되지 않는 것은?

① 가스 LC50(쥐, 4시간 흡입)이 2,500[ppm] 이하인 화학물질
② LD50(경구, 쥐)이 킬로그램당 300밀리그램 –(체중) 이하인 화학물질
③ LD50(경피, 쥐)이 킬로그램당 1,000밀리그램 –(체중) 이하인 화학물질
④ LD50(경피, 토끼)이 킬로그램당 2,000밀리그램 –(체중) 이하인 화학물질

해설 LD50(경피, 토끼 또는 쥐)이 [kg]당 1,000[mg] –(체중) 이하인 화학물질이 「산업안전보건법령」상 급성 독성 물질에 해당한다.

관련개념 CHAPTER 02 화학물질 안전관리 실행

085

다음 중 펌프의 공동현상(Cavitation)을 방지하기 위한 방법으로 가장 적절한 것은?

① 펌프의 설치 위치를 높게 한다.
② 펌프의 회전속도를 빠르게 한다.
③ 펌프의 유효흡입양정을 짧게 한다.
④ 흡입 측에서 펌프의 토출량을 줄인다.

해설 펌프의 설치위치를 낮추어 흡입양정을 짧게 하면 공동현상을 예방할 수 있다.

관련개념 CHAPTER 04 화공 안전운전·점검

086

다음 중 증기배관 내에 생성된 증기의 누설을 막고 응축수를 자동적으로 배출하기 위한 안전장치는?

① Steam Trap
② Vent Stack
③ Blow Down
④ Flame Arrester

해설 스팀트랩(Steam Trap)
증기배관 내에 생성하는 응축수는 송기상 지장이 되어 제거할 필요가 있는데, 이때 증기가 도망가지 않도록 이 응축수를 자동적으로 배출하기 위한 장치이다.

벤트스택(Vent Stack)
탱크 내의 압력을 정상상태로 유지하기 위한 장치이다.

블로우다운(Blow Down)
보일러 내부에 이물질이 누적되는 것을 방지하기 위해 수면의 스팀. 수저의 찌꺼기를 방출하는 장치이다.

화염방지기(Flame Arrester)
비교적 저압 또는 상압에서 가연성 증기를 발생시키는 인화성 물질 등을 저장하는 탱크에서 외부에 그 증기를 방출하거나 탱크 내에 외기를 흡입하는 부분에 설치하는 안전장치이다.

관련개념 CHAPTER 04 화공 안전운전·점검

087

위험물 또는 위험물이 발생하는 물질을 가열·건조하는 경우 내용적이 몇 세제곱미터 이상인 건조설비인 경우 건조실을 설치하는 건축물의 구조를 독립된 단층건물로 하여야 하는가?(단, 건조실을 건축물의 최상층에 설치하거나 건축물이 내화구조인 경우는 제외한다.)

① 1
② 10
③ 100
④ 1,000

해설 위험물 또는 위험물이 발생하는 물질을 가열·건조하는 경우 내용적이 1[m³] 이상인 건조설비 중 건조실을 설치하는 건축물의 구조는 독립된 단층건물로 하여야 한다. 다만, 해당 건조실을 건축물의 최상층에 설치하거나 건축물이 내화구조인 경우에는 그러하지 아니하다.

관련개념 CHAPTER 04 화학물질 안전관리 실행

088

다음 물질 중 물에 가장 잘 용해되는 것은?

① 아세톤
② 벤젠
③ 톨루엔
④ 휘발유

해설 아세톤

물에 잘 녹으며 유기용매로서 다른 유기물질과도 잘 섞이는 성질이 있어 일상생활에서 물로 지워지지 않는 유성페인트나 매니큐어 등을 지우는 데 많이 쓰인다.

관련개념 CHAPTER 02 화학물질 안전관리 실행

089

다음 중 전기설비에 의한 화재에 사용할 수 없는 소화기의 종류는?

① 포소화기
② 이산화탄소소화기
③ 할로겐화합물소화기
④ 무상수소화기

해설 포소화기의 소화약제는 다량의 물을 함유하고 있어 전기설비에 의한 화재에는 누전, 감전 등의 위험으로 사용이 적절하지 않다.

관련개념 CHAPTER 01 화재 · 폭발 검토

090

[보기]의 물질을 폭발범위가 넓은 것부터 좁은 순서로 옳게 배열한 것은?

┌─ 보기 ─┐
H_2 C_3H_8 CH_4 CO
└────────┘

① $CO > H_2 > C_3H_8 > CH_4$
② $H_2 > CO > C_3H_8 > CH_4$
③ $C_3H_8 > CO > CH_4 > H_2$
④ $CH_4 > H_2 > CO > C_3H_8$

해설 각 물질의 폭발범위 및 위험도

구분	수소(H_2)	프로판(C_3H_8)	메탄(CH_4)	일산화탄소(CO)
UEL[%]	75	9.5	15	74
LEL[%]	4	2.4	5	12.5
폭발범위	71	7.1	10	61.5
위험도	17.75	2.96	2	4.92

※ 폭발범위 $= UEL - LEL$, 위험도 $= \dfrac{UEL - LEL}{LEL}$

관련개념 CHAPTER 01 화재 · 폭발 검토

091

다음 중 크롬에 관한 설명으로 옳은 것은?

① 미나마타병의 원인으로 알려져 있다.
② 이타이이타이병의 원인으로 알려져 있다.
③ 3가와 6가의 화합물이 사용되고 있다.
④ 6가보다 3가 화합물이 특히 인체에 유해하다.

해설

① 미타마타병은 수은에 의해 발생한다.
② 이타이이타이병은 카드뮴에 의해 발생한다.
④ 크롬 중독현상은 크롬 정련 공정에서 발생하는 6가 크롬에 의해 발생한다.

관련개념 CHAPTER 02 화학물질 안전관리 실행

092

소화방법에 대한 주된 소화원리로 틀린 것은?

① 물을 살포한다: 냉각소화
② 모래를 뿌린다: 질식소화
③ 초를 불어서 끈다: 억제소화
④ 담요를 덮는다: 질식소화

해설 초를 불어서 끄는 것은 가연물(산소)의 공급을 중단하는 제거소화의 원리이다.

관련개념 CHAPTER 01 화재 · 폭발 검토

093

사업주는 인화성 액체 및 인화성 가스를 저장 · 취급하는 화학설비에서 증기나 가스를 대기로 방출하는 경우에는 외부로부터의 화염을 방지하기 위하여 화염방지기를 설치하여야 한다. 다음 중 화염방지기의 설치 위치로 옳은 것은?

① 설비의 상단
② 설비의 하단
③ 설비의 측면
④ 설비의 조작부

해설 화염방지기는 외부로부터의 화염을 방지하기 위하여 그 **설비 상단**에 설치하여야 한다.

관련개념 CHAPTER 04 화공 안전운전 · 점검

094

탄화수소 증기의 연소하한값 추정식은 연료의 양론농도(C_{st})의 0.55배이다. 프로판 1몰의 연소반응식이 다음과 같을 때 연소하한값은 약 몇 [vol%]인가?

$$C_3H_8 + 5O_2 \rightarrow 3CO_2 + 4H_2O$$

① 2.22 ② 4.03
③ 4.44 ④ 8.06

해설 **프로판의 완전연소반응식**

$C_3H_8 + 5O_2 \rightarrow 3CO_2 + 4H_2O$

유기물 $C_nH_xO_y$의 양론농도(C_{st})는 다음 식으로 구할 수 있다.

$$C_{st} = \frac{100}{(4.77n + 1.19x - 2.38y) + 1} = \frac{100}{(4.77 \times 3 + 1.19 \times 8) + 1} = 4.03$$

문제에서 연소하한값 추정식이 연료의 양론농도(C_{st})의 0.55배로 주어졌으므로 프로판의 연소하한값은 다음과 같이 계산할 수 있다.

프로판의 연소하한값 $= 0.55 \times C_{st} = 0.55 \times 4.03 = 2.22[\text{vol}\%]$

관련개념 CHAPTER 01 화재 · 폭발 검토

095

다음 중 물질의 자연발화를 촉진시키는 요인으로 가장 거리가 먼 것은?

① 표면적이 넓고, 발열량이 클 것
② 열전도율이 클 것
③ 주위 온도가 높을 것
④ 적당한 수분을 보유할 것

해설 자연발화가 일어나기 위해서는 열전도율이 작아야 한다.

자연발화의 조건
• 표면적이 넓을 것
• 발열량이 클 것
• **열전도율이 작을 것**
• 주위 온도가 높을 것
• 적당한 수분을 포함할 것
• 열축적이 클 것

관련개념 CHAPTER 01 화재 · 폭발 검토

096

「산업안전보건법령」상 사업주가 인화성 액체 위험물을 액체 상태로 저장하는 저장탱크를 설치하는 경우에는 위험물질이 누출되어 확산되는 것을 방지하기 위하여 무엇을 설치하여야 하는가?

① Flame arrester ② Vent Stack
③ 긴급방출장치 ④ 방유제

해설 위험물을 액체 상태로 저장하는 저장탱크를 설치하는 경우에는 위험물질이 누출되어 확산되는 것을 방지하기 위하여 방유제를 설치하여야 한다.

관련개념 CHAPTER 02 화학물질 안전관리 실행

097

20[℃], 1기압의 공기를 5기압으로 단열압축하면 공기의 온도는 약 몇 [℃]가 되겠는가?(단, 공기의 비열비는 1.40이다.)

① 32 ② 191
③ 305 ④ 464

해설 **단열변화**

$$\frac{T_2}{T_1} = \left(\frac{V_1}{V_2}\right)^{r-1} = \left(\frac{P_2}{P_1}\right)^{\frac{(r-1)}{r}} \text{에서}$$

$$T_2 = T_1 \times \left(\frac{P_2}{P_1}\right)^{\frac{(r-1)}{r}} = (273 + 20) \times \left(\frac{5}{1}\right)^{\frac{(1.4-1)}{1.4}} = 464[\text{K}] = 191[℃]$$

여기서, T : 절대온도[K]

$\quad\quad\quad V$: 부피[L]

$\quad\quad\quad P$: 절대압력[atm]

$\quad\quad\quad r$: 비열비

관련개념 CHAPTER 02 화학물질 안전관리 실행

098

탄산수소나트륨을 주요성분으로 하는 것은 제 몇 종 분말소화기인가?

① 제1종

② 제2종

③ 제3종

④ 제4종

해설 **분말소화약제의 분류**
- 제1종 소화약제: 탄산수소나트륨($NaHCO_3$)
- 제2종 소화약제: 탄산수소칼륨($KHCO_3$)
- 제3종 소화약제: 제1인산암모늄($NH_4H_2PO_4$)
- 제4종 소화약제: 탄산수소칼륨＋요소($KHCO_3＋(NH_2)_2CO$)

관련개념 CHAPTER 01 화재·폭발 검토

099

목재, 섬유 등의 화재의 종류에 해당하는 것은?

① A급

② B급

③ C급

④ D급

해설 목재, 종이, 섬유 등의 일반 가연물에 의한 화재는 A급 화재(일반화재)이다.

화재의 종류

A급 화재	B급 화재	C급 화재	D급 화재
일반화재	유류화재	전기화재	금속화재

관련개념 CHAPTER 01 화재·폭발 검토

100

「산업안전보건법령」상 특수화학설비를 설치할 때 내부의 이상 상태를 조기에 파악하기 위하여 필요한 계측장치를 설치하여야 한다. 이러한 계측장치로 거리가 먼 것은?

① 압력계

② 유량계

③ 온도계

④ 비중계

해설 특수화학설비를 설치하는 경우에는 내부의 이상 상태를 조기에 파악하기 위하여 필요한 온도계·유량계·압력계 등의 계측장치를 설치하여야 한다.

관련개념 CHAPTER 02 화학물질 안전관리 실행

건설공사 안전관리

101

「산업안전보건법령」에서 규정하는 철골작업을 중지하여야 하는 기후조건에 해당하지 않는 것은?

① 풍속이 초당 10[m] 이상인 경우

② 강우량이 시간당 1[mm] 이상인 경우

③ 강설량이 시간당 1[cm] 이상인 경우

④ 기온이 영하 5[℃] 이하인 경우

해설 철골작업 중지를 위한 기후조건에 기온과 관련한 기준은 없다.

관련개념 CHAPTER 06 공사 및 작업 종류별 안전

102

유해위험방지계획서를 제출해야 할 대상 공사의 조건으로 옳지 않은 것은?

① 터널 건설 등의 공사

② 최대 지간길이가 50[m] 이상인 다리의 건설 등의 공사

③ 다목적댐·발전용댐, 저수용량 2천만톤 이상의 용수 전용 댐 및 지방상수도 전용 댐 건설 등의 공사

④ 깊이가 5[m] 이상인 굴착공사

해설 **유해위험방지계획서 제출대상 건설공사**
- 지상높이가 31[m] 이상인 건축물 또는 인공구조물, 연면적 30,000[m²] 이상인 건축물 또는 연면적 5,000[m²] 이상의 문화 및 집회시설(전시장 및 동물원·식물원 제외), 판매시설, 운수시설(고속철도의 역사 및 집배송시설 제외), 종교시설, 의료시설 중 종합병원, 숙박시설 중 관광숙박시설, 지하도상가 또는 냉동·냉장 창고시설의 건설·개조 또는 해체(건설 등) 공사
- 연면적 5,000[m²] 이상의 냉동·냉장 창고시설의 설비공사 및 단열공사
- 최대 지간길이가 50[m] 이상인 다리의 건설 등 공사
- 터널의 건설 등 공사
- 다목적댐, 발전용댐, 저수용량 2천만 톤 이상의 용수 전용 댐 및 지방상수도 전용 댐의 건설 등 공사
- 깊이가 10[m] 이상인 굴착공사

관련개념 CHAPTER 02 건설공사 위험성

103

토사붕괴에 따른 재해를 방지하기 위한 흙막이 지보공 부재로 옳지 않은 것은?

① 흙막이판   ② 말뚝
③ 턴버클   ④ 띠장

해설 턴버클은 지지막대나 와이어로프 등의 길이를 조절하거나 당겨 죄는 데 사용하는 기구이다.

관련개념 CHAPTER 04 건설현장 안전시설 관리

104

다음은 말비계를 조립하여 사용하는 경우에 관한 준수사항이다. ( ) 안에 들어갈 내용으로 옳은 것은?

- 지주부재와 수평면의 기울기를 (A)° 이하로 하고 지주부재와 지주부재 사이를 고정시키는 보조부재를 설치할 것
- 말비계의 높이가 2[m]를 초과하는 경우에는 작업발판의 폭을 (B)[cm] 이상으로 할 것

① A: 75, B: 30   ② A: 75, B: 40
③ A: 85, B: 30   ④ A: 85, B: 40

해설 말비계 조립 시 준수사항
- 지주부재의 하단에는 미끄럼 방지장치를 하고, 근로자가 양측 끝부분에 올라서서 작업하지 않도록 하여야 한다.
- 지주부재와 수평면의 기울기를 75° 이하로 하고, 지주부재와 지주부재 사이를 고정하는 보조부재를 설치하여야 한다.
- 말비계의 높이가 2[m]를 초과하는 경우에는 작업발판의 폭을 40[cm] 이상으로 하여야 한다.

관련개념 CHAPTER 05 비계·거푸집 가시설 위험방지

105

사면보호공법 중 구조물에 의한 보호공법에 해당되지 않는 것은?

① 블럭공   ② 식생구멍공
③ 돌쌓기공   ④ 현장타설 콘크리트 격자공

해설 식생구멍공은 구조물에 의한 보호공법이 아닌 수목 등을 활용한 식생공법에 해당된다.

관련개념 CHAPTER 04 건설현장 안전시설 관리

106

철근을 인력으로 운반하는 작업을 할 때 주의하여야 할 사항으로 옳지 않은 것은?

① 2인 이상이 1조로 운반하고, 어깨메기로 운반한다.
② 운반할 때에는 양끝을 묶어 운반한다.
③ 1인당 무게는 40[kg] 정도가 적당하다.
④ 내려 놓을 때에는 천천히 내려놓아야 한다.

해설 인력으로 철근 운반 시 주의사항
- 2인 이상이 1조가 되어 어깨메기로 운반하여야 한다.
- 운반할 때에는 양끝을 묶어 운반하여야 한다.
- 1인당 무게는 25[kg] 정도가 적당하고, 무리한 운반을 삼가야 한다.
- 내려 놓을 때는 천천히 내려놓고 던지지 않아야 한다.
- 공동 작업을 할 때에는 신호에 따라 작업을 하여야 한다.

관련개념 CHAPTER 06 공사 및 작업 종류별 안전

107

안전계수가 4이고 2,000[MPa]의 인장강도를 갖는 강선의 최대허용응력은?

① 500[MPa]   ② 1,000[MPa]
③ 1,500[MPa]   ④ 2,000[MPa]

해설 $허용응력 = \dfrac{극한(인장)강도}{안전계수} = \dfrac{2,000}{4} = 500[MPa]$

관련개념 SUBJECT 03 기계·기구 및 설비 안전관리
CHAPTER 01 기계공정의 안전, 기계안전시설 관리

108

「산업안전보건법령」에 따른 작업발판 일체형 거푸집에 해당되지 않는 것은?

① 갱 폼(Gang Form)
② 슬립 폼(Slip Form)
③ 유로 폼(Euro Form)
④ 클라이밍 폼(Climbing Form)

해설 작업발판 일체형 거푸집의 종류
· 갱 폼(Gang Form)
· 슬립 폼(Slip Form)
· 클라이밍 폼(Climbing Form)
· 터널 라이닝 폼(Tunnel Lining Form)

관련개념 CHAPTER 05 비계 · 거푸집 가시설 위험방지

109

동바리의 침하를 방지하기 위한 직접적인 조치로 옳지 않은 것은?

① 수평연결재 사용
② 받침목이나 깔판의 사용
③ 콘크리트의 타설
④ 말뚝박기

해설 동바리 조립 시 받침목이나 깔판의 사용, 콘크리트 타설, 말뚝박기 등 동바리의 침하를 방지하기 위한 조치를 하여야 한다.

관련개념 CHAPTER 05 비계 · 거푸집 가시설 위험방지

110

근로자의 추락 등의 위험을 방지하기 위하여 안전난간을 설치하는 경우 안전난간은 구조적으로 가장 취약한 지점에서 가장 취약한 방향으로 작용하는 얼마 이상의 하중에 견딜 수 있는 튼튼한 구조이어야 하는가?

① 50[kg]
② 100[kg]
③ 150[kg]
④ 200[kg]

해설 안전난간은 구조적으로 가장 취약한 지점에서 가장 취약한 방향으로 작용하는 100[kg] 이상의 하중에 견딜 수 있는 튼튼한 구조이어야 한다.

관련개념 CHAPTER 04 건설현장 안전시설 관리

111

유해위험방지계획서를 제출하려고 할 때 그 첨부서류와 가장 거리가 먼 것은?

① 공사개요서
② 산업안전보건관리비 작성요령
③ 전체 공정표
④ 재해발생 위험 시 연락 및 대피방법

해설 건설공사 유해위험방지계획서 제출 시 첨부서류
· 공사개요서
· 공사현장의 주변 현황 및 주변과의 관계를 나타내는 도면(매설물 현황 포함)
· 전체 공정표
· 산업안전보건관리비 사용계획서
· 안전관리 조직표
· 재해 발생 위험 시 연락 및 대피방법

관련개념 CHAPTER 02 건설공사 위험성

112

다음 중 지하수위를 저하시키는 공법은?

① 동결 공법
② 웰 포인트 공법
③ 뉴매틱케이슨 공법
④ 치환 공법

해설 웰 포인트 공법은 사질토 지반의 액상화를 방지하기 위해 지하수를 배출시키는 공법이다.

관련개념 CHAPTER 02 건설공사 위험성

113

다음은 「산업안전보건법령」에 따른 시스템비계의 구조에 관한 사항이다. (   ) 안에 들어갈 내용으로 옳은 것은?

> 비계 밑단의 수직재와 받침철물은 밀착되도록 설치하고, 수직재와 받침철물의 연결부의 겹침길이는 받침철물 전체길이의 (   ) 이상이 되도록 할 것

① 2분의 1
② 3분의 1
③ 4분의 1
④ 5분의 1

해설 시스템비계는 비계 밑단의 수직재와 받침철물은 밀착되도록 설치하고, 수직재와 받침철물의 연결부의 겹침길이는 받침철물 전체길이의 $\frac{1}{3}$ 이상이 되도록 하여야 한다.

관련개념 CHAPTER 05 비계·거푸집 가시설 위험방지

114

차량계 건설기계를 사용하여 작업 시 작업계획에 포함되어야 할 사항이 아닌 것은?

① 사용하는 차량계 건설기계의 종류 및 성능
② 차량계 건설기계의 운행경로
③ 차량계 건설기계에 의한 작업방법
④ 차량계 건설기계의 유도자 배치 관련사항

해설 **차량계 건설기계 작업계획서 포함내용**
• 사용하는 차량계 건설기계의 종류 및 성능
• 차량계 건설기계의 운행경로
• 차량계 건설기계에 의한 작업방법

관련개념 CHAPTER 04 건설현장 안전시설 관리

115

토질시험 중 연약한 점토 지반의 점착력을 판별하기 위하여 실시하는 현장시험은?

① 베인테스트(Vane Test)
② 표준관입시험(SPT)
③ 하중재하시험
④ 삼축압축시험

해설 **베인시험(Vane Test)**
점토질 지반에서 흙의 전단 강도(점착력)를 구하는 시험의 일종으로 십자형으로 조합시킨 베인(날개)을 회전시킬 때의 토크치를 실측한다.

관련개념 CHAPTER 02 건설공사 위험성

116

차량계 하역운반기계의 안전조치사항 중 옳지 않은 것은?

① 최대제한속도가 시속 10[km]를 초과하는 차량계 건설기계를 사용하여 작업을 하는 경우 미리 작업장소의 지형 및 지반상태 등에 적합한 제한속도를 정하고, 운전자로 하여금 준수하도록 할 것
② 차량계 건설기계의 운전자가 운전위치를 이탈하는 경우 해당 운전자로 하여금 포크 및 버킷 등의 하역장치를 가장 높은 위치에 둘 것
③ 차량계 하역운반기계 등에 화물을 적재하는 경우 하중이 한쪽으로 치우치지 않도록 적재할 것
④ 차량계 건설기계를 사용하여 작업을 하는 경우 승차석이 아닌 위치에 근로자를 탑승시키지 말 것

해설 차량계 하역운반기계 등, 차량계 건설기계의 운전자가 운전위치 이탈 시에는 포크, 버킷, 디퍼 등의 장치를 가장 낮은 위치 또는 지면에 내려 두어야 한다.

관련개념 CHAPTER 04 건설현장 안전시설 관리

117

지반의 종류가 다음과 같을 때 굴착면의 기울기 기준으로 옳은 것은?

연암 및 풍화암

① 1 : 1.8
② 1 : 1.0
③ 1 : 0.8
④ 1 : 0.5

해설 **굴착면의 기울기 기준**

지반의 종류	굴착면의 기울기
모래	1 : 1.8
연암 및 풍화암	1 : 1.0
경암	1 : 0.5
그 밖의 흙	1 : 1.2

※ 이 문제는 개정된 법령에 따라 수정한 문제입니다.

관련개념 CHAPTER 02 건설공사 위험성

118

콘크리트 타설작업과 관련하여 준수하여야 할 사항으로 가장 거리가 먼 것은?

① 당일의 작업을 시작하기 전에 해당 작업에 관한 거푸집 및 동바리의 변형, 변위 및 지반의 침하 유무 등을 점검하고 이상이 있으면 보수할 것
② 콘크리트를 타설하는 경우에는 편심이 발생하지 않도록 골고루 분산하여 타설할 것
③ 진동기의 사용은 많이 할수록 균일한 콘크리트를 얻을 수 있으므로 가급적 많이 사용할 것
④ 설계도서 상의 콘크리트 양생기간을 준수하여 거푸집 및 동바리를 해체할 것

해설 진동기는 적절히 사용되어야 하며, 지나친 진동은 거푸집 붕괴의 원인이 될 수 있으므로 주의하여야 한다.

관련개념 CHAPTER 06 공사 및 작업 종류별 안전

119

건물 외부에 낙하물방지망을 설치할 경우 수평면과의 가장 적절한 각도는?

① 5~10°
② 10~15°
③ 15~25°
④ 20~30°

해설 **낙하물방지망 설치기준**

• 높이 10[m] 이내마다 설치하고, 내민 길이는 벽면으로부터 2[m] 이상으로 하여야 한다.
• 수평면과의 각도는 20° 이상 30° 이하를 유지하여야 한다.

관련개념 CHAPTER 04 건설현장 안전시설 관리

120

다음 중 압쇄기를 사용하여 건물 해체 시 그 순서로 옳은 것은?

┤보기├
A: 보 B: 기둥 C: 슬래브 D: 벽체

① A-B-C-D
② A-C-B-D
③ C-A-D-B
④ D-C-B-A

해설 압쇄기의 파쇄작업순서는 슬래브, 보, 벽체, 기둥의 순서로 해체한다.

관련개념 CHAPTER 06 공사 및 작업 종류별 안전

산업재해 예방 및 안전보건교육

001

참가자에게 일정한 역할을 주어 실제적으로 연기를 시켜봄으로써 자기의 역할을 보다 확실히 인식할 수 있도록 체험학습을 시키는 교육방법은?

① Symposium
② Brain Storming
③ Role Playing
④ Fish Bowl Playing

해설 롤 플레잉(Role Playing)

참가자에게 일정한 역할을 주어 실제적으로 연기를 시켜봄으로써 자기의 역할을 보다 확실히 인식시키는 것이다.

관련개념 CHAPTER 01 산업재해예방 계획 수립

002

다음 중 재해예방의 4원칙과 관련이 가장 적은 것은?

① 모든 재해의 발생 원인은 우연적인 상황에서 발생한다.
② 재해손실은 사고가 발생할 때 사고 대상의 조건에 따라 달라진다.
③ 재해예방을 위한 가능한 안전대책은 반드시 존재한다.
④ 재해는 원칙적으로 원인만 제거되면 예방이 가능하다.

해설 손실우연의 원칙

재해손실은 사고발생 시 사고대상의 조건에 따라 달라지므로, 한 사고의 결과로서 생긴 재해손실은 우연성에 의해서 결정된다. 손실우연의 원칙은 재해 발생 원인이 아닌 재해에 따른 손실크기에 대해 우연성을 강조하고 있다.

관련개념 CHAPTER 01 산업재해예방 계획 수립

003

위험예지훈련 4R(라운드) 기법의 진행방법에서 3R에 해당하는 것은?

① 목표설정
② 대책수립
③ 본질추구
④ 현상파악

해설 위험예지훈련의 추진을 위한 문제해결 4단계

㉠ 1라운드: 현상파악(사실의 파악) – 어떤 위험이 잠재하고 있는가?
㉡ 2라운드: 본질추구(원인조사) – 이것이 위험의 포인트다.
㉢ 3라운드: 대책수립(대책을 세운다) – 당신이라면 어떻게 하겠는가?
㉣ 4라운드: 목표설정(행동계획 작성) – 우리들은 이렇게 하자!

관련개념 CHAPTER 01 산업재해예방 계획 수립

004

「보호구 안전인증 고시」상 안전인증 방독마스크의 정화통 종류와 외부 측면의 표시색이 잘못 연결된 것은?

① 할로겐용 – 회색
② 황화수소용 – 회색
③ 암모니아용 – 회색
④ 시안화수소용 – 회색

해설 정화통 외부 측면의 표시색

종류	표시색
유기화합물용 정화통	갈색
할로겐용 정화통	회색
황화수소용 정화통	
시안화수소용 정화통	
아황산용 정화통	노란색
암모니아용 정화통	녹색

관련개념 CHAPTER 02 안전보호구 관리

005

억측판단이 발생하는 배경으로 볼 수 없는 것은?

① 정보가 불확실할 때
② 타인의 의견에 동조할 때
③ 희망적인 관측이 있을 때
④ 과거에 성공한 경험이 있을 때

해설 **억측판단이 발생하는 배경**
- 희망적 관측: '그때도 그랬으니까 괜찮겠지' 하는 관측
- 불확실한 정보나 지식: 위험에 대한 정보의 불확실 및 지식의 부족
- 과거의 성공한 경험: 과거에 그 행위로 성공한 경험의 선입관
- 초조한 심정: 일을 빨리 끝내고 싶은 초조한 심정

관련개념 CHAPTER 03 산업안전심리

006

레윈(Lewin.K)에 의하여 제시된 인간의 행동에 관한 식을 올바르게 표현한 것은?(단, B는 인간의 행동, P는 개체, E는 환경, f는 함수관계를 의미한다.)

① $B=f(P \cdot E)$
② $B=f(P+1)^E$
③ $P=E \cdot f(B)$
④ $E=f(P \cdot B)$

해설 **레윈(Lewin.K)의 법칙**
$B=f(P \cdot E)$
여기서, B: Behavior(인간의 행동)
　　　　f: function(함수관계)
　　　　P: Person(개체: 연령, 경험, 심신상태, 성격, 지능 등)
　　　　E: Environment(환경: 인간관계, 작업조건 등)

관련개념 CHAPTER 04 인간의 행동과학

007

「산업안전보건법령」상 근로자에 대한 일반건강진단의 실시 시기 기준으로 옳은 것은?

① 사무직에 종사하는 근로자: 1년에 1회 이상
② 사무직에 종사하는 근로자: 2년에 1회 이상
③ 사무직 외의 업무에 종사하는 근로자: 6월에 1회 이상
④ 사무직 외의 업무에 종사하는 근로자: 2년에 1회 이상

해설 **일반건강진단의 주기**
- 사무직에 종사하는 근로자: 2년에 1회 이상
- 그 밖의 근로자: 1년에 1회 이상

관련개념 CHAPTER 01 산업재해예방 계획 수립

008

교육계획 수립 시 가장 먼저 실시하여야 하는 것은?

① 교육내용의 결정
② 실행교육계획서 작성
③ 교육의 요구사항 파악
④ 교육실행을 위한 순서, 방법, 자료의 검토

해설 교육계획 수립 시 교육의 요구사항 등 필요한 정보를 수집·파악하고 현장의 의견을 충분히 반영한다.

관련개념 CHAPTER 05 안전보건교육의 내용 및 방법

009

「산업안전보건법령」상 산업안전보건위원회의 사용자위원에 해당되지 않는 사람은?(단, 각 사업장은 해당하는 사람을 선임하여야 하는 대상 사업장으로 한다.)

① 안전관리자
② 산업보건의
③ 명예산업안전감독관
④ 해당 사업장 부서의 장

해설 명예산업안전감독관은 근로자위원에 해당한다.

산업안전보건위원회의 사용자위원
- 해당 사업의 대표자
- 안전관리자
- 보건관리자
- 산업보건의
- 해당 사업의 대표자가 지명하는 9명 이내의 해당 사업장 부서의 장

관련개념 CHAPTER 01 산업재해예방 계획 수립

010

「산업안전보건법령」상 안전보건표지의 종류 중 다음 표지의 명칭은?(단, 마름모 테두리는 빨간색이며, 안의 내용은 검은색이다.)

① 폭발성물질 경고
② 산화성물질 경고
③ 부식성물질 경고
④ 급성독성물질 경고

해설

폭발성물질 경고	산화성물질 경고	부식성물질 경고	급성독성물질 경고

관련개념 CHAPTER 02 안전보호구 관리

011

하인리히의 재해코스트 평가방식 중 직접비에 해당하지 않는 것은?

① 산재보상비
② 치료비
③ 간호비
④ 생산손실

해설 생산손실에 의한 재해비용은 간접비에 해당한다.

간접비
- 인적손실: 본인 및 제3자에 관한 것을 포함한 시간손실
- 물적손실: 기계, 공구, 재료, 시설의 복구에 소비된 시간손실 및 재산손실
- 생산손실: 생산감소, 생산중단, 판매감소 등에 의한 손실
- 특수손실
- 기타손실

관련개념 SUBJECT 03 기계·기구 및 설비 안전관리
CHAPTER 02 기계분야 산업재해 조사 및 관리

012

Off JT(Off the Job Training)의 특징으로 옳은 것은?

① 훈련에만 전념할 수 있다.
② 상호신뢰 및 이해도가 높아진다.
③ 개개인에게 적절한 지도훈련이 가능하다.
④ 직장의 실정에 맞게 실제적 훈련이 가능하다.

해설 **Off JT(직장 외 교육훈련)**
계층별 직능별로 공통된 교육대상자를 현장 이외의 한 장소에 모아 집합교육을 실시하는 교육형태로 집단교육에 적합하다.
- 다수의 근로자에게 조직적 훈련을 행하는 것이 가능하다.
- 훈련에만 전념할 수 있다.
- 외부의 전문가를 강사로 초청하는 것이 가능하다.
- 특별교재·교구 및 설비를 사용하는 것이 가능하다.

관련개념 CHAPTER 05 안전보건교육의 내용 및 방법

013

교육심리학의 기본이론 중 학습지도의 원리가 아닌 것은?

① 직관의 원리
② 개별화의 원리
③ 계속성의 원리
④ 사회화의 원리

해설 계속성의 원리는 학습지도의 원리가 아닌 파블로프의 조건반사설에 해당한다.

학습지도 이론
개별화의 원리, 통합의 원리, 사회화의 원리, 자발성의 원리, 직관의 원리

관련개념 CHAPTER 05 안전보건교육의 내용 및 방법

014

데이비스(K.Davis)의 동기부여 이론에 관한 등식에서 (   ) 안에 알맞은 내용은?

> 지식(Knowledge)×기능(Skill) = (   )

① 능력
② 동기유발
③ 상황
④ 성과

해설 데이비스(K. Davis)의 동기부여 이론
- 지식(Knowledge)×기능(Skill)=능력(Ability)
- 상황(Situation)×태도(Attitude)=동기유발(Motivation)
- 능력(Ability)×동기유발(Motivation)
  =인간의 성과(Human Performance)
- 인간의 성과×물질적 성과=경영의 성과

관련개념 CHAPTER 04 인간의 행동과학

015

불안전 상태와 불안전 행동을 제거하는 안전관리의 시책에는 적극적인 대책과 소극적인 대책이 있다. 다음 중 소극적인 대책에 해당하는 것은?

① 보호구의 사용
② 위험공정의 배제
③ 위험물질의 격리 및 대체
④ 위험성평가를 통한 작업환경 개선

해설 보호구의 사용
해당 공정 및 해당 상태의 불안전한 상태를 무시하고 당장의 위험만 극복하려는 자세로, 안전관리의 소극적 대책에 해당한다.

관련개념 CHAPTER 01 산업재해예방 계획 수립

016

다음 사업장의 종합재해지수는 약 얼마인가?

- 상시 근로자 수: 100명
- 근무시간: 1일 8시간씩 연간 280일
- 재해발생
  - 사망사고: 1건
  - 재해건수: 4건(휴업일수 180일)

① 22.32
② 27.59
③ 34.14
④ 56.42

해설

- 도수율 $=\dfrac{\text{재해건수}}{\text{연근로시간 수}}\times1{,}000{,}000$

$$=\dfrac{1+4}{100\times(8\times280)}\times1{,}000{,}000=22.32$$

- 강도율 $=\dfrac{\text{총 요양근로손실일수}}{\text{연근로시간 수}}\times1{,}000$

$$=\dfrac{7{,}500+180\times\dfrac{280}{365}}{100\times(8\times280)}\times1{,}000=34.10$$

- 종합재해지수(FSI) $=\sqrt{\text{도수율(FR)}\times\text{강도율(SR)}}$

$$=\sqrt{22.32\times34.10}=27.59$$

관련개념 SUBJECT 03 기계·기구 및 설비 안전관리
CHAPTER 02 기계분야 산업재해 조사 및 관리

017

근로자 1,000명 이상의 대규모 사업장에 적합한 안전관리 조직의 유형은?

① 직계식 조직
② 참모식 조직
③ 병렬식 조직
④ 직계참모식 조직

해설 라인 · 스태프(LINE−STAFF)형 조직(직계참모조직)
· 대규모(1,000명 이상) 사업장에 적합한 조직으로서 라인형과 스태프형의 장점만을 채택한 형태이며, 안전업무를 전담하는 스태프를 두고 생산라인의 각 계층에서도 각 부서장으로 하여금 안전업무를 수행하도록 하여 스태프에서 안전에 관한 사항이 결정되면 라인을 통하여 실천하도록 편성된 조직이다.
· 안전계획, 평가 및 조사는 스태프에서, 생산기술의 안전대책은 라인에서 실시한다.

관련개념 CHAPTER 01 산업재해예방 계획 수립

018

매슬로우(Maslow)의 욕구위계이론 중 2단계에 해당되는 것은?

① 생리적 욕구
② 안전에 대한 욕구
③ 자아실현의 욕구
④ 존경과 긍지에 대한 욕구

해설 매슬로우(Maslow)의 욕구위계이론
㉠ 제1단계: 생리적 욕구
㉡ 제2단계: 안전의 욕구
㉢ 제3단계: 사회적 욕구(친화 욕구)
㉣ 제4단계: 자기존경의 욕구(안정의 욕구 또는 자기존중의 욕구)
㉤ 제5단계: 자아실현의 욕구(성취욕구)

관련개념 CHAPTER 04 인간의 행동과학

019

사고요인이 되는 정신적 요소 중 개성적 결함 요인에 해당하지 않는 것은?

① 방심 및 공상
② 도전적인 마음
③ 과도한 집착력
④ 다혈질 및 인내심 부족

해설 사고요인의 정신적 요소 중 개성적 결함 요인
· 과도한 자존심과 자만감
· 다혈질, 인내력 부족
· 과도한 집착성
· 배타성, 게으름, 경솔성
· 약한 마음, 도전적 마음

관련개념 CHAPTER 03 산업안전심리

020

다음 그림과 같은 안전관리 조직의 특징으로 틀린 것은?

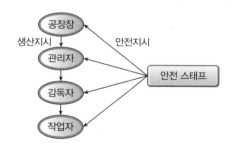

① 1,000명 이상의 대규모 사업장에 적합하다.
② 생산부분은 안전에 대한 책임과 권한이 없다.
③ 사업장의 특수성에 적합한 기술연구를 전문적으로 할 수 있다.
④ 권한 다툼이나 조정 때문에 통제수속이 복잡해지며, 시간과 노력이 소모된다.

해설 제시된 그림은 스태프형 조직이다.
1,000명 이상의 대규모 사업장에 적합한 조직은 라인–스태프(LINE–STAFF)형 조직(직계참모조직)이다.
스태프(STAFF)형 조직(참모형 조직)
· 중규모(100명 이상 1,000명 미만) 조직에 적합하다.
· 사업장의 특성에 맞는 전문적인 기술연구가 가능하다.
· 경영자에게 조언과 자문 역할을 할 수 있다.
· 안전정보 수집이 빠르다.

관련개념 CHAPTER 01 산업재해예방 계획 수립

인간공학 및 위험성평가·관리

021

FTA에서 사용되는 사상기호 중 결함사상을 나타낸 기호로 옳은 것은?

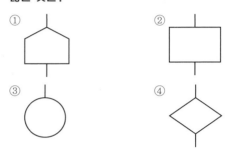

해설

기호	명칭	설명
	결함사상	고장 또는 결함으로 나타나는 비정상적인 사건

오답해설
①은 통상사상, ③은 기본사상, ④는 생략사상이다.

관련개념 CHAPTER 02 위험성 파악·결정

022

의도는 올바른 것이었지만, 행동이 의도한 것과는 다르게 나타나는 오류는?

① 실수　　　　　　② 착오
③ 건망증　　　　　④ 위반

해설 인간의 오류모형
• 착오(Mistake): 상황해석을 잘못하거나 목표를 잘못 이해하고 착각하여 행하는 경우
• 실수(Slip): 상황이나 목표의 해석을 제대로 했으나 의도와는 다른 행동을 하는 경우
• 건망증(Lapse): 여러 과정이 연계적으로 일어나는 행동 중에서 일부를 잊어버리고 하지 않거나 또는 기억의 실패에 의하여 발생하는 오류
• 위반(Violation): 정해진 규칙을 알고 있음에도 고의로 따르지 않거나 무시하는 행위

관련개념 CHAPTER 01 안전과 인간공학

023

경계 및 경보신호의 설계지침으로 틀린 것은?

① 주의를 환기시키기 위하여 변조된 신호를 사용한다.
② 배경소음의 진동수와 다른 진동수의 신호를 사용한다.
③ 귀는 중음역에 민감하므로 500~3,000[Hz]의 진동수를 사용한다.
④ 300[m] 이상의 장거리용으로는 1,000[Hz]를 초과하는 진동수를 사용한다.

해설 경계 및 경보신호 선택 시 300[m] 이상 장거리용 신호에는 1,000[Hz] 이하의 진동수를 사용한다.

관련개념 CHAPTER 06 작업환경 관리

024

다음 시스템의 신뢰도 값은?(단, 기호 안의 수치는 각 구성요소의 신뢰도이다.)

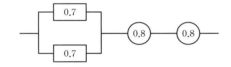

① 0.5824　　　　　② 0.6682
③ 0.7855　　　　　④ 0.8642

해설 신뢰도$(R) = \{1-(1-0.7)\times(1-0.7)\}\times0.8\times0.8 = 0.5824$

관련개념 CHAPTER 01 안전과 인간공학

025

설비보전에서 평균수리시간을 나타내는 것은?

① MTBF　　　　　② MTTR
③ MTTF　　　　　④ MTBP

해설 평균수리시간(MTTR; Mean Time To Repair)
총 수리시간을 그 기간의 수리횟수로 나눈 시간으로 사후보전에 필요한 수리시간의 평균치를 나타낸다.

관련개념 CHAPTER 03 위험성 감소대책 수립·실행

026

동작경제의 원칙과 가장 거리가 먼 것은?

① 두 팔은 동시에 서로 반대방향으로 대칭적으로 움직인다.
② 두 손의 동작은 같이 시작하고 같이 끝나도록 한다.
③ 가능한 관성을 이용하여 작업하되, 관성을 거스르는 경우에는 관성이 크게 발생하도록 움직인다.
④ 휴식시간을 제외하고는 양손이 동시에 쉬지 않도록 한다.

해설 가능한 한 작업자의 노력을 덜기 위해 관성을 이용해야 하나 관성을 근육의 힘으로 극복해야 하는 작업의 경우에는 관성을 최소로 줄여야 한다.

신체사용에 관한 동작경제의 원칙
• 두 손의 동작은 같이 시작하고 같이 끝나도록 한다.
• 휴식시간을 제외하고는 양손이 동시에 쉬지 않도록 한다.
• 두 팔의 동작은 동시에 서로 반대방향으로 대칭적으로 움직이도록 한다.
• 자연스러운 리듬이 생기도록 손의 동작은 유연하고 연속적이어야 한다.(관성 이용)
• 손과 신체의 동작은 작업을 원만하게 처리할 수 있는 범위 내에서 가장 낮은 동작등급을 사용하도록 한다.

관련개념 CHAPTER 06 작업환경 관리

027

다음 중 시스템 내의 위험요소가 어떤 상태에 있는가를 정성적으로 분석·평가하는 첫 번째 위험분석기법은?

① 결함수분석   ② 예비위험분석
③ 결함위험분석   ④ 운용위험분석

해설 예비위험분석(PHA; Preliminary Hazards Analysis)
시스템 내의 위험요소가 얼마나 위험상태에 있는가를 평가하는 시스템안전 프로그램의 최초단계(시스템 구상단계)의 정성적인 분석 방식이다.

관련개념 CHAPTER 02 위험성 결정·파악

028

결함수분석법에서 Path Set에 관한 설명으로 맞는 것은?

① 시스템의 약점을 표현한 것이다.
② TOP사상을 발생시키는 조합이다.
③ 시스템이 고장 나지 않도록 하는 사상의 조합이다.
④ 시스템 고장을 유발시키는 필요불가결한 기본사상들의 집합이다.

해설 패스셋(Path Set)
포함되어 있는 모든 기본사상이 일어나지 않을 때 정상사상이 일어나지 않는 기본사상의 집합으로 시스템의 신뢰성을 나타낸다.

관련개념 CHAPTER 06 결함수분석법

029

FTA 결과 다음과 같은 패스셋을 구하였다. X_4가 중복사상인 경우, 최소 패스셋(Minimal Path Sets)으로 맞는 것은?

$$\{X_2, X_3, X_4\}$$
$$\{X_1, X_3, X_4\}$$
$$\{X_3, X_4\}$$

① $\{X_3, X_4\}$
② $\{X_1, X_3, X_4\}$
③ $\{X_2, X_3, X_4\}$
④ $\{X_2, X_3, X_4\}$와 $\{X_3, X_4\}$

해설 패스셋과 미니멀 패스셋
패스셋이란 그 속에 포함되어 있는 기본사상이 일어나지 않을 때 정상사상이 일어나지 않는 기본사상의 집합으로서 미니멀 패스셋은 그 필요한 최소한의 셋을 말한다.(시스템의 신뢰성)

관련개념 CHAPTER 02 위험성 결정·파악

030

다음 중 몸의 중심선으로부터 밖으로 이동하는 신체 부위의 동작을 무엇이라 하는가?

① 외전　　　　　　　② 굴곡
③ 내전　　　　　　　④ 신전

해설 **신체부위의 운동**
- 팔(어깨관절), 다리(고관절)
  - 외전(벌림)(Abduction): 몸의 중심선으로부터 멀리 떨어지게 하는 동작
  - 내전(모음)(Adduction): 몸의 중심선으로의 이동
- 팔(팔꿈치관절), 다리(무릎관절)
  - 굴곡(굽힘)(Flexion): 관절이 만드는 각도가 감소하는 동작
  - 신전(폄)(Extension): 관절이 만드는 각도가 증가하는 동작

관련개념 CHAPTER 06 작업환경 관리

031

인간 – 기계 시스템에서 시스템의 설계를 다음과 같이 구분할 때 제3단계인 기본설계에 해당되지 않는 것은?

> 1단계: 시스템의 목표와 성능명세 결정
> 2단계: 시스템의 정의
> 3단계: 기본설계
> 4단계: 인터페이스 설계
> 5단계: 보조물 설계
> 6단계: 시험 및 평가

① 화면설계　　　　　② 작업설계
③ 직무분석　　　　　④ 기능할당

해설 **인간 – 기계 시스템 설계과정 6단계**
㉠ 목표 및 성능명세 결정: 시스템 설계 전 그 목적이나 존재 이유가 있어야 함(인간요소적인 면, 신체의 역학적 특성 및 인체측정학적 요소 고려)
㉡ 시스템(체계) 정의: 목적을 달성하기 위한 특정한 기본기능들이 수행되어야 함
㉢ 기본설계: 시스템의 형태를 갖추기 시작하는 단계(**직무분석, 작업설계, 기능할당**)
㉣ 인터페이스(계면) 설계: 사용자 편의와 시스템 성능에 관여
㉤ 촉진물 설계: 인간의 성능을 증진시킬 보조물 설계
㉥ 시험 및 평가: 시스템 개발과 관련된 평가와 인간적인 요소 평가 실시

관련개념 CHAPTER 01 안전과 인간공학

032

「산업안전보건법령」상 유해위험방지계획서의 제출대상 제조업은 전기 계약용량이 얼마 이상인 경우에 해당되는가? (단, 기타 예외사항은 제외한다.)

① 50[kW]　　　　　② 100[kW]
③ 200[kW]　　　　　④ 300[kW]

해설 전기 계약용량이 300[kW] 이상인 사업의 사업주는 해당 제품의 생산 공정과 직접적으로 관련된 건설물·기계·기구 및 설비 등 전부를 설치·이전하거나 그 주요 구조부분을 변경할 때에는 유해위험방지계획서를 제출하여야 한다.

관련개념 CHAPTER 02 위험성 파악·결정

033

인간공학에 대한 설명으로 틀린 것은?

① 인간 – 기계 시스템의 안전성, 편리성, 효율성을 높인다.
② 인간을 작업과 기계에 맞추는 설계 철학이 바탕이 된다.
③ 인간이 사용하는 물건, 설비, 환경의 설계에 적용된다.
④ 인간의 생리적, 심리적인 면에서의 특성이나 한계점을 고려한다.

해설 **인간공학의 정의**
- 인간의 신체적, 정신적 능력 한계를 고려하여 작업환경 또는 기계를 인간에게 적절한 형태로 맞추는 것이다.
- 인간의 특성과 능력을 공학적으로 분석, 평가하여 이를 복잡한 체계의 설계에 응용함으로써 효율을 최대로 활용할 수 있도록 하는 학문분야이다.

관련개념 CHAPTER 01 안전과 인간공학

034

다음 그림과 같이 7개의 기기로 구성된 시스템이 있다. 각 신뢰도가 보기와 같은 경우 이 시스템의 신뢰도는?

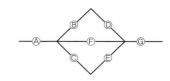

┤ 보기 ├

A=G: 0.75
B=C=D=E: 0.8
F: 0.9

① 0.5552
② 0.6234
③ 0.7427
④ 0.9740

해설 $R=A\times\{1-(1-B\times D)\times(1-F)\times(1-C\times E)\}\times G$
$=0.75\times\{1-(1-0.8\times 0.8)\times(1-0.9)\times(1-0.8\times 0.8)\}\times 0.75$
$=0.5552$

관련개념 CHAPTER 01 안전과 인간공학

035

인체에서 뼈의 주요기능이 아닌 것은?

① 인체의 지주
② 장기의 보호
③ 골수의 조혈
④ 근육의 대사

해설 뼈의 주요기능
인체의 지주, 장기의 보호, 골수의 조혈기능 등

관련개념 CHAPTER 06 작업환경 관리

036

다음 중 FTA(Fault Tree Analysis)에 관한 설명으로 가장 적절한 것은?

① 복잡하고 대형화된 시스템의 신뢰성 분석에는 적절하지 않다.
② 시스템 각 구성요소의 기능을 정상인가 또는 고장인가로 점진적으로 구분짓는다.
③ '그것이 발생하기 위해서는 무엇이 필요한가?'라는 것은 연역적이다.
④ 사건들을 일련의 이분(Binary)의사 결정 분기들로 모형화한다.

해설 결함수분석법(FTA; Fault Tree Analysis)의 정의
• 시스템의 고장을 논리게이트로 찾아가는 연역적, 정성적, 정량적 분석기법이다.
• 시스템의 고장을 발생시키는 사상(Event)과 그 원인과의 관계를 논리기호를 활용하여 나뭇가지 모양(Tree)의 고장 계통도를 작성하고, 이를 기초로 시스템의 고장확률을 구한다.

관련개념 CHAPTER 02 위험성 파악 · 결정

037

인간의 손이나 발을 이동시켜 조작장치를 조작하는 데 걸리는 시간을 표적까지의 거리와 표적 크기의 함수로 나타내는 모형은?

① 힉(Hick)의 법칙
② 핏츠(Fitts)의 법칙
③ 웨버(Weber)의 법칙
④ 신호 탐지 이론(SDT)

해설 핏츠(Fitts)의 법칙
인간의 손이나 발을 이동시켜 조작장치를 조작하는 데 걸리는 시간을 표적까지의 거리와 표적 크기의 함수로 나타내는 모형으로, 표적이 작고 이동거리가 길수록 이동시간이 증가한다.

$T=a+b\log_2\left(\dfrac{D}{W}+1\right)$

여기서, T(MT; Movement Time): 동작시간
a, b: 작업난이도에 대한 실험상수
D: 동작 시발점에서 표적 중심까지의 거리
W: 표적의 폭(너비)

관련개념 CHAPTER 06 작업환경 관리

038

일정한 고장률을 가진 어떤 기계의 고장률이 0.004/시간일 때 10시간 이내에 고장을 일으킬 확률은?

① $1+e^{0.04}$
② $1-e^{-0.004}$
③ $1-e^{0.04}$
④ $1-e^{-0.04}$

해설 기계의 신뢰도 $R(t)=e^{-\lambda t}=e^{-0.004\times10}=e^{-0.04}$
여기서, λ: 고장률, t: 가동시간
따라서 고장발생확률 $F(t)=1-R(t)=1-e^{-0.04}$이다.

관련개념 CHAPTER 02 위험성 파악·결정

039

인간공학을 기업에 적용할 때의 기대효과로 볼 수 없는 것은?

① 노사 간의 신뢰 저하
② 작업손실시간의 감소
③ 제품과 작업의 질 향상
④ 작업자의 건강 및 안전 향상

해설 인간공학의 필요성
• 산업재해의 감소
• 생산원가의 절감
• 재해로 인한 손실 감소
• 직무만족도의 향상
• 기업의 이미지와 상품선호도 향상
• 노사 간의 신뢰 구축

관련개념 CHAPTER 01 안전과 인간공학

040

인간의 오류모형에서 "알고 있음에도 의도적으로 따르지 않거나 무시한 경우"를 무엇이라 하는가?

① 실수(Slip)
② 착오(Mistake)
③ 건망증(Lapse)
④ 위반(Violation)

해설 정해진 규칙을 알고 있음에도 고의로 따르지 않거나 무시하는 행위는 인간의 오류모형 중 위반(Violation)에 해당한다.

관련개념 CHAPTER 01 안전과 인간공학

기계·기구 및 설비 안전관리

041

「산업안전보건법령」상 프레스의 작업시작 전 점검사항이 아닌 것은?

① 슬라이드 또는 칼날에 의한 위험방지 기구의 기능
② 프레스의 금형 및 고정볼트 상태
③ 전단기의 칼날 및 테이블의 상태
④ 권과방지장치 및 그 밖의 경보장치의 기능

해설 권과방지장치 및 그 밖의 경보장치의 기능은 이동식 크레인을 이용하여 작업을 할 때 작업시작 전 점검사항이다.
프레스 작업시작 전 점검사항
• 클러치 및 브레이크의 기능
• 크랭크축·플라이휠·슬라이드·연결봉 및 연결 나사의 풀림 유무
• 1행정 1정지기구·급정지장치 및 비상정지장치의 기능
• 슬라이드 또는 칼날에 의한 위험방지 기구의 기능
• 프레스의 금형 및 고정볼트 상태
• 방호장치의 기능
• 전단기의 칼날 및 테이블의 상태

관련개념 CHAPTER 02 기계분야 산업재해 조사 및 관리

042

다음 중 「산업안전보건법령」상 안전인증대상 방호장치에 해당하지 않는 것은?

① 연삭기 덮개
② 압력용기 압력방출용 파열판
③ 압력용기 압력방출용 안전밸브
④ 방폭구조(防爆構造) 전기기계·기구 및 부품

해설 연삭기 덮개는 안전인증대상이 아닌 자율안전확인대상 방호장치이다.

관련개념 CHAPTER 02 기계분야 산업재해 조사 및 관리

043

「산업안전보건법령」상 강렬한 소음작업에서 데시벨에 따른 노출시간으로 적합하지 않은 것은?

① 105[dB] 이상의 소음이 1일 1시간 이상 발생하는 작업
② 115[dB] 이상의 소음이 1일 15분 이상 발생하는 작업
③ 120[dB] 이상의 소음이 1일 7분 이상 발생하는 작업
④ 90[dB] 이상의 소음이 1일 8시간 이상 발생하는 작업

해설 **강렬한 소음작업**
- 90[dB] 이상의 소음이 1일 8시간 이상 발생하는 작업
- 95[dB] 이상의 소음이 1일 4시간 이상 발생하는 작업
- 100[dB] 이상의 소음이 1일 2시간 이상 발생하는 작업
- 105[dB] 이상의 소음이 1일 1시간 이상 발생하는 작업
- 110[dB] 이상의 소음이 1일 30분 이상 발생하는 작업
- 115[dB] 이상의 소음이 1일 15분 이상 발생하는 작업

관련개념 CHAPTER 07 설비진단 및 검사

044

연삭숫돌의 파괴원인으로 거리가 가장 먼 것은?

① 숫돌이 외부의 큰 충격을 받았을 때
② 숫돌의 회전속도가 너무 빠를 때
③ 숫돌 자체에 이미 균열이 있을 때
④ 플랜지 직경이 숫돌 직경의 $\frac{1}{3}$ 이상일 때

해설 플랜지 지름이 현저하게 작을 때(플랜지 지름은 숫돌직경의 $\frac{1}{3}$ 이상인 것이 적당함) 연삭숫돌이 파괴된다.
연삭숫돌의 파괴 및 재해원인
- 숫돌에 균열이 있는 경우
- 숫돌이 고속으로 회전하는 경우
- 회전력이 결합력보다 큰 경우
- 무거운 물체가 충돌한 경우(외부의 큰 충격을 받은 경우)
- 숫돌의 측면을 일감으로써 심하게 가압했을 경우
- 베어링이 마모되어 진동을 일으키는 경우
- 플랜지 지름이 현저하게 작은 경우
- 회전중심이 잡히지 않은 경우

관련개념 CHAPTER 03 공작기계의 안전

045

다음 설명 중 (   ) 안에 알맞은 내용은?

「산업안전보건법령」상 롤러기의 급정지장치는 롤러를 무부하로 회전시킨 상태에서 앞면 롤러의 표면속도가 30[m/min] 미만일 때에는 급정지거리가 앞면 롤러 원주의 (   ) 이내에서 롤러를 정지시킬 수 있는 성능을 보유하여야 한다.

① 1/4
② 1/3
③ 1/2.5
④ 1/2

해설 **롤러기 급정지장치의 성능**

앞면 롤러의 표면속도[m/min]	급정지거리
30 미만	앞면 롤러 원주의 $\frac{1}{3}$ 이내
30 이상	앞면 롤러 원주의 $\frac{1}{2.5}$ 이내

관련개념 CHAPTER 05 기타 산업용 기계·기구

046

「산업안전보건법령」상 산업용 로봇으로 인하여 근로자에게 발생할 수 있는 부상 등의 위험이 있는 경우 위험을 방지하기 위하여 울타리를 설치할 때 높이는 최소 몇 [m] 이상으로 해야 하는가?(단, 한국산업표준 및 국제적으로 통용되는 안전기준은 제외한다.)

① 1.8
② 2.1
③ 2.4
④ 1.2

해설 로봇의 운전으로 인하여 근로자에게 발생할 수 있는 부상 등의 위험을 방지하기 위하여 높이 1.8[m] 이상의 울타리를 설치하여야 한다.

관련개념 CHAPTER 05 기타 산업용 기계·기구

047

프레스기의 방호장치 중 위치제한형 방호장치에 해당되는 것은?

① 수인식 방호장치
② 광전자식 방호장치
③ 손쳐내기식 방호장치
④ 양수조작식 방호장치

해설 **위치제한형 방호장치**
작업자의 신체부위가 위험한계 밖에 있도록 기계의 조작장치를 위험구역에서 일정거리 이상 떨어지게 한 방호장치(양수조작식 안전장치)이다.

관련개념 CHAPTER 01 기계공정의 안전, 기계안전시설 관리

048

양중기의 과부하방지장치에서 요구하는 일반적인 성능기준으로 틀린 것은?

① 과부하방지장치 작동 시 경보음과 경보램프가 작동되어야 하며 양중기는 작동이 되지 않아야 한다.
② 외함의 전선 접촉 부분은 고무 등으로 밀폐되어 물과 먼지 등이 들어가지 않도록 한다.
③ 과부하방지장치와 타 방호장치는 기능에 서로 장애를 주지 않도록 부착할 수 있는 구조이어야 한다.
④ 방호장치의 기능을 제거하더라도 양중기는 원활하게 작동시킬 수 있는 구조이어야 한다.

해설 **양중기 과부하방지장치의 일반적인 성능기준**
방호장치의 기능을 제거 또는 정지할 때 양중기의 기능도 동시에 정지할 수 있는 구조이어야 한다.

관련개념 CHAPTER 06 운반기계 및 양중기

049

지름이 D[mm]인 연삭기 숫돌의 회전수가 N[rpm]일 때 숫돌의 원주속도를 옳게 표시한 것은?

① $\frac{\pi DN}{1,000}$[m/min]
② πDN[m/min]
③ $\frac{\pi DN}{60}$[m/min]
④ $\frac{DN}{1,000}$[m/min]

해설 **숫돌의 원주속도**
$$V=\frac{\pi DN}{60\times 1,000}[\text{m/s}]=\frac{\pi DN}{1,000}[\text{m/min}]$$
여기서, D: 지름[mm]
N: 회전수[rpm]

관련개념 CHAPTER 03 공작기계의 안전

050

지게차 헤드가드의 안전기준에 관한 설명으로 옳은 것은?

① 상부틀의 각 개구의 폭 또는 길이가 15[cm] 미만일 것
② 상부틀의 각 개구의 폭 또는 길이가 20[cm] 미만일 것
③ 강도는 지게차의 최대하중의 2배 값(4톤을 넘는 값에 대해서는 4톤으로 함)의 등분포정하중에 견딜 수 있을 것
④ 강도는 지게차의 최대하중의 4배 값(4톤을 넘는 값에 대해서는 8톤으로 함)의 등분포정하중에 견딜 수 있을 것

해설 **헤드가드의 구비조건**
• 강도는 지게차의 최대하중의 2배 값(4톤을 넘는 값에 대해서는 4톤)의 등분포정하중에 견딜 수 있을 것
• 상부틀의 각 개구의 폭 또는 길이가 16[cm] 미만일 것
• 운전자가 앉아서 조작하거나 서서 조작하는 지게차의 헤드가드는 한국산업표준에서 정하는 높이 기준 이상일 것(입승식: 1.88[m] 이상, 좌승식: 0.903[m] 이상)

관련개념 CHAPTER 06 운반기계 및 양중기

051

다음 중 보일러에 관한 설명으로서 옳지 않은 것은?

① 수면계의 고장은 과열의 원인이 된다.
② 부적당한 급수처리는 부식의 원인이 된다.
③ 안전밸브의 작동불량은 압력상승의 원인이 된다.
④ 안전장치가 불량할 때에는 최대사용기압에서 파열하는 원인이 된다.

해설 보일러 파열

보일러의 파열에는 압력이 규정압력 이상으로 상승하여 파열하는 경우와 최고사용압력 이하이더라도 파열하는 경우가 있다.

관련개념 CHAPTER 05 기타 산업용 기계 · 기구

052

유해 · 위험 기계 · 기구 중에서 진동과 소음을 동시에 수반하는 기계설비로 가장 거리가 먼 것은?

① 컨베이어
② 사출성형기
③ 가스용접기
④ 공기압축기

해설 유해 · 위험 기계 · 기구 중 소음과 진동을 동시에 수반하는 기계는 컨베이어, 사출성형기, 공기압축기이다.

관련개념 CHAPTER 07 설비진단 및 검사

053

안전율(안전계수)을 설명한 것으로 옳은 것은?

① 최대응력을 비례한도로 나눈 것
② 최대응력을 탄성한도로 나눈 것
③ 최대응력을 파괴하중으로 나눈 것
④ 최대응력을 허용응력으로 나눈 것

해설 안전율(안전계수, Safety Factor)

$$S = \frac{\text{극한(인장)강도}}{\text{허용응력}} = \frac{\text{파단(최대)하중}}{\text{안전(정격)하중}}$$

관련개념 CHAPTER 01 기계공정의 안전, 기계안전시설 관리

054

연삭숫돌의 상부를 사용하는 것을 목적으로 하는 탁상용 연삭기에서 안전덮개의 노출부위 각도는 몇 ° 이내이어야 하는가?

① 90° 이내
② 75° 이내
③ 60° 이내
④ 105° 이내

해설 연삭기 안전덮개의 노출각도

• 탁상용 연삭기
  – 일반 연삭작업 등에 사용하는 것을 목적으로 하는 경우: 125° 이내
  – 연삭숫돌의 상부사용을 목적으로 하는 경우: 60° 이내
• 원통 연삭기, 만능 연삭기 등: 180° 이내
• 휴대용 연삭기, 스윙(Swing) 연삭기 등: 180° 이내
• 평면 연삭기, 절단 연삭기 등: 150° 이내

관련개념 CHAPTER 03 공작기계의 안전

055

「산업안전보건법령」상 목재가공용 둥근톱 작업에서 분할날과 톱날 원주면과의 간격은 최대 얼마 이내가 되도록 조정하는가?

① 10[mm] ② 12[mm]
③ 14[mm] ④ 16[mm]

해설 목재가공용 둥근톱 작업에서 분할날과 톱날 원주면과의 간격은 최대 12[mm] 이내가 되도록 조정하여야 한다.

관련개념 CHAPTER 05 기타 산업용 기계·기구

056

다음 중 선반작업 시 지켜야 할 안전수칙으로 거리가 먼 것은?

① 작업 중 절삭 칩이 눈에 들어가지 않도록 보안경을 착용한다.
② 공작물 세팅에 필요한 공구는 세팅이 끝난 후 바로 제거한다.
③ 상의의 옷자락은 안으로 넣고, 끈을 이용하여 소맷자락을 묶어 작업을 준비한다.
④ 공작물은 전원스위치를 끄고 바이트를 충분히 멀리 위치시킨 후 고정한다.

해설 선반작업 시 상의의 옷자락은 안으로 넣고, 소맷자락을 묶을 때에는 끈을 사용하지 않는다.

관련개념 CHAPTER 03 공작기계의 안전

057

「산업안전보건법령」상 연삭기 작업 시 작업자가 안심하고 작업을 할 수 있는 상태는?

① 탁상용 연삭기에서 숫돌과 작업 받침대의 간격이 5[mm]이다.
② 덮개 재료의 인장강도는 224[MPa]이다.
③ 숫돌 교체 후 2분 정도 시험운전을 실시하여 해당 기계의 이상 여부를 확인하였다.
④ 작업 시작 전 1분 정도 시험운전을 실시하여 해당 기계의 이상 여부를 확인하였다.

해설 연삭숫돌을 사용하는 작업의 경우 작업을 시작하기 전에는 1분이상, 연삭숫돌을 교체한 후에는 3분 이상 시험운전을 하고 해당 기계에 이상이 있는지를 확인하여야 한다.

오답해설
① 워크레스트(작업 받침대)의 연삭숫돌과의 간격은 3[mm] 이하이다.
② 덮개 재료는 인장강도 274.5[MPa] 이상이다.

관련개념 CHAPTER 03 공작기계의 안전

058

크레인 로프에 질량 2,000[kg]의 물건을 10[m/s²]의 가속도로 감아올릴 때, 로프에 걸리는 총 하중[kN]은?(단, 중력가속도는 9.8[m/s²])

① 9.6 ② 19.6
③ 29.6 ④ 39.6

해설 동하중 $= \dfrac{정하중}{중력가속도} \times 가속도 = \dfrac{2,000}{9.8} \times 10 = 2,040[kg]$

총 하중 = 정하중 + 동하중 = 2,000 + 2,040 = 4,040[kg]

하중[N] = 하중[kg] × 중력가속도
$= 4,040 \times 9.8 = 39,600[N] = 39.6[kN]$

관련개념 CHAPTER 06 운반기계 및 양중기

059

다음의 설명에 해당하는 기계는?

- 칩이 가늘고 예리하며 손을 잘 다치게 한다.
- 주로 평면공작물을 절삭 가공하나, 더브테일 가공이나 나사 가공 등의 복잡한 가공도 가능하다.
- 장갑은 착용을 금하고, 보안경을 착용해야 한다.

① 선반   ② 밀링
③ 플레이너   ④ 연삭기

해설 **밀링작업 시 안전대책**
- 밀링작업에서 생기는 칩은 가늘고 예리하며 부상을 입히기 쉬우므로 보안경을 착용한다.
- 칩은 기계를 정지시킨 후 브러시 등으로 제거한다.
- 강력절삭을 할 때는 일감을 바이스에 깊게 물린다.
- 손이 말려 들어갈 위험이 있는 장갑을 착용하지 않는다.

관련개념 CHAPTER 03 공작기계의 안전

060

물체의 표면에 침투력이 강한 적색 또는 형광성의 침투액을 표면 개구 결함에 침투시켜 직접 또는 자외선 등으로 관찰하여 결함장소와 크기를 판별하는 비파괴시험은?

① 피로시험   ② 음향탐상시험
③ 와류탐상시험   ④ 침투탐상시험

해설 **침투탐상검사(PT; Liquid Penetrant Testing)**
시험체 표면에 침투제를 적용시켜 침투제가 표면에 열려있는 불연속부에 침투할 수 있는 충분한 시간이 경과한 후, 불연속부에 침투하지 못하고 시험체 표면에 남아있는 과잉의 침투제를 제거하고 그 위에 현상제를 도포하여 불연속부에 들어있는 침투제를 빨아올림으로써 불연속의 위치, 크기 및 지시모양을 검출하는 검사방법이다.

관련개념 CHAPTER 07 설비진단 및 검사

전기설비 안전관리

061

「한국전기설비규정」에 따라 사람이 쉽게 접촉할 우려가 있는 곳에 금속제 외함을 가지는 저압의 기계·기구가 시설되어 있다. 이 기계·기구의 사용전압이 몇 [V]를 초과할 때 전기를 공급하는 전로에 누전차단기를 시설해야 하는가?(단, 누전차단기를 시설하지 않아도 되는 조건은 제외한다.)

① 30[V]   ② 40[V]
③ 50[V]   ④ 60[V]

해설 금속제 외함을 가지는 사용전압이 50[V]를 초과하는 저압의 기계·기구로서 사람이 쉽게 접촉할 우려가 있는 곳에 시설하는 것에 전기를 공급하는 전로에 누전차단기를 시설하여야 한다.

관련개념 CHAPTER 02 감전재해 및 방지대책

062

다음 중 기기보호등급(EPL)에 해당하지 않는 것은?

① EPL Ga   ② EPL Ma
③ EPL Dc   ④ EPL Mc

해설 **기기보호등급(EPL)**
- 매우 높은 보호: Ga, Da, Ma
- 높은 보호: Gb, Db, Mb
- 강화된 보호: Gc, Dc

관련개념 CHAPTER 04 전기방폭관리

063

극간 정전용량이 1,000[pF]이고, 착화에너지가 0.019[mJ]인 가스에서 폭발한계 전압[V]은 약 얼마인가?(단, 소수점 이하는 반올림한다.)

① 3,900
② 1,950
③ 390
④ 195

해설 $W = \frac{1}{2}CV^2$에서

$$V = \sqrt{\frac{2W}{C}} = \sqrt{\frac{2 \times (0.019 \times 10^{-3})}{1,000 \times 10^{-12}}} = 195[V]$$

여기서, W : 착화에너지[J]

C : 도체의 정전용량[F]

V : 대전전위(폭발한계 전압)[V]

※ $1[mJ] = 10^{-3}[J]$이고, $1[pF] = 10^{-12}[F]$이다.

관련개념 CHAPTER 05 정전기 장·재해관리

064

폭발위험장소의 분류 중 인화성 액체의 증기 또는 가연성 가스에 의한 폭발위험이 지속적으로 또는 장기간 존재하는 장소는 몇 종 장소로 분류되는가?

① 0종 장소
② 1종 장소
③ 2종 장소
④ 3종 장소

해설 가스폭발 위험장소

분류	적요
0종 장소	인화성 액체의 증기 또는 가연성 가스에 의한 폭발위험이 지속적으로 또는 장기간 존재하는 장소
1종 장소	정상 작동상태에서 인화성 액체의 증기 또는 가연성 가스에 의한 폭발위험 분위기가 존재하기 쉬운 장소
2종 장소	정상 작동상태에서 인화성 액체의 증기 또는 가연성 가스에 의한 폭발위험 분위기가 존재할 우려가 없으나, 존재할 경우 그 빈도가 아주 적고 단기간만 존재할 수 있는 장소

관련개념 CHAPTER 04 전기방폭관리

065

대전물체의 표면전위를 검출전극에 의한 용량분할을 통해 측정할 수 있다. 대전물체의 표면전위 V_s는?(단, 대전물체와 검출전극 간의 정전용량은 C_1, 검출전극과 대지 간의 정전용량은 C_2, 검출전극의 전위는 V_e이다.)

① $V_s = \left(\frac{C_1 + C_2}{C_1} + 1\right) \cdot V_e$

② $V_s = \frac{C_1 + C_2}{C_1} V_e$

③ $V_s = \frac{C_2}{C_1 + C_2} V_e$

④ $V_s = \left(\frac{C_1}{C_1 + C_2} + 1\right) \cdot V_e$

해설 대전물체의 표면전위

$$V_s = \frac{C_1 + C_2}{C_1} V_e$$

관련개념 CHAPTER 03 정전기 장·재해관리

066

금속성의 전기기계·기구나 구조물에 인체의 일부가 상시 접촉되어 있는 상태의 허용접촉전압으로 옳은 것은?

① 2.5[V] 이하
② 25[V] 이하
③ 50[V] 이하
④ 제한 없음

해설 허용접촉전압

종별	접촉상태	허용접촉전압
제1종	인체의 대부분이 수중에 있는 상태	2.5[V] 이하
제2종	• 인체가 현저히 젖어 있는 상태 • 금속성의 전기기계·기구나 구조물에 인체의 일부가 상시 접촉되어 있는 상태	25[V] 이하
제3종	제1종, 제2종 이외의 경우로서 통상의 인체 상태에서 접촉전압이 가해지면 위험성이 높은 상태	50[V] 이하
제4종	• 제1종, 제2종 이외의 경우로서 통상의 인체상태에 접촉전압이 가해지더라도 위험성이 낮은 상태 • 접촉전압이 가해질 우려가 없는 경우	제한 없음

관련개념 CHAPTER 02 감전재해 및 방지대책

067

불꽃이나 아크 등이 발생하지 않는 기기의 경우 기기의 표면온도를 낮게 유지하여 고온으로 인한 착화의 우려를 없애고 또 기계적, 전기적으로 안정성을 높게 한 방폭구조를 무엇이라고 하는가?

① 유입방폭구조
② 압력방폭구조
③ 내압방폭구조
④ 안전증방폭구조

해설 안전증방폭구조
정상운전 중에 폭발성 가스 또는 증기에 점화원이 될 전기불꽃, 아크 또는 고온 부분 등의 발생을 방지하기 위하여 기계적, 전기적 구조상 또는 온도상승에 대해서 특히 안전도를 증가시킨 구조이다.

관련개념 CHAPTER 04 전기방폭관리

068

전기시설의 직접접촉에 의한 감전방지 방법으로 적절하지 않은 것은?

① 충전부는 내구성이 있는 절연물로 완전히 덮어 감쌀 것
② 충전부가 노출되지 않도록 폐쇄형 외함이 있는 구조로 할 것
③ 충전부에 충분한 절연효과가 있는 방호망 또는 절연덮개를 설치할 것
④ 충전부는 출입이 용이한 전개된 장소에 설치하고, 위험표시 등의 방법으로 방호를 강화할 것

해설 직접접촉에 의한 감전방지대책
• 충전부가 노출되지 않도록 폐쇄형 외함이 있는 구조로 할 것
• 충전부에 충분한 절연효과가 있는 방호망 또는 절연덮개를 설치할 것
• 충전부는 내구성이 있는 절연물로 완전히 덮어 감쌀 것
• 발전소·변전소 및 개폐소 등 구획되어 있는 장소로서 관계근로자가 아닌 사람의 출입이 금지되는 장소에 충전부를 설치하고, 위험표시 등의 방법으로 방호를 강화할 것
• 전주 위 및 철탑 위 등 격리되어 있는 장소로서 관계근로자가 아닌 사람이 접근할 우려가 없는 장소에 충전부를 설치할 것

관련개념 CHAPTER 02 감전재해 및 방지대책

069

작업장 내에서 불의의 감전사고가 발생하였을 때 가장 우선적으로 응급조치해야 할 사항 중 잘못된 것은?

① 전격을 받아 실신하였을 때는 즉시 재해자를 병원에 구급조치해야 한다.
② 우선적으로 재해자를 접촉되어 있는 충전부로부터 분리시킨다.
③ 제3자는 즉시 가까운 스위치를 개방하여 전류의 흐름을 중단시킨다.
④ 전격에 의해 실신했을 때 그곳에서 즉시 인공호흡을 행하는 것이 급선무이다.

해설 응급조치 요령
• 전원을 차단하고 피재자를 위험지역에서 신속히 대피(2차 재해예방)시킨다.
• 피재자의 상태를 확인한다.
  − 의식, 호흡, 맥박의 상태를 확인한다.
  − 높은 곳에서 추락한 경우 출혈의 상태, 골절의 이상 유무를 확인한다.
  − 관찰 결과 의식이 없거나 호흡 및 심장이 정지해 있거나 출혈이 심할 경우 관찰을 중지하고 바로 응급조치를 한다.

관련개념 CHAPTER 02 감전재해 및 방지대책

070

전기기기의 Y종 절연물의 최고허용온도는?

① 80[℃]
② 85[℃]
③ 90[℃]
④ 105[℃]

해설 절연물의 절연계급

종별	Y	A	E	B	F	H	C
최고허용온도[℃]	90	105	120	130	155	180	180 초과

관련개념 CHAPTER 05 전기설비 위험요인관리

071

피뢰기로서 갖추어야 할 성능 중 틀린 것은?

① 충격방전개시전압이 낮을 것
② 뇌전류 방전능력이 클 것
③ 제한전압이 높을 것
④ 속류 차단을 확실하게 할 수 있을 것

해설 **피뢰기의 성능**
• 제한전압 또는 충격방전개시전압이 충분히 낮고 보호능력이 있을 것
• 속류차단이 완전히 행해져 동작책무특성이 충분할 것
• 뇌전류 방전능력이 클 것
• 대전류의 방전, 속류차단의 반복동작에 대하여 장기간 사용에 견딜 수 있을 것
• 상용주파방전개시전압은 회로전압보다 충분히 높아서 상용주파방전을 하지 않을 것

관련개념 CHAPTER 05 전기설비 위험요인관리

072

고압 및 특고압의 전로에 시설하는 피뢰기의 접지저항은 몇 [Ω] 이하로 하여야 하는가?

① 10[Ω] 이하
② 100[Ω] 이하
③ 106[Ω] 이하
④ 1[kΩ] 이하

해설 고압 및 특고압의 전로에 시설하는 피뢰기 접지저항은 10[Ω] 이하로 하여야 한다.

관련개념 CHAPTER 05 전기설비 위험요인관리

073

근로자가 노출된 충전부 또는 그 부근에서 작업함으로써 감전될 우려가 있는 경우에는 작업에 들어가기 전에 해당 전로를 차단하여야 하나 전로를 차단하지 않아도 되는 예외 기준이 있다. 그 예외 기준이 아닌 것은?

① 생명유지장치, 비상경보설비, 폭발위험장소의 환기설비, 비상조명설비 등의 장치·설비의 가동이 중지되어 사고의 위험이 증가되는 경우
② 관리감독자를 배치하여 짧은 시간 내에 작업을 완료할 수 있는 경우
③ 기기의 설계상 또는 작동상 제한으로 전로 차단이 불가능한 경우
④ 감전, 아크 등으로 인한 화상, 화재·폭발의 위험이 없는 것으로 확인된 경우

해설 **정전전로에서의 전기작업**
근로자가 노출된 충전부 또는 그 부근에서 작업함으로써 감전될 우려가 있는 경우에는 작업에 들어가기 전에 해당 전로를 차단하여야 한다. 다만, 다음의 경우에는 그러하지 아니하다.
• 생명유지장치, 비상경보설비, 폭발위험장소의 환기설비, 비상조명설비 등의 장치·설비의 가동이 중지되어 사고의 위험이 증가되는 경우
• 기기의 설계상 또는 작동상 제한으로 전로 차단이 불가능한 경우
• 감전, 아크 등으로 인한 화상, 화재·폭발의 위험이 없는 것으로 확인된 경우

관련개념 CHAPTER 02 감전재해 및 방지대책

074

감전사고 시 전선이나 개폐기 터미널 등의 금속분자가 고열로 용융됨으로서 피부 속으로 녹아 들어가는 것은?

① 피부의 광성변화　　　② 전문
③ 표피박탈　　　　　　④ 전류반점

해설 피부의 광성변화
감전사고 시 전선로의 선간단락 또는 지락사고로 전선이나 단자 등의 금속분자가 가열·용융되어 피부 속으로 녹아 들어가는 현상이다.

관련개념 CHAPTER 02 감전재해 및 방지대책

075

전기기기·기구의 열화·손상 등에 의해 절연이 파괴되어 장시간 누설전류가 흐를 때 발열에 필요한 최소 전류값은?

① 650[mA]　　　　　② 600[mA]
③ 300[mA]　　　　　④ 210[mA]

해설 발화까지 이를 수 있는 누전전류의 최소치는 300[mA]~500[mA]이다.

관련개념 CHAPTER 05 전기설비 위험요인관리

076

목재와 같은 부도체가 탄화로 인해 도전경로가 형성되어 결국 발화하게 되는데 이와 같은 현상은?

① 트래킹 현상　　　　② 가네하라 현상
③ 흑화 현상　　　　　④ 열화 현상

해설 가네하라 현상
누전회로에 발생하는 스파크 등에 의하여 목재 등에 탄화도전로가 생성되어 증식, 확대되면서 발열량이 증대, 발화하는 현상이다.

관련개념 CHAPTER 05 전기설비 위험요인관리

077

내측원통의 반경이 r[m]이고 외측원통의 반경이 R[m]인 원통간극 $\left(\dfrac{r}{R}-1\right)$에서 인가전압이 V[V]인 경우 최대 전계 $E_m = \dfrac{V}{r\ln\left(\dfrac{R}{r}\right)}$[V/m]이다. 인가전압을 간극간 공기의 절연파괴 전압 전까지 낮은 전압에서 서서히 증가할 때의 설명으로 옳지 않은 것은?

① 내측원통 표면에 코로나 방전이 발생하기 시작한다.
② 최대전계가 감소한다.
③ 외측원통의 반경이 증대되는 효과를 가져온다.
④ 안정된 코로나 방전이 존재할 수 있다.

해설 공기가 전리되면 도전성을 띄며, 마치 내측원통 전극의 반지름이 커진 것처럼 작용한다.

관련개념 CHAPTER 02 감전재해 및 방지대책

078

피뢰기의 설치장소가 아닌 것은?

① 저압을 공급받는 수용장소의 인입구
② 지중전선로와 가공전선로가 접속되는 곳
③ 가공전선로에 접속하는 배전용 변압기의 고압 측
④ 발전소 또는 변전소의 가공전선 인입구 및 인출구

해설 피뢰기의 설치장소
• 발전소·변전소 또는 이에 준하는 장소의 가공전선 인입구 및 인출구
• 특고압 가공전선로에 접속하는 배전용 변압기의 고압 측 및 특고압 측
• 고압 및 특고압의 가공전선로로부터 공급받는 수용장소의 인입구
• 가공전선로와 지중전선로가 접속되는 곳

관련개념 CHAPTER 05 전기설비 위험요인관리

079

개폐조작 시 안전절차에 따른 차단순서와 투입순서로 가장 올바른 것은?

(1) D.S　(2) O.C.B　(3) D.S

① 차단 (2) → (1) → (3), 투입 (1) → (2) → (3)
② 차단 (2) → (3) → (1), 투입 (1) → (2) → (3)
③ 차단 (2) → (1) → (3), 투입 (3) → (2) → (1)
④ 차단 (2) → (3) → (1), 투입 (3) → (1) → (2)

해설 유입차단기의 작동(투입 및 차단)순서
• 차단순서: (2) → (3) → (1)
• 투입순서: (3) → (1) → (2)

관련개념 CHAPTER 01 전기안전관리

080

정전기 방전에 의한 폭발로 추정되는 사고를 조사함에 있어서 필요한 조치로서 가장 거리가 먼 것은?

① 가연성 분위기 규명
② 사고현장의 방전흔적 조사
③ 방전에 따른 점화 가능성 평가
④ 전하발생 부위 및 축적기구 규명

해설 정전기 폭발사고 조사 시 필요한 조치
• 가연성 분위기 규명
• 전하발생 부위 및 축적기구 규명
• 방전에 따른 점화 가능성 평가 등

관련개념 CHAPTER 03 정전기 장·재해관리

화학설비 안전관리

081

다음 중 분진폭발에 관한 설명으로 틀린 것은?

① 가스폭발에 비교하여 연소시간이 짧고, 발생에너지가 작다.
② 최초의 부분적인 폭발이 분진의 비산으로 2차, 3차 폭발로 파급되어 피해가 커진다.
③ 가스에 비하여 불완전연소를 일으키기 쉬우므로 연소 후 가스에 의한 중독 위험이 있다.
④ 폭발 시 입자가 비산하므로 이것에 부딪치는 가연물은 국부적으로 탄화를 일으킬 수 있다.

해설 분진폭발의 특징
• 가스폭발보다 발생에너지가 크다.
• 폭발압력과 연소속도는 가스폭발보다 작다.
• 불완전연소로 인한 가스중독의 위험성이 크다.
• 화염의 파급속도보다 압력의 파급속도가 빠르다.
• 가스폭발에 비하여 불완전연소가 많이 발생한다.
• 주위 분진에 의해 2차, 3차 폭발로 파급될 수 있다.

관련개념 CHAPTER 01 화재·폭발 검토

082

「산업안전보건기준에 관한 규칙」에서 규정하고 있는 급성 독성 물질의 정의에 해당되지 않는 것은?

① 가스 LC50(쥐, 4시간 흡입)이 2,500[ppm] 이하인 화학물질
② LD50(경구, 쥐)이 킬로그램당 300밀리그램－(체중) 이하인 화학물질
③ LD50(경피, 쥐)이 킬로그램당 1,000밀리그램－(체중) 이하인 화학물질
④ LD50(경피, 토끼)이 킬로그램당 2,000밀리그램－(체중) 이하인 화학물질

해설 LD50(경피, 토끼 또는 쥐)이 [kg]당 1,000[mg]－(체중) 이하인 화학물질이 「산업안전보건법령」상 급성 독성 물질에 해당한다.

관련개념 CHAPTER 02 화학물질 안전관리 실행

083

유류저장탱크에서 화염의 차단을 목적으로 외부에 증기를 방출하기도 하고 탱크 내 외기를 흡입하기도 하는 부분에 설치하는 안전장치는?

① Vent Stack
② Safety Valve
③ Gate Valve
④ Flame Arrester

해설 **화염방지기(Flame Arrester)**
비교적 저압 또는 상압에서 가연성 증기를 발생시키는 인화성 물질 등을 저장하는 탱크에서 외부에 그 증기를 방출하거나 탱크 내에 외기를 흡입하는 부분에 설치하는 안전장치이다.

관련개념 CHAPTER 04 화공 안전운전 · 점검

084

포스겐가스 누설검지의 시험지로 사용되는 것은?

① 연당지
② 염화파라듐지
③ 하리슨시험지
④ 초산벤젠지

해설 포스겐가스 누설검지의 시험지는 하리슨시험지이며, 반응색은 유자색이다.
가스누설 시 사용하는 시험지와 반응색

가스명칭	시험지	반응색
포스겐	하리슨시험지	유자색
시안화수소	초산벤젠지	청색
일산화탄소	염화파라듐지	흑색
아세틸렌	염화제1구리착염지	적갈색

관련개념 CHAPTER 02 화학물질 안전관리 실행

085

다음 중 아세틸렌을 용해가스로 만들 때 사용되는 용제로 가장 적합한 것은?

① 아세톤
② 메탄
③ 부탄
④ 프로판

해설 아세틸렌은 가압하면 분해폭발을 하므로 아세톤 등에 침윤시켜 다공성 물질이 들어 있는 용기에 충전시킨다.

관련개념 CHAPTER 02 화학물질 안전관리 실행

086

메탄 1[vol%], 헥산 2[vol%], 에틸렌 2[vol%], 공기 95[vol%]로 된 혼합가스의 폭발하한계값[vol%]은 약 얼마인가?(단, 메탄, 헥산, 에틸렌의 폭발하한계 값은 각각 5.0, 1.1, 2.7[vol%]이다.)

① 1.8
② 3.5
③ 12.8
④ 21.7

해설 **혼합가스의 폭발하한계**
$$L = \frac{V_1 + V_2 + \cdots + V_n}{\frac{V_1}{L_1} + \frac{V_2}{L_2} + \cdots + \frac{V_n}{L_n}} = \frac{1+2+2}{\frac{1}{5} + \frac{2}{1.1} + \frac{2}{2.7}} = 1.8[vol\%]$$
여기서, L: 혼합가스의 폭발하한계[vol%]
　　　　L_n: 각 성분가스의 폭발하한계[vol%]
　　　　V_n: 각 성분가스의 부피 비율[vol%]

관련개념 CHAPTER 01 화재 · 폭발 검토

087

에틸알코올(C_2H_5OH) 1몰이 완전연소할 때 생성되는 CO_2의 몰수로 옳은 것은?

① 1   ② 2
③ 3   ④ 4

해설 에틸알코올의 완전연소식

$C_2H_5OH + 3O_2 \rightarrow 2CO_2 + 3H_2O$

    1 : 3   2 : 3

에틸알코올이 1몰 반응할 때 생성되는 CO_2는 2몰이다.

관련개념 CHAPTER 01 화재·폭발 검토

088

다음 중 종이, 목재, 섬유류 등에 의하여 발생한 화재의 화재 급수로 옳은 것은?

① A급   ② B급
③ C급   ④ D급

해설 목재, 종이, 섬유 등의 일반 가연물에 의한 화재는 A급 화재(일반화재)이다.

화재의 종류

A급 화재	B급 화재	C급 화재	D급 화재
일반화재	유류화재	전기화재	금속화재

관련개념 CHAPTER 01 화재·폭발 검토

089

반응기를 설계할 때 고려하여야 할 요인으로 가장 거리가 먼 것은?

① 부식성   ② 상의 형태
③ 온도 범위   ④ 중간생성물의 유무

해설 반응기 안전설계 시 고려할 요소
- 상(Phase)의 형태(고체, 액체, 기체)
- 온도 범위
- 운전압력
- 부식성

관련개념 CHAPTER 02 화학물질 안전관리 실행

090

「위험물안전관리법령」상 제3류 위험물 중 금수성 물질에 대하여 적응성이 있는 소화기는?

① 포소화기
② 이산화탄소소화기
③ 할로겐화합물소화기
④ 탄산수소염류분말소화기

해설
- 탄산수소염류분말소화기는 금수성 물질에 대해 적응성이 있다.
- 금수성 물질은 수분과 반응하여 가연성 가스를 발생시키므로 물을 이용한 소화기는 사용할 수 없다.

관련개념 CHAPTER 01 화재·폭발 검토

091

다음 중 차압식 유량계가 아닌 것은?

① 습식가스미터(wet gasmeter)

② 피토관(pitot tube)

③ 오리피스미터(orifice meter)

④ 로터미터(rota meter)

해설 간접식(가변류) 유량계

차압식	피토관, 오리피스미터, 벤투리미터 등
면적식	로터미터 등

관련개념 CHAPTER 02 화학물질 안전관리 실행

092

다음 중 독성이 가장 강한 가스는?

① NH_3

② $COCl_2$

③ $C_6H_5CH_3$

④ H_2S

해설 포스겐($COCl_2$) 가스는 노출기준(TWA) 0.1[ppm]의 유독성 가스이다.

주요 물질의 노출기준

물질명	화학식	노출기준(TWA)
포스겐(Phosgene)	$COCl_2$	0.1[ppm]
황화수소(Hydrogen Sulfide)	H_2S	10[ppm]
암모니아(Ammonia)	NH_3	25[ppm]
톨루엔(Toluene)	$C_6H_5CH_3$	50[ppm]

※ TWA는 값이 작을수록 독성이 강하다.

관련개념 CHAPTER 02 화학물질 안전관리 실행

093

다음 중 인화성 물질이 아닌 것은?

① 에테르

② 아세톤

③ 에틸알코올

④ 과염소산칼륨

해설 과염소산칼륨은 산화성 고체이다. 에테르, 아세톤, 에틸알코올은 모두 인화성 액체이다.

관련개념 CHAPTER 02 화학물질 안전관리 실행

094

마그네슘의 저장 및 취급에 관한 설명으로 틀린 것은?

① 화기를 엄금하고, 가열, 충격, 마찰을 피한다.

② 분말이 비산하지 않도록 밀봉하여 저장한다.

③ 제6류 위험물과 같은 산화제와 혼합되지 않도록 격리, 저장한다.

④ 일단 연소하면 소화가 곤란하지만 초기 소화 또는 소규모 화재 시 물, CO_2 소화설비를 이용하여 소화한다.

해설 마그네슘은 물과 반응하면 수소가 발생하고 이산화탄소와는 폭발적인 반응을 하므로 소화는 마른 모래나 분말소화약제를 사용한다.

관련개념 CHAPTER 02 화학물질 안전관리 실행

095

「산업안전보건법령」상 위험물질의 종류에서 "폭발성 물질 및 유기과산화물"에 해당하는 것은?

① 리튬　　　　　　② 아조화합물
③ 아세틸렌　　　　④ 셀룰로이드류

해설 아조화합물은 폭발성 물질 및 유기과산화물에 해당한다.

오답해설
① 리튬, ④ 셀룰로이드류: 물반응성 물질 및 인화성 고체
③ 아세틸렌: 인화성 가스

관련개념 CHAPTER 02 화학물질 안전관리 실행

096

반응기를 조작방식에 따라 분류할 때 해당되지 않는 것은?

① 회분식 반응기　　② 반회분식 반응기
③ 연속식 반응기　　④ 관형 반응기

해설 관형 반응기는 구조에 따라 분류한 것이다.
반응기의 분류
• 조작방법에 따른 분류: 회분식 반응기, 반회분식 반응기, 연속식 반응기
• 구조에 따른 분류: 교반조형 반응기, 관형 반응기, 탑형 반응기, 유동층형 반응기

관련개념 CHAPTER 02 화학물질 안전관리 실행

097

8[%] NaOH 수용액과 5[%] NaOH 수용액을 반응기에 혼합하여 6[%] 100[kg]의 NaOH 수용액을 만들려면 각각 약 몇 [kg]의 NaOH 수용액이 필요한가?

① 5[%] NaOH 수용액: 33.3[kg],
　8[%] NaOH 수용액: 66.7[kg]
② 5[%] NaOH 수용액: 56.8[kg],
　8[%] NaOH 수용액: 43.2[kg]
③ 5[%] NaOH 수용액: 66.7[kg],
　8[%] NaOH 수용액: 33.3[kg]
④ 5[%] NaOH 수용액: 43.2[kg],
　8[%] NaOH 수용액: 56.8[kg]

해설 8[%] NaOH 수용액 양을 x, 5[%] NaOH 수용액 양을 y라 하면
$$\begin{cases} x+y=100 \\ 0.08x+0.05y=0.06\times100 \end{cases}$$
$x=33.3[kg]$, $y=66.7[kg]$

관련개념 CHAPTER 02 화학물질 안전관리 실행

098

다음 중 「산업안전보건법령」상 산화성 액체 및 산화성 고체에 해당하지 않는 것은?

① 염소산　　　　　② 과망간산
③ 과산화수소　　　④ 피크린산

해설 피크린산(트리니트로페놀)은 니트로화합물로 폭발성 물질 및 유기과산화물에 해당한다.

관련개념 CHAPTER 02 화학물질 안전관리 실행

099

금속의 용접·용단 또는 가열에 사용되는 가스 등의 용기를 취급할 때의 준수사항으로 옳지 않은 것은?

① 밸브의 개폐는 서서히 할 것
② 용기의 온도를 40[℃] 이하로 유지할 것
③ 운반할 때에는 환기를 위하여 캡을 씌우지 않을 것
④ 용기의 부식·마모 또는 변형상태를 점검한 후 사용할 것

해설 금속의 용접·용단 또는 가열에 사용되는 가스 등의 용기를 운반하는 경우에는 캡을 씌워야 한다.

관련개념 SUBJECT 03 기계·기구 및 설비 안전관리
　　　　　 CHAPTER 05 기타 산업용 기계·기구

100

다음 중 인화점에 대한 설명으로 틀린 것은?

① 가연성 액체의 발화와 관계가 있다.
② 반드시 점화원의 존재와 관련된다.
③ 연소가 지속적으로 확산될 수 있는 최저온도이다.
④ 연료의 조성, 점도, 비중에 따라 달라진다.

해설 점화원에 의해 발화되어 지속적으로 연소가 진행되는 최저온도는 연소점으로 인화점보다 5~10[℃] 정도 높다.

인화점(Flash Point)
가연성 증기가 발생하는 액체 또는 고체가 공기 중에서 점화원에 의해 표면 부근에서 연소하기에 충분한 농도(폭발하한계)를 만드는 최저의 온도를 말한다.

관련개념 CHAPTER 01 화재·폭발 검토

건설공사 안전관리

101

건설업 산업안전보건관리비 계상 및 사용기준은 「산업안전보건법」의 건설공사 중 총 공사금액이 얼마 이상인 공사에 적용하는가?(단, 「전기공사업법」, 「정보통신공사업법」에 의한 공사는 제외)

① 4천만 원　　　　　　② 3천만 원
③ 2천만 원　　　　　　④ 1천만 원

해설 건설업 산업안전보건관리비 계상 및 사용기준은 「산업안전보건법」의 건설공사 중 총 공사금액 2천만 원 이상인 공사에 적용한다.

관련개념 CHAPTER 03 건설업 산업안전보건관리비 관리

102

「산업안전보건법령」에서 규정하는 철골작업을 중지하여야 하는 기후조건에 해당하지 않는 것은?

① 기온이 영상 28[℃] 이상인 경우
② 풍속이 초당 10[m] 이상인 경우
③ 강설량이 시간당 1[cm] 이상인 경우
④ 강우량이 시간당 1[mm] 이상인 경우

해설 철골작업 중지를 위한 기후조건에 기온과 관련한 기준은 없다.
철골작업 시 작업의 제한기준

구분	내용
강풍	풍속이 10[m/s] 이상인 경우
강우	강우량이 1[mm/h] 이상인 경우
강설	강설량이 1[cm/h] 이상인 경우

관련개념 CHAPTER 06 공사 및 작업 종류별 안전

103

인력에 의한 철근 운반에 대한 설명으로 옳지 않은 것은?

① 내려 놓을 때는 천천히 내려놓고 던지지 않아야 한다.
② 운반할 때에는 양끝을 묶어 운반하여야 한다.
③ 1인당 무게는 40[kg] 정도가 적절하며, 무리한 운반을 삼가야 한다.
④ 2인 이상이 1조가 되어 어깨메기로 하여 운반하는 등 안전을 도모하여야 한다.

해설 인력으로 철근 운반 시 주의사항

• 2인 이상이 1조가 되어 어깨메기로 운반하여야 한다.
• 운반할 때에는 양끝을 묶어 운반하여야 한다.
• 1인당 무게는 25[kg] 정도가 적당하고, 무리한 운반을 삼가야 한다.
• 내려 놓을 때는 천천히 내려놓고 던지지 않아야 한다.
• 공동 작업을 할 때에는 신호에 따라 작업을 하여야 한다.

관련개념 CHAPTER 06 공사 및 작업 종류별 안전

104

온도가 하강함에 따라 토층수가 얼어 부피가 약 9[%] 정도 증대하게 됨으로써 지표면이 부풀어오르는 현상은?

① 동상현상
② 연화현상
③ 리칭현상
④ 액상화현상

해설 동상현상은 지반 내 토층수가 동결하여 부피가 증가하면서 지표면이 부풀어오르는 현상이다.

관련개념 CHAPTER 02 건설공사 위험성

105

시스템 동바리를 조립하는 경우 수직재와 받침철물 연결부의 겹침길이 기준으로 옳은 것은?

① 받침철물 전체 길이의 1/2 이상
② 받침철물 전체 길이의 1/3 이상
③ 받침철물 전체 길이의 1/4 이상
④ 받침철물 전체 길이의 1/5 이상

해설 시스템비계는 비계 밑단의 수직재와 받침철물은 밀착되도록 설치하고, 수직재와 받침철물의 연결부의 겹침길이는 받침철물 전체 길이의 $\frac{1}{3}$ 이상이 되도록 하여야 한다.

관련개념 CHAPTER 05 비계 · 거푸집 가시설 위험방지

106

철골 건립기계 선정 시 사전 검토사항과 가장 거리가 먼 것은?

① 건립기계의 소음영향
② 건립기계로 인한 일조권 침해
③ 건물형태
④ 작업반경

해설 건립기계로 인한 일조권 침해 문제는 철골 건립기계 선정 시 사전 검토사항에 해당하지 않는다.

관련개념 CHAPTER 06 공사 및 작업 종류별 안전

107

다음 중 지하수위를 저하시키는 공법은?

① 동결 공법
② 웰 포인트 공법
③ 뉴매틱케이슨 공법
④ 치환 공법

해설 웰 포인트 공법은 사질토 지반의 액상화를 방지하기 위해 지하수를 배출시키는 공법이다.

관련개념 CHAPTER 02 건설공사 위험성

108

사면보호공법 중 구조물에 의한 보호공법에 해당되지 않는 것은?

① 블럭공
② 식생구멍공
③ 돌쌓기공
④ 현장타설 콘크리트 격자공

해설 식생구멍공은 구조물에 의한 보호공법이 아닌 수목 등을 활용한 식생공법에 해당된다.

관련개념 CHAPTER 04 건설현장 안전시설 관리

109

다음은 말비계를 조립하여 사용하는 경우에 관한 준수사항이다. (　) 안에 들어갈 내용으로 옳은 것은?

- 지주부재와 수평면의 기울기를 (　A　)° 이하로 하고 지주부재와 지주부재 사이를 고정시키는 보조부재를 설치할 것
- 말비계의 높이가 2[m]를 초과하는 경우에는 작업발판의 폭을 (　B　)[cm] 이상으로 할 것

① A: 75, B: 30
② A: 75, B: 40
③ A: 85, B: 30
④ A: 85, B: 40

해설 **말비계 조립 시 준수사항**
- 지주부재의 하단에는 미끄럼 방지장치를 하고, 근로자가 양측 끝부분에 올라서서 작업하지 않도록 하여야 한다.
- 지주부재와 수평면의 기울기를 75° 이하로 하고, 지주부재와 지주부재 사이를 고정하는 보조부재를 설치하여야 한다.
- 말비계의 높이가 2[m]를 초과하는 경우에는 작업발판의 폭을 40[cm] 이상으로 하여야 한다.

관련개념 CHAPTER 05 비계·거푸집 가시설 위험방지

110

거푸집 및 동바리를 조립하는 경우에 준수하여야 하는 기준으로 옳지 않은 것은?

① 동바리로 사용하는 파이프 서포트를 이어서 사용하는 경우에는 3개 이상의 볼트 또는 전용철물을 사용하여 이을 것
② 동바리로 사용하는 강관틀의 경우 강관틀과 강관틀 사이에 교차가새를 설치할 것
③ 받침목이나 깔판의 사용, 콘크리트 타설, 말뚝박기 등 동바리의 침하를 방지하기 위한 조치를 할 것
④ 동바리로 사용하는 파이프 서포트를 3개 이상 이어서 사용하지 않도록 할 것

해설 동바리로 사용하는 파이프 서포트를 이어서 사용하는 경우에는 4개 이상의 볼트 또는 전용철물을 사용하여 이어야 한다.

관련개념 CHAPTER 05 비계·거푸집 가시설 위험방지

111

다음 중 셔블로더의 운영방법으로 옳은 것은?

① 점검 시 버킷은 가장 상위의 위치에 올려놓는다.
② 시동 시에는 사이드 브레이크를 풀고서 시동을 건다.
③ 경사면을 오를 때에는 전진으로 주행하고 내려올 때는 후진으로 주행한다.
④ 운전자가 운전석에서 나올 때는 버킷을 올려 놓은 상태로 이탈한다.

해설 셔블로더 운전 시 경사면을 오를 때에는 전진으로 주행하고, 내려올 때에는 후진으로 주행한다.

관련개념 CHAPTER 04 건설현장 안전시설 관리

112

토사붕괴 재해를 방지하기 위한 흙막이 지보공을 구성하는 부재와 거리가 먼 것은?

① 말뚝 　　　　　② 버팀대
③ 띠장 　　　　　④ 턴버클

해설 턴버클은 지지막대나 와이어로프 등의 길이를 조절하거나 당겨 죄는 데 사용하는 기구이다.

관련개념 CHAPTER 04 건설현장 안전시설 관리

113

터널공사 시 인화성 가스가 농도 이상으로 상승하는 것을 조기에 파악하기 위하여 자동경보장치를 설치하여야 하는데 작업시작 전에 점검해야 할 사항이 아닌 것은?

① 계기의 이상 유무 　　② 발열 여부
③ 검지부의 이상 유무 　　④ 경보장치의 작동상태

해설 자동경보장치의 작업시작 전 점검사항
• 계기의 이상 유무
• 검지부의 이상 유무
• 경보장치의 작동상태

관련개념 CHAPTER 05 비계 · 거푸집 가시설 위험방지

114

점토질 지반의 침하 및 압밀 재해를 막기 위하여 실시하는 지반개량 탈수공법으로 적합하지 않은 것은?

① 샌드드레인 공법 　　② 생석회 공법
③ 진동 공법 　　　　④ 페이퍼드레인 공법

해설 진동다짐 공법은 사질토 연약지반 개량공법이다.

관련개념 CHAPTER 02 건설공사 위험성

115

추락방지용 방망의 그물코의 크기가 10[cm]인 신품 매듭방망사의 인장강도는 몇 킬로그램 이상이어야 하는가?

① 80 　　　　　② 110
③ 150 　　　　　④ 200

해설 그물코 10[cm], 신품 매듭방망의 인장강도는 200[kg] 이상이어야 한다.

추락방호망 방망사의 인장강도 ※ ( ): 폐기기준인장강도

그물코의 크기 (단위: [cm])	방망의 종류(단위: [kg])	
	매듭 없는 방망	매듭방망
10	240(150)	200(135)
5	–	110(60)

관련개념 CHAPTER 04 건설현장 안전시설 관리

116

콘크리트 타설작업을 하는 경우에 준수해야 할 사항으로 옳지 않은 것은?

① 당일의 작업을 시작하기 전에 해당 작업에 관한 거푸집 및 동바리의 변형 · 변위 및 지반의 침하 유무 등을 점검하고 이상이 있으면 보수한다.
② 작업 중에는 감시자를 배치하는 등의 방법으로 거푸집 및 동바리의 변형 · 변위 및 침하 유무 등을 확인하여야 하며, 이상이 있으면 작업을 빠른 시간 내 우선 완료하고 근로자를 대피시킨다.
③ 콘크리트 타설작업 시 거푸집 붕괴의 위험이 발생할 우려가 있으면 충분한 보강조치를 한다.
④ 콘크리트를 타설하는 경우에는 편심이 발생하지 않도록 골고루 분산하여 타설한다.

해설 콘크리트 타설작업 중에는 감시자를 배치하는 등의 방법으로 거푸집 및 동바리의 변형 · 변위 및 침하 유무 등을 확인하여야 하며, 이상이 있으면 작업을 중지하고 근로자를 대피시켜야 한다.

관련개념 CHAPTER 06 공사 및 작업 종류별 안전

117

흙의 안식각을 가장 잘 설명한 것은?

① 자연 경사각
② 비탈면 각
③ 시공 경사각
④ 계획 경사각

해설 **흙의 안식각**

흙은 쌓아올려 자연상태로 방치하면 급한 경사면은 차츰 붕괴되어 안정된 비탈을 형성하는데, 이 안정된 비탈면과 원지면이 이루는 각의 흙을 안식각이라 한다. 일반적으로 안식각은 30°~35°이다.

관련개념 CHAPTER 04 건설현장 안전시설 관리

118

롤러의 표면에 돌기를 만들어 부착한 것으로 돌기가 전압층에 매입함에 의해 풍화암을 파쇄하여 흙 속의 간극 수압을 소산하게 하고, 다짐의 유효 깊이가 큰 롤러는 무엇인가?

① 머캐덤롤러
② 탠덤롤러
③ 탬핑롤러
④ 타이어롤러

해설 **탬핑롤러(Tamping Roller)**

롤러의 표면에 돌기를 부착한 것으로서 돌기가 전압층에 매입하여 풍화암을 파쇄해서 흙 속의 간극 수압을 소산시키는 롤러를 말한다. 다른 롤러에 비해서 점착성이 큰 점토질의 다지기에 적당하고, 다지기 유효깊이가 대단히 큰 장점이 있다.

관련개념 CHAPTER 04 건설현장 안전시설 관리

119

강관비계를 사용하여 비계를 구성하는 경우 준수해야 할 기준으로 옳지 않은 것은?

① 비계기둥의 간격은 띠장 방향에서는 1.85[m] 이하, 장선(長線) 방향에서는 1.5[m] 이하로 할 것
② 띠장 간격은 2.0[m] 이하로 할 것
③ 비계기둥의 제일 윗부분으로부터 31[m] 되는 지점 밑부분의 비계기둥은 2개의 강관으로 묶어 세울 것
④ 비계기둥 간의 적재하중은 600[kg]을 초과하지 않도록 할 것

해설 강관을 사용하여 비계를 구성하는 경우 비계기둥 간의 적재하중은 400[kg]을 초과하지 않도록 하여야 한다.

관련개념 CHAPTER 05 비계 · 거푸집 가시설 위험방지

120

흙막이 공법을 흙막이 지지방식에 의한 분류와 구조방식에 의한 분류로 나눌 때 다음 중 지지방식에 의한 분류에 해당하는 것은?

① 수평 버팀대식 흙막이 공법
② H-Pile 공법
③ 지하연속벽 공법
④ Top Down Method 공법

해설 **지지방식에 따른 흙막이 공법의 분류**

• 자립식 공법: 흙막이벽 벽체의 근입깊이에 의해 흙막이벽을 지지한다.
• 버팀대식 공법: 띠장, 버팀대, 지지말뚝을 설치하여 토압, 수압에 저항한다.
• 어스앵커공법(Earth Anchor): 흙막이벽을 천공 후 앵커체를 삽입하여 인장력을 가하여 흙막이벽을 잡아당기는 공법이다.
• 타이로드공법(Tie Rod Method): 흙막이벽의 상부를 당김줄로 당겨 흙막이벽을 지지한다.

관련개념 CHAPTER 05 비계 · 거푸집 가시설 위험방지

산업재해 예방 및 안전보건교육

001

사고요인이 되는 정신적 요소 중 개성적 결함 요인에 해당하지 않는 것은?

① 방심 및 공상
② 도전적인 마음
③ 과도한 집착력
④ 다혈질 및 인내심 부족

해설 사고요인의 정신적 요소 중 개성적 결함 요인
• 과도한 자존심과 자만감
• 다혈질, 인내력 부족
• 과도한 집착성
• 배타성, 게으름, 경솔성
• 약한 마음, 도전적 마음

관련개념 CHAPTER 03 산업안전심리

002

「보호구 안전인증 고시」상 전로 또는 평로 등의 작업 시 사용하는 방열두건의 차광도 번호는?

① #2~#3
② #3~#5
③ #6~#8
④ #9~#11

해설 방열두건의 사용구분

차광도 번호	사용구분
#2~#3	고로강판가열로, 조괴(造塊) 등의 작업
#3~#5	전로 또는 평로 등의 작업
#6~#8	전기로의 작업

관련개념 CHAPTER 02 안전보호구 관리

003

버드(Bird)의 재해발생이론에 따를 경우 15건의 경상(물적 또는 인적 상해)사고가 발생하였다면 무상해, 무사고(위험 순간)는 몇 건이 발생하겠는가?

① 300
② 450
③ 600
④ 900

해설 버드(Bird)의 재해구성비율
• 중상(중증요양상태) 또는 사망 : 경상(물적, 인적 상해) : 무상해사고(물적 손실 발생) : 무상해, 무사고 고장(위험 순간)=1 : 10 : 30 : 600
• 경상(물적, 인적 상해) : 무상해, 무사고 고장(위험 순간)=10 : 600
• 무상해, 무사고 고장(위험 순간)=$15 \times \frac{600}{10} = 900$건

관련개념 CHAPTER 01 산업재해예방 계획 수립

004

「산업안전보건법령」상 다음의 안전보건표지 중 기본모형이 다른 것은?

① 위험장소경고
② 레이저광선경고
③ 방사성물질경고
④ 부식성물질경고

해설 경고표지

위험장소경고   레이저광선경고   방사성물질경고   부식성물질경고

관련개념 CHAPTER 02 안전보호구 관리

005

브레인스토밍 기법에 관한 설명으로 옳은 것은?

① 타인의 의견을 수정하지 않는다.

② 지정된 표현방식에서 벗어나 자유롭게 의견을 제시한다.

③ 참여자에게는 동일한 횟수의 의견제시 기회가 부여된다.

④ 주제와 내용이 다르거나 잘못된 의견은 지적하여 조정한다.

해설 브레인스토밍(Brain Storming)
- 비판금지: "좋다, 나쁘다" 등의 비평을 하지 않는다.
- 자유분방: 자유로운 분위기에서 발표한다.
- 대량발언: 무엇이든지 좋으니 많이 발언한다.
- 수정발언: 자유자재로 변하는 아이디어를 개발한다.(타인 의견의 수정발언)

관련개념 CHAPTER 01 산업재해예방 계획 수립

006

다음 중 안전교육의 형태 중 OJT(On the Job of Training) 교육에 대한 설명과 거리가 먼 것은?

① 다수의 근로자에게 조직적 훈련이 가능하다.

② 직장의 실정에 맞게 실제적인 훈련이 가능하다.

③ 훈련에 필요한 업무의 지속성이 유지된다.

④ 직장의 직속상사에 의한 교육이 가능하다.

해설 다수의 근로자에게 조직적 훈련이 가능한 것은 Off JT(직장 외 교육훈련)의 특징이다.

관련개념 CHAPTER 05 안전보건교육의 내용 및 방법

007

다음 그림과 같은 안전관리 조직의 특징으로 틀린 것은?

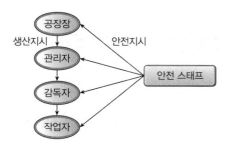

① 1,000명 이상의 대규모 사업장에 적합하다.

② 생산부분은 안전에 대한 책임과 권한이 없다.

③ 사업장의 특수성에 적합한 기술연구를 전문적으로 할 수 있다.

④ 권한 다툼이나 조정 때문에 통제수속이 복잡해지며, 시간과 노력이 소모된다.

해설 제시된 그림은 스태프형 조직이다.
1,000명 이상의 대규모 사업장에 적합한 조직은 라인-스태프(LINE-STAFF)형 조직(직계참모조직)이다.
스태프(STAFF)형 조직(참모형 조직)
- 중규모(100명 이상 1,000명 미만) 조직에 적합하다.
- 사업장의 특성에 맞는 전문적인 기술연구가 가능하다.
- 경영자에게 조언과 자문 역할을 할 수 있다.
- 안전정보 수집이 빠르다.

관련개념 CHAPTER 01 산업재해예방 계획 수립

008

참가자가 다수인 경우에 전원을 토의에 참가시키기 위한 방법으로 소집단을 구성하여 회의를 진행시키며 6−6회의라고도 하는 것은?

① 포럼(Forum)
② 심포지엄(Symposium)
③ 버즈세션(Buzz session)
④ 패널 디스커션(Panel discussion)

해설 버즈세션(Buzz Session)

6 − 6회의라고도 하며, 먼저 사회자와 기록계를 선출한 후 나머지 사람은 6명씩의 소집단으로 구분하고, 소집단별로 각각 사회자를 선발하여 6분씩 자유토의를 행하여 의견을 종합하는 방법이다.

관련개념 CHAPTER 05 안전보건교육의 내용 및 방법

009

「산업안전보건법령」상 근로자 정기교육 내용에 해당하지 않는 것은?

① 산업안전 및 사고 예방에 관한 사항
② 안전보건교육 능력 배양에 관한 사항
③ 유해·위험 작업환경 관리에 관한 사항
④ 직무스트레스 예방 및 관리에 관한 사항

해설 ②는 관리감독자의 정기교육 내용이다.

관련개념 CHAPTER 05 안전보건교육의 내용 및 방법

010

다음 중 데이비스(K. Davis)의 동기부여 이론에 관한 등식에서 '상황×태도 = (   )'에서 (   ) 안에 알맞은 내용은?

① 지식(Knowledge)
② 동기유발(Motivation)
③ 능력(Ability)
④ 인간의 성과(Human Performance)

해설 데이비스(K. Davis)의 동기부여 이론

· 지식(Knowledge)×기능(Skill)=능력(Ability)
· 상황(Situation)×태도(Attitude)=동기유발(Motivation)
· 능력(Ability)×동기유발(Motivation)
  =인간의 성과(Human Performance)
· 인간의 성과×물질적 성과=경영의 성과

관련개념 CHAPTER 04 인간의 행동과학

011

크레인(이동식 크레인 제외), 리프트(이삿짐운반용 리프트 제외) 및 곤돌라는 사업장에 설치가 끝난 날부터 (㉠) 이내에 최초의 안전검사를 실시하되, 그 이후부터 (㉡)마다 실시해야 한다. (   ) 안에 알맞은 것은?(단, 건설현장에서 사용하는 것은 제외한다.)

① ㉠: 2년, ㉡: 3년   ② ㉠: 3년, ㉡: 2년
③ ㉠: 2년, ㉡: 2년   ④ ㉠: 3년, ㉡: 3년

해설 안전검사의 주기

크레인(이동식 크레인 제외), 리프트(이삿짐운반용 리프트 제외) 및 곤돌라는 사업장에 설치가 끝난 날부터 3년 이내에 최초 안전검사를 실시하되, 그 이후부터 2년마다(건설현장에서 사용하는 것은 최초로 설치한 날부터 6개월마다) 안전검사를 실시한다.

관련개념 SUBJECT 03 기계·기구 및 설비 안전관리
CHAPTER 02 기계분야 산업재해 조사 및 관리

012

재해손실비를 다음과 같이 산정한 것은 어느 방식인가?

총 재해코스트 = 보험코스트 + 비보험코스트

① 하인리히 방식　　　② 버드의 방식
③ 시몬즈 방식　　　　④ 콤패스 방식

해설　**재해손실비 산정 방식**
- 하인리히 방식: 총 재해코스트＝직접비＋간접비
- 시몬즈 방식: 총 재해코스트＝보험코스트＋비보험코스트
- 버드의 방식: 총 재해코스트＝보험비＋비보험비＋비보험 기타비용
- 콤패스 방식: 총 재해코스트＝공동비용비＋개별비용비

관련개념　SUBJECT 03 기계 · 기구 및 설비 안전관리
　　　　　CHAPTER 02 기계분야 산업재해 조사 및 관리

013

헤드십(Headship)에 관한 설명으로 틀린 것은?

① 구성원과 사회적 간격이 좁다.
② 지휘의 형태는 권위주의적이다.
③ 권한은 조직으로부터 부여받는다.
④ 권한귀속은 공식화된 규정에 의한다.

해설　헤드십은 구성원과의 사회적 간격이 넓은 특성이 있다.

관련개념　CHAPTER 04 인간의 행동과학

014

다음 중 안전보건교육계획을 수립할 때 고려할 사항으로 가장 거리가 먼 것은?

① 현장의 의견을 충분히 반영한다.
② 대상자의 필요한 정보를 수집한다.
③ 안전교육시행체계와의 연관성을 고려한다.
④ 정부 규정에 의한 교육에 한정하여 실시한다.

해설　안전보건교육계획 수립 시 법 규정에 의한 교육에만 그치지 않아야 한다.

관련개념　CHAPTER 05 안전보건교육의 내용 및 방법

015

안전교육방법 중 학습자가 이미 설명을 듣거나 시범을 보고 알게 된 지식이나 기능을 강사의 감독 아래 직접적으로 연습하여 적용할 수 있도록 하는 교육방법은?

① 모의법　　　　　② 토의법
③ 실연법　　　　　④ 반복법

해설　**실연법**
학습자가 이미 설명을 듣거나 시범을 보고 알게 된 지식이나 기능을 강사의 감독 아래 직접적으로 연습시켜 적용해 보게 하는 교육방법이다. 다른 방법보다 교사 대 학습자의 비가 높다.

관련개념　CHAPTER 05 안전보건교육의 내용 및 방법

016

다음 중 교육 실시 원칙상 한 번에 하나씩 나누어 확실하게 이해시켜야 하는 단계는?

① 도입 단계　　　　② 제시 단계
③ 적용 단계　　　　④ 확인 단계

해설　**교육법의 4단계**
㉠ 1단계: 도입 ─ 학습할 준비를 시킨다.(배우고자 하는 마음가짐을 일으키는 단계)
㉡ 2단계: 제시 ─ 작업을 설명한다.(내용을 확실하게 이해시키고 납득시키는 단계)
㉢ 3단계: 적용 ─ 작업을 지휘한다.(이해시킨 내용을 활용시키거나 응용시키는 단계)
㉣ 4단계: 확인 ─ 가르친 뒤 살펴본다.(교육내용을 정확하게 이해하였는가를 평가하는 단계)

관련개념　CHAPTER 05 안전보건교육의 내용 및 방법

017

매슬로우(Maslow)의 욕구단계이론 중 자기의 잠재력을 최대한 살리고 자기가 하고 싶었던 일을 실현하려는 인간의 욕구에 해당하는 것은?

① 생리적 욕구
② 사회적 욕구
③ 자아실현의 욕구
④ 안전의 욕구

해설 자아실현의 욕구(제5단계)는 잠재적인 능력을 실현하고자 하는 욕구(성취욕구)이다.

관련개념 CHAPTER 04 인간의 행동과학

018

상시근로자 수가 300명 이상인 사업에 대해 안전보건관리규정을 작성하여야 하는 것을 모두 고르면?

㉠ 소프트웨어 개발업	㉡ 금융 및 보험업
㉢ 부동산업	㉣ 인쇄·출판업
㉤ 사회복지 서비스업	

① ㉠, ㉢, ㉤
② ㉠, ㉡, ㉤
③ ㉠, ㉡, ㉢, ㉤
④ ㉠, ㉡, ㉢, ㉣, ㉤

해설 안전보건관리규정 작성대상

사업의 종류	상시근로자 수
농업, 어업, 소프트웨어 개발 및 공급업, 컴퓨터 프로그래밍, 시스템 통합 및 관리업, 정보서비스업, 금융 및 보험업, 임대업(부동산 제외), 전문, 과학 및 기술 서비스업(연구개발업 제외), 사업지원 서비스업, 사회복지 서비스업	300명 이상
위의 사업을 제외한 사업	100명 이상

관련개념 CHAPTER 01 산업재해예방 계획 수립

019

상시근로자 수가 300명인 사업장의 22건의 재해가 발생하였고, 휴업일수는 121일이었다. 이 사업장의 강도율은?(단, 근로자는 하루 8시간씩 연간 300일 근무하였다.)

① 0.031
② 0.138
③ 0.168
④ 0.199

해설 강도율(S.R; Severity Rate of Injury)

$$강도율 = \frac{총\ 요양근로손실일수}{연근로시간\ 수} \times 1,000$$

$$= \frac{121 \times \frac{300}{365}}{300 \times (8 \times 300)} \times 1,000 = 0.138$$

※ 휴업일수가 제시된 경우, 휴업일수에 $\frac{300}{365}$ 을 곱한 값을 근로손실일수로 계산한다.

관련개념 SUBJECT 03 기계·기구 및 설비 안전관리
CHAPTER 02 기계분야 산업재해 조사 및 관리

020

다음 중 방진마스크의 구비조건으로 적절하지 않은 것은?

① 흡기밸브는 미약한 호흡에 대하여 확실하고 예민하게 작동하도록 할 것
② 쉽게 착용되어야 하고 착용하였을 때 안면부가 안면에 밀착되어 공기가 새지 않을 것
③ 여과재는 여과성능이 우수하고 인체에 장해를 주지 않을 것
④ 흡·배기밸브는 외부의 힘에 의하여 손상되지 않도록 흡·배기저항이 높을 것

해설 방진마스크 선정기준(구비조건)
· 분집포집효율(여과효율)이 좋을 것
· 흡기, 배기저항이 낮을 것
· 사용적이 적을 것
· 중량이 가벼울 것
· 시야가 넓을 것
· 안면밀착성이 좋을 것

관련개념 CHAPTER 02 안전보호구 관리

인간공학 및 위험성평가 · 관리

021

다음 중 근골격계부담작업에 해당하지 않는 것은?

① 하루에 총 2시간 이상 팔꿈치를 몸통 뒤쪽에 위치하도록 하는 상태에서 이루어지는 작업
② 하루에 총 2시간 이상 머리 위에 손이 있는 상태에서 이루어지는 작업
③ 하루에 총 2시간 이상 지지되지 않은 상태에서 1[kg] 이상에 상응하는 힘을 가하여 한손의 손가락으로 물건을 쥐는 작업
④ 하루에 10회 이상 25[kg] 이상의 물체를 드는 작업

해설 하루에 총 2시간 이상 지지되지 않은 상태에서 1[kg] 이상의 물건을 한 손의 손가락으로 집어 옮기거나, 2[kg] 이상에 상응하는 힘을 가하여 한손의 손가락으로 물건을 쥐는 작업이 근골격계부담작업에 해당한다.

관련개념 CHAPTER 04 근골격계질환 예방관리

022

FTA에 사용되는 논리게이트 중 여러 개의 입력 사항이 정해진 순서에 따라 순차적으로 발생해야만 결과가 출력되는 것은?

① 억제 게이트
② 배타적 OR 게이트
③ 조합 AND 게이트
④ 우선적 AND 게이트

해설

기호	명칭	설명
A_1, A_2, A_3 순으로	우선적 AND 게이트	입력사상 중 어떤 현상이 다른 현상보다 먼저 일어날 경우에만 출력사상이 발생

관련개념 CHAPTER 02 위험성 파악 · 결정

023

어떤 작업의 평균 에너지소비량이 10[kcal/min]일 때 60분간 총 작업시간 내에 포함되어야 하는 휴식시간은 약 몇 분인가?(단, 휴식 중 에너지소비량은 1.5[kcal/min]이고, 기초대사를 포함한 작업에 대한 평균 에너지소비량 상한은 5[kcal/min]이다.)

① 23.5분
② 29.4분
③ 35.3분
④ 47.1분

해설 휴식시간

$$R = \frac{60(E-5)}{E-1.5} = \frac{60 \times (10-5)}{10-1.5} = 35.3분$$

여기서, E: 작업의 평균 에너지소비량[kcal/min]

관련개념 CHAPTER 06 작업환경 관리

024

밝은 곳에서 어두운 곳으로 갈 때 망막에 시홍이 형성되는 생리적 과정인 암조응이 발생하는데, 완전 암조응(Dark adaptation)이 발생하는 데 소요되는 시간은?

① 약 3~5분
② 약 10~15분
③ 약 30~40분
④ 약 60~90분

해설 순응(조응)
· 암순응(암조응): 우리 눈이 어둠에 적응하는 과정으로 로돕신이 증가하여 간상세포의 감도가 높아진다.(약 30~40분 정도 소요)
· 명순응(명조응): 우리 눈이 밝음에 적응하는 과정으로 로돕신이 감소하여 원추세포가 기능하게 된다.(약 수초 내지 1~2분 소요)

관련개념 CHAPTER 06 작업환경 관리

025

다음 중 위험 및 운전성 검토(HAZOP)에서 "성질상의 감소"를 나타내는 가이드 워드는?

① Part of
② More or Less
③ No/Not
④ Other than

해설 유인어(Guide Words)
· NO 또는 NOT: 설계의도에 완전히 반하여 변수의 양이 없는 상태
· MORE 또는 LESS: 변수가 양적으로 증가 또는 감소되는 상태
· AS WELL AS: 설계의도 외의 다른 변수가 부가되는 상태(성질상의 증가)
· PART OF: 설계의도대로 완전히 이루어지지 않는 상태(성질상의 감소)
· REVERSE: 설계의도와 정반대로 나타나는 상태
· OTHER THAN: 설계의도대로 설치되지 않거나 운전 유지되지 않는 상태(완전한 대체)

관련개념 CHAPTER 02 위험성 파악 · 결정

026

n개의 요소를 가진 병렬시스템에 있어 요소의 수명(MTTF)이 지수분포를 따를 경우, 이 시스템의 수명으로 옳은 것은?

① $MTTF \times n$

② $MTTF \times \dfrac{1}{n}$

③ $MTTF\left(1 + \dfrac{1}{2} + \cdots + \dfrac{1}{n}\right)$

④ $MTTF\left(1 \times \dfrac{1}{2} \times \cdots \times \dfrac{1}{n}\right)$

해설 평균동작시간(MTTF)이 지수분포를 따를 경우(병렬계)

System의 수명 $= MTTF\left(1 + \dfrac{1}{2} + \cdots + \dfrac{1}{n}\right)$

여기서, n: 요소 수

관련개념 CHAPTER 03 위험성 감소대책 수립 · 실행

027

태양광선이 내리쬐는 옥외 장소의 자연습구온도 20[℃], 흑구온도 18[℃], 건구온도 30[℃]일 때, 습구흑구온도지수(WBGT)는?

① 20.6[℃]
② 22.5[℃]
③ 25.0[℃]
④ 28.5[℃]

해설 습구흑구온도지수(WBGT)[태양광선이 내리쬐는 옥외 장소]
$WBGT[℃] = 0.7 \times$ 자연습구온도(NWB) $+ 0.2 \times$ 흑구온도(GT) $+ 0.1 \times$ 건구온도(DT)
$= 0.7 \times 20 + 0.2 \times 18 + 0.1 \times 30 = 20.6[℃]$

관련개념 CHAPTER 06 작업환경 관리

028

FTA에 대한 설명으로 가장 거리가 먼 것은?

① 정성적 분석만 가능
② 하향식(Top-down) 방법
③ 복잡하고 대형화된 시스템에 활용
④ 논리게이트를 이용하여 도해적으로 표현하여 분석하는 방법

해설 결함수분석법(FTA; Fault Tree Analysis)의 특징
· Top down(하향식) 방법이다.
· 정성적, 정량적(컴퓨터 처리 가능) 분석기법이다.
· 논리기호를 사용한 특정사상에 대한 해석이다.
· 서식이 간단해서 비전문가도 짧은 훈련으로 사용할 수 있다.
· 복잡하고 대형화된 시스템에 사용할 수 있다.
· 기능적 결함의 원인을 분석하는 데 용이하다.
· Human Error의 검출이 어렵다.

관련개념 CHAPTER 02 위험성 파악 · 결정

029

안전교육을 받지 못한 신입직원이 작업 중 전극을 반대로 끼우려고 시도했으나, 플러그의 모양이 반대로 끼울 수 없게 설계되어 있어서 사고를 예방할 수 있었다. 작업자가 범한 오류로 적합한 것은?

① Omission Error
② Commission Error
③ Sequential Error
④ Timing Error

해설 **휴먼에러의 행위에 의한 분류(Swain)**
- 생략(부작위적)에러(Omission Error): 작업 내지 필요한 절차를 수행하지 않는 데서 기인한 에러
- 실행(작위적)에러(Commission Error): 작업 내지 절차를 수행했으나 잘못된 실수(선택착오, 순서착오, 시간착오)에서 기인한 에러
- 과잉행동에러(Extraneous Error): 불필요한 작업 내지 절차를 수행함으로써 기인한 에러
- 순서에러(Sequential Error): 작업수행의 순서를 잘못한 실수
- 시간(지연)에러(Timing Error): 소정의 기간에 수행하지 못한 실수(너무 빨리 혹은 늦게)

관련개념 CHAPTER 01 안전과 인간공학

030

인간공학 실험에서 측정변수가 다른 외적 변수에 영향을 받지 않도록 하는 요건을 의미하는 특성은?

① 적절성
② 무오염성
③ 민감도
④ 신뢰성

해설 **체계기준의 구비조건(연구조사의 기준척도)**
- 실제적 요건: 객관적, 정량적이고, 수집 또는 연구가 쉬우며, 특수한 자료 수집기법이나 기기가 필요 없어 돈이나 실험자의 수고가 적게 들어야 한다.
- 신뢰성(반복성): 시간이나 대표적 표본의 선정에 관계없이, 변수 측정의 일관성이나 안정성이 있어야 한다.
- 타당성(적절성): 어느 것이나 공통적으로 변수가 실제로 의도하는 바를 어느 정도 측정하는가를 결정(시스템의 목표를 잘 반영하는가를 나타내는 척도)하여야 한다.
- 순수성(무오염성): 측정하는 구조 외적인 변수의 영향은 받지 않아야 한다.
- 민감도: 피검자 사이에서 볼 수 있는 예상 차이점에 비례하는 단위로 측정하여야 한다.

관련개념 CHAPTER 01 안전과 인간공학

031

서브시스템, 구성요소, 기능 등의 잠재적 고장 형태에 따른 시스템의 위험을 파악하는 위험 분석 기법으로 옳은 것은?

① ETA(Event Tree Analysis)
② HEA(Human Error Analysis)
③ PHA(Preliminary Hazard Analysis)
④ FMEA(Failure Mode and Effect Analysis)

해설 **고장형태와 영향분석법(FMEA)**
시스템에 영향을 미치는 모든 요소의 고장을 형태별로 분석하고 그 고장이 미치는 영향을 귀납적, 정성적으로 분석하는 방식이다.

관련개념 CHAPTER 02 위험성 파악 · 결정

032

화학설비의 안전성 평가 5단계 중 4단계에 해당하는 것은?

① 안전대책
② 정성적 평가
③ 정량적 평가
④ 재평가

해설 **안전성 평가 5단계**
㉠ 제1단계: 관계 자료의 정비검토
㉡ 제2단계: 정성적 평가
㉢ 제3단계: 정량적 평가
㉣ 제4단계: 안전대책 수립
㉤ 제5단계: 재평가
※ 제5단계(재평가)를 '재해정보에 의한 재평가'와 'FTA에 의한 재평가'로 한 번 더 구분할 수 있다.

관련개념 CHAPTER 02 위험성 파악 · 결정

033

정보를 전송하기 위해 청각적 표시장치를 이용하는 것이 바람직한 경우로 적합한 것은?

① 전언이 복잡한 경우
② 전언이 이후에 재참조되는 경우
③ 전언이 공간적인 사건을 다루는 경우
④ 전언이 즉각적인 행동을 요구하는 경우

해설 ①, ②, ③은 청각적 표시장치보다 시각적 표시장치가 더 유리한 경우이다.

관련개념 CHAPTER 06 작업환경 관리

034

의자설계 시 고려해야 할 일반적인 원리와 가장 거리가 먼 것은?

① 자세고정을 줄인다.
② 조정이 용이해야 한다.
③ 디스크가 받는 압력을 줄인다.
④ 요추 부위의 후만곡선을 유지한다.

해설 의자설계 시 등받이는 요추 전만(앞으로 굽힘)자세를 유지하며, 추간판의 압력 및 등근육의 정적부하를 감소시킬 수 있도록 설계한다.

관련개념 CHAPTER 06 작업환경 관리

035

다음 시스템의 신뢰도는 약 얼마인가?(단, A, B, C의 신뢰도는 0.9, D, E의 신뢰도는 0.95이다.)

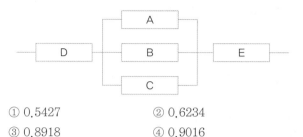

① 0.5427
② 0.6234
③ 0.8918
④ 0.9016

해설 신뢰도$(R)=$D$\times\{1-(1-$A$)\times(1-$B$)\times(1-$C$)\}\times$E
$=0.95\times\{1-(1-0.9)\times(1-0.9)\times(1-0.9)\}\times0.95$
$=0.9016$

관련개념 CHAPTER 01 안전과 인간공학

036

A회사에서는 새로운 기계를 설계하면서 레버를 위로 올리면 압력이 올라가도록 하고, 오른쪽 스위치를 눌렀을 때 오른쪽 전등이 켜지도록 하였다면, 이것은 각각 어떤 유형의 양립성을 고려한 것인가?

① 레버-공간양립성, 스위치-개념양립성
② 레버-운동양립성, 스위치-개념양립성
③ 레버-개념양립성, 스위치-운동양립성
④ 레버-운동양립성, 스위치-공간양립성

해설 레버 운동 방향에 따라 압력에 변화가 발생되었으므로 레버는 운동적 양립성을 고려하였다고 볼 수 있으며, 스위치 위치에 따라 전등이 작동되었으므로 스위치는 공간적 양립성을 고려하였다고 볼 수 있다.

공간적 양립성
어떤 사물들, 특히 표시장치나 조정장치의 물리적 형태나 공간적인 배치의 양립성을 말한다.

운동적 양립성
표시장치, 조정장치, 체계반응 등의 운동방향의 양립성을 말한다.

관련개념 CHAPTER 06 작업환경 관리

2023년 3회

037

어떤 결함수를 분석하여 Minimal Cut Set을 구한 결과 다음과 같았다. 각 기본사상의 발생확률을 q_i, i=1, 2, 3이라 할 때 정상사상의 발생확률함수로 옳은 것은?

$$k_1=[1, 2],\ k_2=[1, 3],\ k_3=[2, 3]$$

① $q_1q_2+q_1q_2-q_2q_3$

② $q_1q_2+q_1q_3-q_2q_3$

③ $q_1q_2+q_1q_3+q_2q_3-q_1q_2q_3$

④ $q_1q_2+q_1q_3+q_2q_3-2q_1q_2q_3$

해설 k_1, k_2, k_3가 미니멀 컷셋이므로 셋 중 하나라도 발생하면 정상사상(T)이 발생한다. 따라서 정상사상(T)과 k_1, k_2, k_3는 OR 게이트로 연결된 것과 같으므로 이와 동일하게 확률을 계산한다.

$T=1-(1-q_1q_2)\times(1-q_1q_3)\times(1-q_2q_3)$
$\quad=1-(1-q_1q_2-q_1q_3+q_1q_2q_3)\times(1-q_2q_3)$
$\quad=1-(1-q_1q_2-q_1q_3+q_1q_2q_3-q_2q_3+q_1q_2q_3+q_1q_2q_3-q_1q_2q_3)$
$\quad=q_1q_2+q_1q_3+q_2q_3-2q_1q_2q_3$

관련개념 CHAPTER 02 위험성 파악·결정

038

자동차를 타이어가 4개인 하나의 시스템으로 볼 때, 타이어 1개가 파열될 확률이 0.01이라면, 이 자동차의 신뢰도는 약 얼마인가?

① 0.91

② 0.93

③ 0.96

④ 0.99

해설 자동차의 타이어는 4개 중 1개만 파열되어도 운행할 수 없기에 각 타이어를 직렬연결로 본다. 따라서 자동차의 타이어 4개가 모두 터지지 않을 신뢰도는 다음과 같다.

신뢰도=$(1-0.01)\times(1-0.01)\times(1-0.01)\times(1-0.01)=0.96$

관련개념 CHAPTER 01 안전과 인간공학

039

NIOSH Lifting Guideline에서 권장무게한계(RWL) 산출에 사용되는 계수가 아닌 것은?

① 휴식계수

② 수평계수

③ 수직계수

④ 비대칭계수

해설 NLE(NIOSH Lifting Equation)

권장무게한계(RWL)=$23\times HM\times VM\times DM\times AM\times FM\times CM$

여기서, HM: 수평계수, VM: 수직계수, DM: 거리계수,
AM: 비대칭계수, FM: 빈도계수, CM: 커플링계수

관련개념 CHAPTER 06 작업환경 관리

040

다음 중 개선의 ECRS의 원칙에 해당하지 않는 것은?

① 제거(Eliminate)

② 결합(Combine)

③ 재조정(Rearrange)

④ 안전(Safety)

해설 작업방법의 개선원칙 ECRS

• 제거(Eliminate)

• 결합(Combine)

• 재배치·재조정(Rearrange)

• 단순화(Simplify)

관련개념 CHAPTER 02 위험성 파악·결정

기계 · 기구 및 설비 안전관리

041

「산업안전보건법령」상 사업주가 진동작업을 하는 근로자에게 충분히 알려야 할 사항과 거리가 가장 먼 것은?

① 인체에 미치는 영향과 증상
② 진동 기계 · 기구 관리방법
③ 보호구 선정과 착용방법
④ 진동 재해 시 비상연락체계

해설 **진동작업에 종사하는 근로자에게 알려야 할 사항**
• 인체에 미치는 영향과 증상
• 보호구의 선정과 착용방법
• 진동 기계 · 기구 관리 및 사용 방법
• 진동 장해 예방방법

관련개념 CHAPTER 07 설비진단 및 검사

042

「산업안전보건법령」상 승강기의 종류에 해당하지 않는 것은?

① 리프트
② 에스컬레이터
③ 화물용 엘리베이터
④ 승객용 엘리베이터

해설 **승강기의 종류**
승객용 엘리베이터, 승객화물용 엘리베이터, 화물용 엘리베이터, 소형화물용 엘리베이터, 에스컬레이터

관련개념 CHAPTER 06 운반기계 및 양중기

043

다음 중 설비의 진단방법에 있어 비파괴시험이나 검사에 해당하지 않는 것은?

① 피로시험
② 음향탐상검사
③ 방사선투과시험
④ 초음파탐상검사

해설 피로시험은 파괴시험의 일종이다.
비파괴검사의 종류
방사선투과검사(RT), 초음파탐상검사(UT), 자분탐상검사(MT), 침투탐상검사(PT), 음향탐상검사(AET), 와류탐상검사(ECT) 등

관련개념 CHAPTER 07 설비진단 및 검사

044

프레스 작업시작 전 점검해야 할 사항으로 거리가 먼 것은?

① 매니퓰레이터 작동의 이상 유무
② 클러치 및 브레이크 기능
③ 슬라이드, 연결봉 및 연결 나사의 풀림 여부
④ 프레스 금형 및 고정볼트 상태

해설 매니퓰레이터 작동의 이상 유무는 로봇의 교시 등의 작업을 할 때 작업시작 전 점검사항이다.
프레스 작업시작 전 점검사항
• 클러치 및 브레이크의 기능
• 크랭크축 · 플라이휠 · 슬라이드 · 연결봉 및 연결 나사의 풀림 여부
• 1행정 1정지기구 · 급정지장치 및 비상정지장치의 기능
• 슬라이드 또는 칼날에 의한 위험방지 기구의 기능
• 프레스의 금형 및 고정볼트 상태
• 방호장치의 기능
• 전단기의 칼날 및 테이블의 상태

관련개념 CHAPTER 02 기계분야 산업재해 조사 및 관리

045

밀링작업 시 안전수칙에 관한 설명으로 틀린 것은?

① 칩은 기계를 정지시킨 다음에 브러시 등으로 제거한다.

② 일감 또는 부속장치 등을 설치하거나 제거할 때는 반드시 기계를 정지시키고 작업한다.

③ 면장갑을 반드시 끼고 작업한다.

④ 강력 절삭을 할 때는 일감을 바이스에 깊게 물린다.

해설 밀링작업 시 안전대책

- 밀링작업에서 생기는 칩은 가늘고 예리하며 부상을 입히기 쉬우므로 보안경을 착용한다.
- 칩은 기계를 정지시킨 후 브러시 등으로 제거한다.
- 강력절삭을 할 때는 일감을 바이스에 깊게 물린다.
- 손이 말려 들어갈 위험이 있는 장갑을 착용하지 않는다.

관련개념 CHAPTER 03 공작기계의 안전

046

「산업안전보건법령」상 보일러의 안전한 가동을 위하여 보일러 규격에 맞는 압력방출장치가 2개 이상 설치된 경우에 최고사용압력 이하에서 1개가 작동되고, 다른 압력방출장치는 최고 사용압력의 몇 배 이하에서 작동되도록 부착하여야 하는가?

① 1.03배   ② 1.05배

③ 1.2배   ④ 1.5배

해설 보일러의 안전한 가동을 위하여 보일러 규격에 맞는 압력방출장치를 1개 또는 2개 이상 설치하고 최고사용압력 이하에서 작동되도록 하여야 한다. 다만, 압력방출장치가 2개 이상 설치된 경우에는 최고사용압력 이하에서 1개가 작동되고, 다른 압력방출장치는 최고사용압력 1.05배 이하에서 작동되도록 부착하여야 한다.

관련개념 CHAPTER 05 기타 산업용 기계 · 기구

047

이상온도, 이상기압, 과부하 등 기계의 부하가 안전한계치를 초과하는 경우에 이를 감지하고 자동으로 안전상태가 되도록 조정하거나 기계의 작동을 중지시키는 방호장치는?

① 감지형 방호장치

② 접근거부형 방호장치

③ 위치제한형 방호장치

④ 접근반응형 방호장치

해설 감지형 방호장치

이상온도, 이상기압, 과부하 등 기계의 부하가 안전한계치를 초과하는 경우에 이를 감지하고 자동으로 안전상태가 되도록 조정하거나 기계의 작동을 중지시키는 방호장치이다.

관련개념 CHAPTER 01 기계공정의 안전, 기계안전시설 관리

048

사업주가 보일러의 폭발사고 예방을 위하여 기능이 정상적으로 작동될 수 있도록 유지 · 관리할 대상이 아닌 것은?

① 과부하방지장치

② 압력방출장치

③ 압력제한스위치

④ 고저수위 조절장치

해설 보일러의 폭발사고를 예방하기 위하여 압력방출장치, 압력제한스위치, 고저수위 조절장치, 화염검출기 등의 기능이 정상적으로 작동될 수 있도록 유지 · 관리하여야 한다.

관련개념 CHAPTER 05 기타 산업용 기계 · 기구

049

그림과 같이 50[kN]의 중량물을 와이어로프를 이용하여 상부에 60°의 각도가 되도록 들어올릴 때, 로프 하나에 걸리는 하중(T)은 약 몇 [kN]인가?

① 16.8　　　　　　　② 24.5
③ 28.9　　　　　　　④ 37.9

해설　와이어로프 하나에 걸리는 하중

$$T=\frac{\dfrac{w}{2}}{\cos\dfrac{\theta}{2}}=\frac{25}{\cos 30°}=28.9[kN]$$

여기서, w: 물체의 무게
　　　　θ: 와이어로프 상부의 각도

관련개념　CHAPTER 06 운반기계 및 양중기

050

연삭기의 연삭숫돌을 사용하는 작업의 경우 작업을 시작하기 전 몇 분 이상 시운전을 하여야 하는가?(단, 연삭숫돌은 교체하지 않았다.)

① 1분　　　　　　　② 2분
③ 3분　　　　　　　④ 5분

해설　연삭숫돌을 사용하는 작업의 경우 작업을 시작하기 전에는 1분 이상, 연삭숫돌을 교체한 후에는 3분 이상 시험운전을 하고 해당 기계에 이상이 있는지를 확인하여야 한다.

관련개념　CHAPTER 03 공작기계의 안전

051

안전계수가 5인 체인의 최대설계하중이 1,000[N]이라면 이체인의 극한하중은 약 몇 [N]인가?

① 200　　　　　　　② 2,000
③ 5,000　　　　　　④ 12,000

해설　$안전계수=\dfrac{극한강도(극한하중)}{허용응력}$에서

극한하중＝안전계수×허용응력＝5×1,000＝5,000[N]

관련개념　CHAPTER 01 기계공정의 안전, 기계안전시설 관리

052

다음 중 선반의 안전장치 및 작업 시 주의사항으로 잘못된 것은?

① 선반의 바이트는 되도록 짧게 물린다.
② 방진구는 공작물의 길이가 지름의 5배 이상일 때 사용한다.
③ 선반의 베드 위에는 공구를 올려놓지 않는다.
④ 칩 브레이커는 바이트에 직접 설치한다.

해설　선반작업 시 바이트는 끝을 짧게 장치하고 일감의 길이가 직경의 12배 이상일 때 방진구를 사용한다.

관련개념　CHAPTER 03 공작기계의 안전

053

범용 수동선반의 방호조치에 관한 설명으로 옳지 않은 것은?

① 척 가드의 폭은 공작물의 가공작업에 방해가 되지 않는 범위 내에서 척 전체 길이를 방호할 수 있을 것
② 척 가드의 개방 시 스핀들의 작동이 정지되도록 연동회로를 구성할 것
③ 전면 칩 가드의 폭은 새들 폭 이하로 설치할 것
④ 전면 칩 가드는 심압대가 베드 끝단부에 위치하고 있고 공작물 고정장치에서 심압대까지 가드를 연장시킬 수 없는 경우에는 부착위치를 조정할 수 있을 것

해설 범용 수동선반의 방호조치
냉각재 및 칩이 조작자에게 직접 비산되는 것을 방지하기 위해 다음 사항을 만족하는 전면 칩 가드를 설치하여야 한다.
• 가드의 폭은 새들 폭 이상일 것
• 심압대(Tailstock)가 베드 끝단부에 위치하고 있고 공작물 고정장치에서 심압대까지 가드를 연장시킬 수 없는 경우에는 새들에 부착하는 등 부착위치를 조정할 수 있을 것

관련개념 CHAPTER 03 공작기계의 안전

054

롤러에 설치하는 급정지장치 조작부의 종류와 그 위치로 옳은 것은?(단, 위치는 조작부의 중심점을 기준으로 한다.)

① 발조작식은 밑면으로부터 0.2[m] 이내
② 손조작식은 밑면으로부터 1.8[m] 이내
③ 복부조작식은 밑면으로부터 0.6[m] 이상 1[m] 이내
④ 무릎조작식은 밑면으로부터 0.2[m] 이상 0.4[m] 이내

해설 급정지장치 조작부의 위치

종류	설치위치
손조작식	밑면에서 1.8[m] 이내
복부조작식	밑면에서 0.8[m] 이상 1.1[m] 이내
무릎조작식	밑면에서 0.6[m] 이내

※ 위치는 급정지장치 조작부의 중심점을 기준으로 한다.

관련개념 CHAPTER 05 기타 산업용 기계·기구

055

다음 중 아세틸렌 용접 시 역류를 방지하기 위하여 설치하여야 하는 것은?

① 안전기　　② 청정기
③ 발생기　　④ 유량기

해설 안전기(Cutout Switch, Safety Switch)
• 가스 등의 역류 또는 역화가 발생장치 등에 전달되어 발생하는 폭발을 방지하기 위해 설치하는 것이다.
• 아세틸렌 용접장치의 안전기 및 가스집합 용접장치의 안전기 규격에 적합한 것을 사용하여야 한다.

관련개념 CHAPTER 05 기타 산업용 기계·기구

056

금형의 안전화에 관한 설명으로 옳지 않은 것은?

① 금형을 설치하는 프레스의 T홈 안길이는 설치볼트 직경의 2배 이상으로 한다.
② 맞춤핀을 사용할 때에는 헐거움 끼워맞춤으로 하고, 이를 하형에 사용할 때에는 낙하 방지대책을 세워 둔다.
③ 금형의 사이에 신체 일부가 들어가지 않도록 이동스트리퍼와 다이의 간격은 8[mm] 이하로 한다.
④ 대형 금형에서 생크가 헐거워짐이 예상될 경우 생크만으로 상형을 슬라이드에 설치하는 것을 피하고 볼트를 사용하여 조인다.

해설 맞춤핀을 사용할 때에는 억지 끼워맞춤으로 하고, 상형에 사용할 때에는 낙하 방지의 대책을 세워 두어야 한다.

관련개념 CHAPTER 04 프레스 및 전단기의 안전

057

「산업안전보건법령」에 따라 타워크레인을 와이어로프로 지지하는 경우, 와이어로프의 설치각도는 수평면에서 몇 도 이내로 해야 하는가?

① 30°
② 45°
③ 60°
④ 75°

해설 타워크레인을 와이어로프로 지지하는 경우 와이어로프 설치각도는 수평면에서 60° 이내로 하되, 지지점은 4개소 이상으로 하고, 같은 각도로 설치하여야 한다.

관련개념 SUBJECT 06 건설공사 안전관리
CHAPTER 06 공사 및 작업 종류별 안전

058

다음 중 소음방지 대책으로 가장 적절하지 않은 것은?

① 소음의 통제
② 소음의 적응
③ 흡음재 사용
④ 보호구 착용

해설 소음을 통제하는 방법(소음대책)
• 소음원의 통제
• 소음의 격리
• 차폐장치 및 흡음재 사용
• 음향처리제 사용
• 적절한 배치

관련개념 SUBJECT 02 인간공학 및 위험성평가 · 관리
CHAPTER 06 작업환경 관리

059

「산업안전보건법령」상 용해아세틸렌의 가스집합 용접장치의 배관 및 부속기구에는 구리나 구리 함유량이 몇 퍼센트 이상인 합금을 사용할 수 없는가?

① 40[%]
② 50[%]
③ 60[%]
④ 70[%]

해설 용해아세틸렌의 가스집합 용접장치의 배관 및 부속기구는 구리나 구리 함유량이 70[%] 이상인 합금을 사용해서는 아니 된다. → 사용 시 폭발성 물질(아세틸라이드)이 생성된다.

관련개념 CHAPTER 05 기타 산업용 기계 · 기구

060

「산업안전보건법령」상 로봇을 운전하는 경우 근로자가 로봇에 부딪힐 위험이 있을 때 높이는 최소 얼마 이상의 울타리를 설치하여야 하는가?(단, 로봇의 가동범위 등을 고려하여 높이로 인한 위험성이 없는 경우는 제외한다.)

① 0.9[m]
② 1.2[m]
③ 1.5[m]
④ 1.8[m]

해설 로봇의 운전으로 인하여 근로자에게 발생할 수 있는 부상 등의 위험을 방지하기 위하여 높이 1.8[m] 이상의 울타리를 설치하여야 한다.

관련개념 CHAPTER 05 기타 산업용 기계 · 기구

전기설비 안전관리

061

다음 중 전압의 구분으로 옳은 것은?

① 고압: 직류 1[kV] 초과 7[kV] 이하
② 고압: 교류 1.5[kV] 초과 7[kV] 이하
③ 저압: 직류 1[kV] 이하
④ 특고압: 7[kV] 초과

해설 **전압의 구분**
• 저압: 교류는 1[kV] 이하, 직류는 1.5[kV] 이하인 것
• 고압: 교류는 1[kV]를, 직류는 1.5[kV]를 초과하고, 7[kV] 이하인 것
• **특고압: 7[kV]를 초과하는 것**

관련개념 CHAPTER 02 감전재해 및 방지대책

062

인체의 피부저항은 피부에 땀이 나 있는 경우 건조 시보다 약 어느 정도 저하되는가?

① $\frac{1}{2} \sim \frac{1}{4}$ ② $\frac{1}{6} \sim \frac{1}{10}$
③ $\frac{1}{12} \sim \frac{1}{20}$ ④ $\frac{1}{25} \sim \frac{1}{35}$

해설 **인체의 피부저항**
• 피부에 땀이 있을 경우 건조 시의 $\frac{1}{12} \sim \frac{1}{20}$로 감소한다.
• 피부가 물에 젖어 있을 경우 건조 시의 $\frac{1}{25}$로 감소한다.

관련개념 CHAPTER 02 감전재해 및 방지대책

063

다음 중 방폭구조의 종류가 아닌 것은?

① 유압방폭구조(k) ② 내압방폭구조(d)
③ 본질안전방폭구조(i) ④ 압력방폭구조(p)

해설 유압방폭구조는 방폭구조의 종류가 아니다.
보기 외 방폭구조의 종류에는 유입방폭구조(o), 안전증방폭구조(e) 등이 있다.

관련개념 CHAPTER 04 전기방폭관리

064

설비의 이상현상에 나타나는 아크(Arc)의 종류가 아닌 것은?

① 단락에 의한 아크
② 지락에 의한 아크
③ 차단기에서의 아크
④ 전선저항에 의한 아크

해설 아크(Arc)는 공기가 이온화하여 전기가 흐르는 현상으로 단락, 지락, 섬락, 전선 절단 등에 의해 발생한다.

관련개념 CHAPTER 02 감전재해 및 방지대책

065

방폭전기설비의 용기 내부에서 폭발성 가스 또는 증기가 폭발하였을 때 용기가 그 압력에 견디고 접합면이나 개구부를 통해서 외부의 폭발성 가스나 증기에 인화되지 않도록 한 방폭구조는?

① 내압방폭구조 ② 압력방폭구조
③ 유입방폭구조 ④ 본질안전방폭구조

해설 **내압방폭구조**
용기 내부에 폭발성 가스 및 증기가 폭발하였을 때 용기가 그 압력에 견디며 또한 접합면, 개구부 등을 통해서 외부의 폭발성 가스·증기에 인화되지 않도록 한 구조이다.

관련개념 CHAPTER 04 전기방폭관리

066

다음 중 기기보호등급(EPL)과 그 지역을 바르게 짝지은 것은?

① ZONE 2 – Da
② ZONE 20 – Gc
③ ZONE 21 – Ga
④ ZONE 22 – Dc

해설 기기보호등급(EPL)과 허용장소

종별 장소	기기보호등급(EPL)
0	"Ga"
1	"Ga" 또는 "Gb"
2	"Ga", "Gb" 또는 "Gc"
20	"Da"
21	"Da" 또는 "Db"
22	"Da", "Db" 또는 "Dc"

관련개념 CHAPTER 04 전기방폭관리

067

과도전류를 나타내는 공식으로 맞는 것은?

① $\dfrac{V}{R}e^{-\frac{1}{RC}}$

② $Ve^{-\frac{1}{RC}}$

③ RC

④ $-\dfrac{1}{RC}$

해설 과도전류

$I = \dfrac{V}{R}e^{-\frac{1}{RC}}$

여기서, V : 전압[V]

　　　　R : 저항[Ω]

　　　　C : 정전용량[F]

관련개념 CHAPTER 01 전기안전관리

068

제전기의 제전효과에 영향을 미치는 요인으로 볼 수 없는 것은?

① 제전기의 이온생성 능력
② 전원의 극성 및 전선의 길이
③ 대전물체의 대전위치 및 대전분포
④ 제전기의 설치위치 및 설치각도

해설 제전기의 제전효과에 영향을 미치는 요인
• 제전기의 이온생성 능력
• 제전기의 설치위치, 설치각도 및 설치거리
• 대전체의 대전전위 및 대전분포
• 제전기를 설치한 환경의 상대습도, 기온
• 대전물체와 제전기 사이의 기류속도

관련개념 CHAPTER 03 정전기 장 · 재해관리

069

감전사고의 긴급조치에 관한 설명으로 가장 부적절한 것은?

① 구출자는 감전자 발견 즉시 보호용구 착용여부에 관계없이 직접 충전부로부터 이탈시킨다.
② 감전에 의해 넘어진 사람에 대하여 의식의 상태, 호흡의 상태, 맥박의 상태 등을 관찰한다.
③ 감전에 의하여 높은 곳에서 추락한 경우에는 출혈의 상태, 골절의 이상 유무 등을 확인, 관찰한다.
④ 인공호흡과 심장마사지를 2인이 동시에 실시할 경우에는 약 1 : 5의 비율로 각각 실시해야 한다.

해설 절연 보호구 없이 감전된 피해자와 접촉하면 같이 감전될 우려가 있다.
감전사고 시 응급조치
• 전원을 차단하고 피재자를 위험지역에서 신속히 대피(2차재해 예방)시킨다.
• 피재자의 상태를 확인한다.
• 기도확보, 인공호흡, 심장마사지의 순서로 응급조치를 한다.

관련개념 CHAPTER 02 감전재해 및 방지대책

070

방폭전기기기에 "Ex ia ⅡC T4 Ga"라고 표시되어 있다. 해당 기기에 대한 설명으로 틀린 것은?

① 정상 작동, 예상된 오작동 또는 드문 오작동 중에 점화원이 될 수 없는 "매우 높은" 보호등급의 기기이다.

② 온도등급이 T4이므로 최고표면온도가 150[℃]를 초과해서는 안 된다.

③ 본질안전방폭구조로 0종 장소에서 사용이 가능하다.

④ 수소 및 아세틸렌 등의 가스가 존재하는 곳에 사용이 가능하다.

해설 온도등급 T4는 최고표면온도가 100[℃] 초과 135[℃] 이하인 것을 말한다.

전기기기의 최고표면온도에 따른 온도등급

온도등급	전기기기의 최고표면온도[℃]
T1	300 초과 450 이하
T2	200 초과 300 이하
T3	135 초과 200 이하
T4	100 초과 135 이하
T5	85 초과 100 이하
T6	85 이하

관련개념 CHAPTER 04 전기방폭관리

071

단로기를 사용하는 주된 목적은?

① 과부하 차단

② 변성기의 개폐

③ 이상전압의 차단

④ 무부하 선로의 개폐

해설 단로기(DS; Disconnection Switch)

단로기는 개폐기의 일종으로 수용가 구내 인입구에 설치하여 무부하 상태의 전로를 개폐하는 역할을 하거나 차단기, 변압기, 피뢰기 등 고전압 기기의 1차 측에 설치하여 기기를 점검, 수리할 때 전원으로부터 이들 기기를 분리한다.

관련개념 CHAPTER 01 전기안전관리

072

3상 3선식 전선로의 보수를 위하여 정전작업을 할 때 취하여야 할 기본적인 조치는?

① 1선을 접지한다.

② 2선을 단락접지한다.

③ 3선을 단락접지한다.

④ 접지를 하지 않는다.

해설 3상 3선식 전선로의 보수를 위하여 정전작업 시에는 3선을 단락접지하여야 한다.

관련개념 CHAPTER 02 감전재해 및 방지대책

073

접지저항값을 저하시키는 방법 중 거리가 먼 것은?

① 접지봉에 도전성이 좋은 금속을 도금한다.

② 접지봉을 병렬로 연결한다.

③ 도전성 물질을 접지극 주변의 토양에 주입한다.

④ 접지봉을 땅속 깊이 매설한다.

해설 접지저항의 물리적 저감법

• 접지극의 병렬 접속
• 접지극의 치수 확대
• 접지봉 심타법 적용
• 매설지선 및 평판접지극 사용
• 메시(Mesh)공법 적용
• 다중접지 시트 사용
• 보링 공법 적용

관련개념 CHAPTER 05 전기설비 위험요인관리

074

전로에 시설하는 기계·기구의 금속제 외함에 접지공사를 하지 않아도 되는 경우로 틀린 것은?

① 저압용의 기계·기구를 건조한 목재의 마루 위에서 취급하도록 시설한 경우
② 외함 주위에 적당한 절연대를 설치한 경우
③ 교류 대지전압이 300[V] 이하인 기계·기구를 건조한 곳에 시설한 경우
④ 「전기용품 및 생활용품 안전관리법」의 적용을 받는 이중 절연구조로 되어 있는 기계·기구를 시설하는 경우

해설 사용전압이 직류 300[V] 또는 교류 대지전압이 150[V] 이하인 기계·기구를 건조한 곳에 시설하는 경우에 접지공사를 하지 않아도 된다.

관련개념 CHAPTER 05 전기설비 위험요인관리

075

정전기 발생에 영향을 주는 요인으로 가장 적절하지 않은 것은?

① 분리속도
② 물체의 질량
③ 접촉면적 및 압력
④ 물체의 표면상태

해설 물체의 질량은 정전기 발생과 무관하다.
정전기 발생에 영향을 주는 요인
• 물체의 특성
• 물체의 표면상태
• 물질의 이력
• 접촉면적 및 압력
• 분리속도

관련개념 CHAPTER 03 정전기 장·재해관리

076

절연물의 절연계급을 최고허용온도가 낮은 온도에서 높은 온도 순으로 배치한 것은?

① Y종 → A종 → E종 → B종
② A종 → B종 → E종 → Y종
③ Y종 → E종 → B종 → A종
④ B종 → Y종 → A종 → E종

해설 **절연물의 절연계급**

종별	Y	A	E	B	F	H	C
최고허용온도[℃]	90	105	120	130	155	180	180 초과

관련개념 CHAPTER 05 전기설비 위험요인관리

077

전로에 지락이 생겼을 때에 자동적으로 전로를 차단하는 장치를 시설해야 하는 전기기계의 사용전압 기준은?(단, 금속제 외함을 가지는 저압의 기계·기구로서 사람이 쉽게 접촉할 우려가 있는 곳에 시설되어 있다.)

① 30[V] 초과
② 50[V] 초과
③ 90[V] 초과
④ 150[V] 초과

해설 금속제 외함을 가지는 **사용전압이 50[V]를 초과**하는 저압의 기계·기구로서 사람이 쉽게 접촉할 우려가 있는 곳에 시설하는 것에 전기를 공급하는 전로에는 누전차단기(지락이 생겼을 때에 자동적으로 전로를 차단하는 장치)를 시설하여야 한다.

관련개념 CHAPTER 02 감전재해 및 방지대책

078

전기설비의 방폭화를 추진하는 근본적인 목적으로 가장 알맞은 것은?

① 인화성물질 제거
② 점화원 제거
③ 연쇄반응 제거
④ 산소(공기) 제거

해설 전기설비를 방폭화를 하는 이유는 전기설비가 점화원으로 작용하는 것을 방지하기 위함이다.

관련개념 CHAPTER 04 전기방폭관리

079

피뢰기가 갖추어야 할 이상적인 성능 중 잘못된 것은?

① 제한전압이 낮아야 한다.
② 반복동작이 가능하여야 한다.
③ 충격방전개시전압이 높아야 한다.
④ 뇌전류의 방전능력이 크고 속류의 차단이 확실하여야 한다.

해설 피뢰기의 성능

- 제한전압 또는 충격방전개시전압이 충분히 낮고 보호능력이 있을 것
- 속류차단이 완전히 행해져 동작책무특성이 충분할 것
- 뇌전류 방전능력이 클 것
- 대전류의 방전, 속류차단의 반복동작에 대하여 장기간 사용에 견딜 수 있을 것
- 상용주파방전개시전압은 회로전압보다 충분히 높아서 상용주파방전을 하지 않을 것

관련개념 CHAPTER 05 전기설비 위험요인관리

080

그림과 같은 전기기기 A점에서 완전 지락이 발생하였다. 이 전기기기의 외함에 인체가 접촉되었을 경우 인체를 통해서 흐르는 전류는 약 몇 [mA]인가?(단, 인체의 저항은 3,000[Ω]이다.)

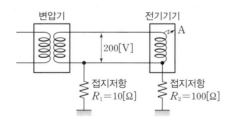

① 60.32
② 30.21
③ 15.11
④ 7.55

해설 인체가 외함에 접촉 시 지락전류를 I_1[A]라 하면(R은 인체저항)

$$I_1 = \frac{V}{R_1 + \frac{RR_2}{R+R_2}} = \frac{200}{10 + \frac{3,000 \times 100}{3,000 + 100}} = 1.87[A]$$

이때 인체를 통해서 흐르게 될 전류(감전전류) I_2는

$$I_2 = I_1 \times \frac{R_2}{R_2 + R} = 1.87 \times \frac{100}{100 + 3,000} = 0.06032[A] = 60.32[mA]$$

관련개념 CHAPTER 02 감전재해 및 방지대책

화학설비 안전관리

081

다음 중 종이, 목재, 섬유류 등에 의하여 발생한 화재의 화재급수로 옳은 것은?

① A급
② B급
③ C급
④ D급

해설 목재, 종이, 섬유 등의 일반 가연물에 의한 화재는 A급 화재(일반 화재)이다.

화재의 종류

A급 화재	B급 화재	C급 화재	D급 화재
일반화재	유류화재	전기화재	금속화재

관련개념 CHAPTER 01 화재 · 폭발 검토

082

다음 중 자연발화의 방지법으로 적절하지 않은 것은?

① 통풍을 잘 시킬 것
② 습도가 높은 곳에 저장할 것
③ 저장실의 온도 상승을 피할 것
④ 공기가 접촉되지 않도록 불활성물질 중에 저장할 것

해설 자연발화를 방지하기 위해서는 습도를 높지 않게 하여야 한다.

관련개념 CHAPTER 01 화재 · 폭발 검토

083

금속의 증기가 공기 중에서 응고되어 화학변화를 일으켜 고체의 미립자로 되어 공기 중에 부유하는 것을 의미하는 용어는?

① 흄(fume)
② 분진(dust)
③ 미스트(mist)
④ 스모크(smoke)

해설 흄(Fume)
고체 상태의 물질이 액체화된 다음 증기화되고, 증기화된 물질의 응축 및 산화로 인하여 생기는 고체상의 미립자(금속 또는 중금속 등)를 말한다.

관련개념 CHAPTER 02 화학물질 안전관리 실행

084

메탄, 에탄, 프로판의 폭발하한계가 각각 5[vol%], 3[vol%], 2.1[vol%]일 때 다음 중 폭발하한계가 가장 낮은 것은?(단, Le Chatelier의 법칙을 이용한다.)

① 메탄 20[vol%], 에탄 30[vol%], 프로판 50[vol%]의 혼합가스

② 메탄 30[vol%], 에탄 30[vol%], 프로판 40[vol%]의 혼합가스

③ 메탄 40[vol%], 에탄 30[vol%], 프로판 30[vol%]의 혼합가스

④ 메탄 50[vol%], 에탄 30[vol%], 프로판 20[vol%]의 혼합가스

해설 혼합가스의 폭발하한계

$$L = \frac{V_1 + V_2 + \cdots + V_n}{\dfrac{V_1}{L_1} + \dfrac{V_2}{L_2} + \cdots + \dfrac{V_n}{L_n}}$$

여기서, L: 혼합가스의 폭발하한계[vol%]

L_n: 각 성분가스의 폭발하한계[vol%]

V_n: 각 성분가스의 부피 비율[vol%]

보기에서 제시된 혼합가스의 폭발하한계는 다음과 같다.

① $L_① = \dfrac{20 + 30 + 50}{\dfrac{20}{5} + \dfrac{30}{3} + \dfrac{50}{2.1}} = 2.64$[vol%]

② $L_② = \dfrac{30 + 30 + 40}{\dfrac{30}{5} + \dfrac{30}{3} + \dfrac{40}{2.1}} = 2.85$[vol%]

③ $L_③ = \dfrac{40 + 30 + 30}{\dfrac{40}{5} + \dfrac{30}{3} + \dfrac{30}{2.1}} = 3.10$[vol%]

④ $L_④ = \dfrac{50 + 30 + 20}{\dfrac{50}{5} + \dfrac{30}{3} + \dfrac{20}{2.1}} = 3.39$[vol%]

따라서 폭발하한계가 가장 낮은 것은 ①이다.

관련개념 CHAPTER 01 화재 · 폭발 검토

085

다음 물질 중 물에 가장 잘 용해되는 것은?

① 아세톤　　　　② 벤젠

③ 톨루엔　　　　④ 휘발유

해설 아세톤

물에 잘 녹으며 유기용매로서 다른 유기물질과도 잘 섞이는 성질이 있어 일상생활에서 물로 지워지지 않는 유성페인트나 매니큐어 등을 지우는 데 많이 쓰인다.

관련개념 CHAPTER 02 화학물질 안전관리 실행

086

다음 중 물과 반응하여 수소가스를 발생할 위험이 가장 낮은 물질은?

① Mg　　　　② Zn

③ Cu　　　　④ Na

해설 Cu(구리)는 물과 반응하지 않는다.

오답해설

① $Mg + H_2O \rightarrow MgO + H_2 \uparrow$

② $Zn + 2H_2O \rightarrow Zn(OH)_2 + H_2 \uparrow$

④ $2Na + 2H_2O \rightarrow 2NaOH + H_2 \uparrow$

관련개념 CHAPTER 02 화학물질 안전관리 실행

087

펌프의 사용 시 공동현상(Cavitation)을 방지하고자 할 때의 조치사항으로 틀린 것은?

① 펌프의 회전수를 높인다.

② 흡입비 속도를 작게 한다.

③ 펌프의 흡입관의 두(Head) 손실을 줄인다.

④ 펌프의 설치높이를 낮추어 흡입양정을 짧게 한다.

해설 공동현상은 유속이 빠를 경우 발생할 수 있으므로 공동현상을 예방하려면 펌프의 회전수를 낮춰야 한다.

관련개념 CHAPTER 04 화공 안전운전 · 점검

088

다음 중 증기배관 내에 생성된 증기의 누설을 막고 응축수를 자동적으로 배출하기 위한 안전장치는?

① Steam Trap
② Vent Stack
③ Blow Down
④ Flame Arrester

해설 **스팀트랩(Steam Trap)**

증기배관 내에 생성하는 응축수는 송기상 지장이 되어 제거할 필요가 있는데, 이때 증기가 도망가지 않도록 이 응축수를 자동적으로 배출하기 위한 장치이다.

벤트스택(Vent Stack)

탱크 내의 압력을 정상상태로 유지하기 위한 장치이다.

블로우다운(Blow Down)

보일러 내부에 이물질이 누적되는 것을 방지하기 위해 수면의 스팀, 수저의 찌꺼기를 방출하는 장치이다.

화염방지기(Flame Arrester)

비교적 저압 또는 상압에서 가연성 증기를 발생시키는 인화성 물질 등을 저장하는 탱크에서 외부에 그 증기를 방출하거나 탱크 내에 외기를 흡입하는 부분에 설치하는 안전장치이다.

관련개념 CHAPTER 04 화공 안전운전 · 점검

089

「산업안전보건법령」상 단위공정시설 및 설비로부터 다른 단위공정시설 및 설비 사이의 안전거리는 설비의 바깥면부터 얼마 이상이 되어야 하는가?

① 5[m]
② 10[m]
③ 15[m]
④ 20[m]

해설 단위공정시설 및 설비로부터 다른 단위공정시설 및 설비의 사이는 설비의 바깥면으로부터 10[m] 이상의 안전거리를 두어야 한다.

관련개념 CHAPTER 02 화학물질 안전관리 실행

090

다음 중 질식소화에 해당하는 것은?

① 가연성 기체의 분출화재 시 주 밸브를 닫는다.
② 가연성 기체의 연쇄반응을 차단하여 소화한다.
③ 연료 탱크를 냉각하여 가연성 가스의 발생속도를 작게 한다.
④ 연소하고 있는 가연물이 존재하는 장소를 기계적으로 폐쇄하여 공기의 공급을 차단한다.

해설 **질식소화**

산소(공기)공급을 차단함으로써 연소에 필요한 산소 농도(15[%]) 이하가 되게 하여 소화하는 방법으로 희석소화라고도 한다. 대표적으로 포, 분말, 이산화탄소소화기가 있으며 이외 수계(水系)소화설비도 보조적으로 수증기에 의한 질식효과가 있다.

관련개념 CHAPTER 01 화재 · 폭발 검토

091

다음 중 크롬에 관한 설명으로 옳은 것은?

① 미나마타병의 원인으로 알려져 있다.
② 이타이이타이병의 원인으로 알려져 있다.
③ 3가와 6가의 화합물이 사용되고 있다.
④ 6가보다 3가 화합물이 특히 인체에 유해하다.

해설

① 미타마타병은 수은에 의해 발생한다.
② 이타이이타이병은 카드뮴에 의해 발생한다.
④ 크롬 중독현상은 크롬 정련 공정에서 발생하는 6가 크롬에 의해 발생한다.

관련개념 CHAPTER 02 화학물질 안전관리 실행

092

위험물 또는 위험물이 발생하는 물질을 가열·건조하는 경우 내용적이 몇 세제곱미터 이상인 건조설비인 경우 건조실을 설치하는 건축물의 구조를 독립된 단층건물로 하여야 하는가?(단, 건조실을 건축물의 최상층에 설치하거나 건축물이 내화구조인 경우는 제외한다.)

① 1
② 10
③ 100
④ 1,000

해설 위험물 또는 위험물이 발생하는 물질을 가열·건조하는 경우 내용적이 1[m³] 이상인 건조설비 중 건조실을 설치하는 건축물의 구조는 독립된 단층건물로 하여야 한다. 다만, 해당 건조실을 건축물의 최상층에 설치하거나 건축물이 내화구조인 경우에는 그러하지 아니하다.

관련개념 CHAPTER 02 화학물질 안전관리 실행

093

다음은 「산업안전보건법령」에 따른 위험물질의 종류 중 부식성 염기류에 관한 내용이다. ( ) 안에 알맞은 수치는?

농도가 ( )[%] 이상인 수산화나트륨, 수산화칼륨, 그 밖에 이와 같은 정도 이상의 부식성을 가지는 염기류

① 20
② 40
③ 60
④ 80

해설 부식성 염기류
농도가 40[%] 이상인 수산화나트륨, 수산화칼륨, 그 밖에 이와 같은 정도 이상의 부식성을 가지는 염기류이다.

관련개념 CHAPTER 02 화학물질 안전관리 실행

094

뜨거운 금속에 물이 닿으면 튀는 현상과 같이 핵비등(Nucleate Boiling) 상태에서 막비등(Film Boiling)으로 이행하는 온도를 무엇이라 하는가?

① Burn-out Point
② Leidenfrost Point
③ Entrainment Point
④ Sub-cooling Boiling Point

해설 Leidenfrost Point
핵비등(Nucleate Boiling)에서 막비등(Film Boiling) 상태로 급격하게 이행하는 하한점을 말한다.

관련개념 CHAPTER 02 화학물질 안전관리 실행

095

다음 중 최소발화에너지가 가장 작은 가연성 가스는?

① 수소
② 메탄
③ 에탄
④ 프로판

해설 보기 중 수소의 최소발화에너지가 0.019[mJ]로 가장 작다.
② 메탄: 0.28[mJ]
③ 에탄: 0.24~0.25[mJ]
④ 프로판: 0.26[mJ]

관련개념 CHAPTER 01 화재·폭발 검토

096

가연성 가스의 폭발범위에 관한 설명으로 틀린 것은?

① 압력 증가에 따라 폭발상한계와 하한계가 모두 현저히 증가한다.
② 불활성 가스를 주입하면 폭발범위는 좁아진다.
③ 온도의 상승과 함께 폭발범위는 넓어진다.
④ 산소 중에서의 폭발범위는 공기 중에서 보다 넓어진다.

해설 압력은 폭발하한계에는 영향이 경미하나 폭발상한계에는 크게 영향을 준다. 보통 가스압력이 높아질수록 폭발범위는 넓어진다.

관련개념 CHAPTER 01 화재 · 폭발 검토

097

다음 설명이 의미하는 것은?

> 온도, 압력 등 제어상태가 규정의 조건을 벗어나는 것에 의해 반응속도가 지수함수적으로 증대되고, 반응용기 내의 온도, 압력이 급격히 이상 상승되어 규정 조건을 벗어나고, 반응이 과격화되는 현상

① 비등
② 과열, 과압
③ 폭발
④ 반응폭주

해설 **반응폭주**
온도, 압력 등 제어상태가 규정의 조건을 벗어나는 것에 의해 반응속도가 지수함수적으로 증대되고, 반응용기 내의 온도, 압력이 급격히 이상 상승되어 규정 조건을 벗어나고, 반응이 과격화되는 현상이다.

관련개념 CHAPTER 02 화학물질 안전관리 실행

098

다음 중 가스나 증기가 용기 내에서 폭발할 때 최대폭발압력(P_m)에 영향을 주는 요인에 관한 설명으로 틀린 것은?

① P_m은 화학양론비에 최대가 된다.
② P_m은 용기의 부피에 큰 영향을 받지 않는다.
③ P_m은 다른 조건이 일정할 때 초기 온도가 높을수록 증가한다.
④ P_m은 다른 조건이 일정할 때 초기 압력이 상승할수록 증가한다.

해설 최대폭발압력(P_m)은 가스의 초기온도가 높을수록 감소한다. 그 이유는 다른 조건이 동일하다면 높은 온도에서 물질의 양(농도)이 감소하기 때문이다.

관련개념 CHAPTER 01 화재 · 폭발 검토

099

다음 중 가연성 가스의 연소 형태에 해당하는 것은?

① 분해연소
② 증발연소
③ 표면연소
④ 확산연소

해설 분해연소, 표면연소는 고체의 연소 형태이고, 증발연소는 액체와 고체의 연소 형태이다.
기체(가스)의 연소 형태

구분	설명	예시
확산연소	• 가연성 가스가 공기(산소) 중에 확산되어 연소범위에 도달했을 때 연소하는 현상 • 기체의 일반적 연소 형태	촛불연소, 가스버너, 성냥
예혼합연소	연소되기 전에 미리 연소범위의 혼합가스를 만들어 연소하는 형태	분젠버너, 산소용접기, 가스레인지

관련개념 CHAPTER 01 화재 · 폭발 검토

100

질화면(Nitrocellulose)은 저장·취급 중에는 에틸알코올 등으로 습면상태를 유지해야 한다. 그 이유를 옳게 설명한 것은?

① 질화면은 건조 상태에서는 자연적으로 분해하면서 발화할 위험이 있기 때문이다.
② 질화면은 알코올과 반응하여 안정한 물질을 만들기 때문이다.
③ 질화면은 건조 상태에서 공기 중의 산소와 환원반응을 하기 때문이다.
④ 질화면은 건조 상태에서 유독한 중합물을 형성하기 때문이다.

해설 **니트로셀룰로오스(질화면)**
• 건조한 상태에서는 자연 분해되어 발화될 수 있다.
• 에틸알코올 또는 이소프로필 알코올로서 습면의 상태로 보관한다.

관련개념 CHAPTER 02 화학물질 안전관리 실행

건설공사 안전관리

101

작업장의 작업면에 따른 적정 조명 수준에 대하여 ( ) 안에 들어갈 내용은?

| • 정밀작업: (㉠   )[lux] 이상 |
| • 초정밀작업: (㉡   )[lux] 이상 |

① ㉠: 150, ㉡: 750
② ㉠: 750, ㉡: 150
③ ㉠: 750, ㉡: 300
④ ㉠: 300, ㉡: 750

해설 **작업별 조도기준**
• 초정밀작업: 750[lux] 이상
• 정밀작업: 300[lux] 이상
• 보통작업: 150[lux] 이상
• 그 밖의 작업: 75[lux] 이상

관련개념 SUBJECT 02 인간공학 및 위험성평가·관리
　　　　　　CHAPTER 06 작업환경 관리

102

추락재해에 대한 예방차원에서 고소작업의 감소를 위한 근본적인 대책으로 옳은 것은?

① 방망 설치
② 지붕트러스의 일체화 또는 지상에서 조립
③ 안전대 사용
④ 비계 등에 의한 작업대 설치

해설 지붕트러스의 일체화 또는 지상에서 조립하는 경우 고소작업을 최소화할 수 있다.

관련개념 CHAPTER 04 건설현장 안전시설 관리

103

연약지반의 이상현상 중 하나인 히빙(heaving)현상에 대한 안전대책이 아닌 것은?

① 흙막이벽의 관입 깊이를 깊게 한다.
② 굴착면에 토사 등으로 하중을 가한다.
③ 흙막이 배면의 표토를 제거하여 토압을 경감시킨다.
④ 주변 수위를 높인다.

> **해설** **히빙의 예방대책**
> • 흙막이벽의 근입 깊이 증가
> • 흙막이벽 배면지반의 상재하중 제거
> • 저면의 굴착부분을 남겨두어 굴착예정인 부분의 일부를 미리 굴착하여 기초콘크리트 타설
> • 굴착주변을 웰 포인트(Well Point) 공법과 병행
> • 굴착저면에 토사 등 인공중력 증가

> **관련개념** CHAPTER 02 건설공사 위험성

104

강관틀비계를 조립하여 사용하는 경우 벽이음의 수직방향 조립간격은?

① 2[m] 이내마다
② 5[m] 이내마다
③ 6[m] 이내마다
④ 8[m] 이내마다

> **해설** 강관틀비계에는 수직방향으로 6[m], 수평방향으로 8[m] 이내마다 벽이음을 하여야 한다.

> **관련개념** CHAPTER 05 비계 · 거푸집 가시설 위험방지

105

건설업의 공사금액이 850억 원일 경우 「산업안전보건법령」에 따른 안전관리자의 수로 옳은 것은?(단, 전체 공사기간을 100으로 할 때 공사 전 · 후 15에 해당하는 경우는 고려하지 않는다.)

① 1명 이상
② 2명 이상
③ 3명 이상
④ 4명 이상

> **해설** 공사금액 800억 원 이상 1,500억 원 미만인 건설공사의 경우 안전관리자는 2명 이상 배치하여야 한다. 다만, 전체 공사기간 중 전 · 후 15에 해당하는 기간 동안은 1명 이상으로 한다.

> **관련개념** CHAPTER 04 건설현장 안전시설 관리

106

「산업안전보건법령」에서 규정하고 있는 차량계 건설기계에 해당되지 않는 것은?

① 불도저
② 어스드릴
③ 타워크레인
④ 콘크리트 펌프카

> **해설** 타워크레인은 양중기에 해당된다.
> **차량계 건설기계의 종류**
> • 도저형 건설기계(불도저, 스트레이트도저, 틸트도저, 앵글도저, 버킷도저)
> • 굴착기
> • 항타기 및 항발기
> • 천공용 건설기계(어스드릴, 어스오거, 크롤러드릴, 점보드릴)
> • 지반 다짐용 건설기계(타이어롤러, 매커덤롤러, 탠덤롤러)
> • 콘크리트 펌프카

> **관련개념** CHAPTER 04 건설현장 안전시설 관리

107

단관비계가 넘어지는 것을 방지하기 위하여 사용하는 벽이음의 간격기준으로 옳은 것은?

① 수직방향 5[m] 이하, 수평방향 5[m] 이하
② 수직방향 6[m] 이하, 수평방향 6[m] 이하
③ 수직방향 7[m] 이하, 수평방향 7[m] 이하
④ 수직방향 8[m] 이하, 수평방향 8[m] 이하

해설 단관비계의 벽이음은 수직방향 5[m], 수평방향 5[m] 이내로 조립하여야 한다.

관련개념 CHAPTER 05 비계 · 거푸집 가시설 위험방지

108

추락방호망의 그물코 크기의 기준으로 옳은 것은?

① 5[cm] 이하   ② 10[cm] 이하
③ 20[cm] 이하   ④ 30[cm] 이하

해설 추락방호망의 그물코는 사각 또는 마름모로서 크기는 10[cm] 이하이어야 한다.

관련개념 CHAPTER 04 건설현장 안전시설 관리

109

연암 및 풍화암의 굴착면 붕괴에 따른 재해를 예방하기 위한 굴착면의 적정한 기울기 기준은?

① 1 : 1.8   ② 1 : 1.2
③ 1 : 1.0   ④ 1 : 0.5

해설 굴착면의 기울기 기준

지반의 종류	굴착면의 기울기
모래	1 : 1.8
연암 및 풍화암	1 : 1.0
경암	1 : 0.5
그 밖의 흙	1 : 1.2

※ 이 문제는 개정된 법령에 따라 수정한 문제입니다.

관련개념 CHAPTER 02 건설공사 위험성

110

건설현장에서 사용되는 작업발판 일체형 거푸집의 종류에 해당되지 않는 것은?

① 갱 폼(gang form)
② 슬립 폼(slip form)
③ 클라이밍 폼(climbing form)
④ 유로 폼(euro form)

해설 작업발판 일체형 거푸집의 종류
· 갱 폼(Gang Form)
· 슬립 폼(Slip Form)
· 클라이밍 폼(Climbing Form)
· 터널 라이닝 폼(Tunnel Lining Form)

관련개념 CHAPTER 05 비계 · 거푸집 가시설 위험방지

111

다음은 「산업안전보건법령」에 따른 항타기 또는 항발기에 권상용 와이어로프를 사용하는 경우에 준수하여야 할 사항이다. ( ) 안에 알맞은 내용으로 옳은 것은?

> 권상용 와이어로프는 추 또는 해머가 최저의 위치에 있을 때 또는 널말뚝을 빼내기 시작할 때를 기준으로 권상장치의 드럼에 적어도 ( ) 감기고 남을 수 있는 충분한 길이일 것

① 1회   ② 2회
③ 4회   ④ 6회

해설 권상용 와이어로프는 추 또는 해머가 최저의 위치에 있을 때 또는 널말뚝을 빼내기 시작할 때를 기준으로 권상장치의 드럼에 적어도 2회 감기고 남을 수 있는 충분한 길이여야 한다.

관련개념 CHAPTER 04 건설현장 안전시설 관리

112

사다리식 통로의 길이가 10[m] 이상일 때 얼마 이내마다 계단참을 설치하여야 하는가?

① 3[m] 이내마다
② 4[m] 이내마다
③ 5[m] 이내마다
④ 6[m] 이내마다

해설 사다리식 통로의 길이가 10[m] 이상인 경우에는 5[m] 이내마다 계단참을 설치하여야 한다.

관련개념 CHAPTER 05 비계 · 거푸집 가시설 위험방지

113

건설업 산업안전보건관리비 계상 및 사용기준(고용노동부고시)은 「산업안전보건법」의 건설공사 중 총 공사금액이 얼마 이상인 공사에 적용하는가?

① 4천만 원
② 3천만 원
③ 2천만 원
④ 1천만 원

해설 건설업 산업안전보건관리비 계상 및 사용기준은 「산업안전보건법」의 건설공사 중 총 공사금액 2천만 원 이상인 공사에 적용한다.

관련개념 CHAPTER 03 건설업 산업안전보건관리비 관리

114

다음 (   ) 안에 알맞은 내용은?

> 동바리로 사용하는 파이프서포트의 높이가 (   )[m]를 초과하는 경우에는 높이 2[m] 이내마다 수평연결재를 2개 방향으로 만들고 수평연결재의 변위를 방지할 것

① 3
② 3.5
③ 4
④ 4.5

해설 동바리로 사용하는 파이프서포트의 높이가 3.5[m]를 초과하는 경우에는 높이 2[m] 이내마다 수평연결재를 2개 방향으로 만들고 수평연결재의 변위를 방지하여야 한다.

관련개념 CHAPTER 05 비계 · 거푸집 가시설 위험방지

115

건립 중 강풍에 의한 풍압 등 외압에 대한 내력이 설계에 고려되었는지 확인해야 하는 철골구조물의 기준으로 옳지 않은 것은?

① 높이 20[m] 이상의 구조물
② 구조물의 폭과 높이의 비가 1 : 4 이상인 구조물
③ 이음부가 공장 제작인 구조물
④ 연면적당 철골량이 50[kg/m²] 이하인 구조물

해설 외압에 대한 내력이 설계에 고려되었는지 확인해야 할 구조물
• 높이 20[m] 이상의 구조물
• 구조물의 폭과 높이의 비가 1 : 4 이상인 구조물
• 단면구조에 현저한 차이가 있는 구조물
• 연면적당 철골량이 50[kg/m²] 이하인 구조물
• 기둥이 타이플레이트(Tie Plate)형인 구조물
• 이음부가 현장용접인 구조물

관련개념 CHAPTER 06 공사 및 작업 종류별 안전

116

동바리로 사용하는 파이프서포트는 최대 몇 개 이상 이어서 사용하지 않아야 하는가?

① 2개
② 3개
③ 4개
④ 5개

해설 동바리로 사용하는 파이프서포트를 3개 이상 이어서 사용하지 않아야 한다.

관련개념 CHAPTER 05 비계 · 거푸집 가시설 위험방지

117

다음 토공기계 중 굴착기계와 가장 관계 있는 것은?

① Clamshell
② Road Roller
③ Shovel Loader
④ Belt Conveyer

해설 클램셸(Clamshell)은 좁은 장소의 깊은 굴착에 효과적인 굴착기계이다.

관련개념 CHAPTER 04 건설현장 안전시설 관리

118

다음 중 운반작업 시 주의사항으로 옳지 않은 것은?

① 운반 시의 시선은 진행 방향을 향하고 뒷걸음 운반을 하여서는 안 된다.

② 무거운 물건을 운반할 때 무게 중심이 높은 화물은 인력으로 운반하지 않는다.

③ 어깨높이보다 높은 위치에서 화물을 들고 운반하여서는 안 된다.

④ 단독으로 긴 물건을 어깨에 메고 운반할 때에는 뒤쪽을 위로 올린 상태로 운반한다.

해설 길이가 긴 장척물을 단독으로 어깨에 메고 운반할 때에는 화물 앞 부분 끝을 근로자 신장보다 약간 높게 하여 모서리, 곡선 등에 충돌하지 않도록 주의하여야 한다.

관련개념 CHAPTER 06 공사 및 작업 종류별 안전

119

달비계 설치 시 와이어로프를 사용할 때 사용가능한 와이어로프의 조건은?

① 지름의 감소가 공칭지름의 8[%]인 것

② 이음매가 없는 것

③ 심하게 변형되거나 부식된 것

④ 와이어로프의 한 꼬임에서 끊어진 소선의 수가 10[%]인 것

해설 달비계 설치 시 이음매가 없는 와이어로프는 사용가능하다.

달비계 와이어로프의 사용금지 조건

• 이음매가 있는 것

• 와이어로프의 한 꼬임(Strand)에서 끊어진 소선의 수가 10[%] 이상인 것

• 지름의 감소가 공칭지름의 7[%]를 초과하는 것

• 꼬인 것

• 심하게 변형되거나 부식된 것

• 열과 전기충격에 의해 손상된 것

관련개념 CHAPTER 05 비계 · 거푸집 가시설 위험방지

120

유해위험방지계획서를 고용노동부장관에게 제출하고 심사를 받아야 하는 대상 건설공사 기준으로 옳지 않은 것은?

① 최대 지간길이가 50[m] 이상인 다리의 건설 등 공사

② 지상높이 25[m] 이상인 건축물 또는 인공구조물의 건설 등 공사

③ 깊이 10[m] 이상인 굴착공사

④ 다목적댐, 발전용댐, 저수용량 2천만 톤 이상의 용수 전용 댐 및 지방상수도 전용 댐의 건설 등 공사

해설 **유해위험방지계획서 제출대상 건설공사**

• 지상높이가 31[m] 이상인 건축물 또는 인공구조물, 연면적 30,000[m²] 이상인 건축물 또는 연면적 5,000[m²] 이상의 문화 및 집회시설(전시장 및 동물원 · 식물원 제외), 판매시설, 운수시설(고속철도의 역사 및 집배송시설 제외), 종교시설, 의료시설 중 종합병원, 숙박시설 중 관광숙박시설, 지하도상가 또는 냉동 · 냉장 창고시설의 건설 · 개조 또는 해체(건설 등) 공사

• 연면적 5,000[m²] 이상의 냉동 · 냉장 창고시설의 설비공사 및 단열공사

• 최대 지간길이가 50[m] 이상인 다리의 건설 등 공사

• 터널의 건설 등 공사

• 다목적댐, 발전용댐, 저수용량 2천만 톤 이상의 용수 전용 댐 및 지방 상수도 전용 댐의 건설 등 공사

• 깊이가 10[m] 이상인 굴착공사

관련개념 CHAPTER 02 건설공사 위험성

산업재해 예방 및 안전보건교육

001

「산업안전보건법령」상 산업안전보건위원회의 구성·운영에 관한 설명 중 틀린 것은?

① 정기회의는 분기마다 소집한다.
② 위원장은 위원 중에서 호선(互選)한다.
③ 근로자대표가 지명하는 명예산업안전감독관은 근로자 위원에 속한다.
④ 공사금액 100억 원 이상의 건설업의 경우 산업안전보건위원회를 구성·운영해야 한다.

해설 건설업의 경우 공사금액 120억 원 이상(토목공사업의 경우에는 150억 원 이상)일 때 산업안전보건위원회를 구성·운영하여야 한다.

관련개념 CHAPTER 01 산업재해예방 계획 수립

002

「산업안전보건법령」상 잠함(潛函) 또는 잠수작업 등 높은 기압에서 작업하는 근로자의 근로시간 기준은?

① 1일 6시간, 1주 32시간 초과금지
② 1일 6시간, 1주 34시간 초과금지
③ 1일 8시간, 1주 32시간 초과금지
④ 1일 8시간, 1주 34시간 초과금지

해설 유해·위험작업에 대한 근로시간 제한
사업주는 잠함 또는 잠수작업 등 높은 기압에서 작업하는 근로자에게는 1일 6시간, 1주 34시간을 초과하여 근로하게 해서는 아니 된다.

관련개념 CHAPTER 01 산업재해예방 계획 수립

003

산업현장에서 재해발생 시 조치순서로 옳은 것은?

① 긴급처리 → 재해조사 → 원인분석 → 대책수립
② 긴급처리 → 원인분석 → 대책수립 → 재해조사
③ 재해조사 → 원인분석 → 대책수립 → 긴급처리
④ 재해조사 → 대책수립 → 원인분석 → 긴급처리

해설 재해발생 시 조치순서
㉠ 긴급처리
㉡ 재해조사
㉢ 원인강구: 4M 요인
㉣ 대책수립
㉤ 실시
㉥ 평가

관련개념 SUBJECT 03 기계·기구 및 설비 안전관리
CHAPTER 02 기계분야 산업재해 조사 및 관리

004

산업재해보험적용 근로자 1,000명인 플라스틱 제조 사업장에서 작업 중 재해 5건이 발생하였고, 1명이 사망하였을 때 이 사업장의 사망만인율은?

① 2
② 5
③ 10
④ 20

해설 사망만인율
임금근로자 수 10,000명당 발생하는 사망자 수의 비율이다.

$$\text{사망만인율} = \frac{\text{사망자 수}}{\text{산재보험적용 근로자 수}} \times 10,000 = \frac{1}{1,000} \times 10,000 = 10$$

관련개념 SUBJECT 03 기계·기구 및 설비 안전관리
CHAPTER 02 기계분야 산업재해 조사 및 관리

005

안전·보건 교육계획 수립 시 고려사항 중 틀린 것은?

① 필요한 정보를 수집한다.

② 현장의 의견은 고려하지 않는다.

③ 지도안은 교육대상을 고려하여 작성한다.

④ 법령에 의한 교육에만 그치지 않아야 한다.

■해설■ 교육계획 수립 시 교육의 요구사항 등 필요한 정보를 수집·파악하고 현장의 의견을 충분히 반영한다.

관련개념 CHAPTER 05 안전보건교육의 내용 및 방법

006

학습지도의 형태 중 몇 사람의 전문가가 주제에 대한 견해를 발표하고 참가자로 하여금 의견을 내거나 질문을 하게 하는 토의방식은?

① 포럼(Forum)

② 심포지엄(Symposium)

③ 버즈세션(Buzz session)

④ 자유토의법(Free discussion method)

■해설■ 심포지엄(Symposium)
몇 사람의 전문가가 과제에 관한 견해를 발표하게 한 뒤 참가자로 하여금 의견이나 질문을 하게 하여 토의하는 방법이다.

관련개념 CHAPTER 05 안전보건교육의 내용 및 방법

007

「산업안전보건법령」상 근로자 안전보건교육 대상에 따른 교육시간 기준 중 틀린 것은?(단, 상시작업이며, 일용근로자 및 근로계약기간이 1개월 이하인 기간제근로자는 제외한다.)

① 특별교육 – 16시간 이상

② 채용 시 교육 – 8시간 이상

③ 작업내용 변경 시 교육 – 2시간 이상

④ 사무직 종사 근로자 정기교육 – 매반기 2시간 이상

■해설■ 근로자 안전보건교육 교육과정별 교육시간

교육과정	교육대상		교육시간
정기교육	사무직 종사 근로자		매반기 6시간 이상
	그 밖의 근로자	판매업무에 직접 종사하는 근로자	매반기 6시간 이상
		판매업무에 직접 종사하는 근로자 외의 근로자	매반기 12시간 이상
채용 시 교육	일용근로자 및 근로계약기간이 1주일 이하인 기간제근로자		1시간 이상
	근로계약기간이 1주일 초과 1개월 이하인 기간제근로자		4시간 이상
	그 밖의 근로자		8시간 이상
작업내용 변경 시 교육	일용근로자 및 근로계약기간이 1주일 이하인 기간제근로자		1시간 이상
	그 밖의 근로자		2시간 이상
건설업 기초 안전·보건교육	건설 일용근로자		4시간 이상

※ 이 문제는 개정된 법령에 따라 수정한 문제입니다.

관련개념 CHAPTER 05 안전보건교육의 내용 및 방법

008

버드(Bird)의 신도미노 이론 5단계에 해당하지 않는 것은?

① 제어부족(관리)

② 직접 원인(징후)

③ 간접 원인(평가)

④ 기본 원인(기원)

■해설■ 버드(Frank Bird)의 신도미노 이론

㉠ 1단계: 통제의 부족(관리 소홀) → 재해발생의 근원적 요인

㉡ 2단계: 기본 원인(기원) → 개인적 또는 과업과 관련된 요인

㉢ 3단계: 직접 원인(징후) → 불안전한 행동 및 불안전한 상태

㉣ 4단계: 사고(접촉)

㉤ 5단계: 상해(손해)

관련개념 CHAPTER 01 산업재해예방 계획 수립

009

재해예방의 4원칙에 해당하지 않는 것은?

① 예방가능의 원칙
② 손실우연의 원칙
③ 원인연계의 원칙
④ 재해 연쇄성의 원칙

해설 **재해예방의 4원칙**
- 손실우연의 원칙: 재해손실은 사고발생 시 사고대상의 조건에 따라 달라지므로 한 사고의 결과로서 생긴 재해손실은 우연성에 의해 결정된다.
- 원인계기(원인연계)의 원칙: 재해발생은 반드시 원인이 있다.
- 예방가능의 원칙: 재해는 원칙적으로 원인만 제거하면 예방이 가능하다.
- 대책선정의 원칙: 재해예방을 위한 가능한 안전대책은 반드시 존재한다.

관련개념 CHAPTER 01 산업재해예방 계획 수립

010

안전점검을 점검시기에 따라 구분할 때 다음에서 설명하는 안전점검은?

> 작업담당자 또는 해당 관리감독자가 맡고 있는 공정의 설비, 기계, 공구 등을 매일 작업 전 또는 작업 중에 일상적으로 실시하는 안전점검

① 정기점검
② 수시점검
③ 특별점검
④ 임시점검

해설 **안전점검의 종류**

종류	내용
일상점검(수시점검)	작업 전·중·후 수시로 실시하는 점검
정기점검	정해진 기간에 정기적으로 실시하는 점검
특별점검	기계·기구의 신설 및 변경 시 고장, 수리 등에 의해 부정기적으로 실시하는 점검, 안전강조기간에 실시하는 점검 등
임시점검	이상 발견 시 또는 재해발생 시 임시로 실시하는 점검

관련개념 SUBJECT 03 기계·기구 및 설비 안전관리
CHAPTER 02 기계분야 산업재해 조사 및 관리

011

타일러(Tyler)의 교육과정 중 학습경험 선정의 원리에 해당하는 것은?

① 기회의 원리
② 계속성의 원리
③ 계열성의 원리
④ 통합성의 원리

해설 기회의 원리는 학습경험의 선정원리 중 하나이다.

학습경험의 선정원리	학습경험의 조직원리
기회, 만족, 가능성, 경험, 성과	계열성, 계속성, 통합성

관련개념 CHAPTER 05 안전보건교육의 내용 및 방법

012

주의(Attention)의 특성에 관한 설명 중 틀린 것은?

① 고도의 주의는 장시간 지속하기 어렵다.
② 한 지점에 주의를 집중하면 다른 곳의 주의는 약해진다.
③ 최고의 주의 집중은 의식의 과잉상태에서 가능하다.
④ 여러 자극을 지각할 때 소수의 현란한 자극에 선택적 주의를 기울이는 경향이 있다.

해설 의식이 과잉상태인 경우 부주의의 원인이 되기 쉽다.
부주의 원인
- 의식의 우회
- 의식수준의 저하
- 의식의 단절
- 의식의 과잉
- 의식의 혼란

관련개념 CHAPTER 04 인간의 행동과학

013

「산업재해보상보험법령」상 보험급여의 종류가 아닌 것은?

① 장례비
② 간병급여
③ 직업재활급여
④ 생산손실비용

해설 생산손실비용은 보험급여에 해당되지 않는다.
법령으로 지급되는 산재보상비
요양급여, 휴업급여, 장해급여, 간병급여, 유족급여, 상병보상연금, 장례비, 직업재활급여

관련개념 SUBJECT 03 기계·기구 및 설비 안전관리
CHAPTER 02 기계분야 산업재해 조사 및 관리

014

「산업안전보건법령」상 그림과 같은 기본모형이 나타내는 안전보건표지의 표시사항으로 옳은 것은?(단, L은 안전보건표지를 인식할 수 있거나 인식해야 할 안전거리를 말한다.)

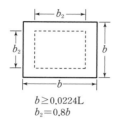

$b \geq 0.0224L$
$b_2 = 0.8b$

① 금지   ② 경고
③ 지시   ④ 안내

해설 안전보건표지의 기본모형

기본모형	규격비율	표시사항
	$d \geq 0.025L$ $d_1 = 0.8d$ $0.7d < d_2 < 0.8d$ $d_3 = 0.1d$	금지
	$a \geq 0.034L$ $a_1 = 0.8a$ $0.7a < a_2 < 0.8a$	경고
	$a \geq 0.025L$ $a_1 = 0.8a$ $0.7a < a_2 < 0.8a$	
	$d \geq 0.025L$ $d_1 = 0.8d$	지시
	$b \geq 0.0224L$ $b_2 = 0.8b$	안내
	$h < l$ $h_2 = 0.8h$ $l \times h \geq 0.0005L^2$ $h - h_2 = l - l_2 = 2e_2$ $\dfrac{l}{h} = 1, 2, 4, 8$ (4종류)	안내

관련개념 CHAPTER 02 안전보호구 관리

015

기업 내의 계층별 교육훈련 중 주로 관리감독자를 교육대상자로 하며 작업을 가르치는 능력, 작업방법을 개선하는 기능 등을 교육 내용으로 하는 기업 내 정형교육은?

① TWI(Training Within Industry)
② ATT(American Telephone Telegram)
③ MTP(Management Training Program)
④ ATP(Administration Training Program)

해설 TWI(Training Within Industry)
- 주로 관리감독자를 대상으로 하며 전체 교육시간은 10시간 정도 소요된다.
- 한 그룹에 10명 내외로 토의법과 실연법 중심으로 강의가 실시되며 작업지도훈련, 작업방법훈련, 인간관계훈련, 작업안전훈련으로 이루어진다.

관련개념 CHAPTER 05 안전보건교육의 내용 및 방법

016

사회행동의 기본형태가 아닌 것은?

① 모방   ② 대립
③ 도피   ④ 협력

해설 사회행동의 기본형태에는 협력, 대립, 도피, 융합이 있다.

관련개념 CHAPTER 04 인간의 행동과학

017

위험예지훈련의 문제해결 4라운드에 해당하지 않는 것은?

① 현상파악   ② 본질추구
③ 대책수립   ④ 원인결정

해설 위험예지훈련의 추진을 위한 문제해결 4단계
㉠ 1라운드: 현상파악(사실의 파악) - 어떤 위험이 잠재하고 있는가?
㉡ 2라운드: 본질추구(원인조사) - 이것이 위험의 포인트다.
㉢ 3라운드: 대책수립(대책을 세운다) - 당신이라면 어떻게 하겠는가?
㉣ 4라운드: 목표설정(행동계획 작성) - 우리들은 이렇게 하자!

관련개념 CHAPTER 01 산업재해예방 계획 수립

018

바이오리듬(생체리듬)에 관한 설명 중 틀린 것은?

① 안정기(+)와 불안정기(-)의 교차점을 위험일이라 한다.
② 감성적 리듬은 33일을 주기로 반복하며, 주의력, 예감 등과 관련되어 있다.
③ 지성적 리듬은 "I"로 표시하며 사고력과 관련이 있다.
④ 육체적 리듬은 신체적 컨디션의 율동적 발현, 즉 식욕·활동력 등과 밀접한 관계를 갖는다.

해설 감성적 리듬(S, Sensitivity)
기분이나 신경계통의 상태를 나타내는 리듬으로 적색 점선으로 표시하며 28일의 주기이다. 주의력·창조력·예감 및 통찰력 등을 좌우한다.

관련개념 CHAPTER 04 인간의 행동과학

019

운동의 시지각(착각현상) 중 자동운동이 발생하기 쉬운 조건에 해당하지 않는 것은?

① 광점이 작은 것
② 대상이 단순한 것
③ 광의 강도가 큰 것
④ 시야의 다른 부분이 어두운 것

해설 자동운동이 생기기 쉬운 조건
· 광점이 작을 것
· 시야의 다른 부분이 어두울 것
· 광의 강도가 작을 것
· 대상이 단순할 것

관련개념 CHAPTER 03 산업안전심리

020

「보호구 안전인증 고시」상 안전인증 방독마스크의 정화통 종류와 외부 측면의 표시색이 잘못 연결된 것은?

① 할로겐용 - 회색
② 황화수소용 - 회색
③ 암모니아용 - 회색
④ 시안화수소용 - 회색

해설 정화통 외부 측면의 표시색

종류	표시색
유기화합물용 정화통	갈색
할로겐용 정화통	회색
황화수소용 정화통	
시안화수소용 정화통	
아황산용 정화통	노란색
암모니아용 정화통	녹색

관련개념 CHAPTER 02 안전보호구 관리

인간공학 및 위험성평가 · 관리

021

인간공학적 연구에 사용되는 기준척도의 요건 중 다음 설명에 해당하는 것은?

> 기준척도는 측정하고자 하는 변수 외의 다른 변수들의 영향을 받아서는 안 된다.

① 신뢰성
② 적절성
③ 검출성
④ 무오염성

해설 **체계기준의 구비조건(연구조사의 기준척도)**
- 실제적 요건: 객관적, 정량적이고 수집 또는 연구가 쉬우며, 특수한 자료 수집기법이나 기기가 필요 없어 돈이나 실험자의 수고가 적게 들어야 한다.
- 신뢰성(반복성): 시간이나 대표적 표본의 선정에 관계없이, 변수 측정의 일관성이나 안정성이 있어야 한다.
- 타당성(적절성): 어느 것이나 공통적으로 변수가 실제로 의도하는 바를 어느 정도 측정하는가를 결정(시스템의 목표를 잘 반영하는가를 나타내는 척도)하여야 한다.
- 순수성(무오염성): 측정하는 구조 외적인 변수의 영향은 받지 않아야 한다.
- 민감도: 피검자 사이에서 볼 수 있는 예상 차이점에 비례하는 단위로 측정하여야 한다.

관련개념 CHAPTER 01 안전과 인간공학

022

그림과 같은 시스템에서 부품 A, B, C, D의 신뢰도가 모두 r로 동일할 때 이 시스템의 신뢰도는?

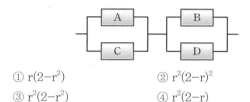

① $r(2-r^2)$
② $r^2(2-r)^2$
③ $r^2(2-r^2)$
④ $r^2(2-r)$

해설 신뢰도 $= \{1-(1-r)\times(1-r)\}\times\{1-(1-r)\times(1-r)\}$
$= \{1-(1-2r+r^2)\}\times\{1-(1-2r+r^2)\}$
$= (2r-r^2)\times(2r-r^2)$
$= r(2-r)\times r(2-r)$
$= r^2(2-r)^2$

관련개념 CHAPTER 01 안전과 인간공학

023

서브시스템 분석에 사용되는 분석방법으로 시스템 수명주기에서 ㉠에 들어갈 위험분석기법은?

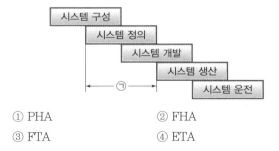

① PHA
② FHA
③ FTA
④ ETA

해설 **결함위험분석(FHA; Fault Hazards Analysis)**
분업에 의해 여럿이 분담 설계한 서브시스템 간의 인터페이스를 조정하여 각각의 서브시스템 및 전체 시스템에 악영향을 미치지 않게 하기 위한 분석 방식으로 시스템 정의단계와 시스템 개발단계에서 적용한다.

관련개념 CHAPTER 02 위험성 파악 · 결정

024

정신적 작업 부하에 관한 생리적 척도에 해당하지 않는 것은?

① 근전도
② 뇌파도
③ 부정맥 지수
④ 점멸융합주파수

해설 근전도(EMG)는 육체적 작업 부하에 관한 생리적 척도로 근수축 정도 또는 근피로도 측정 시 사용된다.

관련개념 SUBJECT 01 산업재해 예방 및 안전보건교육
CHAPTER 04 인간의 행동과학

025

A사의 안전관리자는 자사 화학설비의 안전성 평가를 실시하고 있다. 그중 제2단계인 정성적 평가를 진행하기 위하여 평가 항목을 설계관계 대상과 운전관계 대상으로 분류하였을 때 설계관계 항목이 아닌 것은?

① 소방설비
② 공장 내 배치
③ 입지조건
④ 원재료, 중간제품

해설 안전성 평가 제2단계(정성적 평가)
• 설계관계: 입지조건, 공장 내 배치, 건조물, 소방설비, 공정기기 등
• 운전관계: 원재료, 운송, 저장 등

관련개념 CHAPTER 02 위험성 파악 · 결정

026

불(Boole) 대수의 관계식으로 틀린 것은?

① $A + \overline{A} = 1$
② $A + AB = A$
③ $A(A+B) = A+B$
④ $A + \overline{A}B = A+B$

해설 $A(A+B) = A+AB = A \cup (A \cap B) = (A \cup A) \cap (A \cup B)$
$= A \cap (A \cup B) = A$

관련개념 CHAPTER 02 위험성 파악 · 결정

027

인간공학의 목표와 거리가 가장 먼 것은?

① 사고 감소
② 생산성 증대
③ 안전성 향상
④ 근골격계질환 증가

해설 인간공학의 목적
• 작업자의 안전성의 향상과 사고를 방지한다.
• 기계조작의 능률성과 생산성을 향상시킨다.
• 편리성, 쾌적성(만족도)을 향상시킨다.

관련개념 CHAPTER 01 안전과 인간공학

028

통화이해도 척도로서 통화이해도에 영향을 주는 잡음의 영향을 추정하는 지수는?

① 명료도 지수
② 통화 간섭 수준
③ 이해도 점수
④ 통화 공진 수준

해설 통화 간섭 수준(SIL; Speech Interference Level)
통화 간섭 수준이란 잡음이 통화이해도에 미치는 영향을 추정하는 하나의 지수이다.

관련개념 CHAPTER 06 작업환경 관리

029

예비위험분석(PHA)에서 식별된 사고의 범주가 아닌 것은?

① 중대(Critical)
② 한계적(Marginal)
③ 파국적(Catastrophic)
④ 수용가능(Acceptable)

해설 PHA에 의한 위험등급
㉠ Class-1: 파국(Catastrophic)
㉡ Class-2: 중대(위기)(Critical)
㉢ Class-3: 한계적(Marginal)
㉣ Class-4: 무시가능(Negligible)

관련개념 CHAPTER 02 위험성 파악 · 결정

030

어떤 결함수를 분석하여 Minimal Cut Set을 구한 결과 다음과 같았다. 각 기본사상의 발생확률을 q_i, $i=1, 2, 3$이라 할 때 정상사상의 발생확률함수로 옳은 것은?

$$k_1=[1, 2], k_2=[1, 3], k_3=[2, 3]$$

① $q_1q_2+q_1q_2-q_2q_3$
② $q_1q_2+q_1q_3-q_2q_3$
③ $q_1q_2+q_1q_3+q_2q_3-q_1q_2q_3$
④ $q_1q_2+q_1q_3+q_2q_3-2q_1q_2q_3$

해설 k_1, k_2, k_3가 미니멀 컷셋이므로 셋 중 하나라도 발생하면 정상사상(T)이 발생한다. 따라서 정상사상(T)과 k_1, k_2, k_3는 OR 게이트로 연결된 것과 같으므로 이와 동일하게 확률을 계산한다.

$$T=1-(1-q_1q_2)\times(1-q_1q_3)\times(1-q_2q_3)$$
$$=1-(1-q_1q_2-q_1q_3+q_1q_2q_3)\times(1-q_2q_3)$$
$$=1-(1-q_1q_2-q_1q_3+q_1q_2q_3-q_2q_3+q_1q_2q_3+q_1q_2q_3-q_1q_2q_3)$$
$$=q_1q_2+q_1q_3+q_2q_3-2q_1q_2q_3$$

관련개념 CHAPTER 02 위험성 결정·파악

031

반사경 없이 모든 방향으로 빛을 발하는 점광원에서 3[m] 떨어진 곳의 조도가 300[lux]라면 2[m] 떨어진 곳에서 조도[lux]는?

① 375
② 675
③ 875
④ 975

해설
• 3[m] 떨어진 곳의 광속
  광속[lumen]=조도[lux]×(거리[m])²=300×3²=2,700[lumen]
• 2[m] 떨어진 곳의 조도
  광속은 거리에 관계없이 일정하므로
  $$조도[lux]=\frac{광속[lumen]}{(거리[m])^2}=\frac{2,700}{2^2}=675[lux]$$

관련개념 CHAPTER 06 작업환경 관리

032

「근골격계부담작업의 범위 및 유해요인조사 방법에 관한 고시」상 근골격계부담작업에 해당하지 않는 것은?(단, 상시 작업을 기준으로 한다.)

① 하루에 10회 이상 25[kg] 이상의 물체를 드는 작업
② 하루에 총 2시간 이상 쪼그리고 앉거나 무릎을 굽힌 자세에서 이루어지는 작업
③ 하루에 총 2시간 이상 시간당 5회 이상 손 또는 무릎을 사용하여 반복적으로 충격을 가하는 작업
④ 하루에 4시간 이상 집중적으로 자료입력 등을 위해 키보드 또는 마우스를 조작하는 작업

해설 하루에 총 2시간 이상 시간당 10회 이상 손 또는 무릎을 사용하여 반복적으로 충격을 가하는 작업이 근골격계부담작업에 해당한다.

관련개념 CHAPTER 04 근골격계질환 예방관리

033

시각적 식별에 영향을 주는 각 요소에 대한 설명 중 틀린 것은?

① 조도는 광원의 세기를 말한다.
② 휘도는 단위면적당 표면에 반사 또는 방출되는 광량을 말한다.
③ 반사율은 물체의 표면에 도달하는 조도와 광도의 비를 말한다.
④ 광도 대비란 표적의 광도와 배경의 광도의 차이를 배경 광도로 나눈 값을 말한다.

해설 조도는 어떤 물체나 대상면에 도달하는 빛의 양을 말하는 것으로 단위는 [lux]이다.

관련개념 CHAPTER 06 작업환경 관리

034

부품배치의 원칙 중 기능적으로 관련된 부품들을 모아서 배치한다는 원칙은?

① 중요성의 원칙
② 사용빈도의 원칙
③ 사용순서의 원칙
④ 기능별 배치의 원칙

해설 **부품배치의 원칙**

중요성의 원칙	부품의 작동성능이 목표달성에 중요한 정도에 따라 우선순위를 결정
사용빈도의 원칙	부품이 사용되는 빈도에 따라 우선순위를 결정
기능별 배치의 원칙	기능적으로 관련된 부품을 모아서 배치
사용순서의 원칙	사용순서에 맞게 순차적으로 부품들을 배치

관련개념 CHAPTER 06 작업환경 관리

035

HAZOP 분석기법의 장점이 아닌 것은?

① 학습 및 적용이 쉽다.
② 기법 적용에 큰 전문성을 요구하지 않는다.
③ 짧은 시간에 저렴한 비용으로 분석이 가능하다.
④ 다양한 관점을 가진 팀 단위 수행이 가능하다.

해설 HAZOP 분석기법은 많은 인력을 투입하므로 시간과 비용이 많이 든다는 단점이 있다.

관련개념 CHAPTER 02 위험성 파악 · 결정

036

태양광이 내리쬐지 않는 옥내의 습구흑구온도지수(WBGT) 산출식은?

① $0.6 \times$ 자연습구온도 $+ 0.3 \times$ 흑구온도
② $0.7 \times$ 자연습구온도 $+ 0.3 \times$ 흑구온도
③ $0.6 \times$ 자연습구온도 $+ 0.4 \times$ 흑구온도
④ $0.7 \times$ 자연습구온도 $+ 0.4 \times$ 흑구온도

해설 **습구흑구온도지수(WBGT)[옥내 또는 옥외(태양광선이 내리쬐지 않는 장소)]**
$WBGT = 0.7 \times$ 자연습구온도$(NWB) + 0.3 \times$ 흑구온도(GT)

관련개념 CHAPTER 06 작업환경 관리

037

FTA에서 사용되는 논리게이트 중 입력과 반대되는 현상으로 출력되는 것은?

① 부정 게이트
② 억제 게이트
③ 배타적 OR 게이트
④ 우선적 AND 게이트

해설

기호	명칭	설명
$\overline{A}$	부정 게이트 (NOT 게이트)	부정 모디파이어(Not modifier)라고도 하며, 입력현상에 반대되는 출력사상이 발생

관련개념 CHAPTER 02 위험성 파악 · 결정

038

부품고장이 발생하여도 기계가 추후 보수될 때까지 안전한 기능을 유지할 수 있도록 하는 기능은?

① Fail-Soft
② Fail-Active
③ Fail-Operational
④ Fail-Passive

해설 **Fail Safe의 기능분류**
- Fail Passive: 부품이 고장나면 통상 정지하는 방향으로 이동한다.
- Fail Active: 부품이 고장나면 기계는 경보를 울리며 짧은 시간 동안 운전이 가능하다.
- Fail Operational: 부품에 고장이 있더라도 추후 보수가 있을 때까지 안전한 기능을 유지한다.

관련개념 CHAPTER 02 위험성 파악 · 결정

039

양립성의 종류가 아닌 것은?

① 개념의 양립성
② 감성의 양립성
③ 운동의 양립성
④ 공간의 양립성

해설 **양립성(Compatibility)**
- 안전을 근원적으로 확보하기 위한 전략으로서 외부의 자극과 인간의 기대가 서로 모순되지 않아야 하는 것이고 제어장치와 표시장치 사이의 연관성이 인간의 예상과 어느 정도 일치하는가 여부이다.
- 공간적, 운동적, 개념적, 양식 양립성이 있다.

관련개념 CHAPTER 06 작업환경 관리

040

James Reason의 원인적 휴먼에러 종류 중 다음 설명의 휴먼에러 종류는?

> 자동차가 우측 운행하는 한국의 도로에 익숙해진 운전자가 좌측 운행을 해야 하는 일본에서 우측 운행을 하다가 교통사고를 냈다.

① 고의사고(Violation)
② 숙련기반에러(Skill-based Error)
③ 규칙기반착오(Rule-based Mistake)
④ 지식기반착오(Knowledge-based Mistake)

해설 자동차가 우측 운행하는 한국의 규칙에 기반한 착오이다.
제임스 리즌(James Reason)의 불안전한 행동 분류

관련개념 CHAPTER 01 안전과 인간공학

기계 · 기구 및 설비 안전관리

041

「산업안전보건법령」상 사업주가 진동작업을 하는 근로자에게 충분히 알려야 할 사항과 거리가 가장 먼 것은?

① 인체에 미치는 영향과 증상
② 진동 기계 · 기구 관리방법
③ 보호구 선정과 착용방법
④ 진동 재해 시 비상연락체계

해설 진동작업에 종사하는 근로자에게 알려야 할 사항
• 인체에 미치는 영향과 증상
• 보호구의 선정과 착용방법
• 진동 기계 · 기구 관리 및 사용방법
• 진동 장해 예방방법

관련개념 CHAPTER 07 설비진단 및 검사

042

다음 중 「산업안전보건법령」상 크레인에 전용 탑승설비를 설치하고 근로자를 달아 올린 상태에서 작업에 종사시킬 경우 근로자의 추락 위험을 방지하기 위하여 실시해야 할 조치사항으로 적합하지 않은 것은?

① 승차석 외의 탑승 제한
② 안전대나 구명줄의 설치
③ 탑승설비의 하강 시 동력하강방법을 사용
④ 탑승설비가 뒤집히거나 떨어지지 않도록 필요한 조치

해설 사업주는 크레인을 사용하여 근로자를 운반하거나 근로자를 달아 올린 상태에서 작업에 종사시켜서는 아니 된다. 다만, 크레인에 전용 탑승설비를 설치하고 추락 위험을 방지하기 위하여 다음의 조치를 한 경우에는 그러하지 아니하다.
• 탑승설비가 뒤집히거나 떨어지지 않도록 필요한 조치를 할 것
• 안전대나 구명줄을 설치하고, 안전난간을 설치할 수 있는 구조인 경우에는 안전난간을 설치할 것
• 탑승설비를 하강시킬 때에는 동력하강방법으로 할 것

관련개념 CHAPTER 06 운반기계 및 양중기

043

연삭기에서 숫돌의 바깥지름이 150[mm]일 경우 평형 플랜지 지름은 몇 [mm] 이상이어야 하는가?

① 30
② 50
③ 60
④ 90

해설 플랜지의 지름은 숫돌 직경의 $\frac{1}{3}$ 이상인 것이 적당하다.

플랜지의 지름 $D = 150 \times \frac{1}{3} = 50$[mm] 이상

관련개념 CHAPTER 03 공작기계의 안전

044

플레이너 작업 시의 안전대책이 아닌 것은?

① 베드 위에 다른 물건을 올려놓지 않는다.
② 바이트는 되도록 짧게 나오도록 설치한다.
③ 프레임 내의 피트(Pit)에는 뚜껑을 설치한다.
④ 칩 브레이커를 사용하여 칩이 길게 되도록 한다.

해설 칩 브레이커(Chip Breaker)는 칩을 짧게 끊어지도록 하는 장치로 선반의 방호장치이다.

관련개념 CHAPTER 03 공작기계의 안전

045

양중기 과부하방지장치의 일반적인 공통사항에 대한 설명 중 부적합한 것은?

① 과부하방지장치와 타 방호장치는 기능에 서로 장애를 주지 않도록 부착할 수 있는 구조이어야 한다.

② 방호장치의 기능을 변형 또는 보수할 때 양중기의 기능도 동시에 정지할 수 있는 구조이어야 한다.

③ 과부하방지장치에는 정상동작상태의 녹색 램프와 과부하 시 경고 표시를 할 수 있는 붉은색 램프와 경보음을 발하는 장치 등을 갖추어야 하며, 양중기 운전자가 확인할 수 있는 위치에 설치해야 한다.

④ 과부하방지장치 작동 시 경보음과 경보램프가 작동되어야 하며 양중기는 작동이 되지 않아야 한다. 다만, 크레인은 과부하 상태 해지를 위하여 권상된 만큼 권하시킬 수 있다.

해설 **양중기 과부하방지장치의 일반적인 성능기준**

방호장치의 기능을 제거 또는 정지할 때 양중기의 기능도 동시에 정지할 수 있는 구조이어야 한다.

관련개념 CHAPTER 06 운반기계 및 양중기

046

「산업안전보건법령」상 프레스 작업시작 전 점검해야 할 사항에 해당하는 것은?

① 와이어로프가 통하고 있는 곳 및 작업장소의 지반상태

② 하역장치 및 유압장치 기능

③ 권과방지장치 및 그 밖의 경보장치의 기능

④ 1행정 1정지기구·급정지장치 및 비상정지장치의 기능

해설 **프레스 작업시작 전의 점검사항**

• 클러치 및 브레이크의 기능

• 크랭크축·플라이휠·슬라이드·연결봉 및 연결 나사의 풀림 유무

• 1행정 1정지기구·급정지장치 및 비상정지장치의 기능

• 슬라이드 또는 칼날에 의한 위험방지 기구의 기능

• 프레스의 금형 및 고정볼트 상태

• 방호장치의 기능

• 전단기의 칼날 및 테이블의 상태

관련개념 CHAPTER 02 기계분야 산업재해 조사 및 관리

047

방호장치를 분류할 때는 크게 위험장소에 대한 방호장치와 위험원에 대한 방호장치로 구분할 수 있는데, 다음 중 위험장소에 대한 방호장치가 아닌 것은?

① 격리형 방호장치

② 접근거부형 방호장치

③ 접근반응형 방호장치

④ 포집형 방호장치

해설 **포집형 방호장치**

목재가공기의 반발예방장치와 같이 위험장소에 설치하여 위험원이 비산하거나 튀는 것을 방지하는 등 작업자로부터 위험원을 차단하는 방호장치이다.

관련개념 CHAPTER 01 기계공정의 안전, 기계안전시설 관리

048

「산업안전보건법령」상 목재가공용 기계에 사용되는 방호장치의 연결이 옳지 않은 것은?

① 둥근톱기계: 톱날접촉예방장치

② 띠톱기계: 날접촉예방장치

③ 모떼기기계: 날접촉예방장치

④ 동력식 수동대패기계: 반발예방장치

해설 **대패기계의 날접촉예방장치**

사업주는 작업대상물이 수동으로 공급되는 동력식 수동대패기계에 날접촉예방장치를 설치하여야 한다.

관련개념 CHAPTER 05 기타 산업용 기계·기구

049

다음 중 금속 등의 도체에 교류를 통한 코일을 접근시켰을 때, 결함이 존재하면 코일에 유기되는 전압이나 전류가 변하는 것을 이용한 검사방법은?

① 자분탐상검사
② 초음파탐상검사
③ 와류탐상검사
④ 침투형광탐상검사

해설 **와류탐상검사(ECT; Eddy Current Testing)**
금속 등의 도체에 교류를 통한 코일을 접근시켰을 때, 결함이 존재하면 코일에 유기되는 전압이나 전류가 변하는 것을 이용한 검사방법이다.

관련개념 CHAPTER 07 설비진단 및 검사

050

「산업안전보건법령」에서 정한 양중기의 종류에 해당하지 않는 것은?

① 크레인[호이스트(hoist)를 포함]
② 도르래
③ 곤돌라
④ 승강기

해설 **양중기의 종류**
• 크레인(호이스트(Hoist) 포함)
• 이동식 크레인
• 리프트(이삿짐운반용 리프트의 경우에는 적재하중이 0.1톤 이상인 것으로 한정)
• 곤돌라
• 승강기

관련개념 CHAPTER 06 운반기계 및 양중기

051

롤러의 급정지를 위한 방호장치를 설치하고자 한다. 앞면 롤러 직경이 36[cm]이고, 분당 회전속도가 50[rpm]이라면 급정지거리는 약 얼마 이내이어야 하는가?(단, 무부하동작에 해당한다.)

① 45[cm]
② 50[cm]
③ 55[cm]
④ 60[cm]

해설 롤러의 표면속도 $V = \dfrac{\pi DN}{1,000} = \dfrac{\pi \times 360 \times 50}{1,000} = 56.5$[m/min]

여기서, D: 롤러의 지름[mm]
　　　　N: 분당회전수[rpm]

급정지거리 $= (\pi \times 360) \times \dfrac{1}{2.5} = 452$[mm] 이내 $= 45$[cm] 이내

급정지장치의 성능

앞면 롤러의 표면속도[m/min]	급정지거리
30 미만	앞면 롤러 원주의 $\dfrac{1}{3}$ 이내
30 이상	앞면 롤러 원주의 $\dfrac{1}{2.5}$ 이내

관련개념 CHAPTER 05 기타 산업용 기계 · 기구

052

다음 중 금형 설치 · 해체작업의 일반적인 안전사항으로 틀린 것은?

① 고정볼트는 고정 후 가능하면 나사산이 3~4개 정도 짧게 남겨 슬라이드 면과의 사이에 협착이 발생하지 않도록 해야 한다.
② 금형 고정용 브래킷(물림판)을 고정시킬 때 고정용 브래킷은 수평이 되게 하고, 고정볼트는 수직이 되게 고정하여야 한다.
③ 금형을 설치하는 프레스의 T홈 안길이는 설치볼트 직경 이하로 한다.
④ 금형의 설치용구는 프레스의 구조에 적합한 형태로 한다.

해설 금형의 탈착 시 금형을 설치하는 프레스의 T홈 안길이는 설치볼트 직경의 2배 이상으로 한다.

관련개념 CHAPTER 04 프레스 및 전단기의 안전

053

다음 중 「산업안전보건법령」상 보일러에 설치하는 압력방출장치에 대하여 검사 후 봉인에 사용되는 재료로 가장 적합한 것은?

① 납
② 주석
③ 구리
④ 알루미늄

해설 압력방출장치는 매년 1회 이상 국가교정기관에서 교정을 받은 압력계를 이용하여 설정압력에서 압력방출장치가 적정하게 작동하는지를 검사한 후 **납으로 봉인**하여 사용하여야 한다.

관련개념 CHAPTER 05 기타 산업용 기계·기구

054

슬라이드가 내려옴에 따라 손을 쳐내는 막대가 좌우로 왕복하면서 위험점으로부터 손을 보호하여 주는 프레스의 안전장치는?

① 수인식 방호장치
② 양손조작식 방호장치
③ 손쳐내기식 방호장치
④ 게이트가드식 방호장치

해설 손쳐내기식(Push Away, Sweep Guard) 방호장치
기계의 작동에 연동시켜 위험상태로 되기 전에 손을 위험 영역에서 밀어내거나 쳐냄으로써 위험을 배제하는 장치를 말한다.

관련개념 CHAPTER 04 프레스 및 전단기의 안전

055

「산업안전보건법령」에 따라 사업주는 근로자가 안전하게 통행할 수 있도록 통로에 얼마 이상의 채광 또는 조명시설을 하여야 하는가?

① 50럭스
② 75럭스
③ 90럭스
④ 100럭스

해설 근로자가 안전하게 통행할 수 있도록 통로에 75[lux] 이상의 채광 또는 조명시설을 하여야 한다.

관련개념 CHAPTER 01 기계공정의 안전, 기계안전시설 관리

056

「산업안전보건법령」상 다음 중 보일러의 방호장치와 가장 거리가 먼 것은?

① 언로드밸브
② 압력방출장치
③ 압력제한스위치
④ 고저수위 조절장치

해설 보일러의 폭발사고를 예방하기 위하여 압력방출장치, 압력제한스위치, 고저수위 조절장치, 화염검출기 등의 기능이 정상적으로 작동될 수 있도록 유지·관리하여야 한다.

관련개념 CHAPTER 05 기타 산업용 기계·기구

057

다음 중 롤러기 급정지장치의 종류가 아닌 것은?

① 어깨조작식
② 손조작식
③ 복부조작식
④ 무릎조작식

해설 급정지장치 조작부의 종류
손조작식, 복부조작식, 무릎조작식

관련개념 CHAPTER 05 기타 산업용 기계·기구

058

「산업안전보건법령」에 따라 레버풀러(Lever Puller) 또는 체인블록(Chain Block)을 사용하는 경우 훅의 입구(Hook Mouth) 간격이 제조자가 제공하는 제품사양서 기준으로 몇 [%] 이상 벌어진 것은 폐기하여야 하는가?

① 3   ② 5
③ 7   ④ 10

해설 레버풀러(Lever Puller) 또는 체인블록(Chain Block)을 사용하는 경우 훅의 입구(Hook Mouth) 간격이 제조자가 제공하는 제품사양서 기준으로 10[%] 이상 벌어진 것은 폐기하여야 한다.

관련개념 CHAPTER 05 기타 산업용 기계·기구

059

컨베이어(Conveyor) 역전방지장치의 형식을 기계식과 전기식으로 구분할 때 기계식에 해당하지 않는 것은?

① 라쳇식   ② 밴드식
③ 스러스트식   ④ 롤러식

해설 **기계식 역주행방지장치**
롤러식, 라쳇식, 밴드식

관련개념 CHAPTER 06 운반기계 및 양중기

060

다음 중 연삭숫돌의 3요소가 아닌 것은?

① 결합제   ② 입자
③ 저항   ④ 기공

해설 **연삭숫돌의 3요소**
입자(Abrasive Grain), 결합제(Bond), 기공

관련개념 CHAPTER 03 공작기계의 안전

전기설비 안전관리

061

다음 ( ) 안에 알맞은 내용을 나타낸 것은?

폭발성 가스의 폭발등급 측정에 사용되는 표준용기는 내용적이 (ⓐ)[cm³], 반구상의 플랜지 접합면의 안길이 (ⓑ)[mm]의 구상용기의 틈새를 통과시켜 화염일주한계를 측정하는 장치이다.

① ⓐ 600   ⓑ 0.4   ② ⓐ 1,800   ⓑ 0.6
③ ⓐ 4,500   ⓑ 8   ④ ⓐ 8,000   ⓑ 25

해설 **화염일주한계(최대안전틈새, MESG) 측정 표준용기**
내용적 8[L](8,000[cm³]), 반구상의 플랜지 접합면의 안길이 25[mm]의 구상용기의 틈새에 화염을 통과시켜 화염일주한계를 측정하는 장치이다.

관련개념 CHAPTER 04 전기방폭관리

062

다음 차단기는 개폐기구가 절연물의 용기 내에 일체로 조립한 것으로 과부하 및 단락 사고 시에 자동적으로 전로를 차단하는 장치는?

① OS   ② VCB
③ MCCB   ④ ACB

해설 **MCCB**
과부하나 단로 등의 이상상태 시 자동으로 전류를 차단하는 기구이다.

관련개념 CHAPTER 01 전기안전관리

063

「한국전기설비규정」에 따라 보호등전위본딩 도체로서 주접지단자에 접속하기 위한 등전위본딩 도체(구리도체)의 단면적은 몇 [mm²] 이상이어야 하는가?(단, 등전위본딩 도체는 설비 내에 있는 가장 큰 보호접지 도체 단면적의 1/2 이상의 단면적을 가지고 있다.)

① 2.5　　　　　　　② 6
③ 16　　　　　　　④ 50

해설 주접지단자에 접속하기 위한 등전위본딩 도체는 설비 내에 있는 가장 큰 보호접지 도체 단면적의 $\frac{1}{2}$ 이상의 단면적을 가져야 하고 다음의 단면적 이상이어야 한다.
- 구리도체 6[mm²]
- 알루미늄 도체 16[mm²]
- 강철 도체 50[mm²]

관련개념 CHAPTER 05 전기설비 위험요인관리

064

저압전로의 절연성능 시험에서 전로의 사용전압이 380[V]인 경우 전로의 전선 상호간 및 전로와 대지 사이의 절연저항은 최소 몇 [MΩ] 이상이어야 하는가?

① 0.1　　　　　　　② 0.3
③ 0.5　　　　　　　④ 1

해설 전선을 서로 접속한 때에는 해당 전선의 절연성능 이상으로 절연될 수 있도록 충분히 피복하거나 적합한 접속기구를 사용하여야 한다.

전로의 사용전압	DC 시험전압[V]	절연저항[MΩ]
SELV 및 PELV	250	0.5 이상
FELV, 500[V] 이하	500	1 이상
500[V] 초과	1,000	1 이상

※ 특별저압(Extra Low Voltage: 2차 전압이 AC 50[V], DC 120[V] 이하)으로 SELV(비접지회로 구성) 및 PELV(접지회로 구성)는 1차와 2차가 전기적으로 절연된 회로, FELV는 1차와 2차가 전기적으로 절연되지 않은 회로

관련개념 CHAPTER 02 감전재핵 및 방지대책

065

전격의 위험을 결정하는 주된 인자로 가장 거리가 먼 것은?

① 통전전류　　　　　② 통전시간
③ 통전경로　　　　　④ 접촉전압

해설 접촉전압은 2차적 감전요소(간접적인 요인)이다.
감전재해의 요인
- 1차적 감전요소: 통전전류의 크기, 통전경로, 통전시간, 전원의 종류
- 2차적 감전요소: 인체의 조건(인체의 저항), 전압의 크기, 계절 등 주위환경

관련개념 CHAPTER 02 감전재해 및 방지대책

066

교류아크용접기의 허용사용률[%]은?(단, 정격사용률은 10[%], 2차 정격전류는 500[A], 교류아크용접기의 사용전류는 250[A]이다.)

① 30　　　　　　　② 40
③ 50　　　　　　　④ 60

해설 허용사용률 $= \left(\dfrac{\text{정격 2차 전류}}{\text{실제 용접 전류}}\right)^2 \times$ 정격사용률

$= \left(\dfrac{500}{250}\right)^2 \times 10 = 40[\%]$

관련개념 CHAPTER 02 감전재해 및 방지대책

067

내압방폭구조의 필요충분조건에 대한 사항으로 틀린 것은?

① 폭발화염이 외부로 유출되지 않을 것
② 습기침투에 대한 보호를 충분히 할 것
③ 내부에서 폭발할 경우 그 압력에 견딜 것
④ 외함의 표면온도가 외부의 폭발성가스를 점화하지 않을 것

해설 **내압방폭구조의 성능**
- 내부에서 폭발할 경우 그 압력에 견딜 것
- 폭발화염이 외부로 유출되지 않을 것
- 외함 표면온도가 주위의 가연성 가스를 점화하지 않을 것

관련개념 CHAPTER 04 전기방폭관리

068

다음 중 전동기를 운전하고자 할 때 개폐기의 조작순서로 옳은 것은?

① 메인 스위치 → 분전반 스위치 → 전동기용 개폐기
② 분전반 스위치 → 메인 스위치 → 전동기용 개폐기
③ 전동기용 개폐기 → 분전반 스위치 → 메인 스위치
④ 분전반 스위치 → 전동기용 스위치 → 메인 스위치

해설 **전동기 개폐기의 조작순서**
메인 스위치 → 분전반 스위치 → 전동기용 개폐기

관련개념 CHAPTER 01 전기안전관리

069

다음 빈칸에 들어갈 내용으로 알맞은 것은?

"교류 특고압 가공전선로에서 발생하는 극저주파 전자계는 지표상 1[m]에서 전계가 (ⓐ), 자계가 (ⓑ)가 되도록 시설하는 등 상시 정전유도 및 전자유도작용에 의하여 사람에게 위험을 줄 우려가 없도록 시설하여야 한다."

① ⓐ 0.35[kV/m] 이하 ⓑ 0.833[μT] 이하
② ⓐ 3.5[kV/m] 이하 ⓑ 8.33[μT] 이하
③ ⓐ 3.5[kV/m] 이하 ⓑ 83.3[μT] 이하
④ ⓐ 35[kV/m] 이하 ⓑ 833[μT] 이하

해설 교류 특고압 가공전선로에서 발생하는 극저주파 전자계는 지표상 1[m]에서 **전계가 3.5[kV/m] 이하, 자계가 83.3[μT]** 이하가 되도록 시설하고, 직류 특고압 가공전선로에서 발생하는 직류전계는 지표면에서 25[kV/m] 이하, 직류자계는 지표상 1[m]에서 400,000[μT] 이하가 되도록 시설하는 등 상시 정전유도 및 전자유도작용에 의하여 사람에게 위험을 줄 우려가 없도록 시설하여야 한다.

관련개념 CHAPTER 05 전기설비 위험요인관리

070

감전사고를 방지하기 위한 방법으로 틀린 것은?

① 전기기기 및 설비의 위험부에 위험표지
② 전기설비에 대한 누전차단기 설치
③ 전기기기에 대한 정격표시
④ 무자격자는 전기기계 및 기구에 전기적인 접촉 금지

해설 전기기기의 정격표시는 기기보호에 해당하는 방법이다.

관련개념 CHAPTER 02 감전재해 및 방지대책

071

외부피뢰시스템에서 접지극은 지표면에서 몇 [m] 이상 깊이로 매설하여야 하는가?(단, 동결심도는 고려하지 않는 경우이다.)

① 0.5 ② 0.75
③ 1 ④ 1.25

해설 접지극은 동결 깊이를 고려하여 시설하되, 고압 이상의 전기설비와 규정에 의하여 시설하는 접지극의 매설깊이는 지표면으로부터 0.75[m] 이상으로 한다.

관련개념 CHAPTER 05 전기설비 위험요인관리

072

정전기의 재해방지 대책이 아닌 것은?

① 부도체에는 도전성을 향상 또는 제전기를 설치·운영한다.
② 접촉 및 분리를 일으키는 기계적 작용으로 인한 정전기 발생을 적게 하기 위해서는 가능한 접촉면적을 크게 하여야 한다.
③ 저항률이 10^{10}[$\Omega \cdot cm$] 미만의 도전성 위험물의 배관유속은 7[m/s] 이하로 한다.
④ 생산공정에 별다른 문제가 없다면 습도를 70[%] 정도 유지하는 것도 무방하다.

해설 접촉면적이 작을수록 정전기 발생량이 감소한다.

관련개념 CHAPTER 03 정전기 장·재해관리

073

어떤 부도체에서 정전용량이 10[pF]이고, 전압이 5[kV]일 때 전하량[C]은?

① 9×10^{-12} ② 6×10^{-10}
③ 5×10^{-8} ④ 2×10^{-6}

해설 전하량
$Q = CV = (10 \times 10^{-12}) \times (5 \times 10^3) = 5 \times 10^{-8}[C]$
여기서, C: 도체의 정전용량[F]
V: 대전전위[V]
※ $1[pF] = 10^{-12}[F]$, $1[kV] = 10^3[V]$이다.

관련개념 CHAPTER 03 정전기 장·재해관리

074

KS C IEC 60079-0에 따른 방폭에 대한 설명으로 틀린 것은?

① 기호 "X"는 방폭기기의 특정사용조건을 나타내는 데 사용되는 인증번호의 접미사이다.
② 인화하한(LFL)과 인화상한(UFL) 사이의 범위가 클수록 폭발성 가스 분위기 형성 가능성이 크다.
③ 기기그룹에 따라 폭발성가스를 분류할 때 IIA의 대표가스로 에틸렌이 있다.
④ 연면거리는 두 도전부 사이의 고체 절연물 표면을 따른 최단거리를 말한다.

해설 에틸렌은 폭발성가스 분류 시 IIB 그룹에 해당한다.

관련개념 CHAPTER 04 전기방폭관리

075

다음 중 활선근접작업 시의 안전조치로 적절하지 않은 것은?

① 근로자가 절연용 방호구의 설치·해체작업을 하는 경우에는 절연용 보호구를 착용하거나 활선작업용 기구 및 장치를 사용하도록 하여야 한다.
② 저압인 경우에는 해당 전기작업자가 절연용 보호구를 착용하되, 충전전로에 접촉할 우려가 없는 경우에는 절연용 방호구를 설치하지 아니할 수 있다.
③ 유자격자가 아닌 근로자가 근로자의 몸 또는 긴 도전성 물체가 방호되지 않은 충전전로에서 대지전압이 50[kV] 이하인 경우에는 400[cm] 이내로 접근할 수 없도록 하여야 한다.
④ 고압 및 특별고압의 전로에서 전기작업을 하는 근로자에게 활선작업용 기구 및 장치를 사용하여야 한다.

해설 충전전로에서의 전기작업
유자격자가 아닌 근로자가 충전전로 인근의 높은 곳에서 작업할 때에 근로자의 몸 또는 긴 도전성 물체가 방호되지 않은 충전전로에서 대지전압이 50[kV] 이하인 경우에는 300[cm] 이내로, 대지전압이 50[kV]를 넘는 경우에는 10[kV]당 10[cm]씩 더한 거리 이내로 각각 접근할 수 없도록 하여야 한다.

관련개념 CHAPTER 02 감전재해 및 방지대책

076

밸브 저항형 피뢰기의 구성요소로 옳은 것은?

① 직렬갭, 특성요소 ② 병렬갭, 특성요소
③ 직렬갭, 충격요소 ④ 병렬갭, 충격요소

해설 피뢰기의 구성요소
직렬갭+특성요소

관련개념 CHAPTER 05 전기설비 위험요인관리

077

정전기 제거 방법으로 가장 거리가 먼 것은?

① 작업장 바닥을 도전처리한다.
② 설비의 도체 부분은 접지시킨다.
③ 작업자는 대전방지화를 신는다.
④ 작업장을 항온으로 유지한다.

해설 작업장을 항온으로 유지하는 것은 정전기 제거 방법과 관련이 없다.

관련개념 CHAPTER 03 정전기 장·재해관리

078

인체의 전기저항을 0.5[kΩ]이라고 하면 심실세동을 일으키는 위험한계에너지는 몇 [J]인가?(단, 심실세동전류값 $I=\dfrac{165}{\sqrt{T}}$[mA]의 Dalziel의 식을 이용하며, 통전시간은 1초로 한다.)

① 13.6 ② 12.6
③ 11.6 ④ 10.6

해설 $W=I^2RT=\left(\dfrac{165}{\sqrt{T}}\times10^{-3}\right)^2\times500T$
$=(165^2\times10^{-6})\times500=13.6$[J]

여기서, W: 위험한계에너지[J]
I: 심실세동전류[A]
R: 인체저항[Ω]
T: 통전시간[s]

관련개념 CHAPTER 02 감전재해 및 방지대책

079

다음 중 한국전기설비규정에 따른 전압의 구분으로 틀린 것은?

① 저압: 직류 1[kV] 이하
② 고압: 교류 1[kV] 초과 7[kV] 이하
③ 특고압: 직류 7[kV] 초과
④ 특고압: 교류 7[kV] 초과

해설 **전압의 구분**
• 저압: 교류는 1[kV] 이하, 직류는 1.5[kV] 이하인 것
• 고압: 교류는 1[kV]를, 직류는 1.5[kV]를 초과하고, 7[kV] 이하인 것
• 특고압: 7[kV]를 초과하는 것

관련개념 CHAPTER 02 감전재해 및 방지대책

080

가스 그룹 ⅡB 지역에 설치된 내압방폭구조 "d" 장비의 플랜지 개구부에서 장애물까지의 최소 거리[mm]는?

① 10 ② 20
③ 30 ④ 40

해설 **가스 그룹에 따른 내압방폭 접합면과 장애물과의 최소 거리**

가스 그룹	최소 거리[mm]
ⅡA	10
ⅡB	30
ⅡC	40

관련개념 CHAPTER 04 전기방폭관리

화학설비 안전관리

081

다음 설명이 의미하는 것은?

> 온도, 압력 등 제어상태가 규정의 조건을 벗어나는 것에 의해 반응속도가 지수함수적으로 증대되고, 반응용기 내의 온도, 압력이 급격히 이상 상승되어 규정 조건을 벗어나고, 반응이 과격화되는 현상

① 비등
② 과열, 과압
③ 폭발
④ 반응폭주

해설 **반응폭주**

온도, 압력 등 제어상태가 규정의 조건을 벗어나는 것에 의해 반응속도가 지수함수적으로 증대되고, 반응용기 내의 온도, 압력이 급격히 이상 상승되어 규정 조건을 벗어나고, 반응이 과격화되는 현상이다.

관련개념 CHAPTER 02 화학물질 안전관리 실행

082

다음 중 전기화재의 종류에 해당하는 것은?

① A급
② B급
③ C급
④ D급

해설 전기화재는 C급 화재이다.

화재의 종류

A급 화재	B급 화재	C급 화재	D급 화재
일반화재	유류화재	전기화재	금속화재

관련개념 CHAPTER 01 화재·폭발 검토

083

다음 중 폭발범위에 관한 설명으로 틀린 것은?

① 상한값과 하한값이 존재한다.
② 온도에 비례하지만 압력과는 무관하다.
③ 가연성 가스의 종류에 따라 각각 다른 값을 갖는다.
④ 공기와 혼합된 가연성 가스의 체적 농도로 나타낸다.

해설 압력은 폭발하한계에는 영향이 경미하나 폭발상한계에는 크게 영향을 준다. 보통 가스압력이 높아질수록 폭발범위는 넓어진다.

관련개념 CHAPTER 01 화재·폭발 검토

084

다음 [표]와 같은 혼합가스의 폭발범위[vol%]로 옳은 것은?

종류	용적비율[vol%]	폭발하한계[vol%]	폭발상한계[vol%]
CH_4	70	5	15
C_2H_6	15	3	12.5
C_3H_8	5	2.1	9.5
C_4H_{10}	10	1.9	8.5

① 3.75~13.21
② 4.33~13.21
③ 4.33~15.22
④ 3.75~15.22

해설 **혼합가스의 폭발한계**

$$L=\frac{V_1+V_2+\cdots+V_n}{\dfrac{V_1}{L_1}+\dfrac{V_2}{L_2}+\cdots+\dfrac{V_n}{L_n}}$$

여기서, L: 혼합가스의 폭발한계[vol%]

　　　L_n: 각 성분가스의 연소한계[vol%]

　　　V_n: 각 성분가스의 부피 비율[vol%]

• 폭발하한 $=\dfrac{70+15+5+10}{\dfrac{70}{5}+\dfrac{15}{3}+\dfrac{5}{2.1}+\dfrac{10}{1.9}}=3.75$[vol%]

• 폭발상한 $=\dfrac{70+15+5+10}{\dfrac{70}{15}+\dfrac{15}{12.5}+\dfrac{5}{9.5}+\dfrac{10}{8.5}}=13.21$[vol%]

따라서 혼합가스의 폭발범위는 3.75~13.21[vol%]이다.

관련개념 CHAPTER 01 화재·폭발 검토

085

위험물을 저장·취급하는 화학설비 및 그 부속설비를 설치할 때 '단위공정시설 및 설비로부터 다른 단위공정시설 및 설비의 사이'의 안전거리는 설비의 바깥면으로부터 몇 [m] 이상이 되어야 하는가?

① 5[m] ② 10[m]
③ 15[m] ④ 20[m]

해설 단위공정시설 및 설비로부터 다른 단위공정시설 및 설비의 사이는 설비의 바깥면으로부터 10[m] 이상의 안전거리를 두어야 한다.

관련개념 CHAPTER 02 화학물질 안전관리 실행

086

열교환기의 열교환 능률을 향상시키기 위한 방법으로 거리가 먼 것은?

① 유체의 유속을 적절하게 조절한다.
② 유체의 흐르는 방향을 병류로 한다.
③ 열교환기 입구와 출구의 온도차를 크게 한다.
④ 열전도율이 좋은 재료를 사용한다.

해설 유체가 흐르는 방향을 병류가 아닌 향류(반대로 흐름)로 할 때 열교환기의 열교환 능률을 향상시킬 수 있다.

관련개념 CHAPTER 02 화학물질 안전관리 실행

087

다음 중 인화성 물질이 아닌 것은?

① 디에틸에테르 ② 아세톤
③ 에틸알코올 ④ 과염소산칼륨

해설 과염소산칼륨은 산화성 고체이다. 디에틸에테르, 아세톤, 에틸알코올은 모두 인화성 액체이다.

관련개념 CHAPTER 02 화학물질 안전관리 실행

088

「산업안전보건법령」상 위험물질의 종류에서 "폭발성 물질 및 유기과산화물"에 해당하는 것은?

① 리튬 ② 아조화합물
③ 아세틸렌 ④ 셀룰로이드류

해설 아조화합물은 폭발성 물질 및 유기과산화물에 해당한다.

오답해설
① 리튬, ④ 셀룰로이드류: 물반응성 물질 및 인화성 고체
③ 아세틸렌: 인화성 가스

관련개념 CHAPTER 02 화학물질 안전관리 실행

089

건축물 공사에 사용되고 있으나, 불에 타는 성질이 있어서 화재 시 유독한 시안화수소 가스가 발생되는 물질은?

① 염화비닐 ② 염화에틸렌
③ 메타크릴산메틸 ④ 우레탄

해설 우레탄은 우레탄 폼스펀지, 페인트 등으로 건축물 공사에 사용된다. 그러나 우레탄은 가연성 고체이기 때문에 화재에 노출될 경우 점화·분해하여 일산화탄소를 비롯한 질소 산화물, 시안화수소 등의 유독물질을 발생시키므로 주의가 필요하다.

관련개념 CHAPTER 02 화학물질 안전관리 실행

090

반응기를 설계할 때 고려하여야 할 요인으로 가장 거리가 먼 것은?

① 부식성 ② 상의 형태
③ 온도 범위 ④ 중간생성물의 유무

해설 반응기 안전설계 시 고려할 요소
• 상(Phase)의 형태(고체, 액체, 기체)
• 온도 범위
• 운전압력
• 부식성

관련개념 CHAPTER 02 화학물질 안전관리 실행

091

에틸알코올 1몰이 완전연소 시 생성되는 CO_2와 H_2O의 몰 수로 옳은 것은?

① CO_2: 1, H_2O: 4   ② CO_2: 2, H_2O: 3

③ CO_2: 3, H_2O: 2   ④ CO_2: 4, H_2O: 1

해설 에틸알코올의 완전연소식

$$C_2H_5OH + 3O_2 \rightarrow 2CO_2 + 3H_2O$$
$$1 \quad : \quad 3 \quad \quad 2 \quad : \quad 3$$

에틸알코올이 1몰 반응할 때 생성되는 CO_2는 2몰, H_2O는 3몰이다.

관련개념 CHAPTER 01 화재·폭발 검토

092

「산업안전보건법령」상 각 물질이 해당하는 위험물질의 종류를 옳게 연결한 것은?

① 아세트산(농도 90[%]) − 부식성 산류

② 아세톤(농도 90[%]) − 부식성 염기류

③ 이황화탄소 − 인화성 가스

④ 수산화칼륨 − 인화성 가스

해설 농도 60[%] 이상인 아세트산은 부식성 산류에 해당한다.

오답해설

② 아세톤−인화성 액체

③ 이황화탄소−인화성 액체

④ 농도 40[%] 이상인 수산화칼륨−부식성 염기류

관련개념 CHAPTER 02 화학물질 안전관리 실행

093

물과의 반응으로 유독한 포스핀 가스를 발생하는 것은?

① HCl   ② NaCl

③ Ca_3P_2 ④ $Al(OH)_3$

해설 인화칼슘(Ca_3P_2)은 금수성 물질로 수분과 반응하여 유독성 가스인 포스핀(PH_3)을 발생시킨다.

$$Ca_3P_2 + 6H_2O \rightarrow 3Ca(OH)_2 + 2PH_3 \uparrow$$

관련개념 CHAPTER 02 화학물질 안전관리 실행

094

분진폭발의 요인을 물리적 인자와 화학적 인자로 분류할 때 화학적 인자에 해당하는 것은?

① 연소열   ② 입도분포

③ 열전도율   ④ 입자의 형상

해설 연소열은 화학적 인자이고, 입도분포, 열전도율, 입자의 형상 등은 물리적 인자이다.

관련개념 CHAPTER 01 화재·폭발 검토

095

메탄올에 관한 설명으로 틀린 것은?

① 무색투명한 액체이다.

② 비중은 1보다 크고, 증기는 공기보다 가볍다.

③ 금속나트륨과 반응하여 수소를 발생한다.

④ 물에 잘 녹는다.

해설 메탄올은 비중이 1보다 작고, 증기비중이 공기보다 크다.

관련개념 CHAPTER 02 화학물질 안전관리 실행

096

다음 중 자연발화가 쉽게 일어나는 조건으로 틀린 것은?

① 주위 온도가 높을수록
② 열축적이 클수록
③ 적당량의 수분이 존재할 때
④ 표면적이 작을수록

해설 자연발화의 조건
· 표면적이 넓을 것   · 발열량이 클 것
· 열전도율이 작을 것   · 주위 온도가 높을 것
· 적당한 수분을 포함할 것 · 열축적이 클 것

관련개념 CHAPTER 01 화재 · 폭발 검토

097

다음 중 인화점이 가장 낮은 것은?

① 벤젠   ② 메탄올
③ 이황화탄소   ④ 경유

해설
① 벤젠의 인화점: $-11[℃]$
② 메탄올의 인화점: $11[℃]$
③ 이황화탄소의 인화점: $-30[℃]$
④ 경유의 인화점: $62[℃]$ 이상
※ 인화점은 일반적으로 분자구조가 간단하고 분자량이 작을수록 낮아진다.

관련개념 CHAPTER 01 화재 · 폭발 검토

098

자연발화성을 가진 물질이 자연발화를 일으키는 원인으로 거리가 먼 것은?

① 분해열   ② 증발열
③ 산화열   ④ 중합열

해설 증발열
· 어떤 물질이 기화할 때 외부로부터 흡수하는 열량이다.
· 증발열이 클수록 주변에서 더 많은 열을 빼앗으므로 주위의 온도를 낮추게 된다.
· 증발열은 냉각현상에 응용된다.

관련개념 CHAPTER 01 화재 · 폭발 검토

099

비점이 낮은 액체 저장탱크 주위에 화재가 발생했을 때 저장탱크 내부의 비등 현상으로 인한 압력 상승으로 탱크가 파열되어 그 내용물이 증발, 팽창하면서 발생되는 폭발현상은?

① Back Draft   ② BLEVE
③ Flash Over   ④ UVCE

해설 비등액 팽창증기폭발(BLEVE; Boiling Liquid Expanding Vapor Explosion)
비점이 낮은 액체 저장탱크 주위에 화재가 발생하였을 때 저장탱크 내부의 비등 현상으로 인한 압력 상승으로 탱크가 파열되어 그 내용물이 증발, 팽창하면서 발생되는 폭발현상이다.

관련개념 CHAPTER 01 화재 · 폭발 검토

100

사업주는 「산업안전보건법령」에서 정한 설비에 대해서는 과압에 따른 폭발을 방지하기 위하여 안전밸브 등을 설치하여야 한다. 다음 중 이에 해당하는 설비가 아닌 것은?

① 원심펌프
② 정변위 압축기
③ 정변위 펌프(토출 측에 차단밸브가 설치된 것만 해당함)
④ 배관(2개 이상의 밸브에 의하여 차단되어 대기온도에서 액체의 열팽창에 의하여 파열될 우려가 있는 것으로 한정함)

해설 「산업안전보건법령」상 원심펌프는 안전밸브의 설치대상이 아니다.

관련개념 CHAPTER 04 화공 안전운전 · 점검

건설공사 안전관리

101

유해위험방지계획서 제출 시 첨부서류로 옳지 않은 것은?

① 공사현장의 주변 현황 및 주변과의 관계를 나타내는 도면
② 공사개요서
③ 전체 공정표
④ 작업인부의 배치를 나타내는 도면 및 서류

해설 건설공사 유해위험방지계획서 제출 시 첨부서류
• 공사개요서
• 공사현장의 주변 현황 및 주변과의 관계를 나타내는 도면(매설물 현황 포함)
• 전체 공정표
• 산업안전보건관리비 사용계획서
• 안전관리 조직표
• 재해 발생 위험 시 연락 및 대피방법

관련개념 CHAPTER 02 건설공사 위험성

102

거푸집 해체작업 시 유의사항으로 옳지 않은 것은?

① 일반적으로 수평부재의 거푸집은 연직부재의 거푸집보다 빨리 떼어낸다.
② 해체된 거푸집이나 각목 등에 박혀 있는 못 또는 날카로운 돌출물은 즉시 제거하여야 한다.
③ 상하 동시작업은 원칙적으로 금지하며 부득이한 경우에는 긴밀히 연락을 하며 작업을 하여야 한다.
④ 거푸집 해체 작업장 주위에는 관계자를 제외하고는 출입을 금지시켜야 한다.

해설 일반적으로 연직부재의 거푸집은 수평부재의 거푸집보다 빨리 떼어낼 수 있다.

관련개념 CHAPTER 05 비계·거푸집 가시설 위험방지

103

사다리식 통로 등을 설치하는 경우 통로 구조로서 옳지 않은 것은?

① 발판의 간격은 일정하게 한다.
② 발판과 벽과의 사이는 15[cm] 이상의 간격을 유지한다.
③ 사다리의 상단은 걸쳐놓은 지점으로부터 60[cm] 이상 올라가도록 한다.
④ 폭은 40[cm] 이상으로 한다.

해설 사다리식 통로의 폭은 30[cm] 이상으로 한다.

관련개념 CHAPTER 05 비계·거푸집 가시설 위험방지

104

추락재해 방지 설비 중 근로자의 추락재해를 방지할 수 있는 설비로 작업발판 설치가 곤란한 경우에 필요한 설비는?

① 경사로   ② 추락방호망
③ 고정사다리   ④ 달비계

해설 작업발판을 설치하기 곤란한 경우 추락방호망을 설치하여야 한다.

관련개념 CHAPTER 04 건설현장 안전시설 관리

105

콘크리트 타설작업을 하는 경우에 준수해야 할 사항으로 옳지 않은 것은?

① 당일의 작업을 시작하기 전에 해당 작업에 관한 거푸집 및 동바리의 변형·변위 및 지반의 침하 유무 등을 점검하고 이상이 있으면 보수한다.

② 작업 중에는 감시자를 배치하는 등의 방법으로 거푸집 및 동바리의 변형·변위 및 침하 유무 등을 확인하여야 하며, 이상이 있으면 작업을 빠른 시간 내 우선 완료하고 근로자를 대피시킨다.

③ 콘크리트 타설작업 시 거푸집 붕괴의 위험이 발생할 우려가 있으면 충분한 보강조치를 한다.

④ 콘크리트를 타설하는 경우에는 편심이 발생하지 않도록 골고루 분산하여 타설한다.

해설 콘크리트 타설작업 중에는 감시자를 배치하는 등의 방법으로 거푸집 및 동바리의 변형·변위 및 침하 유무 등을 확인하여야 하며, **이상이 있으면 작업을 중지하고** 근로자를 대피시켜야 한다.

관련개념 CHAPTER 06 공사 및 작업 종류별 안전

106

작업장 출입구 설치 시 준수해야 할 사항으로 옳지 않은 것은?

① 출입구의 위치·수 및 크기가 작업장의 용도와 특성에 맞도록 한다.

② 출입구에 문을 설치하는 경우에는 근로자가 쉽게 열고 닫을 수 있도록 한다.

③ 주된 목적이 하역운반기계용인 출입구에는 보행자용 출입구를 따로 설치하지 않는다.

④ 계단이 출입구와 바로 연결된 경우에는 작업자의 안전한 통행을 위하여 그 사이에 1.2[m] 이상 거리를 두거나 안내표지 또는 비상벨 등을 설치한다.

해설 주된 목적이 하역운반기계용인 출입구에는 인접하여 보행자용 출입구를 따로 설치하여야 한다.

관련개념 CHAPTER 05 비계·거푸집 가시설 위험방지

107

건설작업장에서 근로자가 상시 작업하는 장소의 작업면 조도기준으로 옳지 않은 것은?(단, 갱내 작업장과 감광재료를 취급하는 작업장의 경우는 제외한다.)

① 초정밀작업: 600[lux] 이상

② 정밀작업: 300[lux] 이상

③ 보통작업: 150[lux] 이상

④ 초정밀, 정밀, 보통작업을 제외한 기타 작업: 75[lux] 이상

해설 **작업별 조도기준**
- **초정밀작업: 750[lux] 이상**
- 정밀작업: 300[lux] 이상
- 보통작업: 150[lux] 이상
- 그 밖의 작업: 75[lux] 이상

관련개념 SUBJECT 02 인간공학 및 위험성평가·관리
 CHAPTER 06 작업환경 관리

108

건설업 산업안전보건관리비 계상 및 사용기준에 따른 안전관리비의 개인보호구 및 안전장구 구입비 항목에서 안전관리비로 사용이 가능한 경우는?

① 안전·보건관리자가 선임되지 않은 현장에서 안전·보건업무를 담당하는 현장관계자용 무전기, 카메라, 컴퓨터, 프린터 등 업무용 기기

② 혹한·혹서에 장기간 노출로 인해 건강장해를 일으킬 우려가 있는 경우 특정 근로자에게 지급되는 기능성 보호 장구

③ 근로자에게 일률적으로 지급하는 보냉·보온장구

④ 감리원이나 외부에서 방문하는 인사에게 지급하는 보호구

해설
※ 「건설업 산업안전보건관리비 계상 및 사용기준」이 개정됨에 따라 '안전관리비의 항목별 사용 불가내역'이 삭제되었습니다.

관련개념 CHAPTER 03 건설업 산업안전보건관리비 관리

109

옥외에 설치되어 있는 주행크레인에 대하여 이탈방지장치를 작동시키는 등 그 이탈을 방지하기 위한 조치를 하여야 하는 순간풍속에 대한 기준으로 옳은 것은?

① 순간풍속이 초당 10[m]를 초과하는 바람이 불어올 우려가 있는 경우

② 순간풍속이 초당 20[m]를 초과하는 바람이 불어올 우려가 있는 경우

③ 순간풍속이 초당 30[m]를 초과하는 바람이 불어올 우려가 있는 경우

④ 순간풍속이 초당 40[m]를 초과하는 바람이 불어올 우려가 있는 경우

해설 **폭풍에 의한 이탈방지**

순간풍속이 30[m/s]를 초과하는 바람이 불어올 우려가 있는 경우 옥외에 설치되어 있는 주행크레인에 대하여 이탈방지장치를 작동시키는 등 이탈방지를 위한 조치를 하여야 한다.

관련개념 CHAPTER 06 공사 및 작업 종류별 안전

110

지반 등의 굴착작업 시 연암 및 풍화암의 굴착면 기울기로 옳은 것은?

① 1 : 0.3
② 1 : 0.5
③ 1 : 0.8
④ 1 : 1.0

해설 **굴착면의 기울기 기준**

지반의 종류	굴착면의 기울기
모래	1 : 1.8
연암 및 풍화암	1 : 1.0
경암	1 : 0.5
그 밖의 흙	1 : 1.2

※ 이 문제는 개정된 법령에 따라 수정한 문제입니다.

관련개념 CHAPTER 02 건설공사 위험성

111

철골작업 철골부재에서 근로자가 수직방향으로 이동하는 경우에 설치하여야 하는 고정된 승강로의 최소 답단 간격은 얼마 이내인가?

① 20[cm]
② 25[cm]
③ 30[cm]
④ 40[cm]

해설 근로자가 수직방향으로 이동하는 철골부재에는 답단 간격이 30[cm] 이내인 고정된 승강로를 설치하여야 한다.

관련개념 CHAPTER 06 공사 및 작업 종류별 안전

112

흙막이벽의 근입 깊이를 깊게 하고, 전면의 굴착부분을 남겨두어 흙의 중량으로 대항하게 하거나, 굴착예정부분의 일부를 미리 굴착하여 기초콘크리트를 타설하는 등의 대책과 가장 관계 깊은 것은?

① 파이핑현상이 있을 때
② 히빙현상이 있을 때
③ 지하수위가 높을 때
④ 굴착깊이가 깊을 때

해설 **히빙의 예방대책**

· 흙막이벽의 근입 깊이 증가
· 흙막이벽 배면지반의 상재하중 제거
· 저면의 굴착부분을 남겨두어 굴착예정인 부분의 일부를 미리 굴착하여 기초콘크리트 타설
· 굴착주변을 웰 포인트(Well Point) 공법과 병행
· 굴착저면에 토사 등 인공중력 증가

관련개념 CHAPTER 02 건설공사 위험성

113

재해사고를 방지하기 위하여 크레인에 설치된 방호장치로 옳지 않은 것은?

① 공기정화장치
② 비상정지장치
③ 제동장치
④ 권과방지장치

해설 크레인의 방호장치

- 권과방지장치
- 과부하방지장치
- 비상정지장치
- 제동장치

관련개념 CHAPTER 06 공사 및 작업 종류별 안전

114

가설구조물의 문제점으로 옳지 않은 것은?

① 도괴재해의 가능성이 크다.
② 추락재해 가능성이 크다.
③ 부재의 결합이 간단하나 연결부가 견고하다.
④ 구조물이라는 통상의 개념이 확고하지 않으며 조립의 정밀도가 낮다.

해설 가설구조물은 부재의 결합이 간단하나 불완전 결합이 많다.

관련개념 CHAPTER 05 비계 · 거푸집 가시설 위험방지

115

강관틀비계를 조립하여 사용하는 경우 준수해야 할 기준으로 옳지 않은 것은?

① 수직방향으로 6[m], 수평방향으로 8[m] 이내마다 벽이음을 할 것
② 높이가 20[m]를 초과하거나 중량물의 적재를 수반하는 작업을 할 경우에는 주틀 간의 간격을 2.4[m] 이하로 할 것
③ 길이가 띠장 방향으로 4[m] 이하이고 높이가 10[m]를 초과하는 경우에는 10[m] 이내마다 띠장 방향으로 버팀기둥을 설치할 것
④ 주틀 간에 교차가새를 설치하고 최상층 및 5층 이내마다 수평재를 설치할 것

해설 강관틀비계를 조립하여 사용하는 경우 높이가 20[m]를 초과하거나 중량물의 적재를 수반하는 작업을 할 경우에는 주틀 간의 간격을 1.8[m] 이하로 하여야 한다.

관련개념 CHAPTER 05 비계 · 거푸집 가시설 위험방지

116

비계의 높이가 2[m] 이상인 작업장소에 작업발판을 설치할 경우 준수하여야 할 기준으로 옳지 않은 것은?

① 작업발판의 폭은 30[cm] 이상으로 한다.
② 발판재료 간의 틈은 3[cm] 이하로 한다.
③ 추락의 위험성이 있는 장소에는 안전난간을 설치한다.
④ 발판재료는 뒤집히거나 떨어지지 않도록 2개 이상의 지지물에 연결하거나 고정시킨다.

해설 작업발판의 설치기준(비계 높이 2[m] 이상인 작업장소)

- 발판재료는 작업할 때의 하중을 견딜 수 있도록 견고한 것으로 할 것
- 작업발판의 폭은 40[cm] 이상으로 하고, 발판재료 간의 틈은 3[cm] 이하로 할 것. 다만, 외줄비계의 경우에는 고용노동부장관이 별도로 정하는 기준에 따른다.
- 추락의 위험이 있는 장소에는 안전난간을 설치할 것
- 작업발판의 지지물은 하중에 의하여 파괴될 우려가 없는 것을 사용할 것
- 작업발판 재료는 뒤집히거나 떨어지지 않도록 둘 이상의 지지물에 연결하거나 고정시킬 것
- 작업발판을 작업에 따라 이동시킬 경우에는 위험방지에 필요한 조치를 할 것

관련개념 CHAPTER 04 건설현장 안전시설 관리

117

사면지반 개량공법으로 옳지 않은 것은?

① 전기 화학적 공법
② 석회 안정처리 공법
③ 이온 교환 공법
④ 옹벽 공법

해설 옹벽 공법은 지반개량공법이 아닌 사면보강공법에 해당한다.

관련개념 CHAPTER 02 건설공사 위험성

118

법면 붕괴에 의한 재해 예방조치로서 옳은 것은?

① 지표수와 지하수의 침투를 방지한다.
② 법면의 경사를 증가한다.
③ 절토 및 성토높이를 증가한다.
④ 토질의 상태에 관계없이 기울기 조건을 일정하게 한다.

해설 지표수 및 지하수의 침투에 의한 토사 중량의 증가는 법면 붕괴 요인에 해당하므로 붕괴재해 예방을 위해서 지표수와 지하수의 침투를 방 지하는 것이 좋다.

관련개념 CHAPTER 04 건설현장 안전시설 관리

119

취급 · 운반의 원칙으로 옳지 않은 것은?

① 운반작업을 집중하여 시킬 것
② 생산을 최고로 하는 운반을 생각할 것
③ 곡선운반을 할 것
④ 연속운반을 할 것

해설 **취급, 운반의 5원칙**

• 직선운반을 할 것
• 연속운반을 할 것
• 운반작업을 집중화시킬 것
• 생산을 최고로 하는 운반을 생각할 것
• 시간과 경비를 최대한 절약할 수 있는 운반방법을 고려할 것

관련개념 CHAPTER 06 공사 및 작업 종류별 안전

120

가설통로의 설치기준으로 옳지 않은 것은?

① 경사가 15°를 초과하는 때에는 미끄러지지 않는 구조로 한다.
② 건설공사에 사용하는 높이 8[m] 이상인 비계다리에는 7[m] 이내마다 계단참을 설치한다.
③ 수직갱에 가설된 통로의 길이가 15[m] 이상일 경우에는 15[m] 이내마다 계단참을 설치한다.
④ 추락의 위험이 있는 장소에는 안전난간을 설치한다.

해설 **가설통로 설치 시 준수 사항**

• 견고한 구조로 할 것
• 경사는 30° 이하로 할 것
• 경사가 15°를 초과하는 경우에는 미끄러지지 아니하는 구조로 할 것
• 추락할 위험이 있는 장소에는 안전난간을 설치할 것
• 수직갱에 가설된 통로의 길이가 15[m] 이상인 경우에는 10[m] 이내마다 계단참을 설치할 것
• 건설공사에 사용하는 높이 8[m] 이상인 비계다리에는 7[m] 이내마다 계단참을 설치할 것

관련개념 CHAPTER 05 비계 · 거푸집 가시설 위험방지

2022년 1회

산업재해 예방 및 안전보건교육

001

매슬로우(Maslow)의 인간의 욕구단계 중 5번째 단계에 속하는 것은?

① 안전 욕구   ② 존경의 욕구

③ 사회적 욕구   ④ 자아실현의 욕구

[해설] **매슬로우(Maslow)의 욕구위계이론**

㉠ 제1단계: 생리적 욕구

㉡ 제2단계: 안전의 욕구

㉢ 제3단계: 사회적 욕구(친화 욕구)

㉣ 제4단계: 자기존경의 욕구(안정의 욕구 또는 자기존중의 욕구)

㉤ 제5단계: 자아실현의 욕구(성취욕구)

[관련개념] CHAPTER 04 인간의 행동과학

002

A 사업장의 현황이 다음과 같을 때 이 사업장의 강도율은?

- 근로자수: 500명
- 연근로시간수: 2,400시간
- 신체장해등급
  - 2급: 3명
  - 10급: 5명
- 의사 진단에 의한 휴업일수: 1,500일

① 0.22   ② 2.22

③ 22.28   ④ 222.88

[해설] **강도율(S.R; Severity Rate of Injury)**

$$강도율 = \frac{총\ 요양근로손실일수}{연근로시간\ 수} \times 1,000$$

$$= \frac{7,500 \times 3 + 600 \times 5 + 1,500 \times \dfrac{300}{365}}{500 \times 2,400} \times 1,000 = 22.28$$

※ 휴업일수가 제시된 경우, 휴업일수에 $\dfrac{300}{365}$을 곱한 값을 근로손실일수로 계산한다.

※ 사망, 장해등급 1~3등급일 때 요양근로손실일수는 7,500일이다.

영구 일부노동 불능(장해등급 4~14등급)

등급	4	5	6	7	8	9	10	11	12	13	14
일수	5,500	4,000	3,000	2,200	1,500	1,000	600	400	200	100	50

[관련개념] SUBJECT 03 기계·기구 및 설비 안전관리

CHAPTER 02 기계분야 산업재해 조사 및 관리

003

「보호구 자율안전확인 고시」상 자율안전확인 보호구에 표시하여야 하는 사항을 모두 고른 것은?

ㄱ. 모델명
ㄴ. 제조번호
ㄷ. 사용기한
ㄹ. 자율안전확인 번호

① ㄱ, ㄴ, ㄷ
② ㄱ, ㄴ, ㄹ
③ ㄱ, ㄷ, ㄹ
④ ㄴ, ㄷ, ㄹ

해설 자율안전확인 제품표시의 붙임

• 형식 또는 모델명
• 규격 또는 등급 등
• 제조자명
• 제조번호 및 제조연월
• 자율안전확인 번호

관련개념 CHAPTER 02 안전보호구 관리

004

학습지도의 형태 중 참가자에게 일정한 역할을 주어 실제적으로 연기를 시켜봄으로써 자기의 역할을 보다 확실히 인식시키는 방법은?

① 포럼(Forum)
② 심포지엄(Symposium)
③ 롤 플레잉(Role Playing)
④ 사례연구법(Case study method)

해설 롤 플레잉(Role Playing)

참가자에게 일정한 역할을 주어 실제적으로 연기를 시켜봄으로써 자기의 역할을 보다 확실히 인식시키는 것이다.

관련개념 CHAPTER 01 산업재해예방 계획 수립

005

「보호구 안전인증 고시」상 전로 또는 평로 등의 작업 시 사용하는 방열두건의 차광도 번호는?

① #2~#3
② #3~#5
③ #6~#8
④ #9~#11

해설 방열두건의 사용구분

차광도 번호	사용구분
#2~#3	고로강판가열로, 조괴(造塊) 등의 작업
#3~#5	전로 또는 평로 등의 작업
#6~#8	전기로의 작업

관련개념 CHAPTER 02 안전보호구 관리

006

산업재해의 분석 및 평가를 위하여 재해발생건수 등의 추이에 대해 한계선을 설정하여 목표 관리를 수행하는 재해통계 분석기법은?

① 관리도
② 안전 T점수
③ 파레토도
④ 특성요인도

해설 재해의 통계적 원인분석 방법

파레토도	분류항목을 큰 순서대로 도표화한 분석법
특성요인도	특성과 요인관계를 도표로 하여 어골상으로 세분화한 분석법
클로즈분석도	요인별 결과 내역을 교차한 클로즈 그림을 작성, 분석하는 방법
관리도	재해발생수를 그래프화하여 관리선을 설정, 관리하는 방법

관련개념 SUBJECT 03 기계·기구 및 설비 안전관리
CHAPTER 02 기계분야 산업재해 조사 및 관리

007

「산업안전보건법령」상 안전보건관리규정 작성 시 포함되어야 하는 사항을 모두 고른 것은?(단, 그 밖에 안전 및 보건에 관한 사항은 제외한다.)

> ㄱ. 안전보건교육에 관한 사항
> ㄴ. 재해사례 연구·토의결과에 관한 사항
> ㄷ. 사고 조사 및 대책 수립에 관한 사항
> ㄹ. 작업장의 안전 및 보건 관리에 관한 사항
> ㅁ. 안전 및 보건에 관한 관리조직과 그 직무에 관한 사항

① ㄱ, ㄴ, ㄷ, ㄹ
② ㄱ, ㄴ, ㄹ, ㅁ
③ ㄱ, ㄷ, ㄹ, ㅁ
④ ㄴ, ㄷ, ㄹ, ㅁ

해설 안전보건관리규정의 작성내용
- 안전 및 보건에 관한 관리조직과 그 직무에 관한 사항
- 안전보건교육에 관한 사항
- 작업장의 안전 및 보건 관리에 관한 사항
- 사고 조사 및 대책 수립에 관한 사항
- 그 밖에 안전 및 보건에 관한 사항

관련개념 CHAPTER 01 산업재해예방 계획 수립

008

억측판단이 발생하는 배경으로 볼 수 없는 것은?

① 정보가 불확실할 때
② 타인의 의견에 동조할 때
③ 희망적인 관측이 있을 때
④ 과거에 성공한 경험이 있을 때

해설 억측판단이 발생하는 배경
- 희망적 관측: '그때도 그랬으니까 괜찮겠지' 하는 관측
- 불확실한 정보나 지식: 위험에 대한 정보의 불확실 및 지식의 부족
- 과거의 성공한 경험: 과거에 그 행위로 성공한 경험의 선입관
- 초조한 심정: 일을 빨리 끝내고 싶은 초조한 심정

관련개념 CHAPTER 03 산업안전심리

009

하인리히의 사고예방원리 5단계 중 교육 및 훈련의 개선, 인사조정, 안전관리규정 및 수칙의 개선 등을 행하는 단계는?

① 사실의 발견
② 분석 평가
③ 시정방법의 선정
④ 시정책의 적용

해설 하인리히의 사고예방원리 중 4단계 시정책의 선정에서 기술의 개선, 인사조정, 교육 및 훈련 개선, 안전규정 및 수칙의 개선, 이행의 감독과 제재 강화를 행한다.
하인리히의 사고예방대책의 기본원리 5단계
㉠ 1단계: 조직(안전관리조직)
㉡ 2단계: 사실의 발견(현상파악)
㉢ 3단계: 분석·평가(원인규명)
㉣ 4단계: 시정책의 선정
㉤ 5단계: 시정책의 적용

관련개념 CHAPTER 01 산업재해예방 계획 수립

010

재해예방의 4원칙에 대한 설명으로 틀린 것은?

① 재해발생은 반드시 원인이 있다.
② 손실과 사고와의 관계는 필연적이다.
③ 재해는 원인을 제거하면 예방이 가능하다.
④ 재해를 예방하기 위한 대책은 반드시 존재한다.

해설 재해예방의 4원칙
- 손실우연의 원칙: 재해손실은 사고발생 시 사고대상의 조건에 따라 달라지므로 한 사고의 결과로서 생긴 재해손실은 우연성에 의해 결정된다.
- 원인계기(원인연계)의 원칙: 재해발생은 반드시 원인이 있다.
- 예방가능의 원칙: 재해는 원칙적으로 원인만 제거하면 예방이 가능하다.
- 대책선정의 원칙: 재해예방을 위한 가능한 안전대책은 반드시 존재한다.

관련개념 CHAPTER 01 산업재해예방 계획 수립

011

「산업안전보건법령」상 안전보건진단을 받아 안전보건개선 계획의 수립 및 명령을 할 수 있는 대상이 아닌 것은?

① 유해인자의 노출기준을 초과한 사업장
② 산업재해율이 같은 업종 평균 산업재해율의 2배 이상 인 사업장
③ 사업주가 필요한 안전조치 또는 보건조치를 이행하지 아니하여 중대재해가 발생한 사업장
④ 상시근로자 1천명 이상인 사업장에서 직업성 질병자가 연간 2명 이상 발생한 사업장

해설 안전보건진단을 받아 안전보건개선계획을 수립할 대상 사업장
• 산업재해율이 같은 업종 평균 산업재해율의 2배 이상인 사업장
• 사업주가 필요한 안전조치 또는 보건조치를 이행하지 아니하여 중대재 해가 발생한 사업장
• 직업성 질병자가 연간 2명 이상(상시근로자 1천명 이상 사업장의 경우 3명 이상) 발생한 사업장
• 그 밖에 작업환경 불량, 화재·폭발 또는 누출 사고 등으로 사업장 주변까 지 피해가 확산된 사업장으로서 고용노동부령으로 정하는 사업장

관련개념 CHAPTER 01 산업재해예방 계획 수립

012

버드(Bird)의 재해분포에 따르면 20건의 경상(물적, 인적상 해)사고가 발생했을 때 무상해·무사고(위험순간) 고장 발 생 건수는?

① 200
② 600
③ 1,200
④ 12,000

해설 버드(Bird)의 재해구성비율
• 중상(중증요양상태) 또는 사망 : 경상(물적, 인적 상해) : 무상해사고(물 적 손실 발생) : 무상해, 무사고 고장(위험 순간)＝1 : 10 : 30 : 600
• 경상(물적, 인적 상해) : 무상해, 무사고 고장(위험 순간)＝10 : 600
• 무상해, 무사고 고장(위험 순간)＝$20 \times \frac{600}{10} = 1,200$건

관련개념 CHAPTER 01 산업재해예방 계획 수립

013

「산업안전보건법령」상 거푸집 및 동바리의 조립 또는 해체 작업 시 특별교육 내용이 아닌 것은?(단, 그 밖에 안전·보 건관리에 필요한 사항은 제외한다.)

① 비계의 조립순서 및 방법에 관한 사항
② 조립·해체 시의 사고 예방에 관한 사항
③ 동바리의 조립방법 및 작업 절차에 관한 사항
④ 조립재료의 취급방법 및 설치기준에 관한 사항

해설 비계의 조립순서 및 방법에 관한 사항은 비계의 조립·해체 또는 변경작업 시 특별교육 내용이다.
거푸집 및 동바리의 조립 또는 해체작업 시 특별교육 내용
• 동바리의 조립방법 및 작업 절차에 관한 사항
• 조립재료의 취급방법 및 설치기준에 관한 사항
• 조립·해체 시의 사고 예방에 관한 사항
• 보호구 착용 및 점검에 관한 사항
• 그 밖에 안전·보건관리에 필요한 사항

관련개념 CHAPTER 05 안전보건교육의 내용 및 방법

014

「산업안전보건법령」상 다음의 안전보건표지 중 기본모형이 다른 것은?

① 위험장소경고
② 레이저광선경고
③ 방사성물질경고
④ 부식성물질경고

해설

위험장소경고	레이저광선경고	방사성물질경고	부식성물질경고

관련개념 CHAPTER 02 안전보호구 관리

015

다음 중 학습정도(Level of Learning)의 4단계를 순서대로 옳게 나열한 것은?

① 이해 – 적용 – 인지 – 지각
② 인지 – 지각 – 이해 – 적용
③ 지각 – 인지 – 적용 – 이해
④ 적용 – 인지 – 지각 – 이해

해설 학습정도(Level of Learning)
• 인지(Recognition)
• 지각(Knowledge)
• 이해(Understanding)
• 적용(Application)

관련개념 CHAPTER 05 안전보건교육의 내용 및 방법

016

기업 내 정형교육 중 TWI(Training Within Industry)의 교육 내용이 아닌 것은?

① Job Method Training
② Job Relation Training
③ Job Instruction Training
④ Job Standardization Training

해설 TWI(Training Within Industry)
• 작업지도훈련(JIT; Job Instruction Training)
• 작업방법훈련(JMT; Job Method Training)
• 인간관계훈련(JRT; Job Relation Training)
• 작업안전훈련(JST; Job Safety Training)

관련개념 CHAPTER 05 안전보건교육의 내용 및 방법

017

레윈(Lewin)의 법칙 B $= f(P \cdot E)$ 중 B가 의미하는 것은?

① 행동
② 경험
③ 환경
④ 인간관계

해설 레윈(Lewin.K)의 법칙
$B = f(P \cdot E)$
여기서, B: Behavior(인간의 행동)
  f: function(함수관계)
  P: Person(개체: 연령, 경험, 심신상태, 성격, 지능 등)
  E: Environment(환경: 인간관계, 작업조건 등)

관련개념 CHAPTER 04 인간의 행동과학

018

재해원인을 직접 원인과 간접 원인으로 분류할 때 직접원인에 해당하는 것은?

① 물적 원인
② 교육적 원인
③ 정신적 원인
④ 관리적 원인

해설 물적 원인은 직접 원인에 해당한다.
산업재해의 간접 원인
• 기술적 원인   • 교육적 원인   • 신체적 원인
• 정신적 원인   • 관리적 원인

관련개념 SUBJECT 03 기계·기구 및 설비 안전관리
  CHAPTER 02 기계분야 산업재해 조사 및 관리

019

「산업안전보건법령」상 안전관리자의 업무가 아닌 것은?(단, 그 밖에 고용노동부장관이 정하는 사항은 제외한다.)

① 업무 수행 내용의 기록
② 산업재해에 관한 통계의 유지 · 관리 · 분석을 위한 보좌 및 지도 · 조언
③ 안전교육계획의 수립 및 안전교육 실시에 관한 보좌 및 지도 · 조언
④ 작업장 내에서 사용되는 전체 환기장치 및 국소 배기장치 등에 관한 설비의 점검

해설 '작업장 내에서 사용되는 전체 환기장치 및 국소배기장치 등에 관한 설비의 점검'은 보건관리자의 업무이다.

관련개념 CHAPTER 01 산업재해예방 계획 수립

020

헤드십(Headship)의 특성에 관한 설명으로 틀린 것은?

① 지휘형태는 권위주의적이다.
② 상사의 권한 근거는 비공식적이다.
③ 상사와 부하의 관계는 지배적이다.
④ 상사와 부하의 사회적 간격은 넓다.

해설 헤드(Head)는 법적 또는 규정에 의한 권한을 가지며 조직으로부터 위임받는다.

관련개념 CHAPTER 04 인간의 행동과학

인간공학 및 위험성평가 · 관리

021

위험분석 기법 중 시스템 수명주기 관점에서 적용 시점이 가장 빠른 것은?

① PHA ② FHA
③ OHA ④ SHA

해설 예비위험분석(PHA; Preliminary Hazards Analysis)
시스템 내의 위험요소가 얼마나 위험상태에 있는가를 평가하는 시스템안전 프로그램의 최초단계(시스템 구상단계)의 정성적인 분석 방식이다.

관련개념 CHAPTER 02 위험성 파악 · 결정

022

상황해석을 잘못하거나 목표를 잘못 설정하여 발생하는 인간의 오류 유형은?

① 실수(Slip) ② 착오(Mistake)
③ 위반(Violation) ④ 건망증(Lapse)

해설 인간의 오류모형
• 착오(Mistake): 상황해석을 잘못하거나 목표를 잘못 이해하고 착각하여 행하는 경우
• 실수(Slip): 상황이나 목표의 해석을 제대로 했으나 의도와는 다른 행동을 하는 경우
• 건망증(Lapse): 여러 과정이 연계적으로 일어나는 행동 중에서 일부를 잊어버리고 하지 않거나 또는 기억의 실패에 의하여 발생하는 오류
• 위반(Violation): 정해진 규칙을 알고 있음에도 고의로 따르지 않거나 무시하는 행위

관련개념 CHAPTER 01 안전과 인간공학

023

A작업의 평균 에너지소비량이 다음과 같을 때, 60분간의 총 작업시간 내에 포함되어야 하는 휴식시간(분)은?

- 휴식 중 에너지소비량: 1.5[kcal/min]
- A작업 시 평균 에너지소비량: 6[kcal/min]
- 기초대사를 포함한 작업에 대한 평균 에너지소비량 상한: 5[kcal/min]

① 10.3
② 11.3
③ 12.3
④ 13.3

해설 휴식시간

$$R = \frac{60(E-5)}{E-1.5} = \frac{60 \times (6-5)}{6-1.5} = 13.3분$$

여기서, E: 작업의 평균 에너지소비량[kcal/min]

관련개념 CHAPTER 06 작업환경 관리

024

시스템의 수명곡선(욕조곡선)에 있어서 디버깅(Debugging)에 관한 설명으로 옳은 것은?

① 초기고장의 결함을 찾아 고장률을 안정시키는 과정이다.
② 우발고장의 결함을 찾아 고장률을 안정시키는 과정이다.
③ 마모고장의 결함을 찾아 고장률을 안정시키는 과정이다.
④ 기계 결함을 발견하기 위해 동작시험을 하는 기간이다.

해설 디버깅(Debugging) 기간
기계의 초기결함을 찾아 내어 고장률을 안정시키는 기간이다.

관련개념 CHAPTER 02 위험성 파악 · 결정

025

밝은 곳에서 어두운 곳으로 갈 때 망막에 시홍이 형성되는 생리적 과정인 암조응이 발생하는데, 완전 암조응(Dark adaptation)이 발생하는 데 소요되는 시간은?

① 약 3~5분
② 약 10~15분
③ 약 30~40분
④ 약 60~90분

해설 순응(조응)
- 암순응(암조응): 우리 눈이 어둠에 적응하는 과정으로 로돕신이 증가하여 간상세포의 감도가 높아진다.(약 30~40분 정도 소요)
- 명순응(명조응): 우리 눈이 밝음에 적응하는 과정으로 로돕신이 감소하여 원추세포가 기능하게 된다.(약 수초 내지 1~2분 소요)

관련개념 CHAPTER 06 작업환경 관리

026

인간공학에 대한 설명으로 틀린 것은?

① 인간 – 기계 시스템의 안전성, 편리성, 효율성을 높인다.
② 인간을 작업과 기계에 맞추는 설계 철학이 바탕이 된다.
③ 인간이 사용하는 물건, 설비, 환경의 설계에 적용된다.
④ 인간의 생리적, 심리적인 면에서의 특성이나 한계점을 고려한다.

해설 인간공학의 정의
- 인간의 신체적, 정신적 능력 한계를 고려하여 작업환경 또는 기계를 인간에게 적절한 형태로 맞추는 것이다.
- 인간의 특성과 능력을 공학적으로 분석, 평가하여 이를 복잡한 체계의 설계에 응용함으로써 효율을 최대로 활용할 수 있도록 하는 학문분야이다.

관련개념 CHAPTER 01 안전과 인간공학

027

HAZOP 기법에서 사용하는 가이드 워드와 그 의미가 잘못 연결된 것은?

① Part of: 성질상의 감소
② As well as: 성질상의 증가
③ Other than: 기타 환경적인 요인
④ More/Less: 정량적인 증가 또는 감소

해설 유인어(Guide Words)
· NO 또는 NOT: 설계의도에 완전히 반하여 변수의 양이 없는 상태
· MORE 또는 LESS: 변수가 양적으로 증가 또는 감소되는 상태
· AS WELL AS: 설계의도 외의 다른 변수가 부가되는 상태(성질상의 증가)
· PART OF: 설계의도대로 완전히 이루어지지 않는 상태(성질상의 감소)
· REVERSE: 설계의도와 정반대로 나타나는 상태
· OTHER THAN: 설계의도대로 설치되지 않거나 운전 유지되지 않는 상태(완전한 대체)

관련개념 CHAPTER 02 위험성 파악·결정

028

그림과 같은 FT도에 대한 최소 컷셋(Minimal Cut Sets)으로 옳은 것은?(단, Fussell의 알고리즘을 따른다.)

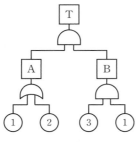

① {1, 2}
② {1, 3}
③ {2, 3}
④ {1, 2, 3}

해설 정상사상에서 차례로 하단의 사상으로 치환하면서 AND게이트는 가로로, OR 게이트는 세로로 나열한 후 중복사상을 제거한다.

$$T = A \cdot B = \begin{pmatrix} 1 \\ 2 \end{pmatrix} \cdot (3\ 1) = \begin{pmatrix} 1\ 3 \\ 1\ 2\ 3 \end{pmatrix}$$

따라서 미니멀 컷셋은 (1 3)이다.

관련개념 CHAPTER 02 위험성 파악·결정

029

경계 및 경보신호의 설계지침으로 틀린 것은?

① 주의를 환기시키기 위하여 변조된 신호를 사용한다.
② 배경소음의 진동수와 다른 진동수의 신호를 사용한다.
③ 귀는 중음역에 민감하므로 500~3,000[Hz]의 진동수를 사용한다.
④ 300[m] 이상의 장거리용으로는 1,000[Hz]를 초과하는 진동수를 사용한다.

해설 경계 및 경보신호 선택 시 300[m] 이상 장거리용 신호에는 1,000[Hz] 이하의 진동수를 사용한다.

관련개념 CHAPTER 06 작업환경 관리

030

FTA(Fault Tree Analysis)에서 사용되는 사상기호 중 통상의 작업이나 기계의 상태에서 재해의 발생 원인이 되는 요소가 있는 것을 나타내는 것은?

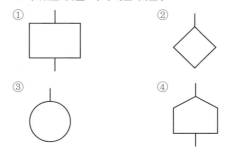

해설

기호	명칭	설명
(집 모양 기호)	통상사상	통상발생이 예상되는 사상

오답해설 ①은 결함사상, ②는 생략사상, ③은 기본사상이다.

관련개념 CHAPTER 02 위험성 파악·결정

031

불(Boole) 대수의 정리를 나타낸 관계식 중 틀린 것은?

① $A \cdot 0 = 0$ ② $A + 1 = 1$

③ $A \cdot \overline{A} = 1$ ④ $A(A+B) = A$

해설 불 대수의 법칙에 따라 $A \cdot \overline{A} = 0$이다.

관련개념 CHAPTER 02 위험성 파악·결정

032

근골격계질환 작업분석 및 평가 방법인 OWAS의 평가요소를 모두 고른 것은?

ㄱ. 상지	ㄴ. 무게(하중)
ㄷ. 하지	ㄹ. 허리

① ㄱ, ㄴ ② ㄱ, ㄷ, ㄹ

③ ㄴ, ㄷ, ㄹ ④ ㄱ, ㄴ, ㄷ, ㄹ

해설 OWAS의 평가방법
작업자의 자세를 관찰하여 허리, 팔, 다리, 하중/힘에 해당하는 OWAS 코드를 찾아 AC(Action Level) 판정표에서 점수를 확인한다.

관련개념 CHAPTER 04 근골격계질환 예방관리

033

다음 중 좌식작업이 가장 적합한 작업은?

① 정밀 조립 작업

② 4.5[kg] 이상의 중량물을 다루는 작업

③ 작업장이 서로 떨어져 있으며 작업장 간 이동이 잦은 작업

④ 작업자의 정면에서 매우 높거나 낮은 곳으로 손을 자주 뻗어야 하는 작업

해설 ②, ③, ④는 입식작업이 적합하다.

관련개념 CHAPTER 06 작업환경 관리

034

n개의 요소를 가진 병렬시스템에 있어 요소의 수명(MTTF)이 지수분포를 따를 경우, 이 시스템의 수명으로 옳은 것은?

① $MTTF \times n$

② $MTTF \times \dfrac{1}{n}$

③ $MTTF\left(1 + \dfrac{1}{2} + \cdots + \dfrac{1}{n}\right)$

④ $MTTF\left(1 \times \dfrac{1}{2} \times \cdots \times \dfrac{1}{n}\right)$

해설 평균동작시간(MTTF)이 지수분포를 따를 경우(병렬계)

$$System의 \ 수명 = MTTF\left(1 + \frac{1}{2} + \cdots + \frac{1}{n}\right)$$

여기서, n: 요소 수

관련개념 CHAPTER 03 위험성 감소대책 수립·실행

035

인간 – 기계 시스템에 관한 설명으로 틀린 것은?

① 자동 시스템에서는 인간요소를 고려하여야 한다.
② 자동차 운전이나 전기 드릴 작업은 반자동 시스템의 예시이다.
③ 자동 시스템에서 인간은 감시, 정비유지, 프로그램 등의 작업을 담당한다.
④ 수동 시스템에서 기계는 동력원을 제공하고 인간의 통제 하에서 제품을 생산한다.

해설 인간 – 기계 통합체계의 특성

수동체계	자신의 신체적인 힘을 동력원으로 사용하여 작업을 통제하는 인간 사용자와 결합(수공구 또는 그 밖의 보조물 사용)
기계화 또는 반자동체계	운전자가 조종장치를 사용하여 통제하며, 동력은 전형적으로 기계가 제공
자동체계	기계가 감지, 정보처리, 의사결정 등 행동을 포함한 모든 임무를 수행하고, 인간은 감시, 프로그래밍, 정비유지 등의 기능을 수행하는 체계

관련개념 CHAPTER 01 안전과 인간공학

036

양식 양립성의 예시로 가장 적절한 것은?

① 자동차 설계 시 고도계 높낮이 표시
② 방사능 사업장에 방사능 폐기물 표시
③ 청각적 자극 제시와 이에 대한 음성 응답
④ 자동차 설계 시 제어장치와 표시장치의 배열

해설 ①은 운동적 양립성, ②는 개념적 양립성, ④는 공간적 양립성에 해당한다.
양식 양립성
언어 또는 문화적 관습이나 특정 신호에 따라 적합하게 반응하는 것을 말하는데, 예를 들어 한국어로 질문하면 한국어로 대답하거나, 기계가 특정 음성에 대해 정해진 반응을 하는 것을 말한다.

관련개념 CHAPTER 06 작업환경 관리

037

다음에서 설명하는 용어는?

> 유해 · 위험요인을 파악하고 해당 유해 · 위험요인에 의한 부상 또는 질병의 발생 가능성(빈도)과 중대성(강도)을 추정 · 결정하고 감소대책을 수립하여 실행하는 일련의 과정을 말한다.

① 위험성 결정
② 위험성평가
③ 위험빈도 추정
④ 유해 · 위험요인 파악

해설 **위험성평가**
사업주가 스스로 사업장의 유해 · 위험요인을 파악하고 해당 유해 · 위험요인의 위험성 수준을 결정하여, 위험성을 낮추기 위한 적절한 조치를 마련하고 실행하는 과정을 말한다.

관련개념 CHAPTER 02 위험성 파악 · 결정

038

태양광선이 내리쬐는 옥외 장소의 자연습구온도 20[℃], 흑구온도 18[℃], 건구온도 30[℃]일 때, 습구흑구온도지수(WBGT)는?

① 20.6[℃]
② 22.5[℃]
③ 25.0[℃]
④ 28.5[℃]

해설 **습구흑구온도지수(WBGT)[태양광선이 내리쬐는 옥외 장소]**
$$WBGT[℃] = 0.7 \times 자연습구온도(NWB) + 0.2 \times 흑구온도(GT)$$
$$+ 0.1 \times 건구온도(DT)$$
$$= 0.7 \times 20 + 0.2 \times 18 + 0.1 \times 30 = 20.6[℃]$$

관련개념 CHAPTER 06 작업환경 관리

039

FTA(Fault Tree Analysis)에 관한 설명으로 옳은 것은?

① 정성적 분석만 가능하다.
② 복잡하고 대형화된 시스템의 신뢰성 분석 및 안정성 분석에 이용되는 기법이다.
③ FT에 동일한 사건이 중복되어 나타나는 경우 상향식(Bottom-up)으로 정상사건 T의 발생확률을 계산할 수 있다.
④ 기초사건과 생략사건의 확률 값이 주어지게 되더라도 정상사건의 최종적인 발생확률을 계산할 수 없다.

해설 결함수분석법(FTA; Fault Tree Analysis)의 특징
• Top down(하향식) 방법이다.
• 정성적, 정량적(컴퓨터 처리 가능) 분석기법이다.
• 논리기호를 사용한 특정사상에 대한 해석이다.
• 서식이 간단해서 비전문가도 짧은 훈련으로 사용할 수 있다.
• 복잡하고 대형화된 시스템에 사용할 수 있다.
• 기능적 결함의 원인을 분석하는 데 용이하다.
• Human Error의 검출이 어렵다.

관련개념 CHAPTER 02 위험성 파악 · 결정

040

1[sone]에 관한 설명으로 (   ) 안에 알맞은 수치는?

1[sone]: (㉠   )[Hz], (㉡   )[dB]의 음압수준을 가진 순음의 크기

① ㉠ 1,000 ㉡ 1   ② ㉠ 4,000 ㉡ 1
③ ㉠ 1,000 ㉡ 40   ④ ㉠ 4,000 ㉡ 40

해설 Sone 음량수준
다른 음의 상대적인 주관적 크기 비교이다. 40[dB]의 1,000[Hz] 순음 크기(=40[phon])를 1[sone]으로 정의하고, 기준음보다 10배 크게 들리는 음이 있다면 이 음의 음량은 10[sone]이다.

관련개념 CHAPTER 06 작업환경 관리

기계 · 기구 및 설비 안전관리

041

다음 중 와이어로프의 구성요소가 아닌 것은?

① 클립   ② 소선
③ 스트랜드   ④ 심강

해설 클립은 와이어로프를 고정하는 기구이다.
와이어로프 구성요소
소선, 스트랜드(Strand), 심강(Core), 심선

관련개념 CHAPTER 06 운반기계 및 양중기

042

「산업안전보건법령」상 산업용 로봇에 의한 작업 시 안전조치 사항으로 적절하지 않은 것은?

① 로봇의 운전으로 인해 근로자가 로봇에 부딪칠 위험이 있을 때에는 높이 1.8[m] 이상의 울타리를 설치하여야 한다.
② 작업을 하고 있는 동안 로봇의 기동스위치 등은 작업에 종사하고 있는 근로자가 아닌 사람이 그 스위치 등을 조작할 수 없도록 필요한 조치를 한다.
③ 로봇의 조작방법 및 순서, 작업 중의 매니퓰레이터의 속도 등에 관한 지침에 따라 작업을 하여야 한다.
④ 작업에 종사하는 근로자가 이상을 발견하면 관리감독자에게 우선 보고하고, 지시가 나올 때까지 작업을 진행한다.

해설 산업용 로봇의 작업 시 작업에 종사하고 있는 근로자 또는 그 근로자를 감시하는 사람은 이상을 발견하면 즉시 로봇의 운전을 정지시키기 위한 조치를 하여야 한다.

관련개념 CHAPTER 05 기타 산업용 기계 · 기구

043

밀링작업 시 안전수칙으로 옳지 않은 것은?

① 테이블 위에 공구나 기타 물건 등을 올려놓지 않는다.
② 제품 치수를 측정할 때는 절삭 공구의 회전을 정지한다.
③ 강력 절삭을 할 때는 일감을 바이스에 짧게 물린다.
④ 상·하, 좌·우 이송장치의 핸들은 사용 후 풀어 둔다.

해설 밀링작업 시 강력절삭을 할 때는 일감을 바이스에 깊게 물린다.

관련개념 CHAPTER 03 공작기계의 안전

044

다음 중 지게차의 작업 상태별 안정도에 관한 설명으로 틀린 것은?(단, V는 최고속도[km/h]이다.)

① 기준 부하상태에서 하역작업 시의 전후 안정도는 20[%] 이내이다.
② 기준 부하상태에서 하역작업 시의 좌우 안정도는 6[%] 이내이다.
③ 기준 부하상태에서 주행 시의 전후 안정도는 18[%]이 내이다.
④ 기준 무부하상태에서 주행 시의 좌우 안정도는 (15+1.1V)[%] 이내이다.

해설 지게차 기준 부하상태에서 하역작업 시의 전후 안정도는 4[%] 이내이다.(5톤 이상은 3.5[%] 이내)

관련개념 CHAPTER 06 운반기계 및 양중기

045

「산업안전보건법령」상 보일러의 안전한 가동을 위하여 보일러 규격에 맞는 압력방출장치가 2개 이상 설치된 경우에 최고사용압력 이하에서 1개가 작동되고, 다른 압력방출장치는 최고 사용압력의 몇 배 이하에서 작동되도록 부착하여야 하는가?

① 1.03배   ② 1.05배
③ 1.2배   ④ 1.5배

해설 보일러의 안전한 가동을 위하여 보일러 규격에 맞는 압력방출장치를 1개 또는 2개 이상 설치하고 최고사용압력 이하에서 작동되도록 하여야 한다. 다만, 압력방출장치가 2개 이상 설치된 경우에는 최고사용압력 이하에서 1개가 작동되고, 다른 압력방출장치는 최고사용압력 1.05배 이하에서 작동되도록 부착하여야 한다.

관련개념 CHAPTER 05 기타 산업용 기계·기구

046

금형의 설치, 해체, 운반 시 안전사항에 관한 설명으로 틀린 것은?

① 운반을 위하여 관통 아이볼트가 사용될 때는 구멍 틈새가 최소화되도록 한다.
② 금형을 설치하는 프레스의 T홈 안길이는 설치볼트 지름의 1/2배 이하로 한다.
③ 고정볼트는 고정 후 가능하면 나사산을 3~4개 정도 짧게 남겨 설치 또는 해체 시 슬라이드 면과의 사이에 협착이 발생하지 않도록 해야 한다.
④ 운반 시 상부금형과 하부금형이 닿을 위험이 있을 때는 고정 패드를 이용한 스트랩, 금속재질이나 우레탄 고무의 블록 등을 사용한다.

해설 금형의 탈착 시 금형을 설치하는 프레스의 T홈 안길이는 설치볼트 직경의 2배 이상으로 한다.

관련개념 CHAPTER 04 프레스 및 전단기의 안전

047

선반에서 절삭 가공 시 발생하는 칩을 짧게 끊어지도록 공구에 설치되어 있는 방호장치의 일종인 칩 제거 기구를 무엇이라 하는가?

① 칩 브레이커　　　　② 칩 받침
③ 칩 쉴드　　　　　　④ 칩 커터

해설 **선반의 안전장치**
• 칩 브레이커(Chip Breaker): 칩이 짧게 끊어지도록 하는 장치
• 덮개(Shield): 가공재료의 칩이나 절삭유 등이 비산되어 나오는 위험으로부터 작업자의 보호를 위해 이동이 가능한 장치
• 브레이크(Brake): 가공 작업 중 선반을 급정지시킬 수 있는 장치
• 척 커버(Chuck Cover)

관련개념 CHAPTER 03 공작기계의 안전

048

다음 중 「산업안전보건법령」상 안전인증대상 방호장치에 해당하지 않는 것은?

① 연삭기 덮개
② 압력용기 압력방출용 파열판
③ 압력용기 압력방출용 안전밸브
④ 방폭구조(防爆構造) 전기기계·기구 및 부품

해설 연삭기 덮개는 안전인증대상이 아닌 자율안전확인대상 방호장치이다.

관련개념 CHAPTER 02 기계분야 산업재해 조사 및 관리

049

인장강도가 250[N/mm²]인 강판에서 안전율이 4라면 이 강판의 허용응력[N/mm²]은 얼마인가?

① 42.5　　　　　　② 62.5
③ 82.5　　　　　　④ 102.5

해설 허용응력 $= \dfrac{\text{극한(인장)강도}}{\text{안전계수(안전율)}} = \dfrac{250}{4} = 62.5[\text{N/mm}^2]$

관련개념 CHAPTER 01 기계공정의 안전, 기계안전시설 관리

050

「산업안전보건법령」상 강렬한 소음작업에서 데시벨에 따른 노출시간으로 적합하지 않은 것은?

① 100[dB] 이상의 소음이 1일 2시간 이상 발생하는 작업
② 110[dB] 이상의 소음이 1일 30분 이상 발생하는 작업
③ 115[dB] 이상의 소음이 1일 15분 이상 발생하는 작업
④ 120[dB] 이상의 소음이 1일 7분 이상 발생하는 작업

해설 **강렬한 소음작업**
• 90[dB] 이상의 소음이 1일 8시간 이상 발생하는 작업
• 95[dB] 이상의 소음이 1일 4시간 이상 발생하는 작업
• 100[dB] 이상의 소음이 1일 2시간 이상 발생하는 작업
• 105[dB] 이상의 소음이 1일 1시간 이상 발생하는 작업
• 110[dB] 이상의 소음이 1일 30분 이상 발생하는 작업
• 115[dB] 이상의 소음이 1일 15분 이상 발생하는 작업

관련개념 CHAPTER 07 설비진단 및 검사

051

「방호장치 안전인증 고시」에 따라 프레스 및 전단기에 사용되는 광전자식 방호장치의 일반구조에 대한 설명으로 가장 적절하지 않은 것은?

① 정상동작표시램프는 녹색, 위험표시램프는 붉은색으로 하며, 근로자가 쉽게 볼 수 있는 곳에 설치해야 한다.
② 슬라이드 하강 중 정전 또는 방호장치의 이상 시에 정지할 수 있는 구조이어야 한다.
③ 방호장치는 릴레이, 리미트 스위치 등의 전기부품의 고장, 전원전압의 변동 및 정전에 의해 슬라이드가 불시에 동작하지 않아야 하며, 사용전원전압의 ±(100분의 10)의 변동에 대하여 정상으로 작동되어야 한다.
④ 방호장치의 감지기능은 규정한 검출영역 전체에 걸쳐 유효하여야 한다.(다만, 블랭킹 기능이 있는 경우 그렇지 않다.)

해설 방호장치는 릴레이, 리미트스위치 등의 전기부품의 고장, 전원전압의 변동 및 정전에 의해 슬라이드가 불시에 동작하지 않아야 하며, 사용전원전압의 ±20[%]의 변동에 대하여 정상으로 작동되어야 한다.

관련개념 CHAPTER 04 프레스 및 전단기의 안전

052

「산업안전보건법령」상 연삭기 작업 시 작업자가 안심하고 작업을 할 수 있는 상태는?

① 탁상용 연삭기에서 숫돌과 작업 받침대의 간격이 5[mm]이다.
② 덮개 재료의 인장강도는 224[MPa]이다.
③ 숫돌 교체 후 2분 정도 시험운전을 실시하여 해당 기계의 이상 여부를 확인하였다.
④ 작업 시작 전 1분 정도 시험운전을 실시하여 해당 기계의 이상 여부를 확인하였다.

해설 연삭숫돌을 사용하는 작업의 경우 작업을 시작하기 전에는 1분 이상, 연삭숫돌을 교체한 후에는 3분 이상 시험운전을 하고 해당 기계에 이상이 있는지를 확인하여야 한다.

관련개념 CHAPTER 03 공작기계의 안전

053

보기와 같은 기계요소가 단독으로 발생시키는 위험점은?

┌ 보기 ┐
│ 밀링커터   둥근톱날 │

① 협착점   ② 끼임점
③ 절단점   ④ 물림점

해설 **절단점(Cutting Point)**
회전하는 운동부분 자체의 위험이나 운동하는 기계부분 자체의 위험에서 초래되는 위험점이다.
예 목공용 띠톱 부분, 밀링커터, 둥근톱날

관련개념 CHAPTER 01 기계공정의 안전, 기계안전시설 관리

054

다음 중 크레인의 방호장치로 가장 거리가 먼 것은?

① 권과방지장치   ② 과부하방지장치
③ 비상정지장치   ④ 자동보수장치

해설 **크레인의 방호장치**
• 권과방지장치
• 과부하방지장치
• 비상정지장치
• 제동장치

관련개념 CHAPTER 06 운반기계 및 양중기

055

「산업안전보건법령」상 프레스기를 사용하여 작업을 할 때 작업시작 전 점검사항으로 틀린 것은?

① 클러치 및 브레이크의 기능
② 압력방출장치의 기능
③ 크랭크축 · 플라이휠 · 슬라이드 · 연결봉 및 연결나사의 풀림 유무
④ 프레스의 금형 및 고정볼트의 상태

해설 압력방출장치의 기능은 공기압축기를 가동할 때 작업시작 전 점검사항이다.
프레스 작업시작 전 점검사항
· 클러치 및 브레이크의 기능
· 크랭크축 · 플라이휠 · 슬라이드 · 연결봉 및 연결 나사의 풀림 여부
· 1행정 1정지기구 · 급정지장치 및 비상정지장치의 기능
· 슬라이드 또는 칼날에 의한 위험방지 기구의 기능
· 프레스의 금형 및 고정 볼트 상태
· 방호장치의 기능
· 전단기의 칼날 및 테이블의 상태

관련개념 CHAPTER 02 기계분야 산업재해 조사 및 관리

056

설비보전은 예방보전과 사후보전으로 대별된다. 다음 중 예방보전의 종류가 아닌 것은?

① 시간계획보전
② 개량보전
③ 상태기준보전
④ 적응보전

해설 **예방보전의 종류**
시간계획보전, 상태감시보전(상태기준보전), 수명보전(적응보전)
개량보전
설비가 두 번 다시 동일한 원인에 의한 고장이 일어나지 않도록 연구를 거듭하는 것이다.

관련개념 SUBJECT 02 인간공학 및 위험성평가 · 관리
　　　　　CHAPTER 03 위험성 감소대책 수립 · 실행

057

천장크레인에 중량 3[kN]의 화물을 2줄로 매달았을 때 매달기용 와이어(sling wire)에 걸리는 장력은 약 몇 [kN]인가?(단, 매달기용 와이어(sling wire) 2줄 사이의 각도는 55°이다.)

① 1.3
② 1.7
③ 2.0
④ 2.3

해설 와이어로프 하나에 걸리는 하중

$$T = \frac{\dfrac{w}{2}}{\cos\dfrac{\theta}{2}} = \frac{1.5}{\cos 27.5°} = 1.7[kN]$$

여기서, w: 물체의 무게
　　　　θ: 와이어로프 상부의 각도

관련개념 CHAPTER 06 운반기계 및 양중기

058

다음 중 롤러의 급정지 성능으로 적합하지 않은 것은?

① 앞면 롤러 표면 원주속도가 25[m/min], 앞면 롤러의 원주가 5[m]일 때 급정지거리 1.6[m] 이내
② 앞면 롤러 표면 원주속도가 35[m/min], 앞면 롤러의 원주가 7[m]일 때 급정지거리 2.8[m] 이내
③ 앞면 롤러 표면 원주속도가 30[m/min], 앞면 롤러의 원주가 6[m]일 때 급정지거리 2.6[m] 이내
④ 앞면 롤러 표면 원주속도가 20[m/min], 앞면 롤러의 원주가 8[m]일 때 급정지거리 2.6[m] 이내

해설 **롤러기 급정지장치의 성능**

앞면 롤러의 표면속도[m/min]	급정지거리
30 미만	앞면 롤러 원주의 $\dfrac{1}{3}$ 이내
30 이상	앞면 롤러 원주의 $\dfrac{1}{2.5}$ 이내

① 급정지거리 $= 5 \times \dfrac{1}{3} = 1.6[m]$ 이내
② 급정지거리 $= 7 \times \dfrac{1}{2.5} = 2.8[m]$ 이내
③ 급정지거리 $= 6 \times \dfrac{1}{2.5} = 2.4[m]$ 이내
④ 급정지거리 $= 8 \times \dfrac{1}{3} = 2.6[m]$ 이내

관련개념 CHAPTER 05 기타 산업용 기계 · 기구

059

조작자의 신체부위가 위험한계 밖에 위치하도록 기계의 조작장치를 위험구역에서 일정거리 이상 떨어지게 하는 방호장치는?

① 덮개형 방호장치　　② 차단형 방호장치
③ 위치제한형 방호장치　④ 접근반응형 방호장치

해설　위치제한형 방호장치
작업자의 신체부위가 위험한계 밖에 있도록 기계의 조작장치를 위험구역에서 일정거리 이상 떨어지게 한 방호장치(양수조작식 안전장치)이다.

관련개념 CHAPTER 01 기계공정의 안전, 기계안전시설 관리

060

「산업안전보건법령」상 아세틸렌 용접장치의 아세틸렌 발생기실을 설치하는 경우 준수하여야 하는 사항으로 옳은 것은?

① 벽은 가연성 재료로 하고 철근 콘크리트 또는 그 밖에 이와 동등하거나 그 이상의 강도를 가진 구조로 할 것
② 바닥면적의 16분의 1 이상의 단면적을 가진 배기통을 옥상으로 돌출시키고 그 개구부를 창이나 출입구로부터 1.5미터 이상 떨어지도록 할 것
③ 출입구의 문은 불연성 재료로 하고 두께 1.0밀리미터 이하의 철판이나 그 밖에 그 이상의 강도를 가진 구조로 할 것
④ 발생기실을 옥외에 설치한 경우에는 그 개구부를 다른 건축물로부터 1.0미터 이내 떨어지도록 할 것

해설　발생기실의 구조
• 벽은 불연성 재료로 하고 철근 콘크리트 또는 그 밖에 이와 같은 수준이거나 그 이상의 강도를 가진 구조로 할 것
• 지붕과 천장에는 얇은 철판이나 가벼운 불연성 재료를 사용할 것
• 바닥면적의 $\frac{1}{16}$ 이상의 단면적을 가진 배기통을 옥상으로 돌출시키고 그 개구부를 창이나 출입구로부터 1.5[m] 이상 떨어지도록 할 것
• 출입구의 문은 불연성 재료로 하고 두께 1.5[mm] 이상의 철판이나 그 밖에 그 이상의 강도를 가진 구조로 할 것
• 벽과 발생기 사이에는 발생기의 조정 또는 카바이드 공급 등의 작업을 방해하지 않도록 간격을 확보할 것

관련개념 CHAPTER 05 기타 산업용 기계ㆍ기구

전기설비 안전관리

061

대지에서 용접작업을 하고 있는 작업자가 용접봉에 접촉한 경우 통전전류는?(단, 용접기의 출력 측 무부하전압: 90[V], 접촉저항(손, 용접봉 등 포함): 10[kΩ], 인체의 내부저항: 1[kΩ], 발과 대지의 접촉저항: 20[kΩ]이다.)

① 약 0.19[mA]　　② 약 0.29[mA]
③ 약 1.96[mA]　　④ 약 2.90[mA]

해설　통전전류
$$I = \frac{V}{R} = \frac{90}{(10+1+20) \times 10^3} = 2.9 \times 10^{-3}[A] = 2.9[mA]$$
여기서, V: 인가전압[V]
　　　　 R: 인체저항[Ω]
※ 1[kΩ]=10^3[Ω], 1[A]=10^3[mA]이다.

관련개념 CHAPTER 02 감전재해 및 방지대책

062

KS C IEC 60079-10-2에 따라 공기 중에 분진운의 형태로 폭발성 분진 분위기가 지속적으로 또는 장기간 또는 빈번히 존재하는 장소는?

① 0종 장소　　② 1종 장소
③ 20종 장소　④ 21종 장소

해설　20종 장소
분진운 형태의 가연성 분진이 폭발농도를 형성할 정도로 충분한 양이 정상 작동 중에 연속적으로 또는 자주 존재하거나, 제어할 수 없을 정도의 양 및 두께의 분진층이 형성될 수 있는 장소이다.

관련개념 CHAPTER 04 전기방폭관리

063

설비의 이상현상에 나타나는 아크(Arc)의 종류가 아닌 것은?

① 단락에 의한 아크
② 지락에 의한 아크
③ 차단기에서의 아크
④ 전선저항에 의한 아크

해설 아크(Arc)는 공기가 이온화하여 전기가 흐르는 현상으로 단락, 지락, 섬락, 전선 절단 등에 의해 발생한다.

관련개념 CHAPTER 02 감전재해 및 방지대책

064

정전기 재해방지에 관한 설명 중 틀린 것은?

① 이황화탄소의 수송 과정에서 배관 내의 유속을 2.5[m/s] 이상으로 한다.
② 포장 과정에서 용기를 도전성 재료에 접지한다.
③ 인쇄 과정에서 도포량을 소량으로 하고 접지한다.
④ 작업장의 습도를 높여 전하가 제거되기 쉽게 한다.

해설 이황화탄소 등과 같이 유동대전이 심하고 폭발 위험성이 높은 것의 배관 내 유속은 1[m/s] 이하이어야 한다.

관련개념 CHAPTER 03 정전기 장·재해관리

065

「한국전기설비규정」에 따라 사람이 쉽게 접촉할 우려가 있는 곳에 금속제 외함을 가지는 저압의 기계기구가 시설되어 있다. 이 기계기구의 사용전압이 몇 [V]를 초과할 때 전기를 공급하는 전로에 누전차단기를 시설해야 하는가?(단, 누전차단기를 시설하지 않아도 되는 조건은 제외한다.)

① 30[V]
② 40[V]
③ 50[V]
④ 60[V]

해설 금속제 외함을 가지는 사용전압이 50[V]를 초과하는 저압의 기계기구로서 사람이 쉽게 접촉할 우려가 있는 곳에 시설하는 것에 전기를 공급하는 전로에는 누전차단기를 시설하여야 한다.

관련개념 CHAPTER 02 감전재해 및 방지대책

066

다음 중 방폭설비의 보호등급(IP)에 대한 설명으로 옳은 것은?

① 제1 특성 숫자가 "1"인 경우 지름 50[mm] 이상의 외부 분진에 대한 보호
② 제1 특성 숫자가 "2"인 경우 지름 10[mm] 이상의 외부 분진에 대한 보호
③ 제2 특성 숫자가 "1"인 경우 지름 50[mm] 이상의 외부 분진에 대한 보호
④ 제2 특성 숫자가 "2"인 경우 지름 10[mm] 이상의 외부 분진에 대한 보호

해설 **방폭설비의 보호등급(IP)**

제1 특성 숫자	1	50[mm] 이상의 고체 물질로부터 보호
(방진등급)	2	12[mm] 이상의 고체 물질로부터 보호
제2 특성 숫자	1	수직의 낙숫물로부터 보호
(방수등급)	2	15도 정도 들이치는 낙숫물로부터 보호

관련개념 CHAPTER 04 전기방폭관리

067

정전기 발생에 영향을 주는 요인에 대한 설명으로 틀린 것은?

① 물체의 분리속도가 빠를수록 발생량은 적어진다.
② 접촉면적이 크고 접촉압력이 높을수록 발생량이 많아진다.
③ 물체 표면이 수분이나 기름으로 오염되면 산화 및 부식에 의해 발생량이 많아진다.
④ 정전기의 발생은 처음 접촉, 분리할 때가 최대로 되고 접촉, 분리가 반복됨에 따라 발생량은 감소한다.

해설 일반적으로 분리속도가 빠를수록 정전기의 발생량은 커진다.

관련개념 CHAPTER 03 정전기 장·재해관리

068

전기기기, 설비 및 전선로 등의 충전 유무 등을 확인하기 위한 장비는?

① 위상검출기　　　② 디스콘 스위치
③ COS　　　　　　④ 저압 및 고압용 검전기

해설 저압 및 고압용 검전기는 설비(전로)의 정전 여부를 확인하기 위한 용구이다.

관련개념 CHAPTER 02 감전재해 및 방지대책

069

피뢰기로서 갖추어야 할 성능 중 틀린 것은?

① 충격방전개시전압이 낮을 것
② 뇌전류 방전능력이 클 것
③ 제한전압이 높을 것
④ 속류 차단을 확실하게 할 수 있을 것

해설 피뢰기의 성능
• 제한전압 또는 충격방전개시전압이 충분히 낮고 보호능력이 있을 것
• 속류차단이 완전히 행해져 동작책무특성이 충분할 것
• 뇌전류 방전능력이 클 것
• 대전류의 방전, 속류차단의 반복동작에 대하여 장기간 사용에 견딜 수 있을 것
• 상용주파방전개시전압은 회로전압보다 충분히 높아서 상용주파방전을 하지 않을 것

관련개념 CHAPTER 05 전기설비 위험요인관리

070

접지저항 저감방법으로 틀린 것은?

① 접지극의 병렬 접지를 실시한다.
② 접지극의 매설 깊이를 증가시킨다.
③ 접지극의 크기를 최대한 작게 한다.
④ 접지극 주변의 토양을 개량하여 대지 저항률을 떨어뜨린다.

해설 접지저항의 물리적 저감법
• 접지극의 병렬 접속
• 접지극의 치수 확대
• 접지봉 심타법 적용
• 매설지선 및 평판접지극 사용
• 메시(Mesh)공법 적용
• 다중접지 시트 사용
• 보링 공법 적용

관련개념 CHAPTER 05 전기설비 위험요인관리

071

교류 아크용접기의 사용에서 무부하 전압이 80[V], 아크 전압 25[V], 아크 전류 300[A]일 경우 효율은 약 몇 [%]인가?(단, 내부손실은 4[kW]이다.)

① 65.2
② 70.5
③ 75.3
④ 80.6

해설 $P(출력) = VI = 25 \times 300 = 7{,}500[W]$
여기서, V: 아크 전압[V]
I: 아크 전류[A]

효율$= \dfrac{출력}{출력+손실} \times 100 = \dfrac{7{,}500}{7{,}500+4{,}000} \times 100 = 65.2[\%]$

※ $1[kW] = 10^3[W]$이므로 $4[kW] = 4{,}000[W]$이다.

관련개념 CHAPTER 02 감전재해 및 방지대책

072

아크방전의 전압전류 특성으로 가장 옳은 것은?

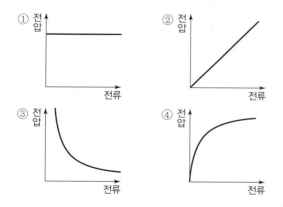

해설 전기 아크 전압은 전류가 증가함에 따라 감소한다.

관련개념 CHAPTER 01 전기안전관리

073

다음 중 기기보호등급(EPL)에 해당하지 않는 것은?

① EPL Ga
② EPL Ma
③ EPL Dc
④ EPL Mc

해설 **기기보호등급(EPL)**
• 매우 높은 보호: Ga, Da, Ma
• 높은 보호: Gb, Db, Mb
• 강화된 보호: Gc, Dc

관련개념 CHAPTER 04 전기방폭관리

074

다음 중 「산업안전보건기준에 관한 규칙」에 따라 누전차단기를 설치하지 않아도 되는 곳은?

① 철판·철골 위 등 도전성이 높은 장소에서 사용하는 이동형 전기기계·기구
② 대지전압이 220[V]인 휴대형 전기기계·기구
③ 임시배선의 전로가 설치되는 장소에서 사용하는 이동형 전기기계·기구
④ 절연대 위에서 사용하는 전기기계·기구

해설 절연대 위 등과 같이 감전위험이 없는 장소에서 사용하는 전기기계·기구에는 누전차단기를 설치하지 않아도 된다.
누전차단기의 적용대상
• 대지전압이 150[V]를 초과하는 이동형 또는 휴대형 전기기계·기구
• 물 등 도전성이 높은 액체가 있는 습윤장소에서 사용하는 저압용 전기기계·기구
• 철판·철골 위 등 도전성이 높은 장소에서 사용하는 이동형 또는 휴대형 전기기계·기구
• 임시배선의 전로가 설치되는 장소에서 사용하는 이동형 또는 휴대형 전기기계·기구

관련개념 CHAPTER 02 감전재해 및 방지대책

075

다음 설명이 나타내는 현상은?

전압이 인가된 이극 도체 간의 고체 절연물 표면에 이물질이 부착되면 미소방전이 일어난다. 이 미소방전이 반복되면서 절연물 표면에 도전성 통로가 형성되는 현상이다.

① 흑연화 현상
② 트래킹 현상
③ 반단선 현상
④ 절연이동 현상

해설 **트래킹 현상**
전기제품 등에서 충전 전극 사이의 절연물 표면에 경년 변화나 먼지 등 어떤 원인으로 탄화도전로가 생성되어 지락, 단락으로 진전되면서 발화하는 현상이다.

관련개념 CHAPTER 05 전기설비 위험요인관리

076

다음 중 방폭구조의 종류가 아닌 것은?

① 본질안전방폭구조
② 고압방폭구조
③ 압력방폭구조
④ 내압방폭구조

해설 고압방폭구조는 없다.

관련개념 CHAPTER 04 전기방폭관리

077

심실세동전류 $I = \dfrac{165}{\sqrt{T}}$[mA]라면 심실세동 시 인체에 직접 받는 전기에너지[cal]는 약 얼마인가?(단, T는 통전시간으로 1초이며, 인체의 저항은 500[Ω]으로 한다.)

① 0.52
② 1.35
③ 2.14
④ 3.26

해설 $W = I^2 RT = \left(\dfrac{165}{\sqrt{T}} \times 10^{-3}\right)^2 \times 500T$

$= (165^2 \times 10^{-6}) \times 500 = 13.6[\text{J}] = 13.6 \times 0.24[\text{cal}] = 3.26[\text{cal}]$

여기서, W: 위험한계에너지[J]

I: 심실세동전류[A]

R: 인체저항[Ω]

T: 통전시간[s]

※ 1[cal]=4.184[J]이므로 1[J]=0.24[cal]이다.

관련개념 CHAPTER 02 감전재해 및 방지대책

078

「산업안전보건기준에 관한 규칙」에 따른 전기기계·기구의 설치 시 고려할 사항으로 거리가 먼 것은?

① 전기기계·기구의 충분한 전기적 용량 및 기계적 강도
② 전기기계·기구의 안전효율을 높이기 위한 시간 가동률
③ 습기·분진 등 사용장소의 주위 환경
④ 전기적·기계적 방호수단의 적정성

해설 **전기기계·기구의 설치 시 고려사항**
• 전기기계·기구의 충분한 전기적 용량 및 기계적 강도
• 습기·분진 등 사용장소의 주위 환경
• 전기적·기계적 방호수단의 적정성

관련개념 CHAPTER 01 전기안전관리

079

정전작업 시 조치사항으로 틀린 것은?

① 작업 전 전기설비의 잔류 전하를 확실히 방전한다.

② 개로된 전로의 충전 여부를 검전기구에 의하여 확인한다.

③ 개폐기에 잠금장치를 하고 통전금지에 관한 표지판은 제거한다.

④ 예비 동력원의 역송전에 의한 감전의 위험을 방지하기 위해 단락접지 기구를 사용하여 단락 접지를 한다.

해설 정전전로에서 전기작업 시 차단장치나 단로기 등에 잠금장치 및 꼬리표를 부착하여야 한다.

관련개념 CHAPTER 02 감전재해 및 방지대책

080

정전기로 인한 화재·폭발의 위험이 가장 높은 것은?

① 드라이클리닝설비　　② 농작물 건조기

③ 가습기　　　　　　　④ 전동기

해설 정전기로 인한 화재·폭발을 방지하기 위한 조치가 필요한 설비

• 위험물을 탱크로리·탱크차 및 드럼 등에 주입하는 설비

• 탱크로리·탱크차 및 드럼 등 위험물저장설비

• 인화성 액체를 함유하는 도료 및 접착제 등을 제조·저장·취급 또는 도포하는 설비

• 위험물 건조설비 또는 그 부속설비

• 인화성 고체를 저장하거나 취급하는 설비

• 드라이클리닝설비, 염색가공설비 또는 모피류 등을 씻는 설비 등 인화성 유기용제를 사용하는 설비

• 유압, 압축공기 또는 고전위정전기 등을 이용하여 인화성 액체나 인화성 고체를 분무하거나 이송하는 설비

• 고압가스를 이송하거나 저장·취급하는 설비

• 화약류 제조설비

• 발파공에 장전된 화약류를 점화시키는 경우에 사용하는 발파기(발파공을 막는 재료로 물을 사용하거나 갱도발파를 하는 경우는 제외)

관련개념 CHAPTER 03 정전기 장·재해관리

화학설비 안전관리

081

「산업안전보건법령」에서 정한 위험물질을 기준량 이상 제조거나 취급하는 화학설비로서 내부의 이상상태를 조기에 파악하기 위하여 필요한 온도계·유량계·압력계 등의 계측장치를 설치하여야 하는 대상이 아닌 것은?

① 가열로 또는 가열기

② 증류·정류·증발·추출 등 분리를 하는 장치

③ 반응폭주 등 이상 화학반응에 의하여 위험물질이 발생할 우려가 있는 설비

④ 흡열반응이 일어나는 반응장치

해설 계측장치를 설치하여야 하는 특수화학설비

• 발열반응이 일어나는 반응장치

• 증류·정류·증발·추출 등 분리를 하는 장치

• 가열시켜 주는 물질의 온도가 가열되는 위험물질의 분해온도 또는 발화점보다 높은 상태에서 운전되는 설비

• 반응폭주 등 이상 화학반응에 의하여 위험물질이 발생할 우려가 있는 설비

• 온도가 350[℃] 이상이거나 게이지압력이 980[kPa] 이상이 상태에서 운전되는 설비

• 가열로 또는 가열기

관련개념 CHAPTER 02 화학물질 안전관리 실행

082

다음 중 퍼지(purge)의 종류에 해당하지 않는 것은?

① 압력퍼지　　　　　　② 진공퍼지

③ 스위프퍼지　　　　　④ 가열퍼지

해설 불활성화(퍼지)의 종류

진공퍼지, 압력퍼지, 스위프퍼지, 사이폰퍼지 등

관련개념 CHAPTER 01 화재·폭발 검토

083

폭발한계와 완전연소 조성 관계인 Jones식을 이용하여 부탄(C_4H_{10})의 폭발하한계를 구하면 몇 [vol%]인가?

① 1.4
② 1.7
③ 2.0
④ 2.3

해설 **부탄의 완전연소반응식**

$C_4H_{10} + 6.5O_2 \rightarrow 4CO_2 + 5H_2O$

유기물 $C_nH_xO_y$의 양론농도(C_{st})는 다음 식으로 구할 수 있다.

$$C_{st} = \frac{100}{(4.77n + 1.19x - 2.38y) + 1} = \frac{100}{(4.77 \times 4 + 1.19 \times 10) + 1} = 3.13$$

Jones의 식에 의해 폭발하한계를 추정하면

폭발하한계(LFL) = $0.55 \times C_{st} = 0.55 \times 3.13 = 1.7$[vol%]

관련개념 CHAPTER 01 화재 · 폭발 검토

084

가스를 분류할 때 독성가스에 해당하지 않는 것은?

① 황화수소
② 시안화수소
③ 이산화탄소
④ 산화에틸렌

해설 이산화탄소는 허용농도가 5,000[ppm]으로 독성가스가 아니다.

「고압가스 안전관리법령」에 따른 독성가스

아크릴로니트릴 · 아크릴알데히드 · 아황산가스 · 암모니아 · 일산화탄소 · 이황화탄소 · 불소 · 염소 · 브롬화메탄 · 염화메탄 · 염화프렌 · 산화에틸렌 · 시안화수소 · 황화수소 · 모노메틸아민 · 디메틸아민 · 트리메틸아민 · 벤젠 · 포스겐 · 요오드화수소 · 브롬화수소 · 염화수소 · 불화수소 · 겨자가스 · 알진 · 모노실란 · 디실란 · 디보레인 · 세렌화수소 · 포스핀 · 모노게르만 및 그 밖에 공기 중에 일정량 이상 존재하는 경우 인체에 유해한 독성을 가진 가스로서 허용농도가 100만분의 5,000 이하인 것을 말한다.

관련개념 CHAPTER 02 화학물질 안전관리 실행

085

다음 중 폭발방호대책과 가장 거리가 먼 것은?

① 불활성화
② 억제
③ 방산
④ 봉쇄

해설 폭발방호대책은 폭발 시 피해를 최소화하기 위한 대책이다. 불활성화는 폭발을 예방하기 위한 대책이므로 폭발방지대책에 해당한다.

관련개념 CHAPTER 01 화재 · 폭발 검토

086

질화면(Nitrocellulose)은 저장 · 취급 중에는 에틸알코올 등으로 습면상태를 유지해야 한다. 그 이유를 옳게 설명한 것은?

① 질화면은 건조 상태에서는 자연적으로 분해하면서 발화할 위험이 있기 때문이다.
② 질화면은 알코올과 반응하여 안정한 물질을 만들기 때문이다.
③ 질화면은 건조 상태에서 공기 중의 산소와 환원반응을 하기 때문이다.
④ 질화면은 건조 상태에서 유독한 중합물을 형성하기 때문이다.

해설 **니트로셀룰로오스(질화면)**

• 건조한 상태에서는 자연 분해되어 발화될 수 있다.
• 에틸알코올 또는 이소프로필 알코올로서 습면의 상태로 보관한다.

관련개념 CHAPTER 02 화학물질 안전관리 실행

087

분진폭발의 특징으로 옳은 것은?

① 연소속도가 가스폭발보다 크다.
② 완전연소로 가스중독의 위험이 작다.
③ 화염의 파급속도보다 압력의 파급속도가 빠르다.
④ 가스폭발보다 연소시간은 짧고 발생에너지는 작다.

해설 **분진폭발의 특징**
• 가스폭발보다 발생에너지가 크다.
• 폭발압력과 연소속도는 가스폭발보다 작다.
• 불완전연소로 인한 가스중독의 위험성이 크다.
• 화염의 파급속도보다 압력의 파급속도가 빠르다.
• 가스폭발에 비해 불완전연소가 많이 발생한다.
• 주위 분진에 의해 2차, 3차 폭발로 파급될 수 있다.

관련개념 CHAPTER 01 화재·폭발 검토

088

크롬에 대한 설명으로 옳은 것은?

① 은백색 광택이 있는 금속이다.
② 중독 시 미나마타병이 발병한다.
③ 비중이 물보다 작은 값을 나타낸다.
④ 3가 크롬이 인체에 가장 유해하다.

해설 크롬은 은백색의 광택을 띠는 금속으로 3가와 6가의 화합물이 있으며, 중독현상은 크롬 정련 공정에서 발생하는 6가 크롬에 의해 발생한다. 급성중독의 경우 수포성피부염 등이 발생하고, 만성중독의 경우 비중격천공증을 유발한다.

관련개념 CHAPTER 02 화학물질 안전관리 실행

089

사업주는 인화성 액체 및 인화성 가스를 저장·취급하는 화학설비에서 증기나 가스를 대기로 방출하는 경우에는 외부로부터의 화염을 방지하기 위하여 화염방지기를 설치하여야 한다. 다음 중 화염방지기의 설치 위치로 옳은 것은?

① 설비의 상단
② 설비의 하단
③ 설비의 측면
④ 설비의 조작부

해설 화염방지기는 외부로부터의 화염을 방지하기 위하여 그 설비 상단에 설치하여야 한다.

관련개념 CHAPTER 04 화공 안전운전·점검

090

열교환탱크 외부를 두께 0.2[m]의 단열재(열전도율 k=0.037[kcal/m·h·℃])로 보온하였더니 단열재 내면은 40[℃], 외면은 20[℃]이었다. 면적 1[m²]당 1시간에 손실되는 열량[kcal]은?

① 0.0037
② 0.037
③ 1.37
④ 3.7

해설 **열교환기 손실 열량**

$$Q = 열전도율 \times \frac{내면과\ 외면의\ 온도차}{두께}$$

$$= 0.037 \times \frac{40-20}{0.2} = 3.7[kcal/m^2 \cdot h]$$

관련개념 CHAPTER 02 화학물질 안전관리 실행

091

「산업안전보건법령」상 다음 인화성 가스의 정의에서 ( ) 안에 알맞은 값은?

"인화성 가스"란 인화한계 농도의 최저한도가 (㉠)[%] 이하 또는 최고한도와 최저한도의 차가 (㉡)[%] 이상인 것으로서 표준압력(101.3[kPa]), 20[℃]에서 가스 상태인 물질을 말한다.

① ㉠ 13   ㉡ 12
② ㉠ 13   ㉡ 15
③ ㉠ 12   ㉡ 13
④ ㉠ 12   ㉡ 15

■해설■ 인화성 가스란 인화한계 농도의 최저한도가 13[%] 이하 또는 최고한도와 최저한도의 차가 12[%] 이상인 것으로서 표준압력(101.3[kPa]), 20[℃]에서 가스 상태인 물질을 말한다.

■관련개념■ CHAPTER 02 화학물질 안전관리 실행

092

액체 표면에서 발생한 증기농도가 공기 중에서 연소하한농도가 될 수 있는 가장 낮은 액체온도를 무엇이라 하는가?

① 인화점   ② 비등점
③ 연소점   ④ 발화온도

■해설■ **인화점**
가연성 증기가 발생하는 액체 또는 고체가 공기 중에서 점화원에 의해 표면 부근에서 연소하기에 충분한 농도(폭발하한계)를 만드는 최저의 온도를 말한다.

■관련개념■ CHAPTER 01 화재 · 폭발 검토

093

위험물의 저장방법으로 적절하지 않은 것은?

① 탄화칼슘은 물속에 저장한다.
② 벤젠은 산화성 물질과 격리시킨다.
③ 금속나트륨은 석유 속에 저장한다.
④ 질산은 갈색병에 넣어 냉암소에 보관한다.

■해설■ 탄화칼슘(CaC_2, 카바이드)은 물과 반응하여 인화성 가스인 아세틸렌(C_2H_2)을 발생시키므로 물속에 저장을 금지한다.
$$CaC_2 + 2H_2O \rightarrow Ca(OH)_2 + C_2H_2 \uparrow$$

■관련개념■ CHAPTER 02 화학물질 안전관리 실행

094

다음 중 열교환기의 보수에 있어 일상점검 항목과 정기적 개방점검 항목으로 구분할 때 일상점검 항목으로 거리가 먼 것은?

① 도장의 노후상황
② 부착물에 의한 오염의 상황
③ 보온재, 보냉재의 파손 여부
④ 기초볼트의 체결 정도

■해설■ 부착물에 의한 오염은 Shell이나 Tube 내부에서 일어나는 현상이므로 일상점검 항목이 아니라 개방점검 항목이다.
열교환기 점검항목

일상점검	자체검사(개방점검)
• 도장부 결함 및 벗겨짐 • 보온재 및 보냉재 상태 • 기초부 및 기초 고정부 상태 • 배관 등과의 접속부 상태	• 내부 부식의 형태 및 정도 • 내부 관의 부식 및 누설 유무 • 용접부 상태 • 라이닝, 코팅, 개스킷 손상 유무 • 부착물에 의한 오염의 상황

■관련개념■ CHAPTER 02 화학물질 안전관리 실행

095

다음 중 반응기의 구조 방식에 의한 분류에 해당하는 것은?

① 탑형 반응기
② 연속식 반응기
③ 반회분식 반응기
④ 회분식 균일상 반응기

해설 반응기의 분류
- 조작방법에 따른 분류: 회분식 반응기, 반회분식 반응기, 연속식 반응기
- **구조에 따른 분류**: 교반조형 반응기, 관형 반응기, **탑형 반응기**, 유동층형 반응기

관련개념 CHAPTER 02 화학물질 안전관리 실행

096

다음 중 공기 중 최소발화에너지 값이 가장 작은 물질은?

① 에틸렌
② 아세트알데히드
③ 메탄
④ 에탄

해설 보기 중 에틸렌의 최소발화에너지가 0.07[mJ]로 가장 작다.
② 아세트알데히드: 0.36[mJ]
③ 메탄: 0.28[mJ]
④ 에탄: 0.24~0.25[mJ]

관련개념 CHAPTER 01 화재 · 폭발 검토

097

다음 [표]의 가스(A~D)를 위험도가 큰 것부터 작은 순으로 나열한 것은?

가스	폭발하한값	폭발상한값
A	4.0[vol%]	75.0[vol%]
B	3.0[vol%]	80.0[vol%]
C	1.25[vol%]	44.0[vol%]
D	2.5[vol%]	81.0[vol%]

① D − B − C − A
② D − B − A − C
③ C − D − A − B
④ C − D − B − A

해설 위험도
$$H = \frac{U-L}{L}$$
여기서, U : 폭발상한계
L : 폭발하한계
① $H = \frac{75-4}{4} = 17.75$
② $H = \frac{80-3}{3} = 25.7$
③ $H = \frac{44-1.25}{1.25} = 34.2$
④ $H = \frac{81-2.5}{2.5} = 31.4$
따라서 위험도가 큰 것부터 나열하면 C−D−B−A이다.

관련개념 CHAPTER 01 화재 · 폭발 검토

098

알루미늄분이 고온의 물과 반응하였을 때 생성되는 가스는?

① 이산화탄소
② 수소
③ 메탄
④ 에탄

해설 알루미늄분은 수분과 반응하여 가연성 가스인 수소를 생성한다.
$2Al + 6H_2O \rightarrow 2Al(OH)_3 + 3H_2 \uparrow$

관련개념 CHAPTER 02 화학물질 안전관리 실행

099

메탄, 에탄, 프로판의 폭발하한계가 각각 5[vol%], 3[vol%], 2.1[vol%]일 때 다음 중 폭발하한계가 가장 낮은 것은?(단, Le Chatelier의 법칙을 이용한다.)

① 메탄 20[vol%], 에탄 30[vol%], 프로판 50[vol%]의 혼합가스
② 메탄 30[vol%], 에탄 30[vol%], 프로판 40[vol%]의 혼합가스
③ 메탄 40[vol%], 에탄 30[vol%], 프로판 30[vol%]의 혼합가스
④ 메탄 50[vol%], 에탄 30[vol%], 프로판 20[vol%]의 혼합가스

해설 혼합가스의 폭발하한계

$$L = \frac{V_1 + V_2 + \cdots + V_n}{\dfrac{V_1}{L_1} + \dfrac{V_2}{L_2} + \cdots + \dfrac{V_n}{L_n}}$$

보기에서 제시된 혼합가스의 폭발하한계는 다음과 같다.

① $L_① = \dfrac{20 + 30 + 50}{\dfrac{20}{5} + \dfrac{30}{3} + \dfrac{50}{2.1}} = 2.64[vol\%]$

② $L_② = \dfrac{30 + 30 + 40}{\dfrac{30}{5} + \dfrac{30}{3} + \dfrac{40}{2.1}} = 2.85[vol\%]$

③ $L_③ = \dfrac{40 + 30 + 30}{\dfrac{40}{5} + \dfrac{30}{3} + \dfrac{30}{2.1}} = 3.10[vol\%]$

④ $L_④ = \dfrac{50 + 30 + 20}{\dfrac{50}{5} + \dfrac{30}{3} + \dfrac{20}{2.1}} = 3.39[vol\%]$

따라서 폭발하한계가 가장 낮은 것은 ①이다.

관련개념 CHAPTER 01 화재 · 폭발 검토

100

고압가스 용기 파열사고의 주요 원인 중 하나는 용기의 내압력(耐壓力, capacity to resist pressure) 부족이다. 다음 중 내압력 부족의 원인으로 거리가 먼 것은?

① 용기 내벽의 부식　　② 강재의 피로
③ 과잉 충전　　④ 용접 불량

해설 과잉 충전은 고압가스 용기의 설계압력 이상으로 충전하는 것으로 과잉 압력을 주게 된다.

관련개념 CHAPTER 01 화재 · 폭발 검토

건설공사 안전관리

101

건설현장에 거푸집 및 동바리 설치 시 준수사항으로 옳지 않은 것은?

① 파이프서포트 높이가 4.5[m]를 초과하는 경우에는 높이 2[m] 이내마다 2개 방향으로 수평 연결재를 설치한다.
② 동바리의 침하 방지를 위해 받침목이나 깔판의 사용, 콘크리트 타설, 말뚝박기 등을 실시한다.
③ 강재의 접속부는 볼트 또는 클램프 등 전용철물을 사용한다.
④ 강관틀 동바리는 강관틀과 강관틀 사이에 교차가새를 설치한다.

해설 동바리로 사용하는 파이프서포트의 높이가 3.5[m]를 초과하는 경우에는 높이 2[m] 이내마다 수평연결재를 2개 방향으로 만들고 수평연결재의 변위를 방지하여야 한다.

관련개념 CHAPTER 05 비계 · 거푸집 가시설 위험방지

102

고소작업대를 설치 및 이동하는 경우에 준수하여야 할 사항으로 옳지 않은 것은?

① 와이어로프 또는 체인의 안전율은 3 이상일 것
② 붐의 최대 지면경사각을 초과 운전하여 전도되지 않도록 할 것
③ 고소작업대를 이동하는 경우 작업대를 가장 낮게 내릴 것
④ 작업대에 끼임 · 충돌 등 재해를 예방하기 위한 가드 또는 과상승방지장치를 설치할 것

해설 고소작업대를 설치 및 이동하는 경우 와이어로프 또는 체인의 안전율은 5 이상이어야 한다.

관련개념 CHAPTER 04 건설현장 안전시설 관리

103

건설공사의 유해위험방지계획서 제출 기준일로 옳은 것은?

① 당해공사 착공 1개월 전까지
② 당해공사 착공 15일 전까지
③ 당해공사 착공 전날까지
④ 당해공사 착공 15일 후까지

해설 건설공사 유해위험방지계획서는 해당 공사의 착공 전날까지 공단에 2부를 제출하여야 한다.

관련개념 CHAPTER 02 건설공사 위험성

104

철골건립준비를 할 때 준수하여야 할 사항으로 옳지 않은 것은?

① 지상 작업장에서 건립준비 및 기계기구를 배치할 경우에는 낙하물의 위험이 없는 평탄한 장소를 선정하여 정비하여야 한다.
② 건립작업에 다소 지장이 있다 하더라도 수목은 제거하거나 이설하여서는 안 된다.
③ 사용 전에 기계·기구에 대한 정비 및 보수를 철저히 실시하여야 한다.
④ 기계에 부착된 앵커 등 고정장치와 기초구조 등을 확인하여야 한다.

해설 철골 건립작업에 지장을 주는 수목은 제거하거나 이설하여야 한다.

관련개념 CHAPTER 06 공사 및 작업 종류별 안전

105

「가설공사 표준안전 작업지침」에 따른 통로발판을 설치하여 사용함에 있어 준수사항으로 옳지 않은 것은?

① 추락의 위험이 있는 곳에는 안전난간이나 철책을 설치하여야 한다.
② 작업발판의 최대폭은 1.6[m] 이내이어야 한다.
③ 비계발판의 구조에 따라 최대 적재하중을 정하고 이를 초과하지 않도록 하여야 한다.
④ 발판을 겹쳐 이음하는 경우 장선 위에서 이음을 하고 겹침길이는 10[cm] 이상으로 하여야 한다.

해설 통로발판을 겹쳐서 이음하는 경우에는 장선 위에서 이음을 하고 겹침길이는 20[cm] 이상으로 하여야 한다.

관련개념 CHAPTER 05 비계·거푸집 가시설 위험방지

106

항타기 또는 항발기의 사용 시 준수사항으로 옳지 않은 것은?

① 공기를 차단하는 장치를 작업관리자가 쉽게 조작할 수 있는 위치에 설치한다.
② 해머의 운동에 의하여 공기호스와 해머의 접속부가 파손되거나 벗겨지는 것을 방지하기 위하여 그 접속부가 아닌 부위를 선정하여 공기호스를 해머에 고정시킨다.
③ 항타기나 항발기의 권상장치의 드럼에 권상용 와이어로프가 꼬인 경우에는 와이어로프에 하중을 걸어서는 안 된다.
④ 항타기나 항발기의 권상장치에 하중을 건 상태로 정지하여 두는 경우에는 쐐기장치 또는 역회전방지용 브레이크를 사용하여 제동하는 등 확실하게 정지시켜 두어야 한다.

해설 압축공기를 동력으로 하는 항타기나 항발기를 사용하는 경우 공기를 차단하는 장치는 해머의 운전자가 쉽게 조작할 수 있는 위치에 설치하여야 한다.

관련개념 CHAPTER 04 건설현장 안전시설 관리

107

건설업 중 유해위험방지계획서 제출 대상 사업장으로 옳지 않은 것은?

① 지상높이가 31[m] 이상인 건축물 또는 인공구조물, 연면적 30,000[m²] 이상인 건축물 또는 연면적 5,000[m²] 이상의 문화 및 집회시설의 건설공사

② 연면적 3,000[m²] 이상의 냉동·냉장 창고시설의 설비공사 및 단열공사

③ 깊이 10[m] 이상인 굴착공사

④ 최대 지간길이가 50[m] 이상인 다리의 건설공사

해설 유해위험방지계획서 제출대상 건설공사

• 지상높이가 31[m] 이상인 건축물 또는 인공구조물, 연면적 30,000[m²] 이상인 건축물 또는 연면적 5,000[m²] 이상의 문화 및 집회시설(전시장 및 동물원·식물원 제외), 판매시설, 운수시설(고속철도의 역사 및 집배송시설 제외), 종교시설, 의료시설 중 종합병원, 숙박시설 중 관광숙박시설, 지하도상가 또는 냉동·냉장 창고시설의 건설·개조 또는 해체(건설 등) 공사

• 연면적 5,000[m²] 이상의 냉동·냉장 창고시설의 설비공사 및 단열공사

• 최대 지간길이가 50[m] 이상인 다리의 건설 등 공사

• 터널의 건설 등 공사

• 다목적댐, 발전용댐, 저수용량 2천만 톤 이상의 용수 전용 댐 및 지방 상수도 전용 댐의 건설 등 공사

• 깊이가 10[m] 이상인 굴착공사

관련개념 CHAPTER 02 건설공사 위험성

108

건설작업용 타워크레인의 안전장치로 옳지 않은 것은?

① 권과방지장치 ② 과부하방지장치

③ 비상정지장치 ④ 호이스트 스위치

해설 타워크레인의 방호장치

• 권과방지장치

• 과부하방지장치

• 비상정지장치

• 제동장치

관련개념 CHAPTER 06 공사 및 작업 종류별 안전

109

이동식비계를 조립하여 작업을 하는 경우의 준수기준으로 옳지 않은 것은?

① 비계의 최상부에서 작업을 할 때에는 안전난간을 설치하여야 한다.

② 작업발판의 최대적재하중은 400[kg]을 초과하지 않도록 한다.

③ 승강용 사다리는 견고하게 설치하여야 한다.

④ 작업발판은 항상 수평을 유지하고 작업발판 위에서 안전난간을 딛고 작업을 하거나 받침대 또는 사다리를 사용하여 작업하지 않도록 한다.

해설 이동식비계 작업발판의 최대적재하중은 250[kg]을 초과하지 않도록 하여야 한다.

관련개념 CHAPTER 05 비계·거푸집 가시설 위험방지

110

토사붕괴 원인으로 옳지 않은 것은?

① 경사 및 기울기 증가
② 성토 높이의 증가
③ 건설기계 등 하중작용
④ 토사중량의 감소

해설 토사의 중량이 감소할 경우 토사붕괴 위험이 낮아진다.
토석 붕괴의 외적 원인
• 사면, 법면의 경사 및 기울기의 증가
• 절토 및 성토 높이의 증가
• 공사에 의한 진동 및 반복 하중의 증가
• 지표수 및 지하수의 침투에 의한 토사 중량의 증가
• 지진, 차량, 구조물의 하중작용
• 토사 및 암석의 혼합층 두께

관련개념 CHAPTER 04 건설현장 안전시설 관리

111

건설용 리프트의 붕괴 등을 방지하기 위해 받침의 수를 증가시키는 등 안전조치를 하여야 하는 순간풍속 기준은?

① 초당 15미터 초과
② 초당 25미터 초과
③ 초당 35미터 초과
④ 초당 45미터 초과

해설 순간풍속이 35[m/s]를 초과하는 바람이 불어올 우려가 있는 경우 건설용 리프트에 대하여 받침의 수를 증가시키는 등 그 붕괴 등을 방지하기 위한 조치를 하여야 한다.

관련개념 CHAPTER 06 공사 및 작업 종류별 안전

112

토사붕괴에 따른 재해를 방지하기 위한 흙막이 지보공 부재로 옳지 않은 것은?

① 흙막이판   ② 말뚝
③ 턴버클   ④ 띠장

해설 턴버클은 지지막대나 와이어로프 등의 길이를 조절하거나 당겨 죄는 데 사용하는 기구이다.

관련개념 CHAPTER 04 건설현장 안전시설 관리

113

가설구조물의 특징으로 옳지 않은 것은?

① 연결재가 적은 구조로 되기 쉽다.
② 부재 결합이 간략하여 불안전 결합이다.
③ 구조물이라는 개념이 확고하여 조립의 정밀도가 높다.
④ 사용부재는 과소단면이거나 결함재가 되기 쉽다.

해설 가설구조물은 구조물이라는 개념이 확고하지 않아 조립의 정밀도가 낮다.

관련개념 CHAPTER 05 비계·거푸집 가시설 위험방지

114

사다리식 통로 등의 구조에 대한 설치기준으로 옳지 않은 것은?

① 발판의 간격은 일정하게 할 것

② 발판과 벽과의 사이는 15[cm] 이상의 간격을 유지할 것

③ 사다리식 통로의 길이가 10[m] 이상인 때에는 7[m] 이내마다 계단참을 설치할 것

④ 사다리의 상단은 걸쳐놓은 지점으로부터 60[cm] 이상 올라가도록 할 것

해설 사다리식 통로의 길이가 10[m] 이상인 경우에는 5[m] 이내마다 계단참을 설치하여야 한다.

관련개념 CHAPTER 05 비계 · 거푸집 가시설 위험방지

115

가설통로를 설치하는 경우 준수해야 할 기준으로 옳지 않은 것은?

① 경사는 30° 이하로 할 것

② 경사가 25°를 초과하는 경우에는 미끄러지지 아니하는 구조로 할 것

③ 건설공사에 사용하는 높이 8[m] 이상인 비계다리에는 7[m] 이내마다 계단참을 설치할 것

④ 수직갱에 가설된 통로의 길이가 15[m] 이상인 때에는 10[m] 이내마다 계단참을 설치할 것

해설 가설통로 설치 시 준수사항

• 견고한 구조로 할 것

• 경사는 30° 이하로 할 것

• **경사가 15°를 초과하는 경우에는 미끄러지지 아니하는 구조로 할 것**

• 추락할 위험이 있는 장소에는 안전난간을 설치할 것

• 수직갱에 가설된 통로의 길이가 15[m] 이상인 경우에는 10[m] 이내마다 계단참을 설치할 것

• 건설공사에 사용하는 높이 8[m] 이상인 비계다리에는 7[m] 이내마다 계단참을 설치할 것

관련개념 CHAPTER 05 비계 · 거푸집 가시설 위험방지

116

터널공사에서 발파작업 시 안전대책으로 옳지 않은 것은?

① 발파 전 도화선 연결상태, 저항치 조사 등의 목적으로 도통시험 실시 및 발파기의 작동상태에 대한 사전점검 실시

② 모든 동력선은 발원점으로부터 최소한 15[m] 이상 후방으로 옮길 것

③ 지질, 암의 절리 등에 따라 화약량에 대한 검토 및 시방기준과 대비하여 안전조치 실시

④ 발파용 점화회선은 타동력선 및 조명회선과 한 곳으로 통합하여 관리

해설

※ 「터널공사 표준안전 작업지침-NATM공법」이 개정됨에 따라 '발파작업 시 준수사항'이 삭제되었습니다.

관련개념 CHAPTER 02 건설공사 위험성

117

건설업 산업안전보건관리비 계상 및 사용기준은 「산업안전보건법」의 건설공사 중 총 공사금액이 얼마 이상인 공사에 적용하는가?(단, 「전기공사업법」, 「정보통신공사업법」에 의한 공사는 제외)

① 4천만 원
② 3천만 원
③ 2천만 원
④ 1천만 원

해설 건설업 산업안전보건관리비 계상 및 사용기준은 「산업안전보건법」의 건설공사 중 총 공사금액 2천만 원 이상인 공사에 적용한다.

관련개념 CHAPTER 03 건설업 산업안전보건관리비 관리

118

건설업의 공사금액이 850억 원일 경우 「산업안전보건법령」에 따른 안전관리자의 수로 옳은 것은?(단, 전체 공사기간을 100으로 할 때 공사 전·후 15에 해당하는 경우는 고려하지 않는다.)

① 1명 이상
② 2명 이상
③ 3명 이상
④ 4명 이상

해설 공사금액 800억 원 이상 1,500억 원 미만인 건설공사의 경우 안전관리자는 2명 이상 배치하여야 한다. 다만, 전체 공사기간 중 전·후 15에 해당하는 기간 동안은 1명 이상으로 한다.

관련개념 CHAPTER 04 건설현장 안전시설 관리

119

동바리의 침하를 방지하기 위한 직접적인 조치로 옳지 않은 것은?

① 수평연결재 사용
② 받침목이나 깔판의 사용
③ 콘크리트의 타설
④ 말뚝박기

해설 동바리 조립 시 받침목이나 깔판의 사용, 콘크리트 타설, 말뚝박기 등 동바리의 침하를 방지하기 위한 조치를 하여야 한다.

관련개념 CHAPTER 05 비계·거푸집 가시설 위험방지

120

달비계에 사용하는 와이어로프의 사용금지기준으로 옳지 않은 것은?

① 이음매가 있는 것
② 열과 전기 충격에 의해 손상된 것
③ 지름의 감소가 공칭지름의 7[%]를 초과하는 것
④ 와이어로프의 한 꼬임에서 끊어진 소선의 수가 7[%] 이상인 것

해설 달비계 와이어로프의 사용금지 조건
• 이음매가 있는 것
• 와이어로프의 한 꼬임(Strand)에서 끊어진 소선의 수가 10[%] 이상인 것
• 지름의 감소가 공칭지름의 7[%]를 초과하는 것
• 꼬인 것
• 심하게 변형되거나 부식된 것
• 열과 전기충격에 의해 손상된 것

관련개념 CHAPTER 05 비계·거푸집 가시설 위험방지

산업재해 예방 및 안전보건교육

001

주의의 수준이 Phase 0인 상태에서의 의식상태는?

① 무의식 상태
② 의식의 이완 상태
③ 명료한 상태
④ 과긴장 상태

해설 인간의 의식 Level의 단계별 신뢰성

단계	의식의 상태	신뢰성
Phase 0	무의식, 실신	0
Phase I	의식의 둔화	0.9 이하
Phase II	이완 상태	0.99~0.99999
Phase III	명료한 상태	0.99999 이상
Phase IV	과긴장 상태	0.9 이하

관련개념 CHAPTER 04 인간의 행동과학

002

다음 중 브레인스토밍의 4원칙과 가장 거리가 먼 것은?

① 자유로운 비평
② 자유분방한 발언
③ 대량적인 발언
④ 타인 의견의 수정발언

해설 브레인스토밍(Brain Storming)
• 비판금지: "좋다, 나쁘다" 등의 비평을 하지 않는다.
• 자유분방: 자유로운 분위기에서 발표한다.
• 대량발언: 무엇이든지 좋으니 많이 발언한다.
• 수정발언: 자유자재로 변하는 아이디어를 개발한다.(타인 의견의 수정발언)

관련개념 CHAPTER 01 산업재해예방 계획 수립

003

다음 중 직원들과의 원만한 관계를 유지하며 그들의 의견을 존중하여 의사결정에 반영하는 리더십은?

① 변혁적 리더십
② 참여적 리더십
③ 지시적 리더십
④ 설득적 리더십

해설 참여적 리더십이란 부하직원들을 의사결정 과정에 참여시키고, 그들의 의견을 적극적으로 반영하는 유형이다.

관련개념 CHAPTER 04 인간의 행동과학

004

연간 근로자수가 1,000명인 공장의 도수율이 10인 경우 이 공장에서 연간 발생한 재해건수는 몇 건인가?(단, 연근로시간은 2,400시간이다.)

① 20건
② 22건
③ 24건
④ 26건

해설 도수율 $=\dfrac{\text{재해건수}}{\text{연 근로시간 수}}\times 1,000,000$이므로

재해건수 $=\dfrac{\text{도수율}\times\text{연근로시간 수}}{1,000,000}=\dfrac{10\times(1,000\times2,400)}{1,000,000}=24$건

관련개념 SUBJECT 03 기계 · 기구 및 설비 안전관리
CHAPTER 02 기계분야 산업재해 조사 및 관리

005

안전보건교육 중 판매업무에 직접 종사하는 근로자 외의 근로자를 대상으로 실시하여야 할 정기교육의 교육시간은?

① 매반기 6시간 이상
② 매반기 12시간 이상
③ 1시간 이상
④ 2시간 이상

해설 근로자 안전보건교육 교육과정별 교육시간

교육과정	교육대상		교육시간
정기교육	사무직 종사 근로자		매반기 6시간 이상
	그 밖의 근로자	판매업무에 직접 종사하는 근로자	매반기 6시간 이상
		판매업무에 직접 종사하는 근로자 외의 근로자	매반기 12시간 이상
채용 시 교육	일용근로자 및 근로계약기간이 1주일 이하인 기간제근로자		1시간 이상
	근로계약기간이 1주일 초과 1개월 이하인 기간제근로자		4시간 이상
	그 밖의 근로자		8시간 이상
작업내용 변경 시 교육	일용근로자 및 근로계약기간이 1주일 이하인 기간제근로자		1시간 이상
	그 밖의 근로자		2시간 이상
건설업 기초 안전·보건교육	건설 일용근로자		4시간 이상

※ 이 문제는 개정된 법령에 따라 수정한 문제입니다.

관련개념 CHAPTER 05 안전보건교육의 내용 및 방법

006

다음 손실비용 중 성격이 다른 하나는?

① 요양급여
② 상병보상연금
③ 간병급여
④ 생산손실급여

해설 요양급여, 상병보상연금, 간병급여는 직접비이고, 생산손실급여는 간접비이다.

직접비(법령으로 지급되는 산재보상비)

- 요양급여
- 휴업급여
- 장해급여
- 간병급여
- 유족급여
- 상병보상연금
- 장례비
- 직업재활급여

관련개념 SUBJECT 03 기계·기구 및 설비 안전관리
CHAPTER 02 기계분야 산업재해 조사 및 관리

007

교육훈련 기법 중 Off JT의 장점에 해당되지 않는 것은?

① 우수한 전문가를 강사로 활용할 수 있다.
② 특별 교재, 교구, 설비를 유효하게 활용할 수 있다.
③ 다수의 근로자에게 조직적 훈련이 가능하다.
④ 직장의 실정에 맞는 실제적인 교육이 가능하다.

해설 직장의 실정에 맞는 실제적인 교육이 가능한 것은 OJT의 장점이다.

OJT(직장 내 교육훈련)
직속상사가 직장 내에서 작업표준을 가지고 업무상의 개별교육이나 지도훈련을 하는 것으로 개별교육에 적합하다.

- 개개인에게 적절한 지도훈련이 가능하다.
- 직장의 실정에 맞게 실제적 훈련이 가능하다.
- 효과가 곧 업무에 나타나며 훈련의 좋고 나쁨에 따라 개선이 쉽다.
- 직장의 직속상사에 의한 교육이 가능하고, 훈련 효과에 의해 서로의 신뢰 및 이해도가 높아진다.

관련개념 CHAPTER 05 안전보건교육의 내용 및 방법

008

무재해 운동의 3원칙에 해당되지 않는 것은?

① 무의 원칙
② 참가의 원칙
③ 선취의 원칙
④ 대책선정의 원칙

해설 무재해 운동의 3원칙

- 무의 원칙: 모든 잠재위험요인을 사전에 발견·파악·해결함으로써 근원적으로 산업재해를 제거한다.
- 참여의 원칙(참가의 원칙): 작업에 따르는 잠재적인 위험요인을 발견·해결하기 위하여 전원이 협력하여 문제해결 운동을 실천한다.
- 안전제일의 원칙(선취의 원칙): 직장의 위험요인을 행동하기 전에 발견·파악·해결하여 재해를 예방한다.

관련개념 CHAPTER 01 산업재해예방 계획 수립

009

인간의 행동 특성과 관련한 레윈(Lewin)의 법칙에서 각 인자에 대한 설명으로 틀린 것은?

$$B=f(P \cdot E)$$

① B: 행동
② f: 함수관계
③ P: 개체
④ E: 기술

해설 레윈(Lewin.K)의 법칙

$B=f(P \cdot E)$

여기서, B: Behavior(인간의 행동)

f: function(함수관계)

P: Person(개체: 연령, 경험, 심신상태, 성격, 지능 등)

E: Environment(환경: 인간관계, 작업조건 등)

관련개념 CHAPTER 04 인간의 행동과학

010

재해예방의 4원칙에 관한 설명으로 틀린 것은?

① 재해의 발생에는 반드시 원인이 존재한다.
② 재해의 발생과 손실의 발생은 우연적이다.
③ 재해를 예방할 수 있는 안전대책은 반드시 존재한다.
④ 재해는 원인 제거가 불가능하므로 예방만이 최선이다.

해설 재해예방의 4원칙

• 손실우연의 원칙: 재해손실은 사고발생 시 사고대상의 조건에 따라 달라지므로 한 사고의 결과로서 생긴 재해손실은 우연성에 의해 결정된다.
• 원인계기(원인연계)의 원칙: 재해발생은 반드시 원인이 있다.
• 예방가능의 원칙: 재해는 원칙적으로 원인만 제거하면 예방이 가능하다.
• 대책선정의 원칙: 재해예방을 위한 가능한 안전대책은 반드시 존재한다.

관련개념 CHAPTER 01 산업재해예방 계획 수립

011

학습지도의 형태 중 몇 사람의 전문가에 의해 과정에 관한 견해를 발표하고 참가자로 하여금 의견이나 질문을 하게 하는 토의 방식은?

① 포럼(Forum)
② 심포지엄(Symposium)
③ 버즈세션(Buzz session)
④ 자유토의법(Free discussion method)

해설 심포지엄(Symposium)

몇 사람의 전문가가 과제에 관한 견해를 발표하게 한 뒤 참가자로 하여금 의견이나 질문을 하게 하여 토의하는 방법이다.

관련개념 CHAPTER 05 안전보건교육의 내용 및 방법

012

안전조직 중에서 라인-스태프(Line-staff) 조직의 특징으로 옳지 않은 것은?

① 라인형과 스태프형의 장점을 취한 절충식 조직형태이다.
② 중규모 사업장(100명 이상 500명 미만)에 적합하다.
③ 라인의 관리감독자에게도 안전에 관한 책임과 권한이 부여된다.
④ 안전 활동과 생산업무가 분리될 가능성이 낮기 때문에 균형을 유지할 수 있다.

해설 라인·스태프(LINE-STAFF)형 조직(직계참모조직)

• 대규모(1,000명 이상) 사업장에 적합한 조직으로서 라인형과 스태프형의 장점만을 채택한 형태이며, 안전업무를 전담하는 스태프를 두고 생산라인의 각 계층에서도 각 부서장으로 하여금 안전업무를 수행하도록 하여 스태프에서 안전에 관한 사항이 결정되면 라인을 통하여 실천하도록 편성된 조직이다.
• 안전계획, 평가 및 조사는 스태프에서, 생산기술의 안전대책은 라인에서 실시한다.

관련개념 CHAPTER 01 산업재해예방 계획 수립

013

다음 중 TBM(Tool Box Meeting) 방법에 관한 설명으로 옳지 않은 것은?

① 단시간 통상 작업시간 전, 후 10분 정도 시간으로 미팅한다.
② 토의는 10인 이상에서 20인 단위 중규모가 모여서 한다.
③ 작업개시 전 작업 장소에서 원을 만들어서 한다.
④ 근로자 모두가 말하고 스스로 생각하고 "이렇게 하자"라고 합의한 내용이 되어야 한다.

해설 TBM은 10명 이하의 작업원이 모여서 실시한다.

TBM(Tool Box Meeting) 실시요령
• 작업시작 전, 중식 후, 작업 종료 후 짧은 시간을 활용하여 실시한다.
• 때와 장소에 구애받지 않고 10명 이하의 작업자가 모여서 공구나 기계 앞에서 행한다.
• 일반적인 명령이나 지시가 아니라 잠재위험에 대해 같이 생각하고 해결한다.
• 모두가 "이렇게 하자", "이렇게 한다"라고 합의하고 실행한다.

관련개념 CHAPTER 01 산업재해예방 계획 수립

014

생체리듬의 변화에 대한 설명으로 틀린 것은?

① 야간에는 체중이 감소한다.
② 야간에는 말초운동 기능이 저하된다.
③ 체온, 혈압, 맥박수는 주간에 상승하고 야간에 감소한다.
④ 혈액의 수분과 염분량은 주간에 증가하고 야간에 감소한다.

해설 **생체리듬(바이오리듬)의 변화**
• 야간에는 체중이 감소한다.
• 야간에는 말초운동 기능이 저하되고, 피로의 자각증상이 증대한다.
• 혈액의 수분과 염분량은 주간에 감소하고 야간에 증가한다.
• 체온, 혈압, 맥박은 주간에 상승하고 야간에 감소한다.

관련개념 CHAPTER 04 인간의 행동과학

015

다음 중 근로자가 물체의 낙하 또는 비래 및 추락에 의한 위험을 방지 또는 경감하고, 머리부위 감전에 의한 위험을 방지하고자 할 때 사용하여야 하는 안전모의 종류로 가장 적합한 것은?

① A형
② AB형
③ ABE형
④ AE형

해설 물체의 낙하 또는 비래 및 추락에 의한 위험을 방지 또는 경감하고, 머리부위 감전에 의한 위험을 방지하기 위한 안전모는 ABE형이다.

관련개념 CHAPTER 02 안전보호구 관리

016

안전교육 중 프로그램 학습법의 장점이 아닌 것은?

① 학습자의 학습과정을 쉽게 알 수 있다.
② 여러 가지 수업 매체를 동시에 다양하게 활용할 수 있다.
③ 지능, 학습속도 등 개인차를 충분히 고려할 수 있다.
④ 매 반응마다 피드백이 주어지기 때문에 학습자가 흥미를 가질 수 있다.

해설 **프로그램 학습법(Programmed Self-Instruction Method)**
학습자가 프로그램을 통해 단독으로 학습하는 방법으로 여러 가지 수업 매체를 활용하는 데 한계가 있고, 개발된 프로그램은 변경이 어렵다.

관련개념 CHAPTER 05 안전보건교육의 내용 및 방법

017

스트레스의 요인 중 외부적 자극요인에 해당하지 않는 것은?

① 자존심의 손상
② 대인관계 갈등
③ 가족의 죽음, 질병
④ 경제적 어려움

해설 **스트레스의 자극요인**
• 내적요인: 자존심의 손상, 업무상의 죄책감, 현실에서의 부적응
• 외적요인: 대인관계의 갈등과 대립, 가족의 죽음·질병, 경제적 어려움

관련개념 CHAPTER 03 산업안전심리

018

적응기제 중 도피기제의 유형이 아닌 것은?

① 합리화　　　　　② 고립
③ 퇴행　　　　　　④ 억압

해설 합리화는 도피적 기제가 아닌 방어적 기제에 해당한다.

관련개념 CHAPTER 05 안전보건교육의 내용 및 방법

019

작업자 적성의 요인이 아닌 것은?

① 지능　　　　　　② 인간성
③ 흥미　　　　　　④ 연령

해설 인간의 연령은 작업자의 특성에 해당한다.
작업자 적성의 요인
직업적성, 지능, 흥미, 인간성

관련개념 CHAPTER 03 산업안전심리

020

교육훈련의 4단계를 올바르게 나열한 것은?

① 도입 → 적용 → 제시 → 확인
② 도입 → 확인 → 제시 → 적용
③ 적용 → 제시 → 도입 → 확인
④ 도입 → 제시 → 적용 → 확인

해설 **교육법의 4단계**
㉠ 1단계: **도입** — 학습할 준비를 시킨다.(배우고자 하는 마음가짐을 일으키는 단계)
㉡ 2단계: **제시** — 작업을 설명한다.(내용을 확실하게 이해시키고 납득시키는 단계)
㉢ 3단계: **적용** — 작업을 지휘한다.(이해시킨 내용을 활용시키거나 응용시키는 단계)
㉣ 4단계: **확인** — 가르친 뒤 살펴본다.(교육내용을 정확하게 이해하였는가를 평가하는 단계)

관련개념 CHAPTER 05 안전보건교육의 내용 및 방법

인간공학 및 위험성평가 · 관리

021

가청주파수 내에서 사람의 귀가 가장 민감하게 반응하는 주파수 대역은?

① 20~20,000[Hz]　　② 50~15,000[Hz]
③ 100~10,000[Hz]　④ 500~3,000[Hz]

해설 경계 및 경보신호 선택 시 귀는 중음역에 민감하므로 500~3,000[Hz]를 사용한다.

관련개념 CHAPTER 06 작업환경 관리

022

작업개선을 위하여 도입되는 원리인 ECRS에 포함되지 않는 것은?

① Combine　　　　② Standard
③ Eliminate　　　　④ Rearrange

해설 **작업방법의 개선원칙 ECRS**
· 제거(Eliminate)
· 결합(Combine)
· 재배치 · 재조정(Rearrange)
· 단순화(Simplify)

관련개념 CHAPTER 02 위험성 파악 · 결정

023

자동차를 타이어가 4개인 하나의 시스템으로 볼 때, 타이어 1개가 파열될 확률이 0.01이라면, 이 자동차의 신뢰도는 약 얼마인가?

① 0.91
② 0.93
③ 0.96
④ 0.99

해설 자동차의 타이어는 4개 중 1개만 파열되어도 운행할 수 없기에 각 타이어를 직렬연결로 본다. 따라서 자동차의 타이어 4개가 모두 터지지 않을 신뢰도는 다음과 같다.

신뢰도 $= (1-0.01) \times (1-0.01) \times (1-0.01) \times (1-0.01) = 0.96$

관련개념 CHAPTER 01 안전과 인간공학

024

직무에 대하여 청각적 자극 제시에 대한 음성 응답을 하도록 할 때 가장 관련 있는 양립성은?

① 공간적 양립성
② 양식 양립성
③ 운동 양립성
④ 개념적 양립성

해설 **양식 양립성**
언어 또는 문화적 관습이나 특정 신호에 따라 적합하게 반응하는 것을 말하는데, 예를 들어 한국어로 질문하면 한국어로 대답하거나, 기계가 특정 음성에 대해 정해진 반응을 하는 것을 말한다.

관련개념 CHAPTER 06 작업환경 관리

025

다음의 각 단계를 결함수분석법(FTA)에 의한 재해사례의 연구순서대로 나열한 것은?

┌─────────────────────────────┐
│ ㉠ 정상사상의 선정 │
│ ㉡ FT도 작성 및 분석 │
│ ㉢ 개선계획의 작성 │
│ ㉣ 각 사상의 재해원인 규명 │
└─────────────────────────────┘

① ㉠ → ㉡ → ㉢ → ㉣
② ㉠ → ㉣ → ㉢ → ㉡
③ ㉠ → ㉢ → ㉡ → ㉣
④ ㉠ → ㉣ → ㉡ → ㉢

해설 **FTA에 의한 재해사례 연구순서(D. R Cheriton)**
정상(Top)사상의 선정 → 각 사상의 재해원인 규명 → FT도의 작성 및 분석 → 개선계획의 작성

관련개념 CHAPTER 02 위험성 파악 · 결정

026

시스템 분석 및 설계에 있어서 인간공학의 가치와 가장 거리가 먼 것은?

① 훈련비용의 절감
② 인력 이용률의 향상
③ 생산 및 보전의 경제성 감소
④ 사고 및 오용으로부터의 손실 감소

해설 **산업인간공학의 가치**
· 인력 이용률의 향상
· 훈련비용의 절감
· 사고 및 오용으로부터의 손실 감소
· 생산성(성능)의 향상
· 사용자의 수용도 향상
· 생산 및 보전의 경제성 증대

관련개념 CHAPTER 01 안전과 인간공학

027

자동차를 생산하는 공장의 어떤 근로자가 95[dB(A)]의 소음수준에서 하루 8시간 작업하며 매 시간 조용한 휴게실에서 20분씩 휴식을 취한다고 가정하였을 때, 8시간 시간가중평균(TWA)은?(단, 소음은 누적소음노출량측정기로 측정하였으며, OSHA에서 정한 95[dB(A)]의 허용시간은 4시간이라 가정한다.)

① 약 91[dB(A)]   ② 약 92[dB(A)]
③ 약 93[dB(A)]   ④ 약 94[dB(A)]

해설 시간가중평균 $TWA = 90 + 16.61 \log \dfrac{D}{12.5 \times T}$

여기서, D: 누적소음폭로량[%] $\left(\dfrac{작업시간}{허용노출시간} \times 100 \right)$

T: 측정시간[시간]

작업시간은 휴식시간을 제외한 시간이므로
$60 \times 8 - 20 \times 8 = 320분 = 5.33시간$이다.

$D = \dfrac{5.33}{4} \times 100 = 133.25$이므로

$TWA = 90 + 16.61 \log \dfrac{133.25}{12.5 \times 8} = 92[dB(A)]$

관련개념 CHAPTER 06 작업환경 관리

028

모든 시스템안전 분석에서 제일 첫 번째 단계의 분석으로, 실행되고 있는 시스템을 포함한 모든 것의 상태를 인식하고 시스템의 개발단계에서 시스템 고유의 위험상태를 식별하여 예상되고 있는 재해의 위험수준을 결정하는 것을 목적으로 하는 위험분석 기법은?

① 결함위험분석(FHA; Fault Hazard Analysis)
② 시스템위험분석(SHA; System Hazard Analysis)
③ 예비위험분석(PHA; Preliminary Hazard Analysis)
④ 운용위험분석(OHA; Operating Hazard Analysis)

해설 예비위험분석(PHA; Preliminary Hazards Analysis)
시스템 내의 위험요소가 얼마나 위험상태에 있는가를 평가하는 시스템안전 프로그램의 최초단계(시스템 구상단계)의 정성적인 분석 방식이다.

관련개념 CHAPTER 02 위험성 파악·결정

029

자연습구온도가 30[℃]이고, 흑구온도가 35[℃]일 때, 실내의 습구흑구온도지수(WBGT; Wet Bulb Globe Temperature)는 얼마인가?

① 30.5[℃]   ② 31.5[℃]
③ 32[℃]   ④ 33.5[℃]

해설 습구흑구온도지수(WBGT)[옥내 또는 옥외(태양광선이 내리쬐지 않는 장소)]
$WBGT[℃] = 0.7 \times 자연습구온도(NWB) + 0.3 \times 흑구온도(GT)$
$= 0.7 \times 30 + 0.3 \times 35 = 31.5[℃]$

관련개념 CHAPTER 06 작업환경 관리

030

HAZOP 기법에서 사용하는 가이드 워드와 그 의미가 옳게 연결된 것은?

① As well As: 성질상의 감소
② No/Not: 설계의도의 완전한 부정
③ Part of: 성질상의 증가
④ Other than: 기타 환경적인 요인

해설 유인어(Guide Words)
• NO 또는 NOT: 설계의도에 완전히 반하여 변수의 양이 없는 상태
• MORE 또는 LESS: 변수가 양적으로 증가 또는 감소되는 상태
• AS WELL AS: 설계의도 외의 다른 변수가 부가되는 상태(성질상의 증가)
• PART OF: 설계의도대로 완전히 이루어지지 않는 상태(성질상의 감소)
• REVERSE: 설계의도와 정반대로 나타나는 상태
• OTHER THAN: 설계의도대로 설치되지 않거나 운전 유지되지 않는 상태(완전한 대체)

관련개념 CHAPTER 02 위험성 파악·결정

031

프레스에 설치된 안전장치의 수명은 지수분포를 따르며 평균수명은 100시간이다. 새로 구입한 안전장치가 50시간 동안 고장 없이 작동할 확률(A)과 이미 100시간을 사용한 안전장치가 앞으로 100시간 이상 견딜 확률(B)은 약 얼마인가?

① A: 0.368, B: 0.368
② A: 0.607, B: 0.368
③ A: 0.368, B: 0.607
④ A: 0.607, B: 0.607

해설 **기계의 신뢰도**

A: $R=e^{-\lambda t}=e^{-\frac{t}{t_0}}=e^{-\frac{50}{100}}=0.607$

B: $R=e^{-\lambda t}=e^{-\frac{t}{t_0}}=e^{-\frac{100}{100}}=0.368$

여기서, λ: 고장률

t: 가동시간

t_0: 평균수명

관련개념 CHAPTER 02 위험성 파악 · 결정

032

8시간 근무를 기준으로 남성작업자 A의 대사량을 측정한 결과, 산소소비량이 1.3[L/min]으로 측정되었다. Murrell 방법으로 계산 시, 8시간의 총 근로시간에 포함되어야 할 휴식시간은?

① 124[분]
② 134[분]
③ 144[분]
④ 154[분]

해설 **휴식시간**

산소 1[L]당 에너지소비량은 5[kcal]이다.

따라서 작업 중에 분당 산소소비량이 1.3[L/min]이라면 작업의 평균에너지는 1.3[L/min]×5[kcal/L]=6.5[kcal/min]이다.

휴식시간 $R=\frac{60(E-5)}{E-1.5}=\frac{60\times(6.5-5)}{6.5-1.5}=18$분

여기서, E: 작업의 평균 에너지소비량[kcal/min]

5: 평균 에너지소비량 상한[kcal/min]

1시간당 18분의 휴식시간을 부여하여야 하므로 근로시간 8시간 중 18×8=144분이 휴식시간으로 포함되어야 한다.

관련개념 CHAPTER 06 작업환경 관리

033

인간의 실수 중 수행해야 할 작업 및 단계를 생략하여 발생하는 오류는?

① Omission Error
② Commission Error
③ Sequential Error
④ Timing Error

해설 **휴먼에러의 행위에 의한 분류(Swain)**

• 생략(부작위적)에러(Omission Error): 작업 내지 필요한 절차를 수행하지 않는 데서 기인한 에러

• 실행(작위적)에러(Commission Error): 작업 내지 절차를 수행했으나 잘못된 실수(선택착오, 순서착오, 시간착오)에서 기인한 에러

• 과잉행동에러(Extraneous Error): 불필요한 작업 내지 절차를 수행함으로써 기인한 에러

• 순서에러(Sequential Error): 작업수행의 순서를 잘못한 실수

• 시간(지연)에러(Timing Error): 소정의 기간에 수행하지 못한 실수(너무 빨리 혹은 늦게)

관련개념 CHAPTER 01 안전과 인간공학

034

연구 기준의 요건과 내용이 옳은 것은?

① 무오염성: 실제로 의도하는 바와 부합해야 한다.
② 적절성: 반복 실험 시 재현성이 있어야 한다.
③ 신뢰성: 측정하고자 하는 변수 이외의 다른 변수의 영향을 받아서는 안 된다.
④ 민감도: 피실험자 사이에서 볼 수 있는 예상 차이점에 비례하는 단위로 측정해야 한다.

해설 **체계기준의 구비조건(연구조사의 기준척도)**

• 실제적 요건: 객관적, 정량적이고, 수집 또는 연구가 쉬우며, 특수한 자료 수집기법이나 기기가 필요 없어 돈이나 실험자의 수고가 적게 들어야 한다.

• 신뢰성(반복성): 시간이나 대표적 표본의 선정에 관계없이, 변수 측정의 일관성이나 안정성이 있어야 한다.

• 타당성(적절성): 어느 것이나 공통적으로 변수가 실제로 의도하는 바를 어느정도 측정하는가를 결정(시스템의 목표를 잘 반영하는가를 나타내는 척도)하여야 한다.

• 순수성(무오염성): 측정하는 구조 외적인 변수의 영향은 받지 않아야 한다.

• 민감도: 피검자 사이에서 볼 수 있는 예상 차이점에 비례하는 단위로 측정하여야 한다.

관련개념 CHAPTER 01 안전과 인간공학

035

다음 중 인체측정과 작업공간의 설계에 관한 설명으로 옳은 것은?

① 구조적 인체치수는 움직이는 몸의 자세로부터 측정한 것이다.
② 선반의 높이를 정할 때에는 인체 측정치의 최대집단치를 적용한다.
③ 수평작업대에서의 정상 작업영역은 상완을 자연스럽게 늘어뜨린 상태에서 전완을 뻗어 파악할 수 있는 영역을 말한다.
④ 수평작업대에서의 최대 작업영역은 다리를 고정시킨 후 최대한으로 파악할 수 있는 영역을 말한다.

해설
① 구조적 인체치수는 표준 자세에서 움직이지 않는 피측정자를 인체측정기로 측정한 것이다.
② 선반의 높이를 정할 때에는 최소치 설계를 적용한다.
④ 수평작업대의 최대 작업영역은 아래팔(전완)과 위팔(상완)을 곧게 펴서 파악할 수 있는 구역(55~65[cm])이다.

관련개념 CHAPTER 06 작업환경 관리

036

컷셋과 패스셋에 관한 설명으로 옳은 것은?

① 동일한 시스템에서 패스셋의 개수와 컷셋의 개수는 같다.
② 패스셋은 동시에 발생했을 때 정상사상을 유발하는 사상들의 집합이다.
③ 일반적으로 시스템에서 최소 컷셋의 개수가 늘어나면 위험 수준이 높아진다.
④ 최소 컷셋은 어떤 고장이나 실수를 일으키지 않으면 재해는 일어나지 않는다고 하는 것이다.

해설 **최소 컷셋과 최소 패스셋**
• 최소 컷셋(Minimal Cut Set): 정상사상을 일으키기 위한 최소한의 컷셋으로, 시스템의 위험성을 표시한다.
• 최소 패스셋(Minimal Path Set): 정상사상이 일어나지 않는 최소한의 집합으로, 시스템의 신뢰성을 표시한다.

관련개념 CHAPTER 02 위험성 파악 · 결정

037

인간의 귀의 구조에 대한 설명으로 틀린 것은?

① 외이는 귓바퀴와 외이도로 구성된다.
② 고막은 중이와 내이의 경계부위에 위치해 있으며 음파를 진동으로 바꾼다.
③ 중이에는 인두와 교통하여 고실 내압을 조절하는 유스타키오관이 존재한다.
④ 내이는 신체의 평형감각수용기인 반규관과 청각을 담당하는 전정기관 및 와우로 구성되어 있다.

해설 **고막**
• 외이와 중이의 경계에 위치하는 얇고 투명한 두께 0.1[mm]의 막이다.
• 외이로부터 전달된 음파에 진동되어 내이로 전달시키는 역할을 한다.

관련개념 CHAPTER 06 작업환경 관리

038

국내 규정상 1일 노출횟수가 100일 때 최대 음압수준이 몇 [dB]을 초과하는 충격소음에 노출되어서는 아니 되는가?

① 110
② 120
③ 130
④ 140

해설 **충격소음작업**
• 120[dB]을 초과하는 소음이 1일 1만 회 이상 발생하는 작업
• 130[dB]을 초과하는 소음이 1일 1천 회 이상 발생하는 작업
• 140[dB]을 초과하는 소음이 1일 1백 회 이상 발생하는 작업

관련개념 CHAPTER 06 작업환경 관리

039

다음 중 시스템 안전관리의 주요 업무와 가장 거리가 먼 것은?

① 시스템 안전에 필요한 사항의 식별
② 안전활동의 계획, 조직 및 관리
③ 시스템 안전활동 결과의 평가
④ 생산시스템의 비용과 효과 분석

해설 **시스템 안전관리업무를 수행하기 위한 내용**
• 시스템 안전에 필요한 사항의 식별
• 안전활동의 계획, 조직 및 관리
• 시스템 안전에 대한 목표를 유효하게 실현하기 위한 프로그램의 해석 검토
• 시스템 안전활동 결과의 평가

관련개념 CHAPTER 02 위험성 파악 · 결정

040

건구온도 30[℃], 습구온도 35[℃]일 때의 옥스퍼드(Oxford) 지수는 얼마인가?

① 20.75[℃]
② 24.58[℃]
③ 32.78[℃]
④ 34.25[℃]

해설 **옥스퍼드(Oxford) 지수(습건지수)**
$W_D = 0.85W(습구온도) + 0.15D(건구온도)$
$= 0.85 \times 35 + 0.15 \times 30 = 34.25[℃]$

관련개념 CHAPTER 06 작업환경 관리

기계 · 기구 및 설비 안전관리

041

방사선 투과검사에서 투과사진의 상질을 점검할 때 확인해야 할 항목으로 거리가 먼 것은?

① 투과도계의 식별도
② 시험부의 사진농도 범위
③ 계조계의 값
④ 주파수의 크기

해설 **투과사진의 상질을 점검할 때 확인해야 할 항목**
• 투과도계의 식별 최소선경
• 시험부의 사진농도
• 계조계의 값(농도차/농도)

관련개념 CHAPTER 07 설비진단 및 검사

042

와이어로프의 구성요소가 아닌 것은?

① 소선
② 클립
③ 스트랜드(Strand)
④ 심강(Core)

해설 클립은 와이어로프를 고정하는 기구이다.
와이어로프 구성요소
소선, 스트랜드(Strand), 심강(Core), 심선

관련개념 CHAPTER 06 운반기계 및 양중기

043

기계설비의 위험점 중 연삭숫돌과 작업받침대, 교반기의 날개와 하우스 등 고정부분과 회전하는 동작 부분 사이에서 형성되는 위험점은?

① 끼임점
② 물림점
③ 회전말림점
④ 절단점

해설 **끼임점(Shear Point)**
기계의 고정부분과 회전 또는 직선운동 부분 사이에 형성되는 위험점이다.
예 회전 풀리와 베드 사이, 연삭숫돌과 작업대, 교반기의 날개와 하우스

관련개념 CHAPTER 01 기계공정의 안전, 기계안전시설 관리

044

연삭기에서 숫돌의 바깥지름이 150[mm]일 경우 평형 플랜지 지름은 몇 [mm] 이상이어야 하는가?

① 30
② 50
③ 60
④ 90

해설 플랜지의 지름은 숫돌 직경의 $\frac{1}{3}$ 이상인 것이 적당하다.

플랜지의 지름 $D = 150 \times \frac{1}{3} = 50$[mm] 이상

관련개념 CHAPTER 03 공작기계의 안전

045

지게차의 방호장치인 헤드가드에 대한 설명으로 맞는 것은?

① 상부틀의 각 개구의 폭 또는 길이는 16[cm] 미만일 것
② 운전자가 앉아서 조작하는 방식의 지게차의 경우에는 운전자의 좌석 윗면에서 헤드가드의 상부틀 아랫면까지의 높이는 1.5[m] 이상일 것
③ 강도는 지게차의 최대하중의 2배 값(5톤을 넘는 값에 대해서는 5톤으로 함)의 등분포정하중에 견딜 수 있을 것
④ 운전자가 서서 조작하는 방식의 지게차의 경우에는 운전석의 바닥면에서 헤드가드의 상부틀 하면까지의 높이가 1.8[m] 이상일 것

해설 헤드가드의 구비조건
• 강도는 지게차의 최대하중의 2배 값(4톤을 넘는 값에 대해서는 4톤)의 등분포정하중에 견딜 수 있을 것
• 상부틀의 각 개구의 폭 또는 길이가 16[cm] 미만일 것
• 운전자가 앉아서 조작하거나 서서 조작하는 지게차의 헤드가드는 한국산업표준에서 정하는 높이 기준 이상일 것(입승식: 1.88[m] 이상, 좌승식: 0.903[m] 이상)

관련개념 CHAPTER 06 운반기계 및 양중기

046

롤러에 설치하는 급정지장치 조작부의 종류와 그 위치로 옳은 것은?(단, 위치는 조작부의 중심점을 기준으로 한다.)

① 발조작식은 밑면으로부터 0.2[m] 이내
② 손조작식은 밑면으로부터 1.8[m] 이내
③ 복부조작식은 밑면으로부터 0.6[m] 이상 1[m] 이내
④ 무릎조작식은 밑면으로부터 0.2[m] 이상 0.4[m] 이내

해설 급정지장치 조작부의 위치

종류	설치위치
손조작식	밑면에서 1.8[m] 이내
복부조작식	밑면에서 0.8[m] 이상 1.1[m] 이내
무릎조작식	밑면에서 0.6[m] 이내

※ 위치는 급정지장치 조작부의 중심점을 기준으로 한다.

관련개념 CHAPTER 05 기타 산업용 기계 · 기구

047

어떤 로프의 최대하중이 600[kgf]이고, 정격하중은 150[kgf]이다. 이때 안전계수는 얼마인가?

① 2
② 3
③ 4
④ 5

해설 안전계수$= \dfrac{\text{최대하중}}{\text{정격하중}} = \dfrac{600}{150} = 4$

관련개념 CHAPTER 01 기계공정의 안전, 기계안전시설 관리

048

선반가공 시 연속적으로 발생되는 칩으로 인해 작업자가 다치는 것을 방지하기 위하여 칩을 짧게 절단시켜 주는 안전장치는?

① 커버
② 브레이크
③ 보안경
④ 칩 브레이커

해설 선반의 안전장치
• 칩 브레이커(Chip Breaker): 칩이 짧게 끊어지도록 하는 장치
• 덮개(Shield): 가공재료의 칩이나 절삭유 등이 비산되어 나오는 위험으로부터 작업자의 보호를 위해 이동이 가능한 장치
• 브레이크(Brake): 가공 작업 중 선반을 급정지시킬 수 있는 장치
• 척 커버(Chuck Cover)

관련개념 CHAPTER 03 공작기계의 안전

049

다음 중 연삭숫돌의 파괴원인으로 거리가 먼 것은?

① 플랜지가 현저히 클 때
② 숫돌에 균열이 있을 때
③ 숫돌의 측면을 사용할 때
④ 숫돌의 치수 특히 내경의 크기가 적당하지 않을 때

해설 현저하게 플랜지 지름이 작을 때 연삭숫돌이 파괴된다.
연삭숫돌의 파괴 및 재해원인
• 숫돌에 균열이 있는 경우
• 숫돌이 고속으로 회전하는 경우
• 회전력이 결합력보다 큰 경우
• 무거운 물체가 충돌한 경우(외부의 큰 충격을 받은 경우)
• 숫돌의 측면을 일감으로써 심하게 가압했을 경우
• 베어링이 마모되어 진동을 일으키는 경우
• 플랜지 지름이 현저하게 작은 경우
• 회전중심이 잡히지 않은 경우

관련개념 CHAPTER 03 공작기계의 안전

050

「산업안전보건법령」상 프레스의 작업시작 전 점검사항이 아닌 것은?

① 슬라이드 또는 칼날에 의한 위험방지 기구의 기능
② 프레스의 금형 및 고정볼트 상태
③ 전단기의 칼날 및 테이블의 상태
④ 권과방지장치 및 그 밖의 경보장치의 기능

해설 권과방지장치 및 그 밖의 경보장치의 기능은 이동식 크레인을 이용하여 작업을 할 때 작업시작 전 점검 사항이다.
프레스 작업시작 전 점검사항
• 클러치 및 브레이크의 기능
• 크랭크축 · 플라이휠 · 슬라이드 · 연결봉 및 연결 나사의 풀림 유무
• 1행정 1정지기구 · 급정지장치 및 비상정지장치의 기능
• 슬라이드 또는 칼날에 의한 위험방지 기구의 기능
• 프레스의 금형 및 고정볼트 상태
• 방호장치의 기능
• 전단기의 칼날 및 테이블의 상태

관련개념 CHAPTER 02 기계분야 산업재해 조사 및 관리

051

「산업안전보건법령」상 산업용 로봇의 작업시작 전 점검사항으로 가장 거리가 먼 것은?

① 외부 전선의 피복 또는 외장의 손상 유무
② 압력방출장치의 이상 유무
③ 매니퓰레이터 작동 이상 유무
④ 제동장치 및 비상정지장치의 기능

해설 압력방출장치의 기능은 공기압축기를 가동할 때 작업시작 전 점검사항이다.
산업용 로봇의 작업시작 전 점검사항
• 외부 전선의 피복 또는 외장의 손상 유무
• 매니퓰레이터(Manipulator) 작동의 이상 유무
• 제동장치 및 비상정지장치의 기능

관련개념 CHAPTER 02 기계분야 산업재해 조사 및 관리

052

크레인의 방호장치에 해당되지 않은 것은?

① 권과방지장치   ② 과부하방지장치
③ 비상정지장치   ④ 자동보수장치

해설 **크레인의 방호장치**
• 권과방지장치
• 과부하방지장치
• 비상정지장치
• 제동장치

관련개념 CHAPTER 06 운반기계 및 양중기

053

개구면에서 위험점까지의 거리가 50[mm]인 위치에 풀리 (Pulley)가 회전하고 있다. 가드(Guard)의 개구부 간격으로 설정할 수 있는 최댓값은?

① 9.0[mm] ② 12.5[mm]

③ 13.5[mm] ④ 25[mm]

해설 **가드를 설치할 때 일반적인 개구부의 간격**

$Y = 6 + 0.15X = 6 + 0.15 \times 50 = 13.5[mm]$

여기서, Y: 개구부의 간격[mm]

　　　　X: 개구부에서 위험점까지의 최단거리[mm]($X < 160$[mm])

관련개념 CHAPTER 05 기타 산업용 기계·기구

054

「산업안전보건법령」에 따라 아세틸렌 용접장치의 아세틸렌 발생기를 설치하는 경우, 발생기실의 설치장소에 대한 설명 중 A, B에 들어갈 내용으로 옳은 것은?

> • 발생기실은 건물의 최상층에 위치하여야 하며, 화기를 사용하는 설비로부터 (　A　)를 초과하는 장소에 설치하여야 한다.
> • 발생기실을 옥외에 설치한 경우에는 그 개구부를 다른 건축물로부터 (　B　) 이상 떨어지도록 하여야 한다.

① A: 1.5[m], B: 3[m]　　② A: 2[m], B: 4[m]

③ A: 3[m], B: 1.5[m]　　④ A: 4[m], B: 2[m]

해설 **발생기실의 설치장소**

• 아세틸렌 용접장치의 아세틸렌 발생기를 설치하는 경우에는 전용의 발생기실을 설치하여야 한다.

• 발생기실은 건물의 최상층에 위치하여야 하며, 화기를 사용하는 설비로부터 3[m]를 초과하는 장소에 설치하여야 한다.

• 발생기실을 옥외에 설치한 경우에는 그 개구부를 다른 건축물로부터 1.5[m] 이상 떨어지도록 하여야 한다.

관련개념 CHAPTER 05 기타 산업용 기계·기구

055

다음 중 지게차의 작업 상태별 안정도에 관한 설명으로 틀린 것은?(단, V는 최고속도[km/h]이다.)

① 기준 부하상태에서 하역작업 시의 좌우 안정도는 6[%] 이내이다.

② 기준 부하상태에서 하역작업 시의 전후 안정도는 20[%] 이내이다.

③ 기준 부하상태에서 주행 시의 전후 안정도는 18[%] 이내이다.

④ 기준 무부하상태에서 주행 시의 좌우 안정도는 (15+ 1.1V)[%] 이내이다.

해설 지게차 기준 부하상태에서 하역작업 시의 전후 안정도는 4[%] 이내이다.(5톤 이상은 3.5[%] 이내)

관련개념 CHAPTER 06 운반기계 및 양중기

056

다음 중 공장 소음에 대한 방지계획에 있어 소음원에 대한 대책에 해당하지 않는 것은?

① 해당 설비의 밀폐

② 설비실의 차음벽 시공

③ 작업자의 보호구 착용

④ 소음기 및 흡음장치 설치

해설 작업자의 보호구 착용은 소음원에 대한 대책이 아닌 작업자에 대한 대책에 해당한다.

소음을 통제하는 방법(소음대책)

• 소음원의 통제

• 소음의 격리

• 차폐장치 및 흡음재 사용

• 음향처리제 사용

• 적절한 배치

관련개념 SUBJECT 02 인간공학 및 위험성평가·관리

　　　　　　CHAPTER 06 작업환경 관리

057

다음 중 밀링작업 시 안전수칙으로 옳지 않은 것은?

① 테이블 위에 공구나 기타 물건 등을 올려놓지 않는다.
② 제품 치수를 측정할 때는 절삭 공구의 회전을 정지한다.
③ 강력 절삭을 할 때는 일감을 바이스에 얕게 물린다.
④ 상하 좌우 이송장치의 핸들은 사용 후 풀어 둔다.

해설 밀링작업 시 강력절삭을 할 때는 일감을 바이스에 깊게 물린다.

관련개념 CHAPTER 03 공작기계의 안전

058

프레스 작업 중 부주의로 프레스의 페달을 밟는 것에 대비하여 페달에 설치하는 것을 무엇이라 하는가?

① 클램프
② 로크너트
③ 커버
④ 스프링 와셔

해설 근로자 부주의로 인하여 페달을 작동시키거나, 낙하물 등에 의해 페달이 예상치 못한 상황에서 작동하는 등의 불시작동을 방지하고 안전을 유지하기 위하여 페달에 U자형 커버를 설치하여야 한다.

관련개념 CHAPTER 04 프레스 및 전단기의 안전

059

페일 세이프(Fail Safe)의 기계설계상 본질적 안전화에 대한 설명으로 틀린 것은?

① 구조적 Fail Safe: 인간이 기계 등의 취급을 잘못해도 그것이 바로 사고나 재해와 연결되는 일이 없도록 하는 기능을 말한다.
② Fail-passive: 부품이 고장 나면 통상적으로 기계는 정지하는 방향으로 이동한다.
③ Fail-active: 부품이 고장 나면 기계는 경보를 울리는 가운데 짧은 시간 동안의 운전이 가능하다.
④ Fail-operational: 부품의 고장이 있어도 기계는 추후의 보수가 될 때까지 안전한 기능을 유지하며 이것은 병렬계통 또는 대기여분(Stand-by Redundancy) 계통으로 한 것이다.

해설 ①은 Fool Proof에 대한 설명이다.

관련개념 CHAPTER 01 기계공정의 안전, 기계안전시설 관리

060

다음 설명은 보일러의 장해 원인 중 어느 것에 해당되는가?

> 보일러 수중에 용해고형분이나 수분이 발생, 증기 중에 대량 함유되어 증기의 순도를 저하시킴으로써 관내 응축수가 생겨 워터해머의 원인이 되고 증기과열기나 터빈 등의 고장의 원인이 된다.

① 프라이밍(Priming)
② 포밍(Foaming)
③ 캐리오버(Carry Over)
④ 역화(Back Fire)

해설 **캐리오버(Carry Over)**
보일러 증기관 쪽에 보내는 증기에 대량의 물방울이 포함되는 경우가 있는데 이것을 캐리오버라 하며, 프라이밍이나 포밍이 생기면 필연적으로 캐리오버가 발생한다.

관련개념 CHAPTER 05 기타 산업용 기계·기구

전기설비 안전관리

061

방폭구조와 관계 있는 위험특성이 아닌 것은?

① 발화온도
② 증기밀도
③ 화염일주한계
④ 최소점화전류

해설 증기밀도는 폭발성 분위기의 생성조건과 관계 있는 위험특성이다.

방폭구조와 관계 있는 위험특성	폭발성 분위기의 생성조건과 관계 있는 위험특성
• 발화온도 • 화염일주한계(최대안전틈새) • 폭발등급 • 최소점화전류	• 폭발한계 • 인화점 • 증기밀도

관련개념 CHAPTER 04 전기방폭관리

062

1[C]을 갖는 2개의 전하가 공기 중에서 1[m]의 거리에 있을 때 이들 사이에 작용하는 정전력은?

① 8.854×10^{-12}[N]
② 1.0[N]
③ 3×10^{3}[N]
④ 9×10^{9}[N]

해설 **쿨롱의 법칙**

정전력 $F = K \dfrac{q_1 q_2}{r^2} = (9 \times 10^9) \times \dfrac{1 \times 1}{1^2} = 9 \times 10^9$[N]

여기서, K: 쿨롱상수(9×10^9)

q: 전하의 크기[C]

r: 두 전하 사이의 거리[m]

관련개념 CHAPTER 03 정전기 장·재해관리

063

전기기계·기구의 조작 시 안전조치로서 사업주는 근로자가 안전하게 작업할 수 있도록 전기기계·기구로부터 폭 얼마 이상의 작업공간을 확보하여야 하는가?

① 30[cm]
② 50[cm]
③ 70[cm]
④ 100[cm]

해설 전기기계·기구의 조작부분을 점검하거나 보수하는 경우에는 전기기계·기구로부터 **폭 70[cm] 이상의 작업공간**을 확보하여야 한다. 다만, 작업공간의 확보가 곤란한 때에는 절연용 보호구를 착용하도록 한다.

관련개념 CHAPTER 02 감전재해 및 방지대책

064

금속제 외함을 가지는 기계·기구에 전기를 공급하는 전로에 지락이 발생했을 때에 자동적으로 전로를 차단하는 누전차단기 등을 설치하여야 한다. 누전차단기를 설치하지 않아도 되는 경우로 틀린 것은?

① 기계·기구가 고무, 합성수지 기타 절연물로 피복된 것일 경우
② 기계·기구가 유도전동기의 2차 측 전로에 접속된 저항기일 경우
③ 대지전압이 150[V]를 초과하는 전동 기계·기구를 시설하는 경우
④ 「전기용품 및 생활용품 안전관리법」의 적용을 받는 2중 절연구조의 기계·기구를 시설하는 경우

해설 대지전압이 150[V]를 초과하는 이동형 또는 휴대형 전기기계·기구에 누전차단기를 설치하여야 한다.

관련개념 CHAPTER 02 감전재해 및 방지대책

065

감전사고를 방지하기 위한 허용보폭전압에 대한 수식으로 맞는 것은?

E: 허용보폭전압	R_b: 인체의 저항
ρ_s: 지표상층 저항률	I_k: 심실세동전류

① $E = (R_b + 3\rho_s)I_k$　　② $E = (R_b + 4\rho_s)I_k$

③ $E = (R_b + 5\rho_s)I_k$　　④ $E = (R_b + 6\rho_s)I_k$

해설 **허용접촉전압과 허용보폭전압**

허용접촉전압	허용보폭전압
$E = \left(R_b + \dfrac{3\rho_s}{2}\right) \times I_k$	$E = (R_b + 6\rho_s) \times I_k$

여기서, I_k: 통전전류 $\left(\dfrac{0.165}{\sqrt{T}}\right)$[A], R_b: 인체저항[Ω], ρ_s: 지표상층 저항률[Ω·m]

관련개념 CHAPTER 02 감전재해 및 방지대책

066

제전기의 종류가 아닌 것은?

① 전압인가식 제전기　　② 정전식 제전기

③ 방사선식 제전기　　④ 자기방전식 제전기

해설 제전기의 종류는 제전에 필요한 이온의 생성방법에 따라 전압인가식 제전기, 자기방전식 제전기, 방사선식 제전기가 있다.

관련개념 CHAPTER 03 정전기 장·재해관리

067

피뢰기의 설치장소가 아닌 것은?

① 저압을 공급받는 수용장소의 인입구

② 지중전선로와 가공전선로가 접속되는 곳

③ 가공전선로에 접속하는 배전용 변압기의 고압 측

④ 발전소 또는 변전소의 가공전선 인입구 및 인출구

해설 **피뢰기의 설치장소**

- 발전소·변전소 또는 이에 준하는 장소의 가공전선 인입구 및 인출구
- 특고압 가공전선로가 접속하는 배전용 변압기의 고압 측 및 특고압 측
- 고압 또는 특고압의 가공전선로로부터 공급받는 수용장소의 인입구
- 가공전선로와 지중전선로가 접속되는 곳

관련개념 CHAPTER 05 전기설비 위험요인관리

068

일반 허용접촉전압과 그 종별을 짝지은 것으로 틀린 것은?

① 제1종: 0.5[V] 이하　　② 제2종: 25[V] 이하

③ 제3종: 50[V] 이하　　④ 제4종: 제한 없음

해설 **허용접촉전압**

종별	허용접촉전압
제1종	2.5[V] 이하
제2종	25[V] 이하
제3종	50[V] 이하
제4종	제한 없음

관련개념 CHAPTER 02 감전재해 및 방지대책

069

인체저항을 500[Ω]이라 한다면 심실세동을 일으키는 위험한계에너지는 약 몇 [J]인가?(단, 심실세동전류값은 Dalziel의 식 $I=\dfrac{165}{\sqrt{T}}$[mA]를 이용하고, 통전시간은 2초로 한다.)

① 13.6   ② 16.2
③ 27.2   ④ 32.4

해설 $W=I^2RT=\left(\dfrac{165}{\sqrt{T}}\times10^{-3}\right)^2\times500T$

$=(165^2\times10^{-6})\times500=13.6[\mathrm{J}]$

여기서, W: 위험한계에너지[J]

$\quad\quad I$: 심실세동전류[A]

$\quad\quad R$: 인체저항[Ω]

$\quad\quad T$: 통전시간[s]

관련개념 CHAPTER 02 감전재해 및 방지대책

070

제전기의 설치장소로 가장 적절한 것은?

① 대전물체의 뒷면에 접지물체가 있는 경우
② 정전기의 발생원으로부터 5~20[cm] 정도 떨어진 장소
③ 오물과 이물질이 자주 발생하고 묻기 쉬운 장소
④ 온도가 150[℃], 상대습도가 80[%] 이상인 장소

해설 **제전기의 설치장소**

제전기의 설치위치는 원칙적으로 대전물체 배면의 접지체 또는 다른 제전기가 설치되어 있는 위치, 정전기의 발생원, 제전기에 오물이 묻기 쉬운 장소는 피하고 온도 150[℃] 이상, 상대습도 80[%] 이상의 환경은 피하는 것이 좋다.

• 제전기를 설치하기 전과 후의 대전물체의 전위를 측정해서 제전의 목표값을 만족하는 위치 또는 제전효율이 90[%] 이상 되는 위치
• 제전기를 설치하기 전 대전물체의 전위를 측정하여 그 전위가 가능한 높은 위치
• 정전기의 발생원으로부터 가능한 한 가까운 위치로 하며, 일반적으로 **정전기의 발생원으로부터 5~20[cm] 정도 떨어진 위치**

관련개념 CHAPTER 03 정전기 장·재해관리

071

정전작업 시 작업 전 조치사항 중 가장 거리가 먼 것은?

① 단락접지 상태를 수시로 확인
② 전로의 충전 여부를 검전기로 확인
③ 전력용 커패시터, 전력케이블 등 잔류전하 방전
④ 개로개폐기의 잠금장치 및 통전금지 표지판 설치

해설 단락접지 상태 수시확인은 정전작업 중 조치사항이다.

관련개념 CHAPTER 02 감전재해 및 방지대책

072

큰 고장전류가 구리소재의 접지도체를 통하여 흐르지 않을 경우 접지도체의 최소 단면적은 몇 [mm²] 이상이어야 하는가?(단, 접지도체에 피뢰시스템이 접속되지 않는 경우이다.)

① 0.75   ② 2.5
③ 6   ④ 16

해설 **접지도체의 선정**

• 큰 고장전류가 접지도체를 통하여 흐르지 않을 경우 접지도체의 최소 단면적
  ─ 구리 6[mm²] 이상
  ─ 철제 50[mm²] 이상
• 접지도체에 피뢰시스템이 접속되는 경우 접지도체의 단면적
  ─ 구리 16[mm²] 이상
  ─ 철 50[mm²] 이상

관련개념 CHAPTER 05 전기설비 위험요인관리

073

전압이 동일한 경우 교류가 직류보다 위험한 이유를 가장 잘 설명한 것은?

① 교류의 경우 전압의 극성 변화가 있기 때문이다.
② 교류는 감전 시 화상을 입히기 때문이다.
③ 교류는 감전 시 수축을 일으킨다.
④ 직류는 교류보다 사용빈도가 낮기 때문이다.

해설 전압이 동일한 경우 교류가 직류보다 위험한 이유는 교류는 극성 변화가 있기 때문이다.

관련개념 CHAPTER 02 감전재해 및 방지대책

074

상용주파수 60[Hz]의 교류에 건강한 성인 남자가 감전되었을 경우 다른 손을 사용하지 않고 자력으로 손을 뗄 수 있는 최대전류(가수전류)는 몇 [mA]인가?

① 1~2   ② 7~8
③ 10~15   ④ 18~22

해설 **가수전류(이탈전류)**
• 상용주파수 60[Hz]에서 10~15[mA]
• 전격의 영향: 자력으로 이탈 가능한 전류(마비한계전류라고 함)

관련개념 CHAPTER 02 감전재해 및 방지대책

075

정상 작동상태에서 폭발 가능성이 없으나 이상상태에서 짧은 시간 동안 폭발성 가스 또는 증기가 존재하는 지역에서만 사용 가능한 방폭용기를 나타내는 기호는?

① ib   ② p
③ e   ④ n

해설 2종 장소에 대한 설명으로 2종 장소에서만 사용 가능한 방폭구조는 비점화방폭구조(n)이다.
본질안전방폭구조(ib), 압력방폭구조(p), 안전증방폭구조(e)는 1종 및 2종 장소에 사용 가능하다.

관련개념 CHAPTER 04 전기방폭관리

076

한국전기설비규정에서 정의하는 전압의 구분으로 틀린 것은?

① 교류 저압: 1[kV] 이하
② 직류 저압: 1.5[kV] 이하
③ 직류 고압: 1.5[kV] 초과 7[kV] 이하
④ 특고압: 7,000[V] 이상

해설 **전압의 구분**
• 저압: 교류는 1[kV] 이하, 직류는 1.5[kV] 이하인 것
• 고압: 교류는 1[kV]를, 직류는 1.5[kV]를 초과하고, 7[kV] 이하인 것
• **특고압: 7[kV]를 초과하는 것**

관련개념 CHAPTER 02 감전재해 및 방지대책

077

다음 설명과 가장 관계가 깊은 것은?

> • 파이프 속에 저항이 높은 액체가 흐를 때 발생된다.
> • 액체의 흐름이 정전기 발생에 영향을 준다.

① 충돌대전　　　② 박리대전
③ 유동대전　　　④ 분출대전

해설 **유동대전**
• 액체류가 파이프 등 내부에서 유동할 때 액체와 관벽 사이에 정전기가 발생하는 현상이다.
• 정전기 발생에 가장 크게 영향을 미치는 요인은 유동속도나 흐름의 상태, 배관의 굴곡, 밸브 등과도 관계가 있다.

관련개념 CHAPTER 03 정전기 장·재해관리

078

저압전로의 보호도체 및 중성선의 접속 방식에 따른 접지계통의 분류가 아닌 것은?

① IT 계통　　　② TN 계통
③ TT 계통　　　④ TC 계통

해설 **계통접지 구성**
저압전로의 보호도체 및 중성선의 접속 방식에 따라 접지계통은 다음과 같이 분류한다.
• TN 계통
• TT 계통
• IT 계통

관련개념 CHAPTER 05 전기설비 위험요인관리

079

방폭전기기기에 "Ex ia IIC T4 Ga"라고 표시되어 있다. 해당 기기에 대한 설명으로 틀린 것은?

① 정상 작동, 예상된 오작동에 또는 드문 오작동 중에 점화원이 될 수 없는 "매우 높은" 보호등급의 기기이다.
② 온도 등급이 T4이므로 최고표면온도가 150[℃]를 초과해서는 안 된다.
③ 본질안전방폭구조로 0종 장소에서 사용이 가능하다.
④ 수소 및 아세틸렌 등의 가스가 존재하는 곳에 사용이 가능하다.

해설 온도등급 T4는 최고표면온도가 100[℃] 초과 135[℃] 이하인 것을 말한다.

전기기기의 최고표면온도에 따른 온도등급

온도등급	전기기기의 최고표면온도(℃)
T1	300 초과 450 이하
T2	200 초과 300 이하
T3	135 초과 200 이하
T4	100 초과 135 이하
T5	85 초과 100 이하
T6	85 이하

관련개념 CHAPTER 04 전기방폭관리

080

「한국전기설비규정」에 따라 피뢰설비에서 외부피뢰시스템의 수뢰부시스템으로 적합하지 않은 것은?

① 돌침　　　② 수평도체
③ 그물망도체　　　④ 환상도체

해설 수뢰부시스템은 돌침, 수평도체, 그물망도체의 요소 중에 한 가지 또는 이를 조합한 형식으로 시설하여야 한다.

관련개념 CHAPTER 05 전기설비 위험요인관리

화학설비 안전관리

081

다음 중 퍼지의 종류에 해당하지 않는 것은?

① 압력퍼지　　　　　　② 진공퍼지
③ 스위프퍼지　　　　　④ 가열퍼지

해설　**불활성화(퍼지)의 종류**
진공퍼지, 압력퍼지, 스위프퍼지, 사이폰퍼지 등

관련개념　CHAPTER 01 화재 · 폭발 검토

082

「산업안전보건기준에 관한 규칙」에서 규정하고 있는 급성 독성 물질의 정의에 해당되지 않는 것은?

① 가스 LC50(쥐, 4시간 흡입)이 2,500[ppm] 이하인 화학물질
② LD50(경구, 쥐)이 킬로그램당 300밀리그램 – (체중) 이하인 화학물질
③ LD50(경피, 쥐)이 킬로그램당 1,000밀리그램 – (체중) 이하인 화학물질
④ LD50(경피, 토끼)이 킬로그램당 2,000밀리그램 – (체중) 이하인 화학물질

해설　LD50(경피, 토끼 또는 쥐)이 [kg]당 1,000[mg] – (체중) 이하인 화학물질이 「산업안전보건법령」상 급성 독성 물질에 해당한다.

관련개념　CHAPTER 02 화학물질 안전관리 실행

083

반응기를 조작방식에 따라 분류할 때 해당되지 않는 것은?

① 회분식 반응기　　　　② 반회분식 반응기
③ 연속식 반응기　　　　④ 관형 반응기

해설　관형 반응기는 구조에 따라 분류한 것이다.
반응기의 분류
• 조작방법에 따른 분류: 회분식 반응기, 반회분식 반응기, 연속식 반응기
• 구조에 따른 분류: 교반조형 반응기, 관형 반응기, 탑형 반응기, 유동층형 반응기

관련개념　CHAPTER 02 화학물질 안전관리 실행

084

사업주는 인화성 액체 및 인화성 가스를 저장 · 취급하는 화학설비에서 증기나 가스를 대기로 방출하는 경우에는 외부로부터의 화염을 방지하기 위하여 화염방지기를 설치하여야 한다. 다음 중 화염방지기의 설치 위치로 옳은 것은?

① 설비의 상단　　　　　② 설비의 하단
③ 설비의 측면　　　　　④ 설비의 조작부

해설　화염방지기는 외부로부터의 화염을 방지하기 위하여 그 설비 상단에 설치하여야 한다.

관련개념　CHAPTER 04 화공 안전운전 · 점검

085

다음 중 분진폭발의 특징으로 옳은 것은?

① 가스폭발보다 연소시간이 짧고, 발생에너지가 작다.
② 압력의 파급속도보다 화염의 파급속도가 빠르다.
③ 가스폭발에 비하여 불완전연소가 적게 발생한다.
④ 주위의 분진에 의해 2차, 3차의 폭발로 파급될 수 있다.

해설　**분진폭발의 특징**
• 가스폭발보다 발생에너지가 크다.
• 폭발압력과 연소속도는 가스폭발보다 작다.
• 불완전연소로 인한 가스중독의 위험성이 크다.
• 화염의 파급속도보다 압력의 파급속도가 빠르다.
• 가스폭발에 비하여 불완전연소가 많이 발생한다.
• 주위 분진에 의해 2차, 3차 폭발로 파급될 수 있다.

관련개념　CHAPTER 01 화재 · 폭발 검토

086

다음 중 유기과산화물로 분류되는 것은?

① 메틸에틸케톤
② 과망간산칼륨
③ 과산화마그네슘
④ 과산화벤조일

해설 보기에 있는 물질의 분류(「위험물안전관리법령」 기준)
① 메틸에틸케톤: 제4류 위험물로 제1석유류이다.
② 과망간산칼륨: 제1류 위험물로 산화성 고체이다.
③ 과산화마그네슘: 제1류 위험물로 무기과산화물이다.
④ 과산화벤조일: 제5류 위험물로 유기과산화물이다.

관련개념 CHAPTER 02 화학물질 안전관리 실행

087

「산업안전보건법령」에 따라 유해하거나 위험한 설비의 설치·이전 또는 주요 구조부분의 변경공사 시 공정안전보고서의 제출시기는 착공일 며칠 전까지 관련기관에 제출하여야 하는가?

① 15일
② 30일
③ 60일
④ 90일

해설 유해하거나 위험한 설비의 설치·이전 또는 주요 구조부분의 변경공사의 착공일 30일 전까지 공정안전보고서를 2부 작성하여 한국산업안전보건공단에 제출하여야 한다.

관련개념 CHAPTER 04 화공 안전운전·점검

088

「산업안전보건법령」상 특수화학설비를 설치할 때 내부의 이상 상태를 조기에 파악하기 위하여 필요한 계측장치를 설치하여야 한다. 이러한 계측장치로 거리가 먼 것은?

① 압력계
② 유량계
③ 온도계
④ 비중계

해설 특수화학설비를 설치하는 경우에는 내부의 이상 상태를 조기에 파악하기 위하여 필요한 **온도계·유량계·압력계** 등의 계측장치를 설치하여야 한다.

관련개념 CHAPTER 02 화학물질 안전관리 실행

089

다음 중 물과 반응하여 아세틸렌을 발생시키는 물질은?

① Zn
② Mg
③ Al
④ CaC_2

해설 탄화칼슘(CaC_2, 카바이드)은 물과 반응하여 아세틸렌(C_2H_2)을 발생시킨다.
$CaC_2 + 2H_2O \rightarrow Ca(OH)_2 + C_2H_2 \uparrow$

관련개념 CHAPTER 02 화학물질 안전관리 실행

090

Li과 Na에 관한 설명으로 틀린 것은?

① 두 금속 모두 실온에서 자연발화의 위험성이 있으므로 알코올 속에 저장해야 한다.
② 두 금속은 물과 반응하여 수소기체를 발생한다.
③ Li은 비중 값이 물보다 작다.
④ Na는 은백색의 무른 금속이다.

해설 Li, Na 등의 알칼리금속은 물에 닿으면 격렬하게 반응하여 수소를 발생시키므로 보호액(석유) 속에 저장하여야 한다.

관련개념 CHAPTER 02 화학물질 안전관리 실행

091

폭발하한계에 관한 설명으로 옳지 않은 것은?

① 폭발하한계에서 화염의 온도는 최저치로 된다.

② 폭발하한계에 있어서 산소는 연소하는 데 과잉으로 존재한다.

③ 화염이 하향전파인 경우 일반적으로 온도가 상승함에 따라 폭발하한계는 높아진다.

④ 폭발하한계는 혼합가스의 단위체적당의 발열량이 일정한 한계치에 도달하는 데 필요한 가연성 가스의 농도이다.

해설 기준이 되는 25[℃]에서 100[℃]씩 증가할 때마다 폭발하한계의 값이 8[%] 감소하며, 폭발상한은 8[%] 증가한다.

관련개념 CHAPTER 01 화재 · 폭발 검토

092

다음 중 제2종 분말소화약제의 주성분은 어느 것인가?

① $NaHCO_3$
② $KHCO_3$
③ $NH_4H_2PO_4$
④ $(NH_2)_2CO$

해설 **분말소화약제의 분류**

• 제1종 소화약제: 탄산수소나트륨($NaHCO_3$)
• 제2종 소화약제: 탄산수소칼륨($KHCO_3$)
• 제3종 소화약제: 제1인산암모늄($NH_4H_2PO_4$)
• 제4종 소화약제: 탄산수소칼륨＋요소($KHCO_3$＋$(NH_2)_2CO$)

관련개념 CHAPTER 01 화재 · 폭발 검토

093

에틸알코올 완전연소 시, 생성되는 이산화탄소와 물의 비는?

① 1 : 2
② 2 : 1
③ 2 : 3
④ 3 : 2

해설 **에틸알코올 완전연소식**

$C_2H_5OH + 3O_2 \rightarrow 2CO_2 + 3H_2O$

에틸알코올 완전연소 시 생성되는 이산화탄소와 물의 비는 2 : 3이다.

관련개념 CHAPTER 01 화재 · 폭발 검토

094

메탄, 에탄, 프로판의 폭발하한계가 각각 5[vol%], 3[vol%], 2.1[vol%]일 때 다음 중 폭발하한계가 가장 낮은 것은?(단, Le Chatelier의 법칙을 이용한다.)

① 메탄 20[vol%], 에탄 30[vol%], 프로판 50[vol%]의 혼합가스

② 메탄 30[vol%], 에탄 30[vol%], 프로판 40[vol%]의 혼합가스

③ 메탄 40[vol%], 에탄 30[vol%], 프로판 30[vol%]의 혼합가스

④ 메탄 50[vol%], 에탄 30[vol%], 프로판 20[vol%]의 혼합가스

해설 **혼합가스의 폭발하한계**

$$L = \frac{V_1 + V_2 + \cdots + V_n}{\dfrac{V_1}{L_1} + \dfrac{V_2}{L_2} + \cdots + \dfrac{V_n}{L_n}}$$

보기에서 제시된 혼합가스의 폭발하한계는 다음과 같다.

$$① \ L_① = \frac{20 + 30 + 50}{\dfrac{20}{5} + \dfrac{30}{3} + \dfrac{50}{2.1}} = 2.64[vol\%]$$

$$② \ L_② = \frac{30 + 30 + 40}{\dfrac{30}{5} + \dfrac{30}{3} + \dfrac{40}{2.1}} = 2.85[vol\%]$$

$$③ \ L_③ = \frac{40 + 30 + 30}{\dfrac{40}{5} + \dfrac{30}{3} + \dfrac{30}{2.1}} = 3.10[vol\%]$$

$$④ \ L_④ = \frac{50 + 30 + 20}{\dfrac{50}{5} + \dfrac{30}{3} + \dfrac{20}{2.1}} = 3.39[vol\%]$$

따라서 폭발하한계가 가장 낮은 것은 ①이다.

관련개념 CHAPTER 01 화재 · 폭발 검토

095

다음 중 자연발화의 방지법으로 적절하지 않은 것은?

① 습도가 낮은 곳에 저장할 것
② 통풍이 잘 되는 곳에 저장할 것
③ 저장실의 온도 상승을 피할 것
④ 표면적을 최대한 넓게 할 것

해설 표면적이 넓으면 자연발화가 잘 일어난다.

자연발화 방지대책
• 통풍이 잘 되게 할 것
• 주위 온도를 낮출 것
• 습도가 높지 않도록 할 것
• 열전도가 잘 되는 용기에 보관할 것
• 불활성 액체 내에 저장할 것

관련개념 CHAPTER 01 화재 · 폭발 검토

096

다음 물질 중 물에 가장 잘 용해되는 것은?

① 아세톤   ② 벤젠
③ 톨루엔   ④ 휘발유

해설 **아세톤**
물에 잘 녹으며 유기용매로서 다른 유기물질과도 잘 섞이는 성질이 있어 일상생활에서 물로 지워지지 않는 유성페인트나 매니큐어 등을 지우는 데 많이 쓰인다.

관련개념 CHAPTER 02 화학물질 안전관리 실행

097

다음 중 펌프의 공동현상(Cavitation)을 방지하기 위한 방법으로 가장 적절한 것은?

① 펌프의 설치 위치를 높게 한다.
② 펌프의 회전속도를 빠르게 한다.
③ 펌프의 유효흡입양정을 짧게 한다.
④ 흡입 측에서 펌프의 토출량을 줄인다.

해설 펌프의 설치위치를 낮추어 흡입양정을 짧게 하면 공동현상을 예방할 수 있다.

관련개념 CHAPTER 04 화공 안전운전 · 점검

098

공정안전보고서 중 공정안전자료에 포함하여야 할 세부내용에 해당하는 것은?

① 비상조치계획에 따른 교육계획
② 안전운전지침서
③ 각종 건물 · 설비의 배치도
④ 도급업체 안전관리계획

해설 ①은 비상조치계획, ②, ④는 안전운전계획에 포함하여야 할 세부내용이다.

관련개념 CHAPTER 04 화공 안전운전 · 점검

099

다음 중 CF_3Br 소화약제를 가장 적절하게 표현한 것은?

① 할론 1031 ② 할론 1211
③ 할론 1301 ④ 할론 2402

해설 구성 원소들의 개수를 C, F, Cl, Br, I의 순서대로 써보면 C 1개, F 3개, Cl 0개, Br 1개, I 0개이므로 번호는 1301이다. 따라서 CF_3Br은 할론 1301이다.

관련개념 CHAPTER 01 화재 · 폭발 검토

100

유류저장탱크에서 화염의 차단을 목적으로 외부에 증기를 방출하기도 하고 탱크 내 외기를 흡입하기도 하는 부분에 설치하는 안전장치는?

① Vent Stack ② Safety Valve
③ Gate Valve ④ Flame Arrester

해설 화염방지기(Flame Arrester)
비교적 저압 또는 상압에서 가연성 증기를 발생시키는 인화성 물질 등을 저장하는 탱크에서 외부에 그 증기를 방출하거나 탱크 내에 외기를 흡입하는 부분에 설치하는 안전장치이다.

관련개념 CHAPTER 01 화공 안전운전 · 점검

건설공사 안전관리

101

산업안전보건관리비 계상 및 사용기준에 따른 공사종류별 계상기준으로 옳은 것은?(단, 중건설공사이고, 대상액이 5억 원 미만인 경우이다.)

① 1.85[%] ② 2.45[%]
③ 3.09[%] ④ 3.43[%]

해설 산업안전보건관리비 계상기준표

공사종류	대상액 5억 원 미만	대상액 5억 원 이상 50억 원 미만		대상액 50억 원 이상	보건관리자 선임 대상
		적용비율	기초액		
건축공사	2.93[%]	1.86[%]	5,349,000원	1.97[%]	2.15[%]
토목공사	3.09[%]	1.99[%]	5,499,000원	2.10[%]	2.29[%]
중건설공사	3.43[%]	2.35[%]	5,400,000원	2.44[%]	2.66[%]
특수건설공사	1.85[%]	1.20[%]	3,250,000원	1.27[%]	1.38[%]

※ 이 문제는 개정된 법령에 따라 수정한 문제입니다.

관련개념 CHAPTER 03 건설업 산업안전보건관리비 관리

102

부두 · 안벽 등 하역작업을 하는 장소에서 부두 또는 안벽의 선을 따라 통로를 설치하는 경우에는 폭을 최소 얼마 이상으로 하여야 하는가?

① 85[cm] ② 90[cm]
③ 100[cm] ④ 120[cm]

해설 부두 · 안벽 등 하역작업을 하는 장소에 부두 또는 안벽의 선을 따라 통로를 설치하는 경우에는 폭을 90[cm] 이상으로 하여야 한다.

관련개념 CHAPTER 06 공사 및 작업 종류별 안전

103

온도가 하강함에 따라 토층수가 얼어 부피가 약 9[%] 정도 증대하게 됨으로써 지표면이 부풀어오르는 현상은?

① 동상현상
② 연화현상
③ 리칭현상
④ 액상화현상

해설 동상현상은 지반 내 토층수가 동결하여 부피가 증가하면서 지표면이 부풀어오르는 현상이다.

관련개념 CHAPTER 02 건설공사 위험성

104

시스템 동바리를 조립하는 경우 수직재와 받침철물 연결부의 겹침길이 기준으로 옳은 것은?

① 받침철물 전체 길이의 1/2 이상
② 받침철물 전체 길이의 1/3 이상
③ 받침철물 전체 길이의 1/4 이상
④ 받침철물 전체 길이의 1/5 이상

해설 시스템비계는 비계 밑단의 수직재와 받침철물은 밀착되도록 설치하고, 수직재와 받침철물의 연결부의 겹침길이는 받침철물 전체 길이의 $\frac{1}{3}$ 이상이 되도록 하여야 한다.

관련개념 CHAPTER 05 비계 · 거푸집 가시설 위험방지

105

달비계의 구조에서 달비계 작업발판의 폭은 최소 얼마 이상이어야 하는가?

① 30[cm]
② 40[cm]
③ 50[cm]
④ 60[cm]

해설 달비계의 작업발판은 폭을 40[cm] 이상으로 하고 틈새가 없도록 하여야 한다.

관련개념 CHAPTER 05 비계 · 거푸집 가시설 위험방지

106

「산업안전보건법령」에서 규정하고 있는 차량계 건설기계에 해당되지 않는 것은?

① 불도저
② 어스드릴
③ 타워크레인
④ 콘크리트 펌프카

해설 타워크레인은 양중기에 해당된다.

차량계 건설기계의 종류

• 도저형 건설기계(불도저, 스트레이트도저, 틸트도저, 앵글도저, 버킷도저)
• 굴착기
• 항타기 및 항발기
• 천공용 건설기계(어스드릴, 어스오거, 크롤러드릴, 점보드릴)
• 지반 다짐용 건설기계(타이어롤러, 매커덤롤러, 탠덤롤러)
• 콘크리트 펌프카

관련개념 CHAPTER 04 건설현장 안전시설 관리

107

가설통로의 설치기준으로 옳지 않은 것은?

① 추락할 위험이 있는 장소에는 안전난간을 설치할 것
② 경사가 10°를 초과하는 경우에는 미끄러지지 아니하는 구조로 할 것
③ 경사는 30° 이하로 할 것
④ 건설공사에 사용하는 높이 8[m] 이상인 비계다리에는 7[m] 이내마다 계단참을 설치할 것

해설 가설통로 설치 시 준수사항

• 견고한 구조로 할 것
• 경사는 30° 이하로 할 것
• 경사가 15°를 초과하는 경우에는 미끄러지지 아니하는 구조로 할 것
• 추락할 위험이 있는 장소에는 안전난간을 설치할 것
• 수직갱에 가설된 통로의 길이가 15[m] 이상인 경우에는 10[m] 이내마다 계단참을 설치할 것
• 건설공사에 사용하는 높이 8[m] 이상인 비계다리에는 7[m] 이내마다 계단참을 설치할 것

관련개념 CHAPTER 05 비계 · 거푸집 가시설 위험방지

108

인력으로 하물을 인양할 때의 몸의 자세와 관련하여 준수하여야 할 사항으로 옳지 않은 것은?

① 한쪽 발은 들어올리는 물체를 향하여 안전하게 고정시키고 다른 발은 그 뒤에 안전하게 고정시킬 것
② 등은 항상 직립한 상태와 90도 각도를 유지하여 가능한 한 지면과 수평이 되도록 할 것
③ 팔은 몸에 밀착시키고 끌어당기는 자세를 취하며 가능한 한 수평거리를 짧게 할 것
④ 손가락으로만 인양물을 잡아서는 아니 되며 손바닥으로 인양물 전체를 잡을 것

해설 인력으로 하물을 인양할때 등은 지면과 수직이 되도록 하여야 한다.

관련개념 CHAPTER 06 공사 및 작업 종류별 안전

109

히빙(Heaving)현상 방지대책으로 틀린 것은?

① 소단굴착을 실시하여 소단부 흙의 중량이 바닥을 누르게 한다.
② 흙막이벽체 배면의 지반을 개량하여 흙의 전단강도를 높인다.
③ 부풀어 솟아오르는 바닥면의 토사를 제거한다.
④ 흙막이벽체의 근입 깊이를 깊게 한다.

해설 **히빙의 예방대책**
• 흙막이벽의 근입 깊이 증가
• 흙막이벽 배면지반의 상재하중 제거
• 저면의 굴착부분을 남겨두어 굴착예정인 부분의 일부를 미리 굴착하여 기초콘크리트 타설
• 굴착주변을 웰 포인트(Well Point) 공법과 병행
• 굴착저면에 토사 등 인공중력 증가

관련개념 CHAPTER 02 건설공사 위험성

110

유해위험방지계획서를 제출해야 할 대상 공사의 조건으로 옳지 않은 것은?

① 터널의 건설 등 공사
② 최대 지간길이가 50[m] 이상인 다리의 건설 등 공사
③ 다목적댐 · 발전용댐, 저수용량 2천만 톤 이상의 용수전용 댐 및 지방상수도 전용 댐의 건설 등 공사
④ 깊이가 5[m] 이상인 굴착공사

해설 깊이가 10[m] 이상인 굴착공사가 유해위험방지계획서 제출대상이다.

관련개념 CHAPTER 02 건설공사 위험성

111

사다리식 통로 등을 설치하는 경우 고정식 사다리식 통로의 기울기는 최대 몇 도 이하로 하여야 하는가?

① 60도
② 75도
③ 80도
④ 90도

해설 사다리식 통로의 기울기는 75° 이하로 한다. 다만, 고정식 사다리식 통로의 기울기는 90° 이하로 하고, 그 높이가 7[m] 이상인 경우 상황에 따라 등받이울 또는 개인용 추락 방지 시스템을 설치하여야 한다.

관련개념 CHAPTER 05 비계 · 거푸집 가시설 위험방지

112

물로 포화된 점토의 다지기를 하면 압축하중으로 지반이 침하하는데 이로 인하여 간극수압이 높아져 물이 배출되면서 흙의 간극이 감소하는 현상을 무엇이라고 하는가?

① 액상화
② 압밀
③ 예민비
④ 동상현상

해설 압밀이란 점토층이 하중을 받으면서 오랜 시간에 걸쳐 간극수가 빠져나감과 동시에 침하가 발생하는 현상이다.

관련개념 CHAPTER 02 건설공사 위험성

113

강관을 사용하여 비계를 구성하는 경우 준수하여야 할 기준으로 옳지 않은 것은?

① 비계기둥의 간격은 띠장 방향에서는 1.85[m] 이하, 장선(長線) 방향에서는 1.5[m] 이하로 할 것
② 띠장 간격은 2.0[m] 이하로 할 것
③ 비계기둥의 제일 윗부분으로부터 31[m] 되는 지점 밑부분의 비계기둥은 3개의 강관으로 묶어 세울 것
④ 비계기둥 간의 적재하중은 400[kg]을 초과하지 않도록 할 것

해설 강관을 사용하여 비계를 구성하는 경우 비계기둥의 제일 윗부분으로부터 31[m] 되는 지점 밑부분의 비계기둥은 2개의 강관으로 묶어 세워야 한다.

관련개념 CHAPTER 05 비계·거푸집 가시설 위험방지

114

「산업안전보건법령」에서 규정하는 철골작업을 중지하여야 하는 기후조건에 해당하지 않는 것은?

① 기온이 영상 28[℃] 이상인 경우
② 풍속이 초당 10[m] 이상인 경우
③ 강설량이 시간당 1[cm] 이상인 경우
④ 강우량이 시간당 1[mm] 이상인 경우

해설 철골작업 중지를 위한 기후조건에 기온과 관련한 기준은 없다.

철골작업 시 작업의 제한기준

구분	내용
강풍	풍속이 10[m/s] 이상인 경우
강우	강우량이 1[mm/h] 이상인 경우
강설	강설량이 1[cm/h] 이상인 경우

관련개념 CHAPTER 06 공사 및 작업 종류별 안전

115

철근을 인력으로 운반하는 작업을 할 때 주의하여야 할 사항으로 옳지 않은 것은?

① 2인 이상이 1조로 운반하고, 어깨메기로 운반하지 않아야 한다.
② 운반할 때에는 양끝을 묶어 운반하여야 한다.
③ 1인당 무게는 25[kg] 정도가 적당하고, 무리한 운반을 삼가야 한다.
④ 내려놓을 때에는 천천히 내려놓고 던지지 않아야 한다.

해설 **인력으로 철근 운반 시 주의사항**
• 2인 이상이 1조가 되어 어깨메기로 운반하여야 한다.
• 운반할 때에는 양끝을 묶어 운반하여야 한다.
• 1인당 무게는 25[kg] 정도가 적당하고, 무리한 운반을 삼가야 한다.
• 내려 놓을 때는 천천히 내려놓고 던지지 않아야 한다.
• 공동 작업을 할 때에는 신호에 따라 작업을 하여야 한다.

관련개념 CHAPTER 06 공사 및 작업 종류별 안전

116

토공기계 중 클램셀(Clamshell)의 용도에 대해 가장 잘 설명한 것은?

① 단단한 지반에 작업하기 쉽고 작업속도가 빠르며 특히 암반굴착에 적합하다.
② 수면 하의 자갈, 실트 혹은 모래를 굴착하고 준설선에 많이 사용한다.
③ 상당히 넓고 얕은 범위의 점토질 지반 굴착에 적합하다.
④ 기계 위치보다 높은 곳의 굴착, 비탈면 굴착에 적합하다.

해설 **클램셀(Clamshell)**
• 좁은 장소의 깊은 굴착에 효과적이다.
• 기계 위치와 굴착 지반의 높이 등에 관계없이 고저에 대하여 작업이 가능하다.
• 정확한 굴착 및 단단한 지반작업이 불가능하다.

관련개념 CHAPTER 04 건설현장 안전시설 관리

117

거푸집 및 동바리를 조립하는 경우에 준수해야 할 기준으로 옳지 않은 것은?

① 동바리의 상하 고정 및 미끄러짐 방지 조치를 할 것
② 강재의 접속부 및 교차부는 볼트·클램프 등 전용철물을 사용하여 단단히 연결할 것
③ 동바리의 이음은 같은 품질의 재료를 사용할 것
④ 동바리로 사용하는 파이프서포트는 4개 이상 이어서 사용하지 않도록 할 것

해설 동바리로 사용하는 파이프서포트를 3개 이상 이어서 사용하지 않도록 하여야 한다.

관련개념 CHAPTER 05 비계·거푸집 가시설 위험방지

118

추락방지용 방망의 그물코의 크기가 10[cm]인 신품 매듭방망사의 인장강도는 몇 킬로그램 이상이어야 하는가?

① 80
② 110
③ 150
④ 200

해설 그물코 10[cm], 신품 매듭방망의 인장강도는 200[kg] 이상이어야 한다.

추락방호망 방망사의 인장강도　　　　　　　※ ( ): 폐기기준 인장강도

그물코의 크기	방망의 종류(단위: [kg])	
(단위: [cm])	매듭 없는 방망	매듭방망
10	240(150)	200(135)
5	–	110(60)

관련개념 CHAPTER 04 건설현장 안전시설 관리

119

훅걸이용 와이어로프 등이 훅으로부터 벗겨지는 것을 방지하기 위한 장치는?

① 해지장치
② 권과방지장치
③ 과부하방지장치
④ 턴버클

해설 해지장치는 와이어로프 등이 훅으로부터 벗겨지는 것을 방지하기 위한 장치이다.

관련개념 CHAPTER 06 공사 및 작업 종류별 안전

120

흙막이 지보공을 설치하였을 때 정기적으로 점검하여 이상 발견 시 즉시 보수하여야 할 사항이 아닌 것은?

① 굴착 깊이의 정도
② 버팀대의 긴압의 정도
③ 부재의 접속부·부착부 및 교차부의 상태
④ 부재의 손상·변형·부식·변위 및 탈락의 유무와 상태

해설 **흙막이 지보공 설치 시 정기적 점검 및 보수사항**
• 부재의 손상·변형·부식·변위 및 탈락의 유무와 상태
• 버팀대의 긴압의 정도
• 부재의 접속부·부착부 및 교차부의 상태
• 침하의 정도

관련개념 CHAPTER 05 비계·거푸집 가시설 위험방지

산업재해 예방 및 안전보건교육

001

재해로 인한 직접비용으로 8,000만 원의 산재보상비가 지급되었을 때, 하인리히 방식에 따른 총 손실비용은?

① 16,000만 원
② 24,000만 원
③ 32,000만 원
④ 40,000만 원

해설 총 재해코스트＝직접비＋간접비
＝8,000만＋8,000만×4＝40,000만

하인리히 방식
• 총 재해코스트＝직접비＋간접비
• 직접비 : 간접비＝1 : 4

관련개념 SUBJECT 03 기계·기구 및 설비 안전관리
CHAPTER 02 기계분야 산업재해 조사 및 관리

002

재해조사의 목적과 가장 거리가 먼 것은?

① 재해예방 자료수집
② 재해 관련 책임자 문책
③ 동종 및 유사재해 재발방지
④ 재해발생 원인 및 결함 규명

해설 관련 책임자 문책을 위한 재해조사는 바람직하지 못하다. 책임추궁보다는 재발방지를 우선하는 기본 태도를 갖는다.

관련개념 SUBJECT 03 기계·기구 및 설비 안전관리
CHAPTER 02 기계분야 산업재해 조사 및 관리

003

교육훈련기법 중 Off JT(Off the Job Training)의 장점이 아닌 것은?

① 업무의 계속성이 유지된다.
② 외부의 전문가를 강사로 활용할 수 있다.
③ 특별교재, 시설을 유효하게 사용할 수 있다.
④ 다수의 대상자에게 조직적 훈련이 가능하다.

해설 직장의 실정에 맞게 실제적인 훈련이 가능하여 업무의 계속성이 유지되는 것은 OJT(직장 내 교육훈련)의 장점이다.

Off JT(직장 외 교육훈련)
계층별 직능별로 공통된 교육대상자를 현장 이외의 한 장소에 모아 집합교육을 실시하는 교육형태로 집단교육에 적합하다.
• 다수의 근로자에게 조직적 훈련을 행하는 것이 가능하다.
• 훈련에만 전념할 수 있다.
• 외부의 전문가를 강사로 초청하는 것이 가능하다.
• 특별교재·교구 및 설비를 사용하는 것이 가능하다.

관련개념 CHAPTER 05 안전보건교육의 내용 및 방법

004

「산업안전보건법령」상 중대재해의 범위에 해당하지 않는 것은?

① 1명의 사망자가 발생한 재해
② 1개월의 요양을 요하는 부상자가 동시에 5명 발생한 재해
③ 3개월의 요양을 요하는 부상자가 동시에 3명 발생한 재해
④ 10명의 직업성 질병자가 동시에 발생한 재해

해설 **중대재해의 범위**
• 사망자가 1명 이상 발생한 재해
• 3개월 이상의 요양이 필요한 부상자가 동시에 2명 이상 발생한 재해
• 부상자 또는 직업성 질병자가 동시에 10명 이상 발생한 재해

관련개념 CHAPTER 01 산업재해예방 계획 수립

005

보호구에 관한 설명으로 옳은 것은?

① 유해물질이 발생하는 산소결핍지역에서는 필히 방독마스크를 착용하여야 한다.

② 차광용 보안경의 사용구분에 따른 종류에는 자외선용, 적외선용, 복합용, 용접용이 있다.

③ 선반작업과 같이 손에 재해가 많이 발생하는 작업장에서는 장갑 착용을 의무화한다.

④ 귀마개는 처음에는 저음만을 차단하는 제품부터 사용하며, 일정 기간이 지난 후 고음까지 모두 차단할 수 있는 제품을 사용한다.

해설 사용구분에 따른 차광보안경의 종류

자외선용, 적외선용, 복합용, 용접용

오답해설

① 송기마스크를 착용하여야 한다.

③ 선반작업 시 손이 말려 들어갈 위험이 있는 장갑 착용은 금지된다.

④ 고음을 차단하는 것이 우선이다.

관련개념 CHAPTER 02 안전보호구 관리

006

「산업안전보건법령」상 보안경 착용을 포함하는 안전보건표지의 종류는?

① 지시표지
② 안내표지
③ 금지표지
④ 경고표지

해설 지시표지는 작업에 관한 지시, 즉 안전·보건 보호구의 착용에 사용되며, 보안경 착용은 지시표지에 포함된다.

보안경착용	방독마스크착용	방진마스크착용	보안면착용	안전모착용

귀마개착용	안전화착용	안전장갑착용	안전복착용

▲ 지시표지의 종류

관련개념 CHAPTER 02 안전보호구 관리

007

Thorndike의 시행착오설에 의한 학습의 원칙이 아닌 것은?

① 연습의 원칙
② 효과의 원칙
③ 동일성의 원칙
④ 준비성의 원칙

해설 손다이크(Thorndike)의 시행착오설

· 준비성의 법칙

· 연습의 법칙

· 효과의 법칙

관련개념 CHAPTER 05 안전보건교육의 내용 및 방법

008

「산업안전보건법령」상 사업 내 안전보건교육의 교육시간에 관한 설명으로 옳은 것은?

① 일용근로자의 작업내용 변경 시의 교육은 2시간 이상이다.

② 사무직에 종사하는 근로자의 정기교육은 매반기 6시간 이상이다.

③ 일용근로자 및 근로계약기간이 1개월 이하인 기간제근로자를 제외한 근로자의 채용 시 교육은 4시간 이상이다.

④ 관리감독자의 지위에 있는 사람의 정기교육은 연간 8시간 이상이다.

해설 근로자 안전보건교육 교육과정별 교육시간

교육과정	교육대상		교육시간
정기교육	사무직 종사 근로자		매반기 6시간 이상
	그 밖의 근로자	판매업무에 직접 종사하는 근로자	매반기 6시간 이상
		판매업무에 직접 종사하는 근로자 외의 근로자	매반기 12시간 이상
	관리감독자의 지위에 있는 사람		연간 16시간 이상
채용 시 교육	일용근로자 및 근로계약기간이 1주일 이하인 기간제근로자		1시간 이상
	근로계약기간이 1주일 초과 1개월 이하인 기간제근로자		4시간 이상
	그 밖의 근로자		8시간 이상
작업내용 변경 시 교육	일용근로자 및 근로계약기간이 1주일 이하인 기간제근로자		1시간 이상
	그 밖의 근로자		2시간 이상

오답해설

④ 관리감독자의 정기교육시간은 연간 16시간 이상이다.

※ 이 문제는 개정된 법령에 따라 수정한 문제입니다.

관련개념 CHAPTER 05 안전보건교육의 내용 및 방법

009

집단에서의 인간관계 메커니즘(Mechanism)과 가장 거리가 먼 것은?

① 분열, 강박
② 모방, 암시
③ 동일화, 일체화
④ 커뮤니케이션, 공감

해설 인간관계 메커니즘
- 동일화(Identification)
- 투사(Projection)
- 커뮤니케이션(Communication)
- 모방(Imitation)
- 암시(Suggestion)

관련개념 CHAPTER 04 인간의 행동과학

010

재해의 빈도와 상해의 강약도를 혼합하여 집계하는 지표로 옳은 것은?

① 강도율
② 종합재해지수
③ 안전활동률
④ Safe-T-Score

해설 종합재해지수(F.S.I; Frequency Severity Indicator)
재해 빈도의 다수와 상해 정도의 강약을 종합한다.
종합재해지수$(FSI) = \sqrt{도수율(FR) \times 강도율(SR)}$

관련개념 SUBJECT 03 기계 · 기구 및 설비 안전관리
CHAPTER 02 기계분야 산업재해 조사 및 관리

011

참가자에게 일정한 역할을 주어 실제적으로 연기를 시켜봄으로써 자기의 역할을 보다 확실히 인식할 수 있도록 체험학습을 시키는 교육방법은?

① Symposium
② Brain Storming
③ Role Playing
④ Fish Bowl Playing

해설 롤 플레잉(Role Playing)
참가자에게 일정한 역할을 주어 실제적으로 연기를 시켜봄으로써 자기의 역할을 보다 확실히 인식시키는 것이다.

관련개념 CHAPTER 01 산업재해예방 계획 수립

012

일반적으로 시간의 변화에 따라 야간에 상승하는 생체리듬은?

① 혈압
② 맥박수
③ 체중
④ 혈액의 수분

해설 생체리듬(바이오리듬)의 변화
- 야간에는 체중이 감소한다.
- 야간에는 말초운동 기능이 저하되고, 피로의 자각증상이 증대한다.
- 혈액의 수분과 염분량은 주간에 감소하고 야간에 증가한다.
- 체온, 혈압, 맥박은 주간에 상승하고 야간에 감소한다.

관련개념 CHAPTER 04 인간의 행동과학

013

하인리히의 재해구성비율 "1 : 29 : 300"에서 "29"에 해당되는 사고발생비율은?

① 8.8[%]
② 9.8[%]
③ 10.8[%]
④ 11.8[%]

해설 하인리히의 재해구성비율
중상 또는 사망 : 경상 : 무상해사고 = 1 : 29 : 300
$$\frac{29}{1+29+300} \times 100 = 8.8[\%]$$

관련개념 CHAPTER 01 산업재해예방 계획 수립

014

무재해 운동의 3원칙에 해당되지 않는 것은?

① 무의 원칙 ② 참가의 원칙
③ 선취의 원칙 ④ 대책선정의 원칙

해설 무재해 운동의 3원칙
• 무의 원칙: 모든 잠재위험요인을 사전에 발견·파악·해결함으로써 근원적으로 산업재해를 제거한다.
• 참여의 원칙(참가의 원칙): 작업에 따르는 잠재적인 위험요인을 발견·해결하기 위하여 전원이 협력하여 문제해결 운동을 실천한다.
• 안전제일의 원칙(선취의 원칙): 직장의 위험요인을 행동하기 전에 발견·파악·해결하여 재해를 예방한다.

관련개념 CHAPTER 01 산업재해예방 계획 수립

015

안전보건관리조직의 형태 중 라인–스태프(Line–Staff)형에 관한 설명으로 틀린 것은?

① 조직원 전원을 자율적으로 안전 활동에 참여시킬 수 있다.
② 라인의 관리감독자에게도 안전에 관한 책임과 권한이 부여된다.
③ 중규모 사업장(100명 이상 ~ 500명 미만)에 적합하다.
④ 안전 활동과 생산업무가 유리될 우려가 없기 때문에 균형을 유지할 수 있어 이상적인 조직형태이다.

해설 라인·스태프(LINE–STAFF)형 조직(직계참모조직)
• 대규모(1,000명 이상) 사업장에 적합한 조직으로서 라인형과 스태프형의 장점만을 채택한 형태이며, 안전업무를 전담하는 스태프를 두고 생산라인의 각 계층에서도 각 부서장으로 하여금 안전업무를 수행하도록 하여 스태프에서 안전에 관한 사항이 결정되면 라인을 통하여 실천하도록 편성된 조직이다.
• 안전계획, 평가 및 조사는 스태프에서, 생산기술의 안전대책은 라인에서 실시한다.

관련개념 CHAPTER 01 산업재해예방 계획 수립

016

브레인스토밍 기법에 관한 설명으로 옳은 것은?

① 타인의 의견을 수정하지 않는다.
② 지정된 표현방식에서 벗어나 자유롭게 의견을 제시한다.
③ 참여자에게는 동일한 횟수의 의견제시 기회가 부여된다.
④ 주제와 내용이 다르거나 잘못된 의견은 지적하여 조정한다.

해설 브레인스토밍(Brain Storming)
• 비판금지: "좋다, 나쁘다" 등의 비평을 하지 않는다.
• 자유분방: 자유로운 분위기에서 발표한다.
• 대량발언: 무엇이든지 좋으니 많이 발언한다.
• 수정발언: 자유자재로 변하는 아이디어를 개발한다.(타인 의견의 수정발언)

관련개념 CHAPTER 01 산업재해예방 계획 수립

017

「산업안전보건법령」상 안전인증대상기계 등에 포함되는 기계, 설비, 방호장치에 해당하지 않는 것은?

① 롤러기
② 크레인
③ 동력식 수동대패용 칼날 접촉 방지장치
④ 방폭구조(防爆構造) 전기기계·기구 및 부품

해설 동력식 수동대패용 칼날 접촉 방지장치는 안전인증대상이 아닌 자율안전확인대상 방호장치이다.

관련개념 SUBJECT 03 기계·기구 및 설비 안전관리
CHAPTER 02 기계분야 산업재해 조사 및 관리

018

안전교육 중 같은 것을 반복하여 개인의 시행착오에 의해서만 점차 그 사람에게 형성되는 것은?

① 안전기술의 교육 ② 안전지식의 교육
③ 안전기능의 교육 ④ 안전태도의 교육

해설 **기능교육**
- 교육대상자가 그것을 스스로 행함으로 얻어진다.
- 개인의 반복적 시행착오에 의해서만 얻어진다.
- 시험, 견학, 실습, 현장실습 교육을 통한 경험 체득과 이해를 한다.

관련개념 CHAPTER 05 안전보건교육의 내용 및 방법

019

상황성 누발자의 재해 유발원인과 가장 거리가 먼 것은?

① 작업이 어렵기 때문이다.
② 심신에 근심이 있기 때문이다.
③ 기계설비의 결함이 있기 때문이다.
④ 도덕성이 결여되어 있기 때문이다.

해설 **상황성 누발자**
작업이 어렵거나, 기계설비의 결함, 환경상 주의력의 집중이 혼란된 경우, 심신의 근심으로 사고경향자가 되는 경우이다.

관련개념 CHAPTER 04 인간의 행동과학

020

작업자 적성의 요인이 아닌 것은?

① 지능 ② 인간성
③ 흥미 ④ 연령

해설 인간의 연령은 작업자의 특성에 해당한다.
작업자 적성의 요인
직업적성, 지능, 흥미, 인간성

관련개념 CHAPTER 03 산업안전심리

인간공학 및 위험성평가·관리

021

다음 시스템의 신뢰도 값은?(단, 기호 안의 수치는 각 구성요소의 신뢰도이다.)

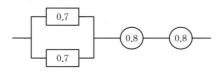

① 0.5824 ② 0.6682
③ 0.7855 ④ 0.8642

해설 신뢰도(R)$=\{1-(1-0.7)\times(1-0.7)\}\times0.8\times0.8=0.5824$

관련개념 CHAPTER 01 안전과 인간공학

022

다음 현상을 설명한 이론은?

> 인간이 감지할 수 있는 외부의 물리적 자극 변화의 최소범위는 표준 자극의 크기에 비례한다.

① 피츠(Fitts) 법칙
② 웨버(Weber) 법칙
③ 신호검출이론(SDT)
④ 힉-하이만(Hick-Hyman) 법칙

해설 **웨버(Weber)의 법칙**
특정 감각의 변화감지역(ΔI)은 사용되는 표준자극의 크기(I)에 비례한다.

$$웨버비=\frac{\Delta I}{I}$$

관련개념 CHAPTER 06 작업환경 관리

023

그림과 같은 FT도에서 정상사상 T의 발생확률은?(단, X_1, X_2, X_3의 발생 확률은 각각 0.1, 0.15, 0.1이다.)

① 0.3115
② 0.35
③ 0.496
④ 0.9985

해설 X_1, X_2, X_3 모두 OR 게이트로 연결되어 있으므로
$T = 1 - (1-0.1) \times (1-0.15) \times (1-0.1) = 0.3115$

관련개념 CHAPTER 02 위험성 파악 · 결정

024

「산업안전보건법령」상 해당 사업주가 유해위험방지계획서를 작성하여 제출해야 하는 대상은?

① 시 · 도지사
② 관할 구청장
③ 고용노동부장관
④ 행정안전부장관

해설 사업주는 유해위험방지계획서를 작성하여 고용노동부령으로 정하는 바에 따라 고용노동부장관에게 제출하고 심사를 받아야 한다.

관련개념 CHAPTER 02 위험성 파악 · 결정

025

인간의 위치 동작에 있어 눈으로 보지 않고 손을 수평면상에서 움직이는 경우 짧은 거리는 지나치고, 긴 거리는 못 미치는 경향이 있는데 이를 무엇이라고 하는가?

① 사정효과(Range Effect)
② 반응효과(Reaction Effect)
③ 간격효과(Distance Effect)
④ 손동작효과(Hand Action Effect)

해설 사정효과(Range Effect)
• 인간의 위치 동작에 있어 눈으로 보지 않고 손을 수평면상에서 움직이는 경우 짧은 거리는 지나치고 긴 거리는 못 미치는 경향을 말한다.
• 조작자는 작은 오차에는 과잉반응, 큰 오차에는 과소반응을 한다.

관련개념 CHAPTER 06 작업환경 관리

026

정신작업 부하를 측정하는 척도를 크게 4가지로 분류할 때 심박수의 변동, 뇌 전위, 동공 반응 등 정보처리에 중추신경계 활동이 관여하고 그 활동이나 징후를 측정하는 것은?

① 주관적(subjective) 척도
② 생리적(physiological) 척도
③ 주 임무(primary task) 척도
④ 부 임무(secondary task) 척도

해설 정신적 작업부하에 관한 생리적 측정치
점멸융합주파수(플리커법), 눈꺼풀의 눈깜빡임률(Blink Rate), 동공지름(Pupil Diameter), 뇌의 활동전위를 측정하는 뇌파도(EEG), 부정맥 지수

관련개념 SUBJECT 01 산업재해 예방 및 안전보건교육
CHAPTER 04 인간의 행동과학

027

서브시스템, 구성요소, 기능 등의 잠재적 고장 형태에 따른 시스템의 위험을 파악하는 위험 분석 기법으로 옳은 것은?

① ETA(Event Tree Analysis)
② HEA(Human Error Analysis)
③ PHA(Preliminary Hazard Analysis)
④ FMEA(Failure Mode and Effect Analysis)

해설 **고장형태와 영향분석법(FMEA)**

시스템에 영향을 미치는 모든 요소의 고장을 형태별로 분석하고, 그 고장이 미치는 영향을 귀납적, 정성적으로 분석하는 방식이다.

관련개념 CHAPTER 02 위험성 파악 · 결정

028

불필요한 작업을 수행함으로써 발생하는 오류로 옳은 것은?

① Command Error
② Extraneous Error
③ Secondary Error
④ Commission Error

해설 **휴먼에러의 행위에 의한 분류(Swain)**

• 생략(부작위적)에러(Omission Error): 작업 내지 필요한 절차를 수행하지 않는 데서 기인한 에러
• 실행(작위적)에러(Commission Error): 작업 내지 절차를 수행했으나 잘못된 실수(선택착오, 순서착오, 시간착오)에서 기인한 에러
• 과잉행동에러(Extraneous Error): 불필요한 작업 내지 절차를 수행함으로써 기인한 에러
• 순서에러(Sequential Error): 작업수행의 순서를 잘못한 실수
• 시간(지연)에러(Timing Error): 소정의 기간에 수행하지 못한 실수(너무 빨리 혹은 늦게)

관련개념 CHAPTER 01 안전과 인간공학

029

불(Boole) 대수의 정리를 나타낸 관계식으로 틀린 것은?

① $A \cdot A = A$
② $A + \overline{A} = 0$
③ $A + AB = A$
④ $A + A = A$

해설 불 대수의 법칙에 따라 $A + \overline{A} = 1$이다.

관련개념 CHAPTER 02 위험성 파악 · 결정

030

Chapanis가 정의한 위험의 확률수준과 그에 따른 위험발생률로 옳은 것은?

① 전혀 발생하지 않는(impossible) 발생빈도: 10^{-8}/day
② 극히 발생할 것 같지 않은(extremely unlikely) 발생빈도: 10^{-7}/day
③ 거의 발생하지 않는(remote) 발생빈도: 10^{-6}/day
④ 가끔 발생하는(occasional) 발생빈도: 10^{-5}/day

해설 **차파니스의 위험평점척도법**

빈도	평점	확률 및 내용
자주	6	$>10^{-2}$/day, 때때로 일어남
보통	5	$>10^{-3}$/day, 한 항목의 수명 중 수회 일어남
가끔	4	$>10^{-4}$/day, 한 항목의 수명 중 드물게 일어남
거의 발생하지 않는	3	$>10^{-5}$/day, 그리 일어날 것 같지 않음
극히 발생할 것 같지 않은	2	$>10^{-6}$/day, 발생확률이 0에 가까움
전혀 발생하지 않는	1	$>10^{-8}$/day, 물리적으로 발생 불가능

관련개념 CHAPTER 02 위험성 파악 · 결정

031

인체측정 자료를 장비, 설비 등의 설계에 적용하기 위한 응용원칙에 해당하지 않는 것은?

① 조절식 설계
② 극단치를 이용한 설계
③ 구조적 치수 기준의 설계
④ 평균치를 기준으로 한 설계

해설 **인체계측자료의 응용원칙**

• 극단치 설계(최소치 설계, 최대치 설계)
• 조절식 설계(5~95[%tile])
• 평균치 설계

관련개념 CHAPTER 06 작업환경 관리

032

컷셋(Cut Set)과 최소 패스셋(Minimal Path Set)의 정의로 옳은 것은?

① 컷셋은 시스템 고장을 유발시키는 필요 최소한의 고장들의 집합이며, 최소 패스셋은 시스템의 신뢰성을 표시한다.

② 컷셋은 시스템 고장을 유발시키는 기본고장들의 집합이며, 최소 패스셋은 시스템의 불신뢰도를 표시한다.

③ 컷셋은 그 속에 포함되어 있는 모든 기본 사상이 일어났을 때 정상사상을 일으키는 기본사상의 집합이며, 최소 패스셋은 시스템의 신뢰성을 표시한다.

④ 컷셋은 그 속에 포함되어 있는 모든 기본 사상이 일어났을 때 정상사상을 일으키는 기본사상의 집합이며, 최소 패스셋은 시스템의 성공을 유발하는 기본사상의 집합이다.

해설

• 컷셋(Cut Set): 정상사상을 발생시키는 기본사상의 집합으로 그 안에 포함되는 모든 기본사상이 발생할 때 정상사상을 발생시키는 기본사상의 집합이다.

• 최소 패스셋(Minimal Path Set): 정상사상이 일어나지 않는 기본사상의 집합 중 최소한의 셋을 말한다.(시스템의 신뢰성)

관련개념 CHAPTER 02 위험성 파악 · 결정

033

작업공간의 배치에 있어 구성요소 배치의 원칙에 해당하지 않는 것은?

① 기능성의 원칙　　　　② 사용빈도의 원칙

③ 사용순서의 원칙　　　　④ 사용방법의 원칙

해설 **부품배치의 원칙**

중요성의 원칙	부품의 작동성능이 목표달성에 중요한 정도에 따라 우선순위를 결정
사용빈도의 원칙	부품이 사용되는 빈도에 따라 우선순위를 결정
기능별 배치의 원칙	기능적으로 관련된 부품을 모아서 배치
사용순서의 원칙	사용순서에 맞게 순차적으로 부품들을 배치

관련개념 CHAPTER 06 작업환경 관리

034

시스템의 수명 및 신뢰성에 관한 설명으로 틀린 것은?

① 병렬설계 및 디레이팅 기술로 시스템의 신뢰성을 증가시킬 수 있다.

② 직렬시스템에서는 부품들 중 최소 수명을 갖는 부품에 의해 시스템 수명이 정해진다.

③ 수리가 가능한 시스템의 평균수명(MTBF)은 평균고장률(λ)과 정비례 관계가 성립한다.

④ 수리가 불가능한 구성요소로 병렬구조를 갖는 설비는 중복도가 늘어날수록 시스템 수명이 길어진다.

해설 평균고장간격(MTBF)은 평균고장률(λ)과 반비례한다.

$$MTBF = \frac{1}{\lambda}$$

관련개념 CHAPTER 03 위험성 감소대책 수립 · 실행

035

자동차를 생산하는 공장의 어떤 근로자가 95[dB(A)]의 소음수준에서 하루 8시간 작업하며 매 시간 조용한 휴게실에서 20분씩 휴식을 취한다고 가정하였을 때, 8시간 시간가중평균(TWA)은?(단, 소음은 누적소음노출량측정기로 측정하였으며, OSHA에서 정한 95[dB(A)]의 허용시간은 4시간이라 가정한다.)

① 약 91[dB(A)]　　　　② 약 92[dB(A)]

③ 약 93[dB(A)]　　　　④ 약 94[dB(A)]

해설 시간가중평균 $TWA = 90 + 16.61 \log \frac{D}{12.5 \times T}$

여기서, D: 누적소음폭로량[%] $\left(\frac{\text{작업시간}}{\text{허용노출시간}} \times 100 \right)$

　　　　T: 측정시간[시간]

작업시간은 휴식시간을 제외한 시간이므로

$60 \times 8 = 20 \times 8 = 320$분$= 5.33$시간이다.

$D = \frac{5.33}{4} \times 100 = 133.25$이므로

$TWA = 90 + 16.61 \log \frac{133.25}{12.5 \times 8} = 92$[dB(A)]

관련개념 CHAPTER 06 작업환경 관리

036

화학설비에 대한 안전성 평가 중 정성적 평가방법의 주요 진단 항목으로 볼 수 없는 것은?

① 건조물
② 취급물질
③ 입지조건
④ 공장 내 배치

해설 안전성 평가 제2단계(정성적 평가)
- 설계관계: 입지조건, 공장 내 배치, 건조물, 소방설비, 공정기기 등
- 운전관계: 원재료, 운송, 저장 등

관련개념 CHAPTER 02 위험성 파악 · 결정

037

작업면상의 필요한 장소만 높은 조도를 취하는 조명은?

① 완화조명
② 전반조명
③ 투명조명
④ 국소조명

해설 국소조명은 필요한 장소만 높은 조도를 취하는 조명방법이다.

관련개념 CHAPTER 06 작업환경 관리

038

동작경제의 원칙에 해당하지 않는 것은?

① 공구의 기능을 각각 분리하여 사용하도록 한다.
② 두 팔의 동작은 동시에 서로 반대방향으로 대칭적으로 움직이도록 한다.
③ 공구나 재료는 작업동작이 원활하게 수행되도록 그 위치를 정해준다.
④ 가능하다면 쉽고도 자연스러운 리듬이 작업동작에 생기도록 작업을 배치한다.

해설 공구 및 설비 설계(디자인)에 관한 동작경제의 원칙
- 치구나 족답장치(Foot-operated Device)를 효과적으로 사용할 수 있는 작업에서는 이러한 장치를 사용하도록 하여 양손이 다른 일을 할 수 있도록 한다.
- 가능하면 공구 기능을 결합하여 사용하도록 한다.
- 공구와 자세는 가능한 한 사용하기 쉽도록 미리 위치를 잡아준다.

관련개념 CHAPTER 06 작업환경 관리

039

인간이 기계보다 우수한 기능이라 할 수 있는 것은?(단, 인공지능은 제외한다.)

① 일반화 및 귀납적 추리
② 신뢰성 있는 반복 작업
③ 신속하고 일관성 있는 반응
④ 대량의 암호화된 정보의 신속한 보관

해설 관찰을 통해 일반화하고 귀납적(Inductive)으로 추리하는 것은 인간이 현존하는 기계를 능가하는 기능이다.

관련개념 CHAPTER 01 안전과 인간공학

040

시각적 표시장치보다 청각적 표시장치를 사용하는 것이 더 유리한 경우는?

① 정보의 내용이 복잡하고 긴 경우
② 정보가 공간적인 위치를 다룬 경우
③ 직무상 수신자가 한 곳에 머무르는 경우
④ 수신 장소가 너무 밝거나 암순응이 요구될 경우

해설 ①, ②, ③은 청각적 표시장치보다 시각적 표시장치가 더 유리한 경우이다.

관련개념 CHAPTER 06 작업환경 관리

기계 · 기구 및 설비 안전관리

041

「산업안전보건법령」상 보일러에 설치해야 하는 안전장치로 거리가 가장 먼 것은?

① 해지장치   ② 압력방출장치

③ 압력제한스위치   ④ 고저수위 조절장치

해설 보일러의 폭발사고를 예방하기 위하여 압력방출장치, 압력제한 스위치, 고저수위 조절장치, 화염검출기 등의 기능이 정상적으로 작동될 수 있도록 유지·관리하여야 한다.

관련개념 CHAPTER 05 기타 산업용 기계 · 기구

043

「산업안전보건법령」상 고속회전체의 회전시험을 하는 경우 미리 회전축의 재질 및 형상 등에 상응하는 종류의 비파괴 검사를 해서 결함 유무를 확인해야 한다. 이때 검사대상이 되는 고속회전체의 기준은?

① 회전축의 중량이 0.5톤을 초과하고, 원주속도가 100[m/s] 이내인 것

② 회전축의 중량이 0.5톤을 초과하고, 원주속도가 120[m/s] 이상인 것

③ 회전축의 중량이 1톤을 초과하고, 원주속도가 100[m/s] 이내인 것

④ 회전축의 중량이 1톤을 초과하고, 원주속도가 120[m/s] 이상인 것

해설 고속회전체(회전축의 중량이 1톤을 초과하고 원주속도가 120[m/s] 이상인 것으로 한정)의 회전시험을 하는 경우에 미리 회전축의 재질 및 형상 등에 상응하는 종류의 비파괴검사를 해서 결함 유무를 확인하여야 한다.

관련개념 CHAPTER 05 기타 산업용 기계 · 기구

042

프레스 작동 후 작업점까지의 도달시간이 0.3초인 경우 위험한계로부터 양수조작식 방호장치의 최단 설치거리는?

① 48[cm] 이상   ② 58[cm] 이상

③ 68[cm] 이상   ④ 78[cm] 이상

해설 양수조작식 방호장치의 안전거리

$D = 1,600 \times (T_L + T_S) = 1,600 \times 0.3 = 480[mm] = 48[cm]$

여기서, T_L: 방호장치의 작동시간[초]

        T_S: 프레스의 급정지시간[초]

※ $T_L + T_S$: 최대정지시간[초]

관련개념 CHAPTER 04 프레스 및 전단기의 안전

044

프레스의 손쳐내기식 방호장치 설치기준으로 틀린 것은?

① 방호판의 폭이 금형 폭의 1/2 이상이어야 한다.

② 슬라이드 행정수가 300[SPM] 이상의 것에 사용한다.

③ 손쳐내기봉의 행정(Stroke) 길이를 금형의 높이에 따라 조정할 수 있고 진동폭은 금형 폭 이상이어야 한다.

④ 슬라이드 하행정거리의 3/4 위치에서 손을 완전히 밀어내야 한다.

해설 손쳐내기식 방호장치는 슬라이드 행정수가 100[SPM] 이하, 행정길이가 40[mm] 이상의 것에 사용한다.

관련개념 CHAPTER 04 프레스 및 전단기의 안전

045

「산업안전보건법령」상 컨베이어에 설치하는 방호장치로 거리가 가장 먼 것은?

① 건널다리 ② 반발예방장치
③ 비상정지장치 ④ 역주행방지장치

해설 반발예방장치는 둥근톱 기계 등과 같은 목재가공기에 설치하는 방호장치이다.
컨베이어 방호장치의 종류
- 이탈 및 역주행방지장치
- 비상정지장치
- 덮개 또는 울
- 건널다리

관련개념 CHAPTER 06 운반기계 및 양중기

046

「산업안전보건법령」상 숫돌 지름이 60[cm]인 경우 숫돌 고정 장치인 평형 플랜지의 지름은 최소 몇 [cm] 이상인가?

① 10 ② 20
③ 30 ④ 60

해설 플랜지의 지름은 숫돌 직경의 $\frac{1}{3}$ 이상인 것이 적당하다.

플랜지의 지름 $D = 60 \times \frac{1}{3} = 20[cm]$ 이상

관련개념 CHAPTER 03 공작기계의 안전

047

기계설비의 위험점 중 연삭숫돌과 작업받침대, 교반기의 날개와 하우스 등 고정부분과 회전하는 동작 부분 사이에서 형성되는 위험점은?

① 끼임점 ② 물림점
③ 접선물림점 ④ 절단점

해설 **끼임점(Shear Point)**
기계의 고정부분과 회전 또는 직선운동 부분 사이에 형성되는 위험점이다.
예 회전 풀리와 베드 사이, 연삭숫돌과 작업대, 교반기의 날개와 하우스

관련개념 CHAPTER 01 기계공정의 안전, 기계안전시설 관리

048

500[rpm]으로 회전하는 연삭숫돌의 지름이 300[mm]일 때 회전속도[m/min]는?

① 471 ② 551
③ 751 ④ 1,025

해설 **숫돌의 원주속도**
$$V = \frac{\pi D N}{1,000} = \frac{\pi \times 300 \times 500}{1,000} = 471[m/min]$$
여기서, D: 지름[mm], N: 회전수[rpm]

관련개념 CHAPTER 03 공작기계의 안전

049

「산업안전보건법령」상 정상적으로 작동될 수 있도록 미리 조정해 두어야 할 이동식 크레인의 방호장치로 가장 적절하지 않은 것은?

① 제동장치 ② 권과방지장치
③ 과부하방지장치 ④ 파이널 리미트 스위치

해설 파이널 리미트 스위치는 승강기의 방호장치이다.
크레인의 방호장치
- 과부하방지장치
- 권과방지장치
- 비상정지장치
- 제동장치

관련개념 CHAPTER 06 운반기계 및 양중기

050

비파괴검사 방법으로 틀린 것은?

① 인장시험 ② 음향탐상시험
③ 와류탐상시험 ④ 초음파탐상시험

해설 인장시험은 파괴시험의 일종이다.
비파괴검사
방사선투과검사(RT), 초음파탐상검사(UT), 자분탐상검사(MT), 침투탐상검사(PT), 음향탐상검사(AET), 와류탐상검사(ECT) 등

관련개념 CHAPTER 07 설비진단 및 검사

051

휴대형 연삭기 사용 시 안전사항에 대한 설명으로 가장 적절하지 않은 것은?

① 잘 안 맞는 장갑이나 옷은 착용하지 말 것
② 긴 머리는 묶고 모자를 착용하고 작업할 것
③ 연삭숫돌을 설치하거나 교체하기 전에 전선과 압축공기 호스를 설치할 것
④ 연삭작업 시 클램핑 장치를 사용하여 공작물을 확실히 고정할 것

해설 연삭숫돌을 설치하거나 교체한 후에 전선과 압축공기 호스를 설치하여야 한다.

관련개념 CHAPTER 03 공작기계의 안전

052

선반작업에 대한 안전수칙으로 가장 적절하지 않은 것은?

① 선반의 바이트는 끝을 짧게 장치한다.
② 작업 중에는 면장갑을 착용하지 않도록 한다.
③ 작업이 끝난 후 절삭 칩의 제거는 반드시 브러시 등의 도구를 사용한다.
④ 작업 중 일감의 치수 측정 시 기계 운전 상태를 저속으로 하고 측정한다.

해설 선반작업 시 치수 측정, 주유, 청소 시에는 반드시 기계를 정지한다.

관련개념 CHAPTER 03 공작기계의 안전

053

다음 중 금형을 설치 및 조정할 때 안전수칙으로 가장 적절하지 않은 것은?

① 금형을 체결할 때에는 적합한 공구를 사용한다.
② 금형의 설치 및 조정은 전원을 끄고 실시한다.
③ 금형을 부착하기 전에 하사점을 확인하고 설치한다.
④ 금형을 체결할 때에는 안전블록을 잠시 제거하고 실시한다.

해설 프레스 등의 금형을 부착·해체 또는 조정하는 작업을 할 때에 해당 작업에 종사하는 근로자의 신체가 위험한계 내에 있는 경우 슬라이드가 갑자기 작동함으로써 근로자에게 발생할 우려가 있는 위험을 방지하기 위하여 안전블록을 사용하는 등 필요한 조치를 하여야 한다.

관련개념 CHAPTER 04 프레스 및 전단기의 안전

054

지게차의 방호장치에 해당하는 것은?

① 버킷   ② 포크
③ 마스트   ④ 헤드가드

해설 지게차의 안전장치
헤드가드, 백레스트(Backrest), 전조등, 후미등, 안전벨트

관련개념 CHAPTER 06 운반기계 및 양중기

055

다음 중 절삭가공으로 틀린 것은?

① 선반   ② 밀링
③ 프레스   ④ 보링

해설 프레스는 금형을 이용하여 재료를 가공하는 기계이다.
절삭가공
절삭공구로 재료를 깎아 가공하는 방법을 말한다. 절삭가공에 이용되는 공작기계는 선반, 드릴링 머신, 밀링 머신, 보링 머신, 세이빙 머신 등이 있다.

관련개념 CHAPTER 03 공작기계의 안전

056

「산업안전보건법령」상 롤러기의 방호장치 설치 시 유의해 야 할 사항으로 가장 적절하지 않은 것은?

① 손으로 조작하는 급정지장치의 조작부는 롤러기의 전 면 및 후면에 각각 1개씩 수평으로 설치하여야 한다.

② 앞면 롤러의 표면속도가 30[m/min] 미만인 경우 급정 지거리는 앞면 롤러 원주의 $\frac{1}{2.5}$ 이하로 한다.

③ 급정지장치의 조작부에 사용하는 줄은 사용 중 늘어져 서는 안 된다.

④ 급정지장치의 조작부에 사용하는 줄은 충분한 인장강 도를 가져야 한다.

해설 **롤러기 급정지장치의 성능**

앞면 롤러의 표면속도[m/min]	급정지거리
30 미만	앞면 롤러 원주의 $\frac{1}{3}$ 이내
30 이상	앞면 롤러 원주의 $\frac{1}{2.5}$ 이내

관련개념 CHAPTER 05 기타 산업용 기계·기구

057

보일러 부하의 급변, 수위의 과상승 등에 의해 수분이 증기 와 분리되지 않아 보일러 수면이 심하게 솟아올라 올바른 수위를 판단하지 못하는 현상은?

① 프라이밍   ② 모세관
③ 워터해머   ④ 역화

해설 **프라이밍(Priming)**

보일러가 과부하로 사용될 경우에 수위가 상승하거나 드럼 내의 부착품에 기계적 결함이 있으면 보일러수가 극심하게 끓어서 수면에서 물방울이 끊 임없이 격심하게 비산하고 증기부가 물방울로 충만하여 수위가 불안정하 게 되는 현상을 말한다.

관련개념 CHAPTER 05 기타 산업용 기계·기구

058

자동화 설비를 사용하고자 할 때 기능의 안전화를 위하여 검토할 사항으로 거리가 가장 먼 것은?

① 재료 및 가공 결함에 의한 오작동
② 사용압력 변동 시의 오작동
③ 전압강하 및 정전에 따른 오작동
④ 단락 또는 스위치 고장 시의 오작동

해설 재료 및 가공 결함에 의한 오작동은 구조적 안전화를 위한 검토사 항이다.

기능상의 안전화

최근 기계는 반자동 또는 자동 제어장치를 갖추고 있어서 에너지 변동에 따른 오동작이 발생하여 주요 문제로 대두되므로 이에 따른 기능의 안전화 가 요구되고 있다.

㈜ 전압 강하 및 정전에 따른 오작동, 사용압력 변동 시의 오작동, 단락 또 는 스위치 고장 시의 오작동

관련개념 CHAPTER 01 기계공정의 안전, 기계안전시설 관리

059

「산업안전보건법령」상 금속의 용접, 용단에 사용하는 가스 용기를 취급할 때 유의사항으로 틀린 것은?

① 밸브의 개폐는 서서히 할 것
② 운반하는 경우에는 캡을 벗길 것
③ 용기의 온도는 40[℃] 이하로 유지할 것
④ 통풍이나 환기가 불충분한 장소에는 설치하지 말 것

해설 금속의 용접·용단 또는 가열에 사용되는 가스 등의 용기를 운반 하는 경우에는 캡을 씌워야 한다.

관련개념 CHAPTER 05 기타 산업용 기계·기구

060

크레인 로프에 질량 2,000[kg]의 물건을 10[m/s²]의 가속도로 감아올릴 때, 로프에 걸리는 총 하중[kN]은?(단, 중력가속도는 9.8[m/s²])

① 9.6
② 19.6
③ 29.6
④ 39.6

해설 동하중 $=\dfrac{\text{정하중}}{\text{중력가속도}} \times$ 가속도 $=\dfrac{2,000}{9.8} \times 10 = 2,040[\text{kg}]$

총 하중 = 정하중 + 동하중 = 2,000 + 2,040 = 4,040[kg]

하중[N] = 하중[kg] × 중력가속도
          = 4,040 × 9.8 = 39,592[N] = 39.6[kN]

관련개념 CHAPTER 06 운반기계 및 양중기

전기설비 안전관리

061

「한국전기설비규정」에 따라 욕조나 샤워시설이 있는 욕실 등 인체가 물에 젖어 있는 상태에서 전기를 사용하는 장소에 인체감전보호용 누전차단기가 부착된 콘센트를 시설하는 경우 누전차단기의 정격감도전류 및 동작시간은?

① 15[mA] 이하, 0.01초 이하
② 15[mA] 이하, 0.03초 이하
③ 30[mA] 이하, 0.01초 이하
④ 30[mA] 이하, 0.03초 이하

해설 욕조나 샤워시설이 있는 욕실 또는 화장실 등 인체가 물에 젖어 있는 상태에서 전기를 사용하는 장소에 콘센트를 시설하는 경우에는 「전기용품 및 생활용품 안전관리법」의 적용을 받는 인체감전보호용 누전차단기(정격감도전류 15[mA] 이하, 동작시간 0.03초 이하의 전류동작형의 것에 한함) 또는 절연변압기(정격용량 3[kVA] 이하인 것에 한함)로 보호된 전로에 접속하거나, 인체감전보호용 누전차단기가 부착된 콘센트를 시설하여야 한다.

관련개념 CHAPTER 02 감전재해 및 방지대책

062

불활성화할 수 없는 탱크, 탱크로리 등에 위험물을 주입하는 배관은 정전기 재해방지를 위하여 배관 내 액체의 유속제한을 한다. 배관 내 유속제한에 대한 설명으로 틀린 것은?

① 물이나 기체를 혼합하는 비수용성 위험물의 배관 내 유속은 1[m/s] 이하로 할 것
② 저항률이 $10^{10}[\Omega \cdot cm]$ 미만인 도전성 위험물의 배관 내 유속은 7[m/s] 이하로 할 것
③ 저항률이 $10^{10}[\Omega \cdot cm]$ 이상인 위험물의 배관 내 유속은 관내경이 0.05[m]이면 3.5[m/s] 이하로 할 것
④ 이황화탄소 등과 같이 유동대전이 심하고 폭발 위험성이 높은 것은 배관 내 유속을 3[m/s] 이하로 할 것

해설 배관 내 액체의 유속제한
· 저항률 $10^{10}[\Omega \cdot cm]$ 미만인 도전성 위험물: 7[m/s] 이하
· 에테르, 이황화탄소 등과 같이 유동대전이 심하고 폭발 위험성이 높은 것: 1[m/s] 이하
· 물이나 기체를 혼합한 비수용성 위험물: 1[m/s] 이하

관련개념 CHAPTER 03 정전기 장·재해관리

063

절연물의 절연계급을 최고허용온도가 낮은 온도에서 높은 온도 순으로 배치한 것은?

① Y종 → A종 → E종 → B종
② A종 → B종 → E종 → Y종
③ Y종 → E종 → B종 → A종
④ B종 → Y종 → A종 → E종

해설 절연물의 절연계급

종별	Y	A	E	B	F	H	C
최고허용 온도[℃]	90	105	120	130	155	180	180 초과

관련개념 CHAPTER 05 전기설비 위험요인관리

064

다른 두 물체가 접촉할 때 접촉 전위차가 발생하는 원인으로 옳은 것은?

① 두 물체의 온도 차
② 두 물체의 습도 차
③ 두 물체의 밀도 차
④ 두 물체의 일함수 차

해설 두 종류의 다른 물체를 접촉시키면 그 접촉면에는 두 물체의 일함수의 차로 인하여 접촉전위가 발생된다.

관련개념 CHAPTER 03 정전기 장·재해관리

065

방폭인증서에서 방폭부품을 나타내는 데 사용되는 인증번호의 접미사는?

① "G"
② "X"
③ "D"
④ "U"

해설 방폭부품 인증번호 접미사
· U 기호: 방폭부품을 나타내는 데 사용하는 기호
· X 기호: 안전한 사용을 위한 특별한 조건을 나타내는 기호

관련개념 CHAPTER 04 전기방폭관리

066

고압 및 특고압 전로에 시설하는 피뢰기의 설치장소로 잘못된 곳은?

① 가공전선로와 지중전선로가 접속되는 곳
② 발전소, 변전소의 가공전선 인입구 및 인출구
③ 고압 가공전선로에 접속하는 배전용 변압기의 저압 측
④ 고압 가공전선로로부터 공급을 받는 수용장소의 인입구

해설 피뢰기의 설치장소
· 발전소·변전소 또는 이에 준하는 장소의 가공전선 인입구 및 인출구
· 특고압 가공전선로에 접속하는 배전용 변압기의 고압 측 및 특고압 측
· 고압 및 특고압의 가공전선로로부터 공급을 받는 수용장소의 인입구
· 가공전선로와 지중전선로가 접속되는 곳

관련개념 CHAPTER 05 전기설비 위험요인관리

067

「산업안전보건기준에 관한 규칙」 제319조에 의한 정전전로에서의 정전작업을 마친 후 전원을 공급하는 경우에 사업주가 작업에 종사하는 근로자 및 전기기기와 접촉할 우려가 있는 근로자에게 감전의 위험이 없도록 준수해야 할 사항이 아닌 것은?

① 단락 접지기구 및 작업기구를 제거하고 전기기기 등이 안전하게 통전될 수 있는지 확인한다.
② 모든 작업자가 작업이 완료된 전기기기에서 떨어져 있는지 확인한다.
③ 잠금장치와 꼬리표를 근로자가 직접 설치한다.
④ 모든 이상 유무를 확인한 후 전기기기 등의 전원을 투입한다.

해설 정전작업을 마친 후 전원을 공급하는 경우에는 작업에 종사하는 근로자 또는 그 인근에서 작업하거나 정전된 전기기기 등(고정 설치된 것으로 한정)과 접촉할 우려가 있는 근로자에게 감전의 위험이 없도록 다음의 사항을 준수하여야 한다.
• 작업기구, 단락 접지기구 등을 제거하고 전기기기 등이 안전하게 통전될 수 있는지를 확인할 것
• 모든 작업자가 작업이 완료된 전기기기 등에서 떨어져 있는지를 확인할 것
• 잠금장치와 꼬리표는 설치한 근로자가 직접 철거할 것
• 모든 이상 유무를 확인한 후 전기기기 등의 전원을 투입할 것

관련개념 CHAPTER 02 감전재해 및 방지대책

068

변압기의 최소 IP 등급은?(단, 유입방폭구조의 변압기이다.)

① IP55
② IP56
③ IP65
④ IP66

해설 유입방폭구조의 밀봉되지 않은 기기의 통기장치의 배출구 및 밀봉된 기기의 압력방출장치의 배출구는 아래를 향해야 하며 KS C IEC 60529에 따른 IP66 이상의 보호등급을 가져야 한다.

관련개념 CHAPTER 04 전기방폭관리

069

가스 그룹이 ⅡB인 지역에 내압방폭구조 "d"의 방폭기기가 설치되어 있다. 기기의 플랜지 개구부에서 장애물까지의 최소 거리[mm]는?

① 10
② 20
③ 30
④ 40

해설 가스 그룹에 따른 내압접합면과 장애물과의 최소 거리

가스 그룹	최소 거리[mm]
ⅡA	10
ⅡB	30
ⅡC	40

관련개념 CHAPTER 04 전기방폭관리

070

방폭전기설비의 용기 내부에서 폭발성 가스 또는 증기가 폭발하였을 때 용기가 그 압력에 견디고 접합면이나 개구부를 통해서 외부의 폭발성 가스나 증기에 인화되지 않도록 한 방폭구조는?

① 내압방폭구조
② 압력방폭구조
③ 유입방폭구조
④ 본질안전방폭구조

해설 내압방폭구조
용기 내부에 폭발성 가스 및 증기가 폭발하였을 때 용기가 그 압력에 견디며 또한 접합면, 개구부 등을 통해서 외부의 폭발성 가스·증기에 인화되지 않도록 한 구조이다.

관련개념 CHAPTER 04 전기방폭관리

071

속류를 차단할 수 있는 최고의 교류전압을 피뢰기의 정격전압이라고 하는데 이 값은 통상적으로 어떤 값으로 나타내고 있는가?

① 최대값
② 평균값
③ 실효값
④ 파고값

해설 피뢰기의 정격전압
• 속류를 차단할 수 있는 최고의 교류전압이다.
• 통상 실효값으로 나타낸다.

관련개념 CHAPTER 05 전기설비 위험요인관리

072

전로에 시설하는 기계·기구의 철대 및 금속제 외함에 접지공사를 생략할 수 없는 경우는?

① 30[V] 이하의 기계·기구를 건조한 곳에 시설하는 경우
② 물기 없는 장소에 설치하는 저압용 기계·기구를 위한 전로에 정격감도전류 40[mA] 이하, 동작시간 2초 이하의 전류동작형 누전차단기를 시설하는 경우
③ 철대 또는 외함의 주위에 적당한 절연대를 설치하는 경우
④ 「전기용품 및 생활용품 안전관리법」의 적용을 받는 이중절연구조로 되어 있는 기계·기구를 시설하는 경우

해설 물기 있는 장소 이외의 장소에 시설하는 저압용의 개별 기계·기구에 전기를 공급하는 전로에 인체감전보호용 누전차단기(정격감도전류가 30[mA] 이하, 동작시간이 0.03초 이하의 전류동작형)를 시설하는 경우 접지공사를 실시하지 않을 수 있다.

관련개념 CHAPTER 05 전기설비 위험요인관리

073

인체의 전기저항을 500[Ω]으로 하는 경우 심실세동을 일으킬 수 있는 에너지는 약 얼마인가?(단, 심실세동전류 $I=\dfrac{165}{\sqrt{T}}$[mA]로 한다.)

① 13.6[J]
② 19.0[J]
③ 13.6[mJ]
④ 19.0[mJ]

해설 $W = I^2RT = \left(\dfrac{165}{\sqrt{T}} \times 10^{-3}\right)^2 \times 500T$

$= (165^2 \times 10^{-6}) \times 500 = 13.6$[J]

여기서, W: 위험한계에너지[J]
　　　　I: 심실세동전류[A]
　　　　R: 인체저항[Ω]
　　　　T: 통전시간[s]

관련개념 CHAPTER 02 감전재해 및 방지대책

074

전기설비에 접지를 하는 목적으로 틀린 것은?

① 누설전류에 의한 감전방지
② 낙뢰에 의한 피해방지
③ 지락사고 시 대지전위 상승 유도 및 절연강도 증가
④ 지락사고 시 보호계전기 신속동작

해설 접지는 지락사고 시 대지전위 상승 억제 및 절연강도 저감을 위한 것이다.

관련개념 CHAPTER 05 전기설비 위험요인관리

075

「한국전기설비규정」에 따라 과전류차단기로 저압전로에 사용하는 범용 퓨즈(gG)의 용단전류는 정격전류의 몇 배인가?(단, 정격전류가 4[A] 이하인 경우이다.)

① 1.5배 ② 1.6배
③ 1.9배 ④ 2.1배

해설 과전류차단기로 저압전로에 사용하는 퓨즈

정격전류의 구분[A]	시간[분]	정격전류의 배수	
		불용단전류	용단전류
4 이하	60	1.5배	2.1배
4 초과 16 미만	60	1.5배	1.9배
16 이상 63 이하	60	1.25배	1.6배
63 초과 160 이하	120	1.25배	1.6배
160 초과 400 이하	180	1.25배	1.6배
400 초과	240	1.25배	1.6배

관련개념 CHAPTER 01 전기안전관리

076

정전기가 대전된 물체를 제전시키려고 한다. 다음 중 대전된 물체의 절연저항이 증가되어 제전의 효과를 감소시키는 것은?

① 접지한다.
② 건조시킨다.
③ 도전성 재료를 첨가한다.
④ 주위를 가습한다.

해설 건조된 물체는 절연저항이 증가되어 제전의 효과를 감소시킨다.

관련개념 CHAPTER 03 정전기 장·재해관리

077

감전 등의 재해를 예방하기 위하여 특고압용 기계·기구 주위에 관계자 외 출입을 금하도록 울타리를 설치할 때, 울타리의 높이와 울타리로부터 충전부분까지의 거리의 합이 최소 몇 [m] 이상이 되어야 하는가?(단, 사용전압이 35[kV] 이하인 특고압용 기계·기구이다.)

① 5[m] ② 6[m]
③ 7[m] ④ 9[m]

해설 울타리와 고압·특고압의 충전부분이 접근하는 경우

사용전압의 구분	울타리의 높이와 울타리로부터 충전부분까지의 거리의 합계
35[kV] 이하	5[m]
35[kV] 초과 160[kV] 이하	6[m]
160[kV] 초과	6[m]에 160[kV]를 초과하는 10[kV] 또는 그 단수마다 0.12[m]를 더한 값

관련개념 CHAPTER 02 감전재해 및 방지대책

078

개폐기로 인한 발화는 스파크에 의한 가연물의 착화화재가 많이 발생한다. 이를 방지하기 위한 대책으로 틀린 것은?

① 가연성증기, 분진 등이 있는 곳은 방폭형을 사용한다.
② 개폐기를 불연성 상자 안에 수납한다.
③ 비포장 퓨즈를 사용한다.
④ 접속부분의 나사풀림이 없도록 한다.

해설 착화화재의 발생방지를 위하여 개폐기를 불연성 박스 내에 내장하거나 통형 퓨즈를 사용한다.

관련개념 CHAPTER 05 전기설비 위험요인관리

079

극간 정전용량이 1,000[pF]이고, 착화에너지가 0.019[mJ]인 가스에서 폭발한계 전압[V]은 약 얼마인가?(단, 소수점 이하는 반올림한다.)

① 3,900　　　　　② 1,950

③ 390　　　　　④ 195

해설 $W = \frac{1}{2}CV^2$에서

$$V = \sqrt{\frac{2W}{C}} = \sqrt{\frac{2 \times (0.019 \times 10^{-3})}{1,000 \times 10^{-12}}} = 195[V]$$

여기서, W: 착화에너지[J]
　　　　C: 도체의 정전용량[F]
　　　　V: 대전전위[V]

※ $1[pF] = 10^{-12}[F]$, $1[mJ] = 10^{-3}[J]$이다.

관련개념 CHAPTER 03 정전기 장·재해관리

080

개폐기, 차단기, 유도 전압조정기의 최대 사용전압이 7[kV] 이하인 전로의 경우 절연내력 시험은 최대 사용전압의 1.5배의 전압을 몇 분간 가하는가?

① 10　　　　　② 15

③ 20　　　　　④ 25

해설 개폐기·차단기·전력용 커패시터·유도전압조정기·계기용변성기·기타의 기구의 전로 및 발전소·변전소·개폐소 또는 이에 준하는 곳에 시설하는 기계기구의 접속선 및 모선(전로를 구성하는 것에 한함)은 아래 표에서 정하는 시험전압을 충전 부분과 대지 사이(다심케이블은 심선 상호 간 및 심선과 대지 사이)에 연속하여 10분간 가하여 절연내력을 시험하였을 때에 이에 견디어야 한다.

종류	시험전압
최대 사용전압이 7[kV] 이하인 기구 등의 전로	최대 사용전압이 1.5배의 전압(직류의 충전부분에 대하여는 최대 사용전압의 1.5배 직류전압 또는 1배의 교류전압) (500[V] 미만으로 되는 경우에는 500[V])

관련개념 CHAPTER 02 감전재해 및 방지대책

화학설비 안전관리

081

분진폭발의 특징에 관한 설명으로 옳은 것은?

① 가스폭발보다 발생에너지가 작다.

② 폭발압력과 연소속도는 가스폭발보다 크다.

③ 입자의 크기, 부유성 등이 분진폭발에 영향을 준다.

④ 불완전연소로 인한 가스중독의 위험성은 작다.

해설 분진폭발에 분진의 입경, 부유성, 표면적, 수분 농도 등이 영향을 준다.

분진폭발의 특징

• 가스폭발보다 발생에너지가 크다.
• 폭발압력과 연소속도는 가스폭발보다 작다.
• 불완전연소로 인한 가스중독의 위험성이 크다.
• 화염의 파급속도보다 압력의 파급속도가 빠르다.
• 가스폭발에 비하여 불완전연소가 많이 발생한다.
• 주위 분진에 의해 2차, 3차 폭발로 파급될 수 있다.

관련개념 CHAPTER 01 화재·폭발 검토

082

「위험물안전관리법령」상 제1류 위험물에 해당하는 것은?

① 과염소산나트륨　　　　② 과염소산

③ 과산화수소　　　　④ 과산화벤조일

해설

① 과염소산나트륨: 제1류 위험물(산화성 고체)

② 과염소산: 제6류 위험물(산화성 액체)

③ 과산화수소: 제6류 위험물(산화성 액체)

④ 과산화벤조일: 제5류 위험물(자기반응성 물질)

관련개념 CHAPTER 02 화학물질 안전관리 실행

083

다음 중 질식소화에 해당하는 것은?

① 가연성 기체의 분출화재 시 주 밸브를 닫는다.
② 가연성 기체의 연쇄반응을 차단하여 소화한다.
③ 연료 탱크를 냉각하여 가연성 가스의 발생속도를 작게 한다.
④ 연소하고 있는 가연물이 존재하는 장소를 기계적으로 폐쇄하여 공기의 공급을 차단한다.

해설 **질식소화**
산소(공기)공급을 차단함으로써 연소에 필요한 산소 농도(15[%]) 이하가 되게 하여 소화하는 방법으로 희석소화라고도 한다. 대표적으로 포, 분말, 이산화탄소소화기가 있으며 이외 수계(水系)소화설비도 보조적으로 수증기에 의한 질식효과가 있다.

관련개념 CHAPTER 01 화재·폭발 검토

084

「산업안전보건기준에 관한 규칙」에서 정한 위험물질의 종류에서 "물반응성 물질 및 인화성 고체"에 해당하는 것은?

① 질산에스테르류
② 니트로화합물
③ 칼륨·나트륨
④ 니트로소화합물

해설 칼륨·나트륨은 물반응성 물질 및 인화성 고체에 해당한다.
오답해설
① 질산에스테르류, ② 니트로화합물, ④ 니트로소화합물: 폭발성 물질 및 유기과산화물

관련개념 CHAPTER 02 화학물질 안전관리 실행

085

공기 중 아세톤의 농도가 200[ppm](TLV 500[ppm]), 메틸에틸케톤(MEK)의 농도가 100[ppm](TLV 200[ppm])일 때 혼합물질의 허용농도[ppm]는?(단, 두 물질은 서로 상가작용을 하는 것으로 가정한다.)

① 150
② 200
③ 270
④ 333

해설 **유해화학물질 허용농도**

$$\text{혼합물질의 노출기준} = \frac{f_1 + f_2 + \cdots + f_n}{\dfrac{f_1}{TLV_1} + \dfrac{f_2}{TLV_2} + \cdots + \dfrac{f_n}{TLV_n}}$$

$$= \frac{200 + 100}{\dfrac{200}{500} + \dfrac{100}{200}} = 333[\text{ppm}]$$

여기서, f_n: 물질 1, 2, $\cdots$, n의 농도
TLV_n: 화학물질 각각의 노출기준

관련개념 CHAPTER 02 화학물질 안전관리 실행

086

다음 중 분진이 발화폭발하기 위한 조건으로 거리가 먼 것은?

① 불연성질
② 미분상태
③ 점화원의 존재
④ 산소 공급

해설 불연성질은 연소가 일어나지 않는 성질로 분진이 발화폭발하기 위해서는 가연성의 분진이어야 한다.

관련개념 CHAPTER 01 화재·폭발 검토

087

다음 중 폭발한계[vol%]의 범위가 가장 넓은 것은?

① 메탄
② 부탄
③ 톨루엔
④ 아세틸렌

해설 **보기 물질의 폭발한계의 범위**
① 메탄: 5[vol%]~15[vol%] → 10
② 부탄: 1.8[vol%]~8.4[vol%] → 6.6
③ 톨루엔: 1.1[vol%]~7.9[vol%] → 6.8
④ 아세틸렌: 2.5[vol%]~81[vol%] → 78.5

관련개념 CHAPTER 01 화재·폭발 검토

088

다음 중 최소발화에너지(E[J])를 구하는 식으로 옳은 것은?(단, I는 전류[A], R은 저항[Ω], V는 전압[V], C는 콘덴서용량[F], T는 시간[초]이라 한다.)

① $E = IRT$

② $E = 0.24I^2\sqrt{R}$

③ $E = \dfrac{1}{2}CV^2$

④ $E = \dfrac{1}{2}\sqrt{C^2V}$

해설 최소발화에너지

$E = \dfrac{1}{2}CV^2$

관련개념 CHAPTER 01 화재·폭발 검토

089

공기 중에서 A 물질의 폭발하한계가 4[vol%], 상한계가 75[vol%]라면 이 물질의 위험도는?

① 16.75

② 17.75

③ 18.75

④ 19.75

해설 위험도

$\text{H} = \dfrac{U - L}{L} = \dfrac{75 - 4}{4} = 17.75$

여기서, U: 폭발상한계, L: 폭발하한계

관련개념 CHAPTER 01 화재·폭발 검토

090

다음 중 관의 지름을 변경하고자 할 때 필요한 관 부속품은?

① Elbow

② Reducer

③ Plug

④ Valve

해설 관의 지름을 변경할 때에는 리듀서(Reducer), 부싱(Bushing) 등의 부속품을 사용한다.

관련개념 CHAPTER 04 화공 안전운전·점검

091

포스겐가스 누설검지의 시험지로 사용되는 것은?

① 연당지

② 염화파라듐지

③ 하리슨시험지

④ 초산벤젠지

해설 포스겐가스 누설검지의 시험지는 하리슨시험지이며, 반응색은 유자색이다.

가스누설 시 사용하는 시험지와 반응색

가스명칭	시험지	반응색
포스겐	하리슨시험지	유자색
시안화수소	초산벤젠지	청색
일산화탄소	염화파라듐지	흑색
아세틸렌	염화제1구리착염지	적갈색

관련개념 CHAPTER 02 화학물질 안전관리 실행

092

안전밸브 전단·후단에 자물쇠형 또는 이에 준하는 형식의 차단밸브 설치를 할 수 있는 경우에 해당하지 않는 것은?

① 자동압력조절밸브와 안전밸브 등이 직렬로 연결된 경우

② 화학설비 및 그 부속설비에 안전밸브 등이 복수방식으로 설치되어 있는 경우

③ 열팽창에 의하여 상승된 압력을 낮추기 위한 목적으로 안전밸브가 설치된 경우

④ 인접한 화학설비 및 그 부속설비에 안전밸브 등이 각각 설치되어 있고, 해당 화학설비 및 그 부속설비의 연결배관에 차단밸브가 없는 경우

해설 안전밸브 등의 배출용량의 $\dfrac{1}{2}$ 이상에 해당하는 용량의 **자동압력조절밸브**(구동용 동력원의 공급을 차단하는 경우 열리는 구조인 것으로 한정)와 **안전밸브 등이 병렬로 연결**된 경우에는 안전밸브 전단·후단에 자물쇠형 또는 이에 준하는 형식의 차단밸브를 설치할 수 있다.

관련개념 CHAPTER 04 화공 안전운전·점검

093

압축하면 폭발할 위험성이 높아 아세톤 등에 용해시켜 다공성 물질과 함께 저장하는 물질은?

① 염소
② 아세틸렌
③ 에탄
④ 수소

해설 아세틸렌은 가압하면 분해폭발을 하므로 아세톤 등에 침윤시켜 다공성 물질이 들어 있는 용기에 충전시킨다.

관련개념 CHAPTER 02 화학물질 안전관리 실행

094

「산업안전보건법령」상 대상 설비에 설치된 안전밸브에 대해서는 경우에 따라 구분된 검사주기마다 안전밸브가 적정하게 작동하는지 검사하여야 한다. 화학공정 유체와 안전밸브의 디스크 또는 시트가 직접 접촉될 수 있도록 설치된 경우의 검사주기로 옳은 것은?

① 매년 1회 이상
② 2년마다 1회 이상
③ 3년마다 1회 이상
④ 4년마다 1회 이상

해설 안전밸브에 대해서는 다음의 구분에 따른 검사주기마다 국가교정기관에서 교정을 받은 압력계를 이용하여 설정압력에서 안전밸브가 적정하게 작동하는지를 검사한 후 납으로 봉인하여 사용하여야 한다.
• 화학공정 유체와 안전밸브의 디스크 또는 시트가 직접 접촉될 수 있도록 설치된 경우: 2년마다 1회 이상
• 안전밸브 전단에 파열판이 설치된 경우: 3년마다 1회 이상
• 공정안전보고서 제출 대상으로서 고용노동부장관이 실시하는 공정안전보고서 이행상태 평가결과가 우수한 사업장의 안전밸브의 경우: 4년마다 1회 이상

관련개념 CHAPTER 04 화학설비 안전

095

위험물을 「산업안전보건법령」에서 정한 기준량 이상으로 제조하거나 취급하는 설비로서 특수화학설비에 해당되는 것은?

① 가열시켜 주는 물질의 온도가 가열되는 위험물질의 분해온도보다 높은 상태에서 운전되는 설비
② 상온에서 게이지 압력으로 200[kPa]의 압력으로 운전되는 설비
③ 대기압하에서 300[℃]로 운전되는 설비
④ 흡열반응이 행하여지는 반응설비

해설 특수화학설비
• 발열반응이 일어나는 반응장치
• 증류 · 정류 · 증발 · 추출 등 분리를 하는 장치
• 가열시켜 주는 물질의 온도가 가열되는 위험물질의 분해온도 또는 발화점보다 높은 상태에서 운전되는 설비
• 반응폭주 등 이상 화학반응에 의하여 위험물질이 발생할 우려가 있는 설비
• 온도가 350[℃] 이상이거나 게이지압력이 980[kPa] 이상인 상태에서 운전되는 설비
• 가열로 또는 가열기

관련개념 CHAPTER 02 화학물질 안전관리 실행

096

「산업안전보건법령」상 다음 내용에 해당하는 폭발위험장소는?

> 20종 장소 밖으로서 분진운 형태의 가연성 분진이 폭발농도를 형성할 정도의 충분한 양이 정상작동 중에 존재할 수 있는 장소를 말한다.

① 21종 장소
② 22종 장소
③ 0종 장소
④ 1종 장소

해설 21종 장소
20종 장소 외의 장소로서, 분진운 형태의 가연성 분진이 폭발농도를 형성할 정도의 충분한 양이 정상작동 중에 존재할 수 있는 장소이다.

관련개념 SUBJECT 04 전기설비 안전관리
CHAPTER 04 전기방폭관리

097

Li과 Na에 관한 설명으로 틀린 것은?

① 두 금속 모두 실온에서 자연발화의 위험성이 있으므로 알코올 속에 저장해야 한다.

② 두 금속은 물과 반응하여 수소기체를 발생한다.

③ Li은 비중 값이 물보다 작다.

④ Na는 은백색의 무른 금속이다.

해설 Li, Na 등의 알칼리금속은 물에 닿으면 격렬하게 반응하여 수소를 발생시키므로 보호액(석유) 속에 저장하여야 한다.

관련개념 CHAPTER 02 화학물질 안전관리 실행

098

다음 중 누설 발화형 폭발재해의 예방대책으로 가장 거리가 먼 것은?

① 발화원 관리
② 밸브의 오동작 방지
③ 가연성 가스의 연소
④ 누설물질의 검지 경보

해설 누설 발화형 폭발재해 예방대책
• 발화원 관리
• 밸브의 오동작 방지
• 누설물질의 검지 경보

관련개념 CHAPTER 01 화재·폭발 검토

099

수분을 함유하는 에탄올에서 순수한 에탄올을 얻기 위해 벤젠과 같은 물질을 첨가하여 수분을 제거하는 증류 방법은?

① 공비증류
② 추출증류
③ 가압증류
④ 감압증류

해설 공비증류
일반적인 증류로는 분리하기 어려운 혼합물을 분리할 때 제3의 성분을 첨가해 공비혼합물을 만들어 증류에 의해 분리하는 방법이다. 예를 들어, 수분을 함유하는 에탄올에서 순수한 에탄올을 얻기 위해 벤젠과 같은 물질을 첨가하여 수분을 제거한다.

관련개념 CHAPTER 02 화학물질 안전관리 실행

100

다음 중 인화점에 관한 설명으로 옳은 것은?

① 액체의 표면에서 발생한 증기농도가 공기 중에서 연소하한 농도가 될 수 있는 가장 높은 액체온도

② 액체의 표면에서 발생한 증기농도가 공기 중에서 연소상한 농도가 될 수 있는 가장 낮은 액체온도

③ 액체의 표면에서 발생한 증기농도가 공기 중에서 연소하한 농도가 될 수 있는 가장 낮은 액체온도

④ 액체의 표면에서 발생한 증기농도가 공기 중에서 연소상한 농도가 될 수 있는 가장 높은 액체온도

해설 인화점
가연성 증기가 발생하는 액체 또는 고체가 공기 중에서 점화원에 의해 표면 부근에서 연소하기에 충분한 농도(폭발하한계)를 만드는 최저의 온도를 말한다.

관련개념 CHAPTER 01 화재·폭발 검토

건설공사 안전관리

101

거푸집 및 동바리를 조립 또는 해체하는 작업을 하는 경우의 준수사항으로 옳지 않은 것은?

① 재료, 기구 또는 공구 등을 올리거나 내리는 경우에는 근로자로 하여금 달줄·달포대 등의 사용을 금하도록 할 것
② 낙하·충격에 의한 돌발적 재해를 방지하기 위하여 버팀목을 설치하고 거푸집 및 동바리를 인양장비에 매단 후에 작업을 하도록 하는 등 필요한 조치를 할 것
③ 비, 눈, 그 밖의 기상상태의 불안정으로 날씨가 몹시 나쁜 경우에는 그 작업을 중지할 것
④ 해당 작업을 하는 구역에는 관계 근로자가 아닌 사람의 출입을 금지할 것

해설 거푸집 및 동바리를 조립하거나 해체하는 작업을 할 때 재료, 기구 또는 공구 등을 올리거나 내리는 경우에는 근로자로 하여금 달줄·달포대 등을 사용하도록 하여야 한다.

관련개념 CHAPTER 05 비계·거푸집 가시설 위험방지

102

강관을 사용하여 비계를 구성하는 경우 준수하여야 할 기준으로 옳지 않은 것은?

① 비계기둥의 간격은 띠장 방향에서는 1.85[m] 이하, 장선(長線) 방향에서는 1.5[m] 이하로 할 것
② 띠장 간격은 2.0[m] 이하로 할 것
③ 비계기둥의 제일 윗부분으로부터 31[m] 되는 지점 밑부분의 비계기둥은 3개의 강관으로 묶어 세울 것
④ 비계기둥 간의 적재하중은 400[kg]을 초과하지 않도록 할 것

해설 강관을 사용하여 비계를 구성하는 경우 비계기둥의 제일 윗부분으로부터 31[m] 되는 지점 밑부분의 비계기둥은 2개의 강관으로 묶어 세워야 한다.

관련개념 CHAPTER 05 비계·거푸집 가시설 위험방지

103

지하수위 상승으로 포화된 사질토 지반의 액상화 현상을 방지하기 위한 가장 직접적이고 효과적인 대책은?

① Well Point 공법 적용
② 동다짐 공법 적용
③ 입도가 불량한 재료를 입도가 양호한 재료로 치환
④ 밀도를 증가시켜 한계간극비 이하로 상대밀도를 유지하는 방법 강구

해설 사질토 지반의 액상화 방지를 위해서는 지하수를 배출시키는 웰 포인트 공법을 적용하는 것이 가장 효과적이다.

관련개념 CHAPTER 02 건설공사 위험성

104

크레인 등 건설장비의 가공전선로 접근 시 안전대책으로 옳지 않은 것은?

① 안전 이격거리를 유지하고 작업한다.
② 장비를 가공전선로 밑에 보관한다.
③ 장비의 조립, 준비 시부터 가공전선로에 대한 감전 방지 수단을 강구한다.
④ 장비 사용 현장의 장애물, 위험물 등을 점검 후 작업계획을 수립한다.

해설 크레인 등 건설장비는 가공전선로 밑에 보관 시 감전의 위험이 있으므로 가공전선로와 이격된 장소에 보관하여야 한다.

관련개념 SUBJECT 04 전기설비 안전관리
CHAPTER 02 감전재해 및 방지대책

105

흙의 투수계수에 영향을 주는 인자에 관한 설명으로 옳지 않은 것은?

① 포화도: 포화도가 클수록 투수계수도 크다.
② 공극비: 공극비가 클수록 투수계수는 작다.
③ 유체의 점성계수: 점성계수가 클수록 투수계수는 작다.
④ 유체의 밀도: 유체의 밀도가 클수록 투수계수는 크다.

해설 공극비가 클수록 투수계수도 커진다.
투수계수

$$K = D_s^2 \cdot \frac{\gamma_w}{\eta} \cdot \frac{e^3}{(1+e)} \cdot C$$

여기서, D_s: 유효입경
γ_w: 물의 비중량
η: 점성계수
e: 공극비
C: 형상계수

관련개념 CHAPTER 02 건설공사 위험성

106

「산업안전보건법령」에서 규정하는 철골작업을 중지하여야 하는 기후조건에 해당하지 않는 것은?

① 풍속이 초당 10[m] 이상인 경우
② 강우량이 시간당 1[mm] 이상인 경우
③ 강설량이 시간당 1[cm] 이상인 경우
④ 기온이 영하 5[℃] 이하인 경우

해설 철골작업 중지를 위한 기후조건에 기온과 관련한 기준은 없다.
철골작업 시 작업의 제한기준

구분	내용
강풍	풍속이 10[m/s] 이상인 경우
강우	강우량이 1[mm/h] 이상인 경우
강설	강설량이 1[cm/h] 이상인 경우

관련개념 CHAPTER 06 공사 및 작업 종류별 안전

107

차량계 건설기계를 사용하여 작업을 하는 경우 작업계획서 내용에 포함되지 않는 사항은?

① 사용하는 차량계 건설기계의 종류 및 성능
② 차량계 건설기계의 운행경로
③ 차량계 건설기계에 의한 작업방법
④ 차량계 건설기계 사용 시 유도자 배치 위치

해설 **차량계 건설기계 작업계획서 포함내용**
• 사용하는 차량계 건설기계의 종류 및 성능
• 차량계 건설기계의 운행경로
• 차량계 건설기계에 의한 작업방법

관련개념 CHAPTER 04 건설현장 안전시설 관리

108

유해위험방지계획서를 고용노동부장관에게 제출하고 심사를 받아야 하는 대상 건설공사 기준으로 옳지 않은 것은?

① 최대 지간길이가 50[m] 이상인 다리의 건설 등 공사
② 지상높이 25[m] 이상인 건축물 또는 인공구조물의 건설 등 공사
③ 깊이 10[m] 이상인 굴착공사
④ 다목적댐, 발전용댐, 저수용량 2천만 톤 이상의 용수 전용 댐 및 지방상수도 전용 댐의 건설 등 공사

해설 **유해위험방지계획서 제출대상 건설공사**
• 지상높이가 31[m] 이상인 건축물 또는 인공구조물, 연면적 30,000[m²] 이상인 건축물 또는 연면적 5,000[m²] 이상의 문화 및 집회시설(전시장 및 동물원·식물원 제외), 판매시설, 운수시설(고속철도의 역사 및 집배송시설 제외), 종교시설, 의료시설 중 종합병원, 숙박시설 중 관광숙박시설, 지하도상가 또는 냉동·냉장 창고시설의 건설·개조 또는 해체(건설 등) 공사
• 연면적 5,000[m²] 이상의 냉동·냉장 창고시설의 설비공사 및 단열공사
• 최대 지간길이가 50[m] 이상인 다리의 건설 등 공사
• 터널의 건설 등 공사
• 다목적댐, 발전용댐, 저수용량 2천만 톤 이상의 용수 전용 댐 및 지방 상수도 전용 댐의 건설 등 공사
• 깊이가 10[m] 이상인 굴착공사

관련개념 CHAPTER 02 건설공사 위험성

109

공사진척에 따른 공정률이 다음과 같을 때 산업안전보건관리비 사용기준으로 옳은 것은?(단, 공정률은 기성공정률을 기준으로 함)

공정률: 70퍼센트 이상, 90퍼센트 미만

① 50[%] 이상
② 60[%] 이상
③ 70[%] 이상
④ 80[%] 이상

해설 공사진척에 따른 산업안전보건관리비 사용기준

공정률[%]	50 이상 70 미만	70 이상 90 미만	90 이상
사용기준[%]	50 이상	70 이상	90 이상

관련개념 CHAPTER 03 건설업 산업안전보건관리비 관리

110

미리 작업장소의 지형 및 지반상태 등에 적합한 제한속도를 정하지 않아도 되는 차량계 건설기계의 속도 기준은?

① 최대제한속도가 10[km/h] 이하
② 최대제한속도가 20[km/h] 이하
③ 최대제한속도가 30[km/h] 이하
④ 최대제한속도가 40[km/h] 이하

해설 차량계 하역운반기계, 차량계 건설기계(최대제한속도가 10[km/h] 이하인 것 제외)를 사용하여 작업하는 경우 미리 작업장소의 지형 및 지반상태 등에 적합한 제한속도를 정하고, 운전자로 하여금 이를 준수하도록 하여야 한다.

관련개념 CHAPTER 04 건설현장 안전시설 관리

111

다음 중 지하수위 측정에 사용되는 계측기는?

① Load Cell
② Inclinometer
③ Extensometer
④ Water level Gauge

해설 수위계(Water level Gauge)는 굴착에 따른 지하수위 변동을 측정하는 데 사용되는 계측기이다.

관련개념 CHAPTER 05 비계·거푸집 가시설 위험방지

112

이동식비계를 조립하여 작업을 하는 경우에 준수하여야 할 기준으로 옳지 않은 것은?

① 승강용 사다리는 견고하게 설치할 것
② 비계의 최상부에서 작업을 하는 경우에는 안전난간을 설치할 것
③ 작업발판의 최대적재하중은 400[kg]을 초과하지 않도록 할 것
④ 작업발판은 항상 수평을 유지하고 작업발판 위에서 안전난간을 딛고 작업을 하거나 받침대 또는 사다리를 사용하여 작업하지 않도록 할 것

해설 이동식비계 작업발판의 최대적재하중은 250[kg]을 초과하지 않도록 하여야 한다.

관련개념 CHAPTER 05 비계·거푸집 가시설 위험방지

113

터널 지보공을 조립하거나 변경하는 경우에 조치하여야 하는 사항으로 옳지 않은 것은?

① 목재의 터널 지보공은 그 터널 지보공의 각 부재에 작용하는 긴압 정도를 체크하여 그 정도가 최대한 차이나도록 할 것

② 강(鋼)아치 지보공의 조립은 연결볼트 및 띠장 등을 사용하여 주재 상호간을 튼튼하게 연결할 것

③ 기둥에는 침하를 방지하기 위하여 받침목을 사용하는 등의 조치를 할 것

④ 주재(主材)를 구성하는 1세트의 부재는 동일 평면 내에 배치할 것

해설 터널 지보공을 조립하거나 변경하는 경우 목재의 터널 지보공은 그 터널 지보공의 각 부재의 긴압 정도가 균등하게 되도록 하여야 한다.

관련개념 CHAPTER 05 비계 · 거푸집 가시설 위험방지

114

거푸집 및 동바리를 조립하는 경우에 준수하여야 하는 기준으로 옳지 않은 것은?

① 동바리로 사용하는 파이프 서포트를 이어서 사용하는 경우에는 3개 이상의 볼트 또는 전용철물을 사용하여 이을 것

② 동바리의 상하 고정 및 미끄러짐 방지 조치를 할 것

③ 받침목이나 깔판의 사용, 콘크리트 타설, 말뚝박기 등 동바리의 침하를 방지하기 위한 조치를 할 것

④ 동바리로 사용하는 파이프 서포트를 3개 이상 이어서 사용하지 않도록 할 것

해설 동바리로 사용하는 파이프 서포트를 이어서 사용하는 경우에는 4개 이상의 볼트 또는 전용철물을 사용하여 이어야 한다.

관련개념 CHAPTER 05 비계 · 거푸집 가시설 위험방지

115

가설통로를 설치하는 경우 준수하여야 할 기준으로 옳지 않은 것은?

① 경사는 30° 이하로 할 것

② 경사가 15°를 초과하는 경우에는 미끄러지지 아니하는 구조로 할 것

③ 추락할 위험이 있는 장소에는 안전난간을 설치할 것

④ 수직갱에 가설된 통로의 길이가 15[m] 이상인 경우에는 7[m] 이내마다 계단참을 설치할 것

해설 가설통로 설치 시 준수사항

• 견고한 구조로 할 것
• 경사는 30° 이하로 할 것
• 경사가 15°를 초과하는 경우에는 미끄러지지 아니하는 구조로 할 것
• 추락할 위험이 있는 장소에는 안전난간을 설치할 것
• 수직갱에 가설된 통로의 길이가 15[m] 이상인 경우에는 10[m] 이내마다 계단참을 설치할 것
• 건설공사에 사용하는 높이 8[m] 이상인 비계다리에는 7[m] 이내마다 계단참을 설치할 것

관련개념 CHAPTER 05 비계 · 거푸집 가시설 위험방지

116

사면보호공법 중 구조물에 의한 보호공법에 해당되지 않는 것은?

① 블럭공
② 식생구멍공
③ 돌쌓기공
④ 현장타설 콘크리트 격자공

해설 식생구멍공은 구조물에 의한 보호공법이 아닌 수목 등을 활용한 식생공법에 해당된다.

관련개념 CHAPTER 04 건설현장 안전시설 관리

117

안전계수가 4이고 2,000[MPa]의 인장강도를 갖는 강선의 최대허용응력은?

① 500[MPa]
② 1,000[MPa]
③ 1,500[MPa]
④ 2,000[MPa]

해설 허용응력$=\dfrac{극한(인장)강도}{안전계수}=\dfrac{2,000}{4}=500$[MPa]

관련개념 SUBJECT 03 기계·기구 및 설비 안전관리
CHAPTER 01 기계공정의 안전, 기계안전시설 관리

118

터널공사의 전기발파작업에 관한 설명으로 옳지 않은 것은?

① 전선은 점화하기 전에 화약류를 충진한 장소로부터 30[m] 이상 떨어진 안전한 장소에서 도통시험 및 저항시험을 하여야 한다.
② 점화는 충분한 허용량을 갖는 발파기를 사용하고 규정된 스위치를 반드시 사용하여야 한다.
③ 발파 후 발파기와 발파모선의 연결을 유지한 채 그 단부를 절연시킨 후 재점화가 되지 않도록 한다.
④ 점화는 선임된 발파책임자가 행하고 발파기의 핸들을 점화할 때 이외는 시건장치를 하거나 모선을 분리하여야 하며 발파책임자의 엄중한 관리하에 두어야 한다.

해설 발파 후 즉시 발파모선을 발파기에서 분리하여 단락시키는 등 재기폭되지 않도록 조치하여야 한다.
※ 「터널공사 표준안전 작업지침 – NATM」이 개정됨에 따라 '전기발파작업 시 준수사항'이 삭제되었습니다.

관련개념 CHAPTER 02 건설공사 위험성

119

화물을 적재하는 경우의 준수사항으로 옳지 않은 것은?

① 침하 우려가 없는 튼튼한 기반 위에 적재할 것
② 건물의 칸막이나 벽 등이 화물의 압력에 견딜 만큼의 강도를 지니지 아니한 경우에는 칸막이나 벽에 기대어 적재하지 않도록 할 것
③ 불안정할 정도로 높이 쌓아 올리지 말 것
④ 하중을 한쪽으로 치우치더라도 화물을 최대한 효율적으로 적재할 것

해설 **화물의 적재 시 준수사항**
• 침하 우려가 없는 튼튼한 기반 위에 적재할 것
• 건물의 칸막이나 벽 등이 화물의 압력에 견딜 만큼의 강도를 지니지 아니한 경우에는 칸막이나 벽에 기대어 적재하지 않도록 할 것
• 불안정할 정도로 높이 쌓아 올리지 말 것
• 하중이 한쪽으로 치우치지 않도록 쌓을 것

관련개념 CHAPTER 06 공사 및 작업 종류별 안전

120

발파구간 인접구조물에 대한 피해 및 손상을 예방하기 위한 건물기초에서의 허용 진동치[cm/sec] 기준으로 옳지 않은 것은?(단, 기존 구조물에 금이 가 있거나 노후구조물 대상일 경우 등은 고려하지 않는다.)

① 문화재: 0.2[cm/sec]
② 주택, 아파트: 0.5[cm/sec]
③ 상가: 1.0[cm/sec]
④ 철골콘크리트 빌딩: 0.8 ~ 1.0[cm/sec]

해설
※ 「발파 표준안전 작업지침」이 개정됨에 따라 '건물기초에서의 허용 진동치 기준'이 삭제되었습니다.

관련개념 CHAPTER 02 건설공사 위험성

2021년 2회 기출문제

자동 채점

산업재해 예방 및 안전보건교육

001

재해조사에 관한 설명으로 틀린 것은?

① 조사목적에 무관한 조사는 피한다.
② 조사는 현장을 정리한 후에 실시한다.
③ 목격자나 현장 책임자의 진술을 듣는다.
④ 조사자는 객관적이고 공정한 입장을 취해야 한다.

해설 재해조사 시 조사는 신속하게 행하고, 긴급조치를 하여 2차 재해의 방지를 도모한다.

관련개념 SUBJECT 03 기계 · 기구 및 설비 안전관리
　　　　　CHAPTER 02 기계분야 산업재해 조사 및 관리

002

「산업안전보건법령」상 안전보건표지의 종류 중 경고표지의 기본모형(형태)이 다른 것은?

① 고압전기 경고　　② 방사성물질 경고
③ 폭발성물질 경고　④ 매달린물체 경고

해설

고압전기경고　방사성물질경고　폭발성물질경고　매달린물체경고

관련개념 CHAPTER 02 안전보호구 관리

003

무재해 운동추진의 3요소에 관한 설명이 아닌 것은?

① 안전보건은 최고경영자의 무재해 및 무질병에 대한 확고한 경영자세로 시작된다.
② 안전보건을 추진하는 데에는 관리감독자들의 생산 활동 속에 안전보건을 실천하는 것이 중요하다.
③ 모든 재해는 잠재요인을 사전에 발견 · 파악 · 해결함으로써 근원적으로 산업재해를 없애야 한다.
④ 안전보건은 각자 자신의 문제이며, 동시에 동료의 문제로서 직장의 팀 멤버와 협동노력하여 자주적으로 추진하는 것이 필요하다.

해설 ③은 무재해 운동의 3원칙 중 '무의 원칙'에 관한 설명이다.
무재해 운동추진의 3기둥(3요소)
• 최고경영자의 경영자세: 안전보건은 최고경영자의 확고한 경영자세로부터 시작된다.
• 라인관리자에 의한 안전보건의 추진: 라인관리자들의 생산활동 속에 안전보건을 접목시켜 실천하는 것이 꼭 필요하다.
• 소집단의 자주활동의 활성화: 직장의 팀 멤버와의 협동노력으로 자주적으로 추진해 가는 것이 필요하다.

관련개념 CHAPTER 01 산업재해예방 계획 수립

004

헤링(Hering)의 착시현상에 해당하는 것은?

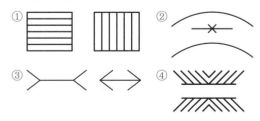

해설 헤링의 착시현상

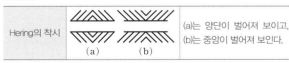

Hering의 착시	(a)는 양단이 벌어져 보이고, (b)는 중앙이 벌어져 보인다.

관련개념 CHAPTER 03 산업안전심리

005

도수율이 24.5이고, 강도율이 1.15인 사업장에서 한 근로자가 입사하여 퇴직할 때까지의 근로손실일수는?

① 2.45일   ② 115일
③ 215일   ④ 245일

해설 환산강도율이란 근로자가 입사하여 퇴직할 때까지(40년＝10만 시간) 잃을 수 있는 근로손실일수이다.
환산강도율＝강도율×100＝1.15×100＝115일

관련개념 SUBJECT 03 기계·기구 및 설비 안전관리
CHAPTER 02 기계분야 산업재해 조사 및 관리

006

학습을 자극(Stimulus)에 의한 반응(Response)으로 보는 이론에 해당하는 것은?

① 장설(Field Theory)
② 통찰설(Insight Theory)
③ 기호형태설(Sign-gestalt Theory)
④ 시행착오설(Trial and Error Theory)

해설 손다이크(Thorndike)의 시행착오설
• 인간과 동물은 차이가 없다고 보고 동물연구를 통해 인간심리를 발견하고자 했다.
• 동물의 행동은 자극 S와 반응 R의 연합에 의해 결정된다고 주장했다.

관련개념 CHAPTER 05 안전보건교육의 내용 및 방법

007

하인리히의 사고방지 기본원리 5단계 중 시정방법의 선정단계에 있어서 필요한 조치가 아닌 것은?

① 인사조정   ② 안전행정의 개선
③ 교육 및 훈련의 개선   ④ 안전점검 및 사고조사

해설 안전검검 및 사고조사는 하인리히의 사고예방대책의 기본원리 5단계 중 2단계인 사실의 발견(현상파악) 단계에서의 조치이다.

관련개념 CHAPTER 01 산업재해예방 계획 수립

008

「산업안전보건법령」상 안전보건교육 교육대상별 교육내용 중 관리감독자 정기교육의 내용으로 틀린 것은?

① 정리정돈 및 청소에 관한 사항
② 유해·위험 작업환경 관리에 관한 사항
③ 표준안전 작업방법 결정 및 지도·감독 요령에 관한 사항
④ 작업공정의 유해·위험과 재해 예방대책에 관한 사항

해설 ①은 근로자의 채용 시 및 작업내용 변경 시 교육내용이다.
관리감독자 정기 교육내용
• 산업안전 및 사고 예방에 관한 사항
• 산업보건 및 직업병 예방에 관한 사항
• 위험성 평가에 관한 사항
• 유해·위험 작업환경 관리에 관한 사항
• 「산업안전보건법령」 및 산업재해보상보험 제도에 관한 사항
• 직무스트레스 예방 및 관리에 관한 사항
• 직장 내 괴롭힘, 고객의 폭언 등으로 인한 건강장해 예방 및 관리에 관한 사항
• 작업공정의 유해·위험과 재해 예방대책에 관한 사항
• 사업장 내 안전·보건관리체제 및 안전·보건조치 현황에 관한 사항
• 표준안전 작업방법 결정 및 지도·감독 요령에 관한 사항
• 안전보건교육 능력 배양에 관한 사항
• 비상시 또는 재해 발생 시 긴급조치에 관한 사항

관련개념 CHAPTER 05 안전보건교육의 내용 및 방법

009

「산업안전보건법령」상 협의체 구성 및 운영에 관한 사항으로 (   )에 알맞은 내용은?

> 도급인은 관계수급인 근로자가 도급인의 사업장에서 작업을 하는 경우 도급인과 수급인을 구성원으로 하는 안전 및 보건에 관한 협의체를 구성 및 운영하여야 한다. 이 협의체는 (   ) 정기적으로 회의를 개최하고 그 결과를 기록·보존해야 한다.

① 매월 1회 이상   ② 2개월마다 1회
③ 3개월마다 1회   ④ 6개월마다 1회

해설 협의체는 매월 1회 이상 정기적으로 회의를 개최하고 그 결과를 기록·보존하여야 한다.

관련개념 CHAPTER 01 산업재해예방 계획 수립

010

「산업안전보건법령」상 프레스를 사용하여 작업을 할 때 작업시작 전 점검사항으로 틀린 것은?

① 방호장치의 기능
② 언로드밸브의 기능
③ 금형 및 고정볼트 상태
④ 클러치 및 브레이크의 기능

해설 언로드밸브의 기능은 공기압축기를 가동할 때 작업시작 전 점검사항이다.
프레스 작업시작 전 점검사항
• 클러치 및 브레이크의 기능
• 크랭크축·플라이휠·슬라이드·연결봉 및 연결 나사의 풀림 유무
• 1행정 1정지기구·급정지장치 및 비상정지장치의 기능
• 슬라이드 또는 칼날에 의한 위험방지 기구의 기능
• 프레스의 금형 및 고정볼트 상태
• 방호장치의 기능
• 전단기의 칼날 및 테이블의 상태

관련개념 SUBJECT 03 기계·기구 및 설비 안전관리
CHAPTER 02 기계분야 산업재해 조사 및 관리

011

학습자가 자신의 학습속도에 적합하도록 프로그램 자료를 가지고 단독으로 학습하도록 하는 안전교육 방법은?

① 실연법
② 모의법
③ 토의법
④ 프로그램 학습법

해설 **프로그램 학습법(컴퓨터 수업)**
• 학습자가 프로그램을 통해 학습하는 방법으로 자신의 능력과 학습속도에 맞추어 학습을 진행할 수 있다.
• 자율학습이 가능하므로 자기가 원하는 시간, 원하는 장소에서 학습할 수 있다.

관련개념 CHAPTER 05 안전보건교육의 내용 및 방법

012

헤드십의 특성이 아닌 것은?

① 지휘형태는 권위주의적이다.
② 권한행사는 임명된 헤드이다.
③ 구성원과의 사회적 간격은 넓다
④ 상관과 부하와의 관계는 개인적인 영향이다.

해설 헤드십은 상사와 부하와의 관계가 종속적인 특성이 있다.
관련개념 CHAPTER 04 인간의 행동과학

013

「산업안전보건법령」상 특정행위의 지시 및 사실의 고지에 사용되는 안전 보건표지의 색도기준으로 옳은 것은?

① 2.5G 4/10
② 5Y 8.5/12
③ 2.5PB 4/10
④ 7.5R 4/14

해설 **안전보건표지의 색도기준 및 용도**

색채	색도기준	용도	사용 예
파란색	2.5PB 4/10	지시	특정 행위의 지시 및 사실의 고지
녹색	2.5G 4/10	안내	비상구 및 피난소, 사람 또는 차량의 통행표지
흰색	N9.5		파란색 또는 녹색에 대한 보조색

관련개념 CHAPTER 02 안전보호구 관리

014

인간관계의 메커니즘 중 다른 사람의 행동 양식이나 태도를 투입시키거나 다른 사람 가운데서 자기와 비슷한 것을 발견하는 것은?

① 공감
② 모방
③ 동일화
④ 일체화

해설 **동일화(Identification)**
다른 사람의 행동 양식이나 태도를 투입시키거나 다른 사람 가운데서 자기와 비슷한 점을 발견하는 것이다.

관련개념 CHAPTER 04 인간의 행동과학

015

다음의 교육내용과 관련 있는 교육은?

> – 작업동작 및 표준 작업방법의 습관화
> – 공구·보호구 등의 관리 및 취급태도의 확립
> – 작업 전후의 점검, 검사 요령의 정확화 및 습관화

① 지식교육　　　　② 기능교육
③ 태도교육　　　　④ 문제해결교육

해설　**태도교육**
• 생활지도, 작업 동작 지도 등을 통한 안전의 습관화
• 청취(들어본다) → 이해, 납득(이해시킨다) → 모범(시범을 보인다) → 권장(평가한다) → 칭찬한다 또는 벌을 준다.

관련개념　CHAPTER 05 안전보건교육의 내용 및 방법

016

데이비스(K.Davis)의 동기부여 이론에 관한 등식에서 그 관계가 틀린 것은?

① 지식×기능=능력
② 상황×능력=동기유발
③ 능력×동기유발=인간의 성과
④ 인간의 성과×물질의 성과=경영의 성과

해설　**데이비스(K. Davis)의 동기부여이론**
• 지식(Knowledge)×기능(Skill)=능력(Ability)
• 상황(Situation)×태도(Attitude)=동기유발(Motivation)
• 능력(Ability)×동기유발(Motivation)
　=인간의 성과(Human Performance)
• 인간의 성과×물질적 성과=경영의 성과

관련개념　CHAPTER 04 인간의 행동과학

017

「산업안전보건법령」상 보호구 안전인증대상 방독마스크의 유기화합물용 정화통 외부 측면 표시색으로 옳은 것은?

① 갈색　　　　② 녹색
③ 회색　　　　④ 노랑색

해설　**정화통 외부 측면의 표시색**

종류	표시색
유기화합물용 정화통	갈색
할로겐용 정화통	회색
황화수소용 정화통	
시안화수소용 정화통	
아황산용 정화통	노란색
암모니아용 정화통	녹색

관련개념　CHAPTER 02 안전보호구 관리

018

재해원인 분석기법의 하나인 특성요인도의 작성 방법에 대한 설명으로 틀린 것은?

① 큰뼈는 특성이 일어나는 요인이라고 생각되는 것을 크게 분류하여 기입한다.
② 등뼈는 원칙적으로 우측에서 좌측으로 향하여 가는 화살표를 기입한다.
③ 특성의 결정은 무엇에 대한 특성요인도를 작성할 것인가를 결정하고 기입한다.
④ 중뼈는 특성이 일어나는 큰뼈의 요인마다 다시 미세하게 원인을 결정하여 기입한다.

해설　**특성요인도**
특성과 요인관계를 도표로 하여 어골상으로 세분화한 분석법으로 원인과 결과를 연계하여 상호관계를 파악한다. 오른쪽 끝의 박스 안에 앞에서 정한 특성을 기입하고 왼쪽에서 오른쪽으로 굵은 화살표를 표시한다.

관련개념　SUBJECT 03 기계·기구 및 설비 안전관리
　　　　　　CHAPTER 02 기계분야 산업재해 조사 및 관리

019

TWI의 교육 내용 중 인간관계 관리방법, 즉 부하 통솔법을 주로 다루는 것은?

① JST(Job Safety Training)
② JMT(Job Method Training)
③ JRT(Job Relation Training)
④ JIT(Job Instruction Training)

해설 TWI(Training Within Industry)
• 작업지도훈련(JIT; Job Instruction Training)
• 작업방법훈련(JMT; Job Method Training)
• 인간관계훈련(JRT; Job Relation Training)
• 작업안전훈련(JST; Job Safety Training)

관련개념 CHAPTER 05 안전보건교육의 내용 및 방법

020

「산업안전보건법령」상 안전보건관리규정에 반드시 포함되어야 할 사항이 아닌 것은?(단, 그 밖에 안전 및 보건에 관한 사항은 제외한다.)

① 재해코스트 분석 방법
② 사고 조사 및 대책 수립
③ 작업장 안전 및 보건관리
④ 안전 및 보건 관리조직과 그 직무

해설 안전보건관리규정의 작성내용
• 안전 및 보건에 관한 관리조직과 그 직무에 관한 사항
• 안전보건교육에 관한 사항
• 작업장의 안전 및 보건 관리에 관한 사항
• 사고 조사 및 대책 수립에 관한 사항
• 그 밖에 안전 및 보건에 관한 사항

관련개념 CHAPTER 01 산업재해예방 계획 수립

인간공학 및 위험성평가 · 관리

021

시스템 수명주기에 있어서 예비위험분석(PHA)이 이루어지는 단계에 해당하는 것은?

① 구상단계
② 점검단계
③ 운전단계
④ 생산단계

해설 예비위험분석(PHA; Preliminary Hazards Analysis)
시스템 내의 위험요소가 얼마나 위험상태에 있는가를 평가하는 시스템안전 프로그램의 최초단계(시스템 구상단계)의 정성적인 분석 방식이다.

관련개념 CHAPTER 02 위험성 파악 · 결정

022

FTA에서 사용하는 다음 사상기호에 대한 설명으로 맞는 것은?

① 시스템 분석에서 좀 더 발전시켜야 하는 사상
② 시스템의 정상적인 가동상태에서 일어날 것이 기대되는 사상
③ 불충분한 자료로 결론을 내릴 수 없어 더 이상 전개할 수 없는 사상
④ 주어진 시스템의 기본사상으로 고장원인이 분석되었기 때문에 더 이상 분석할 필요가 없는 사상

해설

기호	명칭	설명
◇	생략사상 (최후사상)	정보부족, 해석기술 불충분으로 더 이상 전개할 수 없는 사상

관련개념 CHAPTER 02 위험성 파악 · 결정

023

정보를 전송하기 위해 청각적 표시장치보다 시각적 표시장치를 사용하는 것이 더 효과적인 경우는?

① 정보의 내용이 간단한 경우
② 정보가 후에 재참조되는 경우
③ 정보가 즉각적인 행동을 요구하는 경우
④ 정보의 내용이 시간적인 사건을 다루는 경우

해설 ①, ③, ④는 시각적 표시장치보다 청각적 표시장치가 더 유리한 경우이다.

관련개념 CHAPTER 06 작업환경 관리

024

감각저장으로부터 정보를 작업기억으로 전달하기 위한 코드화 분류에 해당되지 않는 것은?

① 시각코드
② 촉각코드
③ 음성코드
④ 의미코드

해설 일반적으로 작업기억의 정보는 시각(Visual), 음성(Phonetic), 의미(Semantic) 코드로 저장된다. 시각 및 음성 코드는 자극의 시각적 또는 청각적인 표현이며, 이 각각은 반대 유형의 자극에 의하거나 장기기억에서 내부적으로 발생할 수 있다. 의미코드는 자극에 의해 발생되는 상이나 음이 아니라 자극 의미의 추상적인 표현으로서 장기기억에서 중요한 요소이다.

관련개념 CHAPTER 06 작업환경 관리

025

인간 – 기계 시스템 설계과정 중 직무분석을 하는 단계는?

① 제1단계: 시스템의 목표와 성능명세 결정
② 제2단계: 시스템의 정의
③ 제3단계: 기본설계
④ 제4단계: 인터페이스 설계

해설 인간 – 기계 시스템 설계과정 중 3단계 – 기본설계
• 시스템의 형태를 갖추기 시작하는 단계이다.
• 직무분석, 작업설계, 기능할당 등이 실시되어야 한다.

관련개념 CHAPTER 01 안전과 인간공학

026

중량물 들기 작업 시 5분간의 산소소비량을 측정한 결과 90[L]의 배기량 중에 산소가 16[%], 이산화탄소가 4[%]로 분석되었다. 해당 작업에 대한 산소소비량[L/min]은 약 얼마인가?(단, 공기 중 질소는 79[vol%], 산소는 21[vol%]이다.)

① 0.948
② 1.948
③ 4.74
④ 5.74

해설 공기 중에서 산소는 21[%], 질소가 79[%]를 차지하지만 호흡을 거쳐 나온 배기량에는 산소가 소비되고 에너지가 발생되면서 이산화탄소가 포함된다.

분당 배기량 $= 90[L] \div 5[min] = 18[L/min]$

흡기량 $= \dfrac{100 - \text{배기} O_2 - \text{배기} CO_2}{\text{배기량} - \text{흡기} O_2} \times \text{분당 배기량}$

$= \dfrac{100 - 16 - 4}{100 - 21} \times 18 = 18.23[L/min]$

산소소비량 = 분당 흡기산소량 − 분당 배기산소량
$= 18.23 \times 0.21 - 18 \times 0.16 = 0.948[L/min]$

관련개념 CHAPTER 01 안전과 인간공학

027

의도는 올바른 것이었지만, 행동이 의도한 것과는 다르게 나타나는 오류는?

① Slip
② Mistake
③ Lapse
④ Violation

해설 인간의 오류모형
• 착오(Mistake): 상황해석을 잘못하거나 목표를 잘못 이해하고 착각하여 행하는 경우
• 실수(Slip): 상황이나 목표의 해석을 제대로 했으나 의도와는 다른 행동을 하는 경우
• 건망증(Lapse): 여러 과정이 연계적으로 일어나는 행동 중에서 일부를 잊어버리고 하지 않거나 또는 기억의 실패에 의하여 발생하는 오류
• 위반(Violation): 정해진 규칙을 알고 있음에도 고의로 따르지 않거나 무시하는 행위

관련개념 CHAPTER 01 안전과 인간공학

028

동작경제의 원칙과 가장 거리가 먼 것은?

① 급작스런 방향의 전환은 피하도록 할 것
② 가능한 관성을 이용하여 작업하도록 할 것
③ 두 손의 동작은 같이 시작하고 같이 끝나도록 할 것
④ 두 팔의 동작은 동시에 같은 방향으로 움직일 것

해설 **신체사용에 관한 동작경제의 원칙**
· 두 손의 동작은 같이 시작하고 같이 끝나도록 한다.
· 휴식시간을 제외하고는 양손이 동시에 쉬지 않도록 한다.
· 두 팔의 동작은 동시에 서로 반대방향으로 대칭적으로 움직이도록 한다.
· 자연스러운 리듬이 생기도록 손의 동작은 유연하고 연속적이어야 한다.
  (관성 이용)
· 손과 신체의 동작은 작업을 원만하게 처리할 수 있는 범위 내에서 가장
  낮은 동작등급을 사용하도록 한다.

관련개념 CHAPTER 06 작업환경 관리

029

두 가지 상태 중 하나가 고장 또는 결함으로 나타나는 비정
상적인 사건은?

① 톱사상   ② 결함사상
③ 정상적인 사상   ④ 기본적인 사상

해설 **결함사상**
두 가지 상태 중 하나가 고장 또는 결함으로 나타나는 비정상적인 사건이다.

관련개념 CHAPTER 02 위험성 파악 · 결정

030

설비보전 방법 중 설비의 열화를 방지하고 그 진행을 지연
시켜 수명을 연장하기 위한 점검, 청소, 주유 및 교체 등의
활동은?

① 사후보전   ② 개량보전
③ 일상보전   ④ 보전예방

해설 **일상보전(Routine Maintenance)**
설비의 열화를 방지하고 그 진행을 지연시켜 수명을 연장하기 위한 보전으
로 점검, 청소, 주유 및 교체 등의 활동을 말한다.

관련개념 CHAPTER 03 위험성 감소대책 수립 · 실행

031

일반적으로 은행의 접수대 높이나 공원의 벤치를 설계할 때
가장 적합한 인체 측정 자료의 응용원칙은?

① 조절식 설계   ② 평균치를 이용한 설계
③ 최대치를 이용한 설계 ④ 최소치를 이용한 설계

해설 **평균치 설계**
최대치수나 최소치수를 기준 또는 조절식으로 설계하기 부적절한 경우, 평
균치를 기준으로 설계한다.
예 손님의 평균 신장을 기준으로 만든 은행의 계산대 등

관련개념 CHAPTER 06 작업환경 관리

032

위험분석기법 중 고장이 시스템의 손실과 인명의 사상에 연
결되는 높은 위험도를 가진 요소나 고장의 형태에 따른 분
석법은?

① CA   ② ETA
③ FHA   ④ FTA

해설 **위험성 분석법(CA; Criticality Analysis)**
고장이 시스템의 손해와 인원의 사상에 연결되는 높은 위험도를 가지는 경
우에 위험도를 가져오는 요소 또는 고장의 형태에 따라 위험성을 정량적으
로 분석하는 것이다.

관련개념 CHAPTER 02 위험성 파악 · 결정

033

작업장의 설비 3대에서 각각 80[dB], 86[dB], 78[dB]의 소
음이 발생되고 있을 때 작업장의 음압수준은?

① 약 81.3[dB]   ② 약 85.5[dB]
③ 약 87.5[dB]   ④ 약 90.3[dB]

해설 **소음이 합쳐질 경우 음압수준**

$$SPL = 10 \log (10^{\frac{A_1}{10}} + 10^{\frac{A_2}{10}} + 10^{\frac{A_3}{10}} + \cdots)$$

$$= 10 \log (10^{\frac{80}{10}} + 10^{\frac{86}{10}} + 10^{\frac{78}{10}}) = 87.5[dB]$$

여기서, A_1, A_2, A_3: 각 소음의 음압수준

관련개념 CHAPTER 06 작업환경 관리

034

일반적인 화학설비에 대한 안전성 평가(Safety Assessment) 절차에 있어 안전대책 단계에 해당되지 않는 것은?

① 보전
② 위험도 평가
③ 설비적 대책
④ 관리적 대책

해설 위험도 평가는 안전성 평가 6단계 중 3단계인 정량적 평가에 해당된다.

안전성 평가 6단계 중 제4단계: 안전대책 수립
- 보전: 설비나 시스템을 최적의 상태로 유지하기 위한 활동이다.
- 설비적 대책: 안전장치 및 방재 장치에 관해서 대책을 세운다.
- 관리적 대책: 인원배치, 교육훈련 등에 관해서 대책을 세운다.

관련개념 CHAPTER 02 위험성 파악 · 결정

035

욕조곡선에서의 고장 형태에서 일정한 형태의 고장률이 나타나는 구간은?

① 초기고장 구간
② 마모고장 구간
③ 피로고장 구간
④ 우발고장 구간

해설 **고장률의 유형(욕조곡선)**

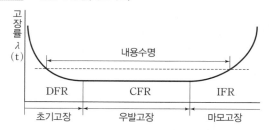

- 초기고장(감소형): 제조가 불량하거나 생산과정에서 품질관리가 안 되어서 생기는 고장
- 우발고장(일정형): 실제 사용하는 상태에서 발생하는 고장으로 예측할 수 없는 랜덤의 간격으로 생기는 고장
- 마모고장(증가형): 설비 또는 장치가 수명을 다하여 생기는 고장

관련개념 CHAPTER 02 위험성 파악 · 결정

036

음량수준을 평가하는 척도와 관계없는 것은?

① dB
② HSI
③ phon
④ sone

해설 HSI
- 인간의 눈에 있는 간상세포가 구분할 수 있는 색상단위인 RGB값에 밝기나 채도에 대한 개념을 더한 단위이다.
- 색상(Hue), 채도(Saturation), 명도(Intensity)의 약자이다.

관련개념 CHAPTER 06 작업환경 관리

037

실효온도(Effective Temperature)에 영향을 주는 요인이 아닌 것은?

① 온도
② 습도
③ 복사열
④ 공기 유동

해설 **실효온도(Effective Temperature, 감각온도, 실감온도)**
온도, 습도, 기류 등의 조건에 따라 인간의 감각을 통해 느껴지는 온도로 상대습도 100[%]일 때의 건구온도에서 느끼는 것과 동일한 온도감이다.

관련개념 CHAPTER 06 작업환경 관리

038

FT도에서 시스템의 신뢰도는 얼마인가?(단, 모든 부품의 발생확률은 0.1이다.)

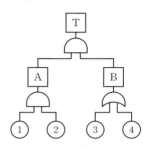

① 0.0033
② 0.0062
③ 0.9981
④ 0.9936

해설 A와 B는 AND 게이트로 연결되어 있고 A는 ①과 ②의 AND 게이트, B는 ③과 ④의 OR 게이트로 연결되어 있으므로

고장확률 $T = A \times B = (0.1 \times 0.1) \times (1 - (1 - 0.1) \times (1 - 0.1)) = 0.0019$

신뢰도 $R = 1 -$ 고장확률 $T = 1 - 0.0019 = 0.9981$

관련개념 CHAPTER 02 위험성 파악 · 결정

039

인간공학 연구방법 중 실제의 제품이나 시스템이 추구하는 특성 및 수준이 달성되는지를 비교하고 분석하는 연구는?

① 조사연구
② 실험연구
③ 분석연구
④ 평가연구

해설 평가연구

시스템 성능에 대한 인간-기계시스템이나 제품 등이 의도한 성능, 목표 수준에 도달하였는지 분석하는 연구방법이다.

관련개념 CHAPTER 01 안전과 인간공학

040

어떤 설비의 시간당 고장률이 일정하다고 할 때 이 설비의 고장간격은 다음 중 어떤 확률분포를 따르는가?

① t분포
② 와이블분포
③ 지수분포
④ 아이링(Eyring)분포

해설 어떤 설비의 시간당 고장률이 일정할 때, 이 설비의 고장간격은 지수분포의 확률분포를 따른다.

관련개념 CHAPTER 02 위험성 파악 · 결정

기계 · 기구 및 설비 안전관리

041

「산업안전보건법령」상 프레스 등 금형을 부착 · 해체 또는 조정하는 작업을 할 때, 슬라이드가 갑자기 작동함으로써 근로자에게 발생할 우려가 있는 위험을 방지하기 위해 사용해야 하는 것은?(단, 해당 작업에 종사하는 근로자의 신체가 위험한계 내에 있는 경우이다.)

① 방진구
② 안전블록
③ 시건장치
④ 날접촉예방장치

해설 프레스 등의 금형을 부착 · 해체 또는 조정하는 작업을 할 때에 해당 작업에 종사하는 근로자의 신체가 위험한계 내에 있는 경우 슬라이드가 갑자기 작동함으로써 근로자에게 발생할 우려가 있는 위험을 방지하기 위하여 안전블록을 사용하는 등 필요한 조치를 하여야 한다.

관련개념 CHAPTER 04 프레스 및 전단기의 안전

042

페일 세이프(Fail Safe)의 기능적인 면에서 분류할 때 거리가 가장 먼 것은?

① Fool Proof
② Fail Passive
③ Fail Active
④ Fail Operational

해설 Fail Safe의 기능면에서의 분류

• Fail Passive: 부품이 고장났을 경우 통상 기계는 정지하는 방향으로 이동
• Fail Active: 부품이 고장났을 경우 기계는 경보를 울리는 가운데 짧은 시간 동안 운전 가능
• Fail Operational: 부품의 고장이 있더라도 기계는 추후 보수가 이루어질 때까지 안전한 기능 유지

관련개념 CHAPTER 01 기계공정의 안전, 기계안전시설 관리

043

「산업안전보건법령」상 크레인에서 정격하중에 대한 정의는?(단, 지브가 있는 크레인은 제외)

① 부하할 수 있는 최대하중
② 부하할 수 있는 최대하중에서 달기기구의 중량에 상당하는 하중을 뺀 하중
③ 짐을 싣고 상승할 수 있는 최대하중
④ 가장 위험한 상태에서 부하할 수 있는 최대하중

해설 정격하중은 크레인의 권상하중에서 훅·버킷 등 달기구의 중량에 상당하는 하중을 뺀 하중을 말한다. 이때 권상하중이란 크레인이 들어 올릴 수 있는 최대의 하중을 말한다.

관련개념 CHAPTER 06 운반기계 및 양중기

044

기계설비의 안전조건인 구조의 안전화와 거리가 가장 먼 것은?

① 전압 강하에 따른 오동작 방지
② 재료의 결함 방지
③ 설계상의 결함 방지
④ 가공 결함 방지

해설 전압 강하에 따른 오동작 방지는 기능상의 안전화에 해당한다.
구조적 안전화(강도적 안전화)
• 재료에 있어서의 결함 방지
• 설계에 있어서의 결함 방지(안전율 등)
• 가공에 있어서의 결함 방지

관련개념 CHAPTER 01 기계공정의 안전, 기계안전시설 관리

045

공기압축기의 작업안전수칙으로 가장 적절하지 않은 것은?

① 공기압축기의 점검 및 청소는 반드시 전원을 차단한 후에 실시한다.
② 운전 중에 어떠한 부품도 건드려서는 안 된다.
③ 공기압축기 분해 시 내부의 압축공기를 이용하여 분해한다.
④ 최대공기압력을 초과한 공기압력으로는 절대로 운전하여서는 안 된다.

해설 공기압축기의 청소·정비 시에는 반드시 압축기를 정지하고 모든 전원을 차단한 다음 내부압력이 완전히 방출된 후 충분히 냉각된 상태에서 실시한다.

관련개념 CHAPTER 05 기타 산업용 기계·기구

046

「산업안전보건법령」상 컨베이어, 이송용 롤러 등을 사용하는 경우 정전·전압강하 등에 의한 위험을 방지하기 위하여 설치하는 안전장치는?

① 권과방지장치
② 동력전달장치
③ 과부하방지장치
④ 화물의 이탈 및 역주행방지장치

해설 **이탈 등의 방지**
컨베이어, 이송용 롤러 등을 사용하는 경우에는 정전·전압강하 등에 따른 화물 또는 운반구의 이탈 및 역주행을 방지하는 장치를 갖추어야 한다.

관련개념 CHAPTER 06 운반기계 및 양중기

047

회전하는 동작부분과 고정부분이 함께 만드는 위험점으로 주로 연삭숫돌과 작업대, 교반기의 교반날개와 몸체 사이에서 형성되는 위험점은?

① 접선물림점　　　　② 절단점
③ 물림점　　　　　　④ 끼임점

해설 **끼임점(Shear Point)**
기계의 고정부분과 회전 또는 직선운동 부분 사이에 형성되는 위험점이다.
㉮ 회전 풀리와 베드 사이, 연삭숫돌과 작업대, 교반기의 날개와 하우스

관련개념 CHAPTER 01 기계공정의 안전, 기계안전시설 관리

048

다음 중 드릴작업의 안전사항으로 틀린 것은?

① 옷소매가 길거나 찢어진 옷은 입지 않는다.
② 작고, 길이가 긴 물건은 손으로 잡고 뚫는다.
③ 회전하는 드릴에 걸레 등을 가까이 하지 않는다.
④ 스핀들에서 드릴을 뽑아낼 때에는 드릴 아래에 손을 내밀지 않는다.

해설 **드릴링 머신의 안전작업수칙**
• 일감은 견고하게 고정시켜야 하며 손으로 쥐고 구멍을 뚫는 것은 위험하다.
• 작업시작 전 척 렌치(Chuck Wrench)를 반드시 뺀다.
• 장갑을 끼고 작업을 하지 않아야 하고, 회전하는 드릴에 걸레 등을 가까이 하지 않는다.
• 구멍을 뚫을 때 관통된 것을 확인하기 위하여 손을 집어넣지 않아야 한다.
• 칩은 회전을 중지시킨 후 브러시로 제거하여야 한다.

관련개념 CHAPTER 03 공작기계의 안전

049

「산업안전보건법령」상 양중기의 과부하방지장치에서 요구하는 일반적인 성능기준으로 가장 적절하지 않은 것은?

① 과부하방지장치 작동 시 경보음과 경보램프가 작동되어야 하며 양중기는 작동이 되지 않아야 한다.
② 외함의 전선 접촉부분은 고무 등으로 밀폐되어 물과 먼지 등이 들어가지 않도록 한다.
③ 과부하방지장치와 타 방호장치는 기능에 서로 장애를 주지 않도록 부착할 수 있는 구조이어야 한다.
④ 방호장치의 기능을 정지 및 제거할 때 양중기의 기능이 동시에 원활하게 작동하는 구조이며 정지해서는 안 된다.

해설 **양중기 과부하방지장치의 일반적인 성능기준**
방호장치의 기능을 제거 또는 정지할 때 양중기의 기능도 동시에 정지할 수 있는 구조이어야 한다.

관련개념 CHAPTER 06 운반기계 및 양중기

050

프레스기의 SPM(Stroke Per Minute)이 200이고, 클러치의 맞물림 개소 수가 6인 경우 양수기동식 방호장치의 안전거리는?

① 120[mm]　　　　② 200[mm]
③ 320[mm]　　　　④ 400[mm]

해설 **양수기동식 안전거리**
$$T_m = \left(\frac{1}{2} + \frac{1}{\text{클러치 개소 수}} \right) \times \frac{60}{\text{분당 행정수[SPM]}}$$
$$= \left(\frac{1}{2} + \frac{1}{6} \right) \times \frac{60}{200} = 0.2\text{초}$$

여기서, T_m: 누름버튼을 누른 때부터 슬라이드가 하사점에 도달할 때까지의 소요 최대시간[초]
$$D_m = 1,600 \times T_m = 1,600 \times 0.2 = 320[\text{mm}]$$

관련개념 CHAPTER 04 프레스 및 전단기의 안전

051

「산업안전보건법령」상 보일러 수위가 이상현상으로 인해 위험수위로 변하면 작업자가 쉽게 감지할 수 있도록 경보등, 경보음을 발하고 자동적으로 급수 또는 단수되어 수위를 조절하는 방호장치는?

① 압력방출장치
② 고저수위 조절장치
③ 압력제한 스위치
④ 과부하방지장치

해설 **고저수위 조절장치**
고저수위 조절장치의 동작 상태를 작업자가 쉽게 감시하도록 하기 위하여 고저수위지점을 알리는 경보등·경보음장치 등을 설치하여야 하며, 자동으로 급수되거나 단수되도록 설치하여야 한다.

관련개념 CHAPTER 05 기타 산업용 기계·기구

052

프레스 작업에서 제품 및 스크랩을 자동적으로 위험한계 밖으로 배출하기 위한 장치로 틀린 것은?

① 피더
② 키커
③ 이젝터
④ 공기 분사 장치

해설 **피더(Feeder)**
재료의 자동송급 도구로서 위험한계 밖에서 안전하게 가공물을 투입하기 위한 장치이다.

관련개념 CHAPTER 04 프레스 및 전단기의 안전

053

「산업안전보건법령」상 로봇의 작동범위 내에서 그 로봇에 관하여 교시 등 작업을 행하는 때 작업시작 전 점검사항으로 옳은 것은?(단, 로봇의 동력원을 차단하고 행하는 것은 제외)

① 과부하방지장치의 이상 유무
② 압력제한스위치의 이상 유무
③ 외부 전선의 피복 또는 외장의 손상 유무
④ 권과방지장치의 이상 유무

해설 **산업용 로봇의 작업시작 전 점검사항**
• 외부 전선의 피복 또는 외장의 손상 유무
• 매니퓰레이터(Manipulator) 작동의 이상 유무
• 제동장치 및 비상정지장치의 기능

관련개념 CHAPTER 02 기계분야 산업재해 조사 및 관리

054

「산업안전보건법령」상 지게차 작업시작 전 점검사항으로 거리가 가장 먼 것은?

① 제동장치 및 조종장치 기능의 이상 유무
② 압력방출장치의 작동 이상 유무
③ 바퀴의 이상 유무
④ 전조등·후미등·방향지시기 및 경보장치 기능의 이상 유무

해설 압력방출장치의 기능은 공기압축기를 가동할 때 작업시작 전 점검사항이다.
지게차 작업시작 전 점검사항
• 제동장치 및 조종장치 기능의 이상 유무
• 하역장치 및 유압장치 기능의 이상 유무
• 바퀴의 이상 유무
• 전조등·후미등·방향지시기 및 경보장치 기능의 이상 유무

관련개념 CHAPTER 02 기계분야 산업재해 조사 및 관리

055

다음 중 가공재료의 칩이나 절삭유 등이 비산되어 나오는 위험으로부터 보호하기 위한 선반의 방호장치는?

① 바이트
② 권과방지장치
③ 압력제한스위치
④ 쉴드(shield)

해설 **선반의 안전장치**
• 칩 브레이커(Chip Breaker): 칩이 짧게 끊어지도록 하는 장치
• 덮개(Shield): 가공재료의 칩이나 절삭유 등이 비산되어 나오는 위험으로부터 작업자의 보호를 위해 이동이 가능한 장치
• 브레이크(Brake): 가공 작업 중 선반을 급정지시킬 수 있는 장치
• 척 커버(Chuck Cover)

관련개념 CHAPTER 03 공작기계의 안전

056

「산업안전보건법령」상 보일러의 압력방출장치가 2개 설치된 경우 그 중 1개는 최고사용압력이하에서 작동된다고 할 때 다른 압력방출장치는 최고사용압력의 최대 몇 배 이하에서 작동되도록 하여야 하는가?

① 0.5
② 1
③ 1.05
④ 2

해설 보일러의 안전한 가동을 위하여 보일러 규격에 맞는 압력방출장치를 1개 또는 2개 이상 설치하고 최고사용압력 이하에서 작동되도록 하여야 한다. 다만, 압력방출장치가 2개 이상 설치된 경우에는 최고사용압력 이하에서 1개가 작동되고, 다른 압력방출장치는 최고사용압력 1.05배 이하에서 작동되도록 부착하여야 한다.

관련개념 CHAPTER 05 기타 산업용 기계 · 기구

057

상용운전압력 이상으로 압력이 상승할 경우 보일러의 파열을 방지하기 위하여 버너의 연소를 차단하여 정상압력으로 유도하는 장치는?

① 압력방출장치
② 고저수위 조절장치
③ 압력제한스위치
④ 통풍제어 스위치

해설 압력제한스위치
보일러의 과열을 방지하기 위하여 최고사용압력과 상용압력 사이에서 보일러의 버너연소를 차단할 수 있도록 압력제한스위치를 부착하여 사용하여야 한다.

관련개념 CHAPTER 05 기타 산업용 기계 · 기구

058

용접부 결함에서 전류가 과대하고, 용접속도가 너무 빨라 용접부의 일부가 홈 또는 오목하게 생기는 결함은?

① 언더컷
② 기공
③ 균열
④ 융합불량

해설 용접부의 결함

언더컷	용접부에서 전류가 과대하고, 용접속도가 너무 빨라 용접부의 일부가 홈 또는 오목한 부분이 생기는 결함
기공	용착금속에 남아있는 가스로 인해 기포가 생기는 것
용입불량	용융금속이 불균일하게 주입되는 것

관련개념 CHAPTER 05 기타 산업용 기계 · 기구

059

물체의 표면에 침투력이 강한 적색 또는 형광성의 침투액을 표면 개구 결함에 침투시켜 직접 또는 자외선 등으로 관찰하여 결함장소와 크기를 판별하는 비파괴시험은?

① 피로시험
② 음향탐상시험
③ 와류탐상시험
④ 침투탐상시험

해설 침투탐상검사(PT; Liquid Penetrant Testing)
시험체 표면에 침투제를 적용시켜 침투제가 표면에 열려있는 불연속부에 침투할 수 있는 충분한 시간이 경과한 후, 불연속부에 침투하지 못하고 시험체 표면에 남아있는 과잉의 침투제를 제거하고 그 위에 현상제를 도포하여 불연속부에 들어있는 침투제를 빨아올림으로써 불연속의 위치, 크기 및 지시모양을 검출하는 검사방법이다.

관련개념 CHAPTER 07 설비진단 및 검사

060

연삭숫돌의 파괴원인으로 거리가 가장 먼 것은?

① 숫돌이 외부의 큰 충격을 받았을 때
② 숫돌의 회전속도가 너무 빠를 때
③ 숫돌 자체에 이미 균열이 있을 때
④ 플랜지 직경이 숫돌 직경의 1/3 이상일 때

해설 플랜지 지름이 현저하게 작을 때 연삭숫돌이 파괴된다.

관련개념 CHAPTER 03 공작기계의 안전

전기설비 안전관리

061

다음 중 전기화재의 주요 원인이라고 할 수 없는 것은?

① 절연전선의 열화
② 정전기 발생
③ 과전류 발생
④ 절연저항값의 증가

해설 전기화재는 절연저항값이 감소할 때 일어난다.

전기화재의 원인
- 단락(합선)
- 누전(지락)
- 과전류
- 스파크(Spark, 전기불꽃)
- 접촉부 과열
- 절연열화(탄화)에 의한 발열
- 낙뢰
- 정전기 스파크

관련개념 CHAPTER 05 전기설비 위험요인관리

062

배전선로에 정전작업 중 단락접지기구를 사용하는 목적으로 가장 적합한 것은?

① 통신선 유도 장해 방지
② 배전용 기계 기구의 보호
③ 배전선 통전 시 전위경도 저감
④ 혼촉 또는 오동작에 의한 감전방지

해설 **단락접지를 하는 이유**
전로가 정전된 경우에도 오통전, 다른 전로와의 접촉(혼촉) 또는 다른 전로에서의 유도작용 및 비상용 발전기의 가동 등으로 정전전로가 갑자기 충전되는 경우가 있으므로 이에 따른 감전위험을 제거하기 위해 작업개소에 근접한 지점에 충분한 용량을 갖는 단락접지기구를 사용하여 정전전로를 단락접지하는 것이 필요하다.

관련개념 CHAPTER 02 감전재해 및 방지대책

063

어느 변전소에서 고장전류가 유입되었을 때 도전성 구조물과 그 부근 지표상의 점과의 사이(약 1[m])의 허용접촉전압은 약 몇 [V]인가?(단, 심실세동전류: $I_k = \dfrac{0.165}{\sqrt{t}}$[A], 인체의 저항: 1,000[Ω], 지표면의 저항률: 150[Ω·m], 통전시간을 1초로 한다.)

① 164
② 186
③ 202
④ 228

해설 **허용접촉전압**

$$E = \left(R_b + \frac{3\rho_s}{2}\right) \times I_k = \left(1{,}000 + \frac{3 \times 150}{2}\right) \times 0.165 = 202[\text{V}]$$

여기서, R_b: 인체저항[Ω]
ρ_s: 지표상층 저항률[Ω·m]
I_k: 통전전류[A]

관련개념 CHAPTER 02 감전재해 및 방지대책

064

방폭기기 그룹에 관한 설명으로 틀린 것은?

① 그룹 Ⅰ, 그룹 Ⅱ, 그룹 Ⅲ가 있다.
② 그룹 Ⅰ의 기기는 폭발성 갱내 가스에 취약한 광산에서의 사용을 목적으로 한다.
③ 그룹 Ⅱ의 세부 분류로 ⅡA, ⅡB, ⅡC가 있다.
④ ⅡA로 표시된 기기는 그룹 ⅡB기기를 필요로 하는 지역에 사용할 수 있다.

해설 ⅡA에서 ⅡC로 갈수록 위험한 가스를 표시하므로 ⅡA로 표시된 기기는 그룹 ⅡB기기를 필요로 하는 지역에 사용할 수 없다.

관련개념 CHAPTER 04 전기방폭관리

065

「한국전기설비규정」에 따라 피뢰설비에서 외부피뢰시스템의 수뢰부시스템으로 적합하지 않은 것은?

① 돌침
② 수평도체
③ 그물망도체
④ 환상도체

해설 수뢰부시스템은 돌침, 수평도체, 그물망도체의 요소 중에 한 가지 또는 이를 조합한 형식으로 시설하여야 한다.

관련개념 CHAPTER 05 전기설비 위험요인관리

066

정전기 재해의 방지를 위하여 배관 내 액체의 유속 제한이 필요하다. 배관의 내경과 유속제한 값으로 적절하지 않은 것은?

① 관내경[mm]: 25, 제한유속[m/s]: 6.5
② 관내경[mm]: 50, 제한유속[m/s]: 3.5
③ 관내경[mm]: 100, 제한유속[m/s]: 2.5
④ 관내경[mm]: 200, 제한유속[m/s]: 1.8

해설 관내경과 유속제한 값

관내경 D[m]	유속 V[m/s]	$V^2[m^2/s^2]$	$V^2D[m^3/s^2]$
0.01	8	64	0.64
0.025	4.9	24	0.6
0.05	3.5	12.25	0.61
0.1	2.5	6.25	0.63
0.2	1.8	3.25	0.64
0.4	1.3	1.6	0.67
0.6	1.0	1.0	0.6

관련개념 CHAPTER 03 정전기 장·재해관리

067

지락이 생긴 경우 접촉상태에 따라 접촉전압을 제한할 필요가 있다. 인체의 접촉상태에 따른 허용접촉전압을 나타낸 것으로 다음 중 옳지 않은 것은?

① 제1종: 2.5[V] 이하
② 제2종: 25[V] 이하
③ 제3종: 35[V] 이하
④ 제4종: 제한 없음

해설 허용접촉전압

종별	허용접촉전압
제1종	2.5[V] 이하
제2종	25[V] 이하
제3종	50[V] 이하
제4종	제한 없음

관련개념 CHAPTER 02 감전재해 및 방지대책

068

계통접지로 적합하지 않은 것은?

① TN 계통
② TT 계통
③ IN 계통
④ IT 계통

해설 계통접지 구성

저압전로의 보호도체 및 중성선의 접속 방식에 따라 접지계통은 다음과 같이 분류한다.

· TN 계통
· TT 계통
· IT 계통

관련개념 CHAPTER 05 전기설비 위험요인관리

069

정전기 발생에 영향을 주는 요인이 아닌 것은?

① 물체의 분리속도
② 물체의 특성
③ 물체의 접촉시간
④ 물체의 표면상태

해설 물체의 접촉시간은 정전기 발생과 무관하다.

정전기 발생에 영향을 주는 요인

· 물체의 특성
· 물체의 표면상태
· 물질의 이력
· 접촉면적 및 압력
· 분리속도

관련개념 CHAPTER 03 정전기 장·재해관리

070

정전기 재해의 방지대책에 대한 설명으로 적합하지 않은 것은?

① 접지의 접속은 납땜, 용접 또는 멈춤나사로 실시한다.
② 회전부품의 유막저항이 높으면 도전성의 윤활제를 사용한다.
③ 이동식의 용기는 절연성 고무제 바퀴를 달아서 폭발위험을 제거한다.
④ 폭발의 위험이 있는 구역은 도전성 고무류로 바닥 처리를 한다.

해설 정전기 발생을 방지하기 위해 절연성 고무제 바퀴를 도전성 바퀴로 교체하여야 한다.

관련개념 CHAPTER 03 정전기 장·재해관리

071

폭발한계에 도달한 메탄가스가 공기에 혼합되었을 경우 착화한계전압[V]은 약 얼마인가?(단, 메탄의 착화최소에너지는 0.2[mJ], 극간용량은 10[pF]으로 한다.)

① 6,325
② 5,225
③ 4,135
④ 3,035

해설 $W = \frac{1}{2}CV^2$에서

$V = \sqrt{\frac{2W}{C}} = \sqrt{\frac{2 \times (0.2 \times 10^{-3})}{10 \times 10^{-12}}} = 6,325[V]$

여기서, W: 착화에너지[J]
$\qquad C$: 도체의 정전용량[F]
$\qquad V$: 대전전위[V]

※ $1[mJ] = 10^{-3}[J]$, $1[pF] = 10^{-12}[F]$이다.

관련개념 CHAPTER 03 정전기 장·재해관리

072

$Q = 2 \times 10^{-7}[C]$으로 대전하고 있는 반경 25[cm] 도체구의 전위[kV]는 약 얼마인가?

① 7.2
② 12.5
③ 14.4
④ 25

해설 전자기학의 전위

도체구의 전위 $V = \dfrac{Q}{r} \times 9 \times 10^9$

$\qquad = \dfrac{2 \times 10^{-7}}{25 \times 10^{-2}} \times 9 \times 10^9 = 7,200[V] = 7.2[kV]$

여기서, Q: 전하량[C]
$\qquad r$: 반경[m]

관련개념 CHAPTER 03 정전기 장·재해관리

073

다음 중 누전차단기를 시설하지 않아도 되는 전로가 아닌 것은?(단, 전로는 금속제 외함을 가지는 사용전압이 50[V]를 초과하는 저압의 기계·기구에 전기를 공급하는 전로이며, 기계·기구에는 사람이 쉽게 접촉할 우려가 있다.)

① 기계·기구를 건조한 장소에 시설하는 경우
② 기계·기구가 고무, 합성수지, 기타 절연물로 피복된 경우
③ 대지전압 200[V] 이하인 기계·기구를 물기가 있는 곳 이외의 곳에 시설하는 경우
④ 「전기용품 및 생활용품 안전관리법」의 적용을 받는 이중절연구조의 기계·기구를 시설하는 경우

해설 대지전압이 150[V]를 초과하는 이동형 또는 휴대형 전기기계·기구에 누전차단기를 설치하여야 한다.

관련개념 CHAPTER 02 감전재해 및 방지대책

074

고압전로에 설치된 전동기용 고압전류 제한퓨즈의 불용단 전류의 조건은?

① 정격전류 1.3배의 전류로 1시간 이내에 용단되지 않을 것
② 정격전류 1.3배의 전류로 2시간 이내에 용단되지 않을 것
③ 정격전류 2배의 전류로 1시간 이내에 용단되지 않을 것
④ 정격전류 2배의 전류로 2시간 이내에 용단되지 않을 것

해설 **고압전류 제한퓨즈의 불용단전류 조건**
• 일반용, 변압기용, **전동기용**: 정격전류의 1.3배 전류로 2시간 이내에 용단되지 않을 것
• 콘덴서용: 정격전류의 2배 전류로 2시간 이내에 용단되지 않을 것

관련개념 CHAPTER 01 전기안전관리

075

누전차단기의 시설방법 중 옳지 않은 것은?

① 시설장소는 배전반 또는 분전반 내에 설치한다.
② 정격전류용량은 해당 전로의 부하전류값 이상이어야 한다.
③ 정격감도전류는 정상의 사용상태에서 불필요하게 동작하지 않도록 한다.
④ 인체감전보호형은 0.05초 이내에 동작하는 고감도고속형이어야 한다.

해설 **감전보호용 누전차단기**
정격감도전류 30[mA] 이하, 동작시간 0.03초 이내

관련개념 CHAPTER 02 감전재해 및 방지대책

076

정전기 방지대책 중 적합하지 않은 것은?

① 대전서열이 가급적 먼 것으로 구성한다.
② 카본 블랙을 도포하여 도전성을 부여한다.
③ 유속을 저감시킨다.
④ 도전성 재료를 도포하여 대전을 감소시킨다.

해설 일반적으로 대전량은 접촉이나 분리하는 두 물체가 대전서열 내에서 가까운 위치에 있으면 적고, 먼 위치에 있으면 큰 경향이 있으므로 정전기 발생 방지를 위하여 대전서열이 가급적 가까운 것으로 구성한다.

관련개념 CHAPTER 03 정전기 장·재해관리

077

다음 중 방폭전기기기의 구조별 표시방법으로 틀린 것은?

① 내압방폭구조: p
② 본질안전방폭구조: ia, ib
③ 유입방폭구조: o
④ 안전증방폭구조: e

해설 내압방폭구조의 기호는 d이다.

관련개념 CHAPTER 04 전기방폭관리

078

내전압용 절연장갑의 등급에 따른 최대사용전압이 틀린 것은?(단, 교류 전압은 실횻값이다.)

① 등급 00: 교류 500[V]　② 등급 1: 교류 7,500[V]
③ 등급 2: 직류 17,000[V]　④ 등급 3: 직류 39,750[V]

해설 **절연장갑의 등급 및 색상**

등급	최대사용전압		색상
	교류([V], 실횻값)	직류[V]	
00	500	750	갈색
0	1,000	1,500	빨간색
1	7,500	11,250	흰색
2	17,000	25,500	노란색
3	26,500	39,750	녹색
4	36,000	54,000	등색

관련개념 SUBJECT 01 산업재해 예방 및 안전보건교육
　　　CHAPTER 02 안전보호구 관리

079

저압전로의 절연성능에 관한 설명으로 적합하지 않은 것은?

① 전로의 사용전압이 SELV 및 PELV일 때 절연저항은 0.5[MΩ] 이상이어야 한다.

② 전로의 사용전압이 FELV일 때 절연저항은 1[MΩ] 이상이어야 한다.

③ 전로의 사용전압이 FELV일 때 DC 시험 전압은 500[V]이다.

④ 전로의 사용전압이 600[V]일 때 절연저항은 1.5[MΩ] 이상이어야 한다.

해설 전선을 서로 접속한 때에는 해당 전선의 절연성능 이상으로 절연될 수 있도록 충분히 피복하거나 적합한 접속기구를 사용하여야 한다.

전로의 사용전압	DC 시험전압[V]	절연저항[MΩ]
SELV 및 PELV	250	0.5 이상
FELV, 500[V] 이하	500	1 이상
500[V] 초과	1,000	1 이상

※ 특별저압(Extra Low Voltage: 2차 전압이 AC 50[V], DC 120[V] 이하)으로 SELV(비접지회로 구성) 및 PELV(접지회로 구성)는 1차와 2차가 전기적으로 절연된 회로, FELV는 1차와 2차가 전기적으로 절연되지 않은 회로

관련개념 CHAPTER 02 감전재해 및 방지대책

080

다음 중 0종 장소에 사용될 수 있는 방폭구조의 기호는?

① Ex ia
② Ex ib
③ Ex d
④ Ex e

해설 0종 장소에 선정할 수 있는 방폭구조: Ex ia

관련개념 CHAPTER 04 전기방폭관리

화학설비 안전관리

081

다음 중 증기배관 내에 생성된 증기의 누설을 막고 응축수를 자동적으로 배출하기 위한 안전장치는?

① Steam Trap
② Vent Stack
③ Blow Down
④ Flame Arrester

해설 스팀트랩(Steam Trap)
증기배관 내에 생성하는 응축수는 송기상 지장이 되어 제거할 필요가 있는데, 이때 증기가 도망가지 않도록 이 응축수를 자동적으로 배출하기 위한 장치이다.

벤트스택(Vent Stack)
탱크 내의 압력을 정상상태로 유지하기 위한 장치이다.

블로우다운(Blow Down)
보일러 내부에 이물질이 누적되는 것을 방지하기 위해 수면의 스팀, 수저의 찌꺼기를 방출하는 장치이다.

화염방지기(Flame Arrester)
비교적 저압 또는 상압에서 가연성 증기를 발생시키는 인화성 물질 등을 저장하는 탱크에서 외부에 그 증기를 방출하거나 탱크 내에 외기를 흡입하는 부분에 설치하는 안전장치이다.

관련개념 CHAPTER 04 화공 안전운전 · 점검

082

CF₃Br 소화약제의 하론 번호를 옳게 나타낸 것은?

① 하론 1031
② 하론 1311
③ 하론 1301
④ 하론 1310

해설 구성 원소들의 개수를 C, F, Cl, Br, I의 순서대로 써보면 C 1개, F 3개, Cl 0개, Br 1개, I 0개이므로 번호는 1301이다. 따라서 CF_3Br은 할론 1301이다.

관련개념 CHAPTER 01 화재 · 폭발 검토

083

「산업안전보건법령」에 따라 공정안전보고서에 포함해야 할 세부내용 중 공정안전자료에 해당하지 않는 것은?

① 안전운전지침서
② 각종 건물·설비의 배치도
③ 유해하거나 위험한 설비의 목록 및 사양
④ 위험설비의 안전설계·제작 및 설치관련 지침서

해설 안전운전지침서는 안전운전계획에 포함하여야 할 세부내용이다.

관련개념 CHAPTER 04 화공 안전운전·점검

084

「산업안전보건법령」상 단위공정시설 및 설비로부터 다른 단위공정시설 및 설비 사이의 안전거리는 설비의 바깥 면부터 얼마 이상이 되어야 하는가?

① 5[m]　　　　　② 10[m]
③ 15[m]　　　　　④ 20[m]

해설 단위공정시설 및 설비로부터 다른 단위공정시설 및 설비의 사이는 설비의 바깥면으로부터 10[m] 이상의 안전거리를 두어야 한다.

관련개념 CHAPTER 02 화학물질 안전관리 실행

085

자연발화 성질을 갖는 물질이 아닌 것은?

① 질화면　　　　　② 목탄분말
③ 아마인유　　　　④ 과염소산

해설 과염소산은 산화성 액체이다. 산화성 액체는 산화성이 커서 다른 물질의 연소를 돕는다.

관련개념 CHAPTER 02 화학물질 안전관리 실행

086

다음 중 왕복펌프에 속하지 않는 것은?

① 피스톤 펌프　　　② 플런저 펌프
③ 기어 펌프　　　　④ 격막 펌프

해설 왕복펌프
원통형 실린더 내의 피스톤의 왕복운동에 의해서 직접 액체에 압력을 주는 펌프로 **플런저형, 격막형, 피스톤형**이 있다.
펌프의 종류

관련개념 CHAPTER 04 화공 안전운전·점검

087

두 물질을 혼합하면 위험성이 커지는 경우가 아닌 것은?

① 이황화탄소+물　　② 나트륨+물
③ 과산화나트륨+염산　④ 염소산칼륨+적린

해설 이황화탄소는 물과 반응하지 않아 물과 혼합 시 위험하지 않다.
오답해설
② 인화성 가스인 수소 발생
　$Na + 2H_2O \rightarrow 2NaOH + H_2 \uparrow$
③ 산화성 액체인 과산화수소 발생
　$Na_2O_2 + 2HCl \rightarrow 2NaCl + H_2O_2$
④ 유독성 물질인 오산화인 발생
　$5KClO_3 + 6P \rightarrow 5KCl + 3P_2O_5$

관련개념 CHAPTER 02 화학물질 안전관리 실행

088

5[%] NaOH 수용액과 10[%] NaOH 수용액을 반응기에 혼합하여 6[%] 100[kg]의 NaOH 수용액을 만들려면 각각 몇 [kg]의 NaOH 수용액이 필요한가?

① 5[%] NaOH 수용액: 33.3, 10[%] NaOH 수용액: 66.7
② 5[%] NaOH 수용액: 50, 10[%] NaOH 수용액: 50
③ 5[%] NaOH 수용액: 66.7, 10[%] NaOH 수용액: 33.3
④ 5[%] NaOH 수용액: 80, 10[%] NaOH 수용액: 20

해설 5[%] NaOH 수용액 양을 x, 10[%] NaOH 수용액 양을 y라 하면

$$\begin{cases} x+y=100 \\ 0.05x+0.1y=0.06\times100 \end{cases}$$

$x=80[kg], y=20[kg]$

관련개념 CHAPTER 02 화학물질 안전관리 실행

089

다음 중 노출기준(TWA, [ppm]) 값이 가장 작은 물질은?

① 염소　　② 암모니아
③ 에탄올　　④ 메탄올

해설 주요 물질의 노출기준

물질명	화학식	노출기준(TWA)
염소(Chlorine)	Cl_2	0.5[ppm]
암모니아(Ammonia)	NH_3	25[ppm]
에탄올(Ethanol)	C_2H_5OH	1,000[ppm]
메탄올(Methanol)	CH_3OH	200[ppm]

※ TWA는 값이 작을수록 독성이 강하다.

관련개념 CHAPTER 02 화학물질 안전관리 실행

090

「산업안전보건법령」에 따라 위험물 건조설비 중 건조실을 설치하는 건축물의 구조를 독립된 단층 건물로 하여야 하는 건조설비가 아닌 것은?

① 위험물 또는 위험물이 발생하는 물질을 가열·건조하는 경우 내용적이 2[m³]인 건조설비
② 위험물이 아닌 물질을 가열·건조하는 경우 액체연료의 최대사용량이 5[kg/h]인 건조설비
③ 위험물이 아닌 물질을 가열·건조하는 경우 기체연료의 최대사용량이 2[m³/h]인 건조설비
④ 위험물이 아닌 물질을 가열·건조하는 경우 전기사용 정격용량이 20[kW]인 건조설비

해설 위험물 건조설비를 설치하는 건축물의 구조

다음 어느 하나에 해당하는 위험물 건조설비 중 건조실을 설치하는 건축물의 구조는 독립된 단층건물로 하여야 한다.
• 위험물 또는 위험물이 발생하는 물질을 가열·건조하는 경우 내용적이 1[m³] 이상인 건조설비
• 위험물이 아닌 물질을 가열·건조하는 경우로서 다음의 어느 하나의 용량에 해당하는 건조설비
　－ 고체 또는 액체연료의 최대사용량이 시간당 10[kg] 이상
　－ 기체연료의 최대사용량이 시간당 1[m³] 이상
　－ 전기사용 정격용량이 10[kW] 이상

관련개념 CHAPTER 02 화학물질 안전관리 실행

091

「산업안전보건법령」상 특수화학설비를 설치할 때 내부의 이상 상태를 조기에 파악하기 위하여 필요한 계측장치를 설치하여야 한다. 이러한 계측장치로 거리가 먼 것은?

① 압력계　　② 유량계
③ 온도계　　④ 비중계

해설 특수화학설비를 설치하는 경우에는 내부의 이상 상태를 조기에 파악하기 위하여 필요한 온도계·유량계·압력계 등의 계측장치를 설치하여야 한다.

관련개념 CHAPTER 02 화학물질 안전관리 실행

092

불연성이지만 다른 물질의 연소를 돕는 산화성 액체 물질에 해당하는 것은?

① 하이드라진 ② 과염소산
③ 벤젠 ④ 암모니아

해설 과염소산은 산화성 액체로 자신은 불연성이지만 산화성이 커서 다른 물질의 연소를 돕는다.

오답해설
① 하이드라진, ③ 벤젠: 인화성 액체
④ 암모니아: 인화성 가스

관련개념 CHAPTER 02 화학물질 안전관리 실행

093

아세톤에 대한 설명으로 틀린 것은?

① 증기는 유독하므로 흡입하지 않도록 주의해야 한다.
② 무색이고 휘발성이 강한 액체이다.
③ 비중이 0.79이므로 물보다 가볍다.
④ 인화점이 20[℃]이므로 여름철에 인화 위험이 더 높다.

해설 아세톤의 인화점은 약 −18[℃]이다.

관련개념 CHAPTER 02 화학물질 안전관리 실행

094

「화학물질 및 물리적 인자의 노출기준」에서 정한 유해인자에 대한 노출기준의 표시단위가 잘못 연결된 것은?

① 에어로졸: [ppm]
② 증기: [ppm]
③ 가스: [ppm]
④ 고온: 습구흑구온도지수(WBGT)

해설 분진 및 미스트 등 에어로졸(Aerosol)의 노출기준 표시단위는 [mg/m³]을 사용한다.

관련개념 CHAPTER 02 화학물질 안전관리 실행

095

다음 [표]를 참조하여 메탄 70[vol%], 프로판 21[vol%], 부탄 9[vol%]인 혼합가스의 폭발범위를 구하면 약 몇 [vol%]인가?

가스	폭발하한계 [vol%]	폭발상한계 [vol%]
C_4H_{10}	1.8	8.4
C_3H_8	2.1	9.5
C_2H_6	3.0	12.4
CH_4	5.0	15.0

① 3.45~9.11 ② 3.45~12.58
③ 3.85~9.11 ④ 3.85~12.58

해설 혼합가스의 폭발한계

$$L = \frac{V_1 + V_2 + \cdots + V_n}{\dfrac{V_1}{L_1} + \dfrac{V_2}{L_2} + \cdots + \dfrac{V_n}{L_n}}$$

• 폭발하한 $= \dfrac{70 + 21 + 9}{\dfrac{70}{5} + \dfrac{21}{2.1} + \dfrac{9}{1.8}} = 3.45[vol\%]$

• 폭발상한 $= \dfrac{70 + 21 + 9}{\dfrac{70}{15} + \dfrac{21}{9.5} + \dfrac{9}{8.4}} = 12.58[vol\%]$

따라서 혼합가스의 폭발범위는 3.45~12.58[vol%]이다.

관련개념 CHAPTER 01 화재·폭발 검토

096

「산업안전보건법령」상 위험물질의 종류를 구분할 때 다음 물질들이 해당하는 것은?

리튬, 칼륨, 나트륨, 황, 황린, 황화인, 적린

① 폭발성 물질 및 유기과산화물
② 산화성 액체 및 산화성 고체
③ 물반응성 물질 및 인화성 고체
④ 급성 독성 물질

해설 보기의 물질은 물반응성 물질 및 인화성 고체에 해당한다.

관련개념 CHAPTER 02 화학물질 안전관리 실행

2021년 2회

097

제1종 분말소화약제의 주성분에 해당하는 것은?

① 사염화탄소 ② 브롬화메탄
③ 수산화암모늄 ④ 탄산수소나트륨

해설 **분말소화약제의 분류**
• 제1종 소화약제: 탄산수소나트륨($NaHCO_3$)
• 제2종 소화약제: 탄산수소칼륨($KHCO_3$)
• 제3종 소화약제: 제1인산암모늄($NH_4H_2PO_4$)
• 제4종 소화약제: 탄산수소칼륨＋요소($KHCO_3＋(NH_2)_2CO$)

관련개념 CHAPTER 01 화재·폭발 검토

098

탄화칼슘이 물과 반응하였을 때 생성물을 옳게 나타낸 것은?

① 수산화칼슘 + 아세틸렌 ② 수산화칼슘 + 수소
③ 염화칼슘 + 아세틸렌 ④ 염화칼슘 + 수소

해설 탄화칼슘(CaC_2, 카바이드)은 물과 반응하여 아세틸렌(C_2H_2)을 발생시킨다.
$$CaC_2＋2H_2O \rightarrow Ca(OH)_2＋C_2H_2 \uparrow$$

관련개념 CHAPTER 02 화학물질 안전관리 실행

099

다음 중 분진폭발의 특징으로 옳은 것은?

① 가스폭발보다 연소시간이 짧고, 발생에너지가 작다.
② 압력의 파급속도보다 화염의 파급속도가 빠르다.
③ 가스폭발에 비하여 불완전연소의 발생이 없다.
④ 주위의 분진에 의해 2차, 3차의 폭발로 파급될 수 있다.

해설 **분진폭발의 특징**
• 가스폭발보다 발생에너지가 크다.
• 폭발입력과 연소속도는 가스폭발보다 작다.
• 불완전연소로 인한 가스중독의 위험성이 크다.
• 화염의 파급속도보다 압력의 파급속도가 빠르다.
• 가스폭발에 비하여 불완전연소가 많이 발생한다.
• 주위 분진에 의해 2차, 3차 폭발로 파급될 수 있다.

관련개념 CHAPTER 01 화재·폭발 검토

100

가연성 가스 A의 연소범위를 2.2~9.5[vol%]라 할 때 가스 A의 위험도는 얼마인가?

① 2.52 ② 3.32
③ 4.91 ④ 5.64

해설 **위험도**
$$H = \frac{U-L}{L} = \frac{9.5-2.2}{2.2} = 3.32$$
여기서, U: 연소상한계
　　　　 L: 연소하한계

관련개념 CHAPTER 01 화재·폭발 검토

건설공사 안전관리

101

장비가 위치한 지면보다 낮은 장소를 굴착하는 데 적합한 장비는?

① 트럭크레인　　　　② 파워셔블
③ 백호우　　　　　　④ 진폴

해설 백호우(Back Hoe)
• 기계가 설치된 지면보다 낮은 곳을 굴착하는 데 적합하다.
• 단단한 토질의 굴착 및 수중굴착도 가능하다.
• 굴착된 구멍이나 도랑의 굴착면의 마무리가 비교적 깨끗하고 정확하여 배관작업 등에 편리하다.

관련개념 CHAPTER 04 건설현장 안전시설 관리

102

건설공사도급인은 건설공사 중에 가설구조물의 붕괴 등 산업재해가 발생할 위험이 있다고 판단되면 건축·토목 분야의 전문가의 의견을 들어 건설공사 발주자에게 해당 건설공사의 설계변경을 요청할 수 있는데, 이러한 가설구조물의 기준으로 옳지 않은 것은?

① 높이 20[m] 이상인 비계
② 작업발판 일체형 거푸집 또는 높이 5[m] 이상인 거푸집 동바리
③ 터널의 지보공 또는 높이 2[m] 이상인 흙막이 지보공
④ 동력을 이용하여 움직이는 가설구조물

해설 설계변경 요청 대상 가설구조물에는 높이 31[m] 이상인 비계가 해당된다.

관련개념 CHAPTER 05 비계·거푸집 가시설 위험방지

103

콘크리트 타설 시 안전수칙으로 옳지 않은 것은?

① 타설순서는 계획에 의하여 실시하여야 한다.
② 진동기는 최대한 많이 사용하여야 한다.
③ 콘크리트를 치는 도중에는 거푸집, 지보공 등의 이상유무를 확인하여야 한다.
④ 손수레로 콘크리트를 운반할 때에는 손수레를 타설하는 위치까지 천천히 운반하여 거푸집에 충격을 주지 아니하도록 타설하여야 한다.

해설 진동기는 적절히 사용되어야 하며, 지나친 진동은 거푸집 붕괴의 원인이 될 수 있으므로 주의하여야 한다.

관련개념 CHAPTER 06 공사 및 작업 종류별 안전

104

「산업안전보건법령」에 따른 작업발판 일체형 거푸집에 해당되지 않는 것은?

① 갱 폼(Gang Form)
② 슬립 폼(Slip Form)
③ 유로 폼(Euro Form)
④ 클라이밍 폼(Climbing Form)

해설 작업발판 일체형 거푸집의 종류
• 갱 폼(Gang Form)
• 슬립 폼(Slip Form)
• 클라이밍 폼(Climbing Form)
• 터널 라이닝 폼(Tunnel Lining Form)

관련개념 CHAPTER 05 비계·거푸집 가시설 위험방지

105

터널 지보공을 조립하는 경우에는 미리 그 구조를 검토한 후 조립도를 작성하고, 그 조립도에 따라 조립하도록 하여야 하는데 이 조립도에 명시하여야 할 사항과 가장 거리가 먼 것은?

① 이음방법　　　　　② 단면규격
③ 재료의 재질　　　　④ 재료의 구입처

해설 터널 지보공을 조립하는 경우 조립도에는 재료의 재질, 단면규격, 설치간격 및 이음방법 등을 명시하여야 한다.

관련개념 CHAPTER 05 비계 · 거푸집 가시설 위험방지

106

「산업안전보건법령」에 따른 건설공사 중 다리 건설공사의 경우 유해위험방지계획서를 제출하여야 하는 기준으로 옳은 것은?

① 최대 지간길이가 40[m] 이상인 다리의 건설등 공사
② 최대 지간길이가 50[m] 이상인 다리의 건설등 공사
③ 최대 지간길이가 60[m] 이상인 다리의 건설등 공사
④ 최대 지간길이가 70[m] 이상인 다리의 건설등 공사

해설 유해위험방지계획서 제출대상 건설공사
• 지상높이가 31[m] 이상인 건축물 또는 인공구조물, 연면적 30,000[m²] 이상인 건축물 또는 연면적 5,000[m²] 이상의 문화 및 집회시설(전시장 및 동물원 · 식물원 제외), 판매시설, 운수시설(고속철도의 역사 및 집배송시설 제외), 종교시설, 의료시설 중 종합병원, 숙박시설 중 관광숙박시설, 지하도상가 또는 냉동 · 냉장 창고시설의 건설 · 개조 또는 해체(건설 등) 공사
• 연면적 5,000[m²] 이상의 냉동 · 냉장 창고시설의 설비공사 및 단열공사
• 최대 지간길이가 50[m] 이상인 다리의 건설 등 공사
• 터널의 건설 등 공사
• 다목적댐, 발전용댐, 저수용량 2천만 톤 이상의 용수 전용 댐 및 지방 상수도 전용 댐의 건설 등 공사
• 깊이가 10[m] 이상인 굴착공사

관련개념 CHAPTER 02 건설공사 위험성

107

가설통로 설치에 있어 경사가 최소 얼마를 초과하는 경우에는 미끄러지지 아니하는 구조로 하여야 하는가?

① 15°　　　　　② 20°
③ 30°　　　　　④ 40°

해설 가설통로 설치 시 경사가 15°를 초과하는 경우에는 미끄러지지 아니하는 구조로 하여야 한다.

관련개념 CHAPTER 05 비계 · 거푸집 가시설 위험방지

108

굴착과 싣기를 동시에 할 수 있는 토공기계가 아닌 것은?

① 트랙터 셔블(Tractor Shovel)
② 백호우(Back Hoe)
③ 파워 셔블(Power Shovel)
④ 모터 그레이더(Motor Grader)

해설 모터 그레이더(Motor Grader)는 땅을 고르는 기계이다.

관련개념 CHAPTER 04 건설현장 안전시설 관리

109

강관틀비계를 조립하여 사용하는 경우 준수하여야 할 사항으로 옳지 않은 것은?

① 비계기둥의 밑둥에는 밑받침철물을 사용할 것
② 높이가 20[m]를 초과하거나 중량물의 적재를 수반하는 작업을 할 경우에는 주틀 간의 간격을 1.8[m] 이하로 할 것
③ 주틀 간에 교차 가새를 설치하고 최하층 및 3층 이내마다 수평재를 설치할 것
④ 길이가 띠장 방향으로 4[m] 이하이고 높이가 10[m]를 초과하는 경우에는 10[m] 이내마다 띠장 방향으로 버팀기둥을 설치할 것

해설 강관틀비계를 조립하여 사용하는 경우 주틀 간에 교차 가새를 설치하고 최상층 및 5층 이내마다 수평재를 설치하여야 한다.

관련개념 CHAPTER 05 비계 · 거푸집 가시설 위험방지

110

「산업안전보건법령」에 따른 양중기의 종류에 해당하지 않는 것은?

① 고소작업차　　　　② 이동식 크레인
③ 승강기　　　　　　④ 리프트(Lift)

해설 양중기의 종류
- 크레인(호이스트(Hoist) 포함)
- 이동식 크레인
- 리프트(이삿짐운반용 리프트의 경우에는 적재하중이 0.1톤 이상인 것으로 한정)
- 곤돌라
- 승강기

관련개념 CHAPTER 06 공사 및 작업 종류별 안전

111

부두·안벽 등 하역작업을 하는 장소에서 부두 또는 안벽의 선을 따라 통로를 설치하는 경우에는 폭을 최소 얼마 이상으로 하여야 하는가?

① 85[cm]　　　　　② 90[cm]
③ 100[cm]　　　　④ 120[cm]

해설 부두·안벽 등 하역작업을 하는 장소에 부두 또는 안벽의 선을 따라 통로를 설치하는 경우에는 폭을 90[cm] 이상으로 하여야 한다.

관련개념 CHAPTER 06 공사 및 작업 종류별 안전

112

다음은 「산업안전보건법령」에 따른 산업안전보건관리비의 사용에 관한 규정이다. ( ) 안에 들어갈 내용을 순서대로 옳게 작성한 것은?

> 건설공사도급인은 고용노동부장관이 정하는 바에 따라 해당 건설공사를 위하여 계상된 산업안전보건관리비를 그가 사용하는 근로자와 그의 관계수급인이 사용하는 근로자의 산업재해 및 건강장해 예방에 사용하고, 그 사용명세서를 ( ) 작성하고 건설공사 종료 후 ( )간 보존해야 한다.

① 매월, 6개월　　　② 매월, 1년
③ 2개월마다, 6개월　④ 2개월마다, 1년

해설 건설공사도급인은 산업안전보건관리비를 사용하는 해당 건설공사의 금액이 4천만 원 이상인 때에는 매월 사용명세서를 작성하고, 건설공사 종료 후 1년 동안 보존하여야 한다.

관련개념 CHAPTER 03 건설업 산업안전보건관리비 관리

113

지반의 굴착작업에 있어서 비가 올 경우를 대비한 직접적인 대책으로 옳은 것은?

① 측구 설치
② 낙하물 방지망 설치
③ 추락 방호망 설치
④ 매설물 등의 유무 또는 상태 확인

해설 굴착작업 시 비가 올 경우를 대비하여 측구(側溝)를 설치하거나 굴착경사면에 비닐을 덮는 등 빗물 등의 침투에 의한 붕괴재해를 예방하기 위하여 필요한 조치를 하여야 한다.

관련개념 CHAPTER 02 건설공사 위험성

2021년 2회

114

강관틀비계(높이 5[m] 이상)의 넘어짐을 방지하기 위하여 사용하는 벽이음 및 버팀의 설치간격 기준으로 옳은 것은?

① 수직방향 5[m], 수평방향 5[m]
② 수직방향 6[m], 수평방향 7[m]
③ 수직방향 6[m], 수평방향 8[m]
④ 수직방향 7[m], 수평방향 8[m]

해설 강관틀비계에는 수직방향으로 6[m], 수평방향으로 8[m] 이내마다 벽이음을 하여야 한다.

관련개념 CHAPTER 05 비계·거푸집 가시설 위험방지

115

굴착공사에 있어서 비탈면 붕괴를 방지하기 위하여 실시하는 대책으로 옳지 않은 것은?

① 지표수의 침투를 막기 위해 표면배수공을 한다.
② 지하수위를 내리기 위해 수평배수공을 설치한다.
③ 비탈면 하단을 성토한다.
④ 비탈면 상부에 토사를 적재한다.

해설 비탈면 상부에 토사 적재 시 비탈면 붕괴의 위험이 있다.

관련개념 CHAPTER 04 건설현장 안전시설 관리

116

강관을 사용하여 비계를 구성하는 경우 준수해야 할 사항으로 옳지 않은 것은?

① 비계기둥의 간격은 띠장 방향에서는 1.85[m] 이하, 장선(長線) 방향에서는 1.5[m] 이하로 할 것
② 띠장 간격은 2.0[m] 이하로 할 것
③ 비계기둥의 제일 윗부분으로부터 31[m] 되는 지점 밑부분의 비계기둥은 3개의 강관으로 묶어 세울 것
④ 비계기둥 간의 적재하중은 400[kg]을 초과하지 않도록 할 것

해설 강관을 사용하여 비계를 구성하는 경우 비계기둥의 제일 윗부분으로부터 31[m] 되는 지점 밑부분의 비계기둥은 2개의 강관으로 묶어 세워야 한다.

관련개념 CHAPTER 05 비계·거푸집 가시설 위험방지

117

다음은 「산업안전보건법령」에 따른 시스템비계의 구조에 관한 사항이다. ( ) 안에 들어갈 내용으로 옳은 것은?

> 비계 밑단의 수직재와 받침철물은 밀착되도록 설치하고, 수직재와 받침철물의 연결부의 겹침길이는 받침철물 전체길이의 ( ) 이상이 되도록 할 것

① 2분의 1
② 3분의 1
③ 4분의 1
④ 5분의 1

해설 시스템비계는 비계 밑단의 수직재와 받침철물은 밀착되도록 설치하고, 수직재와 받침철물의 연결부의 겹침길이는 받침철물 전체길이의 $\frac{1}{3}$ 이상이 되도록 하여야 한다.

관련개념 CHAPTER 05 비계·거푸집 가시설 위험방지

118

건설현장에서 작업으로 인하여 물체가 떨어지거나 날아올 위험이 있는 경우에 대한 안전조치에 해당하지 않는 것은?

① 수직보호망 설치
② 방호선반 설치
③ 울타리 설치
④ 낙하물 방지망 설치

해설 작업으로 인하여 물체가 떨어지거나 날아올 위험이 있는 경우 **낙하물 방지망, 수직보호망 또는 방호선반의 설치**, 출입금지구역의 설정, 보호구의 착용 등 위험을 방지하기 위하여 필요한 조치를 하여야 한다.

관련개념 CHAPTER 04 건설현장 안전시설 관리

119

흙막이 가시설 공사 중 발생할 수 있는 보일링(Boiling) 현상에 관한 설명으로 옳지 않은 것은?

① 이 현상이 발생하면 흙막이 벽의 지지력이 상실된다.
② 지하수위가 높은 지반을 굴착할 때 주로 발생된다.
③ 흙막이벽의 근입장 깊이가 부족할 경우 발생한다.
④ 연약한 점토지반에서 굴착면의 융기로 발생한다.

해설 연약한 점토지반에서 굴착저면이 부풀어오르는 현상은 히빙(Heaving)이다.

보일링(Boiling)
투수성이 좋은 사질토 지반을 굴착할 때 흙막이벽 배면의 지하수위가 굴착저면보다 높을 때 굴착저면 위로 액상화된 모래가 솟아오르는 현상이다.

관련개념 CHAPTER 02 건설공사 위험성

120

거푸집 및 동바리를 조립하는 경우에 준수해야 할 기준으로 옳지 않은 것은?

① 동바리의 상하 고정 및 미끄러짐 방지 조치를 할 것
② 강재의 접속부 및 교차부는 볼트·클램프 등 전용철물을 사용하여 단단히 연결한다.
③ 받침목이나 깔판의 사용, 콘크리트 타설 등 동바리의 침하를 방지하기 위한 조치를 할 것
④ 동바리로 사용하는 파이프서포트는 4개 이상 이어서 사용하지 않도록 한다.

해설 동바리로 사용하는 파이프서포트를 3개 이상 이어서 사용하지 않도록 하여야 한다.

관련개념 CHAPTER 05 비계·거푸집 가시설 위험방지

산업재해 예방 및 안전보건교육

001

위험예지훈련 4단계의 진행 순서를 바르게 나열한 것은?

① 목표설정 → 현상파악 → 대책수립 → 본질추구
② 목표설정 → 현상파악 → 본질추구 → 대책수립
③ 현상파악 → 본질추구 → 대책수립 → 목표설정
④ 현상파악 → 본질추구 → 목표설정 → 대책수립

해설 **위험예지훈련의 추진을 위한 문제해결 4단계**

㉠ 1라운드: 현상파악(사실의 파악) – 어떤 위험이 잠재하고 있는가?
㉡ 2라운드: 본질추구(원인조사) – 이것이 위험의 포인트다.
㉢ 3라운드: 대책수립(대책을 세운다) – 당신이라면 어떻게 하겠는가?
㉣ 4라운드: 목표설정(행동계획 작성) – 우리들은 이렇게 하자!

관련개념 CHAPTER 01 산업재해예방 계획 수립

002

레윈(Lewin.K)에 의하여 제시된 인간의 행동에 관한 식을 올바르게 표현한 것은?(단, B는 인간의 행동, P는 개체, E는 환경, f는 함수관계를 의미한다.)

① $B=f(P \cdot E)$
② $B=f(P+1)^E$
③ $P=E \cdot f(B)$
④ $E=f(P \cdot B)$

해설 **레윈(Lewin.K)의 법칙**

$B=f(P \cdot E)$

여기서, B: Behavior(인간의 행동)
$\quad\quad f$: function(함수관계)
$\quad\quad P$: Person(개체: 연령, 경험, 심신상태, 성격, 지능 등)
$\quad\quad E$: Environment(환경: 인간관계, 작업조건 등)

관련개념 CHAPTER 04 인간의 행동과학

003

「산업안전보건법령」상 근로자에 대한 일반건강진단의 실시 시기 기준으로 옳은 것은?

① 사무직에 종사하는 근로자: 1년에 1회 이상
② 사무직에 종사하는 근로자: 2년에 1회 이상
③ 사무직 외의 업무에 종사하는 근로자: 6월에 1회 이상
④ 사무직 외의 업무에 종사하는 근로자: 2년에 1회 이상

해설 **일반건강진단의 주기**

• 사무직에 종사하는 근로자: 2년에 1회 이상
• 그 밖의 근로자: 1년에 1회 이상

관련개념 CHAPTER 01 산업재해예방 계획 수립

004

매슬로우(Maslow)의 욕구 5단계 이론 중 안전욕구의 단계는?

① 제1단계
② 제2단계
③ 제3단계
④ 제4단계

해설 **매슬로우(Maslow)의 욕구위계이론**

㉠ 제1단계: 생리적 욕구
㉡ 제2단계: 안전의 욕구
㉢ 제3단계: 사회적 욕구(친화 욕구)
㉣ 제4단계: 자기존경의 욕구(안정의 욕구 또는 자기존중의 욕구)
㉤ 제5단계: 자아실현의 욕구(성취욕구)

관련개념 CHAPTER 04 인간의 행동과학

005

교육계획 수립 시 가장 먼저 실시하여야 하는 것은?

① 교육내용의 결정
② 실행교육계획서 작성
③ 교육의 요구사항 파악
④ 교육실행을 위한 순서, 방법, 자료의 검토

해설 교육계획 수립 시 교육의 요구사항 등 필요한 정보를 수집·파악하고 현장의 의견을 충분히 반영한다.

관련개념 CHAPTER 05 안전보건교육의 내용 및 방법

006

상황성 누발자의 재해유발원인이 아닌 것은?

① 심신의 근심
② 작업의 어려움
③ 도덕성의 결여
④ 기계설비의 결함

해설 상황성 누발자
작업이 어렵거나, 기계설비의 결함, 환경상 주의력의 집중이 혼란된 경우, 심신의 근심으로 사고경향자가 되는 경우이다.

관련개념 CHAPTER 04 인간의 행동과학

007

인간의 의식 수준을 5단계로 구분할 때 의식이 몽롱한 상태의 단계는?

① Phase Ⅰ
② Phase Ⅱ
③ Phase Ⅲ
④ Phase Ⅳ

해설 인간의 의식 Level의 단계별 신뢰성

단계	의식의 상태	신뢰성
Phase 0	무의식, 실신	0
Phase I	의식의 둔화	0.9 이하
Phase II	이완 상태	0.99~0.99999
Phase III	명료한 상태	0.99999 이상
Phase IV	과긴장 상태	0.9 이하

관련개념 CHAPTER 04 인간의 행동과학

008

「산업안전보건법령」상 사업장에서 산업재해 발생 시 사업주가 기록·보존하여야 하는 사항을 모두 고른 것은?(단, 산업재해조사표와 요양신청서의 사본은 보존하지 않았다.)

⊙ 사업장의 개요 및 근로자의 인적사항
ⓒ 재해발생의 일시 및 장소
ⓒ 재해발생의 원인 및 과정
ⓔ 재해 재발방지 계획

① ⊙, ⓔ
② ⓒ, ⓒ, ⓔ
③ ⊙, ⓒ, ⓒ
④ ⊙, ⓒ, ⓒ, ⓔ

해설 산업재해 기록
사업주는 산업재해가 발생한 때에는 다음 사항을 기록·보존하여야 한다. 다만, 산업재해조사표 사본을 보존하거나 요양신청서의 사본에 재해 재발방지 계획을 첨부하여 보존한 경우에는 그러하지 아니하다.
· 사업장의 개요 및 근로자의 인적사항
· 재해발생의 일시 및 장소
· 재해발생의 원인 및 과정
· 재해 재발방지 계획

관련개념 SUBJECT 03 기계·기구 및 설비 안전관리
CHAPTER 02 기계분야 산업재해 조사 및 관리

009

A사업장의 조건이 다음과 같을 때 A사업장에서 연간재해 발생으로 인한 요양근로손실일수는?

- 강도율: 0.4
- 근로자 수: 1,000명
- 연근로시간수: 2,400시간

① 480
② 720
③ 960
④ 1,440

해설 강도율 $=\dfrac{\text{총 요양근로손실일수}}{\text{연근로시간 수}}\times 1,000$이므로

요양근로손실일수 $=\dfrac{\text{강도율}\times\text{연근로시간 수}}{1,000}=\dfrac{0.4\times(1,000\times 2,400)}{1,000}$
$=960$

관련개념 SUBJECT 03 기계·기구 및 설비 안전관리
CHAPTER 02 기계분야 산업재해 조사 및 관리

010

무재해 운동의 이념 중 선취의 원칙에 대한 설명으로 옳은 것은?

① 사고의 잠재요인을 사후에 파악하는 것
② 근로자 전원이 일체감을 조성하여 참여하는 것
③ 위험요소를 사전에 발견, 파악하여 재해를 예방 또는 방지하는 것
④ 관리감독자 또는 경영층에서의 자발적 참여로 안전 활동을 촉진하는 것

해설 **무재해 운동의 3원칙**
• 무의 원칙: 모든 잠재위험요인을 사전에 발견·파악·해결함으로써 근원적으로 산업재해를 제거한다.
• 참여의 원칙(참가의 원칙): 작업에 따르는 잠재적인 위험요인을 발견·해결하기 위하여 전원이 협력하여 문제해결 운동을 실천한다.
• 안전제일의 원칙(선취의 원칙): 직장의 위험요인을 행동하기 전에 발견·파악·해결하여 재해를 예방한다.

관련개념 CHAPTER 01 산업재해예방 계획 수립

011

안전점검표(체크리스트) 항목 작성 시 유의사항으로 틀린 것은?

① 정기적으로 검토하여 설비나 작업방법이 타당성 있게 개조된 내용일 것
② 사업장에 적합한 독자적 내용을 가지고 작성할 것
③ 위험성이 낮은 순서 또는 긴급을 요하는 순서대로 작성할 것
④ 점검항목을 이해하기 쉽게 구체적으로 표현할 것

해설 **안전점검표(체크리스트) 작성 시 유의사항**
• 위험성이 높은 순이나 긴급을 요하는 순으로 작성할 것
• 정기적으로 검토하여 설비나 작업방법이 타당성 있게 개조된 내용일 것
• 점검항목을 이해하기 쉽게 구체적으로 표현할 것
• 사업장에 적합한 독자적 내용을 가지고 작성할 것

관련개념 SUBJECT 03 기계·기구 및 설비 안전관리
CHAPTER 02 기계분야 산업재해 조사 및 관리

012

안전교육에 있어서 동기부여방법으로 가장 거리가 먼 것은?

① 책임감을 느끼게 한다.
② 관리감독을 철저히 한다.
③ 자기 보존본능을 자극한다.
④ 물질적 이해관계에 관심을 두도록 한다.

해설 안전의 근본이념을 인식시키고, 동기유발의 최적수준을 유지하여야 하나 관리감독은 동기유발을 저하시킨다.

관련개념 CHAPTER 04 인간의 행동과학

013

교육과정 중 학습경험조직의 원리에 해당하지 않는 것은?

① 기회의 원리
② 계속성의 원리
③ 계열성의 원리
④ 통합성의 원리

해설 기회의 원리는 학습경험의 선정원리 중 하나이다.

학습경험의 선정원리	학습경험의 조직원리
기회, 만족, 가능성, 경험, 성과	계열성, 계속성, 통합성

관련개념 CHAPTER 05 안전보건교육의 내용 및 방법

014

근로자 1,000명 이상의 대규모 사업장에 적합한 안전관리 조직의 유형은?

① 직계식 조직
② 참모식 조직
③ 병렬식 조직
④ 직계참모식 조직

해설 **라인·스태프(LINE-STAFF)형 조직(직계참모조직)**
• 대규모(1,000명 이상) 사업장에 적합한 조직으로서 라인형과 스태프형의 장점만을 채택한 형태이며, 안전업무를 전담하는 스태프를 두고 생산라인의 각 계층에서도 각 부서장으로 하여금 안전업무를 수행하도록 하여 스태프에서 안전에 관한 사항이 결정되면 라인을 통하여 실천하도록 편성된 조직이다.
• 안전계획, 평가 및 조사는 스태프에서, 생산기술의 안전대책은 라인에서 실시한다.

관련개념 CHAPTER 01 산업재해예방 계획 수립

015

「산업안전보건법령」상 안전보건표지의 종류와 형태 중 관계자 외 출입금지에 해당하지 않는 것은?

① 관리대상물질 작업장
② 허가대상물질 작업장
③ 석면취급ㆍ해체 작업장
④ 금지대상물질의 취급실험실

해설 관계자 외 출입금지

허가대상물질 작업장	석면취급/해체 작업장	금지대상물질의 취급실험실 등
관계자 외 출입금지 (허가물질 명칭) 제조/사용/보관 중	관계자 외 출입금지 석면 취급/해체 중	관계자 외 출입금지 발암물질 취급 중
보호구/보호복 착용 흡연 및 음식물 섭취 금지	보호구/보호복 착용 흡연 및 음식물 섭취 금지	보호구/보호복 착용 흡연 및 음식물 섭취 금지

관련개념 CHAPTER 02 안전보호구 관리

016

「산업안전보건법령」상 명시된 타워크레인을 사용하는 작업에서 신호업무를 하는 작업 시 특별교육 대상 작업별 교육내용이 아닌 것은?(단, 그 밖에 안전ㆍ보건관리에 필요한 사항은 제외한다.)

① 신호방법 및 요령에 관한 사항
② 걸고리ㆍ와이어로프 점검에 관한 사항
③ 화물의 취급 및 안전작업방법에 관한 사항
④ 인양물이 적재될 지반의 조건, 인양하중, 풍압 등이 인양물과 타워크레인에 미치는 영향

해설 타워크레인 신호업무 작업 시 교육내용
• 타워크레인의 기계적 특성 및 방호장치 등에 관한 사항
• 화물의 취급 및 안전작업방법에 관한 사항
• 신호방법 및 요령에 관한 사항
• 인양 물건의 위험성 및 낙하ㆍ비래ㆍ충돌재해 예방에 관한 사항
• 인양물이 적재될 지반의 조건, 인양하중, 풍압 등이 인양물과 타워크레인에 미치는 영향
• 그 밖에 안전ㆍ보건관리에 필요한 사항

관련개념 CHAPTER 05 안전보건교육의 내용 및 방법

017

「보호구 안전인증 고시」상 추락방지대가 부착된 안전대 일반구조에 관한 내용 중 틀린 것은?

① 죔줄은 합성섬유로프를 사용해서는 안 된다.
② 고정된 추락방지대의 수직구명줄은 와이어로프 등으로 하며 최소지름이 8[mm] 이상이어야 한다.
③ 수직구명줄에서 걸이설비와의 연결부위는 훅 또는 카라비너 등이 장착되어 걸이설비와 확실히 연결되어야 한다.
④ 추락방지대를 부착하여 사용하는 안전대는 신체지지의 방법으로 안전그네만을 사용하여야 하며 수직구명줄이 포함되어야 한다.

해설 추락방지대가 부착된 안전대의 죔줄은 합성섬유로프, 웨빙, 와이어로프 등이어야 한다.

관련개념 CHAPTER 02 안전보호구 관리

018

하인리히 재해구성비율 중 무상해사고가 600건이라면 사망 또는 중상 발생건수는?

① 1
② 2
③ 29
④ 58

해설 하인리히의 재해구성비율
중상 또는 사망 : 경상 : 무상해사고 = 1 : 29 : 300
중상 또는 사망 : 무상해사고 = 1 : 300이므로

중상 또는 사망 = $600 \times \frac{1}{300} = 2$건

관련개념 CHAPTER 01 산업재해예방 계획 수립

019

재해사례연구 순서로 옳은 것은?

> 재해 상황의 파악 → (㉠) → (㉡) → 근본적 문제
> 점의 결정 → (㉢)

① ㉠ 문제점의 발견, ㉡ 대책수립, ㉢ 사실의 확인
② ㉠ 문제점의 발견, ㉡ 사실의 확인, ㉢ 대책 수립
③ ㉠ 사실의 확인, ㉡ 대책수립, ㉢ 문제점의 발견
④ ㉠ 사실의 확인, ㉡ 문제점의 발견, ㉢ 대책 수립

해설 **재해사례연구**
㉠ 1단계: 사실의 확인(사람, 물건, 관리, 재해발생까지의 경과)
㉡ 2단계: 직접 원인과 문제점의 발견
㉢ 3단계: 근본적 문제점의 결정
㉣ 4단계: 대책 수립

관련개념 SUBJECT 03 기계 · 기구 및 설비 안전관리
CHAPTER 02 기계분야 산업재해 조사 및 관리

020

강의식 교육지도에서 가장 많은 시간을 소비하는 단계는?

① 도입   ② 제시
③ 적용   ④ 확인

해설 **교육법의 4단계 및 시간배분(60분 기준)**

교육법의 4단계	강의식	토의식
제1단계 – 도입(준비)	5분	5분
제2단계 – 제시(설명)	40분	10분
제3단계 – 적용(응용)	10분	40분
제4단계 – 확인(총괄)	5분	5분

관련개념 CHAPTER 05 안전보건교육의 내용 및 방법

인간공학 및 위험성평가 · 관리

021

'화재 발생'이라는 시작(초기)사상에 대하여 화재감지기, 화재 경보, 스프링클러 등의 성공 또는 실패 작동여부와 그 확률에 따른 피해 결과를 분석하는데 가장 적합한 위험 분석 기법은?

① FTA   ② ETA
③ FHA   ④ THERP

해설 **사건수 분석(ETA; Event Tree Analysis)**
정량적, 귀납적 분석(정상 또는 고장)으로 발생경로를 파악하는 기법으로 DT에서 변천해 온 것이다. 재해의 확대 요인의 분석(나뭇가지가 갈라지는 형태)에 적합하며 각 사상의 확률합은 0.1이다. 설비의 설계, 심사, 제작, 검사, 보전, 운전, 안전대책의 과정에서 그 대응조치가 성공인가 실패인가를 확대해 가는 과정을 검토한다.

관련개념 CHAPTER 02 위험성 파악 · 결정

022

여러 사람이 사용하는 의자의 좌판 높이 설계 기준으로 옳은 것은?

① 5[%] 오금높이   ② 50[%] 오금높이
③ 75[%] 오금높이   ④ 95[%] 오금높이

해설 의자 좌판의 높이는 좌판 앞부분이 무릎 높이보다 높지 않게(치수는 5[%tile] 되는 사람까지 수용할 수 있게) 설계한다.

관련개념 CHAPTER 06 작업환경 관리

023

FTA에서 사용되는 사상기호 중 결함사상을 나타낸 기호로 옳은 것은?

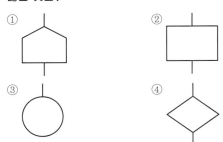

해설

기호	명칭	설명
	결함사상	고장 또는 결함으로 나타나는 비정상적인 사건

오답해설 ①은 통상사상, ③은 기본사상, ④는 생략사상이다.

관련개념 CHAPTER 02 위험성 파악·결정

024

기술 개발과정에서 효율성과 위험성을 종합적으로 분석·판단할 수 있는 평가방법으로 가장 적절한 것은?

① Risk Assessment
② Risk Management
③ Safety Assessment
④ Technology Assessment

해설 테크놀로지 어세스먼트(Technology Assessment)
안전성 평가 중 기술 개발과정에서의 효율성과 위험성을 종합적으로 분석, 판단하는 프로세스이다.

관련개념 CHAPTER 02 위험성 파악·결정

025

자동차를 타이어가 4개인 하나의 시스템으로 볼 때, 타이어 1개가 파열될 확률이 0.01이라면, 이 자동차의 신뢰도는 약 얼마인가?

① 0.91
② 0.93
③ 0.96
④ 0.99

해설 자동차의 타이어는 4개 중 1개만 파열되어도 운행할 수 없기에 각 타이어를 직렬연결로 본다. 따라서 자동차의 타이어 4개가 모두 터지지 않을 신뢰도는 다음과 같다.
신뢰도 $=(1-0.01)\times(1-0.01)\times(1-0.01)\times(1-0.01)=0.96$

관련개념 CHAPTER 01 안전과 인간공학

026

다음 그림에서 명료도 지수는?

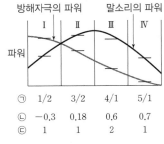

	I	II	III	IV
㉠	1/2	3/2	4/1	5/1
㉡	−0.3	0.18	0.6	0.7
㉢	1	1	2	1

㉠ 말소리(S)/방해자극(N)
㉡ log(S/N)
㉢ 말소리 중요도 가중치

① 0.38
② 0.68
③ 1.78
④ 5.68

해설 명료도 지수
• 통화이해도를 추정하기 위해 사용되는 명료도 지수는 각 옥타브(Octave)대의 음성과 잡음의 [dB]값에 가중치를 주어 그 합계를 구한 것이다.
• 음성통신계통의 명료도 지수가 약 0.3 이하이면 이 음성통신계통은 음성통신자료를 전송하기에는 부적당한 것으로 본다.
• 명료도 지수 $=-0.3\times1+0.18\times1+0.6\times2+0.7\times1=1.78$

관련개념 CHAPTER 06 작업환경 관리

027

정보수용을 위한 작업자의 시각 영역에 대한 설명으로 옳은 것은?

① 판별시야 – 안구운동만으로 정보를 주시하고 순간적으로 특정정보를 수용할 수 있는 범위

② 유효시야 – 시력, 색판별 등의 시각 기능이 뛰어나며 정밀도가 높은 정보를 수용할 수 있는 범위

③ 보조시야 – 머리부분의 운동이 안구운동을 돕는 형태로 발생하며 무리 없이 주시가 가능한 범위

④ 유도시야 – 제시된 정보의 존재를 판별할 수 있는 정도의 식별능력밖에 없지만 인간의 공간좌표 감각에 영향을 미치는 범위

해설 유도시야

대상의 존재 정도만 식별 가능한 범위의 시야이다.

오답해설

①은 유효시야에 관한 설명이다.

②는 판별(변별)시야에 관한 설명이다.

③ 보조시야는 거의 식별이 불가능하며 고개를 움직여야 식별 가능하다.

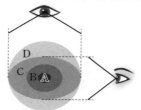

A: 판별(변별)시야
B: 유효시야
C: 유도시야
D: 보조시야

관련개념 CHAPTER 06 작업환경 관리

028

FMEA 분석 시 고장 평점법의 5가지 평가요소에 해당하지 않는 것은?

① 고장발생의 빈도

② 신규 설계의 가능성

③ 기능적 고장 영향의 중요도

④ 영향을 미치는 시스템의 범위

해설 고장형태와 영향분석법(FMEA) 중 고장 평점법

$C = (C_1 \times C_2 \times C_3 \times C_4 \times C_5)^{\frac{1}{5}}$

여기서, C_1: 기능적 고장 영향의 중요도

C_2: 영향을 미치는 시스템의 범위

C_3: 고장발생의 빈도

C_4: 고장방지의 가능성

C_5: 신규 설계의 정도

관련개념 CHAPTER 02 위험성 파악 · 결정

029

건구온도 30[℃], 습구온도 35[℃]일 때의 옥스퍼드 (Oxford) 지수는?

① 20.75   ② 24.58

③ 30.75   ④ 34.25

해설 옥스퍼드(Oxford) 지수(습건지수)

$W_D = 0.85W$(습구온도)$+0.15D$(건구온도)

$= 0.85 \times 35 + 0.15 \times 30 = 34.25[℃]$

관련개념 CHAPTER 04 작업환경관리

030

설비보전에서 평균수리시간을 나타내는 것은?

① MTBF   ② MTTR

③ MTTF   ④ MTBP

해설 평균수리시간(MTTR; Mean Time To Repair)

총 수리시간을 그 기간의 수리횟수로 나눈 시간으로 사후보전에 필요한 수리시간의 평균치를 나타낸다.

관련개념 CHAPTER 03 위험성 감소대책 수립 · 실행

031

다음 상황은 인간실수의 분류 중 어느 것에 해당하는가?

> 전자기기 수리공이 어떤 제품의 분해 · 조립 과정을 거쳐서 수리를 마친 후 부품하나가 남았다.

① Time Error
② Omission Error
③ Command Error
④ Extraneous Error

해설 휴먼에러의 행위에 의한 분류(Swain)

• 생략(부작위적)에러(Omission Error): 작업 내지 필요한 절차를 수행하지 않는 데서 기인한 에러
• 실행(작위적)에러(Commission Error): 작업 내지 절차를 수행했으나 잘못한 실수(선택착오, 순서착오, 시간착오)에서 기인한 에러
• 과잉행동에러(Extraneous Error): 불필요한 작업 내지 절차를 수행함으로써 기인한 에러
• 순서에러(Sequential Error): 작업수행의 순서를 잘못한 실수
• 시간(지연)에러(Timing Error): 소정의 기간에 수행하지 못한 실수(너무 빨리 혹은 늦게)

관련개념 CHAPTER 01 안전과 인간공학

032

스트레스의 영향으로 발생된 신체 반응의 결과인 스트레인(Strain)을 측정하는 척도가 잘못 연결된 것은?

① 인지적 활동 – EEG
② 육체적 동적 활동 – GSR
③ 정신 운동적 활동 – EOG
④ 국부적 근육 활동 – EMG

해설 전신의 육체적인 활동을 측정하는 데에는 맥박수(심박수)와 호흡에 의한 산소소비량 측정이 적합하다. GSR(피부전기반사)은 정신적 부담도를 측정하는 방법이다.

관련개념 CHAPTER 06 작업환경 관리

033

일반적인 시스템의 수명곡선(욕조곡선)에서 고장형태 중 증가형 고장률을 나타내는 기간으로 옳은 것은?

① 우발고장 기간
② 마모고장 기간
③ 초기고장 기간
④ Burn−in 고장 기간

해설 고장률의 유형(욕조곡선)

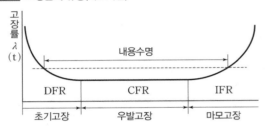

• 초기고장(감소형): 제조가 불량하거나 생산과정에서 품질관리가 안 되어서 생기는 고장
• 우발고장(일정형): 실제 사용하는 상태에서 발생하는 고장으로 예측할 수 없는 랜덤의 간격으로 생기는 고장
• 마모고장(증가형): 설비 또는 장치가 수명을 다하여 생기는 고장

관련개념 CHAPTER 02 위험성 파악 · 결정

034

청각적 표시장치의 설계 시 적용하는 일반원리에 대한 설명으로 틀린 것은?

① 양립성이란 긴급용 신호일 때는 낮은 주파수를 사용하는 것을 의미한다.
② 검약성이란 조작자에 대한 입력신호는 꼭 필요한 정보만을 제공하는 것이다.
③ 근사성이란 복잡한 정보를 나타내고자 할 때 2단계의 신호를 고려하는 것이다.
④ 분리성이란 두 가지 이상의 채널을 듣고 있다면 각 채널의 주파수가 분리되어 있어야 한다는 의미이다.

해설 양립성(Compatibility)이란 청각적 표시장시의 신호의 연관성이 인간의 예상과 어느 정도 일치하는가를 나타내는 것으로 낮은 주파수를 긴급용 신호로 사용하는 것과는 무관하다.

관련개념 CHAPTER 06 작업환경 관리

035

FTA에 대한 설명으로 가장 거리가 먼 것은?

① 정성적 분석만 가능
② 하향식(Top-down) 방법
③ 복잡하고 대형화된 시스템에 활용
④ 논리게이트를 이용하여 도해적으로 표현하여 분석하는 방법

해설 **결함수분석법(FTA; Fault Tree Analysis)의 특징**

· Top down(하향식) 방법이다.
· 정성적, 정량적(컴퓨터 처리 가능) 분석기법이다.
· 논리기호를 사용한 특정사상에 대한 해석이다.
· 서식이 간단해서 비전문가도 짧은 훈련으로 사용할 수 있다.
· 복잡하고 대형화된 시스템에 사용할 수 있다.
· 기능적 결함의 원인을 분석하는 데 용이하다.
· Human Error의 검출이 어렵다.

관련개념 CHAPTER 02 위험성 파악 · 결정

036

발생 확률이 동일한 64가지의 대안이 있을 때 얻을 수 있는 총 정보량은?

① 6[bit]
② 16[bit]
③ 32[bit]
④ 64[bit]

해설 정보량 $H = \log_2 n = \log_2 64 = 6[\text{bit}]$
여기서, n: 대안 수

관련개념 CHAPTER 01 안전과 인간공학

037

인간−기계 시스템의 설계 과정을 [보기]와 같이 분류할 때 다음 중 인간, 기계의 기능을 할당하는 단계는?

┤ 보기 ├
1단계: 시스템의 목표와 성능명세 결정
2단계: 시스템의 정의
3단계: 기본설계
4단계: 인터페이스 설계
5단계: 보조물 설계 혹은 편의수단 설계
6단계: 평가

① 기본설계
② 인터페이스 설계
③ 시스템의 목표와 성능명세 결정
④ 보조물 설계 혹은 편의수단 설계

해설 **인간−기계 시스템 설계과정 6단계**

㉠ 목표 및 성능명세 결정: 시스템 설계 전 그 목적이나 존재 이유가 있어야 함(인간요소적인 면, 신체의 역학적 특성 및 인체측정학적 요소 고려)
㉡ 시스템(체계) 정의: 목적을 달성하기 위한 특정 기본기능들이 수행되어야 함
㉢ 기본설계: 시스템의 형태를 갖추기 시작하는 단계(직무분석, 작업설계, 기능할당)
㉣ 인터페이스(계면) 설계: 사용자 편의와 시스템 성능에 관여
㉤ 촉진물 설계: 인간의 성능을 증진시킬 보조물 설계
㉥ 시험 및 평가: 시스템 개발과 관련된 평가와 인간적인 요소 평가 실시

관련개념 CHAPTER 01 안전과 인간공학

038

FT도에서 최소 컷셋을 올바르게 구한 것은?

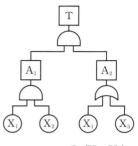

① (X_1, X_2)

② (X_1, X_3)

③ (X_2, X_3)

④ (X_1, X_2, X_3)

해설 정상사상에서 차례로 하단의 사상으로 치환하면서 AND 게이트는 가로로, OR 게이트는 세로로 나열한 후 중복사상을 제거한다.

$$T = A_1 \cdot A_2 = (X_1, X_2) \cdot \binom{X_1}{X_3} = \frac{(X_1, X_2)}{(X_1, X_2, X_3)}$$

따라서 최소 컷셋은 (X_1, X_2)이다.

관련개념 CHAPTER 02 위험성 파악·결정

039

일반적으로 인체측정치의 최대집단치를 기준으로 설계하는 것은?

① 선반의 높이

② 공구의 크기

③ 출입문의 크기

④ 안내 데스크의 높이

해설 극단치 설계

특정한 설비를 설계할 때 거의 모든 사람을 수용할 수 있도록 설계한다.

• **최소치 설계:** 하위 백분위 수 기준 1, 5, 10[%tile]

　예 선반의 높이, 조종장치까지의 거리 등

• **최대치 설계:** 상위 백분위 수 기준 90, 95, 99[%tile]

　예 문, 통로, 탈출구 등

관련개념 CHAPTER 06 작업환경 관리

040

인간공학의 궁극적인 목적과 가장 관계가 깊은 것은?

① 경제성 향상

② 인간 능력의 극대화

③ 설비의 가동률 향상

④ 안전성 및 효율성 향상

해설 인간공학의 목적

• 작업자의 안전성의 향상과 사고를 방지한다.

• 기계조작의 능률성과 생산성을 향상시킨다.

• 편리성, 쾌적성(만족도)을 향상시킨다.

관련개념 CHAPTER 01 안전과 인간공학

기계 · 기구 및 설비 안전관리

041

다음 중 프레스기에 사용되는 방호장치에 있어 원칙적으로 급정지기구가 부착되어야만 사용할 수 있는 방식은?

① 양수조작식

② 손쳐내기식

③ 가드식

④ 수인식

해설 양수조작식(Two-hand Control) 방호장치

기계의 조작을 양손으로 동시에 하지 않으면 기계가 가동하지 않으며 한 손이라도 떼어내면 기계가 급정지 또는 급상승하게 하는 장치를 말한다. 급정지기구가 있는 마찰프레스에 적합하다.

관련개념 CHAPTER 04 프레스 및 전단기의 안전

042

「산업안전보건법령」상 지게차의 최대하중의 2배 값이 6톤일 경우 헤드가드의 강도는 몇 톤의 등분포정하중에 견딜 수 있어야 하는가?

① 4 ② 6
③ 8 ④ 10

해설 헤드가드의 구비조건
- 강도는 지게차의 최대하중의 2배 값(4톤을 넘는 값에 대해서는 4톤)의 등분포정하중에 견딜 수 있을 것
- 상부틀의 각 개구의 폭 또는 길이가 16[cm] 미만일 것
- 운전자가 앉아서 조작하거나 서서 조작하는 지게차의 헤드가드는 한국산업표준에서 정하는 높이 기준 이상일 것(입승식: 1.88[m] 이상, 좌승식: 0.903[m] 이상)

관련개념 CHAPTER 06 운반기계 및 양중기

043

강자성체를 자화하여 표면의 누설자속을 검출하는 비파괴검사 방법은?

① 방사선투과시험 ② 인장시험
③ 초음파탐상시험 ④ 자분탐상시험

해설 자분탐상검사(MT; Magnetic Particle Testing)
강자성체의 결함을 찾을 때 사용하는 비파괴시험법으로 표면 또는 표층에 결함이 있을 경우 누설자속을 이용하여 육안으로 결함을 검출하는 검사방법이다.

관련개념 CHAPTER 07 설비진단 및 검사

044

「산업안전보건법령」상 보일러 방호장치로 거리가 가장 먼 것은?

① 고저수위 조절장치 ② 아웃트리거
③ 압력방출장치 ④ 압력제한스위치

해설 보일러의 폭발사고를 예방하기 위하여 압력방출장치, 압력제한스위치, 고저수위 조절장치, 화염검출기 등의 기능이 정상적으로 작동될 수 있도록 유지·관리하여야 한다.

관련개념 CHAPTER 05 기타 산업용 기계·기구

045

「산업안전보건법령」상 아세틸렌 용접장치에 관한 설명이다. ( ) 안에 공통으로 들어갈 내용으로 옳은 것은?

- 사업주는 아세틸렌 용접장치의 취관마다 (　　　)를 설치하여야 한다.
- 사업주는 가스용기가 발생기와 분리되어 있는 아세틸렌 용접장치에 대하여 발생기와 가스용기 사이에 (　　　)를 설치하여야 한다.

① 분기장치 ② 자동발생 확인장치
③ 유수 분리장치 ④ 안전기

해설 아세틸렌 용접장치 안전기의 설치
- 아세틸렌 용접장치의 취관마다 안전기를 설치하여야 한다.
- 가스용기가 발생기와 분리되어 있는 아세틸렌 용접장치에 대하여 발생기와 가스용기 사이에 안전기를 설치하여야 한다.

관련개념 CHAPTER 05 기타 산업용 기계·기구

046

프레스기의 안전대책 중 손을 금형 사이에 집어넣을 수 없도록 하는 본질적 안전화를 위한 방식(No-hand in Die)에 해당하는 것은?

① 수인식
② 광전자식
③ 방호울식
④ 손쳐내기식

해설 No-hand in Die 방식(금형 안에 손이 들어가지 않는 구조)
안전울(방호울) 설치, 안전금형 설치, 자동화 또는 전용프레스 사용

관련개념 CHAPTER 04 프레스 및 전단기의 안전

047

회전하는 부분의 접선방향으로 물려 들어갈 위험이 존재하는 점으로 주로 체인, 풀리, 벨트, 기어와 랙 등에서 형성되는 위험점은?

① 끼임점
② 협착점
③ 절단점
④ 접선물림점

해설 접선물림점(Tangential Nip Point)
회전하는 부분의 접선방향으로 물려 들어갈 위험이 존재하는 위험점이다.
예 풀리와 벨트, 체인과 스프라켓

관련개념 CHAPTER 01 기계공정의 안전, 기계안전시설 관리

048

「산업안전보건법령」상 양중기에 해당하지 않는 것은?

① 곤돌라
② 이동식 크레인
③ 적재하중 0.05톤의 이삿짐운반용 리프트
④ 화물용 엘리베이터

해설 양중기의 종류
- 크레인(호이스트(Hoist) 포함)
- 이동식 크레인
- 리프트(이삿짐운반용 리프트의 경우에는 적재하중이 0.1톤 이상인 것으로 한정)
- 곤돌라
- 승강기

관련개념 CHAPTER 06 운반기계 및 양중기

049

다음 설명 중 ( ) 안에 알맞은 내용은?

> 「산업안전보건법령」상 롤러기의 급정지장치는 롤러를 무부하로 회전시킨 상태에서 앞면 롤러의 표면속도가 30[m/min] 미만일 때에는 급정지거리가 앞면 롤러 원주의 ( ) 이내에서 롤러를 정지시킬 수 있는 성능을 보유하여야 한다.

① $\dfrac{1}{4}$
② $\dfrac{1}{3}$
③ $\dfrac{1}{2.5}$
④ $\dfrac{1}{2}$

해설 롤러기 급정지장치의 성능

앞면 롤러의 표면속도[m/min]	급정지거리
30 미만	앞면 롤러 원주의 $\dfrac{1}{3}$ 이내
30 이상	앞면 롤러 원주의 $\dfrac{1}{2.5}$ 이내

관련개념 CHAPTER 05 기타 산업용 기계·기구

050

「산업안전보건법령」상 지게차에서 통상적으로 갖추고 있어야 하나, 마스트의 후방에서 화물이 낙하함으로써 근로자에게 위험을 미칠 우려가 없는 때에는 반드시 갖추지 않아도 되는 것은?

① 전조등
② 헤드가드
③ 백레스트
④ 포크

해설 백레스트(Backrest)
- 지게차의 포크에 적재된 화물이 마스트 후방으로 낙하함으로써 근로자에게 미치는 위험을 방지하는 장치이다.
- 백레스트(Backrest)를 갖추지 아니한 지게차를 사용해서는 아니 된다. 다만, 마스트의 후방에서 화물이 낙하함으로써 근로자가 위험해질 우려가 없는 경우에는 그러하지 아니하다.

관련개념 CHAPTER 06 운반기계 및 양중기

051

「산업안전보건법령」상 사업장 내 근로자 작업환경 중 '강렬한 소음작업'에 해당하지 않는 것은?

① 85[dB] 이상의 소음이 1일 10시간 이상 발생하는 작업
② 90[dB] 이상의 소음이 1일 8시간 이상 발생하는 작업
③ 95[dB] 이상의 소음이 1일 4시간 이상 발생하는 작업
④ 100[dB] 이상의 소음이 1일 2시간 이상 발생하는 작업

해설 **강렬한 소음작업**
- 90[dB] 이상의 소음이 1일 8시간 이상 발생하는 작업
- 95[dB] 이상의 소음이 1일 4시간 이상 발생하는 작업
- 100[dB] 이상의 소음이 1일 2시간 이상 발생하는 작업
- 105[dB] 이상의 소음이 1일 1시간 이상 발생하는 작업
- 110[dB] 이상의 소음이 1일 30분 이상 발생하는 작업
- 115[dB] 이상의 소음이 1일 15분 이상 발생하는 작업

관련개념 CHAPTER 07 설비진단 및 검사

052

「산업안전보건법령」상 프레스의 작업시작 전 점검사항이 아닌 것은?

① 슬라이드 또는 칼날에 의한 위험방지 기구의 기능
② 프레스의 금형 및 고정볼트 상태
③ 전단기의 칼날 및 테이블의 상태
④ 권과방지장치 및 그 밖의 경보장치의 기능

해설 권과방지장치 및 그 밖의 경보장치의 기능은 이동식 크레인을 이용하여 작업을 할 때 작업시작 전 점검사항이다.
프레스 작업시작 전 점검사항
- 클러치 및 브레이크의 기능
- 크랭크축·플라이휠·슬라이드·연결봉 및 연결 나사의 풀림 유무
- 1행정 1정지기구·급정지장치 및 비상정지장치의 기능
- 슬라이드 또는 칼날에 의한 위험방지 기구의 기능
- 프레스의 금형 및 고정볼트 상태
- 방호장치의 기능
- 전단기의 칼날 및 테이블의 상태

관련개념 CHAPTER 02 기계분야 산업재해 조사 및 관리

053

동력전달부분의 전방 35[cm] 위치에 일반 평형보호망을 설치하고자 한다. 보호망의 최대 구멍의 크기는 몇 [mm]인가?

① 41   ② 45
③ 51   ④ 55

해설 **위험점이 전동체인 경우 개구부의 간격**
$Y = 6 + 0.1X = 6 + 0.1 \times 350 = 41[mm]$
여기서, Y: 개구부의 간격[mm]
X: 개구부에서 위험점까지의 최단거리[mm]

관련개념 CHAPTER 05 기타 산업용 기계·기구

054

다음 연삭숫돌의 파괴원인 중 가장 적절하지 않은 것은?

① 숫돌의 회전속도가 너무 빠른 경우
② 플랜지의 직경이 숫돌 직경의 1/3 이상으로 고정된 경우
③ 숫돌 자체에 균열 및 파손이 있는 경우
④ 숫돌에 과대한 충격을 준 경우

해설 플랜지 지름이 현저하게 작을 때 연삭숫돌이 파괴된다.

관련개념 CHAPTER 03 공작기계의 안전

055

화물중량이 200[kgf], 지게차의 중량이 400[kgf], 앞바퀴에서 화물의 무게중심까지의 최단거리가 1[m]일 때 지게차가 안정되기 위하여 앞바퀴에서 지게차의 무게중심까지 최단거리는 최소 몇 [m]이어야 하는가?

① 0.2[m]   ② 0.5[m]
③ 1[m]   ④ 2[m]

해설 지게차의 안정조건: $M_1 \leq M_2$
화물의 모멘트 $M_1 = W \times L_1$, 지게차의 모멘트 $M_2 = G \times L_2$이므로
$200 \times 1 \leq 400 \times L_2$, $L_2 \geq 0.5[m]$
여기서, W: 화물의 중량[kgf], G: 지게차 중량[kgf]
L_1: 앞바퀴에서 화물 중심까지의 최단거리[m]
L_2: 앞바퀴에서 지게차 중심까지의 최단거리[m]

관련개념 CHAPTER 06 운반기계 및 양중기

056

「산업안전보건법령」상 압력용기에서 안전인증 된 파열판에 안전인증 표시 외에 추가로 나타내어야 하는 사항이 아닌 것은?

① 분출차[%]
② 호칭지름
③ 용도(요구성능)
④ 유체의 흐름방향 지시

해설 파열판의 추가표시
• 호칭지름
• 용도(요구성능)
• 설정파열압력[MPa] 및 설정온도[℃]
• 분출용량[kg/h] 또는 공칭분출계수
• 파열판의 재질
• 유체의 흐름방향 지시

관련개념 CHAPTER 05 기타 산업용 기계·기구

057

선반에서 일감의 길이가 지름에 비하여 상당히 길 때 사용하는 부속품으로 절삭 시 절삭저항에 의한 일감의 진동을 방지하는 장치는?

① 칩 브레이커
② 척 커버
③ 방진구
④ 실드

해설 방진구(Center Rest)
선반작업 시 가늘고 긴 일감은 절삭력과 자중으로 휘거나 처짐이 일어나는데 이를 방지하기 위한 장치로 일감의 길이가 직경의 12배 이상일 때 사용한다.

관련개념 CHAPTER 03 공작기계의 안전

058

「산업안전보건법령」상 프레스를 제외한 사출성형기·주형조형기 및 형단조기 등에 관한 안전조치 사항으로 틀린 것은?

① 근로자의 신체 일부가 말려들어갈 우려가 있는 경우에는 양수조작식 방호장치를 설치하여 사용한다.
② 게이트가드식 방호장치를 설치할 경우에는 연동구조를 적용하여 문을 닫지 않아도 동작할 수 있도록 한다.
③ 사출성형기의 전면에 작업용 발판을 설치할 경우 근로자가 쉽게 미끄러지지 않는 구조여야 한다.
④ 기계의 히터 등의 가열 부위, 감전 우려가 있는 부위에는 방호덮개를 설치하여 사용한다.

해설 사출성형기 방호장치
• 사출성형기·주형조형기 및 형단조기 등에 근로자의 신체 일부가 말려들어갈 우려가 있는 경우 게이트가드 또는 양수조작식 등에 의한 방호장치, 그 밖에 필요한 방호조치를 하여야 한다.
• 게이트가드는 닫지 아니하면 기계가 작동되지 아니하는 연동구조이어야 한다.
• 기계의 히터 등의 가열 부위 또는 감전 우려가 있는 부위에는 방호덮개를 설치하는 등 필요한 안전조치를 하여야 한다.

관련개념 CHAPTER 05 기타 산업용 기계·기구

059

연강의 인장강도가 420[MPa]이고, 허용응력이 140[MPa]이라면 안전율은?

① 1
② 2
③ 3
④ 4

해설 안전율(안전계수, Safety Factor)

$$S = \frac{\text{극한(인장)강도}}{\text{허용응력}} = \frac{420}{140} = 3$$

관련개념 CHAPTER 01 기계공정의 안전, 기계안전시설 관리

060

밀링작업 시 안전수칙에 관한 설명으로 틀린 것은?

① 칩은 기계를 정지시킨 다음에 브러시 등으로 제거한다.
② 일감 또는 부속장치 등을 설치하거나 제거할 때는 반드시 기계를 정지시키고 작업한다.
③ 면장갑을 반드시 끼고 작업한다.
④ 강력절삭을 할 때는 일감을 바이스에 깊게 물린다.

해설 밀링작업 시 안전대책
• 밀링작업에서 생기는 칩은 가늘고 예리하며 부상을 입히기 쉬우므로 보안경을 착용한다.
• 칩은 기계를 정지시킨 후 브러시 등으로 제거한다.
• 강력절삭을 할 때는 일감을 바이스에 깊게 물린다.
• 손이 말려 들어갈 위험이 있는 장갑을 착용하지 않는다.

관련개념 CHAPTER 03 공작기계의 안전

전기설비 안전관리

061

다음 중 방폭구조의 종류가 아닌 것은?

① 유압방폭구조(k)   ② 내압방폭구조(d)
③ 본질안전방폭구조(i)   ④ 압력방폭구조(p)

해설 유압방폭구조는 방폭구조의 종류가 아니다. 보기 외 방폭구조의 종류에는 유입방폭구조(o), 안전증방폭구조(e) 등이 있다.

관련개념 CHAPTER 04 전기방폭관리

062

동작 시 아크가 발생하는 고압 및 특고압용 개폐기·차단기의 이격거리(목재의 벽 또는 천장, 기타 가연성 물체로부터의 거리)의 기준으로 옳은 것은?(단, 사용전압이 35[kV] 이하의 특고압용의 기구 등으로서 동작할 때에 생기는 아크의 방향과 길이를 화재가 발생할 우려가 없도록 제한하는 경우가 아니다.)

① 고압용: 0.8[m] 이상, 특고압용: 1.0[m] 이상
② 고압용: 1.0[m] 이상, 특고압용: 2.0[m] 이상
③ 고압용: 2.0[m] 이상, 특고압용: 3.0[m] 이상
④ 고압용: 3.5[m] 이상, 특고압용: 4.0[m] 이상

해설 아크를 발생시키는 기구와 목재의 벽 또는 천장과의 이격거리

기구 등의 구분	이격거리
고압용의 것	1[m] 이상
특고압용의 것	2[m] 이상 (사용전압이 35[kV] 이하의 특고압용의 기구 등으로서 아크의 방향과 길이를 화재가 발생할 우려가 없도록 제한하는 경우에는 1[m] 이상)

관련개념 CHAPTER 02 감전재해 및 방지대책

063

3,300/220[V], 20[kVA]인 3상 변압기로부터 공급받고 있는 저압 전선로의 절연 부분의 전선과 대지 간의 절연저항의 최솟값은 약 몇 [Ω]인가?(단, 변압기의 저압 측 중성점에 접지가 되어 있다.)

① 1,240
② 2,794
③ 4,840
④ 8,383

해설 저압전선로 중 절연부분의 전선과 대지 및 심선 상호 간의 절연저항은 사용전압에 대한 누설전류가 최대 공급전류의 $\frac{1}{2,000}$이 넘지 않도록 하여야 한다.

정격용량(3상) $=\sqrt{3}\times$전압[V]$\times$전류[A]이므로

누설전류 $=\dfrac{정격용량}{\sqrt{3}\times전압}\times\dfrac{1}{2,000}$이다.

이때, 저항[Ω] $=\dfrac{전압[V]}{전류[A]}$이므로

절연저항 $=\dfrac{220}{\dfrac{20\times10^3}{\sqrt{3}\times220}\times\dfrac{1}{2,000}}=8,383[Ω]$

※ 1[kVA]$=10^3$[VA]이므로 20[kVA]$=20\times10^3$[VA]이다.

관련개념 CHAPTER 02 감전재해 및 방지대책

064

감전사고로 인한 전격사의 메커니즘으로 가장 거리가 먼 것은?

① 흉부수축에 의한 질식
② 심실세동에 의한 혈액 순환기능의 상실
③ 내장파열에 의한 소화기계통의 기능 상실
④ 호흡중추신경 마비에 따른 호흡기능 상실

해설 **전격현상의 메커니즘**
· 심실세동에 의한 혈액 순환기능 상실
· 호흡중추신경 마비에 따른 호흡 중지
· 흉부수축에 의한 질식

관련개념 CHAPTER 02 감전재해 및 방지대책

065

욕조나 샤워시설이 있는 욕실 또는 화장실에 콘센트가 시설되어 있다. 해당 전로에 설치된 누전차단기의 정격감도전류와 동작시간은?

① 정격감도전류 15[mA] 이하, 동작시간 0.01초 이하
② 정격감도전류 15[mA] 이하, 동작시간 0.03초 이하
③ 정격감도전류 30[mA] 이하, 동작시간 0.01초 이하
④ 정격감도전류 30[mA] 이하, 동작시간 0.03초 이하

해설 욕조나 샤워시설이 있는 욕실 또는 화장실 등 인체가 물에 젖어 있는 상태에서 전기를 사용하는 장소에 콘센트를 시설하는 경우에는 「전기용품 및 생활용품 안전관리법」의 적용을 받는 인체감전보호용 누전차단기(정격감도전류 15[mA] 이하, 동작시간 0.03초 이하의 전류동작형의 것에 한함) 또는 절연변압기(정격용량 3[kVA] 이하인 것에 한함)로 보호된 전로에 접속하거나, 인체감전보호용 누전차단기가 부착된 콘센트를 시설하여야 한다.

관련개념 CHAPTER 02 감전재해 및 방지대책

066

50[kW], 60[Hz] 3상 유도전동기가 380[V] 전원에 접속된 경우 흐르는 전류[A]는 약 얼마인가?(단, 역률은 80[%]이다.)

① 82.24
② 94.96
③ 116.30
④ 164.47

해설 정격용량(3상) $=\sqrt{3}\times$전압[V]$\times$전류[A]이므로

전류 $=\dfrac{정격용량}{\sqrt{3}\times전압}=\dfrac{(50\times10^3)\times\frac{100}{80}}{\sqrt{3}\times380}=94.96[A]$

※ 정격용량[VA] $=\dfrac{전력[W]}{역률}$이고, 1[kW]$=10^3$[W]이다.

관련개념 CHAPTER 01 전기안전관리

067

인체저항을 500[Ω]이라 한다면, 심실세동을 일으키는 위험한계에너지는 약 몇 [J]인가?(단, 심실세동전류값 $I = \frac{165}{\sqrt{T}}$[mA]의 Dalziel의 식을 이용하며, 통전시간은 1초로 한다.)

① 11.5
② 13.6
③ 15.3
④ 16.2

해설 $W = I^2 RT = \left(\frac{165}{\sqrt{T}} \times 10^{-3}\right)^2 \times 500T$

$\qquad = (165^2 \times 10^{-6}) \times 500 = 13.6[\text{J}]$

여기서, W: 위험한계에너지[J]

$\qquad I$: 심실세동전류[A]

$\qquad R$: 인체저항[Ω]

$\qquad T$: 통전시간[s]

관련개념 CHAPTER 02 감전재해 및 방지대책

068

내압방폭용기 "d"에 대한 설명으로 틀린 것은?

① 원통형 나사 접합부의 체결 나사산 수는 5산 이상이어야 한다.
② 가스/증기 그룹이 ⅡB일 때 내압 접합면과 장애물과의 최소 이격거리는 20[mm]이다.
③ 용기 내부의 폭발이 용기 주위의 폭발성 가스 분위기로 화염이 전파되지 않도록 방지하는 부분은 내압방폭 접합부이다.
④ 가스/증기 그룹이 ⅡC일 때 내압 접합면과 장애물과의 최소 이격거리는 40[mm]이다.

해설 가스 그룹에 따른 내압방폭 접합면과 장애물과의 최소 거리

가스 그룹	최소 거리[mm]
ⅡA	10
ⅡB	30
ⅡC	40

관련개념 CHAPTER 04 전기방폭관리

069

KS C IEC 60079-0의 정의에 따라 '두 도전부 사이의 고체 절연물 표면을 따른 최단거리'를 나타내는 명칭은?

① 전기적 간격
② 절연공간거리
③ 연면거리
④ 충전물 통과거리

해설 연면거리(Creepage Distance)

두 도전부 사이에 위치한 고체 절연물의 표면을 통과하는 최단공간거리

관련개념 CHAPTER 04 전기방폭관리

070

접지 목적에 따른 분류에서 병원설비의 의료용 전기전자(M·E)기기와 모든 금속부분 또는 도전바닥에도 접지하여 전위를 동일하게 하기 위한 접지를 무엇이라 하는가?

① 계통접지
② 등전위 접지
③ 노이즈방지용 접지
④ 정전기 장해 방지 이용 접지

해설 접지의 목적에 따른 종류

접지의 종류	접지목적
계통접지	고압전로와 저압전로 혼촉 시 감전이나 화재 방지
정전기방지용 접지	정전기의 축적에 의한 폭발재해 방지
등전위 접지	병원에 있어서의 의료기기 사용 시의 안전 확보
잡음대책용 접지	잡음에 의한 전자장치의 파괴나 오동작 방지

관련개념 CHAPTER 05 전기설비 위험요인관리

071

피뢰시스템의 등급에 따른 회전구체의 반지름으로 틀린 것은?

① Ⅰ등급: 20[m]
② Ⅱ등급: 30[m]
③ Ⅲ등급: 40[m]
④ Ⅳ등급: 60[m]

해설 피뢰시스템의 등급별 회전구체 반지름

피뢰시스템의 등급	Ⅰ	Ⅱ	Ⅲ	Ⅳ
회전구체 반지름[m]	20	30	45	60

관련개념 CHAPTER 05 전기설비 위험요인관리

072

전류가 흐르는 상태에서 단로기를 끊었을 때 여러 가지 파괴작용을 일으킨다. 다음 그림에서 유입차단기의 차단순서와 투입순서가 안전수칙에 가장 적합한 것은?

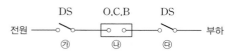

① 차단: ㉮ → ㉯ → ㉰, 투입: ㉮ → ㉯ → ㉰
② 차단: ㉯ → ㉰ → ㉮, 투입: ㉯ → ㉰ → ㉮
③ 차단: ㉰ → ㉯ → ㉮, 투입: ㉰ → ㉮ → ㉯
④ 차단: ㉯ → ㉰ → ㉮, 투입: ㉰ → ㉮ → ㉯

해설 유입차단기 작동(투입 및 차단)순서

인입 ──○ ○── ㉮ D.S ㉯ O.C.B ㉰ D.S ──○ ○── 부하

- 차단순서: ㉯ → ㉰ → ㉮
- 투입순서: ㉰ → ㉮ → ㉯

관련개념 CHAPTER 01 전기안전관리

073

다음은 무슨 현상을 설명한 것인가?

> 전위차가 있는 2개의 대전체가 특정거리에 접근하게 되면 등전위가 되기 위하여 전하가 절연공간을 깨고 순간적으로 빛과 열을 발생하며 이동하는 현상

① 대전   ② 충전
③ 방전   ④ 열전

해설 정전기 방전현상에 대한 설명이다.
정전기 방전의 형태
코로나 방전, 스트리머 방전, 불꽃방전, 연면방전, 뇌상방전(낙뢰방전)

관련개념 CHAPTER 03 정전기 장·재해관리

074

정전기 재해를 예방하기 위해 설치하는 제전기의 제전효율은 설치 시에 얼마 이상이 되어야 하는가?

① 40[%] 이상   ② 50[%] 이상
③ 70[%] 이상   ④ 90[%] 이상

해설 제전기는 제전효율이 90[%] 이상 되는 위치에 설치하여야 한다.

관련개념 CHAPTER 03 정전기 장·재해관리

075

정전기 화재폭발 원인으로 인체대전에 대한 예방대책으로 옳지 않은 것은?

① Wrist Strap을 사용하여 접지선과 연결한다.
② 대전방지제를 넣은 제전복을 착용한다.
③ 대전방지 성능이 있는 안전화를 착용한다.
④ 바닥 재료는 고유저항이 큰 물질을 사용한다.

해설 인체의 대전방지를 위해 바닥의 재료 등에 고유저항이 큰 물질의 사용을 금지하여야 한다.(작업장 바닥에 도전성을 갖추도록 할 것)

관련개념 CHAPTER 03 정전기 장·재해관리

076

정격사용률이 30[%], 정격 2차 전류가 300[A]인 교류아크 용접기를 200[A]로 사용하는 경우의 허용사용률[%]은?

① 13.3   ② 67.5
③ 110.3   ④ 157.5

해설 허용사용률 $= \left(\dfrac{\text{정격 2차 전류}}{\text{실제 용접 전류}} \right)^2 \times \text{정격사용률}$

$= \left(\dfrac{300}{200} \right)^2 \times 30 = 67.5[\%]$

관련개념 CHAPTER 02 감전재해 및 방지대책

2021년 3회

077

피뢰기의 제한전압이 752[kV]이고 변압기의 기준충격 절연강도가 1,050[kV]이라면, 보호여유도[%]는 약 얼마인가?

① 18　　　　　　　　② 28

③ 40　　　　　　　　④ 43

해설 보호여유도[%]$=\dfrac{\text{충격 절연강도}-\text{제한전압}}{\text{제한전압}}\times 100$

$\qquad\qquad\quad =\dfrac{1,050-752}{752}\times 100=40[\%]$

관련개념 CHAPTER 05 전기설비 위험요인관리

078

절연물의 절연불량 주요원인으로 거리가 먼 것은?

① 진동, 충격 등에 의한 기계적 요인

② 산화 등에 의한 화학적 요인

③ 온도상승에 의한 열적 요인

④ 정격전압에 의한 전기적 요인

해설 절연불량(파괴의 주요원인)

· 높은 이상전압 등에 의한 전기적 요인

· 진동, 충격 등에 의한 기계적 요인

· 산화 등에 의한 화학적 요인

· 온도상승에 의한 열적 요인

관련개념 CHAPTER 05 전기설비 위험요인관리

079

고장전류를 차단할 수 있는 것은?

① 차단기(CB)　　　　② 유입 개폐기(OS)

③ 단로기(DS)　　　　④ 선로 개폐기(LS)

해설 차단기(CB)

고장전류와 같은 대전류를 차단하는 장치이다.

관련개념 CHAPTER 01 전기안전관리

080

주택용 배선차단기 B타입의 경우 순시동작범위는?(단, I_n은 차단기 정격전류이다.)

① $3I_n$ 초과 ~ $5I_n$ 이하　　② $5I_n$ 초과 ~ $10I_n$ 이하

③ $10I_n$ 초과 ~ $15I_n$ 이하　　④ $10I_n$ 초과 ~ $20I_n$ 이하

해설 순시트립에 따른 구분(주택용 배선차단기)

형	순시트립범위
B	$3I_n$ 초과 ~ $5I_n$ 이하
C	$5I_n$ 초과 ~ $10I_n$ 이하
D	$10I_n$ 초과 ~ $20I_n$ 이하

여기서, B, C, D: 순시트립전류에 따른 차단기 분류

$\quad\quad\quad I_n$: 차단기 정격전류

관련개념 CHAPTER 01 전기안전관리

화학설비 안전관리

081

처음 온도가 20[℃]인 공기를 절대압력 1기압에서 3기압으로 단열압축하면 최종온도는 약 몇 [℃]인가?(단, 공기의 비열비는 1.4이다.)

① 68[℃]
② 75[℃]
③ 128[℃]
④ 164[℃]

해설 단열변화

$\frac{T_2}{T_1} = \left(\frac{V_1}{V_2}\right)^{r-1} = \left(\frac{P_2}{P_1}\right)^{\frac{(r-1)}{r}}$ 에서

$T_2 = T_1 \times \left(\frac{P_2}{P_1}\right)^{\frac{(r-1)}{r}} = (273+20) \times \left(\frac{3}{1}\right)^{\frac{1.4-1}{1.4}} = 401[K] = 128[℃]$

여기서, T: 절대온도[K], V: 부피[L], P: 절대압력[atm], r: 비열비

관련개념 CHAPTER 02 화학물질 안전관리 실행

082

물질의 누출방지용으로써 접합면을 상호 밀착시키기 위하여 사용하는 것은?

① 개스킷
② 체크밸브
③ 플러그
④ 콕크

해설 개스킷(Gasket)

관 플랜지 고정 접합면에 끼워 볼트 및 기타 방법으로 죄어 유체의 누설을 방지하는 부속품이다.

관련개념 CHAPTER 04 화공 안전운전 · 점검

083

건조설비의 구조를 구조부분, 가열장치, 부속설비로 구분할 때 다음 중 "부속설비"에 속하는 것은?

① 보온판
② 열원장치
③ 소화장치
④ 철골부

해설 소화장치는 건조설비의 부속설비에 해당한다. 보온판, 철골부는 구조부분, 열원장치는 가열장치에 해당한다.

관련개념 CHAPTER 02 화학물질 안전관리 실행

084

에틸렌(C_2H_4)이 완전연소하는 경우 다음의 Jones식을 이용하여 계산할 경우 연소하한계는 약 몇 [vol%]인가?

Jones식: $LFL = 0.55 \times C_{st}$

① 0.55
② 3.6
③ 6.3
④ 8.5

해설 에틸렌의 완전연소반응식

$C_2H_4 + 3O_2 \rightarrow 2CO_2 + 2H_2O$

유기물 $C_nH_xO_y$의 양론농도(C_{st})는 다음 식으로 구할 수 있다.

$C_{st} = \frac{100}{(4.77n + 1.19x - 2.38y) + 1} = \frac{100}{(4.77 \times 2 + 1.19 \times 4) + 1} = 6.54$

Jones식에 의해 연소하한계를 추정하면

연소하한계(LFL) $= 0.55 \times 6.54 = 3.6[vol\%]$

관련개념 CHAPTER 01 화재 · 폭발 검토

085

[보기]의 물질을 폭발범위가 넓은 것부터 좁은 순서로 옳게 배열한 것은?

보기
H_2 C_3H_8 CH_4 CO

① $CO > H_2 > C_3H_8 > CH_4$
② $H_2 > CO > C_3H_8 > CH_4$
③ $C_3H_8 > CO > CH_4 > H_2$
④ $CH_4 > H_2 > CO > C_3H_8$

해설 각 물질의 폭발범위 및 위험도

구분	수소(H_2)	프로판(C_3H_8)	메탄(CH_4)	일산화탄소 (CO)
UEL[%]	75	9.5	15	74
LEL[%]	4	2.4	5	12.5
폭발범위	71	7.1	10	61.5
위험도	17.75	2.96	2	4.92

※ 폭발범위 $=$ UEL$-$LEL, 위험도 $= \dfrac{UEL-LEL}{LEL}$

관련개념 CHAPTER 01 화재 · 폭발 검토

086

「산업안전보건법령」상 위험물질의 종류에서 "폭발성 물질 및 유기과산화물"에 해당하는 것은?

① 디아조화합물
② 황린
③ 알킬알루미늄
④ 마그네슘 분말

해설 디아조화합물은 폭발성 물질 및 유기과산화물에 해당한다.

오답해설
② 황린, ③ 알킬알루미늄, ④ 마그네슘 분말: 물반응성 물질 및 인화성 고체

관련개념 CHAPTER 02 화학물질 안전관리 실행

087

화염방지기의 설치에 관한 사항으로 (   )에 알맞은 것은?

사업주는 인화성 액체 및 인화성 가스를 저장·취급하는 화학설비에서 증기나 가스를 대기로 방출하는 경우에는 외부로부터의 화염을 방지하기 위하여 화염방지기를 그 설비 (   )에 설치하여야 한다.

① 상단
② 하단
③ 중앙
④ 무게중심

해설 화염방지기는 외부로부터의 화염을 방지하기 위하여 그 설비 상단에 설치하여야 한다.

관련개념 CHAPTER 04 화공 안전운전·점검

088

다음 중 인화성 가스가 아닌 것은?

① 부탄
② 메탄
③ 수소
④ 산소

해설 산소는 연소를 도와주는 조연성 가스이다.

관련개념 CHAPTER 01 화재·폭발 검토

089

반응기를 조작방식에 따라 분류할 때 해당되지 않는 것은?

① 회분식 반응기
② 반회분식 반응기
③ 연속식 반응기
④ 관형 반응기

해설 관형 반응기는 구조에 따라 분류한 것이다.

반응기의 분류
• 조작방법에 따른 분류: 회분식 반응기, 반회분식 반응기, 연속식 반응기
• 구조에 따른 분류: 교반조형 반응기, 관형 반응기, 탑형 반응기, 유동층형 반응기

관련개념 CHAPTER 02 화학물질 안전관리 실행

090

다음 중 가연성 물질과 산화성 고체가 혼합하고 있을 때 연소에 미치는 현상으로 옳은 것은?

① 착화온도(발화점)가 높아진다.
② 최소점화에너지가 감소하며, 폭발의 위험성이 증가한다.
③ 가스나 가연성 증기의 경우 공기혼합보다 연소범위가 축소된다.
④ 공기 중에서보다 산화작용이 약하게 발생하여 화염온도가 감소하며 연소속도가 늦어진다.

해설 산화성 고체는 가연물과 화합하여 과격한 연소 및 폭발이 가능하다.

관련개념 CHAPTER 02 화학물질 안전관리 실행

091

다음 중 고체연소의 종류에 해당하지 않는 것은?

① 표면연소
② 증발연소
③ 분해연소
④ 예혼합연소

해설 예혼합연소는 기체연소에 해당한다.

고체연소의 종류
표면연소, 분해연소, 증발연소, 자기연소

관련개념 CHAPTER 01 화재·폭발 검토

092

가연성 물질을 취급하는 장치를 퍼지하고자 할 때 잘못된 것은?

① 대상물질의 물성을 파악한다.
② 사용하는 불활성가스의 물성을 파악한다.
③ 퍼지용 가스를 가능한 한 빠른 속도로 단시간에 다량 송입한다.
④ 장치 내부를 세정한 후 퍼지용 가스를 송입한다.

해설 퍼지용 가스는 장시간에 걸쳐 천천히 주입하여야 한다.

관련개념 CHAPTER 01 화재 · 폭발 검토

093

위험물질에 대한 설명 중 틀린 것은?

① 과산화나트륨에 물이 접촉하는 것은 위험하다.
② 황린은 물속에 저장한다.
③ 염소산나트륨은 물과 반응하여 폭발성의 수소기체를 발생한다.
④ 아세트알데히드는 0[℃] 이하의 온도에서도 인화할 수 있다.

해설 염소산나트륨은 물에 쉽게 녹는 성질이 있다.

관련개념 CHAPTER 02 화학물질 안전관리 실행

094

공정안전보고서 중 공정안전자료에 포함하여야 할 세부내용에 해당하는 것은?

① 비상조치계획에 따른 교육계획
② 안전운전지침서
③ 각종 건물 · 설비의 배치도
④ 도급업체 안전관리계획

해설 ①은 비상조치계획, ②, ④는 안전운전계획에 포함하여야 할 세부내용이다.

관련개념 CHAPTER 04 화공 안전운전 · 점검

095

디에틸에테르의 연소범위에 가장 가까운 값은?

① 2~10.4[%] ② 1.9~48[%]
③ 2.5~15[%] ④ 1.5~7.8[%]

해설 디에틸에테르의 연소범위는 1.9~48[%]이다.

관련개념 CHAPTER 01 화재 · 폭발 검토

096

공기 중에서 A가스의 폭발하한계는 2.2[vol%]이다. 이 폭발하한계 값을 기준으로 하여 표준상태에서 A가스와 공기의 혼합기체 1[m³]에 함유되어 있는 A가스의 질량을 구하면 약 몇 [g]인가?(단, A가스의 분자량은 26이다.)

① 19.02 ② 25.54
③ 29.02 ④ 35.54

해설 A가스의 부피 $=1 \times \dfrac{2.2}{100} = 0.022[\text{m}^3] = 22[\text{L}]$

아보가드로의 법칙에 의하면 표준상태(0[℃], 1기압)에서 기체 1몰의 부피는 22.4[L]이고, 문제에서 A가스의 분자량이 26이라고 했으므로 A가스 1몰은 26[g]이다. 이 관계를 이용하여 A가스의 질량을 x로 놓고 비례식을 만들면 다음과 같다.

$26[\text{g}] : 22.4[\text{L}] = x[\text{g}] : 22[\text{L}]$, $x = \dfrac{26 \times 22}{22.4} = 25.54[\text{g}]$

관련개념 CHAPTER 02 화학물질 안전관리 실행

097

다음 물질 중 물에 가장 잘 용해되는 것은?

① 아세톤
② 벤젠
③ 톨루엔
④ 휘발유

해설 아세톤

물에 잘 녹으며 유기용매로서 다른 유기물질과도 잘 섞이는 성질이 있어 일상생활에서 물로 지워지지 않는 유성페인트나 매니큐어 등을 지우는 데 많이 쓰인다.

관련개념 CHAPTER 02 화학물질 안전관리 실행

098

가스누출감지경보기 설치에 관한 기술상의 지침으로 틀린 것은?

① 암모니아를 제외한 가연성 가스 누출감지경보기는 방폭성능을 갖는 것이어야 한다.
② 독성 가스누출감지경보기는 해당 독성가스 허용농도의 25[%] 이하에서 경보가 울리도록 설정하여야 한다.
③ 하나의 감지대상가스가 가연성이면서 독성인 경우에는 독성가스를 기준하여 가스누출감지경보기를 선정하여야 한다.
④ 건축물 안에 설치되는 경우, 감지대상가스의 비중이 공기보다 무거운 경우에는 건축물 내의 하부에 설치하여야 한다.

해설 가연성 가스누출감지경보기는 감지대상 가스의 폭발하한계 25[%] 이하, 독성 가스누출감지경보기는 해당 독성가스의 허용농도 이하에서 경보가 울리도록 설정한다.

관련개념 CHAPTER 04 화공 안전운전·점검

099

폭발을 기상폭발과 응상폭발로 분류할 때 기상폭발에 해당되지 않는 것은?

① 분진폭발
② 혼합가스폭발
③ 분무폭발
④ 수증기폭발

해설 폭발원인 물질의 상태(기상, 응상)에 따른 분류

관련개념 CHAPTER 01 화재·폭발 검토

100

다음 가스 중 TLV-TWA상 가장 독성이 큰 것은?

① CO
② $COCl_2$
③ NH_3
④ H_2

해설 포스겐($COCl_2$)가스는 노출기준(TWA) 0.1[ppm]의 유독성 가스이다.

(CO의 TWA: 30[ppm], NH_3의 TWA: 25[ppm], H_2: 독성자료 없음)

※ TWA는 값이 작을수록 독성이 강하다.

관련개념 CHAPTER 02 화학물질 안전관리 실행

건설공사 안전관리

101

하역작업 등에 의한 위험을 방지하기 위하여 준수하여야 할 사항으로 옳지 않은 것은?

① 꼬임이 끊어진 섬유로프를 화물운반용으로 사용해서는 안 된다.
② 심하게 부식된 섬유로프를 고정용으로 사용해서는 안 된다.
③ 차량 등에서 화물을 내리는 작업 시 해당 작업에 종사하는 근로자에게 쌓여 있는 화물 중간에서 화물을 빼내도록 할 경우에는 사전 교육을 철저히 한다.
④ 부두 또는 안벽의 선을 따라 통로를 설치하는 경우에는 폭을 90[cm] 이상으로 한다.

해설 차량 등에서 화물을 내리는 작업을 하는 경우에 해당 작업에 종사하는 근로자에게 쌓여 있는 화물 중간에서 화물을 빼내도록 해서는 아니 된다.

관련개념 CHAPTER 06 공사 및 작업 종류별 안전

102

추락방지용 방망 중 그물코의 크기가 5[cm]인 매듭방망 신품의 인장강도는 최소 몇 [kg] 이상이어야 하는가?

① 60   ② 110
③ 150   ④ 200

해설 그물코 5[cm], 신품 매듭방망의 인장강도는 110[kg] 이상이어야 한다.
추락방호망 방망사의 인장강도

※ ( ): 폐기기준 인장강도

그물코의 크기 (단위: [cm])	방망의 종류(단위: [kg])	
	매듭 없는 방망	매듭방망
10	240(150)	200(135)
5	–	110(60)

관련개념 CHAPTER 04 건설현장 안전시설 관리

103

단관비계가 넘어지는 것을 방지하기 위하여 사용하는 벽이음의 간격기준으로 옳은 것은?

① 수직방향 5[m] 이하, 수평방향 5[m] 이하
② 수직방향 6[m] 이하, 수평방향 6[m] 이하
③ 수직방향 7[m] 이하, 수평방향 7[m] 이하
④ 수직방향 8[m] 이하, 수평방향 8[m] 이하

해설 단관비계의 벽이음은 수직방향 5[m], 수평방향 5[m] 이내로 조립하여야 한다.

관련개념 CHAPTER 05 비계·거푸집 가시설 위험방지

104

인력으로 하물을 인양할 때의 몸의 자세와 관련하여 준수하여야 할 사항으로 옳지 않은 것은?

① 한쪽 발은 들어올리는 물체를 향하여 안전하게 고정시키고 다른 발은 그 뒤에 안전하게 고정시킬 것
② 등은 항상 직립한 상태와 90도 각도를 유지하여 가능한 한 지면과 수평이 되도록 할 것
③ 팔은 몸에 밀착시키고 끌어당기는 자세를 취하며 가능한 한 수평거리를 짧게 할 것
④ 손가락으로만 인양물을 잡아서는 아니 되며 손바닥으로 인양물 전체를 잡을 것

해설 인력으로 하물을 인양할 때 등은 지면과 수직이 되도록 하여야 한다.

관련개념 CHAPTER 06 공사 및 작업 종류별 안전

105

산업안전보건관리비 항목 중 안전시설비로 사용 가능한 것은?

① 원활한 공사수행을 위한 가설시설 중 비계설치 비용
② 소음 관련 민원예방을 위한 건설현장 소음방지용 방음시설 설치 비용
③ 근로자의 재해예방을 위한 목적으로만 사용하는 CCTV에 사용되는 비용
④ 기계·기구 등과 일체형 안전장치의 구입비용

해설
※ 「건설업 산업안전보건관리비 계상 및 사용기준」이 개정됨에 따라 '안전관리비의 항목별 사용 불가내역'이 삭제되었습니다.

관련개념 CHAPTER 03 건설업 산업안전보건관리비 관리

106

유한사면에서 원형활동면에 의해 발생하는 일반적인 사면파괴의 종류에 해당하지 않는 것은?

① 사면 내 파괴(Slope Failure)
② 사면 선단 파괴(Toe Failure)
③ 사면 인장 파괴(Tension Failure)
④ 사면 저부 파괴(Base Failure)

해설 사면의 붕괴형태
• 사면 천단부 붕괴(사면 선단 붕괴, Toe Failure)
• 사면 중심부 붕괴(사면 내 붕괴, Slope Failure)
• 사면 하단부 붕괴(사면 저부 붕괴, Base Failure)

관련개념 CHAPTER 04 건설현장 안전시설 관리

107

강관비계를 사용하여 비계를 구성하는 경우 준수해야 할 기준으로 옳지 않은 것은?

① 비계기둥의 간격은 띠장 방향에서는 1.85[m] 이하, 장선(長線) 방향에서는 1.5[m] 이하로 할 것
② 띠장 간격은 2.0[m] 이하로 할 것
③ 비계기둥의 제일 윗부분으로부터 31[m] 되는 지점 밑부분의 비계기둥은 2개의 강관으로 묶어 세울 것
④ 비계기둥 간의 적재하중은 600[kg]을 초과하지 않도록 할 것

해설 강관을 사용하여 비계를 구성하는 경우 비계기둥 간의 적재하중은 400[kg]을 초과하지 않도록 하여야 한다.

관련개념 CHAPTER 05 비계·거푸집 가시설 위험방지

108

다음은 「산업안전보건법령」에 따른 화물자동차의 승강설비에 관한 사항이다. ( ) 안에 알맞은 내용으로 옳은 것은?

> 사업주는 바닥으로부터 짐 윗면까지의 높이가 ( ) 이상인 화물자동차에 짐을 싣는 작업 또는 내리는 작업을 하는 경우에는 근로자의 추가 위험을 방지하기 위하여 해당 작업에 종사하는 근로자가 바닥과 적재함의 짐 윗면 간을 안전하게 오르내리기 위한 설비를 설치하여야 한다.

① 2[m] ② 4[m]
③ 6[m] ④ 8[m]

해설 사업주는 바닥으로부터 짐 윗면까지의 높이가 2[m] 이상인 화물자동차에 짐을 싣는 작업 또는 내리는 작업을 하는 경우에는 근로자의 추가 위험을 방지하기 위하여 해당 작업에 종사하는 근로자가 바닥과 적재함의 짐 윗면 간을 안전하게 오르내리기 위한 설비를 설치하여야 한다.

관련개념 CHAPTER 06 공사 및 작업 종류별 안전

109

달비계의 최대적재하중을 정함에 있어서 활용하는 안전계수의 기준으로 옳은 것은?(단, 곤돌라의 달비계를 제외한다.)

① 달기 훅: 5 이상
② 달기 강선: 5 이상
③ 달기 체인: 3 이상
④ 달기 와이어로프: 5 이상

해설 달비계의 최대적재하중을 정하는 경우 안전계수

구분		안전계수
달기 와이어로프 및 달기 강선		10 이상
달기 체인 및 달기 훅		5 이상
달기 강대와 달비계의 하부 및 상부지점	강재	2.5 이상
	목재	5 이상

※「산업안전보건기준에 관한 규칙」이 개정됨에 따라 '달비계의 최대적재하중을 정하는 경우 안전계수'가 삭제되었습니다.

관련개념 CHAPTER 04 건설현장 안전시설 관리

110

흙의 투수계수에 영향을 주는 인자에 관한 설명으로 옳지 않은 것은?

① 포화도: 포화도가 클수록 투수계수도 크다.
② 공극비: 공극비가 클수록 투수계수는 작다.
③ 유체의 점성계수: 점성계수가 클수록 투수계수는 작다.
④ 유체의 밀도: 유체의 밀도가 클수록 투수계수는 크다.

해설 공극비가 클수록 투수계수도 커진다.

투수계수

$$K = D_s^2 \cdot \frac{\gamma_w}{\eta} \cdot \frac{e^3}{(1+e)} \cdot C$$

여기서, D_s: 유효입경
  γ_w: 물의 비중량
  η: 점성계수
  e: 공극비
  C: 형상계수

관련개념 CHAPTER 02 건설공사 위험성

111

건설현장에서 사용되는 작업발판 일체형 거푸집의 종류에 해당되지 않는 것은?

① 갱 폼(gang form)
② 슬립 폼(slip form)
③ 클라이밍 폼(climbing form)
④ 유로 폼(euro form)

해설 작업발판 일체형 거푸집의 종류

• 갱 폼(Gang Form)
• 슬립 폼(Slip Form)
• 클라이밍 폼(Climbing Form)
• 터널 라이닝 폼(Tunnel Lining Form)

관련개념 CHAPTER 05 비계·거푸집 가시설 위험방지

2021년 3회

112

콘크리트 타설작업을 하는 경우 준수하여야 할 사항으로 옳지 않은 것은?

① 당일의 작업을 시작하기 전에 해당 작업에 관한 거푸집 및 동바리의 변형·변위 및 지반의 침하 유무 등을 점검하고 이상이 있으면 보수할 것
② 콘크리트를 타설하는 경우에는 편심이 발생하지 않도록 골고루 분산하여 타설할 것
③ 설계도서상의 콘크리트 양생기간을 준수하여 거푸집 및 동바리를 해체할 것
④ 작업 중에는 감시자를 배치하는 등의 방법으로 거푸집 및 동바리의 변형·변위 및 침하 유무 등을 확인하여야 하며, 이상이 있으면 작업을 중지하지 아니하고, 즉시 충분한 보강조치를 실시할 것

해설 콘크리트 타설작업 중에는 감시자를 배치하는 등의 방법으로 거푸집 및 동바리의 변형·변위 및 침하 유무 등을 확인하여야 하며, 이상이 있으면 작업을 중지하고 근로자를 대피시켜야 한다.

관련개념 CHAPTER 06 공사 및 작업 종류별 안전

113

버팀보, 앵커 등의 축하중 변화상태를 측정하여 이들 부재의 지지효과 및 그 변화 추이를 파악하는 데 사용되는 계측기기는?

① Water Level Meter
② Load Cell
③ Piezo Meter
④ Strain Gauge

해설 하중계(Load Cell)는 스트러트, 어스앵커에 설치하여 축하중 측정으로 부재의 안전성 여부를 판단하는 계측기기이다.

오답해설
① 지하수위계(Water Level Meter): 굴착에 따른 지하수위 변동을 측정한다.
③ 간극수압계(Piezo Meter): 굴착, 성토에 의한 간극수압의 변화를 측정한다.
④ 변형률계(Strain Gauge): 스트러트, 띠장 등에 부착하여 굴착작업 시 구조물의 변형을 측정한다.

관련개념 CHAPTER 05 비계·거푸집 가시설 위험방지

114

차량계 건설기계를 사용하여 작업을 하는 경우 작업계획서 내용에 포함되지 않는 것은?

① 사용하는 차량계 건설기계의 종류 및 성능
② 차량계 건설기계의 운행경로
③ 차량계 건설기계에 의한 작업방법
④ 차량계 건설기계의 유지보수방법

해설 **차량계 건설기계 작업계획서 포함내용**
• 사용하는 차량계 건설기계의 종류 및 성능
• 차량계 건설기계의 운행경로
• 차량계 건설기계에 의한 작업방법

관련개념 CHAPTER 04 건설현장 안전시설 관리

115

근로자의 추락 등의 위험을 방지하기 위한 안전난간의 설치 기준으로 옳지 않은 것은?

① 상부 난간대와 중간 난간대는 난간 길이 전체에 걸쳐 바닥면 등과 평행을 유지할 것
② 발끝막이판은 바닥면 등으로부터 20[cm] 이상의 높이를 유지할 것
③ 난간대는 지름 2.7[cm] 이상의 금속제 파이프나 그 이상의 강도가 있는 재료일 것
④ 안전난간은 구조적으로 가장 취약한 지점에서 가장 취약한 방향으로 작용하는 100[kg] 이상의 하중에 견딜 수 있는 튼튼한 구조일 것

해설 안전난간의 발끝막이판은 바닥면 등으로부터 10[cm] 이상의 높이를 유지하여야 한다.

관련개념 CHAPTER 04 건설현장 안전시설 관리

116

흙 속의 전단응력을 증대시키는 원인에 해당하지 않는 것은?

① 자연 또는 인공에 의한 지하공동의 형성
② 함수비의 감소에 따른 흙의 단위체적 중량의 감소
③ 지진, 폭파에 의한 진동 발생
④ 균열 내에 작용하는 수압 증가

해설 함수비가 감소할 경우 흙의 단위체적당 중량이 감소하여 흙의 전단응력도 감소하게 된다.

관련개념 CHAPTER 02 건설공사 위험성

117

다음은 「산업안전보건법령」에 따른 항타기 또는 항발기에 권상용 와이어로프를 사용하는 경우에 준수하여야 할 사항이다. (   ) 안에 알맞은 내용으로 옳은 것은?

> 권상용 와이어로프는 추 또는 해머가 최저의 위치에 있을 때 또는 널말뚝을 빼내기 시작할 때를 기준으로 권상장치의 드럼에 적어도 (   ) 감기고 남을 수 있는 충분한 길이일 것

① 1회 　　　　　　　② 2회
③ 4회 　　　　　　　④ 6회

해설 권상용 와이어로프는 추 또는 해머가 최저의 위치에 있을 때 또는 널말뚝을 빼내기 시작할 때를 기준으로 권상장치의 드럼에 적어도 2회 감기고 남을 수 있는 충분한 길이여야 한다.

관련개념 CHAPTER 04 건설현장 안전시설 관리

118

「산업안전보건법령」에 따른 유해위험방지계획서 제출 대상 공사로 볼 수 없는 것은?

① 지상 높이가 31[m] 이상인 건축물의 건설공사
② 터널 건설공사
③ 깊이 10[m] 이상인 굴착공사
④ 다리의 전체길이가 40[m] 이상인 건설공사

해설 유해위험방지계획서 제출대상 건설공사
- 지상높이가 31[m] 이상인 건축물 또는 인공구조물, 연면적 30,000[m²] 이상인 건축물 또는 연면적 5,000[m²] 이상의 문화 및 집회시설(전시장 및 동물원·식물원 제외), 판매시설, 운수시설(고속철도의 역사 및 집배송시설 제외), 종교시설, 의료시설 중 종합병원, 숙박시설 중 관광숙박시설, 지하도상가 또는 냉동·냉장 창고시설의 건설·개조 또는 해체(건설 등) 공사
- 연면적 5,000[m²] 이상의 냉동·냉장 창고시설의 설비공사 및 단열공사
- **최대 지간길이가 50[m] 이상인 다리의 건설 등 공사**
- 터널의 건설 등 공사
- 다목적댐, 발전용댐, 저수용량 2천만 톤 이상의 용수 전용 댐 및 지방 상수도 전용 댐의 건설 등 공사
- 깊이가 10[m] 이상인 굴착공사

관련개념 CHAPTER 02 건설공사 위험성

119

사다리식 통로 등을 설치하는 경우 고정식 사다리식 통로의 기울기는 최대 몇 도 이하로 하여야 하는가?

① 60도 　　　　　　　② 75도
③ 80도 　　　　　　　④ 90도

해설 사다리식 통로의 기울기는 75° 이하로 한다. 다만, 고정식 사다리식 통로의 기울기는 90°이하로 하고, 그 높이가 7[m] 이상인 경우에는 상황에 따라 등받이울 또는 개인용 추락 방지 시스템을 설치하여야 한다.

관련개념 CHAPTER 05 비계·거푸집 가시설 위험방지

120

거푸집동바리 구조에서 높이가 $l=3.5$[m]인 파이프서포트의 좌굴하중은?(단, 상부받이판과 하부받이판은 힌지로 가정하고, 단면 2차 모멘트 $I=8.31$[cm⁴], 탄성계수 $E=2.1 \times 10^5$[MPa])

① 14,060[N] 　　　　② 15,060[N]
③ 16,060[N] 　　　　④ 17,060[N]

해설 좌굴하중

$$P_{cr} = \frac{n\pi^2 EI}{l^2} = \frac{1 \times \pi^2 \times (2.1 \times 10^5) \times (8.31 \times 10^4)}{(3.5 \times 10^3)^2} = 14,060[N]$$

여기서, n: 단말계수(상, 하단이 모두 힌지인 경우 $n=1$)
　　　　E: 탄성계수[MPa]
　　　　I: 단면 2차 모멘트[mm⁴]
　　　　l: 높이[mm]
※ 1[cm⁴]=10⁴[mm⁴], 1[m]=10³[mm]이다.

관련개념 CHAPTER 05 비계·거푸집 가시설 위험방지

2020년 1, 2회 기출문제

※ 2020년은 1, 2회 필기시험이 통합 실시되었습니다.

산업재해 예방 및 안전보건교육

001

「산업안전보건법령」상 산업안전보건위원회의 사용자위원에 해당되지 않는 사람은?(단, 각 사업장은 해당하는 사람을 선임하여야 하는 대상 사업장으로 한다.)

① 안전관리자
② 산업보건의
③ 명예산업안전감독관
④ 해당 사업장 부서의 장

> **해설** 명예산업안전감독관은 근로자위원에 해당한다.
> **산업안전보건위원회의 사용자위원**
> • 해당 사업의 대표자
> • 안전관리자
> • 보건관리자
> • 산업보건의
> • 해당 사업의 대표자가 지명하는 9명 이내의 해당 사업장 부서의 장
>
> **관련개념** CHAPTER 01 산업재해예방 계획 수립

002

몇 사람의 전문가에 의하여 과제에 관한 견해를 발표한 뒤에 참가자로 하여금 의견이나 질문을 하게 하여 토의하는 방법을 무엇이라 하는가?

① 심포지엄(Symposium)
② 버즈 세션(Buzz Session)
③ 케이스 메소드(Case Method)
④ 패널 디스커션(Panel Discussion)

> **해설** 심포지엄(Symposium)
> 몇 사람의 전문가가 과제에 관한 견해를 발표하게 한 뒤 참가자로 하여금 의견이나 질문을 하게 하여 토의하는 방법이다.
>
> **관련개념** CHAPTER 05 안전보건교육의 내용 및 방법

003

작업을 하고 있을 때 긴급 이상상태 또는 돌발사태가 되면 순간적으로 긴장하게 되어 판단능력의 둔화 또는 정지상태가 되는 것은?

① 의식의 우회
② 의식의 과잉
③ 의식의 단절
④ 의식의 수준저하

> **해설** 의식의 과잉
> 돌발사태에 직면하면 공포를 느끼게 되고 주의가 일점(주시점)에 집중되어 판단정지 및 긴장 상태에 빠지게 되어 유효한 대응을 못하게 된다.
>
> **관련개념** CHAPTER 04 인간의 행동과학

004

A사업장의 2019년 도수율이 10이라 할 때 연천인율은 얼마인가?

① 2.4
② 5
③ 12
④ 24

> **해설** 연천인율
> 1년간 평균 임금근로자 1,000명당 재해자 수이다.
> 연천인율 = 도수율 × 2.4 = 10 × 2.4 = 24
>
> **관련개념** SUBJECT 03 기계 · 기구 및 설비 안전관리
> CHAPTER 02 기계분야 산업재해 조사 및 관리

005

「산업안전보건법령」상 안전보건표지의 종류 중 경고표지에 해당하지 않는 것은?

① 레이저광선 경고
② 급성독성물질 경고
③ 매달린물체 경고
④ 차량통행 경고

> **해설** 경고표지 중 차량통행 경고는 없고, 금지표지에 차량통행 금지가 있다.
>
> **관련개념** CHAPTER 02 안전보호구 관리

| 정답 | 001 ③ 002 ① 003 ② 004 ④ 005 ④

006

안전교육에 대한 설명으로 옳은 것은?

① 사례중심과 실연을 통하여 기능적 이해를 돕는다.

② 사무직과 기능직은 그 업무가 판이하게 다르므로 분리하여 교육한다.

③ 현장 작업자는 이해력이 낮으므로 단순반복 및 암기를 시킨다.

④ 안전교육에 건성으로 참여하는 것을 방지하기 위하여 인사고과에 필히 반영한다.

해설 **안전교육**

• 사례중심과 실연을 통하여 기능적 이해를 돕는다.

• 안전교육은 사무직과 기능직을 동시에 교육하는 것이 가능하다.

• 단순반복 및 암기는 피한다.

관련개념 CHAPTER 05 안전보건교육의 내용 및 방법

007

어느 사업장에서 물적손실이 수반된 무상해사고가 180건 발생하였다면 중상은 몇 건이나 발생할 수 있는가?(단, 버드의 재해구성 비율법칙에 따른다.)

① 6건

② 18건

③ 20건

④ 29건

해설 **버드(Bird)의 재해구성비율**

• 중상(중증요양상태) 또는 사망 : 경상(물적, 인적 상해) : 무상해사고(물적 손실 발생) : 무상해, 무사고 고장(위험 순간)＝1 : 10 : 30 : 600

• 중상(중증요양상태) : 무상해사고(물적 손실 발생)＝1 : 30

• 중상(중증요양상태)＝$180 \times \frac{1}{30} = 6$건

관련개념 CHAPTER 01 산업재해예방 계획 수립

008

안전보건교육 계획에 포함해야 할 사항이 아닌 것은?

① 교육지도안

② 교육장소 및 교육방법

③ 교육의 종류 및 대상

④ 교육의 과목 및 교육내용

해설 **안전교육계획 수립 시 포함되어야 할 사항**

• 교육대상(가장 먼저 고려)

• 교육의 종류

• 교육과목 및 교육내용

• 교육기간 및 시간

• 교육장소

• 교육방법

• 교육담당자 및 강사

• 교육목표 및 목적

관련개념 CHAPTER 05 안전보건교육의 내용 및 방법

2020년 1, 2회

009

Y · G 성격검사에서 "안전, 적응, 적극형"에 해당하는 형의 종류는?

① A형

② B형

③ C형

④ D형

해설 **Y · G 성격검사 프로필 유형**

• A형(평균형): 조화적, 적응적

• B형(우편형): 정서불안적, 활동적, 외향적

• C형(좌편형): 안전소극형

• D형(우하형): 안전, 적응, 적극형

• E형(좌하형): 불안정, 부적응, 수동형

관련개념 CHAPTER 03 산업안전심리

010

「산업안전보건법」상 안전관리자의 업무는?

① 직업성 질환 발생의 원인조사 및 대책수립
② 해당 사업장 안전교육계획의 수립 및 안전교육 실시에 관한 보좌 조언·지도
③ 근로자의 건강장해의 원인조사와 재발방지를 위한 의학적 조치
④ 해당 작업에서 발생한 산업재해에 관한 보고 및 이에 대한 응급조치

해설 안전관리자의 업무

• 산업안전보건위원회 또는 안전 및 보건에 관한 노사협의체에서 심의·의결한 업무와 해당 사업장의 안전보건관리규정 및 취업규칙에서 정한 업무
• 위험성평가에 관한 보좌 및 조언·지도
• 안전인증대상 기계 등과 자율안전확인대상 기계 등 구입 시 적격품의 선정에 관한 보좌 및 조언·지도
• 해당 사업장 안전교육계획의 수립 및 안전교육 실시에 관한 보좌 및 지도·조언
• 사업장 순회점검, 지도 및 조치 건의
• 산업재해 발생의 원인 조사·분석 및 재발 방지를 위한 기술적 보좌 및 지도·조언
• 산업재해에 관한 통계의 유지·관리·분석을 위한 보좌 및 지도·조언
• 법 또는 법에 따른 명령으로 정한 안전에 관한 사항의 이행에 관한 보좌 및 지도·조언
• 업무 수행 내용의 기록·유지
• 그 밖에 안전에 관한 사항으로서 고용노동부장관이 정하는 사항

관련개념 CHAPTER 01 산업재해예방 계획 수립

011

재해예방의 4원칙에 해당하지 않는 것은?

① 예방가능의 원칙 ② 손실가능의 원칙
③ 원인연계의 원칙 ④ 대책선정의 원칙

해설 재해예방의 4원칙

• 손실우연의 원칙: 재해손실은 사고발생 시 사고대상의 조건에 따라 달라지므로 한 사고의 결과로서 생긴 재해손실은 우연성에 의해 결정된다.
• 원인계기(원인연계)의 원칙: 재해발생은 반드시 원인이 있다.
• 예방가능의 원칙: 재해는 원칙적으로 원인만 제거하면 예방이 가능하다.
• 대책선정의 원칙: 재해예방을 위한 가능한 안전대책은 반드시 존재한다.

관련개념 CHAPTER 01 산업재해예방 계획 수립

012

크레인, 리프트 및 곤돌라는 사업장에 설치가 끝난 날부터 몇 년 이내에 최초의 안전검사를 실시해야 하는가?(단, 이동식 크레인, 이삿짐운반용 리프트는 제외한다.)

① 1년 ② 2년
③ 3년 ④ 4년

해설 안전검사의 주기

크레인(이동식 크레인 제외), 리프트(이삿짐운반용 리프트 제외) 및 곤돌라는 사업장에 설치가 끝난 날부터 3년 이내에 최초 안전검사를 실시하되, 그 이후부터 2년마다(건설현장에서 사용하는 것은 최초로 설치한 날부터 6개월마다) 안전검사를 실시한다.

관련개념 SUBJECT 03 기계·기구 및 설비 안전관리
　　　　　　CHAPTER 02 기계분야 산업재해 조사 및 관리

013

재해코스트 산정에 있어 시몬즈(R.H. Simonds) 방식에 의한 재해코스트 산정법으로 옳은 것은?

① 직접비+간접비
② 간접비+비보험코스트
③ 보험코스트+비보험코스트
④ 보험코스트+사업부보상금 지급액

해설 재해손실비의 계산(시몬즈 방식)

• 총 재해코스트=보험코스트+비보험코스트
• 비보험코스트=휴업상해건수×A＋통원상해건수×B
　　　　　　　　＋응급조치건수×C＋무상해사고건수×D
• A, B, C, D는 장해정도별에 의한 비보험코스트의 평균치

관련개념 SUBJECT 03 기계·기구 및 설비 안전관리
　　　　　　CHAPTER 02 기계분야 산업재해 조사 및 관리

014

다음 중 맥그리거(McGregor)의 Y 이론과 가장 거리가 먼 것은?

① 성선설 ② 상호신뢰
③ 선진국형 ④ 권위주의적 리더십

해설 목표달성을 위해 종업원들을 통제하고 위협하는 권위주의적 리더십은 맥그리거의 X 이론에 해당한다.

관련개념 CHAPTER 04 인간의 행동과학

015

생체리듬(Bio Rhythm) 중 일반적으로 28일을 주기로 반복되며, 주의력·창조력·예감 및 통찰력 등을 좌우하는 리듬은?

① 육체적 리듬　　② 지성적 리듬
③ 감성적 리듬　　④ 정신적 리듬

해설 감성적 리듬(S, Sensitivity)
기분이나 신경계통의 상태를 나타내는 리듬으로 적색 점선으로 표시하며 28일의 주기이다. 주의력·창조력·예감 및 통찰력 등을 좌우한다.

관련개념 CHAPTER 04 인간의 행동과학

016

「산업안전보건법령」에 따라 환기가 극히 불량한 좁은 밀폐된 장소에서 용접작업을 하는 근로자를 대상으로 한 특별교육 내용에 포함되지 않는 것은?(단, 일반적인 안전·보건에 필요한 사항은 제외한다.)

① 환기설비에 관한 사항
② 질식 시 응급조치에 관한 사항
③ 작업순서, 안전작업방법 및 수칙에 관한 사항
④ 폭발 한계점, 발화점 및 인화점 등에 관한 사항

해설 밀폐된 장소에서 하는 용접작업 또는 습한 장소에서 하는 전기용접 작업 시 특별교육내용
• 작업순서, 안전작업방법 및 수칙에 관한 사항
• 환기설비에 관한 사항
• 전격 방지 및 보호구 착용에 관한 사항
• 질식 시 응급조치에 관한 사항
• 작업환경 점검에 관한 사항
• 그 밖에 안전·보건관리에 필요한 사항

관련개념 CHAPTER 05 안전보건교육의 내용 및 방법

017

무재해 운동의 기본이념 3원칙 중 다음에서 설명하는 것은?

> 직장 내의 모든 잠재위험요인을 적극적으로 사전에 발견, 파악, 해결함으로써 뿌리에서부터 산업재해를 제거하는 것

① 무의 원칙　　② 선취의 원칙
③ 참가의 원칙　　④ 확인의 원칙

해설 무재해 운동의 3원칙
• 무의 원칙: 모든 잠재위험요인을 사전에 발견·파악·해결함으로써 근원적으로 산업재해를 제거한다.
• 참여의 원칙(참가의 원칙): 작업에 따르는 잠재적인 위험요인을 발견·해결하기 위하여 전원이 협력하여 문제해결 운동을 실천한다.
• 안전제일의 원칙(선취의 원칙): 직장의 위험요인을 행동하기 전에 발견·파악·해결하여 재해를 예방한다.

관련개념 CHAPTER 01 산업재해예방 계획 수립

018

위험예지훈련 4R(라운드) 기법의 진행방법에서 3R에 해당하는 것은?

① 목표설정　　② 대책수립
③ 본질추구　　④ 현상파악

해설 위험예지훈련의 추진을 위한 문제해결 4단계
㉠ 1라운드: 현상파악(사실의 파악) - 어떤 위험이 잠재하고 있는가?
㉡ 2라운드: 본질추구(원인조사) - 이것이 위험의 포인트다.
㉢ 3라운드: 대책수립(대책을 세운다) - 당신이라면 어떻게 하겠는가?
㉣ 4라운드: 목표설정(행동계획 작성) - 우리들은 이렇게 하자!

관련개념 CHAPTER 01 산업재해예방 계획 수립

019

방진마스크의 사용 조건 중 산소농도의 최소기준으로 옳은 것은?

① 16[%] ② 18[%]
③ 21[%] ④ 23.5[%]

해설 방진마스크는 산소농도 18[%] 이상인 장소에서 사용하여야 한다.

관련개념 CHAPTER 02 안전보호구 관리

020

관리감독자를 대상으로 교육하는 TWI의 교육내용이 아닌 것은?

① 문제해결훈련 ② 작업지도훈련
③ 인간관계훈련 ④ 작업방법훈련

해설 TWI(Training Within Industry)
• 작업지도훈련(JIT; Job Instruction Training)
• 작업방법훈련(JMT; Job Method Training)
• 인간관계훈련(JRT; Job Relation Training)
• 작업안전훈련(JST; Job Safety Training)

관련개념 CHAPTER 05 안전보건교육의 내용 및 방법

인간공학 및 위험성평가 · 관리

021

인간공학 연구조사에 사용되는 기준의 구비조건과 가장 거리가 먼 것은?

① 다양성 ② 적절성
③ 무오염성 ④ 기준 척도의 신뢰성

해설 체계기준의 구비조건(연구조사의 기준척도)
• 실제적 요건 • 신뢰성(반복성) • 타당성(적절성)
• 순수성(무오염성) • 민감도

관련개념 CHAPTER 01 안전과 인간공학

022

인체에서 뼈의 주요기능이 아닌 것은?

① 인체의 지주 ② 장기의 보호
③ 골수의 조혈 ④ 근육의 대사

해설 뼈의 주요기능
인체의 지주, 장기의 보호, 골수의 조혈기능 등

관련개념 CHAPTER 06 작업환경 관리

023

각 부품의 신뢰도가 다음과 같을 때 시스템의 전체 신뢰도는 약 얼마인가?

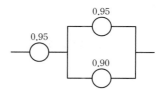

① 0.8123 ② 0.9453
③ 0.9553 ④ 0.9953

해설 신뢰도(R)$=0.95\times\{1-(1-0.95)\times(1-0.90)\}=0.9453$

관련개념 CHAPTER 01 안전과 인간공학

024

손이나 특정 신체부위에 발생하는 누적손상장애(CTD)의 발생인자와 가장 거리가 먼 것은?

① 무리한 힘
② 다습한 환경
③ 장시간의 진동
④ 반복도가 높은 작업

해설 누적손상장애(CTDs) 발생원인
과도한 힘의 요구, 부적절한 작업자세, 장시간의 진동, 반복적인 동작 등

관련개념 CHAPTER 04 근골격계질환 예방관리

025

인체계측자료의 응용원칙이 아닌 것은?

① 기존 동일 제품을 기준으로 한 설계
② 최대치수와 최소치수를 기준으로 한 설계
③ 조절범위를 기준으로 한 설계
④ 평균치를 기준으로 한 설계

해설 인체계측자료의 응용원칙
• 극단치 설계(최소치 설계, 최대치 설계)
• 조절식 설계(5~95[%tile])
• 평균치 설계

관련개념 CHAPTER 06 작업환경 관리

026

다음 FT도에서 시스템에 고장이 발생할 확률은 약 얼마인가?(단, X_1과 X_2의 발생확률은 각각 0.05, 0.03이다.)

① 0.0015
② 0.0785
③ 0.9215
④ 0.9985

해설 X_1과 X_2가 OR 게이트로 연결되어 있으므로
$T = 1 - (1 - 0.05) \times (1 - 0.03) = 0.0785$

관련개념 CHAPTER 02 위험성 파악 · 결정

027

의자설계 시 고려해야 할 일반적인 원리와 가장 거리가 먼 것은?

① 자세고정을 줄인다.
② 조정이 용이해야 한다.
③ 디스크가 받는 압력을 줄인다.
④ 요추 부위의 후만곡선을 유지한다.

해설 의자설계 시 등받이는 요추 전만(앞으로 굽힘)자세를 유지하며, 추간판의 압력 및 등근육의 정적부하를 감소시킬 수 있도록 설계한다.

관련개념 CHAPTER 06 작업환경 관리

028

반사율이 85[%], 글자의 밝기가 400[cd/m²]인 VDT화면에 350[lux]의 조명이 있다면 대비는 약 얼마인가?

① -6.0
② -5.0
③ -4.2
④ -2.8

해설 대비
표적의 광속 발산도(L_t)와 배경의 광속 발산도(L_b)의 차이이다.
(문제에서는 VDT 화면에 출력되는 글자와 VDT 화면으로부터 반사되는 휘도의 차를 계산한다.)

대비 $= \dfrac{L_b - L_t}{L_b}$

반사율 $= \dfrac{\text{광도}(fL)}{\text{조도}(fC)} \times 100 = \dfrac{\text{휘도}([\text{cd/m}^2]) \times \pi}{\text{조도}[\text{lux}]} \times 100$에서

휘도 $= \dfrac{\text{반사율} \times \text{조도}}{\pi \times 100}$

$L_b = \dfrac{85 \times 350}{\pi \times 100} = 94.7[\text{cd/m}^2]$

$L_t = 400 + 94.7 = 494.7[\text{cd/m}^2]$

대비 $= \dfrac{94.7 - 494.7}{94.7} = -4.2$

관련개념 CHAPTER 06 작업환경 관리

029

화학설비에 대한 안전성 평가 중 정량적 평가항목에 해당되지 않는 것은?

① 공정
② 취급물질
③ 압력
④ 화학설비용량

해설 안전성 평가 제3단계(정량적 평가)의 평가항목
취급물질, 온도, 압력, 해당설비용량, 조작

관련개념 CHAPTER 02 위험성 파악 · 결정

030

시각장치와 비교하여 청각장치 사용이 유리한 경우는?

① 메시지가 길 때
② 메시지가 복잡할 때
③ 정보 전달 장소가 너무 소란할 때
④ 메시지에 대한 즉각적인 반응이 필요할 때

해설 ①, ②, ③은 청각장치보다 시각장치의 사용이 더 유리한 경우이다.

관련개념 CHAPTER 06 작업환경 관리

031

FT도에서 사용하는 기호 중 다음 그림과 같이 OR 게이트이지만 2개 또는 그 이상의 입력이 동시에 존재할 때 출력이 생기지 않는 경우 사용하는 것은?

① 부정 OR 게이트
② 배타적 OR 게이트
③ 억제 게이트
④ 조합 OR 게이트

해설

기호	명칭	설명
동시발생 안 한다.	배타적 OR 게이트	OR 게이트이지만 2개 또는 2개 이상의 입력이 동시에 존재하는 경우에는 출력사상이 발생하지 않는다.

관련개념 CHAPTER 02 위험성 파악 · 결정

032

인간–기계 시스템을 설계할 때에는 특정기능을 기계에 할당하거나 인간에게 할당하게 된다. 이러한 기능할당과 관련된 사항으로 옳지 않은 것은?(단, 인공지능과 관련된 사항은 제외한다.)

① 인간은 원칙을 적용하여 다양한 문제를 해결하는 능력이 기계에 비해 우월하다.
② 일반적으로 기계는 장시간 일관성이 있는 작업을 수행하는 능력이 인간에 비해 우월하다.
③ 인간은 소음, 이상온도 등의 환경에서 작업을 수행하는 능력이 기계에 비해 우월하다.
④ 일반적으로 인간은 주위가 이상하거나 예기치 못한 사건을 감지하여 대처하는 능력이 기계에 비해 우월하다.

해설 소음, 이상온도 등의 환경에서 인간의 작업수행 능력이 기계에 비해 우월하다고 볼 수 없다.

관련개념 CHAPTER 01 안전과 인간공학

033

모든 시스템안전 분석에서 제일 첫 번째 단계의 분석으로, 실행되고 있는 시스템을 포함한 모든 것의 상태를 인식하고 시스템의 개발단계에서 시스템 고유의 위험상태를 식별하여 예상되고 있는 재해의 위험수준을 결정하는 것을 목적으로 하는 위험분석 기법은?

① 결함위험분석(FHA; Fault Hazard Analysis)
② 시스템위험분석(SHA; System Hazard Analysis)
③ 예비위험분석(PHA; Preliminary Hazard Analysis)
④ 운용위험분석(OHA; Operating Hazard Analysis)

해설 예비위험분석(PHA; Preliminary Hazards Analysis)
시스템 내의 위험요소가 얼마나 위험상태에 있는가를 평가하는 시스템안전 프로그램의 최초단계(시스템 구상단계)의 정성적인 분석 방식이다.

관련개념 CHAPTER 02 위험성 파악 · 결정

034

컷셋과 패스셋에 관한 설명으로 옳은 것은?

① 동일한 시스템에서 패스셋의 개수와 컷셋의 개수는 같다.
② 패스셋은 동시에 발생했을 때 정상사상을 유발하는 사상들의 집합이다.
③ 일반적으로 시스템에서 최소 컷셋의 개수가 늘어나면 위험 수준이 높아진다.
④ 최소 컷셋은 어떤 고장이나 실수를 일으키지 않으면 재해는 일어나지 않는다고 하는 것이다.

해설 **최소 컷셋과 최소 패스셋**
• 최소 컷셋(Minimal Cut Set): 정상사상을 일으키기 위한 최소한의 컷셋으로, 시스템의 위험성을 표시한다.
• 최소 패스셋(Minimal Path Set): 정상사상이 일어나지 않는 최소한의 집합으로, 시스템의 신뢰성을 표시한다.

관련개념 CHAPTER 02 위험성 파악 · 결정

035

조종장치를 촉각적으로 식별하기 위하여 사용되는 촉각적 코드화의 방법으로 옳지 않은 것은?

① 색감을 활용한 코드화
② 크기를 이용한 코드화
③ 조종장치의 형상 코드화
④ 표면촉감을 이용한 코드화

해설 **조종장치의 촉각적 암호화**
• 표면촉감을 사용하는 경우
• 형상을 구별하는 경우
• 크기를 구별하는 경우

관련개념 CHAPTER 06 작업환경 관리

036

「산업안전보건법령」상 사업주가 유해위험방지계획서를 제출할 때에는 사업장 별로 관련 서류를 첨부하여 해당 작업 시작 며칠 전까지 해당 기관에 제출하여야 하는가?

① 7일   ② 15일
③ 30일   ④ 60일

해설 사업주가 유해위험방지계획서를 제출할 때에는 사업장별로 제조업 등 유해위험방지계획서에 필요한 서류를 첨부하여 해당 작업 시작 15일 전까지 한국산업안전보건공단에 2부를 제출하여야 한다.

관련개념 CHAPTER 02 위험성 파악 · 결정

037

휴먼에러(Human Error)의 요인을 심리적 요인과 물리적 요인으로 구분할 때, 심리적 요인에 해당하는 것은?

① 일이 너무 복잡한 경우
② 일의 생산성이 너무 강조될 경우
③ 동일 형상의 것이 나란히 있을 경우
④ 서두르거나 절박한 상황에 놓여 있을 경우

해설 부족한 시간, 감정적 요인 등은 휴먼에러의 심리적 요인에 해당한다. ①, ②, ③은 모두 휴먼에러의 물리적 요인이다.

관련개념 CHAPTER 01 안전과 인간공학

038

적절한 온도의 작업환경에서 추운 환경으로 온도가 변할 때 우리의 신체가 수행하는 조절작용이 아닌 것은?

① 발한(發汗)이 시작된다.
② 피부의 온도가 내려간다.
③ 직장(直腸)온도가 약간 올라간다.
④ 혈액의 많은 양이 몸의 중심부를 위주로 순환한다.

해설 **추운 환경으로 변할 때 신체 조절작용(저온스트레스)**
• 피부온도가 내려간다.
• 피부를 경유하는 혈액순환량이 감소한다.
• 많은 양의 혈액이 몸의 중심부를 순환한다.
• 직장(直腸)온도가 약간 올라간다.
• 소름이 돋고 몸이 떨린다.

관련개념 CHAPTER 06 작업환경 관리

039

FTA에 의한 재해사례 연구순서 중 2단계에 해당하는 것은?

① FT도의 작성
② Top 사상의 선정
③ 개선계획의 작성
④ 사상의 재해원인 규명

해설 FTA에 의한 재해사례 연구순서(D. R. Cheriton)

정상(Top)사상의 선정 → 각 사상의 재해원인 규명 → FT도의 작성 및 분석 → 개선계획의 작성

관련개념 CHAPTER 02 위험성 파악 · 결정

040

시스템안전 MIL-STD-882B 분류기준의 위험성평가 매트릭스에서 발생빈도에 속하지 않는 것은?

① 거의 발생하지 않는(remote)
② 전혀 발생하지 않는(impossible)
③ 보통 발생하는(reasonably probable)
④ 극히 발생하지 않을 것 같은(extremely improbable)

해설 전혀 발생하지 않는 단계는 impossible이 아니라 improbable이다. ③, ④는 발생빈도 단계를 더욱 세분화한 것이다.

시스템안전 MIL-STD-882B 위험성평가 발생빈도 분류기준

• 자주 발생(frequent)
• 빈번히 발생(probable)
• 가끔 발생(occasional)
• 거의 발생하지 않음(remote)
• 발생가능성 없음(improbable)
• 위험요인이 제거됨(eliminated)

관련개념 CHAPTER 02 위험성 파악 · 결정

기계 · 기구 및 설비 안전관리

041

가공기계에 쓰이는 주된 풀 프루프(Fool Proof)에서 가드(Guard)의 형식으로 틀린 것은?

① 인터록가드(Interlock Guard)
② 안내가드(Guide Guard)
③ 조절가드(Adjustable Guard)
④ 고정가드(Fixed Guard)

해설 풀 프루프(Fool Proof)

• 정의: 근로자가 기계를 잘못 취급하여 불안전한 행동이나 실수를 하여도 기계설비의 안전기능이 작용하여 재해를 방지할 수 있는 기능이다.
• 가드의 종류: 인터록가드(Interlock Guard), 조절가드(Adjustable Guard), 고정가드(Fixed Guard)

관련개념 CHAPTER 01 기계공정의 안전, 기계안전시설 관리

042

컨베이어의 제작 및 안전기준상 작업구역 및 통행구역에 덮개, 울 등을 설치해야 하는 부위에 해당하지 않는 것은?

① 컨베이어의 동력전달 부분
② 컨베이어의 제동장치 부분
③ 호퍼, 슈트의 개구부 및 장력 유지장치
④ 컨베이어 벨트, 풀리, 롤러, 체인, 스프라켓, 스크류 등

해설 컨베이어 작업구역 및 통행구역에서 다음의 부위에는 덮개, 울, 물림보호물(Nip Guard), 감응형 방호장치(광전자식, 안전매트 등) 등을 설치하여야 한다.

• 컨베이어의 동력전달 부분
• 컨베이어 벨트, 풀리, 롤러, 체인, 스프라켓, 스크류 등
• 호퍼, 슈트의 개구부 및 장력 유지장치
• 가동부분과 정지부분 또는 다른 물건 사이 틈 등 작업자에게 위험을 미칠 우려가 있는 부분. 다만, 그 틈이 5[mm] 이내인 경우에는 예외로 할 수 있다.
• 운반되는 재료 또는 컨베이어가 화상 등을 일으킬 수 있는 구간. 다만, 이 경우 덮개나 울을 설치하여야 한다.

관련개념 CHAPTER 06 운반기계 및 양중기

043

「산업안전보건법령」상 탁상용 연삭기의 덮개는 작업 받침대와 연삭숫돌과의 간격을 몇 [mm] 이하로 조정할 수 있어야 하는가?

① 3 　　　　　　② 4
③ 5 　　　　　　④ 10

해설 탁상용 연삭기의 덮개는 작업 받침대와 연삭숫돌과의 간격을 3[mm] 이하로 조정할 수 있어야 한다.

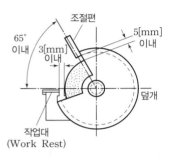

관련개념 CHAPTER 03 공작기계의 안전

044

다음 중 회전축, 커플링 등 회전하는 물체에 작업복 등이 말려드는 위험을 초래하는 위험점은?

① 협착점 　　　　② 접선물림점
③ 절단점 　　　　④ 회전말림점

해설 회전말림점(Trapping Point)
회전하는 물체의 길이, 굵기, 속도 등이 불규칙한 부위와 돌기 회전부위에 작업복 등이 말려드는 위험이 존재하는 점이다. ⑩ 회전축, 드릴

관련개념 CHAPTER 01 기계공정의 안전, 기계안전시설 관리

045

「산업안전보건법령」상 로봇에 설치되는 제어장치의 조건에 적합하지 않은 것은?

① 누름버튼은 오작동 방지를 위한 가드를 설치하는 등 불시 기동을 방지할 수 있는 구조로 제작·설치되어야 한다.
② 로봇에는 외부 보호 장치와 연결하기 위해 하나 이상의 보호정지회로를 구비해야 한다.
③ 전원공급램프, 자동운전, 결함검출 등 작동제어의 상태를 확인할 수 있는 표시장치를 설치해야 한다.
④ 조작버튼 및 선택스위치 등 제어장치에는 해당 기능을 명확하게 구분할 수 있도록 표시해야 한다.

해설 로봇에 설치되는 제어장치는 다음의 요건에 적합하여야 한다.
• 누름버튼은 오작동 방지를 위한 가드가 설치되어 있는 등 불시기동을 방지할 수 있는 구조이어야 한다.
• 전원공급램프, 자동운전, 결함검출 등 작동제어의 상태를 확인할 수 있는 표시장치가 설치되어 있어야 한다.
• 조작버튼 및 선택스위치 등 제어장치에는 해당 기능을 명확하게 구분할 수 있도록 표시되어 있어야 한다.

관련개념 CHAPTER 05 기타 산업용 기계·기구

046

아세틸렌 용접장치에 관한 설명 중 틀린 것은?

① 아세틸렌 발생기로부터 5[m] 이내, 발생기실로부터 3[m] 이내에는 흡연 및 화기사용을 금지한다.
② 발생기실에는 관계 근로자가 아닌 사람이 출입하는 것을 금지한다.
③ 아세틸렌 용기는 뉘어서 사용한다.
④ 건식안전기의 형식으로 소결금속식과 우회로식이 있다.

해설 용해아세틸렌의 용기는 세워 두어야 한다.

관련개념 CHAPTER 05 기타 산업용 기계·기구

047

크레인의 방호장치에 해당되지 않은 것은?

① 권과방지장치 ② 과부하방지장치
③ 비상정지장치 ④ 자동보수장치

해설 크레인의 방호장치
· 권과방지장치
· 과부하방지장치
· 비상정지장치
· 제동장치

관련개념 CHAPTER 06 운반기계 및 양중기

048

무부하상태에서 지게차로 20[km/h]의 속도로 주행할 때, 좌우 안정도는 몇 [%] 이내이어야 하는가?

① 37[%] ② 39[%]
③ 41[%] ④ 43[%]

해설 지게차 주행 시의 좌우 안정도(기준 무부하상태)
$=15+1.1V=15+1.1\times20=37[\%]$ 이내
여기서, V: 구내 최고속도[km/h]

관련개념 CHAPTER 06 운반기계 및 양중기

049

선반가공 시 연속적으로 발생되는 칩으로 인해 작업자가 다치는 것을 방지하기 위하여 칩을 짧게 절단시켜 주는 안전장치는?

① 커버 ② 브레이크
③ 보안경 ④ 칩 브레이커

해설 선반의 안전장치
· 칩 브레이커(Chip Breaker): 칩을 짧게 끊어지도록 하는 장치
· 덮개(Shield): 가공재료의 칩이나 절삭유 등이 비산되어 나오는 위험으로부터 작업자의 보호를 위해 이동이 가능한 장치
· 브레이크(Brake): 가공 작업 중 선반을 급정지시킬 수 있는 장치
· 척 커버(Chuck Cover)

관련개념 CHAPTER 03 공작기계의 안전

050

밀링작업 시 안전수칙으로 틀린 것은?

① 보안경을 착용한다.
② 칩은 기계를 정지시킨 다음에 브러시로 제거한다.
③ 가공 중에는 손으로 가공면을 점검하지 않는다.
④ 면장갑을 착용하여 작업한다.

해설 밀링작업 시 손이 말려 들어갈 위험이 있는 장갑을 착용하지 않는다.

관련개념 CHAPTER 03 공작기계의 안전

051

「산업안전보건법령」상 프레스의 작업시작 전 점검사항이 아닌 것은?

① 금형 및 고정볼트 상태
② 방호장치의 기능
③ 전단기의 칼날 및 테이블의 상태
④ 트롤리(trolley)가 횡행하는 레일의 상태

해설 '트롤리가 횡행하는 레일의 상태'는 크레인을 사용하여 작업할 때 작업시작 전 점검사항이다.

관련개념 CHAPTER 02 기계분야 산업재해 조사 및 관리

052

「산업안전보건법령」상 승강기의 종류에 해당하지 않는 것은?

① 리프트 ② 에스컬레이터
③ 화물용 엘리베이터 ④ 승객용 엘리베이터

해설 승강기의 종류
승객용 엘리베이터, 승객화물용 엘리베이터, 화물용 엘리베이터, 소형화물용 엘리베이터, 에스컬레이터

관련개념 CHAPTER 06 운반기계 및 양중기

053

프레스 양수조작식 방호장치 누름버튼의 상호 간 내측거리는 몇 [mm] 이상인가?

① 50　　　　　　　　② 100
③ 200　　　　　　　　④ 300

해설 양수조작식 방호장치 누름버튼의 상호 간 내측거리는 300[mm] 이상이어야 한다.

관련개념 CHAPTER 04 프레스 및 전단기의 안전

054

롤러기의 앞면 롤의 지름이 300[mm], 분당회전수가 30회일 경우 허용되는 급정지장치의 급정지거리는 약 몇 [mm] 이내이어야 하는가?

① 37.7　　　　　　　② 31.4
③ 377　　　　　　　　④ 314

해설 롤러의 표면속도 $V = \dfrac{\pi DN}{1,000} = \dfrac{\pi \times 300 \times 30}{1,000} = 28.27$[m/min]

여기서, D: 롤러의 지름[mm], N: 분당회전수[rpm]

급정지거리 $= (\pi \times 300) \times \dfrac{1}{3} = 314$[mm] 이내

급정지장치의 성능

앞면 롤러의 표면속도[m/min]	급정지거리
30 미만	앞면 롤러 원주의 $\dfrac{1}{3}$ 이내
30 이상	앞면 롤러 원주의 $\dfrac{1}{2.5}$ 이내

관련개념 CHAPTER 05 기타 산업용 기계·기구

055

어떤 로프의 최대하중이 700[N]이고, 정격하중은 100[N]이다. 이때 안전계수는 얼마인가?

① 5　　　　　　　　　② 6
③ 7　　　　　　　　　④ 8

해설 안전계수 $= \dfrac{최대하중}{정격하중} = 7$

관련개념 CHAPTER 01 기계공정의 안전, 기계안전시설 관리

056

다음 중 연삭숫돌의 파괴원인으로 거리가 먼 것은?

① 플랜지가 현저히 클 때
② 숫돌에 균열이 있을 때
③ 숫돌의 측면을 사용할 때
④ 숫돌의 치수 특히 내경의 크기가 적당하지 않을 때

해설 현저하게 플랜지 지름이 작을 때 연삭숫돌이 파괴된다.

관련개념 CHAPTER 03 공작기계의 안전

057

지름 5[cm] 이상을 갖는 회전 중인 연삭숫돌이 근로자들에게 위험을 미칠 우려가 있는 경우에 필요한 방호장치는?

① 받침대　　　　　　② 과부하방지장치
③ 덮개　　　　　　　④ 프레임

해설 회전 중인 연삭숫돌(지름이 5[cm] 이상인 것으로 한정)이 근로자에게 위험을 미칠 우려가 있는 경우에 그 부위에 덮개를 설치하여야 한다.

관련개념 CHAPTER 03 공작기계의 안전

058

프레스 금형의 파손에 의한 위험방지 방법이 아닌 것은?

① 금형에 사용하는 스프링은 반드시 인장형으로 할 것
② 작업 중 진동 및 충격에 의해 볼트 및 너트의 헐거워짐이 없도록 할 것
③ 금형의 하중 중심은 원칙적으로 프레스 기계의 하중 중심과 일치하도록 할 것
④ 캠, 기타 충격이 반복해서 가해지는 부분에는 완충장치를 설치할 것

해설 프레스 금형에서 사용하는 스프링은 압축형으로 한다.

관련개념 CHAPTER 04 프레스 및 전단기의 안전

059

기계설비의 작업능률과 안전을 위해 공장의 설비배치 3단계를 올바른 순서대로 나열한 것은?

① 지역배치 → 건물배치 → 기계배치
② 건물배치 → 지역배치 → 기계배치
③ 기계배치 → 건물배치 → 지역배치
④ 지역배치 → 기계배치 → 건물배치

해설 기계설비의 작업능률과 안전을 위한 배치 3단계
지역배치 → 건물배치 → 기계배치

관련개념 CHAPTER 01 기계공정의 안전, 기계안전시설 관리

060

다음 중 설비의 진단방법에 있어 비파괴시험이나 검사에 해당하지 않는 것은?

① 피로시험
② 음향탐상검사
③ 방사선투과시험
④ 초음파탐상검사

해설 피로시험은 파괴시험의 일종이다.
비파괴검사의 종류
방사선투과검사(RT), 초음파탐상검사(UT), 자분탐상검사(MT), 침투탐상검사(PT), 음향탐상검사(AET), 와류탐상검사(ECT) 등

관련개념 CHAPTER 07 설비진단 및 검사

전기설비 안전관리

061

폭발위험장소의 분류 중 인화성 액체의 증기 또는 가연성 가스에 의한 폭발위험이 지속적으로 또는 장기간 존재하는 장소는 몇 종 장소로 분류되는가?

① 0종 장소
② 1종 장소
③ 2종 장소
④ 3종 장소

해설 가스폭발 위험장소

분류	적요
0종 장소	인화성 액체의 증기 또는 가연성 가스에 의한 폭발위험이 지속적으로 또는 장기간 존재하는 장소
1종 장소	정상 작동상태에서 인화성 액체의 증기 또는 가연성 가스에 의한 폭발위험 분위기가 존재하기 쉬운 장소
2종 장소	정상 작동상태에서 인화성 액체의 증기 또는 가연성 가스에 의한 폭발위험 분위기가 존재할 우려가 없으나, 존재할 경우 그 빈도가 아주 적고 단기간만 존재할 수 있는 장소

관련개념 CHAPTER 04 전기방폭관리

062

충격전압시험 시의 표준충격파형을 1.2×50[μs]로 나타내는 경우 1.2와 50이 뜻하는 것은?

① 파두장 – 파미장
② 최초섬락시간 – 최종섬락시간
③ 라이징타임 – 스테이블타임
④ 라이징타임 – 충격전압인가시간

해설 표준충격파형
$1.2 \times 50[\mu s]$에서 T_f(파두장)$=1.2[\mu s]$, T_t(파미장)$=50[\mu s]$을 나타낸다.

관련개념 CHAPTER 05 전기설비 위험요인관리

063

활선작업 시 사용할 수 없는 전기작업용 안전장구는?

① 전기안전모　　　　② 절연장갑
③ 검전기　　　　　　④ 승주용 가제

해설 승주용 가제는 승주작업을 위한 임시 지지물로 전기작업용 안전장구와 관련이 없다.

관련개념 CHAPTER 02 감전재해 및 방지대책

064

인체의 전기저항을 500[Ω]이라 한다면 심실세동을 일으키는 위험에너지(J)는?(단, 심실세동전류 $I=\dfrac{165}{\sqrt{T}}$[mA], 통전시간은 1초이다.)

① 13.61　　　　　　② 23.21
③ 33.42　　　　　　④ 44.63

해설 $W=I^2RT=\left(\dfrac{165}{\sqrt{T}}\times10^{-3}\right)^2\times500\times T$

$\qquad\quad =(165^2\times10^{-6})\times500=13.61[\text{J}]$

여기서, W: 위험한계에너지[J], I: 심실세동전류[A]
　　　R: 인체저항[Ω], T: 통전시간[s]

관련개념 CHAPTER 02 감전재해 및 방지대책

065

피뢰침의 제한전압이 800[kV], 충격절연강도가 1,000[kV]라 할 때, 보호여유도는 몇 [%]인가?

① 25　　　　　　　② 33
③ 47　　　　　　　④ 63

해설 보호여유도[%]$=\dfrac{충격절연강도-제한전압}{제한전압}\times100$

$\qquad\qquad\quad =\dfrac{1,000-800}{800}\times100=25[\%]$

관련개념 CHAPTER 05 전기설비 위험요인관리

066

교류아크 용접기에 전격방지기를 설치하는 요령 중 틀린 것은?

① 이완 방지 조치를 한다.
② 직각으로만 부착해야 한다.
③ 동작 상태를 알기 쉬운 곳에 설치한다.
④ 테스트 스위치는 조작이 용이한 곳에 위치시킨다.

해설 연직 또는 수평에 대해서 전격방지기의 부착편의 경사가 20°를 넘지 않는 상태로 설치한다.

관련개념 CHAPTER 02 감전재해 및 방지대책

067

화재가 발생하였을 때 조사해야 하는 내용으로 가장 관계가 먼 것은?

① 발화원　　　　　　② 착화물
③ 출화의 경과　　　　④ 응고물

해설 화재발생 시 조사해야 할 사항(전기화재의 원인)
발화원, 착화물, 출화의 경과(발화형태)

관련개념 CHAPTER 05 전기설비 위험요인관리

068

정전기에 관한 설명으로 옳은 것은?

① 정전기는 발생에서부터 억제-축적방지-안전한 방전이 재해를 방지할 수 있다.
② 정전기 발생은 고체의 분쇄공정에서 가장 많이 발생한다.
③ 액체의 이송 시는 그 속도(유속)를 7[m/s] 이상 빠르게 하여 정전기의 발생을 억제한다.
④ 접지 값은 10[Ω] 이하로 하되 플라스틱 같은 절연도가 높은 부도체를 사용한다.

해설
② 정전기의 발생은 물체의 특성, 표면상태, 물질의 이력, 접촉면적 및 압력, 분리속도 등에 따라 달라진다.
③ 정전기의 발생을 방지하기 위해 배관 내 액체의 유속을 일정 수준 이하로 제한한다.
④ 정전기 대책을 위한 접지는 1×10^6[Ω] 이하로 한다.

관련개념 CHAPTER 03 정전기 장·재해관리

069

전기설비의 필요한 부분에 반드시 보호접지를 실시하여야 한다. 접지공사의 종류에 따른 접지저항과 접지선의 굵기가 틀린 것은?

① 제1종: 10[Ω] 이하, 공칭단면적 6[mm²] 이상의 연동선

② 제2종: $\frac{150}{1선지락전류}$[Ω] 이하, 공칭단면적 2.5[mm²] 이상의 연동선

③ 제3종: 100[Ω] 이하, 공칭단면적 2.5[mm²] 이상의 연동선

④ 특별 제3종: 10[Ω] 이하, 공칭단면적 2.5[mm²] 이상의 연동선

해설
※ 「한국전기설비규정」이 개정됨에 따라 '접지대상에 따라 일괄 적용한 종별접지'는 폐지되었습니다.

관련개념 CHAPTER 05 전기설비 위험요인관리

070

감전사고를 일으키는 주된 형태가 아닌 것은?

① 충전전로에 인체가 접촉되는 경우
② 이중절연 구조로 된 전기 기계·기구를 사용하는 경우
③ 고전압의 전선로에 인체가 근접하여 섬락이 발생된 경우
④ 충전 전기회로에 인체가 단락회로의 일부를 형성하는 경우

해설 이중절연기기를 사용하면 간접접촉(누전)에 의한 감전사고를 방지할 수 있다.

감전사고의 형태
• 직접접촉(충전부 감전)
　— 전기회로에 인체가 단락회로 일부를 형성하는 경우
　— 충전된 전선로에 인체가 접촉하는 경우
• 간접접촉(비충전부 감전)
• 고전압 전선로에서의 감전(인체가 근접하여 아크발생 또는 정전유도에 따른 감전)

관련개념 CHAPTER 02 감전재해 및 방지대책

071

전기기기의 Y종 절연물의 최고허용온도는?

① 80[℃]　　　　　　② 85[℃]
③ 90[℃]　　　　　　④ 105[℃]

해설 **절연물의 절연계급**

종별	Y	A	E	B	F	H	C
최고허용 온도[℃]	90	105	120	130	155	180	180 초과

관련개념 CHAPTER 05 전기설비 위험요인관리

072

내압방폭구조의 기본적 성능에 관한 사항으로 틀린 것은?

① 내부에서 폭발할 경우 그 압력에 견딜 것
② 폭발화염이 외부로 유출되지 않을 것
③ 습기침투에 대한 보호가 될 것
④ 외함 표면온도가 주위의 가연성 가스에 점화하지 않을 것

해설 **내압방폭구조의 성능**
• 내부에서 폭발할 경우 그 압력에 견딜 것
• 폭발화염이 외부로 유출되지 않을 것
• 외함 표면온도가 주위의 가연성 가스를 점화하지 않을 것

관련개념 CHAPTER 04 전기방폭관리

073

화염일주한계에 대한 설명으로 옳은 것은?

① 폭발성 가스와 공기의 혼합기에 온도를 높인 경우 화염이 발생할 때까지의 시간 한계치

② 폭발성 분위기에 있는 용기의 접합면 틈새를 통해 화염이 내부에서 외부로 전파되는 것을 저지할 수 있는 틈새의 최대간격치

③ 폭발성 분위기 속에서 전기불꽃에 의하여 폭발을 일으킬 수 있는 화염을 발생시키기에 충분한 교류파형의 1주기치

④ 방폭설비에서 이상이 발생하여 불꽃이 생성된 경우에 그것이 점화원으로 작용하지 않도록 화염의 에너지를 억제하여 폭발하한계로 되도록 화염 크기를 조정하는 한계치

해설 **화염일주한계(최대안전틈새, MESG)**

폭발성 분위기 내에 방치된 표준용기의 접합면 틈새를 통하여 폭발화염이 내부에서 외부로 전파되는 것을 저지(최소점화에너지 이하)할 수 있는 틈새의 최대간격치이며 폭발성 가스의 종류에 따라 다르다.

관련개념 CHAPTER 04 전기방폭관리

074

폭발위험이 있는 장소의 설정 및 관리와 가장 관계가 먼 것은?

① 인화성 액체의 증기 사용 ② 가연성 가스의 제조
③ 가연성 분진 제조 ④ 종이 등 가연성 물질 취급

해설 **폭발위험이 있는 장소의 설정 및 관리**

다음의 장소에 대하여 폭발위험장소의 구분도를 작성하는 경우에는 한국산업표준으로 정하는 기준에 따라 가스폭발 위험장소 또는 분진폭발 위험장소로 설정하여 관리하여야 한다.

· 인화성 액체의 증기나 인화성 가스 등을 제조·취급 또는 사용하는 장소
· 인화성 고체를 제조·사용하는 장소

관련개념 CHAPTER 04 전기방폭관리

075

전자파 중에서 광량자 에너지가 가장 큰 것은?

① 극저주파 ② 마이크로파
③ 가시광선 ④ 적외선

해설 전자파 중 광량자 에너지가 가장 큰 것은 가시광선이다.

관련개념 CHAPTER 03 정전기 장·재해관리

076

인체의 표면적이 0.5[m²]이고 정전용량은 0.02[pF/cm²]이다. 3,300[V]의 전압이 인가되어 있는 전선에 접근하여 작업을 할 때 인체에 축적되는 정전기 에너지[J]는?

① 5.445×10^{-2} ② 5.445×10^{-4}
③ 2.723×10^{-2} ④ 2.723×10^{-4}

해설 $C = 0.02[\text{pF/cm}^2] \times 5,000[\text{cm}^2] = 100[\text{pF}]$이므로

$$W = \frac{1}{2}CV^2 = \frac{1}{2} \times (100 \times 10^{-12}) \times 3,300^2 = 5.445 \times 10^{-4}[\text{J}]$$

여기서, C: 도체의 정전용량[F], V: 대전전위[V]
※ $1[\text{pF}] = 10^{-12}[\text{F}]$이므로 $100[\text{pF}] = 100 \times 10^{-12}[\text{F}]$이다.

관련개념 CHAPTER 03 정전기 장·재해관리

077

제3종 접지공사를 시설하여야 하는 장소가 아닌 것은?

① 금속몰드 배선에 사용하는 몰드
② 고압계기용 변압기의 2차 측 전로
③ 고압용 금속제 케이블트레이 계통의 금속트레이
④ 400[V] 미만의 저압용 기계기구의 철대 및 금속제 외함

해설

※ 「한국전기설비규정」이 개정됨에 따라 '접지대상에 따라 일괄 적용한 종별접지'는 폐지되었습니다. 단, 향후 용어 이해에 대한 문제로 출제될 수 있으므로 '제3종 접지공사'는 '저압기구의 보호접지'로 이해하여야 합니다.

관련개념 CHAPTER 05 전기설비 위험요인관리

078

온도조절용 바이메탈과 온도퓨즈가 회로에 조합되어 있는 다리미를 사용한 가정에서 화재가 발생했다. 다리미에 부착되어 있던 바이메탈과 온도퓨즈를 대상으로 화재사고를 분석하려 하는데 논리기호를 사용하여 표현하고자 한다. 어느 기호가 적당한가?(단, 바이메탈의 작동과 온도퓨즈가 끊어졌을 경우를 0, 그렇지 않을 경우를 1이라 한다.)

해설
- 바이메탈: 일정한 온도에 이르면 자동으로 회로가 열려 과열을 방지한다.
- 온도퓨즈: 바이메탈을 이용한 자동온도조절장치가 고장나면 퓨즈가 끊어지면서 전류를 차단시킨다.

입력		출력	비고
바이메탈	온도퓨즈		
0	0	0	AND 게이트 (바이메탈과 온도퓨즈가 둘 다 고장일 경우 화재 발생)
0	1	0	
1	0	0	
1	1	1	

관련개념 CHAPTER 01 전기안전관리

079

다음 중 폭발위험장소에 전기설비를 설치할 때 전기적인 방호조치로 적절하지 않은 것은?
① 다상 전기기기는 결상운전으로 인한 과열방지 조치를 한다.
② 배선은 단락·지락 사고 시의 영향과 과부하로부터 보호한다.
③ 자동차단이 점화의 위험보다 클 때는 경보장치를 사용한다.
④ 단락보호장치는 고장상태에서 자동 복구되도록 한다.

해설 자동차단장치는 사고가 제거되지 않은 상태에서 자동 복구되지 않는 구조이어야 한다. 단, 2종 장소에 설치된 설비의 과부하방지장치에는 적용하지 아니한다.

관련개념 CHAPTER 04 전기방폭관리

080

감전사고 방지대책으로 틀린 것은?
① 설비의 필요한 부분에 보호접지 실시
② 노출된 충전부에 통전망 설치
③ 안전전압 이하의 전기기기 사용
④ 전기기기 및 설비의 정비

해설 감전사고 방지를 위해 충전부가 노출된 부분에는 절연방호구를 사용하여야 한다.

관련개념 CHAPTER 02 감전재해 및 방지대책

화학설비 안전관리

081

압축기와 송풍의 관로에 심한 공기의 맥동과 진동을 발생하면서 불안정한 운전이 되는 서징(Surging) 현상의 방지법으로 옳지 않은 것은?

① 풍량을 감소시킨다.
② 배관의 경사를 완만하게 한다.
③ 교축밸브를 기계에서 멀리 설치한다.
④ 토출가스를 흡입 측에 바이패스시키거나 방출밸브에 의해 대기로 방출시킨다.

해설 서징(Surging)을 예방하기 위해서는 교축밸브를 기계에서 가까이 설치하여야 한다.

관련개념 CHAPTER 01 화공 안전운전 · 점검

082

「산업안전보건기준에 관한 규칙」상 국소배기장치의 후드 설치기준이 아닌 것은?

① 유해물질이 발생하는 곳마다 설치할 것
② 후드의 개구부 면적은 가능한 한 크게 할 것
③ 외부식 또는 리시버식 후드는 해당 분진 등의 발산원에 가장 가까운 위치에 설치할 것
④ 후드 형식은 가능하면 포위식 또는 부스식 후드를 설치할 것

해설 **후드(Hood)**
인체에 해로운 분진 등을 배출하기 위하여 설치하는 국소배기장치의 후드는 다음의 기준에 맞도록 하여야 한다.
• 유해물질이 발생하는 곳마다 설치할 것
• 유해인자의 발생형태와 비중, 작업방법 등을 고려하여 해당 분진 등의 발산원을 제어할 수 있는 구조로 설치할 것
• 후드 형식은 가능하면 포위식 또는 부스식 후드를 설치할 것
• 외부식 또는 리시버식 후드는 해당 분진 등의 발산원에 가장 가까운 위치에 설치할 것

관련개념 CHAPTER 04 화공 안전운전 · 점검

083

「산업안전보건기준에 관한 규칙」에 따르면 쥐에 대한 경구 투입실험에 의하여 실험동물의 50퍼센트를 사망시킬 수 있는 물질의 양, 즉 LD50(경구, 쥐)이 킬로그램당 몇 밀리그램-(체중) 이하인 화학물질이 급성 독성 물질에 해당하는가?

① 25   ② 100
③ 300   ④ 500

해설 LD50(경구, 쥐)이 [kg]당 300[mg]-(체중) 이하인 화학물질은 「산업안전보건법령」에 따른 급성 독성 물질에 해당한다.

관련개념 CHAPTER 02 화학물질 안전관리 실행

084

반응성 화학물질의 위험성은 실험에 의한 평가 대신 문헌조사 등을 통해 계산에 의해 평가하는 방법을 사용할 수 있다. 이에 관한 설명으로 옳지 않은 것은?

① 위험성이 너무 커서 물성을 측정할 수 없는 경우 계산에 의한 평가 방법을 사용할 수도 있다.
② 연소열, 분해열, 폭발열 등의 크기에 의해 그 물질의 폭발 또는 발화의 위험예측이 가능하다.
③ 계산에 의한 평가를 하기 위해서는 폭발 또는 분해에 따른 생성물의 예측이 이루어져야 한다.
④ 계산에 의한 위험성 예측은 모든 물질에 대해 정확성이 있으므로 더 이상의 실험을 필요로 하지 않는다.

해설 계산에 의한 위험성 예측은 실제와 다를 가능성이 있으므로 실험을 통해 실제 위험성을 평가할 필요가 있다.

관련개념 CHAPTER 01 화재 · 폭발 검토

085

다음 관(Pipe) 부속품 중 관로의 방향을 변경하기 위하여 사용하는 부속품은?

① 니플(Nipple)　　　　② 유니온(Union)

③ 플랜지(Flange)　　　④ 엘보(Elbow)

해설 관로의 방향을 변경할 때에는 엘보(Elbow), Y자관 (Y-branch), 티(Tee), 십자관(Cross) 등의 부속품을 사용한다.

오답해설

①, ②, ③은 관로를 연결할 때 사용하는 부속품이다.

관련개념 CHAPTER 04 화공 안전운전·점검

086

다음 중 독성이 가장 강한 가스는?

① NH_3　　　　　② $COCl_2$

③ $C_6H_5CH_3$　　　④ H_2S

해설 $COCl_2$(포스겐) 가스는 노출기준(TWA) 0.1[ppm]의 유독성 가스이다.

주요 물질의 노출기준

물질명	화학식	노출기준(TWA)
포스겐(Phosgene)	$COCl_2$	0.1[ppm]
염소(Chlorine)	Cl_2	0.5[ppm]
황화수소(Hydrogen Sulfide)	H_2S	10[ppm]
암모니아(Ammonia)	NH_3	25[ppm]

※ TWA는 값이 작을수록 독성이 강하다.

관련개념 CHAPTER 02 화학물질 안전관리 실행

087

다음 중 분해폭발의 위험성이 있는 아세틸렌의 용제로 가장 적절한 것은?

① 에테르　　　　　② 에틸알코올

③ 아세톤　　　　　④ 아세트알데히드

해설 아세틸렌은 가압하면 분해폭발을 하므로 아세톤 등에 침윤시켜 다공성 물질이 들어 있는 용기에 충전시킨다.

관련개념 CHAPTER 02 화학물질 안전관리 실행

088

분진폭발의 발생 순서로 옳은 것은?

① 비산 → 분산 → 퇴적분진 → 발화원 → 2차 폭발 → 전면폭발

② 비산 → 퇴적분진 → 분산 → 발화원 → 2차 폭발 → 전면폭발

③ 퇴적분진 → 발화원 → 분산 → 비산 → 전면폭발 → 2차 폭발

④ 퇴적분진 → 비산 → 분산 → 발화원 → 전면폭발 → 2차 폭발

해설 **분진폭발의 순서**

퇴적분진 → 비산 → 분산 → 발화원 → 전면폭발 → 2차 폭발

관련개념 CHAPTER 01 화재·폭발 검토

089

다음 인화성 가스 중 가장 가벼운 물질은?

① 아세틸렌　　　　　② 수소

③ 부탄　　　　　　　④ 에틸렌

해설 가스의 중량은 분자량을 통해 계산하거나 외워야 한다. 문제에서는 중량 계산이 아닌 가벼운 물질을 찾는 것을 요구하고 있으므로 물질의 분자식을 알면 대략적으로 답을 찾을 수 있다. 보기 중에서는 수소(H_2)가 가장 분자량이 작아 가장 가볍다.

보기에 있는 물질의 분자량

① 아세틸렌(C_2H_2): $12 \times 2 + 1 \times 2 = 26$

② 수소(H_2): $1 \times 2 = 2$

③ 부탄(C_4H_{10}): $12 \times 4 + 1 \times 10 = 58$

④ 에틸렌(C_2H_4): $12 \times 2 + 1 \times 4 = 28$

관련개념 CHAPTER 02 화학물질 안전관리 실행

090

폭발방호대책 중 이상 또는 과잉압력에 대한 안전장치로 볼 수 없는 것은?

① 안전밸브(Safety Valve)
② 릴리프밸브(Relief Valve)
③ 파열판(Bursting Disk)
④ 플레임 어레스터(Flame Arrester)

■해설 **화염방지기(Flame Arrester)**
인화성 물질 등을 저장하는 탱크에서 외부에 그 증기를 방출하거나 탱크 내에 외기를 흡입하는 부분에 설치하는 안전장치로 과잉압력에 대한 안전장치라고 볼 수 없다.

관련개념 CHAPTER 04 화공 안전운전 · 점검

091

가연성 가스 및 증기의 위험도에 따른 방폭전기기기의 분류로 폭발등급을 사용하는데, 이러한 폭발등급을 결정하는 것은?

① 발화도
② 화염일주한계
③ 폭발한계
④ 최소발화에너지

■해설 폭발등급은 안전간격(화염일주한계) 값에 따라 폭발성 가스를 분류하여 등급을 정한 것이다.

관련개념 CHAPTER 01 화재 · 폭발 검토

092

다음 중 파열판에 관한 설명으로 틀린 것은?

① 압력 방출속도가 빠르다.
② 한 번 파열되면 재사용할 수 없다.
③ 한 번 부착한 후에는 교환할 필요가 없다.
④ 높은 점성의 슬러리나 부식성 유체에 적용할 수 있다.

■해설 파열판은 한 번 작동하면 파열되므로 교체하여야 한다.

관련개념 CHAPTER 04 화공 안전운전 · 점검

093

다음 중 메타인산(HPO_3)에 의한 소화효과를 가진 분말소화약제의 종류는?

① 제1종 분말소화약제
② 제2종 분말소화약제
③ 제3종 분말소화약제
④ 제4종 분말소화약제

■해설 **제3종 분말소화약제(인산암모늄)**
열분해에 의해 부착성이 좋은 메타인산(HPO_3)을 생성하여 다른 소화분말보다 30[%] 이상 소화력이 좋다.
$$NH_4H_2PO_4 \rightarrow HPO_3 + NH_3 + H_2O$$

관련개념 CHAPTER 01 화재 · 폭발 검토

094

공기 중에서 폭발범위가 12.5~74[vol%]인 일산화탄소의 위험도는 얼마인가?

① 4.92
② 5.26
③ 6.26
④ 7.05

■해설 **위험도**
$$H = \frac{U-L}{L} = \frac{74-12.5}{12.5} = 4.92$$
여기서, U : 폭발상한계, L : 폭발하한계

관련개념 CHAPTER 01 화재 · 폭발 검토

095

「산업안전보건법령」에 따라 유해하거나 위험한 설비의 설치 · 이전 또는 주요 구조부분의 변경공사 시 공정안전보고서의 제출시기는 착공일 며칠 전까지 관련기관에 제출하여야 하는가?

① 15일
② 30일
③ 60일
④ 90일

■해설 유해하거나 위험한 설비의 설치 · 이전 또는 주요 구조부분의 변경공사의 착공일 30일 전까지 공정안전보고서를 2부 작성하여 한국산업안전보건공단에 제출하여야 한다.

관련개념 CHAPTER 04 화공 안전운전 · 점검

2020년 1, 2회

096

소화약제 IG-100의 구성성분은?

① 질소   ② 산소
③ 이산화탄소   ④ 수소

해설 IG-100
불활성가스 소화약제로 구성은 질소(N_2) 100[%]이다.

관련개념 CHAPTER 01 화재 · 폭발 검토

097

가열 · 마찰 · 충격 또는 다른 화학물질과의 접촉 등으로 인하여 산소나 산화제의 공급이 없더라도 폭발 등 격렬한 반응을 일으킬 수 있는 물질은?

① 에틸알코올   ② 인화성 고체
③ 니트로화합물   ④ 테레핀유

해설 니트로화합물은 폭발성 물질로 가연성 물질인 동시에 산소 함유 물질이다. 폭발성 물질은 자신의 산소를 소비하면서 연소하기 때문에 연소 속도가 매우 빠르며, 폭발적이다.

관련개념 CHAPTER 02 화학물질 안전관리 실행

098

다음 중 물과 반응하여 아세틸렌을 발생시키는 물질은?

① Zn   ② Mg
③ Al   ④ CaC_2

해설 탄화칼슘(CaC_2, 카바이드)은 물과 반응하여 아세틸렌(C_2H_2)을 발생시킨다.
$$CaC_2 + 2H_2O \rightarrow Ca(OH)_2 + C_2H_2 \uparrow$$

관련개념 CHAPTER 02 화학물질 안전관리 실행

099

메탄 1[vol%], 헥산 2[vol%], 에틸렌 2[vol%], 공기 95[vol%]로 된 혼합가스의 폭발하한계값[vol%]은 약 얼마인가?(단, 메탄, 헥산, 에틸렌의 폭발하한계 값은 각각 5.0, 1.1, 2.7[vol%]이다.)

① 1.8   ② 3.5
③ 12.8   ④ 21.7

해설 **혼합가스의 폭발하한계**
$$L = \frac{V_1 + V_2 + \cdots + V_n}{\dfrac{V_1}{L_1} + \dfrac{V_2}{L_2} + \cdots + \dfrac{V_n}{L_n}} = \frac{1+2+2}{\dfrac{1}{5} + \dfrac{2}{1.1} + \dfrac{2}{2.7}} = 1.8[\text{vol}\%]$$
여기서, L: 혼합가스의 폭발하한계[vol%]
        L_n: 각 성분가스의 폭발하한계[vol%]
        V_n: 각 성분가스의 부피 비율[vol%]

관련개념 CHAPTER 01 화재 · 폭발 검토

100

프로판(C_3H_8)의 연소에 필요한 최소 산소농도의 값은 약 얼마인가?(단, 프로판의 폭발하한은 Jones식에 의해 추산한다.)

① 8.1[vol%]   ② 11.1[vol%]
③ 15.1[vol%]   ④ 20.1[vol%]

해설 **프로판의 완전연소반응식**
$$C_3H_8 + 5O_2 \rightarrow 3CO_2 + 4H_2O$$
유기물 $C_nH_xO_y$의 양론농도(C_{st})는 다음 식으로 구할 수 있다.
$$C_{st} = \frac{100}{(4.77n + 1.19x - 2.38y) + 1} = \frac{100}{(4.77 \times 3 + 1.19 \times 8) + 1} = 4.03$$
Jones의 식에 의해 폭발하한계를 추정하면
폭발하한계(LFL) $= 0.55 \times C_{st} = 0.55 \times 4.03 = 2.22$
따라서 최소산소농도는 다음 식으로 구할 수 있다.
최소산소농도(C_m) = 폭발하한[%] $\times \dfrac{\text{산소 mol수}}{\text{연소가스 mol수}}$
$$= 2.22 \times \frac{5}{1} = 11.1[\%]$$

관련개념 CHAPTER 01 화재 · 폭발 검토

건설공사 안전관리

101

콘크리트 타설 시 거푸집 측압에 관한 설명으로 옳지 않은 것은?

① 기온이 높을수록 측압은 크다.
② 타설속도가 빠를수록 측압은 크다.
③ 슬럼프가 클수록 측압은 크다.
④ 다짐이 과할수록 측압은 크다.

해설 외기온도가 낮을수록, 습도가 높을수록 측압이 커진다.

관련개념 CHAPTER 06 공사 및 작업 종류별 안전

102

철골공사 시 안전작업방법 및 준수사항으로 옳지 않은 것은?

① 강풍, 폭우 등과 같은 악천후 시에는 작업을 중지하여야 하며 특히 강풍 시에는 높은 곳에 있는 부재나 공구류가 낙하·비래하지 않도록 조치하여야 한다.
② 철골부재 반입 시 시공순서가 빠른 부재는 상단부에 위치하도록 한다.
③ 구명줄 설치 시 마닐라 로프 직경 10[mm]를 기준하여 설치하고 작업방법을 충분히 검토하여야 한다.
④ 철골보의 두 곳을 매어 인양시킬 때 와이어로프의 내각은 60° 이하이어야 한다.

해설 철골작업 시 구명줄을 설치할 경우에는 구명줄을 마닐라 로프 직경 16[mm]를 기준하여 설치하고 작업방법을 충분히 검토하여야 한다.

관련개념 CHAPTER 06 공사 및 작업 종류별 안전

103

지면보다 낮은 땅을 파는 데 적합하고 수중굴착도 가능한 굴착기계는?

① 백호우   ② 파워셔블
③ 가이데릭   ④ 파일드라이버

해설 **백호우(Back Hoe)**
• 기계가 설치된 지면보다 낮은 곳을 굴착하는 데 적합하다.
• 단단한 토질의 굴착 및 수중굴착도 가능하다.
• 굴착된 구멍이나 도랑의 굴착면의 마무리가 비교적 깨끗하고 정확하여 배관작업 등에 편리하다.

관련개념 CHAPTER 04 건설현장 안전시설 관리

104

「산업안전보건법령」에 따른 지반의 종류별 굴착면의 기울기 기준으로 옳지 않은 것은?

① 모래 − 1 : 1.8
② 연암 및 풍화암 − 1 : 1.5
③ 경암 − 1 : 0.5
④ 그 밖의 흙 − 1 : 1.2

해설 **굴착면의 기울기 기준**

지반의 종류	굴착면의 기울기
모래	1 : 1.8
연암 및 풍화암	1 : 1.0
경암	1 : 0.5
그 밖의 흙	1 : 1.2

※ 이 문제는 개정된 법령에 따라 수정한 문제입니다.

관련개념 CHAPTER 02 건설공사 위험성

105

사업주가 유해위험방지계획서 제출 후 건설공사 중 6개월 이내마다 안전보건공단의 확인을 받아야 할 내용이 아닌 것은?

① 유해위험방지계획서의 내용과 실제공사 내용이 부합하는지 여부
② 유해위험방지계획서 변경내용의 적정성
③ 자율안전관리업체 유해위험방지계획서 제출·심사 면제
④ 추가적인 유해·위험요인의 존재 여부

해설 유해위험방지계획서 확인사항
• 유해위험방지계획서의 내용과 실제공사 내용이 부합하는지 여부
• 유해위험방지계획서 변경내용의 적정성
• 추가적인 유해·위험요인의 존재 여부

관련개념 CHAPTER 02 건설공사 위험성

106

강관비계의 수직방향 벽이음 조립간격[m]으로 옳은 것은?(단, 틀비계이며 높이가 5[m] 이상일 경우이다.)

① 2[m] ② 4[m]
③ 6[m] ④ 9[m]

해설 강관비계의 벽이음 조립간격 기준

강관비계의 종류	조립간격[m]	
	수직방향	수평방향
단관비계	5	5
틀비계(높이가 5[m] 미만의 것 제외)	6	8

관련개념 CHAPTER 05 비계·거푸집 가시설 위험방지

107

구축물 등에 대한 구조검토, 안전진단 등 안전성 평가를 하여 근로자에게 미칠 위험성을 미리 제거하여야 하는 경우가 아닌 것은?

① 구축물 등의 인근에서 굴착·항타작업 등으로 침하·균열 등이 발생하여 붕괴의 위험이 예상될 경우
② 구축물 등이 그 자체의 무게·적설·풍압 또는 그 밖에 부가되는 하중 등으로 붕괴 등의 위험이 있을 경우
③ 화재 등으로 구축물 등의 내력(耐力)이 심하게 저하되었을 경우
④ 구축물 등의 구조체가 안전 측으로 과도하게 설계가 되었을 경우

해설 구축물 등의 구조체가 안전 측으로 과도하게 설계가 되었을 경우는 안전성 평가를 실시하여야 하는 사유에 해당되지 않는다.

관련개념 CHAPTER 02 건설공사 위험성

108

굴착과 싣기를 동시에 할 수 있는 토공기계가 아닌 것은?

① Power Shovel ② Tractor Shovel
③ Back Hoe ④ Motor Grader

해설 모터 그레이더(Motor Grader)는 땅을 고르는 기계이다.

관련개념 CHAPTER 04 건설현장 안전시설 관리

109

다음 중 방망사의 폐기 시 인장강도에 해당하는 것은?(단, 그물코의 크기는 10[cm]이며 매듭 없는 방망의 경우이다.)

① 50[kg]
② 100[kg]
③ 150[kg]
④ 200[kg]

해설 그물코 10[cm], 매듭 없는 방망의 폐기기준 인장강도는 150[kg] 이다.

추락방호망 방망사의 인장강도

※ ( ) : 폐기기준 인장강도

그물코의 크기[cm]	방망의 종류[kg]	
	매듭 없는 방망	매듭방망
10	240(150)	200(135)
5	–	110(60)

관련개념 CHAPTER 04 건설현장 안전시설 관리

110

작업장에 계단 및 계단참을 설치하는 경우 매 제곱미터당 최소 몇 킬로그램 이상의 하중에 견딜 수 있는 강도를 가진 구조로 설치하여야 하는가?

① 300[kg]
② 400[kg]
③ 500[kg]
④ 600[kg]

해설 계단 및 계단참을 설치하는 경우 500[kg/m²] 이상의 하중에 견딜 수 있는 강도를 가진 구조로 설치하여야 한다.

관련개념 CHAPTER 05 비계 · 거푸집 가시설 위험방지

111

작업으로 인하여 물체가 떨어지거나 날아올 위험이 있는 경우 필요한 조치와 가장 거리가 먼 것은?

① 투하설비 설치
② 낙하물 방지망 설치
③ 수직보호망 설치
④ 출입금지구역 설정

해설 작업으로 인하여 물체가 떨어지거나 날아올 위험이 있는 경우 낙하물 방지망, 수직보호망 또는 방호선반의 설치, 출입금지구역의 설정, 보호구의 착용 등 위험을 방지하기 위하여 필요한 조치를 하여야 한다.

관련개념 CHAPTER 04 건설현장 안전시설 관리

112

공정률이 65[%]인 건설현장의 경우 공사 진척에 따른 산업안전보건관리비의 최소 사용기준으로 옳은 것은?(단, 공정률은 기성공정률을 기준으로 한다.)

① 40[%] 이상
② 50[%] 이상
③ 60[%] 이상
④ 70[%] 이상

해설 공사진척에 따른 산업안전보건관리비 사용기준

공정률[%]	50 이상 70 미만	70 이상 90 미만	90 이상
사용기준[%]	50 이상	70 이상	90 이상

관련개념 CHAPTER 03 건설업 산업안전보건관리비 관리

113

해체공사 시 작업용 기계ㆍ기구의 취급 안전기준에 관한 설명으로 옳지 않은 것은?

① 철제해머와 와이어로프의 결속은 경험이 많은 사람으로서 선임된 자에 한하여 실시하도록 하여야 한다.
② 팽창제 천공간격은 콘크리트 강도에 의하여 결정되나 70~120[cm] 정도를 유지하도록 한다.
③ 쐐기타입으로 해체 시 천공구멍은 타입기 삽입부분의 직경과 거의 같아야 한다.
④ 화염방사기로 해체작업 시 용기 내 압력은 온도에 의해 상승하기 때문에 항상 40[℃] 이하로 보존해야 한다.

■해설■ 팽창제의 천공간격은 콘크리트 강도에 의하여 결정되나 30~70[cm] 정도를 유지하도록 한다.

■관련개념■ CHAPTER 06 공사 및 작업 종류별 안전

114

가설통로의 설치에 관한 기준으로 옳지 않은 것은?

① 경사는 30° 이하로 한다.
② 건설공사에 사용하는 높이 8[m] 이상인 비계다리에는 7[m] 이내마다 계단참을 설치한다.
③ 작업상 부득이한 경우에는 필요한 부분에 한하여 안전난간을 임시로 해체할 수 있다.
④ 수직갱에 가설된 통로의 길이가 10[m] 이상인 경우에는 5[m] 이내마다 계단참을 설치한다.

■해설■ **가설통로 설치 시 준수사항**
• 견고한 구조로 할 것
• 경사는 30° 이하로 할 것
• 경사가 15°를 초과하는 경우에는 미끄러지지 아니하는 구조로 할 것
• 추락할 위험이 있는 장소에는 안전난간을 설치할 것
• 수직갱에 가설된 통로의 길이가 15[m] 이상인 경우에는 10[m] 이내마다 계단참을 설치할 것
• 건설공사에 사용하는 높이 8[m] 이상인 비계다리에는 7[m] 이내마다 계단참을 설치할 것

■관련개념■ CHAPTER 05 비계ㆍ거푸집 가시설 위험방지

115

굴착공사에서 비탈면 또는 비탈면 하단을 성토하여 붕괴를 방지하는 공법은?

① 배수공
② 배토공
③ 공작물에 의한 방지공
④ 압성토공

■해설■ **압성토공**
자연사면의 하단부에 압성토하여 활동에 대한 저항력을 증가시키는 비탈면 보강공법이다.

■관련개념■ CHAPTER 04 건설현장 안전시설 관리

116

다음은 안전대와 관련된 설명이다. 아래 내용에 해당되는 용어로 옳은 것은?

> 로프 또는 레일 등과 같은 유연하거나 단단한 고정줄로서 추락발생 시 추락을 저지시키는 추락방지대를 지탱해 주는 줄 모양의 부품

① 안전블록
② 수직구명줄
③ 죔줄
④ 보조죔줄

■해설■ 수직구명줄이란 로프 또는 레일 등과 같은 유연하거나 단단한 고정줄로서 추락발생 시 추락을 저지시키는 추락방지대를 지탱해 주는 줄 모양의 부품을 말한다.

오답해설
① 안전블록: 안전그네와 연결하여 추락발생 시 추락을 억제할 수 있는 자동잠금장치가 갖추어져 있고, 죔줄이 자동적으로 수축되는 장치를 말한다.
③ 죔줄: 벨트 또는 안전그네를 구명줄 또는 구조물 등 그 밖의 걸이설비와 연결하기 위한 줄모양의 부품을 말한다.
④ 보조죔줄: 안전대를 U자걸이로 사용할 때 U자걸이를 위해 훅 또는 카라비너를 지탱벨트의 D링에 걸거나 떼어낼 때 잘못하여 추락하는 것을 방지하기 위한 링과 걸이설비 연결에 사용하는 훅 또는 카라비너를 갖춘 줄모양의 부품을 말한다.

■관련개념■ CHAPTER 04 건설현장 안전시설 관리

117

크레인의 운전실 또는 운전대를 통하는 통로의 끝과 건설물 등의 벽체의 간격은 최대 얼마 이하로 하여야 하는가?

① 0.2[m] ② 0.3[m]
③ 0.4[m] ④ 0.5[m]

해설 크레인의 운전실 또는 운전대를 통하는 통로의 끝과 건설물 등의 벽체의 간격은 0.3[m] 이하로 하여야 한다.

관련개념 CHAPTER 06 공사 및 작업 종류별 안전

118

달비계의 최대적재하중을 정하는 경우 그 안전계수 기준으로 옳지 않은 것은?

① 달기 와이어로프 및 달기 강선의 안전계수: 10 이상
② 달기 체인 및 달기 훅의 안전계수: 5 이상
③ 달기 강대와 달비계의 하부 및 상부지점의 안전계수: 강재의 경우 3 이상
④ 달기 강대와 달비계의 하부 및 상부지점의 안전계수: 목재의 경우 5 이상

해설 달비계의 최대적재하중을 정하는 경우 안전계수

구분		안전계수
달기 와이어로프 및 달기 강선		10 이상
달기 체인 및 달기 훅		5 이상
달기 강대와 달비계의 하부 및 상부지점	강재	2.5 이상
	목재	5 이상

※ 「산업안전보건기준에 관한 규칙」이 개정됨에 따라 '달비계의 최대적재하중을 정하는 경우 안전계수'가 삭제되었습니다.

관련개념 CHAPTER 04 건설현장 안전시설 관리

119

흙막이 지보공을 설치하였을 때 정기적으로 점검하여 이상 발견 시 즉시 보수하여야 할 사항이 아닌 것은?

① 굴착 깊이의 정도
② 버팀대의 긴압의 정도
③ 부재의 접속부 · 부착부 및 교차부의 상태
④ 부재의 손상 · 변형 · 부식 · 변위 및 탈락의 유무와 상태

해설 흙막이 지보공 설치시 정기적 점검 및 보수 사항
• 부재의 손상 · 변형 · 부식 · 변위 및 탈락의 유무와 상태
• 버팀대의 긴압의 정도
• 부재의 접속부 · 부착부 및 교차부의 상태
• 침하의 정도

관련개념 CHAPTER 05 비계 · 거푸집 가시설 위험방지

120

곤돌라형 달비계에 사용이 불가한 와이어로프의 기준으로 옳지 않은 것은?

① 이음매가 있는 것
② 와이어로프의 한 꼬임에서 끊어진 소선의 수가 7[%] 이상인 것
③ 지름의 감소가 공칭지름의 7[%]를 초과하는 것
④ 심하게 변형되거나 부식된 것

해설 달비계 와이어로프의 사용금지 조건
• 이음매가 있는 것
• 와이어로프의 한 꼬임(Strand)에서 끊어진 소선의 수가 10[%] 이상인 것
• 지름의 감소가 공칭지름의 7[%]를 초과하는 것
• 꼬인 것
• 심하게 변형되거나 부식된 것
• 열과 전기충격에 의해 손상된 것

관련개념 CHAPTER 05 비계 · 거푸집 가시설 위험방지

2020년 1, 2회

산업재해 예방 및 안전보건교육

001

안전점검의 종류 중 태풍, 폭우 등에 의한 침수, 지진 등의 천재지변이 발생한 경우나 이상사태 발생 시 관리자나 감독자가 기계, 기구, 설비 등의 기능상 이상 유무에 대하여 점검하는 것은?

① 일상점검　　　　② 정기점검
③ 특별점검　　　　④ 수시점검

해설　**안전점검의 종류**

종류	내용
일상점검(수시점검)	작업 전 · 중 · 후 수시로 실시하는 점검
정기점검	정해진 기간에 정기적으로 실시하는 점검
특별점검	기계 · 기구의 신설 및 변경 시 고장, 수리 등에 의해 부정기적으로 실시하는 점검, 안전강조기간에 실시하는 점검 등
임시점검	이상 발견 시 또는 재해발생 시 임시로 실시하는 점검

관련개념　SUBJECT 03 기계 · 기구 및 설비 안전관리
　　　　　CHAPTER 02 기계분야 산업재해 조사 및 관리

002

다음 중 안전교육의 형태 중 OJT(On the Job of Training) 교육에 대한 설명과 거리가 먼 것은?

① 다수의 근로자에게 조직적 훈련이 가능하다.
② 직장의 실정에 맞게 실제적인 훈련이 가능하다.
③ 훈련에 필요한 업무의 지속성이 유지된다.
④ 직장의 직속상사에 의한 교육이 가능하다.

해설　다수의 근로자에게 조직적 훈련이 가능한 것은 Off JT의 장점이다.

관련개념　CHAPTER 05 안전보건교육의 내용 및 방법

003

다음 중 안전교육의 기본 방향과 가장 거리가 먼 것은?

① 생산성 향상을 위한 교육
② 사고사례 중심의 안전교육
③ 안전작업을 위한 교육
④ 안전의식 향상을 위한 교육

해설　**안전교육의 기본방향**
• 사고사례 중심의 안전교육
• 안전작업을 위한 교육
• 안전의식 향상을 위한 교육

관련개념　CHAPTER 05 안전보건교육의 내용 및 방법

004

다음 설명의 학습지도 형태는 어떤 토의법 유형인가?

> 6−6회의라고도 하며, 6명씩 소집단으로 구분하고, 집단별로 각각의 사회자를 선발하여 6분간씩 자유토의를 행하여 의견을 종합하는 방법

① 포럼(Forum)
② 버즈세션(Buzz Session)
③ 케이스 메소드(Case Method)
④ 패널 디스커션(Panel Discussion)

해설　**버즈세션(Buzz Session)**
6−6회의라고도 하며, 먼저 사회자와 기록계를 선출한 후 나머지 사람은 6명씩의 소집단으로 구분하고, 소집단별로 각각 사회자를 선발하여 6분씩 자유토의를 행하여 의견을 종합하는 방법이다.

관련개념　CHAPTER 05 안전보건교육의 내용 및 방법

| 정답 | 001 ③　002 ①　003 ①　004 ②

005

레윈(Lewin)의 인간 행동 특성을 다음과 같이 표현하였다. 변수 'E'가 의미하는 것은?

$$B=f(P \cdot E)$$

① 연령   ② 성격
③ 환경   ④ 지능

해설 레윈(Lewin.K)의 법칙
$B=f(P \cdot E)$
여기서, B: Behavior(인간의 행동)
       f: function(함수관계)
       P: Person(개체: 연령, 경험, 심신상태, 성격, 지능 등)
       E: Environment(환경: 인간관계, 작업조건 등)

관련개념 CHAPTER 04 인간의 행동과학

006

다음 중 산업재해의 원인으로 간접적 원인에 해당되지 않는 것은?

① 기술적 원인   ② 물적 원인
③ 관리적 원인   ④ 교육적 원인

해설 물적 원인은 직접 원인에 해당한다.
산업재해의 간접 원인
• 기술적 원인   • 교육적 원인   • 신체적 원인
• 정신적 원인   • 관리적 원인

관련개념 SUBJECT 03 기계 · 기구 및 설비 안전관리
             CHAPTER 02 기계분야 산업재해 조사 및 관리

007

매슬로우(Maslow)의 욕구단계 이론 중 제2단계 욕구에 해당하는 것은?

① 자아실현의 욕구   ② 안전에 대한 욕구
③ 사회적 욕구   ④ 생리적 욕구

해설 매슬로우(Maslow)의 욕구위계이론
㉠ 제1단계: 생리적 욕구
㉡ 제2단계: 안전의 욕구
㉢ 제3단계: 사회적 욕구(친화 욕구)
㉣ 제4단계: 자기존경의 욕구(안정의 욕구 또는 자기존중의 욕구)
㉤ 제5단계: 자아실현의 욕구(성취욕구)

관련개념 CHAPTER 04 인간의 행동과학

008

「산업안전보건법령」상 안전보건관리책임자 등에 대한 교육시간 기준으로 틀린 것은?

① 보건관리자, 보건관리전문기관의 종사자 보수교육: 24시간 이상
② 안전관리자, 안전관리전문기관의 종사자 신규교육: 34시간 이상
③ 안전보건관리책임자 보수교육: 6시간 이상
④ 건설재해예방전문지도기관의 종사자 신규교육: 24시간 이상

해설 건설재해예방전문지도기관 종사자의 교육시간은 신규교육 34시간 이상, 보수교육 24시간 이상이다.

관련개념 CHAPTER 05 안전보건교육의 내용 및 방법

009

다음 중 재해예방의 4원칙과 관련이 가장 적은 것은?

① 모든 재해의 발생 원인은 우연적인 상황에서 발생한다.
② 재해손실은 사고가 발생할 때 사고 대상의 조건에 따라 달라진다.
③ 재해예방을 위한 가능한 안전대책은 반드시 존재한다.
④ 재해는 원칙적으로 원인만 제거되면 예방이 가능하다.

해설 **손실우연의 원칙**
재해손실은 사고발생 시 사고대상의 조건에 따라 달라지므로, 한 사고의 결과로서 생긴 재해손실은 우연성에 의해서 결정된다. 손실우연의 원칙은 재해 발생 원인이 아닌 재해에 따른 손실크기에 대해 우연성을 강조하고 있다.

관련개념 CHAPTER 01 산업재해예방 계획 수립

010

파블로프(Pavlov)의 조건반사설에 의한 학습이론의 원리가 아닌 것은?

① 일관성의 원리
② 계속성의 원리
③ 준비성의 원리
④ 강도의 원리

해설 '준비성'에 관한 것은 손다이크(Thorndike)의 시행착오설 중 '준비성의 법칙'에 해당한다.
파블로프(Pavlov)의 조건반사설
- 계속성의 원리(The Continuity Principle)
- 일관성의 원리(The Consistency Principle)
- 강도의 원리(The Intensity Principle)
- 시간의 원리(The Time Principle)

관련개념 CHAPTER 05 안전보건교육의 내용 및 방법

011

허즈버그(Herzberg)의 위생 – 동기 이론에서 동기요인에 해당하는 것은?

① 감독
② 안전
③ 책임감
④ 작업조건

해설 **동기요인(Motivation)**
책임감, 성취, 인정, 개인발전 등 일 자체에서 오는 심리적 욕구로 충족될 경우 조직의 성과가 향상되며 충족되지 않아도 성과가 떨어지지 않는다.

관련개념 CHAPTER 04 인간의 행동과학

012

「산업안전보건법령」상 안전보건표지의 색채와 사용사례의 연결로 틀린 것은?

① 노란색 – 정지신호, 소화설비 및 그 장소, 유해행위의 금지
② 파란색 – 특정 행위의 지시 및 사실의 고지
③ 빨간색 – 화학물질 취급장소에서의 유해 · 위험경고
④ 녹색 – 비상구 및 피난소, 사람 또는 차량의 통행표지

해설 **안전보건표지의 색도기준 및 용도**

색채	색도기준	용도	사용 예
빨간색	7.5R 4/14	금지	정지신호, 소화설비 및 그 장소, 유해행위의 금지
		경고	화학물질 취급장소에서의 유해 · 위험경고
노란색	5Y 8.5/12	경고	화학물질 취급장소에서의 유해 · 위험경고 이외의 위험경고, 주의표지 또는 기계방호물

관련개념 CHAPTER 02 안전보호구 관리

013

「산업안전보건법령」상 안전보건표지의 종류 중 다음 표지의 명칭은?(단, 마름모 테두리는 빨간색이며, 안의 내용은 검은색이다.)

① 폭발성물질 경고
② 산화성물질 경고
③ 부식성물질 경고
④ 급성독성물질 경고

해설

폭발성물질 경고   산화성물질 경고   부식성물질 경고   급성독성물질 경고

관련개념 CHAPTER 02 안전보호구 관리

014

하인리히의 재해발생 이론이 다음과 같이 표현될 때, α가 의미하는 것으로 옳은 것은?

> 재해의 발생=설비적 결함+관리적 결함+α

① 노출된 위험의 상태 ② 재해의 직접적인 원인
③ 물적 불안전 상태 ④ 잠재된 위험의 상태

해설 **하인리히의 법칙**
재해의 발생＝물적(불안전 상태)＋인적(불안전 행동)＋α
 ＝설비적 결함＋관리적 결함＋α
여기서, α: 숨은 위험한 요인(잠재된 위험의 상태)

관련개념 CHAPTER 01 산업재해예방 계획 수립

015

인간의 동작특성 중 판단과정의 착오요인이 아닌 것은?

① 합리화 ② 정서불안정
③ 작업조건불량 ④ 정보부족

해설 정서불안정은 인지과정 착오의 요인이다.
판단과정 착오의 요인
- 자기합리화 • 작업조건불량
- 정보부족 • 능력부족
- 과신(자신 과잉)

관련개념 CHAPTER 03 산업안전심리

016

재해분석도구 중 재해발생의 유형을 어골상(魚骨像)으로 분류하여 분석하는 것은?

① 파레토도 ② 특성요인도
③ 관리도 ④ 클로즈분석

해설 **재해의 통계적 원인분석 방법**

파레토도	분류항목을 큰 순서대로 도표화한 분석법
특성요인도	특성과 요인관계를 도표로 하여 어골상으로 세분화한 분석법
클로즈분석도	요인별 결과 내역을 교차한 클로즈 그림을 작성, 분석하는 방법
관리도	재해발생수를 그래프화하여 관리선을 설정, 관리하는 방법

관련개념 SUBJECT 03 기계 · 기구 및 설비 안전관리
 CHAPTER 02 기계분야 산업재해 조사 및 관리

017

다음 중 안전모의 성능시험에 있어서 AE, ABE종에만 한하여 실시하는 시험은?

① 내관통성시험, 충격흡수성시험
② 난연성시험, 내수성시험
③ 난연성시험, 내전압성시험
④ 내전압성시험, 내수성시험

해설 내관통성, 내전압성, 내수성시험은 AE, ABE종에만 한정하여 실시한다.
안전인증대상 안전모의 시험성능기준

항목	시험성능기준
내관통성	AE, ABE종 안전모는 관통거리가 9.5[mm] 이하이고, AB종 안전모는 관통거리가 11.1[mm] 이하이어야 한다.
충격흡수성	최고전달충격력이 4,450[N]을 초과해서는 안 되며, 모체와 착장체의 기능이 상실되지 않아야 한다.
내전압성	AE, ABE종 안전모는 교류 20[kV]에서 1분간 절연파괴 없이 견뎌야 하고, 이때 누설되는 충전전류는 10[mA] 이하이어야 한다.
내수성	AE, ABE종 안전모는 질량 증가율이 1[%] 미만이어야 한다.
난연성	모체가 불꽃을 내며 5초 이상 연소되지 않아야 한다.
턱끈풀림	150[N] 이상 250[N] 이하에서 턱끈이 풀려야 한다.

관련개념 CHAPTER 02 안전보호구 관리

018

플리커 검사(Flicker Test)의 목적으로 가장 적절한 것은?

① 혈중 알코올농도 측정 ② 체내 산소량 측정
③ 작업강도 측정 ④ 피로의 정도 측정

해설 **점멸융합주파수(플리커법)**
정신적 작업부하에 관한 생리적 측정치 중 하나로 사이가 벌어져 회전하는 원판으로 들어오는 광원의 빛을 단속시켜 연속광으로 보이는지 단속광으로 보이는지 경계에서의 빛의 단속주기를 플리커치라고 한다. 정신적으로 피로한 경우에는 주파수 값이 내려가는 것으로 알려져 있다.

관련개념 CHAPTER 04 인간의 행동과학

019

다음 중 브레인스토밍의 4원칙과 가장 거리가 먼 것은?

① 자유로운 비평   ② 자유분방한 발언

③ 대량적인 발언   ④ 타인 의견의 수정 발언

해설 브레인스토밍(Brain Storming)
- 비판금지: "좋다, 나쁘다" 등의 비평을 하지 않는다.
- 자유분방: 자유로운 분위기에서 발표한다.
- 대량발언: 무엇이든지 좋으니 많이 발언한다.
- 수정발언: 자유자재로 변하는 아이디어를 개발한다.(타인 의견의 수정발언)

관련개념 CHAPTER 01 산업재해예방 계획 수립

020

강도율에 관한 설명 중 틀린 것은?

① 사망 및 영구 전노동 불능(신체장해등급 1~3급)의 근로손실일수는 7,500일로 환산한다.

② 신체장해등급 중 14급은 근로손실일수를 50일로 환산한다.

③ 영구 일부노동 불능은 신체장해등급에 따른 근로손실일수에 300/365를 곱하여 환산한다.

④ 일시 전노동 불능은 휴업일수에 300/365를 곱하여 근로손실일수를 환산한다.

해설 영구 일부노동 불능은 신체장해등급 4~14급에 해당한다. 근로손실로 근로손실일수 계산을 하는 경우에 장해등급별 근로손실일수를 적용하고, 사망 및 장해판정 이전의 입원, 치료 등 요양 및 작업 제한으로 인한 손실일은 중복 산입하지 않는다.

관련개념 SUBJECT 03 기계·기구 및 설비 안전관리
CHAPTER 02 기계분야 산업재해 조사 및 관리

인간공학 및 위험성평가·관리

021

다음은 유해위험방지계획서의 제출에 관한 설명이다. ( ) 안에 들어갈 내용으로 옳은 것은?

> 「산업안전보건법령」상 "대통령령으로 정하는 사업의 종류 및 규모에 해당하는 사업으로서 해당 제품의 생산 공정과 직접적으로 관련된 건설물·기계·기구 및 설비 등 일체를 설치·이전하거나 그 주요 구조 부분을 변경하려는 경우"에 해당하는 사업주는 유해위험방지계획서에 관련 서류를 첨부하여 해당 작업 시작 (㉠)까지 공단에 (㉡)부를 제출하여야 한다.

① ㉠: 7일 전, ㉡: 2   ② ㉠: 7일 전, ㉡: 4

③ ㉠: 15일 전, ㉡: 2   ④ ㉠: 15일 전, ㉡: 4

해설 사업주가 유해위험방지계획서를 제출할 때에는 사업장별로 제조업 등 유해위험방지계획서에 필요한 서류를 첨부하여 해당 작업 시작 15일 전까지 한국산업안전보건공단에 2부를 제출하여야 한다.

관련개념 CHAPTER 02 위험성 파악·결정

022

인적오류(Human Error)에 관한 설명으로 틀린 것은?

① Omission Error: 필요한 작업 또는 절차를 수행하지 않는 데 기인한 에러

② Commission Error: 필요한 작업 또는 절차의 수행지연으로 인한 에러

③ Extraneous Error: 불필요한 작업 또는 절차를 수행함으로써 기인한 에러

④ Sequential Error: 필요한 작업 또는 절차의 순서 착오로 인한 에러

해설 휴먼에러의 행위에 의한 분류(Swain) 중 소정의 기간에 수행하지 못한 에러는 시간(지연)에러(Timing Error)에 해당하며, 실행에러(Commission Error)는 작업 내지 절차를 수행했으나 잘못된 실수에서 기인한 에러이다.

관련개념 CHAPTER 01 안전과 인간공학

023

화학설비의 안전성 평가에서 정량적 평가의 항목에 해당되지 않는 것은?

① 훈련
② 조작
③ 취급물질
④ 화학설비용량

해설 안전성 평가 제3단계(정량적 평가)의 평가항목
취급물질, 온도, 압력, 해당설비용량, 조작

관련개념 CHAPTER 02 위험성 파악 · 결정

024

그림과 같이 FTA로 분석된 시스템에서 현재 모든 기본사상에 대한 부품이 고장난 상태이다. 부품 X_1부터 부품 X_5까지 순서대로 복구한다면 어느 부품을 수리 완료하는 시점에서 시스템이 정상가동되는가?

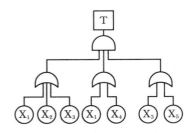

① 부품 X_2
② 부품 X_3
③ 부품 X_4
④ 부품 X_5

해설 시스템 정상가동은 정상사상이 발생하지 않는 것이고, 정상사상이 발생하지 않기 위해서는 AND 게이트에 걸려있는 OR 게이트(왼쪽부터 A, B, C) 중 하나라도 출력되지 않아야 하며, OR 게이트는 이하 부품 중 1개만 고장이라도 출력되므로 부품 X_1부터 X_5까지 순서대로 복구 시 정상사상 발생시점을 아래 표와 같이 정리한다.

수리된 부품	출력되는 OR 게이트	정상사상 발생 여부
X_1	A, B, C	유
X_1, X_2	A, B, C	유
X_1, X_2, X_3	B, C	무
X_1, X_2, X_3, X_4	C	무
X_1, X_2, X_3, X_4, X_5	없음	무

관련개념 CHAPTER 02 위험성 파악 · 결정

025

눈과 물체의 거리가 23[cm], 시선과 직각으로 측정한 물체의 크기가 0.03[cm]일 때 시각[분]은 얼마인가?(단, 시각은 600 이하이며, radian 단위를 분으로 환산하기 위한 상수 값은 57.3과 60을 모두 적용하여 계산하도록 한다.)

① 0.001
② 0.007
③ 4.48
④ 24.55

해설
$$시각[분] = \frac{180}{\pi} \times 60 \times \frac{시각\ 자극의\ 높이(L\,[\mathrm{mm}])}{눈으로부터의\ 거리(D\,[\mathrm{mm}])}$$
$$= L \times 57.3 \times \frac{60}{D}$$
$$= 0.3 \times 57.3 \times \frac{60}{230} = 4.48분$$

관련개념 CHAPTER 06 작업환경 관리

026

NIOSH Lifting Guideline에서 권장무게한계(RWL) 산출에 사용되는 계수가 아닌 것은?

① 휴식계수
② 수평계수
③ 수직계수
④ 비대칭계수

해설 NLE(NIOSH Lifting Equation)
권장무게한계(RWL) $= 23 \times \mathrm{HM} \times \mathrm{VM} \times \mathrm{DM} \times \mathrm{AM} \times \mathrm{FM} \times \mathrm{CM}$
여기서, HM: 수평계수, VM: 수직계수, DM: 거리계수,
AM: 비대칭계수, FM: 빈도계수, CM: 커플링계수

관련개념 CHAPTER 06 작업환경 관리

027

후각적 표시장치(Olfactory Display)와 관련된 내용으로 옳지 않은 것은?

① 냄새의 확산을 제어할 수 없다.
② 시각적 표시장치에 비해 널리 사용되지 않는다.
③ 냄새에 대한 민감도의 개별적 차이가 존재한다.
④ 경보장치로서 실용성이 없기 때문에 사용되지 않는다.

해설 후각은 사람의 감각기관 중 가장 예민하고 빨리 피로해지기 쉬운 기관으로 사람마다 개인차가 심하다. 코가 막히면 감도도 떨어지고 냄새에 순응하는 속도가 빨라 다른 표시장치에 비해 널리 사용되지는 않으나 일부 형태에서 경보장치로서 사용된다. 예 농약의 불쾌한 냄새 등

관련개념 CHAPTER 06 작업환경 관리

028

그림과 같은 FT도에서 각 사상의 발생확률 ①=0.015, ②=0.02, ③=0.05이면, 정상사상 T가 발생할 확률은 약 얼마인가?

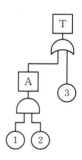

① 0.0002
② 0.0283
③ 0.0503
④ 0.9500

해설 ①과 ②는 AND 게이트, A와 ③은 OR 게이트로 연결되어 있으므로
$A=①×②=0.015×0.02=0.0003$
$T=1-(1-A)×(1-③)=1-(1-0.0003)×(1-0.05)=0.0503$

관련개념 CHAPTER 02 위험성 파악 · 결정

029

Sanders와 McCormick의 의자설계의 일반적인 원칙으로 옳지 않은 것은?

① 요부 후만을 유지한다.
② 조정이 용이해야 한다.
③ 등근육의 정적부하를 줄인다.
④ 디스크가 받는 압력을 줄인다.

해설 의자설계 시 등받이는 요추 전만(앞으로 굽힘)자세를 유지하며, 추간판의 압력 및 등근육의 정적부하를 감소시킬 수 있도록 설계한다.

관련개념 CHAPTER 06 작업환경 관리

030

인간공학을 기업에 적용할 때의 기대효과로 볼 수 없는 것은?

① 노사 간의 신뢰 저하
② 작업손실시간의 감소
③ 제품과 작업의 질 향상
④ 작업자의 건강 및 안전 향상

해설 **인간공학의 필요성**
• 산업재해의 감소
• 생산원가의 절감
• 재해로 인한 손실 감소
• 직무만족도의 향상
• 기업의 이미지와 상품선호도 향상
• 노사 간의 신뢰 구축

관련개념 CHAPTER 01 안전과 인간공학

031

그림과 같이 신뢰도가 95[%]인 펌프 A가 각각 신뢰도 90[%]인 밸브 B와 밸브 C의 병렬밸브계와 직렬계를 이룬 시스템의 실패확률은 약 얼마인가?

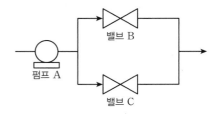

① 0.0091

② 0.0595

③ 0.9405

④ 0.9811

> **해설** 신뢰도(R)＝A×{1－(1－B)×(1－C)}
> ＝0.95×{1－(1－0.9)×(1－0.9)}＝0.9405
> 시스템 고장률(실패확률)＝1－R＝1－0.9405＝0.0595

> **관련개념** CHAPTER 01 안전과 인간공학

032

차폐효과에 대한 설명으로 옳지 않은 것은?

① 차폐음과 배음의 주파수가 가까울 때 차폐효과가 크다.

② 헤어드라이어 소음 때문에 전화 음을 듣지 못한 것과 관련이 있다.

③ 유의적 신호와 배경 소음의 차이를 신호/소음(S/N) 비로 나타낸다.

④ 차폐효과는 어느 한 음 때문에 다른 음에 대한 감도가 증가되는 현상이다.

> **해설** 은폐(차폐, Masking)효과
> 음의 한 성분이 다른 성분에 대한 귀의 감수성을 감소시키는 상황으로 피은폐된 한 음의 가청 역치가 다른 은폐된 음 때문에 높아지는 현상이다.
> ⑩ 사무실의 키보드 소리 때문에 말소리가 묻히는 경우

> **관련개념** CHAPTER 06 작업환경 관리

033

「산업안전보건기준에 관한 규칙」상 강렬한 소음작업에 해당하는 기준은?

① 85[dB] 이상의 소음이 1일 4시간 이상 발생하는 작업

② 85[dB] 이상의 소음이 1일 8시간 이상 발생하는 작업

③ 90[dB] 이상의 소음이 1일 4시간 이상 발생하는 작업

④ 90[dB] 이상의 소음이 1일 8시간 이상 발생하는 작업

> **해설** 강렬한 소음작업
> • 90[dB] 이상의 소음이 1일 8시간 이상 발생하는 작업
> • 95[dB] 이상의 소음이 1일 4시간 이상 발생하는 작업
> • 100[dB] 이상의 소음이 1일 2시간 이상 발생하는 작업
> • 105[dB] 이상의 소음이 1일 1시간 이상 발생하는 작업
> • 110[dB] 이상의 소음이 1일 30분 이상 발생하는 작업
> • 115[dB] 이상의 소음이 1일 15분 이상 발생하는 작업

> **관련개념** CHAPTER 07 설비진단 및 검사

034

HAZOP 기법에서 사용하는 가이드 워드와 의미가 잘못 연결된 것은?

① No/Not – 설계 의도의 완전한 부정

② More/Less – 정량적인 증가 또는 감소

③ Part of – 성질상의 감소

④ Other than – 기타 환경적인 요인

> **해설** 유인어(Guide Words)
> • NO 또는 NOT: 설계의도에 완전히 반하여 변수의 양이 없는 상태
> • MORE 또는 LESS: 변수가 양적으로 증가 또는 감소되는 상태
> • AS WELL AS: 설계의도 외의 다른 변수가 부가되는 상태(성질상의 증가)
> • PART OF: 설계의도대로 완전히 이루어지지 않는 상태(성질상의 감소)
> • REVERSE: 설계의도와 정반대로 나타나는 상태
> • OTHER THAN: 설계의도대로 설치되지 않거나 운전 유지되지 않는 상태(완전한 대체)

> **관련개념** CHAPTER 02 위험성 파악 · 결정

2020년 3회

035

THERP(Technique for Human Error Rate Prediction)의 특징에 대한 설명으로 옳은 것을 모두 고른 것은?

> ㉠ 인간-기계체계(SYSTEM)에서 여러 가지의 인간의 에러와
> 이에 의해 발생할 수 있는 위험성의 예측과 개선을 위한 기법
> ㉡ 인간의 과오를 정성적으로 평가하기 위하여 개발된 기법
> ㉢ 가지처럼 갈라지는 형태의 논리구조와 나무형태의 그래프
> 를 이용

① ㉠, ㉡　　　　② ㉠, ㉢
③ ㉡, ㉢　　　　④ ㉠, ㉡, ㉢

해설 인간과오율 추정법(THERP; Technique for Human Error Rate Prediction)
인간의 과오(Human Error)에 기인된 사고원인을 분석하기 위하여 100 만 운전시간당 과오도 수를 기본 과오율로 하여 인간의 과오율을 정량적으로 평가하는 기법이다.
• 인간의 동작이 시스템에 미치는 영향을 나타내는 그래프적 방법으로 인간 실수율(HEP)을 예측하는 기법이다.
• 사건수 분석의 변형으로 나무형태의 그래프를 통한 각 경로의 확률을 계산한다.

관련개념 CHAPTER 02 위험성 파악·결정

036

인간이 기계보다 우수한 기능으로 옳지 않은 것은?(단, 인공지능은 제외한다.)

① 암호화된 정보를 신속하게 대량으로 보관할 수 있다.
② 관찰을 통해서 일반화하여 귀납적으로 추리한다.
③ 항공사진의 피사체나 말소리처럼 상황에 따라 변화하는 복잡한 자극의 형태를 식별할 수 있다.
④ 수신 상태가 나쁜 음극선관에 나타나는 영상과 같이 배경 잡음이 심한 경우에도 신호를 인지할 수 있다.

해설 암호화된 정보를 신속하게 대량으로 보관할 수 있는 것은 기계가 인간을 능가하는 기능이다.

관련개념 CHAPTER 01 안전과 인간공학

037

FTA에서 사용되는 최소 컷셋에 대한 설명으로 옳지 않은 것은?

① 일반적으로 Fussell Algorithm을 이용한다.
② 정상사상(Top Event)을 일으키는 최소한의 집합이다.
③ 반복되는 사건이 많은 경우 Limnios와 Ziani Algorithm 을 이용하는 것이 유리하다.
④ 시스템에 고장이 발생하지 않도록 하는 모든 사상의 집합이다.

해설 시스템에 고장이 발생하지 않도록 하는 모든 사상의 집합은 패스셋의 개념이다.
최소 컷셋(Minimal Cut Set)
정상사상을 일으키기 위한 최소한의 컷셋을 말한다. 즉, 미니멀 컷셋은 컷셋 중에 타 컷셋을 포함하고 있는 것을 배제하고 남은 컷셋들을 의미한다.

관련개념 CHAPTER 02 위험성 파악·결정

038

직무에 대하여 청각적 자극 제시에 대한 음성 응답을 하도록 할 때 가장 관련 있는 양립성은?

① 공간적 양립성　　　　② 양식 양립성
③ 운동 양립성　　　　④ 개념적 양립성

해설 양식 양립성
언어 또는 문화적 관습이나 특정 신호에 따라 적합하게 반응하는 것을 말하는데, 예를 들어 한국어로 질문하면 한국어로 대답하거나, 기계가 특정 음성에 대해 정해진 반응을 하는 것을 말한다.

관련개념 CHAPTER 06 작업환경 관리

039

설비의 고장과 같이 발생확률이 낮은 사건의 특정시간 또는 구간에서의 발생횟수를 측정하는 데 가장 적합한 확률분포는?

① 이항분포(Binomial Distribution)
② 푸아송분포(Poisson Distribution)
③ 와이블분포(Weibull Distribution)
④ 지수분포(Exponential Distribution)

해설 푸아송분포(Poisson Distribution)는 확률분포 중 단위시간 안에 어떤 사건이 몇 번 발생할 것인지를 표현하는 이산확률분포로 발생확률이 낮은 사건의 발생횟수를 측정하는 데 적합하다.

관련개념 CHAPTER 03 위험성 감소대책 수립 · 실행

040

컴퓨터 스크린상에 있는 버튼을 선택하기 위해 커서를 이동시키는 데 걸리는 시간을 예측하는 가장 적합한 법칙은?

① Fitts의 법칙   ② Lewin의 법칙
③ Hick의 법칙   ④ Weber의 법칙

해설 핏츠(Fitts)의 법칙
인간의 손이나 발을 이동시켜 조작장치를 조작하는 데 걸리는 시간을 표적까지의 거리와 표적 크기의 함수로 나타내는 모형으로, 표적이 작고 이동거리가 길수록 이동시간이 증가한다.

$$T = a + b \log_2 \left(\frac{D}{W} + 1 \right)$$

여기서, T(MT: Movement Time): 동작시간
　　　　a, b: 작업난이도에 대한 실험상수
　　　　D: 동작 시발점에서 표적 중심까지의 거리
　　　　W: 표적의 폭(너비)

관련개념 CHAPTER 06 작업환경 관리

기계 · 기구 및 설비 안전관리

041

롤러기의 급정지장치에 관한 설명으로 가장 적절하지 않은 것은?

① 복부조작식은 조작부 중심점을 기준으로 밑면으로부터 1.2~1.4[m] 이내의 높이로 설치한다.
② 손조작식은 조작부 중심점을 기준으로 밑면으로부터 1.8[m] 이내의 높이로 설치한다.
③ 급정지장치의 조작부에 사용하는 줄은 사용 중에 늘어져서는 안 된다.
④ 급정지장치의 조작부에 사용하는 줄은 충분한 인장강도를 가져야 한다.

해설 급정지장치 조작부의 위치

종류	설치위치
손조작식	밑면에서 1.8[m] 이내
복부조작식	밑면에서 0.8[m] 이상 1.1[m] 이내
무릎조작식	밑면에서 0.6[m] 이내

※ 위치는 급정지장치 조작부의 중심점을 기준으로 한다.

관련개념 CHAPTER 05 기타 산업용 기계 · 기구

042

「산업안전보건법령」상 양중기를 사용하여 작업하는 운전자 또는 작업자가 보기 쉬운 곳에 해당 양중기에 대해 표시하여야 할 내용으로 가장 거리가 먼 것은?(단, 승강기는 제외한다.)

① 정격하중   ② 운전속도
③ 경고표시   ④ 최대 인양높이

해설 양중기(승강기 제외) 및 달기구를 사용하여 작업하는 운전자 또는 작업자가 보기 쉬운 곳에 해당 기계의 정격하중(달기구는 정격하중만 표시), 운전속도, 경고표시 등을 부착하여야 한다.

관련개념 CHAPTER 06 공사 및 작업 종류별 안전

043

연삭기의 안전작업수칙에 대한 설명 중 가장 거리가 먼 것은?

① 숫돌의 정면에 서서 숫돌 원주면을 사용한다.
② 숫돌 교체 시 3분 이상 시운전을 한다.
③ 숫돌의 회전은 최고 사용 원주속도를 초과하여 사용하지 않는다.
④ 연삭숫돌에 충격을 가하지 않는다.

해설 연삭기 작업 시 연삭숫돌 정면에서 150° 정도 비켜서서 작업하여야 한다.

관련개념 CHAPTER 03 공작기계의 안전

044

롤러기의 가드와 위험점 간의 거리가 100[mm]일 경우 ILO 규정에 의한 가드 개구부의 안전간격은?

① 11[mm]　　　　② 21[mm]
③ 26[mm]　　　　④ 31[mm]

해설 가드를 설치할 때 일반적인 개구부의 간격
$Y = 6 + 0.15X = 6 + 0.15 \times 100 = 21[mm]$
여기서, Y: 개구부의 간격[mm]
X: 개구부에서 위험점까지의 최단거리[mm]($X < 160[mm]$)

관련개념 CHAPTER 05 기타 산업용 기계·기구

045

지게차의 포크에 적재된 화물이 마스트 후방으로 낙하함으로써 근로자에게 미치는 위험을 방지하기 위하여 설치하는 것은?

① 헤드가드　　　　② 백레스트
③ 낙하방지장치　　④ 과부하방지장치

해설 백레스트(Backrest)
지게차의 포크에 적재된 화물이 마스트 후방으로 낙하함으로써 근로자에게 미치는 위험을 방지하는 장치이다.

관련개념 CHAPTER 06 운반기계 및 양중기

046

「산업안전보건법령」상 산업용 로봇으로 인하여 근로자에게 발생할 수 있는 부상 등의 위험이 있는 경우 위험을 방지하기 위하여 울타리를 설치할 때 높이는 최소 몇 [m] 이상으로 해야 하는가?(단, 한국산업표준 및 국제적으로 통용되는 안전기준은 제외한다.)

① 1.8　　　　② 2.1
③ 2.4　　　　④ 1.2

해설 로봇의 운전으로 인하여 근로자에게 발생할 수 있는 부상 등의 위험을 방지하기 위하여 높이 1.8[m] 이상의 울타리를 설치하여야 한다.

관련개념 CHAPTER 05 기타 산업용 기계·기구

047

다음 중 기계 설비의 안전조건에서 안전화의 종류로 가장 거리가 먼 것은?

① 재질의 안전화　　② 작업의 안전화
③ 기능의 안전화　　④ 외형의 안전화

해설 기계의 안전조건
- 외형의 안전화
- 작업의 안전화
- 작업점의 안전화
- 기능상의 안전화
- 구조적 안전화(강도적 안전화)

관련개념 CHAPTER 01 기계공정의 안전, 기계안전시설 관리

048

다음 중 비파괴검사법으로 틀린 것은?

① 인장검사　　　　② 자기탐상검사
③ 초음파탐상검사　④ 침투탐상검사

해설 인장검사는 파괴시험의 일종이다.
비파괴검사의 종류
방사선투과검사(RT), 초음파탐상검사(UT), 자분탐상검사(MT), 침투탐상검사(PT), 음향탐상검사(AET), 와류탐상검사(ECT) 등

관련개념 CHAPTER 07 설비진단 및 검사

049

「산업안전보건법령」상 아세틸렌 용접장치를 사용하여 금속의 용접·용단 또는 가열작업을 하는 경우 게이지압력은 얼마를 초과하는 압력의 아세틸렌을 발생시켜 사용하면 안되는가?

① 98[kPa]
② 127[kPa]
③ 147[kPa]
④ 196[kPa]

해설 아세틸렌 용접장치를 사용하여 금속의 용접·용단 또는 가열작업을 하는 경우에는 게이지압력이 127[kPa](1.3[kg/m²])을 초과하는 압력의 아세틸렌을 발생시켜 사용하여서는 아니 된다.

관련개념 CHAPTER 05 기타 산업용 기계·기구

050

「산업안전보건법령」상 프레스 및 전단기에서 안전블록을 사용해야 하는 작업으로 가장 거리가 먼 것은?

① 금형 가공작업
② 금형 해체작업
③ 금형 부착작업
④ 금형 조정작업

해설 프레스 등의 금형을 부착·해체 또는 조정하는 작업을 할 때에 해당 작업에 종사하는 근로자의 신체가 위험한계 내에 있는 경우 슬라이드가 갑자기 작동함으로써 근로자에게 발생할 우려가 있는 위험을 방지하기 위하여 안전블록을 사용하는 등 필요한 조치를 하여야 한다.

관련개념 CHAPTER 04 프레스 및 전단기의 안전

051

크레인의 사용 중 하중이 정격을 초과하였을 때 자동적으로 상승이 정지되는 장치는?

① 해지장치
② 이탈방지장치
③ 아웃트리거
④ 과부하방지장치

해설 **과부하방지장치**
크레인에 있어서 정격하중 이상의 하중이 부하되었을 때 자동적으로 상승이 정지되면서 경보음을 발생시키는 장치이다.

관련개념 CHAPTER 06 운반기계 및 양중기

052

인간이 기계 등의 취급을 잘못해도 그것이 바로 사고나 재해와 연결되는 일이 없는 기능을 의미하는 것은?

① Fail Safe
② Fail Active
③ Fail Operational
④ Fool Proof

해설 **풀 프루프(Fool Proof)**
근로자가 기계를 잘못 취급하여 불안전한 행동이나 실수를 하여도 기계설비의 안전기능이 작용하여 재해를 방지할 수 있는 기능이다.

관련개념 CHAPTER 01 기계공정의 안전, 기계안전시설 관리

053

「산업안전보건법령」상 컨베이어를 사용하여 작업을 할 때 작업시작 전 점검사항으로 가장 거리가 먼 것은?

① 원동기 및 풀리(Pulley) 기능의 이상 유무
② 이탈 등의 방지장치 기능의 이상 유무
③ 유압장치의 기능의 이상 유무
④ 비상정지장치 기능의 이상 유무

해설 '유압장치 기능의 이상 유무'는 지게차 작업시작 전 점검사항이다.
컨베이어 작업시작 전 점검사항
• 원동기 및 풀리(Pulley) 기능의 이상 유무
• 이탈 등의 방지장치 기능의 이상 유무
• 비상정지장치 기능의 이상 유무
• 원동기·회전축·기어 및 풀리 등의 덮개 또는 울 등의 이상 유무

관련개념 CHAPTER 02 기계분야 산업재해 조사 및 관리

054

선반작업 시 안전수칙으로 가장 적절하지 않은 것은?

① 기계에 주유 및 청소 시 반드시 기계를 정지시키고 한다.
② 칩 제거 시 브러시를 사용한다.
③ 바이트에는 칩 브레이커를 설치한다.
④ 선반의 바이트는 끝을 길게 장치한다.

해설 선반작업 시 바이트는 끝을 짧게 장치하고 일감의 길이가 직경의 12배 이상일 때 방진구를 사용한다.

관련개념 CHAPTER 03 공작기계의 안전

056

「산업안전보건법령」상 산업용 로봇의 작업시작 전 점검사항으로 가장 거리가 먼 것은?

① 외부 전선의 피복 또는 외장의 손상 유무
② 압력방출장치의 이상 유무
③ 매니퓰레이터 작동 이상 유무
④ 제동장치 및 비상정지장치의 기능

해설 압력방출장치의 기능은 공기압축기를 가동할 때 작업시작 전 점검사항이다.

산업용 로봇의 작업시작 전 점검사항
• 외부 전선의 피복 또는 외장의 손상 유무
• 매니퓰레이터(Manipulator) 작동의 이상 유무
• 제동장치 및 비상정지장치의 기능

관련개념 CHAPTER 02 기계분야 산업재해 조사 및 관리

055

다음 중 기계설비에서 반대로 회전하는 두 개의 회전체가 맞닿는 사이에 발생하는 위험점으로 가장 적절한 것은?

① 물림점
② 협착점
③ 끼임점
④ 절단점

해설 **물림점(Nip Point)**
회전하는 두 개의 회전체가 맞닿아서 위험성이 있는 곳을 말하며, 위험점이 발생되는 조건은 회전체가 서로 반대방향으로 맞물려 회전되어야 한다.
⑩ 기어, 롤러

관련개념 CHAPTER 01 기계공정의 안전, 기계안전시설 관리

057

프레스 작동 후 슬라이드가 하사점에 도달할 때까지의 소요시간이 0.5[s]일 때 양수기동식 방호장치의 안전거리는 최소 얼마인가?

① 200[mm]
② 400[mm]
③ 600[mm]
④ 800[mm]

해설 **양수기동식 방호장치의 안전거리**

$D_m = 1,600 \times T_m = 1,600 \times 0.5 = 800$[mm]

여기서, T_m: 누름버튼을 누른 때부터 슬라이드가 하사점에 도달할 때까지의 소요 최대시간[초]

관련개념 CHAPTER 04 프레스 및 전단기의 안전

058

「산업안전보건법령」상 보일러의 과열을 방지하기 위하여 최고사용압력과 상용압력 사이에서 보일러의 버너연소를 차단하여 정상 압력으로 유도하는 방호장치로 가장 적절한 것은?

① 압력방출장치
② 고저수위조절장치
③ 언로드밸브
④ 압력제한스위치

해설 **압력제한스위치**

보일러의 과열을 방지하기 위하여 최고사용압력과 상용압력 사이에서 보일러의 버너연소를 차단할 수 있도록 압력제한스위치를 부착하여 사용하여야 한다.

관련개념 CHAPTER 05 기타 산업용 기계 · 기구

059

둥근톱기계의 방호장치 중 반발예방장치의 종류로 틀린 것은?

① 분할날
② 반발방지기구(Finger)
③ 보조안내판
④ 안전덮개

해설 **반발예방장치의 종류**

• 분할날(Spreader)
• 반발방지기구(Finger)
• 반발방지롤(Roll)
• 보조안내판

관련개념 CHAPTER 05 기타 산업용 기계 · 기구

060

「산업안전보건법령」상 형삭기(Slotter, Shaper)의 주요 구조부로 가장 거리가 먼 것은?(단, 수치제어식은 제외한다.)

① 공구대
② 공작물 테이블
③ 램
④ 아버

해설 아버(Arbor)는 공작기계로서 절삭공구를 부착하는 작은 축으로 밀링머신에 장치하여 사용된다.
형삭기의 주요 구조부
공구대, 공작물 테이블, 램

관련개념 CHAPTER 03 공작기계의 안전

전기설비 안전관리

061

유자격자가 아닌 근로자가 방호되지 않은 충전전로 인근의 높은 곳에서 작업할 때에 근로자의 몸은 충전전로에서 몇 [cm] 이내로 접근할 수 없도록 하여야 하는가?(단, 대지전압은 50[kV]이다.)

① 50
② 100
③ 200
④ 300

해설 **충전전로에서의 전기작업**

유자격자가 아닌 근로자가 충전전로 인근의 높은 곳에서 작업할 때에 근로자의 몸 또는 긴 도전성 물체가 방호되지 않은 충전전로에서 대지전압이 50[kV] 이하인 경우에는 300[cm] 이내로, 대지전압이 50[kV]를 넘는 경우에는 10[kV]당 10[cm]씩 더한 거리 이내로 각각 접근할 수 없도록 하여야 한다.

관련개념 CHAPTER 02 감전재해 및 방지대책

062

다음 중 정전기의 발생 현상에 포함되지 않는 것은?

① 파괴에 의한 발생
② 분출에 의한 발생
③ 전도대전
④ 유동에 의한 대전

해설 **정전기 대전의 종류**

• 마찰대전
• 박리대전
• 유동대전
• 분출대전
• 충돌대전
• 파괴대전
• 교반(진동)이나 침강대전

관련개념 CHAPTER 03 정전기 장 · 재해관리

063

방폭기기에 별도의 주위온도 표시가 없을 때 방폭기기의 주위온도범위는?(단, 기호 "X"의 표시가 없는 기기이다.)

① 20[℃]~40[℃]
② -20[℃]~40[℃]
③ 10[℃]~50[℃]
④ -10[℃]~50[℃]

해설 전기기기에 주위온도범위가 표시되어 있지 않은 경우, 해당 기기는 -20[℃]부터 40[℃] 범위 내에서 사용하도록 설계된 것이다.

관련개념 CHAPTER 04 전기방폭관리

064

정전기로 인한 화재 및 폭발을 방지하기 위하여 조치가 필요한 설비가 아닌 것은?

① 드라이클리닝설비　　② 위험물 건조설비
③ 화약류 제조설비　　④ 위험기구의 제전설비

해설 위험기구의 제전설비는 정전기를 제거하는 설비이므로 정전기로 인한 화재 및 폭발을 방지하기 위한 조치가 필요한 설비가 아니다.

관련개념 CHAPTER 03 정전기 장·재해관리

065

300[A]의 전류가 흐르는 저압 가공전선로의 1선에서 허용 가능한 누설전류[mA]는?

① 600　　　　　　　　② 450
③ 300　　　　　　　　④ 150

해설 저압전선로 중 절연부분의 전선과 대지 및 심선 상호 간의 절연저항은 사용전압에 대한 누설전류가 최대 공급전류의 $\frac{1}{2,000}$이 넘지 않도록 유지하여야 한다.

누설전류＝최대 공급전류$\times \frac{1}{2,000}＝300\times\frac{1}{2,000}＝0.15[A]＝150[mA]$

관련개념 CHAPTER 02 감전재해 및 방지대책

066

「산업안전보건기준에 관한 규칙」 제319조에 따라 감전될 우려가 있는 장소에서 작업을 하기 위해서는 전로를 차단하여야 한다. 전로 차단을 위한 시행 절차 중 틀린 것은?

① 전기기기 등에 공급되는 모든 전원을 관련 도면, 배선도 등으로 확인
② 각 단로기를 개방한 후 전원 차단
③ 단로기 개방 후 차단장치나 단로기 등에 잠금장치 및 꼬리표를 부착
④ 잔류전하 방전 후 검전기를 이용하여 작업 대상기기가 충전되어 있는지 확인

해설 전원을 차단한 후 각 단로기 등을 개방하고 확인하여야 한다.

관련개념 CHAPTER 02 감전재해 및 방지대책

067

피뢰기가 구비하여야 할 조건으로 틀린 것은?

① 제한전압이 낮아야 한다.
② 상용주파방전개시전압이 높아야 한다.
③ 충격방전개시전압이 높아야 한다.
④ 속류차단 능력이 충분하여야 한다.

해설 **피뢰기의 성능**
• 제한전압 또는 충격방전개시전압이 충분히 낮고 보호능력이 있을 것
• 속류차단이 완전히 행해져 동작책무특성이 충분할 것
• 뇌전류 방전능력이 클 것
• 대전류의 방전, 속류차단의 반복동작에 대하여 장기간 사용에 견딜 수 있을 것
• 상용주파방전개시전압은 회로전압보다 충분히 높아서 상용주파방전을 하지 않을 것

관련개념 CHAPTER 05 전기설비 위험요인관리

068

다음 중 정전기의 재해방지 대책으로 틀린 것은?

① 설비의 도체 부분을 접지
② 작업자는 정전화를 착용
③ 작업장의 습도를 30[%] 이하로 유지
④ 배관 내 액체의 유속제한

해설 정전기 대전방지를 위해 작업장 내의 습도를 70[%] 정도로 유지하는 것이 바람직하다.

관련개념 CHAPTER 03 정전기 장·재해관리

069

가스(발화온도 120[℃])가 존재하는 지역에 방폭기기를 설치하고자 한다. 설치가 가능한 기기의 온도등급은?

① T2   ② T3

③ T4   ④ T5

해설 가스·증기 발화온도 및 전기기기의 온도등급과의 관계

폭발위험장소 구분에 따른 온도등급	가스·증기의 발화온도[℃]	전기기기의 최고표면온도[℃]
T1	450 초과	300 초과 450 이하
T2	300 초과 450 이하	200 초과 300 이하
T3	200 초과 300 이하	135 초과 200 이하
T4	135 초과 200 이하	100 초과 135 이하
T5	100 초과 135 이하	85 초과 100 이하
T6	85 초과 100 이하	85 이하

관련개념 CHAPTER 05 전기방폭관리

070

변압기의 중성점을 제2종 접지한 수전전압 22.9[kV], 사용전압 220[V]인 공장에서 외함을 제3종 접지공사를 한 전동기가 운전 중에 누전되었을 경우에 작업자가 접촉될 수 있는 최소전압은 약 몇 [V]인가?(단, 1선 지락전류 10[A], 제3종 접지저항 30[Ω], 인체저항: 10,000[Ω]이다.)

① 116.7   ② 127.5

③ 146.7   ④ 165.6

해설 접지저항 $= \dfrac{150}{\text{1선 지락전류}} = \dfrac{150}{10} = 15[\Omega]$

지락전류를 $I[\text{A}]$라고 하면 $I = \dfrac{V}{R_2 + R_3} = \dfrac{220}{15 + 30} = 4.89[\text{A}]$

외함에 걸리는 전압 V_1은 R_3와 I의 곱이므로

$V_1 = IR_3 = 4.89 \times 30 = 146.7[\text{V}]$

※ 계산식은 동일하나 「한국전기설비규정」이 개정됨에 따라 '접지대상에 따라 일괄 적용한 종별접지'는 폐지되었습니다. 단, 향후 용어 이해에 대한 문제가 출제될 수 있으므로 '제2종 접지'는 '저압측 중성점 계통접지'로 이해하여야 합니다.

관련개념 CHAPTER 02 감전재해 및 방지대책

071

제전기의 종류가 아닌 것은?

① 전압인가식 제전기   ② 정전식 제전기

③ 방사선식 제전기   ④ 자기방전식 제전기

해설 제전기의 종류는 제전에 필요한 이온의 생성방법에 따라 전압인가식 제전기, 자기방전식 제전기, 방사선식 제전기가 있다.

관련개념 CHAPTER 03 정전기 장·재해관리

072

정전기 방전현상에 해당되지 않는 것은?

① 연면방전   ② 코로나 방전

③ 낙뢰방전   ④ 스팀방전

해설 정전기 방전의 종류

코로나 방전, 스트리머 방전, 불꽃방전, 연면방전, 뇌상방전(낙뢰방전)

관련개념 CHAPTER 03 정전기 장·재해관리

073

정전용량 C=20[μF], 방전 시 전압 V=2[kV]일 때 정전에너지[J]는 얼마인가?

① 40   ② 80

③ 400   ④ 800

해설 정전에너지

$W = \dfrac{1}{2}CV^2 = \dfrac{1}{2} \times (20 \times 10^{-6}) \times (2 \times 10^3)^2 = 40[\text{J}]$

여기서, C: 도체의 정전용량[F]

V: 대전전위[V]

※ $1[\mu\text{F}] = 10^{-6}[\text{F}]$, $1[\text{kV}] = 10^3[\text{V}]$

관련개념 CHAPTER 03 정전기 장·재해관리

074

전로에 지락이 생겼을 때에 자동적으로 전로를 차단하는 장치를 시설해야 하는 전기기계의 사용전압 기준은?(단, 금속제 외함을 가지는 저압의 기계·기구로서 사람이 쉽게 접촉할 우려가 있는 곳에 시설되어 있다.)

① 30[V] 초과
② 50[V] 초과
③ 90[V] 초과
④ 150[V] 초과

해설 금속제 외함을 가지는 **사용전압이 50[V]를 초과**하는 저압의 기계·기구로서 사람이 쉽게 접촉할 우려가 있는 곳에 시설하는 것에 전기를 공급하는 전로에는 누전차단기를 시설하여야 한다.

관련개념 CHAPTER 02 감전재해 및 방지대책

075

전로에 시설하는 기계·기구의 금속제 외함에 접지공사를 하지 않아도 되는 경우로 틀린 것은?

① 저압용의 기계·기구를 건조한 목재의 마루 위에서 취급하도록 시설한 경우
② 외함 주위에 적당한 절연대를 설치한 경우
③ 교류 대지전압이 300[V] 이하인 기계·기구를 건조한 곳에 시설한 경우
④ 「전기용품 및 생활용품 안전관리법」의 적용을 받는 이중 절연구조로 되어 있는 기계·기구를 시설하는 경우

해설 사용전압이 직류 300[V] 또는 교류 대지전압이 150[V] 이하인 기계·기구를 건조한 곳에 시설하는 경우에 접지공사를 하지 않아도 된다.

관련개념 CHAPTER 05 전기설비 위험요인관리

076

Dalziel에 의하여 동물 실험을 통해 얻어진 전류값을 인체에 적용했을 때 심실세동을 일으키는 전기에너지(J)는 약 얼마인가?(단, 인체 전기저항은 500[Ω]으로 보며, 흐르는 전류 $I = \frac{165}{\sqrt{T}}$[mA]로 한다.)

① 9.8
② 13.6
③ 19.6
④ 27

해설 $W = I^2RT = \left(\frac{165}{\sqrt{T}} \times 10^{-3}\right)^2 \times 500 \times T$

$= (165^2 \times 10^{-6}) \times 500 = 13.6[J]$

여기서, W: 위험한계에너지[J], I: 심실세동전류[A]
R: 인체저항[Ω], T: 통전시간[s]

관련개념 CHAPTER 02 감전재해 및 방지대책

077

전기설비의 방폭구조의 종류가 아닌 것은?

① 근본방폭구조
② 압력방폭구조
③ 안전증방폭구조
④ 본질안전방폭구조

해설 근본방폭구조는 방폭구조의 종류가 아니다.

관련개념 CHAPTER 04 전기방폭관리

078

전기기계·기구의 기능 설명으로 옳은 것은?

① CB는 부하전류를 개폐시킬 수 있다.
② ACB는 진공 중에서 차단동작을 한다.
③ DS는 회로의 개폐 및 대용량부하를 개폐시킨다.
④ 피뢰침은 뇌나 계통의 개폐에 의해 발생하는 이상전압을 대지로 방전시킨다.

해설 ACB는 공기를 소호 매질로 하고, 단로기(DS)는 무부하 상태에서 선로를 개방하며, LA는 피뢰기로 이상전압을 억제한다.

관련개념 CHAPTER 01 전기안전 관리

079

방폭전기기기에 "Ex ia IIC T4 Ga"라고 표시되어 있다. 해당 기기에 대한 설명으로 틀린 것은?

① 정상 작동, 예상된 오작동에 또는 드문 오작동 중에 점화원이 될 수 없는 "매우 높은" 보호등급의 기기이다.

② 온도등급이 T4이므로 최고표면온도가 150[℃]를 초과해서는 안 된다.

③ 본질안전방폭구조로 0종 장소에서 사용이 가능하다.

④ 수소 및 아세틸렌 등의 가스가 존재하는 곳에 사용이 가능하다.

해설 온도등급 T4는 최고표면온도가 100[℃] 초과 135[℃] 이하인 것을 말한다.

전기기기의 최고표면온도에 따른 온도등급

온도등급	전기기기의 최고표면온도(℃)
T1	300 초과 450 이하
T2	200 초과 300 이하
T3	135 초과 200 이하
T4	100 초과 135 이하
T5	85 초과 100 이하
T6	85 이하

관련개념 CHAPTER 04 전기방폭관리

080

작업자가 교류전압 7,000[V] 이하의 전로에 활선 근접작업 시 감전사고 방지를 위한 절연용 보호구는?

① 고무절연관　　② 절연시트
③ 절연커버　　　④ 절연안전모

해설 **절연용 안전보호구의 종류**
· **전기안전모(절연모)**
· 절연고무장갑(절연장갑)
· 절연고무장화
· 절연복(절연상의 및 하의, 어깨받이 등) 및 절연화
· 도전성 작업복 및 작업화

관련개념 CHAPTER 02 감전재해 및 방지대책

081

진한 질산이 공기 중에서 햇빛에 의해 분해되었을 때 발생하는 갈색증기는?

① N_2　　　　　② NO_2
③ NH_3　　　　④ NH_2

해설 진한 질산을 가열, 분해 시 유독성의 적갈색 이산화질소(NO_2)가 발생한다.

$$4HNO_3 \rightarrow 2H_2O + 4NO_2 + O_2$$

관련개념 CHAPTER 02 화학물질 안전관리 실행

082

다음 중 압축기 운전 시 토출압력이 갑자기 증가하는 이유로 가장 적절한 것은?

① 윤활유의 과다
② 피스톤 링의 가스 누설
③ 토출관 내에 저항 발생
④ 저장조 내 가스압의 감소

해설 토출관 내에 저항이 발생하면 토출압력이 증가하게 된다.

관련개념 CHAPTER 04 화공 안전운전 · 점검

083

고온에서 완전 열분해하였을 때 산소를 발생하는 물질은?

① 황화수소
② 과염소산칼륨
③ 메틸리튬
④ 적린

해설 과염소산칼륨은 산화성 고체에 해당하며 열분해 시 산소를 발생시킨다.

$KClO_4 \rightarrow KCl + 2O_2$

관련개념 CHAPTER 02 화학물질 안전관리 실행

084

다음 중 분진폭발에 관한 설명으로 틀린 것은?

① 폭발한계 내에서 분진의 휘발성분이 많으면 폭발 위험성이 높다.
② 분진이 발화 폭발하기 위한 조건은 가연성, 미분상태, 공기 중에서의 교반과 유동 및 점화원의 존재이다.
③ 가스폭발과 비교하여 연소의 속도나 폭발의 압력이 크고, 연소시간이 짧으며, 발생에너지가 작다.
④ 폭발한계는 입자의 크기, 입도분포, 산소농도, 함유수분, 가연성 가스의 혼입 등에 의해 같은 물질의 분진에서도 달라진다.

해설 분진폭발은 가스폭발보다 폭발압력과 연소속도가 작으며 발생에너지가 크다.

분진폭발의 특징

• 가스폭발보다 발생에너지가 크다.
• 폭발압력과 연소속도는 가스폭발보다 작다.
• 불완전연소로 인한 가스중독의 위험성이 크다.
• 화염의 파급속도보다 압력의 파급속도가 빠르다.
• 가스폭발에 비하여 불완전연소가 많이 발생한다.
• 주위 분진에 의해 2차, 3차 폭발로 파급될 수 있다.

관련개념 CHAPTER 01 화재 · 폭발 검토

085

다음 중 유류화재의 화재급수에 해당하는 것은?

① A급
② B급
③ C급
④ D급

해설 화재의 종류

A급 화재	B급 화재	C급 화재	D급 화재
일반화재	유류화재	전기화재	금속화재

관련개념 CHAPTER 01 화재 폭발 · 검토

086

「산업안전보건법령」에서 규정하고 있는 위험물질의 종류 중 부식성 염기류로 분류되기 위하여 농도가 40[%] 이상이어야 하는 물질은?

① 염산
② 아세트산
③ 불산
④ 수산화칼륨

해설 부식성 염기류

농도가 40[%] 이상인 수산화나트륨, 수산화칼륨, 그 밖에 이와 같은 정도 이상의 부식성을 가지는 염기류이다.

관련개념 CHAPTER 02 화학물질 안전관리 실행

087

다음 중 수분(H_2O)과 반응하여 유독성 가스인 포스핀이 발생되는 물질은?

① 금속나트륨
② 알루미늄 분말
③ 인화칼슘
④ 수소화리튬

해설 인화칼슘(Ca_3P_2)은 금수성 물질로 수분과 반응하여 유독성 가스인 포스핀(PH_3)을 발생시킨다.

$Ca_3P_2 + 6H_2O \rightarrow 3Ca(OH)_2 + 2PH_3 \uparrow$

관련개념 CHAPTER 02 화학물질 안전관리 실행

088

대기압에서 사용하나 증발에 의한 액체의 손실을 방지함과 동시에 액면 위의 공간에 폭발성 위험가스를 형성할 위험이 적은 구조의 저장탱크는?

① 유동형 지붕탱크
② 원추형 지붕탱크
③ 원통형 저장탱크
④ 구형 저장탱크

해설 **유동형 지붕탱크**

저장물질 위에 띄운 지붕판이 탱크 측판부를 따라 상하로 움직이는 원통탱크로서 이러한 구조로 인해 증발에 의한 액체의 손실을 방지하는 동시에 액면 위의 공간에 폭발성 위험가스를 형성할 위험이 적다.

관련개념 CHAPTER 01 화재 · 폭발 검토

089

자동화재탐지설비의 감지기 종류 중 열감지기가 아닌 것은?

① 차동식
② 정온식
③ 보상식
④ 광전식

해설 광전식 감지기는 연기감지기의 종류이다.

화재감지기의 종류
- 열감지기: 차동식, 정온식, 보상식
- 연기감지기: 이온화식, 광전식, 공기흡입형

관련개념 CHAPTER 01 화재 폭발 · 검토

090

증기배관 내에 생성하는 응축수를 제거할 때 증기가 배출되지 않도록 하면서 응축수를 자동적으로 배출하기 위한 장치를 무엇이라 하는가?

① Vent Stack
② Steam Trap
③ Blow Down
④ Relief Valve

해설 **스팀트랩(Steam Trap)**

증기배관 내에 생성하는 응축수는 송기상 지장이 되어 제거할 필요가 있는데, 이때 증기가 도망가지 않도록 이 응축수를 자동적으로 배출하기 위한 장치이다.

벤트스택(Vent Stack)
탱크 내의 압력을 정상상태로 유지하기 위한 장치이다.

블로우다운(Blow Down)
보일러 내부에 이물질이 누적되는 것을 방지하기 위해 수면의 스팀, 수저의 찌꺼기를 방출하는 장치이다.

릴리프밸브(Relief Valve)
압력을 분출하는 밸브 또는 안전밸브로 압력용기나 보일러 등에서 압력이 일정 압력 이상이 되었을 때 가스를 탱크 외부로 분출하는 밸브이다.

관련개념 CHAPTER 04 화공 안전운전 · 점검

091

인화점이 각 온도 범위에 포함되지 않는 물질은?

① $-30[℃]$ 미만: 디에틸에테르
② $-30[℃]$ 이상 $0[℃]$ 미만: 아세톤
③ $0[℃]$ 이상 $30[℃]$ 미만: 벤젠
④ $30[℃]$ 이상 $65[℃]$ 이하: 아세트산

해설 벤젠의 인화점은 $-11[℃]$로 보기의 범위에 포함되지 않는다.

오답해설
① 디에틸에테르의 인화점: $-45[℃]$
② 아세톤의 인화점: $-18[℃]$
④ 아세트산의 인화점: $41.7[℃]$

관련개념 CHAPTER 01 화재 폭발 · 검토

092

다음 중 아세틸렌을 용해가스로 만들 때 사용되는 용제로 가장 적합한 것은?

① 아세톤
② 메탄
③ 부탄
④ 프로판

해설 아세틸렌은 가압하면 분해폭발을 하므로 아세톤 등에 침윤시켜 다공성 물질이 들어 있는 용기에 충전시킨다.

관련개념 CHAPTER 02 화학물질 안전관리 실행

093

다음 중 「산업안전보건법령」상 화학설비의 부속설비로만 이루어진 것은?

① 사이클론, 백필터, 전기집진기 등 분진처리설비
② 응축기, 냉각기, 가열기, 증발기 등 열교환기류
③ 고로 등 점화기를 직접 사용하는 열교환기류
④ 혼합기, 발포기, 압출기 등 화학제품 가공설비

해설 사이클론, 백필터(Bag Filter), 전기집진기 등 분진처리설비는 화학설비의 부속설비에 해당한다.

오답해설

②, ③, ④는 화학설비에 해당한다.

관련개념 CHAPTER 02 화학물질 안전관리 실행

094

다음 중 밀폐공간 내 작업 시의 조치사항으로 가장 거리가 먼 것은?

① 산소결핍이나 유해가스로 인한 질식의 우려가 있으면 진행 중인 작업에 방해되지 않도록 주의하면서 환기를 강화하여야 한다.
② 해당 작업장을 적정한 공기상태로 유지되도록 환기하여야 한다.
③ 그 장소에 근로자를 입장시킬 때와 퇴장시킬 때마다 인원을 점검하여야 한다.
④ 그 작업장과 외부의 감시인 간에 항상 연락을 취할 수 있는 설비를 설치하여야 한다.

해설 밀폐공간에서 작업을 하는 경우에 산소결핍이나 유해가스로 인한 질식·화재·폭발 등의 우려가 있으면 즉시 작업을 중단시키고 해당 근로자를 대피하도록 하여야 한다.

관련개념 CHAPTER 01 화재·폭발 검토

095

「산업안전보건법령」상 폭발성 물질을 취급하는 화학설비를 설치하는 경우에 단위공정설비로부터 다른 단위공정설비 사이의 안전거리는 설비 바깥면으로부터 몇 [m] 이상이어야 하는가?

① 10
② 15
③ 20
④ 30

해설 단위공정시설 및 설비로부터 다른 단위공정시설 및 설비의 사이는 설비의 바깥면으로부터 10[m] 이상의 안전거리를 두어야 한다.

관련개념 CHAPTER 02 화학물질 안전관리 실행

096

에틸알코올(C_2H_5OH) 1몰이 완전연소할 때 생성되는 CO_2의 몰수로 옳은 것은?

① 1   ② 2

③ 3   ④ 4

■해설■ **에틸알코올의 완전연소식**

$$C_2H_5OH + 3O_2 \rightarrow 2CO_2 + 3H_2O$$
$$\quad 1 \quad : \quad 3 \qquad 2 \quad : \quad 3$$

에틸알코올이 1몰 반응할 때 생성되는 CO_2는 2몰이다.

관련개념 CHAPTER 01 화재 · 폭발 검토

097

탄화수소 증기의 연소하한값 추정식은 연료의 양론농도(C_{st})의 0.55배이다. 프로판 1몰의 연소반응식이 다음과 같을 때 연소하한값은 약 몇 [vol%]인가?

$C_3H_8 + 5O_2 \rightarrow 3CO_2 + 4H_2O$

① 2.22   ② 4.03

③ 4.44   ④ 8.06

■해설■ **프로판의 완전연소반응식**

$$C_3H_8 + 5O_2 \rightarrow 3CO_2 + 4H_2O$$

유기물 $C_nH_xO_y$의 양론농도(C_{st})는 다음 식으로 구할 수 있다.

$$C_{st} = \frac{100}{(4.77n + 1.19x - 2.38y) + 1} = \frac{100}{(4.77 \times 3 + 1.19 \times 8) + 1} = 4.03$$

문제에서 연소하한값 추정식이 연료의 양론농도(C_{st})의 0.55배로 주어졌으므로 프로판의 연소하한값은 다음과 같이 계산할 수 있다.

프로판의 연소하한값 $= 0.55 \times C_{st} = 0.55 \times 4.03 = 2.22$

관련개념 CHAPTER 01 화재 · 폭발 검토

098

프로판과 메탄의 폭발하한계가 각각 2.5[vol%], 5.0[vol%]이라고 할 때 프로판과 메탄이 3:1의 체적비로 혼합되어 있다면 이 혼합가스의 폭발하한계는 약 몇 [vol%]인가?(단, 상온, 상압 상태이다.)

① 2.9   ② 3.3

③ 3.8   ④ 4.0

■해설■ **혼합기체의 폭발하한계**

프로판과 메탄이 3:1의 체적비로 혼합되어 있으므로 프로판의 체적을 75[vol%], 메탄의 체적을 25[vol%]로 두고 다음 식을 푼다.

$$L = \frac{V_1 + V_2 + \cdots + V_n}{\dfrac{V_1}{L_1} + \dfrac{V_2}{L_2} + \cdots + \dfrac{V_n}{L_n}} = \frac{75 + 25}{\dfrac{75}{2.5} + \dfrac{25}{5}} = 2.9[\text{vol}\%]$$

관련개념 CHAPTER 01 화재 · 폭발 검토

099

다음 중 소화약제로 사용되는 이산화탄소에 관한 설명으로 틀린 것은?

① 사용 후에 오염의 영향이 거의 없다.

② 장시간 저장하여도 변화가 없다.

③ 주된 소화효과는 억제소화이다.

④ 자체 압력으로 방사가 가능하다.

■해설■ 이산화탄소소화기는 질식소화가 주된 소화효과이며, 냉각효과를 동반하여 상승적으로 작용하여 소화한다.

관련개념 CHAPTER 01 화재 · 폭발 검토

100

다음 중 물질의 자연발화를 촉진시키는 요인으로 가장 거리가 먼 것은?

① 표면적이 넓고, 발열량이 클 것
② 열전도율이 클 것
③ 주위 온도가 높을 것
④ 적당한 수분을 보유할 것

해설 자연발화가 일어나기 위해서는 열전도율이 작아야 한다.

자연발화의 조건
• 표면적이 넓을 것
• 발열량이 클 것
• **열전도율이 작을 것**
• 주위 온도가 높을 것
• 적당한 수분을 포함할 것
• 열축적이 클 것

관련개념 CHAPTER 01 화재 · 폭발 검토

건설공사 안전관리

101

다음은 말비계를 조립하여 사용하는 경우에 관한 준수사항이다. ( ) 안에 들어갈 내용으로 옳은 것은?

• 지주부재와 수평면의 기울기를 (A)° 이하로 하고 지주부재와 지주부재 사이를 고정시키는 보조부재를 설치할 것
• 말비계의 높이가 2[m]를 초과하는 경우에는 작업발판의 폭을 (B)[cm] 이상으로 할 것

---

① A: 75, B: 30   ② A: 75, B: 40
③ A: 85, B: 30   ④ A: 85, B: 40

해설 **말비계 조립 시 준수사항**
• 지주부재의 하단에는 미끄럼 방지장치를 하고, 근로자가 양측 끝부분에 올라서서 작업하지 않도록 하여야 한다.
• 지주부재와 수평면의 기울기를 75° 이하로 하고, 지주부재와 지주부재 사이를 고정하는 보조부재를 설치하여야 한다.
• 말비계의 높이가 2[m]를 초과할 경우에는 작업발판의 폭을 40[cm] 이상으로 하여야 한다.

관련개념 CHAPTER 05 비계 · 거푸집 가시설 위험방지

102

다음 중 해체작업용 기계 · 기구로 가장 거리가 먼 것은?

① 압쇄기   ② 핸드 브레이커
③ 철제 해머   ④ 진동롤러

해설 진동롤러는 다짐장비에 해당한다.

해체용 기구의 종류
압쇄기, 대형 브레이커, 철제 해머, 핸드 브레이커, 팽창제, 절단기

관련개념 CHAPTER 06 공사 및 작업 종류별 안전

103

거푸집 및 동바리를 조립하는 경우에 준수하여야 할 안전조치기준으로 옳지 않은 것은?

① 강재의 접속부 및 교차부는 전용철물을 사용하여 단단히 연결할 것

② 동바리로 사용하는 파이프 서포트는 3개 이상 이어서 사용하지 않도록 할 것

③ 동바리로 사용하는 파이프 서포트를 이어서 사용하는 경우에는 3개 이상의 볼트 또는 전용철물을 사용하여 이을 것

④ 동바리로 사용하는 강관틀과 강관틀 사이에는 교차가새를 설치할 것

해설 동바리로 사용하는 파이프 서포트를 이어서 사용하는 경우에는 4개 이상의 볼트 또는 전용철물을 사용하여 이어야 한다.

관련개념 CHAPTER 05 비계 · 거푸집 가시설 위험방지

104

콘크리트 타설을 위한 거푸집 및 동바리의 구조검토 시 가장 선행되어야 할 작업은?

① 각 부재에 생기는 응력에 대하여 안전한 단면을 산정한다.

② 가설물에 작용하는 하중 및 외력의 종류, 크기를 산정한다.

③ 하중 및 외력에 의하여 각 부재에 생기는 응력을 구한다.

④ 사용할 거푸집 및 동바리의 설치간격을 결정한다.

해설 거푸집 및 동바리의 구조 검토 시 가설물에 작용하는 하중 및 외력의 종류, 크기를 우선적으로 산정한다.

관련개념 CHAPTER 06 공사 및 작업 종류별 안전

105

산업안전보건관리비 계상기준에 따른 건축공사, 대상액 「5억 원 이상~50억 원 미만」의 산업안전보건관리비 비율 및 기초액으로 옳은 것은?

① 비율: 1.86[%], 기초액: 5,349,000원

② 비율: 1.99[%], 기초액: 5,499,000원

③ 비율: 2.35[%], 기초액: 5,400,000원

④ 비율: 1.57[%], 기초액: 4,411,000원

해설 산업안전보건관리비 계상기준표

공사종류 \ 대상액	대상액 5억 원 미만	대상액 5억 원 이상 50억 원 미만		대상액 50억 원 이상	보건관리자 선임 대상
		적용 비율	기초액		
건축공사	2.93[%]	1.86[%]	5,349,000원	1.97[%]	2.15[%]
토목공사	3.09[%]	1.99[%]	5,499,000원	2.10[%]	2.29[%]
중건설공사	3.43[%]	2.35[%]	5,400,000원	2.44[%]	2.66[%]
특수건설공사	1.85[%]	1.20[%]	3,250,000원	1.27[%]	1.38[%]

※ 이 문제는 개정된 법령에 따라 수정한 문제입니다.

관련개념 CHAPTER 03 건설업 산업안전보건관리비 관리

106

터널작업 시 자동경보장치에 대하여 당일의 작업시작 전 점검하여야 할 사항으로 옳지 않은 것은?

① 검지부의 이상 유무   ② 조명시설의 이상 유무

③ 경보장치의 작동상태   ④ 계기의 이상 유무

해설 자동경보장치의 작업시작 전 점검사항

· 계기의 이상 유무

· 검지부의 이상 유무

· 경보장치의 작동상태

관련개념 CHAPTER 05 비계 · 거푸집 가시설 위험방지

107

다음은 강관틀비계를 조립하여 사용하는 경우 준수해야 할 기준이다. ( ) 안에 알맞은 숫자를 나열한 것은?

> 길이가 띠장 방향으로 (A)미터 이하이고 높이가 (B) 미터를 초과하는 경우에는 (C)미터 이내마다 띠장 방향으로 버팀기둥을 설치할 것

① A: 4, B: 10, C: 5　　② A: 4, B: 10, C: 10
③ A: 5, B: 10, C: 5　　④ A: 5, B: 10, C: 10

해설 강관틀비계를 조립하여 사용하는 경우 길이가 띠장 방향으로 4[m] 이하이고 높이가 10[m]를 초과하는 경우에는 10[m] 이내마다 띠장 방향으로 버팀기둥을 설치하여야 한다.

관련개념 CHAPTER 05 비계·거푸집 가시설 위험방지

108

동력을 사용하는 항타기 또는 항발기에 대하여 무너짐을 방지하기 위하여 준수하여야 할 기준으로 옳지 않은 것은?

① 연약한 지반에 설치하는 경우에는 아웃트리거·받침 등 지지구조물의 침하를 방지하기 위하여 깔판·받침목 등을 사용할 것
② 아웃트리거·받침 등 지지구조물이 미끄러질 우려가 있는 경우에는 말뚝 또는 쐐기 등을 사용하여 해당 지지구조물을 고정시킬 것
③ 상단 부분은 견고한 버팀·말뚝 또는 철골 등으로 고정시키고, 그 하단 부분은 버팀대·버팀줄로 고정하여 안정시킬 것
④ 시설 또는 가설물 등에 설치하는 경우에는 그 내력을 확인하고 내력이 부족하면 그 내력을 보강할 것

해설 동력을 사용하는 항타기 또는 항발기에 대해 무너짐을 방지하기 위하여 상단 부분은 버팀대·버팀줄로 고정하여 안정시키고, 그 하단 부분은 견고한 버팀·말뚝 또는 철골 등으로 고정시켜야 한다.
※ 이 문제는 개정된 법령에 따라 수정한 문제입니다.

관련개념 CHAPTER 04 건설현장 안전시설 관리

109

지반의 종류가 다음과 같을 때 굴착면의 기울기 기준으로 옳은 것은?

> 연암 및 풍화암

① 1 : 1.8　　② 1 : 1.0
③ 1 : 0.8　　④ 1 : 0.5

해설 **굴착면의 기울기 기준**

지반의 종류	굴착면의 기울기
모래	1 : 1.8
연암 및 풍화암	1 : 1.0
경암	1 : 0.5
그 밖의 흙	1 : 1.2

※ 이 문제는 개정된 법령에 따라 수정한 문제입니다.

관련개념 CHAPTER 02 건설공사 위험성

110

운반작업을 인력 운반작업과 기계 운반작업으로 분류할 때 기계 운반작업으로 실시하기에 부적당한 대상은?

① 단순하고 반복적인 작업
② 표준화되어 있어 지속적이고 운반량이 많은 작업
③ 취급물의 형상, 성질, 크기 등이 다양한 작업
④ 취급물이 중량인 작업

해설 취급물의 형상, 성질, 크기 등이 다양한 작업은 기계 운반작업으로 실시하기에 부적당하다.

관련개념 CHAPTER 06 공사 및 작업 종류별 안전

111

터널 등의 건설작업을 하는 경우에 낙반 등에 의하여 근로자가 위험해질 우려가 있는 경우에 필요한 직접적인 조치사항과 거리가 먼 것은?

① 터널지보공 설치　　② 부석의 제거
③ 울 설치　　④ 록볼트 설치

해설 울 설치는 추락위험 방지를 위한 조치사항에 해당한다.

관련개념 CHAPTER 05 비계·거푸집 가시설 위험방지

112

토질시험 중 연약한 점토 지반의 점착력을 판별하기 위하여 실시하는 현장시험은?

① 베인테스트(Vane Test)　② 표준관입시험(SPT)
③ 하중재하시험　④ 삼축압축시험

해설 베인시험(Vane Test)
점토질 지반에서 흙의 전단 강도(점착력)을 구하는 시험의 일종으로 십자형으로 조합시킨 베인(날개)을 회전시킬 때의 토크치를 실측한다.

관련개념 CHAPTER 02 건설공사 위험성

113

사다리식 통로의 길이가 10[m] 이상일 때 얼마 이내마다 계단참을 설치하여야 하는가?

① 3[m] 이내마다　② 4[m] 이내마다
③ 5[m] 이내마다　④ 6[m] 이내마다

해설 사다리식 통로의 길이가 10[m] 이상인 경우에는 5[m] 이내마다 계단참을 설치하여야 한다.

관련개념 CHAPTER 05 비계 · 거푸집 가시설 위험방지

114

추락방호망 설치 시 그물코의 크기가 10[cm]인 매듭 있는 방망의 신품에 대한 인장강도 기준으로 옳은 것은?

① 100[kg] 이상　② 200[kg] 이상
③ 300[kg] 이상　④ 400[kg] 이상

해설 그물코 10[cm], 신품 매듭방망의 인장강도는 200[kg] 이상이어야 한다.

추락방호망 방망사 인장강도

※( ): 폐기기준 인장강도

그물코의 크기 (단위: [cm])	방망의 종류(단위: [kg])	
	매듭 없는 방망	매듭방망
10	240(150)	200(135)
5	–	110(60)

관련개념 CHAPTER 04 건설현장 안전시설 관리

115

타워크레인을 자립고(自立高) 이상의 높이로 설치할 때 지지벽체가 없어 와이어로프로 지지하는 경우의 준수사항으로 옳지 않은 것은?

① 와이어로프를 고정하기 위한 전용 지지프레임을 사용할 것
② 와이어로프 설치 각도는 수평면에서 60° 이내로 하되, 지지점은 4개소 이상으로 하고, 같은 각도로 설치할 것
③ 와이어로프와 그 고정부위는 충분한 강도와 장력을 갖도록 설치하되, 와이어로프를 클립 · 샤클(Shackle) 등의 기구를 사용하여 고정하지 않도록 유의할 것
④ 와이어로프가 가공전선에 근접하지 않도록 할 것

해설 타워크레인을 와이어로프로 지지하는 경우 준수사항
• 와이어로프를 고정하기 위한 전용 지지프레임을 사용할 것
• 와이어로프 설치각도는 수평면에서 60° 이내로 하되, 지지점은 4개소 이상으로 하고, 같은 각도로 설치할 것
• 와이어로프와 그 고정부위는 충분한 강도와 장력을 갖도록 설치하고, 와이어로프를 클립 · 샤클 등의 고정기구를 사용하여 견고하게 고정시켜 풀리지 않도록 하며, 사용 중에는 충분한 강도와 장력을 유지하도록 할 것
• 와이어로프가 가공전선에 근접하지 않도록 할 것

관련개념 CHAPTER 06 공사 및 작업 종류별 안전

116

장비 자체보다 높은 장소의 땅을 굴착하는 데 적합한 장비는?

① 파워셔블(Power Shovel)
② 불도저(Bulldozer)
③ 드래그라인(Drag Line)
④ 클램쉘(Clam Shell)

해설 파워셔블(Power Shovel)은 굴착기가 위치한 지면보다 높은 곳을 굴착하는 데 적합하다.

관련개념 CHAPTER 04 건설현장 안전시설 관리

117

비계의 부재 중 기둥과 기둥을 연결시키는 부재가 아닌 것은?

① 띠장　　　　　　　② 장선
③ 가새　　　　　　　④ 작업발판

해설 작업발판은 고소작업 또는 운반작업 시 작업공간 확보를 위해 설치하는 것으로 비계의 부재 중 기둥과 기둥을 연결시키는 부재에 해당하지 않는다. 띠장, 장선, 가새는 모두 비계의 연결부재이다.

관련개념 CHAPTER 05 비계·거푸집 가시설 위험방지

118

항만하역작업에서의 선박승강설비 설치기준으로 옳지 않은 것은?

① 200톤급 이상의 선박에서 하역작업을 하는 경우에 근로자들이 안전하게 오르내릴 수 있는 현문(舷門) 사다리를 설치하여야 하며, 이 사다리 밑에 안전망을 설치하여야 한다.
② 현문 사다리는 견고한 재료로 제작된 것으로 너비는 55[cm] 이상이어야 한다.
③ 현문 사다리의 양측에는 82[cm] 이상의 높이로 울타리를 설치하여야 한다.
④ 현문 사다리는 근로자의 통행에만 사용하여야 하며, 화물용 발판 또는 화물용 보판으로 사용하도록 해서는 아니 된다.

해설 항만하역작업 시 300톤급 이상의 선박에서 하역작업을 하는 경우에 근로자들이 안전하게 오르내릴 수 있는 현문 사다리를 설치하여야 하며, 이 사다리 밑에 안전망을 설치하여야 한다.

관련개념 CHAPTER 06 공사 및 작업 종류별 안전

119

다음 중 유해위험방지계획서 제출대상 공사가 아닌 것은?

① 지상높이가 30[m]인 건축물 건설공사
② 최대 지간길이가 50[m]인 교량건설공사
③ 터널 건설공사
④ 깊이가 11[m]인 굴착공사

해설 **유해위험방지계획서 제출대상 건설공사**
• **지상높이가 31[m] 이상인 건축물 또는 인공구조물**, 연면적 30,000[m²] 이상인 건축물 또는 연면적 5,000[m²] 이상의 문화 및 집회시설(전시장 및 동물원·식물원 제외), 판매시설, 운수시설(고속철도의 역사 및 집배송시설 제외), 종교시설, 의료시설 중 종합병원, 숙박시설 중 관광숙박시설, 지하도상가 또는 냉동·냉장 창고시설의 건설·개조 또는 해체(건설 등) 공사
• 연면적 5,000[m²] 이상의 냉동·냉장 창고시설의 설비공사 및 단열공사
• 최대 지간길이가 50[m] 이상인 다리의 건설 등 공사
• 터널의 건설 등 공사
• 다목적댐, 발전용댐, 저수용량 2천만 톤 이상의 용수 전용 댐 및 지방 상수도 전용 댐의 건설 등 공사
• 깊이가 10[m] 이상인 굴착공사

관련개념 CHAPTER 02 건설공사 위험성

120

본 터널(Main Tunnel)을 시공하기 전에 터널에서 약간 떨어진 곳에 지질조사, 환기, 배수, 운반 등의 상태를 알아보기 위하여 설치하는 터널은?

① 프리패브(Prefab) 터널　② 사이드(Side) 터널
③ 쉴드(Shield) 터널　　　④ 파일럿(Pilot) 터널

해설 **파일럿 터널**
터널굴착 전, 본 터널에서 약간 떨어진 곳에 환기·재료운반 등의 목적으로 뚫는 터널이다.

관련개념 CHAPTER 05 비계·거푸집 가시설 위험방지

산업재해 예방 및 안전보건교육

001

재해의 발생확률은 개인적 특성이 아니라 그 사람이 종사하는 작업의 위험성에 기초한다는 이론은?

① 암시설　　　　　　② 경향설
③ 미숙설　　　　　　④ 기회설

해설　재해 빈발성
- 기회설: 개인의 문제가 아니라 작업 자체에 문제가 있어 재해가 빈발한다.
- 암시설: 재해를 한 번 경험한 사람은 심리적 압박을 받게 되어 대처능력이 떨어져 재해가 빈발한다.
- 빈발경향자설: 재해를 자주 일으키는 소질을 가진 근로자가 있다는 설이다.

관련개념　CHAPTER 04 인간의 행동과학

002

재해원인 분석방법의 통계적 원인분석 중 사고의 유형, 기인물 등 분류항목을 큰 순서대로 도표화한 것은?

① 파레토도　　　　　② 특성요인도
③ 클로즈분석도　　　④ 관리도

해설　재해의 통계적 원인분석 방법

파레토도	분류항목을 큰 순서대로 도표화한 분석법
특성요인도	특성과 요인관계를 도표로 하여 어골상으로 세분화한 분석법
클로즈분석도	요인별 결과 내역을 교차한 클로즈 그림을 작성, 분석하는 방법
관리도	재해발생수를 그래프화하여 관리선을 설정, 관리하는 방법

관련개념　SUBJECT 03 기계 · 기구 및 설비 안전관리
　　　　　　CHAPTER 02 기계분야 산업재해 조사 및 관리

003

생체리듬의 변화에 대한 설명으로 틀린 것은?

① 야간에는 체중이 감소한다.
② 야간에는 말초운동 기능이 증가된다.
③ 체온, 혈압, 맥박수는 주간에 상승하고 야간에 감소한다.
④ 혈액의 수분과 염분량은 주간에 감소하고 야간에 상승한다.

해설　생체리듬(바이오리듬)의 변화
- 야간에는 체중이 감소한다.
- 야간에는 말초운동 기능이 저하되고, 피로의 자각증상이 증대한다.
- 혈액의 수분과 염분량은 주간에 감소하고 야간에 증가한다.
- 체온, 혈압, 맥박은 주간에 상승하고 야간에 감소한다.

관련개념　CHAPTER 04 인간의 행동과학

004

「산업안전보건법령」상 안전보건표지의 색채와 사용 사례의 연결로 틀린 것은?

① 노란색 – 화학물질 취급장소에서의 유해 · 위험경고 이외의 위험경고
② 파란색 – 특정 행위의 지시 및 사실의 고지
③ 빨간색 – 화학물질 취급장소에서의 유해 · 위험경고
④ 녹색 – 정지신호, 소화설비 및 그 장소, 유해행위의 금지

해설　안전보건표지의 색도기준 및 용도

색채	색도기준	용도	사용 예
빨간색	7.5R 4/14	금지	정지신호, 소화설비 및 그 장소, 유해행위의 금지
		경고	화학물질 취급장소에서의 유해 · 위험경고
녹색	2.5G 4/10	안내	비상구 및 피난소, 사람 또는 차량의 통행 표지

관련개념　CHAPTER 02 안전보호구 관리

005

Y-K(Yutaka-Kohate)성격검사에 관한 사항으로 옳은 것은?

① C, C'형은 적응이 빠르다.
② M, M'형은 내구성, 집념이 부족하다.
③ S, S'형은 담력, 자신감이 강하다.
④ P, P'형은 운동, 결단이 빠르다.

해설 C, C'형 - 담즙질
· 운동, 결단, 눈치가 빠르다.   · 적응이 빠르다.
· 세심하지 않다.   · 내구, 집념이 부족하다.
· 자신감이 강하다.

관련개념 CHAPTER 03 산업안전심리

006

재해의 발생형태 중 다음 그림이 나타내는 것은?

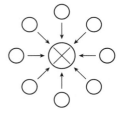

① 단순연쇄형   ② 복합연쇄형
③ 단순자극형   ④ 복합형

해설 단순자극형(집중형)
상호자극에 의하여 순간적으로 재해가 발생하는 유형으로 재해가 일어난 장소나 그 시점에 일시적으로 요인이 집중된다.

관련개념 SUBJECT 03 기계 · 기구 및 설비 안전관리
CHAPTER 02 기계분야 산업재해 조사 및 관리

007

라인(Line)형 안전관리조직의 특징으로 옳은 것은?

① 안전에 관한 기술의 축적이 용이하다.
② 안전에 관한 지시나 조치가 신속하다.
③ 조직원 전원을 자율적으로 안전활동에 참여시킬 수 있다.
④ 권한 다툼이나 조정 때문에 통제수속이 복잡해지며, 시간과 노력이 소모된다.

해설 라인형(직계형) 조직은 안전에 관한 지시 및 명령계통이 철저하고(생산라인을 통해 이루어짐), 안전대책의 실시가 신속하다.
관련개념 CHAPTER 01 산업재해예방 계획 수립

008

다음 재해 원인 중 간접 원인에 해당하지 않는 것은?

① 기술적 원인   ② 교육적 원인
③ 관리적 원인   ④ 인적 원인

해설 인적 원인은 직접 원인에 해당한다.
산업재해의 간접 원인
· 기술적 원인   · 교육적 원인   · 신체적 원인
· 정신적 원인   · 관리적 원인

관련개념 SUBJECT 03 기계 · 기구 및 설비 안전관리
CHAPTER 02 기계분야 산업재해 조사 및 관리

009

타인의 비판 없이 자유로운 토론을 통하여 다량의 독창적인 아이디어를 이끌어내고, 대안적 해결안을 찾기 위한 집단적 사고기법은?

① Role Playing   ② Brain Storming
③ Action Playing   ④ Fish Bowl Playing

해설 브레인스토밍(Brain Storming)
6~12명의 구성원이 타인의 비판 없이 자유로운 토론을 통하여 다량의 독창적인 아이디어를 이끌어내고, 대안적 해결안을 찾기 위한 집단적 사고기법이다.

관련개념 CHAPTER 01 산업재해예방 계획 수립

010

다음 중 헤드십(Headship)에 관한 설명과 가장 거리가 먼 것은?

① 권한의 근거는 공식적이다.
② 지휘의 형태는 민주주의적이다.
③ 상사와 부하와의 사회적 간격은 넓다.
④ 상사와 부하와의 관계는 지배적이다.

해설 헤드십은 지휘형태가 권위적인 특성이 있다.

관련개념 CHAPTER 04 인간의 행동과학

011

안전인증 절연장갑에 안전인증 표시 외에 추가로 표시하여야 하는 등급별 색상의 연결로 옳은 것은?(단, 고용노동부 고시를 기준으로 한다.)

① 00등급: 갈색
② 0등급: 흰색
③ 1등급: 노란색
④ 2등급: 빨간색

해설 **절연장갑의 등급 및 색상**

등급	최대사용전압		색상
	교류[V, 실횻값]	직류[V]	
00	500	750	갈색
0	1,000	1,500	빨간색
1	7,500	11,250	흰색
2	17,000	25,500	노란색
3	26,500	39,750	녹색
4	36,000	54,000	등색

관련개념 CHAPTER 02 안전보호구 관리

012

안전교육의 단계에 있어 교육대상자가 스스로 행함으로써 습득하게 하는 교육은?

① 의식교육
② 기능교육
③ 지식교육
④ 태도교육

해설 **기능교육**
• 교육대상자가 그것을 스스로 행함으로 얻어진다.
• 개인의 반복적 시행착오에 의해서만 얻어진다.
• 시험, 견학, 실습, 현장실습 교육을 통한 경험 체득과 이해를 한다.

관련개념 CHAPTER 05 안전보건교육의 내용 및 방법

013

「산업안전보건법령」상 사업 내 안전보건교육 중 관리감독자 정기교육의 내용이 아닌 것은?

① 유해 · 위험 작업환경 관리에 관한 사항
② 표준안전 작업방법 결정 및 지도 · 감독 요령에 관한 사항
③ 작업공정의 유해 · 위험과 재해 예방대책에 관한 사항
④ 기계 · 기구의 위험성과 작업의 순서 및 동선에 관한 사항

해설 ④는 근로자와 관리감독자 채용 시 및 작업내용 변경 시 교육내용이다.
관리감독자 정기 교육내용
• 산업안전 및 사고 예방에 관한 사항
• 산업보건 및 직업병 예방에 관한 사항
• 위험성 평가에 관한 사항
• 유해 · 위험 작업환경 관리에 관한 사항
• 「산업안전보건법령」 및 산업재해보상보험 제도에 관한 사항
• 직무스트레스 예방 및 관리에 관한 사항
• 직장 내 괴롭힘, 고객의 폭언 등으로 인한 건강장해 예방 및 관리에 관한 사항
• 작업공정의 유해 · 위험과 재해 예방대책에 관한 사항
• 사업장 내 안전 · 보건관리체제 안전보건조치 현황에 관한 사항
• 표준안전 작업방법 결정 및 지도 · 감독 요령에 관한 사항
• 안전보건교육 능력 배양에 관한 사항
• 비상시 또는 재해 발생 시 긴급조치에 관한 사항

관련개념 CHAPTER 05 안전보건교육의 내용 및 방법

014

「산업안전보건법령」상 유해·위험 방지를 위한 방호조치가 필요한 기계·기구가 아닌 것은?

① 예초기　　　　　　② 지게차
③ 금속절단기　　　　④ 금속탐지기

해설 유해·위험 방지를 위하여 방호조치가 필요한 기계·기구
예초기, 원심기, 공기압축기, 금속절단기, 지게차, 포장기계(진공포장기, 래핑기로 한정)

관련개념 SUBJECT 03 기계·기구 및 설비 안전관리
　　　　　　CHAPTER 01 기계공정의 안전, 기계안전시설 관리

015

안전교육방법 중 구안법(Project Method)의 4단계의 순서로 옳은 것은?

① 계획수립 → 목적결정 → 활동 → 평가
② 평가 → 계획수립 → 목적결정 → 활동
③ 목적결정 → 계획수립 → 활동 → 평가
④ 활동 → 계획수립 → 목적결정 → 평가

해설 구안법의 학습단계
㉠ 목적의 단계　　　　㉡ 계획의 단계
㉢ 실행(활동)의 단계　㉣ 비판(평가)의 단계

관련개념 CHAPTER 05 안전보건교육의 내용 및 방법

016

무재해 운동을 추진하기 위한 조직의 세 기둥으로 볼 수 없는 것은?

① 최고경영자의 경영자세
② 소집단 자주활동의 활성화
③ 전 종업원의 안전요원화
④ 라인관리자에 의한 안전보건의 추진

해설 무재해 운동 추진의 3기둥(3요소)
• 소집단의 자주활동의 활성화
• 라인관리자에 의한 안전보건의 추진
• 최고경영자의 경영자세

관련개념 CHAPTER 01 산업재해예방 계획 수립

017

레윈(Lewin)은 인간의 행동 특성을 다음과 같이 표현하였다. 변수 'P'가 의미하는 것은?

$$B=f(P \cdot E)$$

① 행동　　　　　　② 소질
③ 환경　　　　　　④ 함수

해설 레윈(Lewin,K)의 법칙
$B=f(P \cdot E)$
여기서, B: Behavior(인간의 행동)
　　　　f: Function(함수관계)
　　　　P: Person(개체: 연령, 경험, 심신상태, 성격, 지능 등)
　　　　E: Environment(환경: 인간관계, 작업조건 등)

관련개념 CHAPTER 04 인간의 행동과학

018

강도율 7인 사업장에서 한 작업자가 평생동안 작업을 한다면 산업재해로 인한 근로손실일수는 며칠로 예상되는가?(단, 이 사업장의 연근로시간과 한 작업자의 평생근로시간은 100,000시간으로 가정한다.)

① 500　　　　　　② 600
③ 700　　　　　　④ 800

해설 환산강도율이란 근로자가 입사하여 퇴직할 때까지(40년=10만시간) 잃을 수 있는 근로손실일수이다.
환산강도율=강도율×100=7×100=700일

관련개념 SUBJECT 03 기계·기구 및 설비 안전관리
　　　　　　CHAPTER 02 기계분야 산업재해 조사 및 관리

019

재해예방의 4원칙이 아닌 것은?

① 손실우연의 원칙 ② 사전준비의 원칙
③ 원인계기의 원칙 ④ 대책선정의 원칙

해설 재해예방의 4원칙

• 손실우연의 원칙: 재해손실은 사고발생 시 사고대상의 조건에 따라 달라지므로 한 사고의 결과로서 생긴 재해손실은 우연성에 의해 결정된다.
• 원인계기(원인연계)의 원칙: 재해발생은 반드시 원인이 있다.
• 예방가능의 원칙: 재해는 원칙적으로 원인만 제거하면 예방이 가능하다.
• 대책선정의 원칙: 재해예방을 위한 가능한 안전대책은 반드시 존재한다.

관련개념 CHAPTER 01 산업재해예방 계획 수립

020

다음 설명에 해당하는 학습지도의 원리는?

> 학습자가 지니고 있는 각자의 요구와 능력 등에 알맞은 학습
> 활동의 기회를 마련해주어야 한다는 원리

① 직관의 원리 ② 자기활동의 원리
③ 개별화의 원리 ④ 사회화의 원리

해설 학습지도 이론

개별화의 원리	학습자가 가지고 있는 각각의 요구 및 능력에 맞게 지도해야 한다는 원리
통합의 원리	학습을 종합적으로 지도하는 것으로 학습자의 능력을 조화있게 발달시키는 원리
사회화의 원리	공동학습을 통해 협력과 사회화를 도와준다는 원리
자발성의 원리	학습자 스스로 학습에 참여해야 한다는 원리
직관의 원리	구체적인 사물을 제시하거나 경험 등을 통해 학습효과를 거둘 수 있다는 원리

관련개념 CHAPTER 05 안전보건교육의 내용 및 방법

인간공학 및 위험성평가 · 관리

021

어떤 소리가 1,000[Hz], 60[dB]인 음과 같은 높이임에도 4배 더 크게 들린다면, 이 소리의 음압수준은 얼마인가?

① 70[dB] ② 80[dB]
③ 90[dB] ④ 100[dB]

해설 Phon과 Sone

$[sone]치 = 2^{\frac{[phon]-40}{10}}$

위 공식을 활용하면 10[dB] 증가 시 소음은 2배, 20[dB] 증가시 4배가 됨을 알 수 있다. → 60+20=80[dB]

관련개념 CHAPTER 06 작업환경 관리

022

가스밸브를 잠그는 것을 잊어 사고가 발생했다면 작업자는 어떤 인적오류를 범한 것인가?

① 생략오류(Omission Error)
② 시간지연오류(Time Error)
③ 순서오류(Sequential Error)
④ 작위적오류(Commission Error)

해설 휴먼에러의 행위에 의한 분류(Swain)

• 생략(부작위적)에러(Omission Error): 작업 내지 필요한 절차를 수행하지 않는 데서 기인한 에러
• 실행(작위적)에러(Commission Error): 작업 내지 절차를 수행했으나 잘못한 실수(선택착오, 순서착오, 시간착오)에서 기인한 에러
• 과잉행동에러(Extraneous Error): 불필요한 작업 내지 절차를 수행함으로써 기인한 에러
• 순서에러(Sequential Error): 작업수행의 순서를 잘못한 실수
• 시간(지연)에러(Timing Error): 소정의 기간에 수행하지 못한 실수(너무 빨리 혹은 늦게)

관련개념 CHAPTER 01 안전과 인간공학

023

결함수분석의 기호 중 입력사상이 어느 하나라도 발생할 경우 출력사상이 발생하는 것은?

① NOR GATE
② AND GATE
③ OR GATE
④ NAND GATE

해설

기호	명칭	설명
	OR 게이트 (논리합)	입력사상 중 어느 하나가 존재할 때 출력사상이 발생

관련개념 CHAPTER 02 위험성 파악 · 결정

024

시스템 안전분석 방법 중 예비위험분석(PHA)단계에서 식별하는 4가지 범주에 속하지 않는 것은?

① 위기상태
② 무시가능상태
③ 파국적상태
④ 예비조치상태

해설 PHA에 의한 위험등급

㉠ Class−1: 파국(Catastrophic)
㉡ Class−2: 중대(위기)(Critical)
㉢ Class−3: 한계적(Marginal)
㉣ Class−4: 무시가능(Negligible)

관련개념 CHAPTER 02 위험성 파악 · 결정

025

다음은 불꽃놀이용 화학물질취급설비에 대한 정량적 평가이다. 해당 항목에 대한 위험등급이 올바르게 연결된 것은?

항목	A(10점)	B(5점)	C(2점)	D(0점)
취급물질	○	○	○	
조작		○		○
화학설비의 용량	○		○	
온도	○			
압력		○	○	○

① 취급물질 − I 등급, 화학설비의 용량 − I 등급
② 온도 − I 등급, 화학설비의 용량 − II 등급
③ 취급물질 − I 등급, 조작 − IV 등급
④ 온도 − II 등급, 압력 − III 등급

해설 안전성 평가 6단계 중 제3단계(정량적 평가)의 화학설비 정량평가 등급은 다음과 같다.

위험등급 I	위험등급 II	위험등급 III
합산점수 16점 이상	합산점수 11~15점	합산점수 10점 이하

- 위험등급 I : 취급물질(17점)
- 위험등급 II : 화학설비의 용량(12점), 온도(15점)
- 위험등급 III : 조작(5점), 압력(7점)

관련개념 CHAPTER 02 위험성 파악 · 결정

026

「산업안전보건법령」상 유해위험방지계획서의 제출대상 제조업은 전기계약용량이 얼마 이상인 경우에 해당되는가?(단, 기타 예외사항은 제외한다.)

① 50[kW]
② 100[kW]
③ 200[kW]
④ 300[kW]

해설 전기 계약용량이 300[kW] 이상인 사업의 사업주는 해당 제품의 생산 공정과 직접적으로 관련된 건설물 · 기계 · 기구 및 설비 등 전부를 설치 · 이전하거나 그 주요 구조부분을 변경할 때는 유해위험방지계획서를 제출하여야 한다.

관련개념 CHAPTER 02 위험성 파악 · 결정

027

인체측정에 대한 설명으로 옳은 것은?

① 인체측정은 동적측정과 정적측정이 있다.
② 인체측정학은 인체의 생화학적 특징을 다룬다.
③ 자세에 따른 인체지수의 변화는 없다고 가정한다.
④ 측정항목에 무게, 둘레, 두께, 길이는 포함되지 않는다.

해설 인체측정(계측)
- 구조적 인체치수(정적측정): 표준 자세에서 움직이지 않는 피측정자를 인체 측정기로 측정하는 것으로 설계의 표준이 되는 기초적인 치수를 결정한다.
- 기능적 인체치수(동적측정): 움직이는 몸의 자세로부터 측정하는 것으로 사람은 일상생활 중에 항상 몸을 움직이기 때문에 어떤 설계 문제에는 기능적 치수가 더 널리 사용된다.

관련개념 CHAPTER 06 작업환경 관리

028

결함수분석법에서 Path Set에 관한 설명으로 옳은 것은?

① 시스템의 약점을 표현한 것이다.
② Top 사상을 발생시키는 조합이다.
③ 시스템이 고장나지 않도록 하는 사상의 조합이다.
④ 시스템 고장을 유발시키는 필요불가결한 기본사상들의 집합이다.

해설 패스셋(Path Set)
포함되어 있는 모든 기본사상이 일어나지 않을 때 정상사상이 일어나지 않는 기본사상의 집합으로 시스템의 신뢰성을 나타낸다.

관련개념 CHAPTER 02 위험성 파악·결정

029

연구 기준의 요건과 내용이 옳은 것은?

① 무오염성: 실제로 의도하는 바와 부합해야 한다.
② 적절성: 반복 실험 시 재현성이 있어야 한다.
③ 신뢰성: 측정하고자 하는 변수 이외의 다른 변수의 영향을 받아서는 안 된다.
④ 민감도: 피실험자 사이에서 볼 수 있는 예상 차이점에 비례하는 단위로 측정해야 한다.

해설 체계기준의 구비조건(연구조사의 기준척도)
- 실제적 요건: 객관적, 정량적이고 수집 또는 연구가 쉬우며, 특수한 자료 수집기법이나 기기가 필요 없어 돈이나 실험자의 수고가 적게 들어야 한다.
- 신뢰성(반복성): 시간이나 대표적 표본의 선정에 관계없이, 변수 측정의 일관성이나 안정성이 있어야 한다.
- 타당성(적절성): 어느 것이나 공통적으로 변수가 실제로 의도하는 바를 어느 정도 측정하는가를 결정(시스템의 목표를 잘 반영하는가를 나타내는 척도)하여야 한다.
- 순수성(무오염성): 측정하는 구조 외적인 변수의 영향은 받지 않아야 한다.
- 민감도: 피검자 사이에서 볼 수 있는 예상 차이점에 비례하는 단위로 측정하여야 한다.

관련개념 CHAPTER 01 안전과 인간공학

030

FTA 결과 다음과 같은 패스셋을 구하였다. 최소 패스셋 (Minimal Path Sets)으로 옳은 것은?

{X₂, X₃, X₄}
{X₁, X₃, X₄}
{X₃, X₄}

① {X₃, X₄}　　　　② {X₁, X₃, X₄}
③ {X₂, X₃, X₄}　　④ {X₂, X₃, X₄}와 {X₃, X₄}

해설 패스셋과 미니멀 패스셋
패스셋이란 그 속에 포함되어 있는 기본사상이 일어나지 않을 때 정상사상이 일어나지 않는 기본사상의 집합으로 미니멀 패스셋은 그 필요한 최소한의 셋을 말한다.(시스템의 신뢰성)

관련개념 CHAPTER 02 위험성 파악·결정

031

인간 – 기계 시스템에서 시스템의 설계를 다음과 같이 구분할 때 제3단계인 기본설계에 해당되지 않는 것은?

> 1단계: 시스템의 목표와 성능명세 결정
> 2단계: 시스템의 정의
> 3단계: 기본설계
> 4단계: 인터페이스 설계
> 5단계: 보조물 설계
> 6단계: 시험 및 평가

① 화면설계　　　　　　② 작업설계
③ 직무분석　　　　　　④ 기능할당

해설 인간 – 기계 시스템 설계과정 6단계
㉠ 목표 및 성능명세 결정: 시스템 설계 전 그 목적이나 존재 이유가 있어야 함(인간요소적인 면, 신체의 역학적 특성 및 인체측정학적 요소 고려)
㉡ 시스템(체계) 정의: 목적을 달성하기 위한 특정한 기본기능들이 수행되어야 함
㉢ 기본설계: 시스템의 형태를 갖추기 시작하는 단계(직무분석, 작업설계, 기능할당)
㉣ 인터페이스(계면) 설계: 사용자 편의와 시스템 성능에 관여
㉤ 촉진물 설계: 인간의 성능을 증진시킬 보조물 설계
㉥ 시험 및 평가: 시스템 개발과 관련된 평가와 인간적인 요소 평가 실시

관련개념 CHAPTER 01 안전과 인간공학

032

실린더 블록에 사용하는 가스켓의 수명 분포는 X~N(10,000, 200²)인 정규분포를 따른다. t=9,600시간일 경우에 신뢰도(R(t))는? (단, P(Z≤1)=0.8413, P(Z≤1.5)=0.9332, P(Z≤2)=0.9772, P(Z≤3)=0.9987이다.)

① 84.13[%]　　　　　② 93.32[%]
③ 97.72[%]　　　　　④ 99.87[%]

해설 정규분포 표준화 공식
$$Z = \frac{변수(X) - 평균(\mu)}{표준편차(\sigma)}$$
$$P_r(X \geq 9,600) = P_r\left(Z \geq \frac{9,600 - 10,000}{200}\right)$$
$$= P_r(Z \geq -2) = P_r(Z \leq 2) = 0.9772 = 97.72[\%]$$

관련개념 CHAPTER 03 위험성 감소대책 수립·실행

033

시스템 안전분석 방법 중 HAZOP에서 "완전대체"를 의미하는 것은?

① NOT　　　　　　　② REVERSE
③ PART OF　　　　　④ OTHER THAN

해설 OTHER THAN
설계의도대로 설치되지 않거나 운전 유지되지 않는 상태(완전한 대체)
관련개념 CHAPTER 02 위험성 파악·결정

034

사무실 의자나 책상에 적용할 인체 측정 자료의 설계 원칙으로 가장 적합한 것은?

① 평균치 설계　　　　② 조절식 설계
③ 최대치 설계　　　　④ 최소치 설계

해설 조절식 설계(5~95[%tile])
체격이 다른 여러 사람에 맞도록 조절식으로 만드는 것이다.
㉑ 자동차 좌석의 전후 조절, 사무실 의자의 상하 조절 등
관련개념 CHAPTER 06 작업환경 측정

035

암호체계의 사용 시 고려해야 될 사항과 거리가 먼 것은?

① 정보를 암호화한 자극은 검출이 가능하여야 한다.
② 다차원의 암호보다 단일 차원화된 암호가 정보전달이 촉진된다.
③ 암호를 사용할 때는 사용자가 그 뜻을 분명히 알 수 있어야 한다.
④ 모든 암호 표시는 감지장치에 의해 검출될 수 있고, 다른 암호 표시와 구별될 수 있어야 한다.

해설 암호체계 사용 시 2가지 이상의 암호를 조합해서 사용하면 정보전달이 촉진된다.
암호(코드)체계 사용상의 일반적 지침
암호의 검출성, 암호의 변별성, 암호의 표준화, 부호의 양립성, 부호의 의미, 다차원 암호의 사용
관련개념 CHAPTER 06 작업환경 관리

036

신호검출이론(SDT)의 판정결과 중 신호가 없었는데도 있었다고 말하는 경우는?

① 긍정(Hit)
② 누락(Miss)
③ 허위(False Alarm)
④ 부정(Correct Rejection)

해설 신호가 없었는데도 있었다고 말하는 경우는 허위(False Alarm)에 해당한다.

신호검출이론(SDT; Signal Detection Theory)

• 신호와 소음을 쉽게 식별할 수 없는 상황에 적용된다.
• 판정결과는 긍정(Hit), 허위(False Alarm), 누락(Miss), 부정(Correct Rejection)의 네 가지로 구분할 수 있다.

관련개념 CHAPTER 06 작업환경 관리

037

촉감의 일반적인 척도의 하나인 2점 문턱값(Two-point Threshold)이 감소하는 순서대로 나열된 것은?

① 손가락 → 손바닥 → 손가락 끝
② 손바닥 → 손가락 → 손가락 끝
③ 손가락 끝 → 손가락 → 손바닥
④ 손가락 끝 → 손바닥 → 손가락

해설 2점 문턱값(Two-point Threshold)

• 촉감의 일반적인 척도 중 하나로, 손에 두 점을 눌렀을 때 느껴지는 감각이 서로 다르게 느껴지는 점 사이의 최소 거리이다.
• 2점 문턱값이 감소하는 순서는 **손바닥 → 손가락 → 손가락 끝** 순이다.

관련개념 CHAPTER 06 작업환경 관리

038

다음 중 열 중독증(Heat Illness)의 강도를 올바르게 나열한 것은?

| ⓐ 열소모(Heat Exhaustion) | ⓑ 열발진(Heat Rash) |
| ⓒ 열경련(Heat Cramp) | ⓓ 열사병(Heat Stroke) |

① ⓒ < ⓑ < ⓐ < ⓓ
② ⓒ < ⓑ < ⓓ < ⓐ
③ ⓑ < ⓒ < ⓐ < ⓓ
④ ⓑ < ⓓ < ⓐ < ⓒ

해설 열 중독증의 강도

열발진(Heat Rash) < 열경련(Heat Cramp) < 열소모(Heat Exhaustion) < 열사병(Heat Stroke)

관련개념 CHAPTER 06 작업환경 관리

039

어느 부품 1,000개를 100,000시간 동안 가동하였을 때 5개의 불량품이 발생하였을 경우 평균동작시간(MTTF)은?

① 1×10^6시간
② 2×10^7시간
③ 1×10^8시간
④ 2×10^9시간

해설 λ(평균고장률) $= \dfrac{\text{고장건수}}{\text{총 가동시간}} = \dfrac{5}{1,000 \times 100,000} = 5 \times 10^{-8}$이

므로 직렬계의 경우 $MTTF = \dfrac{1}{\lambda} = \dfrac{1}{5 \times 10^{-8}} = 2 \times 10^7$시간

※ 병렬계의 경우 부품 하나가 고장나도 시스템이 계속 가동될 수 있기 때문에 개별 부품의 수명이 제시되어야 MTTF를 구할 수 있다. 문제에서는 주어지지 않았으므로 직렬계로 가정한다.

관련개념 CHAPTER 03 위험성 감소대책 수립·실행

040

신체활동의 생리학적 측정법 중 전신의 육체적인 활동을 측정하는 데 가장 적합한 방법은?

① Flicker 측정
② 산소소비량 측정
③ 근전도(EMG) 측정
④ 피부전기반사(GSR) 측정

해설 전신의 육체적인 활동을 측정하는 데 맥박수(심박수)와 호흡에 의한 산소소비량 측정이 적합하다.

관련개념 CHAPTER 06 작업환경 관리

기계 · 기구 및 설비 안전관리

041

「산업안전보건법령」상 롤러기의 방호장치 중 롤러의 앞면 표면속도가 30[m/min] 이상일 때 무부하 동작에서 급정지거리는?

① 앞면 롤러 원주의 1/2.5 이내
② 앞면 롤러 원주의 1/3 이내
③ 앞면 롤러 원주의 1/3.5 이내
④ 앞면 롤러 원주의 1/5.5 이내

해설 롤러기의 급정지장치의 성능

앞면 롤러의 표면속도[m/min]	급정지거리
30 미만	앞면 롤러 원주의 $\frac{1}{3}$ 이내
30 이상	앞면 롤러 원주의 $\frac{1}{2.5}$ 이내

관련개념 CHAPTER 05 기타 산업용 기계 · 기구

042

「산업안전보건법령」상 승강기의 종류로 옳지 않은 것은?

① 승객용 엘리베이터　② 리프트
③ 화물용 엘리베이터　④ 승객화물용 엘리베이터

해설 승강기의 종류
승객용 엘리베이터, 승객화물용 엘리베이터, 화물용 엘리베이터, 소형화물용 엘리베이터, 에스컬레이터

관련개념 CHAPTER 06 운반기계 및 양중기

043

극한하중이 600[N]인 체인의 안전계수가 4일 때 체인의 정격하중[N]은?

① 130　　　　　　　② 140
③ 150　　　　　　　④ 160

해설 안전계수 $=\dfrac{\text{극한하중}}{\text{정격하중}}$에서 정격하중 $=\dfrac{\text{극한하중}}{\text{안전계수}}=\dfrac{600}{4}=150[N]$

관련개념 CHAPTER 01 기계공정의 안전, 기계안전시설 관리

044

연삭작업에서 숫돌의 파괴원인으로 가장 적절하지 않은 것은?

① 숫돌의 회전속도가 너무 빠를 때
② 연삭작업 시 숫돌의 정면을 사용할 때
③ 숫돌에 큰 충격을 줬을 때
④ 숫돌의 회전중심이 제대로 잡히지 않았을 때

해설 연삭작업 시 숫돌의 측면을 사용할 때 연삭숫돌이 파괴된다.
연삭숫돌의 파괴 및 재해원인
· 숫돌에 균열이 있는 경우
· 숫돌이 고속으로 회전하는 경우
· 회전력이 결합력보다 큰 경우
· 무거운 물체가 충돌한 경우(외부의 큰 충격을 받은 경우)
· 숫돌의 측면을 일감으로써 심하게 가압했을 경우
· 베어링이 마모되어 진동을 일으키는 경우
· 플랜지 지름이 현저하게 작은 경우
· 회전중심이 잡히지 않은 경우

관련개념 CHAPTER 03 공작기계의 안전

045

다음 중 선반의 방호장치로 가장 거리가 먼 것은?

① 쉴드(Shield)　　　② 슬라이딩
③ 척 커버　　　　　④ 칩 브레이커

해설 선반의 안전장치
· 칩 브레이커(Chip Breaker): 칩이 짧게 끊어지도록 하는 장치
· 덮개(Shield): 가공재료의 칩이나 절삭유 등이 비산되어 나오는 위험으로부터 작업자의 보호를 위해 이동이 가능한 장치
· 브레이크(Brake): 가공 작업 중 선반을 급정지시킬 수 있는 장치
· 척 커버(Chuck Cover)

관련개념 CHAPTER 03 공작기계의 안전

046

500[rpm]으로 회전하는 연삭숫돌의 지름이 300[mm]일 때 원주속도[m/min]는?

① 약 748
② 약 650
③ 약 532
④ 약 471

해설 숫돌의 원주속도

$$V = \frac{\pi DN}{1,000} = \frac{\pi \times 300 \times 500}{1,000} = 471[\text{m/min}]$$

여기서, D: 지름[mm], N: 회전수[rpm]

관련개념 CHAPTER 03 공작기계의 안전

047

「산업안전보건법령」상 로봇을 운전하는 경우 근로자가 로봇에 부딪힐 위험이 있을 때 높이는 최소 얼마 이상의 울타리를 설치하여야 하는가?(단, 로봇의 가동범위 등을 고려하여 높이로 인한 위험성이 없는 경우는 제외한다.)

① 0.9[m]
② 1.2[m]
③ 1.5[m]
④ 1.8[m]

해설 로봇의 운전으로 인하여 근로자에게 발생할 수 있는 부상 등의 위험을 방지하기 위하여 높이 1.8[m] 이상의 울타리를 설치하여야 한다.

관련개념 CHAPTER 05 기타 산업용 기계·기구

048

일반적으로 전류가 과대하고, 용접속도가 너무 빠르며, 아크를 짧게 유지하기 어려운 경우 모재 및 용접부의 일부가 녹아서 홈 또는 오목한 부분이 생기는 용접부 결함은?

① 잔류응력
② 융합불량
③ 기공
④ 언더컷

해설 용접부의 결함

언더컷	용접부에서 전류가 과대하고, 용접속도가 너무 빨라 용접부의 일부가 홈 또는 오목한 부분이 생기는 결함
기공	용착금속에 남아있는 가스로 인해 기포가 생기는 것
용입불량	용융금속이 불균일하게 주입되는 것

관련개념 CHAPTER 05 기타 산업용 기계·기구

049

「산업안전보건법령」상 용접장치의 안전에 관한 준수사항으로 옳은 것은?

① 아세틸렌 용접장치의 발생기실을 옥외에 설치한 경우에는 그 개구부를 다른 건축물로부터 1[m] 이상 떨어지도록 하여야 한다.
② 가스집합장치로부터 7[m] 이내의 장소에서는 화기의 사용을 금지시킨다.
③ 아세틸렌 발생기에서 10[m] 이내 또는 발생기실에서 4[m] 이내의 장소에서는 화기의 사용을 금지시킨다.
④ 아세틸렌 용접장치를 사용하여 용접작업을 할 경우 게이지압력이 127[kPa]을 초과하는 압력의 아세틸렌을 발생시켜 사용해서는 아니 된다.

해설
① 발생기실을 옥외에 설치한 경우에는 그 개구부를 다른 건축물로부터 1.5[m] 이상 떨어지도록 하여야 한다.
② 가스집합장치로부터 5[m] 이내의 장소에서는 흡연, 화기의 사용 또는 불꽃을 발생할 우려가 있는 행위를 금지하여야 한다.
③ 발생기에서 5[m] 이내 또는 발생기실에서 3[m] 이내의 장소에서는 흡연, 화기의 사용 또는 불꽃이 발생할 위험한 행위를 금지하여야 한다.

관련개념 CHAPTER 05 기타 산업용 기계·기구

050

「산업안전보건법령」상 목재가공용 둥근톱 작업에서 분할날과 톱날 원주면과의 간격은 최대 얼마 이내가 되도록 조정하는가?

① 10[mm]
② 12[mm]
③ 14[mm]
④ 16[mm]

해설 목재가공용 둥근톱 작업에서 분할날과 톱날 원주면과의 간격은 최대 12[mm] 이내가 되도록 조정하여야 한다.

관련개념 CHAPTER 05 기타 산업용 기계·기구

051

기계설비에서 기계 고장률의 기본모형으로 옳지 않은 것은?

① 조립고장
② 초기고장
③ 우발고장
④ 마모고장

해설 **고장률의 유형**
- 초기고장(감소형): 제조가 불량하거나 생산과정에서 품질관리가 안 되어서 생기는 고장
- 우발고장(일정형): 실제 사용하는 상태에서 발생하는 고장으로 예측할 수 없는 랜덤의 간격으로 생기는 고장
- 마모고장(증가형): 설비 또는 장치가 수명을 다하여 생기는 고장

관련개념 SUBJECT 02 인간공학 및 위험성평가 · 관리
CHAPTER 02 위험성 파악 · 결정

052

「산업안전보건법령」상 화물의 낙하에 의해 운전자가 위험을 미칠 경우 지게차의 헤드가드(Head Guard)는 지게차의 최대하중의 몇 배가 되는 등분포정하중에 견디는 강도를 가져야 하는가?(단, 4톤을 넘는 값은 제외한다.)

① 1배
② 1.5배
③ 2배
④ 3배

해설 헤드가드의 강도는 지게차의 최대하중의 2배 값(4톤을 넘는 값에 대해서는 4톤)의 등분포정하중에 견딜 수 있어야 한다.

관련개념 CHAPTER 06 운반기계 및 양중기

053

크레인에 돌발 상황이 발생한 경우 안전을 유지하기 위하여 모든 전원을 차단하여 크레인을 급정지시키는 방호장치는?

① 호이스트
② 이탈방지장치
③ 비상정지장치
④ 아웃트리거

해설 **비상정지장치**
이동 중 이상상태 발생 시 급정지시킬 수 있는 장치이다.

관련개념 CHAPTER 06 운반기계 및 양중기

054

다음 중 컨베이어의 안전장치로 옳지 않은 것은?

① 비상정지장치
② 반발예방장치
③ 역회전방지장치
④ 이탈방지장치

해설 반발예방장치는 둥근톱 기계 등과 같은 목재가공기에 설치하는 방호장치이다.
컨베이어 방호장치의 종류
- 이탈 및 역주행방지장치
- 비상정지장치
- 덮개 또는 울
- 건널다리

관련개념 CHAPTER 06 운반기계 및 양중기

055

「산업안전보건법령」상 프레스 등을 사용하여 작업을 할 때에 작업시작 전 점검사항으로 가장 거리가 먼 것은?

① 압력방출장치의 기능
② 클러치 및 브레이크의 기능
③ 프레스의 금형 및 고정볼트 상태
④ 1행정 1정지기구 · 급정지장치 및 비상정지장치의 기능

해설 압력방출장치는 공기압축기를 가동할 때 작업시작 전 점검사항이다.
프레스 작업시작 전 점검사항
- 클러치 및 브레이크의 기능
- 크랭크축 · 플라이휠 · 슬라이드 · 연결봉 및 연결 나사의 풀림 유무
- 1행정 1정지기구 · 급정지장치 및 비상정지장치의 기능
- 슬라이드 또는 칼날에 의한 위험방지 기구의 기능
- 프레스의 금형 및 고정볼트 상태
- 방호장치의 기능
- 전단기의 칼날 및 테이블의 상태

관련개념 CHAPTER 02 기계분야 산업재해 조사 및 관리

056

다음 중 프레스 방호장치에서 게이트가드식 방호장치의 종류를 작동방식에 따라 분류할 때 가장 거리가 먼 것은?

① 경사식 ② 하강식
③ 도립식 ④ 횡 슬라이드식

해설 프레스 게이트가드 방호장치는 게이트의 작동방식에 따라 하강식, 도립식, 횡 슬라이드식 등으로 구분한다.

관련개념 CHAPTER 04 프레스 및 전단기의 안전

057

슬라이드가 내려옴에 따라 손을 쳐내는 막대가 좌우로 왕복하면서 위험한계에 있는 손을 보호하는 프레스 방호장치는?

① 수인식 ② 게이트가드식
③ 반발예방장치 ④ 손쳐내기식

해설 손쳐내기식(Push Away, Sweep Guard) 방호장치
기계의 작동에 연동시켜 위험상태로 되기 전에 손을 위험 영역에서 밀어내거나 쳐냄으로써 위험을 배제하는 장치를 말한다.

관련개념 CHAPTER 04 프레스 및 전단기의 안전

058

다음 중 보일러 운전 시 안전수칙으로 가장 적절하지 않은 것은?

① 가동 중인 보일러에는 작업자가 항상 정위치를 떠나지 아니할 것
② 보일러의 각종 부속장치의 누설상태를 점검할 것
③ 압력방출장치는 매 7년마다 정기적으로 작동시험을 할 것
④ 노내의 환기 및 통풍장치를 점검할 것

해설 압력방출장치는 매년 1회 이상 국가교정기관에서 교정을 받은 압력계를 이용하여 설정압력에서 압력방출장치가 적정하게 작동하는지를 검사한 후 납으로 봉인하여 사용하여야 한다.

관련개념 CHAPTER 05 기타 산업용 기계 · 기구

059

「산업안전보건법령」상 크레인에서 권과방지장치의 달기구 윗면이 권상장치의 아랫면과 접촉할 우려가 있는 경우 최소 몇 [m] 이상 간격이 되도록 조정하여야 하는가?(단, 직동식 권과방지장치의 경우는 제외)

① 0.1 ② 0.15
③ 0.25 ④ 0.3

해설 권과방지장치는 훅 · 버킷 등 달기구의 윗면이 드럼, 상부 도르래, 트롤리프레임 등 권상장치의 아랫면과 접촉할 우려가 있는 경우에 그 간격이 0.25[m] 이상(직동식 권과방지장치는 0.05[m] 이상)이 되도록 조정하여야 한다.

관련개념 CHAPTER 06 운반기계 및 양중기

060

선반작업의 안전수칙으로 가장 거리가 먼 것은?

① 기계에 주유 및 청소를 할 때에는 저속회전에서 한다.
② 일반적으로 가공물의 길이가 지름의 12배 이상일 때는 방진구를 사용하여 선반작업을 한다.
③ 바이트는 가급적 짧게 설치한다.
④ 면장갑을 사용하지 않는다.

해설 선반작업 시 치수 측정, 주유, 청소 시에는 반드시 기계를 정지한다.

관련개념 CHAPTER 03 공작기계의 안전

전기설비 안전관리

061

최소 착화에너지가 0.26[mJ]인 가스에 정전용량이 100[pF]인 대전 물체로부터 정전기 방전에 의하여 착화할 수 있는 전압은 약 몇 [V]인가?

① 2,240
② 2,260
③ 2,280
④ 2,300

해설 $W=\dfrac{1}{2}CV^2$에서

$V=\sqrt{\dfrac{2W}{C}}=\sqrt{\dfrac{2\times(0.26\times10^{-3})}{100\times10^{-12}}}=2,280[\text{V}]$

여기서, W: 착화에너지[J], C: 도체의 정전용량[F], V: 대전전위[V]
※ $1[\text{mJ}]=10^{-3}[\text{J}]$, $1[\text{pF}]=10^{-12}[\text{F}]$이다.

관련개념 CHAPTER 03 정전기 장·재해관리

062

접지계통 분류에서 TN접지방식이 아닌 것은?

① TN-S방식
② TN-C방식
③ TN-T방식
④ TN-C-S방식

해설 **TN접지방식의 분류**
TN-C방식, TN-S방식, TN-C-S방식

관련개념 CHAPTER 05 전기설비 위험요인관리

063

접지공사의 종류에 따른 접지선(연동선)의 굵기기준으로 옳은 것은?

① 제1종: 공칭단면적 6[mm²] 이상
② 제2종: 공칭단면적 12[mm²] 이상
③ 제3종: 공칭단면적 5[mm²] 이상
④ 특별 제3종: 공칭단면적 3.5[mm²] 이상

해설
※ 「한국전기설비규정」이 개정됨에 따라 '접지대상에 따라 일괄 적용한 종별접지'는 폐지되었습니다.

관련개념 CHAPTER 05 전기설비 위험요인관리

064

KS C IEC 60079-0에 따른 방폭기기에 대한 설명이다. 다음 빈칸에 들어갈 알맞은 용어는?

(ⓐ)은 EPL로 표현되며 점화원이 될 수 있는 가능성에 기초하며 기기에 부여된 보호등급이다. EPL의 등급 중 (ⓑ)는 정상 작동, 예상된 오작동, 드문 오작동 중에 점화원이 될 수 없는 "매우 높은" 보호 등급의 기기이다.

① ⓐ Explosion Protection Level, ⓑ EPL Ga
② ⓐ Explosion Protection Level, ⓑ EPL Gc
③ ⓐ Equipment Protection Level, ⓑ EPL Ga
④ ⓐ Equipment Protection Level, ⓑ EPL Gc

해설 **기기보호등급(EPL; Equipment Protection Level)**
점화원이 될 수 있는 가능성에 기초하여 기기에 부여된 보호등급으로 폭발성 가스 분위기, 폭발성 분진 분위기 및 폭발성 갱내 가스에 취약한 광산 내 폭발성 분위기의 차이를 구별한다.
EPL Ga
폭발성 가스분위기에 설치된 기기로 정상작동, 점화원이 될 가능성이 거의 없는 충분한 안전성을 갖고 있는 매우 높은 보호 등급의 기기이다.

관련개념 CHAPTER 04 전기방폭관리

065

누전차단기의 구성요소가 아닌 것은?

① 누전검출부
② 영상변류기
③ 차단장치
④ 전력퓨즈

해설 **누전차단기 구성요소**
영상변류기, 누전검출부, 트립코일, 차단장치 및 시험버튼

관련개념 CHAPTER 02 감전재해 및 방지대책

066

우리나라의 안전전압으로 볼 수 있는 것은 약 몇 [V]인가?

① 30
② 50
③ 60
④ 70

해설 **안전전압**

회로의 정격전압이 일정 수준 이하의 낮은 전압으로 절연파괴 등의 사고 시에도 인체에 위험을 주지 않는 전압을 말하며, 「산업안전보건법령」에서 30[V]로 규정하고 있다.

관련개념 CHAPTER 02 감전재해 및 방지대책

067

「산업안전보건기준에 관한 규칙」에 따라 누전에 의한 감전의 위험을 방지하기 위하여 접지를 하여야 하는 대상의 기준으로 틀린 것은?(단, 예외조건은 고려하지 않는다.)

① 전기기계·기구의 금속제 외함
② 고압 이상의 전기를 사용하는 전기기계·기구 주변의 금속제 칸막이
③ 고정배선에 접속된 전기기계·기구 중 사용전압이 대지 전압 100[V]를 넘는 비충전 금속체
④ 코드와 플러그를 접속하여 사용하는 전기기계·기구 중 휴대형 전동기계·기구의 노출된 비충전 금속체

해설 고정배선에 접속된 전기기계·기구 중 사용전압이 대지전압 150[V]를 넘는 비충전 금속체가 접지대상이다.

관련개념 CHAPTER 05 전기설비 위험요인관리

068

다음에서 설명하고 있는 방폭구조는?

> 전기기기의 정상 사용 조건 및 특정 비정상 상태에서 과도한 온도 상승, 마크 또는 스파크의 발생위험을 방지하기 위해 추가적인 안전 조치를 취한 것으로 Ex e라고 표시한다.

① 유입방폭구조
② 압력방폭구조
③ 내압방폭구조
④ 안전증방폭구조

해설 **안전증방폭구조**

정상운전 중에 폭발성 가스 또는 증기에 점화원이 될 전기불꽃, 아크 또는 고온 부분 등의 발생을 방지하기 위하여 기계적, 전기적 구조상 또는 온도 상승에 대해서 특히 안전도를 증가시킨 구조이다.

관련개념 CHAPTER 04 전기방폭관리

069

교류아크용접기의 자동전격방지장치는 전격의 위험을 방지하기 위하여 아크 발생이 중단된 후 약 1초 이내에 출력 측 무부하 전압을 자동적으로 몇 [V] 이하로 저하시켜야 하는가?

① 85
② 70
③ 50
④ 25

해설 **자동전격방지장치**

용접봉의 조작에 따라 용접을 할 때에만 용접기의 주회로를 폐로(ON)시키고, 용접을 행하지 않을 때에는 용접기 주회로를 개로(OFF)시켜 용접기 출력 측의 무부하 전압을 25[V] 이하로 저하시켜 작업자가 용접봉과 모재 사이에 접촉함으로써 발생하는 감전의 위험을 방지하는 장치이다.

관련개념 CHAPTER 02 감전재해 및 방지대책

070

정전기 발생에 영향을 주는 요인으로 가장 적절하지 않은 것은?

① 분리속도 ② 물체의 질량
③ 접촉면적 및 압력 ④ 물체의 표면상태

해설 물체의 질량은 정전기 발생과 무관하다.
정전기 발생에 영향을 주는 요인
· 물체의 특성
· 물체의 표면상태
· 물질의 이력
· 접촉면적 및 압력
· 분리속도

관련개념 CHAPTER 03 정전기 장·재해관리

071

정전유도를 받고 있는 접지되어 있지 않는 도전성 물체에 접촉한 경우 전격을 당하게 되는데 이때 물체에 유도된 전압 V[V]를 옳게 나타낸 것은?(단, E는 송전선의 대지전압, C_1은 송전선과 물체 사이의 정전용량, C_2는 물체와 대지 사이의 정전용량이며, 물체와 대지 사이의 저항은 무시한다.)

① $V = \dfrac{C_1}{C_1 + C_2} \times E$ ② $V = \dfrac{C_1 + C_2}{C_1} \times E$

③ $V = \dfrac{C_1}{C_1 \times C_2} \times E$ ④ $V = \dfrac{C_1 \times C_2}{C_1} \times E$

해설 정전유도전압 $V = \dfrac{C_1}{C_1 + C_2} \times E$

등가회로
C_1: 송전선과 물체 간의 정전용량
C_2: 물체와 대지 간의 정전용량
R_M: 인체저항
R_E: 인체와 대지 간의 접촉저항
R_0: 물체의 대지절연저항
E: 송전선의 대지전압
V: 정전유도전압

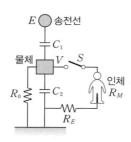

관련개념 CHAPTER 02 감전재해 및 방지대책

072

KS C IEC 60079-6에 따른 유입방폭구조 "o" 방폭장비의 최소 IP 등급은?

① IP44 ② IP54
③ IP55 ④ IP66

해설 유입방폭구조의 밀봉되지 않은 기기의 통기장치의 배출구 및 밀봉된 기기의 압력방출장치의 배출구는 아래를 향해야 하며 KS C IEC 60529에 따른 IP66 이상의 보호등급을 가져야 한다.

관련개념 CHAPTER 04 전기방폭관리

073

20[Ω]의 저항 중에 5[A]의 전류를 3분간 흘렸을 때의 발열량[cal]은?

① 4,320 ② 90,000
③ 21,600 ④ 376,560

해설 $H = 0.24I^2RT = 0.24 \times 5^2 \times 20 \times (3 \times 60) = 21,600[cal]$
여기서, H: 발생열[cal]
　　　I: 전류[A]
　　　R: 저항[Ω]
　　　T: 통전시간[초]

관련개념 CHAPTER 05 전기설비 위험요인관리

074

다음은 어떤 방전에 대한 설명인가?

> 정전기가 대전되어 있는 부도체에 접지체가 접근한 경우 대
> 전물체와 접지체 사이에 발생하는 방전과 거의 동시에 부도
> 체의 표면을 따라서 발생하는 나뭇가지 형태의 발광을 수반
> 하는 방전

① 코로나방전
② 뇌상방전
③ 연면방전
④ 불꽃방전

해설 **연면방전**
- 정전기로 대전되어 있는 부도체에 접지체가 접근할 경우 대전체와 접지체 사이에서 발생하는 방전과 거의 동시에 부도체 표면을 따라 발생한다.
- 나뭇가지 형태의 발광을 수반하는 방전이다.
- 점화원 및 전격의 확률이 대단히 높다.

관련개념 CHAPTER 03 정전기 장·재해관리

075

가연성 가스가 있는 곳에 저압 옥내전기설비를 금속관공사에 의해 시설하고자 한다. 관 상호 간 또는 관과 전기기계·기구와는 몇 턱 이상 나사조임으로 접속하여야 하는가?

① 2턱
② 3턱
③ 4턱
④ 5턱

해설 관 상호 간 또는 관과 박스, 기타의 부속품·풀박스 또는 전기기계·기구와는 5턱 이상 나사조임으로 접속하여야 한다.

관련개념 CHAPTER 04 전기방폭관리

076

전기시설의 직접접촉에 의한 감전방지 방법으로 적절하지 않은 것은?

① 충전부는 내구성이 있는 절연물로 완전히 덮어 감쌀 것
② 충전부가 노출되지 않도록 폐쇄형 외함이 있는 구조로 할 것
③ 충전부에 충분한 절연효과가 있는 방호망 또는 절연덮개를 설치할 것
④ 충전부는 출입이 용이한 전개된 장소에 설치하고, 위험표시 등의 방법으로 방호를 강화할 것

해설 **직접접촉에 의한 감전방지대책**
- 충전부가 노출되지 않도록 폐쇄형 외함이 있는 구조로 할 것
- 충전부에 충분한 절연효과가 있는 방호망 또는 절연덮개를 설치할 것
- 충전부는 내구성이 있는 절연물로 완전히 덮어 감쌀 것
- 발전소·변전소 및 개폐소 등 구획되어 있는 장소로서 관계근로자가 아닌 사람의 출입이 금지되는 장소에 충전부를 설치하고, 위험표시 등의 방법으로 방호를 강화할 것
- 전주 위 및 철탑 위 등 격리되어 있는 장소로서 관계근로자가 아닌 사람이 접근할 우려가 없는 장소에 충전부를 설치할 것

관련개념 CHAPTER 02 감전재해 및 방지대책

077

심실세동을 일으키는 위험한계에너지는 약 몇 [J]인가?
(단, 심실세동전류 $I=\dfrac{165}{\sqrt{T}}$[mA], 인체의 전기저항 R=800 [Ω], 통전시간 T=1초이다.)

① 12
② 22
③ 32
④ 42

해설 $W=I^2RT=\left(\dfrac{165}{\sqrt{T}}\times10^{-3}\right)^2\times800T$

$$=(165^2\times10^{-6})\times800=22[\text{J}]$$

여기서, W: 위험한계에너지[J]

I: 심실세동전류[A]

R: 인체저항[Ω]

T: 통전시간[s]

관련개념 CHAPTER 02 감전재해 및 방지대책

078

피뢰레벨에 따른 회전구체 반경이 틀린 것은?

① 피뢰레벨 Ⅰ: 20[m]　　② 피뢰레벨 Ⅱ: 30[m]

③ 피뢰레벨 Ⅲ: 50[m]　　④ 피뢰레벨 Ⅳ: 60[m]

해설 피뢰시스템의 등급별 회전구체 반지름

피뢰시스템의 등급	Ⅰ	Ⅱ	Ⅲ	Ⅳ
회전구체 반지름[m]	20	30	45	60

관련개념 CHAPTER 05 전기설비 위험요인관리

079

지락사고 시 1초를 초과하고 2초 이내에 고압전로를 자동 차단하는 장치가 설치되어 있는 고압전로에 제2종 접지공사를 하였다. 접지저항은 몇 [Ω] 이하로 유지해야 하는가? (단, 변압기의 고압 측 전로의 1선 지락전류는 10[A]이다.)

① 10[Ω]　　　　　　② 20[Ω]

③ 30[Ω]　　　　　　④ 40[Ω]

해설

※「한국전기설비규정」이 개정됨에 따라 '접지대상에 따라 일괄 적용한 종별접지'는 폐지되었습니다.

관련개념 CHAPTER 02 감전재해 및 방지대책

080

전기기계·기구에 설치되어 있는 감전방지용 누전차단기의 정격감도전류 및 동작시간으로 옳은 것은?(단, 정격전부하전류가 50[A] 미만이다.)

① 15[mA] 이하, 0.1초 이내

② 30[mA] 이하, 0.03초 이내

③ 50[mA] 이하, 0.5초 이내

④ 100[mA] 이하, 0.05초 이내

해설 감전보호용 누전차단기

• 정격감도전류 30[mA] 이하, 동작시간 0.03초 이내

• 정격전부하전류가 50[A] 이상인 경우, 정격감도전류 200[mA] 이하, 동작시간 0.1초 이내

관련개념 CHAPTER 02 감전재해 및 방지대책

화학설비 안전관리

081

가연성 물질의 저장 시 산소농도를 일정한 값 이하로 낮추어 연소를 방지할 수 있는데 이때 첨가하는 물질로 적합하지 않은 것은?

① 질소　　　　　　② 이산화탄소

③ 헬륨　　　　　　④ 일산화탄소

해설 가연성 가스의 연소 시 산소농도를 일정한 값 이하로 낮추어 주는 가스를 불활성 가스라고 하며, 질소, 이산화탄소, 헬륨 등은 불활성 가스에 해당한다. 일산화탄소는 가연성 가스이다.

관련개념 CHAPTER 01 화재·폭발 검토

082

다음 중 응상폭발이 아닌 것은?

① 분해폭발

② 수증기폭발

③ 전선폭발

④ 고상 간의 전이에 의한 폭발

해설 폭발원인 물질의 상태(기상, 응상)에 따른 분류

관련개념 CHAPTER 01 화재·폭발 검토

083

액화 프로판 310[kg]을 내용적 50[L] 용기에 충전할 때 필요한 소요용기의 수는 약 몇 개인가?(단, 액화 프로판의 가스 정수는 2.35이다.)

① 15　　　　　　　　② 17
③ 19　　　　　　　　④ 21

해설 액화가스의 부피＝액화가스 무게[kg]×가스 정수
$$＝310×2.35＝728.5[L]$$
필요한 소요용기의 수＝$\dfrac{액화가스의 부피}{소요용기의 내용적}＝\dfrac{728.5}{50}＝14.57$
따라서 필요한 소요용기는 15개이다.

관련개념 CHAPTER 02 화학물질 안전관리 실행

084

열교환기의 정기적 점검을 일상점검과 개방점검으로 구분할 때 개방점검 항목에 해당하는 것은?

① 보냉재의 파손 상황
② 플랜지부나 용접부에서의 누출 여부
③ 기초볼트의 체결 상태
④ 생성물, 부착물에 의한 오염 상황

해설 부착물에 의한 오염은 Shell이나 Tube 내부에서 일어나는 현상이므로 개방점검 항목이다.

열교환기 점검항목

일상점검	자체검사(개방점검)
• 도장부 결함 및 벗겨짐 • 보온재 및 보냉재 상태 • 기초부 및 기초 고정부 상태 • 배관 등과의 접속부 상태	• 내부 부식의 형태 및 정도 • 내부 관의 부식 및 누설 유무 • 용접부 상태 • 라이닝, 코팅, 개스킷 손상 유무 • 부착물에 의한 오염의 상황

관련개념 CHAPTER 02 화학물질 안전관리 실행

085

다음 중 물소화약제의 단점을 보완하기 위하여 물에 탄산칼륨(K_2CO_3) 등을 녹인 수용액으로 부동성이 높은 알칼리성 소화약제는?

① 포소화약제　　　　② 분말소화약제
③ 강화액 소화약제　　④ 산알칼리소화약제

해설 강화액 소화기
• 물소화약제의 단점을 보완하기 위하여 물에 탄산칼륨(K_2CO_3) 등을 녹인 수용액으로서 부동성이 높은 알칼리성 소화약제이다.
• 탄산칼륨으로 인해 어는점이 －30[℃]까지 낮아져 한랭지 또는 겨울철에 사용할 수 있다.

관련개념 CHAPTER 01 화재·폭발 검토

086

다음 중 「산업안전보건법령」상 위험물질의 종류에 있어 인화성 가스에 해당하지 않는 것은?

① 수소　　　　　　　② 부탄
③ 에틸렌　　　　　　④ 과산화수소

해설 과산화수소는 산화성 액체에 해당한다.

관련개념 CHAPTER 02 화학물질 안전관리 실행

087

「산업안전보건법령」상 위험물질의 종류에서 폭발성 물질에 해당하는 것은?

① 니트로화합물　　　② 등유
③ 황　　　　　　　　④ 질산

해설 니트로화합물은 분자 내 산소를 함유하고 있어 외부 산소 공급원 없이 자기연소할 수 있는 폭발성 물질이다.

오답해설
② 등유: 인화성 액체
③ 황: 물반응성 물질 및 인화성 고체
④ 질산: 산화성 액체

관련개념 CHAPTER 02 화학물질 안전관리 실행

088

가연성 가스의 폭발범위에 관한 설명으로 틀린 것은?

① 압력 증가에 따라 폭발 상한계와 하한계가 모두 현저히 증가한다.
② 불활성 가스를 주입하면 폭발범위는 좁아진다.
③ 온도의 상승과 함께 폭발범위는 넓어진다.
④ 산소 중에서의 폭발범위는 공기 중에서보다 넓어진다.

해설 압력은 폭발하한계에는 영향이 경미하나 폭발상한계에는 크게 영향을 준다. 보통 가스압력이 높아질수록 폭발범위는 넓어진다.

관련개념 CHAPTER 01 화재 · 폭발 검토

089

어떤 습한 고체재료 10[kg]의 건조 후 무게를 측정하였더니 6.8[kg]이었다. 이 재료의 함수율은 몇 [kg · H₂O/kg]인가?

① 0.25   ② 0.36
③ 0.47   ④ 0.58

해설 고체재료 10[kg]을 건조했을 때 무게가 6.8[kg]이므로 수분의 무게가 3.2[kg]이고, 고체의 무게는 6.8[kg]이다.

$$함수율 = \frac{수분의\ 무게}{고체의\ 무게} = \frac{3.2}{6.8} = 0.47$$

관련개념 CHAPTER 02 화학물질 안전관리 실행

090

다음 중 분진의 폭발위험성을 증대시키는 조건에 해당하는 것은?

① 분진의 발열량이 적을수록
② 분위기 중 산소 농도가 작을수록
③ 분진 내의 수분 농도가 작을수록
④ 분진의 표면적이 입자 체적에 비교하여 작을수록

해설 분진 내의 수분 농도가 작을수록 분진폭발 위험성이 높아진다.

관련개념 CHAPTER 01 화재 · 폭발 검토

091

사업주는 가스폭발 위험장소 또는 분진폭발 위험장소에 설치되는 건축물 등에 대해서는 규정에서 정한 부분을 내화구조로 하여야 한다. 다음 중 내화구조로 하여야 하는 부분에 대한 기준이 틀린 것은?

① 건축물 기둥: 지상 1층(지상 1층의 높이가 6미터를 초과하는 경우에는 6미터)까지

② 위험물 저장·취급용기의 지지대(높이가 30센티미터 이하인 것은 제외): 지상으로부터 지지대의 끝부분까지

③ 건축물의 보: 지상 2층(지상 2층의 높이가 10미터를 초과하는 경우에는 10미터)까지

④ 배관·전선관 등의 지지대: 지상으로부터 1단(1단의 높이가 6미터를 초과하는 경우에는 6미터)까지

해설 가스폭발 위험장소 또는 분진폭발 위험장소에 설치되는 건축물 등에 대해서는 다음에 해당하는 부분을 내화구조로 하여야 하며, 그 성능이 항상 유지될 수 있도록 점검·보수 등 적절한 조치를 하여야 한다. 다만, 건축물 등의 주변에 화재에 대비하여 물분무시설 또는 폼헤드 설비 등의 자동소화설비를 설치하여 건축물 등이 화재 시에 2시간 이상 그 안전성을 유지할 수 있도록 한 경우에는 내화구조로 하지 아니할 수 있다.

• 건축물의 기둥 및 보: 지상 1층(지상 1층의 높이가 6[m]를 초과하는 경우에는 6[m])까지

• 위험물 저장·취급용기의 지지대(높이가 30[cm] 이하인 것은 제외): 지상으로부터 지지대의 끝부분까지

• 배관·전선관 등의 지지대: 지상으로부터 1단(1단의 높이가 6[m]를 초과하는 경우에는 6[m])까지

관련개념 CHAPTER 02 화학물질 안전관리 실행

092

「산업안전보건법령」에서 인화성 액체를 정의할 때 기준이 되는 표준압력은 몇 [kPa]인가?

① 1 ② 100
③ 101.3 ④ 273.15

해설 인화성 액체란 표준압력(101.3[kPa])에서 인화점이 60[℃] 이하이거나 고온·고압의 공정운전조건으로 인하여 화재·폭발위험이 있는 상태에서 취급되는 가연성 액체 물질을 말한다.

관련개념 CHAPTER 02 화학물질 안전관리 실행

093

다음 중 관의 지름을 변경하는 데 사용되는 관의 부속품으로 가장 적절한 것은?

① 엘보(Elbow) ② 커플링(Coupling)
③ 유니온(Union) ④ 리듀서(Reducer)

해설 관의 지름을 변경할 때에는 리듀서(Reducer), 부싱(Bushing) 등의 부속품을 사용한다.

오답해설
엘보(Elbow)는 관로의 방향을 변경할 때, 커플링(Coupling)과 유니온(Union)은 관로를 연결할 때 사용되는 부속품이다.

관련개념 CHAPTER 04 화공 안전운전·점검

094

다음 중 가연성 가스의 연소 형태에 해당하는 것은?

① 분해연소 ② 증발연소
③ 표면연소 ④ 확산연소

해설 분해연소, 표면연소는 고체의 연소 형태이고, 증발연소는 액체와 고체의 연소 형태이다.

기체(가스)의 연소 형태

구분	설명	예시
확산연소	• 가연성 가스가 공기(산소) 중에 확산되어 연소범위에 도달했을 때 연소하는 현상 • 기체의 일반적 연소 형태	촛불연소, 가스버너, 성냥
예혼합연소	연소되기 전에 미리 연소범위의 혼합가스를 만들어 연소하는 형태	분젠버너, 산소용접기, 가스레인지

관련개념 CHAPTER 01 화재·폭발 검토

095

다음 중 C급 화재에 해당하는 것은?

① 금속화재
② 전기화재
③ 일반화재
④ 유류화재

해설 전기화재는 C급 화재이다.

화재의 종류

A급 화재	B급 화재	C급 화재	D급 화재
일반화재	유류화재	전기화재	금속화재

관련개념 CHAPTER 01 화재 · 폭발 검토

096

다음 물질 중 인화점이 가장 낮은 물질은?

① 이황화탄소
② 아세톤
③ 크실렌
④ 경유

해설
① 이황화탄소의 인화점: $-30[℃]$
② 아세톤의 인화점: $-18[℃]$
③ 크실렌의 인화점: $25[℃]$
④ 경유의 인화점: $62[℃]$
※ 인화점은 일반적으로 분자구조가 간단하고 분자량이 작을수록 낮아진다.

관련개념 CHAPTER 01 화재 · 폭발 검토

097

대기압 하에서 인화점이 0[℃] 이하인 물질이 아닌 것은?

① 메탄올
② 이황화탄소
③ 산화프로필렌
④ 디에틸에테르

해설
① 메탄올의 인화점: $12[℃]$
② 이황화탄소의 인화점: $-30[℃]$
③ 산화프로필렌의 인화점: $-37[℃]$
④ 디에틸에테르의 인화점: $-45[℃]$

관련개념 CHAPTER 01 화재 · 폭발 검토

098

반응 폭주 등 급격한 압력상승의 우려가 있는 경우에 설치하여야 하는 것은?

① 파열판
② 통기밸브
③ 체크밸브
④ Flame Arrester

해설 파열판을 설치하여야 하는 경우
• 반응 폭주 등 급격한 압력상승의 우려가 있는 경우
• 급성 독성 물질의 누출로 인하여 주위의 작업환경을 오염시킬 우려가 있는 경우
• 운전 중 안전밸브에 이상물질이 누적되어 안전밸브가 작동되지 아니할 우려가 있는 경우

관련개념 CHAPTER 04 화공 안전운전 · 점검

099

다음 중 분진폭발을 일으킬 위험이 가장 높은 물질은?

① 염소
② 마그네슘
③ 산화칼슘
④ 에틸렌

해설 분진폭발은 공기 중에 떠도는 농도가 짙은 분진이 에너지를 받아 열과 압력을 발생하면서 폭발하는 현상으로 석탄가루, 밀가루, 철가루, 플라스틱 가루, 금속분 등이 주요 원인이다. 보기에서는 마그네슘이 금속분으로 분진폭발 위험이 가장 높다.

관련개념 CHAPTER 01 화재 · 폭발 검토

100

다음 중 물과의 반응성이 가장 큰 물질은?

① 니트로글리세린
② 이황화탄소
③ 금속나트륨
④ 석유

해설 금속나트륨은 물과 격렬히 반응하여 수소 기체를 발생시킨다.
$$2Na + 2H_2O \rightarrow 2NaOH + H_2 \uparrow$$
보기의 다른 물질들은 물과 반응하지 않거나 반응성이 거의 없다.

관련개념 CHAPTER 02 화학물질 안전관리 실행

건설공사 안전관리

101

건설재해대책의 사면보호공법 중 식물을 생육시켜 그 뿌리로 사면의 표층토를 고정하여 빗물에 의한 침식, 동상, 이완 등을 방지하고 녹화에 의한 경관조성을 목적으로 시공하는 것은?

① 식생공   ② 쉴드공
③ 뿜어붙이기공   ④ 블록공

해설 식생공은 비탈면에 식물을 심어서 사면을 보호하고 녹화에 의한 경관조성을 목적으로 시공하는 공법이다.

관련개념 CHAPTER 04 건설현장 안전시설 관리

102

작업발판 및 통로의 끝이나 개구부로서 근로자가 추락할 위험이 있는 장소에서 난간 등의 설치가 매우 곤란하거나 작업의 필요상 임시로 난간 등을 해체하여야 하는 경우에 설치하여야 하는 것은?

① 구명구   ② 수직보호망
③ 석면포   ④ 추락방호망

해설 작업발판 및 통로의 끝이나 개구부로서 근로자가 추락할 위험이 있는 장소에서 난간 등을 설치하는 것이 매우 곤란하거나 작업의 필요상 임시로 난간 등을 해체하여야 하는 경우 추락방호망을 설치하여야 한다.

관련개념 CHAPTER 04 건설현장 안전시설 관리

103

NATM 공법 터널공사의 경우 록볼트 작업과 관련된 계측결과에 해당되지 않는 것은?

① 내공 변위측정 결과   ② 천단침하측정 결과
③ 인발시험 결과   ④ 진동측정 결과

해설 록볼트 작업 시 인발시험, 내공 변위측정, 천단침하측정, 지중변위측정 등의 계측결과로부터 록볼트의 추가시공을 하여야 한다.

관련개념 CHAPTER 05 비계 · 거푸집 가시설 위험방지

104

도심지 폭파 해체공법에 관한 설명으로 옳지 않은 것은?

① 장기간 발생하는 진동, 소음이 적다.
② 해체 속도가 빠르다.
③ 주위의 구조물에 끼치는 영향이 적다.
④ 많은 분진 발생으로 민원을 발생시킬 우려가 있다.

해설 도심지 폭파 해체공법의 경우 해체물의 비산, 진동, 분진 발생 등으로 인해 주변 구조물에 영향을 줄 수 있다.

관련개념 CHAPTER 06 공사 및 작업 종류별 안전

105

흙막이 지보공을 설치하였을 경우 정기적으로 점검하고 이상을 발견하면 즉시 보수하여야 하는 사항과 가장 거리가 먼 것은?

① 부재의 접속부, 부착부 및 교차부의 상태
② 버팀대의 긴압의 정도
③ 부재의 손상, 변형, 부식, 변위 및 탈락의 유무와 상태
④ 지표수의 흐름 상태

해설 **흙막이 지보공 설치 시 정기적 점검 및 보수사항**
• 부재의 손상 · 변형 · 부식 · 변위 및 탈락의 유무와 상태
• 버팀대의 긴압의 정도
• 부재의 접속부 · 부착부 및 교차부의 상태
• 침하의 정도

관련개념 CHAPTER 05 비계 · 거푸집 가시설 위험방지

106

「산업안전보건법령」에 따른 양중기의 종류에 해당하지 않는 것은?

① 곤돌라　　② 리프트
③ 클램셀　　④ 크레인

해설 **양중기의 종류**
• 크레인(호이스트(Hoist) 포함)
• 이동식 크레인
• 리프트(이삿짐운반용 리프트의 경우에는 적재하중이 0.1톤 이상인 것으로 한정)
• 곤돌라
• 승강기

관련개념 CHAPTER 06 공사 및 작업 종류별 안전

107

말비계를 조립하여 사용하는 경우 지주부재와 수평면의 기울기는 얼마 이하로 하여야 하는가?

① 65°　　② 70°
③ 75°　　④ 80°

해설 말비계 조립 시 지주부재와 수평면의 기울기를 75° 이하로 하고, 지주부재와 지주부재 사이를 고정시키는 보조부재를 설치하여야 한다.

관련개념 CHAPTER 05 비계 · 거푸집 가시설 위험방지

108

유해위험방지계획서를 제출하려고 할 때 그 첨부서류와 가장 거리가 먼 것은?

① 공사개요서
② 산업안전보건관리비 작성요령
③ 전체 공정표
④ 재해 발생 위험 시 연락 및 대피방법

해설 **건설공사 유해위험방지계획서 제출 시 첨부서류**
• 공사개요서
• 공사현장의 주변 현황 및 주변과의 관계를 나타내는 도면(매설물 현황 포함)
• 전체 공정표
• 산업안전보건관리비 사용계획서
• 안전관리 조직표
• 재해 발생 위험 시 연락 및 대피방법

관련개념 CHAPTER 02 건설공사 위험성

109

흙막이 공법을 흙막이 지지방식에 의한 분류와 구조방식에 의한 분류로 나눌 때 다음 중 지지방식에 의한 분류에 해당하는 것은?

① 수평 버팀대식 흙막이 공법
② H-Pile 공법
③ 지하연속벽 공법
④ Top Down Method 공법

해설 **지지방식에 따른 흙막이 공법의 분류**
• 자립식 공법: 흙막이벽 벽체의 근입깊이에 의해 흙막이벽을 지지한다.
• 버팀대식 공법: 띠장, 버팀대, 지지말뚝을 설치하여 토압, 수압에 저항한다.
• 어스앵커공법(Earth Anchor): 흙막이벽을 천공 후 앵커체를 삽입하여 인장력을 가하여 흙막이벽을 잡아당기는 공법이다.
• 타이로드공법(Tie Rod Method): 흙막이벽의 상부를 당김줄로 당겨 흙막이벽을 지지한다.

관련개념 CHAPTER 05 비계 · 거푸집 가시설 위험방지

110

건설현장에 설치하는 사다리식 통로의 설치기준으로 옳지 않은 것은?

① 발판과 벽과의 사이는 15[cm] 이상의 간격을 유지할 것
② 발판의 간격은 일정하게 할 것
③ 사다리의 상단은 걸쳐놓은 지점으로부터 60[cm] 이상 올라가도록 할 것
④ 사다리식 통로의 길이가 10[m] 이상인 경우에는 3[m] 이내마다 계단참을 설치할 것

해설 사다리식 통로의 길이가 10[m] 이상인 경우에는 5[m] 이내마다 계단참을 설치하여야 한다.

관련개념 CHAPTER 05 비계 · 거푸집 가시설 위험방지

111

콘크리트 타설작업과 관련하여 준수하여야 할 사항으로 가장 거리가 먼 것은?

① 당일의 작업을 시작하기 전에 해당 작업에 관한 거푸집 및 동바리 등의 변형, 변위 및 지반의 침하 유무 등을 점검하고 이상이 있으면 보수할 것
② 콘크리트를 타설하는 경우에는 편심이 발생하지 않도록 골고루 분산하여 타설할 것
③ 진동기의 사용은 많이 할수록 균일한 콘크리트를 얻을 수 있으므로 가급적 많이 사용할 것
④ 설계도서 상의 콘크리트 양생기간을 준수하여 거푸집 및 동바리를 해체할 것

해설 진동기는 적절히 사용되어야 하며, 지나친 진동은 거푸집 붕괴의 원인이 될 수 있으므로 주의하여야 한다.

관련개념 CHAPTER 06 공사 및 작업 종류별 안전

112

거푸집 및 동바리를 조립하는 경우에 준수하여야 할 사항으로 옳지 않은 것은?

① 받침목이나 깔판의 사용, 콘크리트 타설, 말뚝박기 등 동바리의 침하를 방지하기 위한 조치를 할 것
② 개구부 상부에 동바리를 설치하는 경우에는 상부하중을 견딜 수 있는 견고한 받침대를 설치할 것
③ 거푸집이 곡면인 경우에는 버팀대의 부착 등 그 거푸집의 부상을 방지하기 위한 조치를 할 것
④ 동바리의 이음은 서로 다른 품질의 재료를 사용할 것

해설 동바리 조립 시 동바리의 이음은 같은 품질의 재료를 사용하여야 한다.

관련개념 CHAPTER 05 비계 · 거푸집 가시설 위험방지

113

건설공사의 산업안전보건관리비 계상 시 대상액이 구분되어 있지 않은 공사는 도급계약 또는 자체사업 계획상의 총 공사금액 중 얼마를 대상액으로 하는가?

① 50[%]　　　　② 60[%]
③ 70[%]　　　　④ 80[%]

해설 건설업 산업안전보건관리비 계상 시 대상액이 명확하지 않은 경우 도급계약 또는 자체사업계획상 책정된 총 공사금액의 70[%]에 해당하는 금액을 대상액으로 하여 산업안전보건관리비를 계상한다.

관련개념 CHAPTER 03 건설업 산업안전보건관리비 관리

114

비계의 높이가 2[m] 이상인 작업장소에 설치하는 작업발판의 설치기준으로 옳지 않은 것은?(단, 달비계, 달대비계 및 말비계는 제외한다.)

① 작업발판의 폭은 40[cm] 이상으로 한다.
② 작업발판의 재료는 뒤집히거나 떨어지지 않도록 하나 이상의 지지물에 연결하거나 고정시킨다.
③ 발판재료 간의 틈은 3[cm] 이하로 한다.
④ 작업발판의 지지물은 하중에 의하여 파괴될 우려가 없는 것을 사용한다.

해설 **작업발판의 설치기준(비계 높이 2[m] 이상인 작업장소)**
• 발판재료는 작업할 때의 하중을 견딜 수 있도록 견고한 것으로 할 것
• 작업발판의 폭은 40[cm] 이상으로 하고, 발판재료 간의 틈은 3[cm] 이하로 할 것. 다만, 외줄비계의 경우에는 고용노동부장관이 별도로 정하는 기준에 따른다.
• 추락의 위험이 있는 장소에는 안전난간을 설치할 것
• 작업발판의 지지물은 하중에 의하여 파괴될 우려가 없는 것을 사용할 것
• 작업발판 재료는 뒤집히거나 떨어지지 않도록 둘 이상의 지지물에 연결하거나 고정시킬 것
• 작업발판을 작업에 따라 이동시킬 경우에는 위험방지에 필요한 조치를 할 것

관련개념 CHAPTER 04 건설현장 안전시설 관리

115

표준관입시험에 관한 설명으로 옳지 않은 것은?

① N치는 지반을 30[cm] 굴진하는 데 필요한 타격횟수를 의미한다.
② N치가 4~10일 경우 모래의 상대밀도는 매우 단단한 편이다.
③ 63.5[kg] 무게의 추를 76[cm] 높이에서 자유낙하하여 타격하는 시험이다.
④ 사질지반에 적용하며, 점토지반에서는 편차가 커서 신뢰성이 떨어진다.

해설 N치가 4~10일 경우 모래지반 상대밀도는 느슨하다.
표준관입시험(Standard Penetration Test)
무게 63.5[kg]의 추를 76[cm] 높이에서 자유낙하시켜 샘플러를 30[cm] 관입시키는 데 필요한 타격 횟수 N을 구하는 시험으로 N치가 클수록 토질의 밀도가 높다.

관련개념 CHAPTER 01 건설공사 안전개요

116

불도저를 이용한 작업 중 안전조치사항으로 옳지 않은 것은?

① 작업종료와 동시에 삽날을 지면에 띄우고 주차 제동장치를 건다.
② 모든 조종간은 엔진 시동 전에 중립 위치에 놓는다.
③ 장비의 승차 및 하차 시 뛰어내리거나 오르지 말고 안전하게 잡고 오르내린다.
④ 야간 작업 시 자주 장비에서 내려와 장비 주위를 살피며 점검하여야 한다.

해설 불도저를 이용한 작업 시 작업종료와 동시에 삽날을 지면에 두고 제동장치를 걸어야 한다.

관련개념 CHAPTER 04 건설현장 안전시설 관리

117

철골 용접부의 내부결함을 검사하는 방법으로 가장 거리가 먼 것은?

① 알칼리반응시험
② 방사선투과시험
③ 자기분말탐상시험
④ 침투탐상시험

해설 알칼리반응시험은 철골 용접부 시험방법에 해당되지 않는다.

철골 용접부의 내부결함을 검사하는 방법

- 방사선투과시험(Radiographic Test)
- 초음파탐상시험(Ultrasonic Test)
- 자기분말탐상시험(Magnetic Particle Test)
- 침투탐상시험(Penetration Particle Test)
- 와류탐상시험(Eddy Current Test)

관련개념 CHAPTER 06 공사 및 작업 종류별 안전

118

화물취급작업과 관련한 위험방지를 위해 조치하여야 할 사항으로 옳지 않은 것은?

① 하역작업을 하는 장소에서 작업장 및 통로의 위험한 부분에는 안전하게 작업할 수 있는 조명을 유지할 것
② 하역작업을 하는 장소에서 부두 또는 안벽의 선을 따라 통로를 설치하는 경우에는 폭을 50[cm] 이상으로 할 것
③ 차량 등에서 화물을 내리는 작업을 하는 경우에 해당 작업에 종사하는 근로자에게 쌓여있는 화물의 중간에서 화물을 빼내도록 하지 말 것
④ 꼬임이 끊어진 섬유로프 등을 화물운반용 또는 고정용으로 사용하지 말 것

해설 부두·안벽 등 하역작업을 하는 장소에 부두 또는 안벽의 선을 따라 통로를 설치하는 경우에는 폭을 90[cm] 이상으로 하여야 한다.

관련개념 CHAPTER 06 공사 및 작업 종류별 안전

119

근로자의 추락 등의 위험을 방지하기 위한 안전난간의 설치 요건에서 상부난간대를 120[cm] 이상 지점에 설치하는 경우 중간난간대를 최소 몇 단 이상 균등하게 설치하여야 하는가?

① 2단
② 3단
③ 4단
④ 5단

해설 안전난간의 상부난간대는 바닥면 등으로부터 90[cm] 이상 지점에 설치하고, 120[cm] 이하에 설치하는 경우에는 중간난간대는 상부난간대와 바닥면 등의 중간에 설치하여야 하며, 120[cm] 이상 지점에 설치하는 경우에는 중간난간대를 2단 이상으로 균등하게 설치하고 난간의 상하 간격은 60[cm] 이하가 되도록 하여야 한다.

관련개념 CHAPTER 04 건설현장 안전시설 관리

120

지반 등의 굴착 시 위험을 방지하기 위한 연암 및 풍화암 지반 굴착면의 기울기 기준으로 옳은 것은?

① 1 : 0.3
② 1 : 0.4
③ 1 : 1.0
④ 1 : 0.6

해설 **굴착면의 기울기 기준**

지반의 종류	굴착면의 기울기
모래	1 : 1.8
연암 및 풍화암	1 : 1.0
경암	1 : 0.5
그 밖의 흙	1 : 1.2

※ 이 문제는 개정된 법령에 따라 수정한 문제입니다.

관련개념 CHAPTER 02 건설공사 위험성

기회를 찾아야
기회를 만든다.

– 패티 헨슨(Patty Hansen)

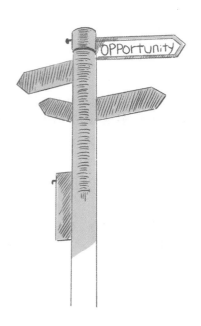

산업재해 예방 및 안전보건교육

001

제일선의 감독자를 교육대상으로 하고, 작업을 지도하는 방법, 작업개선방법 등의 주요 내용을 다루는 기업 내 교육방법은?

① TWI
② MTP
③ ATT
④ CCS

해설 TWI(Training Within Industry)
· 주로 관리감독자를 대상으로 하며 전체 교육시간은 10시간 정도 소요된다.
· 한 그룹에 10명 내외로 토의법과 실연법 중심으로 강의가 실시되며 작업지도훈련, 작업방법훈련, 인간관계훈련, 작업안전훈련으로 이루어진다.

관련개념 CHAPTER 05 안전보건교육의 내용 및 방법

002

인간오류에 관한 분류 중 독립행동에 의한 분류가 아닌 것은?

① 생략오류
② 실행오류
③ 명령오류
④ 시간오류

해설 명령오류(지시오류)는 원인적 분류에 해당한다.
휴먼에러의 행위에 의한 분류(Swain)
· 생략(부작위적)에러(Omission Error): 작업 내지 필요한 절차를 수행하지 않는 데서 기인한 에러
· 실행(작위적)에러(Commission Error): 작업 내지 절차를 수행했으나 잘못한 실수(선택착오, 순서착오, 시간착오)에서 기인한 에러
· 과잉행동에러(Extraneous Error): 불필요한 작업 내지 절차를 수행함으로써 기인한 에러
· 순서에러(Sequential Error): 작업수행의 순서를 잘못한 실수
· 시간(지연)에러(Timing Error): 소정의 기간에 수행하지 못한 실수(너무 빨리 혹은 늦게)

관련개념 SUBJECT 02 인간공학 및 위험성 평가 · 관리
CHAPTER 01 안전과 인간공학

003

하인리히의 재해코스트 평가방식 중 직접비에 해당하지 않는 것은?

① 산재보상비
② 치료비
③ 간호비
④ 생산손실

해설 생산손실에 의한 재해비용은 간접비에 해당한다.
간접비
· 인적손실: 본인 및 제3자에 관한 것을 포함한 시간손실
· 물적손실: 기계, 공구, 재료, 시설의 복구에 소비된 시간손실 및 재산손실
· 생산손실: 생산감소, 생산중단, 판매감소 등에 의한 손실
· 특수손실
· 기타손실

관련개념 SUBJECT 03 기계 · 기구 및 설비 안전관리
CHAPTER 02 기계분야 산업재해 조사 및 관리

004

적응기제(適應機制, Adjustment Mechanism)의 종류 중 도피적 기제(행동)에 해당하지 않는 것은?

① 고립
② 퇴행
③ 억압
④ 합리화

해설 합리화는 도피적 기제가 아닌 방어적 기제에 해당한다.
적응기제
· 방어적 기제: 보상, 합리화(변명), 승화, 동일시, 투사
· 도피적 기제: 고립, 퇴행, 억압, 백일몽
· 공격적 기제
  — 직접적 공격기제: 폭행, 싸움, 기물파손
  — 간접적 공격기제: 욕설, 비난, 조소 등

관련개념 CHAPTER 05 안전보건교육의 내용 및 방법

005

다음 재해사례에서 기인물에 해당하는 것은?

> 기계작업에 배치된 작업자가 반장의 지시를 받기 전에 정지된 선반을 운전시키면서 변속치차의 덮개를 벗겨내고 치차를 저속으로 운전하면서 급유하려고 할 때 오른손이 변속치차에 맞물려 손가락이 절단되었다.

① 덮개
② 급유
③ 선반
④ 변속치차

해설 기인물은 선반이고, 가해물은 변속치차이다.

관련개념 CHAPTER 01 산업재해예방 계획 수립

006

주의의 수준이 Phase 0인 상태에서의 의식상태는?

① 무의식 상태
② 의식의 이완 상태
③ 명료한 상태
④ 과긴장 상태

해설 인간의 의식 Level의 단계별 신뢰성

단계	의식의 상태	신뢰성
Phase 0	무의식, 실신	0
Phase I	의식의 둔화	0.9 이하
Phase II	이완 상태	0.99~0.99999
Phase III	명료한 상태	0.99999 이상
Phase IV	과긴장 상태	0.9 이하

관련개념 CHAPTER 04 인간의 행동과학

007

재해예방의 4원칙에 관한 설명으로 틀린 것은?

① 재해의 발생에는 반드시 원인이 존재한다.
② 재해의 발생과 손실의 발생은 우연적이다.
③ 재해를 예방할 수 있는 안전대책은 반드시 존재한다.
④ 재해는 원인 제거가 불가능하므로 예방만이 최선이다.

해설 예방가능의 원칙
재해는 원칙적으로 원인만 제거하면 예방이 가능하다.

관련개념 CHAPTER 01 산업재해예방 계획 수립

008

「보호구 안전인증 고시」에 따른 분리식 방진마스크의 성능기준에서 포집효율이 특급인 경우, 염화나트륨(NaCl) 및 파라핀 오일(Paraffin oil) 시험에서의 포집효율은?

① 99.95[%] 이상
② 99.9[%] 이상
③ 99.5[%] 이상
④ 99.0[%] 이상

해설 여과재 분진 등 포집효율

형태 및 등급		염화나트륨(NaCl) 및 파라핀 오일(Paraffin oil) 시험[%]
분리식	특급	99.95 이상
	1급	94.0 이상
	2급	80.0 이상

관련개념 CHAPTER 02 안전보호구 관리

009

한 사람, 한 사람의 위험에 대한 감수성 향상을 도모하기 위하여 삼각 및 원포인트 위험예지훈련을 통합한 활용기법은?

① 1인 위험예지훈련
② TBM 위험예지훈련
③ 자문자답 위험예지훈련
④ 시나리오 역할연기훈련

해설 1인 위험예지훈련
각자가 위험에 대한 감수성 향상을 도모하기 위하여 삼각 및 원포인트 위험예지훈련을 실시하는 것이다.

관련개념 CHAPTER 01 산업재해예방 계획 수립

010

「산업안전보건법」상 특별교육에서 방사선 업무에 관계되는 작업을 할 때 교육내용으로 거리가 먼 것은?

① 방사선의 유해·위험 및 인체에 미치는 영향
② 방사선 측정기기 기능의 점검에 관한 사항
③ 응급처치 및 보호구 착용에 관한 사항
④ 산소농도 측정 및 작업환경에 관한 사항

해설 '산소농도 측정 및 작업환경에 관한 사항'은 화학설비의 탱크 내 작업, 밀폐공간에서의 작업 시 특별교육내용에 해당한다.

관련개념 CHAPTER 05 안전보건교육의 내용 및 방법

011

사고예방대책의 기본원리 5단계 중 틀린 것은?

① 1단계: 안전관리계획   ② 2단계: 현상파악
③ 3단계: 분석·평가   ④ 4단계: 대책의 선정

해설 하인리히 사고예방대책의 기본원리 5단계
㉠ 1단계: 조직(안전관리조직)
㉡ 2단계: 사실의 발견(현상파악)
㉢ 3단계: 분석·평가(원인규명)
㉣ 4단계: 시정책의 선정
㉤ 5단계: 시정책의 적용

관련개념 CHAPTER 01 산업재해예방 계획 수립

012

다음 중 안전보건교육계획을 수립할 때 고려할 사항으로 가장 거리가 먼 것은?

① 현장의 의견을 충분히 반영한다.
② 대상자의 필요한 정보를 수집한다.
③ 안전교육시행체계와의 연관성을 고려한다.
④ 정부 규정에 의한 교육에 한정하여 실시한다.

해설 안전보건교육계획 수립 시 법 규정에 의한 교육에만 그치지 않아야 한다.

관련개념 CHAPTER 05 안전보건교육의 내용 및 방법

013

특정과업에서 에너지 소비수준에 영향을 미치는 인자가 아닌 것은?

① 작업방법   ② 작업속도
③ 작업관리   ④ 도구

해설 에너지 소비량에 영향을 미치는 인자
작업방법, 작업자세, 작업속도, 도구설계

관련개념 SUBJECT 02 인간공학 및 위험성평가·관리
　　　　　CHAPTER 06 작업환경 관리

014

국제노동기구(ILO)의 산업재해 정도 구분에서 부상 결과 근로자가 신체장해등급 제12급 판정을 받았다면 이는 어느 정도의 부상을 의미하는가?

① 영구 전노동 불능   ② 영구 일부노동 불능
③ 일시 전노동 불능   ④ 일시 일부노동 불능

해설 상해정도별 구분
· 사망
· 영구 전노동 불능 상해(신체장해등급 1~3등급)
· 영구 일부노동 불능 상해(신체장해등급 4~14등급)
· 일시 전노동 불능 상해: 장해가 남지 않는 휴업상해
· 일시 일부노동 불능 상해: 일시 근무 중에 업무를 떠나 치료를 받는 정도의 상해
· 구급처치상해: 응급처치 후 정상작업을 할 수 있는 정도의 상해

관련개념 SUBJECT 03 기계·기구 및 설비 안전관리
　　　　　CHAPTER 02 기계분야 산업재해 조사 및 관리

015

사고의 원인분석방법에 해당하지 않는 것은?

① 통계적 원인분석   ② 종합적 원인분석
③ 클로즈(close)분석도   ④ 관리도

해설 종합적 원인분석은 사고 원인분석방법에 해당하지 않는다.
재해의 통계적 원인분석 방법
파레토도, 특성요인도, 클로즈분석도, 관리도

관련개념 SUBJECT 03 기계·기구 및 설비 안전관리
　　　　　CHAPTER 02 기계분야 산업재해 조사 및 관리

016

안전검사기관 및 자율검사프로그램 인정기관은 고용노동부장관에게 그 실적을 보고하도록 관련법에 명시되어 있는데 그 주기로 옳은 것은?

① 매월　　　　　　　　② 격월
③ 분기　　　　　　　　④ 반기

해설　안전검사 실적보고

안전검사기관은 분기마다 다음 달 10일까지 분기별 실적과, 매년 1월 20일까지 전년도 실적을 고용노동부장관에게 제출하여야 하며, 공단은 분기마다 다음 달 10일까지 분기별 실적과, 매년 1월 20일까지 전년도 실적을 고용노동부장관에게 제출하여야 한다.

관련개념 SUBJECT 03 기계 · 기구 및 설비 안전관리
　　　　　 CHAPTER 02 기계분야 산업재해 조사 및 관리

017

「산업안전보건법」상의 안전보건표지 종류 중 관계자외 출입금지표지에 해당되는 것은?

① 안전모 착용
② 폭발성물질 경고
③ 방사성물질 경고
④ 석면취급 · 해체 작업장

해설　관계자 외 출입금지

허가대상물질 작업장	석면취급/해체 작업장	금지대상물질의 취급실험실 등
관계자 외 출입금지 (허가물질 명칭) 제조/사용/보관 중	관계자 외 출입금지 석면 취급/해체 중	관계자 외 출입금지 발암물질 취급 중
보호구/보호복 착용 흡연 및 음식물 섭취 금지	보호구/보호복 착용 흡연 및 음식물 섭취 금지	보호구/보호복 착용 흡연 및 음식물 섭취 금지

관련개념 CHAPTER 02 안전보호구 관리

018

안전교육방법 중 학습자가 이미 설명을 듣거나 시범을 보고 알게 된 지식이나 기능을 강사의 감독 아래 직접적으로 연습하여 적용할 수 있도록 하는 교육방법은?

① 모의법　　　　　　　② 토의법
③ 실연법　　　　　　　④ 반복법

해설　실연법

학습자가 이미 설명을 듣거나 시범을 보고 알게 된 지식이나 기능을 강사의 감독 아래 직접적으로 연습시켜 적용해 보게 하는 교육방법이다. 다른 방법보다 교사 대 학습자의 비가 높다.

관련개념 CHAPTER 05 안전보건교육의 내용 및 방법

019

안전관리조직의 참모식(Staff형)에 대한 장점이 아닌 것은?

① 경영자의 조언과 자문역할을 한다.
② 안전정보 수집이 용이하고 빠르다.
③ 안전에 관한 명령과 지시는 생산라인을 통해 신속하게 전달한다.
④ 안전전문가가 안전계획을 세워 문제해결 방안을 모색하고 조치한다.

해설 안전에 관한 명령과 지시가 생산라인을 통해 신속하게 전달되는 것은 직계식(LINE형)에 대한 장점이다.

관련개념 CHAPTER 01 산업재해예방 계획 수립

020

「산업안전보건법령」상 안전인증대상 기계 · 기구 및 설비가 아닌 것은?

① 연삭기　　　　　　　② 롤러기
③ 압력용기　　　　　　④ 고소(高所) 작업대

해설 연삭기는 안전인증대상이 아닌 자율안전확인대상 기계 · 기구이다.
안전인증대상 기계 · 기구 및 설비
프레스, 전단기 및 절곡기, 크레인, 리프트, 압력용기, 롤러기, 사출성형기, 고소작업대, 곤돌라

관련개념 SUBJECT 03 기계 · 기구 및 설비 안전관리
　　　　　 CHAPTER 02 기계분야 산업재해 조사 및 관리

인간공학 및 위험성평가 · 관리

021

실린더 블록에 사용하는 가스켓의 수명은 평균 10,000시간이며, 표준편차는 200시간으로 정규분포를 따른다. 사용시간이 9,600시간일 경우에 신뢰도는 약 얼마인가?(단, 표준정규분포표에서 $u_1=0.8413$, $u_2=0.9772$이다.)

① 84.13[%] ② 88.73[%]
③ 92.72[%] ④ 97.72[%]

해설 정규분포 표준화 공식

$$u=\frac{변수(X)-평균(\mu)}{표준편차(\sigma)}$$

$$P_r(X\geq9,600)=P_r\left(u\geq\frac{9,600-10,000}{200}\right)$$
$$=P_r(u\geq-2)=P_r(u\leq2)=0.9772=97.72[\%]$$

관련개념 CHAPTER 03 위험성 감소대책 수립 · 실행

022

의도는 올바른 것이었지만, 행동이 의도한 것과는 다르게 나타나는 오류를 무엇이라 하는가?

① Slip ② Mistake
③ Lapse ④ Violation

해설 인간의 오류모형
· 착오(Mistake): 상황해석을 잘못하거나 목표를 잘못 이해하고 착각하여 행하는 경우
· 실수(Slip): 상황이나 목표의 해석을 제대로 했으나 의도와는 다른 행동을 하는 경우
· 건망증(Lapse): 여러 과정이 연계적으로 일어나는 행동 중에서 일부를 잊어버리고 하지 않거나 또는 기억의 실패에 의하여 발생하는 오류
· 위반(Violation): 정해진 규칙을 알고 있음에도 고의로 따르지 않거나 무시하는 행위

관련개념 CHAPTER 01 안전과 인간공학

023

점광원으로부터 0.3[m] 떨어진 구면에 비추는 광량이 5[lumen]일 때, 조도는 약 몇 [lux]인가?

① 0.06 ② 16.7
③ 55.6 ④ 83.4

해설 조도[lux] = $\frac{광속[lumen]}{(거리[m])^2}=\frac{5}{0.3^2}=55.6[lux]$

관련개념 CHAPTER 06 작업환경 관리

024

음량수준을 측정할 수 있는 3가지 척도에 해당되지 않는 것은?

① sone ② 럭스
③ phon ④ 인식소음 수준

해설 조도(Illuminance)
어떤 물체나 대상면에 도달하는 빛의 양이다.(단위: [lux])

관련개념 CHAPTER 06 작업환경 관리

025

시스템 수명주기 단계 중 마지막 단계인 것은?

① 구상단계 ② 개발단계
③ 운전단계 ④ 생산단계

해설 시스템 수명주기
구상단계 → 정의 → 개발 → 생산 → 운전

관련개념 CHAPTER 02 위험성 파악 · 결정

026

FT도에 사용되는 다음 게이트의 명칭은?

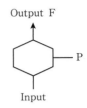

① 부정 게이트
② 억제 게이트
③ 배타적 OR 게이트
④ 우선적 AND 게이트

해설

기호	명칭	설명
Output F ↑ P Input	억제 게이트	입력사상이 주어진 조건을 만족하여야 출력사상이 발생

관련개념 CHAPTER 02 위험성 파악 · 결정

027

염산을 취급하는 A 업체에서는 신설 설비에 관한 안전성 평가를 실시해야 한다. 정성적 평가단계의 주요 진단 항목에 해당하는 것은?

① 공장 내의 배치
② 제조공정의 개요
③ 재평가 방법 및 계획
④ 안전 · 보건교육 훈련계획

해설 안전성 평가 제2단계(정성적 평가)
• 설계관계: 입지조건, 공장 내 배치, 건조물, 소방설비, 공정기기 등
• 운전관계: 원재료, 운송, 저장 등

관련개념 CHAPTER 02 위험성 파악 · 결정

028

인간-기계시스템의 설계를 6단계로 구분할 때, 첫 번째 단계에서 시행하는 것은?

① 기본설계
② 시스템의 정의
③ 인터페이스 설계
④ 시스템의 목표와 성능명세 결정

해설 인간 - 기계 시스템 설계과정 6단계
㉠ 목표 및 성능명세 결정: 시스템 설계 전 그 목적이나 존재 이유가 있어야 함(인간요소적인 면, 신체의 역학적 특성 및 인체측정학적 요소 고려)
㉡ 시스템(체계) 정의: 목적을 달성하기 위한 특정한 기본기능들이 수행되어야 함
㉢ 기본설계: 시스템의 형태를 갖추기 시작하는 단계(직무분석, 작업설계, 기능할당)
㉣ 인터페이스(계면) 설계: 사용자 편의와 시스템 성능에 관여
㉤ 촉진물 설계: 인간의 성능을 증진시킬 보조물 설계
㉥ 시험 및 평가: 시스템 개발과 관련된 평가와 인간적인 요소 평가 실시

관련개념 CHAPTER 01 안전과 인간공학

029

FTA에서 시스템의 기능을 살리는 데 필요한 최소 요인의 집합을 무엇이라 하는가?

① Critical Set
② Minimal Gate
③ Minimal Path Set
④ Boolean Indicated Cut Set

해설 최소 패스셋(Minimal Path Set)
정상사상(고장)이 일어나지 않는 기본사상의 집합 중 최소한의 셋을 말한다.(시스템의 신뢰성)

관련개념 CHAPTER 02 위험성 파악 · 결정

030

쾌적 환경에서 추운 환경으로 변화 시 신체의 조절작용이 아닌 것은?

① 피부온도가 내려간다.
② 직장온도가 약간 내려간다.
③ 몸이 떨리고 소름이 돋는다.
④ 피부를 경유하는 혈액 순환량이 감소한다.

해설 추운 환경으로 변할 때 신체 조절작용(저온스트레스)으로 직장(直腸)온도가 약간 올라간다.

관련개념 CHAPTER 06 작업환경 관리

031

인간–기계시스템의 연구 목적으로 가장 적절한 것은?

① 정보 저장의 극대화
② 운전 시 피로의 평준화
③ 시스템의 신뢰성 극대화
④ 안전의 극대화 및 생산능률의 향상

해설 인간–기계 통합체계는 인간과 기계의 상호작용으로 인간의 역할에 중점을 두고 시스템을 설계하여 인간의 안전을 극대화하고 생산능률을 향상시키는 데 그 목적이 있다.

관련개념 CHAPTER 01 안전과 인간공학

032

음압수준이 70[dB]인 경우, 1,000[Hz]에서 순음의 [phon]치는?

① 50[phon]
② 70[phon]
③ 90[phon]
④ 100[phon]

해설 [phon]으로 표시한 음량 수준은 이 음과 같은 크기로 들리는 1,000[Hz] 순음의 음압수준[dB]으로 진동수가 1,000[Hz]인 70[dB]은 70[phon]이다.

관련개념 CHAPTER 06 작업환경 관리

033

다음의 각 단계를 결함수분석법(FTA)에 의한 재해사례의 연구순서대로 나열한 것은?

> ㉠ 정상사상의 선정
> ㉡ FT도 작성 및 분석
> ㉢ 개선계획의 작성
> ㉣ 각 사상의 재해원인 규명

① ㉠ → ㉡ → ㉢ → ㉣
② ㉠ → ㉣ → ㉢ → ㉡
③ ㉠ → ㉢ → ㉡ → ㉣
④ ㉠ → ㉣ → ㉡ → ㉢

해설 FTA에 의한 재해사례 연구순서(D. R. Cheriton)
정상(Top)사상의 선정 → 각 사상의 재해원인 규명 → FT도의 작성 및 분석 → 개선계획의 작성

관련개념 CHAPTER 02 위험성 파악·결정

034

인체계측자료의 응용원칙 중 조절 범위에서 수용하는 통상의 범위는 얼마인가?

① 5~95[%tile]
② 20~80[%tile]
③ 30~70[%tile]
④ 40~60[%tile]

해설 조절식 설계(5~95[%tile])
체격이 다른 여러 사람에 맞도록 조절식으로 만드는 것이다.
예 자동차 좌석의 전후 조절, 사무실 의자의 상하 조절 등

관련개념 CHAPTER 06 작업환경 관리

035

동작경제 원칙에 해당되지 않는 것은?

① 신체사용에 관한 원칙
② 작업장 배치에 관한 원칙
③ 사용자 요구 조건에 관한 원칙
④ 공구 및 설비 설계(디자인)에 관한 원칙

해설 동작경제의 3원칙
• 신체사용에 관한 원칙
• 작업장 배치에 관한 원칙
• 공구 및 설비 설계(디자인)에 관한 원칙

관련개념 CHAPTER 06 작업환경 관리

036

생명유지에 필요한 단위시간당 에너지량을 무엇이라 하는가?

① 기초대사량
② 산소소비율
③ 작업대사량
④ 에너지소비율

해설 **기초대사량**

생명을 유지하는 데 필요한 최소한의 에너지량을 말한다. 일반적으로 체중 1[kg]당 1시간에 남성은 1[kcal], 여성은 0.9[kcal] 정도를 소모한다.

관련개념 CHAPTER 06 작업환경 관리

037

「산업안전보건법령」에 따라 제조업 중 유해위험방지계획서 제출대상 사업의 사업주가 유해위험방지계획서를 제출하고자 할 때 첨부하여야 하는 서류에 해당하지 않는 것은?(단, 기타 고용노동부장관이 정하는 도면 및 서류 등은 제외한다.)

① 공사 개요서
② 기계 · 설비의 배치도면
③ 기계 · 설비의 개요를 나타내는 서류
④ 원재료 및 제품의 취급, 제조 등의 작업방법의 개요

해설 공사 개요서는 건설공사 유해위험방지계획서에 첨부하여야 할 서류이다.

제조업 등 유해위험방지계획서 제출서류

· 건축물 각 층의 평면도
· 기계 · 설비의 개요를 나타내는 서류
· 기계 · 설비의 배치도면
· 원재료 및 제품의 취급, 제조 등의 작업방법의 개요
· 그 밖에 고용노동부장관이 정하는 도면 및 서류

관련개념 CHAPTER 02 위험성 파악 · 결정

038

정신적 작업 부하에 관한 생리적 척도에 해당하지 않는 것은?

① 부정맥 지수
② 근전도
③ 점멸융합주파수
④ 뇌파도

해설 근전도(EMG)는 육체적 작업 부하에 관한 생리적 척도로 근수축 정도 또는 근피로도 측정 시 사용된다.

관련개념 SUBJECT 01 산업재해 예방 및 안전보건교육
　　　　　CHAPTER 04 인간의 행동과학

039

수리가 가능한 어떤 기계의 가용도(Availability)는 0.90이고, 평균수리시간(MTTR)이 2시간일 때, 이 기계의 평균수명(MTTF)은?

① 15시간
② 16시간
③ 17시간
④ 18시간

해설 가용도(A)$=\dfrac{MTTF}{MTTF+MTTR}$에서

$MTTF=\dfrac{A}{1-A}\times MTTR=\dfrac{0.9}{1-0.9}\times 2=18$시간

관련개념 CHAPTER 03 위험성 감소대책 수립 · 실행

040

FMEA의 장점이라 할 수 있는 것은?

① 분석방법에 대한 논리적 배경이 강하다.
② 물적, 인적요소 모두가 분석대상이 된다.
③ 서식이 간단하고 비교적 적은 노력으로 분석이 가능하다.
④ 두 가지 이상의 요소가 동시에 고장 나는 경우에도 분석이 용이하다.

해설 **고장형태와 영향분석법(FMEA)의 특징**

· FTA보다 서식이 간단하고 적은 노력으로 분석이 가능하다.
· 논리성이 부족하고, 특히 각 요소 간의 영향을 분석하기 어렵기 때문에 동시에 두 가지 이상의 요소가 고장이 날 경우에 분석이 곤란하다.
· 요소가 물체로 한정되어 있기 때문에 인적 원인을 분석하는 데는 곤란하다.

관련개념 CHAPTER 02 위험성 파악 · 결정

기계·기구 및 설비 안전관리

041

압력용기 등에 설치하는 안전밸브에 관련한 설명으로 옳지 않은 것은?

① 안지름이 150[mm]를 초과하는 압력용기에 대해서는 과압에 따른 폭발을 방지하기 위하여 규정에 맞는 안전밸브를 설치해야 한다.

② 급성 독성물질이 지속적으로 외부에 유출될 수 있는 화학설비 및 그 부속설비에는 파열판과 안전밸브를 병렬로 설치한다.

③ 안전밸브는 보호하려는 설비의 최고사용압력 이하에서 작동되도록 하여야 한다.

④ 안전밸브의 배출용량은 그 작동원인에 따라 각각의 소요분출량을 계산하여 가장 큰 수치를 해당 안전밸브의 배출용량으로 하여야 한다.

해설 급성 독성물질이 지속적으로 외부에 유출될 수 있는 화학설비 및 그 부속설비에 파열판과 안전밸브를 직렬로 설치하고 그 사이에는 압력지시계 또는 자동경보장치를 설치하여야 한다.

관련개념 SUBJECT 05 화학설비 안전관리
　　　　　 CHAPTER 04 화공 안전운전·점검

042

휴대용 연삭기 덮개의 개방부 각도는 몇 도 이내여야 하는가?

① 60°　　　　　　　② 90°

③ 125°　　　　　　 ④ 180°

해설 연삭기 안전덮개의 노출각도

• 탁상용 연삭기
　– 일반 연삭작업 등에 사용하는 것을 목적으로 하는 경우: 125° 이내
　– 연삭숫돌의 상부사용을 목적으로 하는 경우: 60° 이내
• 원통 연삭기, 만능 연삭기 등: 180° 이내
• 휴대용 연삭기, 스윙(Swing) 연삭기 등: 180° 이내
• 평면 연삭기, 절단 연삭기 등: 150° 이내

관련개념 CHAPTER 03 공작기계의 안전

043

프레스 작업시작 전 점검해야 할 사항으로 거리가 먼 것은?

① 매니퓰레이터 작동의 이상 유무

② 클러치 및 브레이크 기능

③ 슬라이드, 연결봉 및 연결 나사의 풀림 여부

④ 프레스 금형 및 고정볼트 상태

해설 매니퓰레이터 작동의 이상 유무는 로봇의 교시 등의 작업시작 전 점검사항이다.

프레스 작업시작 전 점검사항

• 클러치 및 브레이크의 기능
• 크랭크축·플라이휠·슬라이드·연결봉 및 연결 나사의 풀림 여부
• 1행정 1정지기구·급정지장치 및 비상정지장치의 기능
• 슬라이드 또는 칼날에 의한 위험방지 기구의 기능
• 프레스의 금형 및 고정볼트 상태
• 방호장치의 기능
• 전단기의 칼날 및 테이블의 상태

관련개념 CHAPTER 02 기계분야 산업재해 조사 및 관리

044

롤러기 급정지장치 조작부에 사용하는 로프의 성능 기준으로 적합한 것은?(단, 로프의 재질은 관련 규정에 적합한 것으로 본다.)

① 지름 1[mm] 이상의 와이어로프

② 지름 2[mm] 이상의 합성섬유로프

③ 지름 3[mm] 이상의 합성섬유로프

④ 지름 4[mm] 이상의 와이어로프

해설 롤러기 급정지장치 조작부에 로프를 사용할 경우는 KS D 3514(와이어로프)에 정한 규격에 적합한 직경 4[mm] 이상의 와이어로프 또는 직경 6[mm] 이상이고 절단하중이 2.94[kN] 이상의 합성섬유의 로프를 사용하여야 한다.

관련개념 CHAPTER 05 기타 산업용 기계·기구

045

다음 중 공장 소음에 대한 방지계획에 있어 소음원에 대한 대책에 해당하지 않는 것은?

① 해당 설비의 밀폐
② 설비실의 차음벽 시공
③ 작업자의 보호구 착용
④ 소음기 및 흡음장치 설치

해설 작업자의 보호구 착용은 소음원에 대한 대책이 아닌 작업자에 대한 대책에 해당한다.

소음을 통제하는 방법(소음대책)
- 소음원의 통제
- 소음의 격리
- 차폐장치 및 흡음재 사용
- 음향처리제 사용
- 적절한 배치

관련개념 SUBJECT 02 인간공학 및 위험성평가 · 관리
CHAPTER 06 작업환경 관리

046

다음 중 산업용 로봇에 의한 작업 시 안전조치사항으로 적절하지 않은 것은?

① 로봇이 운전으로 인해 근로자가 로봇에 부딪칠 위험이 있을 때에는 1.8[m] 이상의 울타리를 설치하여야 한다.
② 작업을 하고 있는 동안 로봇의 기동스위치 등은 작업에 종사하고 있는 근로자가 아닌 사람이 그 스위치 등을 조작할 수 없도록 필요한 조치를 한다.
③ 로봇의 조작방법 및 순서, 작업 중의 매니퓰레이터의 속도 등에 관한 지침에 따라 작업을 하여야 한다.
④ 작업에 종사하는 근로자가 이상을 발견하면 관리감독자에게 우선 보고하고, 지시에 따라 로봇의 운전을 정지시킨다.

해설 산업용 로봇의 작업 시 작업에 종사하고 있는 근로자 또는 그 근로자를 감시하는 사람은 이상을 발견하면 즉시 로봇의 운전을 정지시키기 위한 조치를 하여야 한다.

관련개념 CHAPTER 05 기타 산업용 기계 · 기구

047

와이어로프의 꼬임은 일반적으로 특수로프를 제외하고는 보통 꼬임(Ordinary Lay)과 랭 꼬임(Lang's Lay)으로 분류할 수 있다. 다음 중 랭 꼬임과 비교하여 보통 꼬임의 특징에 관한 설명으로 틀린 것은?

① 킹크가 잘 생기지 않는다.
② 내마모성, 유연성, 저항성이 우수하다.
③ 로프의 변형이나 하중을 걸었을 때 저항성이 크다.
④ 스트랜드의 꼬임방향과 로프의 꼬임방향이 반대이다.

해설 와이어로프 보통 꼬임
- 스트랜드의 꼬임방향과 소선의 꼬임방향이 반대이다.
- 로프 자체의 변형이 적다.
- 킹크가 잘 생기지 않는다.
- 하중을 걸었을 때 저항성이 크다.

관련개념 CHAPTER 06 운반기계 및 양중기

048

다음 중 「산업안전보건법령」상 연삭숫돌을 사용하는 작업의 안전수칙으로 틀린 것은?

① 연삭숫돌을 사용하는 경우 작업시작 전과 연삭숫돌을 교체한 후에는 1분 정도 시운전을 통해 이상 유무를 확인한다.
② 회전 중인 연삭숫돌이 근로자에 위험을 미칠 우려가 있는 경우에 그 부위에 덮개를 설치하여야 한다.
③ 연삭숫돌의 최고 사용회전속도를 초과하여 사용하여서는 안 된다.
④ 측면을 사용하는 목적으로 하는 연삭숫돌 이외에는 측면을 사용해서는 안 된다.

해설 연삭숫돌을 사용하는 작업의 경우 작업을 시작하기 전에는 1분 이상, 연삭숫돌을 교체한 후에는 3분 이상 시험운전을 하고 해당 기계에 이상이 있는지의 여부를 확인하여야 한다.

관련개념 CHAPTER 03 공작기계의 안전

049

프레스 및 전단기에 사용되는 손쳐내기식 방호장치의 성능기준에 대한 설명 중 옳지 않은 것은?

① 진동각도 · 진폭시험: 행정길이가 최소일 때 진동각도는 60°~90°이다.
② 진동각도 · 진폭시험: 행정길이가 최대일 때 진동각도는 30°~60°이다.
③ 완충시험: 손쳐내기봉에 의한 과도한 충격이 없어야 한다.
④ 무부하 동작시험: 1회의 오동작도 없어야 한다.

해설 손쳐내기식 방호장치의 성능기준(프레스 및 전단기)

진동각도 · 진폭시험	• 행정길이가 최소일 때: 60°~90° 진동각도 • 행정길이가 최대일 때: 45°~90° 진동각도
완충시험	손쳐내기봉에 의한 과도한 충격이 없어야 한다.
무부하 동작시험	1회의 오동작도 없어야 한다.

관련개념 CHAPTER 04 프레스 및 전단기의 안전

050

다음 중 용접 결함의 종류에 해당하지 않는 것은?

① 비드(Bead)
② 기공(Blow Hole)
③ 언더컷(Under Cut)
④ 용입불량(Incomplete Penetration)

해설 비드(Bead)는 용접작업에서 모재와 용접봉이 녹아서 생긴 가늘고 긴 파형의 띠이다.
용접 결함의 종류
언더컷, 오버랩, 기공, 스패터, 슬래그 섞임, 용입불량 등

관련개념 CHAPTER 05 기타 산업용 기계 · 기구

051

보일러 등에 사용하는 압력방출장치의 봉인은 무엇으로 실시해야 하는가?

① 구리 테이프
② 납
③ 봉인용 철사
④ 알루미늄 실(Seal)

해설 압력방출장치는 매년 1회 이상 국가교정기관에서 교정을 받은 압력계를 이용하여 설정압력에서 압력방출장치가 적정하게 작동하는지를 검사한 후 납으로 봉인하여 사용하여야 한다.

관련개념 CHAPTER 05 기타 산업용 기계 · 기구

052

컨베이어 설치 시 주의사항에 관한 설명으로 옳지 않은 것은?

① 컨베이어에 설치된 보도 및 운전실 상면은 수평이어야 한다.
② 근로자가 컨베이어를 횡단하는 곳에는 바닥면 등으로부터 90[cm] 이상 120[cm] 이하에 상부난간대를 설치하고, 바닥면과의 중간에 중간난간대가 설치된 건널다리를 설치한다.
③ 폭발의 위험이 있는 가연성 분진 등을 운반하는 컨베이어 또는 폭발의 위험이 있는 장소에 사용되는 컨베이어의 전기기계 및 기구는 방폭구조이어야 한다.
④ 보도, 난간, 계단, 사다리의 설치 시 컨베이어를 가동시킨 후에 설치하면서 설치 상황을 확인한다.

해설 보도, 난간, 계단, 사다리의 설치 시 컨베이어 가동개시 전에 설치 상황을 확인하여야 한다.

관련개념 CHAPTER 06 운반기계 및 양중기

053

유해·위험 기계·기구 중에서 진동과 소음을 동시에 수반하는 기계설비로 가장 거리가 먼 것은?

① 컨베이어　　② 사출성형기
③ 가스용접기　　④ 공기압축기

해설 유해·위험 기계·기구 중 소음과 진동을 동시에 수반하는 기계는 컨베이어, 사출성형기, 공기압축기이다.

관련개념 CHAPTER 07 설비진단 및 검사

054

기능의 안전화 방안을 소극적 대책과 적극적 대책으로 구분할 때 다음 중 적극적 대책에 해당하는 것은?

① 기계의 이상을 확인하고 급정지시켰다.
② 원활한 작동을 위해 급유를 하였다.
③ 회로를 개선하여 오동작을 방지하도록 하였다.
④ 기계를 볼트 및 너트가 이완되지 않도록 다시 조립하였다.

해설 **기능적 안전화의 적극적 대책**
회로를 개선하여 오작동을 사전에 방지하거나 또는 별도의 안전한 회로에 의한 정상기능을 찾도록 하는 대책이다.

관련개념 CHAPTER 01 기계공정의 안전, 기계안전시설 관리

055

프레스기의 비상정지스위치 작동 후 슬라이드가 하사점까지 도달시간이 0.15초 걸렸다면 양수기동식 방호장치의 안전거리는 최소 몇 [cm] 이상이어야 하는가?

① 24　　② 240
③ 15　　④ 150

해설 **양수기동식 방호장치 안전거리**
$D_m = 1,600 \times T_m = 1,600 \times 0.15 = 240[mm] = 24[cm]$
여기서, T_m: 누름버튼을 누른 때부터 슬라이드가 하사점에 도달할 때까지의 소요 최대시간[초]

관련개념 CHAPTER 04 프레스 및 전단기의 안전

056

다음 중 소성가공을 열간가공과 냉간가공으로 분류하는 가공온도의 기준은?

① 융해점 온도　　② 공석점 온도
③ 공정점 온도　　④ 재결정 온도

해설 **냉간가공 및 열간가공**
• 냉간가공(상온가공, Cold Working): 재결정 온도 이하에서 금속의 인장강도, 항복점, 탄성한계, 경도, 연율, 단면수축률 등과 같은 기계적 성질을 변화시키는 가공이다.
• 열간가공(고온가공, Hot Working): 재결정 온도 이상에서 하는 가공이다.

관련개념 CHAPTER 03 공작기계의 안전

057

자분탐상검사에서 사용하는 자화방법이 아닌 것은?

① 축통전법　　② 전류관통법
③ 극간법　　④ 임피던스법

해설 **자분탐상검사의 자화방법**
• 축통전법　　• 직각통전법
• 프로드법　　• 전류관통법
• 코일법　　• 극간법
• 자속관통법

관련개념 CHAPTER 07 설비진단 및 검사

058

컨베이어(Conveyor) 역전방지장치의 형식을 기계식과 전기식으로 구분할 때 기계식에 해당하지 않는 것은?

① 라쳇식　　② 밴드식
③ 스러스트식　　④ 롤러식

해설 **기계식 역주행방지장치**
롤러식, 라쳇식, 밴드식

관련개념 CHAPTER 06 운반기계 및 양중기

059

다음 중 프레스를 제외한 사출성형기·주형조형기 및 형단조기 등에 관한 안전조치사항으로 틀린 것은?

① 근로자의 신체 일부가 말려들어갈 우려가 있는 경우에는 양수조작식 방호장치를 설치하여 사용한다.

② 게이트가드식 방호장치를 설치할 경우에는 연동구조를 적용하여 문을 닫지 않아도 동작할 수 있도록 한다.

③ 사출성형기의 전면에 작업용 발판을 설치할 경우 근로자가 쉽게 미끄러지지 않는 구조여야 한다.

④ 기계의 히터 등의 가열 부위, 감전우려가 있는 부위에는 방호덮개를 설치하여 사용한다.

해설 **사출성형기 방호장치**
- 사출성형기·주형조형기 및 형단조기 등에 근로자의 신체 일부가 말려들어갈 우려가 있는 경우 게이트가드 또는 양수조작식 등에 의한 방호장치, 그 밖에 필요한 방호조치를 하여야 한다.
- 게이트가드는 닫지 아니하면 기계가 작동되지 아니하는 연동구조이어야 한다.
- 기계의 히터 등의 가열 부위 또는 감전 우려가 있는 부위에는 방호덮개를 설치하는 등 필요한 안전조치를 하여야 한다.

관련개념 CHAPTER 05 기타 산업용 기계·기구

060

재료의 강도시험 중 항복점을 알 수 있는 시험의 종류는?

① 비파괴시험   ② 충격시험

③ 인장시험   ④ 피로시험

해설 **인장시험**
재료의 항복점, 인장강도, 신장 등을 알 수 있는 시험이다.

관련개념 CHAPTER 01 기계공정의 안전, 기계안전시설 관리

전기설비 안전관리

061

다음 중 불꽃(Spark)방전의 발생 시 공기 중에 생성되는 물질은?

① O_2 ② O_3

③ H_2 ④ C

해설 불꽃방전 발생 시 공기 중에 생성되는 물질은 오존(O_3)이다.

관련개념 CHAPTER 03 정전기 장·재해관리

062

정전작업 시 작업 중의 조치사항으로 옳은 것은?

① 검전기에 의한 정전확인

② 개폐기의 관리

③ 잔류전하의 방전

④ 단락접지 실시

해설 ①, ③, ④는 정전작업 전 조치사항이다.

관련개념 CHAPTER 02 감전재해 및 방지대책

063

대전물체의 표면전위를 검출전극에 의한 용량분할을 통해 측정할 수 있다. 대전물체의 표면전위 V_s는?(단, 대전물체와 검출전극 간의 정전용량은 C_1, 검출전극과 대지 간의 정전용량은 C_2, 검출전극의 전위는 V_e이다.)

① $V_s = \left(\dfrac{C_1+C_2}{C_1}+1\right) \cdot V_e$

② $V_s = \dfrac{C_1+C_2}{C_1} V_e$

③ $V_s = \dfrac{C_2}{C_1+C_2} V_e$

④ $V_s = \left(\dfrac{C_1}{C_1+C_2}+1\right) \cdot V_e$

해설 대전물체의 표면전위

$V_s = \dfrac{C_1+C_2}{C_1} V_e$

관련개념 CHAPTER 03 정전기 장·재해관리

064

자동전격방지장치에 대한 설명으로 틀린 것은?

① 무부하 시 전력손실을 줄인다.

② 무부하 전압을 안전전압 이하로 저하시킨다.

③ 용접을 할 때에만 용접기의 주회로를 개로(OFF)시킨다.

④ 교류아크용접기의 안전장치로서 용접기의 1차 또는 2차 측에 부착한다.

해설 자동전격방지장치

용접봉의 조작에 따라 용접을 할 때에만 용접기의 주회로를 폐로(ON)시키고, 용접을 행하지 않을 때에는 용접기 주회로를 개로(OFF)시켜 용접기 출력 측의 무부하 전압을 25[V] 이하로 저하시켜 작업자가 용접봉과 모재 사이에 접촉함으로써 발생하는 감전의 위험을 방지하는 장치이다.

관련개념 CHAPTER 02 감전재해 및 방지대책

065

인체의 전기저항 R을 1,000[Ω]이라고 할 때 위험한계에너지의 최저는 약 몇 [J]인가?(단, 통전시간은 1초이고, 심실세동전류 $I = \dfrac{165}{\sqrt{T}}$[mA]이다.)

① 17.23 ② 27.23

③ 37.23 ④ 47.23

해설
$$W = I^2 RT = \left(\dfrac{165}{\sqrt{T}} \times 10^{-3}\right)^2 \times 1,000\,T$$
$$= (165^2 \times 10^{-6}) \times 1,000 = 27.23[J]$$

여기서, W: 위험한계에너지[J]

I: 심실세동전류[A]

R: 인체저항[Ω]

T: 통전시간[s]

관련개념 CHAPTER 02 감전재해 및 방지대책

066

전기기기 방폭의 기본개념이 아닌 것은?

① 점화원의 방폭적 격리

② 전기기기의 안전도 증강

③ 점화능력의 본질적 억제

④ 전기설비 주위 공기의 절연능력 향상

해설 전기설비 방폭화

· 점화원의 방폭적 격리(압력방폭, 유입방폭, 내압방폭)

· 전기설비의 안전도 증강(안전증방폭)

· 점화능력의 본질적 억제(본질안전방폭)

관련개념 CHAPTER 04 전기방폭관리

067

다음 그림과 같이 완전 누전되고 있는 전기기기의 외함에 사람이 접촉하였을 경우 인체에 흐르는 전류(I_m)는?(단, $E[V]$는 전원의 대지전압, $R_2[\Omega]$는 변압기 1선 접지, 제2종 접지저항, $R_3[\Omega]$은 전기기기 외함 접지, 제3종 접지저항, $R_m[\Omega]$은 인체저항이다.)

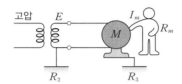

① $\dfrac{E}{R_2+\dfrac{R_3\times R_m}{R_3+R_m}}\times\dfrac{R_3}{R_3+R_m}$

② $\dfrac{E}{R_2+\dfrac{R_3+R_m}{R_3\times R_m}}\times\dfrac{R_3}{R_3+R_m}$

③ $\dfrac{E}{R_2+\dfrac{R_3\times R_m}{R_3+R_m}}\times\dfrac{R_m}{R_3+R_m}$

④ $\dfrac{E}{R_3+\dfrac{R_2\times R_m}{R_2+R_m}}\times\dfrac{R_3}{R_3+R_m}$

해설

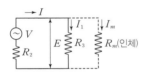

• 인체가 외함에 접촉 시 지락전류

$I=\dfrac{E}{R_2+\dfrac{R_3R_m}{R_3+R_m}}[A]$

• 인체가 외함에 접촉 시 인체를 통해서 흐르게 될 전류(감전전류)

$I_m=I\times\dfrac{R_3}{R_3+R_m}=\dfrac{E}{R_2+\dfrac{R_3R_m}{R_3+R_m}}\times\dfrac{R_3}{R_3+R_m}$

※ 계산식은 동일하나 「한국전기설비규정」이 개정됨에 따라 '접지대상에 따라 일괄 적용한 종별접지'는 폐지되었습니다.

관련개념 CHAPTER 02 감전재해 및 방지대책

068

감전사고를 방지하기 위한 방법으로 틀린 것은?

① 전기기기 및 설비의 위험부에 위험표지
② 전기설비에 대한 누전차단기 설치
③ 전기기기에 대한 정격표시
④ 무자격자는 전기기계 및 기구에 전기적인 접촉 금지

해설 전기기기의 정격표시는 기기보호에 해당하는 방법이다.

관련개념 CHAPTER 02 감전재해 및 방지대책

069

역률개선용 커패시터(Capacitor)가 접속되어 있는 전로에서 정전작업을 할 경우 다른 정전작업과는 달리 주의 깊게 취해야 할 조치사항으로 옳은 것은?

① 안전표지 부착
② 개폐기 전원투입 금지
③ 잔류전하 방전
④ 활선 근접작업에 대한 방호

해설 커패시터는 전기를 저장하는 장치이므로 방전코일이나 방전기구 등을 이용하여 잔류전하의 방전을 주의 깊게 조치하여야 한다.

관련개념 CHAPTER 02 감전재해 및 방지대책

070

내압방폭구조의 필요충분조건에 대한 사항으로 틀린 것은?

① 폭발화염이 외부로 유출되지 않을 것
② 습기침투에 대한 보호를 충분히 할 것
③ 내부에서 폭발할 경우 그 압력에 견딜 것
④ 외함의 표면온도가 외부의 폭발성 가스를 점화하지 않을 것

해설 **내압방폭구조의 성능**
• 내부에서 폭발할 경우 그 압력에 견딜 것
• 폭발화염이 외부로 유출되지 않을 것
• 외함 표면온도가 주위의 가연성 가스를 점화하지 않을 것

관련개념 CHAPTER 04 전기방폭관리

071

전기화재가 발생되는 비중이 가장 큰 발화원은?

① 주방기기
② 이동식 전열기
③ 회전체 전기기계 및 기구
④ 전기배선 및 배선기구

해설 전기화재가 발생되는 비중이 가장 큰 발화원은 전기배선 및 배선기구이다.

관련개념 CHAPTER 05 전기설비 위험요인관리

072

피뢰기의 구성요소로 옳은 것은?

① 직렬갭, 특성요소
② 병렬갭, 특성요소
③ 직렬갭, 충격요소
④ 병렬갭, 충격요소

해설 **피뢰기의 구성요소**
직렬갭+특성요소

관련개념 CHAPTER 05 전기설비 위험요인관리

073

감전사고가 발생했을 때 피해자를 구출하는 방법으로 틀린 것은?

① 피해자가 계속하여 전기설비에 접촉되어 있다면 우선 그 설비의 전원을 신속히 차단한다.
② 감전사항을 빠르게 판단하고 피해자의 몸과 충전부가 접촉되어 있는지를 확인한다.
③ 충전부에 감전되어 있으면 몸이나 손을 잡고 피해자를 곧바로 이탈시켜야 한다.
④ 절연고무장갑, 고무장화 등을 착용한 후에 구원해 준다.

해설 절연 보호구 없이 감전된 피해자와 접촉하면 같이 감전될 우려가 있다.
감전사고 시 응급조치
• 전원을 차단하고 피재자를 위험지역에서 신속히 대피(2차재해 예방)시킨다.
• 피재자의 상태를 확인한다.
• 기도확보, 인공호흡, 심장마사지의 순서로 응급조치를 한다.

관련개념 CHAPTER 02 감전재해 및 방지대책

074

한국전기설비규정에서 정의하는 전압의 구분으로 틀린 것은?

① 교류 저압: 1[kV] 이하
② 직류 저압: 1.5[kV] 이하
③ 직류 고압: 1.5[kV] 초과 7[kV] 이하
④ 특고압: 7,000[V] 이상

해설 **전압의 구분**
• 저압: 교류는 1[kV] 이하, 직류는 1.5[kV] 이하인 것
• 고압: 교류는 1[kV]를, 직류는 1.5[kV]를 초과하고, 7[kV] 이하인 것
• 특고압: 7[kV]를 초과하는 것

관련개념 CHAPTER 02 감전재해 및 방지대책

075

샤워시설이 있는 욕실에 콘센트를 시설하고자 한다. 이때 설치되는 인체감전보호용 누전차단기의 정격감도전류는 몇 [mA] 이하인가?

① 5
② 15
③ 30
④ 60

해설 욕조나 샤워시설이 있는 욕실 또는 화장실 등 인체가 물에 젖어 있는 상태에서 전기를 사용하는 장소에 콘센트를 시설하는 경우에는 「전기용품 및 생활용품 안전관리법」의 적용을 받는 인체감전보호용 누전차단기(정격감도전류 15[mA] 이하, 동작시간 0.03초 이하의 전류동작형의 것에 한함) 또는 절연변압기(정격용량 3[kVA] 이하인 것에 한함)로 보호된 전로에 접속하거나, 인체감전보호용 누전차단기가 부착된 콘센트를 시설하여야 한다.

관련개념 CHAPTER 02 감전재해 및 방지대책

076

인체의 저항을 500[Ω]이라 할 때 단상 440[V]의 회로에서 누전으로 인한 감전재해를 방지할 목적으로 설치하는 누전차단기의 규격은?

① 30[mA], 0.1초
② 30[mA], 0.03초
③ 50[mA], 0.1초
④ 50[mA], 0.3초

해설 **감전보호용 누전차단기**
• 정격감도전류 30[mA] 이하, 동작시간 0.03초 이내
• 정격전부하전류가 50[A] 이상인 경우, 정격감도전류 200[mA] 이하, 동작시간 0.1초 이내

관련개념 CHAPTER 02 감전재해 및 방지대책

077

접지의 종류와 목적이 바르게 짝지어지지 않은 것은?

① 계통접지 – 고압전로와 저압전로가 혼촉되었을 때의 감전이나 화재방지를 위하여
② 지락검출용 접지 – 차단기의 동작을 확실하게 하기 위하여
③ 기능용 접지 – 피뢰기 등의 기능손상을 방지하기 위하여
④ 등전위 접지 – 병원에 있어서 의료기기 사용 시 안전을 위하여

해설 **접지의 목적에 따른 종류**

접지의 종류	접지목적
계통접지	고압전로와 저압전로 혼촉 시 감전이나 화재 방지
피뢰기접지 (낙뢰방지용 접지)	낙뢰로부터 전기기기의 손상방지
지락검출용 접지	누전차단기의 동작을 확실하게 하기 위함
등전위 접지	병원에 있어서의 의료기기 사용 시의 안전 확보
기능용 접지	전기방식 설비 등의 접지

관련개념 CHAPTER 05 전기설비 위험요인관리

078

방폭지역 구분 중 폭발성 가스 분위기가 정상상태에서 조성되지 않거나 조성된다 하더라도 짧은 기간에만 존재할 수 있는 장소는?

① 0종 장소
② 1종 장소
③ 2종 장소
④ 비방폭지역

해설 **가스폭발 위험장소**

분류	적요
0종 장소	인화성 액체의 증기 또는 가연성 가스에 의한 폭발위험이 지속적으로 또는 장기간 존재하는 장소
1종 장소	정상 작동상태에서 인화성 액체의 증기 또는 가연성 가스에 의한 폭발위험 분위기가 존재하기 쉬운 장소
2종 장소	정상 작동상태에서 인화성 액체의 증기 또는 가연성 가스에 의한 폭발위험 분위기가 존재할 우려가 없으나, 존재할 경우 그 빈도가 아주 적고 단기간만 존재할 수 있는 장소

관련개념 CHAPTER 04 전기방폭관리

079

정격감도전류에서 동작시간이 가장 짧은 누전차단기는?

① 시연형 누전차단기
② 반한시형 누전차단기
③ 고속형 누전차단기
④ 감전보호용 누전차단기

해설 감전보호용 누전차단기의 동작시간이 0.03초 이내로 가장 짧다.

오답해설
① 시연형: 0.1초 초과 2초 이내
② 반한시형: 0.2초 초과 2초 이내
③ 고속형: 0.1초 이내

관련개념 CHAPTER 01 전기안전관리

080

방폭기기-일반요구사항(KS C IEC 60079-0) 규정에서 제시하고 있는 방폭기기 설치 시 표준환경조건이 아닌 것은?

① 압력: 80~110[kPa]
② 상대습도: 40~80[%]
③ 주위온도: −20~40[℃]
④ 산소 함유율 21[%v/v]의 공기

해설 KS C IEC 60079-0에서 상대습도에 대한 표준환경조건은 없다.

관련개념 CHAPTER 04 전기방폭관리

2019년 1회

화학설비 안전관리

081

분진폭발을 방지하기 위하여 첨가하는 불활성첨가물로 적합하지 않은 것은?

① 탄산칼슘　　　　　② 모래
③ 석분　　　　　　　④ 마그네슘

해설 마그네슘은 폭발성 분진으로 공기 중에 분산하여 있는 상태에서 착화시키면 분진폭발을 일으킬 위험이 있다.

관련개념 CHAPTER 02 화학물질 안전관리 실행

082

위험물 또는 가스에 의한 화재를 경보하는 기구에 필요한 설비가 아닌 것은?

① 간이완강기　　　　② 자동화재감지기
③ 축전지설비　　　　④ 자동화재수신기

해설 **간이완강기**
화재 시나 응급한 상황에 처하였을 때 피난을 돕는 피난구조설비로 사용자의 몸무게에 의하여 자동적으로 내려올 수 있는 기구 중 연속적으로 사용할 수 없는 것을 말한다. 간이완강기는 화재에 대한 경보기능이 없다.

관련개념 CHAPTER 01 화재·폭발 검토

083

「산업안전보건기준에 관한 규칙」 중 급성 독성 물질에 관한 기준 중 일부이다. (A)와 (B)에 알맞은 수치를 옳게 나타낸 것은?

- 쥐에 대한 경구투입실험에 의하여 실험동물의 50퍼센트를 사망시킬 수 있는 물질의 양, 즉 LD50(경구, 쥐)이 킬로그램당 (　A　)밀리그램-(체중) 이하인 화학물질
- 쥐 또는 토끼에 대한 경피흡수실험에 의하여 실험동물의 50퍼센트를 사망시킬 수 있는 물질의 양, 즉 LD50(경피, 토끼 또는 쥐)이 킬로그램당 (　B　)밀리그램-(체중) 이하인 화학물질

① A: 1,000, B: 300　　② A: 1,000, B: 1,000
③ A: 300, B: 300　　　④ A: 300, B: 1,000

해설 「산업안전보건법령」상 급성 독성 물질의 기준
- LD50(경구, 쥐)이 [kg]당 300[mg]-(체중) 이하인 화학물질
- LD50(경피, 토끼 또는 쥐)이 [kg]당 1,000[mg]-(체중) 이하인 화학물질
- 가스 LC50(쥐, 4시간 흡입)이 2,500[ppm] 이하인 화학물질
- 증기 LC50(쥐, 4시간 흡입)이 10[mg/L] 이하인 화학물질
- 분진 또는 미스트 LC50(쥐, 4시간 흡입)이 1[mg/L] 이하인 화학물질

관련개념 CHAPTER 02 화학물질 안전관리 실행

084

「산업안전보건기준에 관한 규칙」에서 지정한 '화학설비 및 그 부속설비의 종류' 중 화학설비의 부속설비에 해당하는 것은?

① 응축기·냉각기·가열기 등의 열교환기류
② 반응기·혼합조 등의 화학물질 반응 또는 혼합장치
③ 펌프류·압축기 등의 화학물질 이송 또는 압축설비
④ 온도·압력·유량 등을 지시·기록하는 자동제어 관련 설비

해설 온도·압력·유량 등을 지시·기록하는 자동제어 관련 설비는 화학설비의 부속설비에 해당한다.

오답해설

①, ②, ③은 화학설비에 해당한다.

관련개념 CHAPTER 02 화학물질 안전관리 실행

085

다음 중 반응기를 조작방식에 따라 분류할 때 이에 해당하지 않는 것은?

① 회분식 반응기
② 반회분식 반응기
③ 연속식 반응기
④ 관형 반응기

해설 관형 반응기는 구조에 따라 분류한 것이다.

반응기의 분류
• 조작방법에 따른 분류: 회분식 반응기, 반회분식 반응기, 연속식 반응기
• 구조에 따른 분류: 교반조형 반응기, 관형 반응기, 탑형 반응기, 유동층형 반응기

관련개념 CHAPTER 02 화학물질 안전관리 실행

086

이산화탄소소화약제의 특징으로 가장 거리가 먼 것은?

① 전기절연성이 우수하다.
② 액체로 저장할 경우 자체 압력으로 방사할 수 있다.
③ 기화상태에서 부식성이 매우 강하다.
④ 저장에 의한 변질이 없어 장기간 저장이 용이한 편이다.

해설 이산화탄소소화기는 반응성이 매우 낮아 부식성이 거의 없다.

관련개념 CHAPTER 01 화재 · 폭발 검토

087

다음 중 물과 반응하여 수소가스를 발생할 위험이 가장 낮은 물질은?

① Mg
② Zn
③ Cu
④ Na

해설 Cu(구리)는 물과 반응하지 않는다.

오답해설
① $Mg + H_2O \rightarrow MgO + H_2 \uparrow$
② $Zn + 2H_2O \rightarrow Zn(OH)_2 + H_2 \uparrow$
④ $2Na + 2H_2O \rightarrow 2NaOH + H_2 \uparrow$

관련개념 CHAPTER 02 화학물질 안전관리 실행

088

헥산 1[vol%], 메탄 2[vol%], 에틸렌 2[vol%], 공기 95[vol%]로 된 혼합가스의 폭발하한계값[vol%]은 약 얼마인가?(단, 헥산, 메탄, 에틸렌의 폭발하한계 값은 각각 1.1, 5.0, 2.7[vol%]이다.)

① 2.44
② 12.89
③ 21.78
④ 48.78

해설 **혼합가스의 폭발하한계**

$$L = \frac{V_1 + V_2 + \cdots + V_n}{\frac{V_1}{L_1} + \frac{V_2}{L_2} + \cdots + \frac{V_n}{L_n}} = \frac{1+2+2}{\frac{1}{1.1} + \frac{2}{5} + \frac{2}{2.7}} = 2.44[vol\%]$$

여기서, L: 혼합가스의 폭발하한계 [vol%]
L_n: 각 성분가스의 폭발하한계 [vol%]
V_n: 각 성분가스의 부피 비율 [vol%]

관련개념 CHAPTER 01 화재 · 폭발 검토

089

다음 중 열교환기의 보수에 있어 일상점검 항목과 정기적 개방점검 항목으로 구분할 때 일상점검 항목으로 가장 거리가 먼 것은?

① 도장의 노후상황
② 부착물에 의한 오염의 상황
③ 보온재, 보냉재의 파손 여부
④ 기초볼트의 체결정도

해설 부착물에 의한 오염은 Shell이나 Tube 내부에서 일어나는 현상이므로 일상점검 항목이 아니라 개방점검 항목이다.

열교환기 점검항목

일상점검	자체검사(개방점검)
• 도장부 결함 및 벗겨짐 • 보온재 및 보냉재 상태 • 기초부 및 기초 고정부 상태 • 배관 등과의 접속부 상태	• 내부 부식의 형태 및 정도 • 내부 관의 부식 및 누설 유무 • 용접부 상태 • 라이닝, 코팅, 개스킷 손상 유무 • 부착물에 의한 오염의 상황

관련개념 CHAPTER 02 화학물질 안전관리 실행

090

다음 중 가연성 물질이 연소하기 쉬운 조건으로 옳지 않은 것은?

① 연소 발열량이 클 것
② 점화에너지가 작을 것
③ 산소와 친화력이 클 것
④ 입자의 표면적이 작을 것

해설 입자의 표면적이 작으면 산소와 접촉할 수 있는 면적이 작아지기 때문에 연소가 어려워진다.

관련개념 CHAPTER 01 화재 · 폭발 검토

091

공기 중에서 A가스의 폭발하한계는 2.2[vol%]이다. 이 폭발하한계값을 기준으로 하여 표준상태에서 A가스와 공기의 혼합기체 1[m³]에 함유되어 있는 A가스의 질량을 구하면 약 몇 [g]인가?(단, A가스의 분자량은 26이다.)

① 19.02
② 25.54
③ 29.02
④ 35.54

해설 A가스의 부피 $= 1 \times \dfrac{2.2}{100} = 0.022[\text{m}^3] = 22[\text{L}]$

아보가드로의 법칙에 의하면 표준상태(0[℃], 1기압)에서 기체 1몰의 부피는 22.4[L]이고, 문제에서 A가스의 분자량이 26이라고 했으므로 A가스 1몰은 26[g]이다. 이 관계를 이용하여 A가스의 질량을 x로 놓고 비례식을 만들면 다음과 같다.

$26[\text{g}] : 22.4[\text{L}] = x[\text{g}] : 22[\text{L}],\ x = \dfrac{26 \times 22}{22.4} = 25.54[\text{g}]$

관련개념 CHAPTER 02 화학물질 안전관리 실행

092

고압의 환경에서 장시간 작업하는 경우에 발생할 수 있는 잠함병(潛函病) 또는 잠수병(潛水病)은 다음 중 어떤 물질에 의하여 중독현상이 일어나는가?

① 질소
② 황화수소
③ 일산화탄소
④ 이산화탄소

해설 잠함병
잠수병, 감압증이라고도 하며 대기압 이상의 높은 기압 하에서 장시간 작업한 사람이 갑자기 감압하면 체내에 용해되었던 질소(N_2)가 기포로 되어 혈관 색전, 파열 등으로 신체장해를 입는다.

관련개념 CHAPTER 02 화학물질 안전관리 실행

093

메탄이 공기 중에서 연소될 때의 이론혼합비(화학양론조성)는 약 몇 [vol%]인가?

① 2.21
② 4.03
③ 5.76
④ 9.50

해설 $C_nH_xO_y$의 양론농도

$C_{st} = \dfrac{1}{(4.77n + 1.19x - 2.38y) + 1} \times 100$

메탄의 분자식은 CH_4이므로

$C_{st} = \dfrac{1}{(4.77 \times 1 + 1.19 \times 4) + 1} \times 100 = 9.50[\text{vol}\%]$

관련개념 CHAPTER 01 화재 · 폭발 검토

094

다음 중 가연성 가스이며 독성 가스에 해당하는 것은?

① 수소
② 프로판
③ 산소
④ 일산화탄소

해설 일산화탄소는 허용농도가 30[ppm]인 독성 가스이자, 공기 중 연소범위가 12.5~74[vol%]인 가연성 가스이다.

오답해설
①, ② 수소와 프로판은 가연성 가스이지만 독성 가스는 아니다.
③ 산소는 자신은 타지 않고 상대방이 잘 타도록 도와주는 조연성 가스이다.

관련개념 CHAPTER 02 화학물질 안전관리 실행

095

위험물질을 저장하는 방법으로 틀린 것은?

① 황린은 물 속에 저장

② 나트륨은 석유 속에 저장

③ 칼륨은 석유 속에 저장

④ 리튬은 물 속에 저장

해설 Li(리튬)은 물과 반응하여 수소가스(H_2)를 발생시키므로 석유 등과 함께 드럼 속에 넣어 저장한다.

$$2Li + 2H_2O \rightarrow 2LiOH + H_2 \uparrow$$

관련개념 CHAPTER 02 화학물질 안전관리 실행

096

다음 중 인화성 가스가 아닌 것은?

① 부탄   ② 메탄

③ 수소   ④ 산소

해설 산소는 연소를 도와주는 조연성 가스이다.

관련개념 CHAPTER 01 화재 · 폭발 검토

097

물이 관 속을 흐를 때 유동하는 물 속의 어느 부분의 정압이 그때의 물의 증기압보다 낮을 경우 물이 증발하여 부분적으로 증기가 발생되어 배관의 부식을 초래하는 경우가 있다. 이러한 현상을 무엇이라 하는가?

① 서징(Surging)

② 공동현상(Cavitation)

③ 비말동반(Entrainment)

④ 수격작용(Water Hammering)

해설 **공동현상(Cavitation)**

유체가 관속에 물이 흐를 때 유동하는 유체 속 어느 부분의 정압이 그때의 유체의 증기압보다 낮을 경우 유체가 증발하여 부분적으로 증기가 발생되는 현상이다. 배관의 부식을 초래하기도 한다.

관련개념 CHAPTER 04 화공 안전운전 · 점검

098

다음 중 자연발화의 방지법으로 가장 거리가 먼 것은?

① 직접 인화할 수 있는 불꽃과 같은 점화원만 제거하면 된다.

② 저장소 등의 주위 온도를 낮게 한다.

③ 습기가 많은 곳에는 저장하지 않는다.

④ 통풍이나 저장법을 고려하여 열의 축적을 방지한다.

해설 자연발화는 점화원 없이도 발화하는 현상이다.

자연발화 방지대책

• 통풍이 잘 되게 할 것

• 주위 온도를 낮출 것

• 습도가 높지 않도록 할 것

• 열전도가 잘 되는 용기에 보관할 것

• 불활성 액체 내에 저장할 것

관련개념 CHAPTER 01 화재 · 폭발 검토

099

다음 중 가연성 가스가 밀폐된 용기 안에서 폭발할 때 최대 폭발압력에 영향을 주는 인자로 가장 거리가 먼 것은?

① 가연성 가스의 농도(몰수)

② 가연성 가스의 초기온도

③ 가연성 가스의 유속

④ 가연성 가스의 초기압력

해설 밀폐된 용기 내에서 최대폭발압력에 영향을 주는 요인

• 가연성 가스의 초기온도

• 가연성 가스의 초기압력

• 가연성 가스의 농도

• 발화원의 강도

• 용기의 형태

• 가연성 가스의 유량

관련개념 CHAPTER 01 화재 · 폭발 검토

100

인화성 가스가 발생할 우려가 있는 지하작업장에서 작업을 할 경우 폭발이나 화재를 방지하기 위한 조치사항 중 가스의 농도를 측정하는 기준으로 적절하지 않은 것은?

① 매일 작업을 시작하기 전에 측정한다.
② 가스의 누출이 의심되는 경우 측정한다.
③ 장시간 작업할 때에는 매 8시간마다 측정한다.
④ 가스가 발생하거나 정체할 위험이 있는 장소에 대하여 측정한다.

해설 **지하작업장 작업 시 화재 방지를 위한 조치사항**

가스의 농도를 측정하는 사람을 지명하고 다음의 경우에 그로 하여금 해당 가스의 농도를 측정하여야 한다.

• 매일 작업을 시작하기 전
• 가스의 누출이 의심되는 경우
• 가스가 발생하거나 정체할 위험이 있는 장소가 있는 경우
• 장시간 작업을 계속하는 경우(이 경우 4시간마다 가스 농도를 측정)

관련개념 CHAPTER 01 화재·폭발 검토

건설공사 안전관리

101

건축공사로서 대상액이 5억 원 이상 50억 원 미만인 경우에 산업안전보건관리비의 비율(가) 및 기초액(나)으로 옳은 것은?

① (가) 1.86[%], (나) 5,349,000원
② (가) 1.99[%], (나) 5,499,000원
③ (가) 2.35[%], (나) 5,400,000원
④ (가) 1.57[%], (나) 4,411,000원

해설 **산업안전보건관리비 계상기준표**

공사종류＼대상액	대상액 5억 원 미만	대상액 5억 원 이상 50억 원 미만		대상액 50억 원 이상	보건관리자 선임 대상
		적용 비율	기초액		
건축공사	2.93[%]	1.86[%]	5,349,000원	1.97[%]	2.15[%]
토목공사	3.09[%]	1.99[%]	5,499,000원	2.10[%]	2.29[%]
중건설공사	3.43[%]	2.35[%]	5,400,000원	2.44[%]	2.66[%]
특수 건설공사	1.85[%]	1.20[%]	3,250,000원	1.27[%]	1.38[%]

※ 이 문제는 개정된 법령에 따라 수정한 문제입니다.

관련개념 CHAPTER 03 건설업 산업안전보건관리비 관리

102

「산업안전보건법령」에 따른 거푸집 및 동바리를 조립하는 경우의 준수사항으로 옳지 않은 것은?

① 개구부 상부에 동바리를 설치하는 경우에는 상부하중을 견딜 수 있는 견고한 받침대를 설치할 것
② 동바리의 이음은 같은 품질의 제품을 사용할 것
③ 강재의 접속부 및 교차부는 철선을 사용하여 단단히 연결할 것
④ 거푸집이 곡면인 경우에는 버팀대의 부착 등 그 거푸집의 부상(浮上)을 방지하기 위한 조치를 할 것

해설 동바리 조립 시 강재의 접속부 및 교차부는 볼트·클램프 등 전용철물을 사용하여 단단히 연결하여야 한다.

관련개념 CHAPTER 05 비계·거푸집 가시설 위험방지

103

타워크레인(Tower Crane)을 선정하기 위한 사전 검토사항으로서 가장 거리가 먼 것은?

① 붐의 모양 ② 인양능력
③ 작업반경 ④ 붐의 높이

해설 타워크레인 선정 시 사전 검토사항
· 작업반경   · 입지조건
· 건립기계의 소음영향 · 건물형태
· 인양능력   · 붐의 높이

관련개념 CHAPTER 06 공사 및 작업 종류별 안전

104

건설현장에서 높이 5[m] 이상인 콘크리트 교량의 설치작업을 하는 경우 재해예방을 위해 준수해야 할 사항으로 옳지 않은 것은?

① 작업을 하는 구역에는 관계 근로자가 아닌 사람의 출입을 금지할 것
② 재료, 기구 또는 공구 등을 올리거나 내릴 경우에는 근로자로 하여금 크레인을 이용하도록 하고, 달줄, 달포대 등의 사용을 금하도록 할 것
③ 중량물 부재를 크레인 등으로 인양하는 경우에는 부재에 인양용 고리를 견고하게 설치하고, 인양용 로프는 부재에 두 군데 이상 결속하여 인양하여야 하며, 중량물이 안전하게 거치되기 전까지는 걸이로프를 해제시키지 아니할 것
④ 자재나 부재의 낙하·전도 또는 붕괴 등에 의하여 근로자에게 위험을 미칠 우려가 있을 경우에는 출입금지구역의 설정, 자재 또는 가설시설의 좌굴(挫屈) 또는 변형방지를 위한 보강재 부착 등의 조치를 할 것

해설 교량의 설치·해체 또는 변경작업을 하는 경우에 재료, 기구 또는 공구 등을 올리거나 내리는 경우에는 근로자로 하여금 달줄, 달포대 등을 사용하도록 하여야 한다.

관련개념 CHAPTER 06 공사 및 작업 종류별 안전

105

건설현장에서 근로자의 추락재해를 예방하기 위한 안전난간을 설치하는 경우 그 구성요소와 거리가 먼 것은?

① 상부난간대 ② 중간난간대
③ 사다리   ④ 발끝막이판

해설 안전난간은 상부난간대, 중간난간대, 발끝막이판 및 난간기둥으로 구성하여야 한다.

관련개념 CHAPTER 04 건설현장 안전시설 관리

106

달비계(곤돌라의 달비계는 제외)의 최대적재하중을 정하는 경우에 사용하는 안전계수의 기준으로 옳은 것은?

① 달기 체인의 안전계수: 10 이상
② 달기 강대와 달비계의 하부 및 상부 지점의 안전계수 (목재의 경우): 2.5 이상
③ 달기 와이어로프의 안전계수: 5 이상
④ 달기 강선의 안전계수: 10 이상

해설 달비계의 최대적재하중을 정하는 경우 안전계수

구분		안전계수
달기 와이어로프 및 달기 강선		10 이상
달기 체인 및 달기 훅		5 이상
달기 강대와 달비계의 하부 및 상부지점	강재	2.5 이상
	목재	5 이상

※ 「산업안전보건기준에 관한 규칙」이 개정됨에 따라 '달비계의 최대적재하중을 정하는 경우 안전계수'가 삭제되었습니다.

관련개념 CHAPTER 04 건설현장 안전시설 관리

107

철골건립준비를 할 때 준수하여야 할 사항과 가장 거리가 먼 것은?

① 지상 작업장에서 건립준비 및 기계·기구를 배치할 경우에는 낙하물의 위험이 없는 평탄한 장소를 선정하여 정비하고 경사지에는 작업대나 임시발판 등을 설치하는 등 안전조치를 한 후 작업하여야 한다.

② 건립작업에 다소 지장이 있다 하더라도 수목은 제거하여서는 안 된다.

③ 사용 전에 기계·기구에 대한 정비 및 보수를 철저히 실시하여야 한다.

④ 기계에 부착된 앵커 등 고정장치와 기초구조 등을 확인하여야 한다.

해설 철골 건립작업에 지장이 되는 수목은 제거하거나 이설하여야 한다.

관련개념 CHAPTER 06 공사 및 작업 종류별 안전

108

구축물이 풍압·지진 등에 의하여 전도·폭발하거나 무너지는 위험을 예방하기 위한 조치와 가장 거리가 먼 것은?

① 설계도면 준수

② 시방서 준수

③「건축물의 구조기준 등에 관한 규칙」에 따른 구조설계도서 준수

④ 보호구 및 방호장치의 성능검정 합격품을 사용했는지 확인

해설 구축물 등이 고정하중, 적재하중, 시공·해체 작업 중 발생하는 하중, 풍압, 지진이나 진동 및 충격 등에 의하여 전도·폭발하거나 무너지는 등의 위험을 예방하기 위하여, 설계도면 준수, 시방서 준수, 「건축물의 구조기준 등에 관한 규칙」에 따른 구조설계도서, 해체계획서 등 설계도서를 준수하여 필요한 조치를 하여야 한다.

관련개념 CHAPTER 06 공사 및 작업 종류별 안전

109

건설업 중 교량건설 공사의 유해위험방지계획서를 제출하여야 하는 기준으로 옳은 것은?

① 최대 지간길이가 40[m] 이상인 교량건설 등 공사
② 최대 지간길이가 50[m] 이상인 교량건설 등 공사
③ 최대 지간길이가 60[m] 이상인 교량건설 등 공사
④ 최대 지간길이가 70[m] 이상인 교량건설 등 공사

해설 유해위험방지계획서 제출대상 건설공사
- 지상높이가 31[m] 이상인 건축물 또는 인공구조물, 연면적 30,000[m²] 이상인 건축물 또는 연면적 5,000[m²] 이상의 문화 및 집회시설(전시장 및 동물원·식물원 제외), 판매시설, 운수시설(고속철도의 역사 및 집배송시설 제외), 종교시설, 의료시설 중 종합병원, 숙박시설 중 관광숙박시설, 지하도상가 또는 냉동·냉장 창고시설의 건설·개조 또는 해체(건설 등) 공사
- 연면적 5,000[m²] 이상의 냉동·냉장 창고시설의 설비공사 및 단열공사
- **최대 지간길이가 50[m] 이상인 다리의 건설 등 공사**
- 터널의 건설 등 공사
- 다목적댐, 발전용댐, 저수용량 2천만 톤 이상의 용수 전용 댐 및 지방 상수도 전용 댐의 건설 등 공사
- 깊이가 10[m] 이상인 굴착공사

관련개념 CHAPTER 02 건설공사 위험성

110

사질지반 굴착 시, 굴착부와 지하수위차가 있을 때 수두차에 의하여 삼투압이 생겨 흙막이벽 근입 부분을 침식하는 동시에 모래가 액상화되어 솟아오르는 현상은?

① 동상현상　　② 연화현상
③ 보일링 현상　　④ 히빙 현상

해설 보일링(Boiling)
투수성이 좋은 사질토 지반을 굴착할 때 흙막이벽 배면의 지하수위가 굴착 저면보다 높을 때 굴착저면 위로 액상화된 모래가 솟아오르는 현상이다.

관련개념 CHAPTER 02 건설공사 위험성

111

달비계의 구조에서 달비계 작업발판의 폭은 최소 얼마 이상이어야 하는가?

① 30[cm]   ② 40[cm]

③ 50[cm]   ④ 60[cm]

해설 달비계의 작업발판은 폭을 40[cm] 이상으로 하고 틈새가 없도록 하여야 한다.

관련개념 CHAPTER 05 비계·거푸집 가시설 위험방지

112

중량물을 운반할 때의 바른 자세로 옳은 것은?

① 허리를 구부리고 양손으로 들어올린다.

② 중량은 보통 체중의 60[%]가 적당하다.

③ 물건은 최대한 몸에서 멀리 떼어서 들어올린다.

④ 길이가 긴 물건은 앞쪽을 높게 하여 운반한다.

해설 인력운반 시 긴 물건은 앞부분을 약간 높여 모서리 등에 충돌하지 않게 한다.

오답해설

① 물건을 들어올릴 때에는 팔과 무릎을 이용하며 척추는 곧게 한다.

② 중량은 남성 근로자의 경우 체중의 40[%] 이하, 여성 근로자의 경우 체중의 24[%] 이하가 적당하다.

③ 물건은 최대한 몸에 가깝게 하여 들어올린다.

관련개념 CHAPTER 06 공사 및 작업 종류별 안전

113

흙막이 지보공을 설치하였을 때 정기적으로 점검하여야 할 사항과 거리가 먼 것은?

① 경보장치의 작동상태

② 부재의 손상·변형·부식·변위 및 탈락의 유무와 상태

③ 버팀대의 긴압(緊壓)의 정도

④ 부재의 접속부·부착부 및 교차부의 상태

해설 흙막이 지보공 설치 시 정기적 점검 및 보수사항

· 부재의 손상·변형·부식·변위 및 탈락의 유무와 상태

· 버팀대의 긴압의 정도

· 부재의 접속부·부착부 및 교차부의 상태

· 침하의 정도

관련개념 CHAPTER 05 비계·거푸집 가시설 위험방지

114

추락방지용 방망의 그물코의 크기가 10[cm]인 신품 매듭방망사의 인장강도는 몇 킬로그램 이상이어야 하는가?

① 80   ② 110

③ 150   ④ 200

해설 그물코 10[cm], 신품 매듭방망의 인장강도는 200[kg] 이상이어야 한다.

관련개념 CHAPTER 04 건설현장 안전시설 관리

115

승강기 강선의 과다감기를 방지하는 장치는?

① 비상정지장치   ② 권과방지장치

③ 해지장치   ④ 과부하방지장치

해설 권과방지장치

권과를 방지하기 위하여 자동적으로 동력을 차단하고 작동을 제동하는 장치이다.

관련개념 CHAPTER 06 공사 및 작업 종류별 안전

116

건설작업장에서 근로자가 상시 작업하는 장소의 작업면 조도기준으로 옳지 않은 것은?(단, 갱내 작업장과 감광재료를 취급하는 작업장의 경우는 제외한다.)

① 초정밀작업: 600[lux] 이상

② 정밀작업: 300[lux] 이상

③ 보통작업: 150[lux] 이상

④ 초정밀, 정밀, 보통작업을 제외한 기타 작업: 75[lux] 이상

해설 작업별 조도기준

· 초정밀작업: 750[lux] 이상

· 정밀작업: 300[lux] 이상

· 보통작업: 150[lux] 이상

· 그 밖의 작업: 75[lux] 이상

관련개념 SUBJECT 02 인간공학 및 위험성평가·관리

　　　　　CHAPTER 06 작업환경 관리

117

다음 중 방망에 표시해야 할 사항이 아닌 것은?

① 방망의 신축성
② 제조자명
③ 제조연월
④ 재봉치수

해설 **방망에 표시해야 할 사항**
- 제조자명
- 제조연월
- 재봉치수
- 그물코
- 신품일 때의 방망의 강도

관련개념 CHAPTER 04 건설현장 안전시설 관리

118

강관비계 조립 시의 준수사항으로 옳지 않은 것은?

① 비계기둥에는 미끄러지거나 침하하는 것을 방지하기 위하여 밑받침철물을 사용한다.
② 지상높이 4층 이하 또는 12[m] 이하인 건축물의 해체 및 조립 등의 작업에서만 사용한다.
③ 교차가새로 보강한다.
④ 외줄비계·쌍줄비계 또는 돌출비계에 대해서는 벽이음 및 버팀을 설치한다.

해설 지상높이 4층 이하 또는 12[m] 이하인 건축물의 해체 및 조립 등의 작업에서만 사용하는 것은 통나무비계이다.

※ 「산업안전보건기준에 관한 규칙」이 개정됨에 따라 '통나무비계의 구조' 에 대한 내용은 삭제되었습니다.

관련개념 CHAPTER 05 비계·거푸집 가시설 위험방지

119

부두·안벽 등 하역작업을 하는 장소에서 부두 또는 안벽의 선을 따라 통로를 설치하는 경우에는 폭을 최소 얼마 이상 으로 해야 하는가?

① 70[cm]
② 80[cm]
③ 90[cm]
④ 100[cm]

해설 부두·안벽 등 하역작업을 하는 장소에 부두 또는 안벽의 선을 따라 통로를 설치하는 경우에는 폭을 최소 90[cm] 이상으로 하여야 한다.

관련개념 CHAPTER 06 공사 및 작업 종류별 안전

120

사다리식 통로 등을 설치하는 경우 고정식 사다리식 통로의 기울기는 최대 몇 도 이하로 하여야 하는가?

① 60도
② 75도
③ 80도
④ 90도

해설 사다리식 통로의 기울기는 75° 이하로 한다. 다만, 고정식 사다리식 통로의 기울기는 90° 이하로 하고, 그 높이가 7[m] 이상인 경우 상황에 따라 등받이울 또는 개인용 추락 방지 시스템을 설치하여야 한다.

관련개념 CHAPTER 05 비계·거푸집 가시설 위험방지

2019년 2회 기출문제

자동 채점

산업재해 예방 및 안전보건교육

001

매슬로우(Maslow)의 욕구단계이론 중 자기의 잠재력을 최대한 살리고 자기가 하고 싶었던 일을 실현하려는 인간의 욕구에 해당하는 것은?

① 생리적 욕구　　　　② 사회적 욕구
③ 자아실현의 욕구　　④ 안전의 욕구

해설 자아실현의 욕구(제5단계)는 잠재적인 능력을 실현하고자 하는 욕구(성취욕구)이다.

관련개념 CHAPTER 04 인간의 행동과학

002

「산업안전보건법령」상 근로자 안전보건교육 중 작업내용 변경 시의 교육을 할 때 일용근로자 및 근로계약기간이 1주일 이하인 기간제근로자를 제외한 근로자의 교육시간으로 옳은 것은?

① 1시간 이상　　　　② 2시간 이상
③ 4시간 이상　　　　④ 6시간 이상

해설 근로자 안전보건교육 교육과정별 교육시간

교육과정	교육대상		교육시간
정기교육	사무직 종사 근로자		매반기 6시간 이상
	그 밖의 근로자	판매업무에 직접 종사하는 근로자	매반기 6시간 이상
		판매업무에 직접 종사하는 근로자 외의 근로자	매반기 12시간 이상
채용 시 교육	일용근로자 및 근로계약기간이 1주일 이하인 기간제근로자		1시간 이상
	근로계약기간이 1주일 초과 1개월 이하인 기간제근로자		4시간 이상
	그 밖의 근로자		8시간 이상
작업내용 변경 시 교육	일용근로자 및 근로계약기간이 1주일 이하인 기간제근로자		1시간 이상
	그 밖의 근로자		2시간 이상

※ 이 문제는 개정된 법령에 따라 수정한 문제입니다.

관련개념 CHAPTER 05 안전보건교육의 내용 및 방법

003

다음 중 산업안전심리의 5대 요소에 포함되지 않는 것은?

① 습관　　　　② 동기
③ 감정　　　　④ 지능

해설 산업안전심리의 요소

동기, 기질, 감정, 습성, 습관

관련개념 CHAPTER 03 산업안전심리

004

다음 중 허즈버그(Herzberg)의 일을 통한 동기부여 원칙으로 잘못된 것은?

① 새롭고 어려운 업무의 부여
② 교육을 통한 간접적 정보제공
③ 자기과업을 위한 작업자의 책임감 증대
④ 작업자에게 불필요한 통제를 배제

해설 교육을 통한 간접적 정보제공은 성취감, 인정, 책임, 직무를 통한 자기개발과 발전 등과 같은 일을 통한 동기부여 원칙과는 관련이 없다.

동기요인(Motivation)

책임감, 성취, 인정, 개인발전 등 일 자체에서 오는 심리적 욕구로 충족될 경우 조직의 성과가 향상되며 충족되지 않아도 성과가 떨어지지 않는다.

관련개념 CHAPTER 04 인간의 행동과학

2019년 2회

005

다음 중 안전인증대상 안전모의 성능기준 항목이 아닌 것은?

① 내열성
② 턱끈풀림
③ 내관통성
④ 충격흡수성

해설 안전인증대상 안전모의 시험성능기준

항목	시험성능기준
내관통성	AE, ABE종 안전모는 관통거리가 9.5[mm] 이하이고, AB종 안전모는 관통거리가 11.1[mm] 이하이어야 한다.
충격흡수성	최고전달충격력이 4,450[N]을 초과해서는 안 되며, 모체와 착장체의 기능이 상실되지 않아야 한다.
내전압성	AE, ABE종 안전모는 교류 20[kV]에서 1분간 절연파괴 없이 견뎌야 하고, 이때 누설되는 충전전류는 10[mA] 이하이어야 한다.
내수성	AE, ABE종 안전모는 질량 증가율이 1[%] 미만이어야 한다.
난연성	모체가 불꽃을 내며 5초 이상 연소되지 않아야 한다.
턱끈풀림	150[N] 이상 250[N] 이하에서 턱끈이 풀려야 한다.

관련개념 CHAPTER 02 안전보호구 관리

006

다음 중 교육훈련 방법에 있어 OJT(On the Job Training)의 특징이 아닌 것은?

① 동시에 다수의 근로자들에게 조직적 훈련이 가능하다.
② 개개인에게 적절한 지도 훈련이 가능하다.
③ 훈련 효과에 의해 상호 신뢰 및 이해도가 높아진다.
④ 직장의 실정에 맞게 실제적 훈련이 가능하다.

해설 동시에 다수의 근로자들에게 조직적으로 훈련을 할 수 있는 것은 Off JT의 특징이다.

Off JT(직장 외 교육훈련)

계층별 직능별로 공통된 교육대상자를 현장 이외의 한 장소에 모아 집합교육을 실시하는 교육형태로 집단교육에 적합하다.

• 다수의 근로자에게 조직적 훈련을 행하는 것이 가능하다.
• 훈련에만 전념할 수 있다.
• 외부의 전문가를 강사로 초청하는 것이 가능하다.
• 특별교재·교구 및 설비를 사용하는 것이 가능하다.

관련개념 CHAPTER 05 안전보건교육의 내용 및 방법

007

안전조직 중에서 라인-스태프(Line-staff) 조직의 특징으로 옳지 않은 것은?

① 라인형과 스태프형의 장점을 취한 절충식 조직형태이다.
② 중규모 사업장(100명 이상 500명 미만)에 적합하다.
③ 라인의 관리감독자에게도 안전에 관한 책임과 권한이 부여된다.
④ 안전 활동과 생산업무가 분리될 가능성이 낮기 때문에 균형을 유지할 수 있다.

해설 라인·스태프(LINE-STAFF)형 조직(직계참모조직)

• 대규모(1,000명 이상) 사업장에 적합한 조직으로서 라인형과 스태프형의 장점만을 채택한 형태이며, 안전업무를 전담하는 스태프를 두고 생산라인의 각 계층에서도 각 부서장으로 하여금 안전업무를 수행하도록 하여 스태프에서 안전에 관한 사항이 결정되면 라인을 통하여 실천하도록 편성된 조직이다.
• 안전계획, 평가 및 조사는 스태프에서, 생산기술의 안전대책은 라인에서 실시한다.

관련개념 CHAPTER 01 산업재해예방 계획 수립

008

다음 중 「산업안전보건법령」에 따라 환기가 극히 불량한 좁은 밀폐된 장소에서 용접작업을 하는 근로자를 대상으로 한 특별교육 내용에 해당하지 않는 것은?(단, 일반적인 안전보건에 필요한 사항은 제외한다.)

① 환기설비에 관한 사항
② 작업환경 점검에 관한 사항
③ 질식 시 응급조치에 관한 사항
④ 화재예방 및 초기대응에 관한 사항

해설 밀폐된 장소에서 하는 용접작업 또는 습한 장소에서 하는 전기용접 작업 시 특별교육내용

• 작업순서, 안전작업방법 및 수칙에 관한 사항
• 환기설비에 관한 사항
• 전격 방지 및 보호구 착용에 관한 사항
• 질식 시 응급조치에 관한 사항
• 작업환경 점검에 관한 사항
• 그 밖에 안전·보건관리에 필요한 사항

관련개념 CHAPTER 05 안전보건교육의 내용 및 방법

009

「산업안전보건법」상 안전인증대상 기계 또는 설비 등의 안전인증 표시에 해당하는 것은?

①

②

③

④

해설 「산업안전보건법령」상 안전인증대상 기계 또는 설비 등의 안전인증 표시는 ①이다.

오답해설

② KS마크로 「산업표준화법」에 따른 한국표준규격에 해당한다.

③ 한국산업안전보건공단에서 주관하는 산업재해예방을 위한 임의 인증표시이다.

④ KPS 안전인증마크로 정부기관의 안전인증을 받았음을 나타내는 안전인증 표시이다.

관련개념 CHAPTER 02 안전보호구 관리

010

유기화합물용 방독마스크의 시험가스가 아닌 것은?

① 이소부탄
② 시클로헥산
③ 디메틸에테르
④ 염소가스 또는 증기

해설 방독마스크의 종류 및 시험가스

종류	시험가스	정화통 흡수제 (정화제)
유기화합물용	시클로헥산(C_6H_{12})	활성탄
	디메틸에테르(CH_3OCH_3)	
	이소부탄(C_4H_{10})	
할로겐용	염소가스 또는 증기(Cl_2)	소다라임, 활성탄

관련개념 CHAPTER 02 안전보호구 관리

011

수업매체별 장단점 중 "컴퓨터 수업(Computer Assisted Instruction)"의 장점으로 옳지 않은 것은?

① 개인차를 최대한 고려할 수 있다.

② 학습자가 능동적으로 참여하고, 실패율이 낮다.

③ 교사와 학습자가 시간을 효과적으로 이용할 수 없다.

④ 학생의 학습과 과정의 평가를 과학적으로 할 수 있다.

해설 프로그램 학습법(컴퓨터 수업)

• 학습자가 프로그램을 통해 학습하는 방법으로 자신의 능력과 학습속도에 맞추어 학습을 진행할 수 있다.

• 자율학습이 가능하므로 자기가 원하는 시간, 원하는 장소에서 학습할 수 있다.

관련개념 CHAPTER 05 안전보건교육의 내용 및 방법

012

다음 중 브레인스토밍(Brain-storming)의 4원칙을 올바르게 나열한 것은?

① 자유분방, 비판금지, 대량발언, 수정발언

② 비판자유, 소량발언, 자유분방, 수정발언

③ 대량발언, 비판자유, 자유분방, 수정발언

④ 소량발언, 자유분방, 비판금지, 수정발언

해설 브레인스토밍(Brain Storming)

• 비판금지: "좋다, 나쁘다" 등의 비평을 하지 않는다.

• 자유분방: 자유로운 분위기에서 발표한다.

• 대량발언: 무엇이든지 좋으니 많이 발언한다.

• 수정발언: 자유자재로 변하는 아이디어를 개발한다.(타인 의견의 수정발언)

관련개념 CHAPTER 01 산업재해예방 계획 수립

013

불안전 상태와 불안전 행동을 제거하는 안전관리의 시책에는 적극적인 대책과 소극적인 대책이 있다. 다음 중 소극적인 대책에 해당하는 것은?

① 보호구의 사용
② 위험공정의 배제
③ 위험물질의 격리 및 대체
④ 위험성평가를 통한 작업환경 개선

해설 보호구의 사용
해당 공정 및 해당 상태의 불안전한 상태를 무시하고 당장의 위험만 극복하려는 자세로, 안전관리의 소극적 대책에 해당한다.

관련개념 CHAPTER 01 산업재해예방 계획 수립

014

재해통계에 있어 강도율이 2.0인 경우에 대한 설명으로 옳은 것은?

① 재해로 인해 전체 작업비용의 2.0[%]에 해당하는 손실이 발생하였다.
② 근로자 1,000명당 2.0건의 재해가 발생하였다.
③ 근로시간 1,000시간당 2.0건의 재해가 발생하였다.
④ 근로시간 1,000시간당 2.0일의 근로손실이 발생하였다.

해설 강도율은 근로시간 1,000시간당 요양재해로 인해 발생하는 근로손실일수이다. 강도율 2.0은 근로시간 1,000시간당 발생한 근로손실일수가 2일이라는 의미이다.

관련개념 SUBJECT 03 기계·기구 및 설비 안전관리
CHAPTER 02 기계분야 산업재해 조사 및 관리

015

연천인율 45인 사업장의 도수율은 얼마인가?

① 10.8
② 18.75
③ 108
④ 187.5

해설 연천인율＝도수율×2.4이므로
$$도수율 = \frac{연천인율}{2.4} = \frac{45}{2.4} = 18.75$$

관련개념 SUBJECT 03 기계·기구 및 설비 안전관리
CHAPTER 02 기계분야 산업재해 조사 및 관리

016

다음 중 안전보건교육의 단계별 교육과정 순서로 옳은 것은?

① 안전 태도교육 → 안전 지식교육 → 안전 기능교육
② 안전 지식교육 → 안전 기능교육 → 안전 태도교육
③ 안전 기능교육 → 안전 지식교육 → 안전 태도교육
④ 안전 자세교육 → 안전 지식교육 → 안전 기능교육

해설 안전교육의 3단계
㉠ 1단계: 지식교육
㉡ 2단계: 기능교육
㉢ 3단계: 태도교육

관련개념 CHAPTER 05 안전보건교육의 내용 및 방법

017

다음 중 상황성 누발자의 재해유발 원인으로 옳지 않은 것은?

① 작업의 난이도
② 기계설비의 결함
③ 도덕성의 결여
④ 심신의 근심

해설 상황성 누발자
작업이 어렵거나, 기계설비의 결함, 환경상 주의력의 집중이 혼란된 경우, 심신의 근심으로 사고경향자가 되는 경우이다.

관련개념 CHAPTER 04 인간의 행동과학

018

기술교육의 형태 중 존 듀이(J. Dewey)의 사고과정 5단계에 해당하지 않는 것은?

① 추론한다.
② 시사를 받는다.
③ 가설을 설정한다.
④ 가슴으로 생각한다.

해설 존 듀이(John Dewey)의 5단계 사고과정
㉠ 제1단계: 시사(Suggestion)를 받는다.
㉡ 제2단계: 지식화(Intellectualization)한다.
㉢ 제3단계: 가설(Hypothesis)을 설정한다.
㉣ 제4단계: 추론(Reasoning)한다.
㉤ 제5단계: 행동에 의하여 가설을 검토한다.

관련개념 CHAPTER 05 안전보건교육의 내용 및 방법

019

「산업안전보건법」상 산업안전보건위원회의 사용자위원 구성원이 아닌 것은?(단, 각 사업장은 해당하는 사람을 선임하여야 하는 대상 사업장으로 한다.)

① 안전관리자

② 보건관리자

③ 산업보건의

④ 명예산업안전감독관

해설 명예산업안전감독관은 근로자위원에 해당한다.

산업안전보건위원회 사용자위원
- 해당 사업의 대표자
- 안전관리자
- 보건관리자
- 산업보건의
- 해당 사업의 대표자가 지명하는 9명 이내의 해당 사업장 부서의 장

관련개념 CHAPTER 01 산업재해예방 계획 수립

020

다음 중 무재해 운동의 이념에서 "선취의 원칙"을 가장 적절하게 설명한 것은?

① 사고의 잠재요인을 사후에 파악하는 것

② 근로자 전원의 일체감을 조성하여 참여하는 것

③ 위험요소를 사전에 발견, 파악하여 재해를 예방하거나 방지하는 것

④ 관리감독자 또는 경영층에서의 자발적 참여로 안전활동을 촉진하는 것

해설 **무재해 운동의 3원칙**
- 무의 원칙: 모든 잠재위험요인을 사전에 발견 · 파악 · 해결함으로써 근원적으로 산업재해를 제거한다.
- 참여의 원칙(참가의 원칙): 작업에 따르는 잠재적인 위험요인을 발견 · 해결하기 위하여 전원이 협력하여 문제해결 운동을 실천한다.
- 안전제일의 원칙(선취의 원칙): 직장의 위험요인을 행동하기 전에 발견 · 파악 · 해결하여 재해를 예방한다.

관련개념 CHAPTER 01 산업재해예방 계획 수립

인간공학 및 위험성평가 · 관리

021

어떤 결함수를 분석하여 Minimal Cut Set을 구한 결과 다음과 같았다. 각 기본사상의 발생확률을 q_i, $i=1, 2, 3$이라 할 때 정상사상의 발생확률함수로 옳은 것은?

$$k_1=[1, 2], \, k_2=[1, 3], \, k_3=[2, 3]$$

① $q_1q_2+q_1q_2-q_2q_3$

② $q_1q_2+q_1q_3-q_2q_3$

③ $q_1q_2+q_1q_3+q_2q_3-q_1q_2q_3$

④ $q_1q_2+q_1q_3+q_2q_3-2q_1q_2q_3$

해설 k_1, k_2, k_3가 미니멀 컷셋이므로 셋 중 하나라도 발생하면 정상사상(T)이 발생한다. 따라서 정상사상(T)과 k_1, k_2, k_3는 OR 게이트로 연결된 것과 같으므로 이와 동일하게 확률을 계산한다.

$T=1-(1-q_1q_2)\times(1-q_1q_3)\times(1-q_2q_3)$
$\quad=1-(1-q_1q_2-q_1q_3+q_1q_2q_3)\times(1-q_2q_3)$
$\quad=1-(1-q_1q_2-q_1q_3+q_1q_2q_3-q_2q_3+q_1q_2q_3+q_1q_2q_3-q_1q_2q_3)$
$\quad=q_1q_2+q_1q_3+q_2q_3-2q_1q_2q_3$

관련개념 CHAPTER 06 결함수분석법

022

화학설비에 대한 안전성 평가(Safety Assessment)에서 정량적 평가 항목이 아닌 것은?

① 습도

② 온도

③ 압력

④ 용량

해설 **안전성 평가 제3단계(정량적 평가)의 평가항목**

취급물질, 온도, 압력, 해당설비용량, 조작

관련개념 CHAPTER 02 위험성 파악 · 결정

2019년 2회

023

다음과 같은 실내 표면에서 일반적으로 추천 반사율의 크기를 맞게 나열한 것은?

㉠ 바닥　　㉡ 천장　　㉢ 가구　　㉣ 벽

① ㉠＜㉣＜㉢＜㉡
② ㉣＜㉠＜㉡＜㉢
③ ㉠＜㉢＜㉣＜㉡
④ ㉣＜㉡＜㉠＜㉢

해설　옥내 추천 반사율
- 천장: 80~90[%]
- 벽: 40~60[%]
- 가구: 25~45[%]
- 바닥: 20~40[%]

관련개념 CHAPTER 06 작업환경 관리

024

신체 부위의 운동에 대한 설명으로 틀린 것은?

① 굴곡은 부위 간의 각도가 증가하는 신체의 움직임을 의미한다.
② 외전은 신체 중심선으로부터 이동하는 신체의 움직임을 의미한다.
③ 내전은 신체의 외부에서 중심선으로 이동하는 신체의 움직임을 의미한다.
④ 외선은 신체의 중심선으로부터 회전하는 신체의 움직임을 의미한다.

해설 굴곡은 관절이 만드는 각도가 감소하는 동작이다.
신체부위의 운동
- 팔(어깨관절), 다리(고관절)
  - 외전(벌림)(Abduction): 몸의 중심선으로부터 멀리 떨어지게 하는 동작
  - 내전(모음)(Adduction): 몸의 중심선으로의 이동
- 팔(팔꿈치관절), 다리(무릎관절)
  - 굴곡(굽힘)(Flexion): 관절이 만드는 각도가 감소하는 동작
  - 신전(폄)(Extension): 관절이 만드는 각도가 증가하는 동작

관련개념 CHAPTER 06 작업환경 관리

025

빨강, 노랑, 파랑의 3가지 색으로 구성된 교통 신호등이 있다. 신호등은 항상 3가지 색 중 하나가 켜지도록 되어 있다. 1시간 동안 조사한 결과, 파란등은 총 30분 동안, 빨간등과 노란등은 각각 총 15분 동안 켜진 것으로 나타났다. 이 신호등의 총 정보량은 몇 [bit]인가?

① 0.5
② 0.75
③ 1.0
④ 1.5

해설 신호등의 각 확률은 $P_{파란등}=0.5$, $P_{빨간등}=0.25$, $P_{노란등}=0.25$이다.

정보량$(H)=\log_2\dfrac{1}{P}$

$H_{파란등}=\log_2\dfrac{1}{0.5}=1[bit]$,

$H_{빨간등}=\log_2\dfrac{1}{0.25}=2[bit]$,

$H_{노란등}=\log_2\dfrac{1}{0.25}=2[bit]$이다.

총 정보량 H＝각 대안으로부터 얻는 정보량×각각의 실현 확률
$=H_{파란등}\times P_{파란등}+H_{빨간등}\times P_{빨간등}+H_{노란등}\times P_{노란등}$
$=1\times0.5+2\times0.25+2\times0.25=1.5[bit]$

관련개념 CHAPTER 01 안전과 인간공학

026

n개의 요소를 가진 병렬 시스템에 있어 요소의 수명(MTTF)이 지수분포를 따를 경우 이 시스템의 수명을 구하는 식으로 맞는 것은?

① $MTTF \times n$
② $MTTF \times \dfrac{1}{n}$
③ $MTTF\left(1+\dfrac{1}{2}+\cdots+\dfrac{1}{n}\right)$
④ $MTTF\left(1\times\dfrac{1}{2}\times\cdots\times\dfrac{1}{n}\right)$

해설 평균동작시간(MTTF)이 지수분포를 따를 경우(병렬계)

System의 수명$=MTTF\left(1+\dfrac{1}{2}+\cdots+\dfrac{1}{n}\right)$

여기서, n: 요소 수

관련개념 CHAPTER 03 위험성 감소대책 수립 · 실행

027

인간 전달 함수(Human Transfer Function)의 결점이 아닌 것은?

① 입력의 협소성　　② 시점적 제약성
③ 정신운동의 묘사성　④ 불충분한 직무 묘사

해설 인간 전달 함수의 결점으로는 입력의 협소성, 시점적 제약성, 불충분한 직무 묘사가 있다.

관련개념 CHAPTER 01 안전과 인간공학

028

인간공학에 대한 설명으로 틀린 것은?

① 인간이 사용하는 물건, 설비, 환경의 설계에 적용된다.
② 인간을 작업과 기계에 맞추는 설계 철학이 바탕이 된다.
③ 인간-기계 시스템의 안전성과 편리성, 효율성을 높인다.
④ 인간의 생리적, 심리적인 면에서의 특성이나 한계점을 고려한다.

해설 인간공학의 정의
• 인간의 신체적, 정신적 능력 한계를 고려하여 작업환경 또는 기계를 인간에게 적절한 형태로 맞추는 것이다.
• 인간의 특성과 능력을 공학적으로 분석, 평가하여 이를 복잡한 체계의 설계에 응용함으로써 효율을 최대로 활용할 수 있도록 하는 학문분야이다.

관련개념 CHAPTER 01 안전과 인간공학

029

결함수분석의 기대효과와 가장 관계가 먼 것은?

① 시스템의 결함 진단
② 시간에 따른 원인 분석
③ 사고원인 규명의 간편화
④ 사고원인 분석의 정량화

해설 FTA의 기대효과
• 사고원인 규명의 간편화　• 사고원인 분석의 일반화
• 사고원인 분석의 정량화　• 노력, 시간의 절감
• 시스템의 결함 진단　　　• 안전점검 체크리스트 작성

관련개념 CHAPTER 02 위험성 파악 · 결정

030

고장형태와 영향분석(FMEA)에서 평가요소로 틀린 것은?

① 고장발생의 빈도
② 고장의 영향 크기
③ 고장방지의 가능성
④ 기능적 고장 영향의 중요도

해설 고장형태와 영향분석법(FMEA) 중 고장 평점법
$C = (C_1 \times C_2 \times C_3 \times C_4 \times C_5)^{\frac{1}{5}}$
여기서, C_1: 기능적 고장 영향의 중요도
　　　　C_2: 영향을 미치는 시스템의 범위
　　　　C_3: 고장발생의 빈도
　　　　C_4: 고장방지의 가능성
　　　　C_5: 신규 설계의 정도

관련개념 CHAPTER 02 위험성 파악 · 결정

031

착석식 작업대의 높이 설계를 할 경우 고려해야 할 사항과 가장 관계가 먼 것은?

① 의자의 높이　　② 대퇴여유
③ 작업의 성격　　④ 작업대의 형태

해설 착석식(의자식) 작업대 높이 설계 시 고려사항
• 의자의 높이를 조절할 수 있도록 설계하는 것이 바람직하다.
• 섬세한 작업은 작업대를 약간 높게, 거친 작업은 작업대를 약간 낮게 설계한다.
• 작업면 하부 여유공간은 대퇴부가 가장 큰 사람이 자유롭게 움직일 수 있을 정도로 설계한다.

관련개념 CHAPTER 06 작업환경 관리

032

「산업안전보건법령」에 따라 유해위험방지계획서의 제출대상 사업은 해당 사업으로서 전기 계약용량이 얼마 이상인 사업인가?

① 150[kW] ② 200[kW]
③ 300[kW] ④ 500[kW]

해설 전기 계약용량이 300[kW] 이상인 사업의 사업주는 해당 제품의 생산 공정과 직접적으로 관련된 건설물·기계·기구 및 설비 등 전부를 설치·이전하거나 그 주요 구조부분을 변경할 때는 유해위험방지계획서를 제출하여야 한다.

관련개념 CHAPTER 02 위험성 파악·결정

033

음량수준을 평가하는 척도와 관계없는 것은?

① HSI ② phon
③ dB ④ sone

해설 HSI
• 인간의 눈에 있는 간상세포가 구분할 수 있는 색상단위인 RGB값에 밝기나 채도에 대한 개념을 더한 단위이다.
• 색상(Hue), 채도(Saturation), 명도(Intensity)의 약자이다.

관련개념 CHAPTER 06 작업환경 관리

034

아령을 사용하여 30분간 훈련한 후, 이두근의 근육 수축작용에 대한 전기적인 신호 데이터를 모았다. 이 데이터들을 이용하여 분석할 수 있는 것은 무엇인가?

① 근육의 질량과 밀도
② 근육의 활성도와 밀도
③ 근육의 피로도와 크기
④ 근육의 피로도와 활성도

해설 근전도검사(EMG)로 근활성도(수축정도, 근섬유 동원정도)와 주파수 분석을 통해 근육 피로도를 확인할 수 있다.

관련개념 CHAPTER 06 작업환경 관리

035

인간의 오류모형에서 "알고 있음에도 의도적으로 따르지 않거나 무시한 경우"를 무엇이라 하는가?

① 실수(Slip) ② 착오(Mistake)
③ 건망증(Lapse) ④ 위반(Violation)

해설 인간의 오류모형
• 착오(Mistake): 상황해석을 잘못하거나 목표를 잘못 이해하고 착각하여 행하는 경우
• 실수(Slip): 상황이나 목표의 해석을 제대로 했으나 의도와는 다른 행동을 하는 경우
• 건망증(Lapse): 여러 과정이 연계적으로 일어나는 행동 중에서 일부를 잊어버리고 하지 않거나 또는 기억의 실패에 의하여 발생하는 오류
• 위반(Violation): 정해진 규칙을 알고 있음에도 고의로 따르지 않거나 무시하는 행위

관련개념 CHAPTER 01 안전과 인간공학

036

공정안전관리(Process Safety Management; PSM)의 적용대상 사업장이 아닌 것은?

① 복합비료 제조업
② 농약 원제 제조업
③ 차량 등의 운송설비업
④ 합성수지 및 기타 플라스틱물질 제조업

해설 차량 등의 운송설비업은 적용대상이 아니며, 차량 등의 운송설비는 유해하거나 위험한 설비로 보지 않는다.
공정안전보고서의 제출 대상
• 원유 정제처리업
• 기타 석유정제물 재처리업
• 석유화학계 기초화학물질 제조업 또는 합성수지 및 기타 플라스틱물질 제조업
• 질소 화합물, 질소질 화학비료 제조업
• 복합비료 제조업
• 화학 살균·살충제 및 농업용 약제 제조업(농약 원제 제조만 해당)
• 화약 및 불꽃제품 제조업

관련개념 SUBJECT 05 화학설비 안전관리
CHAPTER 04 화공 안전운전·점검

037

그림과 같이 7개의 부품으로 구성된 시스템의 신뢰도는 약 얼마인가?(단, 네모 안의 숫자는 각 부품의 신뢰도이다.)

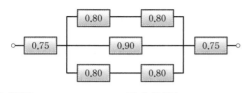

① 0.5552

② 0.5427

③ 0.6234

④ 0.9740

해설

· 병렬구간의 신뢰도: $1-(1-0.8\times0.8)\times(1-0.9)\times(1-0.8\times0.8)=0.9870$

· 전체 시스템의 신뢰도 $=0.75\times0.9870\times0.75=0.5552$

관련개념 CHAPTER 01 안전과 인간공학

038

FT도에 사용하는 기호에서 3개의 입력현상 중 임의의 시간에 2개가 발생하면 출력이 생기는 기호의 명칭은?

① 억제 게이트

② 조합 AND 게이트

③ 배타적 OR 게이트

④ 우선적 AND 게이트

해설

기호	명칭	설명
2개의 조합 A_i A_j A_k	조합 AND 게이트	3개 이상의 입력현상 중 2개가 일어나면 출력사상이 발생

관련개념 CHAPTER 02 위험성 파악 · 결정

039

정성적 표시장치의 설명으로 틀린 것은?

① 정성적 표시장치의 근본 자료 자체는 정량적인 것이다.

② 전력계에서와 같이 기계적 혹은 전자적으로 숫자가 표시된다.

③ 색채 부호가 부적합한 경우에는 계기판 표시 구간을 형상 부호화하여 나타낸다.

④ 연속적으로 변하는 변수의 대략적인 값이나 변화추세, 변화율 등을 알고자 할 때 사용된다.

해설 전력계에서와 같이 기계적 혹은 전자적으로 숫자가 표시되는 것은 수치를 정확히 읽어야 할 때 사용되는 계수형 표시장치(Digital Display)에 해당하며 이는 정량적 표시장치이다.

관련개념 CHAPTER 06 작업환경 관리

040

소음방지 대책에 있어 가장 효과적인 방법은?

① 음원에 대한 대책

② 수음자에 대한 대책

③ 전파경로에 대한 대책

④ 거리감쇠와 지향성에 대한 대책

해설 가장 효과적인 소음방지 대책은 소음원을 통제(억제), 격리(밀폐), 차단하는 것이다.

소음을 통제하는 방법(소음대책)

· 소음원의 통제

· 소음의 격리

· 차폐장치 및 흡음재 사용

· 음향처리제 사용

· 적절한 배치

관련개념 CHAPTER 06 작업환경 관리

2019년 2회

기계 · 기구 및 설비 안전관리

041

프레스의 금형부착, 수리 작업 등의 경우 슬라이드의 낙하를 방지하기 위하여 설치하는 것은?

① 슈트
② 키이록
③ 안전블록
④ 스트리퍼

해설 프레스 등의 금형을 부착·해체 또는 조정하는 작업을 할 때에 해당 작업에 종사하는 근로자의 신체가 위험한계 내에 있는 경우 슬라이드가 갑자기 작동함으로써 근로자에게 발생할 우려가 있는 위험을 방지하기 위하여 안전블록을 사용하는 등 필요한 조치를 하여야 한다.

관련개념 CHAPTER 04 프레스 및 전단기의 안전

042

지게차의 방호장치인 헤드가드에 대한 설명으로 맞는 것은?

① 상부틀의 각 개구의 폭 또는 길이는 16[cm] 미만일 것
② 운전자가 앉아서 조작하는 방식의 지게차의 경우에는 운전자의 좌석 윗면에서 헤드가드의 상부틀 아랫면까지의 높이는 1.5[m] 이상일 것
③ 강도는 지게차의 최대하중의 2배 값(5톤을 넘는 값에 대해서는 5톤으로 함)의 등분포정하중에 견딜 수 있을 것
④ 운전자가 서서 조작하는 방식의 지게차의 경우에는 운전석의 바닥면에서 헤드가드의 상부틀 하면까지의 높이가 1.8[m] 이상일 것

해설 헤드가드의 구비조건
• 강도는 지게차의 최대하중 2배의 값(4톤을 넘는 것에 대해서는 4톤)의 등분포정하중에 견딜 수 있는 것일 것
• 상부틀의 각 개구의 폭 또는 길이가 16[cm] 미만일 것
• 운전자가 앉아서 조작하거나 서서 조작하는 지게차의 헤드가드는 한국산업표준에서 정하는 높이 기준 이상일 것(입승식: 1.88[m] 이상, 좌승식: 0.903[m] 이상)

관련개념 CHAPTER 06 운반기계 및 양중기

043

다음 중 선반작업 시 지켜야 할 안전수칙으로 거리가 먼 것은?

① 작업 중 절삭 칩이 눈에 들어가지 않도록 보안경을 착용한다.
② 공작물 세팅에 필요한 공구는 세팅이 끝난 후 바로 제거한다.
③ 상의의 옷자락은 안으로 넣고, 끈을 이용하여 소맷자락을 묶어 작업을 준비한다.
④ 공작물은 전원스위치를 끄고 바이트를 충분히 멀리 위치시킨 후 고정한다.

해설 선반작업 시 상의의 옷자락은 안으로 넣고, 소맷자락을 묶을 때에는 끈을 사용하지 않는다.

관련개념 CHAPTER 03 공작기계의 안전

044

회전수가 300[rpm], 연삭숫돌의 지름이 200[mm]일 때 숫돌의 원주속도는 몇 [m/min]인가?

① 60.0
② 94.2
③ 150.0
④ 188.5

해설 숫돌의 원주속도
$$V = \frac{\pi DN}{1,000} = \frac{\pi \times 200 \times 300}{1,000} = 188.5[\text{m/min}]$$
여기서, D: 지름[mm], N: 회전수[rpm]

관련개념 CHAPTER 03 공작기계의 안전

045

일반적으로 장갑을 착용하고 작업해야 하는 것은?

① 드릴작업
② 밀링작업
③ 선반작업
④ 전기용접작업

해설 전기용접작업 시 용접용 가죽장갑을 착용하여야 한다. 드릴작업, 밀링작업, 선반작업 시 장갑을 착용하면 손이 말려 들어갈 위험이 있다.

관련개념 CHAPTER 03 공작기계의 안전

046

비파괴시험의 종류가 아닌 것은?

① 자분탐상시험   ② 침투탐상시험

③ 와류탐상시험   ④ 샤르피 충격시험

해설 샤르피 충격시험은 파괴시험(충격시험)의 일종이다.
비파괴검사의 종류
방사선투과검사(RT), 초음파탐상검사(UT), 자분탐상검사(MT), 침투탐
상검사(PT), 음향탐상검사(AET), 와류탐상검사(ECT) 등

관련개념 CHAPTER 07 설비진단 및 검사

047

다음 중 기계설비의 정비·청소·급유·검사·수리 등의 작업 시 근로자가 위험해질 우려가 있는 경우 필요한 조치와 거리가 먼 것은?

① 근로자에게 위험을 미칠 우려가 있는 때에는 근로자의 위험방지를 위하여 해당 기계를 정지시켜야 한다.
② 작업지휘자를 배치하여 갑자기 기계가동을 시키지 않도록 한다.
③ 기계 내부에 압축된 기체나 액체가 불시에 방출될 수 있는 경우에는 사전에 방출조치를 실시한다.
④ 해당 기계의 운전을 정지한 때에는 기동장치에 잠금장치를 하고 그 열쇠는 다른 작업자가 임의로 사용할 수 있도록 눈에 띄기 쉬운 곳에 보관한다.

해설 기계의 운전을 정지한 경우에 다른 사람이 그 기계를 운전하는 것을 방지하기 위하여 기계의 기동장치에 잠금장치를 하고 그 열쇠를 별도 관리하거나 표지판을 설치하는 등 필요한 방호조치를 하여야 한다.

관련개념 CHAPTER 01 기계공정의 안전, 기계안전시설 관리

048

다음 중 프레스기에 설치하는 방호장치에 관한 사항으로 틀린 것은?

① 수인식 방호장치의 수인끈 재료는 합성섬유로 직경이 4[mm] 이상이어야 한다.
② 양수조작식 방호장치는 1행정마다 누름버튼에서 양손을 떼지 않으면 다음 작업의 동작을 할 수 없는 구조이어야 한다.
③ 광전자식 방호장치는 정상동작 표시램프는 붉은색, 위험 표시램프는 녹색으로 하며, 쉽게 근로자가 볼 수 있는 곳에 설치해야 한다.
④ 손쳐내기식 방호장치는 슬라이드 하행정거리의 3/4 위치에서 손을 완전히 밀어내야 한다.

해설 광전자식 방호장치의 정상동작표시램프는 녹색, 위험표시램프는 붉은색으로 하며, 쉽게 근로자가 볼 수 있는 곳에 설치하여야 한다.

관련개념 CHAPTER 04 프레스 및 전단기의 안전

049

다음 중 와이어로프의 꼬임에 관한 설명으로 틀린 것은?

① 보통 꼬임에는 S 꼬임이나 Z 꼬임이 있다.
② 보통 꼬임은 스트랜드의 꼬임방향과 로프의 꼬임방향이 반대로 된 것을 말한다.
③ 랭 꼬임은 로프의 끝이 자유로이 회전하는 경우나 킹크가 생기기 쉬운 곳에 적당하다.
④ 랭 꼬임은 보통 꼬임에 비하여 마모에 대한 저항성이 우수하다.

해설 킹크가 생기기 쉬운 곳에 사용되는 꼬임은 보통 꼬임(Regular Lay)이다.

관련개념 CHAPTER 06 운반기계 및 양중기

050

가스용접에 이용되는 아세틸렌가스 용기의 색상으로 옳은 것은?

① 녹색   ② 회색

③ 황색   ④ 청색

해설 **고압가스용기의 도색**
- 액화석유가스: 밝은 회색
- 수소: 주황색
- 아세틸렌: 황색
- 액화암모니아: 백색
- 액화염소: 갈색
- 산소: 녹색
- 기타 가스: 회색

관련개념 SUBJECT 05 화학설비 안전관리
CHAPTER 02 화학물질 안전관리 실행

051

다음 용접 중 불꽃 온도가 가장 높은 것은?

① 산소-메탄 용접

② 산소-수소 용접

③ 산소-프로판 용접

④ 산소-아세틸렌 용접

해설 용접 중 산소와 아세틸렌가스가 혼합되어 연소될 때 약 3,600[℃]의 높은 온도의 불꽃이 발생한다.

관련개념 CHAPTER 05 기타 산업용 기계·기구

052

회전 중인 연삭숫돌이 근로자에게 위험을 미칠 우려가 있을 시 덮개를 설치하여야 할 연삭숫돌의 최소 지름은?

① 지름이 5[cm] 이상인 것

② 지름이 10[cm] 이상인 것

③ 지름이 15[cm] 이상인 것

④ 지름이 20[cm] 이상인 것

해설 회전 중인 연삭숫돌(지름이 5[cm] 이상인 것으로 한정)이 근로자에게 위험을 미칠 우려가 있는 경우에 그 부위에 덮개를 설치하여야 한다.

관련개념 CHAPTER 03 공작기계의 안전

053

다음 중 아세틸렌 용접 시 역류를 방지하기 위하여 설치하여야 하는 것은?

① 안전기   ② 청정기

③ 발생기   ④ 유량기

해설 **안전기(Cutout Switch, Safety Switch)**
- 가스 등의 역류 또는 역화가 발생장치 등에 전달되어 발생하는 폭발을 방지하기 위해 설치하는 것이다.
- 아세틸렌 용접장치의 안전기 및 가스집합 용접장치의 안전기 규격에 적합한 것을 사용하여야 한다.

관련개념 CHAPTER 05 기타 산업용 기계·기구

054

구내운반차의 제동장치 준수사항에 대한 설명으로 틀린 것은?

① 조명이 없는 장소에 작업 시 전조등과 후미등을 갖출 것

② 운전석이 차 실내에 있는 것은 좌우에 한 개씩 방향지시기를 갖출 것

③ 핸들의 중심에서 차체 바깥 측까지의 거리가 70센티미터 이상일 것

④ 주행을 제동하거나 정지상태를 유지하기 위하여 유효한 제동장치를 갖출 것

해설 **구내운반차 구비조건**
- 주행을 제동하거나 정지상태를 유지하기 위하여 유효한 제동장치를 갖출 것
- 경음기를 갖출 것
- 운전석이 차 실내에 있는 것은 좌우에 한 개씩 방향지시기를 갖출 것
- 전조등과 후미등을 갖출 것
- ※ 「산업안전보건에 관한 규칙」이 개정됨에 따라 ③에 해당하는 규정은 삭제되었습니다.

관련개념 CHAPTER 06 운반기계 및 양중기

055

산업용 로봇에 사용되는 안전매트의 종류 및 일반구조에 관한 설명으로 틀린 것은?

① 단선경보장치가 부착되어 있어야 한다.
② 감응시간을 조절하는 장치는 부착되어 있어야 한다.
③ 감응도 조절장치가 있는 경우 봉인되어 있어야 한다.
④ 안전매트의 종류는 연결사용 가능 여부에 따라 단일 감지기와 복합 감지기가 있다.

해설 **산업용 로봇 안전매트의 일반구조**
• 단선경보장치가 부착되어 있어야 한다.
• 감응시간을 조절하는 장치는 부착되어 있지 않아야 한다.
• 감응도 조절장치가 있는 경우 봉인되어 있어야 한다.
• 연결사용 가능 여부에 따라 단일 감지기와 복합 감지기로 분류할 수 있다.
• 안전인증 표시 외에 작동하중, 감응시간, 복귀신호의 자동 또는 수동 여부, 대소인공용 여부를 추가로 표시하여야 한다.
※「방호장치 자율안전기준 고시」가 개정됨에 따라 해당 내용은 법령에서 삭제되었습니다.

관련개념 CHAPTER 05 기타 산업용 기계·기구

056

소음에 관한 설명으로 틀린 것은?

① 소음에는 익숙해지기 쉽다.
② 소음계는 소음에 한하여 계측할 수 있다.
③ 소음의 피해는 정신적, 심리적인 것이 주가 된다.
④ 소음이란 귀에 불쾌한 음이나 생활을 방해하는 음을 통틀어 말한다.

해설 소음이란 바람직하지 않은 소리를 의미하며 그 정의가 모호하기 때문에 소음에 한하여 측정할 수 없다.

관련개념 CHAPTER 07 설비진단 및 검사

057

컨베이어 방호장치에 대한 설명으로 맞는 것은?

① 역전방지장치에는 롤러식, 라쳇식, 권과방지식, 전기브레이크식 등이 있다.
② 작업자가 임의로 작업을 중단할 수 없도록 비상정지장치를 부착하지 않는다.
③ 구동부 측면에 롤러 안내가이드 등의 이탈방지장치를 설치한다.
④ 롤러컨베이어 롤 사이에 방호판을 설치할 때 롤과의 최대 간격은 8[mm]이다.

해설
① 컨베이어, 이송용 롤러 등을 사용하는 경우에는 정전·전압강하 등에 따른 화물 또는 운반구의 이탈 및 역주행을 방지하는 장치를 갖추어야 한다. 역주행방지장치의 형식으로는 기계식(롤러식, 라쳇식, 밴드식)과 전기브레이크가 있다.
② 컨베이어 등에 해당 근로자의 신체 일부가 말려드는 등 근로자가 위험해질 우려가 있는 경우 및 비상시에는 즉시 컨베이어 등의 운전을 정지시킬 수 있는 장치를 설치하여야 한다.
④ 롤러컨베이어 롤 사이에 방호판을 설치할 때 롤과의 최대 간격은 5[mm]이다.

관련개념 CHAPTER 06 운반기계 및 양중기

058

기계설비 구조의 안전화 중 가공결함 방지를 위해 고려할 사항이 아닌 것은?

① 안전율　　　　　② 열처리
③ 가공경화　　　　④ 응력집중

해설 안전율은 기계설계 시 고려할 사항이다. 가공결함 방지를 위해 열처리, 가공경화, 응력집중 등을 고려하여야 한다.

관련개념 CHAPTER 01 기계공정의 안전, 기계안전시설 관리

059

롤러기 맞물림점의 전방에 개구부의 간격을 30[mm]로 하여 가드를 설치하고자 한다. 가드의 설치 위치는 맞물림점에서 적어도 얼마의 간격을 유지하여야 하는가?

① 154[mm]   ② 160[mm]

③ 166[mm]   ④ 172[mm]

해설 가드를 설치할 때 일반적인 개구부의 간격

$Y = 6 + 0.15X$에서

$X = \dfrac{Y-6}{0.15} = \dfrac{30-6}{0.15} = 160[mm]$

여기서, Y: 개구부의 간격[mm]

         X: 개구부에서 위험점까지의 최단거리[mm]($X < 160[mm]$)

관련개념 CHAPTER 05 기타 산업용 기계 · 기구

060

프레스의 방호장치 중 광전자식 방호장치에 관한 설명으로 틀린 것은?

① 연속 운전작업에 사용할 수 있다.

② 핀클러치 구조의 프레스에 사용할 수 있다.

③ 기계적 고장에 의한 2차 낙하에는 효과가 없다.

④ 시계를 차단하지 않기 때문에 작업에 지장을 주지 않는다.

해설 광전자식 방호장치는 핀클러치 구조의 프레스에는 사용할 수 없다.

관련개념 CHAPTER 04 프레스 및 전단기의 안전

전기설비 안전관리

061

「산업안전보건기준에 관한 규칙」에서 일반 작업장에 전기 위험 방지조치를 취하지 않아도 되는 전압은 몇 [V] 이하인가?

① 24   ② 30

③ 50   ④ 100

해설 안전전압

회로의 정격전압이 일정 수준 이하의 낮은 전압으로 절연파괴 등의 사고 시에도 인폐에 위험을 주지 않는 전압을 말하며, 「산업안전보건법령」에서 30[V]로 규정하고 있다.

관련개념 CHAPTER 02 감전재해 및 방지대책

062

교류아크용접기의 허용사용률[%]은?(단, 정격사용률은 10[%], 2차 정격전류는 500[A], 교류아크용접기의 사용전류는 250[A]이다.)

① 30   ② 40

③ 50   ④ 60

해설 허용사용률 $= \left(\dfrac{\text{정격 2차 전류}}{\text{실제 용접 전류}} \right)^2 \times \text{정격사용률}$

$= \left(\dfrac{500}{250} \right)^2 \times 10 = 40[\%]$

관련개념 CHAPTER 02 감전재해 및 방지대책

063

방폭전기기기의 온도등급의 기호는?

① E   ② S

③ T   ④ N

해설 방폭전기기기의 온도등급의 기호는 T이다.

관련개념 CHAPTER 04 전기방폭관리

064

피뢰기의 여유도가 33[%]이고, 충격절연강도가 1,000[kV]라고 할 때 피뢰기의 제한전압은 약 몇 [kV]인가?

① 852

② 752

③ 652

④ 552

해설 보호여유도[%]=$\dfrac{충격절연강도-제한전압}{제한전압}\times100$에서

제한전압=$\dfrac{충격절연강도\times100}{보호여유도+100}=\dfrac{1,000\times100}{33+100}=752[kV]$

관련개념 CHAPTER 05 전기설비 위험요인관리

065

전력용 피뢰기에서 직렬갭의 주된 사용 목적은?

① 방전내량을 크게 하고 장시간 사용 시 열화를 적게 하기 위하여

② 충격방전 개시전압을 높게 하기 위하여

③ 이상전압 발생 시 신속히 대지로 방류함과 동시에 속류를 즉시 차단하기 위하여

④ 충격파 침입 시에 대지로 흐르는 방전전류를 크게 하여 제한전압을 낮게 하기 위하여

해설 피뢰기는 피보호기 주위의 선로와 대지 사이에 접속되어 평상시에는 직렬갭에 의해 대지절연되어 있으나 계통에 이상전압이 발생하면 직렬갭이 방전하고, 이상 전압의 파고값을 내려서 기기의 속류를 신속히 차단하고 원상으로 복귀시키는 작용을 한다.

관련개념 CHAPTER 05 전기설비 위험요인관리

066

인체 감전보호용 누전차단기의 정격감도전류[mA]와 동작시간(초)의 최댓값은?

① 10[mA], 0.03초

② 20[mA], 0.01초

③ 30[mA], 0.03초

④ 50[mA], 0.1초

해설 감전보호용 누전차단기

· 정격감도전류 30[mA] 이하, 동작시간 0.03초 이내

· 정격전부하전류가 50[A] 이상인 경우, 정격감도전류 200[mA] 이하, 동작시간 0.1초 이내

관련개념 CHAPTER 02 감전재해 및 방지대책

067

방전전극에 약 7,000[V]의 전압을 인가하면 공기가 전리되어 코로나 방전을 일으킴으로써 발생한 이온으로 대전체의 전하를 중화시키는 방법을 이용한 제전기는?

① 전압인가식 제전기

② 자기방전식 제전기

③ 이온스프레이식 제전기

④ 이온식 제전기

해설 전압인가식 제전기

금속세침이나 세선 등을 전극으로 하는 제전전극에 고전압(약 7[kV])을 인가하여 전극의 선단에 코로나 방전을 일으켜 제전에 필요한 이온을 발생시키는 것으로서 코로나 방전식 제전기라고도 한다.

관련개념 CHAPTER 03 정전기 장·재해관리

068

정전작업시 작업 전 조치하여야 할 실무사항으로 틀린 것은?

① 잔류전하의 방전

② 단락 접지기구의 철거

③ 검전기에 의한 정전 확인

④ 개로개폐기의 잠금 또는 표시

해설 단락 접지기구의 철거는 작업 후 조치사항이다. 정전작업 시 작업 전에는 단락 접지기구로 확실하게 단락접지를 한다.

관련개념 CHAPTER 02 감전재해 및 방지대책

069

내압방폭구조에서 안전간극(Safe Gap)을 작게 하는 이유로 옳은 것은?

① 최소점화에너지를 높게 하기 위해

② 폭발화염이 외부로 전파되지 않도록 하기 위해

③ 폭발압력에 견디고 파손되지 않도록 하기 위해

④ 설치류가 전선 등을 훼손하지 않도록 하기 위해

해설 폭발화염이 외부로 유출되지 않도록 하기 위해서 안전간극을 작게 하여야 한다.

관련개념 CHAPTER 04 전기방폭관리

070

내부에서 폭발하더라도 틈의 냉각효과로 인하여 외부의 폭발성 가스에 착화될 우려가 없는 방폭구조는?

① 내압방폭구조
② 유입방폭구조
③ 안전증방폭구조
④ 본질안전방폭구조

해설 **내압방폭구조**

용기 내부에 폭발성 가스 및 증기가 폭발하였을 때 용기가 그 압력에 견디며 또한 접합면, 개구부 등을 통해서 외부의 폭발성 가스·증기에 인화되지 않도록 한 구조이다.

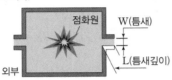

관련개념 CHAPTER 04 전기방폭관리

071

전류가 흐르는 상태에서 단로기를 끊었을 때 여러 가지 파괴작용을 일으킨다. 다음 그림에서 유입차단기의 차단순위와 투입순위가 안전수칙에 가장 적합한 것은?

전원 —⟋— [ ] —⟋— 부하
     D.S   O.C.B   D.S
     ㉮   ㉯   ㉰

① 차단: ㉮ → ㉯ → ㉰, 투입: ㉮ → ㉯ → ㉰
② 차단: ㉯ → ㉰ → ㉮, 투입: ㉮ → ㉯ → ㉰
③ 차단: ㉰ → ㉯ → ㉮, 투입: ㉰ → ㉮ → ㉯
④ 차단: ㉯ → ㉰ → ㉮, 투입: ㉰ → ㉮ → ㉯

해설 **유입차단기의 작동(투입 및 차단)순서**

- 차단순서: ㉯ → ㉰ → ㉮
- 투입순서: ㉰ → ㉮ → ㉯

관련개념 CHAPTER 01 전기안전관리

072

누전된 전동기에 인체가 접촉하여 500[mA]의 누전전류가 흘렀고 정격감도전류 500[mA]인 누전차단기가 동작하였다. 이때 인체전류를 약 10[mA]로 제한하기 위해서 전동기 외함에 설치할 접지저항의 크기는 약 몇 [Ω]인가?(단, 인체의 저항은 500[Ω]이며, 다른 저항은 무시한다.)

① 5
② 10
③ 50
④ 100

해설 누전전류(지락전류)를 I[A], 인체가 외함에 접촉할 때 인체를 통해서 흐르게 될 전류(감전전류)를 I_2[A], 접지저항을 R_3[Ω], 인체저항을 R_b[Ω]라 하면

$$I_2 = I \times \frac{R_3}{R_3 + R_b}$$

$$R_3 = \frac{I_2}{I - I_2} \times R_b = \frac{0.01}{0.5 - 0.01} \times 500 = 10[\Omega]$$

관련개념 CHAPTER 02 감전재해 및 방지대책

073

폭발위험장소에서의 본질안전방폭구조에 대한 설명으로 틀린 것은?

① 본질안전방폭구조의 기본적 개념은 점화능력의 본질적 억제이다.
② 본질안전방폭구조 Ex ib는 fault에 대한 2중 안전보장으로 0종~2종 장소에 사용할 수 있다.
③ 이론적으로는 모든 전기기기에 본질안전방폭구조를 적용할 수 있으나, 동력을 직접 사용하는 기기는 실제적으로 적용이 곤란하다.
④ 온도, 압력, 액면유량 등의 검출용 측정기는 대표적인 본질안전방폭구조의 예이다.

해설 본질안전방폭구조 Ex ib는 1종, 2종 장소에서 사용할 수 있고 0종 장소에는 사용할 수 없다. 0종~2종에서 사용할 수 있는 것은 Ex ia이다.

관련개념 CHAPTER 04 전기방폭관리

074

다음 ( ) 안에 들어갈 내용으로 알맞은 것은?

> 과전류차단장치는 반드시 접지선이 아닌 전로에 ( )로 연결하여 과전류 발생 시 전로를 자동으로 차단하도록 설치할 것

① 직렬 ② 병렬
③ 임시 ④ 직병렬

해설 과전류차단장치는 반드시 접지선이 아닌 전로에 직렬로 연결하여 과전류 발생 시 전로를 자동으로 차단하도록 설치하여야 한다.

관련개념 CHAPTER 01 전기안전관리

075

일반 허용접촉전압과 그 종별을 짝지은 것으로 틀린 것은?

① 제1종: 0.5[V] 이하 ② 제2종: 25[V] 이하
③ 제3종: 50[V] 이하 ④ 제4종: 제한 없음

해설 허용접촉전압

종별	허용접촉전압
제1종	2.5[V] 이하
제2종	25[V] 이하
제3종	50[V] 이하
제4종	제한 없음

관련개념 CHAPTER 02 감전재해 및 방지대책

076

감전사고를 방지하기 위한 대책으로 틀린 것은?

① 전기설비에 대한 보호 접지
② 전기기기에 대한 정격 표시
③ 전기설비에 대한 누전차단기 설치
④ 충전부가 노출된 부분에는 절연 방호구 사용

해설 정격 표시는 전기기기 보호차원으로 하는 것이다.

관련개념 CHAPTER 02 감전재해 및 방지대책

077

인체 피부의 전기저항에 영향을 주는 주요인자와 가장 거리가 먼 것은?

① 접촉면적 ② 인가전압의 크기
③ 통전경로 ④ 인가시간

해설 인체의 피부 전기저항은 인체의 각 부위(피부, 혈액 등)의 저항성분과 용량성분이 합성된 값이 되며, 이 값은 여러 인자, 특히 습기, 접촉전압의 크기, 인가시간, 접촉면적 등에 따라 변화한다.

관련개념 CHAPTER 02 감전재해 및 방지대책

078

전기기기, 설비 및 전선로 등의 충전 유무 등을 확인하기 위한 장비는?

① 위상검출기 ② 디스콘 스위치
③ COS ④ 저압 및 고압용 검전기

해설 저압 및 고압용 검전기는 설비(전로)의 정전 여부를 확인하기 위한 용구이다.

관련개념 CHAPTER 02 감전재해 및 방지대책

079

다음 중 전동기를 운전하고자 할 때 개폐기의 조작순서로 옳은 것은?

① 메인 스위치 → 분전반 스위치 → 전동기용 개폐기
② 분전반 스위치 → 메인 스위치 → 전동기용 개폐기
③ 전동기용 개폐기 → 분전반 스위치 → 메인 스위치
④ 분전반 스위치 → 전동기용 개폐기 → 메인 스위치

해설 전동기 개폐기의 조작순서
메인 스위치 → 분전반 스위치 → 전동기용 개폐기

관련개념 CHAPTER 01 전기안전관리

080

정전기 발생현상의 분류에 해당되지 않는 것은?

① 유체대전   ② 마찰대전
③ 박리대전   ④ 교반대전

해설 정전기 대전의 종류
· 마찰대전   · 박리대전   · 유동대전   · 분출대전
· 충돌대전   · 파괴대전   · 교반(진동)이나 침강대전

관련개념 CHAPTER 03 정전기 장·재해관리

화학설비 안전관리

081

「산업안전보건법령」상 화학설비와 화학설비의 부속설비를 구분할 때 화학설비에 해당하는 것은?

① 응축기·냉각기·가열기·증발기 등 열교환기류
② 사이클론·백필터·전기집진기 등 분진처리설비
③ 온도·압력·유량 등을 지시·기록 등을 하는 자동제어 관련설비
④ 안전밸브·안전판·긴급차단 또는 방출밸브 등 비상조치 관련설비

해설 응축기·냉각기·가열기·증발기 등 열교환기류는 화학설비에 해당한다.

오답해설
②, ③, ④는 화학설비의 부속설비에 해당한다.

관련개념 CHAPTER 02 화학물질 안전관리 실행

082

가연성 가스 혼합물을 구성하는 각 성분의 조성과 연소범위가 다음 [표]와 같을 때 혼합가스의 연소하한값은 약 몇 [vol%]인가?

구분	조성 [vol%]	연소하한값 [vol%]	연소상한값 [vol%]
헥산	1	1.1	7.4
메탄	2.5	5.0	15.0
에틸렌	0.5	2.7	36.0
공기	96	−	−

① 2.51   ② 7.51
③ 12.07   ④ 15.01

해설 혼합가스의 연소하한값

$$L = \frac{V_1 + V_2 + \cdots + V_n}{\dfrac{V_1}{L_1} + \dfrac{V_2}{L_2} + \cdots + \dfrac{V_n}{L_n}} = \frac{1 + 2.5 + 0.5}{\dfrac{1}{1.1} + \dfrac{2.5}{5.0} + \dfrac{0.5}{2.7}} = 2.51[\text{vol\%}]$$

여기서, L: 혼합가스의 연소하한값[vol%]
L_n: 각 성분가스의 연소하한값[vol%]
V_n: 각 성분가스의 조성[vol%]

관련개념 CHAPTER 01 화재·폭발 검토

083

공정안전보고서에 포함하여야 할 세부내용 중 공정안전자료의 세부내용이 아닌 것은?

① 유해·위험설비의 목록 및 사양
② 폭발위험장소 구분도 및 전기단선도
③ 유해·위험물질에 대한 물질안전보건자료
④ 설비점검·검사 및 보수계획, 유지계획 및 지침서

해설 ④는 안전운전계획에 포함하여야 할 세부내용이다.

관련개념 CHAPTER 04 화공 안전운전·점검

084

다음 중 자연발화의 방지법으로 적절하지 않은 것은?

① 통풍을 잘 시킬 것
② 습도가 높은 곳에 저장할 것
③ 저장실의 온도 상승을 피할 것
④ 공기가 접촉되지 않도록 불활성물질 중에 저장할 것

해설 자연발화의 방지를 위해서는 습도를 높지 않게 하여야 한다.

관련개념 CHAPTER 01 화재 · 폭발 검토

085

화염방지기의 설치에 관한 사항으로 (   )에 알맞은 것은?

사업주는 인화성 액체 및 인화성 가스를 저장 · 취급하는 화학설비에서 증기나 가스를 대기로 방출하는 경우에는 외부로부터의 화염을 방지하기 위하여 화염방지기를 그 설비 (   )에 설치하여야 한다.

① 상단
② 하단
③ 중앙
④ 무게중심

해설 화염방지기는 외부로부터의 화염을 방지하기 위하여 그 <u>설비 상단</u>에 설치하여야 한다.

관련개념 CHAPTER 04 화공 안전운전 · 점검

086

폭발원인물질을 물리적 상태에 따라 구분할 때 기상폭발 (Gas Explosion)에 해당되지 않는 것은?

① 분진폭발
② 응상폭발
③ 분무폭발
④ 가스폭발

해설 **폭발의 분류**
폭발은 원인물질의 물리적 상태에 따라 기상폭발과 응상폭발로 구분할 수 있다.
• 기상폭발: 가스폭발, 분진폭발, 분무폭발, 증기운폭발, 가스분해폭발
• 응상폭발: 수증기폭발, 증기폭발, 전선폭발, 고상 간 전이에 의한 폭발

관련개념 CHAPTER 01 화재 · 폭발 검토

087

알루미늄분이 고온의 물과 반응하였을 때 생성되는 가스는?

① 산소
② 수소
③ 메탄
④ 에탄

해설 알루미늄분은 수분과 반응하여 가연성 가스인 수소를 생성한다.
$2Al + 6H_2O \rightarrow 2Al(OH)_3 + 3H_2 \uparrow$

관련개념 CHAPTER 02 화학물질 안전관리 실행

088

20[℃], 1기압의 공기를 5기압으로 단열압축하면 공기의 온도는 약 몇 [℃]가 되겠는가?(단, 공기의 비열비는 1.40이다.)

① 32
② 191
③ 305
④ 464

해설 **단열변화**
$\dfrac{T_2}{T_1} = \left(\dfrac{V_1}{V_2}\right)^{r-1} = \left(\dfrac{P_2}{P_1}\right)^{\frac{(r-1)}{r}}$ 에서

$T_2 = T_1 \times \left(\dfrac{P_2}{P_1}\right)^{\frac{(r-1)}{r}} = (273 + 20) \times \left(\dfrac{5}{1}\right)^{\frac{(1.4-1)}{1.4}} = 464[K] = 191[℃]$

여기서, T: 절대온도[K], V: 부피[L], P: 절대압력[atm], r: 비열비

관련개념 CHAPTER 02 화학물질 안전관리 실행

089

다음 물질이 물과 접촉하였을 때 위험성이 가장 낮은 것은?

① 과산화칼륨
② 나트륨
③ 메틸리튬
④ 이황화탄소

해설 이황화탄소는 가연성 증기의 발생을 억제하기 위해 물속에 저장하는 만큼 물과 접촉 시 위험성이 극히 낮다.

관련개념 CHAPTER 02 화학물질 안전관리 실행

2019년 2회

090

가스 또는 분진폭발 위험장소에 설치되는 건축물의 내화구조를 설명한 것으로 틀린 것은?

① 건축물 기둥 및 보는 지상 1층까지 내화구조로 한다.
② 위험물 저장·취급용기의 지지대는 지상으로부터 지지대의 끝부분까지 내화구조로 한다.
③ 건축물 주변에 자동소화설비를 설치한 경우 건축물 화재 시 1시간 이상 그 안전성을 유지한 경우는 내화구조로 하지 아니할 수 있다.
④ 배관·전선관 등의 지지대는 지상으로부터 1단까지 내화구조로 한다.

해설 건축물 등의 주변에 화재에 대비하여 물분무시설 또는 폼헤드설비 등의 자동소화설비를 설치하여 건축물 등이 화재 시에 2시간 이상 그 안전성을 유지할 수 있도록 한 경우에는 내화구조로 하지 아니할 수 있다.

관련개념 CHAPTER 02 화학물질 안전관리 실행

091

가연성 물질을 취급하는 장치를 퍼지하고자 할 때 잘못된 것은?

① 대상물질의 물성을 파악한다.
② 사용하는 불활성 가스의 물성을 파악한다.
③ 퍼지용 가스를 가능한 한 빠른 속도로 단시간에 다량송입한다.
④ 장치내부를 세정한 후 퍼지용 가스를 송입한다.

해설 퍼지용 가스는 장시간에 걸쳐 천천히 주입하여야 한다.

관련개념 CHAPTER 01 화재·폭발 검토

092

가솔린(휘발유)의 일반적인 연소범위에 가장 가까운 값은?

① 2.7~27.8[vol%]
② 3.4~11.8[vol%]
③ 1.4~7.6[vol%]
④ 5.1~18.2[vol%]

해설 가솔린의 연소범위는 1.4~7.6[vol%] 정도이다.

관련개념 CHAPTER 02 화학물질 안전관리 실행

093

「산업안전보건법령」에 따라 사업주가 특수화학설비를 설치하는 때에 그 내부의 이상 상태를 조기에 파악하기 위하여 설치하여야 하는 장치는?

① 자동경보장치
② 긴급차단장치
③ 자동문개폐장치
④ 스크러버개방장치

해설 특수화학설비를 설치하는 경우에는 그 내부의 이상 상태를 조기에 파악하기 위해 필요한 자동경보장치를 설치하여야 한다.

관련개념 CHAPTER 02 화학물질 안전관리 실행

094

건조설비를 사용하여 작업을 하는 경우에 폭발이나 화재를 예방하기 위하여 준수하여야 하는 사항으로 틀린 것은?

① 위험물 건조설비를 사용하는 경우에는 미리 내부를 청소하거나 환기할 것
② 위험물 건조설비를 사용하여 가열건조하는 건조물은 쉽게 이탈되도록 할 것
③ 고온으로 가열건조한 인화성 액체는 발화의 위험이 없는 온도로 냉각한 후에 격납시킬 것
④ 바깥 면이 현저히 고온이 되는 건조설비에 가까운 장소에는 인화성 액체를 두지 않도록 할 것

해설 **건조설비 취급 시 준수사항**
• 위험물 건조설비를 사용하는 경우에는 미리 내부를 청소하거나 환기할 것
• 위험물 건조설비를 사용하는 경우에는 건조로 인하여 발생하는 가스·증기 또는 분진에 의하여 폭발·화재의 위험이 있는 물질을 안전한 장소로 배출시킬 것
• 위험물 건조설비를 사용하여 가열건조하는 건조물은 쉽게 이탈되지 않도록 할 것
• 고온으로 가열건조한 인화성 액체는 발화의 위험이 없는 온도로 냉각한 후에 격납시킬 것
• 건조설비(바깥 면이 현저히 고온이 되는 설비만 해당)에 가까운 장소에는 인화성 액체를 두지 않도록 할 것

관련개념 CHAPTER 02 화학물질 안전관리 실행

095

다음 중 위험물과 그 소화방법이 잘못 연결된 것은?

① 염소산칼륨－다량의 물로 냉각소화
② 마그네슘－건조사 등에 의한 질식소화
③ 칼륨－이산화탄소에 의한 질식소화
④ 아세트알데히드－다량의 물에 의한 희석소화

해설 칼륨은 화재발생 시 이산화탄소와 접촉하면 폭발적인 반응이 일어나므로 건조사나 금속화재용 소화기를 이용하여야 한다.
$4K + 3CO_2 \rightarrow 2K_2CO_3 + C$(폭발적인 반응)

관련개념 CHAPTER 01 화재 · 폭발 검토

096

다음 가스 중 TLV–TWA상 가장 독성이 큰 것은?

① CO
② $COCl_2$
③ NH_3
④ H_2

해설 포스겐($COCl_2$) 가스는 노출기준(TWA) 0.1[ppm]의 유독성 가스이다.
(CO의 TWA: 30[ppm], NH_3의 TWA: 25[ppm], H_2: 독성자료 없음)
※ TWA는 값이 작을수록 독성이 강하다.

관련개념 CHAPTER 02 화학물질 안전관리 실행

097

부탄(C_4H_{10})의 연소에 필요한 최소산소농도(MOC)를 추정하여 계산하면 약 몇 [vol%]인가?(단, 부탄의 폭발하한계는 공기 중에서 1.6[vol%]이다.)

① 5.6
② 7.8
③ 10.4
④ 14.1

해설 부탄의 완전연소반응식
$C_4H_{10} + 6.5O_2 \rightarrow 4CO_2 + 5H_2O$
최소산소농도(C_m)=폭발하한[%]×$\dfrac{\text{산소 mol수}}{\text{연소가스 mol수}}$
$=1.6×\dfrac{6.5}{1}=10.4$[vol%]

관련개념 CHAPTER 01 화재 · 폭발 검토

098

다음 중 산화성 물질이 아닌 것은?

① KNO_3
② NH_4ClO_3
③ HNO_3
④ P_4S_3

해설 ① KNO_3(질산칼륨), ② NH_4ClO_3(염소산암모늄): 산화성 고체
③ HNO_3(질산): 산화성 액체
④ P_4S_3(삼황화린): 가연성 고체

관련개념 CHAPTER 02 화학물질 안전관리 실행

099

「산업안전보건법령」상 사업주가 인화성 액체 위험물을 액체 상태로 저장하는 저장탱크를 설치하는 경우에는 위험물질이 누출되어 확산되는 것을 방지하기 위하여 무엇을 설치하여야 하는가?

① Flame arrester
② Vent Stack
③ 긴급방출장치
④ 방유제

해설 위험물을 액체 상태로 저장하는 저장탱크를 설치하는 경우에는 위험물질이 누출되어 확산되는 것을 방지하기 위하여 방유제를 설치하여야 한다.

관련개념 CHAPTER 02 화학물질 안전관리 실행

100

「위험물안전관리법령」상 제4류 위험물 중 제2석유류로 분류되는 물질은?

① 실린더유
② 휘발유
③ 등유
④ 중유

해설 등유, 경유 등이 제2석유류에 해당한다.
오답해설
① 실린더유: 제4석유류
② 휘발유: 제1석유류
④ 중유: 제3석유류

관련개념 CHAPTER 02 화학물질 안전관리 실행

건설공사 안전관리

101

건립 중 강풍에 의한 풍압 등 외압에 대한 내력이 설계에 고려되었는지 확인하여야 하는 철골구조물이 아닌 것은?

① 연면적당 철골량이 50[kg/m²] 이하인 구조물
② 기둥이 타이플레이트형인 구조물
③ 이음부가 공장제작인 구조물
④ 구조물의 폭과 높이의 비가 1 : 4 이상인 구조물

해설 외압에 대한 내력이 설계에 고려되었는지 확인해야 할 구조물
• 높이 20[m] 이상의 구조물
• 구조물의 폭과 높이의 비가 1 : 4 이상인 구조물
• 단면구조에 현저한 차이가 있는 구조물
• 연면적당 철골량이 50[kg/m²] 이하인 구조물
• 기둥이 타이플레이트(Tie Plate)형인 구조물
• 이음부가 현장용접인 구조물

관련개념 CHAPTER 06 공사 및 작업 종류별 안전

102

건설현장의 가설계단 및 계단참을 설치하는 경우 얼마 이상의 하중에 견딜 수 있는 강도를 가진 구조로 설치하여야 하는가?

① 200[kg/m²]   ② 300[kg/m²]
③ 400[kg/m²]   ④ 500[kg/m²]

해설 계단 및 계단참을 설치하는 경우 500[kg/m²] 이상의 하중에 견딜 수 있는 강도를 가진 구조로 설치하여야 한다.

관련개념 CHAPTER 05 비계·거푸집 가시설 위험방지

103

모래의 굴착면 붕괴에 따른 재해를 예방하기 위한 굴착면의 적정한 기울기 기준은?

① 1 : 1.8   ② 1 : 1.0
③ 1 : 0.5   ④ 1 : 0.3

해설 굴착면의 기울기 기준

지반의 종류	굴착면의 기울기
모래	1 : 1.8
연암 및 풍화암	1 : 1.0
경암	1 : 0.5
그 밖의 흙	1 : 1.2

※ 이 문제는 개정된 법령에 따라 수정한 문제입니다.

관련개념 CHAPTER 02 건설공사 위험성

104

차량계 하역운반기계 등에 화물을 적재하는 경우에 준수해야 할 사항으로 옳지 않은 것은?

① 하중이 한쪽으로 치우치도록 하여 공간상 효율적으로 적재할 것
② 구내운반차 또는 화물자동차의 경우 화물의 붕괴 또는 낙하에 의한 위험을 방지하기 위하여 화물에 로프를 거는 등 필요한 조치를 할 것
③ 운전자의 시야를 가리지 않도록 화물을 적재할 것
④ 화물을 적재하는 경우 최대적재량을 초과하지 않을 것

해설 차량계 하역운반기계 등에 화물을 적재하는 경우에 하중이 한쪽으로 치우치지 않도록 적재하여야 한다.

관련개념 CHAPTER 04 건설현장 안전시설 관리

105

흙막이 가시설 공사 시 사용되는 각 계측기 설치 목적으로 옳지 않은 것은?

① 지표침하계 – 지표면 침하량 측정
② 수위계 – 지반 내 지하수위의 변화 측정
③ 하중계 – 상부 적재하중 변화 측정
④ 지중경사계 – 지중의 수평 변위량 측정

해설 하중계(Load Cell)는 스트러트, 어스앵커에 설치하여 축하중 측정으로 부재의 안전성 여부를 판단하는 계측기이다.

관련개념 CHAPTER 05 비계 · 거푸집 가시설 위험방지

106

안전대의 종류는 사용구분에 따라 벨트식과 안전그네식으로 구분되는데, 이 중 안전그네식에만 적용하는 것으로 나열한 것은?

① 추락방지대, 안전블록
② 1개걸이용, U자걸이용
③ 1개걸이용, 추락방지대
④ U자걸이용, 안전블록

해설 안전대의 종류 및 사용구분

종류	사용 구분
벨트식, 안전그네식	1개걸이용
	U자걸이용
안전그네식	추락방지대
	안전블록

관련개념 CHAPTER 04 건설현장 안전시설 관리

107

근로자에게 작업 중 또는 통행 시 굴러 떨어짐으로 인하여 위험에 처할 우려가 있는 케틀, 호퍼, 피트 등이 있는 경우에 위험을 방지하기 위해 최소 높이 얼마 이상의 울타리를 설치해야 하는가?

① 80[cm] 이상　　　② 85[cm] 이상
③ 90[cm] 이상　　　④ 95[cm] 이상

해설 근로자에게 작업 중 또는 통행 시 굴러 떨어짐으로 인하여 근로자가 화상 · 질식 등의 위험에 처할 우려가 있는 케틀(Kettle), 호퍼(Hopper), 피트(Pit) 등이 있는 경우에 그 위험을 방지하기 위하여 필요한 장소에 높이 90[cm] 이상의 울타리를 설치하여야 한다.

관련개념 CHAPTER 04 건설현장 안전시설 관리

108

그물코의 크기가 5[cm]인 매듭방망일 경우 방망사의 인장강도는 최소 얼마 이상이어야 하는가?(단, 방망사는 신품인 경우이다.)

① 50[kg]　　　② 100[kg]
③ 110[kg]　　　④ 150[kg]

해설 그물코 5[cm], 신품 매듭방망의 인장강도는 110[kg] 이상이어야 한다.

추락방호망 방망사의 인장강도

※ ( ): 폐기기준 인장강도

그물코의 크기 (단위: [cm])	방망의 종류(단위: [kg])	
	매듭 없는 방망	매듭방망
10	240(150)	200(135)
5	–	110(60)

관련개념 CHAPTER 04 건설현장 안전시설 관리

109

크레인 또는 데릭에서 붐 각도 및 작업반경별로 작용시킬 수 있는 최대하중에서 후크, 와이어로프 등 달기구의 중량을 공제한 하중은?

① 작업하중   ② 정격하중
③ 이동하중   ④ 적재하중

해설 정격하중이란 크레인의 권상하중에서 훅·버킷 등 달기구의 중량에 상당하는 하중을 뺀 하중을 말한다. 이때 권상하중이란 크레인이 들어올릴 수 있는 최대의 하중을 말한다.

관련개념 CHAPTER 06 공사 및 작업 종류별 안전

110

강관을 사용하여 비계를 구성하는 경우 준수해야 할 기준으로 옳지 않은 것은?

① 비계기둥의 간격은 띠장 방향에서는 1.85[m] 이하, 장선(長線) 방향에서는 1.5[m] 이하로 할 것
② 띠장 간격은 1.8[m] 이하로 할 것
③ 비계기둥의 제일 윗부분으로부터 31[m] 되는 지점 밑부분의 비계기둥은 2개의 강관으로 묶어 세울 것
④ 비계기둥 간의 적재하중은 400[kg]을 초과하지 않도록 할 것

해설 강관을 사용하여 비계를 구성하는 경우 띠장 간격은 2.0[m] 이하로 하여야 한다.

관련개념 CHAPTER 05 비계·거푸집 가시설 위험방지

111

터널굴착 작업을 하는 때 미리 작성하여야 하는 작업계획서에 포함되어야 할 사항이 아닌 것은?

① 굴착의 방법
② 암석의 분할방법
③ 환기 또는 조명시설을 설치할 때에는 그 방법
④ 터널지보공 및 복공의 시공방법과 용수의 처리방법

해설 '암석의 분할방법'은 채석작업 시 작업계획서 내용에 포함되어야 한다.

관련개념 CHAPTER 05 비계·거푸집 가시설 위험방지

112

거푸집 해체작업 시 유의사항으로 옳지 않은 것은?

① 일반적으로 수평부재의 거푸집은 연직부재의 거푸집보다 빨리 떼어낸다.
② 해체된 거푸집이나 각목 등에 박혀있는 못 또는 날카로운 돌출물은 즉시 제거하여야 한다.
③ 상하 동시작업은 원칙적으로 금지하며 부득이한 경우에는 긴밀히 연락을 하며 작업을 하여야 한다.
④ 거푸집 해체 작업장 주위에는 관계자를 제외하고는 출입을 금지시켜야 한다.

해설 일반적으로 연직부재의 거푸집은 수평부재의 거푸집보다 빨리 떼어낼 수 있다.

관련개념 CHAPTER 05 비계·거푸집 가시설 위험방지

113

다음은 달비계 또는 높이 5[m] 이상의 비계를 조립·해체하거나 변경하는 작업을 하는 경우의 준수사항이다. 빈칸에 알맞은 숫자는?

> 비계재료의 연결·해체작업을 하는 경우에는 폭 (   ) [cm] 이상의 발판을 설치하고 근로자로 하여금 안전대를 사용하도록 하는 등 추락을 방지하기 위한 조치를 할 것

① 15   ② 20
③ 25   ④ 30

해설 비계재료의 연결·해체작업을 하는 경우에는 **폭 20[cm] 이상의 발판**을 설치하고 근로자로 하여금 안전대를 사용하도록 하는 등 추락을 방지하기 위한 조치를 하여야 한다.

관련개념 CHAPTER 05 비계·거푸집 가시설 위험방지

114

유해위험방지계획서를 제출해야 할 건설공사 대상 사업장 기준으로 옳지 않은 것은?

① 최대 지간길이가 50[m] 이상인 교량건설 등의 공사
② 지상높이가 31[m] 이상인 건축물
③ 터널 건설 등의 공사
④ 깊이 9[m]인 굴착공사

해설 유해위험방지계획서 제출대상 건설공사
• 지상높이가 31[m] 이상인 건축물 또는 인공구조물, 연면적 30,000[m²] 이상인 건축물 또는 연면적 5,000[m²] 이상의 문화 및 집회시설(전시장 및 동물원·식물원 제외), 판매시설, 운수시설(고속철도의 역사 및 집배송시설 제외), 종교시설, 의료시설 중 종합병원, 숙박시설 중 관광숙박시설, 지하도상가 또는 냉동·냉장 창고시설의 건설·개조 또는 해체(건설 등) 공사
• 연면적 5,000[m²] 이상의 냉동·냉장 창고시설의 설비공사 및 단열공사
• 최대 지간길이가 50[m] 이상인 다리의 건설 등 공사
• 터널의 건설 등 공사
• 다목적댐, 발전용댐, 저수용량 2천만 톤 이상의 용수 전용 댐 및 지방 상수도 전용 댐의 건설 등 공사
• **깊이가 10[m] 이상인 굴착공사**

관련개념 CHAPTER 02 건설공사 위험성

115

다음은 가설통로를 설치하는 경우의 준수사항이다. (   ) 에 알맞은 수치를 고르면?

> 건설공사에 사용하는 높이 8[m] 이상인 비계다리에는 (   )[m] 이내마다 계단참을 설치할 것

① 7   ② 6
③ 5   ④ 4

해설 가설통로 설치 시 건설공사에 사용하는 높이 8[m] 이상인 비계다리에는 7[m] 이내마다 계단참을 설치하여야 한다.

관련개념 CHAPTER 05 비계·거푸집 가시설 위험방지

116

비계(달비계, 달대비계 및 말비계는 제외)의 높이가 2[m] 이상인 작업장소에 설치하는 작업발판의 구조 및 설비에 관한 기준으로 옳지 않은 것은?

① 작업발판의 폭이 40[cm] 이상이 되도록 한다.
② 발판재료 간의 틈은 3[cm] 이하로 한다.
③ 작업발판을 작업에 따라 이동시킬 경우에는 위험 방지에 필요한 조치를 한다.
④ 작업발판재료는 뒤집히거나 떨어지지 않도록 하나 이상의 지지물에 연결하거나 고정시킨다.

해설 작업발판의 설치기준(비계 높이 2[m] 이상인 작업장소)
• 발판재료는 작업할 때의 하중을 견딜 수 있도록 견고한 것으로 할 것
• 작업발판의 폭은 40[cm] 이상으로 하고, 발판재료 간의 틈은 3[cm] 이하로 할 것. 다만, 외줄비계의 경우에는 고용노동부장관이 별도로 정하는 기준에 따른다.
• 추락의 위험이 있는 장소에는 안전난간을 설치할 것
• 작업발판의 지지물은 하중에 의하여 파괴될 우려가 없는 것을 사용할 것
• 작업발판 재료는 뒤집히거나 떨어지지 않도록 둘 이상의 지지물에 연결하거나 고정시킬 것
• 작업발판을 작업에 따라 이동시킬 경우에는 위험방지에 필요한 조치를 할 것

관련개념 CHAPTER 04 건설현장 안전시설 관리

117

터널 지보공을 설치한 경우에 수시로 점검하고, 이상을 발견한 경우에는 즉시 보강하거나 보수해야 할 사항이 아닌 것은?

① 부재의 긴압 정도
② 기둥침하의 유무 및 상태
③ 부재의 접속부 및 교차부 상태
④ 계측기 설치상태

해설 **터널 지보공 수시 점검 및 보강·보수사항**
• 부재의 손상·변형·부식·변위 탈락의 유무 및 상태
• 부재의 긴압 정도
• 부재의 접속부 및 교차부의 상태
• 기둥침하의 유무 및 상태

관련개념 CHAPTER 05 비계·거푸집 가시설 위험방지

118

건설업 산업안전보건관리비의 사용내역에 대하여 도급인은 공사 시작 후 몇 개월마다 1회 이상 발주자 또는 감리자의 확인을 받아야 하는가?

① 3개월
② 4개월
③ 5개월
④ 6개월

해설 도급인은 산업안전보건관리비 사용내역에 대하여 공사 시작 후 6개월마다 1회 이상 발주자 또는 감리자의 확인을 받아야 한다. 다만, 6개월 이내에 공사가 종료되는 경우에는 종료 시 확인을 받아야 한다.

관련개념 CHAPTER 03 건설업 산업안전보건관리비 관리

119

차량계 하역운반기계를 사용하여 작업할 때에 그 기계가 넘어지거나 굴러 떨어짐으로써 근로자가 위험해질 우려가 있는 경우에 조치하여야 할 사항과 거리가 먼 것은?

① 해당 기계에 대한 유도자 배치
② 경보장치 설치
③ 지반의 부동침하 방지
④ 갓길의 붕괴 방지조치

해설 **차량계 하역운반기계 전도 등의 방지**
• 유도자 배치
• 지반의 부동침하 방지
• 갓길의 붕괴 방지

관련개념 CHAPTER 04 건설현장 안전시설 관리

120

다음은 사다리식 통로 등을 설치하는 경우의 준수사항이다. (   )에 들어갈 숫자로 옳은 것은?

사다리의 상단은 걸쳐 놓은 지점으로부터 (   )[cm] 이상 올라가도록 할 것

① 30
② 40
③ 50
④ 60

해설 사리식의 통로에서 사다리의 상단은 걸쳐놓은 지점으로부터 60[cm] 이상 올라가도록 한다.

관련개념 CHAPTER 05 비계·거푸집 가시설 위험방지

산업재해 예방 및 안전보건교육

001

안전교육방법 중 강의법에 대한 설명으로 옳지 않은 것은?

① 단기간의 교육시간 내에 비교적 많은 내용을 전달할 수 있다.
② 다수의 수강자를 대상으로 동시에 교육할 수 있다.
③ 다른 교육방법에 비해 수강자의 참여가 제약된다.
④ 수강자 개개인의 학습진도를 조절할 수 있다.

해설 강의법은 다수의 수강자를 대상으로 동시에 교육을 진행하기 때문에 개개인의 학습진도를 조절할 수 없다.

관련개념 CHAPTER 05 안전보건교육의 내용 및 방법

002

적응기제(適應機制)의 형태 중 방어적 기제에 해당하지 않는 것은?

① 고립
② 보상
③ 승화
④ 합리화

해설 고립은 방어적 기제가 아닌 도피적 기제에 해당한다.
적응기제
• 방어적 기제: 보상, 합리화(변명), 승화, 동일시, 투사
• 도피적 기제: 고립, 퇴행, 억압, 백일몽
• 공격적 기제
　－ 직접적 공격기제: 폭행, 싸움, 기물파손
　－ 간접적 공격기제: 욕설, 비난, 조소 등

관련개념 CHAPTER 05 안전보건교육의 내용 및 방법

003

하인리히 방식의 재해코스트 산정에서 직접비에 해당되지 않는 것은?

① 휴업보상비
② 병상위문금
③ 장해특별보상비
④ 상병보상연금

해설 병상위문금은 직접비(법령으로 지급되는 산재보상비)에 포함되지 않는다.

관련개념 SUBJECT 03 기계·기구 및 설비 안전관리
　　　　　 CHAPTER 02 기계분야 산업재해 조사 및 관리

004

산소결핍이 예상되는 맨홀 내에서 작업을 실시할 때의 사고 방지 대책으로 적절하지 않은 것은?

① 작업시작 전 및 작업 중 충분한 환기 실시
② 작업 장소의 입장 및 퇴장 시 인원점검
③ 방진마스크의 보급과 착용 철저
④ 작업장과 외부와의 상시 연락을 위한 설비 설치

해설 산소결핍이 예상되는 장소에서 작업을 실시할 때에는 방진마스크가 아닌 송기마스크를 보급·착용하여야 한다.

관련개념 CHAPTER 02 안전보호구 관리

005

안전보건교육의 단계에 해당하지 않는 것은?

① 지식교육
② 기초교육
③ 태도교육
④ 기능교육

해설 기초교육은 안전교육의 3단계에 해당하지 않는다.
안전교육의 3단계
㉠ 1단계: 지식교육
㉡ 2단계: 기능교육
㉢ 3단계: 태도교육

관련개념 CHAPTER 05 안전보건교육의 내용 및 방법

006

안전점검의 종류 중 태풍이나 폭우 등의 천재지변이 발생한 후에 실시하는 기계, 기구 및 설비 등에 대한 점검의 명칭은?

① 정기점검   ② 수시점검
③ 특별점검   ④ 임시점검

해설 **특별점검**
기계·기구의 신설 및 변경 시 고장, 수리 등에 의해 부정기적으로 실시하는 점검으로 안전강조기간에 실시하는 점검 등이다.

관련개념 SUBJECT 03 기계·기구 및 설비 안전관리
CHAPTER 02 기계분야 산업재해 조사 및 관리

007

1년간 80건의 재해가 발생한 A사업장은 1,000명의 근로자가 1주일당 48시간, 1년간 52주를 근무하고 있다. A사업장의 도수율은?(단, 근로자들은 재해와 관련 없는 사유로 연간 노동시간의 3[%]를 결근하였다.)

① 31.06   ② 32.05
③ 33.04   ④ 34.03

해설 $\text{도수율} = \dfrac{\text{재해건수}}{\text{연근로시간 수}} \times 1,000,000$

$$= \dfrac{80}{1,000 \times (48 \times 52) \times 0.97} \times 1,000,000 = 33.04$$

관련개념 SUBJECT 03 기계·기구 및 설비 안전관리
CHAPTER 02 기계분야 산업재해 조사 및 관리

008

위험예지훈련의 문제해결 4라운드에 속하지 않는 것은?

① 현상파악   ② 본질추구
③ 원인결정   ④ 대책수립

해설 **위험예지훈련의 추진을 위한 문제해결 4단계**
㉠ 1라운드: 현상파악(사실의 파악)−어떤 위험이 잠재하고 있는가?
㉡ 2라운드: 본질추구(원인조사)−이것이 위험의 포인트다.
㉢ 3라운드: 대책수립(대책을 세운다)−당신이라면 어떻게 하겠는가?
㉣ 4라운드: 목표설정(행동계획 작성)−우리들은 이렇게 하자!

관련개념 CHAPTER 01 산업재해예방 계획 수립

009

서로 손을 얹고 팀의 행동구호를 외치는 무재해 운동 추진 기법의 하나로, 스킨십(Skinship)에 바탕을 두고 팀 전원의 일체감, 연대감을 느끼게 하며, 대뇌 피질의 안전태도 형성에 좋은 이미지를 심어주는 기법은?

① Touch and Call
② Brain Storming
③ Error Cause Removal
④ Safety Training Observation Program

해설 **터치 앤 콜(Touch and Call)**
• 왼손을 맞잡고 같이 소리치는 것으로 전원이 스킨십(Skinship)을 느끼도록 하는 것이다.
• 팀의 일체감, 연대감을 조성할 수 있다.
• 대뇌 피질에 좋은 이미지를 불어넣어 안전행동을 하도록 하는 것이다.

관련개념 CHAPTER 01 산업재해예방 계획 수립

010

하인리히 안전론에서 ( ) 안에 들어갈 단어로 적합한 것은?

> • 안전은 사고예방이다.
> • 사고예방은 ( )와(과) 인간 및 기계의 관계를 통제하는 과학이자 기술이다.

① 물리적 환경   ② 화학적 요소
③ 위험요인   ④ 사고 및 재해

해설 **하인리히의 안전과 사고의 정의**
• 안전은 사고예방이다.
• 사고예방은 물리적 환경과 인간 및 기계의 관계를 통제하는 과학이자 기술이다.

관련개념 CHAPTER 01 산업재해예방 계획 수립

011

산업재해의 기본원인 중 "작업정보, 작업방법 및 작업환경" 등이 분류되는 항목은?

① Man
② Machine
③ Media
④ Management

해설 **4M 분석기법(휴먼에러의 배후요인)**
• 인간(Man; 자기 자신 이외의 다른 사람): 잘못된 사용, 오조작, 착오, 실수, 불안심리
• 기계(Machine; 기계·기구·장치 등의 물적인 요인): 설계·제작 착오, 재료 피로·열화, 고장, 배치·공사 착오
• 작업매체(Media; 인간과 기계를 연결시키는 매개체): 작업정보 부족·부적절, 작업환경 불량
• 관리(Management; 안전에 관한 법규, 규칙 등): 안전조직 미비, 교육·훈련 부족, 계획 불량, 잘못된 지시

관련개념 CHAPTER 01 산업재해예방 계획 수립

012

「산업안전보건법령」상 관리감독자 대상 정기안전보건교육의 교육내용으로 옳은 것은?

① 작업 개시 전 점검에 관한 사항
② 정리정돈 및 청소에 관한 사항
③ 작업공정의 유해·위험과 재해 예방대책에 관한 사항
④ 기계·기구의 위험성과 작업의 순서 및 동선에 관한 사항

해설 ①, ④는 근로자와 관리감독자의 채용 시 및 작업내용 변경 시 교육내용이고, ②는 근로자의 채용 시 및 작업내용 변경 시 교육내용이다.

관련개념 CHAPTER 05 안전보건교육의 내용 및 방법

013

적성요인에 있어 직업적성을 검사하는 항목이 아닌 것은?

① 지능
② 촉각 적응력
③ 형태식별능력
④ 운동속도

해설 **직업적성 검사 항목**
지능, 형태식별능력, 운동속도

관련개념 CHAPTER 03 산업안전심리

014

라인(Line)형 안전관리조직에 대한 설명으로 옳은 것은?

① 명령계통과 조언이나 권고적 참여가 혼동되기 쉽다.
② 생산부서와의 마찰이 일어나기 쉽다.
③ 명령계통이 간단명료하다.
④ 생산부분에는 안전에 대한 책임과 권한이 없다.

해설 ①, ②, ④는 스태프(STAFF)형 조직에 대한 설명이다.
라인(Line)형 조직(직계형 조직)의 장점
• 안전에 관한 지시 및 명령계통이 철저하다.(생산라인을 통해 이루어짐)
• 안전대책의 실시가 신속하다.
• 명령과 보고가 상하관계로 간단 명료하다.

관련개념 CHAPTER 01 산업재해예방 계획 수립

015

부주의의 발생 원인에 포함되지 않는 것은?

① 의식의 단절
② 의식의 우회
③ 의식수준의 저하
④ 의식의 지배

해설 **부주의의 원인(현상)**
• 의식의 우회: 의식의 흐름이 옆으로 빗나가 발생하는 것(걱정, 고민, 욕구불만 등에 의하여 정신을 빼앗기는 것)이다.
• 의식수준의 저하: 혼미한 정신상태에서 심신이 피로할 경우나 단조로운 반복작업 등의 경우에 일어나기 쉽다.
• 의식의 단절: 지속적인 의식의 흐름에 단절이 생기고 공백의 상태가 나타나는 것으로 주로 질병의 경우에 나타난다.
• 의식의 과잉: 돌발사태에 직면하면 주의가 일점(주시점)에 집중되어 판단정지 및 긴장 상태에 빠지게 되어 유효한 대응을 못하게 된다.
• 의식의 혼란: 외적 조건에 의해 의식이 혼란하거나 분산되어 위험요인에 대응할 수 없을 때 발생한다.

관련개념 CHAPTER 04 인간의 행동과학

016

안전교육 훈련에 있어 동기부여 방법에 대한 설명으로 가장 거리가 먼 것은?

① 안전 목표를 명확히 설정한다.
② 안전활동의 결과를 평가, 검토하도록 한다.
③ 경쟁과 협동을 유발시킨다.
④ 동기유발 수준을 과도하게 높인다.

해설 안전교육 훈련에 있어 동기부여를 할 때에는 동기유발의 최적수준을 유지하여야 한다.

관련개념 CHAPTER 04 인간의 행동과학

017

「산업안전보건법령」상 (　　)에 알맞은 기준은?

안전보건표지의 제작에 있어 안전보건표지 속의 그림 또는 부호의 크기는 안전보건표지의 크기와 비례하여야 하며, 안전보건표지 전체 규격의 (　　　) 이상이 되어야 한다.

① 20[%]　　　　　② 30[%]
③ 40[%]　　　　　④ 50[%]

해설 **안전보건표지의 제작**
• 표시내용을 근로자가 빠르고 쉽게 알아볼 수 있는 크기로 제작하여야 한다.
• 표지 속의 그림 또는 부호의 크기는 안전보건표지의 크기와 비례하여야 하며, 안전보건표지 전체 규격의 30[%] 이상이 되어야 한다.
• 표지는 쉽게 파손되거나 변형되지 아니하는 것으로 제작하여야 한다.
• 야간에 필요한 안전보건표지는 야광물질을 사용하는 등 쉽게 알아볼 수 있도록 제작하여야 한다.

관련개념 CHAPTER 02 안전보호구 관리

018

「산업안전보건법령」상 주로 고음을 차음하고, 저음은 차음하지 않는 방음보호구의 기호로 옳은 것은?

① NRR　　　　　② EM
③ EP-1　　　　　④ EP-2

해설 **방음용 귀마개 또는 귀덮개의 종류 · 등급**

종류	등급	기호	성능
귀마개	1종	EP-1	저음부터 고음까지 차음하는 것
	2종	EP-2	주로 고음을 차음하고 저음(회화음영역)은 차음하지 않는 것
귀덮개	-	EM	

관련개념 CHAPTER 02 안전보호구 관리

019

「산업안전보건법령」상 유해위험방지계획서 제출대상 공사에 해당하는 것은?

① 깊이가 5[m] 이상인 굴착공사
② 최대 지간거리 30[m] 이상인 교량건설 공사
③ 지상높이 21[m] 이상인 건축물 공사
④ 터널 건설 공사

해설 깊이가 10[m] 이상인 굴착공사, 최대 지간거리가 50[m] 이상인 다리의 건설 등 공사, 지상높이 31[m] 이상인 건축물 건설 등 공사가 유해위험방지계획서 제출대상 공사이다.

관련개념 CHAPTER 01 산업재해예방 계획 수립

020

스트레스의 요인 중 외부적 자극요인에 해당하지 않는 것은?

① 자존심의 손상　　② 대인관계 갈등
③ 가족의 죽음, 질병　④ 경제적 어려움

해설 **스트레스의 자극요인**
• 내적요인: 자존심의 손상, 업무상의 죄책감, 현실에서의 부적응
• 외적요인: 대인관계의 갈등과 대립, 가족의 죽음 · 질병, 경제적 어려움

관련개념 CHAPTER 03 산업안전심리

인간공학 및 위험성평가 · 관리

021

원자력 산업과 같이 상당한 안전이 확보되어 있는 장소에서 추가적인 고도의 안전 달성을 목적으로 하고 있으며, 관리, 설계, 생산, 보전 등 광범위한 안전을 도모하기 위하여 개발된 분석기법은?

① DT
② FTA
③ THERP
④ MORT

> **해설** 모트(MORT; Management Oversight and Risk Tree)
> 원자력 산업과 같이 안전이 확보되어 있는 장소에서 추가적인 고도의 안전 달성을 목적으로, FTA와 같은 논리기법을 이용하여 관리, 설계, 생산, 보전 등에 대해서 광범위하게 안전성을 확보하기 위한 기법이다.
>
> **관련개념** CHAPTER 02 위험성 파악 · 결정

022

작업의 강도는 에너지 대사율(RMR)에 따라 분류된다. 분류 기준 중, 중(中)작업(보통작업)의 에너지 대사율은?

① 0~1RMR
② 2~4RMR
③ 4~7RMR
④ 7~9RMR

> **해설** 에너지 대사율(RMR)에 의한 작업강도
> • 경작업: 0~2RMR
> • 중(보통)작업: 2~4RMR
> • 중(무거운)작업: 4~7RMR
> • 초중작업: 7RMR 이상
>
> **관련개념** CHAPTER 06 작업환경 관리

023

다음 설명에 해당하는 설비보전방식의 유형은?

> 설비보전 정보와 신기술을 기초로 신뢰성, 조작성, 보전성, 안전성, 경제성 등이 우수한 설비의 선정, 조달 또는 설계를 통하여 궁극적으로 설비의 설계, 제작 단계에서 보전활동이 불필요한 체제를 목표로 한 설비보전 방법을 말한다.

① 개량보전
② 보전예방
③ 사후보전
④ 일상보전

> **해설** 보전예방(Maintenance Prevention)
> 설비를 새로이 계획 · 설계하는 단계에서 보전 정보나 새로운 기술을 채용하여 신뢰성, 보전성, 경제성, 조작성, 안전성 등을 고려하여 보전비나 열화손실을 적게 하는 활동이다.
>
> **관련개념** CHAPTER 03 위험성 감소대책 수립 · 실행

024

「산업안전보건법령」상 유해위험방지계획서의 제출 시 첨부하는 서류에 포함되지 않는 것은?

① 설비 점검 및 유지계획
② 기계 · 설비의 배치도면
③ 건축물 각 층의 평면도
④ 원재료 및 제품의 취급, 제조 등의 작업방법의 개요

> **해설** 제조업 등 유해위험방지계획서 제출서류
> • 건축물 각 층의 평면도
> • 기계 · 설비의 개요를 나타내는 서류
> • 기계 · 설비의 배치도면
> • 원재료 및 제품의 취급, 제조 등의 작업방법의 개요
> • 그 밖에 고용노동부장관이 정하는 도면 및 서류
>
> **관련개념** CHAPTER 02 위험성 파악 · 결정

025

인간의 실수 중 수행해야 할 작업 및 단계를 생략하여 발생하는 오류는?

① Omission Error
② Commission Error
③ Sequential Error
④ Timing Error

> **해설** 휴먼에러의 행위에 의한 분류(Swain)
> • 생략(부작위적)에러(Omission Error): 작업 내지 필요한 절차를 수행하지 않는 데서 기인한 에러
> • 실행(작위적)에러(Commission Error): 작업 내지 절차를 수행했으나 잘못한 실수(선택착오, 순서착오, 시간착오)에서 기인한 에러
> • 과잉행동에러(Extraneous Error): 불필요한 작업 내지 절차를 수행함으로써 기인한 에러
> • 순서에러(Sequential Error): 작업수행의 순서를 잘못한 실수
> • 시간(지연)에러(Timing Error): 소정의 기간에 수행하지 못한 실수(너무 빨리 혹은 늦게)

> **관련개념** CHAPTER 01 안전과 인간공학

026

온도와 습도 및 공기 유동이 인체에 미치는 열효과를 하나의 수치로 통합한 경험적 감각지수로, 상대습도 100[%]일 때의 건구온도에서 느끼는 것과 동일한 온감을 의미하는 온열조건의 용어는?

① Oxford 지수
② 발한율
③ 실효온도
④ 열압박지수

> **해설** 실효온도(Effective Temperature, 감각온도, 실감온도)
> 온도, 습도, 기류 등의 조건에 따라 인간의 감각을 통해 느껴지는 온도로 상대습도 100[%]일 때의 건구온도에서 느끼는 것과 동일한 온도감이다.

> **관련개념** CHAPTER 06 작업환경 관리

027

양립성의 종류에 포함되지 않는 것은?

① 공간 양립성
② 형태 양립성
③ 개념 양립성
④ 운동 양립성

> **해설** 양립성(Compatibility)
> • 안전을 근원적으로 확보하기 위한 전략으로서 외부의 자극과 인간의 기대가 서로 모순되지 않아야 하는 것이고 제어장치와 표시장치 사이의 연관성이 인간의 예상과 어느 정도 일치하는가 여부이다.
> • 공간적, 운동적, 개념적, 양식 양립성이 있다.

> **관련개념** CHAPTER 06 작업환경 관리

028

초기고장과 마모고장 각각의 고장형태와 그 예방대책에 관한 연결로 틀린 것은?

① 초기고장 − 감소형 − 번인(Burn in)
② 마모고장 − 증가형 − 예방보전(PM)
③ 초기고장 − 감소형 − 디버깅(Debugging)
④ 마모고장 − 증가형 − 스크리닝(Screening)

> **해설** 스크리닝(Screening)은 초기고장을 제거하기 위해 번인을 반복하는 행위를 뜻한다.

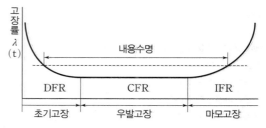

> **관련개념** CHAPTER 02 위험성 파악 · 결정

029

작업개선을 위하여 도입되는 원리인 ECRS에 포함되지 않는 것은?

① Combine
② Standard
③ Eliminate
④ Rearrange

> **해설** **작업방법의 개선원칙 ECRS**
> • 제거(Eliminate)
> • 결합(Combine)
> • 재배치 · 재조정(Rearrange)
> • 단순화(Simplify)

> **관련개념** CHAPTER 02 위험성 파악 · 결정

030

화학설비의 안전성 평가 5단계 중 4단계에 해당하는 것은?

① 안전대책
② 정성적 평가
③ 정량적 평가
④ 재평가

> **해설** **안전성 평가 5단계**
> ㉠ 제1단계: 관계 자료의 정비검토
> ㉡ 제2단계: 정성적 평가
> ㉢ 제3단계: 정량적 평가
> ㉣ 제4단계: 안전대책 수립
> ㉤ 제5단계: 재평가
> ※ 제5단계(재평가)를 '재해정보에 의한 재평가'와 'FTA에 의한 재평가'로 한 번 더 구분할 수 있다.

> **관련개념** CHAPTER 02 위험성 파악 · 결정

031

암호체계의 사용상에 있어서, 일반적인 지침에 포함되지 않는 것은?

① 암호의 검출성
② 부호의 양립성
③ 암호의 표준화
④ 암호의 단일 차원화

> **해설** 암호체계 사용 시 2가지 이상의 암호를 조합해서 사용하면 정보전달이 촉진된다.
> **암호(코드)체계 사용상의 일반적 지침**
> 암호의 검출성, 암호의 변별성, 암호의 표준화, 부호의 양립성, 부호의 의미, 다차원 암호의 사용

> **관련개념** CHAPTER 06 작업환경 관리

032

결함수분석(FTA)에 관한 설명으로 틀린 것은?

① 연역적 방법이다.
② 버텀-업(Bottom-Up)방식이다.
③ 기능적 결함의 원인을 분석하는 데 용이하다.
④ 정량적 분석이 가능하다.

> **해설** **결함수분석법(FTA; Fault Tree Analysis)의 특징**
> • Top down(하향식) 방법이다.
> • 정성적, 정량적(컴퓨터 처리 가능) 분석기법이다.
> • 논리기호를 사용한 특정사상에 대한 해석이다.
> • 서식이 간단해서 비전문가도 짧은 훈련으로 사용할 수 있다.
> • 복잡하고 대형화된 시스템에 사용할 수 있다.
> • 기능적 결함의 원인을 분석하는 데 용이하다.
> • Human Error의 검출이 어렵다.

> **관련개념** CHAPTER 02 위험성 파악 · 결정

033

조정-반응비(Control-Response Ratio, C/R비)에 대한 설명 중 틀린 것은?

① 조종장치와 표시장치의 이동 거리 비율을 의미한다.
② C/R비가 클수록 조종장치는 민감하다.
③ 최적 C/R비는 조정시간과 이동시간의 교점이다.
④ 이동시간과 조정시간을 감안하여 최적 C/R비를 구할 수 있다.

> **해설** **조정-반응 비율**
> • $\dfrac{C}{R} = \dfrac{\text{통제기기의 변위량}}{\text{표시계기지침의 변위량}}$
> • $\dfrac{C}{R}$비가 증가함에 따라 조정시간은 급격히 감소하다가 안정되며, 이동시간은 이와 반대가 된다.
> • $\dfrac{C}{R}$비가 작을수록 이동시간이 짧고 조정이 어려워 조정장치가 민감하다.

> **관련개념** CHAPTER 06 작업환경 관리

034

국소진동에 지속적으로 노출된 근로자에게 발생할 수 있으며, 말초혈관 장해로 손가락이 창백해지고 동통을 느끼는 질환의 명칭은?

① 레이노병(Raynaud's Phenomenon)
② 파킨슨병(Parkinson's Disease)
③ 규폐증
④ C5-dip 현상

해설 레이노병은 국소진동에 지속적으로 노출된 근로자에게 발생할 수 있으며, 말초혈관 장해로 손가락이 창백해지고 동통을 느끼는 질환이다.

오답해설
② 파킨슨병: 신경세포 소실로 발생되는 대표적 퇴행성 신경질환이다.
③ 규폐증: 유리규산 분진을 흡입함에 따라 발생되는 폐의 섬유화질환이다.
④ C5-dip 현상: 소음성 난청 초기단계로 4,000[Hz]에서 청력손실이 현저히 커지는 현상이다.

관련개념 CHAPTER 06 작업환경 관리

035

다음 FT도에서 최소 컷셋(Minimal Cut Set)으로만 올바르게 나열한 것은?

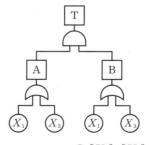

① $[X_1]$
② $[X_1]$, $[X_2]$
③ $[X_1, X_2, X_3]$
④ $[X_1, X_2]$, $[X_1, X_3]$

해설 정상사상에서 차례로 하단의 사상으로 치환하면서 AND 게이트는 가로로, OR 게이트는 세로로 나열한 후 중복사상을 제거한다.

$$T = A \cdot B = \begin{pmatrix} X_1 \\ X_2 \end{pmatrix} \cdot \begin{pmatrix} X_1 \\ X_3 \end{pmatrix} = (X_1), (X_1, X_3), (X_1, X_2), (X_2, X_3)$$

따라서 미니멀 컷셋은 (X_1) 또는 (X_2, X_3)이다.

관련개념 CHAPTER 02 위험성 파악·결정

036

8시간 근무를 기준으로 남성작업자 A의 대사량을 측정한 결과, 산소소비량이 1.3[L/min]으로 측정되었다. Murrell 방법으로 계산 시, 8시간의 총 근로시간에 포함되어야 할 휴식시간은?

① 124[분]
② 134[분]
③ 144[분]
④ 154[분]

해설 **휴식시간**
산소 1[L]당 에너지소비량은 5[kcal]이다.
따라서 작업 중에 분당 산소소비량이 1.3[L/min]이라면 작업의 평균에너지는 1.3[L/min]×5[kcal/L]=6.5[kcal/min]이다.

휴식시간 $R = \dfrac{60(E-5)}{E-1.5} = \dfrac{60 \times (6.5-5)}{6.5-1.5} = 18분$

여기서, E: 작업의 평균 에너지소비량[kcal/min]
　　　　5: 평균 에너지 소비량 상한[kcal/min]

1시간당 18분의 휴식시간을 부여하여야 하므로 근로시간 8시간 중 18×8=144분이 휴식시간으로 포함되어야 한다.

관련개념 CHAPTER 06 작업환경 관리

037

인간의 정보처리 과정 3단계에 포함되지 않는 것은?

① 인지 및 정보처리단계
② 반응단계
③ 행동단계
④ 인식 및 감지단계

해설 **인간-기계 체계의 기본기능**
감지(정보 수용) → 정보처리 및 의사결정 → 행동기능(신체제어 및 통신)

관련개념 CHAPTER 01 안전과 인간공학

038

인간의 신뢰도가 0.6, 기계의 신뢰도가 0.9이다. 인간과 기계가 직렬체제로 작업할 때의 신뢰도는?

① 0.32
② 0.54
③ 0.75
④ 0.96

해설 신뢰도$(R)=0.6\times0.9=0.54$

관련개념 CHAPTER 01 안전과 인간공학

039

FTA에서 사용하는 수정게이트의 종류 중 3개의 입력현상 중 2개가 발생한 경우에 출력이 생기는 것은?

① 위험지속기호
② 조합 AND 게이트
③ 배타적 OR 게이트
④ 억제 게이트

해설

기호	명칭	설명
2개의 조합 A_i A_j A_k	조합 AND 게이트	3개 이상의 입력현상 중 2개가 일어나면 출력사상이 발생

관련개념 CHAPTER 02 위험성 파악 · 결정

040

시각 표시장치보다 청각 표시장치의 사용이 바람직한 경우는?

① 전언이 복잡한 경우
② 전언이 재참조되는 경우
③ 전언이 즉각적인 행동을 요구하는 경우
④ 직무상 수신자가 한곳에 머무는 경우

해설 ①, ②, ④는 청각적 표시장치보다 시각적 표시장치가 더 유리한 경우이다.

관련개념 CHAPTER 06 작업환경 관리

기계 · 기구 및 설비 안전관리

041

「산업안전보건법령」에 따라 사업주가 보일러의 폭발사고를 예방하기 위하여 유지 · 관리하여야 할 안전장치가 아닌 것은?

① 압력방호판
② 화염검출기
③ 압력방출장치
④ 고저수위 조절장치

해설 보일러의 폭발사고를 예방하기 위하여 압력방출장치, 압력제한 스위치, 고저수위 조절장치, 화염검출기 등의 기능이 정상적으로 작동될 수 있도록 유지 · 관리하여야 한다.

관련개념 CHAPTER 05 기타 산업용 기계 · 기구

042

연삭기에서 숫돌의 바깥지름이 180[mm]일 경우 숫돌 고정용 평형 플랜지의 지름으로 적합한 것은?

① 30[mm] 이상
② 40[mm] 이상
③ 50[mm] 이상
④ 60[mm] 이상

해설 플랜지의 지름은 숫돌 직경의 $\frac{1}{3}$ 이상인 것이 적당하다.

플랜지의 지름 $D=180\times\frac{1}{3}=60$[mm] 이상

관련개념 CHAPTER 03 공작기계의 안전

043

둥근톱 기계의 방호장치에서 분할날과 톱날 원주면과의 거리는 몇 [mm] 이내로 조정, 유지할 수 있어야 하는가?

① 12
② 14
③ 16
④ 18

해설 목재가공용 둥근톱 작업에서 분할날과 톱날 원주면과의 간격은 최대 12[mm] 이내가 되도록 조정하여야 한다.

관련개념 CHAPTER 05 기타 산업용 기계 · 기구

044

「산업안전보건법령」에 따라 산업용 로봇의 작동범위에서 교시 등의 작업을 하는 경우에 로봇에 의한 위험을 방지하기 위한 조치사항으로 틀린 것은?

① 2명 이상의 근로자에게 작업을 시킬 경우의 신호방법을 정한다.

② 작업 중의 매니퓰레이터 속도에 관한 지침을 정하고 그 지침에 따라 작업한다.

③ 작업을 하는 동안 다른 작업자가 작동시킬 수 없도록 기동스위치에 작업 중 표시를 한다.

④ 작업에 종사하고 있는 근로자가 이상을 발견하면 즉시 안전담당자에게 보고하고 계속해서 로봇을 운전한다.

해설 산업용 로봇의 작업 시 작업에 종사하고 있는 근로자 또는 그 근로자를 감시하는 사람은 이상을 발견하면 즉시 로봇의 운전을 정지시키기 위한 조치를 하여야 한다.

관련개념 CHAPTER 05 기타 산업용 기계·기구

046

진동에 의한 1차 설비진단법 중 정상, 비정상, 악화의 정도를 판단하기 위한 방법에 해당하지 않는 것은?

① 상호 판단   ② 비교 판단
③ 절대 판단   ④ 평균 판단

해설 **진동 상태 평가기준**
• 절대평가
• 상대평가(비교평가)
• 상호평가

관련개념 CHAPTER 07 설비진단 및 검사

045

기본 무부하상태에서 지게차 주행 시의 좌우 안정도 기준은?(단, V는 구내최고속도[km/h]이다.)

① $(15+1.1 \times V)$[%] 이내

② $(15+1.5 \times V)$[%] 이내

③ $(20+1.1 \times V)$[%] 이내

④ $(20+1.5 \times V)$[%] 이내

해설 지게차 기준 무부하상태에서 주행 시의 좌우 안정도는 $(15+1.1V)$[%] 이내이다.

관련개념 CHAPTER 06 운반기계 및 양중기

047

「산업안전보건법령」에 따라 사다리식 통로를 설치하는 경우 준수해야 할 기준으로 틀린 것은?

① 사다리식 통로의 기울기는 60° 이하로 할 것

② 발판과 벽과의 사이는 15[cm] 이상의 간격을 유지할 것

③ 사다리의 상단은 걸쳐놓은 지점으로부터 60[cm] 이상 올라가도록 할 것

④ 사다리식 통로의 길이가 10[m] 이상인 경우에는 5[m] 이내마다 계단참을 설치할 것

해설 사다리식 통로의 기울기는 75° 이하로 한다.

관련개념 CHAPTER 01 기계공정의 안전, 기계안전시설 관리

048

재료가 변형 시에 외부응력이나 내부의 변형과정에서 방출되는 낮은 응력파(Stress Wave)를 감지하여 측정하는 비파괴시험은?

① 와류탐상시험
② 침투탐상시험
③ 음향탐상시험
④ 방사선투과시험

해설 음향탐상검사(AET; Acoustic Emission Testing)
하중을 받고 있는 재료의 결함부에서 방출되는 응력파(Stress Wave)를 분석하여 소성변형, 균열의 생성 및 진전 감시 등 동적거동을 파악하고 결함부의 취이판정 및 재료의 특성평가에 이용한다.

관련개념 CHAPTER 07 설비진단 및 검사

049

「산업안전보건법령」에 따른 승강기의 종류에 해당하지 않는 것은?

① 리프트
② 승객용 엘리베이터
③ 에스컬레이터
④ 화물용 엘리베이터

해설 승강기의 종류
승객용 엘리베이터, 승객화물용 엘리베이터, 화물용 엘리베이터, 소형화물용 엘리베이터, 에스컬레이터

관련개념 CHAPTER 06 운반기계 및 양중기

050

공기압축기의 방호장치가 아닌 것은?

① 언로드 밸브
② 압력방출장치
③ 수봉식 안전기
④ 회전부의 덮개

해설 수봉식 안전기는 가스집합 용접장치의 방호장치이다.
수봉식 안전기
용접 중 역화현상이 생기거나, 토치(Torch)가 막혀 산소가 아세틸렌가스 쪽으로 역류하여 가스 발생장치에 도달하면 폭발사고가 일어날 위험이 있으므로 가스발생기와 토치 사이에 수봉식 안전기를 설치한다.

관련개념 CHAPTER 05 기타 산업용 기계 · 기구

051

「산업안전보건법령」에 따라 다음 (　　) 안에 들어갈 내용으로 옳은 것은?

> 사업주는 바닥으로부터 짐 윗면까지의 높이가 (　　)미터 이상인 화물자동차에 짐을 싣는 작업 또는 내리는 작업을 하는 경우에는 근로자의 추가 위험을 방지하기 위하여 해당 작업에 종사하는 근로자가 바닥과 적재함의 짐 윗면 간을 안전하게 오르내리기 위한 설비를 설치하여야 한다.

① 1.5
② 2
③ 2.5
④ 3

해설 사업주는 바닥으로부터 짐 윗면까지의 높이가 2[m] 이상인 화물자동차에 짐을 싣는 작업 또는 내리는 작업을 하는 경우에는 근로자의 추가 위험을 방지하기 위하여 해당 작업에 종사하는 근로자가 바닥과 적재함의 짐 윗면 간을 안전하게 오르내리기 위한 설비를 설치하여야 한다.

관련개념 SUBJECT 06 건설공사 안전관리
CHAPTER 06 공사 및 작업 종류별 안전

052

질량이 100[kg]인 물체를 그림과 같이 길이가 같은 2개의 와이어로프로 매달아 옮기고자 할 때 와이어로프 T_a에 걸리는 장력은 약 몇 [N]인가?

① 200
② 400
③ 490
④ 980

해설 와이어로프 하나에 걸리는 하중

$$T = \frac{\frac{w}{2}}{\cos\frac{\theta}{2}} = \frac{50}{\cos 60°} = 100[kg]$$

여기서, w: 물체의 무게
θ: 와이어로프 상부의 각도
$1[N] = 1[kg] \times 9.8[m/s^2]$이므로 $T_a = 100[kg] \times 9.8[m/s^2] = 980[N]$

관련개념 CHAPTER 06 운반기계 및 양중기

053

「산업안전보건법령」에 따라 원동기 · 회전축 등의 위험 방지를 위한 설명 중 (   ) 안에 들어갈 내용은?

> 사업주는 회전축 · 기어 · 풀리 및 플라이휠 등에 부속되는 키 · 핀 등의 기계요소는 (   )으로 하거나 해당 부위에 덮개를 설치하여야 한다.

① 개방형
② 돌출형
③ 묻힘형
④ 고정형

해설 회전축 · 기어 · 풀리 및 플라이휠 등에 부속되는 키 · 핀 등의 기계요소는 **묻힘형**으로 하거나 해당 부위에 덮개를 설치하여야 한다.

관련개념 CHAPTER 01 기계공정의 안전, 기계안전시설 관리

054

다음 중 드릴작업의 안전수칙으로 가장 적합한 것은?

① 손을 보호하기 위하여 장갑을 착용한다.
② 작은 일감은 양 손으로 견고히 잡고 작업한다.
③ 정확한 작업을 위하여 구멍에 손을 넣어 확인한다.
④ 작업시작 전 척 렌치(Chuck Wrench)를 반드시 제거하고 작업한다.

해설 드릴링 머신의 안전작업수칙
· 일감은 견고하게 고정시켜야 하며 손으로 쥐고 구멍을 뚫는 것은 위험하다.
· 작업시작 전 척 렌치(Chuck Wrench)를 반드시 뺀다.
· 장갑을 끼고 작업을 하지 않아야 하고, 회전하는 드릴에 걸레 등을 가까이 하지 않는다.
· 구멍을 뚫을 때 관통된 것을 확인하기 위하여 손을 집어넣지 않아야 한다.
· 칩은 회전을 중지시킨 후 브러시로 제거하여야 한다.

관련개념 CHAPTER 03 공작기계의 안전

055

「산업안전보건법령」에 따라 레버풀러(Lever Puller) 또는 체인블록(Chain Block)을 사용하는 경우 훅의 입구(Hook Mouth) 간격이 제조자가 제공하는 제품사양서 기준으로 몇 [%] 이상 벌어진 것은 폐기하여야 하는가?

① 3
② 5
③ 7
④ 10

해설 레버풀러(Lever Puller) 또는 체인블록(Chain Block)을 사용하는 경우 훅의 입구(Hook Mouth) 간격이 제조자가 제공하는 제품사양서 기준으로 10[%] 이상 벌어진 것은 폐기하여야 한다.

관련개념 CHAPTER 05 기타 산업용 기계 · 기구

056

프레스 방호장치 중 수인식 방호장치의 일반구조에 대한 사항으로 틀린 것은?

① 수인끈의 재료는 합성섬유로 지름이 4[mm] 이상이어야 한다.
② 수인끈의 길이는 작업자에 따라 임의로 조정할 수 없도록 해야 한다.
③ 수인끈의 안내통은 끈의 마모와 손상을 방지할 수 있는 조치를 해야 한다.
④ 손목밴드(Wrist Band)의 재료는 유연한 내유성 피혁 또는 이와 동등한 재료를 사용해야 한다.

해설 수인식 방호장치 수인끈은 작업자와 작업공정에 따라 그 길이를 조정할 수 있도록 하여야 한다.

관련개념 CHAPTER 04 프레스 및 전단기의 안전

057

금형의 설치, 해체, 운반 시 안전사항에 관한 설명으로 틀린 것은?

① 운반을 위하여 관통 아이볼트가 사용될 때는 구멍 틈새가 최소화되도록 한다.
② 금형을 설치하는 프레스의 T홈 안길이는 설치볼트 지름의 1/2배 이하로 한다.
③ 고정볼트는 고정 후 가능하면 나사산을 3~4개 정도 짧게 남겨 설치 또는 해체 시 슬라이드 면과의 사이에 협착이 발생하지 않도록 해야 한다.
④ 운반 시 상부금형과 하부금형이 닿을 위험이 있을 때는 고정 패드를 이용한 스트랩, 금속재질이나 우레탄 고무의 블록 등을 사용한다.

해설 금형의 탈착 시 금형을 설치하는 프레스의 T홈 안길이는 설치볼트 직경의 2배 이상으로 한다.

관련개념 CHAPTER 04 프레스 및 전단기의 안전

058

프레스기의 방호장치 중 위치제한형 방호장치에 해당되는 것은?

① 수인식 방호장치
② 광전자식 방호장치
③ 손쳐내기식 방호장치
④ 양수조작식 방호장치

해설 **위치제한형 방호장치**
작업자의 신체부위가 위험한계 밖에 있도록 기계의 조작장치를 위험구역에서 일정거리 이상 떨어지게 한 방호장치(양수조작식 안전장치)이다.

관련개념 CHAPTER 01 기계공정의 안전, 기계안전시설 관리

059

「산업안전보건법령」에 따라 아세틸렌 용접장치의 아세틸렌 발생기를 설치하는 경우, 발생기실의 설치장소에 대한 설명 중 A, B에 들어갈 내용으로 옳은 것은?

> • 발생기실은 건물의 최상층에 위치하여야 하며, 화기를 사용하는 설비로부터 (A)를 초과하는 장소에 설치하여야 한다.
> • 발생기실을 옥외에 설치한 경우에는 그 개구부를 다른 건축물로부터 (B) 이상 떨어지도록 하여야 한다.

① A: 1.5[m], B: 3[m]
② A: 2[m], B: 4[m]
③ A: 3[m], B: 1.5[m]
④ A: 4[m], B: 2[m]

해설 **발생기실의 설치장소 및 구조**
• 아세틸렌 용접장치의 아세틸렌 발생기를 설치하는 경우에는 전용의 발생기실을 설치하여야 한다.
• 발생기실은 건물의 최상층에 위치하여야 하며, 화기를 사용하는 설비로부터 3[m]를 초과하는 장소에 설치하여야 한다.
• 발생기실을 옥외에 설치한 경우에는 그 개구부를 다른 건축물로부터 1.5[m] 이상 떨어지도록 하여야 한다.

관련개념 CHAPTER 05 기타 산업용 기계·기구

060

밀링작업의 안전조치에 대한 설명으로 적절하지 않은 것은?

① 절삭 중의 칩 제거는 칩 브레이커로 한다.
② 공작물을 고정할 때에는 기계를 정지시킨 후 작업한다.
③ 강력 절삭을 할 경우에는 공작물을 바이스에 깊게 물려 작업한다.
④ 가공 중 공작물의 치수를 측정할 때에는 기계를 정지시킨 후 측정한다.

해설 밀링작업 시 칩은 기계를 정지시킨 후 브러시 등으로 제거한다.
칩 브레이커(Chip Breaker)
칩을 짧게 끊어지도록 하는 장치로, 선반에 사용하는 바이트이다.

관련개념 CHAPTER 03 공작기계의 안전

전기설비 안전관리

061

아래 그림과 같이 인체가 전기설비의 외함에 접촉하였을 때 누전사고가 발생하였다. 인체통과전류[mA]는 약 얼마인가?

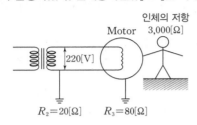

① 35
② 47
③ 58
④ 66

해설

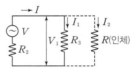

· 인체가 외함에 접촉 시 지락전류

$$I = \frac{V}{R_2 + \frac{R_3 R}{R_3 + R}} = \frac{220}{20 + \frac{80 \times 3,000}{80 + 3,000}} = 2.25[\Omega]$$

· 인체가 외함에 접촉 시 인체를 통해서 흐르게 될 전류(감전전류)

$$I_2 = I \times \frac{R_3}{R_3 + R} = 2.25 \times \frac{80}{80 + 3,000} = 0.058[A] = 58[mA]$$

관련개념 CHAPTER 02 감전재해 및 방지대책

062

정전기 발생에 대한 방지대책의 설명으로 틀린 것은?

① 가스용기, 탱크 등의 도체부는 전부 접지한다.
② 배관 내 액체의 유속을 제한한다.
③ 화학섬유의 작업복을 착용한다.
④ 대전방지제 또는 제전기를 사용한다.

해설 정전기 발생을 방지하기 위해서는 대전방지용 작업복(제전복)을 착용하여야 한다.

관련개념 CHAPTER 03 정전기 장·재해관리

063

정전기의 유동대전에 가장 크게 영향을 미치는 요인은?

① 액체의 밀도
② 액체의 유동속도
③ 액체의 접촉면적
④ 액체의 분출온도

해설 유동대전
· 액체류가 파이프 등 내부에서 유동할 때 액체와 관벽 사이에 정전기가 발생하는 현상이다.
· 유동대전에 가장 크게 영향을 미치는 요인은 유동속도이나 흐름의 상태, 배관의 굴곡, 밸브 등과도 관계가 있다.

관련개념 CHAPTER 03 정전기 장·재해관리

064

전기화재 발생원인으로 틀린 것은?

① 발화원
② 내화물
③ 착화물
④ 출화의 경과

해설 전기화재의 원인
발화원, 착화물, 출화의 경과(발화형태)

관련개념 CHAPTER 05 전기설비 위험요인관리

065

이동하여 사용하는 전기기계·기구의 금속제 외함 등에 제1종 접지공사를 하는 경우, 접지선 중 가요성을 요하는 부분의 접지선 종류와 단면적의 기준으로 옳은 것은?

① 다심코드, 0.75[mm²] 이상

② 다심캡타이어 케이블, 2.5[mm²] 이상

③ 3종 클로로프렌캡타이어 케이블, 4[mm²] 이상

④ 3종 클로로프렌캡타이어 케이블, 10[mm²] 이상

해설
※ 「한국전기설비규정」이 개정됨에 따라 '접지대상에 따라 일괄 적용한 종별접지'는 폐지되었습니다.

관련개념 CHAPTER 05 전기설비 위험요인관리

066

저압전로의 절연성능 시험에서 전로의 사용전압이 380[V]인 경우 전로의 전선 상호간 및 전로와 대지 사이의 절연저항은 최소 몇 [MΩ] 이상이어야 하는가?

① 0.1　　　　② 0.3

③ 0.5　　　　④ 1

해설 전선을 서로 접속한 때에는 해당 전선의 절연성능 이상으로 절연될 수 있도록 충분히 피복하거나 적합한 접속기구를 사용하여야 한다.

전로의 사용전압	DC 시험전압[V]	절연저항[MΩ]
SELV 및 PELV	250	0.5 이상
FELV, 500[V] 이하	500	1 이상
500[V] 초과	1,000	1 이상

※ 특별저압(Extra Low Voltage: 2차 전압이 AC 50[V], DC 120[V] 이하)으로 SELV(비접지회로 구성) 및 PELV(접지회로 구성)는 1차와 2차가 전기적으로 절연된 회로, FELV는 1차와 2차가 전기적으로 절연되지 않은 회로

관련개념 CHAPTER 02 감전재해 및 방지대책

067

6,600/100[V], 15[kVA]의 변압기에서 공급하는 저압 전선로의 허용 누설전류는 몇 [A]를 넘지 않아야 하는가?

① 0.025　　　② 0.045

③ 0.075　　　④ 0.085

해설 저압전선로 중 절연부분의 전선과 대지 및 심선 상호 간의 절연저항은 사용전압에 대한 누설전류가 최대 공급전류의 $\frac{1}{2,000}$을 넘지 않도록 유지하여야 한다.

누설전류 = 최대 공급전류 × $\frac{1}{2,000}$ = $\frac{15 \times 10^3}{100}$ × $\frac{1}{2,000}$ = 0.075[A]

관련개념 CHAPTER 02 감전재해 및 방지대책

068

정전에너지를 나타내는 식으로 알맞은 것은?(단, Q는 대전전하량, C는 정전용량이다.)

① $\frac{Q}{2C}$　　　　② $\frac{Q}{2C^2}$

③ $\frac{Q^2}{2C}$　　　　④ $\frac{Q^2}{2C^2}$

해설 $W = \frac{1}{2}CV^2 = \frac{1}{2}QV = \frac{1}{2}\frac{Q^2}{C}$

여기서, W: 정전에너지, C: 정전용량
V: 대전전위, Q: 대전전하량($Q=CV$)

관련개념 CHAPTER 03 정전기 장·재해관리

069

동작 시 아크를 발생하는 고압용 개폐기·차단기·피뢰기 등은 목재의 벽 또는 천장, 기타의 가연성 물체로부터 몇 [m] 이상 떼어놓아야 하는가?

① 0.3　　　　② 0.5

③ 1.0　　　　④ 1.5

해설 아크를 발생시키는 기구와 목재의 벽 또는 천장과의 이격거리

기구 등의 구분	이격거리
고압용의 것	1[m] 이상
특고압용의 것	2[m] 이상 (사용전압이 35[kV] 이하의 특고압의 기구 등으로서 아크의 방향과 길이를 화재가 발생할 우려가 없도록 제한하는 경우에는 1[m] 이상)

관련개념 CHAPTER 02 감전재해 및 방지대책

070

피뢰기가 갖추어야 할 특성으로 알맞은 것은?

① 충격방전개시전압이 높을 것
② 제한전압이 높을 것
③ 뇌전류의 방전능력이 클 것
④ 속류를 차단하지 않을 것

해설 **피뢰기의 성능**
• 제한전압 또는 충격방전개시전압이 충분히 낮고 보호능력이 있을 것
• 속류차단이 완전히 행해져 동작책무특성이 충분할 것
• **뇌전류 방전능력이 클 것**
• 대전류의 방전, 속류차단의 반복동작에 대하여 장기간 사용에 견딜 수 있을 것
• 상용주파방전개시전압은 회로전압보다 충분히 높아서 상용주파방전을 하지 않을 것

관련개념 CHAPTER 05 전기설비 위험요인관리

071

누전차단기의 설치가 필요한 것은?

① 이중절연구조의 전기기계 · 기구
② 비접지식 전로의 전기기계 · 기구
③ 절연대 위에서 사용하는 전기기계 · 기구
④ 도전성이 높은 장소의 전기기계 · 기구

해설 **누전차단기의 적용비대상**
• 「전기용품 및 생활용품 안전관리법」에 따른 이중절연 또는 이와 동등 이상으로 보호되는 전기기계 · 기구
• 절연대 위 등과 같이 감전위험이 없는 장소에서 사용하는 전기기계 · 기구
• 비접지방식의 전로

관련개념 CHAPTER 02 감전재해 및 방지대책

072

지락전류가 거의 0에 가까워서 안정도가 양호하고 무정전의 송전이 가능한 접지방식은?

① 직접접지방식
② 리액터접지방식
③ 저항접지방식
④ 소호리액터접지방식

해설 **소호리액터접지**
1선 지락 고장 시 극히 작은 손실전류가 흐르고 지락아크의 자연소멸로 정전 없이 송전이 가능하다.

관련개념 CHAPTER 05 전기설비 위험요인관리

073

과전류에 의해 전선의 허용전류보다 큰 전류가 흐르는 경우 절연물이 화구가 없더라도 자연히 발화하고 심선이 용단되는 발화단계의 전선 전류밀도[A/mm²]는?

① 10~20
② 30~50
③ 60~120
④ 130~200

해설 **과전류 단계**

과전류 단계	인화 단계	착화 단계	발화단계		순시 용단 단계
			발화 후 용단	용단과 동시발화	
전선전류밀도[A/mm²]	40~43	43~60	60~70	75~120	120

관련개념 CHAPTER 05 전기설비 위험요인관리

074

누전사고가 발생될 수 있는 취약 개소가 아닌 것은?

① 나선으로 접속된 분기회로의 접속점
② 전선의 열화가 발생한 곳
③ 부도체를 사용하여 이중절연이 되어 있는 곳
④ 리드선과 단자와의 접속이 불량한 곳

해설 부도체를 사용하여 이중절연이 되어 있는 곳은 누전사고 발생 취약 개소로 보기 어렵다.

관련개념 CHAPTER 02 감전재해 및 방지대책

075

방폭구조와 관계 있는 위험특성이 아닌 것은?

① 발화온도 ② 증기밀도
③ 화염일주한계 ④ 최소점화전류

해설 증기밀도는 폭발성 분위기의 생성조건과 관계 있는 위험특성이다.

방폭구조와 관계 있는 위험특성	폭발성 분위기의 생성조건과 관계 있는 위험특성
• 발화온도 • 화염일주한계(최대안전틈새) • 폭발등급 • 최소점화전류	• 폭발한계 • 인화점 • 증기밀도

관련개념 CHAPTER 04 전기방폭관리

076

기중차단기의 기호로 옳은 것은?

① VCB ② MCCB
③ OCB ④ ACB

해설 **기중차단기(ABC; Air Circuit Breaker)**
차단기가 트립되었을 때 발생하는 아크를 압축된 공기로 제거하는 차단기로서 회로의 개폐나 단락사고에 의한 단락전류 등으로부터 전로를 보존한다.

오답해설
① VCB(Vacuum Circuit Breaker): 진공차단기
② MCCB(Molded Case Circuit Breaker): 배선용 차단기
③ OCB(Oil Circuit Breaker): 유입차단기

관련개념 CHAPTER 01 전기안전관리

077

금속관의 방폭형 부속품에 대한 설명으로 틀린 것은?

① 재료는 아연도금을 하거나 녹이 스는 것을 방지하도록 한 강 또는 가단주철일 것
② 안쪽 면 및 끝부분은 전선의 피복을 손상하지 않도록 매끈한 것일 것
③ 전선관과의 접속부분의 나사는 5턱 이상 완전히 나사결합이 될 수 있는 길이일 것
④ 완성품은 유입방폭구조의 폭발압력시험에 적합할 것

해설 **금속관의 폭발방지형 부속품의 규격**
• 재료는 건식아연도금법에 의하여 아연도금을 한 위에 투명한 도료를 칠하거나 기타 적당한 방법으로 녹이 스는 것을 방지하도록 한 강 또는 가단주철일 것
• 안쪽 면 및 끝부분은 전선을 넣거나 바꿀 때에 전선의 피복을 손상하지 아니하도록 매끈한 것일 것
• 전선관과의 접속부분의 나사는 5턱 이상 완전히 나사결합이 될 수 있는 길이일 것
• 완성품은 내압방폭구조의 폭발압력(기준압력) 측정 및 압력시험에 적합한 것일 것

관련개념 CHAPTER 04 전기방폭관리

078

접지의 목적과 효과로 볼 수 없는 것은?

① 낙뢰에 의한 피해방지
② 송배전선에서 지락사고의 발생 시 보호계전기를 신속하게 작동시킴
③ 설비의 절연물이 손상되었을 때 흐르는 누설전류에 의한 감전방지
④ 송배전선로의 지락사고 시 대지전위의 상승을 유도하고 절연강도를 상승시킴

해설 접지는 지락사고 시 대지전위 상승 억제 및 절연강도 저감을 위한 것이다.

관련개념 CHAPTER 05 전기설비 위험요인관리

079

1종 위험장소로 분류되지 않는 것은?

① 탱크류의 벤트(Vent) 개구부 부근
② 인화성 액체 탱크 내의 액면 상부의 공간부
③ 점검수리 작업에서 가연성 가스 또는 증기를 방출하는 경우의 밸브 부근
④ 탱크로리, 드럼관 등이 인화성 액체를 충전하고 있는 경우의 개구부 부근

해설 인화성 액체의 용기 내부의 액면 상부의 공간부는 0종 장소에 해당한다.

0종 장소
- 설비의 내부
- 인화성 또는 가연성 액체가 존재하는 피트 등의 내부
- 인화성 물질의 증기 또는 가연성 가스가 지속적 또는 장기간 체류하는 곳

관련개념 CHAPTER 04 전기방폭관리

080

방폭전기설비의 용기 내부에 보호가스를 압입하여 내부압력을 외부 대기 이상의 압력으로 유지함으로써 용기 내부에 폭발성 가스 분위기가 형성되는 것을 방지하는 방폭구조는?

① 내압방폭구조
② 압력방폭구조
③ 안전증방폭구조
④ 유입방폭구조

해설 **압력방폭구조**
용기 내부에 보호가스(신선한 공기 또는 불연성 기체)를 압입하여 내부 압력을 유지함으로써 폭발성 가스 또는 증기가 내부로 유입되지 않도록 한 구조이다.

관련개념 CHAPTER 04 전기방폭관리

화학설비 안전관리

081

고체의 연소형태 중 증발연소에 속하는 것은?

① 나프탈렌
② 목재
③ TNT
④ 목탄

해설 **고체의 증발연소**
고체 가연물이 가열되어 융해되며 가연성 증기가 발생, 공기와 혼합하여 연소하는 형태이다. (황, 나프탈렌, 파라핀 등)

오답해설
② 목재: 분해연소
③ TNT: 자기연소
④ 목탄: 표면연소

관련개념 CHAPTER 01 화재·폭발 검토

082

「위험물안전관리법령」상 제3류 위험물 중 금수성 물질에 대하여 적응성이 있는 소화기는?

① 포소화기
② 이산화탄소소화기
③ 할로겐화합물소화기
④ 탄산수소염류분말소화기

해설
- 탄산수소염류분말소화기는 금수성 물질에 대해 적응성이 있다.
- 금수성 물질은 수분과 반응하여 가연성 가스를 발생시키므로 물을 이용한 소화기는 사용할 수 없다.

관련개념 CHAPTER 01 화재·폭발 검토

083

공기 중에서 이황화탄소(CS_2)의 폭발한계는 하한값이 1.25[vol%], 상한값이 44[vol%]이다. 이를 20[℃] 대기압 하에서 [mg/L]의 단위로 환산하면 하한값과 상한값은 각각 약 얼마인가?(단, 이황화탄소의 분자량은 76.1이다.)

① 하한값: 61, 상한값: 640
② 하한값: 39.6, 상한값: 1,395
③ 하한값: 146, 상한값: 860
④ 하한값: 55.4, 상한값: 1,642

해설 이상기체 상태방정식에 의해 20[℃], 대기압 하에서 기체 분자 1몰은 약 24[L]이다.

$$V = \frac{nRT}{P} = \frac{1 \times 0.082 \times (273 + 20)}{1} = 24[L]$$

이황화탄소의 분자 1몰은 76.1[g]이므로 20[℃], 대기압 하에서 이황화탄소는 1[L]당 76.1÷24=3.17[g]이다.

• 폭발하한값 1.25[vol%]는 혼합가스 1[L] 중 이황화탄소 1.25×10^{-2}[L]가 있는 것을 의미하고, 이황화탄소 1.25×10^{-2}[L]는
$3.17 \times (1.25 \times 10^{-2}) = 3.96 \times 10^{-2}$[g]이다.
따라서 폭발하한값 1.25[vol%]는 3.96×10^{-2}[g/L]=39.6[mg/L]로 나타낼 수 있다.

• 폭발상한값 44[vol%]는 혼합가스 1[L] 중 이황화탄소 0.44[L]가 있는 것을 의미하고, 이황화탄소 0.44[L]는 $3.17 \times 0.44 = 1.395$[g]이다.
따라서 폭발상한값 44[vol%]는 1.395[g/L]=1,395[mg/L]로 나타낼 수 있다.

관련개념 CHAPTER 01 화재 · 폭발 검토

084

「산업안전보건법령」상 "부식성 산류"에 해당하지 않는 것은?

① 농도 20[%]인 염산
② 농도 40[%]인 인산
③ 농도 50[%]인 질산
④ 농도 60[%]인 아세트산

해설 부식성 산류
• 농도가 20[%] 이상인 염산, 황산, 질산, 그 밖에 이와 같은 정도 이상의 부식성을 가지는 물질
• 농도가 60[%] 이상인 인산, 아세트산, 불산, 그 밖에 이와 같은 정도 이상의 부식성을 가지는 물질

관련개념 CHAPTER 02 화학물질 안전관리 실행

085

Burgess-Wheeler의 법칙에 따르면 서로 유사한 탄화수소계의 가스에서 폭발하한계의 농도[vol%]와 연소열[kcal/mol]의 곱의 값은 약 얼마 정도인가?

① 1,100
② 2,800
③ 3,200
④ 3,800

해설 Burgess-Wheeler의 법칙
포화탄화수소계의 가스에서는 폭발하한계의 농도 X[vol%]와 그의 연소열 Q[kcal/mol]의 곱은 일정하다.
$X \times Q ≒ 1,100$(일정)

관련개념 CHAPTER 01 화재 · 폭발 검토

086

뜨거운 금속에 물이 닿으면 튀는 현상과 같이 핵비등(Nucleate Boiling) 상태에서 막비등(Film Boiling)으로 이행하는 온도를 무엇이라 하는가?

① Burn-out Point
② Leidenfrost Point
③ Entrainment Point
④ Sub-cooling Boiling Point

해설 Leidenfrost Point
핵비등(Nucleate Boiling)에서 막비등(Film Boiling) 상태로 급격하게 이행하는 하한점을 말한다.

관련개념 CHAPTER 02 화학물질 안전관리 실행

087

독성가스에 속하지 않는 것은?

① 암모니아   ② 황화수소

③ 포스겐   ④ 질소

해설 질소는 불활성 기체로 독성이 없다.

「고압가스 안전관리법령」에 따른 독성가스

아크릴로니트릴 · 아크릴알데히드 · 아황산가스 · 암모니아 · 일산화탄소 · 이황화탄소 · 불소 · 염소 · 브롬화메탄 · 염화메탄 · 염화프렌 · 산화에틸렌 · 시안화수소 · 황화수소 · 모노메틸아민 · 디메틸아민 · 트리메틸아민 · 벤젠 · 포스겐 · 요오드화수소 · 브롬화수소 · 염화수소 · 불화수소 · 겨자가스 · 알진 · 모노실란 · 디실란 · 디보레인 · 세렌화수소 · 포스핀 · 모노게르만 및 그 밖에 공기 중에 일정량 이상 존재하는 경우 인체에 유해한 독성을 가진 가스로서 허용농도가 100만분의 5,000 이하인 것을 말한다.

관련개념 CHAPTER 02 화학물질 안전관리 실행

088

위험물의 취급에 관한 설명으로 틀린 것은?

① 모든 폭발성 물질은 석유류에 침지시켜 보관해야 한다.

② 산화성 물질의 경우 가연물과의 접촉을 피해야 한다.

③ 가스 누설의 우려가 있는 장소에서는 점화원의 철저한 관리가 필요하다.

④ 도전성이 나쁜 액체는 정전기 발생을 방지하기 위한 조치를 취한다.

해설 폭발성 물질은 가연성 물질인 동시에 산소 함유물로 공기 공급이 없어도 연소할 수 있다. 그러므로 모든 폭발성 물질을 석유류에 담아 보관할 경우 매우 위험하다.

관련개념 CHAPTER 02 화학물질 안전관리 실행

089

분진폭발의 특징으로 옳은 것은?

① 연소속도가 가스폭발보다 크다.

② 완전연소로 가스중독의 위험이 작다.

③ 화염의 파급속도보다 압력의 파급속도가 크다.

④ 가스폭발보다 연소시간은 짧고 발생에너지는 작다.

해설 **분진폭발의 특징**

• 가스폭발보다 발생에너지가 크다.

• 폭발압력과 연소속도는 가스폭발보다 작다.

• 불완전연소로 인한 가스중독의 위험성이 크다.

• 화염의 파급속도보다 압력의 파급속도가 빠르다.

• 가스폭발에 비하여 불완전연소가 많이 발생한다.

• 주위 분진에 의해 2차, 3차 폭발로 파급될 수 있다.

관련개념 CHAPTER 01 화재 · 폭발 검토

090

프로판가스 1[m³]를 완전연소시키는 데 필요한 이론 공기량은 몇 [m³]인가?(단, 공기 중의 산소농도는 20[vol%]이다.)

① 20   ② 25

③ 30   ④ 35

해설 **프로판의 완전연소반응식**

$C_3H_8 + 5O_2 \rightarrow 3CO_2 + 4H_2O$

프로판 1[m³]를 완전연소시키는 데 필요한 이론 산소량은 $1 \times 5 = 5[m³]$이다.

공기 중의 산소농도는 20[vol%]이므로

이론 공기량 = 이론 산소량 $\times \dfrac{100}{20} = 5 \times \dfrac{100}{20} = 25[m³]$

관련개념 CHAPTER 01 화재 · 폭발 검토

091

이상반응 또는 폭발로 인하여 발생되는 압력의 방출장치가
아닌 것은?

① 파열판   ② 폭압방산구

③ 화염방지기   ④ 가용합금안전밸브

해설 화염방지기는 설비 내부에서 발생한 과압의 방출이 아닌 외부에
서 발생된 화재가 설비 내부로 역류하는 것을 막는 기능을 한다.

관련개념 CHAPTER 04 화공 안전운전 · 점검

092

디에틸에테르와 에틸알코올이 3 : 1로 혼합된 혼합증기의
몰비가 각각 0.75, 0.25이고, 디에틸에테르와 에틸알코올
의 폭발하한값이 각각 1.9[vol%], 4.3[vol%]일 때 혼합가스
의 폭발하한값은 약 몇 [vol%]인가?

① 2.2   ② 3.5

③ 22.0   ④ 34.7

해설 **혼합기체의 폭발하한계**
디에틸에테르와 에틸알코올이 3 : 1로 혼합되어 있으므로 디에틸에테르의
부피비를 75[vol%], 에틸알코올의 부피비를 25[vol%]로 두고 다음 식을
푼다.

$$L = \frac{V_1 + V_2 + \cdots + V_n}{\dfrac{V_1}{L_1} + \dfrac{V_2}{L_2} + \cdots + \dfrac{V_2}{L_2}} = \frac{75 + 25}{\dfrac{75}{1.9} + \dfrac{25}{4.3}} = 2.2[vol\%]$$

관련개념 CHAPTER 01 화재 · 폭발 검토

093

일산화탄소에 대한 설명으로 틀린 것은?

① 무색 · 무취의 기체이다.

② 염소와 촉매 존재하에 반응하여 포스겐이 된다.

③ 인체 내의 헤모글로빈과 결합하여 산소운반기능을 저
하시킨다.

④ 불연성 가스로서, 허용농도가 10[ppm]이다.

해설 일산화탄소는 허용농도가 30[ppm]인 독성 가스이자, 공기 중 연
소범위가 12.5~74[vol%]인 가연성 가스이다.

관련개념 CHAPTER 02 화학물질 안전관리 실행

094

금속의 용접 · 용단 또는 가열에 사용되는 가스 등의 용기를
취급할 때의 준수사항으로 틀린 것은?

① 전도의 위험이 없도록 한다.

② 밸브를 서서히 개폐한다.

③ 용해아세틸렌의 용기는 세워서 보관한다.

④ 용기의 온도를 65도 이하로 유지한다.

해설 금속의 용접 · 용단 또는 가열에 사용되는 가스 등의 용기를 취급
하는 경우에는 용기의 온도를 40[℃] 이하로 유지하여야 한다.

관련개념 CHAPTER 05 기타 산업용 기계 · 기구

095

다음 중 연소속도에 영향을 주는 요인으로 가장 거리가 먼
것은?

① 가연물의 색상   ② 촉매

③ 산소와의 혼합비   ④ 반응계의 온도

해설 **연소속도에 영향을 미치는 요인**
가연물의 온도, 산소와의 혼합비, 촉매, 압력 등

관련개념 CHAPTER 01 화재 · 폭발 검토

096

기체의 자연발화온도 측정법에 해당하는 것은?

① 중량법   ② 접촉법

③ 예열법   ④ 발열법

해설 가연성 물질이 외부의 점화원 없이 열의 축적에 의해 연소를 일으키는 온도를 자연발화온도 또는 발화점이라 하며, 발화점의 측정법에는 도입법, 펌프법, 단열압축법, 예열법 등이 있다.

관련개념 CHAPTER 01 화재·폭발 검토

097

「산업안전보건법령」상 건조설비를 사용하여 작업을 하는 경우 폭발 또는 화재를 예방하기 위하여 준수하여야 하는 사항으로 적절하지 않은 것은?

① 위험물 건조설비를 사용하는 때에는 미리 내부를 청소하거나 환기할 것

② 위험물 건조설비를 사용하는 때에는 건조로 인하여 발생하는 가스·증기 또는 분진에 의하여 폭발·화재의 위험이 있는 물질을 안전한 장소로 배출시킬 것

③ 위험물 건조설비를 사용하여 가열건조하는 건조물은 쉽게 이탈되도록 할 것

④ 고온으로 가열건조한 인화성 액체는 발화의 위험이 없는 온도로 냉각한 후에 격납시킬 것

해설 **건조설비 취급 시 준수사항**
- 위험물 건조설비를 사용하는 경우에는 미리 내부를 청소하거나 환기할 것
- 위험물 건조설비를 사용하는 경우에는 건조로 인하여 발생하는 가스·증기 또는 분진에 의하여 폭발·화재의 위험이 있는 물질을 안전한 장소로 배출시킬 것
- 위험물 건조설비를 사용하여 가열건조하는 건조물은 쉽게 이탈되지 않도록 할 것
- 고온으로 가열건조한 인화성 액체는 발화의 위험이 없는 온도로 냉각한 후에 격납시킬 것
- 건조설비(바깥 면이 현저히 고온이 되는 설비만 해당)에 가까운 장소에는 인화성 액체를 두지 않도록 할 것

관련개념 CHAPTER 02 화학물질 안전관리 실행

098

유류저장탱크에서 화염의 차단을 목적으로 외부에 증기를 방출하기도 하고 탱크 내 외기를 흡입하기도 하는 부분에 설치하는 안전장치는?

① Vent Stack   ② Safety Valve

③ Gate Valve   ④ Flame Arrester

해설 **화염방지기(Flame Arrester)**
비교적 저압 또는 상압에서 가연성 증기를 발생시키는 인화성 물질 등을 저장하는 탱크에서 외부에 그 증기를 방출하거나 탱크 내에 외기를 흡입하는 부분에 설치하는 안전장치이다.

관련개념 CHAPTER 04 화공 안전운전·점검

099

펌프의 사용 시 공동현상(Cavitation)을 방지하고자 할 때의 조치사항으로 틀린 것은?

① 펌프의 회전수를 높인다.

② 흡입비 속도를 작게 한다.

③ 펌프의 흡입관의 두(Head) 손실을 줄인다.

④ 펌프의 설치높이를 낮추어 흡입양정을 짧게 한다.

해설 공동현상은 유속이 빠를 경우 발생할 수 있으므로 공동현상을 예방하려면 펌프의 회전수를 낮춰야 한다.

관련개념 CHAPTER 04 화공 안전운전·점검

100

다음 중 공기와 혼합 시 최소착화에너지 값이 가장 작은 것은?

① CH_4 ② C_3H_8

③ C_6H_6 ④ H_2

해설 탄화수소(C_xH_y)의 일반적인 최소착화에너지(최소발화에너지)는 $0.25 \times 10^{-3}[J]$이고, 수소(H_2)의 최소착화에너지(최소발화에너지)는 $0.019 \times 10^{-3}[J]$이므로 보기 중 수소(H_2)의 최소착화에너지(최소발화에너지)가 0.019[mJ]로 가장 작다.

① 메탄(CH_4): 0.28[mJ]

② 프로판(C_3H_8): 0.26[mJ]

③ 벤젠(C_6H_6): 0.2[mJ]

관련개념 CHAPTER 01 화재·폭발 검토

건설공사 안전관리

101

건설업 산업안전보건관리비 계상 및 사용기준(고용노동부 고시)은 「산업안전보건법」의 건설공사 중 총 공사금액이 얼마 이상인 공사에 적용하는가?

① 4천만 원 ② 3천만 원
③ 2천만 원 ④ 1천만 원

해설 건설업 산업안전보건관리비 계상 및 사용기준은 「산업안전보건법」의 건설공사 중 총 공사금액 2천만 원 이상인 공사에 적용한다.

관련개념 CHAPTER 03 건설업 산업안전보건관리비 관리

102

다음은 동바리로 사용하는 파이프서포트의 설치기준이다. ( ) 안에 들어갈 내용으로 옳은 것은?

> 파이프서포트를 ( ) 이상 이어서 사용하지 않도록 할 것

① 2개 ② 3개
③ 4개 ④ 5개

해설 동바리로 사용하는 파이프서포트를 3개 이상 이어서 사용하지 않아야 한다.

관련개념 CHAPTER 05 비계·거푸집 가시설 위험방지

103

부두 등의 하역작업장에서 부두 또는 안벽의 선을 따라 통로를 설치하는 경우, 최소 폭 기준은?

① 90[cm] 이상 ② 75[cm] 이상
③ 60[cm] 이상 ④ 45[cm] 이상

해설 부두·안벽 등 하역작업을 하는 장소에 부두 또는 안벽의 선을 따라 통로를 설치하는 경우에는 폭을 90[cm] 이상으로 하여야 한다.

관련개념 CHAPTER 06 공사 및 작업 종류별 안전

104

콘크리트 타설 시 거푸집 측압에 관한 설명으로 옳지 않은 것은?

① 타설속도가 빠를수록 측압이 커진다.
② 거푸집의 투수성이 낮을수록 측압은 커진다.
③ 타설높이가 높을수록 측압이 커진다.
④ 콘크리트의 온도가 높을수록 측압이 커진다.

해설 측압이 커지는 조건
• 거푸집의 부재단면이 클수록
• 거푸집의 수밀성이 클수록(투수성이 작을수록)
• 거푸집의 강성이 클수록
• 거푸집 표면이 평활할수록
• 시공연도(Workability)가 좋을수록
• 철골 또는 철근량이 적을수록
• 외기온도가 낮을수록, 습도가 높을수록
• 콘크리트의 타설속도가 빠를수록
• 콘크리트의 다짐이 과할수록
• 콘크리트의 슬럼프가 클수록
• 콘크리트의 비중이 클수록

관련개념 CHAPTER 06 공사 및 작업 종류별 안전

105

권상용 와이어로프의 절단하중이 200[ton]일 때 와이어로프에 걸리는 최대하중은?(단, 안전계수는 5이다.)

① 1,000[ton] ② 400[ton]
③ 100[ton] ④ 40[ton]

해설 안전계수$=\dfrac{절단하중}{최대사용하중}$에서

최대사용하중$=\dfrac{절단하중}{안전계수}=\dfrac{200}{5}=40$[ton]

관련개념 CHAPTER 06 공사 및 작업 종류별 안전

106

폭우 시 옹벽배면의 배수시설이 취약하면 옹벽 저면을 통하여 침투수(Seepage)의 수위가 올라간다. 이 침투수가 옹벽의 안정에 미치는 영향으로 옳지 않은 것은?

① 옹벽 배면토의 단위수량 감소로 인한 수직 저항력 증가
② 옹벽 바닥면에서의 양압력 증가
③ 수평 저항력(수동토압)의 감소
④ 포화 또는 부분 포화에 따른 뒷채움용 흙무게의 증가

해설 침투수의 수위가 올라가면 옹벽 배면토의 단위수량이 증가한다.

관련개념 CHAPTER 04 건설현장 안전시설 관리

107

그물코의 크기가 5[cm]인 매듭방망일 경우 방망사의 인장강도는 최소 얼마 이상이어야 하는가?(단, 방망사는 신품인 경우이다.)

① 50[kg]
② 100[kg]
③ 110[kg]
④ 150[kg]

해설 그물코 5[cm], 매듭방망의 인장강도는 110[kg] 이상이어야 한다.
추락방호망 방망사의 인장강도

※ ( ): 폐기기준 인장강도

그물코의 크기 (단위: [cm])	방망의 종류(단위: [kg])	
	매듭 없는 방망	매듭방망
10	240(150)	200(135)
5	–	110(60)

관련개념 CHAPTER 04 건설현장 안전시설 관리

108

터널 지보공을 설치한 경우에 수시로 점검하고, 이상을 발견한 경우에는 즉시 보강하거나 보수해야 할 사항이 아닌 것은?

① 부재의 긴압 정도
② 기둥침하의 유무 및 상태
③ 부재의 접속부 및 교차부 상태
④ 부재를 구성하는 재질의 종류 확인

해설 **터널 지보공 수시 점검 및 보강·보수사항**
• 부재의 손상·변형·부식·변위 탈락의 유무 및 상태
• 부재의 긴압 정도
• 부재의 접속부 및 교차부의 상태
• 기둥침하의 유무 및 상태

관련개념 CHAPTER 05 비계·거푸집 가시설 위험방지

109

굴착기계의 운행 시 안전대책으로 옳지 않은 것은?

① 버킷에 사람의 탑승을 허용해서는 안 된다.
② 운전반경 내에 사람이 있을 때 회전은 10[rpm] 정도의 느린 속도로 하여야 한다.
③ 장비의 주차 시 경사지나 굴착작업장으로부터 충분히 이격시켜 주차한다.
④ 전선이나 구조물 등에 인접하여 붐을 선회해야 할 작업에는 사전에 회전반경, 높이제한 등 방호조치를 강구한다.

해설 굴착기계 운행 시 운전반경 내에 사람이 있어서는 안 된다.

관련개념 CHAPTER 04 건설현장 안전시설 관리

110

선창의 내부에서 화물취급작업을 하는 근로자가 안전하게 통행할 수 있는 설비를 설치하여야 하는 기준은 갑판의 윗면에서 선창 밑바닥까지의 깊이가 최소 얼마를 초과할 때인가?

① 1.3[m]   ② 1.5[m]
③ 1.8[m]   ④ 2.0[m]

해설 갑판의 윗면에서 선창 밑바닥까지의 **깊이가 1.5[m]를 초과**하는 선창의 내부에서 화물취급작업을 하는 경우에 그 작업에 종사하는 근로자가 안전하게 통행할 수 있는 설비를 설치하여야 한다.

관련개념 CHAPTER 06 공사 및 작업 종류별 안전

111

클램셸(Clamshell)의 용도로 옳지 않은 것은?

① 잠함 안의 굴착에 사용된다.
② 수면 아래의 자갈, 모래를 굴착하고 준설선에 많이 사용된다.
③ 건축구조물의 기초 등 정해진 범위의 깊은 굴착에 적합하다.
④ 단단한 지반의 작업도 가능하며 작업속도가 빠르고 특히 암반굴착에 적합하다.

해설 **클램셸(Clamshell)**
• 좁은 장소의 깊은 굴착에 효과적이다.
• 기계 위치와 굴착지반의 높이 등에 관계없이 고저에 대하여 작업이 가능하다.
• 정확한 굴착 및 단단한 지반작업이 불가능하다.

관련개념 CHAPTER 04 건설현장 안전시설 관리

112

가설통로를 설치하는 경우 준수하여야 할 기준으로 옳지 않은 것은?

① 경사는 30° 이하로 할 것
② 경사가 15°를 초과하는 경우에는 미끄러지지 아니하는 구조로 할 것
③ 수직갱에 가설된 통로의 길이가 15[m] 이상인 때에는 15[m] 이내마다 계단참을 설치할 것
④ 건설공사에 사용하는 높이 8[m] 이상의 비계다리에는 7[m] 이내마다 계단참을 설치할 것

해설 **가설통로 설치 시 준수 사항**
• 견고한 구조로 할 것
• 경사는 30° 이하로 할 것
• 경사가 15°를 초과하는 경우에는 미끄러지지 아니하는 구조로 할 것
• 추락할 위험이 있는 장소에는 안전난간을 설치할 것
• 수직갱에 가설된 통로의 길이가 15[m] 이상인 경우에는 10[m] 이내마다 계단참을 설치할 것
• 건설공사에 사용하는 높이 8[m] 이상인 비계다리에는 7[m] 이내마다 계단참을 설치할 것

관련개념 CHAPTER 05 비계·거푸집 가시설 위험방지

113

건설공사도급인은 건설공사 중에 가설구조물의 붕괴 등 산업재해가 발생할 위험이 있다고 판단되면 건축·토목 분야의 전문가의 의견을 들어 건설공사 발주자에게 해당 건설공사의 설계변경을 요청할 수 있는데, 이러한 가설구조물의 기준으로 옳지 않은 것은?

① 높이 20[m] 이상인 비계
② 작업발판 일체형 거푸집 또는 높이 5[m] 이상인 거푸집 동바리
③ 터널의 지보공 또는 높이 2[m] 이상인 흙막이 지보공
④ 동력을 이용하여 움직이는 가설구조물

해설 설계변경 요청 대상 가설구조물에는 높이 31[m] 이상인 비계가 해당된다.

관련개념 CHAPTER 05 비계·거푸집 가시설 위험방지

114

온도가 하강함에 따라 토층수가 얼어 부피가 약 9[%] 정도 증대하게 됨으로써 지표면이 부풀어오르는 현상은?

① 동상현상
② 연화현상
③ 리칭현상
④ 액상화현상

해설 동상현상은 지반 내 토층수가 동결하여 부피가 증가하면서 지표면이 부풀어오르는 현상이다.

관련개념 CHAPTER 02 건설공사 위험성

115

철골 건립기계 선정 시 사전 검토사항과 가장 거리가 먼 것은?

① 건립기계의 소음영향
② 건립기계로 인한 일조권 침해
③ 건물형태
④ 작업반경

해설 건립기계로 인한 일조권 침해 문제는 철골 건립기계 선정 시 사전 검토사항에 해당하지 않는다.

관련개념 CHAPTER 06 공사 및 작업 종류별 안전

116

강관틀비계를 조립하여 사용하는 경우 준수해야 할 기준으로 옳지 않은 것은?

① 높이가 20[m]를 초과하거나 중량물의 적재를 수반하는 작업을 할 경우에는 주틀 간의 간격을 2.4[m] 이하로 할 것
② 수직방향으로 6[m], 수평방향으로 8[m] 이내마다 벽이음을 할 것
③ 길이가 띠장 방향으로 4[m] 이하이고 높이가 10[m]를 초과하는 경우에는 10[m] 이내마다 띠장 방향으로 버팀기둥을 설치할 것
④ 주틀 간에 교차가새를 설치하고 최상층 및 5층 이내마다 수평재를 설치할 것

해설 강관틀비계를 조립하여 사용하는 경우 높이가 20[m]를 초과하거나 중량물의 적재를 수반하는 작업을 할 경우에는 주틀 간의 간격을 1.8[m] 이하로 하여야 한다.

관련개념 CHAPTER 05 비계 · 거푸집 가시설 위험방지

117

토질시험(Soil Test)방법 중 전단시험에 해당하지 않는 것은?

① 1면 전단 시험
② 베인 테스트
③ 일축 압축 시험
④ 투수시험

해설 전단시험에는 직접전단시험, 간접전단시험, 흙의 전단저항 측정 등이 있으며, 투수시험은 투수계수를 측정하기 위한 토질의 역학적 시험의 한 종류이다.

관련개념 CHAPTER 02 건설공사 위험성

118

근로자의 추락 등의 위험을 방지하기 위한 안전난간의 구조 및 설치요건에 관한 기준으로 옳지 않은 것은?

① 상부난간대는 바닥면·발판 또는 경사로의 표면으로부터 90[cm] 이상 지점에 설치할 것
② 발끝막이판은 바닥면 등으로부터 10[cm] 이상의 높이를 유지할 것
③ 난간대는 지름 1.5[cm] 이상의 금속제 파이프나 그 이상의 강도를 가진 재료일 것
④ 안전난간은 구조적으로 가장 취약한 지점에서 가장 취약한 방향으로 작용하는 100[kg] 이상의 하중에 견딜 수 있는 튼튼한 구조일 것

해설 안전난간의 난간대는 지름 2.7[cm] 이상의 금속제 파이프나 그 이상의 강도가 있는 재료이어야 한다.

관련개념 CHAPTER 04 건설현장 안전시설 관리

119

건설현장에 달비계를 설치하여 작업 시 곤돌라형 달비계에 사용 가능한 와이어로프로 볼 수 있는 것은?

① 이음매가 있는 것
② 와이어로프의 한 꼬임에서 끊어진 소선의 수가 5[%]인 것
③ 지름의 감소가 공칭지름의 10[%]인 것
④ 열과 전기충격에 의해 손상된 것

해설 와이어로프의 한 꼬임에서 끊어진 소선의 수가 10[%] 미만인 것은 사용가능하다.

달비계 와이어로프의 사용금지 조건
• 이음매가 있는 것
• 와이어로프의 한 꼬임(Strand)에서 끊어진 소선의 수가 10[%] 이상인 것
• 지름의 감소가 공칭지름의 7[%]를 초과하는 것
• 꼬인 것
• 심하게 변형되거나 부식된 것
• 열과 전기충격에 의해 손상된 것

관련개념 CHAPTER 05 비계·거푸집 가시설 위험방지

120

건설공사 유해위험방지계획서를 제출해야 할 대상공사에 해당하지 않는 것은?

① 깊이 10[m]인 굴착공사
② 다목적댐 건설공사
③ 최대 지간 길이가 40[m]인 교량건설 공사
④ 연면적 5,000[m²]인 냉동·냉장 창고시설의 설비공사

해설 **유해위험방지계획서 제출대상 건설공사**
• 지상높이가 31[m] 이상인 건축물 또는 인공구조물, 연면적 30,000[m²] 이상인 건축물 또는 연면적 5,000[m²] 이상의 문화 및 집회시설(전시장 및 동물원·식물원 제외), 판매시설, 운수시설(고속철도의 역사 및 집배송시설 제외), 종교시설, 의료시설 중 종합병원, 숙박시설 중 관광숙박시설, 지하도상가 또는 냉동·냉장 창고시설의 건설·개조 또는 해체(건설 등) 공사
• 연면적 5,000[m²] 이상의 냉동·냉장 창고시설의 설비공사 및 단열공사
• 최대 지간길이가 50[m] 이상인 다리의 건설 등 공사
• 터널의 건설 등 공사
• 다목적댐, 발전용댐, 저수용량 2천만 톤 이상의 용수 전용 댐 및 지방 상수도 전용 댐의 건설 등 공사
• 깊이가 10[m] 이상인 굴착공사

관련개념 CHAPTER 02 건설공사 위험성

산업재해 예방 및 안전보건교육

001

안전보건관리조직의 유형 중 스태프형(Staff) 조직의 특징이 아닌 것은?

① 생산부문은 안전에 대한 책임과 권한이 없다.
② 권한다툼이나 조정 때문에 통제수속이 복잡해지며 시간과 노력이 소모된다.
③ 생산부분에 협력하여 안전명령을 전달, 실시하므로 안전지시가 용이하지 않으며 안전과 생산을 별개로 취급하기 쉽다.
④ 명령계통과 조언의 권고적 참여가 혼동되기 쉽다.

해설 명령계통과 조언의 권고적 참여가 혼동되기 쉬운 것은 라인·스태프(LINE−STAFF)형 조직(직계참모조직)의 특징이다.

관련개념 CHAPTER 01 산업재해예방 계획 수립

002

데이비스(Davis)의 동기부여 이론 중 동기유발의 식으로 옳은 것은?

① 지식×기능
② 지식×태도
③ 상황×기능
④ 상황×태도

해설 데이비스(K. Davis)의 동기부여 이론
• 지식(Knowledge)×기능(Skill)=능력(Ability)
• 상황(Situation)×태도(Attitude)=동기유발(Motivation)
• 능력(Ability)×동기유발(Motivation)
　=인간의 성과(Human Performance)
• 인간의 성과×물질적 성과=경영의 성과

관련개념 CHAPTER 04 인간의 행동과학

003

「산업안전보건법령」상 근로자 안전보건 교육 기준 중 관리감독자 정기안전보건교육의 교육내용으로 옳은 것은?(단, 「산업안전보건법」 및 일반관리에 관한 사항은 제외한다.)

① 물질안전보건자료에 관한 사항
② 정리정돈 및 청소에 관한 사항
③ 건강증진 및 질병 예방에 관한 사항
④ 산업보건 및 직업병 예방에 관한 사항

해설 ④는 근로자의 정기교육내용에도 포함되지만 관리감독자의 정기교육내용에도 동일하게 포함된다.

오답해설
① 근로자와 관리감독자의 채용 시 교육 및 작업내용 변경 시 교육내용이다.
② 근로자의 채용 시 교육 및 작업내용 변경 시 교육내용이다.
③ 근로자의 정기교육내용이다.

관련개념 CHAPTER 05 안전보건교육의 내용 및 방법

004

기업 내 정형교육 중 TWI(Training Within Industry)의 교육내용이 아닌 것은?

① Job Method Training
② Job Relation Training
③ Job Instruction Training
④ Job Standardization Training

해설 TWI(Training Within Industry)
• 작업지도훈련(JIT; Job Instruction Training)
• 작업방법훈련(JMT; Job Method Training)
• 인간관계훈련(JRT; Job Relation Training)
• 작업안전훈련(JST; Job Safety Training)

관련개념 CHAPTER 05 안전보건교육의 내용 및 방법

005

학습지도의 형태 중 몇 사람의 전문가에 의해 과정에 관한 견해를 발표하고 참가자로 하여금 의견이나 질문을 하게 하는 토의방식은?

① 포럼(Forum)
② 심포지엄(Symposium)
③ 버즈세션(Buzz session)
④ 자유토의법(Free discussion method)

해설 심포지엄(Symposium)

몇 사람의 전문가가 과제에 관한 견해를 발표하게 한 뒤 참가자로 하여금 의견이나 질문을 하게 하여 토의하는 방법이다.

관련개념 CHAPTER 05 안전보건교육의 내용 및 방법

006

하인리히(Heinrich)의 재해구성비율에 따른 58건의 경상이 발생한 경우 무상해사고는 몇 건이 발생하겠는가?

① 58건
② 116건
③ 600건
④ 900건

해설 하인리히의 재해구성비율

중상 또는 사망 : 경상 : 무상해사고=1 : 29 : 300
경상 : 무상해사고=29 : 300이므로

$$무상해사고=58 \times \frac{300}{29}=600건$$

관련개념 CHAPTER 01 산업재해예방 계획 수립

007

레윈(Lewin)의 법칙 B=f(P·E) 중 B가 의미하는 것은?

① 인간관계
② 행동
③ 환경
④ 함수

해설 레윈(Lewin.K)의 법칙

$B=f(P \cdot E)$
여기서, B: Behavior(인간의 행동)
　　　f: function(함수관계)
　　　P: Person(개체: 연령, 경험, 심신상태, 성격, 지능 등)
　　　E: Environment(환경: 인간관계, 작업조건 등)

관련개념 CHAPTER 04 인간의 행동과학

008

교육심리학의 학습이론에 관한 설명 중 옳은 것은?

① 파블로프(Pavlov)의 조건반사설은 맹목적 시행을 반복하는 가운데 자극과 반응이 결합하여 행동하는 것이다.
② 레윈(Lewin)의 장설은 후천적으로 얻게 되는 반사작용으로 행동을 발생시킨다는 것이다.
③ 톨만(Tolman)의 기호형태설은 학습자의 머리 속에 인지적 지도 같은 인지구조를 바탕으로 학습하려는 것이다.
④ 손다이크(Thorndike)의 시행착오설은 내적, 외적의 전체구조를 새로운 시점에서 파악하여 행동하는 것이다.

해설 톨만(Tolman)의 기호형태설

학습자의 머리 속에 인지적 지도 같은 인지구조를 바탕으로 학습하려는 것이다.

관련개념 CHAPTER 05 안전보건교육의 내용 및 방법

009

「산업안전보건법령」상 지방고용노동관서의 장이 사업주에게 안전관리자·보건관리자 또는 안전보건관리담당자를 정수 이상으로 증원하게 하거나 교체하여 임명할 것을 명할 수 있는 경우의 기준 중 다음 (   ) 안에 알맞은 것은?

* 중대재해가 연간 (㉠)건 이상 발생한 경우
* 해당 사업장의 연간재해율이 같은 업종의 평균재해율의 (㉡)배 이상인 경우

① ㉠ 3, ㉡ 2
② ㉠ 2, ㉡ 3
③ ㉠ 2, ㉡ 2
④ ㉠ 3, ㉡ 3

해설 안전관리자 등의 증원·교체임명 명령

* 해당 사업장의 연간재해율이 같은 업종의 평균재해율의 2배 이상인 경우
* 중대재해가 연간 2건 이상 발생한 경우
* 관리자가 질병이나 그 밖의 사유로 3개월 이상 직무를 수행할 수 없게 된 경우
* 화학적 인자로 인한 직업성질병자가 연간 3명 이상 발생한 경우

관련개념 CHAPTER 01 산업재해예방 계획 수립

2018년 1회

010

상해 정도별 분류 중 의사의 진단으로 일정기간 정규 노동에 종사할 수 없는 상해에 해당하는 것은?

① 영구 일부노동 불능 상해
② 일시 전노동 불능 상해
③ 영구 전노동 불능 상해
④ 구급처치 상해

해설 일시 전노동 불능 상해
• 의사의 진단에 따라 일정기간 노동에 종사할 수 없는 상해이다.

• 근로손실일수＝휴업일수×$\frac{300}{365}$

상해정도별 구분
• 사망
• 영구 전노동 불능 상해(신체장해등급 1~3등급)
• 영구 일부노동 불능 상해(신체장해등급 4~14등급)
• 일시 전노동 불능 상해: 장해가 남지 않는 휴업상해
• 일시 일부노동 불능 상해: 일시 근무 중에 업무를 떠나 치료를 받는 정도의 상해
• 구급처치상해: 응급처치 후 정상작업을 할 수 있는 정도의 상해

관련개념 SUBJECT 03 기계·기구 및 설비 안전관리
CHAPTER 02 기계분야 산업재해 조사 및 관리

011

생체 리듬(Bio Rhythm) 중 일반적으로 33일을 주기로 반복되며, 상상력, 사고력, 기억력 또는 의지, 판단 및 비판력 등과 깊은 관련성을 갖는 리듬은?

① 육체적 리듬
② 지성적 리듬
③ 감성적 리듬
④ 생활 리듬

해설 지성적 리듬(I, Intellectual)
기억력, 인지력, 판단력 등을 나타내는 리듬으로 녹색 일점쇄선으로 표시하며 33일의 주기이다.

관련개념 CHAPTER 04 인간의 행동과학

012

자율검사프로그램을 인정받기 위해 보유하여야 할 검사장비의 이력카드 작성, 교정주기와 방법 설정 및 관리 등의 관리주체는?

① 사업주
② 제조자
③ 안전관리전문기관
④ 안전보건관리책임자

해설 **사업주**는 자율검사프로그램을 인정받기 위해 보유하여야 할 검사장비의 이력카드 작성, 장비의 점검·수리 등의 현황 기록, 교정주기와 방법의 설정 및 관리 등을 하여야 한다.

관련개념 SUBJECT 03 기계·기구 및 설비 안전관리
CHAPTER 02 기계분야 산업재해 조사 및 관리

013

다음의 방진마스크 형태로 옳은 것은?

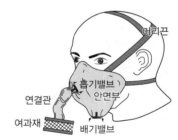

① 직결식 전면형
② 직결식 반면형
③ 격리식 전면형
④ 격리식 반면형

해설 방진마스크의 종류

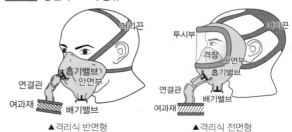

▲ 격리식 반면형　　　　▲ 격리식 전면형

관련개념 CHAPTER 02 안전보호구 관리

014

적응기제 중 도피기제의 유형이 아닌 것은?

① 합리화   ② 고립
③ 퇴행   ④ 억압

해설 합리화는 도피적 기제가 아닌 방어적 기제에 해당한다.
적응기제
• 방어적 기제: 보상, 합리화(변명), 승화, 동일시, 투사
• 도피적 기제: 고립, 퇴행, 억압, 백일몽
• 공격적 기제
  − 직접적 공격기제: 폭행, 싸움, 기물파손
  − 간접적 공격기제: 욕설, 비난, 조소 등

관련개념 CHAPTER 05 안전보건교육의 내용 및 방법

015

작업자 적성의 요인이 아닌 것은?

① 성격(인간성)   ② 지능
③ 인간의 연령   ④ 흥미

해설 인간의 연령은 작업자의 특성에 해당한다.
작업자 적성의 요인
직업적성, 지능, 흥미, 인간성

관련개념 CHAPTER 03 산업안전심리

016

「산업안전보건법령」상 안전보건표지의 종류 중 경고표지의 기본모형(형태)이 다른 것은?

① 폭발성물질 경고   ② 방사성물질 경고
③ 매달린물체 경고   ④ 고압전기 경고

해설

폭발성물질경고	방사성물질경고	매달린물체경고	고압전기경고

관련개념 CHAPTER 02 안전보호구 관리

017

강도율에 관한 설명 중 틀린 것은?

① 사망 및 영구 전노동 불능(신체장해등급 1~3급)의 근로손실일수는 7,500일로 환산한다.
② 신체장해등급 중 14급은 근로손실일수를 50일로 환산한다.
③ 영구 일부 노동불능은 신체장해등급에 따른 근로손실일수에 $\frac{300}{365}$ 을 곱하여 환산한다.
④ 일시 전노동 불능은 휴업일수에 $\frac{300}{365}$ 을 곱하여 근로손실일수를 환산한다.

해설 영구 일부노동 불능은 신체장해등급 4~14급에 해당한다. 근로손실로 근로손실일수 계산을 하는 경우에 장해등급별 근로손실일수를 적용하고, 사망 및 장해판정 이전의 입원, 치료 등 요양 및 작업 제한으로 인한 손실일은 중복 산입하지 않는다.

관련개념 SUBJECT 03 기계·기구 및 설비 안전관리
            CHAPTER 02 기계분야 산업재해 조사 및 관리

018

재해사례연구의 진행단계 중 다음 (　　) 안에 알맞은 것은?

재해 상황의 파악 → (㉠) → (㉡) → 근본적 문제점의 결정 → (㉢)

① ㉠ 사실의 확인 ㉡ 문제점의 발견 ㉢ 대책 수립
② ㉠ 문제점의 발견 ㉡ 사실의 확인 ㉢ 대책 수립
③ ㉠ 사실의 확인 ㉡ 대책 수립 ㉢ 문제점의 발견
④ ㉠ 문제점의 발견 ㉡ 대책 수립 ㉢ 사실의 확인

해설 **재해사례연구**
㉠ 1단계: 사실의 확인(사람, 물건, 관리, 재해발생까지의 경과)
㉡ 2단계: 직접 원인과 문제점의 발견
㉢ 3단계: 근본적 문제점의 결정
㉣ 4단계: 대책 수립

관련개념 SUBJECT 03 기계·기구 및 설비 안전관리
            CHAPTER 02 기계분야 산업재해 조사 및 관리

019

석면 취급장소에서 사용하는 방진마스크의 등급으로 옳은 것은?

① 특급
② 1급
③ 2급
④ 3급

해설 특급 방진마스크의 사용장소
- 베릴륨 등과 같이 독성이 강한 물질들을 함유한 분진 등 발생장소
- 석면 취급장소

관련개념 CHAPTER 02 안전보호구 관리

020

「산업안전보건법령」상 안전보건표지의 색채와 색도기준의 연결이 틀린 것은?(단, 색도기준은 한국산업표준(KS)에 따른 색의 3속성에 의한 표시방법에 따른다.)

① 빨간색 − 7.5R 4/14
② 노란색 − 5Y 8.5/12
③ 파란색 − 2.5PB 4/10
④ 흰색 − N0.5

해설 안전보건표지의 색도기준 및 용도

색채	색도기준	사용 예
흰색	N9.5	파란색 또는 녹색에 대한 보조색
검은색	N0.5	문자 및 빨간색 또는 노란색에 대한 보조색

관련개념 CHAPTER 02 안전보호구 관리

인간공학 및 위험성평가 · 관리

021

휴먼에러 예방 대책 중 인적 요인에 대한 대책이 아닌 것은?

① 설비 및 환경 개선
② 소집단 활동의 활성화
③ 작업에 대한 교육 및 훈련
④ 전문인력의 적재적소 배치

해설 설비 및 환경 개선은 환경적 요인의 대책에 해당한다.

관련개념 CHAPTER 03 위험성 감소대책 수립 · 실행

022

에너지 대사율(RMR)에 대한 설명으로 틀린 것은?

① $RMR = \dfrac{운동대사량}{기초대사량}$

② 보통 작업 시 RMR은 4~7임

③ 가벼운 작업 시 RMR은 0~2임

④ $RMR = \dfrac{운동 시 산소소모량 − 안정 시 산소소모량}{기초대사량(산소소비량)}$

해설 에너지 대사율(RMR)에 의한 작업강도
- 경작업: 0~2RMR
- 중(보통)작업: 2~4RMR
- 중(무거운)작업: 4~7RMR
- 초중작업: 7RMR 이상

관련개념 CHAPTER 06 작업환경 관리

023

동작경제의 원칙에 해당하지 않는 것은?

① 공구의 기능을 각각 분리하여 사용하도록 한다.
② 두 팔의 동작은 동시에 서로 반대방향으로 대칭적으로 움직이도록 한다.
③ 공구나 재료는 작업동작이 원활하게 수행되도록 그 위치를 정해준다.
④ 가능하다면 쉽고도 자연스러운 리듬이 작업동작에 생기도록 작업을 배치한다.

해설 공구 및 설비 설계(디자인)에 관한 동작경제의 원칙
• 치구나 족답장치(Foot-operated Device)를 효과적으로 사용할 수 있는 작업에서는 이러한 장치를 사용하도록 하여 양손이 다른 일을 할 수 있도록 한다.
• 가능하면 공구 기능을 결합하여 사용하도록 한다.
• 공구와 자세는 가능한 한 사용하기 쉽도록 미리 위치를 잡아준다.

관련개념 CHAPTER 06 작업환경 관리

024

반사율이 60[%]인 작업 대상물에 대하여 근로자가 검사작업을 수행할 때 휘도(Luminance)가 90[fL]이라면 이 작업에서의 소요조명[fc]은 얼마인가?

① 75
② 150
③ 200
④ 300

해설 소요조명$[fc] = \dfrac{\text{광속 발산도}[fL]}{\text{반사율}[\%]} \times 100 = \dfrac{90}{60} \times 100 = 150$

관련개념 CHAPTER 06 작업환경 관리

025

일반적으로 작업장에서 구성요소를 배치할 때, 공간의 배치원칙에 속하지 않는 것은?

① 사용빈도의 원칙
② 중요도의 원칙
③ 공정개선의 원칙
④ 기능성의 원칙

해설 부품배치의 원칙

중요성의 원칙	부품의 작동성능이 목표달성에 중요한 정도에 따라 우선순위를 결정
사용빈도의 원칙	부품이 사용되는 빈도에 따라 우선순위를 결정
기능별 배치의 원칙	기능적으로 관련된 부품을 모아서 배치
사용순서의 원칙	사용순서에 맞게 순차적으로 부품들을 배치

관련개념 CHAPTER 06 작업환경 관리

026

FMEA의 특징에 대한 설명으로 틀린 것은?

① 세부시스템 분석 시 FTA보다 효과적이다.
② 시스템 해석기법은 정성적·귀납적 분석법 등에 사용된다.
③ 각 요소 간 영향 해석이 어려워 2가지 이상 동시 고장은 해석이 곤란하다.
④ 양식이 비교적 간단하고 적은 노력으로 특별한 훈련 없이 해석이 가능하다.

해설 세부시스템 분석에는 FMEA보다 FTA가 더욱 효과적이다.

관련개념 CHAPTER 02 위험성 파악·결정

027

A사의 안전관리자는 자사 화학설비의 안전성 평가를 위해 제2단계인 정성적 평가를 진행하기 위하여 평가 항목 대상을 분류하였다. 주요 평가 항목 중에서 설계관계항목이 아닌 것은?

① 소방설비
② 공장 내 배치
③ 입지조건
④ 원재료, 중간제품

해설 안전성 평가 제2단계(정성적 평가)
• 설계관계: 입지조건, 공장 내 배치, 건조물, 소방설비, 공정기기 등
• 운전관계: 원재료, 운송, 저장 등

관련개념 CHAPTER 02 위험성 파악·결정

028

기계설비 고장 유형 중 기계의 초기결함을 찾아내 고장률을 안정시키는 기간은?

① 마모고장 기간
② 우발고장 기간
③ 에이징(Aging) 기간
④ 디버깅(Debugging) 기간

해설 디버깅(Debugging) 기간
기계의 초기결함을 찾아 내어 고장률을 안정시키는 기간이다.

관련개념 CHAPTER 02 위험성 파악 · 결정

029

「산업안전보건법령」상 유해하거나 위험한 장소에서 사용하는 기계 · 기구 및 설비를 설치 · 이전하는 경우 유해위험방지계획서를 작성, 제출하여야 하는 대상이 아닌 것은?

① 화학설비
② 금속 용해로
③ 건조설비
④ 전기용접장치

해설 유해위험방지계획서 제출 대상 기계 · 기구 및 설비
• 금속이나 그 밖의 광물의 용해로
• 화학설비
• 건조설비
• 가스집합 용접장치
• 고용노동부령으로 정하는 물질의 밀폐 · 환기 · 배기를 위한 설비

관련개념 CHAPTER 02 위험성 파악 · 결정

030

정량적 표시장치에 관한 설명으로 맞는 것은?

① 정확한 값을 읽어야 하는 경우 일반적으로 디지털보다 아날로그 표시장치가 유리하다.
② 동목(Moving Scale)형 아날로그 표시장치는 표시장치의 면적을 최소화할 수 있는 장점이 있다.
③ 연속적으로 변화하는 양을 나타내는 데에는 일반적으로 아날로그보다 디지털 표시장치가 유리하다.
④ 동침(Moving Pointer)형 아날로그 표시장치는 바늘의 진행 방향과 증감 속도에 대한 인식적인 암시 신호를 얻는 것이 불가능한 단점이 있다.

해설 동목(Moving Scale)형 표시장치는 표시장치의 공간을 적게 차지하는 이점이 있다.

오답해설
① 정확한 수치를 읽어야 하는 경우 디지털 표시장치가 더 유리하다.
③ 연속적으로 변화하는 양을 나타내는 데에는 아날로그 표시장치가 더 유리하다.
④ 동침형 아날로그 표시장치의 경우 지침의 위치가 일종의 인식상의 단서로 작용하는 이점이 있다.

관련개념 CHAPTER 06 작업환경 관리

031

들기작업 시 요통재해예방을 위하여 고려할 요소와 가장 거리가 먼 것은?

① 들기 빈도
② 작업자 신장
③ 손잡이 형상
④ 허리 비대칭 각도

해설 작업자의 신장은 요통재해예방과는 무관하다.

관련개념 CHAPTER 06 작업환경 관리

032

다음 시스템에 대하여 톱사상(Top Event)에 도달할 수 있는 최소 컷셋(Minimal Cut Sets)을 구할 때 올바른 집합은?(단 ①, ②, ③, ④는 각 부품의 고장확률을 의미하며 집합 {1, 2}는 ① 부품과 ② 부품이 동시에 고장 나는 경우를 의미한다.)

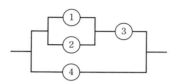

① {1,2}, {3,4} ② {1,3}, {2,4}
③ {1,2,4}, {3,4} ④ {1,3,4}, {2,3,4}

■해설■ 정상사상을 T라 하고 FT도를 작성한다.(병렬연결은 AND 게이트, 직렬연결은 OR 게이트로 표시)

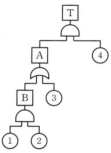

정상사상에서 차례로 하단의 사상으로 치환하면서 AND 게이트는 가로로, OR 게이트는 세로로 나열한다.

$$T = A \cdot ④ = \binom{B}{③} \cdot ④ = \binom{①②}{③} \cdot ④ = (① ② ④), (③ ④)$$

따라서 최소 컷셋은 (①, ②, ④) 또는 (③, ④)이다.

■관련개념■ CHAPTER 02 위험성 파악 · 결정

033

동작의 합리화를 위한 물리적 조건으로 적절하지 않은 것은?

① 고유 진동을 이용한다.
② 접촉 면적을 크게 한다.
③ 대체로 마찰력을 감소시킨다.
④ 인체표면에 가해지는 힘을 적게 한다.

■해설■ 동작의 합리화를 위한 물리적 조건
· 마찰력을 감소시킨다.
· 부하를 최소화한다.
· 접촉면을 작게 한다.

■관련개념■ CHAPTER 01 안전과 인간공학

034

운동관계의 양립성을 고려하여 동목(Moving Scale)형 표시장치를 바람직하게 설계한 것은?

① 눈금과 손잡이가 같은 방향으로 회전하도록 설계한다.
② 눈금의 숫자는 우측으로 감소하도록 설계한다.
③ 꼭지의 시계방향 회전이 지시치를 감소시키도록 설계한다.
④ 위의 세 가지 요건을 동시에 만족시키도록 설계한다.

■해설■ 동목형 표시장치는 눈금과 손잡이가 같은 방향으로 회전하도록 설계하는 것이 바람직하다.
동목형 표시장치의 양립성이 큰 경우
· 눈금과 손잡이가 같은 방향으로 회전
· 눈금 수치가 우측으로 갈수록 증가
· 꼭지의 시계방향 회전 시 지시치 증가

■관련개념■ CHAPTER 06 작업환경 관리

035

HAZOP 기법에서 사용하는 가이드 워드와 그 의미가 잘못 연결된 것은?

① Other Than: 기타 환경적인 요인
② No/Not: 디자인 의도의 완전한 부정
③ Reverse: 디자인 의도의 논리적 반대
④ More/Less: 정량적인 증가 또는 감소

해설 유인어(Guide Words)
· NO 또는 NOT: 설계의도에 완전히 반하여 변수의 양이 없는 상태
· MORE 또는 LESS: 변수가 양적으로 증가 또는 감소되는 상태
· AS WELL AS: 설계의도 외의 다른 변수가 부가되는 상태(성질상의 증가)
· PART OF: 설계의도대로 완전히 이루어지지 않는 상태(성질상의 감소)
· REVERSE: 설계의도와 정반대로 나타나는 상태
· OTHER THAN: 설계의도대로 설치되지 않거나 운전 유지되지 않는 상태(완전한 대체)

관련개념 CHAPTER 02 위험성 파악 · 결정

036

신뢰성과 보전성 개선을 목적으로 한 효과적인 보전기록자료에 해당하는 것은?

① 자재관리표
② 주유지시서
③ 재고관리표
④ MTBF 분석표

해설 MTBF(Mean Time Between Failure) 분석표
· 평균고장간격의 분석값을 기록하는 것으로 시스템과 제품의 신뢰성과 보전성 개선을 목적으로 한 효과적인 보전기록자료이다.
· 시스템과 제품이 고장 없이 운영되는 가용도와 신뢰도를 측정하는 기준이 되며, 정확한 측정을 통해 제품과 시스템에 대한 평가와 품질 개선, 납품 시 테스트리프트, 제품설계 및 제품개발에 활용할 수 있다.

관련개념 CHAPTER 03 위험성 감소대책 수립 · 실행

037

보기의 실내면에서 빛의 반사율이 낮은 곳에서부터 높은 순서대로 나열한 것은?

┌─ 보기 ─┐
A: 바닥   B: 천장   C: 가구   D: 벽
└─────┘

① A<B<C<D
② A<C<B<D
③ A<C<D<B
④ A<D<C<B

해설 옥내 추천 반사율
· 천장: 80~90[%]
· 벽: 40~60[%]
· 가구: 25~45[%]
· 바닥: 20~40[%]

관련개념 CHAPTER 06 작업환경 관리

038

FTA(Fault Tree Analysis)에 사용되는 논리기호와 명칭이 올바르게 연결된 것은?

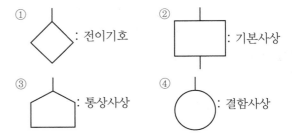

① : 전이기호
② : 기본사상
③ : 통상사상
④ : 결함사상

해설

기호	명칭	설명
(통상사상 기호)	통상사상	통상발생이 예상되는 사상

오답해설
①은 생략사상, ②는 결함사상, ④는 기본사상이다.

관련개념 CHAPTER 02 위험성 파악 · 결정

039

경계 및 경보신호의 설계지침으로 틀린 것은?

① 주의를 환기시키기 위하여 변조된 신호를 사용한다.
② 배경소음의 진동수와 다른 진동수의 신호를 사용한다.
③ 귀는 중음역에 민감하므로 500~3,000[Hz]의 진동수를 사용한다.
④ 300[m] 이상의 장거리용으로는 1,000[Hz]를 초과하는 진동수를 사용한다.

해설 경계 및 경보신호 선택 시 300[m] 이상 장거리용 신호에는 1,000[Hz] 이하의 진동수를 사용한다.

관련개념 CHAPTER 06 작업환경 관리

040

다음 시스템의 신뢰도는 얼마인가?(단, 각 요소의 신뢰도는 a, b가 각 0.8, c, d가 각 0.6이다.)

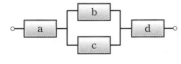

① 0.2245
② 0.3754
③ 0.4416
④ 0.5756

해설 신뢰도(R)=a×{1-(1-b)×(1-c)}×d
　　　　=0.8×{1-(1-0.8)×(1-0.6)}×0.6=0.4416

관련개념 CHAPTER 01 안전과 인간공학

기계 · 기구 및 설비 안전관리

041

다음 중 선반에서 절삭가공 시 발생하는 칩을 짧게 끊어지도록 공구에 설치되어 있는 방호장치의 일종인 칩 제거기구를 무엇이라 하는가?

① 칩 브레이커
② 칩 받이
③ 칩 쉴드
④ 칩 커터

해설 **선반의 안전장치**

• 칩 브레이커(Chip Breaker): 칩이 짧게 끊어지도록 하는 장치
• 덮개(Shield): 가공재료의 칩이나 절삭유 등이 비산되어 나오는 위험으로부터 작업자의 보호를 위해 이동이 가능한 장치
• 브레이크(Brake): 가공 작업 중 선반을 급정지시킬 수 있는 장치
• 척 커버(Chuck Cover)

관련개념 CHAPTER 03 공작기계의 안전

042

로봇의 작동범위 내에서 그 로봇에 관하여 교시 등(로봇의 동력원을 차단하고 행하는 것을 제외함)의 작업을 행할 때 작업시작 전 점검사항으로 옳은 것은?

① 과부하방지장치의 이상 유무
② 압력제한 스위치 등의 기능의 이상 유무
③ 외부 전선의 피복 또는 외장의 손상 유무
④ 권과방지장치의 이상 유무

해설 **산업용 로봇의 작업시작 전 점검사항**

• 외부 전선의 피복 또는 외장의 손상 유무
• 매니퓰레이터(Manipulator) 작동의 이상 유무
• 제동장치 및 비상정지장치의 기능

관련개념 CHAPTER 02 기계분야 산업재해 조사 및 관리

043

지게차 및 구내운반차의 작업시작 전 점검사항이 아닌 것은?

① 버킷, 디퍼 등의 이상 유무
② 제동장치 및 조종장치 기능의 이상 유무
③ 하역장치 및 유압장치 기능의 이상 유무
④ 전조등, 후미등, 경보장치 기능의 이상 유무

해설 **지게차 작업시작 전 점검사항**
• 제동장치 및 조종장치 기능의 이상 유무
• 하역장치 및 유압장치 기능의 이상 유무
• 바퀴의 이상 유무
• 전조등·후미등·방향지시기 및 경보장치 기능의 이상 유무
구내운반차 작업시작 전 점검사항
• 제동장치 및 조종장치 기능의 이상 유무
• 하역장치 및 유압장치 기능의 이상 유무
• 바퀴의 이상 유무
• 전조등·후미등·방향지시기 및 경음기 기능의 이상 유무
• 충전장치를 포함한 홀더 등의 결합상태의 이상 유무

관련개념 CHAPTER 02 기계분야 산업재해 조사 및 관리

044

다음 중 셰이퍼에서 근로자의 보호를 위한 방호장치가 아닌 것은?

① 방책
② 칩받이
③ 칸막이
④ 급속귀환장치

해설 급속귀환장치는 방호장치가 아니다.
셰이퍼의 안전장치
울타리(방책), 칩받이, 칸막이(방호울)

관련개념 CHAPTER 03 공작기계의 안전

045

방사선 투과검사에서 투과사진에 영향을 미치는 인자는 크게 콘트라스트(명암도)와 명료도로 나누어 검토할 수 있다. 다음 중 투과사진의 콘트라스트(명암도)에 영향을 미치는 인자에 속하지 않는 것은?

① 방사선의 성질
② 필름의 종류
③ 현상액의 강도
④ 초점 – 필름 간 거리

해설 **방사선 투과사진의 명암도에 영향을 미치는 인자**
• 필름의 종류
• 스크린의 종류
• 방사선의 성질
• 현상액의 강도

관련개념 CHAPTER 07 설비진단 및 검사

046

보기와 같은 기계요소가 단독으로 발생시키는 위험점은?

| 보기 |
| 밀링커터   둥근톱날 |

① 회전물림점
② 끼임점
③ 절단점
④ 물림점

해설 **절단점(Cutting Point)**
회전하는 운동부분 자체의 위험이나 운동하는 기계부분 자체의 위험에서 초래되는 위험점이다.
예 목공용 띠톱 부분, 밀링커터, 둥근톱날

관련개념 CHAPTER 01 기계공정의 안전, 기계안전시설 관리

047

화물중량이 200[kgf], 지게차의 중량이 400[kgf], 앞바퀴에서 화물의 무게중심까지의 최단거리가 1[m]일 때 지게차가 안정되기 위하여 앞바퀴에서 지게차의 무게중심까지 최단거리는 최소 몇 [m]이어야 하는가?

① 0.2[m]   ② 0.5[m]
③ 1[m]   ④ 2[m]

해설 지게차의 안정조건: $M_1 \leq M_2$
화물의 모멘트 $M_1 = W \times L_1$, 지게차의 모멘트 $M_2 = G \times L_2$이므로
$200 \times 1 \leq 400 \times L_2$, $L_2 \geq 0.5$[m]
여기서, W: 화물의 중량[kgf], G: 지게차 중량[kgf]
       L_1: 앞바퀴에서 화물 중심까지의 최단거리[m]
       L_2: 앞바퀴에서 지게차 중심까지의 최단거리[m]

관련개념 CHAPTER 06 운반기계 및 양중기

048

프레스 및 전단기의 위험한계 내에서 작업하는 작업자의 안전을 위하여 안전블록의 사용 등 필요한 조치를 취해야 한다. 다음 중 안전블록을 사용해야 하는 작업으로 가장 거리가 먼 것은?

① 금형 가공작업   ② 금형 해체작업
③ 금형 부착작업   ④ 금형 조정작업

해설 프레스 등의 금형을 부착·해체 또는 조정하는 작업을 할 때에 해당 작업에 종사하는 근로자의 신체가 위험한계 내에 있는 경우 슬라이드가 갑자기 작동함으로써 근로자에게 발생할 우려가 있는 위험을 방지하기 위하여 안전블록을 사용하는 등 필요한 조치를 하여야 한다.

관련개념 CHAPTER 04 프레스 및 전단기의 안전

049

「산업안전보건법령」상 프레스 작업시작 전 점검해야 할 사항에 해당하는 것은?

① 언로드밸브의 기능
② 하역장치 및 유압장치 기능
③ 권과방지장치 및 그 밖의 경보장치의 기능
④ 1행정 1정지기구 · 급정지장치 및 비상정지장치의 기능

해설 **프레스 작업시작 전 점검사항**
• 클러치 및 브레이크의 기능
• 크랭크축 · 플라이휠 · 슬라이드 · 연결봉 및 연결 나사의 풀림 유무
• 1행정 1정지기구 · 급정지장치 및 비상정지장치의 기능
• 슬라이드 또는 칼날에 의한 위험방지 기구의 기능
• 프레스의 금형 및 고정볼트 상태
• 방호장치의 기능
• 전단기의 칼날 및 테이블의 상태

오답해설
① 공기압축기를 가동할 때 작업시작 전 점검사항이다.
② 지게차, 구내운반차 및 화물자동차 작업시작 전 점검사항이다.
③ 이동식 크레인 작업시작 전 점검사항이다.

관련개념 CHAPTER 02 기계분야 산업재해 조사 및 관리

050

다음 중 방호장치의 기본목적과 가장 관계가 먼 것은?

① 작업자의 보호
② 기계기능의 향상
③ 인적 · 물적 손실의 방지
④ 기계위험 부위의 접촉방지

해설 기계기능의 향상은 방호장치의 목적과 관계가 없다.

관련개념 CHAPTER 01 기계공정의 안전, 기계안전시설 관리

051

아세틸렌 용접장치를 사용하여 금속의 용접·용단 또는 가열작업을 하는 경우 아세틸렌을 발생시키는 게이지압력은 최대 몇 [kPa] 이하이어야 하는가?

① 17
② 88
③ 127
④ 210

해설 아세틸렌 용접장치를 사용하여 금속의 용접·용단 또는 가열작업을 하는 경우에는 게이지압력이 127[kPa](1.3[kg/m²])을 초과하는 압력의 아세틸렌을 발생시켜 사용하여서는 아니 된다.

관련개념 CHAPTER 05 기타 산업용 기계·기구

052

아세틸렌 용접장치에 사용하는 역화방지기에서 요구되는 일반적인 구조로 옳지 않은 것은?

① 재사용 시 안전에 우려가 있으므로 역화방지 후 바로 폐기하도록 해야 한다.
② 다듬질 면이 매끈하고 사용상 지장이 있는 부식, 흠, 균열 등이 없어야 한다.
③ 가스의 흐름방향은 지워지지 않도록 돌출 또는 각인하여 표시하여야 한다.
④ 소염소자는 금망, 소결금속, 스틸울(Steel Wool), 다공성금속물 또는 이와 동등 이상의 소염성능을 갖는 것이어야 한다.

해설 아세틸렌 용접장치에서 역화방지기는 역화를 방지한 후 복원이 되어 계속 사용할 수 있는 구조이어야 한다.

관련개념 CHAPTER 05 기타 산업용 기계·기구

053

밀링작업 시 안전수칙에 관한 설명으로 옳지 않은 것은?

① 칩은 기계를 정지시킨 다음에 브러시 등으로 제거한다.
② 일감 또는 부속장치 등을 설치하거나 제거할 때는 반드시 기계를 정지시키고 작업한다.
③ 커터는 될 수 있는 한 칼럼에서 멀게 설치한다.
④ 강력절삭을 할 때는 일감을 바이스에 깊게 물린다.

해설 밀링작업 시 커터는 될 수 있는 한 칼럼에 가깝게 설치한다.

관련개념 CHAPTER 03 공작기계의 안전

054

초음파탐상법의 종류에 해당하지 않는 것은?

① 반사식
② 투과식
③ 공진식
④ 침투식

해설 초음파탐상법의 종류로는 투과법, 펄스반사법, 공진법 등이 있다.

관련개념 CHAPTER 07 설비진단 및 검사

055

다음 목재가공용 기계에서 사용되는 방호장치의 연결이 옳지 않은 것은?

① 둥근톱기계: 톱날접촉예방장치
② 띠톱기계: 날접촉예방장치
③ 모떼기기계: 날접촉예방장치
④ 동력식 수동대패기계: 반발예방장치

해설 **대패기계의 방호장치**
사업주는 작업대상물이 수동으로 공급되는 동력식 수동대패기계에 날접촉예방장치를 설치하여야 한다.

관련개념 CHAPTER 05 기타 산업용 기계·기구

056

보일러에서 폭발사고를 미연에 방지하기 위해 화염 상태를 검출할 수 있는 장치가 필요하다. 이 중 바이메탈을 이용하여 화염을 검출하는 것은?

① 프레임 아이
② 스택 스위치
③ 전자 개폐기
④ 프레임 로드

해설 **스택 스위치(Stack Switch)**
바이메탈의 기계적 변위를 이용하여 화염을 검출하는 장치로 바이메탈 화염검출기라고도 한다.

관련개념 CHAPTER 05 기타 산업용 기계·기구

057

급정지기구가 부착되어 있지 않아도 유효한 프레스의 방호장치로 옳지 않은 것은?

① 양수기동식   ② 가드식
③ 손쳐내기식   ④ 양수조작식

해설 양수조작식(Two-hand Control) 방호장치
기계의 조작을 양손으로 동시에 하지 않으면 기계가 가동하지 않으며 한 손이라도 떼어내면 기계가 급정지 또는 급상승하게 하는 장치를 말한다. 급정지기구가 있는 마찰프레스에 적합하다.

관련개념 CHAPTER 04 프레스 및 전단기의 안전

058

다음 중 휴대용 동력 드릴작업 시 안전사항에 관한 설명으로 틀린 것은?

① 드릴의 손잡이를 견고하게 잡고 작업하여 드릴손잡이 부위가 회전하지 않고 확실하게 제어 가능하도록 한다.
② 절삭하기 위하여 구멍에 드릴날을 넣거나 뺄 때 반발에 의하여 손잡이 부분이 튀거나 회전하여 위험을 초래하지 않도록 팔을 드릴과 직선으로 유지한다.
③ 드릴이나 리머를 고정시키거나 제거하고자 할 때 금속성 망치 등을 사용하여 확실히 고정 또는 제거한다.
④ 드릴을 구멍에 맞추거나 스핀들의 속도를 낮추기 위해서 드릴날을 손으로 잡아서는 안 된다.

해설 휴대용 동력 드릴작업 중 드릴이나 리머를 고정시키거나 제거 할 때 공구를 사용하고, 해머 등으로 두드려서는 안 된다.

관련개념 CHAPTER 03 공작기계의 안전

059

그림과 같이 50[kN]의 중량물을 와이어로프를 이용하여 상부에 60°의 각도가 되도록 들어올릴 때, 로프 하나에 걸리는 하중(T)은 약 몇 [kN]인가?

① 16.8   ② 24.5
③ 28.9   ④ 37.9

해설 와이어로프 하나에 걸리는 하중

$$T = \frac{\frac{w}{2}}{\cos\frac{\theta}{2}} = \frac{25}{\cos 30°} = 28.9[\text{kN}]$$

여기서, w: 물체의 무게
        θ: 와이어로프 상부의 각도

관련개념 CHAPTER 06 운반기계 및 양중기

060

인장강도가 350[MPa]인 강판의 안전율이 4라면 허용응력은 몇 [N/mm²]인가?

① 76.4   ② 87.5
③ 98.7   ④ 102.3

해설 허용응력 $= \dfrac{\text{극한(인장)강도}}{\text{안전계수(안전율)}}$

$$= \frac{350}{4} = 87.5[\text{MPa}] = 87.5[\text{N/mm}^2]$$

관련개념 CHAPTER 01 기계공정의 안전, 기계안전시설 관리

2018년 1회

전기설비 안전관리

061

저압전로의 절연성능 시험에서 전로의 사용전압이 380[V]인 경우 전로의 전선 상호 간 및 전로와 대지 사이의 절연저항은 최소 몇 [MΩ] 이상이어야 하는가?

① 1.5[MΩ]　　　　② 1.0[MΩ]
③ 0.5[MΩ]　　　　④ 0.1[MΩ]

해설 **절연저항 기준**

전로의 사용전압	DC 시험전압[V]	절연저항[MΩ]
SELV 및 PELV	250	0.5 이상
FELV, 500[V] 이하	500	1 이상
500[V] 초과	1,000	1 이상

※ 특별저압(Extra Low Voltage: 2차 전압이 AC 50[V], DC 120[V]
이하)으로 SELV(비접지회로 구성) 및 PELV(접지회로 구성)은 1차와
2차가 전기적으로 절연된 회로, FELV는 1차와 2차가 전기적으로 절
연되지 않은 회로

관련개념 CHAPTER 02 감전재해 및 방지대책

062

화재 · 폭발 위험분위기의 생성방지 방법으로 옳지 않은 것은?

① 폭발성 가스의 누설방지
② 가연성 가스의 방출방지
③ 폭발성 가스의 체류방지
④ 폭발성 가스의 옥내 체류

해설 **위험분위기 생성방지**
가연성 물질 누설 및 방출방지, 가연성 물질의 체류방지

관련개념 CHAPTER 04 전기방폭관리

063

인체저항이 5,000[Ω]이고, 전류가 3[mA] 흘렀다. 인체의
정전용량이 0.1[μF]라면 인체에 대전된 정전하는 몇 [μC]
인가?

① 0.5　　　　② 1.0
③ 1.5　　　　④ 2.0

해설 $Q=CV$, $V=IR$에서 $Q=CIR$
여기서, Q: 전하량[C]
　　　　C: 정전용량[F]
　　　　V: 전압[V]
　　　　I: 전류[A]
　　　　R: 저항[Ω]
$Q=(0.1\times10^{-6})\times(3\times10^{-3})\times5,000=1.5\times10^{-6}[C]=1.5[\mu C]$
※ $1[\mu F]=10^{-6}[F]$, $1[mA]=10^{-3}[A]$이다.

관련개념 CHAPTER 03 정전기 장 · 재해관리

064

우리나라에서 사용하고 있는 전압(교류와 직류)을 크기에
따라 구분한 것으로 알맞은 것은?

① 저압: 직류는 700[V] 이하
② 저압: 교류는 1[kV] 이하
③ 고압: 직류는 800[V]를 초과하고, 6[kV] 이하
④ 고압: 교류는 700[V]를 초과하고, 6[kV] 이하

해설 **전압의 구분**
· 저압: 교류는 1[kV] 이하, 직류는 1.5[kV] 이하인 것
· 고압: 교류는 1[kV]를, 직류는 1.5[kV]를 초과하고 7[kV] 이하인 것
· 특고압: 7[kV]를 초과하는 것

관련개념 CHAPTER 02 감전재해 및 방지대책

065

감전사고를 방지하기 위한 허용보폭전압에 대한 수식으로 맞는 것은?

E: 허용보폭전압	R_b: 인체의 저항
ρ_s: 지표상층 저항률	I_k: 심실세동전류

① $E=(R_b+3\rho_s)I_k$
② $E=(R_b+4\rho_s)I_k$
③ $E=(R_b+5\rho_s)I_k$
④ $E=(R_b+6\rho_s)I_k$

해설 **허용접촉전압과 허용보폭전압**

허용접촉전압	허용보폭전압
$E=\left(R_b+\dfrac{3\rho_s}{2}\right)\times I_k$	$E=(R_b+6\rho_s)\times I_k$

여기서, I_k: 통전전류$\left(\dfrac{0.165}{\sqrt{T}}\right)$[A], R_b: 인체저항[Ω], ρ_s: 지표상층 저항률[Ω·m]

관련개념 CHAPTER 02 감전재해 및 방지대책

066

내압방폭구조의 주요 시험항목이 아닌 것은?

① 폭발강도
② 인화시험
③ 절연시험
④ 기계적 강도시험

해설 **내압방폭구조의 주요 시험항목**
• 폭발압력(기준압력) 측정
• 폭발강도(정적 및 동적)시험
• 폭발인화시험
• 용기의 재료 및 기계적 강도시험

관련개념 CHAPTER 04 전기방폭관리

067

교류아크용접기의 접점방식(Magnet식)의 전격방지장치에서 지동시간과 용접기 2차 측 무부하 전압[V]을 바르게 표현한 것은?

① 0.06초 이내, 25[V] 이하
② 1초 이내, 25[V] 이하
③ 2±0.3초 이내, 50[V] 이하
④ 1.5±0.06초 이내, 50[V] 이하

해설 **지동시간**
용접봉을 모재로부터 분리시킨 후 주접점에 개로되어 용접기 2차 측의 무부하 전압(25[V] 이하)으로 될 때까지의 시간(접점(Magnet) 방식: 1±0.3초, 무접점(SCR, TRIC) 방식: 1초 이내)을 말한다.

관련개념 CHAPTER 02 감전재해 및 방지대책

068

사업장에서 많이 사용되고 있는 이동식 전기기계·기구의 안전대책으로 가장 거리가 먼 것은?

① 충전부 전체를 절연한다.
② 절연이 불량인 경우 접지저항을 측정한다.
③ 금속제 외함이 있는 경우 접지를 한다.
④ 습기가 많은 장소는 누전차단기를 설치한다.

해설 절연이 불량인 경우 절연저항을 측정하여 조치를 하여야 한다.

관련개념 CHAPTER 05 전기설비 위험요인관리

069

방폭전기기기의 온도등급에서 기호 T2의 의미로 맞는 것은?

① 최고표면온도의 허용치가 135[℃] 이하인 것
② 최고표면온도의 허용치가 200[℃] 이하인 것
③ 최고표면온도의 허용치가 300[℃] 이하인 것
④ 최고표면온도의 허용치가 450[℃] 이하인 것

해설 가스·증기 발화온도 및 전기기기의 온도등급과의 관계

폭발위험장소 구분에 따른 온도등급	가스·증기의 발화온도[℃]	전기기기의 최고표면온도[℃]
T1	450 초과	300 초과 450 이하
T2	300 초과 450 이하	200 초과 300 이하
T3	200 초과 300 이하	135 초과 200 이하
T4	135 초과 200 이하	100 초과 135 이하
T5	100 초과 135 이하	85 초과 100 이하
T6	85 초과 100 이하	85 이하

관련개념 CHAPTER 04 전기방폭관리

070

인체저항을 500[Ω]이라 한다면, 심실세동을 일으키는 위험한계에너지는 약 몇 [J]인가?(단, 심실세동전류값 $I=\dfrac{165}{\sqrt{T}}$ [mA]의 Dalziel의 식을 이용하며, 통전시간은 1초로 한다.)

① 11.5
② 13.6
③ 15.3
④ 16.2

해설 $W=I^2RT=\left(\dfrac{165}{\sqrt{T}}\times10^{-3}\right)^2\times500T$
$\qquad=(165^2\times10^{-6})\times500=13.6[J]$

여기서, W: 위험한계에너지[J]
$\qquad I$: 심실세동전류[A]
$\qquad R$: 인체저항[Ω]
$\qquad T$: 통전시간[s]

관련개념 CHAPTER 02 감전재해 및 방지대책

071

누전차단기의 시설방법 중 옳지 않은 것은?

① 시설장소는 배전반 또는 분전반 내에 설치한다.
② 정격전류용량은 해당 전로의 부하전류값 이상이어야 한다.
③ 정격감도전류는 정상의 사용상태에서 불필요하게 동작하지 않도록 한다.
④ 인체감전보호형은 0.05초 이내에 동작하는 고감도고속형이어야 한다.

해설 감전보호용 누전차단기
정격감도전류 30[mA] 이하, 동작시간 0.03초 이내

관련개념 CHAPTER 02 감전재해 및 방지대책

072

정전기에 대한 설명으로 가장 옳은 것은?

① 전하의 공간적 이동이 크고, 자계의 효과가 전계의 효과에 비해 매우 큰 전기
② 전하의 공간적 이동이 크고, 자계의 효과와 전계의 효과를 서로 비교할 수 없는 전기
③ 전하의 공간적 이동이 적고, 전계의 효과와 자계의 효과가 서로 비슷한 전기
④ 전하의 공간적 이동이 적고, 자계의 효과가 전계에 비해 무시할 정도의 작은 전기

해설 정전기의 정의
전하의 공간적 이동이 적고, 그 전류에 의한 자계의 효과가 정전기 자체가 보유하고 있는 전계의 효과에 비해 무시할 정도의 작은 전기이다.

관련개념 CHAPTER 03 정전기 장·재해관리

073

방폭전기기기의 등급에서 위험장소의 등급분류에 해당되지 않는 것은?

① 3종 장소 ② 2종 장소
③ 1종 장소 ④ 0종 장소

해설 가스폭발 위험장소
0종 장소, 1종 장소, 2종 장소

관련개념 CHAPTER 04 전기방폭관리

074

개폐조작 시 안전절차에 따른 차단 순서와 투입 순서로 가장 올바른 것은?

(1) D.S (2) O.C.B (3) D.S

① 차단 (2) → (1) → (3), 투입 (1) → (2) → (3)
② 차단 (2) → (3) → (1), 투입 (1) → (2) → (3)
③ 차단 (2) → (1) → (3), 투입 (3) → (2) → (1)
④ 차단 (2) → (3) → (1), 투입 (3) → (1) → (2)

해설 유입차단기의 작동(투입 및 차단)순서
• 차단순서: (2) → (3) → (1)
• 투입순서: (3) → (1) → (2)

관련개념 CHAPTER 01 전기안전관리

075

다음은 무슨 현상을 설명한 것인가?

> 전위차가 있는 2개의 대전체가 특정거리에 접근하게 되면 등전위가 되기 위하여 전하가 절연공간을 깨고 순간적으로 빛과 열을 발생하며 이동하는 현상

① 대전 ② 충전
③ 방전 ④ 열전

해설 정전기 방전현상에 대한 설명이다.
정전기 방전의 형태
코로나 방전, 스트리머 방전, 불꽃방전, 연면방전, 뇌상방전(낙뢰방전)

관련개념 CHAPTER 03 정전기 장·재해관리

076

다음 그림은 심장맥동주기를 나타낸 것이다. T파는 어떤 경우인가?

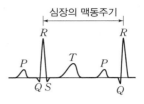

① 심방의 수축에 따른 파형
② 심실의 수축에 따른 파형
③ 심실의 휴식 시 발생하는 파형
④ 심방의 휴식 시 발생하는 파형

해설 T파
심실의 수축 종료 후 심실의 휴식 시 발생하는 파형으로 전격이 인가되면 심실세동을 일으키는 확률이 가장 크고 위험한 부분이다.

관련개념 CHAPTER 02 감전재해 및 방지대책

077

22.9[kV] 충전전로에 대해 필수적으로 작업자와 이격시켜야 하는 접근한계거리는?

① 45[cm] ② 60[cm]
③ 90[cm] ④ 110[cm]

해설 충전전로 접근한계거리 기준

충전전로의 선간전압[kV]	충전전로에 대한 접근한계거리[cm]
2 초과 15 이하	60
15 초과 37 이하	90
37 초과 88 이하	110

관련개념 CHAPTER 02 감전재해 및 방지대책

078

교류아크용접기의 자동전격장치는 전격의 위험을 방지하기 위하여 아크 발생이 중단된 후 약 1초 이내에 출력 측 무부하 전압을 자동적으로 몇 [V] 이하로 저하시켜야 하는가?

① 85   ② 70
③ 50   ④ 25

해설 **자동전격방지장치**
용접봉의 조작에 따라 용접을 할 때에만 용접기의 주회로를 폐로(ON)시키고, 용접을 행하지 않을 때에는 용접기 주회로를 개로(OFF)시켜 용접기 출력 측의 무부하 전압을 25[V] 이하로 저하시켜 작업자가 용접봉과 모재 사이에 접촉함으로써 발생하는 감전의 위험을 방지하는 장치이다.

관련개념 CHAPTER 02 감전재해 및 방지대책

079

우리나라의 안전전압으로 볼 수 있는 것은 약 몇 [V] 이하인가?

① 30[V]   ② 50[V]
③ 60[V]   ④ 70[V]

해설 **안전전압**
회로의 정격전압이 일정 수준 이하의 낮은 전압으로 절연파괴 등의 사고 시에도 인체에 위험을 주지 않는 전압을 말하며, 「산업안전보건법령」에서 30[V]로 규정하고 있다.

관련개념 CHAPTER 02 감전재해 및 방지대책

080

인체의 대부분이 수중에 있는 상태에서 허용접촉전압은 몇 [V] 이하인가?

① 2.5[V]   ② 25[V]
③ 30[V]   ④ 50[V]

해설 **허용접촉전압**

종별	접촉상태	허용접촉전압
제1종	인체의 대부분이 수중에 있는 상태	2.5[V] 이하
제2종	• 인체가 현저히 젖어 있는 상태 • 금속성의 전기기계·기구나 구조물에 인체의 일부가 상시 접촉되어 있는 상태	25[V] 이하

관련개념 CHAPTER 02 감전재해 및 방지대책

화학설비 안전관리

081

숯, 코크스, 목탄의 대표적인 연소 형태는?

① 혼합연소   ② 증발연소
③ 표면연소   ④ 비혼합연소

해설 **표면연소**
• 연소물 표면에서 산소와의 급격한 산화반응으로 빛과 열을 수반하는 연소반응이다.
• 가연성 가스 발생이나 열분해 없이 진행되는 연소 형태로 불꽃이 없는 것이 특징이다.(코크스, 목탄, 금속분 등)

관련개념 CHAPTER 01 화재·폭발 검토

082

다음 물질 중 물에 가장 잘 용해되는 것은?

① 아세톤   ② 벤젠
③ 톨루엔   ④ 휘발유

해설 **아세톤**
물에 잘 녹으며 유기용매로서 다른 유기물질과도 잘 섞이는 성질이 있어 일상생활에서 물로 지워지지 않는 유성페인트나 매니큐어 등을 지우는 데 많이 쓰인다.

관련개념 CHAPTER 02 화학물질 안전관리 실행

083

다음 중 최소발화에너지가 가장 작은 가연성 가스는?

① 수소   ② 메탄
③ 에탄   ④ 프로판

해설 보기 중 수소의 최소발화에너지가 0.019[mJ]로 가장 작다.
② 메탄: 0.28[mJ]
③ 에탄: 0.24~0.25[mJ]
④ 프로판: 0.26[mJ]

관련개념 CHAPTER 01 화재·폭발 검토

084

공기 중에서 폭발범위가 12.5~74[vol%]인 일산화탄소의 위험도는 얼마인가?

① 4.92
② 5.26
③ 6.26
④ 7.05

해설 위험도

$$H = \frac{U-L}{L} = \frac{74-12.5}{12.5} = 4.92$$

여기서, U : 폭발상한계, L : 폭발하한계

관련개념 CHAPTER 01 화재 · 폭발 검토

085

안전설계의 기초에 있어 기상폭발대책을 예방대책, 긴급대책, 방호대책으로 나눌 때, 다음 중 방호대책과 가장 관계가 깊은 것은?

① 경보
② 발화의 저지
③ 방폭벽과 안전거리
④ 가연조건의 성립저지

해설 방호대책은 폭발 시 피해를 최소화하기 위한 대책으로 보기 중 방폭벽 설치와 안전거리 유지가 방호대책에 해당한다.

관련개념 CHAPTER 01 화재 · 폭발 검토

086

위험물 또는 위험물이 발생하는 물질을 가열 · 건조하는 경우 내용적이 몇 세제곱미터 이상인 건조설비인 경우 건조실을 설치하는 건축물의 구조를 독립된 단층건물로 하여야 하는가?(단, 건조실을 건축물의 최상층에 설치하거나 건축물이 내화구조인 경우는 제외한다.)

① 1
② 10
③ 100
④ 1,000

해설 위험물 또는 위험물이 발생하는 물질을 가열 · 건조하는 경우 내용적이 1[m³] 이상인 건조설비 중 건조실을 설치하는 건축물의 구조는 독립된 단층건물로 하여야 한다. 다만, 해당 건조실을 건축물의 최상층에 설치하거나 건축물이 내화구조인 경우에는 그러하지 아니하다.

관련개념 CHAPTER 02 화학물질 안전관리 실행

087

특수화학설비를 설치할 때 내부의 이상 상태를 조기에 파악하기 위하여 필요한 계측장치로 가장 거리가 먼 것은?

① 압력계
② 유량계
③ 온도계
④ 비중계

해설 특수화학설비를 설치하는 경우에는 내부의 이상 상태를 조기에 파악하기 위하여 필요한 온도계 · 유량계 · 압력계 등의 계측장치를 설치하여야 한다.

관련개념 CHAPTER 02 화학물질 안전관리 실행

088

공정안전보고서 중 공정안전자료에 포함하여야 할 세부내용에 해당하는 것은?

① 비상조치계획에 따른 교육계획
② 안전운전지침서
③ 각종 건물 · 설비의 배치도
④ 도급업체 안전관리계획

해설 ①은 비상조치계획, ②, ④는 안전운전계획에 포함하여야 할 세부내용이다.

관련개념 CHAPTER 04 화공 안전운전 · 점검

089

화학설비 가운데 분체화학물질 분리장치에 해당하지 않는 것은?

① 건조기
② 분쇄기
③ 유동탑
④ 결정조

해설 분체화학물질 분리장치
결정조 · 유동탑 · 탈습기 · 건조기 등

관련개념 CHAPTER 02 화학물질 안전관리 실행

090

다음 중 노출기준(TWA)이 가장 낮은 물질은?

① 염소
② 암모니아
③ 에탄올
④ 메탄올

해설 주요 물질의 노출기준

물질명	화학식	노출기준(TWA)
염소(Chlorine)	Cl_2	0.5[ppm]
암모니아(Ammonia)	NH_3	25[ppm]
에탄올(Ethanol)	C_2H_5OH	1,000[ppm]
메탄올(Methanol)	CH_3OH	200[ppm]

※ TWA는 값이 작을수록 독성이 강하다.

관련개념 CHAPTER 02 화학물질 안전관리 실행

091

다음 중 물질에 대한 저장방법으로 잘못된 것은?

① 나트륨 – 유동 파라핀 속에 저장
② 니트로글리세린 – 강산화제 속에 저장
③ 적린 – 냉암소에 격리 저장
④ 칼륨 – 등유 속에 저장

해설 니트로글리세린은 폭발성 물질로 가열, 마찰, 충격을 피하고, 고온체 및 유기용제와의 접촉을 금한다.

관련개념 CHAPTER 02 화학물질 안전관리 실행

092

다음 중 자연발화가 가장 쉽게 일어나기 위한 조건에 해당하는 것은?

① 큰 열전도율
② 고온, 다습한 환경
③ 표면적이 작은 물질
④ 공기의 이동이 많은 장소

해설 자연발화의 조건
- 표면적이 넓을 것
- 발열량이 클 것
- 열전도율이 작을 것
- 주위 온도가 높을 것
- 적당한 수분을 포함할 것
- 열축적이 클 것

관련개념 CHAPTER 01 화재 · 폭발 검토

093

다음 중 물과 반응하였을 때 흡열반응을 나타내는 것은?

① 질산암모늄
② 탄화칼슘
③ 나트륨
④ 과산화칼륨

해설 질소, 질소산화물은 물과 반응하여 흡열반응이 나타나는 불연성 물질이다.

관련개념 CHAPTER 02 화학물질 안전관리 실행

094

위험물에 관한 설명으로 틀린 것은?

① 이황화탄소의 인화점은 0[℃]보다 낮다.
② 과염소산은 쉽게 연소되는 가연성 물질이다.
③ 황린은 물속에 저장한다.
④ 알킬알루미늄은 물과 격렬하게 반응한다.

해설 과염소산은 산화성 액체로 불연성 물질이다. 폭발성 물질은 가연물과 화합하여 연소 및 폭발이 가능하다.

관련개념 CHAPTER 02 화학물질 안전관리 실행

095

송풍기의 회전차 속도가 1,300[rpm]일 때 송풍량이 분당 300[m³]였다. 송풍량을 분당 400[m³]로 증가시키고자 한다면 송풍기의 회전차 속도는 약 몇 [rpm]으로 하여야 하는가?

① 1,533
② 1,733
③ 1,967
④ 2,167

해설 송풍량은 회전수와 비례한다.

$\dfrac{Q_2}{Q_1} = \dfrac{N_2}{N_1}$ 에서 $N_2 = \dfrac{Q_2}{Q_1} \times N_1 = \dfrac{400}{300} \times 1,300 = 1,733[\text{rpm}]$

여기서, Q: 송풍량

N: 회전수

관련개념 CHAPTER 04 화공 안전운전 · 점검

096

물과 반응하여 가연성 기체를 발생하는 것은?

① 피크린산
② 이황화탄소
③ 칼륨
④ 과산화칼륨

해설 칼륨(K)은 물과 반응하여 가연성 기체인 수소를 발생시킨다.

$2K + 2H_2O \rightarrow 2KOH + H_2\uparrow$

관련개념 CHAPTER 02 화학물질 안전관리 실행

097

디에틸에테르의 연소범위에 가장 가까운 값은?

① 2~10.4[%]
② 1.9~48[%]
③ 2.5~15[%]
④ 1.5~7.8[%]

해설 디에틸에테르의 연소범위는 1.9~48[%]이다.

관련개념 CHAPTER 01 화재 · 폭발 검토

098

프로판(C_3H_8)의 연소하한계가 2.2[vol%]일 때 연소를 위한 최소산소농도(MOC)는 몇 [vol%]인가?

① 5.0
② 7.0
③ 9.0
④ 11.0

해설 프로판의 완전연소반응식

$C_3H_8 + 5O_2 \rightarrow 3CO_2 + 4H_2O$

최소산소농도(C_m) = 연소하한[vol%] $\times \dfrac{\text{산소 mol수}}{\text{연소가스 mol수}}$

$= 2.2 \times \dfrac{5}{1} = 11[\text{vol}\%]$

관련개념 CHAPTER 01 화재 · 폭발 검토

099

연소이론에 대한 설명으로 틀린 것은?

① 착화온도가 작을수록 연소위험이 크다.
② 인화점이 낮은 물질은 반드시 착화점도 낮다.
③ 인화점이 낮을수록 일반적으로 연소위험이 크다.
④ 연소범위가 넓을수록 연소위험이 크다.

해설 인화점이 낮은 물질이 반드시 착화점도 낮은 것은 아니다.

관련개념 CHAPTER 01 화재 · 폭발 검토

100

다음 중 유기과산화물로 분류되는 것은?

① 메틸에틸케톤
② 과망간산칼륨
③ 과산화마그네슘
④ 과산화벤조일

해설

① 메틸에틸케톤: 인화성 액체

② 과망간산칼륨, ③ 과산화마그네슘: 산화성 고체

④ 과산화벤조일: 유기과산화물

관련개념 CHAPTER 02 화학물질 안전관리 실행

2018년 1회

건설공사 안전관리

101

터널 등의 건설작업을 하는 경우에 낙반 등에 의하여 근로자가 위험해질 우려가 있는 경우에 필요한 조치와 가장 거리가 먼 것은?

① 터널 지보공을 설치한다.
② 록볼트를 설치한다.
③ 환기, 조명시설을 설치한다.
④ 부석을 제거한다.

해설 터널 등의 건설작업을 하는 경우에 낙반 등에 의하여 근로자가 위험해질 우려가 있는 경우에 터널 지보공 및 록볼트의 설치, 부석의 제거 등 위험을 방지하기 위한 조치를 하여야 한다. 환기, 조명시설은 터널 내부 작업환경과 관련된다.

관련개념 CHAPTER 05 비계 · 거푸집 가시설 위험방지

102

이동식비계 조립 및 사용 시 준수사항으로 옳지 않은 것은?

① 비계의 최상부에서 작업을 하는 경우에는 안전난간을 설치할 것
② 승강용사다리는 견고하게 설치할 것
③ 작업발판은 항상 수평을 유지하고 작업발판 위에서 작업을 위한 거리가 부족할 경우 사다리를 사용할 것
④ 작업발판의 최대적재하중은 250[kg]을 초과하지 않도록 할 것

해설 이동식비계 작업발판은 항상 수평을 유지하고 작업발판 위에서 안전난간을 딛고 작업을 하거나 받침대 또는 사다리를 사용하여 작업하지 않도록 하여야 한다.

관련개념 CHAPTER 05 비계 · 거푸집 가시설 위험방지

103

거푸집 및 동바리를 조립하는 경우에 준수하여야 할 사항으로 옳지 않은 것은?

① 받침목이나 깔판의 사용, 콘크리트 타설, 말뚝박기 등 동바리의 침하를 방지하기 위한 조치를 할 것
② 개구부 상부에 동바리를 설치하는 경우에는 상부하중을 견딜 수 있는 견고한 받침대를 설치할 것
③ 거푸집이 곡면인 경우에는 버팀대의 부착 등 그 거푸집의 부상(浮上)을 방지하기 위한 조치를 할 것
④ 동바리의 이음은 다른 품질의 재료를 사용하여야 한다.

해설 동바리 조립 시 동바리의 이음은 같은 품질의 재료를 사용하여야 한다.

관련개념 CHAPTER 05 비계 · 거푸집 가시설 위험방지

104

터널공사에서 발파작업 시 안전대책으로 옳지 않은 것은?

① 발파 전 도화선 연결상태, 저항치 조사 등의 목적으로 도통시험 실시 및 발파기의 작동상태에 대한 사전점검 실시
② 모든 동력선은 발원점으로부터 최소한 15[m] 이상 후방으로 옮길 것
③ 지질, 암의 절리 등에 따라 화약량에 대한 검토 및 시방기준과 대비하여 안전조치 실시
④ 발파용 점화회선은 타동력선 및 조명회선과 한곳으로 통합하여 관리할 것

해설 ※ 「터널공사 표준안전 작업지침－NATM공법」이 개정됨에 따라 '발파작업 시 준수사항'이 삭제되었습니다.

관련개념 CHAPTER 02 건설공사 위험성

105

화물운반하역 작업 중 걸이 작업에 관한 설명으로 옳지 않은 것은?

① 와이어로프 등은 크레인의 후크 중심에 걸어야 한다.
② 인양 물체의 안정을 위하여 2줄 걸이 이상을 사용하여야 한다.
③ 매다는 각도는 60° 이상으로 하여야 한다.
④ 근로자를 매달린 물체 위에 탑승시키지 않아야 한다.

해설 걸이 작업 시 매다는 각도는 60° 이내로 하여야 한다.

관련개념 CHAPTER 06 공사 및 작업 종류별 안전

106

다음 보기의 (   ) 안에 알맞은 내용은?

> 동바리로 사용하는 파이프서포트의 높이가 (   )[m]를 초과하는 경우에는 높이 2[m] 이내마다 수평연결재를 2개 방향으로 만들고 수평연결재의 변위를 방지할 것

① 3   ② 3.5
③ 4   ④ 4.5

해설 동바리로 사용하는 파이프서포트의 높이가 3.5[m]를 초과하는 경우에는 높이 2[m] 이내마다 수평연결재를 2개 방향으로 만들고 수평연결재의 변위를 방지하여야 한다.

관련개념 CHAPTER 05 비계·거푸집 가시설 위험방지

107

건설업 산업안전보건관리비 중 안전시설비로 사용할 수 없는 것은?

① 안전통로
② 비계에 추가 설치하는 추락방지용 안전난간
③ 사다리 전도방지장치
④ 통로의 낙하물 방호선반

해설
※「건설업 산업안전보건관리비 계상 및 사용기준」이 개정됨에 따라 '안전관리비의 항목별 사용 불가내역'이 삭제되었습니다.

관련개념 CHAPTER 03 건설업 산업안전보건관리비 관리

108

작업 중이던 미장공이 상부에서 떨어지는 공구에 의해 상해를 입었다면 어느 부분에 대한 결함이 있었겠는가?

① 작업대 설치
② 작업방법
③ 낙하물 방지시설 설치
④ 비계설치

해설 떨어지는 공구에 의한 상해는 낙하 재해예방을 위한 낙하물 방지시설의 설치 불량이 원인이다.

관련개념 CHAPTER 04 건설현장 안전시설 관리

109

크레인을 사용하여 작업을 할 때 작업시작 전 점검사항이 아닌 것은?

① 주행로의 상측 및 트롤리(trolley)가 횡행하는 레일의 상태
② 권과방지장치의 기능
③ 브레이크·클러치 및 운전장치의 기능
④ 작업장소의 지반상태

해설 '작업장소의 지반상태'는 이동식 크레인 작업시작 전 점검사항이다.
크레인 작업시작 전 점검사항
• 권과방지장치·브레이크·클러치 및 운전장치의 기능
• 주행로의 상측 및 트롤리가 횡행하는 레일의 상태
• 와이어로프가 통하고 있는 곳의 상태

관련개념 CHAPTER 06 공사 및 작업 종류별 안전

110

달비계의 최대적재하중을 정함에 있어서 활용하는 안전계수의 기준으로 옳은 것은?(단, 곤돌라의 달비계를 제외한다.)

① 달기 와이어로프: 5 이상
② 달기 강선: 5 이상
③ 달기 체인: 3 이상
④ 달기 훅: 5 이상

해설 달비계의 최대적재하중을 정하는 경우 안전계수

구분		안전계수
달기 와이어로프 및 달기 강선		10 이상
달기 체인 및 달기 훅		5 이상
달기 강대와 달비계의 하부 및 상부지점	강재	2.5 이상
	목재	5 이상

※ 「산업안전보건기준에 관한 규칙」이 개정됨에 따라 '달비계의 최대적재하중을 정하는 경우 안전계수'가 삭제되었습니다.

관련개념 CHAPTER 04 건설현장 안전시설 관리

111

터널붕괴를 방지하기 위한 지보공에 대한 점검사항과 가장 거리가 먼 것은?

① 부재의 긴압 정도
② 부재의 손상·변형·부식·변위 탈락의 유무 및 상태
③ 기둥침하의 유무 및 상태
④ 경보장치의 작동상태

해설 터널 지보공 수시 점검 및 보강·보수사항
• 부재의 손상·변형·부식·변위 탈락의 유무 및 상태
• 부재의 긴압 정도
• 부재의 접속부 및 교차부의 상태
• 기둥침하의 유무 및 상태

관련개념 CHAPTER 05 비계·거푸집 가시설 위험방지

112

강관을 사용하여 비계를 구성하는 경우 준수해야 할 사항으로 옳지 않은 것은?

① 비계기둥의 간격은 띠장 방향에서는 1.85[m] 이하, 장선(長線) 방향에서는 1.5[m] 이하로 할 것
② 띠장 간격은 2.0[m] 이하로 할 것
③ 비계기둥의 제일 윗부분으로부터 31[m] 되는 지점 밑부분의 비계기둥은 3개의 강관으로 묶어 세울 것
④ 비계기둥 간의 적재하중은 400[kg]을 초과하지 않도록 할 것

해설 강관을 사용하여 비계를 구성하는 경우 비계기둥의 제일 윗부분으로부터 31[m] 되는 지점 밑부분의 비계기둥은 2개의 강관으로 묶어 세워야 한다.

관련개념 CHAPTER 05 비계·거푸집 가시설 위험방지

113

미리 작업장소의 지형 및 지반상태 등에 적합한 제한속도를 정하지 않아도 되는 차량계 건설기계의 속도 기준은?

① 최대 제한속도가 10[km/h] 이하
② 최대 제한속도가 20[km/h] 이하
③ 최대 제한속도가 30[km/h] 이하
④ 최대 제한속도가 40[km/h] 이하

해설 차량계 하역운반기계, 차량계 건설기계(최대제한속도가 10[km/h] 이하인 것 제외)를 사용하여 작업을 하는 경우 미리 작업장소의 지형 및 지반상태 등에 적합한 제한속도를 정하고, 운전자로 하여금 이를 준수하도록 하여야 한다.

관련개념 CHAPTER 04 건설현장 안전시설 관리

114

항타기 또는 항발기의 권상용 와이어로프의 사용금지 기준에 해당하지 않는 것은?

① 이음매가 없는 것
② 지름의 감소가 공칭지름의 7[%]를 초과하는 것
③ 꼬인 것
④ 열과 전기충격에 의해 손상된 것

■해설■ **권상용 와이어로프의 사용금지 사항**
· 이음매가 있는 것
· 와이어로프의 한 꼬임(Strand)에서 끊어진 소선의 수가 10[%] 이상인 것
· 지름의 감소가 공칭지름의 7[%]를 초과하는 것
· 꼬인 것
· 심하게 변형되거나 부식된 것
· 열과 전기충격에 손상된 것

■관련개념■ CHAPTER 04 건설현장 안전시설 관리

115

건립 중 강풍에 의한 풍압 등 외압에 대한 내력이 설계에 고려되었는지 확인하여야 하는 철골구조물이 아닌 것은?

① 단면이 일정한 구조물
② 기둥이 타이플레이트형인 구조물
③ 이음부가 현장용접인 구조물
④ 구조물의 폭과 높이의 비가 1 : 4 이상인 구조물

■해설■ **외압에 대한 내력이 설계에 고려되었는지 확인해야 할 구조물**
· 높이 20[m] 이상의 구조물
· 구조물의 폭과 높이의 비가 1 : 4 이상인 구조물
· 단면구조에 현저한 차이가 있는 구조물
· 연면적당 철골량이 50[kg/m²] 이하인 구조물
· 기둥이 타이플레이트(Tie Plate)형인 구조물
· 이음부가 현장용접인 구조물

■관련개념■ CHAPTER 06 공사 및 작업 종류별 안전

116

선박에서 하역작업 시 근로자들이 안전하게 오르내릴 수 있는 현문 사다리 및 안전망을 설치하여야 하는 것은 선박이 최소 몇 톤급 이상일 경우인가?

① 500톤급
② 300톤급
③ 200톤급
④ 100톤급

■해설■ 항만하역작업 시 300톤급 이상의 선박에서 하역작업을 하는 경우에 근로자들이 안전하게 오르내릴 수 있는 현문 사다리를 설치하여야 하며, 이 사다리 밑에 안전망을 설치하여야 한다.

■관련개념■ CHAPTER 06 공사 및 작업 종류별 안전

117

흙막이 지보공을 조립하는 경우 미리 조립도를 작성하여야 하는데 이 조립도에 명시되어야 할 사항과 가장 거리가 먼 것은?

① 부재의 배치
② 부재의 치수
③ 부재의 긴압정도
④ 설치방법과 순서

■해설■ 흙막이 지보공의 조립도에는 흙막이판·말뚝·버팀대 및 띠장 등 부재의 배치·치수·재질 및 설치방법과 순서가 명시되어야 한다.

■관련개념■ CHAPTER 05 비계·거푸집 가시설 위험방지

118

타워크레인을 와이어로프로 지지하는 경우에 준수해야 할 사항으로 옳지 않은 것은?

① 와이어로프를 고정하기 위한 전용 지지프레임을 사용할 것

② 와이어로프 설치각도는 수평면에서 60° 이상으로 하되, 지지점은 4개소 미만으로 할 것

③ 와이어로프와 그 고정부위는 충분한 강도와 장력을 갖도록 설치할 것

④ 와이어로프가 가공전선에 근접하지 않도록 할 것

해설 타워크레인을 와이어로프로 지지하는 경우 준수사항
- 와이어로프를 고정하기 위한 전용 지지프레임을 사용할 것
- 와이어로프 설치각도는 수평면에서 60° 이내로 하되, 지지점은 4개소 이상으로 하고, 같은 각도로 설치할 것
- 와이어로프와 그 고정부위는 충분한 강도와 장력을 갖도록 설치하고, 와이어로프를 클립·샤클 등의 고정기구를 사용하여 견고하게 고정시켜 풀리지 않도록 하며, 사용 중에는 충분한 강도와 장력을 유지하도록 할 것
- 와이어로프가 가공전선에 근접하지 않도록 할 것

관련개념 CHAPTER 06 공사 및 작업 종류별 안전

119

사업의 종류가 건설업이고, 공사금액이 850억 원일 경우 「산업안전보건법령」에 따른 안전관리자를 최소 몇 명 이상 두어야 하는가?(단, 전체 공사기간을 100으로 할 때 공사 전·후 15에 해당하는 경우는 고려하지 않는다.)

① 1명 이상
② 2명 이상
③ 3명 이상
④ 4명 이상

해설 공사금액 800억 원 이상 1,500억 원 미만인 건설공사의 경우 안전관리자는 2명 이상 배치하여야 한다. 다만, 전체 공사기간 중 전·후 15에 해당하는 기간 동안은 1명 이상으로 한다.

관련개념 CHAPTER 04 건설현장 안전시설 관리

120

유해·위험 방지를 위한 방호조치를 하지 아니하고는 양도, 대여, 설치 또는 사용에 제공하거나, 양도·대여를 목적으로 진열해서는 아니 되는 기계·기구에 해당하지 않는 것은?

① 지게차
② 공기압축기
③ 원심기
④ 덤프트럭

해설 유해·위험 방지를 위하여 방호조치가 필요한 기계·기구
예초기, 원심기, 공기압축기, 금속절단기, 지게차, 포장기계(진공포장기, 래핑기로 한정)

관련개념 SUBJECT 03 기계·기구 및 설비 안전관리
CHAPTER 01 기계공정의 안전, 기계안전시설 관리

산업재해 예방 및 안전보건교육

001

재해발생의 직접원인 중 불안전한 상태가 아닌 것은?

① 불안전한 인양
② 부적절한 보호구
③ 결함 있는 기계설비
④ 불안전한 방호장치

해설 불안전한 인양은 불안전한 행동에 포함된다.
산업재해 발생모델
• 불안전한 행동: 작업자의 부주의, 실수, 착오, 안전조치 미이행 등
• 불안전한 상태: 기계·설비 결함, 방호장치 결함, 작업환경 결함 등

관련개념 CHAPTER 01 산업재해예방 계획 수립

002

Off JT(Off the Job Training)의 특징으로 옳은 것은?

① 훈련에만 전념할 수 있다.
② 상호신뢰 및 이해도가 높아진다.
③ 개개인에게 적절한 지도훈련이 가능하다.
④ 직장의 실정에 맞게 실제적 훈련이 가능하다.

해설 ②, ③, ④는 OJT의 장점이다.
Off JT(직장 외 교육훈련)
계층별 직능별로 공통된 교육대상자를 현장 이외의 한 장소에 모아 집합교육을 실시하는 교육형태로 집단교육에 적합하다.
• 다수의 근로자에게 조직적 훈련을 행하는 것이 가능하다.
• 훈련에만 전념할 수 있다.
• 외부의 전문가를 강사로 초청하는 것이 가능하다.
• 특별교재·교구 및 설비를 사용하는 것이 가능하다.

관련개념 CHAPTER 05 안전보건교육의 내용 및 방법

003

6~12명의 구성원으로 타인의 비판 없이 자유로운 토론을 통하여 다량의 독창적인 아이디어를 이끌어내고, 대안적 해결안을 찾기 위한 집단적 사고기법은?

① Role Playing
② Brain Storming
③ Action Playing
④ Fish Bowl Playing

해설 브레인스토밍(Brain Storming)
6~12명의 구성원이 타인의 비판 없이 자유로운 토론을 통하여 다량의 독창적인 아이디어를 이끌어내고, 대안적 해결안을 찾기 위한 집단적 사고기법이다.

관련개념 CHAPTER 01 산업재해예방 계획 수립

004

인간관계의 메커니즘 중 다른 사람의 행동양식이나 태도를 투입시키거나 다른 사람 가운데서 자기와 비슷한 것을 발견하는 것은?

① 동일화
② 일체화
③ 투사
④ 공감

해설 동일화(Identification)
다른 사람의 행동양식이나 태도를 투입시키거나 다른 사람 가운데서 자기와 비슷한 점을 발견하는 것이다.

관련개념 CHAPTER 04 인간의 행동과학

005

「산업안전보건법령」상 안전보건표지의 종류 중 다음 안전보건표지의 명칭은?

① 화물적재금지   ② 차량통행금지
③ 물체이동금지   ④ 화물출입금지

해설 금지표지

| 출입금지 | 보행금지 | 차량통행금지 | 사용금지 | 탑승금지 |

| 금연 | 화기금지 | 물체이동금지 |

관련개념 CHAPTER 02 안전보호구 관리

006

안전점검의 종류 중 태풍, 폭우 등에 의한 침수, 지진 등의 천재지변이 발생한 경우나 이상상태 발생 시 관리자나 감독자가 기계·기구, 설비 등의 기능상 이상 유무에 대하여 점검하는 것은?

① 일상점검   ② 정기점검
③ 특별점검   ④ 수시점검

해설 안전점검의 종류

종류	내용
일상점검(수시점검)	작업 전·중·후 수시로 실시하는 점검
정기점검	정해진 기간에 정기적으로 실시하는 점검
특별점검	기계·기구의 신설 및 변경 시 고장, 수리 등에 의해 부정기적으로 실시하는 점검, 안전강조기간에 실시하는 점검 등
임시점검	이상 발견 시 또는 재해발생 시 임시로 실시하는 점검

관련개념 SUBJECT 03 기계·기구 및 설비 안전관리
            CHAPTER 02 기계분야 산업재해 조사 및 관리

007

「산업안전보건법령」상 근로자에 대한 일반건강진단의 실시시기 기준으로 옳은 것은?

① 사무직에 종사하는 근로자: 1년에 1회 이상
② 사무직에 종사하는 근로자: 2년에 1회 이상
③ 사무직 외의 업무에 종사하는 근로자: 6월에 1회 이상
④ 사무직 외의 업무에 종사하는 근로자: 2년에 1회 이상

해설 일반건강진단의 주기
• 사무직에 종사하는 근로자: 2년에 1회 이상
• 그 밖의 근로자: 1년에 1회 이상

관련개념 CHAPTER 01 산업재해예방 계획 수립

008

재해통계에 있어 강도율이 2.0인 경우에 대한 설명으로 옳은 것은?

① 한 건의 재해로 인해 전체 작업비용의 2.0[%]에 해당하는 손실이 발생하였다.
② 근로자 1,000명당 2.0건의 재해가 발생하였다.
③ 근로시간 1,000시간당 2.0건의 재해가 발생하였다.
④ 근로시간 1,000시간당 2.0일의 근로손실이 발생하였다.

해설 강도율은 근로시간 1,000시간당 요양재해로 인해 발생하는 근로손실일수이다. 강도율 2.0은 근로시간 1,000시간당 발생한 근로손실일수가 2일이라는 의미이다.

관련개념 SUBJECT 03 기계·기구 및 설비 안전관리
            CHAPTER 02 기계분야 산업재해 조사 및 관리

009

AE형 안전모에 있어 내전압성이란 최대 몇 [V] 이하의 전압에 견디는 것을 말하는가?

① 750 ② 1,000
③ 3,000 ④ 7,000

해설 AE형 안전모
• 물체의 낙하 또는 비래에 의한 위험을 방지 또는 경감하고, 머리부위 감전에 의한 위험을 방지하기 위한 것이다.
• 내전압성이란 7,000[V] 이하의 전압에 견디는 것을 말한다.

관련개념 CHAPTER 02 안전보호구 관리

010

「산업안전보건법령」상 교육대상별 교육내용 중 관리감독자의 정기안전보건교육 내용이 아닌 것은?(단, 「산업안전보건법」 및 일반관리에 관한 사항은 제외한다.)

① 건강증진 및 질병 예방에 관한 사항
② 산업보건 및 직업병 예방에 관한 사항
③ 유해 · 위험 작업환경 관리에 관한 사항
④ 표준안전 작업방법 결정 및 지도 · 감독요령에 관한 사항

해설 건강증진 및 질병 예방에 관한 사항은 근로자의 정기안전보건교육의 내용이다.

관련개념 CHAPTER 05 안전보건교육의 내용 및 방법

011

Line－Staff형 안전보건관리조직에 관한 특징이 아닌 것은?

① 조직원 전원을 자율적으로 안전활동에 참여시킬 수 있다.
② 스탭이 월권행위할 경우가 있으며 라인스탭에 의존 또는 활용치 않는 경우가 있다.
③ 생산부문은 안전에 대한 책임과 권한이 없다.
④ 명령계통과 조언의 권고적 참여가 혼동되기 쉽다.

해설 생산부문에 안전에 대한 책임과 권한이 없는 것은 스태프(STAFF)형 조직(참모형 조직)의 특징이다.

관련개념 CHAPTER 01 산업재해예방 계획 수립

012

매슬로우(Maslow)의 욕구위계이론 중 제2단계 욕구에 해당하는 것은?

① 자아실현의 욕구 ② 안전에 대한 욕구
③ 사회적 욕구 ④ 생리적 욕구

해설 매슬로우(Maslow)의 욕구위계이론
㉠ 제1단계: 생리적 욕구
㉡ 제2단계: 안전의 욕구
㉢ 제3단계: 사회적 욕구(친화 욕구)
㉣ 제4단계: 자기존경의 욕구(안정의 욕구 또는 자기존중의 욕구)
㉤ 제5단계: 자아실현의 욕구(성취욕구)

관련개념 CHAPTER 04 인간의 행동과학

013

대뇌의 Human Error로 인한 착오요인이 아닌 것은?

① 인지과정 착오 ② 조치과정 착오
③ 판단과정 착오 ④ 행동과정 착오

해설 착오의 원인
인지과정 착오, 판단과정 착오, 조치과정 착오

관련개념 CHAPTER 03 산업안전심리

014

유기화합물용 방독마스크 시험가스의 종류가 아닌 것은?

① 염소가스 또는 증기　　② 시클로헥산
③ 디메틸에테르　　　　　④ 이소부탄

해설 **방독마스크의 종류 및 시험가스**

종류	시험가스	정화통 흡수제 (정화제)
유기화합물용	시클로헥산(C_6H_{12})	활성탄
	디메틸에테르(CH_3OCH_3)	
	이소부탄(C_4H_{10})	
할로겐용	염소가스 또는 증기(Cl_2)	소다라임, 활성탄

관련개념 CHAPTER 02 안전보호구 관리

015

주의의 수준이 'Phase 0'인 상태에서의 의식상태로 옳은 것은?

① 무의식 상태　　　　　② 의식의 이완 상태
③ 명료한 상태　　　　　④ 과긴장 상태

해설 **인간의 의식 Level의 단계별 신뢰성**

단계	의식의 상태	신뢰성
Phase 0	무의식, 실신	0
Phase I	의식의 둔화	0.9 이하
Phase II	이완 상태	0.99~0.99999
Phase III	명료한 상태	0.99999 이상
Phase IV	과긴장 상태	0.9 이하

관련개념 CHAPTER 04 인간의 행동과학

016

교육심리학의 기본이론 중 학습지도의 원리가 아닌 것은?

① 직관의 원리　　　　　② 개별화의 원리
③ 계속성의 원리　　　　④ 사회화의 원리

해설 계속성의 원리는 학습지도의 원리가 아닌 파블로프의 조건반사설에 해당한다.
학습지도 이론
개별화의 원리, 통합의 원리, 사회화의 원리, 자발성의 원리, 직관의 원리

관련개념 CHAPTER 05 안전보건교육의 내용 및 방법

017

생체리듬의 변화에 대한 설명으로 틀린 것은?

① 야간에는 체중이 감소한다.
② 야간에는 말초운동 기능이 저하된다.
③ 체온, 혈압, 맥박수는 주간에 상승하고 야간에 감소한다.
④ 혈액의 수분과 염분량은 주간에 증가하고 야간에 감소한다.

해설 **생체리듬(바이오리듬)의 변화**
· 야간에는 체중이 감소한다.
· 야간에는 말초운동 기능이 저하되고, 피로의 자각증상이 증대한다.
· 혈액의 수분과 염분량은 주간에 감소하고 야간에 증가한다.
· 체온, 혈압, 맥박은 주간에 상승하고 야간에 감소한다.

관련개념 CHAPTER 04 인간의 행동과학

018

재해의 발생형태 중 다음 그림이 나타내는 것은?

① 단순연쇄형　　　　　② 복합연쇄형
③ 단순자극형　　　　　④ 복합형

해설 **단순자극형(집중형)**
상호자극에 의하여 순간적으로 재해가 발생하는 유형으로 재해가 일어난 장소나 그 시점에 일시적으로 요인이 집중된다.

관련개념 SUBJECT 03 기계 · 기구 및 설비 안전관리
　　　　　　CHAPTER 02 기계분야 산업재해 조사 및 관리

019

안전보건교육계획에 포함하여야 할 사항이 아닌 것은?

① 교육의 종류 및 대상   ② 교육의 과목 및 내용

③ 교육장소 및 방법   ④ 교육지도안

> **해설** **안전교육계획 수립 시 포함되어야 할 사항**
> • 교육대상(가장 먼저 고려)
> • 교육의 종류
> • 교육과목 및 교육내용
> • 교육기간 및 시간
> • 교육장소
> • 교육방법
> • 교육담당자 및 강사
> • 교육목표 및 목적

> **관련개념** CHAPTER 05 안전보건교육의 내용 및 방법

020

어떤 사업장의 상시근로자 1,000명이 작업 중 2명 사망자와 의사진단에 의한 휴업일수 90일 손실을 가져온 경우의 강도율은?(단, 1일 8시간, 연 300일 근무기준이다)

① 7.32   ② 6.28

③ 8.12   ④ 5.92

> **해설** **강도율(S.R; Severity Rate of Injury)**
>
> $$강도율 = \frac{총\ 요양근로손실일수}{연근로시간\ 수} \times 1,000$$
>
> $$= \frac{7,500 \times 2 + 90 \times \frac{300}{365}}{1,000 \times (8 \times 300)} \times 1,000 = 6.28$$
>
> ※ 휴업일수가 제시된 경우, 휴업일수에 $\frac{300}{365}$ 을 곱한 값을 근로손실일수로 계산한다.
>
> ※ 사망, 장해등급 1~3등급일 때 요양근로손실일수는 7,500일이다.
>
> **영구 일부노동 불능(장해등급 4~14등급)**
>
> | 등급 | 4 | 5 | 6 | 7 | 8 | 9 | 10 | 11 | 12 | 13 | 14 |
> |---|---|---|---|---|---|---|---|---|---|---|---|
> | 일수 | 5,500 | 4,000 | 3,000 | 2,200 | 1,500 | 1,000 | 600 | 400 | 200 | 100 | 50 |

> **관련개념** SUBJECT 03 기계·기구 및 설비 안전관리
> CHAPTER 02 기계분야 산업재해 조사 및 관리

인간공학 및 위험성평가·관리

021

다음의 FT도에서 사상 A의 발생확률값은?

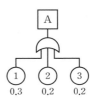

① 게이트 기호가 OR이므로 0.012

② 게이트 기호가 AND이므로 0.012

③ 게이트 기호가 OR이므로 0.552

④ 게이트 기호가 AND이므로 0.552

> **해설** ①, ②, ③이 OR 게이트로 연결되어 있으므로
> $T = 1 - (1 - 0.3) \times (1 - 0.2) \times (1 - 0.2) = 0.552$

> **관련개념** CHAPTER 02 위험성 파악·결정

022

사업장에서 인간공학의 적용분야로 가장 거리가 먼 것은?

① 제품설계

② 설비의 고장률

③ 재해·질병 예방

④ 장비·공구·설비의 배치

> **해설** **사업장에서의 인간공학 적용분야**
> • 작업관련성 유해·위험 작업 분석(작업환경개선)
> • 제품설계에 있어 인간에 대한 안전성 평가(장비, 공구 설계)
> • 작업공간의 설계
> • 인간-기계 인터페이스 디자인
> • 재해 및 질병 예방

> **관련개념** CHAPTER 01 안전과 인간공학

023

결함수분석법(FTA)의 특징으로 볼 수 없는 것은?

① Top Down 형식
② 특정사상에 대한 해석
③ 정성적 해석의 불가능
④ 논리기호를 사용한 해석

해설 결함수분석법(FTA)
시스템의 고장을 논리게이트로 찾아가는 연역적, 정성적, 정량적 분석기법이다.

관련개념 CHAPTER 02 위험성 파악·결정

024

인간실수확률에 대한 추정기법으로 가장 적절하지 않은 것은?

① CIT(Critical Incident Technique): 위급사건기법
② FMEA(Failure Mode and Effect Analysis): 고장형태 영향분석법
③ TCRAM(Task Criticality Rating Analysis Method): 직무위급도 분석법
④ THERP(Technique for Human Error Rate Prediction): 인간 실수율 예측기법

해설 고장형태와 영향분석법(FMEA)은 시스템에 영향을 미치는 요소가 물체로 한정되어 있기 때문에 인적 원인을 분석하는 데는 곤란하다.

관련개념 CHAPTER 02 위험성 파악·결정

025

입력 B_1과 B_2의 어느 한쪽이 일어나면 출력 A가 생기는 경우를 논리합의 관계라 한다. 이때 입력과 출력 사이에는 무슨 게이트로 연결되는가?

① OR 게이트
② 억제 게이트
③ AND 게이트
④ 부정 게이트

해설 OR 게이트(논리합)
입력사상 중 어느 하나가 존재할 때 출력사상이 발생하는 게이트이다.

관련개념 CHAPTER 02 위험성 파악·결정

026

음성통신에 있어 소음환경과 관련하여 성격이 다른 지수는?

① AI(Articulation Index): 명료도 지수
② MAMA(Minimum Audible Movement Angle): 최소 가청각도
③ PSIL(Preferred-Octave Speech Interference Level): 음성간섭수준
④ PNC(Preferred Noise Criteria Curves): 선호 소음판단 기준곡선

해설 MAMA(Minimum Audible Movement Angle)는 동적 음향 이벤트를 측정하는 데 사용되는 인덱스로, 소음환경보다는 소리의 방위각과 관련이 있다.
AI, PSIL, PNC는 음성, 소음 등을 평가하고 추정하는 척도이다.

관련개념 CHAPTER 06 작업환경 관리

027

음향기기 부품 생산공장에서 안전업무를 담당하는 ○○○ 대리는 공장 내부에 경보등을 설치하는 과정에서 도움이 될 만한 몇 가지 지식을 적용하고자 한다. 적용 지식 중 맞는 것은?

① 신호 대 배경의 휘도대비가 작을 때는 백색신호가 효과적이다.
② 광원의 노출시간이 1초보다 작으면 광속발산도는 작아야 한다.
③ 표적의 크기가 커짐에 따라 광도의 역치가 안정되는 노출시간은 증가한다.
④ 배경광 중 점멸 잡음광의 비율이 10[%] 이상이면 점멸등은 사용하지 않는 것이 좋다.

해설 배경광 중 점멸 잡음광의 비율이 10[%] 이상이면 상점등을 신호로 사용하는 것이 더 효과적이다.
오답해설
① 신호 대 배경의 휘도대비가 작을 때는 작업자가 백색신호를 경보신호로 인지하기 어렵다.
② 광원의 노출시간이 짧아질수록 광속발산도는 커져야 신호를 인지할 수 있다.
③ 표적의 크기가 커짐에 따라 광도의 역치가 안정되는 노출시간은 감소한다.

관련개념 CHAPTER 06 작업환경 관리

028

인간이 기계와 비교하여 정보처리 및 결정의 측면에서 상대적으로 우수한 것은?(단, 인공지능은 제외한다.)

① 연역적 추리
② 정량적 정보처리
③ 관찰을 통한 일반화
④ 정보의 신속한 보관

해설 관찰을 통해 일반화하고 귀납적(Inductive)으로 추리하는 것은 인간이 현존하는 기계를 능가하는 기능이다.

관련개념 CHAPTER 01 안전과 인간공학

029

A회사에서는 새로운 기계를 설계하면서 레버를 위로 올리면 압력이 올라가도록 하고, 오른쪽 스위치를 눌렀을 때 오른쪽 전등이 켜지도록 하였다면, 이것은 각각 어떤 유형의 양립성을 고려한 것인가?

① 레버 – 공간양립성, 스위치 – 개념양립성
② 레버 – 운동양립성, 스위치 – 개념양립성
③ 레버 – 개념양립성, 스위치 – 운동양립성
④ 레버 – 운동양립성, 스위치 – 공간양립성

해설 레버 운동 방향에 따라 압력에 변화가 발생되었으므로 레버는 운동적 양립성을 고려하였다고 볼 수 있으며, 스위치 위치에 따라 전등이 작동되었으므로 스위치는 공간적 양립성을 고려하였다고 볼 수 있다.

공간적 양립성
어떤 사물들, 특히 표시장치는 조정장치의 물리적 형태나 공간적인 배치의 양립성을 말한다.

운동적 양립성
표시장치, 조정장치, 체계반응 등의 운동방향의 양립성을 말한다.

관련개념 CHAPTER 06 작업환경 관리

030

현재 시험문제와 같이 4지택일형 문제의 정보량은 얼마인가?

① 2[bit]
② 4[bit]
③ 2[byte]
④ 4[byte]

해설 정보량 $H = \log_2 n = \log_2 4 = 2[\text{bit}]$
여기서, n: 대안 수

관련개념 CHAPTER 01 안전과 인간공학

031

제한된 실내 공간에서 소음문제의 음원에 관한 대책이 아닌 것은?

① 저소음 기계로 대체한다.
② 소음 발생원을 밀폐한다.
③ 방음 보호구를 착용한다.
④ 소음 발생원을 제거한다.

해설 방음 보호구를 착용하는 것은 음원에 대한 대책이 아닌 작업자에 대한 대책에 해당한다.

관련개념 CHAPTER 06 작업환경 관리

032

작업공간의 포락면(包絡面)에 대한 설명으로 맞는 것은?

① 개인이 그 안에서 일하는 일차원 공간이다.
② 작업복 등은 포락면에 영향을 미치지 않는다.
③ 가장 작은 포락면은 몸통을 움직이는 공간이다.
④ 작업의 성질에 따라 포락면의 경계가 달라진다.

해설 **작업공간 포락면(Envelope)**
한 장소에 앉아서 수행하는 작업활동에서 사람이 작업하는 데 사용하는 공간으로 작업의 특성에 따라 포락면이 변경될 수 있다.

관련개념 CHAPTER 06 작업환경 관리

033

시스템의 수명 및 신뢰성에 관한 설명으로 틀린 것은?

① 병렬설계 및 디레이팅 기술로 시스템의 신뢰성을 증가시킬 수 있다.
② 직렬시스템에서는 부품들 중 최소 수명을 갖는 부품에 의해 시스템 수명이 정해진다.
③ 수리가 가능한 시스템의 평균수명(MTBF)은 평균고장률(λ)과 정비례 관계가 성립한다.
④ 수리가 불가능한 구성요소로 병렬구조를 갖는 설비는 중복도가 늘어날수록 시스템 수명이 길어진다.

해설 평균고장간격(MTBF)은 평균고장률(λ)과 반비례한다.
$$\text{MTBF} = \frac{1}{\lambda}$$

관련개념 CHAPTER 03 위험성 감소대책 수립·실행

034

다음 그림과 같은 직·병렬 시스템의 신뢰도는?(단, 병렬 각 구성요소의 신뢰도는 R이고, 직렬 구성요소의 신뢰도는 M이다.)

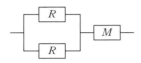

① MR^2

② $R^2(1-MR)$

③ $M(R^2+R)-1$

④ $M(2R-R^2)$

해설 신뢰도 $=\{1-(1-R)\times(1-R)\}\times M$

$\qquad =\{1-(1-2R+R^2)\}\times M$

$\qquad =M(2R-R^2)$

관련개념 CHAPTER 01 안전과 인간공학

035

안전교육을 받지 못한 신입직원이 작업 중 전극을 반대로 끼우려고 시도했으나, 플러그의 모양이 반대로 끼울 수 없도록 설계되어 있어서 사고를 예방할 수 있었다. 작업자가 범한 오류와 이와 같은 사고 예방을 위해 적용된 안전설계 원칙으로 가장 적합한 것은?

① 누락(Omission)오류, Fail Safe 설계 원칙

② 누락(Omission)오류, Fool Proof 설계 원칙

③ 작위(Commission)오류, Fail Safe 설계 원칙

④ 작위(Commission)오류, Fool Proof 설계 원칙

해설

• 실행(작위적)에러(Commission Error): 작업 내지 절차를 수행했으나 잘못된 실수(선택착오, 순서착오, 시간착오)에서 기인한 에러이다.

• 풀 프루프(Fool proof): 근로자가 기계를 잘못 취급하여 불안전한 행동이나 실수를 하여도 기계설비의 안전기능이 작용하여 재해를 방지할 수 있는 기능이다.

관련개념 CHAPTER 01 안전과 인간공학

036

「산업안전보건법령」에 따라 제조업 등 유해위험방지계획서를 작성하고자 할 때 관련 규정에 따라 1명 이상 포함시켜야 하는 사람의 자격으로 적합하지 않은 것은?

① 한국산업안전보건공단이 실시하는 관련교육을 8시간 이수한 사람

② 기계, 재료, 화학, 전기, 전자, 안전관리 또는 환경분야 기술사 자격을 취득한 사람

③ 관련분야 기사 자격을 취득한 사람으로서 해당 분야에서 3년 이상 근무한 경력이 있는 사람

④ 기계안전, 전기안전, 화공안전분야의 산업안전지도사 또는 산업보건지도사 자격을 취득한 사람

해설 제조업 등 유해위험방지계획서 작성자

계획서를 작성할 때 다음의 자격을 갖춘 사람 또는 공단이 실시하는 관련 교육을 20시간 이상 이수한 사람 중 1명 이상을 포함시켜야 한다.

• 기계, 재료, 화학, 전기·전자, 안전관리 또는 환경분야 기술사 자격을 취득한 사람

• 기계안전·전기안전·화공안전분야의 산업안전지도사 또는 산업보건지도사 자격을 취득한 사람

• 관련분야 기사·산업기사 자격을 취득한 사람으로서 해당 분야에서 3년 (산업기사는 5년) 이상 근무한 경력이 있는 사람

관련개념 CHAPTER 02 위험성 파악·결정

037

FMEA에서 고장평점을 결정하는 5가지 평가요소에 해당하지 않는 것은?

① 생산능력의 범위

② 고장발생의 빈도

③ 고장방지의 가능성

④ 영향을 미치는 시스템의 범위

해설 고장형태와 영향분석법(FMEA) 중 고장 평점법

$C=(C_1\times C_2\times C_3\times C_4\times C_5)^{\frac{1}{5}}$

여기서, C_1: 기능적 고장 영향의 중요도

$\qquad C_2$: 영향을 미치는 시스템의 범위

$\qquad C_3$: 고장발생의 빈도

$\qquad C_4$: 고장방지의 가능성

$\qquad C_5$: 신규 설계의 정도

관련개념 CHAPTER 02 위험성 파악·결정

038

어떤 소리가 1,000[Hz], 60[dB]인 음과 같은 높이임에도 4배 더 크게 들린다면 이 소리의 음압수준은 얼마인가?

① 70[dB]
② 80[dB]
③ 90[dB]
④ 100[dB]

해설 Phon과 Sone

$[sone]$치 $= 2^{\frac{[phon]-40}{10}}$

위 공식을 활용하면 10[dB] 증가 시 소음은 2배, 20[dB] 증가시 4배가 됨을 알 수 있다. → 60+20=80[dB]

관련개념 CHAPTER 06 작업환경 관리

039

스트레스에 반응하는 신체의 변화로 맞는 것은?

① 혈소판이나 혈액응고인자가 증가한다.
② 더 많은 산소를 얻기 위해 호흡이 느려진다.
③ 중요한 장기인 뇌·심장·근육으로 가는 혈류가 감소한다.
④ 상황 판단과 빠른 행동 대응을 위해 감각기관은 매우 둔감해진다.

해설 스트레스에 반응하는 신체의 변화로 혈소판, 혈액응고인자가 증가한다.

관련개념 CHAPTER 06 작업환경 관리

040

작업장 배치 시 유의사항으로 적절하지 않은 것은?

① 작업의 흐름에 따라 기계를 배치한다.
② 생산효율 증대를 위해 기계설비 주위에 재료나 반제품을 충분히 놓아둔다.
③ 공장 내외에는 안전한 통로를 두어야 하며, 통로는 선을 그어 작업장과 명확히 구별하도록 한다.
④ 비상시에 쉽게 대비할 수 있는 통로를 마련하고 사고 진압을 위한 활동통로가 반드시 마련되어야 한다.

해설 시설배치 시 기계설비의 주위에 충분한 공간을 확보하고, 재료·반제품 공구상자 등을 놓을 수 있는 공간도 고려하여야 한다.

관련개념 CHAPTER 06 작업환경 관리

기계 · 기구 및 설비 안전관리

041

용접장치에서 안전기의 설치기준에 관한 설명으로 옳지 않은 것은?

① 아세틸렌 용접장치에 대하여는 일반적으로 각 취관마다 안전기를 설치하여야 한다.
② 아세틸렌 용접장치의 안전기는 가스용기가 발생기와 분리되어 있는 경우 발생기와 가스용기 사이에 설치한다.
③ 가스집합 용접장치에서는 주관 및 분기관에 안전기를 설치하며, 이 경우 하나의 취관에 2개 이상의 안전기를 설치한다.
④ 가스집합 용접장치의 안전기 설치는 화기사용설비로부터 3[m] 이상 떨어진 곳에 설치한다.

해설 가스집합장치에 대해서는 화기를 사용하는 설비로부터 5[m] 이상 떨어진 장소에 설치하여야 한다.

관련개념 CHAPTER 05 기타 산업용 기계·기구

042

연삭숫돌의 상부를 사용하는 것을 목적으로 하는 탁상용 연삭기에서 안전덮개의 노출부위 각도는 몇 ° 이내이어야 하는가?

① 90° 이내
② 75° 이내
③ 60° 이내
④ 105° 이내

해설 연삭기 안전덮개의 노출각도

· 탁상용 연삭기
  − 일반 연삭작업 등에 사용하는 것을 목적으로 하는 경우: 125° 이내
  − 연삭숫돌의 상부사용을 목적으로 하는 경우: 60° 이내
· 원통 연삭기, 만능 연삭기 등: 180° 이내
· 휴대용 연삭기, 스윙(Swing) 연삭기 등: 180° 이내
· 평면 연삭기, 절단 연삭기 등: 150° 이내

관련개념 CHAPTER 03 공작기계의 안전

043

프레스 작업에서 제품 및 스크랩을 자동적으로 위험한계 밖으로 배출하기 위한 장치로 볼 수 없는 것은?

① 피더
② 키커
③ 이젝터
④ 공기 분사 장치

해설 **피더(Feeder)**
재료의 자동송급 도구로서 위험한계 밖에서 안전하게 가공물을 투입하기 위한 장치이다.

관련개념 CHAPTER 04 프레스 및 전단기의 안전

044

다음 중 「산업안전보건법령」상 아세틸렌 가스용접장치에 관한 기준으로 틀린 것은?

① 전용의 발생기실은 건물의 최상층에 위치하여야 하며, 화기를 사용하는 설비로부터 1[m]를 초과하는 장소에 설치하여야 한다.
② 전용의 발생기실을 옥외에 설치한 경우에는 그 개구부를 다른 건축물로부터 1.5[m] 이상 떨어지도록 하여야 한다.
③ 아세틸렌 용접장치를 사용하여 금속의 용접·용단 또는 가열작업을 하는 경우에는 게이지압력이 127[kPa]을 초과하는 압력의 아세틸렌을 발생시켜 사용해서는 아니 된다.
④ 전용의 발생기실을 설치하는 경우 벽은 불연성 재료로 하고 철근 콘크리트 또는 그 밖에 이와 동등하거나 그 이상의 강도를 가진 구조로 하여야 한다.

해설 발생기실은 건물의 최상층에 위치하여야 하며, 화기를 사용하는 설비로부터 3[m]를 초과하는 장소에 설치하여야 한다.

관련개념 CHAPTER 05 기타 산업용 기계·기구

045

양중기의 과부하장치에서 요구하는 일반적인 성능기준으로 틀린 것은?

① 과부하방지장치 작동 시 경보음과 경보램프가 작동되어야 하며 양중기는 작동이 되지 않아야 한다.
② 외함의 전선 접촉 부분은 고무 등으로 밀폐되어 물과 먼지 등이 들어가지 않도록 한다.
③ 과부하방지장치와 타 방호장치는 기능에 서로 장애를 주지 않도록 부착할 수 있는 구조이어야 한다.
④ 방호장치의 기능을 제거하더라도 양중기는 원활하게 작동시킬 수 있는 구조이어야 한다.

해설 **양중기 과부하방지장치의 일반적인 성능기준**
방호장치의 기능을 제거 또는 정지할 때 양중기의 기능도 동시에 정지할 수 있는 구조이어야 한다.

관련개념 CHAPTER 06 운반기계 및 양중기

046

다음 중 포터블 벨트 컨베이어(Portable Belt Conveyor)의 안전사항과 관련한 설명으로 옳지 않은 것은?

① 포터블 벨트 컨베이어 차륜 간의 거리는 전도 위험이 최소가 되도록 하여야 한다.
② 기복장치는 포터블 벨트 컨베이어의 옆면에서만 조작하도록 한다.
③ 포터블 벨트 컨베이어를 사용하는 경우는 차륜을 고정하여야 한다.
④ 전동식 포터블 벨트 컨베이어를 이동하는 경우는 먼저 전원을 내린 후 컨베이어를 이동시킨 다음 컨베이어를 최저의 위치로 내린다.

해설 포터블 벨트 컨베이어를 이동하는 경우는 먼저 컨베이어를 최저의 위치로 내리고 전동식의 경우 전원을 차단한 후에 이동한다.

관련개념 CHAPTER 06 운반기계 및 양중기

047

방사선투과검사에서 투과사진의 상질을 점검할 때 확인해야 할 항목으로 거리가 먼 것은?

① 투과도계의 식별도
② 시험부의 사진농도 범위
③ 계조계의 값
④ 주파수의 크기

해설 **투과사진의 상질을 점검할 때 확인해야 할 항목**
• 투과도계의 식별 최소선경
• 시험부의 사진농도
• 계조계의 값(농도차/농도)

관련개념 CHAPTER 07 설비진단 및 검사

048

사람이 작업하는 기계장치에서 작업자가 실수를 하거나 오조작을 하여도 안전하게 유지되게 하는 안전설계방법은?

① Fail Safe
② 다중계화
③ Fool proof
④ Back up

해설 **풀 프루프(Fool Proof)**
근로자가 기계를 잘못 취급하여 불안전한 행동이나 실수를 하여도 기계설비의 안전기능이 작용하여 재해를 방지할 수 있는 기능이다.

관련개념 CHAPTER 01 기계공정의 안전, 기계안전시설 관리

049

광전자식 방호장치의 광선에 신체의 일부가 감지된 후로부터 급정지기구가 작동 개시하기까지의 시간이 40[ms]이고, 광축의 최소 설치거리(안전거리)가 200[mm]일 때 급정지기구가 작동 개시한 때로부터 프레스기의 슬라이드가 정지될 때까지의 시간은 약 몇 [ms]인가?

① 60[ms]
② 85[ms]
③ 105[ms]
④ 130[ms]

해설 $D = 1,600 \times (T_L + T_S)$에서
$200 = 1,600 \times (0.04 + T_S)$, $T_S = 0.085[s] = 85[ms]$
여기서, D: 안전거리[mm]
T_L: 신체가 광선을 차단한 순간부터 급정지기구가 작동 개시하기까지의 시간[s]
T_S: 급정지기구가 작동을 개시할 때부터 슬라이드가 정지할 때까지의 시간[s]
※ $1[s] = 10^3[ms]$이므로 $0.085[s] = 0.085 \times 10^3[ms]$이다.

관련개념 CHAPTER 04 프레스 및 전단기의 안전

050

목재가공용 둥근톱에서 안전을 위해 요구되는 구조로 옳지 않은 것은?

① 톱날은 어떤 경우에도 외부에 노출되지 않고 덮개가 덮여 있어야 한다.
② 작업 중 근로자의 부주의에도 신체의 일부가 날에 접촉할 염려가 없도록 설계되어야 한다.
③ 덮개 및 지지부는 경량이면서 충분한 강도를 가져야 하며, 외부에서 힘을 가했을 때 쉽게 회전될 수 있는 구조로 설계되어야 한다.
④ 덮개의 가동부는 원활하게 상하로 움직일 수 있고 좌우로 움직일 수 없는 구조로 설계되어야 한다.

해설 목재가공용 둥근톱 덮개 및 지지부는 경량이면서 충분한 강도를 가져야 하며, 외부에서 힘을 가했을 때 지지부는 회전되지 않는 구조로 설계되어야 한다.

관련개념 CHAPTER 05 기타 산업용 기계 · 기구

051

질량 100[kg]인 화물이 와이어로프에 매달려 2[m/s²]의 가속도로 권상되고 있다. 이때 와이어로프에 작용하는 장력의 크기는 몇 [N]인가?(단, 여기서 중력가속도는 10[m/s²]로 한다.)

① 200[N]   ② 300[N]
③ 1,200[N]   ④ 2,000[N]

해설 동하중 $= \dfrac{\text{정하중}}{\text{중력가속도}} \times \text{가속도} = \dfrac{100}{10} \times 2 = 20[\text{kg}]$
총 하중 $=$ 정하중 $+$ 동하중 $= 100 + 20 = 120[\text{kg}]$
장력의 크기[N] $=$ 총 하중 $\times$ 중력가속도 $= 120 \times 10 = 1,200[\text{N}]$

관련개념 CHAPTER 06 운반기계 및 양중기

052

와이어로프 호칭이 '6×19'라고 할 때 숫자 '6'이 의미하는 것은?

① 소선의 지름(mm)
② 소선의 수량(wire 수)
③ 꼬임의 수량(strand 수)
④ 로프의 최대 인장강도(MPa)

해설 로프의 구성은 로프의 '스트랜드 수(꼬임의 수량)×소선의 개수'로 표시하며, 크기는 단면 외접원의 지름으로 나타낸다.
6: 스트랜드 수(꼬임의 수량), 19: 소선의 개수

관련개념 CHAPTER 06 운반기계 및 양중기

053

「산업안전보건법령」상 보일러의 안전한 가동을 위하여 보일러 규격에 맞는 압력방출장치가 2개 이상 설치된 경우에 최고사용압력 이하에서 1개가 작동되고, 다른 압력방출장치는 최고사용압력의 몇 배 이하에서 작동되도록 부착하여야 하는가?

① 1.03배   ② 1.05배
③ 1.2배   ④ 1.5배

해설 보일러의 안전한 가동을 위하여 보일러 규격에 맞는 압력방출장치를 1개 또는 2개 이상 설치하고 최고사용압력 이하에서 작동되도록 하여야 한다. 다만, 압력방출장치가 2개 이상 설치된 경우에는 최고사용압력 이하에서 1개가 작동되고, 다른 압력방출장치는 최고사용압력 1.05배 이하에서 작동되도록 부착하여야 한다.

관련개념 CHAPTER 05 기타 산업용 기계 · 기구

054

밀링작업에서 주의해야 할 사항으로 옳지 않은 것은?

① 보안경을 쓴다.
② 일감 절삭 중 치수를 측정한다.
③ 커터에 옷이 감기지 않게 한다.
④ 커터는 될 수 있는 한 컬럼에 가깝게 설치한다.

해설 밀링작업 시 일감 또는 부속장치 등을 설치하거나 제거할 때, 또는 일감을 측정할 때에는 반드시 정지시킨 다음에 작업한다.

관련개념 CHAPTER 03 공작기계의 안전

055

설비의 고장형태를 크게 초기고장, 우발고장, 마모고장으로 구분할 때 다음 중 마모고장과 가장 거리가 먼 것은?

① 부품, 부재의 마모
② 열화에 생기는 고장
③ 부품, 부재의 반복피로
④ 순간적 외력에 의한 파손

해설 순간적 외력에 의한 파손은 우발고장에 해당한다.
마모고장(증가형)
설비 또는 장치가 수명을 다하여 생기는 고장이다.

관련개념 SUBJECT 02 인간공학 및 위험성평가 · 관리
CHAPTER 02 위험성 파악 · 결정

056

작업자의 신체부위가 위험한계 내로 접근하였을 때 기계적인 작용에 의하여 접근을 못하도록 하는 방호장치는?

① 위치제한형 방호장치　　② 접근거부형 방호장치
③ 접근반응형 방호장치　　④ 감지형 방호장치

해설 **접근거부형 방호장치**
작업자의 신체부위가 위험한계 내로 접근하면 기계의 동작위치에 설치해 놓은 기구가 접근하는 신체부위를 안전한 위치로 되돌리는 것(손쳐내기식 안전장치)이다.

관련개념 CHAPTER 01 기계공정의 안전, 기계안전시설 관리

057

사업주가 보일러의 폭발사고 예방을 위하여 기능이 정상적으로 작동될 수 있도록 유지 · 관리할 대상이 아닌 것은?

① 과부하방지장치
② 압력방출장치
③ 압력제한스위치
④ 고저수위 조절장치

해설 보일러의 폭발사고를 예방하기 위하여 압력방출장치, 압력제한스위치, 고저수위 조절장치, 화염검출기 등의 기능이 정상적으로 작동될 수 있도록 유지 · 관리하여야 한다.

관련개념 CHAPTER 05 기타 산업용 기계 · 기구

058

다음 중 아세틸렌 용접장치에서 역화의 원인으로 가장 거리가 먼 것은?

① 아세틸렌의 공급 과다
② 토치 성능의 부실
③ 압력조정기의 고장
④ 토치 팁에 이물질이 묻은 경우

해설 아세틸렌의 공급 과다는 역화의 원인이 아니다. 산소의 공급이 과다할 경우 역화가 발생할 수 있다.
역화의 원인
• 토치 팁에 이물질이 묻은 경우
• 팁과 모재의 접촉
• 토치의 성능 불량
• 토치 팁의 과열
• 압력조정기의 고장

관련개념 CHAPTER 05 기타 산업용 기계 · 기구

059

숫돌 바깥지름이 150[mm]일 경우 평형 플랜지의 지름은 최소 몇 [mm] 이상이어야 하는가?

① 25[mm]
② 50[mm]
③ 75[mm]
④ 100[mm]

해설 플랜지의 지름은 숫돌 직경의 $\frac{1}{3}$ 이상인 것이 적당하다.

플랜지의 지름 $D = 150 \times \frac{1}{3} = 50$[mm] 이상

관련개념 CHAPTER 03 공작기계의 안전

060

「산업안전보건법령」에 따라 프레스 등을 사용하여 작업을 하는 경우 작업시작 전 점검사항과 거리가 먼 것은?

① 전단기의 칼날 및 테이블의 상태
② 프레스의 금형 및 고정볼트 상태
③ 슬라이드 또는 칼날에 의한 위험방지 기구의 기능
④ 전자밸브, 압력조정밸브, 기타 공압 계통의 이상 유무

해설 **프레스 작업시작 전 점검사항**
• 클러치 및 브레이크의 기능
• 크랭크축 · 플라이휠 · 슬라이드 · 연결봉 및 연결 나사의 풀림 유무
• 1행정 1정지기구 · 급정지장치 및 비상정지장치의 기능
• 슬라이드 또는 칼날에 의한 위험방지 기구의 기능
• 프레스의 금형 및 고정볼트 상태
• 방호장치의 기능
• 전단기의 칼날 및 테이블의 상태

관련개념 CHAPTER 02 기계분야 산업재해 조사 및 관리

전기설비 안전관리

061

「산업안전보건법」에는 보호구를 사용 시 안전인증을 받은 제품을 사용하도록 하고 있다. 다음 중 안전인증대상이 아닌 것은?

① 안전화
② 고무장화
③ 안전장갑
④ 감전 위험방지용 안전모

해설 고무장화는 안전인증대상이 아니다.
안전인증대상 보호구
추락 및 감전 위험방지용 안전모, 안전화, 안전장갑, 방진마스크, 방독마스크, 송기마스크, 전동식 호흡보호구, 보호복, 안전대, 차광 및 비산물 위험방지용 보안경, 용접용 보안면, 방음용 귀마개 또는 귀덮개

관련개념 SUBJECT 03 기계 · 기구 및 설비 안전관리
CHAPTER 02 기계분야 산업재해 조사 및 관리

062

전기기기의 충격 전압시험 시 사용하는 표준충격파형(T_f, T_t)은?

① $1.2 \times 50[\mu s]$
② $1.2 \times 100[\mu s]$
③ $2.4 \times 50[\mu s]$
④ $2.4 \times 100[\mu s]$

해설 **표준충격파형**
$1.2 \times 50[\mu s]$에서 T_f(파두장)$=1.2[\mu s]$, T_t(파미장)$=50[\mu s]$을 나타낸다.

관련개념 CHAPTER 05 전기설비 위험요인관리

063

심실세동전류란?

① 최소감지전류 ② 치사전류
③ 고통한계전류 ④ 마비한계전류

해설 심실세동전류(치사전류)
심근의 미세한 진동으로 혈액을 송출하는 펌프의 기능이 장애를 받는 때의 전류를 말한다.

관련개념 CHAPTER 02 감전재해 및 방지대책

064

인체의 전기저항을 0.5[kΩ]이라고 하면 심실세동을 일으키는 위험한계에너지는 몇 [J]인가?(단, 심실세동전류값 $I=\dfrac{165}{\sqrt{T}}$[mA]의 Dalziel의 식을 이용하며, 통전시간은 1초로 한다.)

① 13.6 ② 12.6
③ 11.6 ④ 10.6

해설 $W=I^2RT=\left(\dfrac{165}{\sqrt{T}}\times 10^{-3}\right)^2\times 500T$

$\qquad =(165^2\times 10^{-6})\times 500=13.6[J]$

여기서, W: 위험한계에너지[J], I: 심실세동전류[A]
$\qquad R$: 인체저항[Ω], T: 통전시간[s]

관련개념 CHAPTER 02 감전재해 및 방지대책

065

인체의 피부 전기저항은 여러 가지의 제반조건에 의해서 변화를 일으키는데 제반조건으로서 가장 가까운 것은?

① 피부의 청결 ② 피부의 노화
③ 인가전압의 크기 ④ 통전경로

해설 인체의 피부 전기저항은 인체의 각 부위(피부, 혈액 등)의 저항성분과 용량성분이 합성된 값이 되며, 이 값은 여러 인자, 특히 습기, 접촉전압의 크기, 인가시간, 접촉면적 등에 따라 변화한다.

관련개념 CHAPTER 02 감전재해 및 방지대책

066

지구를 고립한 지구도체라 생각하고 1[C]의 전하가 대전되었다면 지구 표면의 전위는 대략 몇 [V]인가?(단, 지구의 반경은 6,367[km]이다.)

① 1,412[V] ② 2,828[V]
③ 9×10^4[V] ④ 9×10^9[V]

해설 지구의 표면전위

$V=E\cdot r=\dfrac{Q}{4\pi\varepsilon_0 r^2}\times r=\dfrac{Q}{4\pi\varepsilon_0 r}$

$\quad =\dfrac{1}{4\times\pi\times(8.85\times 10^{-12})\times(6.367\times 10^6)}=1,412[V]$

여기서, E: 지구의 표면전계[V/m]
$\qquad r$: 지구의 반경[m]
$\qquad Q$: 대전 전하량[C]
$\qquad \varepsilon_0$: 유전율 (8.85×10^{-12})

※ $1[km]=10^3[m]$이므로 $6,367[km]=6.367\times 10^3[km]=6.367\times 10^6[m]$이다.

관련개념 CHAPTER 03 정전기 장·재해관리

067

정전작업 시 정전시킨 전로에 잔류전하를 방전할 필요가 있다. 전원차단 이후에도 잔류전하가 남아있을 가능성이 가장 낮은 것은?

① 방전 코일 ② 전력 케이블
③ 전력용 콘덴서 ④ 용량이 큰 부하기기

해설 방전 코일은 전력 케이블, 전력 콘덴서 등의 잔류전하를 방전시킬 때 사용하므로 잔류전하가 남아있을 가능성이 낮다.

관련개념 CHAPTER 02 감전재해 및 방지대책

068

감전사고로 인한 전격사의 메커니즘으로 가장 거리가 먼 것은?

① 흉부수축에 의한 질식
② 심실세동에 의한 혈액 순환기능의 상실
③ 내장파열에 의한 소화기계통의 기능 상실
④ 호흡중추신경 마비에 따른 호흡기능 상실

해설 **전격현상의 메커니즘**
• 심실세동에 의한 혈액 순환기능 상실
• 호흡중추신경 마비에 따른 호흡 중지
• 흉부수축에 의한 질식

관련개념 CHAPTER 02 감전재해 및 방지대책

069

조명기구를 사용함에 따라 작업면의 조도가 점차적으로 감소되어 가는 원인으로 가장 거리가 먼 것은?

① 점등 광원의 노화로 인한 광속의 감소
② 조명기구에 붙은 먼지, 오물, 반사면의 변질에 의한 광속 흡수율 감소
③ 실내 반사면에 붙은 먼지, 오물, 반사면의 화학적 변질에 의한 광속 반사율 감소
④ 공급전압과 광원의 정격전압의 차이에서 오는 광속의 감소

해설 조명기구에 붙은 먼지, 오물, 반사면의 변질에 따라 광속 흡수율이 증가할 때 조도가 감소한다.

관련개념 SUBJECT 02 인간공학 및 위험성평가 · 관리
　　　　　　 CHAPTER 06 작업환경 관리

070

이동식 전기기기의 감전사고를 방지하기 위한 가장 적정한 시설은?

① 접지설비　　　　　　② 폭발방지설비
③ 시건장치　　　　　　④ 피뢰기설비

해설 접지설비를 통해 기기의 지락사고 발생 시 사람에게 걸리는 분담 전압을 억제(감전사고 방지)한다.

관련개념 CHAPTER 05 전기설비 위험요인관리

071

인체통전으로 인한 전격(Electric Shock)의 정도를 정함에 있어 그 인자로서 가장 거리가 먼 것은?

① 전압의 크기　　　　　② 통전시간
③ 전류의 크기　　　　　④ 통전경로

해설 전압의 크기는 2차적 감전요소(간접적인 요인)이다.
감전재해의 요인
• 1차적 감전요소: 통전전류의 크기, 통전경로, 통전시간, 전원의 종류
• 2차적 감전요소: 인체의 조건(인체의 저항), 전압의 크기, 계절 등 주위 환경

관련개념 CHAPTER 02 감전재해 및 방지대책

072

자동차가 통행하는 도로에서 고압의 지중전선로를 직접 매설식으로 시설할 때 사용되는 전선으로 가장 적합한 것은?

① 비닐외장케이블
② 폴리에틸렌외장케이블
③ 클로로프렌외장케이블
④ 콤바인덕트 케이블(Combine Duct Cable)

해설 지중 전선로를 직접 매설식에 의하여 매설하는 경우 저압 또는 고압의 지중전선에 콤바인덕트 케이블을 사용하여 시설한다.

관련개념 CHAPTER 02 감전재해 및 방지대책

073

감전사고로 인한 호흡 정지 시 구강 대 구강법에 의한 인공 호흡의 매분 횟수와 시간은 어느 정도 하는 것이 가장 바람직한가?

① 매분 5~10회, 30분 이하
② 매분 12~15회, 30분 이상
③ 매분 20~30회, 30분 이하
④ 매분 30회 이상, 20분~30분 정도

해설 구강 대 구강법
· 1분에 12~15회 정도 반복하면서 30분 이상 실시한다.
· 어린이의 경우는 1분에 20회 정도 실시한다.

관련개념 CHAPTER 02 감전재해 및 방지대책

074

누전차단기의 구성요소가 아닌 것은?

① 누전검출부
② 영상변류기
③ 차단장치
④ 전력퓨즈

해설 누전차단기 구성요소
영상변류기, 누전검출부, 트립코일, 차단장치 및 시험장치

관련개념 CHAPTER 02 감전재해 및 방지대책

075

인입개폐기를 개방하지 않고 전등용 변압기 1차 측 COS만 개방 후 전등용 변압기 접속용 볼트 작업 중 동력용 COS에 접촉, 사망한 사고에 대한 원인으로 가장 거리가 먼 것은?

① 안전장구 미사용
② 동력용 변압기 COS 미개방
③ 전등용 변압기 2차 측 COS 미개방
④ 인입구 개폐기 미개방한 상태에서 작업

해설 전등용 변압기 1차 측 COS가 개방된 상태이므로 2차 측 개방은 감전사고와는 무관하다.

관련개념 CHAPTER 01 전기안전관리

076

전기화재의 경로별 원인으로 거리가 먼 것은?

① 단락
② 누전
③ 저전압
④ 접촉부의 과열

해설 전기화재의 원인
· 단락(합선)
· 누전(지락)
· 과전류
· 스파크(Spark, 전기불꽃)
· 접촉부 과열
· 절연열화(탄화)에 의한 발열
· 낙뢰
· 정전기 스파크

관련개념 CHAPTER 05 전기설비 위험요인관리

077

1[C]을 갖는 2개의 전하가 공기 중에서 1[m]의 거리에 있을 때 이들 사이에 작용하는 정전력은?

① 8.854×10^{-12}[N]
② 1.0[N]
③ 3×10^3[N]
④ 9×10^9[N]

해설 쿨롱의 법칙
정전력 $F = K\dfrac{q_1 q_2}{r^2} = (9 \times 10^9) \times \dfrac{1 \times 1}{1^2} = 9 \times 10^9$[N]

여기서, K: 쿨롱상수(9×10^9)
　　　　q: 전하의 크기[C]
　　　　r: 두 전하 사이의 거리[m]

관련개념 CHAPTER 03 정전기 장·재해관리

078

내압방폭구조는 다음 중 어느 경우에 가장 가까운가?

① 점화능력의 본질적 억제
② 점화원의 방폭적 격리
③ 전기설비의 안전도 증강
④ 전기설비의 밀폐화

해설 전기설비의 방폭화
· 점화원의 방폭적 격리(압력방폭, 유입방폭, 내압방폭)
· 전기설비의 안전도 증강(안전증방폭)
· 점화능력의 본질적 억제(본질안전방폭)

관련개념 CHAPTER 04 전기방폭관리

079

금속제 외함을 가지는 기계·기구에 전기를 공급하는 전로에 지락이 발생했을 때에 자동적으로 전로를 차단하는 누전차단기 등을 설치하여야 한다. 누전차단기를 설치해야 되는 경우로 옳은 것은?

① 기계·기구가 고무, 합성수지 기타 절연물로 피복된 것일 경우
② 기계·기구가 유도전동기의 2차 측 전로에 접속되는 것일 경우
③ 대지전압이 150[V]를 초과하는 휴대형 전동기계·기구를 시설하는 경우
④ 「전기용품 및 생활용품 안전관리법」의 적용을 받는 이중절연구조의 기계·기구를 시설하는 경우

해설 대지전압이 150[V]를 초과하는 이동형 또는 휴대형 전기기계·기구에 누전차단기를 설치하여야 한다.

관련개념 CHAPTER 02 감전재해 및 방지대책

080

고장전류와 같은 대전류를 차단할 수 있는 것은?

① 차단기(CB)　　　② 유입 개폐기(OS)
③ 단로기(DS)　　　④ 선로 개폐기(LS)

해설 **차단기(CB)**
고장전류와 같은 대전류를 차단하는 장치이다.

관련개념 CHAPTER 01 전기안전관리

화학설비 안전관리

081

다음 중 벤젠(C_6H_6)의 공기 중 폭발하한계값[vol%]에 가장 가까운 것은?

① 1.0　　　② 1.5
③ 2.0　　　④ 2.5

해설 벤젠의 폭발하한계값은 1.4[vol%]이다.

관련개념 CHAPTER 01 화재·폭발 검토

082

다음 중 가연성 물질과 산화성 고체가 혼합하고 있을 때 연소에 미치는 현상으로 옳은 것은?

① 착화온도(발화점)가 높아진다.
② 최소점화에너지가 감소하며, 폭발의 위험성이 증가한다.
③ 가스나 가연성 증기의 경우 공기혼합보다 연소범위가 축소된다.
④ 공기 중에서보다 산화작용이 약하게 발생하여 화염온도가 감소하며 연소속도가 늦어진다.

해설 산화성 고체는 가연물과 화합하여 과격한 연소 및 폭발이 가능하다.

관련개념 CHAPTER 02 화학물질 안전관리 실행

083

다음 중 전기화재의 종류에 해당하는 것은?

① A급　　　② B급
③ C급　　　④ D급

해설 전기화재는 C급 화재이다.
화재의 종류

A급 화재	B급 화재	C급 화재	D급 화재
일반화재	유류화재	전기화재	금속화재

관련개념 CHAPTER 01 화재·폭발 검토

084

수분을 함유하는 에탄올에서 순수한 에탄올을 얻기 위해 벤젠과 같은 물질을 첨가하여 수분을 제거하는 증류 방법은?

① 공비증류
② 추출증류
③ 가압증류
④ 감압증류

해설 **공비증류**
일반적인 증류로는 분리하기 어려운 혼합물을 분리할 때 제3의 성분을 첨가해 공비혼합물을 만들어 증류에 의해 분리하는 방법이다. 예를 들어 수분을 함유하는 에탄올에서 순수한 에탄올을 얻기 위해 벤젠과 같은 물질을 첨가하여 수분을 제거한다.

관련개념 CHAPTER 02 화학물질 안전관리 실행

085

사업주는 「산업안전보건법령」에서 정한 설비에 대해서는 과압에 따른 폭발을 방지하기 위하여 안전밸브 등을 설치하여야 한다. 다음 중 이에 해당하는 설비가 아닌 것은?

① 원심펌프
② 정변위 압축기
③ 정변위 펌프(토출 측에 차단밸브가 설치된 것만 해당함)
④ 배관(2개 이상의 밸브에 의하여 차단되어 대기온도에서 액체의 열팽창에 의하여 파열될 우려가 있는 것으로 한정함)

해설 「산업안전보건법령」상 원심펌프는 안전밸브의 설치대상이 아니다.

관련개념 CHAPTER 04 화공 안전운전 · 점검

086

아세틸렌 압축 시 사용되는 희석제로 적당하지 않은 것은?

① 메탄
② 질소
③ 산소
④ 에틸렌

해설 아세틸렌 압축 시 사용되는 희석제로는 에틸렌, 질소, 메탄, 일산화탄소 등이 있다.

관련개념 CHAPTER 02 화학물질 안전관리 실행

087

니트로셀룰로오스의 취급 및 저장방법에 관한 설명으로 틀린 것은?

① 저장 중 충격과 마찰 등을 방지하여야 한다.
② 물과 격렬히 반응하여 폭발하므로 습기를 제거하고, 건조상태를 유지한다.
③ 자연발화 방지를 위하여 안전용제를 사용한다.
④ 화재 시 질식소화는 적응성이 없으므로 냉각소화를 한다.

해설 **니트로셀룰로오스(질화면)**
• 건조한 상태에서 자연 분해되어 발화할 수 있다.
• 에틸알코올 또는 이소프로필 알코올로서 습면의 상태로 보관한다.

관련개념 CHAPTER 02 화학물질 안전관리 실행

088

다음 중 인화점이 가장 낮은 물질은?

① CS_2
② C_2H_5OH
③ CH_3COCH_3
④ $CH_3COOC_2H_5$

해설
① 이황화탄소(CS_2)의 인화점: $-30[℃]$
② 에탄올(C_2H_5OH)의 인화점: $11[℃]$
③ 아세톤(CH_3COCH_3)의 인화점: $-18[℃]$
④ 아세트산에틸($CH_3COOC_2H_5$)의 인화점: $-4[℃]$
※ 인화점은 일반적으로 분자구조가 간단하고 분자량이 작을수록 낮아진다.

관련개념 CHAPTER 01 화재 · 폭발 검토

089

폭발에 관한 용어 중 "BLEVE"가 의미하는 것은?

① 고농도의 분진폭발
② 저농도의 분해폭발
③ 개방계 증기운폭발
④ 비등액 팽창증기폭발

해설 **비등액 팽창증기폭발(BLEVE; Boiling Liquid Expanding Vapor Explosion)**
비점이 낮은 액체 저장탱크 주위에 화재가 발생하였을 때 저장탱크 내부의 비등 현상으로 인한 압력 상승으로 탱크가 파열되어 그 내용물이 증발, 팽창하면서 발생되는 폭발현상이다.

관련개념 CHAPTER 01 화재 · 폭발 검토

2018년 2회

090

메탄 50[vol%], 에탄 30[vol%], 프로판 20[vol%] 혼합가스의 폭발하한계값[vol%]은 약 얼마인가?(단, 메탄, 에탄, 프로판의 폭발하한계값은 각각 5.0, 3.0, 2.1[vol%]이다.)

① 1.6
② 2.1
③ 3.4
④ 4.8

해설 혼합가스의 폭발하한계

$$L=\frac{V_1+V_2+\cdots+V_n}{\dfrac{V_1}{L_1}+\dfrac{V_2}{L_2}+\cdots+\dfrac{V_n}{L_n}}=\frac{50+30+20}{\dfrac{50}{5}+\dfrac{30}{3}+\dfrac{20}{2.1}}=3.4[vol\%]$$

관련개념 CHAPTER 01 화재 · 폭발 검토

091

위험물을 「산업안전보건법령」에서 정한 기준량 이상으로 제조하거나 취급하는 설비로서 특수화학설비에 해당되는 것은?

① 가열시켜 주는 물질의 온도가 가열되는 위험물질의 분해온도보다 높은 상태에서 운전되는 설비
② 상온에서 게이지 압력으로 200[kPa]의 압력으로 운전되는 설비
③ 대기압하에서 300[℃]로 운전되는 설비
④ 흡열반응이 행하여지는 반응설비

해설 특수화학설비
- 발열반응이 일어나는 반응장치
- 증류 · 정류 · 증발 · 추출 등 분리를 하는 장치
- 가열시켜 주는 물질의 온도가 가열되는 위험물질의 분해온도 또는 발화점보다 높은 상태에서 운전되는 설비
- 반응폭주 등 이상 화학반응에 의하여 위험물질이 발생할 우려가 있는 설비
- 온도가 350[℃] 이상이거나 게이지압력이 980[kPa] 이상인 상태에서 운전되는 설비
- 가열로 또는 가열기

관련개념 CHAPTER 02 화학물질 안전관리 실행

092

다음 중 축류식 압축기에 대한 설명으로 옳은 것은?

① Casing 내에 1개 또는 수 개의 특수 피스톤을 설치하여 이것을 회전시킬 때 Casing과 피스톤 사이의 체적이 감소해서 기체를 압축하는 방식이다.
② 실린더 내에서 피스톤을 왕복시켜 이것에 따라 개폐하는 흡입밸브 및 배기밸브의 작용에 의해 기체를 압축하는 방식이다.
③ Casing 내에 넣어진 날개바퀴를 회전시켜 기체에 작용하는 원심력에 의해서 기체를 압축하는 방식이다.
④ 프로펠러의 회전에 의한 추진력에 의해 기체를 압축하는 방식이다.

해설 축류식 압축기
프로펠러의 회전에 의한 추력에 의해 기체를 압축하는 설비이다.

오답해설
①은 회전식 압축기, ②는 왕복식 압축기, ③은 원심식 압축기에 대한 설명이다.

관련개념 CHAPTER 04 화공 안전운전 · 점검

093

다음 중 퍼지의 종류에 해당하지 않는 것은?

① 압력퍼지
② 진공퍼지
③ 스위프퍼지
④ 가열퍼지

해설 불활성화(퍼지)의 종류
진공퍼지, 압력퍼지, 스위프퍼지, 사이폰퍼지 등

관련개념 CHAPTER 01 화재 · 폭발 검토

094

공업용 용기의 몸체 도색으로 가스명과 도색명의 연결이 옳은 것은?

① 산소 – 청색
② 질소 – 백색
③ 수소 – 주황색
④ 아세틸렌 – 회색

해설 고압가스용기의 도색
- 액화석유가스: 밝은 회색
- 수소: 주황색
- 아세틸렌: 황색
- 액화암모니아: 백색
- 액화염소: 갈색
- 산소: 녹색
- 기타 가스: 회색

관련개념 CHAPTER 02 화학물질 안전관리 실행

095

「산업안전보건법령」상 위험물질의 종류에서 "폭발성 물질 및 유기과산화물"에 해당하는 것은?

① 리튬
② 아조화합물
③ 아세틸렌
④ 셀룰로이드류

해설
① 리튬, ④ 셀룰로이드류: 물반응성 물질 및 인화성 고체
③ 아세틸렌: 인화성 가스

관련개념 CHAPTER 02 화학물질 안전관리 실행

096

다음 중 분말소화약제로 가장 적절한 것은?

① 사염화탄소
② 브롬화메탄
③ 수산화암모늄
④ 제1인산암모늄

해설 분말소화약제의 분류
- 제1종 소화약제: 탄산수소나트륨($NaHCO_3$)
- 제2종 소화약제: 탄산수소칼륨($KHCO_3$)
- 제3종 소화약제: 제1인산암모늄($NH_4H_2PO_4$)
- 제4종 소화약제: 탄산수소칼륨+요소($KHCO_3+(NH_2)_2CO$)

관련개념 CHAPTER 01 화재·폭발 검토

097

「위험물안전관리법령」에 의한 위험물의 분류 중 제1류 위험물에 속하는 것은?

① 염소산염류
② 황린
③ 금속칼륨
④ 질산에스테르

해설 제1류 위험물
산화성 고체로 아염소산염류, 염소산염류, 과염소산염류, 무기과산화물, 브롬산염류 등이 있다.

오답해설
② 황린: 제3류 위험물
③ 칼륨: 제3류 위험물
④ 질산에스테르류: 제5류 위험물

관련개념 CHAPTER 02 화학물질 안전관리 실행

098

비중이 1.5이고, 직경이 74[μm]인 분체가 종말속도 0.2[m/s]로 직경 6[m]인 사일로(silo)에서 질량유량 400[kg/h]로 흐를 때 평균농도는 약 얼마인가?

① 10.6[mg/L]
② 14.6[mg/L]
③ 19.6[mg/L]
④ 25.6[mg/L]

해설
- 질량유량 = 400[kg/h] = $\dfrac{400 \times 10^6}{60 \times 60}$[mg/s] = 111,000[mg/s]
- 체적유량 = 사일로의 단면적[m²] × 분체의 종말속도[m/s]

$$= \frac{\pi \times 6^2}{4} \times 0.2 = 5.65[m^3/s] = 5,650[L/s]$$

- 분체의 평균농도 = $\dfrac{질량유량}{체적유량} = \dfrac{111,000}{5,650} = 19.6$[mg/L]

※ 1[kg] = 10^6[mg], 1[m³] = 10^3[L]이다.

관련개념 CHAPTER 02 화학물질 안전관리 실행

099

다음 중 폭발 또는 화재가 발생할 우려가 있는 건조설비의 구조로 적절하지 않은 것은?

① 건조설비의 바깥 면은 불연성 재료로 만들 것
② 위험물 건조설비의 열원으로서 직화를 사용하지 아니할 것
③ 위험물 건조설비의 측벽이나 바닥은 견고한 구조로 할 것
④ 위험물 건조설비는 상부를 무거운 재료로 만들고 폭발구를 설치할 것

해설 위험물 건조설비는 그 상부를 가벼운 재료로 만들고 주위상황을 고려하여 폭발구를 설치하여야 한다.

관련개념 CHAPTER 02 화학물질 안전관리 실행

100

다음 중 분진폭발이 발생하기 쉬운 조건으로 적절하지 않은 것은?

① 발열량이 클 때
② 입자의 표면적이 작을 때
③ 입자의 형상이 복잡할 때
④ 분진의 초기 온도가 높을 때

해설 입자의 표면적이 작으면 산소와 접촉할 수 있는 면적이 작아지기 때문에 분진폭발이 어려워진다.

관련개념 CHAPTER 01 화재 · 폭발 검토

건설공사 안전관리

101

말비계를 조립하여 사용하는 경우에 지주부재와 수평면의 기울기는 최대 몇 도 이하로 하여야 하는가?

① 30°   ② 45°
③ 60°   ④ 75°

해설 말비계 조립 시 지주부재와 수평면의 기울기를 75° 이하로 하고, 지주부재와 지주부재 사이를 고정하는 보조부재를 설치하여야 한다.

관련개념 CHAPTER 05 비계 · 거푸집 가시설 위험방지

102

차량계 건설기계를 사용하여 작업할 때에 그 기계가 넘어지거나 굴러 떨어짐으로써 근로자가 위험해질 우려가 있는 경우에 조치하여야 할 사항과 거리가 먼 것은?

① 갓길의 붕괴 방지   ② 작업반경 유지
③ 지반의 부동침하 방지   ④ 도로 폭의 유지

해설 **차량계 건설기계 전도 등의 방지**
• 유도자 배치   • 지반의 부동침하 방지
• 갓길의 붕괴 방지   • 도로 폭의 유지

관련개념 CHAPTER 04 건설현장 안전시설 관리

103

지반에서 나타나는 보일링(Boiling) 현상의 직접적인 원인으로 볼 수 있는 것은?

① 굴착부와 배면부의 지하수위의 수두차
② 굴착부와 배면부의 흙의 중량차
③ 굴착부와 배면부의 흙의 함수비차
④ 굴착부와 배면부의 흙의 토압차

해설 **보일링(Boiling)**
투수성이 좋은 사질토 지반을 굴착할 때 흙막이벽 배면의 지하수위가 굴착저면보다 높을 때 굴착저면 위로 액상화된 모래가 솟아오르는 현상이다.

관련개념 CHAPTER 02 건설공사 위험성

104

건설업 산업안전보건관리비 계상 및 사용기준에 따른 안전관리비의 개인보호구 및 안전장구 구입비 항목에서 안전관리비로 사용이 가능한 경우는?

① 안전·보건관리자가 선임되지 않은 현장에서 안전·보건업무를 담당하는 현장관계자용 무전기, 카메라, 컴퓨터, 프린터 등 업무용 기기
② 혹한·혹서에 장기간 노출로 인해 건강장해를 일으킬 우려가 있는 경우 특정 근로자에게 지급되는 기능성 보호 장구
③ 근로자에게 일률적으로 지급하는 보냉·보온장구
④ 감리원이나 외부에서 방문하는 인사에게 지급하는 보호구

해설
※ 「건설업 산업안전보건관리비 계상 및 사용기준」이 개정됨에 따라 '안전관리비의 항목별 사용 불가내역'이 삭제되었습니다.

관련개념 CHAPTER 03 건설업 산업안전보건관리비 관리

105

강풍이 불어올 때 타워크레인의 운전 작업을 중지하여야 하는 순간풍속의 기준으로 옳은 것은?

① 순간풍속이 초당 10[m] 초과
② 순간풍속이 초당 15[m] 초과
③ 순간풍속이 초당 25[m] 초과
④ 순간풍속이 초당 30[m] 초과

해설 강풍 시 타워크레인의 작업 중지
순간풍속이 10[m/s]를 초과하는 경우 타워크레인의 설치·수리·점검 또는 해체 작업을 중지하여야 하며, 순간풍속이 15[m/s]를 초과하는 경우에는 타워크레인의 운전 작업을 중지하여야 한다.

관련개념 CHAPTER 06 공사 및 작업 종류별 안전

106

유해위험방지계획서 제출 대상 공사로 볼 수 없는 것은?

① 지상높이가 31[m] 이상인 건축물의 건설공사
② 터널건설공사
③ 깊이 10[m] 이상인 굴착공사
④ 교량의 전체 길이가 40[m] 이상인 교량공사

해설 유해위험방지계획서 제출대상 건설공사
• 지상높이가 31[m] 이상인 건축물 또는 인공구조물, 연면적 30,000[m²] 이상인 건축물 또는 연면적 5,000[m²] 이상의 문화 및 집회시설(전시장 및 동물원·식물원 제외), 판매시설, 운수시설(고속철도의 역사 및 집배송시설 제외), 종교시설, 의료시설 중 종합병원, 숙박시설 중 관광숙박시설, 지하도상가 또는 냉동·냉장 창고시설의 건설·개조 또는 해체(건설 등) 공사
• 연면적 5,000[m²] 이상의 냉동·냉장 창고시설의 설비공사 및 단열공사
• 최대 지간길이가 50[m] 이상인 다리의 건설 등 공사
• 터널의 건설 등 공사
• 다목적댐, 발전용댐, 저수용량 2천만 톤 이상의 용수 전용 댐 및 지방 상수도 전용 댐의 건설 등 공사
• 깊이가 10[m] 이상인 굴착공사

관련개념 CHAPTER 02 건설공사 위험성

107

추락의 위험이 있는 개구부에 대한 방호조치와 거리가 먼 것은?

① 안전난간, 울타리, 수직형 추락방망 등으로 방호조치를 한다.
② 충분한 강도를 가진 구조의 덮개를 뒤집히거나 떨어지지 않도록 설치한다.
③ 어두운 장소에서도 식별이 가능한 개구부 주의 표지를 부착한다.
④ 폭 30[cm] 이상의 발판을 설치한다.

해설 작업발판은 개구부에 대한 방호조치 사항이 아니다.

관련개념 CHAPTER 04 건설현장 안전시설 관리

108

다음은 「산업안전보건법령」에 따른 달비계를 설치하는 경우에 준수해야 할 사항이다. (   )에 들어갈 내용으로 옳은 것은?

| 작업발판은 폭을 (   ) 이상으로 하고 틈새가 없도록 할 것 |

① 15[cm] ② 20[cm]
③ 40[cm] ④ 60[cm]

해설 달비계의 작업발판은 폭을 40[cm] 이상으로 하고 틈새가 없도록 하여야 한다.

관련개념 CHAPTER 05 비계 · 거푸집 가시설 위험방지

109

콘크리트 타설작업 시 안전에 대한 유의사항으로 옳지 않은 것은?

① 콘크리트를 치는 도중에는 지보공 · 거푸집 등의 이상 유무를 확인한다.
② 높은 곳으로부터 콘크리트를 타설할 때는 호퍼로 받아 거푸집 내에 꽂아 넣는 슈트를 통해서 부어 넣어야 한다.
③ 진동기를 가능한 한 많이 사용할수록 거푸집에 작용하는 측압상 안전하다.
④ 콘크리트를 한곳에만 치우쳐서 타설하지 않도록 주의한다.

해설 진동기는 적절히 사용되어야 하며, 지나친 진동은 거푸집 붕괴의 원인이 될 수 있으므로 주의하여야 한다.

관련개념 CHAPTER 06 공사 및 작업 종류별 안전

110

가설통로의 설치기준으로 옳지 않은 것은?

① 추락할 위험이 있는 장소에는 안전난간을 설치할 것
② 경사가 10°를 초과하는 경우에는 미끄러지지 아니하는 구조로 할 것
③ 경사는 30° 이하로 할 것
④ 건설공사에 사용하는 높이 8[m] 이상인 비계다리에는 7[m] 이내마다 계단참을 설치할 것

해설 **가설통로 설치 시 준수 사항**
• 견고한 구조로 할 것
• 경사는 30° 이하로 할 것
• 경사가 15°를 초과하는 경우에는 미끄러지지 아니하는 구조로 할 것
• 추락할 위험이 있는 장소에는 안전난간을 설치할 것
• 수직갱에 가설된 통로의 길이가 15[m] 이상인 경우에는 10[m] 이내마다 계단참을 설치할 것
• 건설공사에 사용하는 높이 8[m] 이상인 비계다리에는 7[m] 이내마다 계단참을 설치할 것

관련개념 CHAPTER 05 비계 · 거푸집 가시설 위험방지

111

취급 · 운반의 원칙으로 옳지 않은 것은?

① 곡선운반을 할 것
② 운반작업을 집중화할 것
③ 생산을 최고로 하는 운반을 생각할 것
④ 연속운반을 할 것

해설 **취급, 운반의 5원칙**
• 직선운반을 할 것
• 연속운반을 할 것
• 운반작업을 집중화시킬 것
• 생산을 최고로 하는 운반을 생각할 것
• 시간과 경비를 최대한 절약할 수 있는 운반방법을 고려할 것

관련개념 CHAPTER 06 공사 및 작업 종류별 안전

112

로프길이 2[m]인 안전대를 착용한 근로자가 추락으로 인한 부상을 당하지 않기 위한 지면으로부터 안전대 고정점까지의 높이(H)의 기준으로 옳은 것은?(단, 로프의 신율 30[%], 근로자의 신장 180[cm]이다.)

① H>1.5[m]   ② H>2.5[m]

③ H>3.5[m]   ④ H>4.5[m]

해설 **최하사점 공식**

$H>h=$로프의 길이+로프의 신장길이+작업자의 키의 $\frac{1}{2}$

$\qquad =2+2\times0.3+1.8\times\frac{1}{2}=3.5[m]$

여기서, H : 로프지지 위치에서 바닥면까지의 거리

$\quad\quad h$: 추락 시 로프지지 위치에서 신체 최하사점까지의 거리

관련개념 CHAPTER 04 건설현장 안전시설 관리

113

터널 지보공을 조립하거나 변경하는 경우에 조치하여야 하는 사항으로 옳지 않은 것은?

① 목재의 터널 지보공은 그 터널 지보공의 각 부재에 작용하는 긴압 정도를 체크하여 그 정도가 최대한 차이나도록 한다.

② 강(鋼)아치 지보공의 조립은 연결볼트 및 띠장 등을 사용하여 주재 상호 간을 튼튼하게 연결할 것

③ 기둥에는 침하를 방지하기 위하여 받침목을 사용하는 등의 조치를 할 것

④ 주재(主材)를 구성하는 1세트의 부재는 동일 평면 내에 배치할 것

해설 터널 지보공을 조립하거나 변경하는 경우 목재의 터널 지보공은 그 터널 지보공 각 부재의 긴압 정도가 균등하게 되도록 하여야 한다.

관련개념 CHAPTER 05 비계·거푸집 가시설 위험방지

114

흙의 간극비를 나타낸 식으로 옳은 것은?

① $R=\dfrac{(공기+물)의\ 체적}{(흙+물의\ 체적)}$

② $R=\dfrac{(공기+물)의\ 체적}{흙의\ 체적}$

③ $R=\dfrac{물의\ 체적}{(물+흙)의\ 체적}$

④ $R=\dfrac{(공기+물)의\ 체적}{(공기+흙+물)의\ 체적}$

해설 흙의 간극비=$\dfrac{(공기+물)의\ 체적}{흙의\ 체적}$

관련개념 CHAPTER 01 건설공사 안전개요

115

개착식 흙막이벽의 계측 내용에 해당되지 않는 것은?

① 경사측정   ② 지하수위 측정

③ 변형률 측정   ④ 내공변위 측정

해설 내공변위 측정은 터널의 계측관리에 해당한다.

관련개념 CHAPTER 05 비계·거푸집 가시설 위험방지

116

철골기둥, 빔 및 트러스 등의 철골구조물을 일체화 또는 지상에서 조립하는 이유로 가장 타당한 것은?

① 고소작업의 감소   ② 화기사용의 감소

③ 구조체 강성 증가   ④ 운반물량의 감소

해설 지붕트러스의 일체화 또는 지상에서 조립하는 경우 고소작업을 최소화할 수 있다.

관련개념 CHAPTER 04 건설현장 안전시설 관리

117

강관틀비계를 조립하여 사용하는 경우 준수해야 하는 사항으로 옳지 않은 것은?

① 길이가 띠장 방향으로 4[m] 이하이고 높이가 10[m]를 초과하는 경우에는 10[m] 이내마다 띠장 방향으로 버팀기둥을 설치할 것
② 높이가 20[m]를 초과하거나 중량물의 적재를 수반하는 작업을 할 경우에는 주틀 간의 간격을 1.8[m] 이하로 할 것
③ 주틀 간에 교차가새를 설치하고 최상층 및 10층 이내마다 수평재를 설치할 것
④ 수직 방향으로 6[m], 수평 방향으로 8[m] 이내마다 벽이음을 할 것

해설 강관틀비계를 조립하여 사용하는 경우 주틀 간에 교차가새를 설치하고 최상층 및 5층 이내마다 수평재를 설치하여야 한다.

관련개념 CHAPTER 05 비계·거푸집 가시설 위험방지

118

사면보호 공법 중 구조물에 의한 보호공법에 해당되지 않는 것은?

① 식생공
② 블록공
③ 돌쌓기공
④ 현장타설 콘크리트 격자공

해설 식생구멍공은 구조물에 의한 보호공법이 아닌 수목 등을 활용한 식생공법에 해당된다.

관련개념 CHAPTER 04 건설현장 안전시설 관리

119

부두·안벽 등 하역작업을 하는 장소에서 부두 또는 안벽의 선을 따라 통로를 설치하는 경우에는 그 폭을 최소 얼마 이상으로 하여야 하는가?

① 80[cm]
② 90[cm]
③ 100[cm]
④ 120[cm]

해설 부두·안벽 등 하역작업을 하는 장소에 부두 또는 안벽의 선을 따라 통로를 설치하는 경우에는 폭을 90[cm] 이상으로 하여야 한다.

관련개념 CHAPTER 06 공사 및 작업 종류별 안전

120

다음 중 압쇄기를 사용하여 건물 해체 시 그 순서로 옳은 것은?

┤보기├
A: 보   B: 기둥   C: 슬래브   D: 벽체

① A－B－C－D
② A－C－B－D
③ C－A－D－B
④ D－C－B－A

해설 압쇄기의 파쇄작업 순서는 슬래브, 보, 벽체, 기둥의 순서로 해체한다.

관련개념 CHAPTER 06 공사 및 작업 종류별 안전

산업재해 예방 및 안전보건교육

001

재해사례 연구의 진행순서로 옳은 것은?

① 재해 상황 파악 → 사실의 확인 → 문제점 발견 → 근본적 문제점 결정 → 대책 수립

② 사실의 확인 → 재해 상황 파악 → 문제점 발견 → 근본적 문제점 결정 → 대책 수립

③ 재해 상황 파악 → 사실의 확인 → 근본적 문제점 결정 → 문제점 발견 → 대책 수립

④ 사실의 확인 → 재해 상황 파악 → 근본적 문제점 결정 → 문제점 발견 → 대책 수립

해설 **재해사례연구**

㉠ 1단계: 사실의 확인(사람, 물건, 관리, 재해발생까지의 경과)

㉡ 2단계: 직접 원인과 문제점의 발견

㉢ 3단계: 근본적 문제점의 결정

㉣ 4단계: 대책 수립

관련개념 SUBJECT 03 기계·기구 및 설비 안전관리
CHAPTER 02 기계분야 산업재해 조사 및 관리

002

유기화합물용 방독마스크의 시험가스가 아닌 것은?

① 염소 증기

② 디메틸에테르(CH_3OCH_3)

③ 시클로헥산(C_6H_{12})

④ 이소부탄(C_4H_{10})

해설 **방독마스크의 종류 및 시험가스**

종류	시험가스	정화통 흡수제 (정화제)
유기화합물용	시클로헥산(C_6H_{12})	활성탄
	디메틸에테르(CH_3OCH_3)	
	이소부탄(C_4H_{10})	
할로겐용	염소가스 또는 증기(Cl_2)	소다라임, 활성탄

관련개념 CHAPTER 02 안전보호구 관리

003

「산업안전보건법령」에 따른 특정행위의 지시 및 사실의 고지에 사용되는 안전보건표지의 색도기준으로 옳은 것은?

① 2.5G 4/10

② 2.5PB 4/10

③ 5Y 8.5/12

④ 7.5R 4/14

해설 **안전보건표지의 색도기준 및 용도**

색채	색도기준	용도	사용 예
파란색	2.5PB 4/10	지시	특정 행위의 지시 및 사실의 고지
녹색	2.5G 4/10	안내	비상구 및 피난소, 사람 또는 차량의 통행표지
흰색	N9.5		파란색 또는 녹색에 대한 보조색

관련개념 CHAPTER 02 안전보호구 관리

004

안전교육의 학습경험 선정원리에 해당되지 않는 것은?

① 계속성의 원리
② 가능성의 원리
③ 동기유발의 원리
④ 다목적 달성의 원리

해설 계속성의 원리는 학습경험 조직원리에 해당한다.

관련개념 CHAPTER 05 안전보건교육의 내용 및 방법

005

집단에서의 인간관계 메커니즘(Mechanism)과 가장 거리가 먼 것은?

① 모방, 암시
② 분열, 강박
③ 동일화, 일체화
④ 커뮤니케이션, 공감

해설 인간관계 메커니즘
· 동일화(Identification)
· 투사(Projection)
· 커뮤니케이션(Communication)
· 모방(Imitation)
· 암시(Suggestion)

관련개념 CHAPTER 04 인간의 행동과학

006

「산업안전보건법령」에 따라 사업주가 사업장에서 중대재해가 발생한 사실을 알게 된 경우 관할 지방고용노동관서의 장에게 보고하여야 하는 시기로 옳은 것은?(단, 천재지변 등 부득이한 사유가 발생한 경우는 제외한다.)

① 지체 없이
② 12시간 이내
③ 24시간 이내
④ 48시간 이내

해설 중대재해 발생 보고
사업주는 중대재해가 발생한 사실을 알게 된 경우에는 지체 없이 다음의 사항을 관할 지방고용노동관서의 장에게 전화 · 팩스 또는 그 밖의 적절한 방법으로 보고하여야 한다.
· 발생 개요 및 피해 상황
· 조치 및 전망
· 그 밖의 중요한 사항

관련개념 SUBJECT 03 기계 · 기구 및 설비 안전관리
CHAPTER 02 기계분야 산업재해 조사 및 관리

007

「산업안전보건법령」에 따른 근로자 안전보건교육 중 근로자 정기안전보건교육의 교육내용에 해당하지 않는 것은?

① 건강증진 및 질병 예방에 관한 사항
② 산업보건 및 직업병 예방에 관한 사항
③ 유해 · 위험 작업환경 관리에 관한 사항
④ 작업공정의 유해 · 위험과 재해 예방대책에 관한 사항

해설 작업공정의 유해 · 위험과 재해 예방대책에 관한 사항은 관리감독자의 정기안전보건교육내용이다.

관련개념 CHAPTER 05 안전보건교육의 내용 및 방법

008

산업재해 기록 · 분류에 관한 지침에 따른 분류기준 중 다음의 (   ) 안에 들어갈 내용으로 알맞은 것은?

> 재해자가 넘어짐으로 인하여 기계의 동력 전달부위 등에 끼이는 사고가 발생하여 신체부위가 절단되는 경우는 (   )으로 분류한다.

① 넘어짐
② 끼임
③ 깔림
④ 절단

해설 끼임(협착)
· 두 물체 사이의 움직임에 의하여 일어난 것으로 직선 운동하는 물체 사이의 끼임
· 회전부와 고정체 사이의 끼임
· 롤러 등 회전체 사이에 물리거나 또는 회전체 · 돌기부 등에 감긴 경우

관련개념 SUBJECT 03 기계 · 기구 및 설비 안전관리
CHAPTER 02 기계분야 산업재해 조사 및 관리

009

최대사용전압이 교류(실횻값) 500[V] 또는 직류 750[V]인 내전압용 절연장갑의 등급은?

① 00
② 0
③ 1
④ 2

해설 절연장갑의 등급 및 색상

등급	최대사용전압		색상
	교류[V, 실횻값]	직류[V]	
00	500	750	갈색
0	1,000	1,500	빨간색
1	7,500	11,250	흰색
2	17,000	25,500	노란색
3	26,500	39,750	녹색
4	36,000	54,000	등색

관련개념 CHAPTER 02 안전보호구 관리

010

안전교육 중 프로그램 학습법의 장점이 아닌 것은?

① 학습자의 학습과정을 쉽게 알 수 있다.
② 여러 가지 수업 매체를 동시에 다양하게 활용할 수 있다.
③ 지능, 학습속도 등 개인차를 충분히 고려할 수 있다.
④ 매 반응마다 피드백이 주어지기 때문에 학습자가 흥미를 가질 수 있다.

해설 프로그램 학습법(Programmed Self-instruction Method)
학습자가 프로그램을 통해 단독으로 학습하는 방법으로 여러 가지 수업 매체를 활용하는 데 한계가 있고, 개발된 프로그램은 변경이 어렵다.

관련개념 CHAPTER 05 안전보건교육의 내용 및 방법

011

관리 그리드 이론에서 인간관계 유지에는 낮은 관심을 보이지만 과업에 대해서는 높은 관심을 가지는 리더십의 유형은?

① (1,1)형
② (1,9)형
③ (9,1)형
④ (9,9)형

해설 과업형(9, 1)
생산에 대한 관심은 매우 높지만 인간에 대한 관심은 매우 낮아서 인간적인 요소보다도 과업수행에 대한 능력을 중요시하는 리더 유형이다.
관리 그리드(Managerial Grid)
· 무관심형(1, 1)
· 인기형(1, 9)
· 과업형(9, 1)
· 타협형(5, 5)
· 이상형(9, 9)

관련개념 CHAPTER 04 인간의 행동과학

012

「산업안전보건법령」에 따른 안전보건관리규정에 포함되어야 할 세부 내용이 아닌 것은?

① 위험성 감소대책 수립 및 시행에 관한 사항
② 하도급 사업장에 대한 안전 · 보건관리에 관한 사항
③ 질병자의 근로 금지 및 취업 제한 등에 관한 사항
④ 물질안전보건자료에 관한 사항

해설 물질안전보건자료에 관한 사항은 안전보건관리규정의 세부 내용에 포함되지 않는다. 안전보건관리규정에 포함될 세부 내용은 「산업안전보건법 시행규칙」 [별표 3]에 규정되어 있고, ①~③이 모두 포함된다.

관련개념 CHAPTER 01 산업재해예방 계획 수립

013

안전교육 방법의 4단계의 순서로 옳은 것은?

① 도입 → 확인 → 적용 → 제시
② 도입 → 제시 → 적용 → 확인
③ 제시 → 도입 → 적용 → 확인
④ 제시 → 확인 → 도입 → 적용

해설 **교육법의 4단계**
㉠ 1단계: 도입 — 학습할 준비를 시킨다.(배우고자 하는 마음가짐을 일으키는 단계)
㉡ 2단계: 제시 — 작업을 설명한다.(내용을 확실하게 이해시키고 납득시키는 단계)
㉢ 3단계: 적용 — 작업을 지휘한다.(이해시킨 내용을 활용시키거나 응용시키는 단계)
㉣ 4단계: 확인 — 가르친 뒤 살펴본다.(교육내용을 정확하게 이해하였는가를 평가하는 단계)

관련개념 CHAPTER 05 안전보건교육의 내용 및 방법

014

OJT(On the Job Training)의 특징에 대한 설명으로 옳은 것은?

① 특별한 교재 · 교구 · 설비 등을 이용하는 것이 가능하다.
② 외부의 전문가를 위촉하여 전문교육을 실시할 수 있다.
③ 직장의 실정에 맞는 구체적이고 실제적인 지도 교육이 가능하다.
④ 다수의 근로자들에게 조직적 훈련이 가능하다.

해설 직장의 실정에 맞는 실제적인 교육이 가능한 것은 OJT의 장점이다.
OJT(직장 내 교육훈련)
직속상사가 직장 내에서 작업표준을 가지고 업무상의 개별교육이나 지도훈련을 하는 것으로 개별교육에 적합하다.
• 개개인에게 적절한 지도훈련이 가능하다.
• 직장의 실정에 맞게 실제적 훈련이 가능하다.
• 효과가 곧 업무에 나타나며 훈련의 좋고 나쁨에 따라 개선이 쉽다.
• 직장의 직속상사에 의한 교육이 가능하고, 훈련 효과에 의해 서로의 신뢰 및 이해도가 높아진다.

관련개념 CHAPTER 05 안전보건교육의 내용 및 방법

015

부주의에 대한 사고방지대책 중 기능 및 작업 측면의 대책이 아닌 것은?

① 작업표준의 습관화   ② 적성 배치
③ 안전의식의 제고   ④ 작업조건의 개선

해설 안전의식의 제고는 정신적 측면에 대한 대책이다.
관련개념 CHAPTER 04 인간의 행동과학

016

버드(Bird)의 신연쇄성 이론 중 재해발생의 근원적 원인에 해당하는 것은?

① 상해 발생   ② 징후 발생
③ 접촉 발생   ④ 관리의 부족

해설 **버드(Frank Bird)의 신도미노 이론**
㉠ 1단계: 통제의 부족(관리 소홀) → 재해발생의 근원적 요인
㉡ 2단계: 기본 원인(기원) → 개인적 또는 과업과 관련된 요인
㉢ 3단계: 직접 원인(징후) → 불안전한 행동 및 불안전한 상태
㉣ 4단계: 사고(접촉)
㉤ 5단계: 상해(손해)

관련개념 CHAPTER 01 산업재해예방 계획 수립

017

「산업안전보건법령」상 안전검사대상 유해 · 위험기계 등에 해당하는 것은?

① 정격 하중이 2톤 미만인 크레인
② 이동식 국소 배기장치
③ 밀폐형 구조 롤러기
④ 산업용 원심기

해설 원심기 중 산업용 원심기만 안전검사대상에 해당한다.

관련개념 SUBJECT 03 기계 · 기구 및 설비 안전관리
CHAPTER 02 기계분야 산업재해 조사 및 관리

018

브레인스토밍(Brain-storming) 기법의 4원칙에 관한 설명으로 옳은 것은?

① 주제와 관련이 없는 내용은 발표할 수 없다.
② 동료의 의견에 대하여 좋고 나쁨을 평가한다.
③ 발표 순서를 정하고, 동일한 발표기회를 부여한다.
④ 타인의 의견에 대하여는 수정하여 발표할 수 있다.

해설 브레인스토밍(Brain Storming)
• 비판금지: "좋다, 나쁘다" 등의 비평을 하지 않는다.
• 자유분방: 자유로운 분위기에서 발표한다.
• 대량발언: 무엇이든지 좋으니 많이 발언한다.
• 수정발언: 자유자재로 변하는 아이디어를 개발한다.(타인 의견의 수정 발언)

관련개념 CHAPTER 01 산업재해예방 계획 수립

019

연간 근로자 수가 1,000명인 공장의 도수율이 10인 경우 이 공장에서 연간 발생한 재해건수는 몇 건인가?

① 20건
② 22건
③ 24건
④ 26건

해설 도수율 $= \dfrac{\text{재해건수}}{\text{연근로시간 수}} \times 1,000,000$ 이므로

재해건수 $= \dfrac{\text{도수율} \times \text{연근로시간 수}}{1,000,000} = \dfrac{10 \times (1,000 \times 2,400)}{1,000,000} = 24$건

※ 문제에서 연근로시간 수가 주어지지 않았으므로 1일 근로시간(8시간) × 1년(300일)=2,400시간으로 산정한다.

관련개념 SUBJECT 03 기계·기구 및 설비 안전관리
CHAPTER 02 기계분야 산업재해 조사 및 관리

020

주의의 특성에 해당되지 않는 것은?

① 선택성
② 변동성
③ 가능성
④ 방향성

해설 주의의 특성
선택성, 방향성, 변동성

관련개념 CHAPTER 04 인간의 행동과학

인간공학 및 위험성평가 · 관리

021

섬유유연제 생산 공정이 복잡하게 연결되어 있어 작업자의 불안전한 행동을 유발하는 상황이 발생하고 있다. 이것을 해결하기 위한 위험처리 기술에 해당하지 않는 것은?

① Transfer(위험 전가)
② Retention(위험 보류)
③ Reduction(위험 감축)
④ Rearrange(작업순서의 변경 및 재배열)

해설 리스크(Risk) 통제방법(조정기술)
• 회피(Avoidance)
• 경감, 감축(Reduction)
• 보류(Retention)
• 전가(Transfer)

관련개념 CHAPTER 02 위험성 파악·결정

022

고용노동부 고시의 근골격계부담작업의 범위에서 근골격계부담작업에 대한 설명으로 틀린 것은?

① 하루에 10회 이상 25[kg] 이상의 물체를 드는 작업
② 하루에 총 2시간 이상 쪼그리고 앉거나 무릎을 굽힌 자세에서 이루어지는 작업
③ 하루에 총 2시간 이상 집중적으로 자료입력 등을 위해 키보드 또는 마우스를 조작하는 작업
④ 하루에 총 2시간 이상 지지되지 않은 상태에서 4.5[kg] 이상의 물건을 한 손으로 들거나 동일한 힘으로 쥐는 작업

해설 하루에 4시간 이상 집중적으로 자료입력 등을 위해 키보드 또는 마우스를 조작하는 작업이 근골격계부담작업에 해당한다.

관련개념 CHAPTER 04 근골격계질환 예방관리

2018년 3회

023

양립성(Compatibility)에 대한 설명 중 틀린 것은?

① 개념 양립성, 운동 양립성, 공간 양립성 등이 있다.
② 인간의 기대에 맞는 자극과 반응의 관계를 의미한다.
③ 양립성의 효과가 크면 클수록, 코딩의 시간이나 반응의 시간은 길어진다.
④ 양립성은 인간의 예상과 어느 정도 일치하는 것을 의미한다.

해설 **양립성(Compatibility)**
• 안전을 근원적으로 확보하기 위한 전략으로서 외부의 자극과 인간의 기대가 서로 모순되지 않아야 하는 것이고 제어장치와 표시장치 사이의 연관성이 인간의 예상과 어느 정도 일치하는가 여부이다.
• 공간적, 운동적, 개념적, 양식 양립성이 있다.

관련개념 CHAPTER 06 작업환경 관리

024

일반적으로 기계가 인간보다 우월한 기능에 해당되는 것은?(단, 인공지능은 제외한다.)

① 귀납적으로 추리한다.
② 원칙을 적용하여 다양한 문제를 해결한다.
③ 다양한 경험을 토대로 하여 의사 결정을 한다.
④ 명시된 절차에 따라 신속하고, 정량적인 정보처리를 한다.

해설 ①, ②, ③은 인간이 현존하는 기계를 능가하는 기능이다.
현존하는 기계가 인간을 능가하는 기능
• 인간의 정상적인 감지범위 밖에 있는 자극을 감지한다.
• 자극을 연역적(Deductive)으로 추리한다.
• 암호화(Coded)된 정보를 신속하게, 대량으로 보관한다.
• 명시된 절차에 따라 신속하고 정량적인 정보처리를 한다.
• 과부하 시에도 효율적으로 작동한다.

관련개념 CHAPTER 01 안전과 인간공학

025

정보처리과정에서 부적절한 분석이나 의사결정의 오류에 의하여 발생하는 행동은?

① 규칙에 기초한 행동(Rule-based Behavior)
② 기능에 기초한 행동(Skill-based Behavior)
③ 지식에 기초한 행동(Knowledge-based Behavior)
④ 무의식에 기초한 행동(Unconsciousness-based Behavior)

해설 추론 혹은 유추 과정에서 실패하여 오답을 찾은 경우에 해당하는 에러를 지식기반착오(Knowledge-based Behavior)라고 한다. 예를 들어, 외국에서 자동차를 운전할 때 그 나라 교통 표지판의 문자를 몰라서 교통 규칙을 위반하게 되는 경우의 에러이다.

관련개념 CHAPTER 01 안전과 인간공학

026

FTA를 수행함에 있어 기본사상들의 발생이 서로 독립인가 아닌가의 여부를 파악하기 위해서는 어느 값을 계산해 보는 것이 가장 적합한가?

① 공분산   ② 분산
③ 고장률   ④ 발생확률

해설 FTA 수행 시 기본사상 간의 독립 여부는 공분산으로 판단한다.

관련개념 CHAPTER 02 위험성 파악·결정

027

욕조곡선의 설명으로 맞는 것은?

① 마모고장 기간의 고장형태는 감소형이다.
② 디버깅(Debugging) 기간은 마모고장에 나타난다.
③ 부식 또는 산화로 인하여 초기고장이 일어난다.
④ 우발고장 기간에는 고장률이 비교적 낮고 일정한 현상이 나타난다.

해설 **우발고장(일정형)**
실제 사용하는 상태에서 발생하는 고장으로 예측할 수 없는 랜덤의 간격으로 생기는 고장이다. 고장률이 비교적 낮고 일정한 현상이 나타난다.

관련개념 CHAPTER 02 위험성 파악·결정

028

인간의 귀의 구조에 대한 설명으로 틀린 것은?

① 외이는 귓바퀴와 외이도로 구성된다.

② 고막은 중이와 내이의 경계부위에 위치해 있으며 음파를 진동으로 바꾼다.

③ 중이에는 인두와 교통하여 고실 내압을 조절하는 유스타키오관이 존재한다.

④ 내이는 신체의 평형감각수용기인 반규관과 청각을 담당하는 전정기관 및 와우로 구성되어 있다.

> **해설** **고막**
> · 외이와 중이의 경계에 위치하는 얇고 투명한 두께 0.1[mm]의 막이다.
> · 외이로부터 전달된 음파에 진동되어 내이로 전달하는 역할을 한다.

관련개념 CHAPTER 06 작업환경 관리

029

「산업안전보건법령」에 따라 제출된 유해위험방지계획서의 심사 결과에 따른 구분판정결과에 해당하지 않는 것은?

① 적정   ② 일부 적정

③ 부적정   ④ 조건부 적정

> **해설** **유해위험방지계획서의 심사 결과**
> · 적정: 근로자의 안전과 보건을 위하여 필요한 조치가 구체적으로 확보되었다고 인정되는 경우
> · 조건부 적정: 근로자의 안전과 보건을 확보하기 위하여 일부 개선이 필요하다고 인정되는 경우
> · 부적정: 건설물·기계·기구 및 설비 또는 건설공사가 심사기준에 위반되어 공사착공 시 중대한 위험이 발생할 우려가 있거나 해당 계획에 근본적 결함이 있다고 인정되는 경우

관련개념 CHAPTER 02 위험성 파악·결정

030

시력에 대한 설명으로 맞는 것은?

① 배열시력(Vernier Acuity)－배경과 구별하여 탐지할 수 있는 최소의 점

② 동적시력(Dynamic Visual Acuity)－비슷한 두 물체가 다른 거리에 있다고 느껴지는 시차각의 최소차로 측정되는 시력

③ 입체시력(Stereoscopic Visual Acuity)－거리가 있는 한 물체에 대한 약간 다른 상이 두 눈의 망막에 맺힐 때 이것을 구별하는 능력

④ 최소지각시력(Minimum Perceptible Acuity)－하나의 수직선이 중간에서 끊겨 아래 부분이 옆으로 옮겨진 경우에 탐지할 수 있는 최소 측변방위

> **해설** **입체시력**
> 거리가 있는 한 물체와 거리가 약간 다른 상에 대해 원근을 파악하는 능력(거리가 다른 두 상의 거리 차이를 구별하는 능력)이다.
>
> **오답해설**
> ① 배열시력: 둘 혹은 그 이상의 물체들을 평면에 배열하여 놓고 그것이 일렬로 서 있는지 판별하는 능력이다.
> ② 동적시력: 움직이는 물체를 정확하고 빠르게 인지하는 능력이다.
> ④ 최소지각시력: 한 점을 분간하는 능력이다.

관련개념 CHAPTER 06 작업환경 관리

031

인간과 기계의 신뢰도가 인간 0.40, 기계 0.95인 경우, 병렬작업 시 전체 신뢰도는?

① 0.89   ② 0.92

③ 0.95   ④ 0.97

> **해설** 신뢰도$(R) = 1 - (1 - 0.40) \times (1 - 0.95) = 0.97$

관련개념 CHAPTER 01 안전과 인간공학

032

다음 그림의 결함수에서 최소 패스셋(Minimal Path Sets)과 그 신뢰도 R(t)는?(단, 각각의 부품 신뢰도는 0.9이다.)

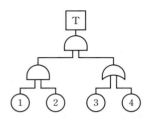

① 최소 패스셋: {1}, {2}, {3, 4}, R(t)=0.9081
② 최소 패스셋: {1}, {2}, {3, 4}, R(t)=0.9981
③ 최소 패스셋: {1, 2, 3}, {1, 2, 4}, R(t)=0.9081
④ 최소 패스셋: {1, 2, 3}, {1, 2, 4}, R(t)=0.9981

> **해설** **최소 패스셋(Minimal Path Sets)**
> - 정상사상이 일어나지 않는 기본사상의 집합 중 최소한의 셋을 말한다.
> - 최소 패스셋을 구할 때는 FT도의 AND 게이트와 OR 게이트를 반대로 나타내고 최소 컷셋을 구하면 된다.
>
> $T = \begin{pmatrix} 1 \\ 2 \\ 3, 4 \end{pmatrix}$ 이므로 최소 패스셋은 {1}, {2}, {3, 4}이다.
>
> - 고장확률 $= 0.1 \times 0.1 \times \{1 - (1 - 0.1) \times (1 - 0.1)\} = 0.0019$ 이므로
>   신뢰도 $R(t) = 1 -$ 고장확률 $= 1 - 0.0019 = 0.9981$

> **관련개념** CHAPTER 02 위험성 파악 · 결정

033

3개 공정의 소음수준 측정 결과 1공정은 100[dB]에서 1시간, 2공정은 95[dB]에서 1시간, 3공정은 90[dB]에서 1시간이 소요될 때 총소음량(TND)과 소음설계의 적합성을 맞게 나열한 것은?(단, 90[dB]에 8시간 노출될 때를 허용기준으로 하며, 5[dB] 증가할 때 허용시간은 1/2로 감소되는 법칙을 적용한다.)

① TND=0.785, 적합   ② TND=0.875, 적합
③ TND=0.985, 적합   ④ TND=1.085, 부적합

> **해설** **소음 정도에 따른 허용기준**
> 90[dB]에 8시간 노출될 때를 허용기준으로 하며 5[dB] 증가할 때마다 허용시간은 $\frac{1}{2}$로 감소한다.
>
> | 소음 음압[dB] | 90 | 95 | 100 | 105 |
> | --- | --- | --- | --- | --- |
> | 노출시간[시간] | 8 | 4 | 2 | 1 |
>
> 소음량 $= \dfrac{\text{실제노출시간}}{\text{최대허용시간}}$ 이므로
>
> 총소음량 $= \dfrac{1}{2} + \dfrac{1}{4} + \dfrac{1}{8} = 0.875$로 1보다 작아 적합하다.

> **관련개념** CHAPTER 06 작업환경 관리

034

다음 그림에서 시스템 위험분석 기법 중 PHA(예비위험분석)가 실행되는 사이클의 영역으로 맞는 것은?

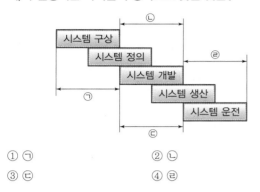

① ㉠
② ㉡
③ ㉢
④ ㉣

해설 시스템 수명주기에서의 PHA

오답해설
㉡은 결함위험분석(FHA), ㉢은 위험성 및 운전성 검토(HAZOP) 또는 고장형태와 영향분석법(FMEA), ㉣은 평가시점이다.

관련개념 CHAPTER 02 위험성 파악 · 결정

035

인간공학적 의자설계의 원리로 가장 적합하지 않은 것은?

① 자세고정을 줄인다.
② 요부측만을 촉진한다.
③ 디스크 압력을 줄인다.
④ 등근육의 정적 부하를 줄인다.

해설 의자설계 시 등받이는 요추 전만(앞으로 굽힘)자세를 유지하며, 추간판의 압력 및 등근육의 정적부하를 감소시킬 수 있도록 설계한다.

관련개념 CHAPTER 06 작업환경 관리

036

FTA에서 사용되는 논리게이트 중 입력과 반대되는 현상으로 출력되는 것은?

① 부정 게이트
② 억제 게이트
③ 배타적 OR 게이트
④ 우선적 AND 게이트

해설

기호	명칭	설명
$\overline{A}$	부정 게이트 (NOT 게이트)	부정 모디파이어(Not modifier)라고도 하며, 입력현상에 반대되는 출력사상이 발생

관련개념 CHAPTER 02 위험성 파악 · 결정

037

인간공학에 있어 기본적인 가정에 관한 설명으로 틀린 것은?

① 인간 기능의 효율은 인간−기계 시스템의 효율과 연계된다.
② 인간에게 적절한 동기부여가 된다면 좀 더 나은 성과를 얻게 된다.
③ 개인이 시스템에서 효과적으로 기능을 하지 못하여도 시스템의 수행도는 변함없다.
④ 장비, 물건, 환경 특성이 인간의 수행도와 인간−기계 시스템의 성과에 영향을 준다.

해설 인간공학
인간의 신체적, 정신적 능력 한계를 고려해 기계, 기구, 환경 등의 물적인 조건을 인간과 잘 조화하도록 설계하는 것으로 개인이 시스템에서 효과적으로 기능을 하지 못하면 시스템의 수행도는 낮아진다.

관련개념 CHAPTER 01 안전과 인간공학

038

안전성 평가의 기본원칙 6단계에 해당되지 않는 것은?

① 안전대책
② 정성적 평가
③ 작업환경 평가
④ 관계 자료의 정비검토

해설 **안전성 평가 6단계**
㉠ 제1단계: 관계 자료의 정비검토
㉡ 제2단계: 정성적 평가
㉢ 제3단계: 정량적 평가
㉣ 제4단계: 안전대책 수립
㉤ 제5단계: 재해정보에 의한 재평가
㉥ 제6단계: FTA에 의한 재평가

관련개념 CHAPTER 02 위험성 파악·결정

039

소음 발생에 있어 음원에 대한 대책으로 볼 수 없는 것은?

① 설비의 격리
② 적절한 재배치
③ 저소음 설비 사용
④ 귀마개 및 귀덮개 사용

해설 귀마개 및 귀덮개 사용은 음원에 대한 대책이 아닌 작업자에 대한 대책에 해당한다.
소음을 통제하는 방법(소음대책)
· 소음원의 통제
· 소음의 격리
· 차폐장치 및 흡음재 사용
· 음향처리제 사용
· 적절한 배치

관련개념 CHAPTER 06 작업환경 관리

040

다음 내용의 (   ) 안에 들어갈 내용을 순서대로 정리한 것은?

> 근섬유의 수축단위는 (A)(이)라 하는데 이것은 두 가지 기본형의 단백질 필라멘트로 구성되어 있으며, (B)이(가) (C) 사이로 미끄러져 들어가는 현상으로 근육의 수축을 설명하기도 한다.

① A: 근막, B: 마이오신, C: 액틴
② A: 근막, B: 액틴, C: 마이오신
③ A: 근원섬유, B: 근막, C: 근섬유
④ A: 근원섬유, B: 액틴, C: 마이오신

해설 근섬유의 수축단위는 근원섬유(근육원섬유)라고 하며, 근육 수축 시 액틴 필라멘트가 마이오신 사이로 미끄러져 들어간다.

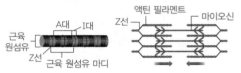

관련개념 CHAPTER 06 작업환경 관리

기계·기구 및 설비 안전관리

041

프레스기를 사용하여 작업을 할 때 작업시작 전 점검사항으로 틀린 것은?

① 클러치 및 브레이크의 기능
② 압력방출장치의 기능
③ 크랭크축·플라이휠·슬라이드·연결봉 및 연결나사의 풀림 여부
④ 금형 및 고정볼트의 상태

해설 압력방출장치의 기능은 공기압축기를 가동할 때 작업시작 전 점검사항이다.

프레스 작업시작 전 점검사항
• 클러치 및 브레이크의 기능
• 크랭크축·플라이휠·슬라이드·연결봉 및 연결 나사의 풀림 여부
• 1행정 1정지기구·급정지장치 및 비상정지장치의 기능
• 슬라이드 또는 칼날에 의한 위험방지 기구의 기능
• 프레스의 금형 및 고정볼트 상태
• 방호장치의 기능
• 전단기의 칼날 및 테이블의 상태

관련개념 CHAPTER 02 기계분야 산업재해 조사 및 관리

042

어떤 양중기에서 3,000[kg]의 질량을 가진 물체를 한쪽이 45°인 각도로 그림과 같이 2개의 와이어로프로 직접 들어 올릴 때, 안전율이 고려된 가장 적절한 와이어로프 지름을 표에서 구하면?(단, 안전율은 「산업안전보건법령」을 따르고, 두 와이어로프의 지름은 동일하며, 기준을 만족하는 가장 작은 지름을 선정한다.)

와이어로프 지름 및 절단강도

와이어로프 지름[mm]	절단강도[kN]
10	56
12	88
14	110
16	144

① 10[mm]
② 12[mm]
③ 14[mm]
④ 16[mm]

해설 와이어로프 하나에 걸리는 하중

$$T = \frac{\frac{w}{2}}{\cos\frac{\theta}{2}} = \frac{1,500}{\cos 45°} = 2,121[kg] = 20,790[N] = 20.79[kN]$$

여기서, w: 물체의 무게

θ: 와이어로프 상부의 각도

화물의 하중을 직접 지지하는 와이어로프의 경우 안전율은 5 이상이므로 $20.79 \times 5 = 103.95[kN]$ 이상의 절단강도를 가진 와이어로프 중 가장 작은 지름인 14[mm]가 가장 적절하다.

관련개념 CHAPTER 06 운반기계 및 양중기

043

다음 중 선반에서 사용하는 바이트와 관련된 방호장치는?

① 심압대   ② 터릿
③ 칩 브레이커   ④ 주축대

해설 **선반의 안전장치**
- **칩 브레이커**(Chip Breaker): 칩이 짧게 끊어지도록 하는 장치
- 덮개(Shield): 가공재료의 칩이나 절삭유 등이 비산되어 나오는 위험으로부터 작업자의 보호를 위해 이동이 가능한 장치
- 브레이크(Brake): 가공 작업 중 선반을 급정지시킬 수 있는 장치
- 척 커버(Chuck Cover)

관련개념 CHAPTER 03 공작기계의 안전

044

다음 중 금형 설치·해체작업의 일반적인 안전사항으로 틀린 것은?

① 금형을 설치하는 프레스의 T홈 안길이는 설치볼트 직경 이하로 한다.
② 금형의 설치용구는 프레스의 구조에 적합한 형태로 한다.
③ 고정볼트는 고정 후 가능하면 나사산을 3~4개 정도 짧게 남겨 슬라이드 면과의 사이에 협착이 발생하지 않도록 해야 한다.
④ 금형 고정용 브래킷(물림판)을 고정할 때 고정용 브래킷은 수평이 되게 하고, 고정볼트는 수직이 되게 고정하여야 한다.

해설 금형의 탈착 시 금형을 설치하는 프레스의 T홈 안길이는 설치볼트 직경의 2배 이상으로 한다.

관련개념 CHAPTER 04 프레스 및 전단기의 안전

045

휴대용 동력 드릴의 사용 시 주의해야 할 사항에 대한 설명으로 옳지 않은 것은?

① 드릴작업 시 과도한 진동을 일으키면 즉시 작업을 중단한다.
② 드릴이나 리머를 고정하거나 제거할 때는 금속성 망치 등을 사용한다.
③ 절삭하기 위하여 구멍에 드릴날을 넣거나 뺄 때는 팔을 드릴과 직선이 되도록 한다.
④ 작업 중에는 드릴을 구멍에 맞추거나 하기 위해서 드릴날을 손으로 잡아서는 안 된다.

해설 휴대용 동력 드릴작업 중 드릴이나 리머를 고정하거나 제거 할 때 공구를 사용하고, 해머 등으로 두드려서는 안 된다.

관련개념 CHAPTER 03 공작기계의 안전

046

연삭기 덮개의 개구부 각도가 그림과 같이 150° 이하여야 하는 연삭기의 종류로 옳은 것은?

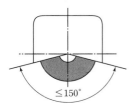

① 센터리스 연삭기   ② 탁상용 연삭기
③ 내면 연삭기   ④ 평면 연삭기

해설 **연삭기 안전덮개의 노출각도**
- 탁상용 연삭기
  - 일반 연삭작업 등에 사용하는 것을 목적으로 하는 경우: 125° 이내
  - 연삭숫돌의 상부사용을 목적으로 하는 경우: 60° 이내
- 원통 연삭기, 만능 연삭기 등: 180° 이내
- 휴대용 연삭기, 스윙(Swing) 연삭기 등: 180° 이내
- **평면 연삭기**, 절단 연삭기 등: 150° 이내

관련개념 CHAPTER 03 공작기계의 안전

047

침투탐상검사에서 일반적인 작업순서로 옳은 것은?

① 전처리 → 침투처리 → 세척처리 → 현상처리 → 관찰 → 후처리

② 전처리 → 세척처리 → 침투처리 → 현상처리 → 관찰 → 후처리

③ 전처리 → 현상처리 → 침투처리 → 세척처리 → 관찰 → 후처리

④ 전처리 → 침투처리 → 현상처리 → 세척처리 → 관찰 → 후처리

해설 **침투탐상시험법의 시험순서**

전처리 → 침투처리 → 세척처리 → 현상처리 → 관찰 → 후처리

관련개념 CHAPTER 07 설비진단 및 검사

048

방호장치를 분류할 때는 크게 위험장소에 대한 방호장치와 위험원에 대한 방호장치로 구분할 수 있는데, 다음 중 위험장소에 대한 방호장치가 아닌 것은?

① 격리형 방호장치
② 접근거부형 방호장치
③ 접근반응형 방호장치
④ 포집형 방호장치

해설 **포집형 방호장치**

목재가공기의 반발예방장치와 같이 위험장소에 설치하여 위험원이 비산하거나 튀는 것을 방지하는 등 작업자로부터 위험원을 차단하는 방호장치이다.

관련개념 CHAPTER 01 기계공정의 안전, 기계안전시설 관리

049

크레인의 로프에 질량 100[kg]인 물체를 5[m/s²]의 가속도로 감아올릴 때, 로프에 걸리는 하중은 약 몇 [N]인가?

① 500[N]
② 1,480[N]
③ 2,540[N]
④ 4,900[N]

해설 동하중 $=\dfrac{정하중}{중력가속도}\times가속도=\dfrac{100}{9.8}\times 5=51[kg]$

총 하중 = 정하중 + 동하중 = 100 + 51 = 151[kg]

하중[N] = 하중[kg] × 중력가속도 = 151 × 9.8 = 1,480[N]

※ 중력가속도가 문제에서 주어지지 않은 경우 9.8[m/s²]로 계산한다.

관련개념 CHAPTER 06 운반기계 및 양중기

2018년 3회

050

다음 설명 중 ( ) 안에 들어갈 내용으로 알맞은 것은?

> 롤러기의 급정지장치는 롤러를 무부하로 회전시킨 상태에서 앞면 롤러의 표면속도가 30[m/min] 미만일 때에는 급정지거리가 앞면 롤러 원주의 (   ) 이내에서 롤러를 정지시킬 수 있는 성능을 보유하여야 한다.

① 1/2
② 1/4
③ 1/3
④ 1/2.5

해설 **롤러기 급정지장치의 성능**

앞면 롤러의 표면속도[m/min]	급정지거리
30 미만	앞면 롤러 원주의 $\dfrac{1}{3}$ 이내
30 이상	앞면 롤러 원주의 $\dfrac{1}{2.5}$ 이내

관련개념 CHAPTER 05 기타 산업용 기계·기구

051

다음 A와 B에 들어갈 내용을 옳게 나타낸 것은?

> 아세틸렌용접장치의 관리상 발생기에서 (A   )미터 이내 또는 발생기실에서 (B   )미터 이내의 장소에서는 흡연, 화기의 사용 또는 불꽃이 발생할 위험한 행위를 금지해야 한다.

① A: 7, B: 5
② A: 3, B: 1
③ A: 5, B: 5
④ A: 5, B: 3

해설 아세틸렌 용접장치의 발생기에서 5[m] 이내 또는 발생기실에서 3[m] 이내의 장소에서는 흡연, 화기의 사용 또는 불꽃이 발생할 위험한 행위를 금지하여야 한다.

관련개념 CHAPTER 05 기타 산업용 기계·기구

052

인장강도 25[N/mm²]인 강판의 안전율이 4라면 이 강판의 허용응력[N/mm²]은 얼마인가?

① 4.25
② 6.25
③ 8.25
④ 10.25

해설 허용응력 $= \dfrac{극한(인장)강도}{안전계수(안전율)} = \dfrac{25}{4} = 6.25[N/mm^2]$

관련개념 CHAPTER 01 기계공정의 안전, 기계안전시설 관리

053

다음 중 기계 설비에서 재료 내부의 균열결함을 확인할 수 있는 가장 적절한 검사 방법은?

① 육안검사
② 초음파탐상검사
③ 피로검사
④ 액체침투탐상검사

해설 비파괴검사의 종류
• 표면결함 검출방법: 육안검사(VT), 침투탐상검사(PT), 자분탐상검사(MT), 와류탐상검사(ECT) 등
• 내부결함 검출방법: 방사선투과검사(RT), 초음파탐상검사(UT) 등
• 기타 검사방법: 누설검사(LT), 음향탐상검사(AET), 중성자선투과검사(NRT) 등

관련개념 CHAPTER 07 설비진단 및 검사

054

다음은 프레스 제작 및 안전기준에 따라 높이 2[m] 이상인 작업용 안전난간의 설치기준을 설명한 것이다. (   ) 안에 들어갈 내용으로 알맞은 것은?

> [안전난간 설치기준]
> • 상부난간대는 바닥면으로부터 (가   ) 이상, 120[cm] 이하에 설치하고, 중간난간대는 상부난간대와 바닥면 등의 중간에 설치할 것
> • 발끝막이판은 바닥면 등으로부터 (나   ) 이상의 높이를 유지할 것

① 가: 90[cm]   나: 10[cm]
② 가: 60[cm]   나: 10[cm]
③ 가: 90[cm]   나: 20[cm]
④ 가: 60[cm]   나: 20[cm]

해설 안전난간의 구조
• 상부난간대는 바닥면 등으로부터 90[cm] 이상 지점에 설치하고, 상부난간대를 120[cm] 이하에 설치하는 경우에는 중간난간대는 상부난간대와 바닥면 등의 중간에 설치하여야 하며, 120[cm] 이상 지점에 설치하는 경우에는 중간난간대를 2단 이상으로 균등하게 설치하고 난간의 상하 간격은 60[cm] 이하가 되도록 하여야 한다.
• 발끝막이판은 바닥면 등으로부터 10[cm] 이상의 높이를 유지하여야 한다.

관련개념 SUBJECT 06 건설공사 안전관리
CHAPTER 04 건설현장 안전시설 관리

055

다음 중 「산업안전보건법령」상 보일러 및 압력용기에 관한 사항으로 틀린 것은?

① 공정안전보고서 제출 대상으로서 이행상태 평가결과가 우수한 사업장의 경우 보일러의 압력방출장치에 대하여 8년에 1회 이상으로 설정압력에서 압력방출장치가 적정하게 작동하는지를 검사할 수 있다.

② 보일러의 안전한 가동을 위하여 보일러 규격에 맞는 압력방출장치를 1개 이상 설치하고 최고사용압력 이하에서 작동되도록 하여야 한다.

③ 보일러의 과열을 방지하기 위하여 최고사용압력과 상용압력 사이에서 보일러의 버너 연소를 차단할 수 있도록 압력제한스위치를 부착하여 사용하여야 한다.

④ 압력용기에는 이를 식별할 수 있도록 하기 위하여 그 압력 용기의 최고사용압력, 제조연월일, 제조회사명이 지워지지 않도록 각인(刻印) 표시된 것을 사용하여야 한다.

해설 공정안전보고서 제출 대상으로서 고용노동부장관이 실시하는 공정안전보고서 이행상태 평가결과가 우수한 사업장은 압력방출장치에 대하여 4년마다 1회 이상 설정압력에서 압력방출장치가 적정하게 작동하는지 검사하여야 한다.

관련개념 CHAPTER 05 기타 산업용 기계·기구

056

사출성형기에서 동력작동식 금형 고정장치의 안전사항에 대한 설명으로 옳지 않은 것은?

① 금형 또는 부품의 낙하를 방지하기 위해 기계적 억제장치를 추가하거나 자체 고정장치(Self Retain Clamping Unit) 등을 설치해야 한다.

② 자석식 금형 고정장치는 상·하(좌·우) 금형의 정확한 위치가 자동적으로 모니터(Monitor)되어야 한다.

③ 상·하(좌·우)의 두 금형 중 어느 하나가 위치를 이탈하는 경우 플레이트를 작동시켜야 한다.

④ 전자석 금형 고정장치를 사용하는 경우에는 전자기파에 의한 영향을 받지 않도록 전자파 내성대책을 고려해야 한다.

해설 사출성형기의 동력작동식 금형 고정장치 중 자석식 금형 고정장치는 상·하(좌·우)금형의 정확한 위치가 자동적으로 모니터(Monitor)되어야 하며, 두 금형 중 어느 하나가 위치를 이탈하는 경우 플레이트를 더 이상 움직이지 않아야 한다.

관련개념 CHAPTER 05 기타 산업용 기계·기구

057

목재가공용 둥근톱 기계에서 가동식 접촉예방장치에 대한 요건으로 옳지 않은 것은?

① 덮개의 하단이 송급되는 가공재의 상면에 항상 접하는 방식의 것이고 절단작업을 하고 있지 않을 때에는 톱날에 접촉되는 것을 방지할 수 있어야 한다.

② 절단작업 중 가공재의 절단에 필요한 날 이외의 부분을 항상 자동적으로 덮을 수 있는 구조여야 한다.

③ 지지부는 덮개의 위치를 조정할 수 있고 체결볼트에는 이완방지조치를 해야 한다.

④ 톱날이 보이지 않게 완전히 가려진 구조이어야 한다.

해설 가동식 덮개는 덮개, 보조덮개가 가공물의 크기에 따라 위아래로 움직이며 가공할 수 있는 것으로 그 덮개의 하단이 송급되는 가공재의 윗면에 항상 접하는 구조이다. 톱날이 보이지 않게 완전히 가려진 구조는 아니다.

관련개념 CHAPTER 05 기타 산업용 기계·기구

058

지게차가 부하상태에서 수평거리가 12[m]이고, 수직높이가 1.5[m]인 오르막길을 주행할 때 이 지게차의 전후 안정도와 지게차 안정도 기준의 만족 여부로 옳은 것은?

① 지게차 전후 안정도는 12.5[%]이고 안정도 기준을 만족하지 못한다.

② 지게차 전후 안정도는 12.5[%]이고 안정도 기준을 만족한다.

③ 지게차 전후 안정도는 25[%]이고 안정도 기준을 만족하지 못한다.

④ 지게차 전후 안정도는 25[%]이고 안정도 기준을 만족한다.

해설 지게차 안정도 $= \dfrac{h}{l} \times 100 = \dfrac{1.5}{12} \times 100 = 12.5[\%]$

여기서, h: 오르막의 수직높이[m]

l: 오르막의 수평거리[m]

주행 시 지게차의 전후 안정도는 18[%] 이내이므로 기준을 만족한다.

관련개념 CHAPTER 06 운반기계 및 양중기

059

롤러의 가드 설치방법 중 안전한 작업공간에서 사고를 일으키는 공간함정(Trap)을 막기 위해 확보해야 할 신체 부위별 최소 틈새가 바르게 짝 지어진 것은?

① 다리: 240[mm]   ② 발: 180[mm]

③ 손목: 150[mm]   ④ 손가락: 25[mm]

해설 가드의 공간함정(Trap)을 막기 위한 가드와 손가락과의 최소 틈새는 25[mm]이다.

오답해설

① 다리: 180[mm]

② 발: 120[mm]

③ 손목: 100[mm]

관련개념 CHAPTER 05 기타 산업용 기계·기구

060

다음 중 기계설비에서 반대로 회전하는 두 개의 회전체가 맞닿는 사이에 발생하는 위험점을 무엇이라 하는가?

① 물림점(Nip Point)

② 끼임점(Shear Point)

③ 접선물림점(Tangential Point)

④ 회전말림점(Trapping Point)

해설 **물림점(Nip Point)**

회전하는 두 개의 회전체가 맞닿아서 위험성이 있는 곳을 말하며, 위험점이 발생되는 조건은 회전체가 서로 반대방향으로 맞물려 회전되어야 한다.

㈎ 기어, 롤러

관련개념 CHAPTER 01 기계공정의 안전, 기계안전시설 관리

전기설비 안전관리

061

가수전류(Let-go Current)에 대한 설명으로 옳은 것은?

① 마이크 사용 중 전격으로 사망에 이른 전류
② 전격을 일으킨 전류가 교류인지 직류인지 구별할 수 없는 전류
③ 충전부로부터 인체가 자력으로 이탈할 수 있는 전류
④ 몸이 물에 젖어 전압이 낮은데도 전격을 일으킨 전류

해설 가수전류(이탈전류)
· 상용주파수 60[Hz]에서 10~15[mA]
· 전격의 영향: 자력으로 이탈 가능한 전류(마비한계전류라고 함)

관련개념 CHAPTER 02 감전재해 및 방지대책

062

심장의 맥동주기 중 어느 때에 전격이 인가되면 심실세동을 일으킬 확률이 크고, 위험한가?

① 심방의 수축이 있을 때
② 심실의 수축이 있을 때
③ 심실의 수축 종료 후 심실의 휴식이 있을 때
④ 심실의 수축이 있고 심방의 휴식이 있을 때

해설 T파
심실의 수축 종료 후 심실의 휴식 시 발생하는 파형으로 전격이 인가되면 심실세동을 일으키는 확률이 가장 크고 위험한 부분이다.

관련개념 CHAPTER 02 감전재해 및 방지대책

063

전기기계·기구의 조작 시 안전조치로서 사업주는 근로자가 안전하게 작업할 수 있도록 전기기계·기구로부터 폭 얼마 이상의 작업공간을 확보하여야 하는가?

① 30[cm] ② 50[cm]
③ 70[cm] ④ 100[cm]

해설 전기기계·기구의 조작부분을 점검하거나 보수하는 경우에는 전기기계·기구로부터 **폭 70[cm] 이상의 작업공간을 확보**하여야 한다. 다만, 작업공간의 확보가 곤란한 때에는 절연용 보호구를 착용하도록 한다.

관련개념 CHAPTER 02 감전재해 및 방지대책

064

교류아크용접기의 전격방지장치에서 시동감도를 바르게 정의한 것은?

① 용접봉을 모재에 접촉시켜 아크를 발생시킬 때 전격방지장치가 동작할 수 있는 용접기의 2차 측 최대 저항을 말한다.
② 안전전압(24[V] 이하)이 2차 측 전압(85~95[V])으로 얼마나 빨리 전환되는가 하는 것을 말한다.
③ 용접봉을 모재로부터 분리시킨 후 주접점이 개로되어 용접기의 2차 측 전압이 무부하 전압(25[V] 이하)으로 될 때까지의 시간을 말한다.
④ 용접봉에서 아크를 발생시키고 있을 때 누설전류가 발생하면 전격방지장치를 작동시켜야 할지 운전을 계속해야 할지를 결정해야 하는 민감도를 말한다.

해설 시동감도
용접봉을 모재에 접촉시켜 아크를 시동시킬 때 전격방지장치가 동작할 수 있는 용접기의 2차 측의 최대저항[Ω](용접봉과 모재 사이의 접촉저항)을 말한다.

관련개념 CHAPTER 02 감전재해 및 방지대책

065

정전기 발생의 일반적인 종류가 아닌 것은?

① 마찰   ② 중화

③ 박리   ④ 유동

해설 **정전기 대전의 종류**
- 마찰대전   • 박리대전   • 유동대전   • 분출대전
- 충돌대전   • 파괴대전   • 교반(진동)이나 침강대전

관련개념 CHAPTER 03 정전기 장·재해관리

066

다음 ( ) 안에 들어갈 내용으로 옳은 것은?

> A. 감전 시 인체에 흐르는 전류는 인가전압에 (㉠)하고 인체저항에 (㉡)한다.
> B. 인체는 전류의 열작용[(㉢)×(㉣)]이 어느 정도 이상이 되면 피해가 발생한다.

① ㉠ 비례, ㉡ 반비례, ㉢ 전류의 세기, ㉣ 시간
② ㉠ 반비례, ㉡ 비례, ㉢ 전류의 세기, ㉣ 시간
③ ㉠ 비례, ㉡ 반비례, ㉢ 전압, ㉣ 시간
④ ㉠ 반비례, ㉡ 비례, ㉢ 전압, ㉣ 시간

해설
- 전류$(I) = \dfrac{\text{전압}(V)}{\text{저항}(R)}$ (통전전류는 인가전압에 비례하고 인체저항에 반비례)
- 전선에 전류가 흐르면 전류의 제곱과 전선의 저항값의 곱(I^2R)에 비례하는 열(H)이 발생한다.$(H = I^2RT, T$는 시간)

관련개념 CHAPTER 02 감전재해 및 방지대책

067

폭발 위험장소 분류 시 분진폭발 위험장소의 종류에 해당하지 않는 것은?

① 20종 장소   ② 21종 장소

③ 22종 장소   ④ 23종 장소

해설 **분진폭발 위험장소의 구분**
20종 장소, 21종 장소, 22종 장소

관련개념 CHAPTER 04 전기방폭관리

068

화염일주한계에 대해 가장 잘 설명한 것은?

① 화염이 발화온도로 전파될 가능성의 한계값이다.
② 화염이 전파되는 것을 저지할 수 있는 틈새의 최대간격치이다.
③ 폭발성 가스와 공기가 혼합되어 폭발한계 내에 있는 상태를 유지하는 한계값이다.
④ 폭발성 분위기가 전기 불꽃에 의하여 화염을 일으킬 수 있는 최소의 전류값이다.

해설 **화염일주한계(최대안전틈새, MESG)**
폭발성 분위기 내에 방치된 표준용기의 접합면 틈새를 통하여 폭발화염이 내부에서 외부로 전파되는 것을 저지(최소점화에너지 이하)할 수 있는 틈새의 최대간격치이며, 폭발성 가스의 종류에 따라 다르다.

관련개념 CHAPTER 04 전기방폭관리

069

정전유도를 받고 있는 접지되어 있지 않은 도전성 물체에 접촉한 경우 전격을 당하게 되는데, 이때 물체에 유도된 전압[V]을 옳게 나타낸 것은?(단, E는 송전선의 대지전압, C_1은 송전선과 물체 사이의 정전용량, C_2는 물체와 대지 사이의 정전용량이며, 물체와 대지 사이의 저항은 무시한다.)

① $V = \dfrac{C_1}{C_1 + C_2} \cdot E$ ② $V = \dfrac{C_1 + C_2}{C_1} \cdot E$

③ $V = \dfrac{C_1}{C_1 \times C_2} \cdot E$ ④ $V = \dfrac{C_1 \times C_2}{C_1} \cdot E$

해설 정전유도전압 $V = \dfrac{C_1}{C_1 + C_2} \times E$

등가회로
C_1: 송전선과 물체 간의 정전용량
C_2: 물체와 대지 간의 정전용량
R_M: 인체저항
R_E: 인체와 대지 간의 접촉저항
R_0: 물체의 대지절연저항
E: 송전선의 대지전압
V: 정전유도전압

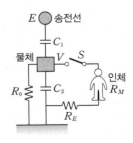

관련개념 CHAPTER 02 감전재해 및 방지대책

070

분진폭발 방지대책으로 가장 거리가 먼 것은?

① 작업장 등은 분진이 퇴적하지 않는 형상으로 한다.
② 분진 취급장치에는 유효한 집진장치를 설치한다.
③ 분체 프로세스장치는 밀폐화하고 누설이 없도록 한다.
④ 분진폭발의 우려가 있는 작업장에는 감독자를 상주시킨다.

해설 ④는 분진폭발 방지대책과 거리가 멀다.

관련개념 CHAPTER 04 전기방폭관리

071

인체의 전기저항이 5,000[Ω]이고, 세동전류와 통전시간과의 관계를 $I = \dfrac{165}{\sqrt{T}}$[mA]라 할 경우, 심실세동을 일으키는 위험에너지는 약 몇 [J]인가?(단, 통전시간은 1초로 한다.)

① 5
② 30
③ 136
④ 825

해설 $W = I^2 RT = \left(\dfrac{165}{\sqrt{T}} \times 10^{-3}\right)^2 \times 5,000T$

$= (165^2 \times 10^{-6}) \times 5,000 = 136[J]$

여기서, W: 위험한계에너지[J], I: 심실세동전류[A],
　　　　R: 인체저항[Ω], T: 통전시간[s]

관련개념 CHAPTER 02 감전재해 및 방지대책

072

정전작업 시 작업 전 안전조치사항으로 가장 거리가 먼 것은?

① 단락접지
② 잔류전하 방전
③ 절연 보호구 수리
④ 검전기에 의한 정전 확인

해설 정전작업 시 작업 전 안전조치사항
• 단락접지
• 잔류전하 방전
• 검전기에 의한 정전 확인

관련개념 CHAPTER 02 감전재해 및 방지대책

073

이상적인 피뢰기가 가져야 할 성능으로 틀린 것은?

① 제한전압이 낮을 것
② 방전개시전압이 낮을 것
③ 뇌전류 방전능력이 작을 것
④ 속류차단을 확실하게 할 수 있을 것

해설 피뢰기의 성능
• 제한전압 또는 충격방전개시전압이 충분히 낮고 보호능력이 있을 것
• 속류차단이 완전히 행해져 동작책무특성이 충분할 것
• 뇌전류 방전능력이 클 것
• 대전류의 방전, 속류차단의 반복동작에 대하여 장기간 사용에 견딜 수 있을 것
• 상용주파방전개시전압은 회로전압보다 충분히 높아서 상용주파방전을 하지 않을 것

관련개념 CHAPTER 05 전기설비 위험요인관리

074

감전사고의 방지대책으로 가장 거리가 먼 것은?

① 전기 위험부의 위험 표시
② 충전부가 노출된 부분에 절연방호구 사용
③ 충전부에 접근하여 작업하는 작업자 보호구 착용
④ 사고발생 시 처리프로세스 작성 및 조치

해설 감전사고 후 처리는 감전사고의 방지대책이 아니다.

관련개념 CHAPTER 02 감전재해 및 방지대책

075

위험방지를 위한 전기기계·기구의 설치 시 고려할 사항으로 거리가 먼 것은?

① 전기기계·기구의 충분한 전기적 용량 및 기계적 강도
② 전기기계·기구의 안전효율을 높이기 위한 시간 가동률
③ 습기·분진 등 사용장소의 주위 환경
④ 전기적·기계적 방호수단의 적정성

해설 전기기계·기구의 설치 시 고려사항
• 전기기계·기구의 충분한 전기적 용량 및 기계적 강도
• 습기·분진 등 사용장소의 주위 환경
• 전기적·기계적 방호수단의 적정성

관련개념 CHAPTER 01 전기안전관리

076

전선의 절연피복이 손상되어 동선이 서로 직접 접촉한 경우를 무엇이라 하는가?

① 절연
② 누전
③ 접지
④ 단락

해설 **단락(합선)**
전선의 피복이 벗겨지거나 전선에 압력이 가해지게 되면 두 가닥의 전선이 직접 또는 낮은 저항으로 접촉되는 경우에 전류가 전선에 연결된 전기기기 쪽보다 저항이 적은 접촉부분으로 집중적으로 흐르게 되는 현상이다.

관련개념 CHAPTER 05 전기설비 위험요인관리

077

200[A]의 전류가 흐르는 단상 전로의 한 선에서 누전되는 최소 전류[mA]의 기준은?

① 100
② 200
③ 10
④ 20

해설 저압전선로 중 절연부분의 전선과 대지 및 심선 상호 간의 절연저항은 사용전압에 대한 누설전류가 최대 공급전류의 $\frac{1}{2,000}$이 넘지 않도록 유지하여야 한다.

누설전류 = 최대 공급전류 $\times \frac{1}{2,000} = 200 \times \frac{1}{2,000} = 0.1[A] = 100[mA]$

관련개념 CHAPTER 02 감전재해 및 방지대책

078

다음 중 방폭구조의 종류가 아닌 것은?

① 본질안전방폭구조
② 고압방폭구조
③ 압력방폭구조
④ 내압방폭구조

해설 고압방폭구조는 없다.

관련개념 CHAPTER 04 전기방폭관리

079

감전쇼크에 의해 호흡이 정지되었을 경우 일반적으로 약 몇 분 이내에 응급처치를 개시하면 95[%] 정도를 소생시킬 수 있는가?

① 1분 이내
② 3분 이내
③ 5분 이내
④ 7분 이내

해설 단시간 내에 인공호흡 등 응급처치를 실시할 경우 감전사망자의 95[%] 이상 소생시킬 수 있다.(1분 이내 95[%], 3분 이내 75[%], 4분 이내 50[%], 5분 이내이면 25[%]로 크게 감소)

관련개념 CHAPTER 02 감전재해 및 방지대책

080

정전기 방전에 의한 폭발로 추정되는 사고를 조사함에 있어서 필요한 조치로서 가장 거리가 먼 것은?

① 가연성 분위기 규명
② 사고현장의 방전흔적 조사
③ 방전에 따른 점화 가능성 평가
④ 전하발생 부위 및 축적기구 규명

해설 **정전기 폭발사고 조사 시 필요한 조치**
• 가연성 분위기 규명
• 전하발생 부위 및 축적기구 규명
• 방전에 따른 점화 가능성 평가 등

관련개념 CHAPTER 03 정전기 장·재해관리

화학설비 안전관리

081

마그네슘의 저장 및 취급에 관한 설명으로 틀린 것은?

① 화기를 엄금하고, 가열, 충격, 마찰을 피한다.
② 분말이 비산하지 않도록 밀봉하여 저장한다.
③ 제6류 위험물과 같은 산화제와 혼합되지 않도록 격리, 저장한다.
④ 일단 연소하면 소화가 곤란하지만 초기 소화 또는 소규모 화재 시 물, CO_2 소화설비를 이용하여 소화한다.

해설 마그네슘은 물과 반응하면 수소가 발생하고 이산화탄소와는 폭발적인 반응을 하므로 소화는 마른 모래나 분말소화약제를 사용한다.

관련개념 CHAPTER 02 화학물질 안전관리 실행

082

사업주는 인화성 액체 및 인화성 가스를 저장·취급하는 화학설비에서 증기나 가스를 대기로 방출하는 경우에는 외부로부터의 화염을 방지하기 위하여 화염방지기를 설치하여야 한다. 다음 중 화염방지기의 설치 위치로 옳은 것은?

① 설비의 상단
② 설비의 하단
③ 설비의 측면
④ 설비의 조작부

해설 화염방지기는 외부로부터의 화염을 방지하기 위하여 그 설비 상단에 설치하여야 한다.

관련개념 CHAPTER 04 화공 안전운전·점검

083

다음 중 자연발화가 쉽게 일어나는 조건으로 틀린 것은?

① 주위 온도가 높을수록
② 열축적이 클수록
③ 적당량의 수분이 존재할 때
④ 표면적이 작을수록

해설 자연발화의 조건
• 표면적이 넓을 것
• 발열량이 클 것
• 열전도율이 작을 것
• 주위 온도가 높을 것
• 적당한 수분을 포함할 것
• 열축적이 클 것

관련개념 CHAPTER 01 화재·폭발 검토

084

다음 중 「산업안전보건법령」상 공정안전보고서의 안전운전 계획에 포함되지 않는 항목은?

① 안전작업허가
② 안전운전지침서
③ 가동 전 점검지침
④ 비상조치계획에 따른 교육계획

해설 비상조치계획에 따른 교육계획은 비상조치계획에 포함되는 항목이다.

관련개념 CHAPTER 04 화공 안전운전·점검

085

8[%] NaOH 수용액과 5[%] NaOH 수용액을 반응기에 혼합하여 6[%] 100[kg]의 NaOH 수용액을 만들려면 각각 약 몇 [kg]의 NaOH 수용액이 필요한가?

① 5[%] NaOH 수용액: 33.3[kg], 8[%] NaOH 수용액: 66.7[kg]
② 5[%] NaOH 수용액: 56.8[kg], 8[%] NaOH 수용액: 43.2[kg]
③ 5[%] NaOH 수용액: 66.7[kg], 8[%] NaOH 수용액: 33.3[kg]
④ 5[%] NaOH 수용액: 43.2[kg], 8[%] NaOH 수용액: 56.8[kg]

해설 8[%] NaOH 수용액 양을 x, 5[%] NaOH 수용액 양을 y라 하면
$$\begin{cases} x+y=100 \\ 0.08x+0.05y=0.06\times100 \end{cases}$$
$x=33.3[kg]$, $y=66.7[kg]$

관련개념 CHAPTER 02 화학물질 안전관리 실행

086

위험물의 저장방법으로 적절하지 않은 것은?

① 탄화칼슘은 물속에 저장한다.
② 벤젠은 산화성 물질과 격리시킨다.
③ 금속나트륨은 석유 속에 저장한다.
④ 질산은 갈색병에 넣어 냉암소에 보관한다.

해설 탄화칼슘(CaC_2, 카바이드)은 물과 반응하여 인화성 가스인 아세틸렌(C_2H_2)을 발생시키므로 물속에 저장을 금지한다.
$$CaC_2 + 2H_2O \rightarrow Ca(OH)_2 + C_2H_2 \uparrow$$

관련개념 CHAPTER 02 화학물질 안전관리 실행

087

사업주는 「산업안전보건기준에 관한 규칙」에서 정한 위험물을 기준량 이상으로 제조하거나 취급하는 특수화학설비를 설치하는 경우에는 내부의 이상 상태를 조기에 파악하기 위하여 필요한 온도계 · 유량계 · 압력계 등의 계측장치를 설치하여야 한다. 이때 위험물질별 기준량으로 옳은 것은?

① 부탄: 25[m³]
② 부탄: 150[m³]
③ 시안화수소: 5[kg]
④ 시안화수소: 200[kg]

해설 **위험물질의 기준량**
• 부탄: 50[m³]
• 시안화수소: 5[kg]

관련개념 CHAPTER 02 화학물질 안전관리 실행

088

할론소화약제 중 Halon 2402의 화학식으로 옳은 것은?

① $C_2F_4Br_2$
② $C_2H_4Br_2$
③ $C_2Br_4H_2$
④ $C_2Br_4F_2$

해설 2402는 구성 원소 중 C 2개, F 4개, Cl 0개, Br 2개, I 0개이다. 따라서 Halon 2402의 화학식은 $C_2F_4Br_2$이다.

관련개념 CHAPTER 01 화재 · 폭발 검토

089

다음 중 유류화재에 해당하는 화재의 급수는?

① A급
② B급
③ C급
④ D급

해설 **화재의 종류**

A급 화재	B급 화재	C급 화재	D급 화재
일반화재	유류화재	전기화재	금속화재

관련개념 CHAPTER 01 화재 · 폭발 검토

090

다음의 설명에 해당하는 안전장치는?

> 대형의 반응기, 탑, 탱크 등에서 이상 상태가 발생할 때 밸브를 정지시켜 원료공급을 차단하기 위한 안전장치로, 공기압식, 유압식, 전기식 등이 있다.

① 파열판
② 안전밸브
③ 스팀트랩
④ 긴급차단장치

해설 **긴급차단장치 설치**
특수화학설비를 설치하는 경우에는 이상 상태 발생에 따른 폭발 · 화재 또는 위험물 누출을 방지하기 위해 원재료 공급의 긴급차단, 제품 등의 방출, 불활성가스 주입이나 냉각용수 등의 공급 등을 위한 필요한 장치 등을 설치하여야 한다.

관련개념 CHAPTER 02 화학물질 안전관리 실행

091

폭발의 위험성을 고려하기 위해 정전에너지 값을 구하고자 한다. 다음 중 정전에너지를 구하는 식은?(단, E는 정전에너지, C는 정전용량, V는 전압을 의미한다.)

① $E=\dfrac{1}{2}CV^2$ ② $E=\dfrac{1}{2}VC^2$

③ $E=VC^2$ ④ $E=\dfrac{1}{4}VC$

해설 정전에너지

$E=\dfrac{1}{2}CV^2$

여기서, C: 도체의 정전용량
V: 대전전위

관련개념 CHAPTER 03 정전기 장·재해관리

092

공기 중 아세톤의 농도가 200[ppm](TLV 500[ppm]), 메틸에틸케톤(MEK)의 농도가 100[ppm](TLV 200[ppm])일 때 혼합물질의 허용농도는 약 몇 [ppm]인가?(단, 두 물질은 서로 상가작용을 하는 것으로 가정한다.)

① 150 ② 200
③ 270 ④ 333

해설 유해화학물질 허용농도

혼합물질의 노출기준 $=\dfrac{f_1+f_2+\cdots+f_n}{\dfrac{f_1}{TLV_1}+\dfrac{f_2}{TLV_2}+\cdots+\dfrac{f_n}{TLV_n}}$

$=\dfrac{200+100}{\dfrac{200}{500}+\dfrac{100}{200}}=333[ppm]$

여기서, f_n: 물질 1, 2, …, n의 농도
TLV_n: 화학물질 각각의 노출기준

관련개념 CHAPTER 02 화학물질 안전관리 실행

093

다음 중 분진이 발화폭발하기 위한 조건으로 거리가 먼 것은?

① 불연성질
② 미분상태
③ 점화원의 존재
④ 지연성 가스 중에서의 교반과 운동

해설 불연성질은 연소가 일어나지 않는 성질로 분진이 발화폭발하기 위해서는 가연성의 분진이어야 한다.

관련개념 CHAPTER 01 화재·폭발 검토

094

다음 중 「산업안전보건법령」상 산화성 액체 또는 산화성 고체에 해당하지 않는 것은?

① 질산 ② 중크롬산
③ 과산화수소 ④ 질산에스테르

해설 질산에스테르는 폭발성 물질에 해당한다.

관련개념 CHAPTER 02 화학물질 안전관리 실행

095

열교환기의 열교환 능률을 향상시키기 위한 방법이 아닌 것은?

① 유체의 유속을 적절하게 조절한다.
② 유체가 흐르는 방향을 병류로 한다.
③ 열을 교환하는 유체의 온도차를 크게 한다.
④ 열전도율이 높은 재료를 사용한다.

해설 유체가 흐르는 방향을 병류가 아닌 향류(반대로 흐름)로 할 때 열교환기의 열교환 능률을 향상시킬 수 있다.

관련개념 CHAPTER 02 화학물질 안전관리 실행

096

ABC급 분말소화약제의 주성분에 해당하는 것은?

① $NH_4H_2PO_4$
② Na_2CO_3
③ Na_2SO_3
④ K_2CO_3

해설 A, B, C급에 적응성이 있는 분말소화기는 제3종 분말소화기로 소화약제의 주성분은 제1인산암모늄($NH_4H_2PO_4$)이다.

관련개념 CHAPTER 01 화재 · 폭발 검토

097

다음 중 고체의 연소방식에 관한 설명으로 옳은 것은?

① 분해연소란 고체가 표면의 고온을 유지하며 타는 것을 말한다.
② 표면연소란 고체가 가열되어 열분해가 일어나고 가연성 가스가 공기 중의 산소와 타는 것을 말한다.
③ 자기연소란 공기 중 산소를 필요로 하지 않고 자신이 분해되며 타는 것을 말한다.
④ 분무연소란 고체가 가열되어 가연성 가스를 발생시키며 타는 것을 말한다.

해설 **자기연소**
분자 내 산소를 함유하고 있는 고체 가연물이 외부 산소공급원 없이 점화원에 의해 자신이 분해되며 연소하는 형태이다.(질산에스테르류, 셀룰로이드류, 니트로화합물 등의 폭발성 물질)

관련개념 CHAPTER 01 화재 · 폭발 검토

098

다음 표를 참조하여 메탄 70[vol%], 프로판 21[vol%], 부탄 9[vol%]인 혼합가스의 폭발범위를 구하면 약 몇 [vol%]인가?

가스	폭발하한계[vol%]	폭발상한계[vol%]
C_4H_{10}	1.8	8.4
C_3H_8	2.1	9.5
C_2H_6	3.0	12.4
CH_4	5.0	15.0

① 3.45~9.11
② 3.45~12.58
③ 3.85~9.11
④ 3.85~12.58

해설 **혼합가스의 폭발한계**

$$L = \frac{V_1 + V_2 + \cdots + V_n}{\dfrac{V_1}{L_1} + \dfrac{V_2}{L_2} + \cdots + \dfrac{V_n}{L_n}}$$

• 폭발하한 $= \dfrac{70 + 21 + 9}{\dfrac{70}{5} + \dfrac{21}{2.1} + \dfrac{9}{1.8}} = 3.45[vol\%]$

• 폭발상한 $= \dfrac{70 + 21 + 9}{\dfrac{70}{15} + \dfrac{21}{9.5} + \dfrac{9}{8.4}} = 12.58[vol\%]$

따라서 혼합가스의 폭발범위는 3.45~12.58[vol%]이다.

관련개념 CHAPTER 01 화재 · 폭발 검토

099

「위험물안전관리법령」에서 정한 제3류 위험물에 해당하지 않는 것은?

① 나트륨
② 알킬알루미늄
③ 황린
④ 니트로글리세린

해설 니트로글리세린은 제5류 위험물이다.

관련개념 CHAPTER 02 화학물질 안전관리 실행

100

사업주는 안전밸브 등의 전단·후단에 차단밸브를 설치해서는 아니 된다. 다만, 별도로 정한 경우에 해당할 때는 자물쇠형 또는 이에 준하는 형식의 차단밸브를 설치할 수 있다. 이에 해당하는 경우가 아닌 것은?

① 화학설비 및 그 부속설비에 안전밸브 등이 복수방식으로 설치되어 있는 경우
② 예비용 설비를 설치하고 각각의 설비에 안전밸브 등이 설치되어 있는 경우
③ 파열판과 안전밸브를 직렬로 설치한 경우
④ 열팽창에 의하여 상승된 압력을 낮추기 위한 목적으로 안전밸브가 설치된 경우

해설 안전밸브 등의 배출용량의 $\frac{1}{2}$ 이상에 해당하는 용량의 자동압력조절밸브(구동용 동력원의 공급을 차단하는 경우 열리는 구조인 것으로 한정)와 안전밸브 등이 병렬로 연결된 경우에는 자물쇠형 또는 이에 준하는 형식의 차단밸브 설치가 가능하다.

관련개념 CHAPTER 04 화공 안전운전·점검

건설공사 안전관리

101

다음 중 운반작업 시 주의사항으로 옳지 않은 것은?

① 운반 시의 시선은 진행 방향을 향하고 뒷걸음 운반을 하여서는 안 된다.
② 무거운 물건을 운반할 때 무게 중심이 높은 화물은 인력으로 운반하지 않는다.
③ 어깨높이보다 높은 위치에서 화물을 들고 운반하여서는 안 된다.
④ 단독으로 긴 물건을 어깨에 메고 운반할 때에는 뒤쪽을 위로 올린 상태로 운반한다.

해설 길이가 긴 장척물을 단독으로 어깨에 메고 운반할 때에는 하물 앞 부분 끝을 근로자 신장보다 약간 높게 하여 모서리, 곡선 등에 충돌하지 않도록 주의하여야 한다.

관련개념 CHAPTER 06 공사 및 작업 종류별 안전

102

단관비계가 무너지는 것을 방지하기 위하여 사용하는 벽이음의 간격기준으로 옳은 것은?

① 수직 방향 5[m] 이하, 수평 방향 5[m] 이하
② 수직 방향 6[m] 이하, 수평 방향 6[m] 이하
③ 수직 방향 7[m] 이하, 수평 방향 7[m] 이하
④ 수직 방향 8[m] 이하, 수평 방향 8[m] 이하

해설 단관비계의 벽이음은 수직방향 5[m], 수평방향 5[m] 이내로 조립하여야 한다.

관련개념 CHAPTER 05 비계·거푸집 가시설 위험방지

103

겨울철 공사 중인 건축물의 벽체 콘크리트 타설 시 거푸집이 터져서 콘크리트가 쏟아지는 사고가 발생하였다. 이 사고의 발생 원인으로 추정 가능한 사안 중 가장 타당한 것은?

① 콘크리트의 타설속도가 빨랐다.
② 진동기를 사용하지 않았다.
③ 철근 사용량이 많았다.
④ 콘크리트의 슬럼프가 작았다.

해설 콘크리트의 타설속도가 빠를수록 콘크리트 측압이 커진다.
측압이 커지는 조건
- 거푸집의 부재단면이 클수록
- 거푸집의 수밀성이 클수록(투수성이 작을수록)
- 거푸집의 강성이 클수록
- 거푸집 표면이 평활할수록
- 시공연도(Workability)가 좋을수록
- 철골 또는 철근량이 적을수록
- 외기온도가 낮을수록, 습도가 높을수록
- 콘크리트의 타설속도가 빠를수록
- 콘크리트의 다짐이 과할수록
- 콘크리트의 슬럼프가 클수록
- 콘크리트의 비중이 클수록

관련개념 CHAPTER 06 공사 및 작업 종류별 안전

104

시스템비계를 사용하여 비계를 구성하는 경우의 준수사항으로 옳지 않은 것은?

① 수직재·수평재·가새재를 견고하게 연결하는 구조가 되도록 할 것
② 수평재는 수직재와 직각으로 설치하여야 하며, 체결 후 흔들림이 없도록 견고하게 설치할 것
③ 비계 밑단의 수직재와 받침철물은 밀착되도록 설치하고, 수직재와 받침철물의 연결부의 겹침길이는 받침철물 전체 길이의 3분의 1 이상이 되도록 할 것
④ 벽 연결재의 설치간격은 시공자가 안전을 고려하여 임의대로 결정한 후 설치할 것

해설 시스템비계의 벽 연결재의 설치간격은 제조사가 정한 기준에 따라 설치하여야 한다.

관련개념 CHAPTER 05 비계·거푸집 가시설 위험방지

105

건설공사 위험성평가에 관한 내용으로 옳지 않은 것은?

① 건설물, 기계·기구, 설비 등에 의한 유해·위험요인을 찾아내어 위험성을 결정하고 그 결과에 따른 조치를 하는 것을 말한다.
② 사업주는 위험성평가의 실시내용 및 결과를 기록·보존하여야 한다.
③ 위험성평가 기록물의 보존기간은 2년이다.
④ 위험성평가 기록물에는 평가대상의 유해·위험요인, 위험성 결정의 내용 등이 포함된다.

해설 위험성평가의 결과와 조치사항을 기록한 자료는 3년간 보존하여야 한다.

관련개념 SUBJECT 02 인간공학 및 위험성평가·관리
CHAPTER 02 위험성 파악·결정

106

화물취급 작업 시 준수사항으로 옳지 않은 것은?

① 꼬임이 끊어지거나 심하게 부식된 섬유로프는 화물운반용으로 사용해서는 아니 된다.
② 섬유로프 등을 사용하여 화물취급작업을 하는 경우에 해당 섬유로프 등을 점검하고 이상을 발견한 섬유로프 등을 즉시 교체하여야 한다.
③ 차량 등에서 화물을 내리는 작업을 하는 경우에 해당 작업에 종사하는 근로자에게 쌓여 있는 화물의 중간에서 필요한 화물을 빼낼 수 있도록 허용한다.
④ 하역작업을 하는 장소에서 작업장 및 통로의 위험한 부분에는 안전하게 작업할 수 있는 조명을 유지한다.

해설 차량 등에서 화물을 내리는 작업을 하는 경우에 해당 작업에 종사하는 근로자에게 쌓여 있는 화물 중간에서 필요한 화물을 빼내도록 해서는 아니 된다.

관련개념 CHAPTER 06 공사 및 작업 종류별 안전

107

다음은 「산업안전보건법령」에 따른 동바리로 사용하는 파이프서포트에 관한 사항이다. ( ) 안에 들어갈 내용을 순서대로 옳게 나타낸 것은?

> 가. 파이프서포트를 (A) 이상 이어서 사용하지 않도록 할 것
> 나. 파이프서포트를 이어서 사용하는 경우에는 (B) 이상의 볼트 또는 전용철물을 사용하여 이을 것

① A: 2개 B: 2개
② A: 3개 B: 4개
③ A: 4개 B: 3개
④ A: 4개 B: 4개

해설 **동바리로 사용하는 파이프서포트**
• 파이프서포트를 3개 이상 이어서 사용하지 않도록 하여야 한다.
• 파이프서포트를 이어서 사용하는 경우 4개 이상의 볼트 또는 전용철물을 사용하여 이어야 한다.

관련개념 CHAPTER 05 비계·거푸집 가시설 위험방지

108

철골작업에서의 승강로 설치기준 중 ( ) 안에 들어갈 내용으로 알맞은 것은?

> 사업주는 근로자가 수직방향으로 이동하는 철골부재에는 답단 간격이 ( ) 이내인 고정된 승강로를 설치하여야 한다.

① 20[cm]
② 30[cm]
③ 40[cm]
④ 50[cm]

해설 근로자가 수직방향으로 이동하는 철골부재에는 답단 간격이 30[cm] 이내인 고정된 승강로를 설치하여야 한다.

관련개념 CHAPTER 06 공사 및 작업 종류별 안전

109

건설업 산업안전보건관리비 내역 중 계상비용에 해당되지 않는 것은?

① 근로자 건강관리비
② 건설재해예방기술지도비
③ 개인보호구 및 안전장구 구입비
④ 외부비계, 작업발판 등의 가설구조물 설치 소요비

해설 **건설업 산업안전보건관리비의 사용항목**
• 안전관리자·보건관리자의 임금 등
• 안전시설비 등
• 보호구 등
• 안전보건진단비 등
• 안전보건교육비 등
• 근로자 건강장해예방비 등
• 건설재해예방전문지도기관의 지도에 대한 대가로 자기공사자가 지급하는 비용 등

※ 이 문제는 개정된 법령에 따라 수정한 문제입니다.

관련개념 CHAPTER 03 건설업 산업안전보건관리비 관리

110

사다리식 통로 등을 설치하는 경우 폭은 최소 얼마 이상으로 하여야 하는가?

① 30[cm]
② 40[cm]
③ 50[cm]
④ 60[cm]

해설 사다리식 통로의 폭은 30[cm] 이상으로 한다.

관련개념 CHAPTER 05 비계·거푸집 가시설 위험방지

111

항타기 또는 항발기의 권상장치 드럼축과 권상장치로부터 첫 번째 도르래의 축 간의 거리는 권상장치 드럼폭의 몇 배 이상으로 하여야 하는가?

① 5배　　　　　　　② 8배
③ 10배　　　　　　　④ 15배

해설 항타기 또는 항발기의 권상장치의 드럼축과 권상장치로부터 첫 번째 도르래의 축 간의 거리를 권상장치 드럼폭의 15배 이상으로 하여야 한다.

관련개념 CHAPTER 04 건설현장 안전시설 관리

112

다음 중 직접기초의 터파기 공법이 아닌 것은?

① 개착 공법　　　　　② 시트 파일 공법
③ 트렌치 컷 공법　　　④ 아일랜드 컷 공법

해설 시트 파일 공법은 흙막이 공법의 한 종류이다.

관련개념 CHAPTER 05 비계 · 거푸집 가시설 위험방지

113

이동식비계를 조립하여 작업을 하는 경우의 준수사항으로 옳지 않은 것은?

① 비계의 최상부에서 작업을 하는 경우에는 안전난간을 설치할 것
② 작업발판은 항상 수평을 유지하고 작업발판 위에서 안전난간을 딛고 작업을 하거나 받침대 또는 사다리를 사용하여 작업하지 않도록 할 것
③ 작업발판의 최대적재하중은 150[kg]을 초과하지 않도록 할 것
④ 이동식비계의 바퀴에는 뜻밖의 갑작스러운 이동 또는 전도를 방지하기 위하여 브레이크 · 쐐기 등으로 바퀴를 고정한 다음 비계의 일부를 견고한 시설물에 고정하거나 아웃트리거(Outrigger)를 설치하는 등 필요한 조치를 할 것

해설 이동식비계 작업발판의 최대적재하중은 250[kg]을 초과하지 않도록 하여야 한다.

관련개념 CHAPTER 05 비계 · 거푸집 가시설 위험방지

114

추락재해에 대한 예방차원에서 고소작업의 감소를 위한 근본적인 대책으로 옳은 것은?

① 방망 설치
② 지붕트러스의 일체화 또는 지상에서 조립
③ 안전대 사용
④ 비계 등에 의한 작업대 설치

해설 지붕트러스의 일체화 또는 지상에서 조립하는 경우 고소작업을 최소화할 수 있다.

관련개념 CHAPTER 04 건설현장 안전시설 관리

115

잠함 또는 우물통의 내부에서 굴착작업을 할 때의 준수사항으로 옳지 않은 것은?

① 굴착 깊이가 10[m]를 초과하는 경우에는 해당 작업장소와 외부와의 연락을 위한 통신설비 등을 설치하여야 한다.
② 산소 결핍의 우려가 있는 경우에는 산소의 농도를 측정하는 자를 지명하여 측정하도록 한다.
③ 근로자가 안전하게 승강하기 위한 설비를 설치한다.
④ 측정 결과 산소의 결핍이 인정될 경우에는 송기를 위한 설비를 설치하여 필요한 양의 공기를 공급하여야 한다.

해설 잠함 등 내부에서의 작업 시 굴착 깊이가 20[m]를 초과하는 경우에는 해당 작업장소와 연락을 위한 통신설비 등을 설치하여야 한다.

관련개념 CHAPTER 02 건설공사 위험성

116

추락방지용 방망 중 그물코의 크기가 5[cm]인 매듭방망 신품의 인장강도는 최소 몇 [kg] 이상이어야 하는가?

① 60
② 110
③ 150
④ 200

해설 그물코 5[cm], 산품 매듭방망의 인장강도는 110[kg] 이상이어야 한다.

추락방호망 방망사의 인장강도

※ ( ): 폐기기준 인장강도

그물코의 크기 (단위: [cm])	방망의 종류(단위: [kg])	
	매듭 없는 방망	매듭방망
10	240(150)	200(135)
5	–	110(60)

관련개념 CHAPTER 04 건설현장 안전시설 관리

117

다음 중 건설공사 유해위험방지계획서 제출대상 공사가 아닌 것은?

① 지상높이가 50[m]인 건축물 또는 인공구조물 건설공사
② 연면적이 3,000[m²]인 냉동·냉장 창고시설의 설비공사
③ 최대 지간길이가 60[m]인 교량건설공사
④ 터널 건설공사

해설 **유해위험방지계획서 제출대상 건설공사**

· 지상높이가 31[m] 이상인 건축물 또는 인공구조물, 연면적 30,000[m²] 이상인 건축물 또는 연면적 5,000[m²] 이상의 문화 및 집회시설(전시장 및 동물원·식물원 제외), 판매시설, 운수시설(고속철도의 역사 및 집배송시설 제외), 종교시설, 의료시설 중 종합병원, 숙박시설 중 관광숙박시설, 지하도상가 또는 냉동·냉장 창고시설의 건설·개조 또는 해체(건설 등) 공사
· 연면적 5,000[m²] 이상의 냉동·냉장 창고시설의 설비공사 및 단열공사
· 최대 지간길이가 50[m] 이상인 다리의 건설 등 공사
· 터널의 건설 등 공사
· 다목적댐, 발전용댐, 저수용량 2천만 톤 이상의 용수 전용 댐 및 지방 상수도 전용 댐의 건설 등 공사
· 깊이가 10[m] 이상인 굴착공사

관련개념 CHAPTER 02 건설공사 위험성

118

건설재해대책의 사면보호공법 중 식물을 생육시켜 그 뿌리로 사면의 표층토를 고정하여 빗물에 의한 침식, 동상, 이완 등을 방지하고, 녹화에 의한 경관조성을 목적으로 시공하는 것은?

① 식생공
② 실드공
③ 뿜어 붙이기공
④ 블록공

해설 식생공은 비탈면에 식물을 심어서 사면을 보호하고 녹화에 의한 경관조성을 목적으로 시공하는 공법이다.

관련개념 CHAPTER 04 건설현장 안전시설 관리

119

장비가 위치한 지면보다 낮은 장소를 굴착하는 데 적합한 장비는?

① 트럭크레인
② 파워셔블
③ 백호우
④ 진폴

해설 **백호우(Back Hoe)**
· 기계가 설치된 지면보다 낮은 곳을 굴착하는 데 적합하다.
· 단단한 토질의 굴착 및 수중굴착도 가능하다.
· 굴착된 구멍이나 도랑의 굴착면의 마무리가 비교적 깨끗하고 정확하여 배관작업 등에 편리하다.

관련개념 CHAPTER 04 건설현장 안전시설 관리

120

훅 걸이용 와이어로프 등이 훅으로부터 벗겨지는 것을 방지하기 위한 장치는?

① 해지장치
② 권과방지장치
③ 과부하방지장치
④ 턴버클

해설 해지장치는 와이어로프 등이 훅으로부터 벗겨지는 것을 방지하기 위한 장치이다.

관련개념 CHAPTER 06 공사 및 작업 종류별 안전

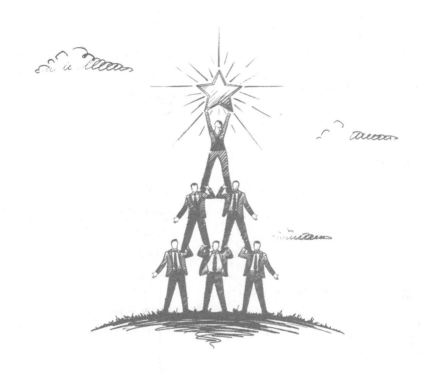

내가 꿈을 이루면
나는 누군가의 꿈이 된다.

– 이도준

▶ 대표저자 **최창률**

한국교통대학교 대학원(안전공학) 공학박사

전기안전기술사

한국산업안전보건공단 33년 근무(실장, 지사장 역임)

부산가톨릭대학교 안전보건학과 겸임교수 역임

사단법인 안전보건진흥원 안전인증이사

KSR인증원(국제인증기관) 원장

법무법인 대륙아주 안전경영연구소장

전기안전기술사/화공안전기술사 자격수험서 저자

산업안전기사/산업안전산업기사 자격수험서 저자(1992년 최초 저서)

위험물산업기사/위험물기능사 저자

2025 에듀윌 산업안전기사 필기 한권끝장

발 행 일	2024년 7월 25일 초판
저 자	최창률
펴 낸 이	양형남
펴 낸 곳	(주)에듀윌
등록번호	제25100-2002-000052호
주 소	08378 서울특별시 구로구 디지털로34길 55
	코오롱싸이언스밸리 2차 3층

www.eduwill.net

대표전화 1600-6700

여러분의 작은 소리
에듀윌은 크게 듣겠습니다.

본 교재에 대한 여러분의 목소리를 들려주세요.
공부하시면서 어려웠던 점, 궁금한 점,
칭찬하고 싶은 점, 개선할 점, 어떤 것이라도 좋습니다.

에듀윌은 여러분께서 나누어 주신 의견을
통해 끊임없이 발전하고 있습니다.

에듀윌 도서몰 book.eduwill.net
· 부가학습자료 및 정오표: 에듀윌 도서몰 → 도서자료실
· 교재 문의: 에듀윌 도서몰 → 문의하기 → 교재(내용, 출간) / 주문 및 배송